普通高等教育“十一五”国家级规划教材
国家工科基础化学课程教学基地规划教材

国家精品课程教材
高等学校理工科化学化工类规划教材

PRINCIPAL
PHYSICAL CHEMISTRY

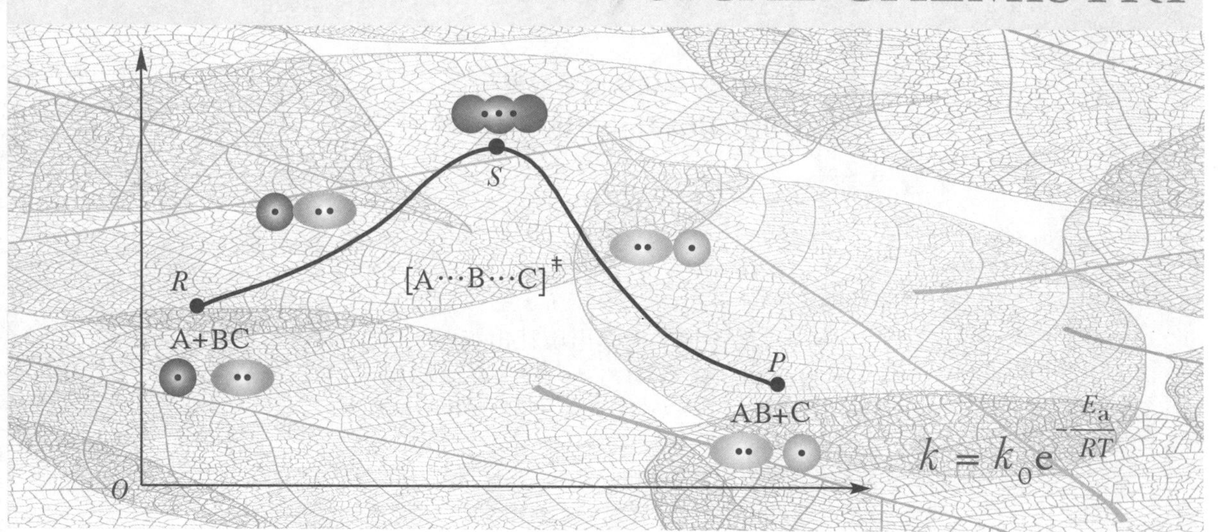

物理化学简明教程

（第四版）

田东旭 石川 傅玉普 主编

大连理工大学出版社
Dalian University of Technology Press

图书在版编目(CIP)数据

物理化学简明教程 / 田东旭，石川，傅玉普主编
. --4 版. --大连 ：大连理工大学出版社，2021.1(2022.11 重印)
ISBN 978-7-5685-2855-9

Ⅰ. ①物… Ⅱ. ①田… ②石… ③傅… Ⅲ. ①物理化学—高等学校—教材 Ⅳ. ①O64

中国版本图书馆 CIP 数据核字(2020)第 260637 号

物理化学简明教程
WULIHUAXUE JIANMING JIAOCHENG

大连理工大学出版社出版
地址:大连市软件园路 80 号 邮政编码:116023
发行:0411-84708842 传真:0411-84701466 邮购:0411-84708943
E-mail:dutp@dutp.cn URL:https://www.dutp.cn
大连天骄彩色印刷有限公司印刷 大连理工大学出版社发行

幅面尺寸:185mm×260mm 印张:27.75 字数:674 千字
2003 年 8 月第 1 版 2021 年 1 月第 4 版
2022 年 11 月第 2 次印刷

责任编辑:于建辉 责任校对:周 欢
封面设计:冀贵收

ISBN 978-7-5685-2855-9 定 价:59.00 元

前　言

本教材自 2003 年 8 月出版以来，受到了广大读者，特别是相关高校师生的厚爱，并被许多高校选作教材。本教材于 2006 年初入选普通高等教育"十一五"国家级规划教材。

本教材在编写及修订过程中贯彻如下指导原则：

1. 注意对传统教学内容的及时更新，提高课程教学内容的严谨性和科学性

物理化学许多传统教学内容中，某些定义、原理、概念的表述近 20 年来已做了许多更新，多半是采用 IUPAC 的建议或 ISO 以及 GB 中的规定。例如，热力学能的定义，功的定义及其正、负号的规定，反应进度的定义，标准态的规定，标准摩尔生成焓及标准摩尔燃烧焓的定义，混合物和溶液的区分及其组成标度的规定，渗透因子的定义，标准平衡常数的定义，转化速率的定义，活化能的定义，催化剂的定义，胶体分散系统的定义等，本书参照相关标准做了全面及时的更新，以不断提高教学内容的严谨性和科学性。

2. 适度反映现代物理化学发展的新动向、新趋势和新应用，力促课程教学内容的时代性和前瞻性

现代物理化学发展的新动向、新趋势集中表现在：从平衡态向非平衡态，从静态向动态，从宏观向微观和介观（纳米级），从体相向表面相，从线性向非线性，从皮秒向飞秒发展。此外，现代物理化学发展的许多成果在高新技术中都得到重要应用。因此，本书在加强三基本教学的同时，注意处理好加强基础与适度反映学科领域发展前沿的关系。我们在内容的取舍安排上，把以上的发展趋势作为一条主线贯穿始终。同时还简要介绍一些涉及物理化学原理的新技术和新应用，以利于开阔学生的知识视野，启迪他们创新的欲望。力促课程教学内容的时代性和前瞻性。

3. 注重涵盖文字、图像、声音、课件和视频等不同媒体形式的建设，体现课程教学内容的趣味性和直观性

物理化学的基本原理可以说博大精深，一些定义、定律及公式，其适用条件十分严格。因此，为帮助学生脱困、解难，本书在编写时，注重涵盖文字、图像、声音、课件和视频等不同媒体形式，使不同类型资源组合形成新的资源，并配合生动有趣的与生产、生活和科学实验有关的应用实例，以帮助学生准确理解抽象难懂的物理化学原理。

4. 积极贯彻国家标准，注意内容表述上的标准化、规范化，强化课程教学内容的先进性和通用性

1984 年，国务院公布《关于在我国统一实行法定计量单位的命令》。国家技术监督局于 1982、1986、1993 年先后颁布《中华人民共和国国家标准》，即 GB 3100～3102—1982、GB 3100～3102—1986、GB 3100～3102—1993《量和单位》。自 1982 年至今 30 余年间公开出版的物理化学教材中，能全面、准确地贯彻国家标准的为数并不多，甚至近年来出版的某些物理化学教材及参考书仍不符合国家标准。例如，“有量纲”“无量纲”“有单位”“无单位”“摩尔数”“原子量”“分子量”“潜热”“显热”“恒容热效应”“恒压热效应”“摩尔反应”“一个单位反应”“理想溶液”“几率”“离子淌度”“胶体溶液”“亲液溶胶”“憎液溶胶”“T K”“n mol”，以及把$\Delta_{vap}H_m$、$\Delta_r H_m^{\ominus}$、$\Delta_f H_m^{\ominus}$、$\Delta_c H_m^{\ominus}$ 分别称为“蒸发热”“标准摩尔反应热”“标准摩尔生成热”“标准摩尔燃烧热”等，仍充斥在许多教材之中；有的教材甚至仍规定 $p^{\ominus}=1$ atm 或 $p^{\ominus}=101\ 325$ Pa；有的把化学反应式 $a\mathrm{A}+b\mathrm{B}=\!=\!=y\mathrm{Y}+z\mathrm{Z}$ 释义为 a mol A 与 b mol B 反应，生成 y mol Y 与 z mol Z；有的在定义物理量时指定或暗含单位；有的把量纲和单位相混淆。按 GB 3102.8—1993 的规定，这些都是不标准、不规范、过时或被废止的。本书高度重视这些问题，力求全面、准确地贯彻国家标准，以强化教学内容表述上的标准化、规范化，使教材更具先进性和通用性。

本次修订通过涵盖文字、图像、声音、课件和视频等不同媒体形式的建设，着力打造一部高水平、立体化、新形态、具有新工科特征的本科教材；构建一个清晰、规范、顺畅、适用、有工科特色的物理化学课程的总体框架：以化学热力学、化学动力学为理论基础，以集中解决物质变化过程（单纯 p、V、T 变化，相变化，化学变化）的平衡与速率问题为主线，来布局全书的各个章节和内容，从而达到夯实基础、严谨概念、突出要领、巧于综合、合理应用、激发创新的目的。

本书第一版由傅玉普主编，傅玉普、郝策、蒋山编写；第二版由傅玉普、王新平主编，傅玉普、王新平、郝策、蒋山编写；第三版修订工作由石川（第 0～4 章）、田东旭（第 5～9 章）完成，傅玉普统稿并最后定稿；第四版新形态教材修订工作由田东旭、石川完成，田东旭统稿并最后定稿。

对于书中不妥之处，恳请同行专家、广大读者批评指正。大家有任何意见或建议，请通过以下方式与出版社联系：

邮箱　dutpbk@163.com

电话　0411-84708462

编　者

于大连理工大学

2020 年 12 月

目 录

本书所用符号

一、主要物理量符号

拉丁文字母

A 亥姆霍茨函数
A_s 截面面积,接触面面积,界面面积
$\mathbf{A}$ 化学亲和势
A_r 相对原子质量
a 活度,范德华参量,表面积
B 维里系数
b 质量摩尔浓度,范德华参量,吸附平衡常数
C 热容,组分数,分子浓度
c_B 物质B的量浓度或B的浓度
D 扩散系数,切变速度
d 直径
E 能量,活化能,电极电势
E_{MF} 电池电动势
e 电子电荷
F 自由度数,法拉第常量,摩尔流量
f 自由度数,活度因子,活化碰撞分数
G 吉布斯函数,电导
g 统计权重(简并度),重力加速度
H 焓
h 普朗克常量,高度
I 电流强度,离子强度,光强度,转动惯量
J 转动量子数,分压商,广义通量
j 电流密度
K 平衡常数,电导池常数
$K^{\ominus}$ 标准平衡常数
k_f 熔点下降系数
k_b 沸点升高系数
k 玻耳兹曼常量,反应速率系数,亨利系数,吸附速率系数
k_0 指[数]前参量
L 阿伏加德罗常量,长度,唯象系数
l 长度,距离
M 摩尔质量
M_r 相对摩尔质量
m 质量
$\mathbf{N}$ 系统数目
N 粒子数
n 物质的量,反应级数,折光指数,体积粒子数
P 概率因子,概率,总熵产生速率,功率
p 压力
$\tilde{p}$ 逸度
Q 热量,电量,体积流量
q 粒子配分函数
R 摩尔气体常量,电阻,半径,核间距
r 半径,距离,摩尔比
S 熵,物种数
s 铺展系数
T 热力学温度,透光率
$t_{1/2}$ 半衰期
t 摄氏温度,时间,迁移数
U 热力学能,能量
u 离子电迁移率
$\mathbf{u}_r$ 相对速率
V 体积
v 振动量子数,速度,反应速率
W 功,分布的微态数
w 质量分数
X_B 偏摩尔量
x 物质的量分数,转化率
z 离子价数
y 物质的量分数(气相)
Z 系统配分函数,碰撞数,电荷数

希腊文字母

α 反应级数,电离度
β 反应级数

Γ 表面过剩物质的量,吸附量
γ 活度因子
γ 相
δ 距离,厚度
ε 能量,介电常数
ζ 动电电势
η 黏度,超电势
Θ 特征温度
θ 覆盖度,接触角,散射角,角度
κ 电导率,德拜参量
Λ_m 摩尔电导率
λ 波长
μ 化学势,折合质量,焦汤系数
ν 化学计量数,频率
ω 角速度
ξ 反应进度
$\dot{\xi}$ 化学反应转化速率
Π 渗透压,表面压力
ρ 体积质量,电阻率
σ 表面张力,面积,碰撞截面,对称数,熵产生速率
τ 时间,停留时间,体积
φ 体积分数,逸度因子,渗透因子,角度
ϕ 量子效率,相数,电势
χ 表面电势
ψ 波函数
Ω 系统总微态数

二、符号的上标

* 纯物质,吸附位
$\ominus$ 标准态
‡ 活化态,过渡态

三、符号的下标

A 物质 A
aq 水溶液
B 物质 B,偏摩尔
b 沸腾
b 质量摩尔浓度
c 燃烧,临界态
d 分解,扩散,解吸
e 电子
ex (外)
eq 平衡
f 生成
fus 熔化
g 气态
H 定焓
i $i=1,2,3,\cdots$
j $j=1,2,3,\cdots$
l 液态
m 质量
m 摩尔
n 核
p 定压
r 半径
r 转动,反应,可逆,对比,相对
S 定熵
su 环境
s 固态
sln 溶液
sub 升华
T 定温
t 平动
trs 晶型转化
U 定热力学能
V 定容
v 振动
vap 蒸发
x 物质的量分数
Y 物质 Y
Z 物质 Z

四、符号的侧标

(A) 物质 A
(B) 物质 B
(c) 物质的量浓度
(g) 气体
(l) 液体
(s) 固体
(cr) 晶体
(gm) 气体混合物
(pgm) 完全(理想)气体混合物
(STP) 标准状况(标准温度压力)
(T) 热力学温度
(x) 物质的量分数
(Y) 物质 Y
(Z) 物质 Z
(α) 相
(β) 相

第0章

物理化学概论

0.1 物理化学课程的基本内容

物理化学是化学科学中的一个分支。物理化学研究物质系统发生压力(p)、体积(V)、温度(T)变化，相变化和化学变化过程的基本原理，主要是平衡规律和速率规律以及与这些变化规律有密切联系的物质的结构及性质(宏观性质、微观性质、界面性质和分散性质等)。

作为物理化学课程本书包括：化学热力学基础、相平衡热力学、相平衡强度状态图、化学平衡热力学、统计热力学初步、化学动力学基础、界面层的平衡与速率、电化学及光化学反应的平衡与速率、胶体分散系统及粗分散系统，共9章。但就内容范畴及研究方法来说可以概括为以下五个主要方面：

0.1.1 化学热力学

化学热力学研究的对象是由大量粒子(原子、分子或离子)组成的宏观物质系统。它主要以热力学第一、第二定律为理论基础，引出或定义了系统的热力学能(U)、焓(H)、熵(S)、亥姆霍茨函数(A)、吉布斯函数(G)，再加上可由实验直接测定的系统的压力(p)、体积(V)、温度(T)等热力学参量共8个最基本的热力学函数。应用演绎法，经过逻辑推理，导出一系列热力学公式及结论(作为热力学基础)。将这些公式或结论应用于物质系统的p、V、T变化，相变化(物质的聚集态变化)，化学变化等物质系统的变化过程，解决这些变化过程的能量效应(功与热)和变化过程的方向与限度等问题，亦即研究解决有关物质系统的热力学平衡的规律，构成化学热力学。

人类有史以来，就有了“冷”与“热”的直觉，但对“热”的本质的认识始于19世纪中叶，在对热与功相互转换的研究中，才对热有了正确的认识，其中迈耶(Mayer J R)和焦耳(Joule J P)的实验工作(1840—1848)为此做出了贡献，从而为认识能量守恒定律，即热力学第一定律的实质奠定了实验基础。此外，19世纪初叶蒸汽机已在工业中得到广泛应用，1824年法国青年工程师卡诺(Carnot S)设计了一部理想热机，研究了热机效率，即热转化为功的效率问题，为热力学第二定律的建立奠定了实验基础。此后(1850—1851)克劳休斯(Clausius R J E)和开尔文(Kelvin L)分别对热力学第二定律做出了经典表述；1876年吉布斯(Gibbs J W)推导出相律，奠定了多相系统的热力学理论基础；1884年范特霍夫(van't Hoff J H)创立了稀溶液理论并在化学平衡原理方面做出贡献;1906 年能斯特(Nernst W)发现了热定理进而建立了热力学第三定律。至此已形成了系统的热力学理论。进入 20 世纪化学热力学已发展得十分成熟,并在化工生产中得到了广泛应用。如有关酸、碱、盐生产的基础化学工业以及大规模的合成 NH_3 工业、石油化工工业、煤化工工业、精细化工工业、高分子化工工业等的工艺原理,如原料的精制、反应条件的确定、产品的分离等无不涉及化学热力学的理论。20 世纪中叶开始,热力学从平衡态向非平衡态迅速发展,逐步形成了非平衡态热力学理论。20 世纪 60 年代,计算机技术的发展为热力学数据库的建立以及复杂的热力学计算提供了极为有利的工具,并为热力学更为广泛地应用创造了条件。

0.1.2 量子力学

量子力学研究的对象是由个别电子和原子核组成的微观系统,它研究的是这种微观系统的运动状态(包括在指定空间的不同区域内粒子出现的概率以及它的运动能级)。实践证明,对微观粒子的运动状态的描述不能用经典力学(牛顿力学),经典力学的理论对这种系统是无能为力的。这是由微观粒子的运动特征所决定的。微观粒子运动的三个主要特征是能量量子化、波粒二象性和不确定关系。这些事实决定电子等微观粒子的运动不服从经典力学规律,它所遵从的力学规律构成了量子力学。

玻恩(Born M)于 1925 年,薛定谔(Schrödinger E)于 1926 年先后发现了量子力学规律,为量子力学的建立与发展奠定了基础。在量子力学中,用数学复函数 Ψ 描述一个微观系统的运动状态,Ψ 叫含时波函数,它是坐标和时间的函数,满足含时薛定谔方程。解薛定谔方程,可以得到波函数 Ψ 的具体形式及微观粒子运动的允许能级。Born 假定 $|\Psi|^2$ 表示 t 时刻粒子在空间位置(x,y,z)附近的微体积元 $\mathrm{d}\tau=\mathrm{d}x\mathrm{d}y\mathrm{d}z$ 内的概率密度。

将量子力学原理应用于化学,探求原子结构、分子结构,从而揭示化学键的本质,明了波谱原理,了解物质的性质与其结构的内在关系则构成了结构化学研究的内容。现代物理化学已从宏观向微观迅速发展。

本书虽不包括量子力学及结构化学,但在统计热力学、电化学及光化学反应的平衡与速率等章节中却涉及能量量子化、量子力学能级公式、能级分布、能级跃迁、量子效率、状态分布等量子力学的概念与结论,届时将直接引用。

0.1.3 统计热力学

统计热力学就其研究的对象来说与热力学是一样的,也是研究由大量微观粒子(原子、分子、离子等)组成的宏观系统。统计热力学认为,宏观系统的性质必然决定于它的微观组成、粒子的微观结构和微观运动状态。宏观系统的性质所反映的必定是大量微观粒子的集体行为,因而可以运用统计学原理,利用粒子的微观量求大量粒子行为的统计平均值,进而推求系统的宏观性质。

统计热力学所研究的内容可分为平衡态统计热力学和非平衡态统计热力学。前者研究讨论系统的平衡规律,理论发展比较完善,应用亦较为广泛,本课程介绍的主要是这部分内容;后者所研究的是输运过程,发展尚不够完善,对这部分内容本课程不加涉及,需要时可阅读有关专著。

早期，统计热力学所用的是经典统计方法。1925 年起发展起了量子力学，随之建立起量子统计方法，考虑到是否受保里(Pauli)原理限制，量子统计又分为不受保里原理限制的玻色-爱因斯坦(Bose-Einstein)统计和受保里原理限制的费米-狄拉克(Fermi-Dirac)统计。虽然它们各自的出发点不同，但彼此仍可以沟通。

本书从吉布斯(Gibbs J W)发展的系综原理出发(亦称 Gibbs 统计)，进而过渡到麦克斯韦-玻耳兹曼(Maxwell-Boltzmann)分布原理，所涉及的内容都满足经典统计的条件，但又以能量量子化的观点导出各重要公式，通过粒子的配分函数把粒子的微观性质与系统的宏观性质联系起来，用以阐述宏观系统的平衡规律。

0.1.4　化学动力学

化学动力学主要研究各种因素，包括浓度、温度、催化剂、溶剂、光、电、微波等对化学反应速率影响的规律及反应机理。

如前所述，化学热力学研究物质变化过程的能量效应及过程的方向与限度，它不研究完成该过程所需要的时间及实现这一过程的具体步骤，即不研究有关速率的规律。而解决后一问题的科学，则称为化学动力学。所以可以概括为：化学热力学是解决物质变化过程的可能性的科学，而化学动力学则是解决如何把这种可能性变为现实性的科学。一个化学制品的生产，必须从化学热力学原理及化学动力学原理两方面考虑，才能全面地确定生产的工艺路线和进行反应器的选型与设计。

视频

阿仑尼乌斯

化学动力学的研究始于 19 世纪后半叶。19 世纪 60 年代，古德堡(Guldberg C M)和瓦格(Waage P)首先提出浓度对反应速率影响的规律，即质量作用定律；1889 年阿仑尼乌斯(Arrhenius S)提出活化分子和活化能的概念及著名的温度对反应速率影响规律的阿仑尼乌斯方程，从而构成了宏观反应动力学的内容。这期间，化学动力学规律的研究主要依靠实验结果。20 世纪初化学动力学的研究开始深入到微观领域，1916—1918 年，路易斯(Lewis W C M)提出了关于元反应的速率理论——简单碰撞理论；1930—1935 年，在量子力学建立之后，艾琳(Eyring H)、鲍兰义(Polanyi M)等提出了元反应的活化络合物理论，试图利用反应物分子的微观性质，从理论上直接计算反应速率。20 世纪 60 年代，计算机技术的发展以及分子束实验技术的开发，把反应速率理论的研究推向分子水平，发展成为微观反应动力学(或叫分子反应动态学)。20 世纪 90 年代，快速反应的测定有了巨大的突破，飞秒(10^{-15} s)化学取得了实际成果。但总的来说，化学动力学理论的发展与解决实际问题的需要仍有较大的差距，远不如热力学理论那样成熟，有待进一步发展。

0.1.5　界面性质与分散性质

在通常条件下，物质以气、液、固等聚集状态存在，当一种以上聚集态共存时，则在不同聚集态(相)间形成界面层，它是两相之间的厚度约为几个分子大小的一薄层。由于界面层上不对称力场的存在，产生了与本体相不同的许多新的性质——界面性质。若将物质分散成细小微粒，构成高度分散的物质系统或将一种物质分散在另一种物质之中形成非均相的分散系统，则会产生许多界面现象。如，日常生活中我们接触到的晨光、晚霞，彩虹、闪电，乌云、白雾，雨露、冰雹，蓝天、碧海，冰山、雪地，沙漠、草原，黄水、绿洲等自然现象和景观以及生产实践和科学实验中常遇到的纺织品的染色、防止粉尘爆炸、灌水采油、浮选矿石、防毒面具防毒、固体催化剂加速反应、隐形飞机表层的纳米材料涂层、分子筛和膜分离技术等，这些应用技术都与界面性质有关。总之，有关界面性质和分散性质的理论与实践被广泛地应用于石油工业、化学工业、轻工业、农业、农学、医学、生物学、催化化学、海洋学、水利学、矿冶以及环境科学等多个领域。现代物理化学已从体相向表面相迅速发展。

以上概括地介绍了物理化学课程的基本内容，目的是为初学者在学习物理化学课程之前，提供一个物理化学内容的总体框架，这对于进一步深入学习各个部分的具体内容是有指导意义的，便于抓住基本，掌握重点。

此外，对物理化学的初学者来说，除了较好地掌握物理化学的基本知识、基本理论、基本方法外，还应适度地了解现代物理化学发展的新动向、新趋势。现代物理化学发展的新动向、新趋势集中表现在：从平衡态向非平衡态，从静态向动态，从宏观向微观，从体相向表面相，从线性向非线性，从纳秒、皮秒向飞秒发展。为此，在本书各个章节，对这些发展的新动向和新趋势均有所描述和渗透；此外还有选读材料（以小字印刷）专门对某些领域的发展动向与趋势做了介绍，着眼于引领学科发展前沿，以供在掌握三基本的基础上，进一步扩大知识面，以利于创新能力和实践能力的培养。

0.2 物理化学的研究方法

物理化学是一门自然科学，一般科学研究的方法对物理化学都是完全适用的。如事物都是一分为二的，矛盾的对立与统一这一辩证唯物主义的方法；实践，认识，再实践这一认识论的方法；以数学及逻辑学为工具，通过推理，由特殊到一般的归纳及由一般到特殊的演绎的逻辑推理方法；对复杂事物进行简化，建立抽象的理想化模型，上升为理论后，再回到实践中检验这种科学模型的方法等，在物理化学的研究中被普遍应用。

此外，由于学科本身的特殊性，物理化学还有自己的具有学科特征的理论研究方法，这就是热力学方法、量子力学方法、统计热力学方法。可把它们归纳如下。

0.2.1 宏观方法

热力学方法属于宏观方法。热力学是以大量粒子组成的宏观系统作为研究对象，以经验概括出的热力学第一、第二定律为理论基础，引出或定义了热力学能、焓、熵、亥姆霍茨函数、吉布斯函数，再加上 p、V、T 这些可由实验直接测定的宏观量作为系统的宏观性质，利用这些宏观性质，经过归纳与演绎推理，得到一系列热力学公式或结论，用以解决物质变化过程的能量平衡、相平衡和反应平衡等问题。这一方法的特点是不涉及物质系统内部粒子的微观结构，只涉及物质系统变化前后状态的宏观性质。实践证明，这种宏观的热力学方法是十分可靠的，至今尚未发现实践中与热力学理论所得结论不一致的情况。

0.2.2 微观方法

量子力学方法属于微观方法。量子力学是以个别电子、原子核组成的微观系统作为研究对象，考查的是个别微观粒子的运动状态，即微观粒子在空间某体积微元中出现的概率和所允许的运动能级。将量子力学方法应用于化学领域，得到了物质的宏观性质与其微观结构关系的清晰图像。

0.2.3 从微观到宏观的方法

统计热力学方法属于从微观到宏观的方法。统计热力学方法是在量子力学方法与热力学方法，即微观方法与宏观方法之间架起的一座桥梁，把二者有效地联系在一起。

统计热力学研究的对象与热力学研究的对象一样，都是由大量粒子组成的宏观系统。平衡统计热力学也是研究宏观系统的平衡性质，但它与热力学的研究方法不同，热力学是从宏观系统的一些可由实验直接测定的宏观性质 p、V、T 等出发，得到另一些宏观性质(热力学能、焓、熵、亥姆霍茨函数、吉布斯函数等)，所以是从宏观到宏观的方法；而统计热力学则从组成系统的微观粒子的性质(如质量、大小、振动频率、转动惯量等)出发，通过求统计概率的方法，定义出系统的正则配分函数或粒子配分函数，并把它作为一个桥梁与系统的宏观热力学性质联系起来，用系综平均代替力学量的长时间观测的平均值，所以统计热力学方法是从微观到宏观的方法，它弥补了热力学方法的不足，填平了从微观到宏观之间难以逾越的鸿沟。

化学动力学所用的方法则是宏观方法与微观方法的交叉、综合运用，用宏观方法构成了宏观动力学，用微观方法则构成了微观动力学。

对于化学、应用化学、化学工艺、化学工程、化工材料、石油化工、生物化工、化工制药、轻工食品、冶金类各专业的学生，学习物理化学时要求掌握热力学方法，理解统计热力学方法，了解量子力学方法。而对于物理化学学时少的一些专业的学生，对于上述方法的要求可适当地取舍。

化学是一门实践性很强的学科，作为化学的一个分支物理化学亦不例外，在培养学生创新能力及实践能力方面，实验方法的学习因占有重要地位而不容忽视。鉴于此，许多学校的有关专业物理化学实验已独立设课，为避免重复，本书对物理化学实验方法除非必要否则不多涉及。

学习物理化学时，不但要学好物理化学的基本内容，掌握必要的物理化学基本知识，而且还要注意方法的学习，并积极去实践。可以说

知识＋方法＋实践＝创新能力＋实践能力

无知便无能，但有知不一定有能，只有把知识与方法相结合并积极去实践才能培养创新能力和实践能力。

教师在讲授物理化学时应当把一般科学方法及物理化学特殊方法的讲授放在重要位置。中国有句格言，即

授人以鱼，不如授人以渔。

给人一条鱼只能美餐一次，但教给人捕鱼的方法却可使人受用终生。

0.3 物理化学的量、量纲及量的单位

0.3.1 量(物理量)

物理化学中要研究各种量之间的关系(如气体的压力、体积、温度的关系),要掌握各种量的测量和计算方法,因此要正确理解量的定义和各种量的量纲和单位。

物质世界存在的状态和运动形式是多种多样的,既有大小的增减,也有性质、属性的变化。量就是反映这种运动和变化规律的一个最重要的基本概念。一些国际组织,如国际标准化组织(ISO)、国际法制计量组织(OIML)等联合制定的《国际通用计量学基本名词》一书中,把量(quantity)定义为:"现象、物体或物质的可以定性区别和可以定量确定的一种属性。"由此定义可知,一方面,量反映了属性的大小、轻重、长短或多少等概念;另一方面,量又反映了现象、物体和物质在性质上的区别。

量是物理量的简称,凡是可以定量描述的物理现象都是物理量。物理化学中涉及许多物理量。

0.3.2 量的量制与量纲

在科学技术领域中,约定选取的基本量和相应导出量的特定组合叫量制。而以量制中基本量的幂的乘积,表示该量制中某量的表达式,则称为量纲(dimension)。量纲只是表示量的属性,而不是指它的大小。量纲只用于定性地描述物理量,特别是定性地给出导出量与基本量之间的关系。

常用符号表示量纲,如对量 Q 的量纲用符号写成 $\dim Q$。所有的量纲因素,都规定用正体大写字母表示。SI 的 7 个基本量:长度、质量、时间、电流、热力学温度、物质的量、发光强度的量纲因素分别用正体大写字母 L,M,T,I,Θ,N 和 J 表示。在 SI 中,量 Q 的量纲一般表示为

$$\dim Q = \mathrm{L}^{\alpha}\mathrm{M}^{\beta}\mathrm{T}^{\gamma}\mathrm{I}^{\delta}\Theta^{\varepsilon}\mathrm{N}^{\zeta}\mathrm{J}^{\eta} \tag{0-1}$$

如物理化学中体积 V 的量纲为 $\dim V = \mathrm{L}^3$,时间 t 的量纲为 $\dim t = \mathrm{T}$,熵 S 的量纲为 $\dim S = \mathrm{L}^2\mathrm{M}\mathrm{T}^{-2}\Theta^{-1}$。

0.3.3 量的单位与数值

从量的定义可以看出,量有两个特征:一是可定性区别,二是可定量确定。定性区别是指量在物理属性上的差别,按物理属性可把量分为诸如几何量、力学量、电学量、热学量等不同类的量;定量确定是指确定具体的量的大小,要定量确定,就要在同一类量中,选出某一特定的量作为一个称之为单位(unit)的参考量,则这一类中的任何其他量,都可用一个数与这个单位的乘积表示,而这个数就称为该量的数值。由数值乘单位就称为某一量的量值。

量可以是标量,也可以是矢量或张量。对量的定量表示,既可使用符号(量的符号),也可以使用数值与单位之积,一般可表示为

$$Q=\{Q\}\cdot[Q] \tag{0-2}$$

式中，Q 为某一物理量的符号；$[Q]$为物理量 Q 的某一单位的符号；而$\{Q\}$则是以单位$[Q]$表示量 Q 的数值。如体积 $V=10\ m^3$，即$\{V\}=10$，$[V]=m^3$。

注意 在定义物理量时不要指定或暗含单位。例如，物质的摩尔体积，不能定义为 1 mol物质的体积，而应定义为单位物质的量的体积。

0.3.4 法定计量单位

1984 年，国务院颁布了《关于在我国统一实行法定计量单位的命令》，规定我国的计量单位一律采用中华人民共和国法定计量单位；国家技术监督局于 1982、1986 年及 1993 年先后颁布《中华人民共和国国家标准》GB 3100～3102—1982、1986 及 1993《量和单位》。国际单位制(Le Système International d'unités, SI)是在第 11 届国际计量大会(1960 年)上通过的。国际单位制单位(SI 单位)是我国法定计量单位的基础，凡属国际单位制的单位都是我国法定计量单位的组成部分。我国法定计量单位(在本书正文中一律简称为"单位")包括：

(i)SI 基本单位(附录Ⅱ表 1)；

(ii)包括 SI 辅助单位在内的具有专门名称的 SI 导出单位(附录Ⅱ表 2)；

(iii)由于人类健康安全防护上的需要而确定的具有专门名称的 SI 导出单位；

(iv)SI 词头；

(v)可与国际单位制并用的我国法定计量单位(附录Ⅱ表 5)。

以前常用的某些单位，如 Å、dyn、atm、erg、cal 等为非法定计量单位，已从 1991 年 1 月 1 日起废止。

0.3.5 量纲一的量的 SI 单位

由式(0-1)，对于导出量的量纲指数为零的量 GB 3101—1986 称为无量纲量，GB 3101—1993 改称为量纲一的量。例如物理化学中的化学计量数、相对摩尔质量、标准平衡常数、活度因子等都是量纲一的量。

对于量纲一的量，第一，它们属于物理量，具有一切物理量所具有的特性；第二，它们是可测量的；第三，可以给出特定的参考量作为其单位；第四，同类量间可以进行加减运算。

按国家标准规定，任何量纲一的量的 SI 单位名称都是汉字"一"，符号是阿拉伯数字"1"。说"某量有单位"或"某量无单位"都是错误的。

在表示量纲一的量的量值时要注意：

(i)不能使用 ppm(百万分之一)、pphm(亿分之一)、ppb(十亿分之一)等符号。因为它们既不是计量单位的符号，也不是量纲一的量的单位的专门名称。

(ii)由于百分符号%是纯数字(%＝0.01)，所以称质量百分、体积百分或摩尔百分是无意义的；也不可以在这些符号上加上其他信息，如%(m/m)、%(V/V)或%(n/n)，它们的正确表示法应是质量分数、体积分数或摩尔分数。

注意 不要把量的单位与量纲相混淆。量的单位用来确定量的大小，而量纲只是表示量的属性而不是指它的大小。现在把物理化学中涉及的主要物理量的量纲和单位列于表

0-1中。在以后的各章中出现物理量时，只指明其单位，不再指明其量纲。

表 0-1 物理化学中主要物理量的量纲和单位

物理量	符号	量纲	单位
质量	m	M	kg(千克)
物质的量	n	N	mol(摩尔)
热力学温度	T	Θ	K(开尔文)
体积	V	L^3	m^3(米^3)
压力(或压强)	p	$ML^{-1}T^{-2}$	Pa(帕，1 Pa=1 N·m^{-2})
热量	Q	L^2MT^{-2}	J(焦耳)
功	W	L^2MT^{-2}	J
化学反应计量数	ν_B	1	1(单位为1，省略不写)
反应进度	ξ	N	mol
热力学能	U	L^2MT^{-2}	J
摩尔热力学能	U_m	$L^2MT^{-2}N^{-1}$	J·mol^{-1}(焦耳·摩尔$^{-1}$)
熵	S	$L^2MT^{-2}\Theta^{-1}$	J·K^{-1}(焦耳·开尔文$^{-1}$)
摩尔熵	S_m	$L^2MT^{-2}\Theta^{-1}N^{-1}$	J·K^{-1}·mol^{-1}(焦耳·开尔文$^{-1}$·摩尔$^{-1}$)
摩尔分数	x_B	1	1(单位为1，省略不写)
物质的量浓度(本书简称浓度)	c_B	NL^{-3}	mol·m^{-3}(摩尔·米$^{-3}$)
溶质B的质量摩尔浓度	b_B	NM^{-1}	mol·kg^{-1}(摩尔·千克$^{-1}$)
标准平衡常数	$K^{\ominus}$	1	1(单位为1，省略不写)
分子配分函数	q	1	1(单位为1，省略不写)
时间	t	T	s(秒)
反应速率	v	$NL^{-3}\Theta^{-1}$	mol·m^{-3}·s^{-1}(摩尔·米$^{-3}$·秒$^{-1}$)
反应速率系数	k	$N^{1-n}L^{-(3-3n)}T^{-1}$	mol^{1-n}·$m^{-(3-3n)}s^{-1}$①
活化能	E_a	$L^2MT^{-2}N^{-1}$	J·mol^{-1}
界面张力	σ	MLT^{-2}	N·m^{-1}(牛·米$^{-1}$)
电流强度	I	I	A(安培)
电阻	R	$L^2MI^{-2}T^{-3}$	Ω(欧姆)
电导	G	$I^2T^3L^{-2}M^{-1}$	S(西门子，1 S=1 Ω^{-1})
电量	Q	IT	C(库仑，1 C=1 A·s)
电导率	κ	$I^2T^3M^{-1}L^{-3}$	S·m^{-1}(西门子·米$^{-1}$)
电极电势	E	$L^2MI^{-1}T^{-3}$	V(伏特)
摩尔电导率	Λ_m	$I^2T^3M^{-1}L^{-3}N^{-1}$	S·m^2·mol^{-1}(西门子·米^2·摩尔$^{-1}$)
黏度	η	$ML^{-1}T^{-1}$	Pa·s(帕·秒)或N·s·m^{-2}(牛·秒·米$^{-2}$)或kg·m^{-1}·s^{-1}(千克·米$^{-1}$·秒$^{-1}$)

① n为反应的总级数。

目前的一些教材中常把一些物理量的单位误称为量纲，例如，把物质的量n的单位mol称为物质的量n的量纲，把一级反应速率系数k的单位s^{-1}(或min^{-1})称为一级反应速率系数k的量纲，把$R=8.314\,5$ J·K^{-1}·mol^{-1}的单位J·K^{-1}·mol^{-1}也称为R的量纲。实质上二者的概念是不一样的，不能混淆。

0.3.6 量方程式、数值方程式和单位方程式

在《量和单位》国家标准中包括三种形式的方程式：量方程式、数值方程式和单位方程式。

1. 量方程式

量方程式表示物理量之间的关系。量是与所用单位无关的，因此量的方程式也与单位无关，即无论选用何种单位来表示其中的量都不影响量之间的关系。如摩尔电导率Λ_m与电

导率 κ、浓度 c_B 三者之间的关系为

$$\Lambda_m = \frac{\kappa}{c_B}$$

如 κ 及 c_B 的单位都选用 SI 单位的基本单位，即 $S \cdot m^{-1}$ 和 $mol \cdot m^{-3}$，则得到的 Λ_m 的单位也必定是 SI 单位的基本单位所表示的导出单位，即 $S \cdot m^2 \cdot mol^{-1}$。若 κ 及 c_B 的单位选用 $S \cdot cm^{-1}$ 和 $mol \cdot cm^{-3}$，则 Λ_m 的单位为 $S \cdot cm^2 \cdot mol^{-1}$。因为 1 m = 100 cm，所以 $1\ S \cdot m^2 \cdot mol^{-1} = 10^4\ S \cdot cm^2 \cdot mol^{-1}$。所以没有必要指明量方程式中的物理量的单位。因此，以往教材中把 $\Lambda_m = \frac{\kappa}{c_B}$ 表示成

$$\Lambda_m = 1\,000\kappa / c_B$$

这种暗指量的单位的量方程式不宜使用，否则会造成混乱。

除只包含物理量符号的量方程之外，还包括式(0-2)这种特殊形式的量方程式，即此种方程式中包含数值与单位的乘积。

2. 数值与数值方程式

在表达一个标量时，总要用到数值和单位。标量的数值是该量与单位之比，即式(0-2)，可表示成

$$\{Q\} = Q/[Q]$$

对于矢量在坐标上的分量或者说它本身的大小，上式也适用。

量的数值在物理化学中的表格和坐标图中大量出现。列表时，在表头上说明这些数值时，一是要表明数值表示什么量，此外还要表明用的是什么单位，而且表达时还要符合式(0-2)的关系。例如，以纯水的饱和蒸气压 p^*（“ * ”表示纯物质）与热力学温度 T 的关系列表可表示成表 0-2。

表 0-2　水的饱和蒸气压与温度的关系

T/K	$p^*(H_2O)$/Pa	T/K	$p^*(H_2O)$/Pa
303.15	4 242.9	353.15	47 343
323.15	12 360	363.15	70 096
343.15	31 157	373.15	101 325

由表 0-2 可知，$T = 373.15$ K 时，$p^*(H_2O) = 101\ 325$ Pa，即表头及表格中所列的物理量、单位及纯数间的关系一一满足方程式(0-2)。

再如，在坐标图中表示纯液体的饱和蒸气压 p^* 与温度 T 的关系时，可用三种方式表示成图 0-1，这是因为从数学上看，纵、横坐标轴都是表示纯数的数轴。当用坐标轴表示物理量的数值时，须将物理量除以其单位化为纯数才可表示在坐标轴上。

此外，指数、对数和三角函数中的变量，都应是纯数或是由不同的量组成的导出量的量纲一的组合。例如，物理化学中常见的 $\exp(-E_a/RT)$，$\ln(p/p^{\ominus})$，$\ln(k/s^{-1})$ 等。所以在量方程表示式中及量的数学运算过程中，当对一物理量进行指数、对数运算时，对非量纲一的量均需除以其单位化为纯数才行。例如，物理化学中常见的一些量方程，可表示成

$$\mathrm{d}\ln\frac{p}{[p]}/\mathrm{d}T = \Delta_l^g H_m/RT^2 \qquad 或 \qquad \mathrm{d}\ln\{p\}/\mathrm{d}T = \Delta_l^g H_m/RT^2$$

$$\mathrm{d}\ln\frac{k_A}{[k_A]}/\mathrm{d}T = E_a/RT^2 \qquad 或 \qquad \mathrm{d}\ln\{k_A\}/\mathrm{d}T = E_a/RT^2$$

$$\ln(p/[p])=-\frac{A}{T/\mathrm{K}}+B \quad 或 \quad \ln\{p\}=-\frac{A}{T/\mathrm{K}}+B$$

$$\ln(k_\mathrm{A}/\mathrm{s}^{-1})=-\frac{A}{T/\mathrm{K}}+B \quad 或 \quad \ln\{k_\mathrm{A}\}=-\frac{A}{T/\mathrm{K}}+B$$

$$\ln\{T\}+(\gamma-1)\ln\{V\}=常数, \quad \mu^*(\mathrm{g})=\mu^\ominus(\mathrm{g},T)+RT\ln(p/p^\ominus)$$

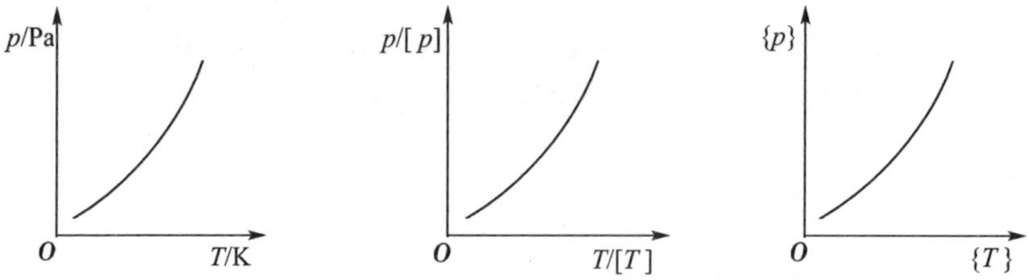

图 0-1　表示蒸气压与温度的关系的三种方式

对物理量的文字表述，亦须符合量方程式(0-2)。例如，说"物质的量为 n mol""热力学温度为 T K"都是错误的。因为物理量 n 中已包含单位 mol，T 中已包含单位 K 了。正确的表述应为"物质的量为 n""热力学温度为 T"。

对物理量进行数学运算必须满足量方程式(0-2)，如应用量方程式 $pV=nRT$ 进行运算，若已知组成系统的理想气体物质的量 $n=10$ mol，热力学温度 $T=300$ K，系统所占体积 $V=10\ \mathrm{m}^3$，试计算系统的压力。由 $p=\dfrac{nRT}{V}$ 代入数值与单位，得

$$p=\frac{10\ \mathrm{mol}\times 8.314\ 5\ \mathrm{J\cdot mol^{-1}\cdot K^{-1}}\times 300\ \mathrm{K}}{10\ \mathrm{m}^3}=2\ 494.35\ \mathrm{Pa}$$

即运算过程中，每一物理量均以数值乘单位代入，总的结果也符合量方程式(0-2)。以上的运算也可简化为

$$p=\frac{10\times 8.314\ 5\times 300}{10}\mathrm{Pa}=2\ 494.35\ \mathrm{Pa}$$

如在量方程中其单位固定，可得到另一形式的方程式，即数值方程式。

数值方程式只给出数值间的关系而不给出量之间的关系。因此在数值方程式中，一定要指明所用的单位，否则就毫无意义。物理化学的公式均表示成量方程式的形式，而在对量的数学运算时，有时涉及数值方程式。

3. 单位方程式

所谓单位方程式就是单位之间的关系式。如表面功 $\delta W_\mathrm{r}'=\sigma \mathrm{d}A_\mathrm{s}$(量方程式)，即在可逆过程中环境对系统做的表面微功比例于系统所增加的表面积 $\mathrm{d}A_\mathrm{s}$，而 σ 为比例系数，称为表面张力(surface tension)。利用单位方程分析，σ 的 SI 单位必为 $\mathrm{J\cdot m^{-2}}=\mathrm{N\cdot m\cdot m^{-2}}=\mathrm{N\cdot m^{-1}}$，此即单位方程($\sigma$ 为作用在表面单位长度上的力，这就是把 σ 称为表面张力的原因)。

0.3.7 物理量名称中所用术语的规则

按 GB 3101—1993 中的附录 A，当一物理量无专门名称时，其名称通常用系数(coefficient)、因数或因子(factor)、参数或参量(parameter)、比或比率(ratio)、常数或常量(constant)等术语来命名。

1. 系数、因数或因子

在一定条件下，如果量 A 正比于量 B，即 $A=kB$。

(i)若量 A 与量 B 有不同量纲，则 k 称为"系数"。如物理化学中常见的亨利系数、凝固点下降系数、沸点升高系数、反应速率系数等。

(ii)若量 A 和量 B 具有相同的量纲，则 k 称为"因子"。如物理化学中常见的压缩因子、活度因子、渗透因子等。

2. 参数或参量、比或比率

量方程式中的某些物理量或物理量的组合可称为参数或参量，如物理化学中常见的范德华参量、临界参量、指[数]前参量等。由两个量所得量纲一的商常称为比[率]，如物理化学中的热容比($C_p/C_V=\gamma$)、溶质 B 的摩尔比($r_B=n_B/n_A$)。

3. 常量或常数

一些物理量如在任何情况下均有同一量值，则称为普适常量或普适常数(universal constant)，物理化学中常见的有普适气体常量 R、阿伏加德罗常量 L、普朗克常量 h、玻耳兹曼常量 k、法拉第常量 F 等。

仅在特定条件下保持量值不变或由数字计算得出量值的其他物理量，有时在名称中也含有"常量或常数"这一术语，但不推广扩大使用。如物理化学中仅有"化学反应的标准平衡常数"用这一术语。

4. 常用术语

(i)形容词"质量[的](massic)"或"比(specific)"加在广度量(extensive quantity)的名称之前，表示该量被质量除所得之商。如物理化学中常见的有质量热容 $c \overset{\text{def}}{=\!=} C/m$、质量体积 $v \overset{\text{def}}{=\!=} V/m$、质量表面 $a_m \overset{\text{def}}{=\!=} A_s/m$ 等。

(ii)形容词"体积[的](volumetric)"加在广度量的名称之前，表示该量被体积除所得之商。如物理化学中常见的体积质量 $\rho \overset{\text{def}}{=\!=} m/V$、体积表面 $a_V \overset{\text{def}}{=\!=} A_s/V$ 等。

(iii)术语"摩尔[的](molar)"加在广度量 X 的名称之前，表示该量被物质的量除所得之商。

对于化学反应的摩尔量(molar quantities of reaction)$\Delta_r X_m$，例如反应的摩尔焓(molar enthalpy of reaction)$\Delta_r H_m$，虽然名称中的形容词"摩尔[的]"在形式上与上面所示的形容词相同，但是其含义却不相同，它们是表示反应的 X[变]除以反应进度(extent of reaction)[变]$\Delta\xi$ 的意思，即 $\Delta_r X_m=\Delta X/\Delta\xi$ 或 $\Delta_r X_m=\mathrm{d}X/\mathrm{d}\xi$。

另外，还要注意，"摩尔电导率(molar conductivity)Λ_m"这一量名称中的形容词"摩尔[的](molar)"又有不同的含义，它表示电导率(electrolytic conductivity)κ 除以 B 的浓度(amount ofsubstance concentration)c_B。

本书的编写力争全面、准确地贯彻执行 GB 3100～3102—1993。积极倡导教材内容表述上的标准化、规范化。

第1章

化学热力学基础

1.0 化学热力学理论的基础和方法

化学热力学理论是建立在热力学第一和第二定律(first and second law of thermodynamics)基础之上的。这两个定律是人们生活实践、生产实践和科学实验的经验总结。它们既不涉及物质的微观结构，也不能用数学加以推导和证明。但它的正确性已被无数次的实验结果所证实。而且从热力学严格地导出的结论都是非常精确和可靠的。不过这都是指在统计意义上的精确性和可靠性。热力学第一定律是有关能量守恒的规律，即能量既不能创造，亦不能消灭，仅能由一种形式转化为另一种形式，它是定量研究各种形式能量(热、功——机械功、电功、表面功等)相互转化的理论基础。热力学第二定律是有关热和功等能量形式相互转化的方向与限度的规律，进而推广到有关物质变化过程的方向与限度的普遍规律。

热力学方法(thermodynamic method)从热力学第一和第二定律出发，通过总结、提高、归纳，引出或定义出热力学能 U(thermodynamic energy)、焓 H(enthalpy)、熵 S(entropy)、亥姆霍茨函数 A(Helmholtz function)、吉布斯函数 G(Gibbs function)，再加上可由实验直接测定的 p、V、T 共 8 个最基本的热力学函数，应用演绎法，经过逻辑推理，导出一系列热力学公式或结论，进而用以解决物质的 p、V、T 变化，相变化和化学变化等过程的能量效应(功与热)及过程的方向与限度，即平衡问题。这一方法也叫状态函数(state function)法。

热力学方法的特点是：

(i)只研究物质变化过程中各宏观性质的关系，不考虑物质的微观结构；

(ii)只研究物质变化过程的始态和终态，而不追究变化过程的中间细节，也不研究变化过程的速率和完成过程所需的时间。

因此，热力学方法属于宏观方法。

本章内容的范畴属于化学热力学基础，而将此基础应用于解决相平衡(第 2、3 章)、化学平衡(第 4 章)、界面层(第 7 章)、电化学及光化学反应的平衡与速率(第 8 章)中有关平衡问题则构成化学热力学的研究内容。

Ⅰ　热力学基本概念、热、功

1.1　热力学基本概念

1.1.1　系统和环境

系统(system)——热力学研究的对象(是大量分子、原子、离子等物质微粒组成的宏观集合体与空间)。系统与系统之外的周围部分存在边界。

环境(surrounding)——与系统通过物理界面(或假想的界面)相隔开并与系统密切相关的周围的物质与空间。

根据系统与环境之间发生物质的质量与能量的传递情况,系统分为 3 类:

(i)敞开系统(open system)——系统与环境之间通过界面既有物质的质量传递也有能量(以热和功的形式)传递。

(ii)封闭系统(closed system)——系统与环境之间通过界面只有能量传递,而无物质的质量传递。因此封闭系统中物质的质量是守恒的。

(iii)隔离系统(isolated system)——系统与环境之间既无物质的质量传递亦无能量传递。因此隔离系统中物质的质量是守恒的,能量也是守恒的。

注意　系统与环境的划分是人为的,并非系统本身有什么本质不同;系统的选择必须根据实际情况,以解决问题的目的与方便为原则。

1.1.2　系统的宏观性质

1. 强度性质和广度性质

热力学系统是大量分子、原子、离子等微观粒子组成的宏观集合体。这个集合体所表现出来的集体行为,如 p、V、T、U、H、S、A、G 等叫热力学系统的宏观性质(macroscopic properties)(或简称热力学性质)。

宏观性质分为两类:强度性质(intensive properties)——与系统中所含物质的量无关,无加和性(如 p、T 等);广度性质(extensive properties)——与系统中所含物质的量有关,有加和性(如 V、U、H 等)。而一种广度性质/另一种广度性质=强度性质,如摩尔体积 $V_{\mathrm{m}}=V/n$,体积质量 $\rho=m/V$ 等。

2. 可由实验直接测定的最基本的宏观性质

以下几个宏观性质均可由实验直接测定:

(1)压力

作用在单位面积上的力,用符号 p 表示,量纲 $\dim p=\mathrm{M}\cdot\mathrm{L}^{-1}\cdot\mathrm{T}^{-2}$,单位为 Pa(帕斯卡,简称帕),$1\ \mathrm{Pa}=1\ \mathrm{N}\cdot\mathrm{m}^{-2}$,是 SI 中的导出单位,亦称压强。

(2)体积

物质所占据的空间,用符号 V 表示,量纲 $\dim V=\mathrm{L}^3$,单位为 m^3(米^3)。

(3)温度

温度是物质冷热程度的量度,有热力学温度和摄氏温度之分。热力学温度用符号 T 表示,是 SI 基本量,量纲 $\dim T=\Theta$,单位为 K(开尔文),是 SI 基本单位;摄氏温度,用符号 t 表示,单位为℃(摄氏度),是 SI 辅助单位,1 ℃=1 K。二者的关系为 $T/\text{K}=t/℃+273.15$。

(4)物质的质量和物质的量

质量(mass)是物质的多少的量度,用符号 m 表示,是 SI 基本量,量纲 $\dim m=\text{M}$,单位为 kg(千克),是 SI 基本单位。

物质的量(amount of substance)是与指定的基本单元数目成正比的量,用符号 n 表示,是 SI 基本量,量纲 $\dim n=\text{N}$,单位为 mol(摩尔),是 SI 基本单位,B 的物质的量 $n_\text{B}=N_\text{B}/L$,式中 N_B 为 B 的基本单元的数目,$L=6.022\ 045\times10^{23}\ \text{mol}^{-1}$,称为阿伏加德罗常量。指定的基本单元可以是原子、分子、离子、自由基、电子等,亦可以是分子、离子等的某种组合(如 N_2+3H_2)或某个分数$\left(如\frac{1}{2}Cu^{2+}\right)$。例如分别取 H_2 及$\frac{1}{2}H_2$ 为物质的基本单元,则1 mol的 H_2 和 1 mol 的$\frac{1}{2}H_2$ 相比,其物质的量都是 1 mol,而其质量却是 $m(H_2)=2m(\frac{1}{2}H_2)$。

物质的量是化学学科中最基础的量之一,对它的正确理解直接关系到对许多物理化学概念的正确理解,诸如,对反应进度、摩尔电导率等的理解就涉及物质的量的基本单元的选择问题。

1.1.3 均相系统和非均相系统

相(phase)的定义是:系统中物理性质及化学性质均匀的部分。相,可由纯物质组成也可由混合物或溶液(或熔体)组成,可以是气、液、固等不同形式的聚集态,相与相之间有分界面存在。

系统根据其中所含相的数目,可分为:均相系统(homogeneous system)(或叫单相系统)——系统中只含一个相,非均相系统(heterogeneous system)(或叫多相系统)——系统中含有一个以上的相。

1.1.4 系统的状态、状态函数和热力学平衡态

1. 系统的状态、状态函数

系统的状态(state)是指系统所处的样子。热力学中采用系统的宏观性质来描述系统的状态,所以系统的宏观性质也称为系统的状态函数(state function)。

2. 热力学平衡态

系统在一定环境条件下,经足够长的时间,其各部分的宏观性质都不随时间而变,此后将系统隔离,系统的宏观性质仍不改变,此时系统所处的状态叫热力学平衡态(thermodynamic equilibrium state)。

热力学系统,必须同时实现以下几个方面的平衡,才能建立热力学平衡态:

(i)热平衡(thermal equilibrium)——系统各部分的温度相等;若系统不是绝热的,则系

统与环境的温度也要相等。

(ii) 力平衡(force equilibrium)——系统各部分的压力相等,系统与环境的边界不发生相对位移。

(iii) 相平衡(phase equilibrium)——若为多相系统,则系统中的各个相可以长时间共存,即各相的组成和数量不随时间而变。

(iv) 化学平衡(chemical equilibrium)——若系统各物质间可以发生化学反应,则达到平衡后,系统的组成不随时间改变。

当系统处于一定状态(即热力学平衡态)时,其强度性质和广度性质都具有确定的量值。但是系统的这些宏观性质彼此之间是相互关联的(不完全是独立的),通常只需确定其中几个性质,其余的性质也就随之而定,系统的状态也就被确定了。

1.1.5 物质的聚集态及状态方程

1. 物质的聚集态

在通常条件下,物质的聚集态主要呈现为气体、液体、固体,分别用正体、小写的符号 g、l、s 表示。在特殊条件下,物质还会呈现等离子体、超临界流体、超导体、液晶等状态。在少数情况下,液体还会呈现不同状态,如液氦Ⅰ、液氦Ⅱ、离子液体,而一些单质或化合物纯物质可以呈现不同的固体状态,如固体碳可有无定形、石墨、金刚石、碳60、碳70等状态;固态硫可有正交硫、单斜硫等晶型;固态水亦可有六种不同晶型,SiO_2、Al_2O_3 等固体也可呈不同的晶型。气体及液体的共同点是有流动性,因此又称为流体相,用符号 fl 表示;而液体与固体的共同点是分子间空隙小,可压缩性小,故称为凝聚相,用符号 cd 表示。

气、液、固三种不同聚集态的差别主要在于其分子间的距离,从而表现出不同的物理性质。物质呈现不同的聚集态决定于两个因素:主要是内因,即物质内部分子间的相互作用力,分子间吸引力大,促其靠拢;分子间排斥力大,促其离散;其次是外因,主要是环境的温度、压力。对气体,温度高,分子热运动剧烈,促其离散;温度低,作用相反;压力高促其靠拢,压力低作用相反。对液体、固体,上述两种外因虽有影响,但影响不大。

2. 状态方程

对定量、定组成的均相流体(不包括固体,因为某些晶体具有各向异性)系统,系统任意宏观性质是另外两个独立的宏观性质的函数,例如,状态函数 p、V、T 之间有一定的依赖关系,可表示为

$$V=f(T,p)$$

系统的状态函数之间的这种定量关系式,称为状态方程(equation of state)。

(1)理想气体的状态方程

稀薄气体的体积、压力、温度和物质的量有如下关系

$$pV=nRT \tag{1-1a}$$

若定义 $V_m=\dfrac{V}{n}$ 为摩尔体积,则

$$pV_m=RT \tag{1-1b}$$

式(1-1a)和式(1-1b)称为理想气体状态方程(ideal gas equation)。R 为普遍适用于各种气

体物质的常量，称为摩尔气体常量(molar gas constant)。R 的单位为

$$[R]=\frac{[p][V]}{[n][T]}=\frac{(\mathrm{N}\cdot\mathrm{m}^{-2})(\mathrm{m}^3)}{(\mathrm{mol})\ (\mathrm{K})}=\mathrm{J}\cdot\mathrm{mol}^{-1}\cdot\mathrm{K}^{-1}$$

由稀薄气体的 p、V_m、T 数据求得

$$R=\lim_{p\to 0}(pV_\mathrm{m})_T/T=8.314\ 5\ \mathrm{J}\cdot\mathrm{mol}^{-1}\cdot\mathrm{K}^{-1}$$

理想气体的概念是由稀薄气体的行为抽象出来的。对稀薄气体，分子本身占有的体积与其所占空间相比可以忽略，分子间的相互作用力亦可忽略。在 p、V、T 的非零区间，p、V、T、n 的关系准确地符合 $pV=nRT$ 的气体称为理想气体。理想气体状态方程包含了前人根据稀薄气体行为提出的波义耳(Boyle R)定律、盖・吕萨克(Gay Lussac J)定律和阿伏加德罗定律。

(2)真实气体的状态方程

①范德华方程

1873 年，范德华(van der Waals J H)综合了前人的想法，认为分子有大小及分子间有相互作用是真实气体偏离理想气体状态的主要原因。他应用了气体分子运动论概念，提出一个半理论半经验的状态方程

$$p=\frac{RT}{V_\mathrm{m}-b}-\frac{a}{V_\mathrm{m}^2}\quad 即\quad p=\frac{nRT}{V-nb}-a\left(\frac{n}{V}\right)^2 \tag{1-2a}$$

后人称此方程为范德华方程(简写为 vdW 方程)。

式(1-2a)把实际压力视为作用相反的两项的综合，右边第一项称为推斥压力，它来源于分子的热运动(RT)及分子本身的不可压缩性($V_\mathrm{m}\to b$ 时 $p\to\infty$)；右边第二项称为内压力(吸引压力)，它反映分子间相互吸引产生的效果。

范德华方程表示 $V_\mathrm{m}\to b$ 时 $p\to\infty$，也就是说，方程中的 b 可理解为气体在高压下的极限体积(包括分子本身占的体积及分子间的空隙)。此极限体积的大小应与温度有关，但为简单起见，范德华假设 b 只与气体的特性有关。范德华将内压力表示为 $a\left(\frac{n}{V}\right)^2$，即假设由于分子间吸引而使压力削减的量与气体密度的二次方成比例。这种想法有一定道理，但只能说是一种近似(虽然是颇好的近似)。

范德华方程常表达成如下形式

$$\left(p+\frac{a}{V_\mathrm{m}^2}\right)(V_\mathrm{m}-b)=RT\quad 即\quad \left(p+\frac{n^2a}{V^2}\right)(V-nb)=nRT \tag{1-2b}$$

范德华方程中的 a 和 b 称为范德华参量，它们分别是反映分子间吸引和分子体积的特性恒量。从范德华方程可看出 a 和 b 的单位是：$[a]=[p][V_\mathrm{m}]^2$，$[b]=[V_\mathrm{m}]$。范德华应用分子运动论得出 b 等于每摩尔分子本身体积的 4 倍的结论，但这是近似的。

②维里方程

每种气体的$\frac{pV}{nRT}$偏离 1 的程度与气体的条件(用温度和压力或温度和$\frac{n}{V}$表示)有关。卡末林・昂尼斯(Kammerlingh Onnes H)建议用$\frac{n}{V}$或 p 的幂级数表示这种函数关系，即将$\frac{pV}{nRT}$表示为

$$\frac{pV}{nRT}=1+\left[B\left(\frac{n}{V}\right)+C\left(\frac{n}{V}\right)^2+D\left(\frac{n}{V}\right)^3+\cdots\right] \tag{1-3a}$$

或

$$\frac{pV}{nRT}=1+[B'p+C'p^2+D'p^3+\cdots] \tag{1-3b}$$

亦可写成

$$pV_m=RT\left[1+\frac{B}{V_m}+\frac{C}{V_m^2}+\frac{D}{V_m^3}+\cdots\right] \tag{1-3c}$$

或

$$pV_m=RT[1+B'p+C'p^2+D'p^3+\cdots] \tag{1-3d}$$

B、C、…和 B'、C'、…的量值需由实验确定。将某种气体在某温度下测得的若干组 p、V_m 值代入式(1-3)中，可求得最符合该气体在该温度下的实验结果的 B、C、…和 B'、C'、…的量值。每种气体的 B、C、…或 B'、C'、…是温度的函数，所以有时写成 $B(T)$、$C(T)$…或 $B'(T)$、$C'(T)$等(对于气体混合物，则是温度和各组分的组成的函数)。

这种形式的方程称为维里方程，B 和 B'称为第二维里系数，C 和 C'称为第三维里系数。维里(virial)不是人名，它的原意是"力"，这里是指$\frac{n}{V}$的幂级数形式的方程中各项的系数与分子间力有关。这种幂级数形式的状态方程最初是作为经验式提出的，后来应用统计力学推导出方程(1-3c)，其中第一维里、第二维里、…系数分别反映两分子、三分子、…之间的相互作用。

将由式(1-3c)得出的 p 表示式代入式(1-3d)右边，整理后与式(1-3c)中各项的系数对比，可得到 B、C、…与 B'、C'、…的关系 $B'=B/RT$、$C'=C/RT$、…。

压力不太高时，$C\left(\frac{n}{V}\right)^2$、$C'p^2$ 及更高次的项很小，实际气体的 p、V、T 关系可表达为

$$pV_m=RT+Bp \tag{1-3e}$$

(3)混合气体及分压的定义

①混合气体

设混合气体的质量、温度、压力、体积分别为 m、T、p、V。其中含有气体组分为 A、B、…、S，物质的量分别为 n_A、n_B、…、n_S。总的物质的量 $n=\sum_B n_B$；总的质量 $m=\sum_B n_B M_B$，M_B 为气体 B 的摩尔质量；各气体的摩尔分数 y_B(液体混合物为 x_B)$\overset{\text{def}}{=\!=}n_B/n$，$n=\sum_A n_A$(从 A 开始所有组分的物质的量的加和)。

②分压的定义

用压力计测出的混合气体的压力 p 是其中各种气体作用的总结果。按照 IUPAC (International Union of Pure and Applied Chemistry，国际纯粹及应用化学联合会)的建议及我国国家标准的规定，混合气体中某气体的分压力(partial pressure，简称分压)定义为该气体的摩尔分数与混合气体总压力的乘积。即

$$p_B\overset{\text{def}}{=\!=}y_B p \tag{1-4}$$

定义式(1-4)适用于任何混合气体(理想或非理想)。

由此定义必然得出的结论是

$$\sum_B p_B=p\quad\left(\sum_B y_B=1\right) \tag{1-5}$$

即混合气体中各气体的分压之和等于总压力。

③理想气体混合物中气体的分压

实验结果表明，理想气体混合物的 p、V、T、n 符合

$$pV=nRT \quad (n=\sum_{\mathrm{B}} n_{\mathrm{B}}) \tag{1-6}$$

由式(1-4)及式(1-6)得到

$$p_{\mathrm{B}}=n_{\mathrm{B}}RT/V \quad (\text{理想气体}) \tag{1-7}$$

即理想气体混合物中，每种气体的分压等于该气体在混合气体的温度下单独占有混合气体的体积时的压力。

注意　式(1-7)已不作为分压的定义，分压定义是式(1-4)。

(4)液体及固体的体胀系数和压缩系数

液体、固体或气体的 p-V-T 关系都可用体胀系数(α，coefficient of thermal expansion)和压缩系数(κ，coefficient of compressibility)来表示：

$$\alpha \overset{\text{def}}{=\!=} \frac{1}{V}\left(\frac{\partial V}{\partial T}\right)_p \tag{1-8}$$

$$\kappa \overset{\text{def}}{=\!=} -\frac{1}{V}\left(\frac{\partial V}{\partial p}\right)_T \tag{1-9}$$

因 $(\partial V/\partial p)_T<0$，故引入负号使 κ 取正值。α 的意思是定压下温度每升高一单位，体积的增加占原体积的分数。κ 的意思是定温下压力每增加一单位，体积的减小占原体积的分数。液体和固体的 α 和 κ 都很小，数量级见表 1-1。

表 1-1　液体和固体的 α、κ 量值与气体的 α、κ 量值的比较

聚集态	α	κ
固体和液体	$\approx 10^{-4}\ \mathrm{K}^{-1}$	$\approx 10^{-5}\ \mathrm{MPa}^{-1}$
气体	$\approx \frac{1}{T}$	$\approx \frac{1}{p}$

固体的值可比表 1-1 中值小些，液体的值可比表 1-1 中值大些。在一般计算中可以把固体和液体的体积看作不随 T、p 改变的量来处理；气体的 α 和 κ 可由状态方程及定义式(1-8)、式(1-9)求得。

例如，求理想气体的 α：

由 $V=\dfrac{nRT}{p}$，得 $\left(\dfrac{\partial V}{\partial T}\right)_{p,n}=\dfrac{nR}{p}$，所以

$$\alpha=\frac{1}{V}\left(\frac{\partial V}{\partial T}\right)_{p,n}=\frac{nR}{pV}=\frac{1}{T}$$

1.1.6　系统状态的变化过程

1. 过程

在一定条件下，系统由始态变化到终态的经过称为过程(process)。

系统状态的变化过程分为单纯 p、V、T 变化过程，相变化过程，化学变化过程。

2. 几种主要的单纯 p、V、T 变化过程

(1)定温过程

若过程的始态、终态的温度相等，且过程中系统的温度等于环境温度，即 $T_1=T_2=T_{su}$，叫定温过程(isothermal process)。

下标"su"表示"环境"。如 T_{su}、p_{su}分别表示环境的温度和压力(环境施加于系统的压力亦称外压，也可用 p_{ex}表示，"ex"表示"外")。

而定温变化，仅是 $T_1=T_2$，过程中温度可不恒定。

(2)定压过程

若过程的始态、终态的压力相等，且过程中系统的压力恒定等于环境的压力，即 $p_1=p_2=p_{su}$，叫定压过程(isobaric process)。

而定压变化，仅有 $p_1=p_2$，过程中压力可不恒定。

(3)定容过程

系统的状态变化过程中体积的量值保持恒定，$V_1=V_2$，叫定容过程(isochoric process)。

本书常涉及以下特殊变化方式，通常以单纯 p、V、T 过程进行：

(i)绝热过程：系统状态变化过程中与环境间的能量传递，仅可能有功的形式而无热的形式，即 $Q=0$，叫绝热过程(adiabatic process)；

(ii)对抗恒外压膨胀：即系统体积膨胀过程中所对抗环境的压力 p_{su}=常数；

(iii)自由膨胀(free expansion)(或叫向真空膨胀)：如图 1-1 所示，左球内充有气体，右球内为真空，活塞打开后，气体向右球膨胀，因为该过程瞬间完成，系统与环境来不及交换热量，所以属于绝热过程，$Q=0$；

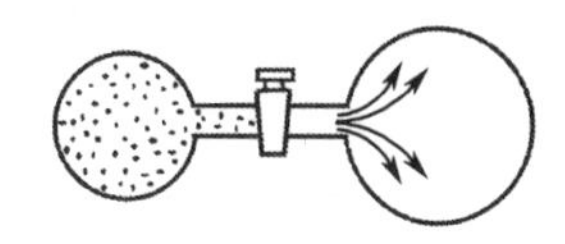

图 1-1　向真空膨胀

(iv)有时由一个以上单一过程组成循环过程(cyclic process)：即系统由始态经一个以上单一过程组成的连续过程，又回复到始态。循环过程中，所有状态函数的改变量都为零。如 $\Delta p=0$，$\Delta T=0$，$\Delta U=0$ 等。

3. 相变化过程与饱和蒸气压及临界参量

(1)相变化过程

相变化(phase transformation)过程是指系统中发生的聚集态的变化过程。如液体的汽化(vaporization)、气体的液化(liquefaction)、液体的凝固(freeze)、固体的熔化(fusion)、固体的升华(sublimation)、气体的凝华(condensation)以及固体不同晶型间的转化(crystal form transition)等。

(2)液(或固)体的饱和蒸气压

在相变化过程中，有关液体或固体的饱和蒸气压的概念是非常重要的。

设在一密闭容器中装有一种液体及其蒸气，如图 1-2 所示。液体分子和蒸气分子都在不停地运动。温度越高，液体中具有较高能量的分子越多，单位时间内由液相跑到气相的分子越多；另一方面，在气相中运动的分子碰到液面时，有可能受到液面分子的吸引进入液相；蒸气体积质量越大(即蒸气的压力越大)，则单位时间内由气相进入液相的分子越多。单位时间内汽化的分子数超过液化的分子数时，宏观上观察到的是蒸气的压

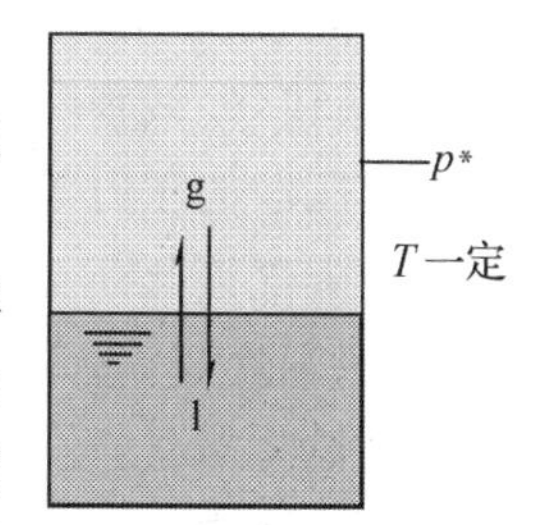

图 1-2　液体的饱和蒸气压

力逐渐增大。单位时间内当液→气及气→液的分子数目相等时，测量出的蒸气的压力不再随时间而变化。这种不随时间而变化的状态即是平衡状态。相之间的平衡称**相平衡**(phase equilibrium)。达到平衡状态只是宏观上看不出变化，实际上微观上变化并未停止，只不过两种相反的变化速率相等，这叫**动态平衡**。

在一定温度下，当液(或固)体与其蒸气达成液(或固)、气两相平衡时，此时气相的压力称为该液(或固)体在该温度下的**饱和蒸气压**(saturated vapor pressure)，简称**蒸气压**。

液体的蒸气压等于外压时的温度称为液体的**沸点**(boiling point)；101.325 kPa下的沸点叫**正常沸点**(normal boiling point)，100 kPa 下的沸点叫**标准沸点**(standard boiling point)。例如水的正常沸点为 100 ℃，标准沸点为99.67 ℃。

表 1-2 列出不同温度下一些液体的饱和蒸气压。有关液体或固体的饱和蒸气压与温度的具体函数关系，我们将在第 2 章中应用热力学原理推导出来。

表 1-2　$H_2O(l)$、$NH_3(l)$和 $C_6H_6(l)$的饱和蒸气压

t/℃	$p^*(H_2O)$/kPa	$p^*(NH_3)$/kPa	$p^*(C_6H_6)$/kPa	t/℃	$p^*(H_2O)$/kPa	$p^*(NH_3)$/kPa	$p^*(C_6H_6)$/kPa
−40		0.71		60	19.9	25.8	52.2
−20		1.88		80	47.3		101
0	0.61	4.24		100	101.325		178
20	2.33	8.5	10.0	120	198		
40	7.37	15.3	24.3				

(3)气体的液化及临界参量

物质处于气体状态时，分子间距离较大，体积质量小，引力小，分子运动引起的离散倾向大；而处于液体状态时则恰好相反。要使气体液化，通常是采取降温、加压措施，此两种措施均有可能使物质的体积缩小，由气体状态转化为液体状态。而这种由气体状态转化为液体状态过程中的 p-V-T 的变化关系是遵循着一定规律的。

1869 年**安德鲁斯**(Andrews T)做了一系列实验，系统地研究了二氧化碳在各种温度下的 p、V 关系，发现了很有意义的规律。后来有人由此得到更精确的实验结果。

如图 1-3 所示每条曲线表示在一定温度下一定量气体的 p 与 V 的关系，称为 **p-V定温线**。在一定温度(T_c)下的 p-V 定温线都有定压段。在 T_1 定温线上 g 及 a 处都是气态，要增加压力才能使体积缩小；a→b 的变化是饱和蒸气(a)→气液两相平衡共存(a→b)→饱和液体(b)，在这个过程中压力不变，体积缩小是由于气体液化的量逐渐增多；b→l(及 l 以后)是液体，bl 线很陡，表示液体很难压缩。

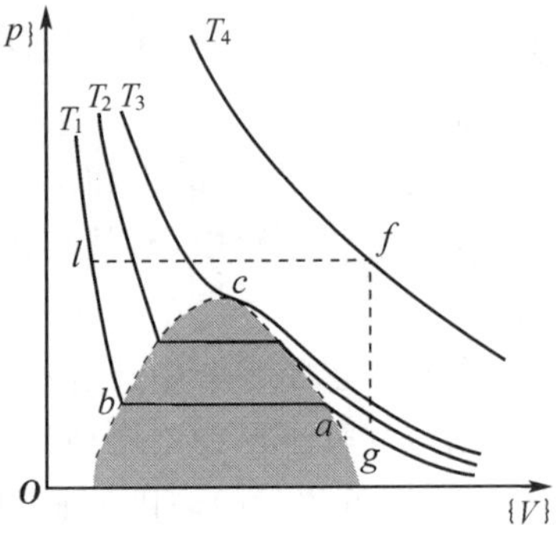

定压段的压力等于该温度下的蒸气压，也就是在该温度下使蒸气液化所需压力。温度越高，使气体液化所需压力越大；温度越高，定压段越短，表示饱和液体和饱和蒸气的体积质量越接近。随着温度的逐步提高(蒸气压跟着提高)，液体体积质量下降，蒸气体积质量上升，饱和蒸气和饱和液体的体积质量(和折射率等性质)趋于一样，观测(观察或用光学等方法检测)不到有两相界面的存在。此时的温

($T_1 < T_2 < T_3 < T_4$)

$T_c(CO_2)$ = 304.2 K

图 1-3　p-V 定温线

度和压力所标志的状态称为临界状态(critical state),此温度和压力分别称为临界温度(critical temperature)和临界压力(critical pressure),在临界温度和临界压力下的摩尔体积称为临界摩尔体积(critical molar volume)。临界温度、临界压力及临界摩尔体积以符号 T_c、p_c 及 $V_{m,c}$ 表示,总称为临界参量(critical parameters)。若干物质的临界参量列于表1-3。对多数物质来说,$T_c \approx 1.6\ T_b$,$V_{m,c} \approx 2.7\ V_m(l, T_b)$,$p_c$ 在5 MPa左右。

表1-3　物质的临界参量

物质	T_c/K	p_c/MPa	$V_{m,c}/(10^{-6}m^3 \cdot mol^{-1})$	物质	T_c/K	p_c/MPa	$V_{m,c}/(10^{-6}m^3 \cdot mol^{-1})$
He	5.19	0.227	57.3	CO_2	304.2	7.38	94
H_2	33.2	1.30	65	H_2O	647.3	22.05	56
N_2	126.2	3.39	90	C_6H_6	562.1	4.89	259
O_2	154.6	5.05	73.4				

由表1-3可见,N_2、O_2 等的 T_c 比常温低很多。过去因在一般低温下无论加多大压力也不能使这些气体液化,所以认为这些气体是不可能液化的。这是由于感性知识不完全、不系统而得到的错误结论。安德鲁斯以 CO_2 为对象进行了系统的实验后,认识到对每种气体,只要温度低于其临界温度,都能在定温下加压使之液化。

由图1-3可以看出,温度在 T_c 以下的气体可以经过定温压缩变为液体,如沿 T_1 定温线由 g 经 a、b 到 l。在这个过程中相变是不连续的,也就是说,中间出现两相共存的状态。但 $g \to l$ 的相变亦可以是连续的,例如气体由 g 经 f 到 l 的过程,f 是 $T > T_c$ 及 $p > p_c$ 的任一状态。$g \to f$ 是气体在定容下升温(压力跟着升高)到 f 点的状态。$f \to l$ 是气体在 $p > p_c$ 的条件下定压降温(体积跟着缩小)到 l 点的状态。$g \to f \to l$ 不越过由 bca 曲线包围的两相共存区,在这个过程中系统体积质量的变化是各处均匀的、连续的,不出现两相共存的状态。这表明气态与液态是可以连续过渡的。

温度在 T_c 以上,压力接近或超过 p_c 的流体称为超临界流体(supercritical fluid)。超临界流体由于体积质量大、分子间吸引力强,可以溶解某些物质。降压后超临界流体成为气体,溶解的物质便分离出来。所以超临界流体在萃取分离技术上有重要应用。这将在第2、3章中进一步讨论。

4. 化学变化过程与反应进度

系统中发生化学反应致使系统中物质的性质和组成发生了变化,称为化学变化过程(process of chemistry change),如反应

$$aA + bB = yY + zZ$$

可简写成

$$\sum_R (-\nu_R R) = \sum_P \nu_P P \tag{1-10}$$

式中,ν_R、ν_P 分别为反应物R及产物P的化学计量数。

式(1-10)还可写成更简单形式:

$$0 = \sum_B \nu_B B \tag{1-11}$$

式中,B为参与化学反应的物质(代表反应物A、B或产物Y、Z,可以是分子、原子或离子,简称反应参与物);ν_B 称为B的化学计量数(stoichiometric number of B),它是量纲一的量。为

满足式(1-10)和式(1-11)等的关系，则规定 ν_B 对反应物为负，对生成物为正，即 $\nu_A=-a$，$\nu_B=-b$，$\nu_Y=y$，$\nu_Z=z$。

若用符号 ξ 表示反应进度，且 $n_{B,0}$ 与 n_B 分别表示反应前($\xi=0$)与反应后($\xi=\xi$)B 的物质的量，则 $n_B-n_{B,0}=\nu_B\xi$，$dn_B=\nu_B d\xi$，于是

$$d\xi \xlongequal{\text{def}} \nu_B^{-1} dn_B \quad 或 \quad \Delta\xi \xlongequal{\text{def}} \nu_B^{-1}\Delta n_B \tag{1-12}$$

式(1-12)为反应进度(extent of reaction)的定义式，ξ 的单位为 mol。

20 世纪初，比利时化学家德唐德(de Donder T E)最早引入反应进度的概念，我国国家标准、ISO 国际标准分别于 1982 年和 1992 年起引入反应进度的概念。反应进度是化学学科中最基础的量之一。反应进度 ξ 的引入，使化学反应过程的热力学函数[变]从旧化学教材或文献中的广度量 $\Delta_r X$，变为现在的强度量 $\Delta_r X_m$，从而使许多热力学公式等式两端的单位或量纲统一了。

此外，有关化学反应转化速率的定义、活化能的单位等，现在都已经理顺，并都有了明确的意义，凡涉及反应过程中的一些物理量的下标"m"，都表明该物理量的单位中含有"mol^{-1}"，指的都是"每摩尔反应进度"。

为帮助初学者对反应进度概念的深化理解，再做以下几点说明：

(i)反应进度[变]$\Delta\xi=\xi_2-\xi_1$，若 $\xi_1=0$，则 $\Delta\xi=\xi_2=\xi$；若 $\Delta\xi=1$ mol，可称为化学反应发生了"1 mol 反应进度"，不能称为发生了"1 mol 反应"，也不能称为发生了"1 个单位(或单元)反应"。因为这里的"mol"是反应进度 ξ 的单位，"反应"不是物理量而是一个变化过程，不存在单位问题。

(ii)反应进度[变]是针对化学反应整体而言的，它不是特指某一反应参与物的反应进度[变]。即不论用反应参与物中哪一种物质 B 来表示反应进度[变]$\Delta\xi_B$，其量值都是一致的。如对反应

$$aA+bB \longrightarrow yY+zZ$$

应有

$$\Delta\xi(aA)=\Delta\xi(bB)=\Delta\xi(yY)=\Delta\xi(zZ)$$

但
$$\Delta\xi(A)\neq\Delta\xi(B)\neq\Delta\xi(Y)\neq\Delta\xi(Z) \quad (a=b=y=z\ 除外)$$

若 $\Delta\xi=1$ mol，表明 1 mol(aA)与 1 mol(bB)完全反应，生成 1 mol(yY)与1 mol(zZ)。而不能理解为 a mol A 与 b mol B 完全反应，生成 y mol Y 与 z mol Z。因为化学计量数 ν_B 的单位是 1，不是 mol。

(iii)反应进度[变]$\Delta\xi$ 与计量方程有关，计量方程不同，式(1-12)中 Δn_B 的基本单元选择不同。对给定反应，由反应计量式分别选择以(aA)、(bB)、(yY)、(zZ)为 Δn_B 的基本单元，而不以(A)、(B)、(Y)、(Z)为 Δn_B 的基本单元。

【例 1-1】 以合成氨反应为例，讨论反应进度的有关概念：(1) 反应进度[变] $\Delta\xi$ 是对化学反应整体而言的，反应参与物中任一组分的反应进度的量值相等；(2)说明 $\Delta\xi=1$ mol 的含义；(3) 按反应的不同计量方程，选择各组分物质的量的基本单元，由反应进度的定义式计算反应进度[变] $\Delta\xi_B$。

解 对于合成氨反应，计量方程式可写成

$$N_2+3H_2 = 2NH_3 \tag{i}$$

$$\frac{1}{2}N_2+\frac{3}{2}H_2 = NH_3 \qquad \text{(ii)}$$

…

(1) 对计量方程(i),有　$\Delta\xi(N_2)=\Delta\xi(3H_2)=\Delta\xi(2NH_3)$

对计量方程(ii),有　$\Delta\xi(\frac{1}{2}N_2)=\Delta\xi(\frac{3}{2}H_2)=\Delta\xi(NH_3)$

无论对计量方程(i)还是(ii)都有

$$\Delta\xi(N_2)\neq\Delta\xi(H_2)\neq\Delta\xi(NH_3)$$

(2) 对计量方程(i),当 $\Delta\xi(N_2)=1$ mol 时,表明 1 mol(N_2)与 1 mol($3H_2$)完全反应,生成1 mol($2NH_3$),而不能理解为 1 mol(N_2)与 3 mol(H_2)完全反应,生成 2 mol(NH_3)。

对计量方程(ii),当 $\Delta\xi(\frac{1}{2}N_2)=1$ mol 时,表明 1 mol($\frac{1}{2}N_2$)与 1 mol($\frac{3}{2}H_2$)完全反应,生成1 mol(NH_3),而不能理解为$\frac{1}{2}$ mol(N_2)与$\frac{3}{2}$ mol(H_2)完全反应,生成 1 mol(NH_3)。

(3) 计算反应进度[变]$\Delta\xi$ 对应同一反应的指定计量方程式,计量方程不同,Δn_B 的基本单元选择不同。对合成氨反应,由反应进度定义式 $\Delta\xi_B=\frac{\Delta n_B}{\nu_B}$可计算:

对计量方程(i),若令 $\Delta n(N_2)=-1$ mol[或令 $\Delta n(3H_2)=-1$ mol,或令 $\Delta n(2NH_3)=1$ mol],则

$$\Delta\xi(N_2)=-1\ \text{mol}\times1/(-1)=1\ \text{mol}$$

$$\Delta\xi(3H_2)=-1\ \text{mol}\times3/(-3)=1\ \text{mol}$$

$$\Delta\xi(2NH_3)=1\ \text{mol}\times2/2=1\ \text{mol}$$

即　$\Delta\xi(N_2)=\Delta\xi(3H_2)=\Delta\xi(2NH_3)=1$ mol

对计量方程(ii),若令 $\Delta n(\frac{1}{2}N_2)=-1$ mol[或令 $\Delta n(\frac{3}{2}H_2)=-1$ mol,或令 $\Delta n(NH_3)=1$ mol],则

$$\Delta\xi(\frac{1}{2}N_2)=-1\ \text{mol}\times\frac{1}{2}/(-\frac{1}{2})=1\ \text{mol}$$

$$\Delta\xi(\frac{3}{2}H_2)=-1\ \text{mol}\times\frac{3}{2}/(-\frac{3}{2})=1\ \text{mol}$$

$$\Delta\xi(NH_3)=1\ \text{mol}\times1/1=1\ \text{mol}$$

即　$\Delta\xi(\frac{1}{2}N_2)=\Delta\xi(\frac{3}{2}H_2)=\Delta\xi(NH_3)=1$ mol

当不按计量方程的计量数选择 Δn_B 的基本单元时,例如对方程(ii),若将所有反应参与物都选择为 $\Delta n(N_2)=-1$ mol,$\Delta n(H_2)=-1$ mol,$\Delta n(NH_3)=1$ mol,计算 $\Delta\xi_B$,会有

$$\Delta\xi(N_2)=-1\ \text{mol}\times1/(-\frac{1}{2})=2\ \text{mol}$$

$$\Delta\xi(H_2)=-1\ \text{mol}\times1/(-\frac{3}{2})=\frac{2}{3}\ \text{mol}$$

$$\Delta\xi(NH_3)=1\ \text{mol}\times1/1=1\ \text{mol}$$

于是　$\Delta\xi(N_2)=2\ \text{mol}\neq\Delta\xi(H_2)=\frac{2}{3}\ \text{mol}\neq\Delta\xi(NH_3)=1\ \text{mol}$

这与前述说明(ii)相悖。

1.1.7　系统状态变化的途径与状态函数法

系统由某一始态变化到同一终态可以通过不同的变化经历来实现,既可以只经历一种

过程，亦可以连续经历若干个过程，这种不同的变化经历，称为系统状态变化的途径(path)。而在这不同的变化途径中系统的任何状态函数的变化的量值，仅与系统变化的始、终态有关，而与变化经历的不同途径无关。例如，下述理想气体的 p、V、T 变化可通过两个不同途径来实现：

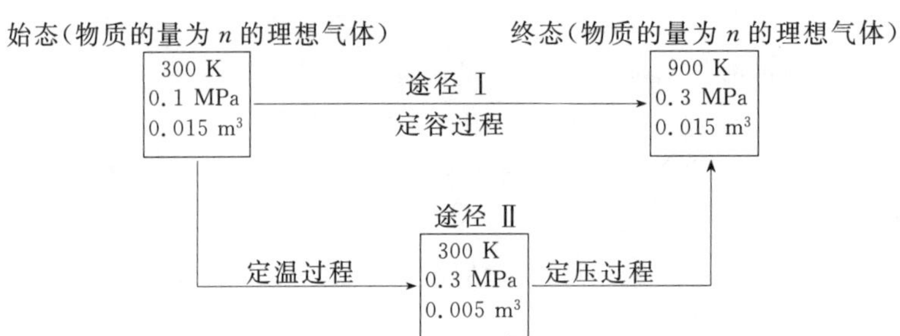

即途径Ⅰ仅由一个定容过程组成，此时，过程与途径是等价的；途径Ⅱ则由定温及定压两个过程组合而成，此时，途径则是系统由始态到终态所经历的过程的总和。在两种变化途径中，系统的状态函数变化的量值，如 $\Delta T=600\ \text{K}$，$\Delta p=0.2\ \text{MPa}$，$\Delta V=0$ 却是相同的，不因途径不同而改变。也就是说，当系统的状态变化时，状态函数的改变量只决定于系统的始态和终态，而与变化的过程或途径无关。即系统状态变化时，

状态函数的改变量＝系统终态的函数量值－系统始态的函数量值

状态函数的这一特点，在热力学中有广泛的应用。例如，不管实际过程如何，可以根据始态和终态选择理想的过程建立状态函数间的关系，可以选择较简便的途径来计算状态函数的变化等。这种处理方法是热力学中的重要方法，通常称为状态函数法。

注意　按照本书关于过程与途径的界定，若系统从同一始态 A 出发，通常选择不同的单一过程不可能达到同一终态 B，而选择不同的途径则一定能达到同一终态 B。所以界定过程与途径的区别是必要的。在这个基础上，我们才能说，状态函数的改变只决定于系统的终态和始态，而与变化的过程与途径无关。

1.1.8　偏微分和全微分在描述系统状态变化上的应用

若 $X=f(x,y)$，则其全微分为

$$\mathrm{d}X=\left(\frac{\partial X}{\partial x}\right)_y\mathrm{d}x+\left(\frac{\partial X}{\partial y}\right)_x\mathrm{d}y$$

以一定量纯理想气体，$V=f(p,T)$ 为例：

$$\mathrm{d}V=\left(\frac{\partial V}{\partial p}\right)_T\mathrm{d}p+\left(\frac{\partial V}{\partial T}\right)_p\mathrm{d}T$$

$\left(\frac{\partial V}{\partial p}\right)_T$ 是系统在 T、p、V 的状态下，当 T 不变而改变 p 时，V 对 p 的变化率；$\left(\frac{\partial V}{\partial T}\right)_p$ 是当 p 不变而改变 T 时，V 对 T 的变化率。全微分 $\mathrm{d}V$ 则是当系统的 p 改变 $\mathrm{d}p$，T 改变 $\mathrm{d}T$ 时所引起的 V 的变化量值的总和。在物理化学中，类似这种状态函数的偏微分和全微分是经常用到的。

1.2 热、功

1.2.1 热

由于系统与环境间温度差的存在而引起的系统与环境间能量传递形式，称为热(heat)，单位为 J。热以符号 Q 表示。热的计量以环境为准，$Q>0$ 表示环境向系统放热(系统从环境吸热)，$Q<0$ 表示环境从系统吸热(系统向环境放热)。

当系统发生变化的始态、终态确定后，Q 的量值还与具体过程或途径有关，因此，热 Q 不具有状态函数的性质。说系统的某一状态具有多少热是错误的，因为它不是状态函数。对微小变化过程的热用符号 δQ 表示，它表示 Q 的无限小量，这是因为热 Q 不是状态函数，所以不能以全微分 $\mathrm{d}Q$ 表示。

1.2.2 功

由于系统与环境间压力差或其他机电“力”的存在而引起的系统与环境间能量传递形式，称为功(work)，单位为 J。功以符号 W 表示。按 IUPAC 的建议，功的计量也以环境为准。$W>0$ 表示环境对系统做功(环境以功的形式失去能量)，$W<0$ 表示系统对环境做功(环境以功的形式得到能量)。功也是与过程或途径有关的量，它不是状态函数。对微小变化过程的功以 δW 表示。

视频

热与功的转换

功可分为体积功和非体积功。所谓体积功(volume work)，是指系统发生体积变化时与环境传递的功，用符号 W_v 表示(下标 v 表示“体积”，不代表定容)；所谓非体积功(non-volume work)，是指体积功以外的所有其他功，用符号 W' 表示，如机械功、电功、表面功等。

1.2.3 体积功的计算

以下讨论体积功的计算。如图 1-4 所示，一个带有活塞贮有一定量气体的气缸，截面积为 A_s，环境压力为 p_su。设活塞在外力方向上的位移为 $\mathrm{d}l$，系统体积改变 $\mathrm{d}V$。环境做功 δW_v，即定义

$$\delta W_\mathrm{v} \xlongequal{\mathrm{def}} F_\mathrm{su}\,\mathrm{d}l = \left(\frac{F_\mathrm{su}}{A_\mathrm{s}}\right)(A_\mathrm{s}\,\mathrm{d}l)$$

$$F_\mathrm{su}/A_\mathrm{s} = p_\mathrm{su}, \quad A_\mathrm{s}\,\mathrm{d}l = -\mathrm{d}V$$

于是

$$\delta W_\mathrm{v} \xlongequal{\mathrm{def}} -p_\mathrm{su}\,\mathrm{d}V \tag{1-13}$$

$$W_\mathrm{v} = -\int_{V_1}^{V_2} p_\mathrm{su}\,\mathrm{d}V \tag{1-14}$$

式(1-13)为体积功的定义式，由式(1-14)出发，可计算各种过程的体积功。

由图 1-4 及式(1-14)可知，体积功包含膨胀功及压缩功，膨胀功为系统对环境做功，其

值为负；而压缩功为环境对系统做功，其值为正。（以往的教材中常把“体积功”称为“膨胀功”显然是片面的）

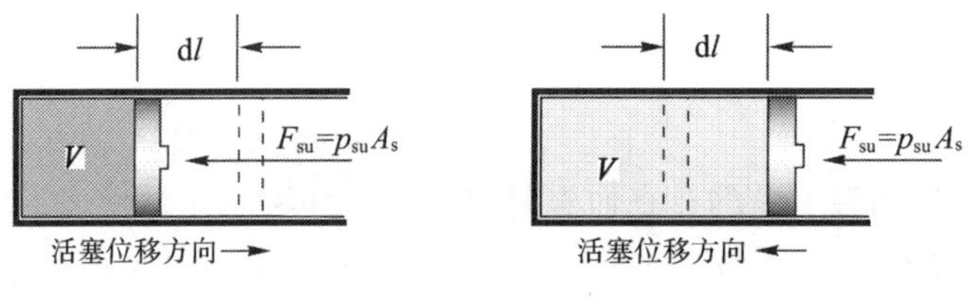

(a)系统膨胀　　(b)系统压缩

图 1-4　体积功的计算

1. 定容过程的体积功

由式(1-14)，因 $dV=0$，故 $W_v=0$。

2. 气体自由膨胀过程的体积功

如图 1-1 所示，左球内充有气体，右球内为真空，旋通活塞，则气体由左球向右球膨胀，$p_{su}=0$；或取左、右两球均包括在系统之内，即 $dV=0$，则由式(1-14)，均得 $W_v=0$。

3. 对抗恒定外压过程的体积功

对抗恒定外压过程，p_{su}＝常数，由式(1-14)，有

$$W_v=-\int_{V_1}^{V_2} p_{su}dV=-p_{su}(V_2-V_1)$$

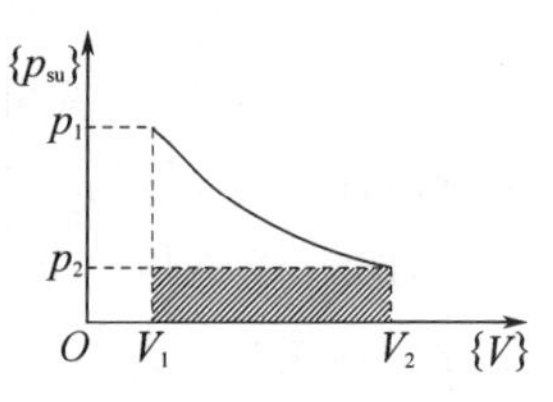

图 1-5　对抗恒定外压过程的功

如图 1-5 所示，对抗恒定外压过程系统所做的功如图中阴影的面积，即 $-W_v$（因为系统做功为负值）。

【例 1-2】 3.00 mol 理想气体，在 100 kPa 的条件下，由 25 ℃定压加热到 60 ℃，计算该过程的功。

解

$$W_v=-p_{su}(V_2-V_1)=-p_{su}\Delta V=-nR\Delta T=$$
$$-3.00\ \text{mol}\times 8.3145\ \text{J}\cdot\text{K}^{-1}\cdot\text{mol}^{-1}\times$$
$$(333.15-298.15)\ \text{K}=-873\ \text{J}$$

注意　$W_v=-873$ J，表明环境做了负功，也可表示为 $-W_v=873$ J，并说成“系统对环境做功 873 J”。

【例 1-3】 2.00 mol 水在 100 ℃、101.3 kPa 下定温定压汽化为水蒸气，计算该过程的功（已知水在 100 ℃时的体积质量为 0.958 3 $\text{kg}\cdot\text{dm}^{-3}$）。

解

$$W_v=-p_{su}(V_2-V_1)=-p_{su}(V_g-V_l)=$$
$$-101.3\times10^3\ \text{Pa}\times\left[\frac{2.00\ \text{mol}\times 8.3145\ \text{J}\cdot\text{K}^{-1}\cdot\text{mol}^{-1}\times 373.15\ \text{K}}{101.3\times10^3\ \text{Pa}}-\right.$$
$$\left.\frac{2.00\ \text{mol}\times 18.02\times10^{-3}\ \text{kg}\cdot\text{mol}^{-1}}{0.9583\times10^3\ \text{kg}\cdot\text{m}^{-3}}\right]=-6.20\ \text{kJ}$$

（环境做负功，即系统对环境做功）

在远低于临界温度时，$V_g \gg V_l$，若气体可视为理想气体，则

$$W_v\approx -p_{su}V_g=-p_gV_g=-nRT=$$
$$-2.00\ \text{mol}\times 8.3145\ \text{J}\cdot\text{K}^{-1}\cdot\text{mol}^{-1}\times 373.15\ \text{K}=-6.21\ \text{kJ}$$

上两例中都用到了 $p_{su}(V_2-V_1)$，这是各种恒外压过程的共性，但 (V_2-V_1) 的具体含义不同，这取决于过程的特性。又如稀盐酸中投入锌粒后，发生反应：

$$Zn(s)+2HCl(aq)\longrightarrow ZnCl_2(aq)+H_2(g)\ (p=101.325\ \text{kPa})$$

这时 $(V_2-V_1)\approx$ 产生 H_2 的体积，$V(H_2)=n(H_2)RT/p$。因此要具体问题具体分析。

1.3　可逆过程、可逆过程的体积功

如前所述，按过程中变化的内容，有含相变或反应的过程，亦有单纯 p、V、T 变化的过程；按过程进行的条件，有定压过程、定温过程、定容过程、绝热过程等各种过程。无论上述哪种过程，都可设想过程按理想的（准静态的或可逆的）模式进行。

1.3.1　准静态过程

若系统由始态到终态的过程是由一连串无限邻近且无限接近于平衡的状态构成，则这样的过程称为准静态过程（quasi-static process）。

现以在定温条件下（即系统始终与一个定温热源相接触）气体的膨胀过程为例来说明准静态过程。

设一个贮有一定量气体的气缸，截面积为 A_s，与一定温热源相接触，如图 1-6 所示。假设活塞无重量，可以自由活动，且与器壁间没有摩擦力。开始时活塞上放有四个重物，使气缸承受的环境压力 $p_{su}=p_1$，即气体的初始压力。以下分别讨论几种不同的定温条件下的膨胀过程。

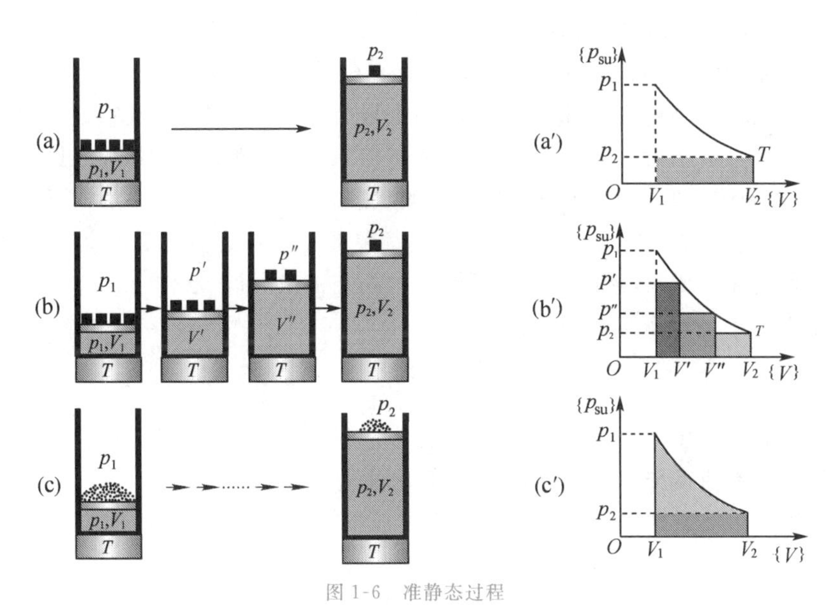

图 1-6　准静态过程

(i)将活塞上的重物同时取走三个，如图 1-6(a)所示，环境压力由 p_1 降到 p_2，气缸在 p_2 环境压力下由 V_1 膨胀到 V_2，系统变化前后温度都是 T。过程中系统对环境做功

$$-W_v=p_{su}\Delta V=p_2(V_2-V_1)$$

相当于如图 1-6(a′)所示长方形阴影面积。

(ii)将活塞上重物分三次逐一取走，如图 1-6(b)所示。环境压力由 p_1 分段经 p'、p''降到 p_2，气体由 V_1 分段经 V'、V''膨胀到 V_2（每段膨胀后温度都回到 T）。这时系统对环境做功

$$-W_v = p'(V'-V_1)+p''(V''-V')+p_2(V_2-V'')$$

相当于如图 1-6(b′)所示阶梯形阴影面积。

(iii)设想活塞上放置一堆无限微小的砂粒(总重量相当于前述的 4 个重物),如图 1-6(c)所示。开始时气体处于平衡态,气体与环境压力都是 p_1,取走一粒砂后,环境压力降低 $\mathrm{d}p$(微小正量);膨胀 $\mathrm{d}V$ 后,气体压力降为$(p_1-\mathrm{d}p)$。这时气体与环境内外压力又相等,气体达到新的平衡状态。再将环境压力降低 $\mathrm{d}p$(即再取走一粒砂),气体又膨胀 $\mathrm{d}V$,依此类推,直到膨胀到 V_2,气体与环境压力都是 p_2(所剩的一小堆砂粒相当于前述的一个重物)。在过程中任一瞬间,系统的压力 p 与此时的环境压力 p_{su} 相差极为微小,可以看作 $p_{su}=p$。由于每次膨胀的推动力极小,过程的进展无限慢,系统与环境无限趋近于热平衡,可以看作 $T=T_{su}$。此过程由一连串无限邻近且无限接近于平衡的状态构成。上述过程 $T_{su}=$常数,所以 $T=T_{su}=$常数,也就是说,在定温下的准静态过程中,系统的温度也是恒定的。

在上述过程中,系统对环境做功

$$-W_v=\int_{V_1}^{V_2} p_{su}\mathrm{d}V=\int_{V_1}^{V_2} p\mathrm{d}V \tag{1-15a}$$

其量值可用如图 1-6(c′)所示阴影面积来代表。与过程(i)、(ii)相比较,在定温条件下,在无摩擦力的准静态过程中,系统对环境做功$(-W_v)$为最大。

无摩擦力的准静态过程还有一个重要的特点:系统可以由该过程的终态按原途径步步回复,直到系统和环境都恢复到原来的状态。例如设想由上述过程的终态,在活塞上额外添加一粒无限微小的砂,环境压力增加到$(p_2+\mathrm{d}p)$,气体将被压缩,直到气体压力与环境压力相等,气体达到新的平衡状态。这时可以将原来最后取走的一粒细砂(它处在原来取走时的高度)加上,气体又被压缩一步。依次类推,依序将原来取走的细砂(各处在原来取走时的不同高度)逐一加回到活塞上,气体将回到原来的状态。环境中除额外添加的那粒无限细的砂降低一定高度外(这是完全可以忽略的),其余都复原了。通过具体计算可以得到同样的结论。在此过程的任一瞬间,系统压力与环境压力相差极微,可以看作 $p_{su}=p$。同样可以推知 $T=T_{su}=$常数。环境对系统做的体积功

$$W_v=-\int_{V_2}^{V_1} p_{su}\mathrm{d}V=-\int_{V_2}^{V_1} p\mathrm{d}V \tag{1-15b}$$

由于沿同一定温途径积分,它正好等于在原膨胀过程中系统对环境所做的功,见式(1-15a)。所以这一压缩过程使系统回到了始态,同时环境也复原了。

上述压缩过程也是准静态过程。对于定温压缩来说,无摩擦力的准静态过程中环境对系统所做的功为最小。

1.3.2 可逆过程

设系统按照过程 L 由始态 A 变到终态 B,相应的环境由始态Ⅰ变到终态Ⅱ,假如能够设想一过程 L' 使系统和环境都恢复原来的状态,则原过程 L 称为可逆过程(reversible process)。反之,如果不可能使系统和环境都完全复原,则原过程 L 称为不可逆过程(irreversible process)。

上述定温下无摩擦力的准静态膨胀过程和压缩过程都是可逆过程。热力学中涉及的可

逆过程都是无摩擦力(以及无黏滞性、电阻、磁滞性等广义摩擦力)的准静态过程。热力学可逆过程具有下列几个特点:

(i)在整个过程中,系统内部无限接近于平衡;

(ii)在整个过程中,系统与环境的相互作用无限接近于平衡,因此过程的进展无限缓慢;环境的温度、压力与系统的温度、压力相差甚微,可看作相等,即

$$T_{su}=T,\quad p_{su}=p$$

(iii)系统和环境能够由终态,沿着原来的途径从相反方向步步回复,直到都恢复到原来的状态。

可逆过程是一种理想的过程,不是实际发生的过程。能觉察到的实际发生的过程,应当在有限的时间内发生有限的状态变化,例如气体的自由膨胀过程,就是不可逆过程,而热力学中的可逆过程是无限慢的,意味着实际上的静止。但平衡态热力学是不考虑时间变量的,尽管需要无限长的时间才使系统发生某种变化,也还是一种热力学过程。可以设想一些过程无限趋近于可逆过程,譬如在无限接近相平衡条件下发生的相变化(如液体在其饱和蒸气中蒸发,溶质在其饱和溶液中溶解)以及在无限接近化学平衡的情况下发生的化学反应等都可视为可逆过程。

1.3.3 可逆过程的体积功

可逆过程,因 $p_{su}=p$,则由式(1-13),有

$$\delta W_v=-p_{su}\mathrm{d}V=-p\mathrm{d}V$$

$$W_v=-\int_{V_1}^{V_2}p\mathrm{d}V \tag{1-16a}$$

式中,p、V 都是系统的性质。过程中各状态的 p 和 V 可以用物质的状态方程联系起来,例如 $p=f(T,V)$,则

$$W_v=-\int_{V_1}^{V_2}f(T,V)\mathrm{d}V$$

对于理想气体的膨胀过程,由 $pV=nRT$,得

$$W_v=-\int_{V_1}^{V_2}\frac{nRT}{V}\mathrm{d}V=-nR\int_{V_1}^{V_2}\frac{T}{V}\mathrm{d}V$$

还需知过程中 T 与 V 的关系,才能求出上述积分。

对于理想气体的定温膨胀过程,T 为恒量,得

$$W_v=-nRT\int_{V_1}^{V_2}\frac{\mathrm{d}V}{V}=-nRT\ln\frac{V_2}{V_1} \tag{1-16b}$$

【例1-4】 求下列过程的体积功:(1)10 mol N_2,由 300 K、1.0 MPa 定温可逆膨胀到 1.0 kPa;(2)10 mol N_2,由 300 K、1.0 MPa 定温自由膨胀到 1.0 kPa;(3)讨论所得计算结果。(视上述条件下的 N_2 为理想气体)

解 (1)对理想气体定温可逆过程,由式(1-16b)

$$W_v=-nRT\ln\frac{V_2}{V_1}=nRT\ln\frac{p_2}{p_1}=$$

$$10\ \mathrm{mol}\times 8.3145\ \mathrm{J\cdot mol^{-1}\cdot K^{-1}}\times 300\ \mathrm{K}\times\ln\frac{1\times10^{-3}\ \mathrm{MPa}}{1.0\ \mathrm{MPa}}=-172.3\ \mathrm{kJ}$$

(2)自由膨胀过程为不可逆过程,故式(1-16a)不适用。由式(1-14),$p_{su}=0$,所以 $W_v=0$。

(3)对比(1)、(2)的结果可知,虽然两过程的始态相同,终态也相同,但做功并不相同,这是因为 W 不是状态函数,其量值与过程有关。

Ⅱ 热力学第一定律

1.4 热力学能、热力学第一定律的表述

1.4.1 热力学能

1840—1848 年,焦耳做了一系列实验,都是在盛有定量水的绝热箱中进行的。使箱外一个重物(M)下坠,通过适当的装置搅拌水,如图 1-7(a)所示,或开动电机,如图 1-7(b)所示,或压缩气体,如图 1-7(c)所示,使水温升高。总结这些实验结果,引出一个重要的结论:无论以何种方式,无论直接或分成几个步骤,使一个绝热封闭系统从同一始态变到同一终态,所需的功是一定的。这个功只与系统的始态和终态有关。这表明系统存在一个状态函数,在绝热过程中此状态函数的改变量等于过程的功。以符号 U 表示此状态函数,上述结论可表示为

$$U_2-U_1 \stackrel{\text{def}}{=\!=\!=} W(\text{封闭,绝热}) \tag{1-17}$$

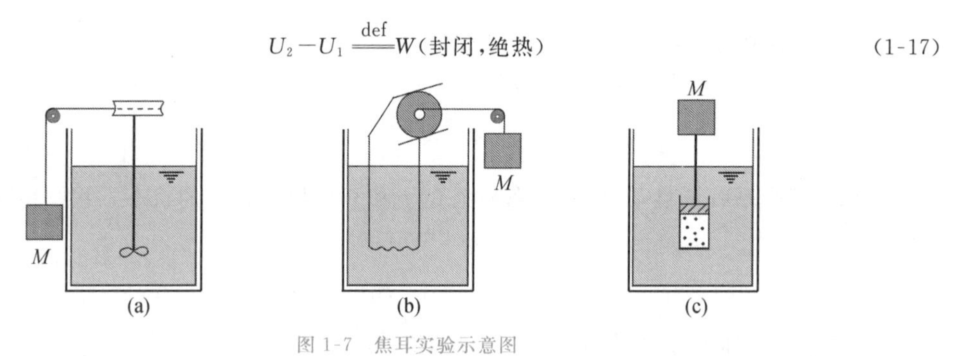

图 1-7 焦耳实验示意图

环境做功可归结为环境中一个重物下坠,即以重物的势能降低为代价,并以此来计量 W。绝热过程中 W 就是环境能量降低的量值。按能量守恒,绝热系统应当增加同样多的能量,于是从式(1-17)可以推断 U 是系统具有的能量。系统在变化前后是静止的,而且在重力场中的位置也没有改变,可见系统的整体动能和整体势能没有变,$\Delta U=U_2-U_1$ 只代表系统内部能量的增加。根据 GB 3102.8—1993,状态函数 U 称为热力学能(thermodynamic energy),单位为 J。

焦耳实验的结果还表明,使水温升高单位热力学温度所需的绝热功与水的物质的量成正比,联系式(1-17),可知 U 是广度性质。

1.4.2 热力学第一定律的表述

式(1-17)是能量转化与守恒定律应用于封闭系统绝热过程的特殊形式。封闭系统发生的过程一般不是绝热的。当系统与环境之间的能量传递除功的形式之外还有热的形式时,

则根据能量守恒，必有

$$U_2-U_1=Q+W \quad （封闭） \quad (1\text{-}18)$$

或

$$\Delta U=Q+W \quad （封闭） \quad (1\text{-}19)$$

对于微小的变化

$$dU=\delta Q+\delta W \quad （封闭） \quad (1\text{-}20)$$

dU 称为热力学能的微小增量，δQ 和 δW 分别称为微量的热和微量的功。

式(1-19)及式(1-20)即为封闭系统的**热力学第一定律**(first law of thermodynamics)的数学表达式。文字上可表述为：任何系统在平衡态时有一状态函数 U，叫**热力学能**(thermodynamic energy)。封闭系统发生状态变化时其热力学能的改变量 ΔU 等于变化过程中环境传递给系统的热 Q 及功 W（包括体积功和非体积功之和，即 $W=W_v+W'$）的总和。式(1-19)亦可作为热力学能的定义式。

热力学第一定律的实质是能量守恒。即封闭系统中的热力学能，不会自行产生或消灭，只能以不同的形式等量地相互转化。因此也可以用"**第一类永动机**(first kind of perpetual motion machine)不能制成"来表述热力学第一定律。所谓"第一类永动机"是指不需要环境供给能量就可以连续对环境做功的机器。

【例 1-5】 试由式(1-19)得到下列条件下的特殊式：(1) 隔离系统中的过程；(2) 循环过程；(3) 绝热过程。

解 (1)隔离系统中的过程，因 $Q=0$，$W=0$，所以由式(1-19)，$\Delta U=0$，即隔离系统的热力学能是守恒的。

(2)循环过程，因 $\Delta U=0$，所以由式(1-19)，得

$$Q=-W$$

(3)绝热过程，因 $Q=0$，所以由式(1-19)，得

$$\Delta U=W$$

下面再从微观上进一步理解热力学能的物理意义：

从热力学第一定律或热力学能的定义式可知，热力学能是一个状态函数，属广度性质，具有能量的含义和量纲，单位为 J，是一个宏观量。就热力学范畴本身来说，对热力学能的认识仅此而已。

对热力学能的微观理解并不是热力学方法本身所要求的。但从不同角度去了解它，会使我们深化对热力学能的理解。

热力学系统是由大量的运动着的微观粒子（分子、原子、离子等）所组成的，所以系统的热力学能从微观上可理解为系统内所有粒子所具有的动能（粒子的平动能、转动能、振动能）和势能（粒子间的相互作用能）以及粒子内部的动能与势能的总和，而不包括系统的整体动能和整体势能。

应当说明的是，对热力学能的微观理解不能作为热力学能的定义。

1.5　定容热、定压热及焓

1.5.1　定容热

对定容且 $W'=0$ 的过程，$W=0$ 或 $\delta W=0$，定容热用 Q_V 表示，由式(1-19)及式(1-20)，有

$$Q_V=\Delta U \quad （封闭，定容，W'=0） \quad (1\text{-}21a)$$

式(1-21a)表明,在定容且 $W'=0$ 的过程中,封闭系统从环境吸的热,在量值上等于系统热力学能的增加。(应当注意,这只是在给定条件下,二者在量值上相等,二者的概念不能混同)

若系统发生了微小的变化,则有

$$\delta Q_V = \mathrm{d}U \quad (\text{封闭,定容,}\delta W'=0) \tag{1-21b}$$

1.5.2 定压热及焓

在定压过程中,体积功 $W_v=-p_{su}\Delta V$,若 $W'=0$,定压热用 Q_p 表示,则由式(1-19),有

$$\Delta U = Q_p - p_{su}\Delta V$$

即

$$U_2 - U_1 = Q_p - p_{su}(V_2 - V_1)$$

因

$$p_1 = p_2 = p_{su}$$

所以

$$U_2 - U_1 = Q_p - (p_2V_2 - p_1V_1)$$

或

$$Q_p = (U_2 + p_2V_2) - (U_1 + p_1V_1) = \Delta(U + pV) \tag{1-22}$$

定义

$$H \xlongequal{\text{def}} U + pV \tag{1-23}$$

则

$$Q_p = \Delta H \quad (\text{封闭,定压,}W'=0) \tag{1-24a}$$

式中,H 叫焓(enthalpy),单位为 J。

式(1-24a)表明:在定压及 $W'=0$ 的过程中,封闭系统从环境所吸收的热,在量值上等于系统焓的增加。

注意 在给定条件下,Q_p、ΔH 在量值上相等,二者的概念不能混同。

若系统发生了微小的变化,则有

$$\delta Q_p = \mathrm{d}H \quad (\text{封闭,定压,}\delta W'=0) \tag{1-24b}$$

从焓的定义式(1-23)来理解,焓是状态函数,它等于 $U+pV$,是广度性质,与热力学能有相同的量纲,单位为 J。从式(1-24)可知,在定压及 $W'=0$ 的过程中,封闭系统吸的热 $Q_p=\Delta H$。

【例 1-6】 已知 1 mol $CaCO_3$(s)在 900 ℃、101.3 kPa 下分解为 CaO(s)和 CO_2(g)时吸热 178 kJ,计算 Q、W_v、ΔU 及 ΔH。

解

$$CaCO_3(s) \longrightarrow CaO(s) + CO_2(g)$$

因定压且 $W'=0$,所以 $\Delta H = Q_p = 178\ \text{kJ}$

$$W_v = -p_{su}\Delta V = -p\Delta V = -p(V_P - V_R) =$$

$$-p\{V_m[CaO(s)] + V_m[CO_2(g)] - V_m[CaCO_3(s)]\} \approx -pV_m[CO_2(g)]$$

按所给条件,气体可视为理想气体,即 $pV_m[CO_2(g)]=RT$,所以

$$W_v = -RT = -8.314\,5\ \text{J}\cdot\text{K}^{-1}\cdot\text{mol}^{-1}\times 1\,173.15\ \text{K} = -9.75\ \text{kJ}$$

$$\Delta U = Q + W_v = 178\ \text{kJ} + (-9.75\ \text{kJ}) = 168.3\ \text{kJ}$$

【例 1-7】 由 H 和 U 的普遍关系式(1-23),有

$$\Delta H = \Delta U + \Delta(pV) = \Delta U + (pV)_2 - (pV)_1$$

应用于:(1)气体的温度变化;(2)定温、定压下液体(或固体)的汽化。若气体可看作理想气体,试推出式(1-23)的特殊式。

解 (1) 理想气体物质的量为 n,$T_1 \rightarrow T_2$,

$$(pV)_2 - (pV)_1 = nRT_2 - nRT_1 = nR\Delta T$$

所以

$$\Delta H = \Delta U + nR\Delta T$$

(2)　液体(或固体)$\xrightarrow{T,p}$气体(物质的量为 n)

$$(pV)_2-(pV)_1=p(V_g-V_l)\approx pV_g=nRT$$

所以

$$\Delta H=\Delta U+nRT$$

1.6　热力学第一定律的应用

1.6.1　热力学第一定律在单纯 p、V、T 变化过程中的应用

1. 组成不变的均相系统的热力学能及焓

一定量组成不变(无相变化,无化学变化)的均相系统的任一热力学性质可表示成另外两个独立的热力学性质的函数。如热力学能 U 及焓 H,可表示为

$$U=f(T,V),\ H=f(T,p)$$

则

$$\mathrm{d}U=\left(\frac{\partial U}{\partial T}\right)_V\mathrm{d}T+\left(\frac{\partial U}{\partial V}\right)_T\mathrm{d}V \tag{1-25}$$

$$\mathrm{d}H=\left(\frac{\partial H}{\partial T}\right)_p\mathrm{d}T+\left(\frac{\partial H}{\partial p}\right)_T\mathrm{d}p \tag{1-26}$$

式(1-25)与式(1-26)是 p、V、T 变化中 $\mathrm{d}U$ 和 $\mathrm{d}H$ 的普遍式,计算 ΔU、ΔH 可由该两式出发。

2. 热容

(1)热容的定义

热容(heat capacity)的定义是:系统在给定条件(如定压或定容)下,且$W'=0$,没有相变化,没有化学变化时,升高单位热力学温度时所吸收的热。以符号 C 表示。即

$$C(T)\xlongequal{\text{def}}\frac{\delta Q}{\mathrm{d}T} \tag{1-27}$$

(2)摩尔热容

摩尔热容(molar heat capacity),以符号 C_m 表示。定义为

$$C_m(T)\xlongequal{\text{def}}\frac{C(T)}{n}=\frac{1}{n}\frac{\delta Q}{\mathrm{d}T} \tag{1-28}$$

式中,下标“m”表示“摩尔[的]”;n 表示系统的物质的量。

因摩尔热容与升温条件(定容或定压)有关,所以有摩尔定容热容(molar heat capacity at constant volume)、摩尔定压热容(molar heat capacity at constant pressure)分别为

$$C_{V,m}(T)\xlongequal{\text{def}}\frac{C_V(T)}{n}=\frac{1}{n}\frac{\delta Q_V}{\mathrm{d}T}=\frac{1}{n}\left(\frac{\partial U}{\partial T}\right)_V=\left(\frac{\partial U_m}{\partial T}\right)_V \tag{1-29}$$

$$C_{p,m}(T)\xlongequal{\text{def}}\frac{C_p(T)}{n}=\frac{1}{n}\frac{\delta Q_p}{\mathrm{d}T}=\frac{1}{n}\left(\frac{\partial H}{\partial T}\right)_p=\left(\frac{\partial H_m}{\partial T}\right)_p \tag{1-30}$$

式中,$C_V(T)$及 $C_p(T)$分别为定容热容和定压热容。

将式(1-29)及式(1-30)分离变量积分,于是有

$$\Delta U=\int_{T_1}^{T_2}nC_{V,m}(T)\mathrm{d}T \tag{1-31}$$

$$\Delta H=\int_{T_1}^{T_2}nC_{p,m}(T)\mathrm{d}T \tag{1-32}$$

式(1-31)及式(1-32)对气体分别在定容、定压条件下单纯发生温度改变时计算 ΔU、ΔH 适用,而对液体、固体,式(1-32)在压力变化不大、发生温度变化时可近似应用。

(3)摩尔热容与温度关系的经验式

通过大量实验数据，归纳出如下的 $C_{p,m}=f(T)$ 关系式：

$$C_{p,m}=a+bT+cT^2+dT^3 \tag{1-33}$$

或

$$C_{p,m}=a+bT+c'T^{-2} \tag{1-34}$$

式中，a、b、c、c'、d 对一定物质均为常数，可由数据表查得（见附录Ⅲ）。

(4) $C_{p,m}$ 与 $C_{V,m}$ 的关系

由

$$C_{p,m}=\frac{1}{n}\left(\frac{\partial H}{\partial T}\right)_p=\left(\frac{\partial H_m}{\partial T}\right)_p$$

$$C_{V,m}=\frac{1}{n}\left(\frac{\partial U}{\partial T}\right)_V=\left(\frac{\partial U_m}{\partial T}\right)_V$$

则

$$C_{p,m}-C_{V,m}=\left(\frac{\partial H_m}{\partial T}\right)_p-\left(\frac{\partial U_m}{\partial T}\right)_V=\left[\frac{\partial(U_m+pV_m)}{\partial T}\right]_p-\left(\frac{\partial U_m}{\partial T}\right)_V=$$

$$\left(\frac{\partial U_m}{\partial T}\right)_p+p\left(\frac{\partial V_m}{\partial T}\right)_p-\left(\frac{\partial U_m}{\partial T}\right)_V \tag{1-35}$$

再由

$$dU_m=\left(\frac{\partial U_m}{\partial T}\right)_V dT+\left(\frac{\partial U_m}{\partial V}\right)_T dV$$

在定压下，上式两边除以 dT，得

$$\left(\frac{\partial U_m}{\partial T}\right)_p=\left(\frac{\partial U_m}{\partial T}\right)_V+\left(\frac{\partial U_m}{\partial V_m}\right)_T\left(\frac{\partial V_m}{\partial T}\right)_p$$

代入式(1-35)，得

$$C_{p,m}-C_{V,m}=\left[\left(\frac{\partial U_m}{\partial V_m}\right)_T+p\right]\left(\frac{\partial V_m}{\partial T}\right)_p \tag{1-36}$$

定压下升温及定容下升温都增加分子的动能，但定压下升温体积要膨胀。$\left(\frac{\partial V_m}{\partial T}\right)_p$ 是定压下升温时 V_m 随 T 的变化率，$p\left(\frac{\partial V_m}{\partial T}\right)_p$ 为系统膨胀时对环境做的功；$\left(\frac{\partial U_m}{\partial V_m}\right)_T$ 为定温下分子间势能随体积的变化率，所以 $\left(\frac{\partial U_m}{\partial V_m}\right)_T\left(\frac{\partial V_m}{\partial T}\right)_p$ 为定压下升高单位热力学温度时分子间势能的增加。式(1-36)表明，定压下升温要比定容下升温多吸收以上两项热量。

注意 液体及固体的 $\left(\frac{\partial V_m}{\partial T}\right)_p$ 很小，气体的 $\left(\frac{\partial U_m}{\partial V_m}\right)_T$ 很小。

3. 理想气体的热力学能、焓及热容

(1) 理想气体的热力学能只是温度的函数

焦耳在 1843 年做了一系列实验。实验装置为用带旋塞的短管连接的两个铜容器（图 1-8）。关闭旋塞，一容器中充入干燥空气至压力约为 2 MPa，另一容器抽成真空。整个装置浸没在一个盛有约 7.5 kg 水的水浴中。待平衡后测定水的温度。然后开启旋塞，空气向真空容器膨胀。待平衡后再测定水的温度。焦耳从测定结果得出结论：空气膨胀前后水的温度不变，即空气温度不变。

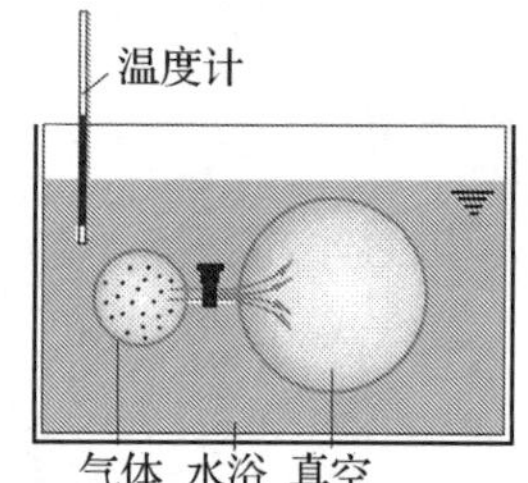

图 1-8 焦耳实验

对实验结果的分析：空气在向真空膨胀时未受到阻力，故 $W_v=0$；焦耳在确定空气膨胀后水的温度时，已消去了室温对水温的影响及水蒸发的影响，因此水温不变，表示 $Q=0$；在焦耳实验中气体进行的过程为**自由膨胀过程**，这是不做功、不吸热的膨胀；由 $W=0$，$Q=0$ 及 $\Delta U=Q+W_v$（此过程亦无其他功，即 $W'=$

0)得 $\Delta U=0$,可知在焦耳实验中空气热力学能不变。也就是说,空气体积改变而热力学能不变时温度不变。也就是说,空气体积(及压力)改变而温度不变时热力学能不变,即空气的热力学能只是温度的函数。

故由焦耳实验得到结论:物质的量不变(组成及量不变)时,理想气体的热力学能只是温度的函数。用数学式可表述为

$$U=f(T) \tag{1-37}$$

或

$$\left(\frac{\partial U}{\partial V}\right)_T=0,\quad \left(\frac{\partial U}{\partial p}\right)_T=0 \tag{1-38}$$

焦耳实验不够灵敏,实验中用的温度计只能测准至±0.01 K,而且铜容器和水浴的热容比空气大得多,所以未能测出空气应有的温度变化。较精确的实验表明,实际气体自由膨胀时气体的温度略有改变。不过起始压力愈低,温度变化愈小。由此可以认为,焦耳的结论应只适用于理想气体。

从微观上看,对于一定量、一定组成(即无相变及化学反应)的气体,在 p、V、T 变化中热力学能可变的是分子的动能和分子间势能。温度的高低反映了分子动能的大小。理想气体无分子间力,在 p、V、T 变化中,热力学能的改变只是分子动能的改变。由此可以理解,理想气体温度不变时,无论体积及压力如何改变,其热力学能不变。

(2)理想气体的焓只是温度的函数

焓的定义式为 $H=U+pV$,因为对理想气体的 U 及 pV 都只是温度的函数,所以理想气体的焓在物质的量不变(组成及量不变)时,也只是温度的函数。可用数学式表述为

$$H=f(T) \tag{1-39}$$

或

$$\left(\frac{\partial H}{\partial V}\right)_T=0,\quad \left(\frac{\partial H}{\partial p}\right)_T=0 \tag{1-40}$$

(3)理想气体的($C_{p,\mathrm{m}}-C_{V,\mathrm{m}}$)是常数

将 $\left(\frac{\partial U_\mathrm{m}}{\partial V_\mathrm{m}}\right)_T=0$ 及 $pV_\mathrm{m}=RT$ 代入式(1-36),得

$$C_{p,\mathrm{m}}-C_{V,\mathrm{m}}=R \quad 或 \quad C_p-C_V=nR \tag{1-41}$$

(4)理想气体任何单纯的 p、V、T 变化 ΔU、ΔH 的计算

因为理想气体的热力学能及焓只是温度的函数,所以式(1-31)及式(1-32)对理想气体的单纯 p、V、T 变化(包括定压、定容、定温、绝热)均适用。

(5)理想气体的绝热过程

①理想气体绝热过程的基本公式

封闭系统经历一个微小的绝热过程,则有

$$\mathrm{d}U=\delta W$$

对理想气体单纯 p、V、T 变化

$$\mathrm{d}U=C_V\mathrm{d}T$$

所以

$$W=\int_{T_1}^{T_2}C_V\mathrm{d}T=\int_{T_1}^{T_2}nC_{V,\mathrm{m}}\mathrm{d}T$$

若视 $C_{V,\mathrm{m}}$ 为常数,则

$$W=nC_{V,\mathrm{m}}(T_2-T_1) \tag{1-42}$$

无论绝热过程是否可逆,式(1-42)均成立。

②理想气体绝热可逆过程方程式

由 $\mathrm{d}U=\delta W$，若 $\delta W'=0$，则

$$C_V\mathrm{d}T=-p_{\mathrm{su}}\mathrm{d}V$$

对可逆过程 $p_{\mathrm{su}}=p$，又 $p=\dfrac{nRT}{V}$，所以

$$C_V\mathrm{d}T=-nRT\frac{\mathrm{d}V}{V}$$

变换，得

$$\frac{\mathrm{d}T}{T}+\frac{nR}{C_V}\frac{\mathrm{d}V}{V}=0$$

定义 $C_p/C_V\overset{\mathrm{def}}{=\!=\!=}\gamma$，$\gamma$ 叫**热容比**(ratio of the heat capacities)，又 $C_p-C_V=nR$，代入上式，得

$$\frac{\mathrm{d}T}{T}+\frac{C_p-C_V}{C_V}\frac{\mathrm{d}V}{V}=0$$

即

$$\frac{\mathrm{d}T}{T}+(\gamma-1)\frac{\mathrm{d}V}{V}=0$$

对理想气体，γ 为常数，积分得

$$\ln\{T\}+(\gamma-1)\ln\{V\}=\text{常数} \tag{1-43}$$

或

$$TV^{\gamma-1}=\text{常数} \tag{1-44}$$

以 $T=\dfrac{pV}{nR}$，$V=\dfrac{nRT}{p}$代入式(1-43)，得

$$pV^{\gamma}=\text{常数} \tag{1-45}$$

$$Tp^{(1-\gamma)/\gamma}=\text{常数} \tag{1-46}$$

式(1-44)～式(1-46)叫**理想气体绝热可逆过程方程式**(equation of adiabatic reversible process of ideal gas)。应用条件必定是：封闭系统，理想气体，$W'=0$，绝热可逆过程。

③理想气体绝热可逆过程的体积功

由体积功定义，对可逆过程

$$W_{\mathrm{v}}=-\int_{V_1}^{V_2}p\mathrm{d}V$$

将 $pV^{\gamma}=$常数代入，积分后可得

$$W_{\mathrm{v}}=\frac{p_1V_1}{\gamma-1}\left[\left(\frac{V_1}{V_2}\right)^{\gamma-1}-1\right] \tag{1-47}$$

或

$$W_{\mathrm{v}}=\frac{p_1V_1}{\gamma-1}\left[\left(\frac{p_2}{p_1}\right)^{\frac{\gamma-1}{\gamma}}-1\right] \tag{1-48}$$

【例 1-8】 计算 2 mol H_2O(g)在定压下从 400 K 升温到 500 K 时吸的热 Q_p 及 ΔH。已知 $C_{p,\mathrm{m}}(H_2O,\mathrm{g})=a+bT+cT^2$，$a/(\mathrm{J\cdot mol^{-1}\cdot K^{-1}})=30.20$，$b/(10^{-3}\,\mathrm{J\cdot mol^{-1}\cdot K^{-2}})=9.682$，$c/(10^{-6}\,\mathrm{J\cdot mol^{-1}\cdot K^{-3}})=1.117$。

解 $Q_p=\Delta H=n\int_{T_1}^{T_2}C_{p,\mathrm{m}}\mathrm{d}T=n\int_{T_1}^{T_2}(a+bT+cT^2)\mathrm{d}T=$

$n\left[a(T_2-T_1)+\dfrac{b}{2}(T_2^2-T_1^2)+\dfrac{c}{3}(T_2^3-T_1^3)\right]=$

$2\ \mathrm{mol}\times\{(30.20\ \mathrm{J\cdot mol^{-1}\cdot K^{-1}})\times(500\ \mathrm{K}-400\ \mathrm{K})+9.682\times10^{-3}\ \mathrm{J\cdot mol^{-1}\cdot K^{-2}}\times$

$[(500\ \mathrm{K})^2-(400\ \mathrm{K})^2]/2+1.117\times10^{-6}\ \mathrm{J\cdot mol^{-1}\cdot K^{-3}}\times$

$[(500\ \mathrm{K})^3-(400\ \mathrm{K})^3]/3\}=6\ 957\ \mathrm{J}$

对于He、Ne、Ar等单原子气体及许多金属蒸气(如Na、Cd、Hg)，在较宽的温度范围内$C_{V,\mathrm{m}}\approx\frac{3}{2}R$，$C_{p,\mathrm{m}}\approx\frac{5}{2}R$，所以缺乏实验数据时可用这个近似值。

对于双原子气体及多原子气体，$C_{V,\mathrm{m}}>\frac{3}{2}R$，这是因为双原子及多原子分子除平动能外还有转动能和振动能。在常温下，双原子分子，如N_2、O_2等的$C_{V,\mathrm{m}}\approx\frac{5}{2}R$，$C_{p,\mathrm{m}}\approx\frac{7}{2}R$(温度升高时$C_{V,\mathrm{m}}$随之增大，并逐渐达到$\frac{7}{2}R$)。

【例1-9】 设有1 mol氮气(理想气体)，温度为0 ℃，压力为101.3 kPa，试计算下列过程的Q、W_{v}、ΔU及ΔH(已知N_2，$C_{V,\mathrm{m}}=\frac{5}{2}R$)：(1)定容加热至压力为152.0 kPa；(2)定压膨胀至原来体积的2倍；(3)定温可逆膨胀至原来体积的2倍；(4)绝热可逆膨胀至原来体积的2倍。

解 (1)定容加热

$$W_{\mathrm{v},1}=0$$

$$V_1=nR\frac{T_1}{p_1}=\frac{1\ \mathrm{mol}\times 8.314\,5\ \mathrm{J\cdot mol^{-1}\cdot K^{-1}}\times 273.15\ \mathrm{K}}{101.3\times 10^3\ \mathrm{Pa}}=22.42\ \mathrm{dm^3}$$

$$T_2=\frac{p_2V_2}{nR}=\frac{p_2V_1}{nR}=\frac{152.0\times 10^3\ \mathrm{Pa}\times 22.42\times 10^{-3}\ \mathrm{m^3}}{1\ \mathrm{mol}\times 8.314\,5\ \mathrm{J\cdot mol^{-1}\cdot K^{-1}}}=410.0\ \mathrm{K}$$

$$Q_1=\Delta U_1=\int_{T_1}^{T_2}nC_{V,\mathrm{m}}\mathrm{d}T=nC_{V,\mathrm{m}}(T_2-T_1)=$$

$$1\ \mathrm{mol}\times\frac{5}{2}\times 8.314\,5\ \mathrm{J\cdot mol^{-1}\cdot K^{-1}}\times(410.0-273.15)\mathrm{K}=2.845\ \mathrm{kJ}$$

$$\Delta H_1=\int_{T_1}^{T_2}nC_{p,\mathrm{m}}\mathrm{d}T=n(C_{V,\mathrm{m}}+R)(T_2-T_1)=$$

$$1\ \mathrm{mol}\times\frac{7}{2}\times 8.314\ \mathrm{J\cdot mol^{-1}\cdot K^{-1}}\times(410.0-273.15)\mathrm{K}=3.982\ \mathrm{kJ}$$

(2) 定压膨胀

$$T_2'=\frac{p_2V_2}{nR}=\frac{2p_1V_1}{nR}=\frac{2\times 101.3\times 10^3\ \mathrm{Pa}\times 22.42\times 10^{-3}\ \mathrm{m^3}}{1\ \mathrm{mol}\times 8.314\,5\ \mathrm{J\cdot mol^{-1}\cdot K^{-1}}}=546.3\ \mathrm{K}$$

$$\Delta U_2=\int_{T_1}^{T_2}nC_{V,\mathrm{m}}\mathrm{d}T=nC_{V,\mathrm{m}}(T_2-T_1)=$$

$$1\ \mathrm{mol}\times\frac{5}{2}\times 8.314\,5\ \mathrm{J\cdot mol^{-1}\cdot K^{-1}}\times(546.3-273.15)\mathrm{K}=5.678\ \mathrm{kJ}$$

$$Q_2=\Delta H_2=\int_{T_1}^{T_2'}nC_{p,\mathrm{m}}\mathrm{d}T=nC_{p,\mathrm{m}}(T_2-T_1)=$$

$$1\ \mathrm{mol}\times\frac{7}{2}\times 8.314\,5\ \mathrm{J\cdot mol^{-1}\cdot K^{-1}}\times(546.3-273.15)\mathrm{K}=7.949\ \mathrm{kJ}$$

$$W_{\mathrm{v},2}=-p\Delta V=-101.3\times 10^3\ \mathrm{Pa}\times 22.42\times 10^{-3}\ \mathrm{m^3}=-2.271\ \mathrm{kJ}$$

(3) 定温可逆膨胀

$$\Delta U_3=\Delta H_3=0$$

$$W_{\mathrm{v},3}=-\int_{V_1}^{V_2}p\mathrm{d}V=-nRT\ln\frac{V_2}{V_1}=-nRT\ln\frac{2V_1}{V_1}=$$

$$-1\ \mathrm{mol}\times 8.314\,5\ \mathrm{J\cdot mol^{-1}\cdot K^{-1}}\times 273.15\ \mathrm{K}\times\ln 2=-1.574\ \mathrm{kJ}$$

$$Q_3=-W_{\mathrm{V},3}=1.574\ \mathrm{kJ}$$

(4) 绝热可逆膨胀

$$Q_4 = 0$$

$$T_1 V_1^{\gamma-1} = T_2 V_2^{\gamma-1}, \qquad \gamma = \frac{7}{5}$$

$$T_2 = \left(\frac{V_1}{V_2}\right)^{\gamma-1} T_1 = 0.5^{\frac{2}{5}} \times 273.15\ \text{K} = 207.0\ \text{K}$$

$$\Delta U_4 = \int_{T_1}^{T_2} nC_{V,\text{m}} \text{d}T = nC_{V,\text{m}}(T_2 - T_1) =$$

$$1\ \text{mol} \times \frac{5}{2} \times 8.314\ 5\ \text{J} \cdot \text{mol}^{-1} \cdot \text{K}^{-1} \times (207.0 - 273.15)\ \text{K} =$$

$$-1.375\ \text{kJ}$$

$$\Delta H_4 = \int_{T_1}^{T_2} nC_{p,\text{m}} \text{d}T = nC_{p,\text{m}}(T_2 - T_1) =$$

$$1\ \text{mol} \times \frac{7}{2} \times 8.314\ 5\ \text{J} \cdot \text{mol}^{-1} \cdot \text{K}^{-1} \times (207.0 - 273.15)\text{K} =$$

$$-1.925\ \text{kJ}$$

$$W_{\text{v},4} = \Delta U_4 = -1.375\ \text{kJ}$$

【例 1-10】 1 mol 氧气由 0 ℃,10^6 Pa,经过(1) 绝热可逆膨胀;(2) 对抗恒定外压 $p_{\text{su}} = 10^5$ Pa绝热不可逆膨胀,使气体最后压力为 10^5 Pa,求此两种情况的最后温度及环境对系统做的功。

解 (1) 绝热可逆膨胀

$$\frac{T_2}{T_1} = \left(\frac{p_2}{p_1}\right)^{(\gamma-1)/\gamma}, \quad C_{V,\text{m}} = 20.79\ \text{J} \cdot \text{mol}^{-1} \cdot \text{K}^{-1}$$

$$T_2 = T_1(p_2/p_1)^{(\gamma-1)/\gamma} = 273.15\ \text{K} \times 0.1^{0.286} = 141.4\ \text{K}$$

绝热过程 $W_{\text{v},1} = \Delta U = nC_{V,\text{m}}(T_2 - T_1) =$

$$1\ \text{mol} \times 20.79\ \text{J} \cdot \text{mol}^{-1} \cdot \text{K}^{-1} \times (141.4 - 273.15)\ \text{K} = -2\ 739\ \text{J}$$

(2) 绝热恒外压膨胀

因不可逆

$$T'_2 \neq T_1(p_2/p_1)^{(\gamma-1)/\gamma}$$

由
$$W_{\text{v},2} = -p_{\text{su}}\Delta V = -p_{\text{su}}(V_2 - V_1) = -p_{\text{su}}\left(\frac{nRT'_2}{p_2} - \frac{nRT_1}{p_1}\right)$$

$$W_{\text{v},2} = \Delta U' = n\,C_{V,\text{m}}(T'_2 - T_1)$$

得
$$-p_{\text{su}}\left(\frac{nRT'_2}{p_2} - \frac{nRT_1}{p_1}\right) = n\,C_{V,\text{m}}(T'_2 - T_1)$$

故
$$T'_2 = T_1\left(\frac{1 + \frac{2}{5}p_{\text{su}}/p_1}{1 + \frac{2}{5}p_{\text{su}}/p_2}\right)$$

由此得
$$T'_2 = 202.9\ \text{K}$$

$$W_{\text{v},2} = nC_{V,\text{m}}(T'_2 - T_1) =$$

$$1\ \text{mol} \times 20.79\ \text{J} \cdot \text{mol}^{-1} \cdot \text{K}^{-1} \times (202.9 - 273.15)\text{K} = -1\ 460\ \text{J}$$

由此可见,由同一始态经过可逆与不可逆两种绝热变化不可能达到同一终态,即 $T_2 \neq T'_2$,因而此两种过程的热力学能变化值不相同,即 $\Delta U \neq \Delta U'$。

1.6.2 热力学第一定律在相变化过程中的应用

1. 相变热及相变化的焓[变]

系统发生聚集态变化即为相变化(包括汽化、冷凝、熔化、凝固、升华、凝华以及晶型转化等),相变化过程吸收或放出的热即为相变热。

系统的相变在定温、定压下进行,且 $W'=0$ 时,由式(1-24a)可知相变热在量值上等于系统的焓变,即相变焓(enthalpy of phase transition)。可表述为

$$Q_p=\Delta_\alpha^\beta H \tag{1-49}$$

式中,α、β 分别为物质的相态(g、l、s)。通常摩尔汽化焓用 $\Delta_{vap}H_m$ 表示,摩尔熔化焓用 $\Delta_{fus}H_m$ 表示,摩尔升华焓用 $\Delta_{sub}H_m$ 表示,摩尔晶型转变焓用 $\Delta_{trs}H_m$ 表示。

应当注意,不能说相变热就是相变焓,因为二者概念不同,它们只是在定温、定压下、$W'=0$时量值相等;在定温、定容、$W'=0$ 时,相变热在量值上等于相变的热力学能[变]。

2. 相变化过程的体积功

若系统在定温、定压下由 α 相变到 β 相,则过程的体积功,由式(1-14),有

$$W_v=-p(V_\beta-V_\alpha) \tag{1-50}$$

若 β 为气相,α 为凝聚相(液相或固相),因为 $V_\beta \gg V_\alpha$,所以 $W_v=-pV_\beta$。

若气相可视为理想气体,则有

$$W_v=-pV_\beta=-nRT \tag{1-51}$$

3. 相变化过程的热力学能[变]

由式(1-19),$W'=0$ 时,有

$$\Delta U=Q_p+W_v$$

或

$$\Delta U=\Delta H-p(V_\beta-V_\alpha) \tag{1-52}$$

若 β 为气相,又 $V_\beta \gg V_\alpha$,则

$$\Delta U=\Delta H-pV_\beta$$

若蒸气视为理想气体,则有

$$\Delta U=\Delta H-nRT \tag{1-53}$$

【例 1-11】 2 mol,60 ℃,100 kPa 的液态苯在定压下全部变为 60 ℃,24 kPa 的蒸气,请计算该过程的 ΔU、ΔH。[已知 40 ℃时,苯的蒸气压为 24.00 kPa,汽化焓为 33.43 kJ · mol^{-1},假定苯(l)及苯(g)的摩尔定压热容可近似看作与温度无关,分别为 141.5 J · mol^{-1} · K^{-1}及 94.12 J · mol^{-1} · K^{-1}]

解　设计的计算途径图示如下:

2 mol 苯(l,333.15 K,100 kPa)	$\xrightarrow[\Delta U]{\Delta H}$	2 mol 苯(g,333.15 K,24 kPa)
$\Delta H_1\downarrow$		$\uparrow \Delta H_3$
2 mol 苯(l,313.15 K,24 kPa)	$\xrightarrow{\Delta H_2}$	2 mol 苯(g,313.15 K,24 kPa)

$$\Delta H=\Delta H_1+\Delta H_2+\Delta H_3$$

$$\Delta H_1=nC_{p,m(l)}(T_2-T_1)=$$

$$2\ \text{mol}\times 141.5\ \text{J}\cdot\text{mol}^{-1}\cdot\text{K}^{-1}\times(313.15-333.15)\text{K}=-5.660\ \text{kJ}$$

（对液体，压力变化不大时，压力对焓的影响可忽略）

$$\Delta H_2=n\Delta_{\text{vap}}H_{\text{m}}=2\ \text{mol}\times 33.43\ \text{kJ}\cdot\text{mol}^{-1}=66.86\ \text{kJ}$$

$$\Delta H_3=nC_{p,\text{m(g)}}(T_2-T_1)=$$

$$2\ \text{mol}\times 94.12\ \text{J}\cdot\text{mol}^{-1}\cdot\text{K}^{-1}\times(333.15-313.15)\text{K}=3.765\ \text{kJ}$$

（C_p 视为不随温度改变而改变）

所以 $$\Delta H=\Delta H_1+\Delta H_2+\Delta H_3=64.97\ \text{kJ}$$

$$\Delta U=\Delta H-\Delta(pV)\approx\Delta H-pV_{\text{g}}=\Delta H-nRT=$$

$$64.97\ \text{kJ}-(2\ \text{mol}\times 8.3145\ \text{J}\cdot\text{mol}^{-1}\cdot\text{K}^{-1}\times 333.15\ \text{K})\times 10^{-3}=59.43\ \text{kJ}$$

【例 1-12】 (1)1 mol 水在 100 ℃，101 325 Pa 定压下蒸发为同温同压下的蒸气（假设为理想气体）吸热 40.67 kJ·mol^{-1}，问：上述过程的 Q、W_{v}、ΔU、ΔH 的量值各为多少？(2)始态同上，当外界压力恒为50 kPa时，将水定温蒸发，然后将此 1 mol，100 ℃，50 kPa 的水气定温可逆加压变为终态（100 ℃，101 325 Pa）的水气，求此过程的总 Q、W_{v}、ΔU 和 ΔH。(3)如果将 1 mol 水（100 ℃，101.325 kPa）突然移到定温 100 ℃的真空箱中，水气充满整个真空箱，测其压力为 101.325 kPa，求过程的 Q、W_{v}、ΔU 及 ΔH。

最后比较这 3 种答案，说明什么问题。

解 (1) $$Q_p=\Delta H=1\ \text{mol}\times 40.67\ \text{kJ}\cdot\text{mol}^{-1}=40.67\ \text{kJ}$$

$$W_{\text{v}}=-p_{\text{su}}(V_{\text{g}}-V_{\text{l}})\approx -p_{\text{su}}V_{\text{g}}=-nRT=$$

$$-1\ \text{mol}\times 8.3145\ \text{J}\cdot\text{mol}^{-1}\cdot\text{K}^{-1}\times 373.15\ \text{K}=-3.103\ \text{kJ}$$

$$\Delta U=Q_p+W_{\text{v}}=(40.67-3.103)\ \text{kJ}=37.57\ \text{kJ}$$

(2)设计的计算途径图示如下：

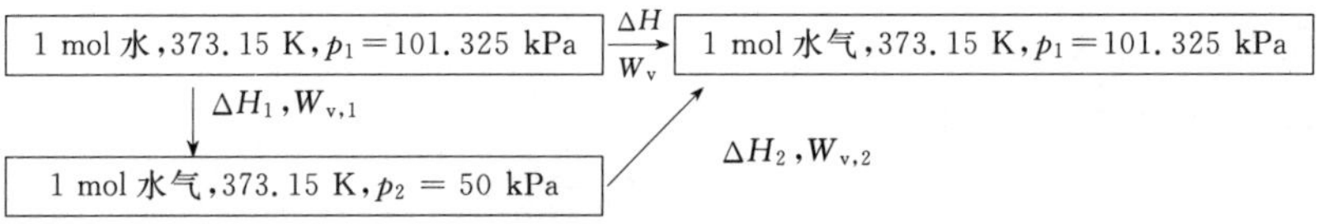

1 mol 水，373.15 K，p_1=101.325 kPa	$\xrightarrow[W_{\text{v}}]{\Delta H}$	1 mol 水气，373.15 K，p_1=101.325 kPa
↓ ΔH_1，$W_{\text{v,1}}$		↗ ΔH_2，$W_{\text{v,2}}$
1 mol 水气，373.15 K，p_2 = 50 kPa		

始态、终态和(1)一样，故状态函数变化也相同，即

$$\Delta H=40.67\ \text{kJ},\qquad \Delta U=37.57\ \text{kJ}$$

而 $$W_{\text{v,1}}=-p_{\text{su}}(V_{\text{g}}-V_{\text{l}})\approx -p_2V_{\text{g}}=-nRT=$$

$$-1\ \text{mol}\times 8.3145\ \text{J}\cdot\text{mol}^{-1}\cdot\text{K}^{-1}\times 373.15\ \text{K}=-3.103\ \text{kJ}$$

$$W_{\text{v,2}}=-nRT\ln\frac{p_2}{p_1}\text{（注意，这里 }p_2\text{ 为始态，}p_1\text{ 为终态）}=$$

$$-1\ \text{mol}\times 8.3145\ \text{J}\cdot\text{mol}^{-1}\cdot\text{K}^{-1}\times 373.15\ \text{K}\times\ln\frac{50\ \text{kPa}}{101.325\ \text{kPa}}=2.191\ \text{kJ}$$

$$W_{\text{v}}=W_{\text{v,1}}+W_{\text{v,2}}=(-3.103+2.191)\text{kJ}=-0.912\ \text{kJ}$$

$$Q=\Delta U-W_{\text{v}}=(37.57+0.912)\text{kJ}=38.48\ \text{kJ}$$

(3)ΔU 及 ΔH 值同(1)，这是因为(3)的始、终态与(1)的始、终态相同，所以状态函数的变化值亦相同。

该过程实为向真空闪蒸，故 $W_{\text{v}}=0$，$Q=\Delta U$。

比较(1)、(2)、(3)的计算结果，表明三种变化过程的 ΔU 及 ΔH 均相同，因为 U、H 是状态函数，其改变量与过程无关，只决定于系统的始、终态。而三种过程的 Q 及 W_{v} 量值均不同，因为它们不是系统的状态函数，是与过程有关的量，三种变化始态、终态相同，但所经历的过程不同，故各自的 Q、W_{v} 亦不相同。

1.6.3 热力学第一定律在化学变化过程中的应用

1. 化学反应的摩尔热力学能[变]和摩尔焓[变]

对反应 $0=\sum_B \nu_B B$，反应的摩尔热力学能[变](molar thermodynamic energy [change] for the reaction)$\Delta_r U_m$("r"表示反应)，和反应的摩尔焓[变](molar enthalpy [change] for the reaction)$\Delta_r H_m$，一般可由测量反应进度 $\xi_1 \rightarrow \xi_2$ 的热力学能变 $\Delta_r U$ 及焓变 $\Delta_r H$，除以反应进度[变]$\Delta\xi$ 而得，即

$$\Delta_r U_m = \frac{\Delta_r U}{\Delta\xi} = \frac{\nu_B \Delta_r U}{\Delta n_B} \tag{1-54}$$

$$\Delta_r H_m = \frac{\Delta_r H}{\Delta\xi} = \frac{\nu_B \Delta_r H}{\Delta n_B} \tag{1-55}$$

对同一反应，由于反应进度[变]$\Delta\xi$ 对应指定的计量方程，因此 $\Delta_r U_m$ 和 $\Delta_r H_m$ 都对应指定的计量方程。所以当说 $\Delta_r U_m$ 或 $\Delta_r H_m$ 等于多少时，必须同时指明对应的化学反应计量方程式。$\Delta_r U_m$ 或 $\Delta_r H_m$ 的单位为"$J \cdot mol^{-1}$"或"$kJ \cdot mol^{-1}$"，这里的"mol^{-1}"也是指每摩尔反应进度[变]。

2. 物质的热力学标准态的规定

一些热力学量，如热力学能 U、焓 H、吉布斯函数 G 等的绝对值是不能测量的，能测量的仅是当 T、p 和组成等发生变化时这些热力学量的变化的量值 ΔU、ΔH、ΔG。因此，重要的问题是要为物质的状态定义一个基线。标准状态或简称标准态，就是这样一种基线。按 GB 3102.8—1993中的规定，标准状态时的压力——标准压力 $p^{\ominus}=100$ kPa，上标"$\ominus$"表示标准态(注意，不要把标准压力与标准状况的压力相混淆，标准状况的压力 $p=101\ 325$ Pa)。

气体的标准态：不管是纯气体 B 还是气体混合物中的组分 B，都是规定温度为 T，压力 $p^{\ominus}$ 下并表现出理想气体特性的气体纯 B 的(假想)状态；

液体(或固体)的标准态：不管是纯液体(或固体)B 或是液体(或固体)混合物中的组分 B，都是规定温度为 T，压力 $p^{\ominus}$ 下液体(或固体)纯 B 的状态。

物质的热力学标准态的温度 T 是任意的，未做具体规定。不过，许多物质的热力学标准态时的热数据通常查到的是 $T=298.15$ K 下的数据。

有关溶液中溶剂 A 和溶质 B 的标准态的规定将在第 2 章中学习。

3. 化学反应的标准摩尔焓[变]

对反应
$$0=\sum_B \nu_B B$$

反应的标准摩尔焓[变]以符号 $\Delta_r H_m^{\ominus}(T)$ 表示，定义为

$$\Delta_r H_m^{\ominus}(T) \overset{\text{def}}{=\!=\!=} \sum_B \nu_B H_m^{\ominus}(B,\beta,T) \tag{1-56}$$

式中，$H_m^{\ominus}(B,\beta,T)$ 为参与反应的 B(B=A,B,Y,Z)单独存在(即纯态)时，温度为 T，压力为 $p^{\ominus}$，相态为 $\beta(\beta=g,l,s)$ 的摩尔焓。

对反应 $aA+bB \longrightarrow yY+zZ$，则有

$$\Delta_r H_m^{\ominus}(T) = yH_m^{\ominus}(Y,\beta,T)+zH_m^{\ominus}(Z,\beta,T)-aH_m^{\ominus}(A,\beta,T)-bH_m^{\ominus}(B,\beta,T) \tag{1-57}$$

因为 B(B=A,B,Y,Z)的 $H_m^{\ominus}(B,\beta,T)$(在 $p^{\ominus}$、T 下纯 B 的摩尔焓的绝对值)是无法求得的，所以式(1-56)及式(1-57)没有实际计算意义，它仅仅是反应的标准摩尔焓[变]的定义式。

4. 热化学方程式

注明具体反应条件(如 T、p、β，焓变)的化学反应方程式叫热化学方程式(thermochemical equation)。如

$$2C_6H_5COOH(s, p^{\ominus}, 298.15\ K) + 15O_2(g, p^{\ominus}, 298.15\ K) \longrightarrow$$
$$6H_2O(l, p^{\ominus}, 298.15\ K) + 14CO_2(g, p^{\ominus}, 298.15\ K) + 6445.0\ kJ \cdot mol^{-1}$$

即其标准摩尔焓[变]为　$\Delta_r H_m^{\ominus}(298.15\ K) = -6\ 445.0\ kJ \cdot mol^{-1}$

注意　写热化学方程式时，放热用“+”号，吸热用“−”号，但用焓变形式表示时，放热 $\Delta_r H_m^{\ominus} < 0$，吸热 $\Delta_r H_m^{\ominus} > 0$。

5. 盖斯定律

盖斯总结实验规律得出：一个化学反应，不管是一步完成或经数步完成，反应的总标准摩尔焓[变]是相同的，即盖斯定律。例如

$$A \xrightarrow{\Delta_r H_m^{\ominus}(T)} C,\quad A \xrightarrow{\Delta_r H_{m,1}^{\ominus}(T)} B \xrightarrow{\Delta_r H_{m,2}^{\ominus}(T)} C$$

则有
$$\Delta_r H_m^{\ominus}(T) = \Delta_r H_{m,1}^{\ominus}(T) + \Delta_r H_{m,2}^{\ominus}(T)$$

根据盖斯定律，利用热化学方程式的线性组合，可由若干已知反应的标准摩尔焓[变]，求另一反应的标准摩尔焓[变]。

【例 1-13】 已知 298.15 K 时，

$$C(石墨) + O_2(g) = CO_2(g),\quad \Delta_r H_{m,i}^{\ominus} = -393.15\ kJ \cdot mol^{-1} \tag{i}$$

$$CO(g) + \frac{1}{2}O_2(g) = CO_2(g),\quad \Delta_r H_{m,ii}^{\ominus} = -283.0\ kJ \cdot mol^{-1} \tag{ii}$$

求算反应(iii)：$C(石墨) + \frac{1}{2}O_2(g) = CO(g)$，$\Delta_r H_{m,iii}^{\ominus} = ?$

解　反应(iii)=反应(i)+(−1)×反应(ii)，所以

$$\Delta_r H_{m,iii}^{\ominus} = \Delta_r H_{m,i}^{\ominus} + (-1) \times \Delta_r H_{m,ii}^{\ominus} =$$
$$-393.15\ kJ \cdot mol^{-1} + (-1) \times (-283.0\ kJ \cdot mol^{-1}) =$$
$$-110.15\ kJ \cdot mol^{-1}$$

上述题目的计算意义在于：反应(iii)的 $\Delta_r H_m^{\ominus}(T)$ 不能由实验直接测定，而反应(i)及反应(ii)的 $\Delta_r H_m^{\ominus}(T)$ 可由实验测定。因此可由此数据，求算反应(iii)的标准摩尔焓变。

【例 1-14】 已知 298.15 K 时，

$$CO(g) + \frac{1}{2}O_2(g) = CO_2(g),\quad \Delta_r H_{m,i}^{\ominus} = -283.0\ kJ \cdot mol^{-1} \tag{i}$$

$$H_2(g) + \frac{1}{2}O_2(g) = H_2O(l),\quad \Delta_r H_{m,ii}^{\ominus} = -285.0\ kJ \cdot mol^{-1} \tag{ii}$$

$$C_2H_5OH(l) + 3O_2(g) = 3H_2O(l) + 2CO_2(g),\quad \Delta_r H_{m,iii}^{\ominus} = -1\ 370\ kJ \cdot mol^{-1} \tag{iii}$$

求算反应(iv)：$2CO(g) + 4H_2(g) = H_2O(l) + C_2H_5OH(l)$，$\Delta_r H_{m,iv}^{\ominus} = ?$

解　反应(iv)=反应(i)×2+反应(ii)×4+反应(iii)×(−1)，所以

$$\Delta_r H_{m,iv}^{\ominus} = \Delta_r H_{m,i}^{\ominus} \times 2 + \Delta_r H_{m,ii}^{\ominus} \times 4 - \Delta_r H_{m,iii}^{\ominus} =$$
$$[(-283.0 \times 2) + (-285.0 \times 4) - (-1\ 370)]\ kJ \cdot mol^{-1} =$$
$$-336.0\ kJ \cdot mol^{-1}$$

6. 反应的标准摩尔焓[变] $\Delta_r H_m^{\ominus}(T)$ 的计算

(1)由 B 的标准摩尔生成焓[变] $\Delta_f H_m^{\ominus}(B, \beta, T)$ 计算

①B 的标准摩尔生成焓[变]$\Delta_f H_m^\ominus(B,\beta,T)$的定义

B 的标准摩尔生成焓[变][①](standard molar enthalpy [change] of formation)以符号$\Delta_f H_m^\ominus(B,\beta,T)$表示("f"表示生成,"β"表示相态),定义为在温度 T,由参考状态的单质生成 B($\nu_B=+1$)时的生成反应的标准摩尔焓[变]。这里所谓的参考状态,一般是指单质在所讨论的温度 T 及标准压力 $p^\ominus$ 下最稳定的状态[磷除外,是 P(s,白)而不是更稳定的 P(s,红)]。书写相应的生成反应的化学反应方程式时,要使 B 的化学计量数 $\nu_B=+1$[②]。例如,$\Delta_f H_m^\ominus(CH_3OH,l,298.15\ K)$是下述生成反应(由参考状态下单质生成 B 的反应)的标准摩尔焓[变]的简写:

$$C(石墨,298.15\ K,p^\ominus)+2H_2(g,298.15\ K,p^\ominus)+\frac{1}{2}O_2(g,298.15\ K,p^\ominus)=\!=\!=CH_3OH(l,298.15\ K,p^\ominus)$$

当然,H_2 和 O_2 应具有理想气体的特性。所说的"摩尔"与一般反应的摩尔焓[变]一样,是指每摩尔反应进度。

根据 B 的标准摩尔生成焓[变]$\Delta_f H_m^\ominus(B,\beta,T)$的定义,参考状态时单质的标准摩尔生成焓[变],在任何温度 T 时均为零。如 $\Delta_f H_m^\ominus(C,石墨,T)=0$。

注意　把标准摩尔生成焓[变]$\Delta_f H_m^\ominus$ 称为标准摩尔生成热是不正确的,因为二者只是在一定条件下量值相等,而物理概念却是不同的。

由教材和手册中可查得 B 的 $\Delta_f H_m^\ominus(B,\beta,298.15\ K)$数据(附录Ⅲ)。

②由 $\Delta_f H_m^\ominus(B,\beta,T)$计算 $\Delta_r H_m^\ominus(T)$

由式(1-56)可得

$$\Delta_r H_m^\ominus(T)=\sum_B \nu_B \Delta_f H_m^\ominus(B,\beta,T) \tag{1-58}$$

或

$$\Delta_r H_m^\ominus(298.15\ K)=\sum_B \nu_B \Delta_f H_m^\ominus(B,\beta,298.15\ K) \tag{1-59}$$

如对反应

$$aA(g)+bB(s)=\!=\!=yY(g)+zZ(s)$$

$$\Delta_r H_m^\ominus(298.15\ K)=y\Delta_f H_m^\ominus(Y,g,298.15\ K)+z\Delta_f H_m^\ominus(Z,s,298.15\ K)-a\Delta_f H_m^\ominus(A,g,298.15\ K)-b\Delta_f H_m^\ominus(B,s,298.15\ K)$$

(2)由 B 的标准摩尔燃烧焓[变]$\Delta_c H_m^\ominus(B,\beta,T)$计算

①B 的标准摩尔燃烧焓[变]的定义

B 的标准摩尔燃烧焓[变](standard molar enthalpy [change] of combustion)以符号$\Delta_c H_m^\ominus(B,\beta,T)$表示("c"表示燃烧,"β"表示相态),定义为在温度 T,B($\nu_B=-1$)完全氧化成相同温度下指定产物时的燃烧反应的标准摩尔焓[变]。所谓指定产物,如 C、H 完全氧化的

---

① 以往的教材中,把标准摩尔生成焓定义为:"温度为 T,由最稳定态的单质生成 1 mol B 反应标准摩尔焓,称为该温度的 B 的标准摩尔生成焓"。按国家标准规定,定义中规定"生成 1 mol"B 是不妥的,因为在定义任何量时,不应指定或暗含特定单位。再者,以往把标准摩尔生成焓称为"标准摩尔生成热"也是不妥的,这不仅在名称、符号上不规范,而且也将热量 Q 和焓变 ΔH 两个量混淆了。

② 在 B 的标准摩尔生成焓[变]的定义中,必须锁定 $\nu_B=+1$,因为 $\Delta_r H_m^\ominus(T)$与指定的化学反应计量方程相对应,锁定 $\nu_B=+1$ 后的生成反应的 $\Delta_r H_m^\ominus(T)$才能定义为 $\Delta_f H_m^\ominus(B,\beta,T)$。有的教材用"生成单位量 B"代替 $\nu_B=+1$,这也未能锁定生成反应的方程式。

指定产物是 $CO_2(g)$ 和 $H_2O(l)$，对其他元素一般数据表上会注明，查阅时应加以注意（附录Ⅳ）。书写相应的燃烧反应的化学反应的方程式时，要使 B 的化学计量数 $\nu_B=-1$。例如，$\Delta_c H_m^{\ominus}$(C，石墨，298.15 K)是下述燃烧反应的标准摩尔焓[变]的简写：

$$C(石墨,298.15\ K,p^{\ominus})+O_2(g,298.15\ K,p^{\ominus})=\!=\!=CO_2(g,298.15\ K,p^{\ominus})$$

当然，O_2 和 CO_2 应具有理想气体的特性。所说的“摩尔”与一般反应的摩尔焓[变]一样，是指每摩尔反应进度。

根据 B 的标准摩尔燃烧焓[变]的定义，参考状态下的 $H_2O(l)$、$CO_2(g)$ 的标准摩尔燃烧焓[变]，在任何温度 T 时均为零。

由 B 的标准摩尔生成焓[变]及摩尔燃烧焓[变]的定义可知，$H_2O(l)$ 的标准摩尔生成焓[变]与 $H_2(g)$ 的标准摩尔燃烧焓[变]、$CO_2(g)$ 的标准摩尔生成焓[变]与 C(石墨)的标准摩尔燃烧焓[变]在量值上相等，但物理含义不同。

注意 标准摩尔燃烧焓[变]$\Delta_c H_m^{\ominus}$ 不能称为标准摩尔燃烧热，二者虽在一定条件下量值相等，但物理概念不同。

②由 $\Delta_c H_m^{\ominus}(B,\beta,T)$ 计算 $\Delta_r H_m^{\ominus}(T)$

由式(1-56)可得

$$\Delta_r H_m^{\ominus}(T)=-\sum_B \nu_B \Delta_c H_m^{\ominus}(B,\beta,T) \tag{1-60}$$

或

$$\Delta_r H_m^{\ominus}(298.15\ K)=-\sum_B \nu_B \Delta_c H_m^{\ominus}(B,\beta,298.15\ K) \tag{1-61}$$

如对反应

$$aA(s)+bB(g)=\!=\!=yY(s)+zZ(g)$$

$$\Delta_r H_m^{\ominus}(298.15\ K)=-[y\Delta_c H_m^{\ominus}(Y,s,298.15\ K)+z\Delta_c H_m^{\ominus}(Z,g,298.15\ K)-a\Delta_c H_m^{\ominus}(A,s,298.15K)-b\Delta_c H_m^{\ominus}(B,g,298.15\ K)]$$

【例 1-15】 已知 C(石墨) 及 $H_2(g)$ 在 25 ℃ 时的标准摩尔燃烧焓分别为 $-393.51\ kJ\cdot mol^{-1}$ 及 $-285.84\ kJ\cdot mol^{-1}$，水在 25 ℃ 时的汽化焓为 $44.0\ kJ\cdot mol^{-1}$，反应 $C(石墨)+2H_2O(g)\longrightarrow 2H_2(g)+CO_2(g)$ 在 25 ℃ 时的标准摩尔反应焓[变]$\Delta_r H_m^{\ominus}(298.15\ K)$ 为多少？

解 由题可知

$$\Delta_f H_m^{\ominus}(H_2O,l,298.15\ K)=\Delta_c H_m^{\ominus}(H_2,g,298.15\ K)=-285.84\ kJ\cdot mol^{-1}$$

又

$$H_2O(l,298.15\ K,p^{\ominus})\xrightarrow{汽化}H_2O(g,298.15\ K,p^{\ominus})$$

其相变焓 $\Delta_{vap} H_m^{\ominus}(298.15\ K)=\Delta_f H_m^{\ominus}(H_2O,g,298.15\ K)-\Delta_f H_m^{\ominus}(H_2O,l,298.15\ K)$

于是 $\Delta_f H_m^{\ominus}(H_2O,g,298.15\ K)=44.0\ kJ\cdot mol^{-1}+(-285.84\ kJ\cdot mol^{-1})=-241.84\ kJ\cdot mol^{-1}$

因为 $\Delta_f H_m^{\ominus}(CO_2,g,298.15\ K)=\Delta_c H_m^{\ominus}(C,石墨,298.15\ K)=-393.51\ kJ\cdot mol^{-1}$

则对反应

$$C(石墨)+2H_2O(g)\longrightarrow 2H_2(g)+CO_2(g)$$

由式(1-59)有

$$\begin{aligned}\Delta_r H_m^{\ominus}(298.15\ K)&=\sum_B \nu_B \Delta_f H_m^{\ominus}(B,\beta,298.15\ K)=\\&\Delta_f H_m^{\ominus}(CO_2,g,298.15\ K)-2\Delta_f H_m^{\ominus}(H_2O,g,298.15\ K)=\\&[(-393.51)-2\times(-241.84)]\ kJ\cdot mol^{-1}=\\&90.17\ kJ\cdot mol^{-1}\end{aligned}$$

【例 1-16】 已知反应：$CH_3COOH(l)+C_2H_5OH(l)\longrightarrow CH_3COOC_2H_5(l)+H_2O(l)$ 在 298.15 K 的 $\Delta_r H_m^{\ominus}(298.15\ K)=-9.200\ kJ\cdot mol^{-1}$，且已知 $C_2H_5OH(l)$ 的 $\Delta_c H_m^{\ominus}(l,298.15\ K)=$

$-1\ 366.91\ \mathrm{kJ\cdot mol^{-1}}$，$CH_3COOH(l)$ 的 $\Delta_c H_m^\ominus(l,\ 298.15\ K)=-873.8\ \mathrm{kJ\cdot mol^{-1}}$，$\Delta_f H_m^\ominus(CO_2,g,298.15\ K)=-393.511\ \mathrm{kJ\cdot mol^{-1}}$，$\Delta_f H_m^\ominus(H_2O,l,298.15\ K)=-285.838\ \mathrm{kJ\cdot mol^{-1}}$。试求 $CH_3COOC_2H_5(l)$ 的 $\Delta_f H_m^\ominus(298.15\ K)$ 为多少？

解　对于反应

$$CH_3COOH(l)+C_2H_5OH(l)\longrightarrow CH_3COOC_2H_5(l)+H_2O(l)$$

由式(1-61)，有

$$\Delta_r H_m^\ominus(298.15\ K)=-\sum_B \nu_B \Delta_c H_m^\ominus(B,\beta,298.15\ K)$$

$$\Delta_r H_m^\ominus(298.15\ K)=-[\Delta_c H_m^\ominus(H_2O,l,298.15\ K)+\Delta_c H_m^\ominus(CH_3COOC_2H_5,l,298.15\ K)-\Delta_c H_m^\ominus(CH_3COOH,l,298.15\ K)-\Delta_c H_m^\ominus(C_2H_5OH,l,298.15\ K)]$$

即
$$-9.200\ \mathrm{kJ\cdot mol^{-1}}=-[0+\Delta_c H_m^\ominus(CH_3COOC_2H_5,l,298.15\ K)+873.8\ \mathrm{kJ\cdot mol^{-1}}+1\ 366.91\ \mathrm{kJ\cdot mol^{-1}}]$$

得
$$\Delta_c H_m^\ominus(CH_3COOC_2H_5,l,298.15\ K)=-2\ 231.5\ \mathrm{kJ\cdot mol^{-1}}$$

对 $CH_3COOC_2H_5$ 燃烧反应，书写其反应方程式时，写成 $\nu(CH_3COOC_2H_5)=-1$，则有

$$CH_3COOC_2H_5(l)+5O_2(g)\longrightarrow 4CO_2(g)+4H_2O(l)$$

$$\Delta_c H_m^\ominus(CH_3COOC_2H_5,l,298.15\ K)=\Delta_r H_m^\ominus(298.15\ K)$$

由式(1-59)，得

$$\Delta_r H_m^\ominus(298.15\ K)=-\Delta_f H_m^\ominus(CH_3COOC_2H_5,l,298.15\ K)-0+4\Delta_f H_m^\ominus(CO_2,g,298.15\ K)+4\Delta_f H_m^\ominus(H_2O,l,298.15\ K)=\Delta_c H_m^\ominus(CH_3COOC_2H_5,l,298.15\ K)$$

于是
$$\begin{aligned}\Delta_f H_m^\ominus(CH_3COOC_2H_5,l,298.15\ K)=&-\Delta_c H_m^\ominus(CH_3COOC_2H_5,l,298.15\ K)+\\&4\times\Delta_f H_m^\ominus(CO_2,g,298.15\ K)+4\Delta_f H_m^\ominus(H_2O,l,298.15\ K)=\\&[2\ 231.5+4\times(-393.511)+4\times(-285.838)]\ \mathrm{kJ\cdot mol^{-1}}=\\&-485.9\ \mathrm{kJ\cdot mol^{-1}}\end{aligned}$$

7. 反应的标准摩尔焓[变]与温度的关系

利用标准摩尔生成焓[变]或标准摩尔燃烧焓[变]的数据计算反应的标准摩尔焓[变]，通常只有 298.15 K 的数据，因此算得的是 $\Delta_r H_m^\ominus(298.15\ K)$。那么要得到任意温度 T 时的 $\Delta_r H_m^\ominus(T)$ 该如何算呢？这可由以下关系来推导：

$$\begin{array}{ccccccc}\boxed{aA} & + & \boxed{bB} & \xrightarrow{\Delta_r H_m^\ominus(T_1)} & \boxed{yY} & + & \boxed{zZ}\\ \downarrow\Delta H_{m,1}^\ominus & & \downarrow\Delta H_{m,2}^\ominus & & \uparrow\Delta H_{m,3}^\ominus & & \uparrow\Delta H_{m,4}^\ominus\\ \boxed{aA} & + & \boxed{bB} & \xrightarrow{\Delta_r H_m^\ominus(T_2)} & \boxed{yY} & + & \boxed{zZ}\end{array}$$

由状态函数的性质可有

$$\Delta_r H_m^\ominus(T_1)=\Delta H_{m,1}^\ominus+\Delta H_{m,2}^\ominus+\Delta_r H_m^\ominus(T_2)+\Delta H_{m,3}^\ominus+\Delta H_{m,4}^\ominus$$

因为
$$\Delta H_{m,1}^\ominus=a\int_{T_1}^{T_2}C_{p,m}^\ominus(A)dT,\quad \Delta H_{m,2}^\ominus=b\int_{T_1}^{T_2}C_{p,m}^\ominus(B)dT\text{①}$$

$$\Delta H_{m,3}^\ominus=-y\int_{T_1}^{T_2}C_{p,m}^\ominus(Y)dT,\quad \Delta H_{m,4}^\ominus=-z\int_{T_1}^{T_2}C_{p,m}^\ominus(Z)dT$$

于是有

$$\Delta_r H_m^\ominus(T_2)=\Delta_r H_m^\ominus(T_1)+\int_{T_1}^{T_2}\sum_B \nu_B C_{p,m}^\ominus(B)dT \tag{1-62}$$

---

① $C_{p,m}^\ominus$ 为标准定压摩尔热容，当压力不太高时，压力对定压摩尔热容的影响可以忽略不计，通常 $C_{p,m}\approx C_{p,m}^\ominus$。

式中 $$\sum_{\mathrm{B}} \nu_{\mathrm{B}} C_{p,\mathrm{m}}^{\ominus}(\mathrm{B}) = y C_{p,\mathrm{m}}^{\ominus}(\mathrm{Y}) + z C_{p,\mathrm{m}}^{\ominus}(\mathrm{Z}) - a C_{p,\mathrm{m}}^{\ominus}(\mathrm{A}) - b C_{p,\mathrm{m}}^{\ominus}(\mathrm{B})$$

若 $T_2=T, T_1=298.15\ \mathrm{K}$，则式(1-62)变为

$$\Delta_{\mathrm{r}} H_{\mathrm{m}}^{\ominus}(T)=\Delta_{\mathrm{r}} H_{\mathrm{m}}^{\ominus}(298.15\ \mathrm{K})+\int_{298.15\ \mathrm{K}}^{T} \sum_{\mathrm{B}} \nu_{\mathrm{B}} C_{p,\mathrm{m}}^{\ominus}(\mathrm{B},\beta)\mathrm{d}T \tag{1-63}$$

式(1-62)及式(1-63)叫基希霍夫(Kirchhoff)公式。

注意　式(1-63)应用于反应过程中没有相变化的情况。当伴随有相变化时，尚需把相变焓考虑进去。

8. 反应的标准摩尔焓[变]与标准摩尔热力学能[变]的关系

在实验测定中，多数情况下测定 $\Delta_{\mathrm{r}} U_{\mathrm{m}}^{\ominus}(T)$ 较为方便。如何从 $\Delta_{\mathrm{r}} U_{\mathrm{m}}^{\ominus}(T)$ 换算成 $\Delta_{\mathrm{r}} H_{\mathrm{m}}^{\ominus}(T)$ 呢？

对于化学反应

$$0=\sum_{\mathrm{B}} \nu_{\mathrm{B}} \mathrm{B}$$

根据式(1-56)及焓的定义式(1-23)，有

$$\Delta_{\mathrm{r}} H_{\mathrm{m}}^{\ominus}(T)=\sum_{\mathrm{B}} \nu_{\mathrm{B}} H_{\mathrm{m}}^{\ominus}(\mathrm{B},\beta,T)=\sum_{\mathrm{B}} \nu_{\mathrm{B}} U_{\mathrm{m}}^{\ominus}(\mathrm{B},\beta,T)+\sum_{\mathrm{B}} \nu_{\mathrm{B}}[p^{\ominus} V_{\mathrm{m}}^{\ominus}(\mathrm{B},T)]$$

对于凝聚相(液相或固相)的 B，标准摩尔体积 $V_{\mathrm{m}}^{\ominus}(\mathrm{B},T)$ 很小，$\sum_{\mathrm{B}} \nu_{\mathrm{B}}[p^{\ominus} V_{\mathrm{m}}^{\ominus}(\mathrm{B},T)]$ 也很小，可以忽略，于是

$$\Delta_{\mathrm{r}} H_{\mathrm{m}}^{\ominus}(T,\mathrm{l}\ 或\ \mathrm{s}) \approx \Delta_{\mathrm{r}} U_{\mathrm{m}}^{\ominus}(T,\mathrm{l}\ 或\ \mathrm{s}) \tag{1-64}$$

式中，$\Delta_{\mathrm{r}} U_{\mathrm{m}}^{\ominus}(T,\mathrm{l}\ 或\ \mathrm{s})=\sum_{\mathrm{B}} \nu_{\mathrm{B}} U_{\mathrm{m}}^{\ominus}(\mathrm{B},T,\mathrm{l}\ 或\ \mathrm{s})$，代表反应的标准摩尔热力学能[变]。有气体 B 参加的反应，式(1-64)可以写成

$$\Delta_{\mathrm{r}} H_{\mathrm{m}}^{\ominus}(T)=\Delta_{\mathrm{r}} U_{\mathrm{m}}^{\ominus}(T)+RT \sum_{\mathrm{B}} \nu_{\mathrm{B}}(\mathrm{g}) \tag{1-65}$$

由式(1-65)知，当反应的 $\sum_{\mathrm{B}} \nu_{\mathrm{B}}(\mathrm{g})>0$ 时，$\Delta_{\mathrm{r}} H_{\mathrm{m}}^{\ominus}(T)>\Delta_{\mathrm{r}} U_{\mathrm{m}}^{\ominus}(T)$；当反应的 $\sum_{\mathrm{B}} \nu_{\mathrm{B}}(\mathrm{g})<0$ 时，$\Delta_{\mathrm{r}} H_{\mathrm{m}}^{\ominus}(T)<\Delta_{\mathrm{r}} U_{\mathrm{m}}^{\ominus}(T)$。

在定温、定容及 $W'=0$，定温、定压及 $W'=0$ 的条件下进行化学反应时，由式(1-21a)及式(1-24a)亦应有

$$Q_V=\Delta_{\mathrm{r}} U, \quad Q_p=\Delta_{\mathrm{r}} H$$

因此，在给定条件下，化学反应热 Q_V 或 Q_p 不再与变化途径有关。

以往常把 $\Delta_{\mathrm{r}} U$、$\Delta_{\mathrm{r}} H$ 或 Q_V、Q_p 称为“定容热效应”和“定压热效应”，按GB 3102.8—1993的有关规定，这种称呼是不妥的，应避免使用(GB 中，“热效应”“潜热”“显热”等术语已废止)。但上述关系总是正确的。Q_V 和 Q_p 是反应系统在上述规定条件下吸收(或放出)的热量，$\Delta_{\mathrm{r}} U$、$\Delta_{\mathrm{r}} H$ 则为化学反应的热力学能[变]和焓[变]，前者与后者在规定条件下量值相等，但物理含义不同。

【例 1-17】 气相反应 A(g)+B(g)⟶Y(g)在 500 ℃进行。

已知数据：

物质	$\Delta_{\mathrm{f}} H_{\mathrm{m}}^{\ominus}(298.15\ \mathrm{K})/\mathrm{kJ \cdot mol^{-1}}$	$C_{p,\mathrm{m}}^{\ominus}(298.15\sim773.15\ \mathrm{K})/\mathrm{J \cdot mol^{-1} \cdot K^{-1}}$
A(g)	−235	19.1
B(g)	52	4.2
Y(g)	−241	30.0

试求 $\Delta_r H_m^\ominus(298.15\ \mathrm{K})$、$\Delta_r H_m^\ominus(773.15\ \mathrm{K})$、$\Delta_r U_m^\ominus(773.15\ \mathrm{K})$。

解　由式(1-59)，有

$$\Delta_r H_m^\ominus(298.15\ \mathrm{K})=\sum_B \nu_B \Delta_f H_m^\ominus(\mathrm{B},\beta,298.15\ \mathrm{K})=$$
$$[-(-235)-(52)+(-241)]\ \mathrm{kJ\cdot mol^{-1}}=-58\ \mathrm{kJ\cdot mol^{-1}}$$

由式(1-63)，有

$$\Delta_r H_m^\ominus(773.15\ \mathrm{K})=\Delta_r H_m^\ominus(298.15\ \mathrm{K})+\int_{298.15\ \mathrm{K}}^{773.15\ \mathrm{K}}\sum_B \nu_B C_{p,m}^\ominus(\mathrm{B})\mathrm{d}T$$

而　$\sum_B \nu_B C_{p,m}^\ominus(\mathrm{B})=(-19.1-4.2+30.0)\mathrm{J\cdot mol^{-1}\cdot K^{-1}}=6.7\ \mathrm{J\cdot mol^{-1}\cdot K^{-1}}$

所以　$\Delta_r H_m^\ominus(773.15\ \mathrm{K})=-58\ \mathrm{kJ\cdot mol^{-1}}+6.7\ \mathrm{J\cdot mol^{-1}\cdot K^{-1}}\times(773.15-298.15)\mathrm{K}=$
$-54.82\ \mathrm{kJ\cdot mol^{-1}}$

由式(1-65)

$$\Delta_r U_m^\ominus(773.15\ \mathrm{K})=\Delta_r H_m^\ominus(773.15\ \mathrm{K})-RT\sum_B \nu_B(\mathrm{g})=$$
$$-54.82\ \mathrm{kJ\cdot mol^{-1}}-8.3145\ \mathrm{J\cdot mol^{-1}\cdot K^{-1}}\times 773.15\ \mathrm{K}\times(1-1-1)=$$
$$-48.39\ \mathrm{kJ\cdot mol^{-1}}$$

【例 1-18】 假定反应 $\mathrm{A(g)}\rightleftharpoons\mathrm{Y(g)}+\frac{1}{2}\mathrm{Z(g)}$ 可视为理想气体反应，并已知数据：

物质	$\frac{\Delta_f H_m^\ominus(298.15\ \mathrm{K})}{\mathrm{kJ\cdot mol^{-1}}}$	$C_{p,m}^\ominus=a+bT+c'T^{-2}$		
		$\frac{a}{\mathrm{J\cdot mol^{-1}\cdot K^{-1}}}$	$\frac{b}{10^{-3}\ \mathrm{J\cdot mol^{-1}\cdot K^{-2}}}$	$\frac{c'}{10^{5}\ \mathrm{J\cdot mol^{-1}\cdot K^{-1}}}$
A(g)	−400.0	13.70	6.40	3.12
Y(g)	−300.0	11.40	1.70	−2.00
Z(g)	0	7.80	0.80	−2.24

则该反应的 $\Delta_r H_m^\ominus(298.15\ \mathrm{K})$ 及 $\Delta_r H_m^\ominus(1\,000\ \mathrm{K})$ 各为多少？

解　由式(1-59)，有

$$\Delta_r H_m^\ominus(298.15\ \mathrm{K})=\sum_B \nu_B \Delta_f H_m^\ominus(\mathrm{B},\beta,298.15\ \mathrm{K})=-\Delta_f H_m^\ominus(\mathrm{A,g},298.15\ \mathrm{K})+$$
$$\Delta_f H_m^\ominus(\mathrm{Y,g},298.15\ \mathrm{K})+\frac{1}{2}\Delta_f H_m^\ominus(\mathrm{Z,g},298.15\ \mathrm{K})=$$
$$[-(-400)+(-300)+0]\ \mathrm{kJ\cdot mol^{-1}}=100\ \mathrm{kJ\cdot mol^{-1}}$$

由式(1-63)，有

$$\Delta_r H_m^\ominus(T)=\Delta_r H_m^\ominus(298.15\ \mathrm{K})+\int_{298.15\ \mathrm{K}}^{T}\sum_B \nu_B C_{p,m}^\ominus(\mathrm{B})\mathrm{d}T$$

将数据代入，则

$$\sum_B \nu_B C_{p,m}^\ominus(\mathrm{B})=[1.60-4.30\times10^{-3}(T/\mathrm{K})-$$
$$6.24\times10^{5}(T/\mathrm{K})^{-2}]\mathrm{J\cdot mol^{-1}\cdot K^{-1}}$$

将 $\sum_B \nu_B C_{p,m}^\ominus(\mathrm{B})$ 代入上式，并积分得

$$\Delta_r H_m^\ominus(1\,000\ \mathrm{K})=\Delta_r H_m^\ominus(298.15\ \mathrm{K})+\int_{298.15\ \mathrm{K}}^{1\,000\ \mathrm{K}}[1.60-4.30\times10^{-3}(T/\mathrm{K})-$$
$$6.24\times10^{5}\times(T/\mathrm{K})^{-2}]\mathrm{J\cdot mol^{-1}\cdot K^{-1}}\mathrm{d}T=97.69\ \mathrm{kJ\cdot mol^{-1}}$$

9. 摩尔溶解焓与摩尔稀释焓

(1)摩尔溶解焓

在恒定的 T、p 下，单位物质的量的溶质B溶解于溶剂A中，形成B的摩尔分数为 x_B 的溶液时过程的焓变，以符号 $\Delta_{sol}H_m(B,x_B)$ 表示，称为该组成溶液的**摩尔溶解焓**(molar change of enthalpy on dissolution)。摩尔溶解焓主要与溶质及溶剂的性质及溶液的组成有关，压力的影响往往可以忽略。

(2)摩尔稀释焓

恒定的 T、p 下，某溶剂中溶质的质量摩尔浓度为 b_1 的溶液用同样的溶剂稀释成溶质的质量摩尔浓度为 b_2 的溶液时所引起的每单位物质的量的溶质之焓变，以符号 $\Delta_{dil}H_m(b_1\rightarrow b_2)$ 表示，称为**摩尔稀释焓**(molar change of enthalpy on dilution)。

1.7 节流过程、焦耳-汤姆生效应

真实气体分子间有相互作用力，它的热力学性质与理想气体有所不同。例如，它不遵从理想气体状态方程式，由一定量纯真实气体组成的系统其热力学能和焓都不只是温度的函数，而是 T、V 或 T、p 两个变量的函数，即

$$U=f(T,V) \quad 及 \quad H=f(T,p) \quad (真实气体)$$

焦耳(Joule J)-**汤姆生**(Thomson W)实验(19世纪40年代)证实了上述结论。

1.7.1 焦耳-汤姆生实验

如图1-9所示，用一个多孔塞将绝热圆筒分成两部分。实验时，将左方活塞徐徐推进，维持压力为 p_1，使体积为 V_1 的气体经过多孔塞流入右方，同时右方活塞被徐徐推出，维持压力为 p_2，推出的气体体积为 V_2，$p_1>p_2$(徐徐推进是为了使左、右两侧气体均容易达成平衡)。实验结果发现，气体流经多孔塞后温度发生了改变。这一现象叫**焦耳-汤姆生效应**，这一过程又叫**节流过程**(throttling process)。

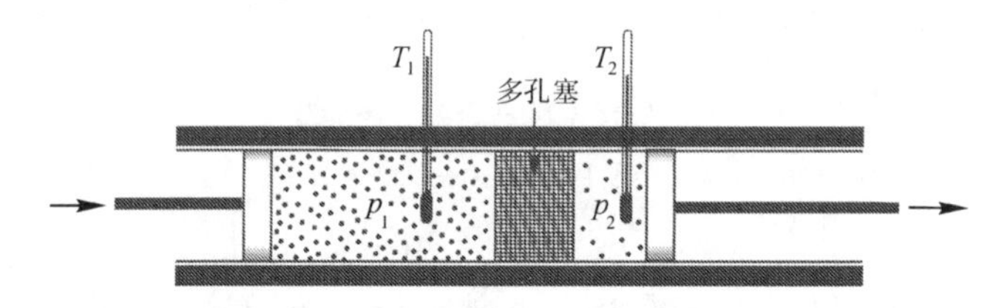

图1-9 焦耳-汤姆生实验

显而易见，一个有限的压力降发生在多孔塞内，尽管在多孔塞左右活塞的推入和推出过程中使之无限接近平衡状态，但节流过程的全程(包括多孔塞内的过程)仍然是不可逆过程(这一不可逆过程集中发生在多孔塞内)。

1.7.2 节流过程的特点

节流过程中，环境对系统做的总功为

$$W_v=-p_1(0-V_1)-p_2(V_2-0)=p_1V_1-p_2V_2$$

又因绝热 $\quad Q=0$

所以，由热力学第一定律 $\Delta U=W_v$

或 $U_2-U_1=p_1V_1-p_2V_2$

移项 $U_2+p_2V_2=U_1+p_1V_1$

由焓的定义，得

$$H_2=H_1 \tag{1-66}$$

表明，节流过程的特点是**定焓过程**(process of isoenthalpy)。

这一特点表明，对真实气体，若 H 只是温度的函数，则不管 p 是否改变，T 改变 H 就改变，现 T、p 都改变而 H 不变，表明 H 随 T 的改变与随 p 的改变相互抵消。由此可见，真实气体的 H 是 T、p 的函数，而不只是 T 的函数。

注意 节流过程是一个定焓过程，而不是定焓变化，以下的1.7.4节的定焓线可证明这一结论。

1.7.3 焦耳-汤姆生系数

定义

$$\mu_{J\text{-}T}\overset{\text{def}}{=\!=}\left(\frac{\partial T}{\partial p}\right)_H \tag{1-67}$$

式中，$\mu_{J\text{-}T}$叫**焦耳-汤姆生系数**(Joule-Thomson coefficient)。$\left(\frac{\partial T}{\partial p}\right)_H$ 是在定焓的情况下，节流过程中温度随压力的变化率。

因为$\partial p<0$，所以 $\mu_{J\text{-}T}<0$，表示流体经节流后温度升高；$\mu_{J\text{-}T}>0$，表示流体经节流后温度下降；$\mu_{J\text{-}T}=0$，表示流体经节流后温度不变。

各种气体在常温下的 $\mu_{J\text{-}T}$值一般都是正的，但氢、氦、氖例外，它们在常温下的 $\mu_{J\text{-}T}$值是负的。下面列出几种气体在0 ℃，$p=101.325$ kPa时的 $\mu_{J\text{-}T}$值：

气体	$\mu_{J\text{-}T}/(10^5\ \text{K}\cdot\text{Pa}^{-1})$	气体	$\mu_{J\text{-}T}/(10^5\ \text{K}\cdot\text{Pa}^{-1})$
H_2	−0.03	O_2	0.31
CO_2	1.30	空气	0.27

节流原理在气体液化及制冷等工艺过程中有重要应用。

【例1-19】 试证：对理想气体 $\mu_{J\text{-}T}=0$。

证明 节流过程 $dH=0$

因为

$$dH=\left(\frac{\partial H}{\partial T}\right)_p dT+\left(\frac{\partial H}{\partial p}\right)_T dp$$

所以

$$\mu_{J\text{-}T}=\left(\frac{\partial T}{\partial p}\right)_H=-\frac{(\partial H/\partial p)_T}{(\partial H/\partial T)_p}=-\frac{(\partial H/\partial p)_T}{C_p}$$

而理想气体 H 只是温度的函数，$(\partial H/\partial p)_T=0$，所以 $\mu_{J\text{-}T}=0$。

由此结果可以证明，理想气体经节流时温度不变。

1.7.4 定焓线和转换曲线

前已叙及，节流过程是一个定焓过程，不是定焓变化。这是由于已把气体在多孔塞内的状态变化(一个有限的压力变化)忽略掉了，且把膨胀前后的一系列状态作为平衡态处理，即把在有限时间内进行的不可逆过程理想化为可逆过程。为了说明这一变化规律，我们可进行如下的节流过程实验：首先从一定温度、压力下的气体 T_1、p_1 开始，节流膨胀到 T_2、p_2，进一步膨胀到 T_3、p_3，T_4、p_4，…。若将实验结果画在 T-p 图上，再把各温度、压力状态点（每个状态点都无限接近平衡态）连成一条光滑曲线，即为开始温度、压力为 T_1、p_1 的**定焓线**(isoenthalpic curve)；对同一气体，若改变开始温度、压力，即从 T_1'、p_1' 开始节流膨胀到 T_2'、p_2'，T_3'、p_3'，T_4'、p_4'，…，则得另一条定焓线，即图 1-10 中定焓线 H_6。如此重复实验，可得一系列不同开始温度、压力下的定焓线，如图 1-10 中定焓线 $H_1 \sim H_8$ 所示。各定焓线上任何一点的切线斜率就是实验气体在一定 T、p 下的 $\mu_{J\text{-}T}$。同一定焓线上各点切线斜率彼此不同，说明 $\mu_{J\text{-}T}$ 是 T 和 p 的函数。每条定焓线上均有一最高点，将各定焓线的最高点连接起来得到如图 1-10 中的虚线，称为**转换曲线**(inversion curve)。转换曲线上 $\mu_{J\text{-}T}=0$；转换曲线左侧 $\mu_{J\text{-}T}>0$，称为制冷区；转换曲线右侧 $\mu_{J\text{-}T}<0$，称为制热区。各种气体有其特有的转换曲线。不言而喻，欲使气体在节流膨胀后降温或液化，必须在该气体的制冷区内进行。工业上如液化空气、液化烃等的生产就是依据上述制冷原理。

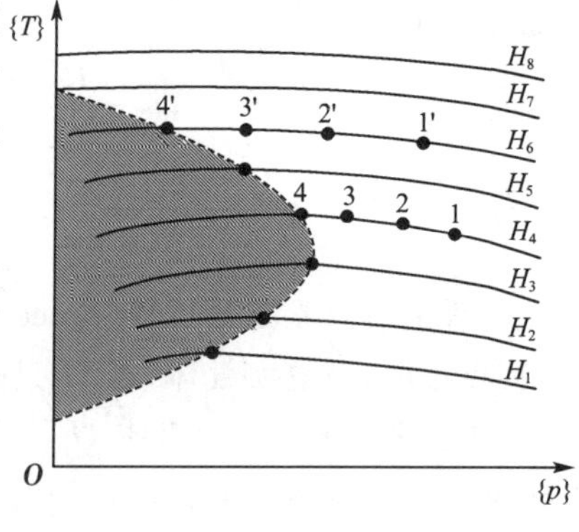

图 1-10　气体在不同开始温度、压力下进行节流膨胀的定焓线及转换曲线

Ⅲ　热力学第二定律

1.8　热转化为功的限度、卡诺循环

与热力学第一定律一样，**热力学第二定律**(second law of thermodynamics)也是人们生产实践、生活实践和科学实验的经验总结。从热力学第二定律出发，经过归纳与推理，定义了状态函数——**熵**(entropy)，以符号 S 表示，用**熵判据**(entropy criterion) $\mathrm{d}S_{隔} \geqslant 0 \ \begin{matrix}\text{自发}\\ \text{平衡}\end{matrix}$ 解决物质变化过程的方向与限度问题。

因为热力学第二定律的发现和热与功的相互转化的规律深刻联系在一起，所以我们从热与功的相互转化规律进行研究——热能否全部转化为功？热转化为功的限度如何？

1.8.1　热机效率

热机（蒸汽机、内燃机等）的工作过程可以看作一个循环过程。如图 1-11 所示，热机从高温热源（温度 T_1）吸热 Q_1 (>0)，对环境做功 W_v (<0)，同时向低温热源（温度 T_2）放

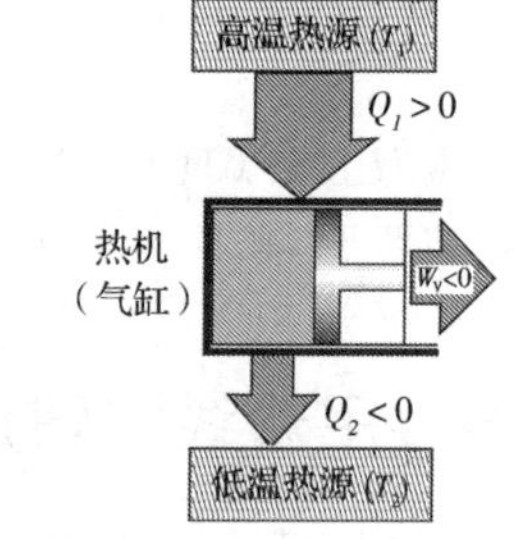

图 1-11　热转化为功的限度

热 Q_2（<0），再从高温热源吸热，完成一个循环。则**热机效率**（热转化为功的效率）定义为

$$\eta \overset{\text{def}}{=\!=} \frac{-W_v}{Q_1} = \frac{Q_1 + Q_2}{Q_1} \tag{1-68}$$

1.8.2 卡诺循环

1824 年法国年轻工程师**卡诺**（Carnot S）设想了一部理想热机。该热机由两个温度不同的可逆定温过程（膨胀和压缩）和两个可逆绝热过程（膨胀和压缩）构成一循环过程——**卡诺循环**（Carnot cycle）。以理想气体为工质的卡诺循环如图 1-12 所示。由图 1-12 可知，完成一个循环后，热机所做的净功为 p-V 图上曲线所包围的面积，$W_v<0$。应用热力学第一定律，可有

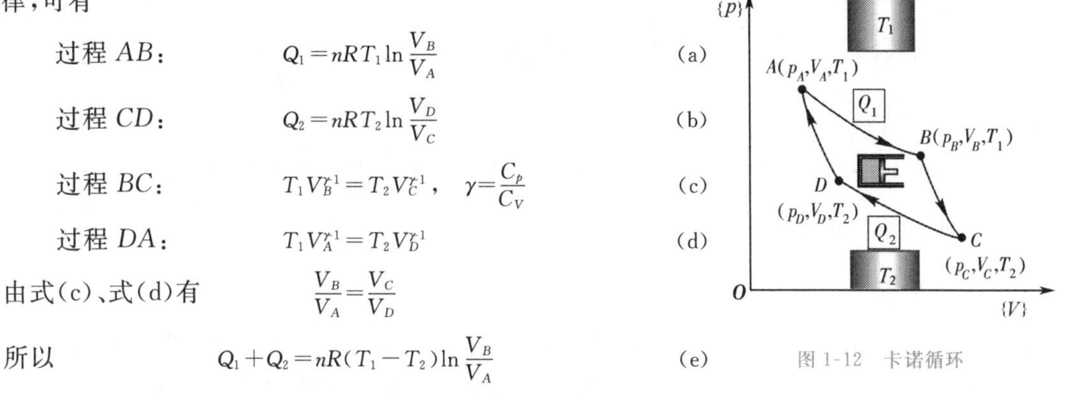

过程 AB： $Q_1 = nRT_1 \ln \dfrac{V_B}{V_A}$ （a）

过程 CD： $Q_2 = nRT_2 \ln \dfrac{V_D}{V_C}$ （b）

过程 BC： $T_1 V_B^{\gamma-1} = T_2 V_C^{\gamma-1}$， $\gamma = \dfrac{C_p}{C_V}$ （c）

过程 DA： $T_1 V_A^{\gamma-1} = T_2 V_D^{\gamma-1}$ （d）

由式（c）、式（d）有 $\dfrac{V_B}{V_A} = \dfrac{V_C}{V_D}$

所以 $Q_1 + Q_2 = nR(T_1 - T_2)\ln \dfrac{V_B}{V_A}$ （e）

图 1-12 卡诺循环

由式（1-68）及式（a）、式（e），得

$$\eta = \frac{-W_v}{Q_1} = \frac{Q_1 + Q_2}{Q_1} = \frac{T_1 - T_2}{T_1} \tag{1-69}$$

结论：理想气体卡诺热机的效率 η 只与两个热源的温度（T_1、T_2）有关，温差愈大，η 愈大。

由式（1-69），得

$$\frac{Q_1}{T_1} + \frac{Q_2}{T_2} = 0 \tag{1-70}$$

1.8.3 卡诺定理

所有工作在两个一定温度之间的热机，以可逆热机的效率最大——**卡诺定理**（Carnot theorem），即

$$\eta_r = \frac{T_1 - T_2}{T_1} \tag{1-71}$$

式中，η_r 的下标“r”表示“可逆”。

热力学第二定律的建立，在一定程度上受到卡诺定理的启发，而热力学第二定律建立后，反过来又证明了卡诺定理的正确性。

由卡诺定理，可得到推论：

$$\eta \leqslant \frac{T_1 - T_2}{T_1} \quad \begin{matrix} \text{不可逆热机} \\ \text{可逆热机} \end{matrix} \tag{1-72}$$

由式（1-69）及式（1-72），有

$$\frac{Q_1}{T_1}+\frac{Q_2}{T_2}\leqslant 0 \begin{matrix}\text{不可逆热机}\\ \text{可逆热机}\end{matrix} \tag{1-73}$$

1.9 自发过程的不可逆性及热力学第二定律的经典表述

1.9.1 宏观过程的不可逆性

自然界中一切实际发生的宏观过程，总是：非平衡态$\xrightarrow{\text{自发}}$平衡态(为止)，而不可能：平衡态$\xrightarrow{\text{自发}}$非平衡态。举例如下。

(i)热 Q 的传递

方向：高温(T_1)$\xrightarrow[\text{自发}]{\text{热}Q\text{传递}}$低温($T_2$)$\Rightarrow T_1'=T_2'$为止(限度)，反过程不能自发。

(ii)气体膨胀

方向：高压(p_1)$\xrightarrow[\text{自发}]{\text{气体膨胀}}$低压($p_2$)$\Rightarrow p_1'=p_2'$为止(限度)，反过程不能自发

(iii)水与酒精混合

方向：水＋酒精$\xrightarrow[\text{自发}]{\text{混合均匀}}$溶液$\Rightarrow$均匀为止(限度)，反过程不能自发。

自发过程(spontaneous process)通常是指不需要环境做功就能自动发生的过程。

总结以上自然规律，得到结论：自然界中发生的一切实际过程(指宏观过程，下同)都有一定的方向和限度。不可能自发按原过程逆向进行，即自然界中一切实际发生的宏观过程都是不可逆的。由此归纳出热力学第二定律。

1.9.2 热力学第二定律的经典表述

克劳休斯(Clausius R J E)说法(1850)：不可能把热由低温物体转移到高温物体，而不留下其他变化。

开尔文(Kelvin L)说法(1851)：不可能从单一热源吸热使之完全变为功，而不留下其他变化。

应当明确，克劳休斯说法并不意味着热不能由低温物体传到高温物体；开尔文说法也不是说热不能全部转化为功，强调的是不可能不留下其他变化。例如，开动制冷机(如冰箱)可使热由低温物体传到高温物体，但环境消耗了能量(电能)；理想气体在可逆定温膨胀过程中，系统从单一热源吸的热全部转变为对环境做的功，但系统的状态发生了变化(膨胀了)。

可以用反证法证明，热力学第二定律的上述两种经典表述是等效的。

此外，亦可以用“第二类永动机(second kind of perpetual motion machine)不能制成”来表述热力学第二定律，这种机器是指从单一热源取热使之全部转化为功，而不留下其他变化。

总之，热力学第二定律的实质是：断定自然界中一切实际发生的宏观过程都是不可逆的，即不可能自发逆转。

1.10 熵、热力学第二定律的数学表达式

1.10.1 熵的定义

将式(1-73)推广到多个热源的无限小循环过程,有

$$\sum \frac{\delta Q}{T_{su}} \leqslant 0 \begin{matrix} \text{不可逆热机} \\ \text{可逆热机} \end{matrix} \quad \overset{\text{或}}{\Rightarrow} \quad \oint \frac{\delta Q}{T_{su}} \leqslant 0 \begin{matrix} \text{不可逆热机} \\ \text{可逆热机} \end{matrix}$$

上式表明,热温商$\left(\frac{\delta Q}{T_{su}}\right)$,沿任意可逆循环的闭积分等于零,沿任意不可逆循环的闭积分总是小于零——克劳休斯定理(Clausius theorem)。

上式可分成两部分

$$\oint \frac{\delta Q_r}{T} = 0 \quad \text{可逆循环} \tag{1-74}$$

$$\oint \frac{\delta Q_{ir}}{T_{su}} < 0 \quad \text{不可逆循环} \qquad \text{(克劳休斯不等式)} \tag{1-75}$$

式中,下标"r"及"ir"分别表示"可逆"与"不可逆"。

式(1-74)表明,若封闭曲线积分等于零,则被积变量$\left(\frac{\delta Q_r}{T}\right)$应为某状态函数的全微分(积分定理)。令该状态函数以 S 表示,即定义

$$dS \overset{\text{def}}{=\!=\!=} \frac{\delta Q_r}{T} \tag{1-76}$$

式中,S 叫作熵(entropy),单位为$J \cdot K^{-1}$。

从熵的定义式(1-76)来理解,熵是状态函数,是广度性质,宏观量,单位为$J \cdot K^{-1}$,这是我们对熵的暂时的理解。在本章以后几节的学习中,以及在统计热力学一章中,对它的物理意义将会有进一步的认识。

将式(1-76)积分,有

$$\int_{S_A}^{S_B} dS = S_B - S_A = \Delta S = \int_A^B \frac{\delta Q_r}{T} \tag{1-77}$$

即熵变 ΔS 可由可逆途径的 $\int_A^B \frac{\delta Q_r}{T}$ 出发来计算。

1.10.2 热力学第二定律的数学表达式

设有一循环过程由两步组成,如图 1-13所示,将克劳休斯不等式用于图 1-13 则有

$$\int_A^B \frac{\delta Q_{ir}}{T_{su}} + \int_B^A \frac{\delta Q_r}{T} < 0 \quad \text{(不可逆循环)}$$

因

$$\int_B^A \frac{\delta Q_r}{T} = -\int_A^B \frac{\delta Q_r}{T}$$

所以

$$\int_A^B \frac{\delta Q_{ir}}{T_{su}} < \int_A^B \frac{\delta Q_r}{T} = \Delta S$$

即

$$\Delta S > \int_A^B \frac{\delta Q_{ir}}{T_{su}} \quad \text{或} \quad dS > \frac{\delta Q_{ir}}{T_{su}}$$

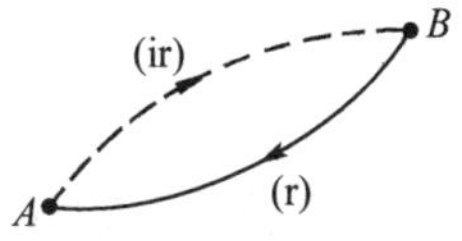

图 1-13 不可逆循环过程

$$\Delta S=\int_A^B\frac{\delta Q_r}{T}\quad 或\quad dS=\frac{\delta Q_r}{T}$$

以上二式合并表示

$$\Delta S\geqslant\int_A^B\frac{\delta Q}{T_{su}}\begin{matrix}不可逆\\可逆\end{matrix}\quad 或\quad dS\geqslant\frac{\delta Q}{T_{su}}\begin{matrix}不可逆\\可逆\end{matrix}\tag{1-78}$$

式(1-78)即为热力学第二定律的数学表达式。

1.10.3 熵增原理及平衡的熵判据

1. 熵增原理

对封闭系统，绝热过程，$\delta Q=0$，由式(1-78)，有

$$\Delta S_{绝热}\geqslant 0\begin{matrix}不可逆\\可逆\end{matrix}\quad 或\quad dS_{绝热}\geqslant 0\begin{matrix}不可逆\\可逆\end{matrix}\tag{1-79}$$

式(1-79)表明，系统经绝热过程由一状态达到另一状态熵值不减少——**熵增原理**(the principle of the increase of entropy)。

熵增原理表明：在绝热条件下，只可能发生 $dS\geqslant 0$ 的过程，其中 $dS=0$ 表示可逆过程；$dS>0$ 表示不可逆过程；$dS<0$ 的过程是不可能发生的。但可逆过程毕竟是一个理想过程，因此，在绝热条件下，一切可能发生的实际过程都使系统的熵增大，直至达到平衡态。

2. 熵判据

在隔离系统中发生的过程，$\delta Q=0$，则由式(1-78)有

$$\Delta S_{隔}\geqslant 0\begin{matrix}不可逆\\可逆\end{matrix}\quad 或\quad dS_{隔}\geqslant 0\begin{matrix}不可逆\\可逆\end{matrix}\tag{1-80a}$$

式(1-80a)叫**平衡的熵判据**(entropy criterion of equilibrium)。它表明：(i)在隔离系统中发生任意有限的或微小的状态变化时，若 $\Delta S_{隔}=0$ 或 $dS_{隔}=0$，则该隔离系统发生的是可逆过程；(ii)若隔离系统熵增大，即 $\Delta S_{隔}>0$ 或 $dS_{隔}>0$ 的过程是不可逆过程。

隔离系统与环境不发生相互作用(既无热交换，亦无功交换)，变化的动力蕴藏在系统内部，因此在隔离系统中可以实际发生的过程都是自发过程。换言之，隔离系统的熵有自发增大的趋势。当达到平衡后，宏观的实际过程不再发生，熵不再继续增加，即隔离系统的熵达到某个极大值。

所以，对隔离系统，平衡的熵判据还可表示为

$$\Delta S\geqslant 0\begin{matrix}自发\\平衡\end{matrix}\quad 或\quad dS\geqslant 0\begin{matrix}自发\\平衡\end{matrix}\tag{1-80b}$$

注意 前已述及，热力学第二定律的实质是：自然界中一切实际发生的宏观过程(宏观自发过程)都是不可逆的，即不可能自发逆转。但应指出，不可逆过程可以是自发的，也可以是非自发的，例如，在绝热的封闭系统中发生的不可逆过程，可以是自发的(当系统与环境无功交换时)，也可以是非自发的(当系统与环境有功交换时)；而在隔离系统中发生的不可逆过程，则一定是自发过程(因为系统与环境既无热交换，亦无功交换)。

3. 环境熵变的计算

对于封闭系统，可将环境看作一系列热源(或热库)，则 ΔS_{su} 的计算只需考虑热源的贡献，而且总是假定每个热源都足够大且体积固定，在传热过程中温度始终均匀且保持不变，即热源的变化总是可逆的。于是

$$dS_{su} = \frac{(-\delta Q_{sy})}{T_{su}} \quad 或 \quad \Delta S_{su} = -\int \frac{\delta Q_{sy}}{T_{su}} \tag{1-81}$$

若 T_{su}不变，则

$$\Delta S_{su} = -\frac{Q_{sy}}{T_{su}} \tag{1-82}$$

式中，下标“sy”表示“系统”，在不至于混淆的情况下，一般省略该下标。

注意　$-Q_{sy} = Q_{su}$。

【例 1-20】 试将图 1-12 中的理想气体卡诺循环表示在温-熵(T-S)图上。

解　卡诺循环由两个定温可逆过程和两个绝热可逆过程(定熵过程)组成，表示在 T-S 图上，如图 1-14 所示。

【例 1-21】 某理想气体，从始态 A 出发，分别经定温可逆膨胀和绝热可逆膨胀到体积相同的终态 B 及 C。

(1)证明在 p-V 图上理想气体定温可逆膨胀线的斜率大于绝热可逆膨胀线的斜率；

(2)在 p-V 图上表示出两种可逆膨胀过程系统对环境做的体积功，并比较其大小。

解　(1)对理想气体定温可逆膨胀线 AB，因有

$$pV = C' \quad (常数)$$

则

$$\left(\frac{\partial p}{\partial V}\right)_T = -\frac{C'}{V^2} = -\frac{p}{V}$$

而对理想气体绝热可逆膨胀(定熵)线 AC，因有

$$pV^{\gamma} = C'' \quad (常数)$$

则

$$\left(\frac{\partial p}{\partial V}\right)_S = -\gamma \frac{C''}{V^{\gamma+1}} = -\gamma \frac{p}{V}$$

又因

$$\gamma = \frac{C_p}{C_V} > 1$$

则

$$\left(\frac{\partial p}{\partial V}\right)_T > \left(\frac{\partial p}{\partial V}\right)_S$$

(2)两种膨胀过程系统对环境做的体积功如图 1-15 所示。其中理想气体定温可逆膨胀过程系统对环境做的体积功为 AB 线下斜线所表示的面积，而理想气体绝热可逆过程，系统对环境所做的体积功为 AC 线下阴影所表示的面积。显然前者大于后者(指绝对值。注意，系统对环境做功为负)。

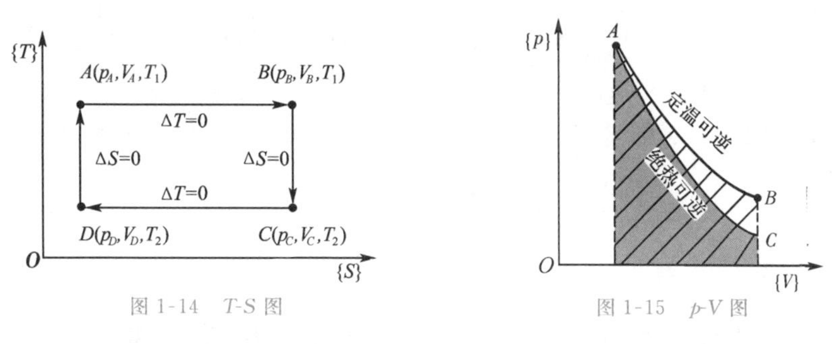

图 1-14　T-S 图　　图 1-15　p-V 图

1.11　系统熵变的计算

由 $dS = \frac{\delta Q_r}{T}$出发，对定温过程

$$\Delta S = \int \frac{\delta Q_r}{T} = \frac{Q_r}{T} \tag{1-83}$$

式(1-83) 对定温可逆的单纯 p、V 变化，可逆的相变化均适用。

1.11.1 单纯 p、V、T 变化过程熵变的计算

1. 实际气体、液体或固体的 p、V、T 变化过程

(1) 定压变温过程

由
$$\delta Q_p = \mathrm{d}H = n\,C_{p,\mathrm{m}}\mathrm{d}T$$

所以
$$\Delta S = \int \frac{\delta Q_p}{T} = \int_{T_1}^{T_2} \frac{n\,C_{p,\mathrm{m}}\mathrm{d}T}{T} \tag{1-84}$$

若将 $C_{p,\mathrm{m}}$ 视为常数，则
$$\Delta S = n\,C_{p,\mathrm{m}}\ln\frac{T_2}{T_1} \tag{1-85}$$

显然，若 $T\uparrow$，则 $S\uparrow$。

(2) 定容变温过程

由
$$\delta Q_V = \mathrm{d}U = n\,C_{V,\mathrm{m}}\mathrm{d}T$$

所以
$$\Delta S = \int \frac{\delta Q_\mathrm{r}}{T} = \int_{T_1}^{T_2} \frac{n\,C_{V,\mathrm{m}}\mathrm{d}T}{T} \tag{1-86}$$

若将 $C_{V,\mathrm{m}}$ 视为常数，则
$$\Delta S = n\,C_{V,\mathrm{m}}\ln\frac{T_2}{T_1} \tag{1-87}$$

显然，若 $T\uparrow$，则 $S\uparrow$。

(3) 液体或固体定温下 p、V 变化过程

定 T 时，当 p、V 变化不大时，对液、固体的熵影响很小，其变化值可忽略不计，即 $\Delta S=0$。

对实际气体，定 T，而 p、V 变化时，对熵影响较大，且关系复杂，本课程不讨论。

2. 理想气体的 p、V、T 变化过程

由 $\mathrm{d}S=\dfrac{\delta Q_\mathrm{r}}{T}=\dfrac{\mathrm{d}U+p\mathrm{d}V}{T}(\delta W'=0)$，$\mathrm{d}U=nC_{V,\mathrm{m}}\mathrm{d}T$，则
$$\mathrm{d}S=\frac{n\,C_{V,\mathrm{m}}\mathrm{d}T}{T}+\frac{nR\mathrm{d}V}{V} \tag{1-88}$$

将 $pV=nRT$ 两端取对数，微分后将 $\dfrac{\mathrm{d}p}{p}+\dfrac{\mathrm{d}V}{V}=\dfrac{\mathrm{d}T}{T}$ 及 $C_{p,\mathrm{m}}-C_{V,\mathrm{m}}=R$ 代入式(1-88)，得
$$\mathrm{d}S=\frac{n\,C_{p,\mathrm{m}}\mathrm{d}T}{T}-\frac{nR\mathrm{d}p}{p} \tag{1-89}$$

及
$$\mathrm{d}S=\frac{n\,C_{V,\mathrm{m}}\mathrm{d}p}{p}+\frac{n\,C_{p,\mathrm{m}}\mathrm{d}V}{V} \tag{1-90}$$

若视 $C_{p,\mathrm{m}}$、$C_{V,\mathrm{m}}$ 为常数，将式(1-88)、式(1-89)、式(1-90)积分，可得
$$\Delta S=n(C_{V,\mathrm{m}}\ln\frac{T_2}{T_1}+R\ln\frac{V_2}{V_1}) \tag{1-91}$$

↓定容　　　　↓定温

$$\Delta S=n\,C_{V,\mathrm{m}}\ln\frac{T_2}{T_1} \qquad \Delta S=nR\ln\frac{V_2}{V_1}$$

（若 $T\uparrow$，则 $S\uparrow$）　（若 $V\uparrow$，则 $S\uparrow$）

$$\Delta S=n(C_{p,\mathrm{m}}\ln\frac{T_2}{T_1}+R\ln\frac{p_1}{p_2}) \tag{1-92}$$

↓定压　　　　↓定温

$$\Delta S=n\,C_{p,\mathrm{m}}\ln\frac{T_2}{T_1}\qquad \Delta S=nR\ln\frac{p_1}{p_2}$$

（若 T↑，则 S↑）　　（若 p↓，则 S↑）

$$\Delta S=n(C_{V,\mathrm{m}}\ln\frac{p_2}{p_1}+C_{p,\mathrm{m}}\ln\frac{V_2}{V_1}) \tag{1-93}$$

↓定容　　　　↓定压

$$\Delta S=n\,C_{V,\mathrm{m}}\ln\frac{p_2}{p_1}\qquad \Delta S=n\,C_{p,\mathrm{m}}\ln\frac{V_2}{V_1}$$

（若 p↑，则 T↑，必有 S↑）（若 V↑，则 S↑）

3. 理想气体定温、定压下的混合过程

如图 1-16 所示，一容器中间有隔板相隔，左、右体积分别为 V_1 及 V_2，各充有物质的量为 n_1、n_2 的气体。抽掉隔板，两气体混合可在瞬间完成，本是不可逆过程，可设计一装置使混合过程在定温、定压下以可逆方式进行，据此可推导出两种宏观性质不同的理想气体混合过程熵变计算公式。

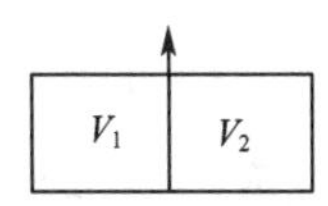

图 1-16　气体混合

$$\Delta_{\mathrm{mix}}S=n_1R\ln\frac{V_1+V_2}{V_1}+n_2R\ln\frac{V_1+V_2}{V_2} \tag{1-94}$$

式中，下标“mix”表示“混合”。

因为定温、定压时，有　　$\dfrac{V_1}{V_1+V_2}=y_1$，　$\dfrac{V_2}{V_1+V_2}=y_2$

则式(1-94)变成

$$\Delta_{\mathrm{mix}}S=-R(n_1\ln y_1+n_2\ln y_2) \tag{1-95}$$

因为 $y_1<1$，$y_2<1$，所以 $\Delta_{\mathrm{mix}}S>0$。

式(1-94)及式(1-95)可用于宏观性质（如体积质量）不同的理想气体（如 N_2 和 O_2）的混合。对于两份隔开的气体无法凭任何宏观性质加以区别（如隔开的两份同种气体），则混合后观察不到宏观性质发生变化，可见系统的状态没有改变，因而系统的熵也不变。

【例 1-22】 10.00 mol 理想气体，由 25 ℃，1.000 MPa 膨胀到 25 ℃，0.100 MPa。假定过程是：(a)可逆膨胀；(b)自由膨胀；(c)对抗恒外压 0.100 MPa 膨胀。计算：(1)系统的熵变 ΔS_{sy}；(2)环境的熵变 ΔS_{su}。

解　(1)题中系统三种变化过程始态相同、终态相同，因此 ΔS_{sy} 相等，即可按可逆途径算出。

$$\Delta S_{\mathrm{sy}}=nR\ln\frac{p_1}{p_2}=10.00\ \mathrm{mol}\times 8.314\ 5\ \mathrm{J\cdot K^{-1}\cdot mol^{-1}}\times\ln\frac{1.000\ \mathrm{MPa}}{0.100\ \mathrm{MPa}}=191\ \mathrm{J\cdot K^{-1}}$$

(2)(a)可逆过程，$\Delta S_{\mathrm{su}}=-\Delta S_{\mathrm{sy}}=-191\ \mathrm{J\cdot K^{-1}}$

(b)$Q=0$，$\Delta S_{\mathrm{su}}=0$

(c)$-Q=W_{\mathrm{v}}$　（因 $\Delta U=0$）

$$W_{\mathrm{v}}=-p_{\mathrm{su}}(V_2-V_1)=-p_{\mathrm{su}}\left(\frac{nRT}{p_2}-\frac{nRT}{p_1}\right)=-nRT\left(\frac{p_{\mathrm{su}}}{p_2}-\frac{p_{\mathrm{su}}}{p_1}\right)$$

$$\Delta S_{\mathrm{su}}=\frac{-Q}{T_{\mathrm{su}}}=\frac{W_{\mathrm{v}}}{T}=-nR\left(\frac{p_{\mathrm{su}}}{p_2}-\frac{p_{\mathrm{su}}}{p_1}\right)=$$

$$-10.00\ \mathrm{mol}\times 8.314\ 5\ \mathrm{J\cdot K^{-1}\cdot mol^{-1}}\times\left(\frac{0.100}{0.100}-\frac{0.100}{1.000}\right)=$$

$$-74.8\ \mathrm{J\cdot K^{-1}}$$

【例 1-23】 在 101 325 Pa 下，2 mol 氨从 100 ℃定压升温到 200 ℃，计算该过程的熵变。已知氨的定压摩尔热容 $C_{p,\mathrm{m}}/(\mathrm{J\cdot K^{-1}\cdot mol^{-1}})=33.66+29.31\times10^{-4}T/\mathrm{K}+21.35\times10^{-6}(T/\mathrm{K})^2$。

解 对定压变温过程，由式(1-84)，有

$$\Delta S=\int_{T_1}^{T_2}\frac{nC_{p,\mathrm{m}}\mathrm{d}T}{T}=\int_{T_1}^{T_2}\frac{n(a+bT+cT^2)\mathrm{d}T}{T}=$$

$$n\left[a\ln\frac{T_2}{T_1}+b(T_2-T_1)+\frac{c}{2}(T_2^2-T_1^2)\right]=$$

$$2\ \mathrm{mol}\times\left[33.66\ \mathrm{J\cdot K^{-1}\cdot mol^{-1}}\times\ln\frac{473.15\ \mathrm{K}}{373.15\ \mathrm{K}}+29.31\times10^{-4}\ \mathrm{J\cdot K^{-2}\cdot mol^{-1}}\times\right.$$

$$(473.15-373.15)\ \mathrm{K}+\frac{1}{2}\times21.35\times10^{-6}\ \mathrm{J\cdot K^{-3}\cdot mol^{-1}}\times$$

$$\left.(473.15^2-373.15^2)\mathrm{K}^2\right]=18.38\ \mathrm{J\cdot K^{-1}}$$

【例 1-24】 5 mol 氮气，由 25 ℃、1.01 MPa 对抗恒外压 0.101 MPa 绝热膨胀到0.101 MPa。$C_{p,\mathrm{m}}(N_2)=\frac{7}{2}R$。计算 ΔS。

解 始态：$T_1=298.15\ \mathrm{K}$，$p_1=1.01\ \mathrm{MPa}$；终态：$T_2=?$ $p_2=0.101\ \mathrm{MPa}$。

先求 T_2：绝热过程($Q=0$)， $\Delta U=W_{\mathrm{v}}$ (a)

将此条件下 N_2 视为理想气体，则

$$\Delta U=C_V\Delta T=nC_{V,\mathrm{m}}(T_2-T_1)=n\times\frac{5}{2}R(T_2-T_1)\tag{b}$$

$$W_{\mathrm{v}}=-p_{\mathrm{su}}\Delta V=-p_2\left(\frac{nRT_2}{p_2}-\frac{nRT_1}{p_1}\right)=nR\left(\frac{p_2}{p_1}T_1-T_2\right)\tag{c}$$

由式(a)、式(b)、式(c)得 $$\frac{5}{2}(T_2-T_1)=\left(\frac{p_2}{p_1}T_1-T_2\right)$$

$$T_2=\frac{\left(\frac{5}{2}+\frac{p_2}{p_1}\right)T_1}{\frac{5}{2}+1}=\frac{\left(\frac{5}{2}+\frac{0.101\ \mathrm{MPa}}{1.01\ \mathrm{MPa}}\right)\times298.15\ \mathrm{K}}{\frac{5}{2}+1}=221\ \mathrm{K}$$

所以 $$\Delta S=nC_{p,\mathrm{m}}\ln\frac{T_2}{T_1}-nR\ln\frac{p_2}{p_1}=$$

$$5\ \mathrm{mol}\times8.3145\ \mathrm{J\cdot K^{-1}\cdot mol^{-1}}\times\left(\frac{7}{2}\ln\frac{221\ \mathrm{K}}{298.15\ \mathrm{K}}-\ln\frac{0.101\ \mathrm{MPa}}{1.01\ \mathrm{MPa}}\right)=$$

$$52.2\ \mathrm{J\cdot K^{-1}}$$

绝热膨胀降温：由式(1-91)看出，S 随 T、V 增加而增大。但在绝热膨胀中，V 增大而 T 下降，二者对 S 的影响相反。已知绝热可逆过程的 $\mathrm{d}S=0$，表示 T 与 V 对 S 的影响正好抵消；不可逆绝热过程 $\mathrm{d}S>0$，可见对于相同的 ΔV，不可逆绝热膨胀时 T 的下降小于可逆绝热膨胀。

1.11.2 相变化过程熵变的计算

1. 平衡温度、压力下的相变化过程

平衡温度、压力下的相变化是可逆的相变化过程。因是定温、定压，且 $W'=0$，所以有 $Q_p=\Delta H$，又因是定温可逆，故

$$\Delta S=\frac{n\Delta H_m}{T} \tag{1-96}$$

ΔH_m 为摩尔相变焓。由于 $\Delta_{fus}H_m>0$，$\Delta_{vap}H_m>0$，因此由式(1-96)可知，同一物质在一定 T、p 下，气、液、固三态的熵值 $S_m(s)<S_m(l)<S_m(g)$。

2. 非平衡温度、压力下的相变化过程

非平衡温度、压力下的相变化是不可逆的相变化过程，其 ΔS 需寻求可逆途径进行计算。

如

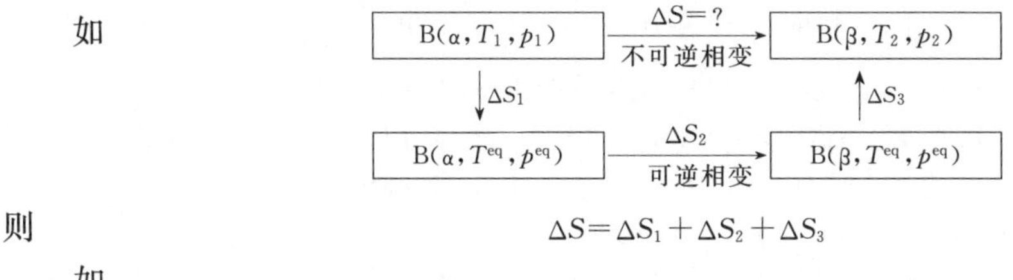

则

$$\Delta S=\Delta S_1+\Delta S_2+\Delta S_3$$

如

$$\begin{array}{ccc} H_2O(l,90\ ℃,101\ 325\ Pa) & \xrightarrow[\text{不可逆相变}]{\Delta S=?} & H_2O(g,90\ ℃,101\ 325\ Pa) \\ \downarrow \Delta S_1 & & \uparrow \Delta S_3 \\ H_2O(l,100\ ℃,101\ 325\ Pa) & \xrightarrow[\text{可逆相变}]{\Delta S_2} & H_2O(g,100\ ℃,101\ 325\ Pa) \end{array}$$

则 $\Delta S_1=\int_{T_1}^{T^{eq}} nC_{p,m}(H_2O,l)\mathrm{d}T/T$，$\Delta S_2=\frac{n\Delta_{vap}H_m}{T}$，$\Delta S_3=\int_{T^{eq}}^{T_2} nC_{p,m}(H_2O,g)\mathrm{d}T/T$

$$\Delta S=\Delta S_1+\Delta S_2+\Delta S_3$$

寻求可逆途径的原则：(i)途径中的每一过程必须可逆；(ii)途径中每一过程 ΔS 的计算有相应的公式可利用；(iii)有每一过程 ΔS 计算式所需的热数据。

【例 1-25】 已知水的正常沸点是 100 ℃，摩尔定压热容 $C_{p,m}=75.20\ J\cdot K^{-1}\cdot mol^{-1}$，汽化焓 $\Delta_{vap}H_m=40.67\ kJ\cdot mol^{-1}$，水汽摩尔定压热容 $C_{p,m}=33.57\ J\cdot K^{-1}\cdot mol^{-1}$（$C_{p,m}$ 和 $\Delta_{vap}H_m$ 均可视为常数）。(1)求过程：1 mol H_2O(l,100 ℃,101 325 Pa)⟶1 mol H_2O(g,100 ℃,101 325 Pa)的 ΔS；(2)求过程：1 mol H_2O(l,60 ℃,101 325 Pa)⟶1 mol H_2O(g,60 ℃,101 325 Pa)的 ΔH、ΔU、ΔS。

解 (1)该过程为定温、定压下的可逆相变过程，由式(1-96)，有

$$\Delta S=\frac{n\Delta_{vap}H_m}{T}=\frac{1\ mol\times 40.67\times 10^3\ J\cdot mol^{-1}}{373.15\ K}=109\ J\cdot K^{-1}$$

(2)该过程为定温、定压下的不可逆相变过程，设计如下可逆途径计算其熵变：

$$\begin{array}{ccc} H_2O(l,60\ ℃,101\ 325\ Pa) & \xrightarrow[\Delta H]{\Delta S} & H_2O(g,60\ ℃,101\ 325\ Pa) \\ \Delta S_1,\Delta H_1 \downarrow (\text{定压升温}) & & \Delta S_3,\Delta H_3 \uparrow (\text{定压降温}) \\ H_2O(l,100\ ℃,101\ 325\ Pa) & \xrightarrow[\Delta H_2]{\Delta S_2} & H_2O(g,100\ ℃,101\ 325\ Pa) \end{array}$$

（定温、定压下可逆相变）

$$\Delta H_1=\int_{333.15\ K}^{373.15\ K} nC_{p,m}(H_2O,l)\mathrm{d}T=$$

$$1\ mol\times 75.20\ J\cdot K^{-1}\cdot mol^{-1}\times(373.15-333.15)\ K=3\ 008\ J$$

$$\Delta H_2=n\Delta_{vap}H_m(H_2O)=1\ mol\times 40.67\times 10^3\ J\cdot mol^{-1}=40\ 670\ J$$

$$\Delta H_3=\int_{373.15\ K}^{333.15\ K} nC_{p,m}(H_2O,g)\mathrm{d}T=$$

$$1\ \text{mol}\times 33.57\ \text{J}\cdot\text{K}^{-1}\cdot\text{mol}^{-1}\times(333.15-373.15)\ \text{K}=-1\ 343\ \text{J}$$

$$\Delta H=\Delta H_1+\Delta H_2+\Delta H_3=3\ 008\ \text{J}+40\ 670\ \text{J}-1\ 343\ \text{J}=42.34\ \text{kJ}$$

$$\Delta U=\Delta H-nRT=42.34\ \text{kJ}-1\ \text{mol}\times 8.3145\ \text{J}\cdot\text{K}^{-1}\cdot\text{mol}^{-1}\times 333.15\ \text{K}\times 10^{-3}=39.57\ \text{kJ}$$

$$\Delta S_1=nC_{p,\text{m}}(\text{H}_2\text{O},\text{l})\ln\frac{T_2}{T_1}=$$

$$1\ \text{mol}\times 75.20\ \text{J}\cdot\text{K}^{-1}\cdot\text{mol}^{-1}\times\ln\frac{373.15\ \text{K}}{333.15\ \text{K}}=8.528\ \text{J}\cdot\text{K}^{-1}$$

$$\Delta S_2=109.0\ \text{J}\cdot\text{K}^{-1}$$

$$\Delta S_3=nC_{p,\text{m}}(\text{H}_2\text{O},\text{g})\ln\frac{T_2}{T_1}=1\ \text{mol}\times 33.57\ \text{J}\cdot\text{K}^{-1}\cdot\text{mol}^{-1}\times\ln\frac{333.15\ \text{K}}{373.15\ \text{K}}=-3.806\ \text{J}\cdot\text{K}^{-1}$$

$$\Delta S=\Delta S_1+\Delta S_2+\Delta S_3=(8.528+109.0-3.806)\ \text{J}\cdot\text{K}^{-1}=113.7\ \text{J}\cdot\text{K}^{-1}$$

【例 1-26】 1 mol 268.2 K 的过冷液态苯，凝结成 268.2 K 的固态苯，问此过程是否能实际发生。已知苯的熔点为 5.5 ℃，摩尔熔化焓 $\Delta_{\text{fus}}H_{\text{m}}=9\ 923\ \text{J}\cdot\text{mol}^{-1}$，摩尔定压热容 $C_{p,\text{m}}(\text{C}_6\text{H}_6,\text{l})=126.9\ \text{J}\cdot\text{K}^{-1}\cdot\text{mol}^{-1}$，$C_{p,\text{m}}(\text{C}_6\text{H}_6,\text{s})=122.7\ \text{J}\cdot\text{K}^{-1}\cdot\text{mol}^{-1}$。

解 判断过程能否实际发生须用隔离系统的熵变。首先计算系统的熵变。题中给出苯的凝固点为 5.5 ℃(278.7 K)，可近似看成液态苯与固态苯在 5.5 ℃、100 kPa 下呈平衡。设计如下途径可计算 ΔS_{sy}：

$$\begin{array}{ccc}\boxed{1\ \text{mol}\ \text{C}_6\text{H}_6(\text{l}),268.2\ \text{K},p^{\ominus}} & \xrightarrow[\text{定压}]{\Delta S_{\text{sy}}} & \boxed{1\ \text{mol}\ \text{C}_6\text{H}_6(\text{s}),268.2\ \text{K},p^{\ominus}}\\ \Delta S_1\downarrow\ \text{定压} & & \Delta S_3\uparrow\ \text{定压}\\ \boxed{1\ \text{mol}\ \text{C}_6\text{H}_6(\text{l}),278.7\ \text{K},p^{\ominus}} & \xrightarrow[\text{定压}]{\Delta S_2} & \boxed{1\ \text{mol}\ \text{C}_6\text{H}_6(\text{s}),278.7\ \text{K},p^{\ominus}}\end{array}$$

$$\Delta S_{\text{sy}}=\Delta S_1+\Delta S_2+\Delta S_3=\int_{268.2\ \text{K}}^{278.7\ \text{K}}nC_{p,\text{m}}(\text{C}_6\text{H}_6,\text{l})\frac{\text{d}T}{T}-\frac{n\Delta_{\text{fus}}H_{\text{m}}}{T}+$$

$$\int_{278.7\ \text{K}}^{268.2\ \text{K}}nC_{p,\text{m}}(\text{C}_6\text{H}_6,\text{s})\frac{\text{d}T}{T}=$$

$$1\ \text{mol}\times 126.9\ \text{J}\cdot\text{K}^{-1}\cdot\text{mol}^{-1}\times\ln\frac{278.7\ \text{K}}{268.2\ \text{K}}-\frac{1\ \text{mol}\times 9\ 923\ \text{J}\cdot\text{mol}^{-1}}{278.7\ \text{K}}+$$

$$1\ \text{mol}\times 122.7\ \text{J}\cdot\text{K}^{-1}\cdot\text{mol}^{-1}\times\ln\frac{268.2\ \text{K}}{278.7\ \text{K}}=-35.50\ \text{J}\cdot\text{K}^{-1}$$

由式(1-82)计算环境熵变

$$\Delta S_{\text{su}}=-\frac{Q_{\text{sy}}}{T_{\text{su}}}=-\frac{\Delta H}{T}$$

$$\Delta H=\Delta H_1+\Delta H_2+\Delta H_3=$$

$$\int_{268.2\ \text{K}}^{278.7\ \text{K}}nC_{p,\text{m}}(\text{C}_6\text{H}_6,\text{l})\text{d}T-n\Delta_{\text{fus}}H_{\text{m}}+\int_{278.7\ \text{K}}^{268.2\ \text{K}}nC_{p,\text{m}}(\text{C}_6\text{H}_6,\text{s})\text{d}T=$$

$$1\ \text{mol}\times(126.9-122.7)\ \text{J}\cdot\text{K}^{-1}\cdot\text{mol}^{-1}\times 10.5\ \text{K}-992\ 3\ \text{J}=-9\ 879\ \text{J}$$

$$\Delta S_{\text{su}}=\frac{9\ 879\ \text{J}}{268.2\ \text{K}}=36.83\ \text{J}\cdot\text{K}^{-1}$$

$$\Delta S_{\text{隔离}}=\Delta S_{\text{sy}}+\Delta S_{\text{su}}=-35.50\ \text{J}\cdot\text{K}^{-1}+36.83\ \text{J}\cdot\text{K}^{-1}=1.33\ \text{J}\cdot\text{K}^{-1}>0$$

因此，上述相变化有可能实际发生。

视频

热棒工作原理

【例 1-27】 青藏铁路为了消除通过冻土带(含水量较高)路段的路基受大气昼夜气温剧烈变化的影响，避免大气升温时路基受热软化(导致路基凸起、开裂、翻浆或塌陷，造成铁轨变形、火车脱轨，酿成行车事故)，采取的防护措施之一就是用“热棒”技术，来保持路基稳定的固化状态。热棒结构示意图如图 1-17 所示，它是一个细长、密封的钢制圆筒，总长约 7 m(直径约 20 cm)，其中 5 m 深插入冻土内，称为蒸发段，蒸发段圆筒内盛有液氨；其余 2 m

暴露在大气中，称为冷凝段，冷凝段圆筒外壁设置许多散热片。热棒通过氨的液⇌气转化，把由大气升温传入冻土内的热量又返回给大气。(1)试分析热棒是否违反热力学第二定律，即"不可能把热由低温物体转移到高温物体，而不留下其他变化"的第二类永动机？(2)是否可用氮代替氨做热棒中的传热介质？

解　(1)热棒的工作原理不违反热力学第二定律，它不是违反热力学第二定律的"天然制冷机"。

这要先说明一下青藏铁路唐古拉山段(路长 5.5 km 左右)附近气候特点。该路段气温夏升冬降，夏季最高气温为 40 ℃，冬季最低气温为 −38.6 ℃，冷热变化剧烈；昼升夜降，昼夜温差变化很大。

"热棒"的工作原理：如图 1-17 所示，当大气升温时，冻土将受热升温，此时蒸发段内的液氨将从冻土内吸收热量，蒸发汽化(液氨的沸点为 −33.4 ℃，该过程热由高温传向低温)，氨气上升(图 1-17 中向上箭头)至冷凝段，使从冻土内吸收的热量转化为气氨分子的热力学能储存起来。待大气降温时，冷凝段的气氨通过筒壁及散热片将热能散入降温了的大气(此过程也是热由高温传向低温)，放出热量后，气氨本身又冷凝、液化为液氨，生成的液氨靠其自身重力再回流到蒸发段(图 1-17 中向下箭头)。就这样，随着大气气温的反复升降(昼升夜降)，作为传热介质的氨反复进行液⇌气转化，如此循环往复不已，利用热棒实现了持续不断地把冻土内因大气升温吸收的热量通过蒸发段筒内液氨的蒸发、汽化吸热再重新返回大气，保持了冻土带处于稳定的固化状态。但它并不是违背热力学第二定律的"第二类永动机"。因为总体上热棒并没有使冻土越来越冷(温度越来越低)，大气越来越热(温度越来越高)。而是依靠大气昼夜温度的较大温差，反复升降，利用热棒把冻土从大气吸收的热量返还给大气，完成了热量在大气与冻土间的循环，循环过程中的每一步都是热从高温传向低温，不存在热从低温传向高温的过程。

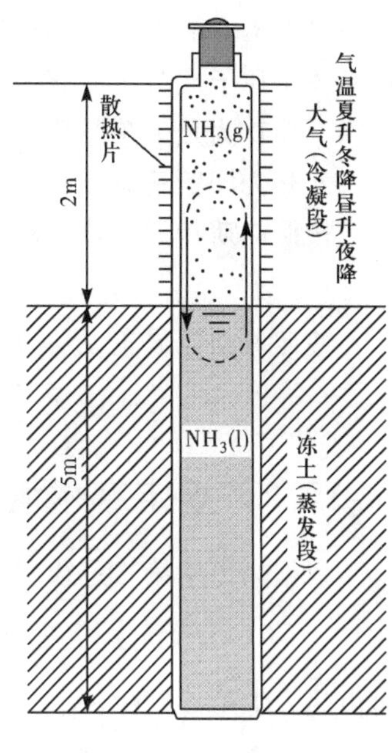

图 1-17　热棒结构示意图

(2)不能用氮代替氨做热棒中的传热介质。

因为唐古拉山附近冻土带的大气温度最低为 −38.6 ℃，而氮的沸点是 −195.5 ℃，故在 −38.6 ℃的气温下，氮不可能冷凝、液化成液态氮，从而不能用做冻土带铁路路基两侧热棒的传热介质。究竟选用何种物质做热棒的传热介质，要看热棒用在何处，视其应用的目的和外界环境而定。

Ⅳ　热力学第三定律

1.12　热力学第三定律及规定熵

1.12.1　热力学第三定律的表述

1906 年，能斯特(Nernst W)根据理查兹(Richards T W)测得的可逆电池电动势随温度变化的数据，提出了称之为"能斯特热定理"的假设，1911 年，普朗克(Planck M)对热定理做了修正，后人又对他们的假设进一步修正，形成了热力学第三定律。因此热力学第三定律是科学实验的总结。

1. 热力学第三定律的经典表述

能斯特(1906)说法：随着绝对温度趋于零，凝聚系统定温反应的熵变趋于零。后人将此称之为能斯特热定理(Nernst heat theorem),亦称为热力学第三定律(third law of thermodynamics)。

普朗克(1911)说法:凝聚态纯物质在 0 K 时的熵值为零。后经路易斯(Lewis G N)和吉布森(Gibson G E)(1920)修正为:纯物质完美晶体在 0 K 时的熵值为零。所谓完美晶体是指晶体中原子或分子只有一种排列形式。例如 NO 晶体可以有 NO 和 ON 两种排列形式,所以不能认为是完美晶体。

2. 热力学第三定律的数学式表述

按照能斯特说法,可表述为

$$\lim_{T\to 0}\Delta S^*(T)=0\ \mathrm{J\cdot K^{-1}} \tag{1-97}$$

按照普朗克修正说法,可表述为

$$S^*(\text{完美晶体},0\ \mathrm{K})=0\ \mathrm{J\cdot K^{-1}} \quad (\text{“}*\text{”为纯物质}) \tag{1-98}$$

1.12.2 规定摩尔熵和标准摩尔熵

根据热力学第二定律

$$S(T)-S(0\ \mathrm{K})=\int_{0\ \mathrm{K}}^{T}\frac{\delta Q_{\mathrm{r}}}{T}$$

而由热力学第三定律,$S(0\ \mathrm{K})=0$,于是,对单位物质的量的 B

$$S_{\mathrm{m}}(\mathrm{B},T)=\int_{0\ \mathrm{K}}^{T}\frac{\delta Q_{\mathrm{r,m}}}{T} \tag{1-99}$$

把 $S_{\mathrm{m}}(\mathrm{B},T)$ 叫 B 在温度 T 时的规定摩尔熵(conventional molar entropy)(也叫绝对熵)。而标准态下($p^{\ominus}=100\ \mathrm{kPa}$)的规定摩尔熵又叫标准摩尔熵(standard molar entropy),用 $S_{\mathrm{m}}^{\ominus}(\mathrm{B},\beta,T)$ 表示。

纯物质任何状态下的标准摩尔熵可通过下述步骤求得

$$S_{\mathrm{m}}^{\ominus}(\mathrm{g},T,p^{\ominus})=\int_{0}^{10\mathrm{K}}\frac{aT^3}{T}\mathrm{d}T+\int_{10\mathrm{K}}^{T_{\mathrm{f}}^*}\frac{C_{p,\mathrm{m}}^{\ominus}(\mathrm{s},T)}{T}\mathrm{d}T+\frac{\Delta_{\mathrm{fus}}H_{\mathrm{m}}^{\ominus}}{T_{\mathrm{f}}^*}+\int_{T_{\mathrm{f}}^*}^{T_{\mathrm{b}}^*}\frac{C_{p,\mathrm{m}}^{\ominus}(\mathrm{l},T)}{T}\mathrm{d}T+\frac{\Delta_{\mathrm{vap}}H_{\mathrm{m}}^{\ominus}}{T_{\mathrm{b}}^*}+\int_{T_{\mathrm{b}}^*}^{T}\frac{C_{p,\mathrm{m}}^{\ominus}(\mathrm{g},T)}{T}\mathrm{d}T \tag{1-100}$$

式中,aT^3 是因为在 10 K 以下,实验测定 $C_{p,\mathrm{m}}^{\ominus}$ 难以进行,而用德拜(Debye P)推出的理论公式

$$C_{V,\mathrm{m}}=aT^3 \tag{1-101}$$

式中,a 为一物理常数,低温下晶体的 $C_{p,\mathrm{m}}$ 与 $C_{V,\mathrm{m}}$ 几乎相等。

通常在手册中可查到 B 的标准摩尔熵 $S_{\mathrm{m}}^{\ominus}(\mathrm{B},\beta,298.15\ \mathrm{K})$。

1.13 化学反应熵变的计算

有了标准摩尔熵的数据,则在温度 T 时化学反应 $0=\sum_{\mathrm{B}}\nu_{\mathrm{B}}\mathrm{B}$ 的标准摩尔熵[变]可由下式计算

$$\Delta_{\mathrm{r}}S_{\mathrm{m}}^{\ominus}(T)=\sum_{\mathrm{B}}\nu_{\mathrm{B}}S_{\mathrm{m}}^{\ominus}(\mathrm{B},\beta,T) \tag{1-102}$$

或

$$\Delta_r S_m^{\ominus}(298.15\ \mathrm{K}) = \sum_B \nu_B S_m^{\ominus}(\mathrm{B}, \beta, 298.15\ \mathrm{K}) \tag{1-103}$$

如对反应 $a\mathrm{A(g)} + b\mathrm{B(s)} = y\mathrm{Y(g)} + z\mathrm{Z(s)}$，当 $T = 298.15$ K 时，

$$\Delta_r S_m^{\ominus}(298.15\ \mathrm{K}) = yS_m^{\ominus}(\mathrm{Y, g}, 298.15\ \mathrm{K}) + zS_m^{\ominus}(\mathrm{Z, s}, 298.15\ \mathrm{K}) - aS_m^{\ominus}(\mathrm{A, g}, 298.15\ \mathrm{K}) - bS_m^{\ominus}(\mathrm{B, s}, 298.15\ \mathrm{K})$$

温度为 T 时，$\Delta_r S_m^{\ominus}(T)$ 可由下式计算

$$\Delta_r S_m^{\ominus}(T) = \Delta_r S_m^{\ominus}(298.15\ \mathrm{K}) + \int_{298.15\ \mathrm{K}}^{T} \frac{\sum_B \nu_B C_{p,m}^{\ominus}(\mathrm{B})\mathrm{d}T}{T} \tag{1-104}$$

【例 1-28】 二氧化碳甲烷化的反应为

$$CO_2(g) + 4H_2(g) \rightleftharpoons CH_4(g) + 2H_2O(g)$$

已知有关物质的热力学数据如下：

物质	$\frac{S_m^{\ominus}(298.15\ \mathrm{K})}{\mathrm{J \cdot mol^{-1} \cdot K^{-1}}}$	$\frac{C_{p,m}(298.15 \sim 800.15\ \mathrm{K})}{\mathrm{J \cdot mol^{-1} \cdot K^{-1}}}$	物质	$\frac{S_m^{\ominus}(298.15\ \mathrm{K})}{\mathrm{J \cdot mol^{-1} \cdot K^{-1}}}$	$\frac{C_{p,m}(298.15 \sim 800.15\ \mathrm{K})}{\mathrm{J \cdot mol^{-1} \cdot K^{-1}}}$
$CO_2(g)$	213.93	45.56	$CH_4(g)$	186.52	49.56
$H_2(g)$	130.75	28.33	$H_2O(g)$	188.95	36.02

计算该反应在 800.15 K 时的 $\Delta_r S_m^{\ominus}$。

解　$\Delta_r S_m^{\ominus}(298.15\ \mathrm{K}) = \sum_B \nu_B S_m^{\ominus}(\mathrm{B}, \beta, 298.15\ \mathrm{K}) = -172.51\ \mathrm{J \cdot K^{-1} \cdot mol^{-1}}$

$$\sum_B \nu_B C_{p,m}(\mathrm{B}, 298.15 \sim 800.15\ \mathrm{K}) = -37.28\ \mathrm{J \cdot K^{-1} \cdot mol^{-1}}$$

$$\Delta_r S_m^{\ominus}(800.15\ \mathrm{K}) = \Delta_r S_m^{\ominus}(298.15\ \mathrm{K}) + \int_{298.15\ \mathrm{K}}^{800.15\ \mathrm{K}} \frac{\sum_B \nu_B C_{p,m}(\mathrm{B})\mathrm{d}T}{T} =$$

$$-172.51\ \mathrm{J \cdot K^{-1} \cdot mol^{-1}} + \int_{298.15\ \mathrm{K}}^{800.15\ \mathrm{K}} \frac{-37.28\ \mathrm{J \cdot K^{-1} \cdot mol^{-1}}}{T}\mathrm{d}T =$$

$$-209.31\ \mathrm{J \cdot K^{-1} \cdot mol^{-1}}$$

V　熵与无序和有序

1.14　熵是系统无序度的量度

1.14.1　系统各种变化过程的熵变与系统无序度的关系

1. p、V、T 变化过程的熵变与系统的无序度

由式(1-85)及式(1-87)可知，系统在定压或定容条件下升温，则 $\Delta S > 0$，即熵增加。我们知道，当升高系统的温度时，必然引起系统中物质分子的热运动程度的加剧，亦即系统内物质分子的无序度(randomness，或称为混乱度)增大。

从式(1-91)可知，对理想气体定温变容过程，若系统体积增大，则 $\Delta S > 0$，即熵增加，显然在定温下，系统体积增加，分子运动空间增大，必导致系统内物质分子的无序度增大。同理，从式(1-95)可知，对于理想气体定温、定压下的混合过程，$\Delta S > 0$，是系统的熵增加过程，亦是系统内物质分子无序度增加的过程。

2. 相变化过程的熵变与系统的无序度

从式(1-96)可知,通过相变化过程熵变的计算结果,在相同 T、p 下,$S_m(s)<S_m(l)<S_m(g)$,也是系统的熵增加与系统的无序度增加同步。

3. 化学变化过程的熵变与系统的无序度

例如

$$H_2O(g) \longrightarrow H_2(g)+\frac{1}{2}O_2(g)$$

$\Delta_r S_m^{\ominus}(298.15\ K)=44.441\ J\cdot K^{-1}\cdot mol^{-1}>0$,是熵增加的反应,伴随着系统无序度增加(反应后分子数增加)。凡是分子数增加的反应都是熵增加的反应。

1.14.2 熵是系统无序度的量度

归纳以上情况,我们可以得出结论:熵的量值是系统内部物质分子的无序度的量度,系统的无序度愈大,则熵的量值愈高,即系统的熵增加与系统的无序度的增加是同步的。

联系到熵判据式(1-80),自然得到:在隔离系统中,实际发生的过程的方向总是从有序到无序。

1.15 熵与热力学概率

1.15.1 分布的微观状态数与概率

设有一个盒子总体积为 V,分为左、右两侧,两侧体积相等,各为 $V/2$。现按以下情况讨论分子(同种分子)在盒子两侧分布的微观状态数:

(i)只有一个分子 A。则分子 A 在盒子左、右两侧分布的**微观状态数** $\Omega=2^1=2$,即分子分布的可能的微观状态为

A	

	A

分布的方式有两种,即(1,0)、(0,1)。

(ii)有 A、B 两个分子。则分子 A、B 在盒子左、右两侧分布的微观状态数 $\Omega=2^2=4$,即分子分布的可能的微观状态为

AB			A	B
B	A			AB

分布的方式有三种,即(2,0)、(1,1)、(0,2)。

(iii)有 A、B、C 三个分子。则分子 A、B、C 在盒子左、右两侧分布的微观状态数 $\Omega=2^3=8$,即分子分布的可能的微观状态为

ABC			A	BC
B	AC		C	AB
BC	A		AC	B
AB	C			ABC

分布的方式有 4 种,即(3,0)、(1,2)、(2,1)、(0,3)。

(iv)有 A、B、C、D 四个分子。则分子 A、B、C、D 在盒子左、右两侧分布的微观状态数 $\Omega=2^4=16$，即分子分布的可能的微观状态为

ABCD		ABC	D	CD	AB	BD	AC
ABD	C	ACD	B	BC	AD	D	ABC
BCD	A	AB	CD	C	ABD	B	ACD
AC	BD	AD	BC	A	BCD		ABCD

分布的方式有 5 种，即(4,0)、(3,1)、(2,2)、(1,3)、(0,4)。

根据统计热力学的基本假设之一：分布的每种微观状态出现的可能性是等概率的。同时把实现某种分布方式的微观状态数定义为**热力学概率**(thermodynamic probability)，用符号 W_D 表示，$W_D \geqslant 1$(正整数)。如以上情况(iv)中，(4,0)分布的 $W(4,0)=1$，(2,2)分布的 $W(2,2)=6$ 等。需要指出的是，热力学概率与数学概率不同，**数学概率**(mathematics probability)定义为

$$P_D=\frac{W_D}{\sum W_D}=\frac{W_D}{\Omega} \tag{1-105}$$

$0\leqslant P_D\leqslant 1$。如以上情况(iv)中 $P(4,0)=\frac{1}{16}$，$P(2,2)=\frac{6}{16}$。由等概率假设，任何分布的每种微观状态的数学概率 $P=\frac{1}{\Omega}$。

由上面的讨论可以看出，随着盒子中的分子数目 N 的增加，总的微观状态数 $\Omega=2^N$ 迅速增加，但所有分子全部集中在某一侧的分布方式的热力学概率总是 1(最小)，其数学概率 $P=\left(\frac{1}{2}\right)^N$ 则愈来愈小。通过计算可知，当 $N=10$ 时，分子集中分布在盒子左、右两侧的数学概率 $P(\text{左或右})=\left(\frac{1}{2}\right)^{10}=\frac{1}{1\,024}$；当 $N=20$ 时，$P(\text{左或右})=\left(\frac{1}{2}\right)^{20}\approx\frac{1}{10^6}$；而 $N=L=6.022\times10^{23}$ 时，数学概率 $P(\text{左或右})=\left(\frac{1}{2}\right)^L\approx 0$，即这种极为有序的分布方式实际上已不可能出现。

与上相反，随着盒子中的分子数目的增加，左、右两侧均匀等量分布[(iv)中的(2,2)分布]的 W_D 愈来愈大，当 $N=L=6.022\times10^{23}$ 这样的数量级时，由统计热力学可以证明 $W_D\rightarrow\Omega$，即由均匀分布，这种热力学概率 W_D 最大的分布方式可以代表系统一切其他形式的分布，包括热力学系统的平衡分布。

1.15.2　玻耳兹曼关系式

1.15.1 节情况(iv)中，所有分子 A、B、C、D 都集中到同一侧，即(4,0)或(0,4)的分布方式所对应的系统的宏观状态，显然是在所有分布方式中有序性最高的状态；而分子均匀等量分布，即(2,2)的分布方式所对应的系统的宏观状态，显然是在所有分布方式中无序性最高的状态。可想而知，有序性最高的宏观状态所对应的热力学概率 W_D 最小，而无序性最高的宏观状态所对应的热力学概率 W_D 最大。前已叙及，系统熵的增加与系统的无序性的增加是同步的。于是玻耳兹曼提出

$$S=k\ln W_D \tag{1-106}$$

式(1-106)称为玻耳兹曼关系式(Boltzmann relation),k 为玻耳兹曼常量。而当 $N\to\infty$,$W_D\to\Omega$,则

$$S=k\ln\Omega \tag{1-107}$$

玻耳兹曼关系式又从统计热力学角度,证明了熵是系统无序度的量度,即 Ω(无序度或混乱度)愈大,S 愈大。

1.16 熵与生命及耗散结构

1.16.1 生命及耗散结构

在平衡态热力学中,第二定律告诉我们:在隔离系统中,实际发生的过程的方向都是趋于熵增大;或从另一角度说,实际发生的过程的方向总是从有序到无序。然而大家熟知,自然界中生命有机体的发生和发展过程却是从无序到有序。例如,一些植物长出美丽的花朵,蝴蝶形成有漂亮图案的翅膀,金鱼有特有的颜色和体态特征,老虎、金钱豹、斑马皮毛上形成有规律的特定颜色的条纹或斑块,一切生命有机体出现这种时空有序结构的现象是十分普遍的。这是否与热力学第二定律相矛盾呢?

20 世纪 50 年代,普里高津(Prigogine I,1977 年诺贝尔化学奖获得者)、昂色格(Onsager L,1968 年诺贝尔化学奖获得者)创建和发展了非平衡态热力学。普里高津把上述生命有机体从无序到有序的时空结构称为耗散结构(dissipation structure),或叫自组织现象(self organization)。按非平衡态热力学的观点,从无序到有序的时空结构的形成是有条件的。

1.16.2 熵流和熵产生

非平衡态热力学所讨论的中心问题是熵产生。

由热力学第二定律知

$$\mathrm{d}S\geqslant\frac{\delta Q}{T_{su}}\quad\begin{matrix}\text{不可逆}\\\text{可逆}\end{matrix}$$

定义

$$\mathrm{d}_eS\overset{\text{def}}{=\!=}\frac{\delta Q}{T_{su}} \tag{1-108}$$

对封闭系统,d_eS 是系统与环境进行热量交换引起的熵流(entropy flow);对敞开系统,d_eS 则是系统与环境进行热量和物质交换共同引起的熵流,可以有 $\mathrm{d}_eS>0$,$\mathrm{d}_eS<0$ 或$\mathrm{d}_eS=0$。

由热力学第二定律,对不可逆过程,有

$$\mathrm{d}S>\frac{\delta Q}{T_{su}}$$

若将 $\mathrm{d}S$ 分解为两部分,即 $\mathrm{d}S=\mathrm{d}_eS+\mathrm{d}_iS$,则

$$\mathrm{d}_iS\overset{\text{def}}{=\!=}\mathrm{d}S-\mathrm{d}_eS \tag{1-109}$$

d_iS 是系统内部由于进行不可逆过程而产生的熵,称为熵产生(entropy production)。

对隔离系统,$\mathrm{d}_eS=0$,则

$$dS = d_i S \geqslant 0 \begin{matrix} \text{不可逆} \\ \text{可逆} \end{matrix} \quad \text{即} \quad d_i S \geqslant 0 \begin{matrix} \text{不可逆} \\ \text{可逆} \end{matrix} \tag{1-110}$$

由此可得出，熵产生是一切不可逆过程的表征（$d_i S > 0$），即可用 $d_i S$ 量度过程的不可逆程度。

1.16.3　形成耗散结构的条件

普里高津认为，形成耗散结构的条件是：

(i)系统必须远离平衡态。在远离平衡态下，环境向系统供给足够的负熵流，才可能形成新的稳定性结构，即所谓“远离平衡态是有序之源”。

(ii)系统必须是开放的。这种开放系统通过与环境交换物质与能量，从环境引入负熵流，以抵消自身的熵产生，使系统的总熵逐渐减小，才可能从无序走向有序。例如，生命有机体都是由蛋白质、脂肪、碳水化合物、无机盐、微量元素和大量的水，按照十分复杂的组成和严格有规律的排列，形成的时空有序结构。但从非平衡态热力学观点看，生命有机体都是开放系统，它与环境时刻进行着物质和能量交换，即吸取有序低熵的大分子，排出无序高熵的小分子，从而不断地输出熵或输入负熵，以维持其远离平衡的耗散结构。

(iii)涨落导致有序。普里高津指出，在非平衡态条件下，任何一种有序态的出现都是某种无序态的定态(是收支平衡的稳定态，而非热力学平衡态)失去稳定而使得某些涨落被放大的结果。处于稳定态时，涨落只是一种微扰，会逐步衰减，系统又回到原来状态。如果系统处于不稳定临界状态，涨落则不但不会衰减，反而会放大成宏观数量级，使系统从一个不稳定状态跃迁到一个新的有序状态。这就是涨落导致有序。

Ⅵ　亥姆霍茨函数、吉布斯函数

1.17　亥姆霍茨函数、亥姆霍茨函数判据

1.17.1　亥姆霍茨函数

由热力学第二定律

$$dS \geqslant \frac{\delta Q}{T_{su}} \begin{matrix} \text{不可逆} \\ \text{可逆} \end{matrix}$$

对定温过程，则

$$\Delta S \geqslant \frac{Q}{T_{su}}$$

所以

$$T_{su}(S_2 - S_1) \geqslant Q$$

定温时

$$T_2 S_2 - T_1 S_1 = \Delta(TS) \geqslant Q$$

又由热力学第一定律

$$Q = \Delta U - W$$

所以

$$\Delta(TS) \geqslant \Delta U - W$$

或

$$-\Delta(U - TS) \geqslant -W$$

定义

$$A \xlongequal{\text{def}} U - TS \tag{1-111}$$

A 称为亥姆霍茨函数(Helmholtz function)或叫亥姆霍茨自由能(Helmholtz free energy)，因为 U、TS 都是状态函数，所以 A 也是状态函数，是广度性质，都有与 U 相同的单位。于是

$$-\Delta A_T \geqslant -W \begin{matrix}\text{不可逆}\\ \text{可逆}\end{matrix}$$

即

$$\Delta A_T \leqslant W \begin{matrix}\text{不可逆}\\ \text{可逆}\end{matrix} \quad \text{或} \quad \mathrm{d}A_T \leqslant \delta W \begin{matrix}\text{不可逆}\\ \text{可逆}\end{matrix} \tag{1-112}$$

式(1-112)表明，系统在定温可逆过程中所做的功($-W$)，在量值上等于亥姆霍茨函数 A 的减少；系统在定温不可逆过程中所做的功($-W$)，在量值上恒小于亥姆霍茨函数 A 的减少。

1.17.2 亥姆霍茨函数判据

在定温、定容下，$-\int p_{\mathrm{su}}\mathrm{d}V=0$，所以 $W=W'$。于是

$$\mathrm{d}A_{T,V} \leqslant \delta W' \begin{matrix}\text{不可逆}\\ \text{可逆}\end{matrix} \tag{1-113}$$

若 $\delta W'=0$，则

$$\mathrm{d}A_{T,V} \leqslant 0 \begin{matrix}\text{自发}\\ \text{平衡}\end{matrix} \quad \text{或} \quad \Delta A_{T,V} \leqslant 0 \begin{matrix}\text{自发}\\ \text{平衡}\end{matrix} \tag{1-114}$$

式(1-114)叫亥姆霍茨函数判据(Helmholtz function criterion)。它指明，在定温、定容且 $W'=0$时，过程只能向亥姆霍茨函数减小的方向自发地进行，直到 $\Delta A_{T,V}=0$ 时系统达到平衡。

1.18 吉布斯函数、吉布斯函数判据

1.18.1 吉布斯函数

对定温过程，已有 $\quad \Delta(TS) \geqslant \Delta U - W$

若再加定压条件，$p_1=p_2=p_{\mathrm{su}}$，则

$$W=-p_{\mathrm{su}}(V_2-V_1)+W'=-p_2V_2+p_1V_1+W'=-\Delta(pV)+W'$$

所以

$$\Delta(TS) \geqslant \Delta U+\Delta(pV)-W'$$

$$-[\Delta U+\Delta(pV)-\Delta(TS)] \geqslant -W'$$

$$-\Delta(U+pV-TS) \geqslant -W'$$

$$\Delta(H-TS) \leqslant W'$$

定义

$$G \xlongequal{\mathrm{def}} H-TS=U+pV-TS=A+pV \tag{1-115}$$

G 称为吉布斯函数(Gibbs function)，或叫吉布斯自由能(Gibbs free energy)。因为 H、TS 都是状态函数，所以 G 也是状态函数，是广度性质，有与 H 相同的单位，于是

$$\Delta G_{T,p} \leqslant W' \begin{matrix}\text{不可逆}\\ \text{可逆}\end{matrix} \quad \text{或} \quad \mathrm{d}G_{T,p} \leqslant \delta W' \begin{matrix}\text{不可逆}\\ \text{可逆}\end{matrix} \tag{1-116}$$

式(1-116)表明，系统在定温、定压可逆过程中所做的非体积功($-W'$)，在量值上等于吉布斯函数 G 的减少；而在定温、定压不可逆过程中所做的非体积功($-W'$)，在量值上恒小于 G 的减少。

1.18.2　吉布斯函数判据

由 $$\Delta G_{T,p} \leqslant W' \begin{matrix}\text{不可逆}\\ \text{可逆}\end{matrix} \quad \text{或} \quad dG_{T,p} \leqslant \delta W' \begin{matrix}\text{不可逆}\\ \text{可逆}\end{matrix} \tag{1-117}$$

若 $W'=0$ 或 $\delta W'=0$ 时，则

$$\Delta G_{T,p} \leqslant 0 \begin{matrix}\text{自发}\\ \text{平衡}\end{matrix} \quad \text{或} \quad dG_{T,p} \leqslant 0 \begin{matrix}\text{自发}\\ \text{平衡}\end{matrix} \tag{1-118}$$

式(1-118)叫吉布斯函数判据(Gibbs function criterion)。它指明，定温、定压且 $W'=0$ 或 $\delta W'=0$ 时，过程只能自发地向吉布斯函数 G 减小的方向自发地进行，直到 $\Delta G_{T,p}=0$ 时，系统达到平衡。

视频

吉布斯函数判据

1.19　p、V、T 变化及相变化过程 ΔA、ΔG 的计算

由 $G=H-TS$ 及 $A=U-TS$ 两个定义式出发，对定温的单纯 p、V 变化过程及相变化过程均可利用

$$\Delta A=\Delta U-T\Delta S \quad \text{及} \quad \Delta G=\Delta H-T\Delta S \tag{1-119}$$

计算过程的 ΔA 及 ΔG。对化学反应过程 ΔG 的计算将在第4章中讨论。

1.19.1　定温的单纯 p、V 变化过程 ΔA、ΔG 的计算

由式(1-112)

$$dA_T \leqslant \delta W \quad \begin{matrix}\text{不可逆}\\ \text{可逆}\end{matrix}$$

若过程为定温、可逆，则有

$$dA_T=\delta W_r=-p dV+\delta W_r'$$

若 $\delta W_r'=0$ 则

$$dA_T=-p dV$$

积分上式，得

$$\Delta A_T=-\int_{V_1}^{V_2} p dV \tag{1-120}$$

式(1-120)适用于封闭系统，$W'=0$ 时，气、液、固体的定温、可逆的单纯 p、V 变化过程的 ΔA 的计算。

若气体为理想气体，将 $pV=nRT$ 代入式(1-120)，得

$$\Delta A_T=-nRT\ln\frac{V_2}{V_1}=nRT\ln\frac{p_2}{p_1} \tag{1-121}$$

式(1-121)的应用条件除式(1-120)的全部条件外，还必须是理想气体系统。

由 $G=A+pV$，则

$$dG=dA+p dV+V dp$$

对定温、可逆，且 $\delta W_r'=0$ 的过程，则 $dA=-p dV$，代入上式，得

$$dG_T=V dp$$

积分上式，得

$$\Delta G_T=\int_{p_1}^{p_2} V\mathrm{d}p \tag{1-122}$$

式(1-122)适用于封闭系统，$W'=0$ 时，气、液、固体的定温、可逆的单纯 p、V 变化过程的 ΔG 的计算。

若气体为理想气体，将 $pV=nRT$ 代入式(1-122)，得

$$\Delta G_T=nRT\ln\frac{p_2}{p_1}=-nRT\ln\frac{V_2}{V_1} \tag{1-123}$$

式(1-123)的应用条件除式(1-122)的全部条件外，还必须是理想气体系统。

比较式(1-121)及式(1-123)，对理想气体定温过程显然有

$$\Delta G_T=\Delta A_T=nRT\ln\frac{p_2}{p_1}=-nRT\ln\frac{V_2}{V_1}$$

【例 1-29】 5 mol 理想气体在 25 ℃下由 1.000 MPa 膨胀到0.100 MPa，计算下列过程的 ΔA 和 ΔG：(1)定温可逆膨胀；(2)自由膨胀。

解　无论实际过程是(1)还是(2)，都可按定温可逆途径计算同一状态变化的状态函数改变量。

$$\Delta A_T=-\int_{V_1}^{V_2} p\mathrm{d}V=-nRT\int_{V_1}^{V_2}\frac{\mathrm{d}V}{V}=-nRT\ln\frac{V_2}{V_1}=-nRT\ln\frac{p_1}{p_2}=$$

$$-5\ \mathrm{mol}\times 8.314\ 5\ \mathrm{J\cdot K^{-1}\cdot mol^{-1}}\times 298.15\ \mathrm{K}\times\ln\frac{1.000\ \mathrm{MPa}}{0.100\ \mathrm{MPa}}=-28.54\ \mathrm{kJ}$$

$$\Delta G_T=\Delta A_T=-28.54\ \mathrm{kJ}$$

1.19.2 相变化过程 ΔA 及 ΔG 的计算

1. 定温、定压下可逆相变化过程 ΔA 及 ΔG 的计算

由式(1-115)，因定温、定压下可逆相变化有 $\Delta H=T\Delta S$，则 $\Delta G=0$。

对定温、定压下，由凝聚相变为蒸气相，且气相可视为理想气体时，由式(1-53)

$$\Delta U=\Delta H-nRT$$

则
$$\Delta A=\Delta H-nRT-T\Delta S=-nRT$$

2. 不可逆相变化过程 ΔA 及 ΔG 的计算

计算不可逆相变的 ΔA、ΔG 时，如同非平衡温度、压力下的不可逆相变的熵变 ΔS 的计算方法一样，需设计一条可逆途径，途径中包括可逆的 p、V、T 变化步骤及可逆的相变化步骤，步骤如何选择视所给数据而定。

【例 1-30】 (1) 已知－5 ℃过冷水和冰的饱和蒸气压分别为 421 Pa 和 401 Pa，－5 ℃水和冰的体积质量分别为 1.0 g·cm^{-3} 和 0.91 g·cm^{-3}；或(2)水在 0 ℃、100 kPa(近似为0 ℃时液固平衡压力)凝固焓 ΔH_m(凝固)＝－6 009 J·mol^{-1}，0 ℃水和冰的体积质量分别为 1.0 g·cm^{-3} 和 0.91 g·cm^{-3}，在 0 ℃与－5 ℃间水和冰的平均摩尔定压热容分别为 75.3 J·K^{-1}·mol^{-1} 和 37.6 J·K^{-1}·mol^{-1}。求在－5 ℃、100 kPa 下 5 mol 水凝结为冰的 ΔG 和 ΔA。

解　(1) $p^\ominus=100$ kPa，$p_\mathrm{l}^*=421$ Pa，$p_\mathrm{s}^*=401$ Pa，拟出计算途径：

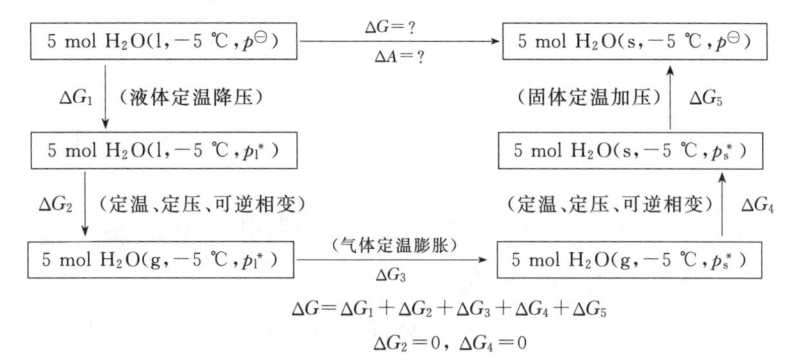

$$\Delta G=\Delta G_1+\Delta G_2+\Delta G_3+\Delta G_4+\Delta G_5$$

$$\Delta G_2=0,\ \Delta G_4=0$$

对液体及固体

$$\Delta G_T=\int V\,\mathrm{d}p=V\Delta p=n\frac{M}{\rho}\Delta p$$

则

$$\Delta G_1=\frac{5\ \mathrm{mol}\times 18\times 10^{-3}\ \mathrm{kg\cdot mol^{-1}}}{1.0\times 10^{3}\ \mathrm{kg\cdot m^{-3}}}\times(421\ \mathrm{Pa}-1\times 10^{5}\ \mathrm{Pa})=-9.0\ \mathrm{J}$$

$$\Delta G_5=\frac{5\ \mathrm{mol}\times 18\times 10^{-3}\ \mathrm{kg\cdot mol^{-1}}}{0.91\times 10^{3}\ \mathrm{kg\cdot m^{-3}}}\times(1\times 10^{5}\mathrm{Pa}-401\ \mathrm{Pa})=9.9\ \mathrm{J}$$

对理想气体，由式(1-123)有，

$$\Delta G_3=\int_{p_1^*}^{p_s^*}V\mathrm{d}p=nRT\ln\frac{p_s^*}{p_1^*}=5\ \mathrm{mol}\times 8.314\ 5\ \mathrm{J\cdot K^{-1}\cdot mol^{-1}}\times 268.15\ \mathrm{K}\times\ln\frac{401\ \mathrm{Pa}}{421\ \mathrm{Pa}}=-542.6\ \mathrm{J}$$

$$\Delta G=(-9.0+9.9-542.6)\mathrm{J}=-541.7\ \mathrm{J}$$

液体和固体的 $V\Delta p\ll$ 气体的 $\int V\mathrm{d}p$，并且 ΔG_1 和 ΔG_5 的正负号相反，所以有理由认为 $(\Delta G_1+\Delta G_5)\ll\Delta G_3$，得到

$$\Delta G\approx\Delta G_3=-542.6\ \mathrm{J}$$

$$\Delta A=\Delta G-\Delta(pV)\overset{\text{定压}}{=\!=}\Delta G-p\Delta V\approx\Delta G$$

(2)根据给出的数据拟出下列计算途径，先按 1 mol 物质计算

H_2O(l，−5 ℃，$p^\ominus$) —— $\Delta G_\mathrm{m}=?$ ——→ H_2O(s，−5 ℃，$p^\ominus$)

① 定压升温　　　　定压降温 ③

H_2O(l，0 ℃，$p^\ominus$) —— 定温、定压、可逆相变 ② ——→ H_2O(s，0 ℃，$p^\ominus$)

方法(a)

$$\begin{cases}\Delta G_\mathrm{m}=\Delta H_\mathrm{m}-(268.15\ \mathrm{K})\Delta S_\mathrm{m}\\ \Delta H_\mathrm{m}=\Delta H_\mathrm{m,1}+\Delta H_\mathrm{m,2}+\Delta H_\mathrm{m,3}\\ \Delta S_\mathrm{m}=\Delta S_\mathrm{m,1}+\Delta S_\mathrm{m,2}+\Delta S_\mathrm{m,3}\end{cases}$$

$$\Delta H_\mathrm{m,1}=\int_{268.15\ \mathrm{K}}^{273.15\ \mathrm{K}}C_{p,\mathrm{m}}(\mathrm{l})\mathrm{d}T,\quad \Delta S_\mathrm{m,1}=\int_{268.15\ \mathrm{K}}^{273.15\ \mathrm{K}}\frac{C_{p,\mathrm{m}}(\mathrm{l})}{T}\mathrm{d}T$$

$$\Delta H_\mathrm{m,3}=\int_{273.15\ \mathrm{K}}^{268.15\ \mathrm{K}}C_{p,\mathrm{m}}(\mathrm{s})\mathrm{d}T,\quad \Delta S_\mathrm{m,3}=\int_{273.15\ \mathrm{K}}^{268.15\ \mathrm{K}}\frac{C_{p,\mathrm{m}}(\mathrm{s})}{T}\mathrm{d}T$$

$$\Delta H_\mathrm{m,2}=-\Delta_\mathrm{fus}H_\mathrm{m}^\ominus(273.15\ \mathrm{K},p^\ominus),\quad \Delta S_\mathrm{m,2}=\frac{\Delta H_2}{273.15\ \mathrm{K}}$$

计算得

$$\Delta G_\mathrm{m}=-108.9\ \mathrm{J\cdot mol^{-1}}$$

对 5 mol H_2O，

$$\Delta G=5\ \mathrm{mol}\times(-108.9\ \mathrm{J\cdot mol^{-1}})=-544.5\ \mathrm{J}$$

方法(b)

$$\Delta G_\mathrm{m}=\Delta G_\mathrm{m,1}+\Delta G_\mathrm{m,2}+\Delta G_\mathrm{m,3},\quad \Delta G_\mathrm{m,2}=0$$

$$\Delta G_\mathrm{m,1}=-\int_{268.15\ \mathrm{K}}^{273.15\ \mathrm{K}}S_\mathrm{m}(\mathrm{l})\mathrm{d}T,\quad \Delta G_\mathrm{m,3}=-\int_{273.15\ \mathrm{K}}^{268.15\ \mathrm{K}}S_\mathrm{m}(\mathrm{s})\mathrm{d}T$$

(若要分别计算 $\Delta G_{m,1}$ 和 $\Delta G_{m,3}$，则需要熵的“绝对值”，但($\Delta G_{m,1}+\Delta G_{m,3}$)可用给出数据计算)

$$\Delta G_{m,1}+\Delta G_{m,3}=\int_{268.15\ K}^{273.15\ K}[S_m(s)-S_m(l)]dT=\int_{268.15\ K}^{273.15\ K}\Delta S_m(凝固)dT$$

由 $\left(\frac{\partial S}{\partial T}\right)_p=\frac{C_p}{T}$ 得

$$\left\{\frac{\partial[\Delta S_m]}{\partial T}\right\}_p=\frac{\Delta C_p}{T}$$

$$\Delta S(T)=\Delta S\,(273.15\ K)+\int_{273.15\ K}^{T}\frac{\Delta C_p dT}{T}=\frac{\Delta H(273.15\ K)}{273.15\ K}+\Delta C_p\ln\frac{T}{273.15\ K}$$

由此算出

$$\Delta G_m=\Delta G_{m,1}+\Delta G_{m,3}=-108.9\ J\cdot mol^{-1}$$

$\left(求\int\Delta S(T)dT 时，应用 \ln TdT=d(T\ln T)-Td\ln T\right)$

Ⅶ　热力学函数的基本关系式

1.20　热力学基本方程、吉布斯-亥姆霍茨方程

到上节为止，我们以热力学第一、第二定律为理论基础，共引出或定义了 5 个状态函数 U、H、S、A、G，再加上 p、V、T 共 8 个最基本最重要的热力学状态函数。它们之间的关系，首先是它们的定义式 $H=U+pV$，$A=U-TS$，$G=H-TS=U+pV-TS=A+pV$，可表示成如图 1-18 所示。此外，本节及下一节应用热力学第一、第二定律还可以推出另一些很重要的热力学函数间的关系式。

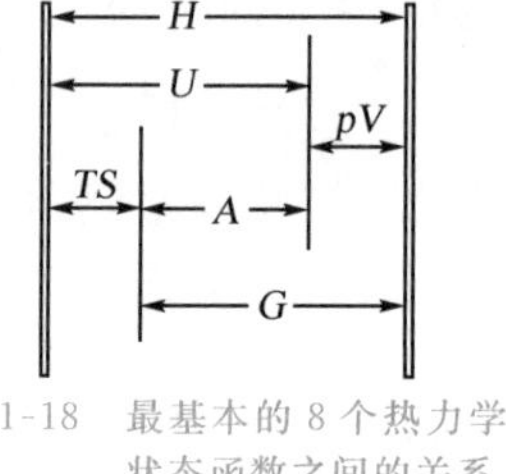

图 1-18　最基本的 8 个热力学状态函数之间的关系

1.20.1　热力学基本方程

在封闭系统中，若发生一微小可逆过程，由热力学第一、二定律，有 $dU=\delta Q_r+\delta W_r$，$dS=\frac{\delta Q_r}{T}$ 及 $\delta W_r'=0$ 时，则 $\delta W_r=-pdV$，于是

$$dU=TdS-pdV \tag{1-124}$$

微分 $A=U-TS$ 结合式(1-124)，得

$$dA=-SdT-pdV \tag{1-126}$$

微分 $H=U+pV$ 结合式(1-124)，得

$$dH=TdS+Vdp \tag{1-125}$$

微分 $G=H-TS$ 结合式(1-125)，得

$$dG=-SdT+Vdp \tag{1-127}$$

式(1-124)～式(1-127)称为热力学基本方程(master equation of thermodynamics)。

四个热力学基本方程，分别加上相应的条件，如

式(1-124)，若 $dV=0\Rightarrow\left(\frac{\partial U}{\partial S}\right)_V=T$，若 $dS=0\Rightarrow\left(\frac{\partial U}{\partial V}\right)_S=-p$　　(1-128)

式(1-125)，若 $dp=0\Rightarrow\left(\frac{\partial H}{\partial S}\right)_p=T$，若 $dS=0\Rightarrow\left(\frac{\partial H}{\partial p}\right)_S=V$　　(1-129)

式(1-126)，若 $\mathrm{d}V=0 \Rightarrow \left(\frac{\partial A}{\partial T}\right)_V=-S$，若 $\mathrm{d}T=0 \Rightarrow \left(\frac{\partial A}{\partial V}\right)_T=-p$ (1-130)

式(1-127)，若 $\mathrm{d}p=0 \Rightarrow \left(\frac{\partial G}{\partial T}\right)_p=-S$，若 $\mathrm{d}T=0 \Rightarrow \left(\frac{\partial G}{\partial p}\right)_T=V$ (1-131)

式(1-124)～式(1-131)的应用条件是：(i)封闭系统；(ii)无非体积功；(iii)可逆过程。不过，当用于由两个独立变量可以确定系统状态的系统，包括：(i)定量纯物质单相系统；(ii)定量、定组成的单相系统；(iii)保持相平衡及化学平衡的系统时，相当于具有可逆过程的条件。

1.20.2 吉布斯-亥姆霍茨方程

由 $\left(\frac{\partial G}{\partial T}\right)_p=-S$，有

$$\left[\frac{\partial (G/T)}{\partial T}\right]_p=\frac{1}{T}\left(\frac{\partial G}{\partial T}\right)_p-\frac{G}{T^2}=-\frac{S}{T}-\frac{G}{T^2}=-\frac{(TS+G)}{T^2}=-\frac{H}{T^2}$$

即

$$\left[\frac{\partial (G/T)}{\partial T}\right]_p=-\frac{H}{T^2} \tag{1-132}$$

同理，有

$$\left[\frac{\partial (A/T)}{\partial T}\right]_V=-\frac{U}{T^2} \tag{1-133}$$

式(1-132)及式(1-133)叫吉布斯-亥姆霍茨方程。

1.21 麦克斯韦关系式、热力学状态方程

1.21.1 麦克斯韦关系式

推导麦克斯韦关系式需要数学的一个结论。

若 $Z=f(x,y)$，且 Z 有连续的二阶偏微商，则必有

$$\frac{\partial^2 Z}{\partial x \partial y}=\frac{\partial^2 Z}{\partial y \partial x}$$

即二阶偏微商与微分先后顺序无关。

把以上结论应用于热力学基本方程有

$$\mathrm{d}U=T\mathrm{d}S-p\mathrm{d}V$$

$\swarrow \mathrm{d}S=0$　　　$\searrow \mathrm{d}V=0$

$\left(\frac{\partial U}{\partial V}\right)_S=-p$　　　$\left(\frac{\partial U}{\partial S}\right)_V=T$

V 一定，对 S 微分 ↓　　　↓ S 一定，对 V 微分

$$\left(\frac{\partial^2 U}{\partial V \partial S}\right)=-\left(\frac{\partial p}{\partial S}\right)_V=\left(\frac{\partial^2 U}{\partial S \partial V}\right)=\left(\frac{\partial T}{\partial V}\right)_S$$

↓

$$-\left(\frac{\partial p}{\partial S}\right)_V=\left(\frac{\partial T}{\partial V}\right)_S \tag{1-134}$$

同理，将上述结论应用于 $\mathrm{d}H=T\mathrm{d}S+V\mathrm{d}p$，$\mathrm{d}A=-S\mathrm{d}T-p\mathrm{d}V$，$\mathrm{d}G=-S\mathrm{d}T+V\mathrm{d}p$ 可得

$$\left(\frac{\partial T}{\partial p}\right)_S=\left(\frac{\partial V}{\partial S}\right)_p \tag{1-135}$$

$$\left(\frac{\partial S}{\partial V}\right)_T=\left(\frac{\partial p}{\partial T}\right)_V \tag{1-136}$$

$$\left(\frac{\partial S}{\partial p}\right)_T=-\left(\frac{\partial V}{\partial T}\right)_p \tag{1-137}$$

式(1-134)～式(1-137)叫麦克斯韦关系式(Maxwell's relations)。各式表示的是系统在同一状态下的两种变化率量值相等。因此，应用于某种场合等式左右可以代换。常用的是式(1-136)及式(1-137)，这两等式右边的变化率是可以由实验直接测定的，而左边则不能，于是需要时可用等式右边的变化率代替等式左边的变化率。

1.21.2 热力学状态方程

由 $$\mathrm{d}U=T\mathrm{d}S-p\mathrm{d}V$$

定温下 $$\mathrm{d}U_T=T\mathrm{d}S_T-p\mathrm{d}V_T$$

等式两边除以 $\mathrm{d}V_T$，即 $$\frac{\mathrm{d}U_T}{\mathrm{d}V_T}=T\frac{\mathrm{d}S_T}{\mathrm{d}V_T}-p$$

$$\left(\frac{\partial U}{\partial V}\right)_T=T\left(\frac{\partial S}{\partial V}\right)_T-p$$

由麦克斯韦关系式

$$\left(\frac{\partial S}{\partial V}\right)_T=\left(\frac{\partial p}{\partial T}\right)_V$$

于是 $$\left(\frac{\partial U}{\partial V}\right)_T=T\left(\frac{\partial p}{\partial T}\right)_V-p \tag{1-138}$$

同理，由 $\mathrm{d}H=T\mathrm{d}S+V\mathrm{d}p$，并用麦克斯韦关系式

$$\left(\frac{\partial S}{\partial p}\right)_T=-\left(\frac{\partial V}{\partial T}\right)_p$$

可得 $$\left(\frac{\partial H}{\partial p}\right)_T=-T\left(\frac{\partial V}{\partial T}\right)_p+V \tag{1-139}$$

式(1-138)及式(1-139)都叫热力学状态方程(state equation of thermodynamics)。

注意 热力学函数关系式推导的最终目的，通常是把不能由实验直接测定的热力学函数 $X\left[X=U、H、S、A、G、\left(\frac{\partial U}{\partial V}\right)_T、\left(\frac{\partial H}{\partial p}\right)_T、\cdots\right]$或其改变量 ΔX 变成可由实验测定的热力学参量$\left[如\ p、V、T、\left(\frac{\partial V}{\partial T}\right)_p、\left(\frac{\partial p}{\partial T}\right)_V、\cdots\right]$的函数关系。例如式(1-138)、式(1-139)等，这样就可以由实验直接测得的热力学数据计算不能由实验直接测得的热力学函数及其改变量。

【例 1-31】 证明

$$\left(\frac{\partial H}{\partial V}\right)_T=T\left(\frac{\partial p}{\partial T}\right)_V+V\left(\frac{\partial p}{\partial V}\right)_T$$

证明 由热力学基本方程 $\mathrm{d}H=T\mathrm{d}S+V\mathrm{d}p$，得

$$\left(\frac{\partial H}{\partial V}\right)_T=T\left(\frac{\partial S}{\partial V}\right)_T+V\left(\frac{\partial p}{\partial V}\right)_T$$

将麦克斯韦关系式$\left(\frac{\partial S}{\partial V}\right)_T=\left(\frac{\partial p}{\partial T}\right)_V$代入上式，得

$$\left(\frac{\partial H}{\partial V}\right)_T=T\left(\frac{\partial p}{\partial T}\right)_V+V\left(\frac{\partial p}{\partial V}\right)_T$$

【例 1-32】 假定某实际气体遵守下列状态方程：

$$pV_m=RT+\alpha p \qquad (\alpha \text{ 为大于零的常数})$$

试证明：(1)该气体的 C_V 与体积无关，只是温度的函数；(2)该气体的焦耳-汤姆生系数 $\mu_{J\text{-}T}<0$。

证明 (1) 因为

$$C_V=\left(\frac{\partial U}{\partial T}\right)_V$$

所以

$$\left(\frac{\partial C_V}{\partial V}\right)_T=\left[\frac{\partial}{\partial V}\left(\frac{\partial U}{\partial T}\right)_V\right]_T=\left[\frac{\partial}{\partial T}\left(\frac{\partial U}{\partial V}\right)_T\right]_V$$

将热力学状态方程 $\left(\frac{\partial U}{\partial V}\right)_T=T\left(\frac{\partial p}{\partial T}\right)_V-p$ 代入上式得

$$\left(\frac{\partial C_V}{\partial V}\right)_T=\left\{\frac{\partial}{\partial T}\left[T\left(\frac{\partial p}{\partial T}\right)_V-p\right]_T\right\}_V$$

由状态方程 $pV_m=RT+\alpha p$，得

$$\left(\frac{\partial p}{\partial T}\right)_V=\frac{R}{V_m-\alpha}$$

所以

$$\left(\frac{\partial C_V}{\partial V}\right)_T=\left\{\frac{\partial}{\partial T}\left[\frac{RT}{V_m-\alpha}-p\right]_T\right\}_V=0$$

故 C_V 与体积无关。

(2)因为

$$H=f(T,p)$$

所以

$$dH=\left(\frac{\partial H}{\partial T}\right)_p dT+\left(\frac{\partial H}{\partial p}\right)_T dp=0$$

则

$$\left(\frac{\partial T}{\partial p}\right)_H=-\frac{(\partial H/\partial p)_T}{(\partial H/\partial T)_p}$$

即

$$\mu_{J\text{-}T}=-\frac{(\partial H/\partial p)_T}{(\partial H/\partial T)_p}$$

将热力学状态方程 $\left(\frac{\partial H}{\partial p}\right)_T=V-T\left(\frac{\partial V}{\partial T}\right)_p$ 及 $C_p=\left(\frac{\partial H}{\partial T}\right)_p$ 代入上式得

$$\mu_{J\text{-}T}=\frac{T\left(\frac{\partial V}{\partial T}\right)_p-V}{C_p}=\frac{T\left(\frac{\partial V_m}{\partial T}\right)_p-V_m}{C_{p,m}}$$

由状态方程 $pV_m=RT+\alpha p$ 得 $\left(\frac{\partial V_m}{\partial T}\right)_p=\frac{R}{p}$，则

$$\mu_{J\text{-}T}=\frac{\frac{RT}{p}-V_m}{C_{p,m}}=-\frac{\alpha}{C_{p,m}}$$

因

$$\alpha>0,\quad C_{p,m}>0$$

故

$$\mu_{J\text{-}T}<0$$

【例 1-33】 证明：(1) $\left(\frac{\partial C_V}{\partial V}\right)_T=T\left(\frac{\partial^2 p}{\partial T^2}\right)_V$；(2) $\left(\frac{\partial C_p}{\partial p}\right)_T=-T\left(\frac{\partial^2 V}{\partial T^2}\right)_p$。并对理想气体证明 C_V 与 V 无关，C_p 与 p 无关，它们只是温度的函数。

证明 (1) 因为 $C_V=\left(\frac{\partial U}{\partial T}\right)_V$，所以

$$\left(\frac{\partial C_V}{\partial V}\right)_T=\left[\frac{\partial}{\partial V}\left(\frac{\partial U}{\partial T}\right)_V\right]_T=\left[\frac{\partial}{\partial T}\left(\frac{\partial U}{\partial V}\right)_T\right]_V$$

将热力学状态方程 $\left(\frac{\partial U}{\partial V}\right)_T=T\left(\frac{\partial p}{\partial T}\right)_V-p$ 代入上式，得

$$\left(\frac{\partial C_V}{\partial V}\right)_T=\left\{\frac{\partial}{\partial T}\left[T\left(\frac{\partial p}{\partial T}\right)_V-p\right]\right\}_V=T\left(\frac{\partial^2 p}{\partial T^2}\right)_V+\left(\frac{\partial p}{\partial T}\right)_V-\left(\frac{\partial p}{\partial T}\right)_V=T\left(\frac{\partial^2 p}{\partial T^2}\right)_V$$

对于理想气体，$p=\frac{nRT}{V}$，有$\left(\frac{\partial p}{\partial T}\right)_V=\frac{nR}{V}$，则

$$\left(\frac{\partial^2 p}{\partial T^2}\right)_V=\left[\frac{\partial}{\partial T}\left(\frac{\partial p}{\partial T}\right)_V\right]_V=\left[\frac{\partial}{\partial T}\left(\frac{nR}{V}\right)\right]_V=0$$

即
$$\left(\frac{\partial C_V}{\partial V}\right)_T=0$$

表明理想气体 C_V 与 V 无关，只是温度的函数。

(2)因为 $C_p=\left(\frac{\partial H}{\partial T}\right)_p$，所以

$$\left(\frac{\partial C_p}{\partial p}\right)_T=\left[\frac{\partial}{\partial p}\left(\frac{\partial H}{\partial T}\right)_p\right]_T=\left[\frac{\partial}{\partial T}\left(\frac{\partial H}{\partial p}\right)_T\right]_p$$

将热力学状态方程$\left(\frac{\partial H}{\partial p}\right)_T=-T\left(\frac{\partial V}{\partial T}\right)_p+V$代入上式，得

$$\left(\frac{\partial C_p}{\partial p}\right)_T=\left\{\frac{\partial}{\partial T}\left[-T\left(\frac{\partial V}{\partial T}\right)_p+V\right]_T\right\}_p=$$
$$-T\left(\frac{\partial^2 V}{\partial T^2}\right)_p-\left(\frac{\partial V}{\partial T}\right)_p+\left(\frac{\partial V}{\partial T}\right)_p=-T\left(\frac{\partial^2 V}{\partial T^2}\right)_p$$

对于理想气体，$V=\frac{nRT}{p}$，有$\left(\frac{\partial V}{\partial T}\right)_p=\frac{nR}{p}$，则

$$\left(\frac{\partial^2 V}{\partial T^2}\right)_p=\left[\frac{\partial}{\partial T}\left(\frac{\partial V}{\partial T}\right)_p\right]_p=\left[\frac{\partial}{\partial T}\left(\frac{nR}{p}\right)\right]_p=0$$

即
$$\left(\frac{\partial C_p}{\partial p}\right)_T=0$$

表明理想气体 C_p 与 p 无关，只是温度的函数。

Ⅷ 化学势

1.22 多组分系统及其组成标度

1.22.1 混合物、溶液

含一个以上组分(关于组分的严格定义将在第 2.1 节中学习)的系统称为多组分系统(multicomponent system)，可进一步区分为

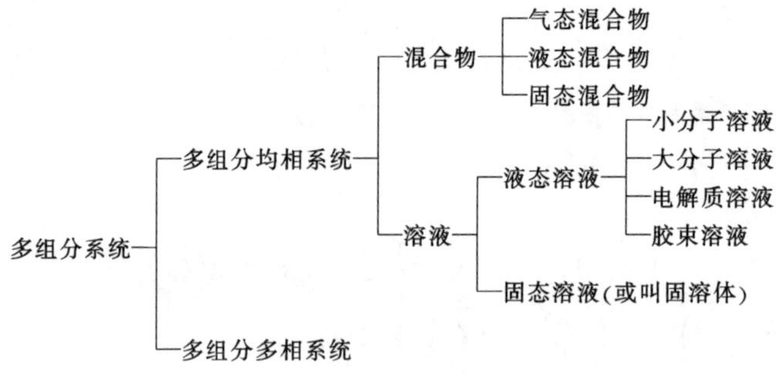

(i)对溶液(solution),将其中的组分区分为溶剂(solvent,相对量大的组分)和溶质(solute,相对量小的组分;如果是气体或固体溶解于液体中构成溶液,通常把被溶解的气体或固体称为溶质,而液体称为溶剂),且对溶剂及溶质分别采用不同的热力学标准态(见2.6节)进行热力学处理。

(ii)对混合物(mixture),则不区分溶剂和溶质,将其中任意组分B均采用相同的热力学标准态(即T、$p^{\ominus}$下的纯液态B)进行热力学处理(见2.5节)。

(iii)本书主要讨论液态混合物及液态溶液(简称溶液),但处理它们的热力学方法对固态混合物及固态溶液也是适用的。

(iv)本书将在第2章集中讨论液态混合物及小分子溶液,在第8章集中讨论电解质溶液,在第9章集中讨论大分子溶液和胶束溶液。

(v)对多组分多相系统,将在后续的章节中陆续涉及。例如,第3章中将会用图解的方法讨论单组分多相系统和多组分多相系统的相平衡问题。在第9章中将讨论溶胶、乳状液、悬浮液(体)等多组分多相系统的性质和应用。

1.22.2 混合物的组成标度、溶液中溶质B的组成标度

1. 混合物常用的组成标度

在GB 3102.8—1993中,有关混合物的组成标度有:

(1)B的分子浓度(molecular concentration of B)

$$C_B \overset{\text{def}}{=\!=\!=} N_B/V \tag{1-140}$$

式中,N_B为混合物的体积V中B的分子数。C_B的单位为m^{-3}。

(2)B的质量浓度(mass concentration of B)

$$\rho_B \overset{\text{def}}{=\!=\!=} m_B/V \tag{1-141}$$

式中,m_B为混合物的体积V中B的质量。ρ_B的单位为$kg \cdot m^{-3}$。

(3)B的质量分数(mass fraction of B)

$$w_B \overset{\text{def}}{=\!=\!=} m_B/\sum_A m_A \tag{1-142}$$

式中,m_B代表B的质量;$\sum_A m_A$代表混合物的质量。w_B为量纲一的量,单位为1。

注意 不能把w_B写成B%或w_B%,也不能称为B的“质量百分浓度”或B的“质量百分数”。例如将$w(H_2SO_4)=0.15$写成$H_2SO_4\%=15\%$是错误的。

(4)B的浓度(concentration of B)或B的物质的量浓度(amount of substance concentration of B)

$$c_B \overset{\text{def}}{=\!=\!=} n_B/V \tag{1-143}$$

式中,n_B为混合物的体积V中所含B的物质的量。c_B的单位为$mol \cdot m^{-3}$,常用单位为$mol \cdot dm^{-3}$。要注意,式(1-143)中的混合物的体积V不能理解为溶液的体积。由于混合物体积V在指定压力p时还要受温度T的影响,因此在热力学研究中选它作为溶液中溶质B的组成标度是很不方便的。有关溶液中溶质B的组成标度将在下面提到。

(5)B的摩尔分数(mole fraction of B)

$$x_B[\text{或 } y_B\text{——对气体混合物,见 1.1.5(3)}] \xlongequal{\text{def}} n_B \Big/ \sum_A n_A \tag{1-144}$$

式中,n_B 为B的物质的量;$\sum_A n_A$ 代表混合物的物质的量。x_B 为量纲一的量,其单位为1。x_B 也称为B的物质的量分数(amount of substance fraction of B)。

(6)B的体积分数(volume fraction of B)

$$\varphi_B \xlongequal{\text{def}} x_B V_{m,B}^* \Big/ \sum_A x_A V_{m,A}^* \tag{1-145}$$

式中,x_A 和 x_B 分别代表A和B的摩尔分数;$V_{m,A}^*$、$V_{m,B}^*$分别代表与混合物相同的温度 T 和压力 p 时纯A和纯B的摩尔体积;$\sum_A$代表对所有物质求和。φ_B 为量纲一的量,其单位为1。

注意　不允许把 $\varphi_B=0.02$ 写成"2%的B"或"B%=0.02"。

2.溶液中溶质B的组成标度

对液态或固态溶液,溶质B的组成标度是溶质B的质量摩尔浓度(molality of solute B)和溶质B的摩尔比(mole ratio of solute B)。热力学中,对溶液的处理方法与对混合物的处理方法是不同的,对溶液中溶质B的处理方法与对溶剂A的处理方法也是不同的,故对组成变量的选择不同。国家标准中对溶质的组成特别加上了"溶质B[的](of solute B)",一般不宜省略。

(1)溶质B的质量摩尔浓度(molality of solute B)

$$b_B(\text{或 } m_B) \xlongequal{\text{def}} n_B/m_A \tag{1-146}$$

式中,n_B 代表溶质B的物质的量;m_A 代表溶剂A的质量。b_B(或 m_B)的单位为$\text{mol}\cdot\text{kg}^{-1}$。

溶质B的质量摩尔浓度 b_B 也可以用下式定义

$$b_B(\text{或 } m_B) \xlongequal{\text{def}} n_B/(n_A M_A) \tag{1-147}$$

式中,n_A 和 n_B 分别代表溶剂A和溶质B的物质的量;M_A 代表溶剂A的摩尔质量。

有时在某些场合也用"溶质B的摩尔分数 x_B"或"溶质B的浓度 c_B"作为溶液中溶质B的组成标度。b_B 与 x_B 的关系为

$$b_B = x_B \Big/ \Big[(1-\sum_B x_B)M_A\Big] \tag{1-148}$$

或

$$x_B = M_A b_B \Big/ (1+M_A \sum_B b_B) \tag{1-149}$$

式(1-148)、式(1-149)中,$\sum_B$代表对所有溶质B求和。在足够稀薄的溶液中,$n_B \ll n_A$,$\sum_B x_B \ll 1$,$M_A \sum_B b_B \ll 1$,则式(1-148)和式(1-149)相应变为

$$b_B \approx x_B/M_A \tag{1-150}$$

或

$$x_B \approx M_A b_B \tag{1-151}$$

b_B 与 c_B 的关系为

$$b_B = c_B/(\rho - c_B M_B) \tag{1-152}$$

或

$$c_B = b_B \rho/(1+b_B M_B) \tag{1-153}$$

式(1-152)、式(1-153)中,ρ 代表混合物的质量浓度(mass concentration)。在足够稀薄的溶

液中 $\rho=\rho_A$，ρ_A 代表溶剂A的质量浓度，$c_B M_B \ll \rho$，$b_B M_B \ll 1$，则式(1-152)、式(1-153)变为

$$b_B \approx c_B/\rho_A \tag{1-154}$$

$$c_B \approx b_B \rho_A \tag{1-155}$$

(2)溶质B的摩尔比(mole ratio of solute B)

$$r_B \xlongequal{\text{def}} n_B/n_A \tag{1-156}$$

式中，n_A、n_B 分别代表溶剂A、溶质B的物质的量。r_B 为量纲一的量，其单位为1。

【例1-34】 有50 g甲苯与50 g苯组成的混合物，试计算：(1)混合物的质量分数；(2)混合物的摩尔分数。

解 (1) $w(C_6H_6)=\dfrac{50\ \text{g}}{50\ \text{g}+50\ \text{g}}=0.50$

(2) $x(C_6H_6)=\dfrac{50\ \text{g}/(78.12\ \text{g}\cdot\text{mol}^{-1})}{50\ \text{g}/(92.15\ \text{g}\cdot\text{mol}^{-1})+50\ \text{g}/(78.12\ \text{g}\cdot\text{mol}^{-1})}=0.541\ 2$

【例1-35】 15 ℃时，20 g甲醛溶于30 g水中，所得系统的体积质量为 $1.111\times10^6\ \text{g}\cdot\text{m}^{-3}$。(1)若将该系统视为溶液，计算溶质甲醛的质量摩尔浓度；(2)若将该系统视为混合物，计算甲醛的摩尔分数；(3)若将该系统视为混合物，计算甲醛的浓度。

解 (1) $b_B=\dfrac{n_B}{m_A}=\dfrac{20\ \text{g}/(30.03\ \text{g}\cdot\text{mol}^{-1})}{30\times10^{-3}\ \text{kg}}=22.20\ \text{mol}\cdot\text{kg}^{-1}$

(2) $x_B=\dfrac{n_B}{n_A+n_B}=\dfrac{20\ \text{g}/(30.03\ \text{g}\cdot\text{mol}^{-1})}{30\ \text{g}/(18.02\ \text{g}\cdot\text{mol}^{-1})+20\ \text{g}/(30.03\ \text{g}\cdot\text{mol}^{-1})}=0.285\ 7$

(3) $c_B=\dfrac{n_B}{V}=\dfrac{20\ \text{g}/(30.03\ \text{g}\cdot\text{mol}^{-1})}{(20+30)\times10^{-3}\text{kg}/(1.111\times10^3\ \text{kg}\cdot\text{m}^{-3})}=1.48\times10^4\ \text{mol}\cdot\text{m}^{-3}$

1.23 摩尔量与偏摩尔量

系统的状态函数中 V、U、H、S、A、G 等为广度性质，对单组分(即纯物质)系统，若系统由B组成，其物质的量为 n_B，则有 $V_{m,B}^* \xlongequal{\text{def}} V/n_B$，$U_{m,B}^* \xlongequal{\text{def}} U/n_B$，$H_{m,B}^* \xlongequal{\text{def}} H/n_B$，$S_{m,B}^* \xlongequal{\text{def}} S/n_B$，$A_{m,B}^* \xlongequal{\text{def}} A/n_B$，$G_{m,B}^* \xlongequal{\text{def}} G/n_B$。它们分别叫B的**摩尔体积**(molar volume)，**摩尔热力学能**(molar thermodynamic energy)，**摩尔焓**(molar enthalpy)，**摩尔熵**(molar entropy)，**摩尔亥姆霍茨函数**(molar Helmhotz function)，**摩尔吉布斯函数**(molar Gibbs function)，它们都是强度性质。这是GB 3102.8—1993给出的关于**摩尔量**(molar quantity)的定义。

但对于由一个以上的纯组分混合构成的多组分均相系统(混合物或溶液)，则其广度性质与混合前的纯组分的广度性质的总和通常并不相等(质量除外)，现以广度性质体积 V 为例，例如，25 ℃、101.325 kPa 时

$$18.07\ \text{cm}^3\ H_2O(\text{l})+5.74\ \text{cm}^3\ C_2H_5OH(\text{l})=23.30\ \text{cm}^3[(H_2O+C_2H_5OH)](\text{l})\neq 23.81\ \text{cm}^3[(H_2O+C_2H_5OH)](\text{l})$$

即混合后体积缩小了，这是因为对液态混合物或溶液混合前后各组分的分子间力有所改变的缘故。

因此，用摩尔量的概念已不能描述多组分系统的热力学性质，而必须引入新的概念，这就是**偏摩尔量**(partial molar quantity)。

1.23.1 偏摩尔量的定义

设 X 代表 V、U、H、S、A、G 这些广度性质，则对多组分均相系统，其量值不仅为温度、压力（不考虑其他广义力）所决定，还与系统的物质组成有关，故有

$$X=f(T,p,n_A,n_B,\cdots)$$

其全微分则为

$$dX=\left(\frac{\partial X}{\partial T}\right)_{p,n_B}dT+\left(\frac{\partial X}{\partial p}\right)_{T,n_B}dp+\left(\frac{\partial X}{\partial n_A}\right)_{T,p,n(C,C\neq A)}dn_A+\left(\frac{\partial X}{\partial n_B}\right)_{T,p,n(C,C\neq B)}dn_B+\cdots$$

定义

$$X_B\overset{\text{def}}{=\!=\!=}\left(\frac{\partial X}{\partial n_B}\right)_{T,p,n(C,C\neq B)} \tag{1-157}$$

式中，X_B 叫**偏摩尔量**；下标 T、p 表示 T、p 恒定；$n(C,C\neq B)$ 表示除组分 B 外，其余所有组分（以 C 代表）均保持恒定不变。X_B 代表

$V_B=\left(\frac{\partial V}{\partial n_B}\right)_{T,p,n(C,C\neq B)}$，叫**偏摩尔体积**（partial molar volume，以下类推）

$U_B=\left(\frac{\partial U}{\partial n_B}\right)_{T,p,n(C,C\neq B)}$，叫**偏摩尔热力学能**

$H_B=\left(\frac{\partial H}{\partial n_B}\right)_{T,p,n(C,C\neq B)}$，叫**偏摩尔焓**

$S_B=\left(\frac{\partial S}{\partial n_B}\right)_{T,p,n(C,C\neq B)}$，叫**偏摩尔熵**

$A_B=\left(\frac{\partial A}{\partial n_B}\right)_{T,p,n(C,C\neq B)}$，叫**偏摩尔亥姆霍茨函数**

$G_B=\left(\frac{\partial G}{\partial n_B}\right)_{T,p,n(C,C\neq B)}$，叫**偏摩尔吉布斯函数**

于是

$$dX=\left(\frac{\partial X}{\partial T}\right)_{p,n_B}dT+\left(\frac{\partial X}{\partial p}\right)_{T,n_B}dp+X_A dn_A+X_B dn_B+\cdots$$

若 $dT=0$，$dp=0$，则

$$dX=X_A dn_A+X_B dn_B+\cdots=\sum_{B=A}^{S}X_B dn_B \tag{1-158}$$

当 X_B 视为常数时，积分上式，得

$$X=\sum_{B=A}^{S}n_B X_B \tag{1-159}$$

式(1-159)适用于任何广度性质，例如，对混合物或溶液的体积 V，则

$$V=n_A V_A+n_B V_B+\cdots+n_S V_S$$

关于偏摩尔量的概念有以下几点要注意：

(i)偏摩尔量的含义：偏摩尔量 X_B 是在 T、p 以及除 n_B 外所有其他组分的物质的量都保持不变的条件下，任意广度性质 X 随 n_B 的变化率。也可理解为在定温、定压下，向大量的某一定组成的混合物或溶液中加入单位物质的量的 B 时引起的系统的广度性质 X 的改变量。

(ii)只有系统的广度性质才有偏摩尔量，而偏摩尔量则为强度性质。

(iii)只有在定温、定压下，某广度性质对组分 B 的物质的量的偏微分才叫偏摩尔量。

(iv)任何偏摩尔量都是状态函数，且为 T、p 和组成的函数。

(v)由偏摩尔量的定义式(1-157)知，它可正、可负。例如在 $MgSO_4$ 稀水溶液（$b_B<0.07$

mol·kg^{-1})中添加 $MgSO_4$,溶液的体积不是增加而是缩小(由于 $MgSO_4$ 有很强的水合作用)。

(vi)纯物质的偏摩尔量就是摩尔量。

【例1-36】 在溶剂A中于定温、定压下,溶有溶质B、C、D、…,则溶质B的偏摩尔体积可理解为“定温、定压下,该溶液中单位物质的量的组分B的体积”,这种理解正确吗?为什么?

解 不正确。若如此理解,则偏摩尔体积一定是正值(因为体积是物质占有的空间,其值必为正)。而事实并非如此,偏摩尔量可正、可负,偏摩尔体积也不例外。如前述,$MgSO_4$ 的稀水溶液中($b_B<0.07$ mol·kg^{-1}),$MgSO_4$ 的偏摩尔体积就是负值。

对偏摩尔量内涵的正确理解,其依据应是偏摩尔量的定义式(1-157),它是多组分均相系统的某广度量 X($X=V$、U、H、S、A、G)在 T、p 一定及除组分B外,其他各组分物质的量均不变的条件下 X 对 n_B($B\neq C$,$C=A$、C、D、…,其物质的量均不变)的偏微商(即 X 对 n_B 的变化率),这个偏微商可正、可负。

1.23.2 不同组分同一偏摩尔量之间的关系

定温、定压下微分式(1-159),得

$$dX=\sum_B n_B dX_B+\sum_B X_B dn_B$$

将上式与式(1-158)比较,得

$$\sum_B n_B dX_B=0 \tag{1-160}$$

将式(1-160)除以 $n=\sum_B n_B$,得

$$\sum_B x_B dX_B=0 \tag{1-161}$$

式(1-160)、式(1-161)都叫吉布斯-杜亥姆(Gibbs-Duhem)方程。它表示混合物或溶液中不同组分同一偏摩尔量间的关系。

若为A、B二组分混合物或溶液,则

$$x_A dX_A=-x_B dX_B \tag{1-162}$$

由式(1-162)可见,在一定的温度、压力下,当混合物(或溶液)的组成发生微小变化时,两个组分的偏摩尔量不是独立变化的,如果一个组分的偏摩尔量增大,则另一个组分的偏摩尔量必然减小。

1.23.3 同一组分不同偏摩尔量间的关系

混合物或溶液中同一组分,如组分B,它的不同偏摩尔量如 V_B、U_B、H_B、S_B、A_B、G_B 等之间的关系类似于纯物质各摩尔量间的关系。如

$$H_B=U_B+pV_B \tag{1-163}$$

$$A_B=U_B-TS_B \tag{1-164}$$

$$G_B=H_B-TS_B=U_B+pV_B-TS_B=A_B+pV_B \tag{1-165}$$

$$(\partial G_B/\partial p)_{T,n_A}=V_B \tag{1-166}$$

$$[\partial(G_B/T)/\partial T]_{p,n_B}=-H_B/T^2 \tag{1-167}$$

1.24 化学势与化学势判据

化学势是化学热力学中最重要的一个物理量。我们将看到，相平衡或化学平衡的条件首先要通过化学势来表达；利用化学势可以建立物质平衡判据，即相平衡判据和化学平衡判据。

1.24.1 化学势的定义

混合物或溶液中，组分 B 的偏摩尔吉布斯函数 G_B 在化学热力学中有特殊的重要性，又把它叫作化学势(chemical potential)，用符号 μ_B 表示。所以化学势的定义式为

$$\mu_B \stackrel{\text{def}}{=\!=\!=} G_B = \left(\frac{\partial G}{\partial n_B}\right)_{T,p,n(C,C\neq B)} \tag{1-168}$$

1.24.2 多组分组成可变系统的热力学基本方程

1. 多组分组成可变的均相系统的热力学基本方程

对多组分组成可变的均相系统(混合物或溶液)，有

$$G = f(T, p, n_A, n_B \cdots)$$

其全微分为

$$dG = \left(\frac{\partial G}{\partial T}\right)_{p,n_B} dT + \left(\frac{\partial G}{\partial p}\right)_{T,n_B} dp + \left(\frac{\partial G}{\partial n_A}\right)_{T,p,n(C,C\neq A)} dn_A + \left(\frac{\partial G}{\partial n_B}\right)_{T,p,n(C,C\neq B)} dn_B + \cdots$$

或

$$dG = \left(\frac{\partial G}{\partial T}\right)_{p,n_B} dT + \left(\frac{\partial G}{\partial p}\right)_{T,n_B} dp + \sum_B \left(\frac{\partial G}{\partial n_B}\right)_{T,p,n(C,C\neq B)} dn_B$$

在组成不变的条件下与式(1-127)对比，有

$$\left(\frac{\partial G}{\partial T}\right)_{p,n_B} = -S, \quad \left(\frac{\partial G}{\partial p}\right)_{T,n_B} = V$$

再结合式(1-168)，于是有

$$dG = -SdT + Vdp + \sum_B \mu_B dn_B \tag{1-169}$$

再由 $dG = dA + d(pV) = dA + pdV + Vdp$，结合式(1-169)，得

$$dA = -SdT - pdV + \sum_B \mu_B dn_B \tag{1-170}$$

由 $dA = dU - d(TS) = dU - TdS - SdT$，结合式(1-170)，得

$$dU = TdS - pdV + \sum_B \mu_B dn_B \tag{1-171}$$

而由 $dU = dH - d(pV) = dH - pdV - Vdp$，结合式(1-171)，得

$$dH = TdS + Vdp + \sum_B \mu_B dn_B \tag{1-172}$$

式(1-169)～式(1-172)为多组分组成可变的均相系统的热力学基本方程。它不仅适用于组成可变的均相封闭系统，也适用于均相敞开系统。

由式(1-170)，若 $dT=0, dV=0, dn_C=0$(除 B 而外的组分的物质的量均保持恒定)，则

$$\mu_B=\left(\frac{\partial A}{\partial n_B}\right)_{T,V,n(C,C\neq B)} \tag{1-173}$$

由式(1-171)，若 $dS=0, dV=0, dn_C=0$，则

$$\mu_B=\left(\frac{\partial U}{\partial n_B}\right)_{S,V,n(C,C\neq B)} \tag{1-174}$$

由式(1-172)，若 $dS=0, dp=0, dn_C=0$，则

$$\mu_B=\left(\frac{\partial H}{\partial n_B}\right)_{S,p,n(C,C\neq B)} \tag{1-175}$$

式(1-173)～式(1-175)中的 3 个偏微商也叫化学势。但应注意，只有式(1-168)中的偏微商既是化学势又是偏摩尔量，而式(1-173)～式(1-175)只叫化学势而不是偏摩尔量。

设有纯 B，若物质的量为 n_B，则

$$G^*(T,p,n_B)=n_B G^*_{m,B}(T,p) \tag{1-176}$$

将上式微分，移项后，有

$$\left(\frac{\partial G^*}{\partial n_B}\right)_{T,p}=\mu_B=G^*_{m,B}(T,p) \tag{1-177}$$

式(1-177)表明，纯物质的化学势等于该物质的摩尔吉布斯函数。

2. 多组分组成可变的多相系统的热力学基本方程

对于多组分组成可变的多相系统，则式(1-169)～式(1-172)中等式右边各项要对系统中所有相加和(用 $\sum\limits_{\alpha}$ 表示)，例如

$$dU=\sum_{\alpha}T^{\alpha}dS^{\alpha}-\sum_{\alpha}p^{\alpha}dV^{\alpha}+\sum_{\alpha}\sum_{B}\mu_B^{\alpha}dn_B^{\alpha} \tag{1-178}$$

当各相 T、p 相同时，式(1-178) 变为

$$dU=TdS-pdV+\sum_{\alpha}\sum_{B}\mu_B^{\alpha}dn_B^{\alpha} \tag{1-179}$$

式(1-179)为多组分组成可变的多相系统的热力学基本方程之一，其余三个方程与此类似，本书不再赘述。

1.24.3　物质平衡的化学势判据

物质平衡包括相平衡及化学反应平衡。设系统是封闭的，但系统内物质可从一相转移到另一相，或有些物质可因发生化学反应而增多或减少。对于处于热平衡及力平衡的系统(不一定处于物质平衡)，若 $\delta W'=0$，由热力学第一定律 $dU=\delta Q-pdV$，代入式(1-179)，得

$$TdS-\delta Q+\sum_{\alpha}\sum_{B}\mu_B^{\alpha}dn_B^{\alpha}=0$$

再由热力学第二定律 $TdS\geqslant\delta Q$，代入上式，得

$$\sum_{\alpha}\sum_{B}\mu_B^{\alpha}dn_B^{\alpha}\leqslant 0\ \begin{matrix}\text{自发}\\\text{平衡}\end{matrix} \tag{1-180}$$

式(1-180)就是由热力学第二定律得到的物质平衡的化学势判据(chemical potential criterion substance equilibrium)的一般形式。

式(1-180)表明，当系统未达物质平衡时，可自发地发生 $\sum\limits_{\alpha}\sum\limits_{B}\mu_B^{\alpha}dn_B^{\alpha}<0$ 的过程，直至

$\sum_{\alpha}\sum_{B}\mu_B^{\alpha}dn_B^{\alpha}=0$时达到物质平衡。

1. 相平衡条件

考虑混合物或溶液中 $$B(\alpha)\xrightleftharpoons{T,p}B(\beta)$$

若在无非体积功及定温、定压条件下，组分 B 有 dn_B 由 α 相转移到 β 相，由式(1-180)，有

$$\mu_B^{\alpha}dn_B^{\alpha}+\mu_B^{\beta}dn_B^{\beta}\leqslant 0$$

因为 $$dn_B^{\alpha}=-dn_B^{\beta}$$

所以 $$(\mu_B^{\alpha}-\mu_B^{\beta})dn_B^{\beta}\geqslant 0$$

因为 $$dn_B^{\beta}>0$$

所以 $$(\mu_B^{\alpha}-\mu_B^{\beta})\geqslant 0 \quad \begin{matrix}\text{自发}\\\text{平衡}\end{matrix} \tag{1-181}$$

式(1-181)即为相平衡的化学势判据(chemical potential criterion of phase equilibrium)。表明在一定 T、p 下，若 $\mu_B^{\alpha}=\mu_B^{\beta}$，则组分 B 在 α、β 两相中达成平衡，这就是相平衡条件。若 $\mu_B^{\alpha}>\mu_B^{\beta}$，则 B 有从 α 相转移到 β 相的自发趋势。

对纯物质，因为 $\mu_B^{\alpha}=G_{m,B}^{*}(\alpha)$，$\mu_B^{\beta}=G_{m,B}^{*}(\beta)$，即纯 B 达成两相平衡的条件是 $G_{m,B}^{*}(\alpha)=G_{m,B}^{*}(\beta)$。

2. 化学反应平衡条件

以下讨论均相系统中，化学反应 $0=\sum_B\nu_B B$ 的平衡条件。

设化学反应按方程 $0=\sum_B\nu_B B$，发生的反应进度为 $d\xi$，则有 $dn_B=\nu_B d\xi$，于是，由式(1-180)，对均相系统

$$\sum_B\mu_B dn_B=\sum_B\nu_B\mu_B d\xi\leqslant 0 \quad \begin{matrix}\text{自发}\\\text{平衡}\end{matrix} \tag{1-182}$$

式(1-182) 即为化学反应平衡的化学势判据(chemical potential criterion of chemical reaction equilibrium)。表明，$\sum_B\nu_B\mu_B<0$ 时，有向 $d\xi>0$ 的方向自发地发生反应的趋势，直至 $\sum_B\nu_B\mu_B=0$ 时，达到反应平衡，这就是化学反应的平衡条件(the equilibrium condition of chemical reaction)。如对反应

$$aA+bB=\!=\!=yY+zZ$$

反应的平衡条件是

$$a\mu_A+b\mu_B=y\mu_Y+z\mu_Z$$

若定义 $$\boldsymbol{A}\overset{\text{def}}{=\!=\!=}-\sum_B\nu_B\mu_B \tag{1-183}$$

式中，$\boldsymbol{A}$ 叫化学反应的亲和势(potential of chemical reaction)。

$$\left.\begin{matrix}\boldsymbol{A}=0,\text{反应处于平衡态}\\\boldsymbol{A}>0,\text{反应向右自发进行}\\\boldsymbol{A}<0,\text{反应向左自发进行}\end{matrix}\right\} \tag{1-184}$$

【例 1-37】 试比较纯苯在下表所列不同状态下，其化学势的相对大小。已知纯苯的正常沸点为 353.25 K。

序号	相态	强度状态(T,p)	化学势
1	l	353.25 K,101 325 Pa	μ_1
2	g	353.25 K,101 325 Pa	μ_2
3	l	353.25 K,202 650 Pa	μ_3
4	g	353.25 K,202 650 Pa	μ_4

解　纯苯在正常沸点(即 101 325 Pa 下的沸点:353.25 K)时,处于液⇌气两相平衡,由相平衡条件式(1-181),应有

$$\mu_1=\mu_2$$

纯苯在 353.25 K,当外压为 202 650 Pa 时,该外压大于纯苯液在该温度下的饱和蒸气压101 325 Pa,则由式(1-181)可知,此时,自发的相变化方向应是气→液,故有 $\mu_4>\mu_3$。

又因为对纯物质,由热力学基本方程式(1-127)有:$\mathrm{d}G_m^*=-S_m^*\,\mathrm{d}T+V_m^*\,\mathrm{d}p$,则 $\left(\frac{\partial G_m^*}{\partial p}\right)_T=V_m^*>0$,而其化学势 μ^* 即是其摩尔吉布斯函数 G_m^*,即 $\left(\frac{\partial \mu^*}{\partial p}\right)_T=V_m^*>0$,同时 $V_m^*(\mathrm{g})>V_m^*(\mathrm{l})$,所以 $\mu_3>\mu_1$,$\mu_4>\mu_2$。

故纯苯在表中的不同相态及不同强度状态下的化学势的相对大小为

$$\mu_4>\mu_3>\mu_2=\mu_1$$

【例 1-38】 某物质 B 溶于互不相溶的两液相 α、β 中,该物质在 α 相中以 B 的形式存在,而在 β 相中,则缔合成 B_2 的形式存在。试推导出物质 B 及 B_2 在 α、β 两相中的平衡条件。

解　B 和 B_2 在 α、β 两相中的缔合过程达平衡时,可视为如下化学反应的平衡过程:

$$2\mathrm{B}(\alpha)\rightleftharpoons \mathrm{B}_2(\beta)$$

则由化学反应平衡条件式(1-182),应有

$$\mu_{\mathrm{B}_2(\beta)}-2\mu_{\mathrm{B}(\alpha)}=0$$

即

$$2\mu_{\mathrm{B}(\alpha)}=\mu_{\mathrm{B}_2(\beta)}$$

1.25　气体的化学势、逸度

由化学势的定义式(1-168)知,化学势亦是系统的状态函数,它与系统的温度、压力、组成有关。本节讨论气体的化学势与 T、p 及组成的关系,即气体(包括理想气体、真实气体及其混合物)化学势的表达式和逸度的概念。

1.25.1　理想气体的化学势表达式

1. 纯理想气体的化学势表达式

由式(1-177)可知,纯物质的化学势等于该物质的摩尔吉布斯函数,即

$$\mu^*=G_m^*$$

结合式(1-127),则有

$$\mathrm{d}\mu^*=-S_m^*\,\mathrm{d}T+V_m^*\,\mathrm{d}p$$

在定温条件下,上式化为

$$\mathrm{d}\mu^*=V_m^*\,\mathrm{d}p$$

对于理想气体,$V_m^*=\frac{RT}{p}$,于是有

$$\mathrm{d}\mu^* = \frac{RT}{p}\mathrm{d}p$$

$$\int_{\mu^\ominus}^{\mu^*}\mathrm{d}\mu^* = \int_{p^\ominus}^{p}\frac{RT}{p}\mathrm{d}p$$

则

$$\mu^*(\mathrm{g},T,p) = \mu^\ominus(\mathrm{g},T) + RT\ln\frac{p}{p^\ominus} \tag{1-185}$$

式(1-185)即为纯理想气体的化学势表达式(纯理想气体的化学势与温度、压力的关系式)。式中，$p^\ominus$代表标准压力；$\mu^\ominus(\mathrm{g},T)$为纯理想气体标准态化学势，这个标准态是温度为$T$、压力为$p^\ominus$下的纯理想气体状态(假想状态)，因为压力已经给定，所以它仅是温度的函数，即$\mu^\ominus(\mathrm{g},T)=f(T)$；$\mu^*(\mathrm{g},T,p)$为纯理想气体任意状态化学势，这个任意状态的温度与标准态相同，亦为T，而压力p是任意给定的，故$\mu^*(\mathrm{g},T,p)=f(T,p)$，即纯理想气体的化学势是温度和压力的函数。

式(1-185)常简写为

$$\mu^*(\mathrm{g}) = \mu^\ominus(\mathrm{g},T) + RT\ln\frac{p}{p^\ominus} \tag{1-186}$$

2. 理想气体混合物中任意组分 B 的化学势表达式

对混合理想气体来说，其中每种气体的行为与该气体单独占有混合气体总体积时的行为相同。所以混合气体中某气体组分 B 的化学势表达式与该气体在纯态时的化学势表达式相似，即

$$\mu_\mathrm{B}(\mathrm{g},T,p,y_\mathrm{C}) = \mu_\mathrm{B}^\ominus(\mathrm{g},T) + RT\ln\frac{p_\mathrm{B}}{p^\ominus} \tag{1-187}$$

式中，$\mu_\mathrm{B}^\ominus(\mathrm{g},T)$为标准态化学势，这个标准态与式(1-185)中的标准态相同，即纯 B(或说 B 单独存在时)在温度为T、压力为$p^\ominus$下呈理想气体特性时的状态(假想状态)；y_C表示除 B 以外的所有其他组分的摩尔分数，显然$y_\mathrm{B}+y_\mathrm{C}=1$。

式(1-187)常简写为

$$\mu_\mathrm{B}(\mathrm{g}) = \mu_\mathrm{B}^\ominus(\mathrm{g},T) + RT\ln\frac{p_\mathrm{B}}{p^\ominus} \tag{1-188}$$

式中，$\mu_\mathrm{B}=f(T,p,y_\mathrm{C})$，$\mu_\mathrm{B}^\ominus=f(T)$。

1.25.2 真实气体的化学势表达式、逸度

1. 纯真实气体的化学势表达式、逸度

对于真实气体，在压力比较高时，就不能用式(1-186)表示其化学势，因为此时$V_\mathrm{m}^*\neq\frac{RT}{p}$。求真实气体的化学势可用真实气体状态方程，如范德华方程、维里方程等，代入积分项中，但积分过程和结果很复杂。为了使真实气体的化学势表达式具有理想气体化学势表达式那种简单形式，路易斯引入了逸度的概念，用符号$\tilde{p}$表示，即

$$\mu^*(\mathrm{g})=\mu^{\ominus}(\mathrm{g},T)+RT\ln\frac{\tilde{p}}{p^{\ominus}} \text{ ①} \tag{1-189}$$

式(1-189)与式(1-186)形式相似，只是用逸度 $\tilde{p}$ 代换了压力 p，而保持了公式的简单形式。为了在 $p\to 0$ 时，能使式(1-189)还原为式(1-186)，则要求 $\tilde{p}$ 符合下式

$$\lim_{p\to 0}\frac{\tilde{p}}{p}=\lim_{p\to 0}\varphi=1 \tag{1-190}$$

式(1-189)及式(1-190)即为**逸度**(fugacity)$\tilde{p}$ 的定义式，φ②为**逸度因子**(fugacity factor)。$\tilde{p}$ 与 p 有相同的量纲，单位为 Pa，而 φ 则为量纲一的量，单位为1。可把 $\tilde{p}$ 理解为修正后的压力 $\tilde{p}=\varphi p$，则

$$\mu^*(\mathrm{g})=\mu^{\ominus}(\mathrm{g},T)+RT\ln\frac{\varphi p}{p^{\ominus}} \tag{1-191}$$

式(1-189)及式(1-191)中的 $\mu^{\ominus}(\mathrm{g},T)$ 为标准态的化学势。这个标准态与式(1-186)中的标准态是相同的，因为在引入逸度的概念时，并未涉及气体标准态选择的任何改变。

关于逸度 $\tilde{p}$ 与逸度因子 φ 的计算，可参考化工热力学等专业课程，此处不再叙述，仅指出 $\tilde{p}$ 与 φ 都是温度、压力的函数。

2. 真实混合气体中任意组分 B 的化学势表达式、路易斯-兰德尔规则

对真实混合气体中任一组分 B 的化学势表达式，由式(1-188)，有

$$\mu_{\mathrm{B}}(\mathrm{g})=\mu_{\mathrm{B}}^{\ominus}(\mathrm{g},T)+RT\ln\frac{\tilde{p}_{\mathrm{B}}}{p^{\ominus}} \tag{1-192}$$

式中

$$\tilde{p}_{\mathrm{B}}=y_{\mathrm{B}}\,\tilde{p}^* \tag{1-193}$$

式(1-193)叫**路易斯-兰德尔**(Lewis-Randall)**规则**。$\mu_{\mathrm{B}}^{\ominus}(\mathrm{g},T)$ 与式(1-188)的含义相同。y_{B} 为混合气体中组分 B 的摩尔分数。$\tilde{p}^*$ 则为在相同温度、压力下 B 单独存在时的逸度。

【例 1-39】 某实际气体的状态方程为

$$pV_{\mathrm{m}}=RT\left(1+\frac{ap}{1+ap}\right)$$

V_{m} 为摩尔体积，a 是温度的函数。试导出该气体逸度与压力的关系式。

解　将方程变换为

$$V_{\mathrm{m}}-\frac{RT}{p}=\frac{aRT}{1+ap}$$

$$\ln\varphi=\ln(\tilde{p}/p)=\frac{1}{RT}\int_0^p\left(V_{\mathrm{m}}-\frac{RT}{p}\right)\mathrm{d}p=\frac{1}{RT}\int_0^p\frac{aRT}{1+ap}\mathrm{d}p=\int_0^p\frac{a}{1+ap}\mathrm{d}p=\ln(1+ap)$$

则

$$\ln\{\tilde{p}\}=\ln(1+ap)+\ln\{p\}=\ln\{(p+ap^2)\}$$

$$\tilde{p}=p+ap^2$$

---

① GB 3102.8—1993，逸度定义为

$$\tilde{p}_{\mathrm{B}}=\lambda_{\mathrm{B}}\lim_{p\to 0}(y_{\mathrm{B}}p/\lambda_{\mathrm{B}})$$

而 λ_{B} 定义为 $\lambda_{\mathrm{B}}=\exp(\mu_{\mathrm{B}}/RT)$，$\mu_{\mathrm{B}}$ 为 B 的化学势，T 为热力学温度，而 λ_{B} 叫绝对活度。本书关于逸度的定义与此定义是等效的。

② 国家标准中并没有逸度因子 φ 的定义，本书仍采用以往的定义。

现将气体系统各有关组分的化学势表达式列于表 1-4。

表 1-4 气体系统有关组分的化学势表达式

系统性质	组分	化学势表达式
理想系统	纯理想气体	$\mu^*(g)=\mu^\ominus(g,T)+RT\ln\frac{p}{p^\ominus}$
	理想气体混合物中组分 B	$\mu_B(g)=\mu_B^\ominus(g,T)+RT\ln\frac{p_B}{p^\ominus}$
真实系统	纯真实气体	$\mu^*(g)=\mu^\ominus(g,T)+RT\ln\frac{\tilde{p}}{p^\ominus}$ 或 $\mu^*(g)=\mu_B^\ominus(g,T)+RT\ln\frac{\varphi p}{p^\ominus}$
	真实气体混合物中组分 B	$\mu_B(g)=\mu_B^\ominus(g,T)+RT\ln\frac{\tilde{p}_B}{p^\ominus}$

习 题

一、思考题

1-1 在一绝热容器中盛有水，其中浸有电热丝，通电加热(图 1-19)。将不同对象看作系统，则上述加热过程的 Q 或 W 大于、小于还是等于零？(1)以电热丝为系统；(2)以水为系统；(3)以容器内所有物质为系统；(4)将容器内物质以及电源和其他一切有影响的物质看作整个系统。

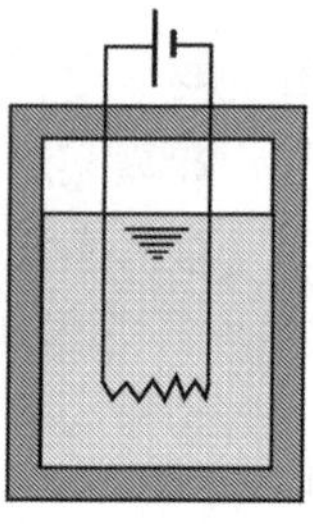

1-2 (1)使某一封闭系统由某一指定的始态变到某一指定的终态。Q、W、$Q+W$、ΔU 中哪些量确定，哪些量不能确定？为什么？(2)若在绝热条件下，使系统由某一指定的始态变到某一指定的终态，那么上述各量是否完全确定？为什么？

1-3 一定量 101 325 Pa、100 ℃的水变成同温、同压下的水汽，若视水汽为理想气体，因过程的温度不变，则该过程的 $\Delta U=0$，$\Delta H=0$，此结论对不对？为什么？

图 1-19

1-4 定压或定容摩尔热容 $C_{p,m}$、$C_{V,m}$ 是不是状态函数？

1-5 “$\Delta_r H_m^\ominus(T)$是在温度 T、压力 $p^\ominus$ 下进行反应的标准摩尔焓[变]”这种说法对吗？为什么？

1-6 标准摩尔燃烧焓定义为：“在标准状态及温度 T 下，1 mol B 完全氧化生成指定产物的焓变”这个定义对吗？有哪些不妥之处？

1-7 试用热力学第二定律证明：在 p-V 图上，(1)两定温可逆线不会相交；(2)两绝热可逆线不会相交；(3)一条绝热可逆线与一条定温可逆线只交一次。

1-8 一理想气体系统自某一始态出发，分别进行定温的可逆膨胀和不可逆膨胀，能否达到同一终态？若自某一始态出发，分别进行可逆的绝热膨胀和不可逆的绝热膨胀，能否达到同一终态？为什么？

1-9 试分别指出系统发生下列状态变化的 ΔU、ΔH、ΔS、ΔA 和 ΔG 中何者必定为零：(1)任何封闭系统经历了一个循环过程；(2)在绝热密闭的刚性容器内进行的化学反应；(3)一定量理想气体的组成及温度都保持不变，但体积和压力发生变化；(4)某液体由始态(T,p^*)变成同温、同压的饱和蒸气，其中 p^* 为该液体在温度 T 时的饱和蒸气压；(5)任何封闭系统经任何可逆过程到某一终态；(6)气体节流膨胀过程。

1-10 100 ℃、101 325 Pa 下的水向真空汽化为同温同压下的水蒸气，是自发过程，所以其 $\Delta G<0$，对不对，为什么？

1-11 热力学基本方程 $dG=-SdT+Vdp$ 应用的条件是什么？

1-12 多组分均相系统可区分为混合物及溶液(液体及固体溶液)，区分的目的是什么？

1-13 混合物的组成标度有哪些？溶质 B 的组成标度有哪些？某混合物，含 B 的质量分数为 0.20，把它表示成 $w_B=0.20$ 及 $w_B\%=20\%$，哪个是正确的？

1-14 偏摩尔量 V_B、U_B、H_B、S_B、A_B、G_B，它们都是状态函数，对不对？

1-15 哪个偏微商既是化学势又是偏摩尔量？哪些偏微商称为化学势但不是偏摩尔量？

1-16 比较 $dG = -SdT + Vdp$ 及 $dG = -SdT + Vdp + \sum_B \mu_B dn_B$ 的应用对象和条件。

1-17 化学势在解决相平衡及化学平衡上有什么用处？如何解决？

1-18 理想气体混合物组分B的化学势表达式为 $\mu_B(g) = \mu_B^{\ominus}(g,T) + RT\ln\frac{p_B}{p^{\ominus}}$，$\mu_B^{\ominus}(g,T)$ 为标准态的化学势，这个标准态指的是怎样的状态？真实气体混合物组分B化学势表达式中，其标准态化学势的标准态与它是否相同？

二、计算题及证明(推导)题

1-1 10 mol 理想气体由 25 ℃、1.00 MPa 膨胀到 25 ℃、0.100 MPa。设过程为：(1)向真空膨胀；(2)对抗恒外压 0.100 MPa 膨胀。分别计算以上各过程的功。

1-2 求下列定压过程的体积功 W_v：(1)10 mol 理想气体由 25 ℃定压膨胀到 125 ℃；(2)在 100 ℃、0.100 MPa 下 5 mol 水变成 5 mol 水蒸气(设水蒸气可视为理想气体，水的体积与水蒸气的体积比较可以忽略)；(3)在 25 ℃、0.100 MPa 下 1 mol CH_4 燃烧生成二氧化碳和水。

1-3 473 K、0.2 MPa，1 dm^3 的双原子分子理想气体，连续经过下列变化：(Ⅰ)定温膨胀到 3 dm^3；(Ⅱ)定容升温使压力升到 0.2 MPa；(Ⅲ)保持 0.2 MPa 降温到初始温度 473 K。(1)在 p-V 图上表示出该循环全过程；(2)计算各步及整个循环过程的 W_v、Q、ΔU 及 ΔH。已知双原子分子理想气体 $C_{p,m} = \frac{7}{2}R$。

1-4 10 mol 理想气体从 2×10^6 Pa、10^{-3} m^3 定容降温使压力降到 2×10^5 Pa，再定压膨胀到 10^{-2} m^3。求整个过程的 W、Q、ΔU 和 ΔH。

1-5 10 mol 理想气体由 25 ℃、10^6 Pa 膨胀到 25 ℃、10^5 Pa，设过程为：(1)自由膨胀；(2)对抗恒外压 10^5 Pa 膨胀；(3)定温可逆膨胀。分别计算以上各过程的 W_v、Q、ΔU 和 ΔH。

1-6 氢气从 1.43 dm^3、3.04×10^5 Pa 和 298.15 K，可逆绝热膨胀到 2.86 dm^3。氢气的 $C_{p,m} = 28.8\ J\cdot K^{-1}\cdot mol^{-1}$，按理想气体处理。(1)求终态的温度和压力；(2)求该过程的 Q、W_v、ΔU 和 ΔH。

1-7 2 mol 单原子理想气体，由 600 K、1.000 MPa 对抗恒外压 100 kPa 绝热膨胀到 100 kPa。计算该过程的 Q、W_v、ΔU 和 ΔH。

1-8 在 298.15 K、6×101.3 kPa 压力下，1 mol 单原子理想气体进行绝热膨胀，最终压力为 101.3 kPa，若为(1)可逆膨胀；(2)对抗恒外压 101.3 kPa 膨胀，求上述二绝热膨胀过程的气体的最终温度，气体对外界所做的功，气体的热力学能变化及焓变。(已知 $C_{p,m} = \frac{5}{2}R$)

1-9 1 mol 水在 100 ℃、101 325Pa 下变成同温同压下的水蒸气(视水蒸气为理想气体)，然后定温可逆膨胀到 10 132.5 Pa，计算全过程的 ΔU、ΔH。已知水的摩尔汽化焓 $\Delta_{vap}H_m(373.15\ K) = 40.67\ kJ\cdot mol^{-1}$。

1-10 已知反应

$CO(g) + H_2O(g) \longrightarrow CO_2(g) + H_2(g)$，$\Delta_r H_m^{\ominus}(298.15\ K) = -41.2\ kJ\cdot mol^{-1}$

$CH_4(g) + 2H_2O(g) \longrightarrow CO_2(g) + 4H_2(g)$，$\Delta_r H_m^{\ominus}(298K) = 165.0\ kJ\cdot mol^{-1}$

计算下列反应的 $\Delta_r H_m^{\ominus}(298.15\ K)$：

$CH_4(g) + H_2O(g) \longrightarrow CO(g) + 3H_2(g)$

1-11 利用附录Ⅲ表中 $\Delta_f H_m^{\ominus}(B, \beta, 298.15\ K)$ 数据，计算下列反应的 $\Delta_r H_m^{\ominus}(298.15\ K)$ 及 $\Delta_r U_m^{\ominus}(298.15\ K)$。假定反应中各气体物质可视为理想气体。

$H_2S(g) + \frac{3}{2}O_2(g) \longrightarrow H_2O(l) + SO_2(g)$

$CO(g) + 2H_2(g) \longrightarrow CH_3OH(l)$

$Fe_2O_3(s)+2Al(s) \longrightarrow \alpha\text{-}Al_2O_3+2Fe(s)$

1-12 25 ℃时，$H_2O(l)$及$H_2O(g)$的标准摩尔生成焓[变]分别为$-285.838\ kJ \cdot mol^{-1}$及$-241.825\ kJ \cdot mol^{-1}$。计算水在25 ℃时的汽化焓。

1-13 已知反应C(石墨)+$H_2O(g) \longrightarrow CO(g)+H_2(g)$的$\Delta_r H_m^{\ominus}(298.15\ K)=133\ kJ \cdot mol^{-1}$，计算该反应在125 ℃时的$\Delta_r H_m^{\ominus}$。假定各物质在25～125 ℃的平均摩尔定压热容：

物质	$C_{p,m}^{\ominus}/(J \cdot K^{-1} \cdot mol^{-1})$	物质	$C_{p,m}^{\ominus}/(J \cdot K^{-1} \cdot mol^{-1})$
C(石墨)	8.64	CO(g)	29.11
$H_2(g)$	28.0	$H_2O(g)$	33.51

1-14 计算下列反应的$\Delta_r H_m^{\ominus}(298.15\ K)$及$\Delta_r U_m^{\ominus}(298.15\ K)$：

$$CH_4(g)+2H_2O(g) \longrightarrow CO_2(g)+4H_2(g)$$

已知数据：

物质	$\Delta_f H_m^{\ominus}(298.15\ K)/(kJ \cdot mol^{-1})$	$\Delta_c H_m^{\ominus}(298.15\ K)/(kJ \cdot mol^{-1})$
$H_2O(l)$	−285.81	
$H_2O(g)$	−241.81	
$CH_4(g)$		−890.31

1-15 从附录Ⅲ查必要的热数据，求反应$CaCO_3(s) \rightarrow CaO(s)+CO_2(g)$的$\Delta_r H_m^{\ominus}=f(T)$方程式及1 000 ℃、100 kPa下进行的$Q$、$W_v$、$\Delta_r U_m^{\ominus}$和$\Delta_r H_m^{\ominus}$。

1-16 试从$H=f(T,p)$出发，证明：若一定量某种气体从298.15 K、100 kPa定温压缩时系统的焓增加，则气体在298.15 K、100 kPa下的节流膨胀系数(即J-T系数)$\mu_{J-T}<0$。

1-17 由$V=f(T,p)$出发，证明$\left(\frac{\partial T}{\partial V}\right)_p\left(\frac{\partial V}{\partial p}\right)_T\left(\frac{\partial p}{\partial T}\right)_V=-1$。

1-18 证明：(1) $\left(\frac{\partial U}{\partial T}\right)_p=C_p-p\left(\frac{\partial V}{\partial T}\right)_p$；(2) $\left(\frac{\partial H}{\partial T}\right)_V=C_V+V\left(\frac{\partial p}{\partial T}\right)_V$。

1-19 1 mol理想气体由25 ℃、1 MPa膨胀到0.1 MPa，假定过程分别为：(1)定温可逆膨胀；(2)向真空膨胀。计算各过程的熵变。

1-20 2 mol、27 ℃、20 dm^3理想气体，在定温条件下膨胀到49.2 dm^3，假定过程为：(1)可逆膨胀；(2)自由膨胀；(3)对抗恒外压1.013×10^5 Pa膨胀。计算各过程的Q、W_v、ΔU、ΔH及ΔS。

1-21 5 mol某理想气体($C_{p,m}=29.10\ J \cdot K^{-1} \cdot mol^{-1}$)，由始态(400 K，200 kPa)分别经下列不同过程变到该过程所指定的终态。试分别计算各过程的Q、W_v、ΔU、ΔH及ΔS。(1) 定容加热到600 K；(2) 定压冷却到300 K；(3) 对抗恒外压100 kPa，绝热膨胀到100 kPa；(4) 绝热可逆膨胀到100 kPa。

1-22 将1 mol苯蒸气由79.9 ℃、40 kPa冷凝为60 ℃、100 kPa的液态苯，求此过程的ΔS。(已知苯的标准沸点即100 kPa下的沸点为79.9 ℃，在此条件下，苯的汽化焓为30 878 $J \cdot mol^{-1}$，液态苯的质量热容为1.799 $J \cdot K^{-1} \cdot g^{-1}$)

1-23 1 mol水由始态(100 kPa，标准沸点372.8 K)向真空蒸发变成372.8 K、100 kPa水蒸气。计算该过程的ΔS(已知水在372.8 K时的汽化焓为40.60 $kJ \cdot mol^{-1}$)。

1-24 已知1 mol、−5 ℃、100 kPa的过冷液态苯完全凝固为−5 ℃、100 kPa固态苯的熵变化为−35.5 $J \cdot K^{-1}$，固态苯在−5 ℃时的蒸气压为2 280 Pa，摩尔熔化焓为9 874 $J \cdot mol^{-1}$。计算过冷液态苯在−5 ℃时的蒸气压。

1-25 已知水的正常沸点是100 ℃，摩尔定压热容$C_{p,m}=75.20\ J \cdot K^{-1} \cdot mol^{-1}$，汽化焓$\Delta_{vap}H_m=40.67\ kJ \cdot mol^{-1}$，水汽摩尔定压热容$C_{p,m}=33.57\ J \cdot K^{-1} \cdot mol^{-1}$，$C_{p,m}$和$\Delta_{vap}H_m$均可视为常数。(1)求过程：1 mol H_2O(l，100 ℃，101 325 Pa)→1mol H_2O(g，100 ℃，101 325Pa)的ΔS；(2)求过程：1 mol H_2O(l，

60 ℃,101 325 Pa)→1 mol H_2O(g,60 ℃,101 325 Pa)的 ΔU、ΔH、ΔS。

1-26 已知−5 ℃时,固态苯的蒸气压为 2 279 Pa,液态苯的蒸气压为 2 639 Pa。苯蒸气可视为理想气体。计算下列状态变化的 ΔG:

$$\boxed{C_6H_6(l,-5\ ℃,1.013\times10^5\,\text{Pa})}\longrightarrow\boxed{C_6H_6(s,-5\ ℃,1.013\times10^5\,\text{Pa})}$$

1-27 4 mol 理想气体从 300 K、$p^{\ominus}$ 下定压加热到 600 K,求此过程的 ΔU、ΔH、ΔS、ΔA、ΔG。已知此理想气体的 $S_m^{\ominus}(300\ \text{K})=150.0\ \text{J}\cdot\text{K}^{-1}\cdot\text{mol}^{-1}$,$C_{p,m}^{\ominus}=30.00\ \text{J}\cdot\text{K}^{-1}\cdot\text{mol}^{-1}$。

1-28 将装有 0.1 mol 乙醚液体的微小玻璃泡放入 35 ℃、101 325 Pa、10 dm^3 的恒温瓶中,其中已充满 N_2(g),将小玻璃泡打碎后,乙醚全部汽化,形成的混合气体可视为理想气体。已知乙醚在 101 325 Pa 时的正常沸点为 35 ℃,其汽化焓为 25.10 $\text{kJ}\cdot\text{mol}^{-1}$。计算:(1) 混合气体中乙醚的分压;(2) 氮气的 ΔH、ΔS、ΔG;(3) 乙醚的 ΔH、ΔS、ΔG。

1-29 已知 25 ℃时下列数据,计算 25 ℃时甲醇的饱和蒸气压 p^*。

物质	$\Delta_f H_m^{\ominus}/(\text{kJ}\cdot\text{mol}^{-1})$	$S_m^{\ominus}/(\text{J}\cdot\text{K}^{-1}\cdot\text{mol}^{-1})$
H_2(g)	0	130.57
O_2(g)	0	205.03
C(石墨)	0	5.740
CH_3OH(l)	−238.7	127.0
CH_3OH(g)	−200.7	239.7

1-30 已知 298 K 时石墨和金刚石的标准摩尔燃烧焓分别为 −393.511 $\text{kJ}\cdot\text{mol}^{-1}$ 和 −395.407 $\text{kJ}\cdot\text{mol}^{-1}$,标准摩尔熵分别为 5.694 $\text{J}\cdot\text{K}^{-1}\cdot\text{mol}^{-1}$ 和 2.439 $\text{J}\cdot\text{K}^{-1}\cdot\text{mol}^{-1}$,体积质量分别为 2.260 $\text{g}\cdot\text{cm}^{-3}$ 和 3.520 $\text{g}\cdot\text{cm}^{-3}$。(1) 计算 C(石墨)⟶C(金刚石)的 $\Delta G_m^{\ominus}(298\ \text{K})$;(2) 在 25 ℃时需多大压力才能使上述转变成为可能(石墨和金刚石的压缩系数均可近似视为零)。

1-31 试求 298 K 时,将 1 mol Hg(l)从 $p^{\ominus}$ 变到 $100p^{\ominus}$ 时的 ΔH_m、ΔS_m 和 ΔG_m。已知 Hg(l)的体胀系数 $\alpha=\dfrac{1}{V}\left(\dfrac{\partial V}{\partial T}\right)_p=1.82\times10^{-4}\ \text{K}^{-1}$,Hg(l)的体积质量 $\rho=13.534\times10^3\ \text{kg}\cdot\text{m}^{-3}$,Hg 的相对原子质量为 200.16。并假定 Hg(l)的体积随压力的变化可忽略不计。

1-32 推导出 1 mol 范德华气体在定温下由状态(p_1,V_1)变化至状态(p_2,V_2)时的 ΔU、ΔH、ΔS、ΔA 和 ΔG 的计算式。

1-33 在 T-S 图上(图 1-20)表示理想气体卡诺循环,并用图上面积表示:

(1)定温可逆压缩过程的功;

(2)一个卡诺循环过程的功;

(3)两个绝热可逆过程的 ΔG 之和。

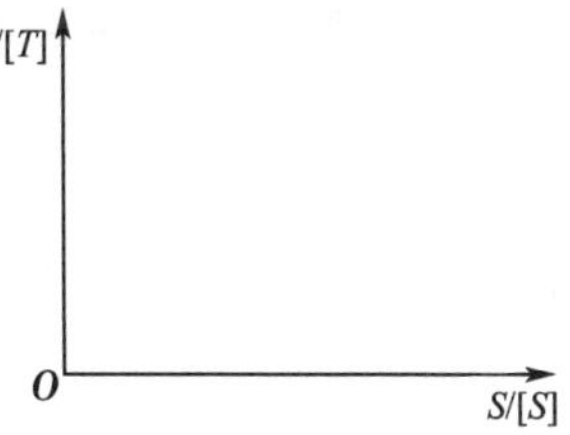

T/[T]　O　S/[S]

图 1-20

1-34 证明:对于纯理想气体(1) $\left(\dfrac{\partial T}{\partial p}\right)_S=\dfrac{V}{C_p}$;(2) $\left(\dfrac{\partial T}{\partial V}\right)_S=-\dfrac{p}{C_V}$。

1-35 证明:(1)气体自由膨胀过程(定热力学能过程)的焦耳-汤姆生系数为

$$\mu_{\text{J-T}}=\left(\frac{\partial T}{\partial V}\right)_U=\frac{p-T\left(\frac{\partial p}{\partial T}\right)_V}{C_V}$$

(2)节流膨胀过程(定焓过程)的焦耳-汤姆生系数为

$$\mu_{\text{J-T}}=\left(\frac{\partial T}{\partial p}\right)_H=\frac{T\left(\frac{\partial V}{\partial T}\right)_p-V}{C_p}$$

(3)理想气体自由膨胀及节流膨胀过程 $\mu_{\text{J-T}}=0$。

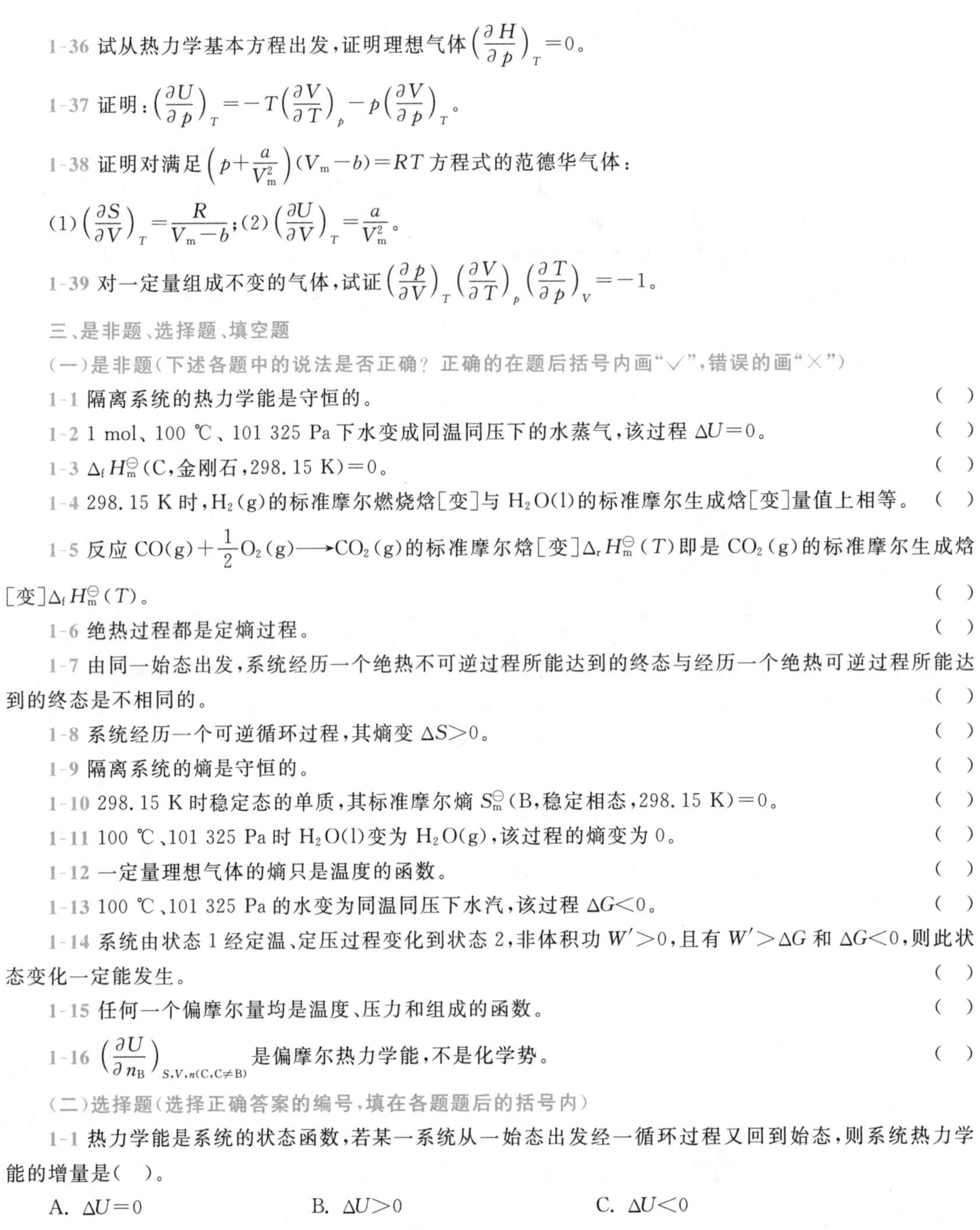

1-36 试从热力学基本方程出发，证明理想气体$\left(\frac{\partial H}{\partial p}\right)_T=0$。

1-37 证明：$\left(\frac{\partial U}{\partial p}\right)_T=-T\left(\frac{\partial V}{\partial T}\right)_p-p\left(\frac{\partial V}{\partial p}\right)_T$。

1-38 证明对满足$\left(p+\frac{a}{V_m^2}\right)(V_m-b)=RT$方程式的范德华气体：

(1)$\left(\frac{\partial S}{\partial V}\right)_T=\frac{R}{V_m-b}$；(2)$\left(\frac{\partial U}{\partial V}\right)_T=\frac{a}{V_m^2}$。

1-39 对一定量组成不变的气体，试证$\left(\frac{\partial p}{\partial V}\right)_T\left(\frac{\partial V}{\partial T}\right)_p\left(\frac{\partial T}{\partial p}\right)_V=-1$。

三、是非题、选择题、填空题

（一）是非题（下述各题中的说法是否正确？正确的在题后括号内画“√”，错误的画“×”）

1-1 隔离系统的热力学能是守恒的。 （ ）

1-2 1 mol、100 ℃、101 325 Pa 下水变成同温同压下的水蒸气，该过程 $\Delta U=0$。 （ ）

1-3 $\Delta_f H_m^{\ominus}$(C，金刚石，298.15 K)$=0$。 （ ）

1-4 298.15 K 时，H_2(g)的标准摩尔燃烧焓[变]与 H_2O(l)的标准摩尔生成焓[变]量值上相等。 （ ）

1-5 反应 $CO(g)+\frac{1}{2}O_2(g)\longrightarrow CO_2(g)$的标准摩尔焓[变]$\Delta_r H_m^{\ominus}(T)$即是 CO_2(g)的标准摩尔生成焓[变]$\Delta_f H_m^{\ominus}(T)$。 （ ）

1-6 绝热过程都是定熵过程。 （ ）

1-7 由同一始态出发，系统经历一个绝热不可逆过程所能达到的终态与经历一个绝热可逆过程所能达到的终态是不相同的。 （ ）

1-8 系统经历一个可逆循环过程，其熵变 $\Delta S>0$。 （ ）

1-9 隔离系统的熵是守恒的。 （ ）

1-10 298.15 K 时稳定态的单质，其标准摩尔熵 $S_m^{\ominus}$(B，稳定相态，298.15 K)$=0$。 （ ）

1-11 100 ℃、101 325 Pa 时 H_2O(l)变为 H_2O(g)，该过程的熵变为 0。 （ ）

1-12 一定量理想气体的熵只是温度的函数。 （ ）

1-13 100 ℃、101 325 Pa 的水变为同温同压下水汽，该过程 $\Delta G<0$。 （ ）

1-14 系统由状态 1 经定温、定压过程变化到状态 2，非体积功 $W'>0$，且有 $W'>\Delta G$ 和 $\Delta G<0$，则此状态变化一定能发生。 （ ）

1-15 任何一个偏摩尔量均是温度、压力和组成的函数。 （ ）

1-16 $\left(\frac{\partial U}{\partial n_B}\right)_{S,V,n(C,C\neq B)}$是偏摩尔热力学能，不是化学势。 （ ）

（二）选择题（选择正确答案的编号，填在各题题后的括号内）

1-1 热力学能是系统的状态函数，若某一系统从一始态出发经一循环过程又回到始态，则系统热力学能的增量是（ ）。

A. $\Delta U=0$　　B. $\Delta U>0$　　C. $\Delta U<0$

1-2 焓是系统的状态函数，定义为 $H\xlongequal{\text{def}}U+pV$，若系统发生状态变化时，焓的变化为 $\Delta H=\Delta U+\Delta(pV)$，式中 $\Delta(pV)$的含义是（ ）。

A. $\Delta(pV)=\Delta p\Delta V$　　B. $\Delta(pV)=p_2V_2-p_1V_1$　　C. $\Delta(pV)=p\Delta V+V\Delta p$

1-3 1 mol 理想气体从 p_1、V_1、T_1 分别经(1)绝热可逆膨胀到 p_2、V_2、T_2；(2)绝热恒外压膨胀到 p_2'、V_2'、T_2'，若 $p_2=p_2'$，则（ ）。

A. $T_2'=T_2$，$V_2'=V_2$　　B. $T_2'>T_2$，$V_2'<V_2$　　C. $T_2'>T_2$，$V_2'>V_2$

1-4 某 B 的标准摩尔燃烧焓[变]为 $\Delta_c H_m^{\ominus}$(B，β，298.15 K)$=-200\ \text{kJ}\cdot\text{mol}^{-1}$，则该 B 燃烧时的反应标

准摩尔焓[变]$\Delta_r H_m^\ominus$(298.15 K)为(　)。

A. $-200\ kJ\cdot mol^{-1}$　　B. 0　　C. $200\ kJ\cdot mol^{-1}$　　D. $40\ kJ\cdot mol^{-1}$

1-5 已知$CH_3COOH(l)$、$CO_2(g)$、$H_2O(l)$的标准摩尔生成焓[变]$\Delta_f H_m^\ominus$(298.15 K)/($kJ\cdot mol^{-1}$)分别为-484.5，-393.5，-285.8，则$CH_3COOH(l)$的标准摩尔燃烧焓[变]$\Delta_c H_m^\ominus$(l,298.15 K)/($kJ\cdot mol^{-1}$)为(　)。

A. -484.5　　B. 0　　C. -194.8　　D. 194.8

1-6 以下(　　)反应中的$\Delta_r H_m^\ominus(T)$可称为$CO_2(g)$的标准摩尔生成焓[变]$\Delta_f H_m^\ominus(CO_2,g,T)$。

A. C(石墨)$+O_2(g)\longrightarrow CO_2(g)$　$\Delta_r H_m^\ominus(T)$

　$p^\ominus$　　$p^\ominus$　　$p^\ominus$

B. C(石墨)$+O_2(g)\longrightarrow CO_2(g)$　$\Delta_r H_m^\ominus(T)$

　　总压力为$p^\ominus$

C. $CO(g)+\frac{1}{2}O_2(g)\longrightarrow CO_2(g)$　$\Delta_r H_m^\ominus(T)$

　$p^\ominus$　　$p^\ominus$　　$p^\ominus$

1-7 非理想气体绝热可逆压缩过程的ΔS(　)。

A. $=0$　　B. >0　　C. <0

1-8 1 mol理想气体从p_1、V_1、T_1分别经(1)绝热可逆膨胀到p_2、V_2、T_2；(2)绝热对抗恒外压膨胀到p_2'、V_2'、T_2'，若$p_2=p_2'$，则(　)。

A. $T_2'=T_2,V_2'=V_2,S_2'=S_2$　　B. $T_2'>T_2,V_2'<V_2,S_2'<S_2$　　C. $T_2'>T_2,V_2'>V_2,S_2'>S_2$

1-9 同一温度、压力下，一定量某纯物质的熵值(　)。

A. S(气)$>S$(液)$>S$(固)　　B. S(气)$<S$(液)$<S$(固)　　C. S(气)$=S$(液)$=S$(固)

1-10 一定条件下，一定量的纯铁与碳钢相比，其熵值是(　)。

A. S(纯铁)$>S$(碳钢)　　B. S(纯铁)$<S$(碳钢)　　C. S(纯铁)$=S$(碳钢)

1-11 某系统如图1-21所示。抽去隔板，则系统的熵(　)。

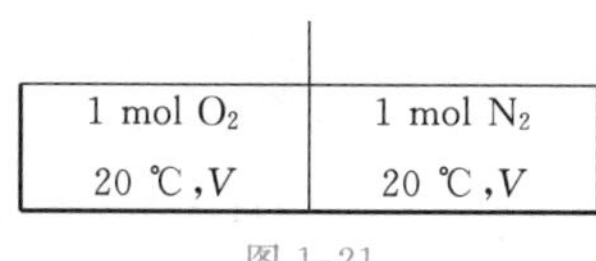

图1-21

A. 增加　　B. 减少　　C. 不变

1-12 某系统如图1-22所示。抽去隔板，则系统的熵(　)。

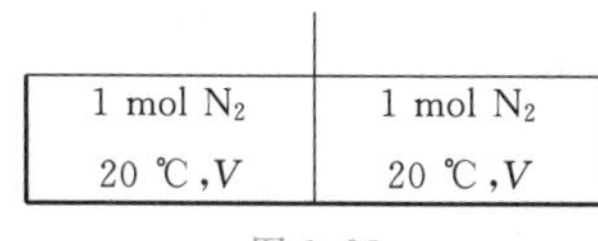

图1-22

A. 增加　　B. 减少　　C. 不变

1-13 对封闭的单组分均相系统且$W'=0$时，$\left(\frac{\partial G}{\partial p}\right)_T$的值应(　)。

A. <0　　B. >0　　C. $=0$　　D. 无法判断

1-14 下面哪一个关系式是不正确的？(　)

A. $\left(\frac{\partial G}{\partial T}\right)_p=-S$　　B. $\left(\frac{\partial G}{\partial p}\right)_T=V$

C. $\left[\frac{\partial (A/T)}{\partial T}\right]_V=-\frac{U}{T^2}$　　D. $\left[\frac{\partial (G/T)}{\partial T}\right]_p=-\frac{H}{T}$

1-15 物质的量为n的理想气体定温压缩，当压力由p_1变到p_2时，其ΔG是(　)。

A. $nRT\ln\frac{p_1}{p_2}$　　B. $\int_{p_1}^{p_2}\frac{n}{RT}p\,\mathrm{d}p$　　C. $V(p_2-p_1)$　D. $nRT\ln\frac{p_2}{p_1}$

1-16 在α、β两相中都含有A和B两种物质，当达到相平衡时，下列三种情况，正确的是(　)。

A. $\mu_A^\alpha=\mu_B^\alpha$　　B. $\mu_A^\alpha=\mu_A^\beta$　　C. $\mu_A^\alpha=\mu_B^\beta$

(三)填空题(在以下各小题中画有"____"处或表格中填上答案)

1-1 物理量Q(热量)、T(热力学温度)、V(系统体积)、W(功)，其中属于状态函数的是________；与过程有关的量是________；状态函数中属于广度量的是________；属于强度量的是________。

1-2 物质的体胀系数α和压缩系数κ定义如下：

$$\alpha=\frac{1}{V}\left(\frac{\partial V}{\partial T}\right)_p,\quad \kappa=-\frac{1}{V}\left(\frac{\partial V}{\partial p}\right)_T$$

则理想气体的$\alpha=$__________，$\kappa=$__________。

1-3 $Q_V=\Delta U_V$应用条件是________；________；________。

1-4 焦耳-汤姆生系数$\mu_{J-T}\overset{\text{def}}{=\!=}$________，$\mu_{J-T}>0$表示节流膨胀后温度____节流膨胀前温度。

1-5 若已知$H_2O(g)$及$CO(g)$在298.15 K时的标准摩尔生成焓[变]$\Delta_f H_m^\ominus$(198.15 K)分别为$-242\ \mathrm{kJ\cdot mol^{-1}}$及$-111\ \mathrm{kJ\cdot mol^{-1}}$，则$H_2O(g)+C(石墨)\longrightarrow H_2(g)+CO(g)$反应的标准摩尔焓[变]为________。

1-6 已知反应

$CO(g)+H_2O(g)\longrightarrow CO_2(g)+H_2(g)$，$\Delta_r H_m^\ominus(298.15\ \mathrm{K})=-41.2\ \mathrm{kJ\cdot mol^{-1}}$

$CH_4(g)+2H_2O(g)\longrightarrow CO_2(g)+4H_2(g)$，$\Delta_r H_m^\ominus(298.15\ \mathrm{K})=165.0\ \mathrm{kJ\cdot mol^{-1}}$

则反应$CH_4(g)+H_2O(g)\longrightarrow CO(g)+3H_2(g)$的$\Delta_r H_m^\ominus(298.15\ \mathrm{K})$为________。

1-7 已知298.15 K时$C_2H_4(g)$、$C_2H_6(g)$及$H_2(g)$的标准摩尔燃烧焓[变]$\Delta_c H_m^\ominus(298.15\ \mathrm{K})$分别为$-1\,411\ \mathrm{kJ\cdot mol^{-1}}$、$-1\,560\ \mathrm{kJ\cdot mol^{-1}}$及$-285.8\ \mathrm{kJ\cdot mol^{-1}}$，则$C_2H_4(g)+H_2(g)\longrightarrow C_2H_6(g)$反应的标准摩尔焓[变]$\Delta_r H_m^\ominus(298.15\ \mathrm{K})$是________。

1-8 热力学第二定律的经典表述之一为________，其数学表达式为________。

1-9 熵增原理表述为________。

1-10 在隔离系统中进行的可逆过程ΔS________；进行不可逆过程ΔS______。

1-11 纯物质完美晶体________时熵值为零。

1-12 试从熵的统计意义判断表中所列过程的熵变是$\Delta S>0$还是$\Delta S<0$，请将判断结果填在表中。

变化过程	熵变 ΔS(>0 还是<0)
苯乙烯聚合成聚苯乙烯	ΔS
气体在催化剂上吸附	ΔS
液态苯汽化为气态苯	ΔS

1-13 一定量纯物质均相流体的$\left(\frac{\partial A}{\partial V}\right)_T=$____，$\left(\frac{\partial G}{\partial T}\right)_p=$____，$\left(\frac{\partial S}{\partial T}\right)_p=$____，$\left(\frac{\partial S}{\partial T}\right)_V=$____。

1-14 填写下表中所列公式的应用条件。

公式	应用条件
$\Delta A=W$	
$\mathrm{d}G=-S\mathrm{d}T+V\mathrm{d}p$	
$\Delta G=\Delta H-T\Delta S$	

1-15 8 mol某理想气体($C_{p,m}=29.10\ \mathrm{J\cdot K^{-1}\cdot mol^{-1}}$)由始态(400 K，0.20 MPa)分别经下列三个不同过程变到该过程所指定的终态，分别计算各过程的Q、W、ΔU、ΔH、ΔS、ΔA和ΔG，将结果填入下表。过程Ⅰ：定温可逆膨胀到0.10 MPa；过程Ⅱ：自由膨胀到0.10 MPa；过程Ⅲ：定温下对抗恒外压0.10 MPa膨胀

到0.10 MPa。

过程	W/ kJ	Q/ kJ	ΔU/ kJ	ΔH/ kJ	$\Delta S/(J\cdot K^{-1})$	ΔA/ kJ	ΔG/ kJ
Ⅰ							
Ⅱ							
Ⅲ							

1-16 5 mol、−2 ℃、101 325 Pa 下的过冷水，在定温、定压下凝结为−2 ℃、101 325 Pa 的冰。计算该过程的 Q、W、ΔU、ΔH、ΔS、ΔA 和 ΔG，将结果填入下表中。（已知：冰在 0 ℃、101 325 Pa下的熔化焓为 5.858 kJ·mol^{-1}，水和冰的摩尔定压热容分别是 $C_{p,m}(l)=75.31\ J\cdot K^{-1}\cdot mol^{-1}$，$C_{p,m}(s)=37.66\ J\cdot K^{-1}\cdot mol^{-1}$，水和冰的体积质量可近似视为相等）

W/ kJ	Q/ kJ	ΔU/ kJ	ΔH/ kJ	$\Delta S/(J\cdot K^{-1})$	ΔA/ kJ	ΔG/ kJ

1-17 理想气体混合物中组分 B 的化学势 μ_B 与温度 T 及组分 B 的分压 p_B 的关系是 μ_B＝________，其标准态选为________。

计算题答案

1-1 (1) 0; (2) −22.31 kJ

1-2 (1)−8.314 kJ; (2) −15.51 kJ; (3) 4.958 kJ

1-3 (2) $\Delta U_{Ⅰ}=0$, $\Delta H_{Ⅰ}=0$, $Q_{Ⅰ}=-W_{Ⅰ}=219.5$ J; $Q_{Ⅱ}=\Delta U_{Ⅱ}=998.9$ J, $\Delta H_{Ⅱ}=1\,398$ J, $W_{Ⅱ}=0$; $W_{Ⅲ}=400.0$ J, $Q_{Ⅲ}=\Delta H_{Ⅲ}=-1\,398$ J, $\Delta U_{Ⅲ}=-998.9$ J；循环过程 $\Delta U=0$, $\Delta H=0$, $Q=-W\approx-180$ J

1-4 $\Delta U=\Delta H=0$, $Q=-W=1.8$ kJ

1-5 (1) 0,0,0,0; (2)−22.3 kJ, 22.3 kJ, 0,0; (3) −57.1 kJ, 57.1 kJ,0,0

1-6 (1) 225 K,1,14×10^5 Pa; (2)0,−262 J,−262 J,−368.4 J

1-7 0,−5.39 kJ, −5.39 kJ, −8.98 kJ

1-8 (1) 145.6 K, $-W=1\,902$ J, $\Delta U=-1\,902$ J, $Q=0$, $\Delta H=-3\,171$ J;
(2) 198.8 K, $W=\Delta U=-1\,239$ J, $\Delta H=-2\,065$ J

1-9 $\Delta H=40.67$ kJ, $\Delta U=37.57$ kJ

1-10 206.2 kJ·mol^{-1}

1-11 (1) −562.6 kJ·mol^{-1}, −558.9 kJ·mol^{-1}; (2) −128.0 kJ·mol^{-1},120.6 kJ·mol^{-1};
(3)−847.7 kJ·mol^{-1},−847.7 kJ·mol^{-1}

1-12 44.01 kJ

1-13 135 kJ·mol^{-1}

1-14 165.1 kJ·mol^{-1}, 160.1 kJ·mol^{-1}

1-15 162.8 kJ·mol^{-1}, −10.6 kJ,152.3 kJ·mol^{-1},162.8 kJ·mol^{-1}

1-19 19.14 J·K^{-1}, 19.14 J·K^{-1}

1-20 (1) 4.49 kJ, −4.49 kJ,0,0, 15 J·K^{-1}; (2) 0,0,0,0, 15 J·K^{-1};
(3) 2.96 kJ, −2.96 kJ, 0,0,15.2 J·K^{-1}

1-21 (1) 20.79 kJ, 0, 20.79 kJ, 29.10 kJ, 42.15 J·K^{-1};
(2) −14.55 kJ, 4.15 kJ, −10.05 kJ, −14.55 kJ, −41.86 J·K^{-1};
(3) 0, −5.94 kJ, −5.94 kJ, −8.31 kJ, 6.40 J·K^{-1};
(4) 0, −7.47 kJ, −7.47 kJ, −10.46 kJ, 0

1-22 $-103\ J \cdot K^{-1}$

1-23 $108.9\ J \cdot K^{-1}$

1-24 2 680 Pa

1-25 (1) $109\ J \cdot K^{-1}$; (2) 39.57 kJ, 42.34 kJ, $113.7\ J \cdot K^{-1}$

1-26 $-327.0\ J \cdot mol^{-1}$

1-27 26.02 kJ, 36.00 kJ, $83.18\ J \cdot K^{-1}$, -203.9 kJ, -193.9 kJ

1-28 (1) 25 620 Pa; (2) 0, 0, 0; (3) 2 510 J, $9.288\ J \cdot K^{-1}$, -352.2 J

1-29 1.69×10^4 Pa

1-30 (1) $2.867\ kJ \cdot mol^{-1}$; (2) $p > 1.510 \times 10^9$ Pa

1-31 $\Delta H_m = 138.5\ J \cdot mol^{-1}$, $\Delta S_m = -26.65 \times 10^{-3}\ J \cdot K^{-1} \cdot mol^{-1}$, $\Delta G_m = 146.4\ J \cdot mol^{-1}$

第2章

相平衡热力学

2.0 相平衡热力学研究的内容和方法

2.0.1 相平衡热力学

相平衡热力学(thermodynamics of phase equilibrium)主要是应用热力学原理研究多相系统中有关相的变化方向与限度的规律。具体地说，就是研究温度、压力及组成等因素对相平衡状态的影响，包括单组分系统的相平衡及多组分系统的相平衡。相平衡研究方法包括解析法和图解法。图解法将在第3章讨论。

2.0.2 相　律

相律(phase rule)是各种相平衡系统所遵守的共同规律，它体现出各种相平衡系统所具有的共性，根据相律可以确定对相平衡系统有影响的因素有几个，在一定条件下平衡系统中最多可以有几个相存在等。

2.0.3 单组分系统相平衡热力学

单组分系统相平衡热力学是把热力学原理应用于解决纯物质有关相平衡的规律，主要是两相平衡的条件和平衡时温度、压力间的关系。表征纯物质两相平衡时温度、压力间关系的方程是克拉珀龙(Clapeyron B P E)方程，它是克拉珀龙首先在1834年得到的，后克劳休斯(Clausius R)又用热力学原理导出。这一方程是将热力学原理应用于解决各类平衡问题的典范。例如，应用克劳休斯-克拉珀龙方程可很好地解决液$\rightleftharpoons$气或固$\rightleftharpoons$气两相平衡时饱和蒸气压和温度的依赖关系，满足了化学实验和化工生产中的许多实际需要。

2.0.4 多组分系统相平衡热力学

多组分系统相平衡热力学则是用多组分系统热力学原理解决有关混合物或溶液的相平衡问题。有关混合物或溶液的相平衡规律，早在1803年亨利(Henry W)就从实验中总结出有关微溶气体在一定温度下于液体中溶解度的经验规律；1887年拉乌尔(Raoult F M)在研究非挥发性溶质在一定温度下溶解于溶剂构成稀溶液时,总结出非挥发性溶质引起溶剂蒸气压下降的经验规律。当多组分系统热力学理论逐渐完善之后,这些经验规律均可由多组分系统热力学理论推导出来。这之后,1901 年和 1907 年,路易斯(Lewis G H)又分别引入逸度和活度的概念,为处理多组分真实系统的相平衡和化学平衡问题铺平了道路。

Ⅰ 相律

2.1 相律及应用

2.1.1 基本概念

1. 相数

关于相的定义已在 1.1 节中给出。而平衡时,系统相的数目称为相数(number of phase),用符号 ϕ 表示。

2. 系统的状态与强度状态

状态(state)是指各相的广度性质和强度性质共同确定的状态;强度状态(intensive state)是仅由各相强度性质所确定的状态。如某指定温度、压力下的 1 kg 水和 10 kg 水属不同状态,但都属于同一强度状态。区分系统的状态与强度状态对学习第 3 章相平衡强度状态图是很有帮助的。

3. 影响系统状态的广度变量和强度变量

影响系统状态的广度变量是各相的物质的量(或质量),影响系统状态的强度变量通常是各相的温度、压力和组成,而影响系统的强度状态的变量仅为强度变量,即各相的温度、压力和组成。

4. 物种数和(独立)组分数

物种数(number of substances)是指平衡系统中存在的化学物质数,用符号 S 表示;(独立)组分数(number of components)用符号 C 表示,并由下式定义:

$$C \overset{\text{def}}{=\!=} S-R-R' \tag{2-1}$$

式中,S 为物种数;R 为独立的化学反应计量式数目,对于同时进行多个化学反应的复杂平衡系统,R 由下式确定:

$$R=S-e \quad (S>e) \tag{2-2}$$

式(2-2)中,S 为物种数,e 为组成所有物种 S 的物质的基本单元(或元素总数目),该式的应用条件是 $S>e$。例如,将 C(s)、O_2(g)、CO(g)、CO_2(g)放入一密闭容器中,常温下它们之间不发生反应,因此 $R=0$;高温时发生以下反应:

$$\mathrm{C(s)}+\frac{1}{2}\mathrm{O_2(g)} \rightleftharpoons \mathrm{CO(g)} \tag{i}$$

$$\mathrm{C(s)}+\mathrm{O_2(g)} \rightleftharpoons \mathrm{CO_2(g)} \tag{ii}$$

$$\mathrm{CO(g)}+\frac{1}{2}\mathrm{O_2(g)} \rightleftharpoons \mathrm{CO_2(g)} \tag{iii}$$

$$C(s)+CO_2(g)\rightleftharpoons 2CO(g) \tag{iv}$$

由式(2-2)，$S=4(C、O_2、CO、CO_2)$，$e=2(C、O_2)$，则

$$R=S-e=4-2=2$$

即上述复杂反应系统中只有2个反应是独立的，其余的2个反应可由2个独立的反应的线性组合得到，即反应(iii)＝(ii)－(i)；反应(iv)＝(i)×2－(ii)。

R'为除一相中各物质的摩尔分数之和为1这个关系以外的不同物种的组成间的独立关系数，它包括：

(i)当规定系统中部分物种只通过化学反应由另外物种生成时，由此可能带来的同一相的组成关系；

例如，由$NH_4HS(s)$分解，建立如下的反应平衡：

$$NH_4HS(s)\rightleftharpoons NH_3(g)+H_2S(g)$$

则系统的$S=3$，$R=1$，$R'=1$[$n(NH_3,g):n(H_2S,g)=1:1$，是由化学反应带来的同一相的组成关系]。

(ii)当把电解质在溶液中的离子亦视为物种时，由电中性条件带来的同一相的组成关系。

例如，对于NaCl水溶液构成的系统，若把NaCl、H_2O选择为物种，则系统的$S=2$，$R=0$，$R'=0$，$C=S-R-R'=2-0-0=2$；若把Na^+、Cl^-、H^+、OH^-、H_2O选为物种，则$S=5$，$R=1$(存在电离平衡：$H_2O=H^++OH^-$)，$R'=2$[有$n(H^+):n(OH^-)=1:1$，是由电离平衡带来的同一相的组成关系及Na^+、H^+、Cl^-、OH^-正、负离子的电中性关系]，$C=S-R-R'=5-1-2=2$，两种处理方法虽物种数S选法不同，但组分数C相同。

5. 自由度数

自由度数(number of degrees of freedom)为用以确定相平衡系统的强度状态的独立强度变量数，用符号f表示；用以确定系统状态的独立变量(包括广度变量和强度变量)数，用符号F表示。

2.1.2　相律的数学表达式

相律是吉布斯(Gibbs J W)深入研究相平衡规律时推导出来的，其数学表达式为

$$f=C-\phi+2 \tag{2-3a}$$

$$F=C+2 \tag{2-3b}$$

若除了推导相律时列举的强度变量间的独立关系数外，对平衡态的性质再添加b个特殊规定(如规定T或p不变、$x_B^\alpha=x_B^\beta$等)，剩下的可独立改变的强度变量数为f'，则

$$f'=f-b \tag{2-4}$$

式中，f'称为条件(或剩余)自由度数。

2.1.3　相律的推导

由自由度数的含义可知：

自由度数＝[系统中的变量(广度变量＋强度变量)总数]－
　　[系统中各变量间的独立关系数]　(2-5)

1. 系统中的变量总数

系统中 α 相的广度变量有：n^{α}

系统中 α 相的强度变量有：$T^{\alpha}, p^{\alpha}, x_{\mathrm{B}}^{\alpha}(\alpha=1,2,\cdots,\phi;\mathrm{B}=1,2,\cdots,S)$

系统中的变量总数为

$$\phi+(2+S)\phi$$

2. 平衡时，系统中各变量间的独立关系数

(i)平衡时各相温度相等，即 $T^1=T^2=\cdots=T^{\phi}$，共有$(\phi-1)$个等式；

(ii)平衡时各相压力相等，即 $p^1=p^2=\cdots=p^{\phi}$，共有$(\phi-1)$个等式；

(iii)每相中物质的摩尔分数之和等于1，即 $\sum_{\mathrm{B=A}}^{S} x_{\mathrm{B}}^{\alpha}=1(\alpha=1,2,\cdots,\phi)$，共有$\phi$个等式；

(iv)相平衡时，每种物质在各相中的化学势相等，即

$$\mu_{\mathrm{B}}^{\alpha}=\mu_{\mathrm{B}}^{\beta}$$

式中，$\beta=2,3,\cdots,\phi;\mathrm{B}=1,2,\cdots,S$，共有 $S(\phi-1)$个等式。

(v)可能存在的 R 及 R'。

平衡时，系统中变量间的独立关系的总数为

$$(2+S)(\phi-1)+\phi+R+R'$$

于是，$F=[(2+S)\phi+\phi]-[(2+S)(\phi-1)+\phi+R+R']$，即

$$F=(S-R-R')+2$$

因 F 中有ϕ个独立的广度变量(各相的量)，所以

$$f=(S-R-R')-\phi+2$$

又 $C \xlongequal{\mathrm{def}} S-R-R'$，则

$$F=C+2,\quad f=C-\phi+2$$

即式(2-3b)、式(2-3a)。

【例 2-1】 试确定 $H_2(g)+I_2(g)$══$2HI(g)$的平衡系统中，在下述情况下的(独立)组分数：(1)反应前只有 HI(g)；(2)反应前 $H_2(g)$及 $I_2(g)$两种气体的物质的量相等；(3)反应前有任意量的 $H_2(g)$与 $I_2(g)$。

解 由式(2-1)，有

$$C=S-R-R'$$

(1)因为 $S=3,R=1,R'=1$，所以 $C=3-1-1=1$。

(2)因为 $S=3,R=1,R'=1$，所以 $C=3-1-1=1$。

(3)因为 $S=3,R=1,R'=0$，所以 $C=3-1-0=2$。

【例 2-2】 试确定下述平衡系统中的 f 及 F，并说明 f 中包括的强度变量是什么？F 中包括的强度变量及广度变量是什么？(1)由 $CO_2(s)$与 $CO_2(g)$建立的平衡系统；(2)由 HgO(s)分解为 Hg(g)及 $O_2(g)$建立的平衡系统。

解 由式(2-1)有

$$C=S-R-R'$$

(1)因为 $S=1,R=0,R'=0$，所以 $C=1-0-0=1$。

由式(2-3a)

$$f=C-\phi+2$$

因为$\phi=2$，所以，$f=1-2+2=1$。

$f=1$ 是指系统的强度变量温度 T 或压力 p，二者中只有 1 个可以在保持系统原有相数的情况下，在一

定范围内独立改变。

由式(2-3b)

$$F=C+2$$

$$F=3$$

其中包括 1 个强度变量，即温度 T 及压力 p 二者之一和 2 个广度变量，即 $n(CO_2,g)$ 及 $n(CO_2,s)$ 分别为气、固两相 CO_2 的物质的量——平衡时，系统中这 3 个变量可以在保持系统原有相数不变的情况下独立改变。

(2)因为 $S=3,R=1,R'=1$，所以 $C=3-1-1=1$

由式(2-3a)

$$f=C-\phi+2=1-2+2=1$$

$f=1$ 是指系统的强度变量温度 T 或压力 p，二者之中只有 1 个可以在保持系统原有相数的情况下，在一定范围内独立改变。

由式(2-3b)

$$F=C+2$$

$$F=3$$

其中包括 1 个强度变量，即温度 T 或压力 p 二者之一和 2 个广度变量，即 $n(HgO,s)$ 及 $n(Hg,g):n(O_2,g)=1:\frac{1}{2}$——平衡时，系统中这 3 个变量可以在保持系统原有相数不变的情况下，在一定范围内独立改变。

【例 2-3】 Na_2CO_3 与 H_2O 可以生成水化物：

$$Na_2CO_3 \cdot H_2O(s), \quad Na_2CO_3 \cdot 7H_2O(s), \quad Na_2CO_3 \cdot 10H_2O(s)$$

(1)试指出在标准压力 $p^\ominus$ 下，与 Na_2CO_3 的水溶液、$H_2O(s)$ 平衡共存的水化物最多可有几种？(2)试指出 30 ℃时，与 $H_2O(g)$ 平衡共存的 Na_2CO_3 水化物(固)最多可有几种？

解　由式(2-1)，有　$C=S-R-R'$

因为　$S=5,R=3,R'=0$(水与 Na_2CO_3 均为任意量)

所以　$C=S-R-R'=5-3-0=2$

(1)因为压力已固定为 $p^\ominus$，即 $b=1$，则由式(2-4)

$$f'=f-b=C-\phi+2-1=C-\phi+1$$

因为 $f'=0$ 时，ϕ最多，故

$$0=C-\phi+1=2-\phi+1=3-\phi$$

$$\phi=3$$

这 3 个相中，除 Na_2CO_3 的水溶液(液相)及冰 $H_2O(s)$ 外，还有 1 个相，这就是 Na_2CO_3 水化物(固)——即最多只能有 1 种 Na_2CO_3 水化物(固)与 Na_2CO_3 水溶液及冰平衡共存。

(2)因为温度已固定为 30 ℃，则由式(2-4)

$$f'=C-\phi+1=3-\phi$$

当 $f'=0$ 时，平衡相数最多，故

$$\phi=3$$

这 3 个相中，除已有的水蒸气 $H_2O(g)$ 外，还可有 2 个水化物(固)与之构成平衡系统——即最多有两种 Na_2CO_3 水化物(固)与 $H_2O(g)$ 平衡共存。

【例 2-4】 指出下列平衡系统的(独立)组分数 C、相数 ϕ 及自由度数 f：

(1)$NH_4Cl(s)$ 放入一抽空容器中，与其分解产物 $NH_3(g)$ 和 $HCl(g)$ 达成平衡；(2)任意量的 $NH_3(g)$、$HCl(g)$ 及 $NH_4Cl(s)$ 达成平衡；(3)$NH_4HCO_3(s)$ 放入一抽空容器中，与其分解产物 $NH_3(g)$、$H_2O(g)$ 和 $CO_2(g)$ 达成平衡。

解　(1)存在的平衡反应为 $NH_4Cl(s) \rightleftharpoons NH_3(g)+HCl(g)$，所以 $S=3,R=1,R'=1[n(NH_3,g):n(HCl,g)=1:1]$。又 $\phi=2$，则 $C=3-1-1=1$，$f=C-\phi+2=1-2+2=1$。

(2)存在的平衡反应为 $NH_4Cl(s) \rightleftharpoons NH_3(g)+HCl(g)$，所以 $S=3,R=1$，但 $R'=0$(因为 3 种物质为任

意量，$NH_3(g)$与 $HCl(g)$不存在由反应带来的组成关系），又 $\phi=2$，所以 $C=S-R-R'=3-1-0=2$，$f=C-\phi+2=2-2+2=2$。

(3)存在的平衡反应为 $NH_4HCO_3(s) \rightleftharpoons NH_3(g)+H_2O(g)+CO_2(g)$，所以 $S=4$，$R=1$，$R'=2[n(NH_3,g):n(H_2O,g):n(CO_2,g)=1:1:1$，即存在 2 个独立的由反应带来的组成关系]，又 $\phi=2$，所以 $C=4-1-2=1$，$f=C-\phi+2=1-2+2=1$。

【例 2-5】 试求下述系统的(独立)组分数：(1)由任意量 $CaCO_3(s)$、$CaO(s)$、$CO_2(g)$反应达到平衡的系统；(2)仅由 $CaCO_3(s)$部分分解达到平衡的系统。

解 (1)因为 $S=3$，$R=1[CaCO_3(s) \rightleftharpoons CaO(s)+CO_2(g)]$，$R'=0$，故 $C=2$。即可用 $CaCO_3(s)$、$CaO(s)$、$CO_2(g)$中的任何两种物质形成含 3 种物质的系统的各种可能状态。

(2)由于 $CaCO_3(s)$、$CaO(s)$、$CO_2(g)$不在同一相内，即不存在同一相中的不同物质的组成关系，所以 $S=3$，$R=1$，$R'=0$，故 $C=2$。即由 $CaCO_3(s)$一种物质只能形成含 3 种物质系统的各种强度状态[因为总是存在 $n(CaO)=n(CO_2)$，即各相的量不能任意]，所以要形成各种状态仍需 2 种物质。因此，"$CaCO_3(s)$部分分解"这句话只能指出所说系统的性质。

相律是 f、C、ϕ三者的关系，当 f、ϕ易确定而 C 有疑问时，可由 f、ϕ算 C，即 $C=f+\phi-2$。对该系统，因为$\phi=3$(两固相一气相)，$f=1[T$ 一定，则平衡时 $p(CO_2)$一定]，所以 $C=1+3-2=2$。

Ⅱ 单组分系统相平衡热力学

2.2 克拉珀龙方程

2.2.1 单组分系统两相平衡关系

研究单组分系统两相平衡，包括：液⇌气、固⇌气、固⇌液、液(α)⇌液(β)、固(α)⇌固(β)等两相平衡。

应用相律 $f=C-\phi+2$ 于单组分系统两相平衡，因为 $C=1$，$\phi=2$，则

$$f=1-2+2=1$$

表明，单组分系统两相平衡时，温度和压力两个强度变量中，只有一个是独立可变的，若改变压力，温度即随之而定，反之亦然。二者之间必定存在着相互依赖的函数关系，这个关系可用热力学原理推导出来，这就是克拉珀龙方程。

2.2.2 克拉珀龙方程的推导及表述式

设若纯 B^* 在温度 T、压力 p 下，在 α、β 两相间达成平衡，表示成

$$B^*(\alpha,T,p) \xrightleftharpoons{\text{平衡}} B^*(\beta,T,p)$$

则由纯物质两相平衡条件，有

$$G_m^*(B^*,\alpha,T,p)=G_m^*(B^*,\beta,T,p)$$

若改变该平衡系统的温度 T 或压力 p，在温度 $T+dT$、压力 $p+dp$ 下重新建立平衡，即

$$B^*(\alpha,T+dT,p+dp) \xrightleftharpoons{\text{平衡}} B^*(\beta,T+dT,p+dp)$$

则有

$$G_m^*(B^*,\alpha,T,p)+dG_m^*(\alpha)=G_m^*(B^*,\beta,T,p)+dG_m^*(\beta)$$

显然
$$dG_m^*(\alpha)=dG_m^*(\beta)$$

由热力学基本方程式(1-127),可得
$$-S_m^*(\alpha)dT+V_m^*(\alpha)dp=-S_m^*(\beta)dT+V_m^*(\beta)dp$$

移项,整理得
$$\frac{dp}{dT}=\frac{S_m^*(\beta)-S_m^*(\alpha)}{V_m^*(\beta)-V_m^*(\alpha)}=\frac{\Delta_\alpha^\beta S_m^*}{\Delta_\alpha^\beta V_m^*}$$

因 $\Delta_\alpha^\beta S_m^*=\dfrac{\Delta_\alpha^\beta H_m^*}{T}$,代入上式得
$$\frac{dp}{dT}=\frac{\Delta_\alpha^\beta H_m^*}{T\Delta_\alpha^\beta V_m^*} \tag{2-6}$$

式(2-6)称为克拉珀龙(Clapeyron B E P)方程[①]。式(2-6)还可写成
$$\frac{dT}{dp}=\frac{T\Delta_\alpha^\beta V_m^*}{\Delta_\alpha^\beta H_m^*} \tag{2-7}$$

式(2-6)或式(2-7)表示纯物质在任意两相(α与β)间建立平衡时,其平衡温度 T、平衡压力 p 二者的依赖关系,即要保持纯物质两相平衡,温度、压力不能同时独立改变,若其中一个变化,另一个必按式(2-6)或式(2-7)的关系改变。式(2-6)是平衡压力随平衡温度改变的变化率;式(2-7)则是平衡温度随平衡压力改变的变化率。例如,若将式(2-6)应用于纯物质的液、气两相平衡,它就是纯液体的饱和蒸气压随温度变化的依赖关系,而将式(2-7)应用于纯物质的固、液两相平衡时,它就是纯固体的熔点随外压的改变而变化的依赖关系。

分析式(2-6),若 $\Delta_\alpha^\beta H_m^*>0,\Delta_\alpha^\beta V_m^*>0$(或 $\Delta_\alpha^\beta H_m^*<0,\Delta_\alpha^\beta V_m^*<0$),则
$$\frac{dp}{dT}>0,\quad T\uparrow\Rightarrow p\uparrow$$

若 $\Delta_\alpha^\beta H_m^*>0,\Delta_\alpha^\beta V_m^*<0$(或 $\Delta_\alpha^\beta H_m^*<0,\Delta_\alpha^\beta V_m^*>0$)则
$$\frac{dp}{dT}<0,\quad T\uparrow\Rightarrow p\downarrow$$

在应用式(2-6)及式(2-7)计算时,一定要理顺 $\Delta_\alpha^\beta H_m^*$ 与 $\Delta_\alpha^\beta V_m^*$ 变化方向的一致性,即始态均为α,终态均为β。

【例2-6】 当温度从99.50 ℃增加到100 ℃时,水的饱和蒸气压增加了1.807 kPa。已知在100 ℃时,水和水汽的摩尔体积分别为0.018 77×10⁻³ m³·mol⁻¹及30.20×10⁻³ m³·mol⁻¹。试计算水在100 ℃时的 $\Delta_{vap}H_m^*$。

解 由克拉珀龙方程式(2-6),得
$$\frac{dp}{dT}=\frac{\Delta_{vap}H_m^*}{T[V_m^*(g)-V_m^*(l)]}$$
$$\int_{p_1^*}^{p_2^*}dp^*=\frac{\Delta_{vap}H_m^*}{[V_m^*(g)-V_m^*(l)]}\int_{T_1}^{T_2}\frac{dT}{T}\quad(\Delta_{vap}H_m^*\text{ 视为与温度无关的常数})$$

则
$$\Delta p^*=\Delta_{vap}H_m^*/[V_m^*(g)-V_m^*(l)]\ln(T_2/T_1)$$
$$\Delta_{vap}H_m^*=\Delta p^*[V_m^*(g)-V_m^*(l)]/\ln(T_2/T_1)=1.807\times10^3\,Pa\times(30.20-0.018\,77)\times10^{-3}\,m^3\cdot mol^{-1}/\ln(373.15\,K/372.65\,K)=40.67\,kJ\cdot mol^{-1}$$

【例2-7】 在0 ℃附近,纯水和纯冰呈平衡,已知0 ℃时,冰与水的摩尔体积分别为0.019 64×10⁻³

① 克拉珀龙方程是克拉珀龙于1834年分析了包括气液平衡的卡诺循环而首先得到,而后又于1850年由克劳休斯用严格的热力学方法推导出来,故有的教材又把它称为克劳休斯-克拉珀龙方程。

$m^3 \cdot mol^{-1}$ 和 $0.018\ 00 \times 10^{-3}\ m^3 \cdot mol^{-1}$，冰的摩尔熔化焓为 $\Delta_{fus} H_m^* = 6.029\ kJ \cdot mol^{-1}$，试确定 0 ℃时冰的熔点随压力的变化率 dT/dp。

解　此为固⇌液两相平衡。由式

$$\frac{dT}{dp} = \frac{T[V_m^*(l) - V_m^*(s)]}{\Delta_{fus} H_m^*}$$

代入所给数据，得

$$\frac{dT}{dp} = \frac{273.15\ K \times (0.018\ 00 - 0.019\ 64) \times 10^{-3}\ m^3 \cdot mol^{-1}}{6.029 \times 10^3\ J \cdot mol^{-1}} = -7.400 \times 10^{-8}\ K \cdot Pa^{-1}$$

计算结果表明，冰的熔点随压力升高而降低。

【例 2-8】　有人提出用 10.10 MPa，100 ℃的液态 Na(l)作原子反应堆的液体冷却剂。试根据克拉珀龙方程判断金属钠在该条件下是否为液态。已知钠在 101.325 kPa 压力下的熔点为 97.6 ℃，摩尔熔化焓为 $3.05\ kJ \cdot mol^{-1}$，固体和液体钠的摩尔体积分别为 $24.16 \times 10^{-6}\ m^3 \cdot mol^{-1}$ 及 $24.76 \times 10^{-6}\ m^3 \cdot mol^{-1}$。

解　本题意是计算 10.10 MPa 下金属钠的熔点，若该熔点低于 100 ℃，则金属钠为液态，若该熔点高于 100 ℃，则金属钠为固态。

由克拉珀龙方程式

$$\frac{dT}{dp} = \frac{T[V_m^*(l) - V_m^*(s)]}{\Delta_{fus} H_m^*}, \quad \frac{dT}{T} = \frac{[V_m^*(l) - V_m^*(s)]}{\Delta_{fus} H_m^*} dp$$

则

$$d\ln\{T\} = \frac{(24.76 - 24.16) \times 10^{-6}\ m^3 \cdot mol^{-1}}{3.05 \times 10^3\ J \cdot mol^{-1}} dp$$

$$\ln\left(\frac{T}{370.75\ K}\right) = 1.967 \times 10^{-10}\ Pa^{-1} \times (10.10 - 0.101\ 325) \times 10^6\ Pa$$

解得 $T = 371.5\ K < 373.15\ K$，故 10.10 MPa 下，100 ℃时，金属钠为液态。

2.3 克劳休斯-克拉珀龙方程

2.3.1 凝聚相(液或固相)$\xrightleftharpoons{T,p}$气相的两相平衡

以液相$\xrightleftharpoons{T,p}$气相两相平衡为例。由克拉珀龙方程式(2-6)，得

$$\frac{dp^*}{dT} = \frac{\Delta_{vap} H_m^*}{T[V_m^*(g) - V_m^*(l)]}$$

做以下近似处理：

(i)因为 $V_m^*(g) \gg V_m^*(l)$，所以 $[V_m^*(g) - V_m^*(l)] \approx V_m^*(g)$；

(ii)若气体视为理想气体，则 $V_m^*(g) = \frac{RT}{p^*}$，代入上式，得

$$\frac{dp^*}{dT} = \frac{\Delta_{vap} H_m^*}{RT^2} p^*$$

可写成

$$\frac{d\ln\{p^*\}}{dT} = \frac{\Delta_{vap} H_m^*}{RT^2} \tag{2-8}$$

式(2-8)叫克劳休斯-克拉珀龙(Clausius-Clapeyron)方程(微分式)，简称克-克方程。

由于克-克方程是在克拉珀龙方程基础上做了两项近似处理而得到的，所以式(2-8)的精确度不如式(2-6)和式(2-7)高。还要注意到式(2-8)只能用于凝聚相(液或固)$\xrightleftharpoons{T,p}$气相两相平衡，而不能应用于固$\xrightleftharpoons{T,p}$液或固$\xrightleftharpoons{T,p}$固两相平衡，即式(2-8)的应用范围比式(2-6)、式

(2-7)有局限性。

2.3.2 克-克方程的积分式

1. 不定积分式

若视 $\Delta_{vap}H_m^*$ 为与温度 T 无关的常数，将式(2-8)进行不定积分，得

$$\ln\{p^*\} = -\frac{\Delta_{vap}H_m^*}{RT} + B \tag{2-9}$$

若以 $\ln\{p^*\}$ 对 $\frac{1}{T/K}$ 作图，如图 2-1 所示。

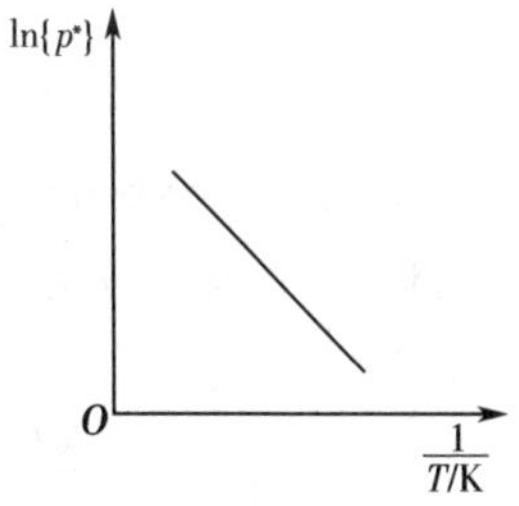

图 2-1　$\ln\{p^*\}$-$\frac{1}{T/K}$ 图

由直线的斜率可求 $\Delta_{vap}H_m^*$，由截距可确定常数 B。

2. 定积分式

将 $\Delta_{vap}H_m^*$ 视为常数，把式(2-8)分离变量积分，代入上、下限，得

$$\ln\frac{p_2}{p_1} = \frac{\Delta_{vap}H_m^*}{R}\left(\frac{1}{T_1} - \frac{1}{T_2}\right) \tag{2-10}$$

对固$\overset{T,p}{\rightleftharpoons}$气两相平衡，式(2-10)可变为

$$\ln\frac{p_2}{p_1} = \frac{\Delta_{sub}H_m^*}{R}\left(\frac{1}{T_1} - \frac{1}{T_2}\right) \tag{2-11}$$

2.3.3 特鲁顿规则

在缺少 $\Delta_{vap}H_m^*$ 数据时，可利用特鲁顿规则(Trouton rule)求取，即对不缔合性液体

$$\frac{\Delta_{vap}H_m^*}{T_b^*} = 88\ \mathrm{J\cdot K^{-1}\cdot mol^{-1}} \tag{2-12}$$

式中，T_b^* 为纯液体的正常沸点。

2.3.4 液体的蒸发焓 $\Delta_{vap}H_m^*$ 与温度的关系

式(2-10)是视 $\Delta_{vap}H_m^*$ 为与温度无关的常数，积分式(2-8)而得的。如果精确计算，则要考虑 $\Delta_{vap}H_m^*$ 与温度的关系。这一关系可应用热力学原理推得

$$\frac{\mathrm{d}(\Delta_{vap}H_m^*)}{\mathrm{d}T} \approx \Delta_l^g C_{p,m}(T) \tag{2-13}$$

2.3.5 外压对液(或固)体饱和蒸气压的影响

在一定温度下，若作用于纯液(或固)体上的外压增加，则液(固)体的饱和蒸气压增加。以液体为例，其定量关系亦可由热力学原理推导出来，即

$$\frac{\mathrm{d}p^*(\mathrm{l})}{\mathrm{d}p} = \frac{V_m^*(\mathrm{l})}{V_m^*(\mathrm{g})} \tag{2-14}$$

式中，$p^*(\mathrm{l})$ 和 p 分别为液体的饱和蒸气压和液体所受的外压。因 $V_m^*(\mathrm{l})/V_m^*(\mathrm{g}) > 0$，它

表明外压增加，液体的饱和蒸气压增大，又 $V_m^*(g) \gg V_m^*(l)$，所以外压增加，液体的饱和蒸气压增加的并不大，通常外压对蒸气压的影响可以忽略。

【例 2-9】 氢醌的饱和蒸气压数据如下：

	t/℃	p^*/Pa		t/℃	p^*/Pa
液⇌气	192.0	5 332.7	固⇌气	132.4	133.3
	216.5	13 334.4		163.5	1 333.0

试根据以上数据计算：(1)氢醌的 $\Delta_{vap}H_m^*$，$\Delta_{fus}H_m^*$，$\Delta_{sub}H_m^*$（设均为与温度无关的常数）；(2)气、液、固三相共存时的温度、压力；(3)氢醌在 500 K 沸腾时的外压。

解 (1)对液⇌气两相平衡，由克-克方程式(2-10)，得

$$\Delta_{vap}H_m^* = \frac{RT_2T_1}{T_2-T_1} \times \ln\frac{p_2^*}{p_1^*} =$$

$$\frac{8.314\ 5\ J\cdot mol^{-1}\cdot K^{-1} \times 489.65\ K \times 465.15\ K}{(489.65-465.15)\ K} \times \ln\frac{13\ 334.4\ Pa}{5\ 332.7\ Pa} =$$

$$70.83\ kJ\cdot mol^{-1}$$

对固⇌气两相平衡，由克-克方程式(2-10)，得

$$\Delta_{sub}H_m^* = \frac{RT_1T_2}{T_2-T_1} \times \ln\frac{p_2^*}{p_1^*} =$$

$$\frac{8.3145\ J\cdot mol^{-1}\cdot K^{-1} \times 405.55\ K \times 436.65\ K}{(436.65-405.55)\ K} \times \ln\frac{1\ 333.0\ Pa}{133.3\ Pa} =$$

$$109.0\ kJ\cdot mol^{-1}$$

因为

固 $\xrightleftharpoons{\Delta_{fus}H_m^*}$ 液 $\xrightleftharpoons{\Delta_{vap}H_m^*}$ 气（固 $\xrightleftharpoons{\Delta_{sub}H_m^*}$ 气）

则 $\Delta_{sub}H_m^* = \Delta_{fus}H_m^* + \Delta_{vap}H_m^*$

所以 $\Delta_{fus}H_m^* = \Delta_{sub}H_m^* - \Delta_{vap}H_m^* = 109.0\ kJ\cdot mol^{-1} - 70.83\ kJ\cdot mol^{-1} = 38.17\ kJ\cdot mol^{-1}$

(2)三相平衡共存时，即

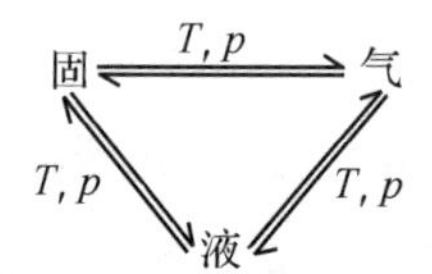

所以各相的温度、压力应分别相等。而

液⇌气平衡时 $$\ln\{p^*(l)\} = -\frac{\Delta_{vap}H_m^*}{RT} + B \quad \text{(a)}$$

固⇌气平衡时 $$\ln\{p^*(s)\} = -\frac{\Delta_{sub}H_m^*}{RT} + B' \quad \text{(b)}$$

把已知数据分别代入式(a)、式(b)，得

(a) $B = \ln\{p^*(l)\} + \dfrac{\Delta_{vap}H_m^*}{RT} =$

$$\ln 5\ 332.7 + \frac{70.83\times10^3\ J\cdot mol^{-1}}{8.314\ 5\ J\cdot mol^{-1}\cdot K^{-1}\times 465.15\ K} = 26.90$$

(b) $B' = \ln\{p^*(s)\} + \dfrac{\Delta_{sub}H_m^*}{RT} =$

$$\ln 1\ 333.0 + \frac{109.0\times10^3\ J\cdot mol^{-1}}{8.314\ 5\ J\cdot mol^{-1}\cdot K^{-1}\times 436.65\ K} = 37.23$$

因为三相平衡时，$p^*(\mathrm{s})=p^*(\mathrm{l})$，$T(\mathrm{s})=T(\mathrm{l})$，所以式(a)=式(b)，得

$$T=\frac{\Delta_{\mathrm{sub}}H_{\mathrm{m}}^*-\Delta_{\mathrm{vap}}H_{\mathrm{m}}^*}{R(B'-B)}=\frac{\Delta_{\mathrm{fus}}H_{\mathrm{m}}^*}{R(B'-B)}=$$

$$\frac{38.17\times10^3\ \mathrm{J\cdot mol^{-1}}}{8.3145\ \mathrm{J\cdot mol^{-1}\cdot K^{-1}}\times(37.23-26.90)}=444.4\ \mathrm{K}$$

而
$$\ln\{p^*(\mathrm{l})\}=-\frac{\Delta_{\mathrm{vap}}H_{\mathrm{m}}}{RT}+B=$$

$$-\frac{70.83\times10^3\ \mathrm{J\cdot mol^{-1}}}{8.3145\ \mathrm{J\cdot mol^{-1}\cdot K^{-1}}\times444.4\ \mathrm{K}}+26.90=7.730$$

得 $p^*(\mathrm{l})=2\,274.5\ \mathrm{Pa}=p^*(\mathrm{s})$，即三相平衡压力。

(3)若将氢醌加热至 500 K 沸腾，此时的外压应等于该温度下氢醌的饱和蒸气压。

$$\ln\{p^*(\mathrm{l})\}=-\frac{\Delta_{\mathrm{vap}}H_{\mathrm{m}}^*}{RT_{\mathrm{b}}^*}+B=$$

$$-\frac{70.83\times10^3\ \mathrm{J\cdot mol^{-1}}}{8.3145\ \mathrm{J\cdot mol^{-1}\cdot K^{-1}}\times500\ \mathrm{K}}+26.90=9.861$$

得
$$p_{\mathrm{ex}}=p^*(\mathrm{l})=19\,173.2\ \mathrm{Pa}$$

Ⅲ　多组分系统相平衡热力学

2.4　拉乌尔定律、亨利定律

2.4.1　液态混合物及溶液的气液平衡

如图 2-2 所示，设由组分 A、B、C、…组成液态混合物或溶液。T 一定时，达到气液两相平衡。平衡时，液态混合物或溶液中各组分的摩尔分数分别为 $x_{\mathrm{A}}, x_{\mathrm{B}}, x_{\mathrm{C}},\cdots$(已不是开始混合时的组成)；而气相混合物中各组分的摩尔分数分别为 $y_{\mathrm{A}}, y_{\mathrm{B}}, y_{\mathrm{C}},\cdots$。一般地，$x_{\mathrm{A}}\neq y_{\mathrm{A}}, x_{\mathrm{B}}\neq y_{\mathrm{B}}, x_{\mathrm{C}}\neq y_{\mathrm{C}},\cdots$(因为各组分的蒸发能力不一样)。此时，气态混合物的总压力 p，即为温度 T 下该液态混合物或溶液的饱和蒸气压。按分压定义 $p_{\mathrm{A}}=y_{\mathrm{A}}p, p_{\mathrm{B}}=y_{\mathrm{B}}p, p_{\mathrm{C}}=y_{\mathrm{C}}p,\cdots$，则

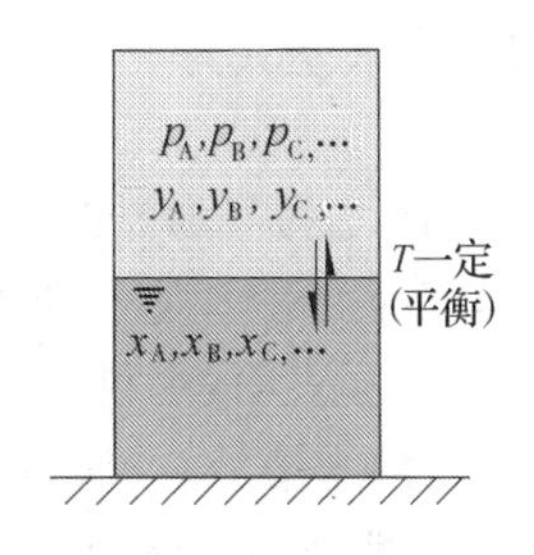

图 2-2　稀溶液的气液平衡

$$p=p_{\mathrm{A}}+p_{\mathrm{B}}+p_{\mathrm{C}}+\cdots=\sum_{\mathrm{B}}p_{\mathrm{B}}$$

若其中某组分是不挥发的，则其蒸气压很小，可以略去不计。

对由 A、B 二组分形成的液态混合物或溶液(设溶液中组分 A 代表溶剂，组分 B 代表溶质)，若组分 B(或溶质)不挥发，则 $p=p_{\mathrm{A}}$。

液态混合物或溶液的饱和蒸气压不仅与液态混合物或溶液中各组分的性质及温度有关，而且还与组成有关。这种关系一般较为复杂，但对稀溶液则有简单的经验规律。

2.4.2　拉乌尔定律

1887 年，拉乌尔根据实验总结出一条经验规律，可表述为：平衡时，稀溶液中溶剂 A 在

气相中的蒸气分压 p_A 等于同一温度下该纯溶剂的饱和蒸气压 p_A^* 与该溶液中溶剂的摩尔分数 x_A 的乘积。这就是拉乌尔定律(Raoult's law),其数学表达式为

$$p_A = p_A^* x_A \tag{2-15}$$

若溶液由溶剂 A 和溶质 B 组成,则有

$$p_A = p_A^*(1-x_B), \quad 即 (p_A^* - p_A)/p_A^* = x_B \tag{2-16}$$

拉乌尔定律的适用条件及对象是稀溶液中的溶剂。

【例 2-10】 25 ℃时水的饱和蒸气压为 133.3 Pa,若一甘油水溶液中甘油的质量分数 $w_B=0.100$,问溶液上方的饱和蒸气压为多少?

解 甘油为不挥发性溶质,溶入水中后,使水的蒸气压下降,因为溶液较稀,可应用拉乌尔定律计算溶液的蒸气压。

以 100 g 溶液为计算基准,先计算溶液中甘油的摩尔分数 x_B,即

$$x_B = \frac{n_B}{n_A + n_B} =$$

$$\frac{100\ \mathrm{g} \times 0.100/(92.1\ \mathrm{g \cdot mol^{-1}})}{100\ \mathrm{g} \times 0.900/(18.0\ \mathrm{g \cdot mol^{-1}}) + 100\ \mathrm{g} \times 0.100/(92.1\ \mathrm{g \cdot mol^{-1}})} = 0.020$$

则由拉乌尔定律

$$p_A = p_A^* x_A = p_A^*(1-x_B) = 133.3\ \mathrm{Pa} \times (1-0.020) = 131\ \mathrm{Pa}$$

2.4.3 亨利定律

1803 年,亨利通过实验研究发现:如图 2-3 所示,一定温度下,微溶气体 B 在溶剂 A 中的摩尔分数 x_B 与该气体在气相中的平衡分压 p_B 成正比。这就是亨利定律(Henry's law),其数学表达式为

$$x_B = k'_{x,B} p_B \tag{2-17}$$

式中,$k'_{x,B}$ 为亨利系数(Henry's coefficient),其单位为压力单位的倒数,即为 $\mathrm{Pa^{-1}}$。它与温度、压力以及溶剂、溶质的性质均有关。

实验表明,亨利定律也适用于稀溶液中挥发性溶质的气、液平衡(如乙醇水溶液)。所以亨利定律又可表述为:在一定温度下,稀溶液中挥发性溶质 B 在平衡气相中的分压力 p_B 与该溶质 B 在平衡液相中的摩尔分数 x_B 成正比。其数学表达式为

$$p_B = k_{x,B} x_B \tag{2-18}$$

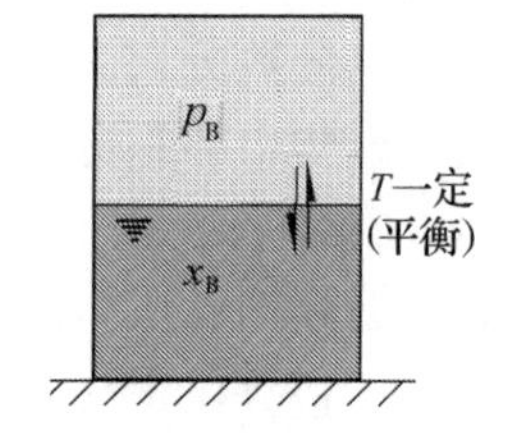

图 2-3 气体 B 的溶解平衡

式中,$k_{x,B}$ 为亨利系数。与式(2-17)比较,显然 $k_{x,B} = \frac{1}{k'_{x,B}}$,所以 $k_{x,B}$ 与 p_B 有相同的单位,即单位为 Pa。它也与温度、压力以及溶剂、溶质的性质有关。

2.4.4 亨利定律的不同形式

因为稀溶液中溶质 B 的组成标度可用 b_B(或 m_B)、x_B、c_B 等表示,所以亨利定律亦可有不同形式,如

$$p_B = k_{b,B} b_B \tag{2-19}$$

$$p_B = k_{c,B} c_B \tag{2-20}$$

还可以表示成

$$c_B = k'_{c,B} p_B \tag{2-21}$$

$$b_B = k'_{b,B} p_B \tag{2-22}$$

所以应用亨利定律时，要注意由手册中所查得亨利系数与所对应的数学表达式。如果知道亨利系数的单位，就可知道它所对应的数学表达式。

在应用亨利定律时还要求稀溶液中的溶质在气、液两相中的分子形态必须相同。如 HCl 溶解于苯中所形成的稀溶液，HCl 在气相和苯中分子形态均为 HCl 分子，可应用亨利定律；而 HCl 溶解于水中则成 H^+ 与 Cl^- 离子形态，与气相中的分子形态 HCl 不同，故不能直接应用亨利定律。

【例 2-11】 0 ℃、101 325 Pa 下的氧气，在水中的溶解度为 $4.490\times10^{-2}\,dm^3\cdot kg^{-1}$，试求 0 ℃时，氧气在水中溶解的亨利系数 $k_x(O_2)$ 和 $k_b(O_2)$。

解 由亨利定律 $p_B = k_{x,B} x_B$（或 $p_B = k_{b,B} b_B$）

因为 0 ℃、101 325 Pa 时，氧气的摩尔体积为 $22.4\ dm^3\cdot mol^{-1}$，所以

$$x_B = \frac{\dfrac{4.490\times10^{-2}\ dm^3}{22.4\ dm^3\cdot mol^{-1}}}{\dfrac{1\,000\ g}{18.0\ g\cdot mol^{-1}} + \dfrac{4.490\times10^{-2}\ dm^3}{22.4\ dm^3\cdot mol^{-1}}} = 3.61\times10^{-5}$$

$$k_{x,B} = \frac{p_B}{x_B} = \frac{101\,325\ Pa}{3.61\times10^{-5}} = 2.81\ GPa$$

又

$$b_B = \frac{4.490\times10^{-2}\ dm^3\cdot kg^{-1}}{22.4\ dm^3\cdot mol^{-1}} = 2.00\times10^{-3}\,mol\cdot kg^{-1}$$

$$k_{b,B} = \frac{p_B}{b_B} = \frac{101\,325\ Pa}{2.00\times10^{-3}\ mol\cdot kg^{-1}} = 5.10\times10^{7}\ Pa\cdot kg\cdot mol^{-1}$$

2.5 理想液态混合物

2.5.1 理想液态混合物的定义和特征

1. 理想液态混合物的定义

在一定温度下，液态混合物中任意组分 B 在全部组成范围内（$x_B=0\rightarrow x_B=1$）都遵守拉乌尔定律 $p_B = p_B^* x_B$ 的液态混合物，叫理想液态混合物（mixture of ideal liquid）。

2. 理想液态混合物的微观和宏观特征

（1）微观特征

（i）理想液态混合物中各组分间的分子间作用力与各组分在混合前纯组分的分子间作用力相同（或几近相同），可表示为 $f_{AA}=f_{BB}=f_{AB}$。f_{AA} 表示纯组分 A 与 A 分子间作用力，f_{BB} 表示纯组分 B 与 B 分子间作用力，而 f_{AB} 表示 A 与 B 混合后 A 与 B 分子间作用力。

（ii）理想液态混合物中各组分的分子体积大小几近相同，可表示为 V(A 分子)$=V$(B 分子)。

（2）宏观特征

由于理想液态混合物具有上述微观特征，于是在宏观上反映出如下的特征：

（i）由一个以上纯组分 $\xrightarrow[\text{混合}(T,p)]{\Delta_{mix}H=0}$ 理想液态混合物，其中，“mix”表示混合，即由纯组分在定温、定压下混合成理想液态混合物，混合过程的焓变为零。

(ii)由一个以上纯组分$\xrightarrow[\text{混合}(T,p)]{\Delta_{\text{mix}}V=0}$理想液态混合物,即由纯组分在定温、定压下混合成理想液态混合物,混合过程的体积变化为零。

2.5.2 理想液态混合物中任意组分的化学势

如图 2-4 所示,设有一理想液态混合物在温度 T、压力 p 下与其蒸气呈平衡,若该理想液态混合物中任意组分 B 的化学势以 $\mu_B(l,T,p,x_C)$表示(x_C 表示除 B 以外的所有其他组分的摩尔分数,应有 $x_B+x_C=1$),简化表示成 $\mu_B(l)$。假定与之呈平衡的蒸气可视为理想气体混合物,该理想气体混合物中组分 B 的化学势为 $\mu_B(\text{pgm},T,p_B=y_Bp,y_C)$,简化表示成 $\mu_B(g)$。

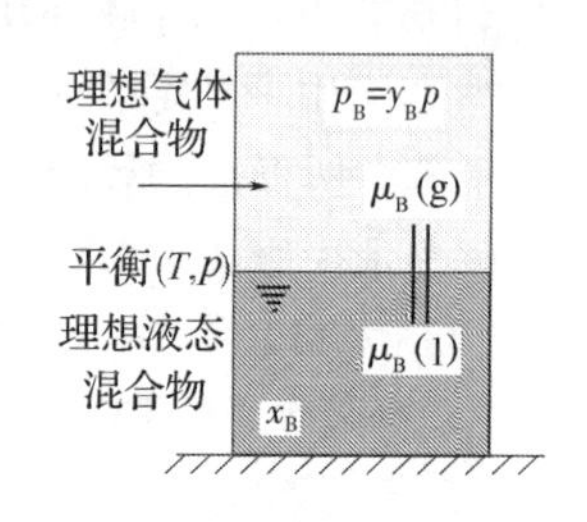

图 2-4 理想液态混合物的气液平衡

由相平衡条件式(1-181),对上述系统,在 T、p 下达成气液两相平衡时,任意组分 B 在两相中的化学势应相等,即有

$$\mu_B(l,T,p,x_C)=\mu_B(\text{pgm},T,p_B=y_Bp,y_C)$$

或简化写成

$$\mu_B(l)=\mu_B(g)$$

而由式(1-188)

$$\mu_B(g)=\mu_B^{\ominus}(g,T)+RT\ln\frac{p_B}{p^{\ominus}}$$

所以

$$\mu_B(l)=\mu_B^{\ominus}(g,T)+RT\ln\frac{p_B}{p^{\ominus}}$$

又因为理想液态混合物中任意组分 B 都遵守拉乌尔定律,则 $p_B=p_B^*x_B$,代入上式得

$$\mu_B(l)=\mu_B^{\ominus}(g,T)+RT\ln\frac{p_B^*x_B}{p^{\ominus}}=\mu_B^{\ominus}(g,T)+RT\ln\frac{p_B^*}{p^{\ominus}}+RT\ln x_B \tag{2-23}$$

令

$$\mu_B^*=\mu_B^{\ominus}(g,T)+RT\ln\frac{p_B^*}{p^{\ominus}}$$

对纯液体 B,其饱和蒸气压 p_B^* 是 T、p 的函数,则 μ_B^* 也是 T、p 的函数,以 $\mu_B^*(l,T,p)$表示。以往教材中,常把 $\mu_B^*(l,T,p)$作为标准态的化学势。但GB 3102.8—1993 中,不管是纯液体 B 还是混合物中组分 B 的标准态已选定为温度 T、压力 $p^{\ominus}$(=100 kPa)下液体纯 B 的状态,标准态的化学势用 $\mu_B^{\ominus}(l,T)$表示。$p^{\ominus}$与 p 的差别引起的 $\mu_B^{\ominus}(l,T)$与 $\mu_B^*(l,T,p)$的差别可由式(1-122)得到,即

$$\mu_B^*(l,T,p)=\mu_B^{\ominus}(l,T)+\int_{p^{\ominus}}^{p}V_{m,B}^*(l,T,p)\mathrm{d}p \tag{2-24}$$

把式(2-24) 代入式(2-23),得

$$\mu_B(l)=\mu_B^{\ominus}(l,T)+RT\ln x_B+\int_{p^{\ominus}}^{p}V_{m,B}^*(l,T,p)\mathrm{d}p \tag{2-25}$$

式(2-25)即为理想液态混合物中任意组分 B 的化学势表达式。在通常压力下,p 与 $p^{\ominus}$ 差别不大时,对凝聚态物质的化学势值影响不大,所以式(2-25)中的积分项可以忽略不计,而简化为

$$\mu_B(l)=\mu_B^{\ominus}(l,T)+RT\ln x_B \tag{2-26}$$

式(2-26)即为理想液态混合物中组分 B 的化学势表达式的简化式,以后经常用到。式中,$\mu_B^{\ominus}(l,T)$即为标准态的化学势,这个标准态就是本书在 1.6 节按 GB 3102.8—1993 所选的

标准态，亦即温度为 T、压力为 $p^{\ominus}$（=100 kPa）下的纯液体 B 的状态。这里还应注意到，对理想液态混合物中的各组分，不区分为溶剂和溶质，都选择相同的标准态，任意组分 B 的化学势表达式都是式(2-26)。

2.5.3　理想液态混合物的混合性质

在定温、定压下，由若干纯组分混合成理想液态混合物时，混合过程的体积不变，焓不变，但熵增大，而吉布斯函数减少，是自发过程。这些都称为理想液态混合物的混合性质(properties of mixing)。用公式表示，即

$$\Delta_{\text{mix}}V = 0 \tag{2-27}$$

$$\Delta_{\text{mix}}H = 0 \tag{2-28}$$

$$\Delta_{\text{mix}}S = -R\sum n_{\text{B}}\ln x_{\text{B}} \tag{2-29a}$$

$$\Delta_{\text{mix}}G = RT\sum n_{\text{B}}\ln x_{\text{B}} \tag{2-30a}$$

若生成的液态混合物的物质的量为单位物质的量，则

$$\Delta_{\text{mix}}S_{\text{m}} = -R\sum x_{\text{B}}\ln x_{\text{B}} \tag{2-29b}$$

$$\Delta_{\text{mix}}G_{\text{m}} = RT\sum x_{\text{B}}\ln x_{\text{B}} \tag{2-30b}$$

以下举例证明：

将式(2-26) 除以温度 T，得

$$\frac{\mu_{\text{B}}(\text{l})}{T} = \frac{\mu_{\text{B}}^{\ominus}(\text{l},T)}{T} + R\ln x_{\text{B}}$$

在定压、定组成的条件下，将上式对 T 求偏导，得

$$\left\{\frac{\partial\left[\mu_{\text{B}}(\text{l})/T\right]}{\partial T}\right\}_{p,x_{\text{B}}} = \left\{\frac{\partial\left[\mu_{\text{B}}^{\ominus}(\text{l},T)/T\right]}{\partial T}+0\right\}_{p,x_{\text{B}}} = \left\{\frac{\partial\left[\mu_{\text{B}}^{*}(\text{l},T)/T\right]}{\partial T}\right\}_{p}$$

由 $\left[\dfrac{\partial(G/T)}{\partial T}\right]_p = -\dfrac{H}{T^2}$，得

$$\left\{\frac{\partial\left[\mu_{\text{B}}(\text{l})/T\right]}{\partial T}\right\}_{p,x_{\text{B}}} = -\frac{H_{\text{B}}}{T^2},\quad \left\{\frac{\partial\left[\mu_{\text{B}}^{*}(\text{l},T)/T\right]}{\partial T}\right\}_{p} = -\frac{H_{\text{m,B}}^{*}}{T^2}$$

所以
$$H_{\text{B}} = H_{\text{m,B}}^{*}$$

得
$$\Delta_{\text{mix}}H = \sum_{\text{B}} n_{\text{B}}H_{\text{B}} - \sum_{\text{B}} n_{\text{B}}H_{\text{m,B}}^{*} = 0$$

即为式(2-28)。

式(2-27)、式(2-29)和式(2-30)留给读者自己证明。

理想液态混合物的混合性质是宏观表现，但从微观上也可以理解。根据其微观特征，理想液态混合物中无论同类还是异类分子，分子之间的相互作用力相同，各类分子的体积相等，因此各种分子在混合物中受力情况与在纯组分中几乎等同，混合时不发生体积变化，分子间势能也不改变，因而混合时不伴随放热、吸热现象，故焓不变。另一方面，混合物中各种分子的受力情况相同，在空间分布的概率均等。根据这种模型，可用统计方法推导出和上述结果一样的混合熵。

【例 2-12】　在 300 K 时，5 mol A 和 5 mol B 形成理想液态混合物，求 $\Delta_{\text{mix}}V$、$\Delta_{\text{mix}}H$、$\Delta_{\text{mix}}S$ 和 $\Delta_{\text{mix}}G$。

解 $$\Delta_{\text{mix}}V=0,\quad \Delta_{\text{mix}}H=0$$

$$\Delta_{\text{mix}}S=-R\sum n_{\text{B}}\ln x_{\text{B}}=(-8.3145\ \text{J}\cdot\text{K}^{-1}\cdot\text{mol}^{-1}\times 5\ \text{mol}\times\ln 0.5)\times 2=57.63\ \text{J}\cdot\text{K}^{-1}\cdot\text{mol}^{-1}$$

$$\Delta_{\text{mix}}G=RT\sum n_{\text{B}}\ln x_{\text{B}}=(8.3145\ \text{J}\cdot\text{K}^{-1}\cdot\text{mol}^{-1})\times 300\ \text{K}\times 5\ \text{mol}\times\ln 0.5)\times 2=-17\ 290\ \text{J}\cdot\text{mol}^{-1}$$

【例 2-13】 对理想液态混合物,试证明 $\left(\dfrac{\partial\Delta_{\text{mix}}G}{\partial p}\right)_T=0$;$\left[\dfrac{\partial(\Delta_{\text{mix}}G/T)}{\partial T}\right]_p=0$。

证明 因为 $$\Delta_{\text{mix}}G=\sum n_{\text{B}}RT\ln x_{\text{B}}$$

所以 $$\left[\frac{\partial\Delta_{\text{mix}}G}{\partial p}\right]_T=0$$

又 $$\left[\frac{\partial(\Delta_{\text{mix}}G/T)}{\partial T}\right]=-\frac{\Delta_{\text{mix}}H}{T^2}$$

其中 $$\Delta_{\text{mix}}H=0$$

则 $$\left[\frac{\partial(\Delta_{\text{mix}}G/T)}{\partial T}\right]_p=0$$

2.5.4 理想液态混合物的气液平衡

以 A、B 均能挥发的二组分理想液态混合物的气液平衡为例,如图 2-5 所示,平衡时,有

$$p=p_{\text{A}}+p_{\text{B}}$$

1. 平衡气相的蒸气总压与平衡液相组成的关系

由于两组分都遵守拉乌尔定律,故

$$p_{\text{A}}=p_{\text{A}}^{*}x_{\text{A}},\quad p_{\text{B}}=p_{\text{B}}^{*}x_{\text{B}}$$

则 $$p=p_{\text{A}}+p_{\text{B}}=p_{\text{A}}^{*}x_{\text{A}}+p_{\text{B}}^{*}x_{\text{B}}$$

又 $$x_{\text{A}}=1-x_{\text{B}}$$

故得 $$p=p_{\text{A}}^{*}+(p_{\text{B}}^{*}-p_{\text{A}}^{*})x_{\text{B}} \tag{2-31}$$

式(2-31)即是二组分理想液态混合物平衡气相的蒸气总压 p 与平衡液相组成 x_{B} 的关系。它是一个直线方程。当 T 一定,$p_{\text{A}}^{*}>p_{\text{B}}^{*}$ 时,可用图 2-6 表示 p_{A} 与 x_{A}(直线$\overline{p_{\text{A}}^{*}\text{B}}$),$p_{\text{B}}$ 与 x_{B}(直线$\overline{\text{A}p_{\text{B}}^{*}}$)以及 $p=f(x_{\text{B}})$的关系(直线$\overline{p_{\text{A}}^{*}p_{\text{B}}^{*}}$)。

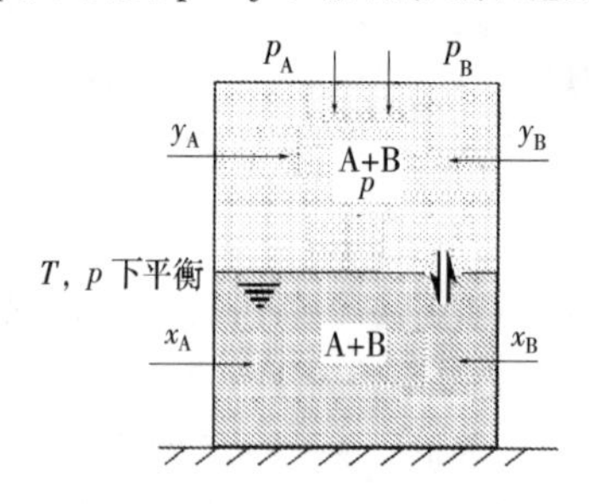

图 2-5 二组分理想液态混合物的气液平衡

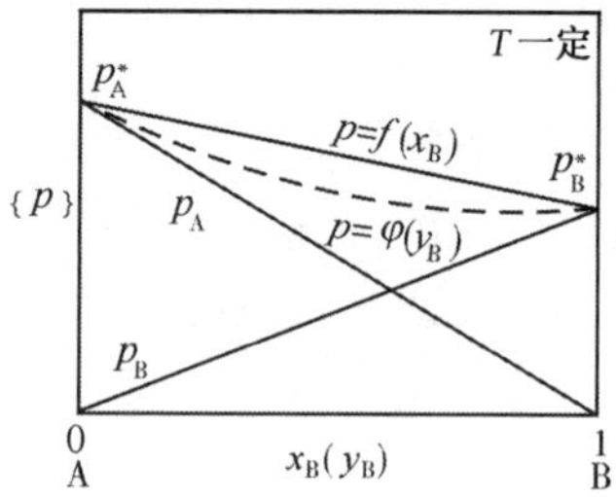

图 2-6 二组分理想液态混合物的蒸气压-组成图

2. 平衡气相组成与平衡液相组成的关系

由分压定义 $p_{\text{A}}=y_{\text{A}}p$,$p_{\text{B}}=y_{\text{B}}p$;拉乌尔定律 $p_{\text{A}}=p_{\text{A}}^{*}x_{\text{A}}$,$p_{\text{B}}=p_{\text{B}}^{*}x_{\text{B}}$,得

$$y_A/x_A=p_A^*/p, \quad y_B/x_B=p_B^*/p \tag{2-32}$$

由式(2-32)可知，若 $p_A^*>p_B^*$，则对二组分理想液态混合物，在一定温度下达成气液平衡时必有 $p_A^*>p>p_B^*$，于是必有 $y_A>x_A$，$y_B<x_B$。这表明易挥发组分(蒸气压大的组分)在气相中的摩尔分数总是大于平衡液相中的摩尔分数，难挥发组分(蒸气压小的组分)则相反。

3. 平衡气相的蒸气总压与平衡气相组成的关系

由 $p=p_A^*+(p_B^*-p_A^*)x_B$ 及 $y_B/x_B=p_B^*/p$，可得

$$p=\frac{p_A^*p_B^*}{p_B^*-(p_B^*-p_A^*)y_B} \tag{2-33}$$

由式(2-33)可知，p 与 y_B 的关系不是直线关系。如图2-6所示，即 $p=\varphi(y_B)$ 所表示的虚曲线。

【例2-14】 在85 ℃，101.3 kPa，甲苯(A)及苯(B)组成的液态混合物达到沸腾。该液态混合物可视为理想液态混合物。试计算该混合物的液相及气相组成。已知苯的正常沸点为80.1 ℃，甲苯在85 ℃时的蒸气压为46.0 kPa。

解 由式(2-31)可计算85 ℃，101.3 kPa下该理想液态混合物沸腾时(气液两相平衡)的液相组成，即

$$p=p_A^*+(p_B^*-p_A^*)x_B$$

已知85 ℃时，$p_A^*=46.0$ kPa，需求出85 ℃时 $p_B^*=$？

由特鲁顿规则式(2-12)，得

$$\Delta_{vap}H_m^*(C_6H_6,l)=88\ J\cdot mol^{-1}\cdot K^{-1}\times T_b^*(C_6H_6,l)=$$
$$88\ J\cdot mol^{-1}\cdot K^{-1}\times(273.15+80.1)\ K=31.10\ kJ\cdot mol^{-1}$$

再由克-克方程式(2-10)，得

$$\ln\frac{p_B^*(358.15\ K)}{p_B^*(353.25\ K)}=\frac{31.10\times10^3\ J\cdot mol^{-1}}{8.3145\ J\cdot mol^{-1}\cdot K^{-1}}\times\left(\frac{1}{353.25\ K}-\frac{1}{358.15\ K}\right)$$

解得

$$p_B^*(358.15\ K)=117.1\ kPa$$

于是，在85 ℃时

$$x_B=\frac{p-p_A^*}{p_B^*-p_A^*}=\frac{(101.3-46.0)kPa}{(117.1-46.0)kPa}=0.778$$

$$x_A=1-x_B=0.222$$

$$y_B=\frac{p_B}{p}=\frac{p_B^*x_B}{p}=\frac{117.1\ kPa\times0.778}{101.3\ kPa}=0.899$$

$$y_A=1-0.899=0.101$$

【例2-15】 液体A和B可形成理想液态混合物。把组成为 $y_A=0.4$ 的蒸气混合物放入一带有活塞的气缸中进行恒温压缩(温度为 t)，已知温度 t 时 p_A^* 和 p_B^* 分别为40 530 Pa和121 590 Pa。(1)计算刚开始出现液相时的蒸气总压；(2)求A和B的液态混合物在101 325 Pa下沸腾时液相的组成。

解 (1)刚开始出现液相时气相组成仍为 $y_A=0.4$，$y_B=0.6$，而 $p_B=py_B$，故

$$p=p_B/y_B=p_B^*x_B/y_B \tag{a}$$

又

$$p=p_A^*+(p_B^*-p_A^*)x_B \tag{b}$$

联立式(a)、式(b)，代入 $y_B=0.6$，$p_A^*=40\ 530$ Pa，$p_B^*=121\ 590$ Pa，解得 $x_B=0.333$。再代入式(a)，解得 $p=67\ 583.8$ Pa。

(2)由式(b)

$$101\ 325\ Pa=40\ 530\ Pa+(121\ 590\ Pa-40\ 530\ Pa)x_B$$

解得

$$x_B=0.75$$

2.6 理想稀溶液

2.6.1 理想稀溶液的定义和气液平衡

1. 理想稀溶液的定义

一定温度下，溶剂和溶质分别遵守拉乌尔定律和亨利定律的无限稀薄溶液称为理想稀溶液(ideal dilute solution)。在这种溶液中，溶质分子间距离很远，溶剂和溶质分子周围几乎都是溶剂分子。

理想稀溶液的定义与理想液态混合物的定义不同，理想液态混合物不区分为溶剂和溶质，任意组分都遵守拉乌尔定律；而理想稀溶液区分为溶剂和溶质(通常溶液中含量多的组分叫溶剂，含量少的组分叫溶质)，溶剂遵守拉乌尔定律，溶质却不遵守拉乌尔定律而遵守亨利定律。理想稀溶液的微观和宏观特征也不同于理想液态混合物，理想稀溶液中的各组分分子体积并不相同，溶质与溶剂间的相互作用和溶剂与溶质分子各自之间的相互作用大不相同；宏观上，当溶剂和溶质混合成理想稀溶液时，会产生吸热或放热现象及体积变化。

2. 理想稀溶液的气液平衡

对溶剂、溶质都挥发的二组分理想稀溶液，在达成气液两相平衡时，当溶质的组成标度分别用 x_B、b_B 表示时，溶液的气相平衡总压与溶液中溶质的组成标度的关系，有

$$p=p_A+p_B$$

将式(2-15)、式(2-18)和式(2-19)代入上式，得

$$p=p_A^* x_A+k_{x,B}x_B \tag{2-34}$$

$$p=p_A^* x_A+k_{b,B}b_B \tag{2-35}$$

若溶质不挥发，则溶液的气相平衡总压仅为溶剂的气相平衡分压 $p=p_A=p_A^* x_A$。

【例 2-16】 在 60 ℃，把水(A)和有机物(B)混合，形成两个液层。一层(α)为水中含质量分数 $w_B=0.17$有机物的稀溶液；另一层(β)为有机物液体中含质量分数 $w_A=0.045$ 水的稀溶液。若两液层均可看作理想稀溶液，求此混合系统的气相总压及气相组成。已知在 60 ℃时 $p_A^*=19.97$ kPa，$p_B^*=40.00$ kPa，有机物的相对分子质量为 $M_r=80$。

解 理想稀溶液，溶剂符合拉乌尔定律，溶质符合亨利定律。水相以 α 表示，有机相用 β 表示，则有

$$p=p_A^\alpha+p_B^\alpha=p_A^* x_A^\alpha+k_{x,B}^\alpha x_B^\alpha=p_B^\beta+p_A^\beta=p_B^* x_B^\beta+k_{x,A}^\beta x_A^\beta$$

平衡时，$p_A^\alpha=p_A^\beta$，$p_B^\alpha=p_B^\beta$，则

$$p=p_A^* x_A^\alpha+p_B^* x_B^\beta=1.997\times10^4\ \text{Pa}\times\frac{83\ \text{g}/(18\ \text{g}\cdot\text{mol}^{-1})}{83\ \text{g}/(18\ \text{g}\cdot\text{mol}^{-1})+17\ \text{g}/(80\ \text{g}\cdot\text{mol}^{-1})}+$$

$$4.000\times10^4\ \text{Pa}\times\frac{95.5\ \text{g}/(80\ \text{g}\cdot\text{mol}^{-1})}{95.5\ \text{g}/(80\ \text{g}\cdot\text{mol}^{-1})+4.5\ \text{g}/(18\ \text{g}\cdot\text{mol}^{-1})}=52.17\ \text{kPa}$$

$$y_A=\frac{p_A^* x_A^\alpha}{p}=\frac{1.997\times10^4\ \text{Pa}\times0.956}{5.217\times10^4\ \text{Pa}}=0.366$$

$$y_B=1-y_A=0.634$$

2.6.2 理想稀溶液中溶剂和溶质的化学势

把理想稀溶液中的组分区分为溶剂和溶质，并采用不同的标准态加以研究，得到不同形式的化学势表达式，这种区分法是出于实际需要和处理问题的方便。

1. 溶剂 A 的化学势

理想稀溶液的溶剂遵守拉乌尔定律，所以溶剂的化学势与温度 T 及组成 x_A（A 代表溶剂）关系的导出与理想液态混合物中任意组分 B 的化学势表达式的导出方法一样，结果与式(2-26)相似，即

$$\mu_A(\mathrm{l})=\mu_A^{\ominus}(\mathrm{l},T)+RT\ln x_A \tag{2-36}$$

式中，x_A 为溶液中溶剂 A 的摩尔分数；$\mu_A^{\ominus}(\mathrm{l},T)$ 为标准态的化学势，此标准态选为纯液体 A 在 T、$p^{\ominus}$ 下的状态，即 1.6 节中所选的标准态。

由于 ISO 及 GB 已选定 b_B 为溶液中溶质 B 的组成标度，故对理想稀溶液中的溶剂，有

$$x_A=\frac{1/M_A}{1/M_A+\sum_B b_B}=\frac{1}{1+M_A\sum_B b_B}$$

式中，$\sum_B b_B$ 为理想稀溶液中所有溶质的质量摩尔浓度的总和。

由

$$\ln x_A=\ln\frac{1}{1+M_A\sum_B b_B}=-\ln(1+M_A\sum_B b_B)$$

对理想稀溶液，则 $M_A\sum_B b_B\ll 1$，于是

$$-\ln(1+M_A\sum_B b_B)=-M_A\sum_B b_B+(M_A\sum_B b_B)^2/2+\cdots\approx -M_A\sum_B b_B$$

故对理想稀溶液中溶剂 A 的化学势的表达式，当用溶质的质量摩尔浓度表示时，式(2-36)可改写成

$$\mu_A(\mathrm{l})=\mu_A^{\ominus}(\mathrm{l},T)-RTM_A\sum_B b_B \tag{2-37}$$

2. 溶质 B 的化学势[①]

由于 ISO 及 GB 仅选用 b_B 作为溶液中溶质 B 的组成标度，因此我们只讨论溶质的组成标度用 b_B 表示的化学势表达式。

设有一理想稀溶液，温度 T、压力 p 下与其蒸气呈平衡，假定其溶质均挥发，溶质 B 的化学势用 $\mu_{b,B}$(溶质$,T,p,b_C$)表示（b_C 表示除溶质 B 以外的其他溶质 C 的质量摩尔浓度），简化表示为 $\mu_{b,B}$(溶质)。假定与之呈平衡的蒸气可视为理想气体混合物，该理想气体混合物中组分 B（即挥发到气相的溶质 B）的化学势为 $\mu_B(\mathrm{pgm},T,p_B=y_Bp,y_C)$，简化表示成 $\mu_B(\mathrm{g})$。

由相平衡条件式(1-181)，上述系统达到气液两相平衡时，组分 B 在两相中的化学势应相等，即有

$$\mu_{b,B}(\text{溶质},T,p,b_C)=\mu_B(\mathrm{pgm},T,p_B=y_Bp,y_C)$$

或简写成

---

① 由于 ISO 及 GB 未选用 x_B 及 c_B 作为溶液中溶质 B 的组成标度，故本书不再讨论用该两种组成标度表示的溶质 B 的化学势表达式。

$$\mu_{b,\mathrm{B}}(\text{溶质})=\mu_{\mathrm{B}}(\mathrm{g})$$

由式(1-188)，得

$$\mu_{b,\mathrm{B}}(\text{溶质})=\mu_{\mathrm{B}}^{\ominus}(\mathrm{g},T)+RT\ln\frac{p_{\mathrm{B}}}{p^{\ominus}}$$

又因理想稀溶液中的溶质B遵守亨利定律，将 $p_{\mathrm{B}}=k_{b,\mathrm{B}}b_{\mathrm{B}}$ 代入上式得

$$\mu_{b,\mathrm{B}}(\text{溶质})=\mu_{\mathrm{B}}^{\ominus}(\mathrm{g},T)+RT\ln\frac{k_{b,\mathrm{B}}b_{\mathrm{B}}}{p^{\ominus}}=\mu_{\mathrm{B}}^{\ominus}(\mathrm{g},T)+RT\ln\frac{k_{b,\mathrm{B}}b^{\ominus}}{p^{\ominus}}+RT\ln\frac{b_{\mathrm{B}}}{b^{\ominus}} \tag{2-38}$$

式中，$b^{\ominus}=1\ \mathrm{mol\cdot kg^{-1}}$，叫溶质B的标准质量摩尔浓度。

令
$$\mu_{b,\mathrm{B}}(\text{溶质},T,p,b^{\ominus})=\mu_{\mathrm{B}}^{\ominus}(\mathrm{g},T)+RT\ln\frac{k_{b,\mathrm{B}}b^{\ominus}}{p^{\ominus}}$$

是溶液中溶质B的质量摩尔浓度 $b_{\mathrm{B}}=b^{\ominus}$ 时，溶液中溶质B的化学势。对于一定的溶剂和溶质，它是温度和压力的函数。当压力选定为 $p^{\ominus}$ 时，用 $\mu_{b,\mathrm{B}}^{\ominus}$(溶质，$T,b^{\ominus}$)表示，即标准态的化学势。这一标准态是指温度为 T、压力为 $p^{\ominus}$ 下，溶质B的质量摩尔浓度 $b_{\mathrm{B}}=b^{\ominus}$，又遵守亨利定律的溶液的(假想)状态，如图2-7所示。

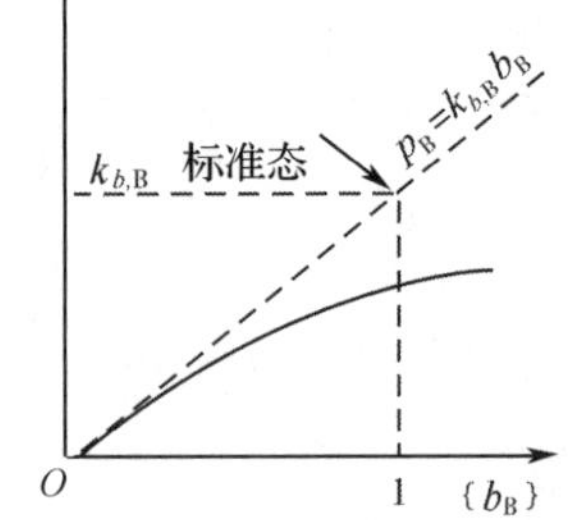

图2-7 理想稀溶液中溶质B的标准态(以 b_{B} 表示)

$\mu_{b,\mathrm{B}}^{\ominus}$(溶质，$T,b^{\ominus}$)与 $\mu_{b,\mathrm{B}}$(溶质，$T,p,b^{\ominus}$)的关系为

$$\mu_{b,\mathrm{B}}(\text{溶质},T,p,b^{\ominus})=\mu_{b,\mathrm{B}}^{\ominus}(\text{溶质},T,b^{\ominus})+\int_{p^{\ominus}}^{p}V_{\mathrm{B}}^{\infty}(\text{溶质},T,p)\mathrm{d}p \tag{2-39}$$

式中，V_{B}^{∞} 为理想稀溶液(“∞”表示无限稀薄)中溶质B的偏摩尔体积。

将式(2-39)代入式(2-38)，则有

$$\mu_{b,\mathrm{B}}(\text{溶质})=\mu_{b,\mathrm{B}}^{\ominus}(\text{溶质},T,b^{\ominus})+RT\ln\frac{b_{\mathrm{B}}}{b^{\ominus}}+\int_{p^{\ominus}}^{p}V_{\mathrm{B}}^{\infty}(\text{溶质},T,p)\mathrm{d}p \tag{2-40}$$

当 p 与 $p^{\ominus}$ 差别不大时，对凝聚相的化学势值影响不大，式(2-40)中的积分项可以略去，于是式(2-38)可近似表示为

$$\mu_{b,\mathrm{B}}(\text{溶质})=\mu_{b,\mathrm{B}}^{\ominus}(\text{溶质},T,b^{\ominus})+RT\ln\frac{b_{\mathrm{B}}}{b^{\ominus}} \tag{2-41}$$

或简写成

$$\mu_{b,\mathrm{B}}=\mu_{b,\mathrm{B}}^{\ominus}(T)+RT\ln\frac{b_{\mathrm{B}}}{b^{\ominus}} \tag{2-42}$$

式(2-41)及式(2-42)就是理想稀溶液中溶质B的组成标度用溶质B的质量摩尔浓度 b_{B} 表示时，溶质B的化学势表达式。

注意 式(2-41)中溶质B的标准态化学势的标准态的选择与理想稀溶液中溶剂A的标准态化学势的标准状态的选择[式(2-36)]不同，前已述及，对多组分均相系统区分为混合物和溶液；对混合物则不分为溶剂和溶质，对其中任何组分均选用同样的标准态[式(2-26)]；而对溶液则区分为溶剂和溶质，且对溶剂和溶质采用不同的标准态[对溶剂，见式(2-36)，对溶质，见式(2-42)及图2-7]。这是在热力学中，处理多组分理想系统时，采用理想液态混合物及理想稀溶液的定义所带来的必然结果。这种处理方法也为处理多组分均相实际系统带来了方便。

【例2-17】 设葡萄糖在人体血液中和尿中的质量摩尔浓度分别为 $5.50\times10^{-3}\ \mathrm{mol\cdot kg^{-1}}$ 和 $5.50\times$

10^{-5} mol·kg^{-1}，若将1 mol葡萄糖从尿中可逆地转移到血液中，肾脏至少需做多少功？（设体温为36.8 ℃）

解　由 $W'=\Delta G_m(T,p)$，而

$$\Delta G_m(T,p)=\Delta\mu=\mu(\text{葡萄糖,血液中})-\mu(\text{葡萄糖,尿中})$$

因为葡萄糖在人体血液中和尿中的浓度均很稀薄，所以均可视为理想稀溶液。由理想稀溶液中溶质化学势表达式(2-42)（可近似取做相同的标准态），有

$$\mu(\text{葡萄糖,血液中})=\mu_{b,B}^{\ominus}(T)+RT\ln\frac{b(\text{葡萄糖,血液中})}{b^{\ominus}}$$

$$\mu(\text{葡萄糖,尿中})=\mu_{b,B}^{\ominus}(T)+RT\ln\frac{b(\text{葡萄糖,尿中})}{b^{\ominus}}$$

于是　$\Delta\mu=\mu(\text{葡萄糖,血液中})-\mu(\text{葡萄糖,尿中})=RT\ln\dfrac{b(\text{葡萄糖,血液中})}{b(\text{葡萄糖,尿中})}=$

$$8.3145\ \mathrm{J\cdot mol^{-1}\cdot K^{-1}}\times 309.95\ \mathrm{K}\times\ln\frac{5.50\times10^{-3}\ \mathrm{mol\cdot kg^{-1}}}{5.50\times10^{-5}\ \mathrm{mol\cdot kg^{-1}}}=11.9\ \mathrm{kJ\cdot mol^{-1}}$$

2.7 理想稀溶液的分配定律

2.7.1 分配定律(液-液平衡)

在一定温度、压力下，当溶质B在共存的且不互溶的两液相α、β中形成理想稀溶液，其质量摩尔浓度分别为 b^{α}、b^{β}，则平衡时 b_B^{α}/b_B^{β} 为一常数。即

$$b_B^{\alpha}/b_B^{\beta}=K \tag{2-43}$$

式(2-43)即为理想稀溶液的**分配定律**(distribution law)，K 称为**分配系数**(distribution coefficient)，为量纲一的量，单位为1。分配定律是化工生产中萃取分离操作的理论基础。

式(2-43)可用热力学方法推得。由式(2-42)，对理想稀溶液，溶质B在α、β两相中的化学势分别为

$$\mu_{b,B}^{\alpha}=\mu_{b,B}^{\ominus,\alpha}(T)+RT\ln(b_B^{\alpha}/b^{\ominus})$$
$$\mu_{b,B}^{\beta}=\mu_{b,B}^{\ominus,\beta}(T)+RT\ln(b_B^{\beta}/b^{\ominus})$$

由相平衡条件式(1-181)，平衡时则有 $\mu_{b,B}^{\alpha}=\mu_{b,B}^{\beta}$，于是

$$\mu_{b,B}^{\ominus,\alpha}(T)+RT\ln(b_B^{\alpha}/b^{\ominus})=\mu_{b,B}^{\ominus,\beta}(T)+RT\ln(b_B^{\beta}/b^{\ominus})$$

整理，得

$$\ln(b_B^{\alpha}/b_B^{\beta})=[\mu_{b,B}^{\ominus,\beta}(T)-\mu_{b,B}^{\ominus,\alpha}(T)]/RT$$

当温度一定，p 与 $p^{\ominus}$ 差别不大时，对指定的溶剂及溶质，上式右边为常数，即

$$b_B^{\alpha}/b_B^{\beta}=K$$

注意　分配定律仅适用于溶质B在两溶剂相中分子形态相同的情况；若溶质B在一溶剂相中呈分子形态，而在另一溶剂相中呈缔合或解离状态，则不能直接用分配定律。

2.7.2 萃 取

萃取操作是化工生产中用以进行物质分离提取的重要方法之一，它依据的物理化学原理就是分配定律。萃取就是利用被萃取的溶质在互不相溶的两液相中溶解度的较大差异，通过被萃取溶质的相转移来实现溶质的分离的。萃取剂通常是有机溶剂（有机相），被萃取

相通常是水溶液(水相)。由于被萃取的溶质在有机相(萃取剂)中的溶解度远大于在水相中的溶解度。被萃取的溶质从水相转移到有机相,使其在有机相中富集起来。萃取平衡后,再进一步进行分离处理,得到纯被萃取物。我国科学家屠呦呦以乙醚为萃取剂从青蒿中成功萃取出治疗疟疾病的青蒿素,从而获得 2015 年诺贝尔生理学或医学奖。

2.7.3 超临界流体萃取分离新技术

20 世纪 60 年代开始,在前人的启发下,不少研究者发现,处于临界压力和临界温度以上的流体对有机化合物的溶解能力显著增加,通常可增加几个数量级,十分惊人。近 20 年来应用这一特异现象,迅速发展起来超临界流体萃取分离的新技术。

下面以超临界 CO_2 流体作萃取剂的萃取分离过程为例来介绍这一新技术。

超临界 CO_2 流体萃取分离示意图如图 2-8 所示。被萃取液(通常是含有溶质 B 的水溶液)装入萃取釜。CO_2 气体经热交换器冷凝成液体,用压缩机把压力提升到工艺过程所需的压力(应高于 CO_2 的临界压力),同时调节温度使其成为超临界 CO_2 流体。CO_2 流体作为萃取剂从萃取釜底部进入,与被萃取液充分接触,选择性溶解出被萃取的化学物质 B。含溶解萃取物 B 的高压 CO_2 流体经节流阀降压到 CO_2 临界压力以下变为气态 CO_2,进入分离釜。由于气态 CO_2 溶解能力急剧下降而析出被萃取出的物质 B,自动分离成溶质 B 和 CO_2 气体。萃取出的物质 B,定期从分离釜底部放出后收集,而 CO_2 气体经热交换器冷凝成 CO_2 液体再循环使用,也可不时补充新鲜 CO_2 气体。如此循环操作则可利用超临界 CO_2 流体的高溶解性能不断地把萃取液中的溶质 B 抽提出来。

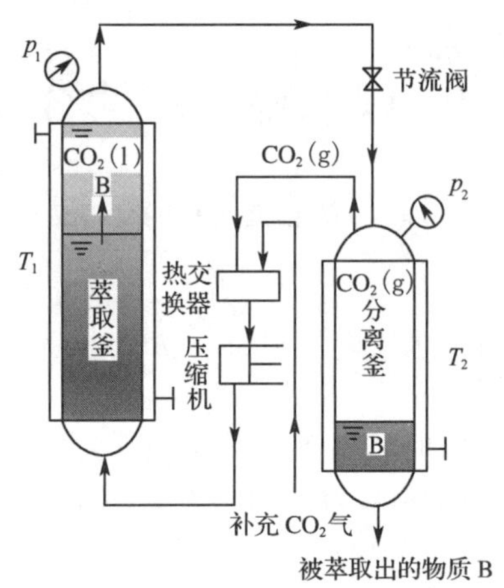

图 2-8 超临界 CO_2 流体萃取分离示意图

有关超临界 CO_2 流体作萃取剂的优越性,将在下一章讨论 CO_2 相图时再加介绍。

目前超临界 CO_2 流体萃取分离技术被广泛应用于天然香料、饮料(脱咖啡因、啤酒花中 α-酸萃取)、食用油(大豆油、沙棘油)及中草药有效成分的提取中。

2.8 理想稀溶液的依数性

所谓“依数性”顾名思义是依赖于数量的性质。理想稀溶液中溶剂的蒸气压下降、凝固点降低(析出固态纯溶剂时)、沸点升高(溶质不挥发时)及渗透压等的量值均与理想稀溶液中所含溶质的数量有关,这些性质都称为理想稀溶液的依数性(colligative properties)。

2.8.1 蒸气压下降(气-液平衡)

对二组分理想稀溶液,溶剂的蒸气压下降

$$\Delta p = p_A^* - p_A = p_A^* x_B$$

即 Δp 的量值正比理想稀溶液中所含溶质的数量——溶质的摩尔分数 x_B，其比例系数即为纯 A 的饱和蒸气压 p_A^*。

2.8.2　凝固点（析出固态纯溶剂时）降低（液-固平衡）

当理想稀溶液冷却到凝固点时析出的可能是纯溶剂，也可能是溶剂和溶质一起析出。当只析出纯溶剂时，即与固态纯溶剂成平衡的理想稀溶液的凝固点 T_f 比相同压力下纯溶剂的凝固点 T_f^* 低，实验结果表明，凝固点降低的量值与理想稀溶液中所含溶质的数量成正比，即

$$\Delta T_f \xlongequal{\text{def}} T_f^* - T_f = k_f b_B \tag{2-44}$$

比例系数 k_f 叫凝固点降低系数(freezing point lowering coefficients)，它与溶剂性质有关，而与溶质性质无关。

式(2-44)是实验所得结果，但可用热力学方法把它推导出来，下面为推导过程：

设有一理想稀溶液，溶剂摩尔分数为 x_A，设该溶液在压力 p 时，凝固点为 T。当在 T、p 下建立凝固平衡时，可表示如下

$$A(l, x_A) \xrightleftharpoons{T,p} A(s)$$

由液、固两相平衡条件和式(1-181)，有

$$\mu_A(l, x_A) = G_{m,A}^*(s)$$

在 p 一定时，若 $x_A \to x_A + dx_A$，而相应的凝固点由 $T \to T + dT$，在此条件下再建立新的凝固平衡。这时由平衡条件，应有

$$\mu_A(l, x_A) + d\mu_A(l, x_A) = G_{m,A}^*(s) + dG_{m,A}^*(s)$$

于是

$$d\mu_A(l, x_A) = dG_{m,A}^*(s)$$

因为

$$\mu_A(l, x_A) = f(T, p, x_A)$$

$$G_{m,A}^*(s) = f(T, p)$$

则 p 不变，T 及 x_A 变化时，以上函数的全微分为

$$d\mu_A(l, x_A) = \left[\frac{\partial \mu_A(l, x_A)}{\partial T}\right]_{p, x_A} dT + \left[\frac{\partial \mu_A(l, x_A)}{\partial x_A}\right]_{p, T} dx_A$$

$$dG_{m,A}^*(s) = \left[\frac{\partial G_{m,A}^*(s)}{\partial T}\right]_p dT$$

所以

$$\underbrace{\left[\frac{\partial \mu_A(l, x_A)}{\partial T}\right]_{p, x_A}}_{-S_{m,A}} dT + \underbrace{\left[\frac{\partial \mu_A(l, x_A)}{\partial x_A}\right]_{p, T}}_{\frac{RT}{x_A}} dx_A = \underbrace{\left[\frac{\partial G_{m,A}^*(s)}{\partial T}\right]_p}_{-S_{m,A}^*(s)} dT$$

$$-S_{m,A} dT + RT\frac{dx_A}{x_A} = -S_{m,A}^*(s) dT$$

$$RT(dx_A / x_A) = [S_{m,A} - S_{m,A}^*(s)] dT$$

而
$$\Delta S_{m,A}=\frac{H_{m,A}-H_{m,A}^{*}(s)}{T}=\frac{\Delta H_{m,A}}{T}$$

这里的 $\Delta S_{m,A}$、$\Delta H_{m,A}$ 为单位物质的量的纯固体 A 在 T、p 下可逆溶解过程的熵变和焓变。因为是稀溶液，所以 $\Delta H_{m,A}\approx\Delta_{fus}H_{m,A}^{*}(s)$（纯固体 A 的摩尔熔化焓）。

因为
$$RT\frac{dx_A}{x_A}=\Delta_{fus}H_{m,A}^{*}\frac{dT}{T}$$

分离变量积分
$$\int_{x_A=1}^{x_A}\frac{dx_A}{x_A}=\int_{T_f^*}^{T_f}\frac{\Delta_{fus}H_{m,A}^{*}}{RT^2}dT$$

加近似条件：视 $\Delta_{fus}H_{m,A}^{*}$ 为与 T 无关的常数，于是
$$\ln x_A=-\frac{\Delta_{fus}H_{m,A}^{*}}{R}\left(\frac{1}{T_f}-\frac{1}{T_f^*}\right)=-\frac{\Delta_{fus}H_{m,A}^{*}(T_f^*-T_f)}{RT_f^*T_f}$$

设 $\Delta T_f=T_f^*-T_f$，则
$$\Delta T_f=-\frac{RT_f^*T_f}{\Delta_{fus}H_{m,A}^{*}}\ln x_A$$

由上式可知，因为 $T_f^*>0$，$T_f>0$，$\Delta_{fus}H_{m,A}^{*}>0$，$\ln x_A<0$，所以必有 $T_f^*>T_f$，即理想稀溶液的凝固点在只析出纯溶剂的条件下必然比纯溶剂的凝固点降低。

再加两个近似条件：(i)对稀溶液 $T_fT_f^*=(T_f^*)^2$；(ii)因为 $x_B\ll1$，则
$$-\ln x_A=-\ln(1-x_B)\approx x_B+\frac{x_B^2}{2}+\frac{x_B^3}{3}+\cdots\approx x_B,\quad \frac{n_B}{n_A+n_B}\approx\frac{n_B}{n_A}\approx M_Ab_B$$

所以
$$\Delta T_f=\frac{R(T_f^*)^2M_A}{\Delta_{fus}H_{m,A}^{*}}b_B,\quad k_f\overset{\text{def}}{=\!=}\frac{R(T_f^*)^2M_A}{\Delta_{fus}H_{m,A}^{*}}$$

则 $\Delta T_f=k_fb_B$，即式(2-44)。

【例 2-18】 在 25 g 水中溶有 0.771 g CH_3COOH，测得该溶液的凝固点降低 0.937 ℃。已知水的凝固点降低系数为 1.86 K·kg·mol^{-1}。另在 20 g 苯中溶有 0.611 g CH_3COOH，测得该溶液的凝固点降低 1.254 ℃。已知苯的凝固点降低系数为 5.12 K·kg·mol^{-1}。求 CH_3COOH 在水和苯中的摩尔质量，所得结果说明什么问题？

解 由式(2-44)，有
$$\Delta T_f=k_fb_B$$

而
$$b_B=\frac{m_B}{M_Bm_A},\quad M_B=\frac{k_fm_B}{m_A\Delta T_f}$$

则 CH_3COOH 在水中，
$$M_B=\frac{1.86\ \text{K}\cdot\text{kg}\cdot\text{mol}^{-1}\times0.771\ \text{g}}{25\ \text{g}\times0.937\ \text{K}}=61.2\ \text{g}\cdot\text{mol}^{-1}$$

CH_3COOH 在苯中，
$$M_B'=\frac{5.12\ \text{K}\cdot\text{kg}\cdot\text{mol}^{-1}\times0.611\ \text{g}}{20\ \text{g}\times1.254\ \text{K}}=124.7\ \text{g}\cdot\text{mol}^{-1}$$

$M_B'\approx2M_B$，表明 CH_3COOH 在苯中缔合为 $(CH_3COOH)_2$。

2.8.3 沸点升高(气-液平衡)

沸点是液体或溶液的蒸气压 p 等于外压 p_{ex} 时的温度。若溶质不挥发，则溶液的蒸气压等于溶剂的蒸气压，$p=p_A$。对理想稀溶液，$p_A=p_A^*x_A$，$p_A<p_A^*$，所以在 p-T 图上(图 2-9)，理想稀溶液的蒸气压曲线在纯溶剂蒸气压曲线之下。由图可知，当 $p=p_{ex}$ 时，溶液的沸点 T_b 必大于纯溶剂的沸点 T_b^*，即沸点升高(溶质不挥发时)。实验结果表明，含不挥发性溶质

的理想稀溶液的沸点升高为

$$\Delta T_b \overset{\text{def}}{=\!=\!=} T_b - T_b^* = k_b b_B \tag{2-45}$$

式(2-45)亦可用热力学方法推出，并得到

$$k_b \overset{\text{def}}{=\!=\!=} \frac{R(T_b^*)^2 M_A}{\Delta_{vap} H_{m,A}^*}$$

式中，k_b 叫沸点升高系数(boiling point elevation coefficients)。它与溶剂的性质有关，而与溶质性质无关。

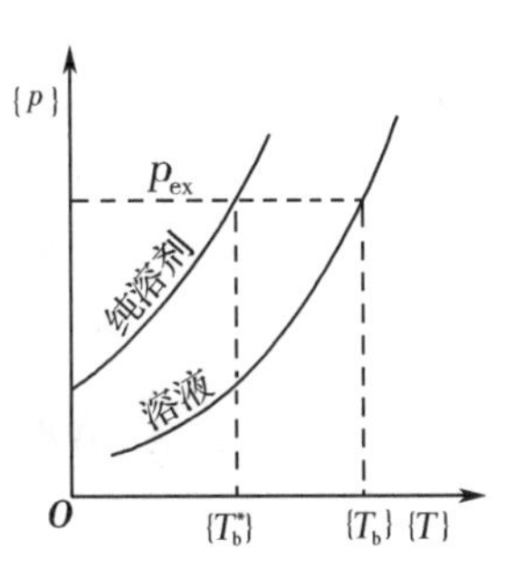

图 2-9　稀溶液沸点升高

【例 2-19】　122 g 苯甲酸 C_6H_5COOH 溶于 1 kg 乙醇后，使乙醇的沸点升高 1.13 K，计算苯甲酸的摩尔质量。已知乙醇的沸点升高系数为 1.20 K·kg·mol^{-1}。

解　设苯甲酸的摩尔质量为 M_B

$$\Delta T_b = k_b b_B = k_b \frac{m_B / M_B}{m_A}$$

$$1.13\ \text{K} = 1.20\ \text{K}\cdot\text{kg}\cdot\text{mol}^{-1} \times \frac{122\times10^{-3}\ \text{kg}}{M_B \times 1\ \text{kg}}$$

$$M_B = 0.129\ 6\ \text{kg}\cdot\text{mol}^{-1} = 129.6\ \text{g}\cdot\text{mol}^{-1}$$

2.8.4　渗透压(渗透平衡)

若在 U 形管底部用一种半透膜把某一理想稀溶液和与其相同的纯溶剂隔开，这种膜允许溶剂但不允许溶质透过(图 2-10)。实验结果表明，左侧纯溶剂将透过膜进入右侧溶液，使溶液的液面不断上升，直到两液面达到相当大的高度差 h 时才能达到渗透平衡[图 2-10(a)]。要使两液面不发生高度差，可在溶液液面上施加额外的压力。假定在一定温度下，当溶液的液面上施加压力为 Π 时，两液面可持久保持同样水平，即达到渗透平衡[图 2-10(b)]，这个 Π 的量值叫溶液的渗透压(osmotic pressure)。

视频

生活中的渗透现象

根据实验得到，理想稀溶液的渗透压 Π 与溶质 B 的浓度 c_B 成正比，比例系数的量值为 RT，即

$$\Pi = c_B RT \tag{2-46}$$

式(2-46)亦可应用热力学原理推导出来。

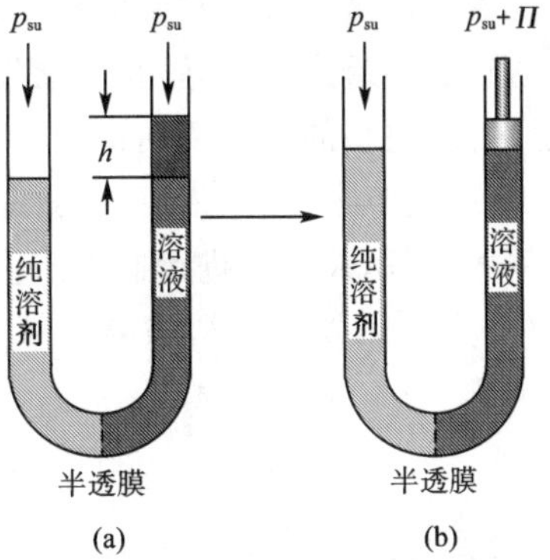

图 2-10　渗透压

由上面的讨论可知，若在溶液液面上施加的额外压力大于渗透压 Π，则溶液中的溶剂将会通过半透膜渗透到纯溶剂中去，这种现象叫作反渗透。

【例 2-20】　试用热力学原理，推导理想稀溶液的渗透压公式(2-46)。

解　如图 2-10 所示，渗透平衡时，由相平衡条件，组分 A(溶剂)在两相的化学势，即溶液中组分 A 的化学势 $\mu_A(\text{l})$ 与纯溶剂 A 的化学势 μ_A^* 应相等

$$\mu_A(\text{l}) = \mu_A^*$$

T,p 一定时，μ_A^* 为常数，则

$$d\mu_A(l)=\left[\frac{\partial\mu_A(l)}{\partial p}\right]_{T,b_B}dp+\left[\frac{\partial\mu_A(l)}{\partial b_B}\right]_{T,p}db_B=0$$

又
$$\left[\frac{\partial\mu_A(l)}{\partial p}\right]_{T,b_B}=V_{m,A}^*,\quad\left[\frac{\partial\mu_A(l)}{\partial b_B}\right]_{T,p}=-RTM_A\quad[\text{式}(2\text{-}37)]$$

得
$$V_{m,A}^*dp-RTM_A db_B=0$$

积分上式，溶液组成由 $b_B=0\rightarrow b_B=b_B$，外压由 $p_{ex}\rightarrow p_{ex}+\Pi$，则

$$\int_{p_{ex}}^{p_{ex}+\Pi}V_{m,A}^*dp=RTM_A\int_0^{b_B}db_B$$

得
$$\Pi V_{m,A}^*=RTM_A b_B$$

将 $b_B=n_B/m_A=n_B/(n_A M_A)$ 代入上式，且 $n_A V_{m,A}^*\approx V$ 为溶液的体积，得

$$\Pi V=n_B RT$$

即
$$\Pi=c_B RT$$

【例 2-21】 血液是大分子的水溶液，人体血液的凝固点为 272.59 K。求体温 37 ℃时人体血液的渗透压。已知水的凝固点降低系数为 1.86 K·kg·mol^{-1}。

解
$$\Delta T_f=k_f b_B$$

$$b_B=\frac{\Delta T_f}{k_f}=\frac{(273.15-272.59)\text{K}}{1.86\ \text{K}\cdot\text{kg}\cdot\text{mol}^{-1}}=0.30\ \text{mol}\cdot\text{kg}^{-1}$$

由于血液是很稀的水溶液，认为它的密度与水的密度相同，为 1 g·cm^{-3}。

$$\Pi=\frac{n_B RT}{V}=\left(\frac{0.30\times 8.3145\times(273.15+37)}{\frac{1\,000}{1}\times 10^{-6}}\right)\text{Pa}=7.74\times 10^5\ \text{Pa}$$

2.8.5 膜分离新技术

膜分离是在 20 世纪初出现，20 世纪 60 年代迅速崛起的一种物质分离的新技术。

渗透和反渗透作用是膜分离技术的理论基础。在生物体内的细胞膜上的“水通道”广泛存在着水的渗透和反渗透作用(为防止高血压，提倡低盐饮食，因为当血管内 NaCl 浓度增高时，为维持渗透平衡，更多的水分要向血管内渗透，引起血管溶胀，造成血压升高)；在生物学领域以及纺织工业、制革工业、造纸工业、食品工业、化学工业、医疗保健、水处理中广泛使用膜分离技术。例如，利用人工肾进行血液透析[图 2-11(a)]，利用膜分离技术进行海水或苦咸水淡化[图 2-11(b)]以及果汁浓缩等。

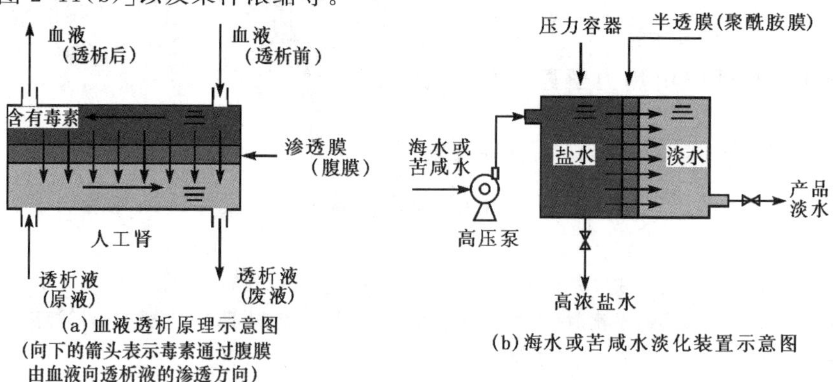

(a) 血液透析原理示意图
(向下的箭头表示毒素通过腹膜由血液向透析液的渗透方向)

(b) 海水或苦咸水淡化装置示意图

图 2-11 膜分离技术实际应用举例

使用的膜材料有高聚物膜(醋酸纤维膜或硝酸纤维膜、聚砜膜、聚酰胺膜等)和无机膜(陶瓷膜、玻璃膜、金属膜和分子筛炭膜)以及石墨烯膜等。

2.9 真实液态混合物、真实溶液、活度

2.9.1 正偏差与负偏差

真实液态混合物的任意组分均不遵守拉乌尔定律;真实溶液的溶剂不遵守拉乌尔定律,溶质也不遵守亨利定律。它们都对理想液态混合物及理想稀溶液所遵守的规律产生偏差。由 A、B 二组分形成的真实液态混合物或真实溶液与理想液态混合物或理想稀溶液发生偏差的情况如图 2-12 所示。图 2-12(a)为发生正偏差(positive deviation),图 2-12(b)为发生负偏差(negative deviation)。图中实线表示真实液态混合物或溶液各组分的蒸气压以及蒸气总压与混合物或溶液组成的关系;而虚线则表示按拉乌尔定律计算的液态混合物各组分或溶液中溶剂的蒸气压以及蒸气总压与混合物或溶液组成的关系;点线则表示按亨利定律计算的溶液中溶质的蒸气压与溶液组成的关系,实线与虚线或点线的偏离即代表真实液态混合物和真实溶液对理想液态混合物和理想稀溶液所遵守规律的偏差。

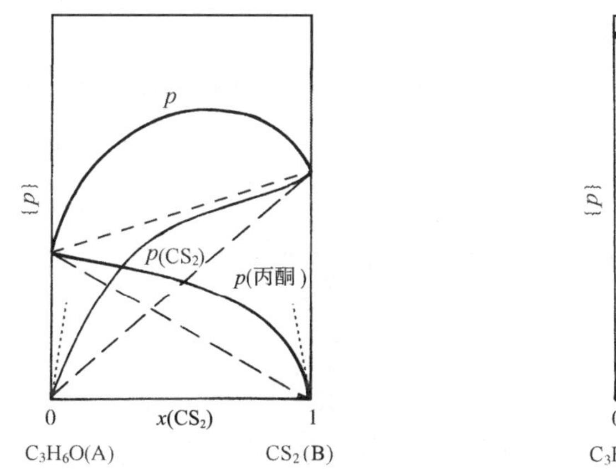

(a)29 ℃时丙酮-CS_2 溶液(对拉乌尔定律正偏差)

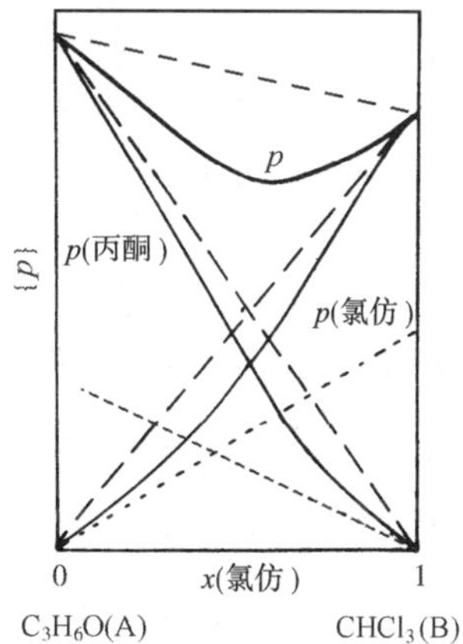

(b)35 ℃时丙酮-氯仿溶液(对拉乌尔定律负偏差)

图 2-12　真实液态混合物和溶液对理想液态混合物和理想稀溶液的偏差(蒸气分压和蒸气总压-组成关系)

2.9.2 活度与活度因子

1. 真实液态混合物中任意组分 B 的活度与活度因子

对真实液态混合物,其任意组分 B 的化学势不能用式(2-26)表示,但为了保持式(2-26)的简单形式,路易斯提出活度的概念,在压力 p 与 $p^{\ominus}$ 差别不大时,把真实液态混合物相对于理想液态混合物中任意组分 B 的化学势表达式的偏差完全放在表达式中的混合物组分 B 的组成标度上来校正,保持原来理想液态混合物中任意组分 B 的化学势表达式中的标准态化学势 $\mu_B^{\ominus}(1,T)$ 不变,从而保留了原表达式的简单形式,即以式(2-26)为参考,在混合物组成项上乘以校正因子 f_B,得

$$\mu_B(l)=\mu_B^\ominus(l,T)+RT\ln(f_Bx_B) \tag{2-47}$$

或

$$\mu_B(l)=\mu_B^\ominus(l,T)+RT\ln a_B \tag{2-48}$$

$$a_B \overset{\text{def}}{=\!=} f_Bx_B \tag{2-49}$$

且

$$\lim_{x_B\to 1} f_B=\lim_{x_B\to 1}(a_B/x_B)=1 \tag{2-50}$$

式(2-47)～式(2-50)即为活度(activity)的完整定义。a_B 为真实液态混合物中任意组分 B 的活度，f_B 为组分 B 的活度因子(activity factor)。

当 $x_B=1, f_B=1$，则 $a_B=1$，即 $\mu_B^\ominus(l,T)=\mu_B(l)$ 为标准态的化学势，这个标准态与式(2-26)的标准态相同，仍是纯液体 B 在 T、$p^\ominus$ 下的状态。

对真实液态混合物中任意组分 B 的活度和活度因子，若混合物平衡气相可视为理想气体混合物，可根据拉乌尔定律计算，即 $p_B=p_B^* a_B, a_B=f_Bx_B$，则

$$f_B=p_B/(p_B^* x_B) \tag{2-51}$$

2. 真实溶液中溶剂和溶质的活度及渗透因子与活度因子

(1)真实溶液中溶剂 A 的活度及渗透因子

对真实溶液中的溶剂 A，与真实液态混合物中任意组分活度的定义相似，定义了真实溶液中溶剂的活度为 a_A，当压力 p 与 $p^\ominus$ 差别不大时，则有

$$\mu_A(l)=\mu_A^\ominus(l,T)+RT\ln a_A \tag{2-52}$$

但是，在 GB 3102.8—1993 中并未定义溶剂 A 的活度因子，而定义了溶剂 A 的渗透因子(osmotic factor of solvent A)φ

$$\varphi \overset{\text{def}}{=\!=} -(M_A\sum_B b_B)^{-1}\ln a_A \tag{2-53}$$

式中，M_A 为溶剂 A 的摩尔质量，而 $\sum_B b_B$ 代表对全部溶质求和。

将式(2-53)代入式(2-52)，得

$$\mu_A(l)=\mu_A^\ominus(l,T)-RT\varphi M_A\sum_B b_B \tag{2-54}$$

说明 历史上原先使用的是溶剂 A 的“活度系数(因子)f_A”，但用 f_A 量度真实溶液中溶剂 A 的非理想性并不很准确；而定义溶剂 A 的渗透因子 φ 来表示，则可准确地量度这种非理想性。例如，25 ℃、101 325 Pa 下，x(蔗糖)$=0.100$ 的水溶液，用活度系数(因子)表示其非理想性，$f_A(H_2O)=0.939$，而用溶剂 A 的渗透因子来表示，$\varphi(H_2O)=1.597$。显然，$\varphi(H_2O)$较 $f_A(H_2O)$显示的偏差更为显著。渗透因子 φ 是 1907 年由 Bjerum N 引入的。ISO 标准、国家标准和 IUPAC 的最近文件都只引入溶剂 A 的渗透因子，而未引入溶剂 A 的活度系数(因子)。

(2)真实溶液中溶质 B 的活度和活度因子

当真实溶液中溶质 B 的组成标度用溶质 B 的质量摩尔浓度表示，且压力 p 与 $p^\ominus$ 差别不大时，参考式(2-42)，有

$$\mu_{b,B}=\mu_{b,B}^\ominus(T)+RT\ln a_{b,B} \tag{2-55}$$

并定义

$$a_{b,B} \overset{\text{def}}{=\!=} \gamma_{b,B}b_B/b^\ominus \tag{2-56}$$

且

$$\lim_{\sum b_B \to 0} \gamma_{b,B} = \lim_{\sum b_B \to 0} \frac{a_{b,B} b^{\ominus}}{b_B} = 1 \tag{2-57}$$

将式(2-56)代入式(2-55)，有

$$\mu_{b,B} = \mu_{b,B}^{\ominus}(T) + RT\ln(\gamma_{b,B} b_B / b^{\ominus}) \tag{2-58}$$

式(2-55)～式(2-58)中，$a_{b,B}$及 $\gamma_{b,B}$分别为当真实溶液中的溶质 B 的组成标度用 B 的质量摩尔浓度 b_B 表示时，溶质 B 的活度和活度因子。

注意　式(2-55)、式(2-58)中标准态化学势所选定的标准态与式(2-42)中标准态化学势所选定的标准态相同。

【例 2-22】 溶质 B 自 α 相扩散入 β 相，在扩散过程中是否总是自浓度高的相扩散到浓度低的相？

解　若溶质 B 在 α 及 β 相的组成标度以溶质 B 的质量摩尔浓度表示，由式(2-58)，则溶质 B 在 α 及 β 相的化学势为

$$\mu_{b,B}(\alpha) = \mu_{b,B}^{\ominus}(\alpha, T) + RT\ln\left[\gamma_{b,B}(\alpha)\frac{b_B(\alpha)}{b^{\ominus}}\right]$$

$$\mu_{b,B}(\beta) = \mu_{b,B}^{\ominus}(\beta, T) + RT\ln\left[\gamma_{b,B}(\beta)\frac{b_B(\beta)}{b^{\ominus}}\right]$$

由式(1-185)，物质 B 自 α 相扩散到 β 相的条件为 $\mu_{b,B}(\alpha) > \mu_{b,B}(\beta)$，但 $\mu_{b,B}^{\ominus}(\alpha) \neq \mu_{b,B}^{\ominus}(\beta)$，$\gamma_{b,B}(\alpha) \neq \gamma_{b,B}(\beta)$，所以不一定有 $\mu_{b,B}(\alpha) > \mu_{b,B}(\beta)$，即扩散过程中，并非溶质 B 总是自浓度高的相扩散到浓度低的相。例如，在常温下，I_2 在水和 CCl_4 中的浓度之比为 1∶85 才达到平衡，如若浓度比为 1∶80，则 I_2 将由水相扩散到 CCl_4 相，即自浓度低的相扩散到浓度高的相。

下面把本章得到的液态混合物和溶液系统中有关组分的化学势表达式归纳为表 2-1。

表 2-1　液态混合物和溶液系统有关组分的化学势表达式

系统性质	组分	化学势表达式
理想系统	理想液态混合物中任意组分 B	$\mu_B(l) = \mu_B^{\ominus}(l, T) + RT\ln x_B$
	理想稀溶液中的溶剂 A	$\mu_A(l) = \mu_A^{\ominus}(l, T) + RT\ln x_A$ 或 $\mu_A(l) = \mu_A^{\ominus}(l, T) - RTM_A \sum_B b_B$
	理想稀溶液中的溶质 B	$\mu_{b,B} = \mu_{b,B}^{\ominus}(T) + RT\ln \frac{b_B}{b^{\ominus}}$
真实系统	真实液态混合物中任意组分 B	$\mu_B(l) = \mu_B^{\ominus}(l, T) + RT\ln a_B$
	真实溶液中的溶剂 A	$\mu_A(l) = \mu_A^{\ominus}(l, T) + RT\ln a_A$ 或 $\mu_A(l) = \mu_A^{\ominus}(l, T) - RT\varphi M_A \sum_B b_B$
	真实溶液中的溶质 B	$\mu_{b,B} = \mu_{b,B}^{\ominus}(T) + RT\ln a_{b,B}$

习　题

一、思考题

2-1 一个相平衡系统最少的相数 ϕ=？最小的自由度数 f=？

2-2 纯物质的相平衡条件如何？如何根据该条件推导出克拉珀龙方程？试推一下。

2-3 请就以下三方面比较克拉珀龙方程与克劳休斯-克拉珀龙方程：(1)应用对象；(2)限制条件；(3)精确度。

2-4 从$\left(\frac{\partial p}{\partial T}\right)_V=\left(\frac{\partial S}{\partial V}\right)_T$应用于纯物质气液平衡系统，可直接导出$\frac{dp}{dT}=\frac{\Delta S}{\Delta V}$，你对麦克斯韦关系的适用条件及上述推导的思路是如何理解的？

2-5 已知液体A和液体B的正常沸点分别为70 ℃和90 ℃。假定两液体均满足特鲁顿规则，试定性地阐明：在25 ℃时，液体A的蒸气压高于还是低于液体B的蒸气压？

2-6 比较拉乌尔定律$p_A=p_A^* x_A$、亨利定律$p_B=k_{x,B}x_B$的应用对象和条件。p_A^*和$k_{x,B}$都和哪些因素有关？

2-7 试比较理想液态混合物和理想稀溶液的定义。可否用公式定义它们？

2-8 理想稀溶液的凝固点一定降低，沸点一定升高吗？为什么？

二、计算题、证明(推导)题

2-1 指出下列相平衡系统中的化学物质数S，独立的化学反应数R，组成关系数R'，组分数C，相数ϕ及自由度数f：

(1)$NH_4HS(s)$部分分解为$NH_3(g)$和$H_2S(g)$达成平衡；

(2)$NH_4HS(s)$和任意量的$NH_3(g)$及$H_2S(g)$达成平衡；

(3)$NaHCO_3(s)$部分分解为$Na_2CO_3(s)$、$H_2O(g)$及$CO_2(g)$达成平衡；

(4)$CaCO_3(s)$部分分解为$CaO(s)$及$CO_2(g)$达成平衡；

(5)蔗糖水溶液与纯水用只允许水透过的半透膜隔开并达成平衡；

(6)$CH_4(g)$与$H_2O(g)$反应，部分转化为$CO(g)$、$CO_2(g)$和$H_2(g)$达成平衡。

(7)C_2H_5OH溶于H_2O中达成的溶解平衡；

(8)$CHCl_3$与H_2O及它们的蒸气达成的部分互溶平衡；

(9)气态的N_2、O_2溶于水中达成的溶解平衡；

(10)气态的N_2、O_2溶于C_2H_5OH水溶液中达成的溶解平衡；

(11)气态的N_2、O_2溶于由$CHCl_3$与H_2O达成的部分互溶的溶解平衡；

(12)K_2SO_4、$NaCl$的未饱和水溶液达成的平衡；

(13)$NaCl(s)$、$KCl(s)$、$NaNO_3(s)$、$KNO_3(s)$与H_2O达成的平衡。

2-2 在101 325 Pa的压力下，I_2在液态水和CCl_4中达到分配平衡(无固态碘存在)，试计算该系统的条件自由度数。

2-3 已知水和冰的体积质量分别为0.999 8 g·cm^{-3}和0.916 8 g·cm^{-3}；冰在0 ℃时的质量熔化焓为333.5 J·g^{-1}。试计算在−0.35 ℃下，要使冰融化所需的最小压力为多少？

2-4 已知$HNO_3(l)$在0 ℃及100 ℃的蒸气压分别为1.92 kPa及171 kPa。试计算：(1)$HNO_3(l)$在此温度范围内的摩尔汽化焓；(2)$HNO_3(l)$的正常沸点。

2-5 在20 ℃时，100 kPa的空气自一种油中通过。已知该种油的摩尔质量为120 g·mol^{-1}，标准沸点为200 ℃。估计每通过1 m^{3}空气最多能带出多少油？(可利用特鲁顿规则)

2-6 乙腈的蒸气压在其标准沸点附近以3 040 Pa·K^{-1}的变化率改变，又知其标准沸点为80 ℃，试计算乙腈在80 ℃的摩尔汽化焓。

2-7 $H_2O(l,T,p)\longrightarrow H_2O(g,T,p)$，$p$不一定是平衡时的蒸气压力。假设$V(l)$可以忽略不计，蒸气可视为理想气体，导出$\Delta G$的公式，并证明$\frac{d\ln\{p^{eq}\}}{dT}=\frac{\Delta_{vap}H_m^*}{RT^2}$。

2-8 20 ℃时，乙醚的蒸气压为5.895×10^4 Pa。设在100 g乙醚中溶入某非挥发有机物质10 g，乙醚的蒸气压下降到5.679×10^4 Pa。计算该有机物质的摩尔质量。

2-9 25 ℃时，CO 在水中溶解时亨利系数 $k=5.79\times10^{9}$ Pa，若将含 $\varphi(CO)=0.30$ 的水煤气在总压为 1.013×10^{5} Pa 下用 25 ℃的水洗涤，问每用 1 t 水 CO 损失多少？

2-10 20 ℃时，当 HCl 的分压为 1.013×10^{5} Pa 时，它在苯中的平衡组成 $x(HCl)$ 为0.042 5。若 20 ℃时纯苯的蒸气压为 0.100×10^{5} Pa，问苯与 HCl 的总压为 1.013×10^{5} Pa 时，100 g 苯中至多可溶解多少克 HCl？

2-11 $x_B=0.001$ 的 A、B 二组分理想液态混合物，在 1.013×10^{5} Pa 下加热到 80 ℃开始沸腾，已知纯 A 液体相同压力下的沸点为 90 ℃，假定 A 液体适用特鲁顿规则，计算当 $x_B=0.002$时该液态混合物在80 ℃的蒸气压和平衡气相组成。

2-12 在 300 K 时，5 mol A 和 5 mol B 形成理想液态混合物，求 $\Delta_{mix}H$，$\Delta_{mix}S$ 和 $\Delta_{mix}G$。

2-13 对理想液态混合物证明：$\left(\dfrac{\partial\Delta_{mix}G}{\partial p}\right)_T=0$；$\left[\dfrac{\partial\left(\dfrac{\Delta_{mix}G}{T}\right)}{\partial T}\right]_p=0$。

2-14 C_6H_5Cl 和 C_6H_5Br 相混合可构成理想液态混合物。136.7 ℃时，纯 C_6H_5Cl 和纯 C_6H_5Br 的蒸气压分别为 1.150×10^{5} Pa 和 0.604×10^{5} Pa。计算：(1)要使混合物在101 325 Pa 下沸点为 136.7 ℃，则混合物应配成怎样的组成？(2)在 136.7 ℃时，要使平衡蒸气相中两种物质的蒸气压相等，混合物的组成又如何？

2-15 100 ℃时，纯 CCl_4 及纯 $SnCl_4$ 的蒸气压分别为 1.933×10^{5}Pa 及 0.666×10^{5}Pa。这两种液体可组成理想液态混合物。假定以某种配比混合成的这种混合物，在外压为1.013×10^{5} Pa 的条件下，加热到 100 ℃时开始沸腾。计算：(1)该混合物的组成；(2)该混合物开始沸腾时的第一个气泡的组成。

2-16 C_6H_6(A)-$C_2H_4Cl_2$(B)的混合液可视为理想液态混合物。50 ℃时，$p_A^*=0.357\times10^{5}$Pa，$p_B^*=0.315\times10^{5}$Pa。试分别计算 50 ℃时 $x_A=0.250$，0.500，0.750 的混合物的蒸气压及平衡气相组成。

2-17 樟脑的熔点是 172 ℃，$k_f=40\text{K}\cdot\text{kg}\cdot\text{mol}^{-1}$（这个量的量值很大，因此用樟脑作溶剂测溶质的摩尔质量，通常只需几毫克的溶质就够了）。今有 7.900 mg 酚酞和 129 mg 樟脑的混合物，测得该溶液的凝固点比樟脑低 8 ℃。求酚酞的相对分子质量。

2-18 苯在 101 325 Pa 下的沸点是 353.35 K，沸点升高系数是 $2.62\ \text{K}\cdot\text{kg}\cdot\text{mol}^{-1}$，求苯的摩尔汽化焓。

2-19 求 300 K 时，w(葡萄糖)＝0.044 的葡萄糖水溶液的渗透压，已知葡萄糖的摩尔质量为 $180.155\times10^{-3}\ \text{kg}\cdot\text{mol}^{-1}$。设该葡萄糖溶液的体积质量和水的体积质量相同。

2-20 氯仿(A)-丙酮(B)混合物，$x_A=0.713$，在 28.15 ℃时的饱和蒸气总压为29 390 Pa，丙酮在气相的组成 $y_B=0.818$，已知纯氯仿在同一温度下蒸气压为 29 564 Pa。若以同温同压下纯氯仿为标准态，计算该混合物中氯仿的活度因子及活度。设蒸气可视为理想气体。

2-21 研究 C_2H_5OH(A)-H_2O(B)混合物。在 50 ℃时的一次实验结果如下：

p/Pa	p_A/Pa	p_B/Pa	x_A
24 832	14 182	10 650	0.443 9
28 884	21 433	7 451	0.881 7

已知该温度下纯乙醇的蒸气压 $p_A^*=29\ 444$ Pa；纯水的蒸气压 $p_B^*=12\ 331$ Pa。试以纯液体为标准态，根据上述实验数据，计算乙醇及水的活度因子和活度。

2-22 20 ℃时，压力为 1.013×10^{5} Pa的 CO_2 气在 1 kg 水中可溶解 1.7 g；40 ℃时，压力为 1.013×10^{5} Pa的 CO_2 气在 1 kg 水中可溶解 1.0 g。如果用只能承受 2.026×10^{5} Pa 的瓶子充满溶有 CO_2 的饮料，则在20 ℃下充装时，CO_2 的最大压力应为多少，才能保证这种瓶装饮料可以在 40 ℃条件下安全存放。设溶液为理想稀溶液。

2-23 胜利油田向油井注水，对水质的要求之一是含氧量不超过 $1\ \text{mg}\cdot\text{dm}^{-3}$。设黄河水温为 20 ℃，空

气中含氧 $\varphi(O_2)=0.21$。20 ℃时氧在水中溶解的亨利系数为 4.06×10^9 Pa。问:(1)20 ℃时黄河水作油井用水,水质是否合格?(2)如不合格,采用真空脱氧进行净化,此真空脱氧塔的压力应是多少(20 ℃)?已知脱氧塔的气相中含氧 $\varphi(O_2)=0.35$。

2-24 293 K 时 1 kg 水中溶有 1.64×10^{-6} kg 氢气,水面上 H_2 的平衡压力为 101.325 kPa。试计算:(1)293 K时 H_2(g)在水中的亨利系数;(2)当水面上 H_2 的平衡压力增加为 1 013.25 kPa 时,293 K 的 1 kg 水中溶解多少克 H_2?已知 H_2 的摩尔质量为 2.016×10^{-3} kg·mol^{-1}。

2-25 293 K 时氪(g)在水中的亨利系数为 2.027×10^6 kPa,问此温度和 3 040 kPa 的压力下,1 kg 水中溶解了多少氪(g)?已知氪的相对原子质量为 83.80。

三、是非题、选择题和填空题

(一)是非题(下述各题中的说法是否正确?正确的在题后括号内画"√",错的画"×")

2-1 依据相律,纯液体在一定温度下,蒸气压应该是定值。 ( )

2-2 克拉珀龙方程适用于纯物质的任何两相平衡。 ( )

2-3 将克-克方程的微分式即 $\frac{\mathrm{dln}\{p\}}{\mathrm{d}T}=\frac{\Delta_{\mathrm{vap}}H_{\mathrm{m}}^{*}}{RT^2}$ 用于纯物质的液⇌气两相平衡,因为 $\Delta_{\mathrm{vap}}H_{\mathrm{m}}^{*}>0$,所以随着温度的升高,液体的饱和蒸气压总是升高。 ( )

2-4 一定温度下的乙醇水溶液,可应用克-克方程计算该溶液的饱和蒸气压。 ( )

2-5 克-克方程要比克拉珀龙方程的精确度高。 ( )

(二)选择题(选择正确答案的编号,填在各题后的括号内)

2-1 $NaHCO_3$(s)在真空容器中部分分解为 Na_2CO_3(s),H_2O(g)和 CO_2(g),处于如下的化学平衡时:$2NaHCO_3(s) \rightleftharpoons Na_2CO_3(s)+H_2O(g)+CO_2(g)$,该系统的自由度数、组分数及相数符合( )。

A. $C=2,\phi=3,f=1$　　B. $C=3,\phi=2,f=3$　　C. $C=4,\phi=2,f=4$

2-2 将克拉珀龙方程用于 H_2O 的液固两相平衡,因为 $V_{\mathrm{m}}^{*}(H_2O,\mathrm{l})<V_{\mathrm{m}}^{*}(H_2O,\mathrm{s})$,所以随着压力的增大,则 H_2O(l)的凝固点将( )。

A. 升高　　B. 降低　　C. 不变

2-3 克-克方程式可用于( )。

A. 固⇌气及液⇌气两相平衡　B. 固⇌液两相平衡　　C. 固⇌固两相平衡

2-4 液体在其 T、p 满足克-克方程的条件下进行汽化的过程,以下各量中不变的是( )。

A. 摩尔热力学能　　B. 摩尔体积　　C. 摩尔吉布斯函数　　D. 摩尔熵

2-5 特鲁顿规则(适用于不缔合液体) $\frac{\Delta_{\mathrm{vap}}H_{\mathrm{m}}^{*}}{T_{\mathrm{b}}^{*}}=$( )。

A. 21 J·mol^{-1}·K^{-1}　　B. 88 J·mol^{-1}·K^{-1}　　C. 109 J·mol^{-1}·K^{-1}

2-6 理想液态混合物的混合性质是( )。

A. $\Delta_{\mathrm{mix}}V=0,\Delta_{\mathrm{mix}}H=0,\Delta_{\mathrm{mix}}S>0,\Delta_{\mathrm{mix}}G<0$

B. $\Delta_{\mathrm{mix}}V<0,\Delta_{\mathrm{mix}}H<0,\Delta_{\mathrm{mix}}S<0,\Delta_{\mathrm{mix}}G=0$

C. $\Delta_{\mathrm{mix}}V>0,\Delta_{\mathrm{mix}}H>0,\Delta_{\mathrm{mix}}S=0,\Delta_{\mathrm{mix}}G=0$

D. $\Delta_{\mathrm{mix}}V>0,\Delta_{\mathrm{mix}}H>0,\Delta_{\mathrm{mix}}S<0,\Delta_{\mathrm{mix}}G>0$

2-7 在 25 ℃时,0.01 mol·dm^{-3} 糖水的渗透压为 Π_1,0.01mol·dm^{-3} 食盐水的渗透压为 Π_2,则 Π_1 与 Π_2 的关系为( )。

A. $\Pi_1>\Pi_2$　　B. $\Pi_1=\Pi_2$　　C. $\Pi_1<\Pi_2$

(三)填空题(将正确的答案填在题中画有"____"处或表格中)

2-1 纯物质两相平衡的条件是________。

2-2 由克拉珀龙方程导出克-克方程的积分式时所做的三个近似处理分别是(1)________;

(2)________；(3)________。

2-3 贮罐中贮有 20 ℃、140 kPa 的正丁烷，并且罐内温度、压力长期不变。已知正丁烷的正常沸点是 272.7 K，根据____________和____________可以推测出贮罐内的正丁烷的聚集态是____态。

2-4 已知水的饱和蒸气压与温度 T 的关系式为 $\ln\frac{p^*}{\mathrm{Pa}}=-\frac{5\,240}{T/\mathrm{K}}+25.567$，试根据下表计算各地区在敞口容器中加热水时的沸腾温度。

地区	p/(100 kPa)	地区	p/(100 kPa)	地区	p/(100 kPa)
大连	1.017	昆明	0.810 6	呼和浩特	0.900 7
拉萨	0.573 0	兰州	0.852 1	营口	1.026

2-5 氧气和乙炔气溶于水中的亨利系数分别是 7.20×10^7 Pa·kg·mol^{-1} 和 1.33×10^8 Pa·kg·mol^{-1}，由亨利系数可知，在相同条件下，____在水中的溶解度大于____在水中的溶解度。

2-6 28.15 ℃时，摩尔分数 x(丙酮)=0.287 的氯仿-丙酮混合物的蒸气压为 29.40 kPa，饱和蒸气中氯仿的摩尔分数为 y(氯仿)=0.181。已知纯氯仿在该温度时的蒸气压为 29.57 kPa。以同温度下纯氯仿为标准态，氯仿在该溶液中的活度因子为________；活度为________。

计算题答案

2-1 (1)$S=3,R=1,R'=1,C=1,\phi=2,f=1$；(2)$S=3,R=1,R'=0,C=2,\phi=2,f=2$

(3)$S=4,R=1,R'=1,C=2,\phi=3,f=1$；(4)$S=3,R=1,R'=0,C=2,\phi=3,f=1$

(5)$S=2,R=0,R'=0,C=2,\phi=2,f=2$；(6)$S=5,e=3,R=2,R'=0,C=3,\phi=1,f=4$

(7)$S=2,R=0,R'=0,C=2,\phi=2,f=2$；(8)$S=2,R=0,R'=0,C=2,\phi=3,f=1$

(9)$S=3,R=0,R'=0,C=3,\phi=2,f=3$；(10)$S=4,R=0,R'=0,C=4,\phi=2,f=4$

(11)$S=4,R=0,R'=0,C=4,\phi=3,f=3$；(12)$S=3,R=0,R'=0,C=3,\phi=1,f=4$

或把离子亦视为物种，则有 $S=7$(K^+、SO_4^{2-}、Na^+、Cl^-、H_2O、H_3^+O、OH^-)；$R=1$($2H_2O\rightleftharpoons H_3^+O+OH^-$)；$R'=3$[$c(H_3^+O)=c(OH^-)$、$2K^+$ 与 SO_4^{2-} 的电中性关系、Na^+ 与 Cl^- 的电中性关系；H_3^+O、OH^- 的电中性关系已不是独立的，故不加考虑]；$C=S-R-R'=7-1-3=3$；$\phi=1$；$f=4$。

(13)$S=5,R=0,R'=0,C=5,\phi=5,f=2$ 或把离子亦视为物种，则有 $S=11$[NaCl(s)、KCl(s)、$NaNO_3$(s)、KNO_3(s)、H_2O 及它们解离成的离子 Na^+、Cl^-、K^+、NO_3^-、H_3^+O、OH^-]；$R=5$($2H_2O\rightleftharpoons H_3^+O+OH^-$、$NaCl(s)\rightleftharpoons Na^++Cl^-$、$KCl(s)\rightleftharpoons K^++Cl^-$、$NaNO_3(s)\rightleftharpoons Na^++NO_3^-$、$KNO_3(s)\rightleftharpoons K^++NO_3^-$，这些解离反应都是独立的)；$R'=1$[$c(H_3^+)=c(OH^-)$]，因为 K^+、Na^+、Cl^-、SO_4^{2-} 等离子分别参与上述溶解平衡，则 K^+ 与 Cl^-，Na^+ 与 Cl^-，K^+ 与 NO_3^-，Na^+ 与 NO_3^- 单独的电中性关系已不复存在，而 H_3^+O 与 OH^- 的电中性关系由于已考虑 $c(H_3^+O)=c(OH^-)$，故也不是独立的；$C=S-R-R'=11-5-1=5$；$\phi=5$；$f=2$。

2-2 $f'=2$

2-3 48.21×10^5 Pa

2-4 (1)38.1 kJ·mol^{-1}；(2)358 K

2-5 7.51 kg

2-6 31.08 kJ·mol^{-1}

2-8 195 g·mol^{-1}

2-9 8.17 g

2-10 1.87 g

2-11 1.28×10^5 Pa，0.413，0.587

2-12 0，57.6 J·K^{-1}，1.73×10^5 J

2-14 (1)0.75；(2)$x(C_6H_5Cl)=0.344$

2-15 (1)$x(SnCl_4)=0.726$；(2)$y(SnCl_4)=0.478$

2-16 0.325×10^5 Pa，0.274；0.366×10^5 Pa，0.532；0.347×10^5 Pa，0.773

2-17 306 g·mol^{-1}

2-18 30.9 kJ·mol^{-1}

2-19 5.83×10^5 Pa

2-20 0.254,0.181

2-21 $x_A=0.443\ 9$ 时,$a_A=0.481\ 7$,$f_A=1.085$;$a_B=0.863\ 7$,$f_B=1.553$;
$x_A=0.881\ 7$ 时,$a_A=0.727\ 9$,$f_A=0.825\ 6$,$a_B=0.604\ 2$,$f_B=5.107\ 8$

2-22 1.19×10^5 Pa

2-23 (1)含氧量为 9.3 mg·dm^{-3},不合格;(2)6 523 Pa

2-24 (1)1.246×10^5 Pa·kg·mol^{-1};(2)1.64×10^{-2} g

2-25 7 g

第3章

相平衡强度状态图

3.0　相平衡强度状态图研究的内容

本章是用图解的方法研究由一种或数种物质所构成的相平衡系统的性质(如沸点、熔点、蒸气压、溶解度等强度性质)与条件(如温度、压力及组成等强度性质)的函数关系。我们把表示这种关系的图叫作相平衡强度状态图(intensive state diagram of phase equilibrium),简称相图(phase diagram)。

描述相平衡系统的性质与条件及组成等的函数关系可以用不同方法。例如,列举实验数据的表格法,由实验数据作图的图解法,找出能表达实验数据的方程式的解析法。其中表格法是表达实验结果最直接的方法,其缺点是规律性不够明显;解析法便于运算和分析(例如,克拉珀龙方程可用来分析蒸气压对温度的变化率与相变焓的关系,并进行定量计算),然而,在比较复杂的情况下难以找到与实验关系完全相当的方程式;图解法是广泛应用的方法,具有清晰、直观、形象化的特点。

按照相平衡系统的组分数,相图可分为单组分系统、双组分系统、三组分系统等;按组分间相互溶解情况,相图可分为完全互溶、部分互溶、完全不互溶系统等;按性质-组成,相图可分为蒸气压-组成图、沸点-组成图、熔点-组成图以及温度-溶解度图等。

本章以相律为指导,以组分数为主要线索,穿插不同分类法来讨论不同类型的相图。

学习相图时要紧紧抓住由看图来理解相平衡关系这一重要环节,并要明确,作图的根据是相平衡实验的数据,从图中看到的是系统达到相平衡时的强度状态。

Ⅰ　单组分系统相图

3.1　单组分系统的 p-T 图

将吉布斯相律应用于单组分系统,得

$$f=1-\phi+2=3-\phi \quad (C=1)$$

因 $f\not<0$,$\phi\neq0$,所以$\phi\leqslant3$。若$\phi=1$,则 $f=2$,称双变量系统;若$\phi=2$,则 $f=1$,称单变量系统;若$\phi=3$,则 $f=0$,称无变量系统。

上述结果表明,对单组分系统,最多只能 3 相平衡,自由度数最多为 2,即确定系统的强度状态最多需要 2 个独立的强度变量，也就是温度和压力。所以以压力为纵坐标，温度为横坐标的平面图，即 p-T 图，可以完满地描述单组分系统的相平衡关系。

学习相图的具体要求是：(i)会画图，(ii)会读图，(iii)会用图。其中会读图是学好相图的关键。本书创建一整套规范、理性、直观的符号标示相图，帮助读者达到读懂图的目的；并提示读者，首先读懂其中的一个相图，则可举一反三，一通百通。

3.1.1 水的 p-T 图

水在通常压力下，可以处于以下任何一种平衡状态：单相平衡——水，气或冰；两相平衡——水⇌气，冰⇌气，冰⇌水；三相平衡——冰⇌水⇌气。

表 3-1 是由实验测得的 H_2O 的相平衡数据。

表 3-1 H_2O 的相平衡数据

t/ ℃	两相平衡			三相平衡
	水或冰的饱和蒸气压/Pa		平衡压力/MPa	平衡压力/Pa
	水⇌气	冰⇌气	冰⇌水	冰⇌水⇌气
−20	—	103.4	199.6	—
−15	(190.5)	165.2	161.1	—
−10	(285.8)	295.4	115.0	—
−5	(421.0)	410.3	61.8	—
0.01	611.0	611.0	611.0×10^{-6}	611.0
20	2 337.8	—	—	—
60	19 920.5	—	—	—
99.65	100 000	—	—	—
100	101 325	—	—	—
374.2	22 119 247	—	—	—

若将表 3-1 的数据描绘在 p-T 图上(图 3-1)，则由水⇌气两相平衡数据得到 OC 曲线，也就是水在不同温度下的饱和蒸气压曲线。在一定温度下(临界温度以下)增加压力可以使气体液化，故 OC 线以左的相区为液相区，以右的相区为气相区。显然 OC 线向上只能延至临界温度 374.2 ℃，临界压力 22.1 MPa。因为在 C 点气、液的差别已消失，超过 C 点不能存在气、液两相平衡，OC 线到此为止。

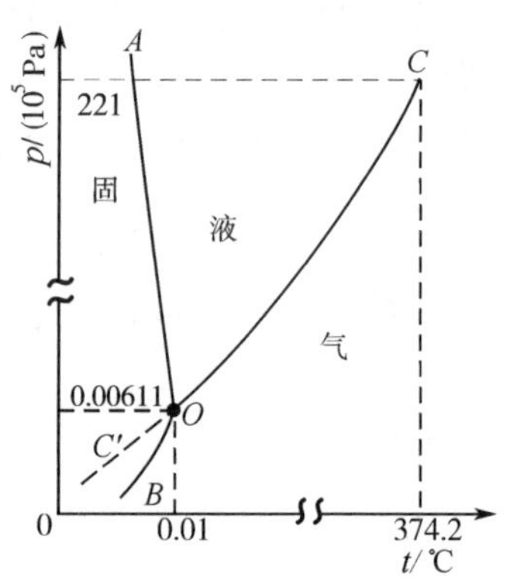

图 3-1 H_2O 的 p-T 图

若使水的温度降低，则其蒸气压量值将沿 CO 线向 O 点移动，到了 O 点(0.01 ℃，611.0 Pa)冰应出现，但是如果我们特别小心，可使水冷却至相当于图中虚线上的状态而仍无冰出现，这种现象叫**过冷现象**(supercooled phenomenon)，OC'线代表过冷水的饱和蒸气压曲线。处于过冷状态的水虽可与其蒸气处于两相共存状态，但不如热力学平衡那样稳定，一旦受到剧烈震荡或加入少量冰作为晶种，会立即凝固为冰，所以称为**亚稳状态**(metastable state)。

由冰⇌气两相平衡数据，得到图中 OB 曲线，也就是冰的饱和蒸气压曲线，表明冰的饱和蒸气压随温度降低而降低。在 OB 线以上，表示同样温度下压力大于固体饱和蒸气压，因而为固相区，即为冰的相区；OB 线以下则相反，为气相区。理论上 OB 线向下可以延至 0 K。从图中可看出，温度对冰的饱和蒸气压的影响($\mathrm{d}p/\mathrm{d}T$)比对水的饱和蒸气压的影响大，这从

表 3-1 的数据亦可看出，但不如图明显；从克拉珀龙方程亦可得出这个结论。

从冰⇌水两相平衡数据，得到图中 *OA* 线，即冰的熔点随压力变化曲线。曲线斜率为负值，表明随压力增加，冰的熔点降低。当 *OA* 线向上延至 202 MPa 以上时，人们发现还有 5 种不同晶型的冰。

3 个相区 *BOA*、*AOC*、*BOC* 分别为固、液、气的单相平衡区，各区均为双变量系统，即 $f=2$，p 和 T 都可以在有限范围内任意改变而不致引起原有相的消失或新相的生成；*OA*、*OB*、*OC* 为两相平衡曲线，均为单变量系统，即 $f=1$，p、T 二者只有一个可以独立改变，另一个将随之而定，即不可能同时独立改变，否则系统的平衡状态将离开曲线而改变相数。

当固、液、气三相平衡共存时，$f=1-3+2=0$，为无变量系统，即如图 3-1 所示的 *O* 点，叫三相点（triple point），它的温度、压力的量值是确定的，即 0.01 ℃、611.0 Pa。此时若温度、压力发生任何微小变化，都会使三相中的一相或两相消失。

注意　相图中的任何一点，都是该系统处于平衡状态的一个强度状态点，它指示出平衡系统的相数、相的聚集态、温度、压力和组成（单组分系统即为纯物质），而未规定物量（物质的量或质量），物量是任意的，因为强度状态与物量无关。为简单起见，本书把相图中的强度状态点统称为系统点（system point）。而整幅图，即是相平衡系统强度状态图。

3.1.2　CO_2 的 *p-T* 图及超临界 CO_2 流体

1. CO_2 的 *p-T* 图

如图 3-2 所示为 CO_2 的 *p-T* 图及其体积质量与压力、温度的关系。图中 *OA* 线为 CO_2 的液-固平衡曲线，即 CO_2 的熔点随压力变化的曲线，它与水的相图中的 *OA* 线不同，它是向右倾斜，曲线的斜率为正值，表明随压力增加，CO_2 固体的熔点升高；*OB* 线为 CO_2 的固-气平衡曲线，即 CO_2 固体的升华曲线；*OC* 线为 CO_2 的液-气平衡曲线，即液体 CO_2 的饱和蒸气压曲线，该线至 *C* 点为止，*C* 点为 CO_2 的临界点，临界温度为 31.06 ℃，临界压力为 7.38 MPa。超过临界点 *C* 之后，CO_2 的气、液界面消失，系统性质均一，处于此状态的 CO_2 称为超临界 CO_2 流体。图中的阴影部分即为超临界 CO_2 流体。*OA*、*OB*、*OC* 的交点 *O* 则为 CO_2 的三相点，三相点的温度为 −56.6 ℃，压力为0.518 MPa。图中虚线上的数值为 CO_2 在不同温度、压力下的体积质量（$kg \cdot m^{-3}$）值。

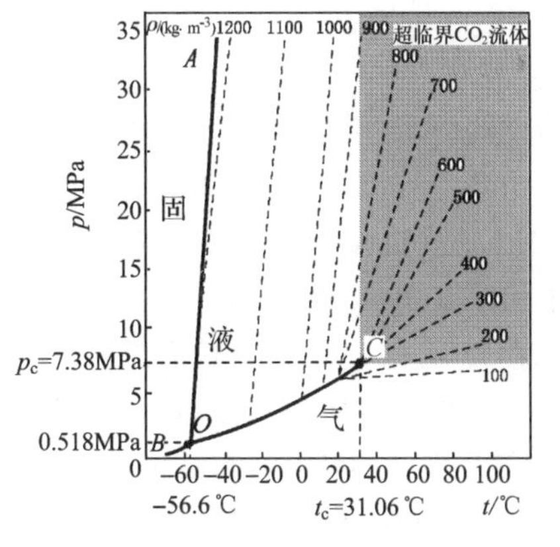

图 3-2　CO_2 的 *p-T* 图及其体积质量与压力、温度的关系

视频

黄子卿与水的三相点

2. 超临界 CO_2 流体

利用超临界流体的萃取分离是近代发展起来的高新技术。超临界流体由于具有较高的体积质量，故有较好的溶解性能，做萃取剂萃取效率高，且降压后萃取剂汽化，所剩被溶解物

质即被分离出来，而超临界 CO_2 流体的体积质量几乎是最大的，因此最适宜做超临界萃取剂。优点如下：

(i)由于超临界 CO_2 流体体积质量大，在临界点时其体积质量为 448 $kg \cdot m^{-3}$，且随着压力的增加其体积质量增加很快，故对许多有机物溶解能力很强。另一方面从图 3-2 中可以看出，在临界点附近，压力和温度微小变化可显著改变 CO_2 的体积质量，相应地影响其溶解能力。所以通过改变萃取操作参数(T、p)，很容易调节其溶解性能，提高产品纯度，提高萃取效率。

(ii)CO_2 临界温度为 31.06 ℃，所以 CO_2 萃取可在接近室温下完成整个分离工作，特别适用于热敏性和化学不稳定性天然产物的分离。

(iii)与其他有机萃取剂相比，CO_2 既便宜，又容易制取。

(iv)CO_2 无毒、惰性、易于分离。

(v)CO_2 临界压力适中，易于实现工业化。

此外，超临界 CO_2 流体还可以用做清洗剂，比水系清洗剂有更多优点；也可以用做印染剂，加入少量分散染料，不需要加入助剂就能够对天然纤维、聚酯、尼龙等织物进行印染，且使用后剩余染料及 CO_2 均可全部回收，不产生废液，不污染环境，具有绿色化学特征。

3.1.3 硫的 p-T 图

图 3-3 为硫的 p-T 图。在不同的强度状态下，固态硫有两种晶型，即正交硫 s(R)和单斜硫 s(M)。它们分别与气态硫 g(S)和液态硫 l(S)形成 3 个三相点，分别是：系统点 B(95 ℃)，s(R)⇌s(M)⇌g(S)三相平衡点；系统点 C(119 ℃)，s(M)⇌l(S)⇌g(S)三相平衡点；系统点 E(151 ℃)，s(R)⇌s(M)⇌l(S)三相平衡点。图中共有 4 个单相区及 AB、BC、CD、BE、CE 5 条两相平衡线。此外还有 4 条亚稳状态线，分别是：CG 为过冷 l(S)的饱和蒸气压曲线；BG 为过热 s(R)的饱和气压曲线；BH 为过冷 s(M)的饱和气压曲线；GE 为 s(R)⇌l(S)两相亚稳共存状态线，即为过热 s(R)的熔化曲线。系统点 G 为 s(R)⇌g(S)⇌l(S)三相亚稳共存状态点，系统点 D 为临界点。

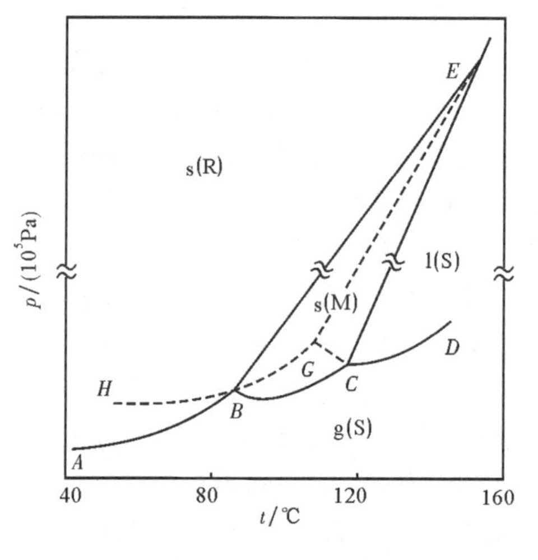

图 3-3 硫的 p-T 图

3.1.4 纯水的三相点及“水”的冰点

对单组分系统相图，根据相律，平衡系统中最多相数为 3，三相平衡的系统点即为三相点。对于固相只有 1 种晶型的单组分系统，只有 1 个三相点；而有 1 种以上晶型时，三相点就不止一个了。例如，如图 3-3 所示硫的相图中就有 3 个三相点；高压下水的相图中三相点也不止一个，因为在高压下有多种晶型的冰。平常所说的三相点是指水、气、冰三相平衡共存的系统点。在20世纪30年代初这个三相点还没有公认的数据。1934年我国物理化学家黄子卿等经反复测试，测得水的三相点温度为0.009 81℃。1954年在巴黎召开的国际温标会议确认了此数据，此次会议上规定，水的三相点温度为273.16 K。1967年第13届CGPM（国际计量大会）决议，热力学温度的单位开尔文（K）的数值是水三相点热力学温度的1/273.16。

不要把水的三相点（指气、液、固在三相平衡共存的系统点，如图3-1所示的O点）与"水"的冰点相混淆，它们的区别如图3-4所示。"水"的**冰点**（ice point）是指被101.325 kPa的空气所饱和了的"水"（已不是单组分系统）与冰呈平衡的温度，即0 ℃；而三相点是纯水、冰及水气三相平衡共存的状态，该状态下的温度为0.01 ℃。在冰点，系统所受压力为101.325 kPa，它是空气和水蒸气的总压力；而在三相点时，系统所受的压力是611 Pa，它是与冰、水呈平衡的水蒸气的压力。"水"的冰点比纯水的三相点低0.01 K。

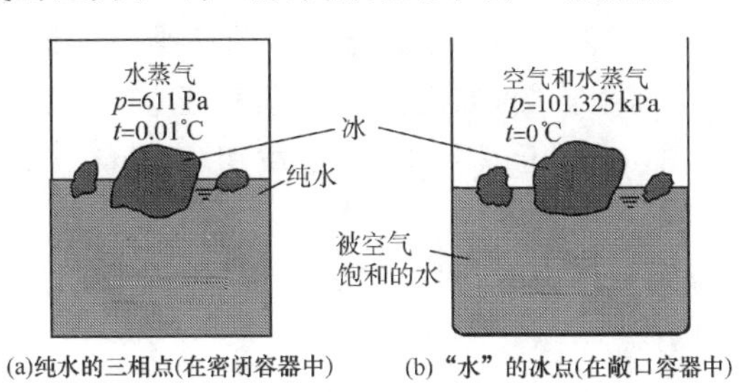

图3-4　纯水的三相点与"水"的冰点的区别

由于压力的增加以及水中溶有空气均使水的冰点下降，如图3-4所示，当系统的压力由611 Pa增加到101 325 Pa时，可由克拉珀龙方程算得水的冰点降低约0.007 5 ℃；而由于水中溶有空气，可由稀溶液的凝固点降低公式算得，水的冰点又降低0.002 3 ℃，合计降低约0.009 8 ℃。

【例3-1】　硫的相图如图3-3所示。请回答下列问题：(1)硫的相图中有几个三相点？它们分别由哪几种状态的硫构成平衡系统？(2)正交硫、单斜硫、液态硫、气态硫能否稳定共存？

解　(1)硫的相图中有3个三相点。它们分别为正交硫⇌单斜硫⇌气态硫、单斜硫⇌液态硫⇌气态硫、正交硫⇌液态硫⇌单斜硫三相共存。

(2)正交硫、单斜硫、液态硫、气态硫不能四相平衡共存，因为由相律

$$f=C-\phi+2=3-\phi$$

而$f \nless 0$，故最多只能三相同时平衡共存。

【例3-2】　某地区大气压约为61 kPa，若下表中4种固态物质加热，哪种物质能发生升华现象？

物质	三相点		物质	三相点	
	t/ ℃	p/Pa		t/ ℃	p/Pa
汞	−38.88	1.69×10^{-4}	氯化汞	227.0	57.3×10^{3}
苯	5.466	4.81×10^{3}	氩	−180.0	68.7×10^{3}

解　氩能发生升华现象。因为该地区大气压值(61 kPa)低于氩的三相点压力值(68.7 kPa)。

Ⅱ　二组分系统相图

3.2　二组分系统气液平衡相图

将吉布斯相律应用于二组分系统，

$$f=2-\phi+2=4-\phi \quad (C=2)$$

若$\phi=1$，则 $f=3$；$\phi=2$，$f=2$；$\phi=3$，$f=1$；$\phi=4$，$f=0$。

上述结果表明，二组分系统最多只能四相平衡，而自由度数最大为 3，即确定系统的强度状态最多需要 3 个独立强度变量，这三个独立的强度变量除了温度、压力外，还有系统的组成(液相组成 x，气相组成 y)，显然，这样的系统需要用三维空间的坐标图。但要将温度、压力二者中固定一个就可用平面坐标图，如定温下的蒸气压-组成图(vapor pressure-composition diagram)，即 p-$x(y)$图，或恒压下的沸点-组成图(boiling point-composition diagram)，即 t-$x(y)$图，来描述系统的相平衡强度状态。

由相律可知，当固定温度或压力时，对二组分系统 $f'=3-\phi$，所以在 p-$x(y)$或 t-$x(y)$图中，最多只能有三相平衡共存。

3.2.1　二组分液态完全互溶系统的蒸气压-组成图

两个组分在液态时以任意比例混合都能完全互溶时，这样的系统叫液态完全互溶系统(liquid full miscible system)。

1. 蒸气压-组成曲线无极大和极小值的类型

以 $C_6H_5CH_3$(A)-C_6H_6(B)系统为例，取 A 和 B 以各种比例配成混合物，将盛有混合物的容器浸在恒温浴中，在恒定温度下达到相平衡后，测出混合物的蒸气总压 p、液相组成 x_B 及气相组成 y_B。表 3-2 是在 79.70 ℃下，由实验测得的不同组成的混合物的蒸气压数据(包括纯 A 及纯 B 的蒸气压)。

表 3-2　$C_6H_5CH_3$(A)-C_6H_6(B)系统的蒸气压与液相组成及气相组成的关系(79.70 ℃)

x_B	y_B	p/kPa	x_B	y_B	p/kPa
0	0	38.46	0.634 4	0.817 9	77.22
0.116 1	0.253 0	45.53	0.732 7	0.878 2	83.31
0.227 1	0.429 5	52.25	0.824 3	0.924 0	89.07
0.338 3	0.566 7	59.07	0.918 9	0.967 2	94.85
0.453 2	0.665 6	66.50	0.956 5	0.982 7	97.79
0.545 1	0.757 4	71.66	1.000 0	1.000 0	99.82

若以混合物的蒸气总压 p 为纵坐标，以组成(液相组成 x_B，气相组成 y_B)为横坐标绘制成 p-$x(y)$图，则由表 3-2 的数据，得到图 3-5。这种绘制相图的实验方法叫蒸馏法(distillation method)。

图中，p_A^*、p_B^* 分别为 79.70 ℃时纯甲苯及纯苯的饱和蒸气压。上面的直线是混合物的蒸

气总压 p 随液相组成 x_B 变化的关系线，叫作液相线(line of liquid phase)。下面的曲线是 p 随气相组成 y_B 变化的曲线，叫气相线(line of gas phase)。两条线把图分成三个区。在液相线以上，系统的压力高于相应组成混合物的饱和蒸气压，气相不可能稳定存在，所以为液相区，用 l(A+B)表示。在气相线以下，系统的压力低于相应组成混合物的饱和蒸气压，液相不可能稳定存在，所以为气相区，用g(A+B)表示。液相线和气相线之间则为气液两相平衡共存区，用 g(A+B)⇌l(A+B)表示。

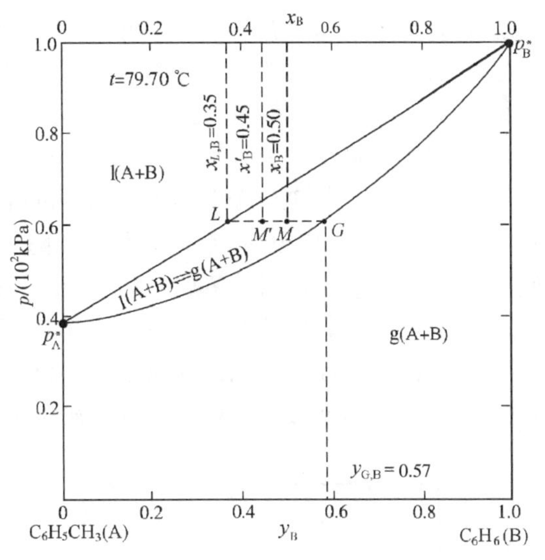

图 3-5　$C_6H_5CH_3$(A)-C_6H_6(B)系统的蒸气压-组成图

蒸气压-组成图中，每一个点有两个坐标，用来表示系统的压力和组成(T 一定)的强度状态点称为系统点(system point)，用来表示一个相的压力和组成(x_B 或 y_B，T 一定)的强度状态点称为相点(phase point)。在气相区或液相区中的系统点亦即相点。在气液两相平衡区表示系统的平衡态同时需要两个点。平衡时，系统的压力及两相的组成是一定的，所以两个相点和系统点的连线必是与横坐标平行的线。因此，通过系统点作平行于横坐标的水平线与液相线及气相线的交点即是两个相点。例如，由系统的压力和组成可在图 3-5 中标出系统点 M，则其气、液两相的组成分别由 L 和 G 两点所对应的横坐标指示，L、G 两点分别叫液相点和气相点，$\overline{LG}$线称为定压连接线。所以在两相区要区分系统点和相点的不同含义。在图中只要给出系统点，从系统点在图中的位置即知该系统的总组成 x_B、温度、压力、平衡相的相数、各相的聚集态及相组成等。例如图 3-5 中的系统点 M，它的总组成 $x_B=0.5$，温度 $t=79.70$ ℃，压力 $p=60$ kPa，相数$\phi=2$，一相为液相 l(A+B)，另一相为气相 g(A+B)，相组成 $x_B=0.35$，$y_B=0.57$。

由相律可知，在同一连接线上的任何一个系统点，其总组成虽然不同，但相组成却是相同的。例如$\overline{LG}$连接线上的 M'点，总组成 $x'_B\approx0.45$，其气相及液相的组成仍为 G、L 两相点所指示的组成。另一方面，在密闭容器中系统的压力改变时(例如，通过移动活塞来改变容积)，系统的总组成不变，但在不同压力下两相平衡时，相的组成却随压力而变。

从图 3-5 可以看出，各种组成混合物的蒸气压总是介于两纯组分蒸气压之间。对于这种类型的相图，在两相共存区的任何一个系统点，易挥发组分 B 在气相中的含量均大于在液相中的含量，即 $y_B>x_B$。应用这个图可研究改变压力后蒸气中两组分相对含量的变化规律。

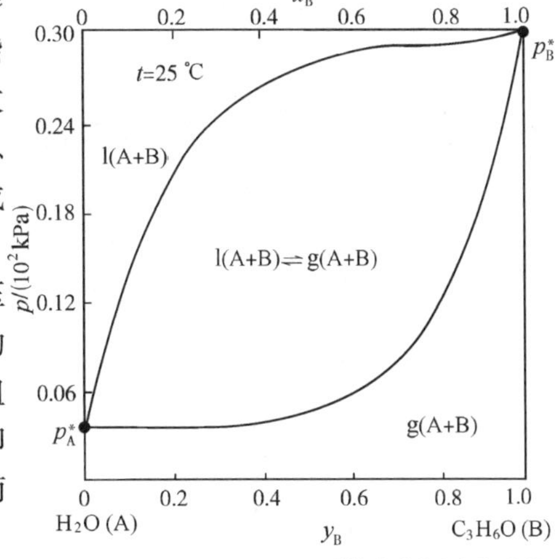

图 3-6　H_2O(A)-C_3H_6O(B)系统的蒸气压-组成图

如图 3-6 所示是 H_2O(A)-C_3H_6O(B)系统在

25 ℃时的蒸气压-组成图。图 3-6 与图3-5比较，不同点是后者的液相线是直线(这是理想液态混合物的特征)，前者是曲线，但它们的共同特征是：各种组成混合物的蒸气压介于两纯组分蒸气压之间，且易挥发组分 B 在气相中的含量大于在液相中的含量，即 $y_B > x_B$。两图曲线的形状虽不一样，但看图的方法一样。

2. 蒸气压-组成曲线有极大或极小值的类型

以 $H_2O(A)$-$C_2H_5OH(B)$系统为例，如图 3-7 所示是该系统在 60 ℃时的蒸气压-组成图，该图的特点是：定温时，系统的蒸气压随 x_B 的变化出现极大值，两相区的相组成在极大值一侧(左侧)$y_B > x_B$，另一侧(右侧)$y_B < x_B$，在极大值处气相线与液相线相切，$y_B = x_B$。

如图 3-8 所示是 $CHCl_3(A)$-$C_3H_6O(B)$系统的蒸气压-组成图，该图的特点是：定温时，系统的蒸气压随 x_B 的变化出现极小值，两相区的相组成在极小值一侧(左侧)$y_B < x_B$，另一侧(右侧)$y_B > x_B$，在极小值处气相线与液相线相切，$y_B = x_B$。

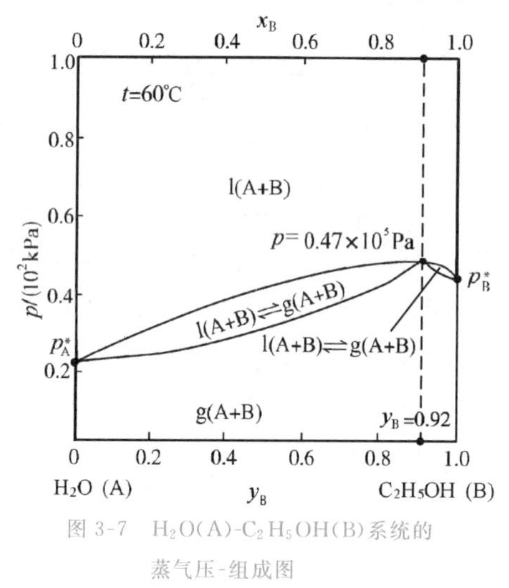

图 3-7 $H_2O(A)$-$C_2H_5OH(B)$系统的蒸气压-组成图

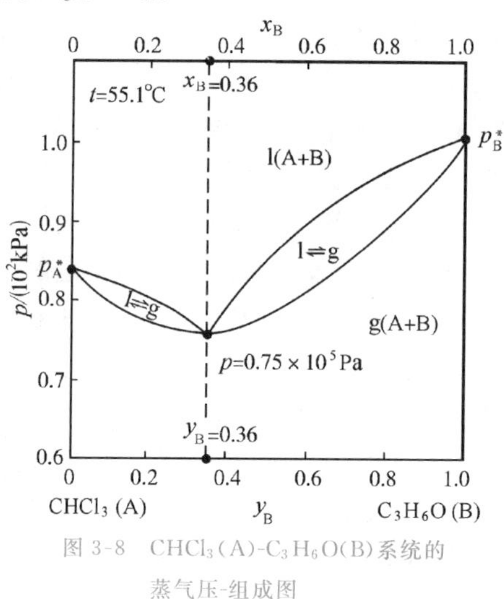

图 3-8 $CHCl_3(A)$-$C_3H_6O(B)$系统的蒸气压-组成图

3.2.2 二组分液态完全互溶系统的沸点-组成图

精馏操作通常在定压下进行，为了提高分离效率，必须了解在定压下混合物的沸点和组成之间的关系。沸点-组成图即是描述这种关系的相图。

1. 沸点-组成图无极大和极小值的类型

以 $C_6H_5CH_3(A)$-$C_6H_6(B)$系统为例，p=101 325 Pa 下，测得混合物沸点与液相组成 x_B 及气相组成 y_B 的数据(包括纯 A 及纯 B 的沸点)见表 3-3。

表 3-3 $C_6H_5CH_3(A)$-$C_6H_6(B)$系统在 p=101 325 Pa 下沸点与液相组成及气相组成的数据

t/ ℃	x_B	y_B	t/ ℃	x_B	y_B	t/ ℃	x_B	y_B
110.62	0	0	97.76	0.325	0.530	86.41	0.712	0.853
108.75	0.042	0.089	95.01	0.409	0.619	84.10	0.810	0.911
104.87	0.132	0.257	92.79	0.483	0.688	81.99	0.900	0.958
103.00	0.183	0.384	90.76	0.551	0.742	80.10	1.000	1.000
101.52	0.219	0.395	88.63	0.628	0.800			

由表 3-3 绘制的 $C_6H_5CH_3$(A)-C_6H_6(B)系统的沸点-组成图，如图 3-9 所示。图中 t_A^* 及 t_B^* 分别为 $C_6H_5CH_3$(A)及 C_6H_6(B)的沸点(亦是单组分系统的两相点)。上面的曲线根据t-y_B数据绘制，表示混合物的沸点与气相组成的关系，叫**气相线**。下面的曲线根据 t-x_B 数据绘制，表示混合物的沸点与液相组成的关系，叫**液相线**。气相线以上为气相区，用 g(A+B)表示，液相线以下为液相区，用 l(A+B)表示。两线中间为气液两相平衡区，用 g(A+B)$\rightleftharpoons$l(A+B)表示，该区内任何系统点的平衡态为液气两相平衡共存，其相组成可分别由液相线及气相线上的两个相应的液相点及气相点所对应的横坐标指示的组成读出。例如，如图3-9 所示，在 p=101 325 Pa 下 95 ℃时，系统总组成 x_B=0.50 的系统点 M 为气液两相平衡，其相组成可通过 M 点做平行于横坐标的定温连接线与液相线及气相线的交点，即液相点 L 及气相点 G 读出($x_{L,B}\approx0.41$，$y_{G,B}\approx0.62$)，$\overline{LG}$线即为**定温连接线**(isothermal line)。

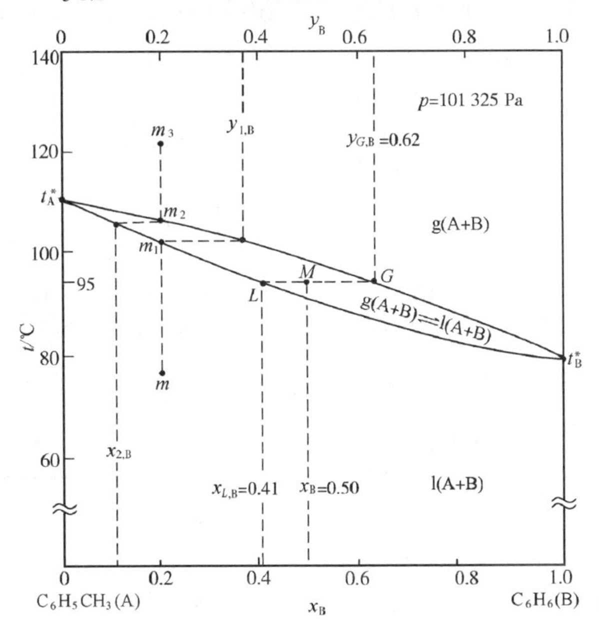

图 3-9　$C_6H_5CH_3$(A)-C_6H_6(B)系统的沸点-组成图

将图 3-9 与图 3-5 相比可发现，两图的气相区和液相区、气相线和液相线的上下位置恰好相反(这很容易理解，因定压下升温则混合物汽化，而定温下加压则蒸气液化)；同时看到沸点-组成图中液相线不是直线而是曲线。此外，蒸气压-组成图上，t 一定时，$p_A^*<p_B^*$，$p_A^*<p<p_B^*$；而沸点-组成图上，p 一定时，$t_A^*>t_B^*$，且 $t_A^*>t>t_B^*$，这是因为沸点高的液体蒸气压小(难挥发)，沸点低的液体蒸气压大(易挥发)，故在沸点-组成图中，在同一温度下气、液两相区的相组成 $y_B>x_B$，这正是精馏分离的理论基础。

如图 3-9 所示，若将系统点为 m 的混合物定压加热升温，则到 m_1 点后开始沸腾起泡，所以 m_1 点又叫**泡点**(bubble point)，因而液相线又叫**泡点线**(bubble point line)，产生的第一个气泡的组成为 $y_{1,B}$。严格说来，正好到 m_1 点时仍是液相，只有超过一点点才会出现第一个气泡，第一个气泡的组成亦应在 $y_{1,B}$左边一点点。系统点 m_2 点又叫**露点**(dew point)，而气相线又叫**露点线**(dew point line)，产生的第一个液珠的组成为 $x_{2,B}$。从 m 升温到 m_3 或从

m_3 冷却到 m，系统的总组成不变，但在两相平衡区时，两相的组成将随温度的改变而改变。

2. 沸点-组成图有极小或极大值的类型

如图 3-10 及图 3-11 所示是 $H_2O(A)$-$C_2H_5OH(B)$ 及 $CHCl_3(A)$-$C_3H_6O(B)$ 系统的沸点-组成图。图 3-10 及 3-11 与图 3-7 及 3-8 相比，可以明显看出，对拉乌尔定律有较大的正偏差，则蒸气压-组成图中有最高点，而在沸点-组成图中则相应有最低点；对拉乌尔定律有较大的负偏差，则蒸气压-组成图中有最低点，而在沸点-组成图中一般有最高点。我们把沸点-组成图中的最低点的温度叫**最低恒沸点**(minimum azeotropic point)，最高点的温度叫**最高恒沸点**(maximum azeotropic point)。在最低恒沸点和最高恒沸点处，气相组成与液相组成相等，即 $y_B = x_B$，其量值叫**恒沸组成**(azeotropic composition)。具有该组成的混合物叫**恒沸混合物**(azeotropic mixture)。$H_2O(A)$-$C_2H_5OH(B)$ 系统具有最低恒沸点，即 $t_E = 78.15$ ℃，恒沸组成 $x_B = y_B = 0.897$；$CHCl_3(A)$-$C_3H_6O(B)$ 系统具有最高恒沸点，即 $t_E = 64.4$℃，恒沸组成 $x_B = y_B = 0.215$。

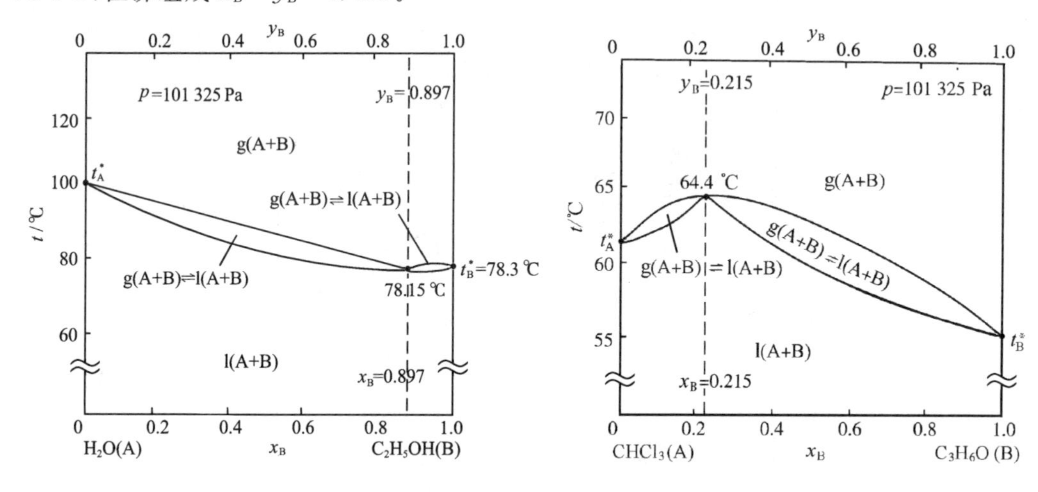

图 3-10 $H_2O(A)$-$C_2H_5OH(B)$ 系统的沸点-组成图　　图 3-11 $CHCl_3(A)$-$C_3H_6O(B)$ 系统的沸点-组成图

对于恒沸混合物，以前人们曾误认为是化合物，后来实验发现，仅当外压一定时，恒沸混合物才有确定的组成，而当外压改变时，其恒沸温度及恒沸组成均随压力而变，这说明它不是化合物。$H_2O(A)$-$C_2H_5OH(B)$ 系统的恒沸温度及组成随压力变化数据见表 3-4。

表 3-4 $H_2O(A)$-$C_2H_5OH(B)$ 系统的恒沸温度及组成随压力变化数据

压力 $p/(10^2$ kPa)	恒沸温度 t/ ℃	恒沸组成 $x_B = y_B$	压力 $p/(10^2$ kPa)	恒沸温度 t/ ℃	恒沸组成 $x_B = y_B$
0.127	33.35	0.986	1.013	78.15	0.897
0.173	39.20	0.972	1.434	87.12	0.888
0.265	47.63	0.930	1.935	95.35	0.887
0.539	63.04	0.909			

3.2.3 杠杆规则

对二组分系统，在一定条件下达到两相平衡时，该两相的物质的量(或质量)关系可以根据系统的相图由杠杆规则做定量计算。

以如图 3-12 所示的 A、B 两组分在某压力下的沸点-组成图为例。设有总组成为 x_B、温

度为 t_K 的系统点 K，该系统为气液两相平衡，气相点和液相点分别为 G 和 L，由图可读出该两相的组成(两相中 B 的摩尔分数)为 y_B^g 和 x_B^l。现在来考虑，此时气、液两相物质的量 n^g 及 n^l 与系统的总组成 x_B 及气、液两相的组成 y_B^g 及 x_B^l 的关系如何？

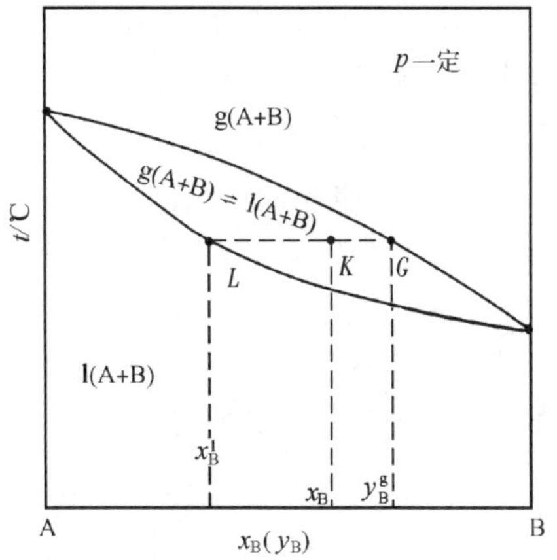

从 $x_B \stackrel{\text{def}}{=\!=} \dfrac{n_B}{n_A+n_B}$ 出发，

$$n_B=(n_B^g+n_B^l)=n^g y_B^g+n^l x_B^l$$

又
$$n_A+n_B=(n_A^g+n_B^g+n_A^l+n_B^l)=n^g+n^l$$

代入 x_B 定义式的右边，则得

$$(n^g+n^l)x_B=n^g y_B^g+n^l x_B^l$$

于是，有

$$\frac{n^g}{n^l}=\frac{x_B-x_B^l}{y_B^g-x_B} \tag{3-1a}$$

图 3-12　杠杆规则

根据式(3-1a)可以求出在一定条件下二组分达到气液两相平衡时，气液两相的物质的量之比。

由图可以看出 $x_B-x_B^l=\overline{LK}$，$y_B^g-x_B=\overline{KG}$，所以又可得

$$n^g/n^l=\overline{LK}/\overline{KG} \tag{3-1b}$$

即相互平衡的气液两相的物质的量之比，可由相图中连接两相点的两段定温连接线的长度 $\overline{LK}$ 与 $\overline{KG}$ 之比求得。式(3-1b)也可写成：

$$\overline{LK}\cdot n^l=\overline{KG}\cdot n^g \tag{3-1c}$$

若相图中的组成坐标不用摩尔分数而是用质量分数表示，则

$$m^g/m^l=\overline{LK}/\overline{KG} \tag{3-1d}$$

或
$$\overline{LK}\cdot m^l=\overline{KG}\cdot m^g \tag{3-1e}$$

式中，m^g 及 m^l 为相互平衡的气、液两相的物质的质量。式(3-1d)与式(3-1e)与力学中的以 K 为支点，挂在 G、L 处的质量为 m^g、m^l 的两物体平衡时的杠杆规则($\overline{LK}\cdot m^l=\overline{KG}\cdot m^g$)形式相似，故形象化地称式(3-1)为**杠杆规则**(lever rule)。杠杆规则适合于任何两相平衡系统。

有了相图，根据杠杆规则，若系统的物质的总物质的量为未知，仅可求出相互平衡的两个相的物质的量之比；若系统的物质的总物质的量亦给定，可求出相互平衡的两个相各自的物质的量(或质量)。

【例 3-3】 利用表 3-3 的数据，并结合图 3-9，计算将总组成 $x_B=0.50$ 的甲苯(A)-苯(B)的混合物 5 kmol，加热至 95 ℃，则气、液两相的物质的量各为多少？

解　由杠杆规则式(3-1a)及式(3-1b)，有

$$\frac{n^g}{n^l}=\frac{x_B-x_B^l}{y_B^g-x_B}=\frac{0.50-0.41}{0.62-0.50}=\frac{0.09}{0.12} \tag{a}$$

又，混合物(即系统的)总的物质的量
$$n^g+n^l=5\ \text{kmol} \tag{b}$$

联立式(a)、式(b)，解得　$n^g=2.14\ \text{kmol}$，　$n^l=2.86\ \text{kmol}$

3.2.4　精馏分离原理

化学研究及化工生产中，常需将含一个以上组分的混合物分离成纯组分(或接近纯组

分)，所用的方法之一就是精馏(rectification)。我们在讨论 $C_6H_5CH_3$(A)-C_6H_6(B)系统的沸点-组成图时(图 3-9)曾指出苯的沸点比甲苯的沸点低，即苯比甲苯易挥发，所以系统在一定外压下沸腾时，气相中低沸点组分(苯)的组成高于液相中低沸点组分的组成。借此原理，可以采用一定手段，实现 $C_6H_5CH_3$(A)-C_6H_6(B)系统中两个组分的完全分离。

如图 3-13 所示，设有一组成为 x_B 的 A-B 的液态混合物，将其加热到温度 t_3，则发生部分汽化，得到的蒸气组成为 $y_{3,B}$，将该组成的蒸气降温到 t_2，则发生部分冷凝，而未冷凝的蒸气，其组成为 $y_{2,B}$，由图可见 $y_{2,B}>y_{3,B}$，再将组成为 $y_{2,B}$ 的蒸气降温到 t_1，又发生部分冷凝，则未冷凝的蒸气的组成变为 $y_{1,B}$，且 $y_{1,B}>y_{2,B}$。如此多次进行部分冷凝，则如图中气相线上的箭头方向所示，未冷凝的蒸气的组成将逐渐接近纯的易挥发组分 B。

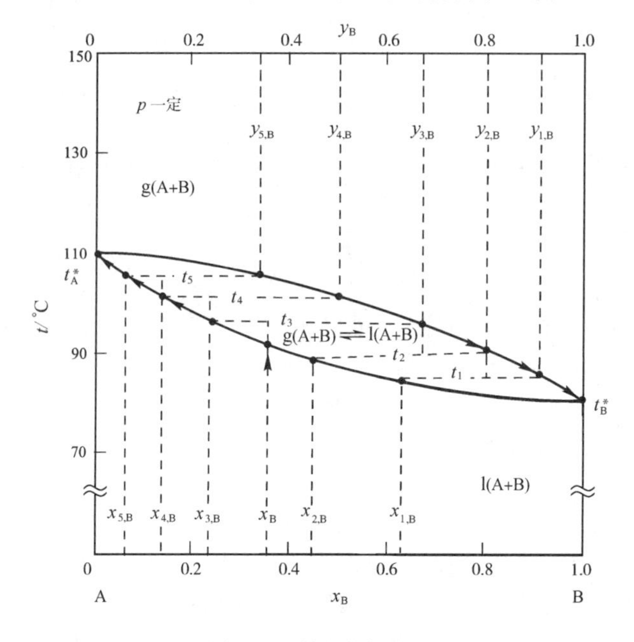

图 3-13 精馏分离原理

与部分冷凝同时，将在 t_3 时部分汽化后所剩的组成为 $x_{3,B}$ 的混合物加热到温度 t_4，则发生部分汽化，而未汽化的混合物的组成变为 $x_{4,B}$，且 $x_{4,B}<x_{3,B}$，再将组成为 $x_{4,B}$ 的混合物加热到温度 t_5，则未汽化的混合物的组成变为 $x_{5,B}$，显然 $x_{5,B}<x_{4,B}$。如此多次进行部分汽化，则如图中液相线上的箭头方向所示，未汽化的液相的组成将逐渐接近纯的难挥发组分 A。

在化工生产中，上述部分冷凝和部分汽化过程是在精馏塔中连续进行的，塔顶温度比塔底温度低，结果在塔顶得到纯度较高的易挥发组分，而在塔底得到纯度较高的难挥发组分。关于精馏塔的结构和原理将在化工原理课中学习，此处不详述。

对具有最低或最高恒沸点的二组分系统，用简单精馏的方法不能将二组分完全分离，而只能得到其中某一纯组分及恒沸混合物。

以 H_2O(A)-C_2H_5OH(B)系统为例，如图 3-10 所示，恒沸混合物的沸点最低，若将组成为 $x_B=0.60$ 的乙醇和水的混合物引入塔中进行精馏，则在塔顶得到的是恒沸混合物，在塔底得到的是纯水。可见，精馏的结果得不到纯乙醇。工业酒精中乙醇含量约为 w(乙醇)=

0.95，相当于 x(乙醇)＝0.897，就是由于不能用简单精馏方法实现两纯组分完全分离的缘故。市售的无水乙醇是通过其他方法生产的，例如利用生石灰除去其中的水；或利用苯，使其与水、乙醇一起共沸精馏，由于苯、水、乙醇形成三组分恒沸物，从塔顶蒸出，而塔底得到无水乙醇。

【例 3-4】 如图 3-14 所示为 A-B 二组分系统气液平衡的压力-组成图。假定混合物的组成为 $x_B=0.4$，试根据相图计算：(1)该混合物在 25 ℃时的饱和蒸气压；(2)25 ℃时与该混合物呈平衡的气相组成 y_B；(3)若以纯 B 为标准态，25 ℃时该混合物中 B 的活度因子 f_B 及活度 a_B。

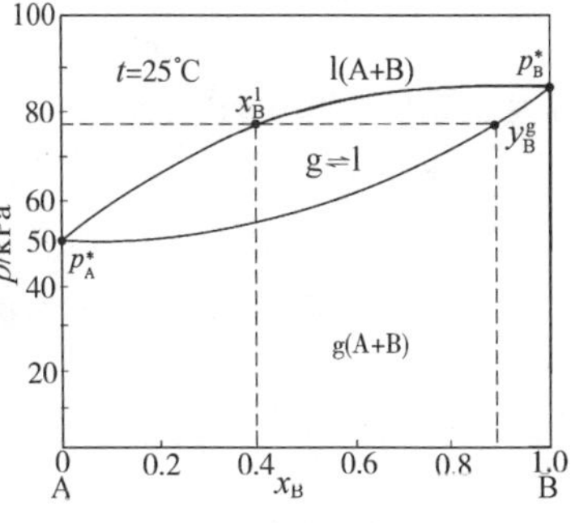

图 3-14　A-B 系统压力-组成图

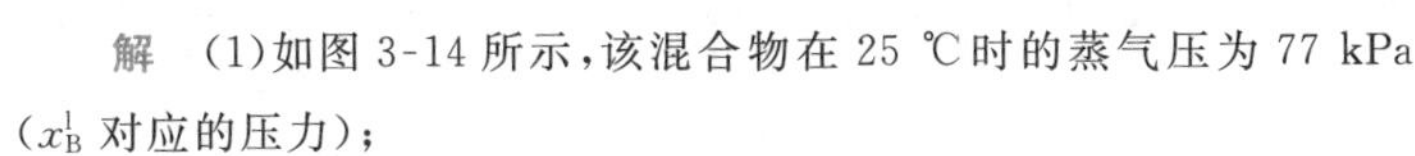

解　(1)如图 3-14 所示，该混合物在 25 ℃时的蒸气压为 77 kPa(x_B^l 对应的压力)；

(2)25 ℃时与该混合物呈平衡的气相组成 $y_B^g \approx 0.9$；

(3)$f_B=\dfrac{p y_B}{p_B^* x_B}=\dfrac{77\ \text{kPa}\times 0.9}{85\ \text{kPa}\times 0.4}=2.0$

$a_B=f_B x_B=2.0\times 0.4=0.8$

【例 3-5】 如图 3-15(a)所示为 A、B 两组分液态完全互溶系统的压力-组成图。试根据该图画出该系统的温度(沸点)-组成图，并在图中标示各相区的聚集态及成分。

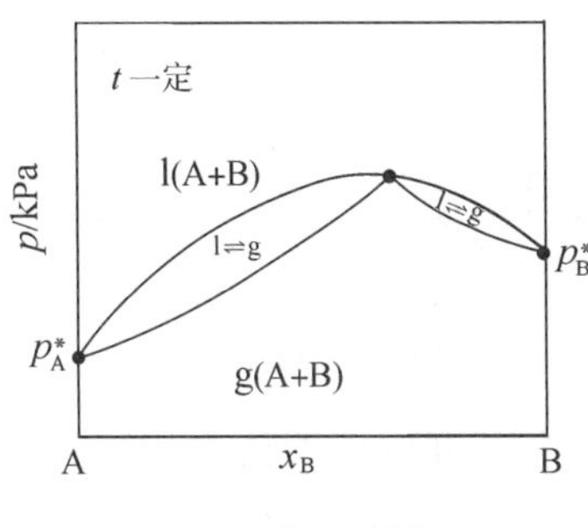

(a)压力-组成图

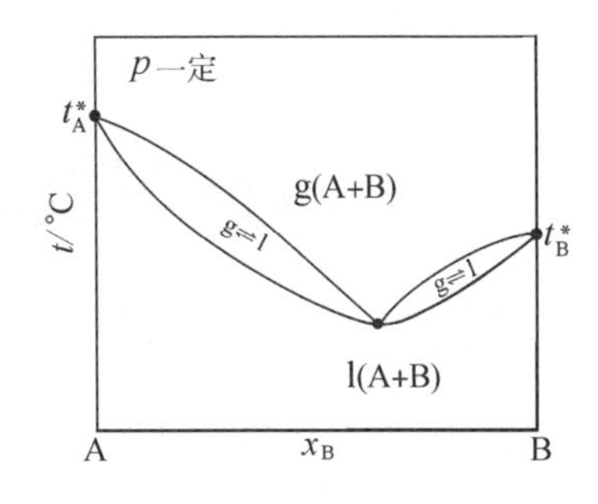

(b)温度(沸点)-组成图

图 3-15　A-B 系统压力-组成及温度(沸点)-组成图

解　由压力-组成图知：

$p_A^* < p_B^*$，则在温度(沸点)-组成图中有 $t_A^* > t_B^*$(蒸气压小的液体沸点高，即不易挥发，蒸气压大的液体沸点低，即易挥发)。

由压力-组成图可知：

液相线在气相线的上方；液相区在液相线以上，气相区在气相线以下，介于两线之间则为气液两相平衡区。

而温度(沸点)-组成图恰恰与压力-组成图相反，即液相线在气相线下方；液相区在液相线以下(低于沸点温度，则呈液体)，气相区在气相线以上(高于沸点温度，则呈气体)，介于两线之间则为气液两相平衡区。

由压力-组成图可知，液相线与气相线有相切点，且为最高点，则在温度(沸点)-组成图中液相线与气相线也必有相切点，且必为最低点(蒸气压高，则沸点必低)。

综上分析，则该系统的温度(沸点)-组成图如图 3-15(b)所示。

【例 3-6】 如图 3-16 所示为 A-B 二组分液态完全互溶系统的沸点-组成图。(1)4 mol A 和 6 mol B 混合时，70 ℃时系统有几个相，各相的物质的量如何？各含 A、B 多少？(2)多少组成(即 x_B＝?)的 A、B 二组分混合物在 101 325 Pa 下沸点为 70 ℃？(3)70 ℃时，上述混合物中组分 A 的活度因子 f_A＝？活度 a_A

=？(均以纯液体 A 为标准态)。已知 $\Delta_f H_m^\ominus(A,l)=300\ kJ\cdot mol^{-1}$，$\Delta_f H_m^\ominus(A,g)=328.4\ kJ\cdot mol^{-1}$。

解　(1)系统如图 3-16 中 K 点所示，有气、液两个相，相点如 G、L 两点所示，各相物质的量由杠杆规则：

$$\frac{n^g}{n^l}=\frac{\overline{KL}}{\overline{GK}}=\frac{0.78-0.60}{0.60-0.22} \tag{a}$$

又
$$n^g+n^l=10\ mol \tag{b}$$

联立式(a)、式(b)解得

$n^g=3.22\ mol$　其中 $n_A^g=2.51\ mol$，$n_B^g=0.71\ mol$

$n^l=6.78\ mol$　其中 $n_A^l=1.49\ mol$，$n_B^l=5.29\ mol$

(2)依据图 3-16，$x_B=0.78$ 的混合物在 101 325 Pa 下沸点为 70 ℃。

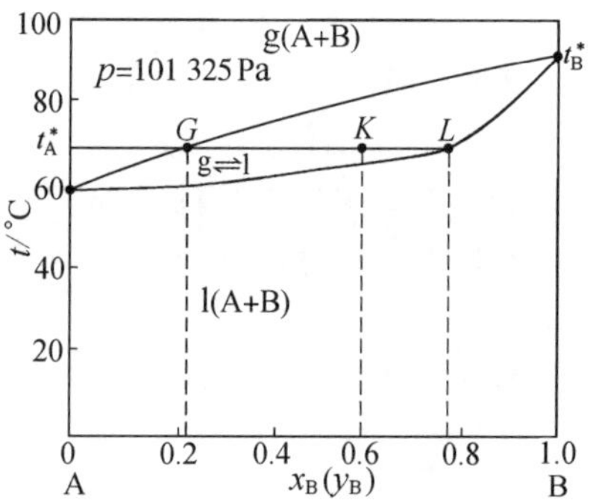

图 3-16　A-B 系统的沸点-组成图

(3)$p_A^*(60\ ℃)=101\ 325\ Pa$

$\Delta_{vap}H_m^*(A)=\Delta_f H_m^\ominus(A,g)-\Delta_f H_m^\ominus(A,l)=(328.4-300)\ kJ\cdot mol^{-1}$

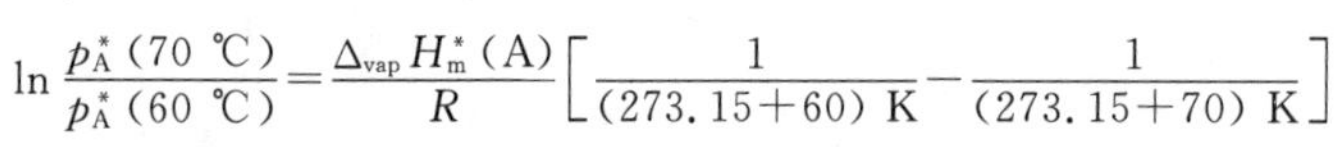

$$\ln\frac{p_A^*(70\ ℃)}{p_A^*(60\ ℃)}=\frac{\Delta_{vap}H_m^*(A)}{R}\left[\frac{1}{(273.15+60)\ K}-\frac{1}{(273.15+70)\ K}\right]$$

解得
$$p_A^*(70\ ℃)=136.6\ kPa$$

所以
$$f_A=\frac{py_A}{p_A^*x_A}=\frac{101.325\ kPa\times0.78}{136.6\ kPa\times0.22}=2.63$$

$$a_A=f_Ax_A=2.63\times0.22=0.58$$

3.3　二组分系统液液、气液平衡相图

3.3.1　二组分液态完全不互溶系统的沸点-组成图

两种液体绝对不互溶的情况是没有的，但是若它们的相互溶解度很小，以至可以忽略不计时，我们就把它视为完全不互溶系统。例如水与烷烃、水与芳香烃、水与汞等。

由于两个液态完全不互溶，当它们共存时，每个组分的性质与它们单独存在时完全一样，因此，在一定温度下，它们的蒸气总压等于两个液态组分在相同温度下的蒸气压之和，即

$$p=p_A^*+p_B^*$$

如图 3-17 所示为水、苯的 p-T 图，以及两种液体共存时蒸气总压与温度的关系图。

当 $H_2O(A)$-$C_6H_6(B)$系统的蒸气总压等于外压($p=101.325\ kPa$)时，由图可知，其沸点为 343 K(69.9 ℃)。只要容器中有这两种液体共存，沸点都是这一量值，与两液体的相对量无关，它比水的沸点(100 ℃，101.325 kPa)及纯苯的沸点(80.1 ℃，101.325 kPa)都低。

由分压定义可计算两液体与它们的蒸气在 69.9 ℃平衡共存时气相的组成。已知，69.9 ℃时，$p^*(C_6H_6)=73\ 359.3\ Pa$，$p^*(H_2O)=27\ 965.7\ Pa$，于是

$$y(C_6H_6)=\frac{p^*(C_6H_6)}{p^*(C_6H_6)+p^*(H_2O)}=\frac{73\ 359.3\ Pa}{73\ 359.3\ Pa+27\ 965.7\ Pa}=0.724$$

如图 3-18 所示为 $H_2O(A)$-$C_6H_6(B)$系统在 101.325 kPa 下的沸点-组成图，图中 t_A^*、t_B^* 分别为水和苯的沸点，$\overline{CED}$线为恒沸点线，即任何比例的水与苯的混合物其沸点均为 69.9 ℃，系统点在$\overline{CED}$线上(注意，C、D 两点不与两表示纯物质的温度坐标线重合，在两线内侧，且与两线相切)时出现三相平衡，即水(液)、苯(液)及 $y_B=0.724$ 的蒸气。图中$\overline{t_A^*E}$线

上蒸气对水是饱和的，对苯则是不饱和的。$\overline{t_B^* E}$线上，蒸气对苯是饱和的，对水是不饱和的。

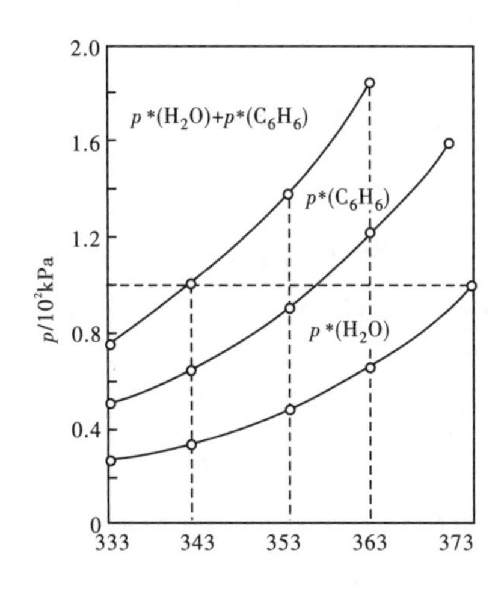

图3-17 水、苯的蒸气压与温度的关系

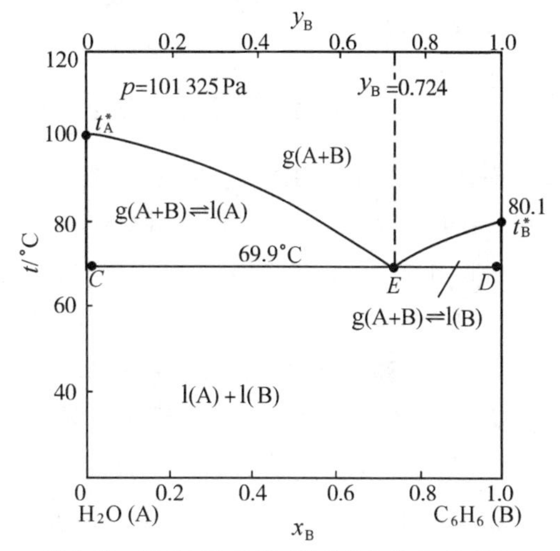

图3-18 $H_2O(A)$-$C_6H_6(B)$系统的沸点-组成图

3.3.2 水蒸气蒸馏原理

对于与水完全不互溶的有机液体，可用水蒸气蒸馏(steam distillation)的办法进行提纯。这是因为蒸气混合物蒸出并冷凝后分为两液层(有机物液体和水)，容易分开；而且蒸馏的温度比纯有机物的沸点低，对高温下易分解的有机物的提纯有利。

蒸出一定质量的有机物m(有)所需蒸气的质量可根据分压与物质的量的关系来计算。因为共沸时

$$p^*(\text{水})=py(\text{水})=p\frac{n(\text{水})}{n(\text{水})+n(\text{有})}$$

$$p^*(\text{有})=py(\text{有})=p\frac{n(\text{有})}{n(\text{水})+n(\text{有})}$$

其中，p是总压；p^*(水)、p^*(有)为在水蒸气蒸馏的温度下(共沸温度)，纯水及纯有机物的饱和蒸气压；y(水)、y(有)为气相中水与有机物的摩尔分数；n(水)、n(有)为它们的物质的量。以上二式相除，得

$$\frac{p^*(\text{水})}{p^*(\text{有})}=\frac{n(\text{水})}{n(\text{有})}=\frac{m(\text{水})/M(\text{水})}{m(\text{有})/M(\text{有})}=\frac{M(\text{有})m(\text{水})}{M(\text{水})m(\text{有})}$$

式中，m(水)为蒸出的有机物的质量为m(有)时所需水蒸气的质量；M(水)与M(有)分别为水及有机物的摩尔质量。整理上式，得

$$m(\text{水})=\frac{m(\text{有})M(\text{水})p^*(\text{水})}{M(\text{有})p^*(\text{有})} \tag{3-2}$$

【例3-7】 某车间采用水蒸气蒸馏法提纯200 kg氯苯，试计算需消耗多少水蒸气(kg)？已知水与氯苯在101 325 Pa下的共沸温度为90.2 ℃，该温度下，水与氯苯的饱和蒸气压分别为72.26 kPa及29.10 kPa。

解 由式(3-2)有

$$m(\text{水})=\frac{m(\text{氯苯})M(\text{水})p^*(\text{水})}{M(\text{氯苯})p^*(\text{氯苯})}=$$

$$\frac{200\ \text{kg}\times 18\times 10^{-3}\ \text{kg}\cdot\text{mol}^{-1}\times 72.26\times 10^{3}\ \text{Pa}}{112.5\times 10^{-3}\ \text{kg}\cdot\text{mol}^{-1}\times 29.10\times 10^{3}\ \text{Pa}}=79.5\ \text{kg}$$

3.3.3 二组分液态部分互溶系统的液液、气液平衡相图

两个组分性质差别较大，因而在液态混合时仅在一定比例和温度范围内互溶，而在另外的组成范围只能部分互溶，形成两个液相。这样的系统叫作液态部分互溶系统(liquid partially miscible system)。例如，H_2O-C_6H_5OH、H_2O-$C_6H_5NH_2$、H_2O-C_4H_9OH(正丁醇或异丁醇)等系统。

1. 二组分液态部分互溶系统的溶解度图(液液平衡)

以 H_2O(A)-$C_6H_5NH_2$(B)系统为例，讨论部分互溶系统的溶解度图。

如图 3-19 所示为根据 H_2O(A)与 $C_6H_5NH_2$(B)的相互溶解度实验数据绘制的 H_2O(A)-$C_6H_5NH_2$(B)系统的溶解度图。横坐标用 $C_6H_5NH_2$(B)的质量分数 w_B 表示。

图中曲线 *FKG* 的 *FK* 段，表示随着温度升高，苯胺在水中的溶解度增加；而 *GK* 段表示随着温度的升高，水在苯胺中的溶解度增加。曲线上的 *K* 点叫临界会溶点(critical consolute point)，温度为 167 ℃，叫临界会溶温度，该系统点对应的组成 $w_B=0.49$，在临界会溶温度以上，两组分以任意比例混合都完全互溶，形成均相系统。

图 3-19 中，*FKG* 曲线把全图分成两个区域：曲线外的区域为两个组分的完全互溶区，即均相区。曲线以内为两个组分部分互溶的两相区，含两个液相(即分层现象)，下层为苯胺在水中的饱和溶液，简称水相，用符号 l_α(A+B)表示；上层为水在苯胺中的饱和溶液，简称胺相，用符号 l_β(A+B)表示。在一定的温度下两相平衡共存(此两相称为共轭相)。

对于不包括气相的凝聚系统，不考虑压力影响(影响很小，可忽略不计)，相律为

$$f'=C-\phi'+1 \tag{3-3}$$

ϕ'为不包括气相的共存相数目；“1”是只考虑温度，不考虑压力影响的结果。应用此相律于图 3-19 中 *FKG* 曲线外的均相区

$$f'=C-\phi'+1=2-1+1=2$$

这两个强度变量即系统的温度与组成，它们可以在该区内独立改变。而在曲线 *FKG* 内的两相区

$$f'=2-2+1=1$$

即只有一个强度变量可以独立改变，也就是温度和组成二者中只有一个可以独立改变，另一个将随之而定。例如，改变了温度，则组成(两个相的组成)也就随之而定，不能再任意改变，反之亦然。

2. 二组分液态部分互溶系统的液液气平衡相图

如图 3-20 所示是包括气相的液态部分互溶系统水(A)-正丁醇(B)的液液气平衡相图。

图中上半部分与具有最低恒沸点的两组分的沸点-组成图 3-10 相似，t_A^* 及 t_B^* 分别为水及正丁醇在 101.325 kPa 下的沸点(100 ℃及 117.5 ℃)。曲线 t_A^*E 和 t_B^*E 是气相线，曲线 t_A^*C 和 t_B^*D 是液相线。气相线以上是气相区，气相线与液相线之间为气、液两相平衡区。图

中的下半部分，即$\overline{CED}$线以下与图3-19相似。系统点在$\overline{CED}$线上时可出现三相平衡（相点C、D所指示组成的两个共轭液相及$w_B=0.58$的气相）。

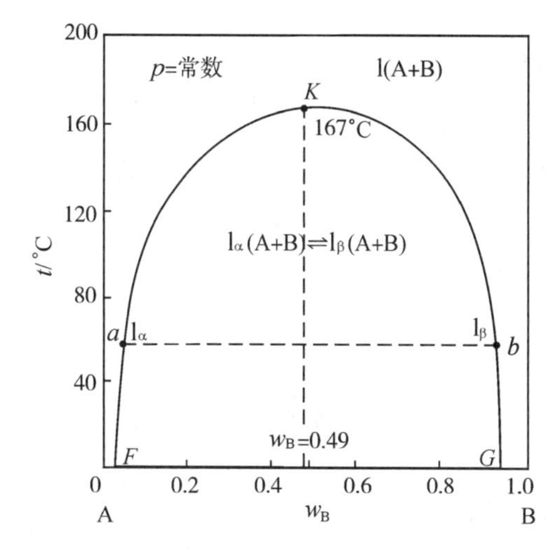

图3-19　$H_2O(A)$-$C_6H_5NH_2(B)$系统的溶解度图

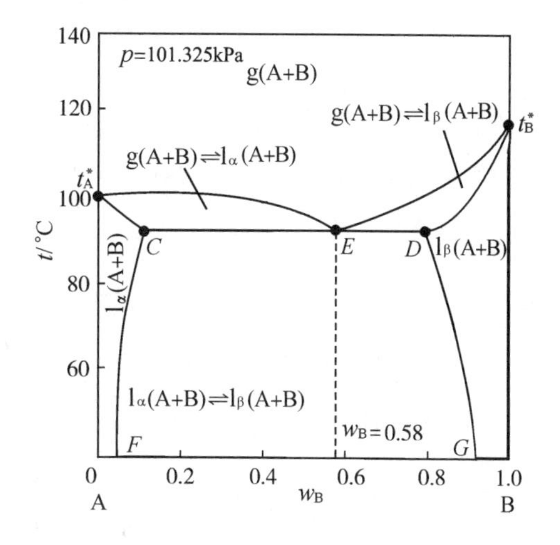

图3-20　$H_2O(A)$-$C_4H_9OH(B)$系统的液液气平衡相图

【例3-8】 A与B在液态部分互溶，A和B在100 kPa下的沸点分别为120 ℃和100 ℃，该二组分的气、液平衡相图如图3-21所示，且知C、E、D三个相点的相组成分别为$x_{B,C}=0.05$，$y_{B,E}=0.60$，$x_{B,D}=0.97$。(1)试将图3-21中①、②、③、④及$\overline{CED}$线所代表的相区的相数，聚集态及成分［聚集态用g、l及s表示气、液及固，成分用A，B或(A+B)表示］，条件自由度数f'列成表格。(2)试计算3 mol B与7 mol A的混合物，在100 kPa、80 ℃达成平衡时气液两相各相的物质的量各为多少摩尔？(3)假定平衡相点C和D所代表的两个溶液均可视为理想稀溶液，试计算60 ℃时纯A(l)及B(l)的饱和蒸气压及该两溶液中溶质的亨利系数(组成以摩尔分数表示)。

解　(1)列表如下：

相区	相数	相的聚集态及成分	条件自由度数 f'
①	1	g(A+B)	2
②	2	g(A+B)+l(A+B)	1
③	1	l(A+B)	2
④	2	l_1(A+B)+l_2(A+B)	1
$\overline{CED}$线上	3	l_1(A+B)+l_2(A+B)+g_E(A+B)	0

(2)如图3-22所示。将3 mol B与7 mol A的混合物(即$x_{B,总}=0.30$)加热到80 ℃(100 kPa下)，系统点为K，为气液两相平衡，气相点为G，液相点为L，相组成分别为$y_B^g=0.50$，$x_B^l=0.03$。

由杠杆规则

$$\frac{n^l}{n^g}=\frac{\overline{KG}}{\overline{LK}}=\frac{y_B^g-x_{B,总}}{x_{B,总}-x_B^l}=\frac{0.50-0.30}{0.30-0.03} \tag{a}$$

$$n^l+n^g=10\ \text{mol} \tag{b}$$

联立式(a)、式(b)，解得

$$n^g=5.74\ \text{mol},\quad n^l=4.26\ \text{mol}$$

(3)若视相点C、D所指示组成的溶液为理想稀溶液，则理想稀溶液中的溶剂遵守拉乌尔定律，溶质遵守亨利定律，于是 60 ℃时：

溶液 C 中 A 是溶剂，B 是溶质，则对溶剂 A，有 $p_A=p_A^* x_A$，而 $p_A=py_{A,E}=100\ \text{kPa}\times0.40=40\ \text{kPa}$，$x_A=0.95$，代入上式，解得

$$p_A^*=42.1\ \text{kPa}$$

对溶质 B，有 $p_B=k_{x,B}x_B$，而 $p_B=py_{B,E}=100\ \text{kPa}\times0.60=60\ \text{kPa}$，$x_{B,C}=0.05$，代入上式，解得

$$k_{x,B}=1\ 200\ \text{kPa}$$

溶液 D 中 B 是溶剂，A 是溶质，则对溶剂 B，有 $p_B=p_B^* x_B$，而 $p_B=py_{B,E}=100\ \text{kPa}\times0.60=60\ \text{kPa}$，$x_{B,D}=0.97$，代入上式，解得

$$p_B^*=61.9\ \text{kPa}$$

对溶质 A，有 $p_A=k_{x,A}x_A$，而 $p_A=py_{A,E}=100\ \text{kPa}\times0.40=40\ \text{kPa}$，$x_A=0.03$，代入上式，解得

$$k_{x,A}=1\ 333\ \text{kPa}$$

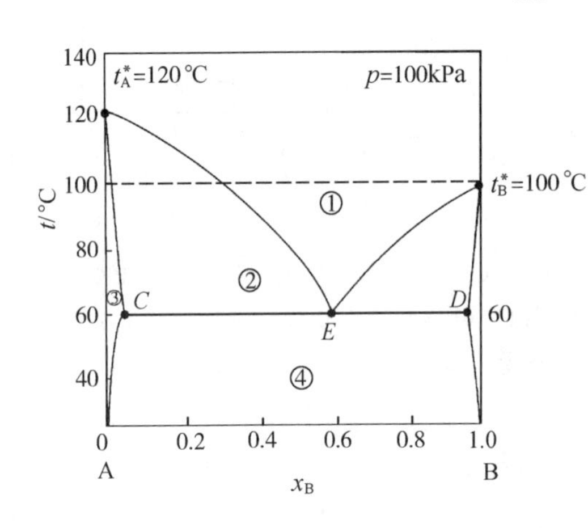

图 3-21　A-B 部分互溶系统的沸点-组成图

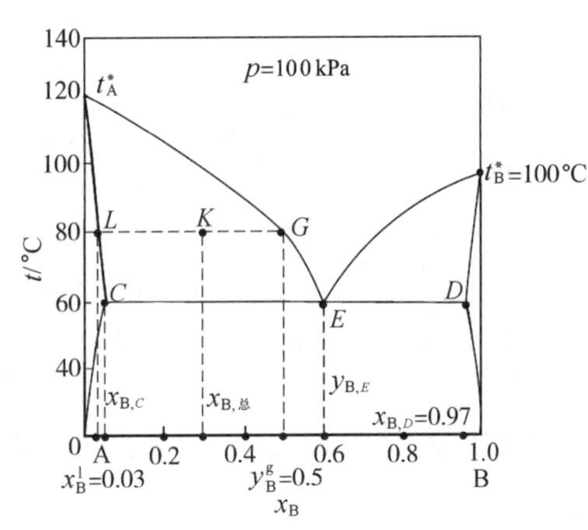

图 3-22　A-B 部分互溶系统的沸点-组成图

3.4　二组分系统固液平衡相图

3.4.1　热分析法

热分析法(thermal analysis)是绘制熔点-组成图的最常用的实验方法。这种方法的原理是：将系统加热到熔化温度以上，然后使其徐徐冷却，记录系统的温度随时间的变化，并绘制温度(纵坐标)-时间(横坐标)曲线，叫步冷曲线(cooling curve)。

若系统在冷却过程中不发生相变化，则系统逐渐散热时，所得步冷曲线为连续的曲线；若系统在冷却过程中发生相变化，所得步冷曲线在一定温度时将出现停歇点(有一段时间散热时温度不变)或转折点(在该点前后散热速度不同)，或两种情况兼有。

将两个组分配制成组成不同的混合物(包括两个纯组分)，加热熔化后，测得一系列步冷曲线，进而可得到熔点-组成图。

3.4.2　熔点-组成图

如图 3-23 所示为用热分析法由实验绘制的具有最低共熔点(eutectic point)(也叫共晶点)

的邻硝基氯苯(A)-对硝基氯苯(B)系统的熔点-组成图(melting point-composition diagram)。

图 3-23 中，t_A^* 及 t_B^* 分别为纯邻硝基氯苯及纯对硝基氯苯的熔点。t_A^*E 及 t_B^*E 是根据各个步冷曲线第一个转折点绘出的，所以是结晶开始曲线，是液固两相平衡中表示液相组成与温度关系的液相线(line of liquid phase)，而 t_A^*C 及 t_B^*D 是相对应的固相线(line of solid phase)；$\overline{CED}$水平线是根据各步冷曲线的停歇点绘出的(注意，C、D 两点并不与两纵坐标轴重合，而是在两坐标轴内侧，且分别与两坐标轴相切)。系统的温度降到$\overline{CED}$线的温度时，邻、对硝基氯苯一起结晶析出，所以又叫共晶线，是结晶终了线。在该条线上是两种晶体(纯 A 及纯 B)与溶液三相平衡，E 点即是溶液的相点，叫最低共熔点(或共晶点)，温度降到该点时，邻硝基氯苯(A)与对硝基氯苯(B)共同结晶析出。各相区如图 3-23 所示。

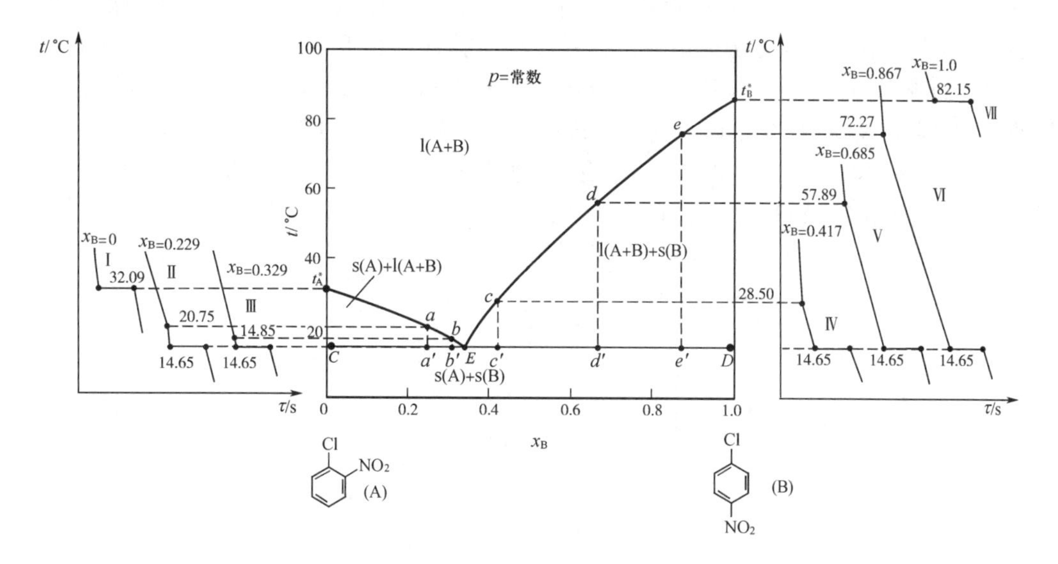

图 3-23　由热分析法绘制的邻硝基氯苯(A)-对硝基氯苯(B)系统的熔点-组成图

属于此类的有机化合物的固态完全不互溶的液固平衡的相图有苯(A)-萘(B)、联苯(A)-联苯醚(B)、邻硝基苯酚(A)-对硝基苯酚(B)等；许多二组分的无机盐或金属固态完全不互溶系统的液固平衡相图也属于此类型，例如，KCl(A)-AgCl(B)，Bi(A)-Cd(B)，Sb(A)-Pb(B)，Si(A)-Al(B)等系统。

3.4.3　结晶分离原理

仍以邻硝基氯苯(A)-对硝基氯苯(B)的熔点-组成图为例，说明它在结晶分离上的应用。氯苯经硝化后，得到 3 种硝基氯苯的混合物，其中邻硝基氯苯 $w_A=0.33$，对硝基氯苯 $w_B=0.66$，间硝基氯苯 $w_C=0.01$，若间硝基氯苯可忽略不计，则系统可近似视为二组分系统，怎样来分离邻、对两种异构体呢？

表 3-5 是邻、对硝基氯苯的物理常数，可见两种异构体沸点相差甚小，单纯用精馏的方法分离很困难，但熔点差别很大，且具有低共熔点(14.65 ℃)，所以可用固液平衡的原理实现分离，称结晶分离法。下面应用邻硝基氯苯(A)-对硝基氯苯(B)的熔点-组成图和沸点-组成图来阐明如何采用结晶分离与精馏分离相结合的方法把两异构体分离。

表 3-5 邻、对硝基氯苯的物理常数

异构体	沸点/ ℃		熔点/ ℃	共晶温度/ ℃
	101 325 Pa	1 066.6 Pa		
邻硝基氯苯	245.7	119	32.09	14.65
对硝基氯苯	242.0	113	82.15	

如图 3-24 所示的下半部分为该系统的熔点-组成图，上半部分为沸点-组成图。将一定量的温度和组成如系统点 M 所示的二异构体均相混合物，首先投入到对硝基氯苯(B)的结晶分离器中，冷却到 N 点，在结晶器中开始有对硝基氯苯(B)结晶析出。继续降温到 P 点，则有更多的对硝基氯苯(B)结晶析出，应用杠杆规则看出，此时 B(s)物质的量与溶液物质的量之比为$\overline{FP}/\overline{PG}$。分离后得纯对硝基氯苯(B)，所剩溶液的组成为相点 F 所示(该溶液称为冷母液)，其中邻硝基氯苯的含量增加。再将该溶液输入到精馏塔中进行精馏(工业生产中是减压精馏，这样可降低沸点，并扩大组分的沸点差别)，由图 3-24 可见，精馏后，塔釜液中(H 点)邻硝基氯苯(A)的含量超过共晶组成中邻硝基氯苯(A)的含量。将此釜液投入到邻硝基氯苯(A)的结晶分离器中，降温到 Q 点，则邻硝基氯苯(A)开始结晶析出。继续降温，则结晶出的邻硝基氯苯(A)物质的量不断增加，分离后可得纯邻硝基氯苯(A)。

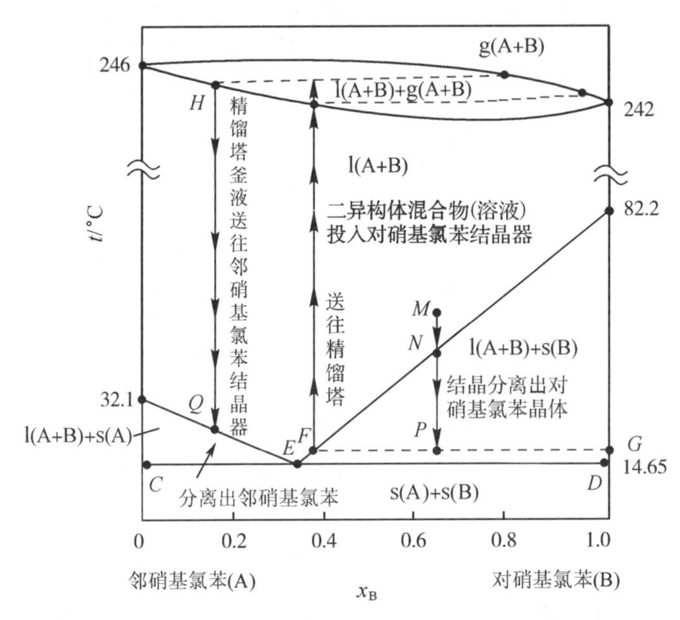

图 3-24 邻硝基氯苯(A)-对硝基氯苯(B)系统结晶分离原理示意图

3.4.4 系统步冷过程分析和共晶体的结构

以 Bi(A)-Cd(B)系统的熔点-组成图为例，该系统的相图亦为具有最低共熔点的相图(图 3-25)。

我们来分析图中 a、b、c 三个系统点的冷却情况。系统点 a 位于最低共熔点 E 的右上方，冷却到 a_1 点时，B 自混合物中结晶析出，随着温度的下降，B 晶

视频

凝固点降低原理的应用

体析出的量增加，混合物的组成将沿 a_1E 线上的箭头方向改变；继续冷却到 a_2 点时，混合物的组成已达到最低共熔点的组成 w_E，此时析出 A 与 B 的共晶体（共晶体是 A 与 B 的机械混合物，不是固溶体）；温度继续下降而离开 a_2 点时，则液态混合物消失，A 及 B 各自全部结晶，这时得到的固体混合物如图 3-25(a)所示，是由共晶体包夹着先结晶析出的 B 晶体的晶体结构。

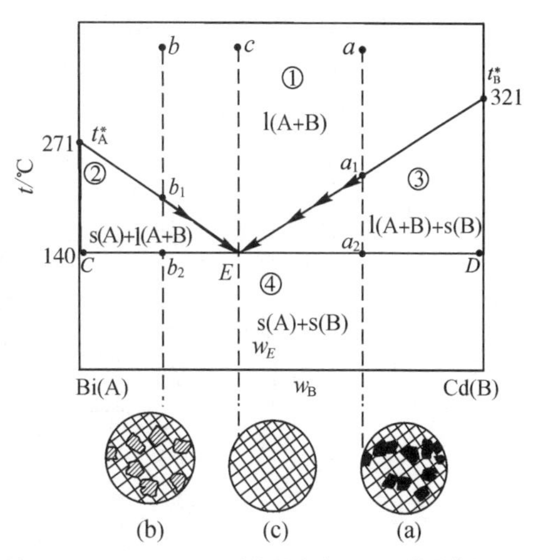

图 3-25　Bi(A)-Cd(B)系统的步冷过程和共晶体结构

b 点位于最低共熔点 E 的左上方，冷却到 b_1 点时，A 自混合物中结晶析出，随着温度的下降，A 晶体析出量增加。混合物的组成将沿 b_1E 线上的箭头方向改变；继续冷却至 b_2 点时，混合物的组成已达到最低共熔点的组成 w_E，此时析出 A 与 B 的共晶体；温度继续下降而离开 b_2 点时，则液态混合物消失，A 与 B 各自全部结为晶体，这时所得的固体混合物如图 3-25(b)所示，是由共晶体包夹着先结晶析出的 A 晶体的晶体结构。

c 点的组成恰好是低共晶体的组成，当系统冷却至低共晶点 E 时，A 及 B 同时析出，成为共晶体，其结构如图 3-25(c)所示，是 A 及 B 两个纯组分的微晶组成的机械混合物（两个固相）。

3.4.5　水-盐系统的相图

许多水-盐系统是具有最低共熔点的系统，此类系统的相图通常采用溶解度法制作，即通过不同温度下测得的某盐类在水中的溶解度数据，以温度为纵坐标，以溶解度（即组成）为横坐标，绘制成水-盐系统的相图。表 3-6 为不同温度下 $(NH_4)_2SO_4$ 在水中的溶解度数据，根据该数据，可绘得 $H_2O(A)$-$(NH_4)_2SO_4(B)$ 系统的固液平衡相图，如图 3-26 所示。

表 3-6　不同温度下 $(NH_4)_2SO_4$ 在水中的溶解度

温度 t/ ℃	液相组成 $w[(NH_4)_2SO_4]$	固相	温度 t/ ℃	液相组成 $w[(NH_4)_2SO_4]$	固相
0	0	冰	10	0.422	$(NH_4)_2SO_4$
−5.45	0.167	冰	30	0.438	$(NH_4)_2SO_4$
−11	0.286	冰	50	0.458	$(NH_4)_2SO_4$
−18	0.375	冰	70	0.479	$(NH_4)_2SO_4$
−19.05	0.384	冰＋$(NH_4)_2SO_4$	90	0.498	$(NH_4)_2SO_4$
0	0.411	$(NH_4)_2SO_4$	108.90(沸点)	0.518	$(NH_4)_2SO_4$

图 3-26 中，LE 曲线是水中溶有 $(NH_4)_2SO_4$ 后的冰点下降曲线，NE 则是 $(NH_4)_2SO_4$ 在水中的溶解度曲线，两条线相接于 E 点，通过 E 点画出的水平线 $\overline{CED}$ 则是三相（冰、晶体硫酸铵，具有共晶组成 w_E 的硫酸铵水溶液）平衡线。NE 线只能画到 N 点，到该点（108.9 ℃，$w_B=0.518$）溶液已沸腾，超过此点则出现气相。各相区如图所示，不再说明。

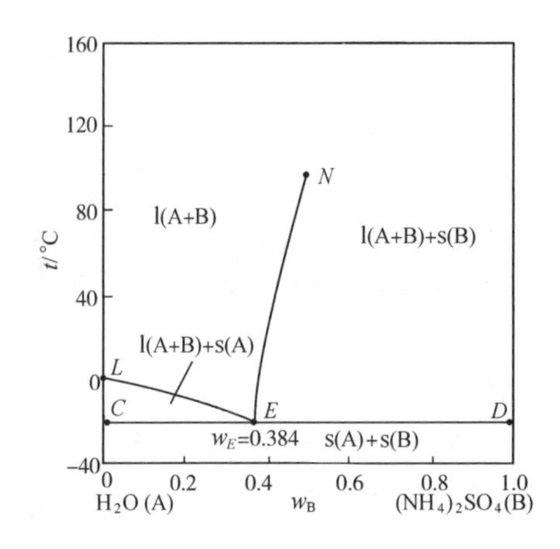

图 3-26 $H_2O(A)$-$(NH_4)_2SO_4(B)$系统的固液平衡相图

3.4.6 盐的精制原理

由水-盐相图可以说明此类相图在盐类的结晶分离和精制上的应用。粗盐中含有的不溶性杂质用溶解过滤的方法除去后，对于所含可溶性杂质，则需采用将盐重结晶的方法除去。以含有杂质的粗硫酸铵的精制为例，如图 3-27 所示，设有一不饱和溶液 P，温度约为 80 ℃，将其冷却到 65 ℃达 Q 点，已呈饱和溶液。要想除去不溶性杂质，必须在 65 ℃以上进行过滤。溶液经过滤后再冷却至 65 ℃以下的 R 点，就有较多晶体硫酸铵析出，n(硫酸铵晶体)/n(溶液)=$\overline{YR}/\overline{RZ}$，经过分离、干燥即得精制硫酸铵。分离后的母液 Y 可循环使用，将其加热(沿 YO)到 80 ℃的 O 点，再加粗硫酸铵晶体(则溶液中 w_B 增大)，使系统达到 P 点。重复第一个过程，构成一个循环 $Y \to O \to P \to R \to Y$。这样，粗的硫酸铵经过溶解、过滤、冷却、结晶分离，就达到精制的目的。待母液中杂质的含量累积到足以影响成品的纯度时，排弃之。

【例 3-9】 A 和 B 固态时完全不互溶，101 325 Pa 时 A(s)的熔点为 30 ℃，B(s)的熔点为 50 ℃，A 和 B 在 10 ℃具有最低共熔点，其组成为 $x_{B,E}=0.4$，设 A 和 B 相互溶解度曲线均为直线。(1)画出该系统的熔点-组成图(t-x_B 图)；(2)今由 2 mol A 和 8 mol B 组成一系统，根据画出的 t-x_B 图，列表回答系统在 5 ℃、30 ℃、50 ℃时的相数、相的聚集态及成分、各相的物质的量、系统所在相区的条件自由度数。

解 (1)熔点-组成(t-x_B)图如图 3-28 所示。

(2)列表如下：

系统温度/℃	相数	相的聚集态及成分	各相的物质的量	系统所在相区的条件自由度数 f'
5	2	s(A)，s(B)	$n_{s(A)}=2$ mol $n_{s(B)}=8$ mol	1
30	2	s(B)，l(A+B)	$n_{l(A+B)}=6.67$ mol $n_{s(B)}=3.33$ mol	1
50	1	l(A+B)	$n_{l(A+B)}=10$ mol	2

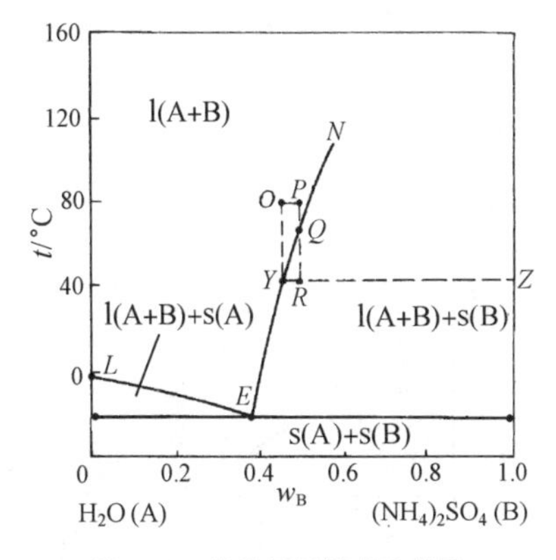

图 3-27　盐类精制原理示意图

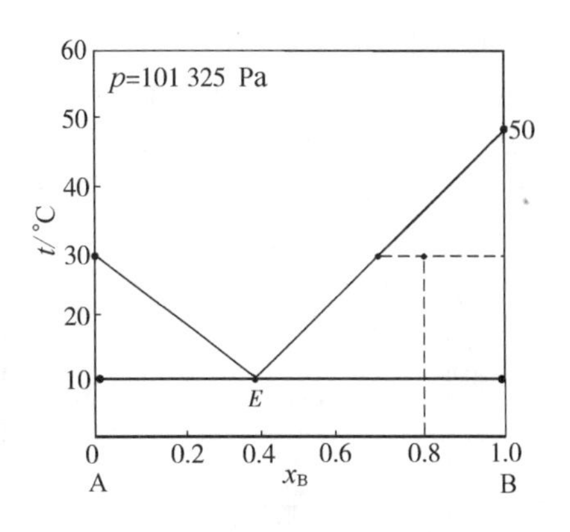

图 3-28　A-B 系统熔点-组成图

3.4.7　二组分形成化合物系统的相图

有时两个组分能发生化学反应生成固体化合物。若固体化合物熔化后生成的液相的组成与该化合物的组成相同，则该化合物称为相合熔点化合物；若固体化合物加热到熔点得到组成与它不同的液相及一纯固体，则该化合物称为不相合熔点化合物。①

如图 3-29 所示是 Mg(A)-Si(B)系统在一定压力下的熔点-组成图。由 Mg(A)与 Si(B)构成的系统中尽管有 Mg_2Si、Mg 和 Si 三种化学物质，但由于存在 Mg_2Si、Mg、Si 三种物质之间的反应平衡，所以仍是二组分系统。

固体化合物 Mg_2Si 熔化时，所得液相的组成与固体化合物的组成相同。因此把该化合物称为相合熔点化合物。若把具有该组成的熔体降温冷却，所得步冷曲线的形状与单组分系统(纯物质)的步冷曲线形状一样，即冷却到 C 点温度(1 102 ℃)之前呈连续状，冷却到 C 点温度有固体析出，出现停歇点，曲线呈水平状，待熔体完全固化后，温度才继续下降，表明该固体化合物在一定的压力下有固定的熔点，如图 3-29 所示的 C 点，熔点温度为 1 102 ℃，该点附近的液相线呈一条圆滑的山头形曲线，而不是两条液相线呈锐角相交。

该系统在固态时 Mg 与 Mg_2Si 完全不互溶，Mg_2Si 与 Si 也完全不互溶，它们之间形成两个低共晶点 E_1[638 ℃，w(Si)＝0.14]及 E_2[950 ℃，w(Si)＝0.58]，所以整个相图(除在 C 点处液相线的切线的斜率为零外)像是两个具有低共晶点的熔点-组成图组合而成。各相区如图所示，若化合物 C 在液相已分解(不存在)，则液相为 l(A＋B)；若化合物 C 在液相稳定存在，则在化合物 C 的组成坐标左侧，液相为 l(A＋C)，右侧为 l(C＋B)。仅凭相图无法判定化合物 C 在液相是否稳定存在。

如图 3-30 所示是 Na(A)-K(B)系统在一定压力下的熔点-组成图。该图的特征与图 3-29 不同，这是由于 Na(A)和 K(B)所形成的化合物 Na_2K(C)当加热到温度 t_P 时，按下式分解：

$$Na_2K(s) \rightleftharpoons Na(s) + 熔体[l(Na+K)]$$

所得熔体的组成与原化合物 Na_2K 的组成不同，同时生成另一种固体 Na(s)，因此该化合物(Na_2K)称为不相合熔点化合物。上述化合物的分解反应称转晶反应(transition crystal reaction)。

若把组成为 $x_{B,M}$的熔体从 80 ℃左右冷却到 M 点，固体钠开始从熔体中析出，熔体中

① 有的教材把相合熔点化合物称为稳定化合物，把不相合熔点化合物称为不稳定化合物。实际上“稳定”化合物熔化成液态时也可能分解，也可能稳定存在，仅靠相图无法判断其是否稳定。

Na 含量沿曲线 MP 下降(图中 MP 曲线上的箭头走向),至温度 t_P 化合物 Na_2K 开始析出。图中的两条水平线均为三相平衡线,上面的一条水平线是固体 Na(相点 A')、化合物 Na_2K(C)(相点 C)与组成为 $x_{B,P}$ 的熔体(相点 P)在温度 t_P 时三相平衡,下面一条水平线是固体化合物 Na_2K(C)(相点 C')与固体 K(B)(相点 B')及组成为 $x_{B,E}$ 的熔体(相点 E)在温度 t_E 时三相平衡。各相区如图 3-30 所示。

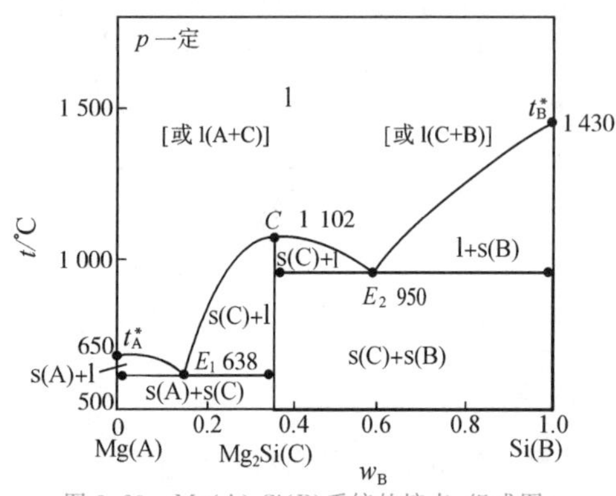

图 3-29 Mg(A)-Si(B)系统的熔点-组成图

(生成相合熔点化合物系统)

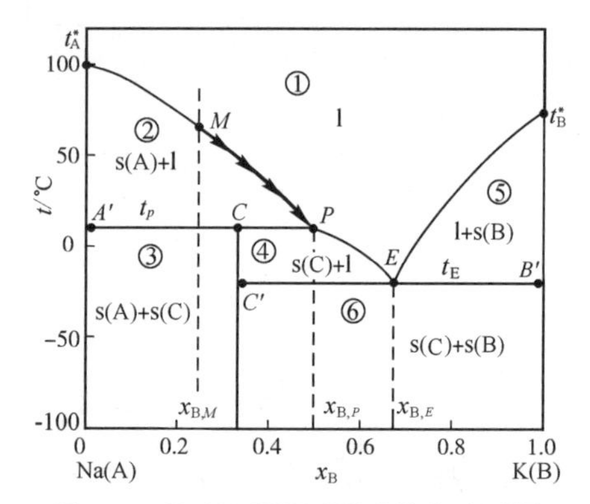

图 3-30 Na(A)-K(B)系统的熔点-组成图

(生成不相合熔点化合物系统)

【例 3-10】 Au(A)和 Bi(B)能形成不相合熔点化合物 Au_2Bi。Au 和 Bi 的熔点分别为 1 336.15 ℃和 544.52 ℃。Au_2Bi 分解温度为 650 ℃,此时液相组成 $x_B=0.65$。将 $x_B=0.86$ 的熔体冷却到 510 ℃时,同时结晶出两种晶体(Au_2Bi 和 Bi)的混合物。(1)试根据实验数据绘出 Au-Bi 系统的熔点-组成图;(2)试列表说明每个相区的相数、各相的聚集态及成分、相区的条件自由度数;(3)画出组成为 $x_B=0.4$ 的熔体从 1 400 ℃开始冷却的步冷曲线,并标明系统降温冷却过程中,在每一转折点或平台处出现或消失的相。

解 (1)Au-Bi 系统的熔点-组成图如图 3-31 所示。

(2)根据相图,列表如下:

相区	相数	相的聚集态及成分	相区条件自由度数 f'	相区	相数	相的聚集态及成分	相区条件自由度数 f'
①	1	l(A+B)	2	④	2	s(C),l(A+B)	1
②	2	l(A+B),s(A)	1	⑤	2	s(B),l(A+B)	1
③	2	s(A),s(C)	1	⑥	2	s(C),s(B)	1

注 Au、Bi、Au_2Bi 分别用 A、B、C 表示。

(3)$x_B=0.4$ 的混合物的步冷曲线如图 3-32 所示。

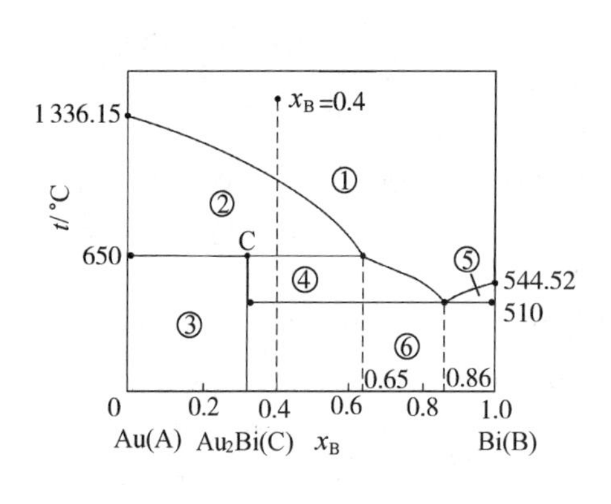

图 3-31 Au-Bi 系统熔点-组成图

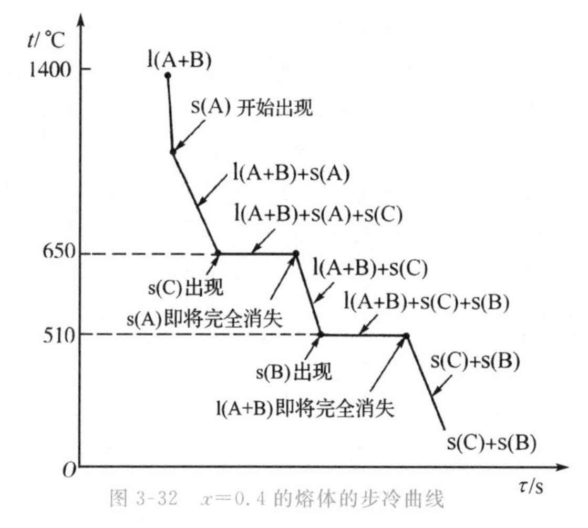

图 3-32 $x=0.4$ 的熔体的步冷曲线

3.4.8 二组分固、液态完全互溶系统的固液平衡相图

二组分固态及液态都完全互溶的系统，其熔点-组成图也是用热分析的实验方法制作的。如图 3-33 所示即为由热分析法制作的 Ge(A)-Si(B)系统的熔点-组成图。

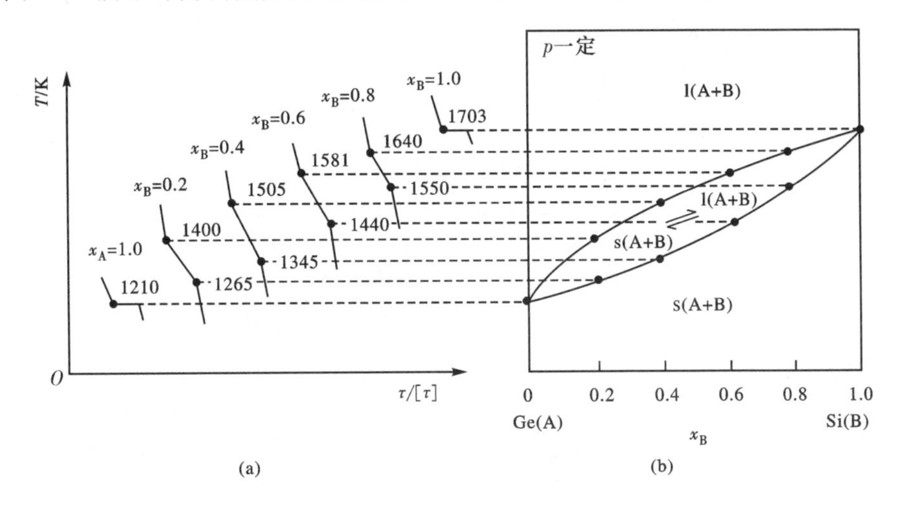

图 3-33　Ge(A)-Si(B)系统的熔点-组成图

图 3-33(b)中，根据第一个转折点温度连接的曲线(上面的曲线)称液相线，根据第二个转折点温度连接的曲线(下面的曲线)称固相线。液相线以上的相区为液相区，固相线以下的相区为固相区，均为单相区，即一相平衡，二线之间的相区为液固两相平衡共存区。

3.4.9 区域熔炼原理

1. 区域熔炼

区域熔炼(zone-refining)是冶炼超高纯金属(如半导体材料 Si、Ge，纯度可达 8 个“9”，即金属中杂质的质量分数 $w_B \leqslant 1 \times 10^{-6}$)的最基本方法之一。

如图 3-34 所示，(a)和(b)均为二组分固相能生成互溶固溶体的相图的一部分。图中 $t_A^* P$ 和 $t_A^* N$ 分别为液相线和固相线，A 为待提纯的金属，B 为待去除的杂质。设在某一温度下有一系统点 Q，则与 Q 对应的两共轭相，其组成分别为 w_B^s 和 w_B^l，令

$$K_s \xlongequal{\text{def}} \frac{w_B^s}{w_B^l}$$

则 K_s 称为分凝系数(segregation coefficient)。分凝系数的大小直接影响区域熔炼金属的纯度和难易程度。

如图 3-34(a)所示，组分 A 为高熔点金属，组分 B 为低熔点金属，在两相平衡时，组分 B 更多地分配到液相中，组分 A 则更多地分配到固相中，$K_s<1$；图 3-34(b)中则正相反。现在以图 3-34(a)为例，讨论区域熔炼原理。

假设有含少量杂质 B 的固体金属 A(图中 Q' 点)，将其加热升温至 Q，则部分熔化呈两相平衡，此时杂质 B 通过扩散更多地集中到液相中，于是固相中 B 比原来少了，金属 A 更纯

了；然后将固液分离，分离后的固相再经加热熔化，使 B 再一次向液相扩散，于是固相中的杂质又一次减少，金属 A 又一次被纯化；重复上述操作，最终可以在固相中获得极纯的金属 A。如图 3-34(b)所示情况相反，可以在液相中得到极纯的金属 A。

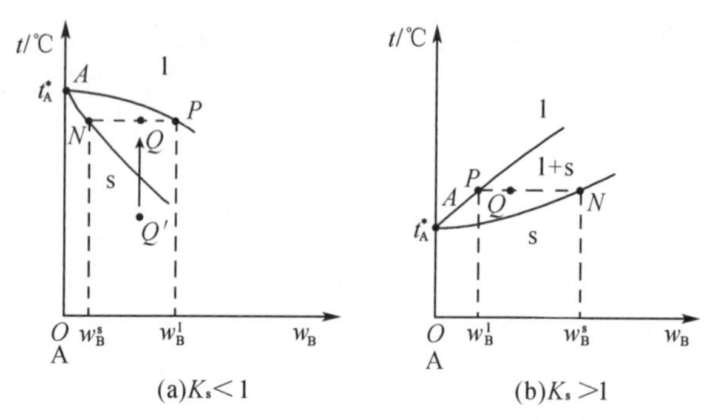

图 3-34　能生成固相互溶固溶体的二组分凝聚系统相图(局部)

2. 区域熔炼设备(方法)

如图 3-35 所示，为了保证在近乎平衡条件下操作，区域熔炼应该在保温炉中进行。步骤如下：

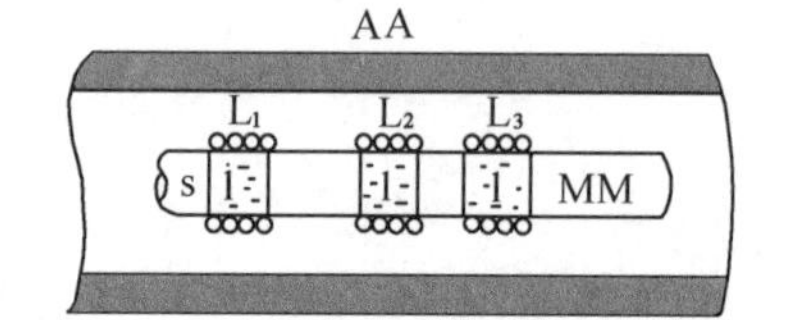

图 3-35　区域熔炼设备原理图

MM—需要精炼的金属；AA—保温管式炉

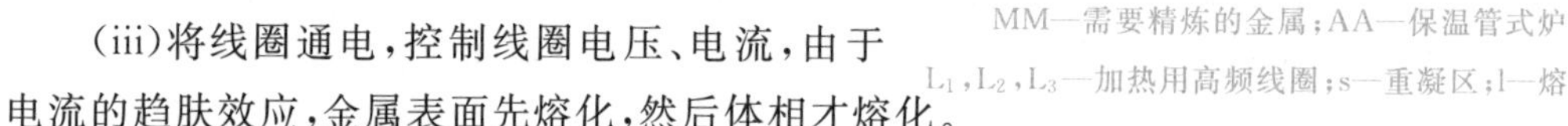

L_1，L_2，L_3—加热用高频线圈；s—重凝区；l—熔化区

(i)首先将待精炼金属做成金属圆棒。

(ii)将金属棒套在线圈中。

(iii)将线圈通电，控制线圈电压、电流，由于电流的趋肤效应，金属表面先熔化，然后体相才熔化。

(iv)加热的同时，缓慢移动金属棒，使熔化区右移；同时，移出加热线圈的熔化部分慢慢冷却固化，在这个过程中，杂质 B 不断向液相迁移($K_s<1$)，也即向右迁移，于是在左端的重凝区杂质 B 就减少；每经过一个线圈，金属就纯化一次，在纯化过程中杂质 B 一直是由左向右迁移的。

(v)当金属棒移至炉子的最左端时，慢慢将其取出；然后再次将棒按第一次放置时的头尾方向从右端放入炉中，重复第一次的操作(注意，绝对不能像拉锯一样把线圈左右拉动)，于是加热线圈就如同一把笤帚，不断地把杂质从左端一次次扫至右端，直至达到精炼要求，过程停止。

(vi)精炼完成后，依据分析数据将金属棒的“尾部”斩掉，在“头部”获得所需纯度的超高纯金属。

(vii)对于 $K_s>1$ 的系统，精炼完成后，应该将“头部”废弃而留“尾部”；还有一种情况，某金属中含有两种杂质，一种如图 3-34(a)所示，另一种如图 3-34(b)所示，此时，在精炼完成后，应该“斩头去尾留中间”。

区域熔炼方法也适用于有机化合物的“区域提纯”而获得极高纯度的有机化合物，也可以对高分子化合物“按相对分子质量分级”。

3.4.10　二组分固态部分互溶、液态完全互溶系统的液固平衡相图

在一定组成范围内，液态完全互溶系统凝固后形成固溶体；而在另外的组成范围内，形成不同的两种互不相溶的固溶体。这样的系统称为液态完全互溶而固态部分互溶的系统，该类系统的熔点-组成图又分为具有低共熔点及具有转变温度两种，其图形特征与液态部分互溶系统的沸点-组成图(图3-20)相似。

1. 具有低共熔点的熔点-组成图

如图3-36所示是Sn(A)-Pb(B)系统在一定压力下的熔点-组成图。图中Sn及Pb的熔点t_A^*及t_B^*分别为232 ℃及327 ℃。用s_α(A+B)及s_β(A+B)分别表示Sn多Pb少及Sn少Pb多的固溶体，GC及FD分别为Pb溶解在Sn中及Sn溶解在Pb中的溶解度曲线，$t_E=$183.3 ℃(图中E点)为最低共熔点，该点组成$x(\mathrm{Pb})=0.26$；t_A^*E及t_B^*E为结晶开始曲线或液相线，t_A^*C及t_B^*D则为结晶终了曲线或固相线。而$\overline{CED}$则为共晶线，当冷却到共晶线温度时，同时析出s_α(A+B)和s_β(A+B)两种固溶体，所以在线上是三相平衡，这三相分别是具有相点C所指示的组成的s_α(A+B)固溶体，具有相点D所指示的组成的s_β(A+B)固溶体和具有相点E所指示的组成的低共溶体。此时$f'=2-3+1=0$，表明，系统的温度和三个相的组成均有确定的量值。各相区如图3-36所示。根据这类相图可知，要制备低熔点合金应按什么比例配制。此低熔点合金即是用于电子元件钎焊的“焊锡”。

2. 具有转变温度的熔点-组成图

如图3-37所示是Ag(A)-Pt(B)系统的熔点-组成图。图中t_A^*及t_B^*分别为Ag及Pt的熔点(961 ℃及1 772 ℃)。GC、FD为Ag及Pt的相互溶解度曲线。t_A^*E及t_B^*E为结晶开始曲线即液相线，而t_A^*C及t_B^*D为结晶终了曲线即固相线。$\overline{ECD}$线为s_α(A+B)、s_β(A+B)及l_E(具有相点E所指示组成的液溶体)三相平衡线，温度为1 200 ℃，各相区如图3-37所示。

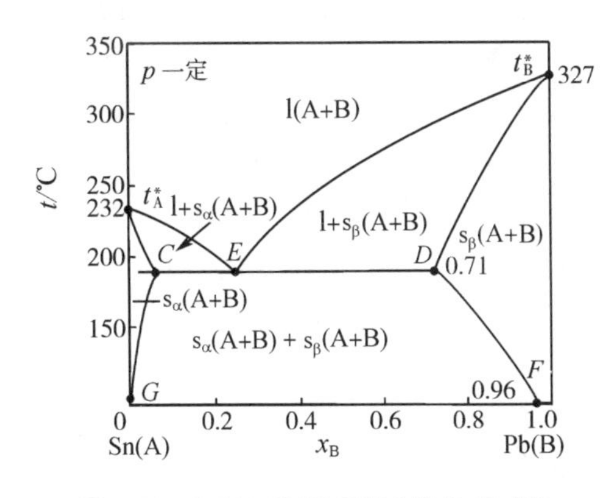

图3-36　Sn(A)-Pb(B)系统的熔点-组成图

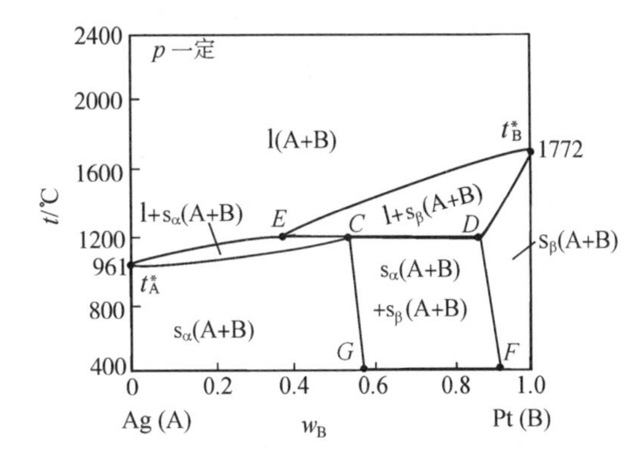

图3-37　Ag(A)-Pt(B)系统的熔点-组成图

由图3-37可看出，在1 200 ℃以上，s_α(A+B)固溶体不存在，而s_β(A+B)固溶体却可存在。在1 200 ℃加热固溶体$C(s_\alpha)$，它就在定温下转变为固溶体$D(s_\beta)$和低共熔体E，即

$$s_\alpha(A+B)\xrightarrow{1\ 200\ ℃}s_\beta(A+B)+l_E(A+B)$$

因此 1 200 ℃是 $s_\alpha(A+B)$、$s_\beta(A+B)$两固溶体的转变温度，上述反应式表示的变化称为转晶反应(transition crystal reaction)。

注意　到本节为止，已学完单组分、二组分的各类相图。那么，是否真正学懂了相图呢？建议用以下几点要求来检测自己，以二组分相图为例(这是相图学习的重点部分)，要求达到以下几点：(i)给你一些相图，能否很快、正确地确认该图的类型(如蒸气压-组成图、沸点-组成图等)以及是在液态或固态两个组分是完全互溶、部分互溶或完全不互溶等；(ii)能否读懂相图中点、线、区的含义(相数、相态及物质成分)；(iii)能否区分两相区的系统点、相点；(iv)能否确定两相区给定系统点的系统的总组成和两相的组成；(v)能否描述系统的强度性质发生变化时，系统的变化情况(如相数、相态、相组成等，用步冷曲线描述这种变化)；(vi)能否用相律计算各相区的条件自由度数并说明其含义；(vii)能否应用杠杆规则做相应的计算。如果这 7 项要求你都做到了，就表明你把相图学懂了，继而再学会相图的应用。

Ⅲ　三组分系统相图

3.5　三组分系统相图的等边三角形表示法

若系统由 A、B、C 三个组分构成，则称三组分系统(three component system)。将吉布斯相律应用于三组分系统，应有

$$f=3-\phi+2=5-\phi$$

显然，对三组分系统最多相数为 5，最大的自由度数为 4，即确定系统的强度状态最多需要 4 个独立的强度变量，它们分别是温度、压力及两个组成。因为三个组分 A、B、C 中三者的组成标度只有两个是独立的，它们的质量分数应有

$$w_A+w_B+w_C=1$$

因为最大的自由度数为 4，所以欲充分地描述三组分系统的相平衡关系就必须用四维坐标作图；当温度、压力二者中固定一个时，就可以用三维坐标图；而当温度、压力都固定时，可以用二维(平面)坐标图。下面介绍定温、定压下三组分系统平面坐标图的表示法。

若用等边三角形表示，如图 3-38 所示。A、B、C 三顶点分别表示纯组分 A、B、C，而 AB、BC、CA 三个边则分别为相应的二组分组成坐标。AB 边上从 A 到 B 表示 w_B，BC 边上从 B 到 C 表示 w_C，CA 边上从 C 到 A 表示 w_A，当然反过来(B→A，A→C，C→B)亦可。确定系统点 P 的组成的方法：通过系统点 P 分别做平行于 BC、CA、AB 三边的平行线(虚线)，在各边上所截取的组成 a、b、c 即为系统点 P 的组成(质量分数)。

根据等边三角形的几何性质，可以得到下列几点结论：

(i)等含量规则。如图 3-39 所示，与 AB 平行的每条线上的任何一系统点，含 C 的 w_C 相同，只是 A 与 B 的 w_A、w_B 不同，例如$\overline{DKE}$线上任何一系统点 K 含 C 的质量分数 $w_C=c$。

(ii)等比例规则。如图 3-40 所示，C 与对边上一点 M 连接的直线$\overline{CPM}$上的任何一系统点 P，A 与 B 的比例相同，只是 C 的 w_C 不同。例如在 P 点 $w_B/w_A=\overline{EP}/\overline{PF}$，在 M 点 $w_B/w_A=\overline{AM}/\overline{MB}$，根据相似三角形定理，$\overline{EP}/\overline{PF}=\overline{AM}/\overline{MB}$。

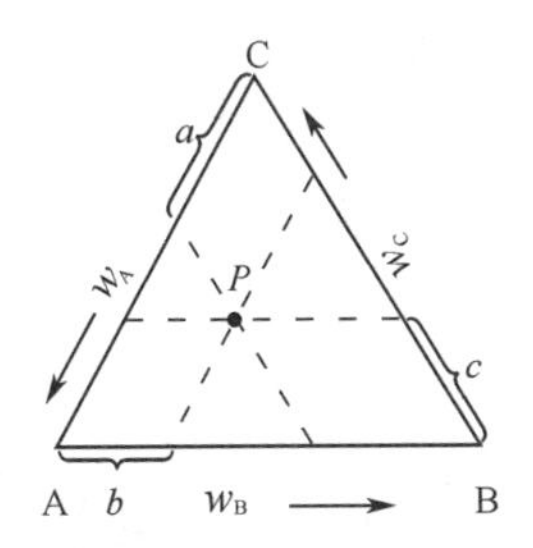

图 3-38　等边三角形表示法

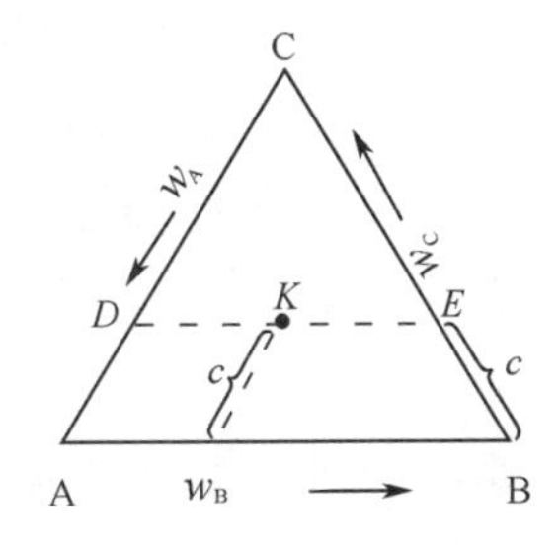

图 3-39　等含量规则

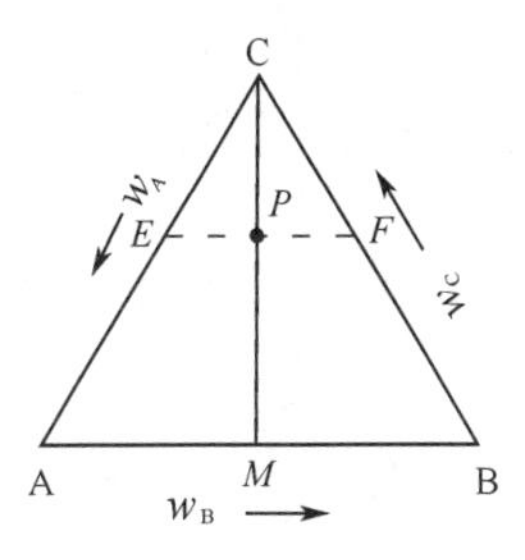

图 3-40　等比例规则

(iii)**杠杆规则**。如图 3-41 所示，若 D 和 E 是 2 个三组分混合物的系统点，可以证明，由 D 与 E 混合而成的混合物 F 的系统点必在 D 和 E 的连线上，且$\overline{DF}/\overline{FE}=m_E/m_D$($m$ 为系统的质量)。

(iv)**重心规则**。如图 3-42 所示，若有 3 个三组分混合物的系统点分别为 D、E、G，而由 D、E、G 混合而成新的三组分混合物系统点为 K，则 K 点必在$\overline{FG}$线上，且有$\overline{FK}/\overline{KG}=m_G/m_F$及$\overline{DF}/\overline{FE}=m_E/m_D$($m$ 为系统的质量)。

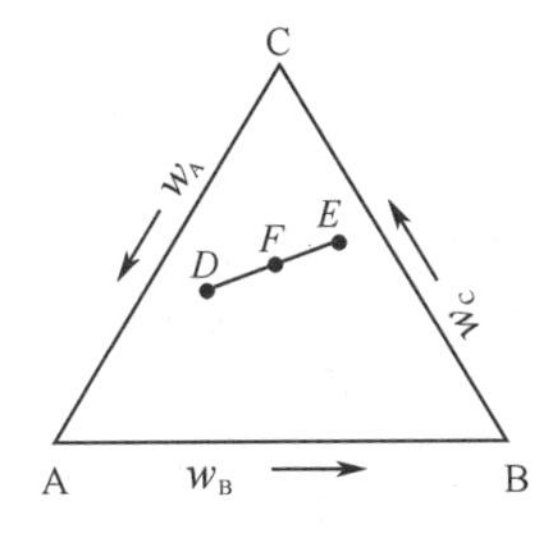

图 3-41　杠杆规则

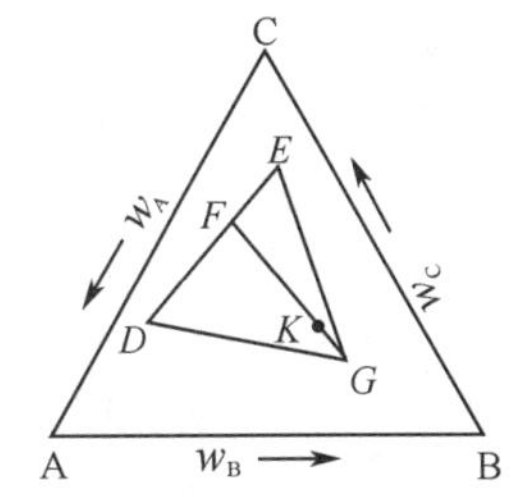

图 3-42　重心规则

对于温度或压力固定 1 个的三组分系统的压力-组成图或温度-组成图，则需用三维坐标图(立体图)来表示。如图 3-43 所示，即是在一定压力下形成最低共晶点的系统的温度(熔点)-组成图。图中纵坐标为温度，t_A^*、t_B^*、t_C^* 分别为纯 A、B、C 的熔点，等边三角形 ABC 表示三组分的组成。E_1、E_2、E_3 分别为 A、B，B、C，C、A 两两形成二组分系统时的最低共晶点，E 则为 A、B、C 三组分的最低共晶点。若将图 3-43 分解后展开在平面图上，如图 3-44 所示。

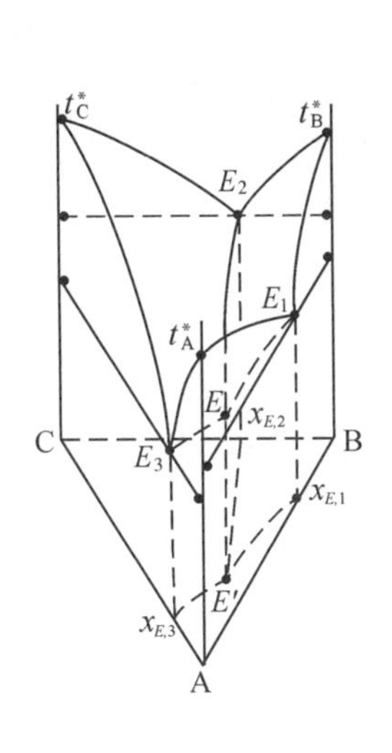

图 3-43　三组分形成最低共晶点系统的温度(熔点)-组成图

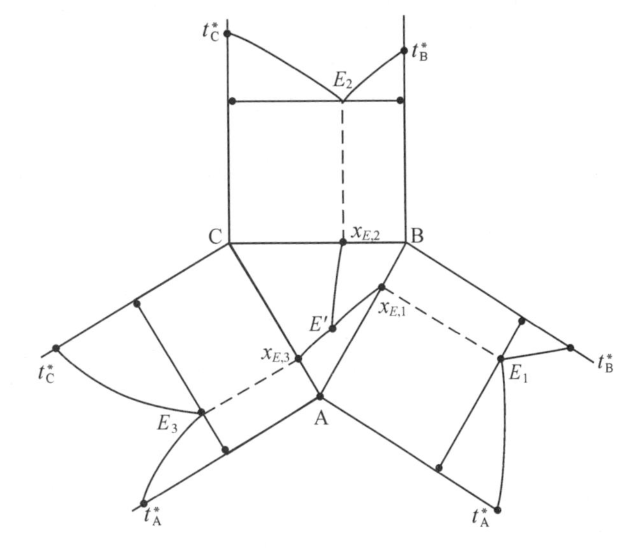

图 3-44　三组分形成最低共晶点系统的温度(熔点)-组成图的平面展开图

图中周围 3 个小图分别为 A、B,B、C,C、A 二组分系统的温度(熔点)-组成图,中间的等边三角形则为固定压力、温度后的三组分 A、B、C 的组成图。图中 E'、$x_{E,1}$、$x_{E,2}$、$x_{E,3}$ 分别为图 3-43中的 E、E_1、E_2、E_3 在平面图上的投影(组成坐标)。$E'x_{E,1}$、$E'x_{E,2}$、$E'x_{E,3}$ 三条线分别为图 3-43 中的 EE_1、EE_2、EE_3 线在平面图上的投影。

3.6 三组分部分互溶系统的溶解度图

表 3-7 是 C_6H_6(A)-H_2O(B)-CH_3COOH(C)三组分系统在 25 ℃的相互溶解度数据。根据该数据绘得 C_6H_6(A)-H_2O(B)-CH_3COOH(C)三组分系统的相互溶解度图如图 3-45 所示。

表 3-7 C_6H_6(A)-H_2O(B)-CH_3COOH(C)三组分系统在 25 ℃时的溶解度

苯层		水层	
x(水)	x(醋酸)	x(水)	x(醋酸)
0.000 5	0.001 95	0.985 8	0.014 1
0.020	0.184	0.663	0.320
0.034	0.270	0.565	0.399
0.091	0.386	0.373	0.501
0.216	0.487	0.216	0.487

水和醋酸可以任意比例互溶,苯和醋酸也可以任意比例互溶,但水和苯却几乎是完全不互溶的。因此将苯与水放在一起,将很快分为两层,上层为苯,下层为水,若再加醋酸到该系统中去,则构成苯-水-醋酸三组分系统。此时醋酸既溶解到苯层中,也溶解到水层中,而使苯与水由完全不互溶变成部分互溶。如图 3-45 所示,原组成为 d 的 C_6H_6-H_2O 系统,加入少许醋酸到该系统中,则形成 a_1 及 b_1 两层共轭的三组分系统,即系统点 d_1,$\overline{a_1b_1}$线叫连接线,因为醋酸在 a_1 层及 b_1 层中的含量不同,所以$\overline{a_1b_1}$线并不平行于底边 AB。继续向系统中加入醋酸,则系统点将沿 dk 线移动,且苯与水的相互溶解度增加,相应于系统点 d_2、d_3、d_4,它们的共轭层(相点)分别为 a_2、b_2,a_3、b_3,a_4、b_4。要注意到,$\overline{a_2b_2}$、$\overline{a_3b_3}$、$\overline{a_4b_4}$这些连接线之间并不平行,且最后缩为一点 k,该点叫**会溶点**(会溶点并不在曲线上的最高点处),超过该点,系统不再分层,三个组分已完全互溶。显然,曲线以内的相区为两相平衡区,曲线以外的相

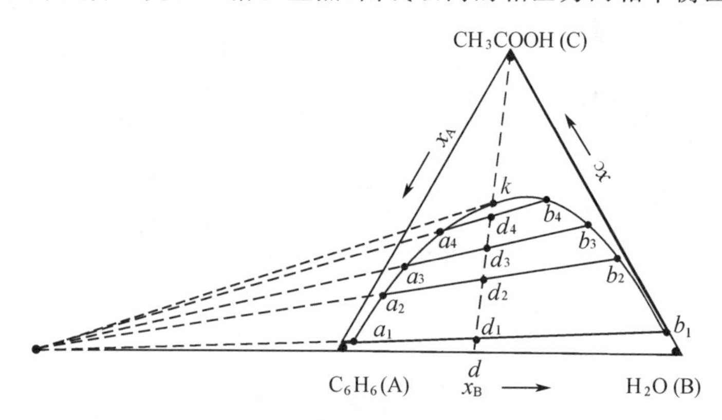

图 3-45 C_6H_6(A)-H_2O(B)-CH_3COOH(C)三组分相互溶解度图

区为单相平衡区。

3.7　三组分系统的盐类溶解度图

表 3-8 为 H_2O(C)-KCl(B)-NaCl(A)三组分系统在 25 ℃时的溶解度数据。将数据描绘在等边三角形的坐标图上，如图 3-46 所示。

表 3-8　H_2O(C)-KCl(B)-NaCl(A)在 25 ℃时的溶解度

液相组成 w			固相	液相组成 w			固相
NaCl(A)	KCl(B)	H_2O(C)		NaCl(A)	KCl(B)	H_2O(C)	
0.264 8	0	0.735 2	NaCl	0.134 5	0.157 1	0.708 4	NaCl+KCl
0.245 8	0.033 4	0.720 8	NaCl	0.123 0	0.165 8	0.711 2	NaCl+KCl
0.221 1	0.081 6	0.697 3	NaCl	0	0.265 2	0.734 8	NaCl+KCl
0.204 2	0.111 4	0.684 4	NaCl+KCl				

图中 CbEcC 区为 KCl、NaCl 在水中的不饱和溶液。在该区内任意一个系统点，相数$\phi=1$，温度、压力已固定，故 $f'=C-\phi+0=3-1+0=2$，即在该相区内两种盐(KCl 及 NaCl)的组成均可在一定范围内独立改变而不致引起相态及相数的变化。

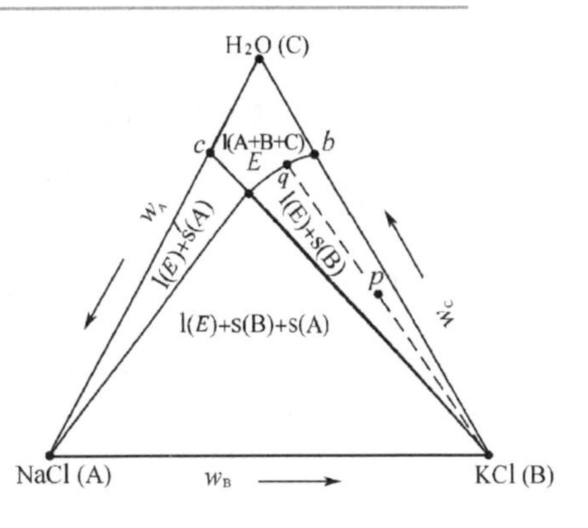

图 3-46　H_2O(A)-KCl(B)-NaCl(C)系统溶解度图

c 点表示 NaCl 在水中的溶解度(CA 边上无 KCl)，cE 线为水中溶有 NaCl 后，KCl 在其中的溶解度曲线；同理，bE 曲线为水中溶有 KCl 后，NaCl 的溶解度曲线，在该线上 $f'=3-\phi+0=3-2=1$。这表明，在对 NaCl 饱和的溶液中(cE)，若确定 NaCl 和 KCl 两者中的一个组成，则另一个组成将随之而定，对于 KCl 饱和的溶液(bE)亦可如此理解。

E 点叫**共饱点**，即 l(E)对 KCl 及 NaCl 都是饱和的。

bEB 区是 KCl 结晶区，设系统点 p 落在这一区域内，则平衡时分成两相，一相为固体 KCl，另一相为对 KCl 饱和的 KCl 及 NaCl 的水溶液。B(纯 KCl)和 p 的连接线与在 KCl 溶液中 NaCl 的溶解度曲线 bE 的交点 q 表示与 KCl 平衡的饱和溶液的组成。按杠杆规则，s(B)的质量/溶液(q)的质量$=\overline{qp}/\overline{p\mathrm{B}}$。

同理，cEA 区是 NaCl 结晶区。

位于 EAB 区域中的系统点是由 NaCl 晶体、KCl 晶体和共饱和溶液 l(E)所组成，因而是三相平衡区。由相律，$f'=3-3+0=0$，即在一定温度和压力下，每个相的组成都是固定的。

习　题

一、思考题

3-1 “水”的冰点与其三相点有何区别？

3-2 二组分沸点-组成图中，处于最高或最低恒沸点时的状态，其条件自由度数$f'=$？

3-3 在二组分系统相图两相平衡区中，你会区分系统点和对应的相点，系统的组成和对应的相组成吗？

二、计算题、读（或作）图题

3-1 固体 CO_2 的饱和蒸气压与温度的关系为

$$\lg\left[\frac{p^*(\mathrm{s})}{\mathrm{Pa}}\right]=-\frac{1\ 353}{T/\mathrm{K}}+11.957$$

已知其熔化焓 $\Delta_{\mathrm{fus}}H_{\mathrm{m}}^*=8\ 326\ \mathrm{J\cdot mol^{-1}}$，三相点温度为 -56.6 ℃。

(1)求三相点的压力；(2)在 100 kPa 下 CO_2 能否以液态存在？(3)找出液体 CO_2 的饱和蒸气压与温度的关系式。

3-2 在 $t=25$ ℃时，C_3H_6O(A)-C_3H_8O(B)系统的气液平衡数据如下：

x_B	y_B	$p/(10^2\mathrm{kPa})$	x_B	y_B	$p/(10^2\mathrm{kPa})$
0	0	0.059	0	0	0.059
0.175	0.599	0.133	0.660	0.855	0.253
0.339	0.735	0.186	0.839	0.910	0.295
0.514	0.798	0.223	1.000	1.000	0.302

(1)根据上述数据，描绘该系统的 p-$x(y)$图，并标示图中各相区；(2)若 1 mol A 与1 mol B混合，在 $p=$ 20 kPa 时，系统是几相平衡？平衡各相的组成如何？各相物质的量为多少？(3)求平衡液相混合物中 A 及 B 的活度因子(分别以纯液体 A 及 B 为标准态)。

3-3 在 $p=101\ 325$ Pa 下 CH_3COOH(A)-C_3H_6O(B)系统的液气平衡数据如下：

x_B	y_B	t/℃	x_B	y_B	t/℃	x_B	y_B	t/℃
0	0	118.1	0.300	0.725	85.8	0.700	0.969	66.1
0.050	0.162	110.0	0.400	0.840	79.7	0.800	0.984	62.6
0.100	0.306	103.8	0.500	0.912	74.6	0.900	0.993	59.2
0.200	0.557	93.19	0.600	0.947	70.2	1.000	1.000	56.1

(1)根据上述数据描绘该系统的 t-$x(y)$图，并标示各相区；(2)将 $x_B=0.600$ 的混合物在一带活塞的密闭容器中加热到什么温度开始沸腾？产生的第一个气泡的组成如何？若只加热到 80 ℃，系统是几相平衡？各相组成如何？液相中 A 的活度因子是多少(以纯液态 A 为标准态)？已知 A 的摩尔汽化焓为 24 390 $\mathrm{J\cdot mol^{-1}}$。

3-4 不同温度下苯胺在水中的溶解度数据如下：

t/℃	w_1(苯胺)/%	w_2(苯胺)/%	t/℃	w_1(苯胺)/%	w_2(苯胺)/%
20	3.1	95.0	120	9.1	88.1
40	3.3	94.7	140	13.5	83.1
60	3.8	94.2	160	24.9	71.2
80	5.5	93.5	167	48.6	48.6
100	7.2	91.6			

(1)按照上面的数据，以温度为纵坐标，以溶解度[w_B/%表示]为横坐标，绘制温度-溶解度图；(2)标示图中各相区；(3)若将 50 g 苯胺与 50 g 水相混合，当系统的温度为 100 ℃时，系统呈几相平衡？平衡相质量各为多少克？将该系统升温到 180 ℃，系统将发生怎样的变化(相数、相区的自由度数)？

3-5 用热分析法测得间二甲苯(A)-对二甲苯(B)系统的步冷曲线的转折温度(或停歇点温度)如下：

组成标度 x(对二甲苯)	第一转折点 t/℃	停歇点 t/℃
0	−47.9(停歇点)	—
0.10	−50	−52.8
0.13	—	−52.8
0.70	−4	−52.8
1.00	13.3(停歇点)	—

(1)根据上表数据绘出各条步冷曲线，并根据该组步冷曲线绘出该系统的熔点-组成图；(2)标出图中各相区，计算其自由度数；(3)若有 100 kg 含 w(对二甲苯)＝0.70的混合物，用深冷法结晶，问冷却到－50 ℃，能析出多少对二甲苯(kg)？平衡产率如何？所剩混合物组成如何？

3-6 化工厂中常用联苯-联苯醚的混合物(俗称道生)作载热体，已知该系统的熔点-组成图如图 3-47 所示。(1)标示图中各相区；(2)你认为道生的组成应配制何种比例最合适？为什么？

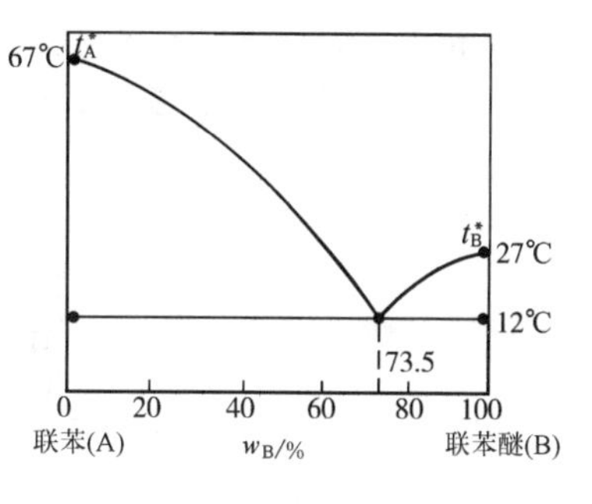

图 3-47

3-7 用热分析法测得 Sb(A)-Cd(B)系统步冷曲线的转折温度及停歇温度数据如下：

w(Cd)/%	转折温度/℃	停歇温度/℃	w(Cd)/%	转折温度/℃	停歇温度/℃
0	—	630	58	—	439
20.5	550	410	70	400	295
37.5	460	410	93	—	295
47.5	—	410	100	—	321
50	419	410			

(1)由以上数据绘制步冷曲线(示意)，并根据该组步冷曲线绘制 Sb(A)-Cd(B)系统的熔点-组成图；(2)由相图求 Sb 和 Cd 形成的化合物的最简分子式；(3)将各相区的相数及自由度数(f')列成表。

3-8 标出如图 3-48(a)Mg(A)-Ca(B)及图 3-48(b)CaF_2(A)-$CaCl_2$(B)所示系统的各相区的相数、相态及自由度数(f')；描绘系统点 a、b 的步冷曲线，指明步冷曲线上转折点或停歇点处系统的相态变化。

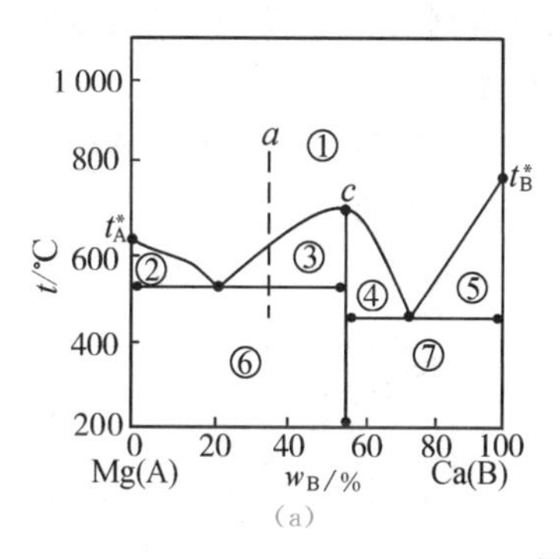

(a)

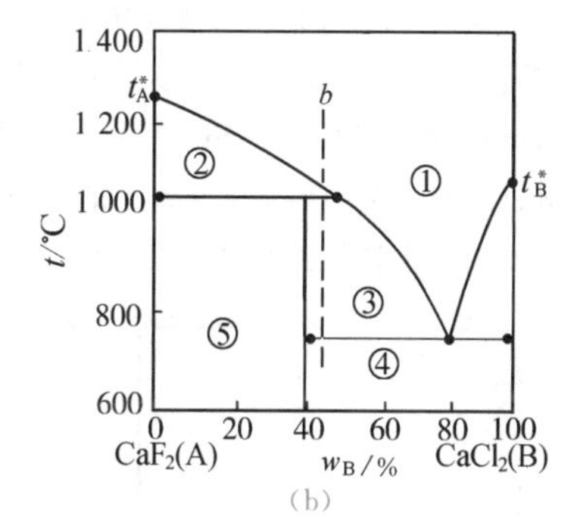

(b)

图 3-48

3-9 标出如图 3-49(a)FeO(A)-MnO(B)及图 3-49(b)Ag(A)-Cu(B)所示系统的相区，描绘系统点 a、b 的步冷曲线，指明步冷曲线上转折点处的相态变化，并说明图中水平线上的系统点是几相平衡？哪几个相？

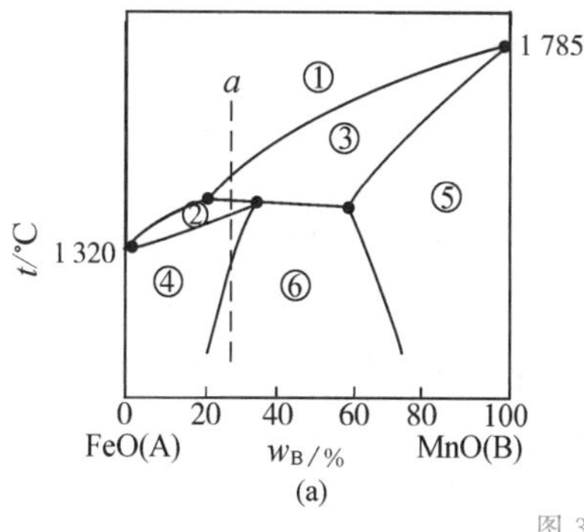

(a)

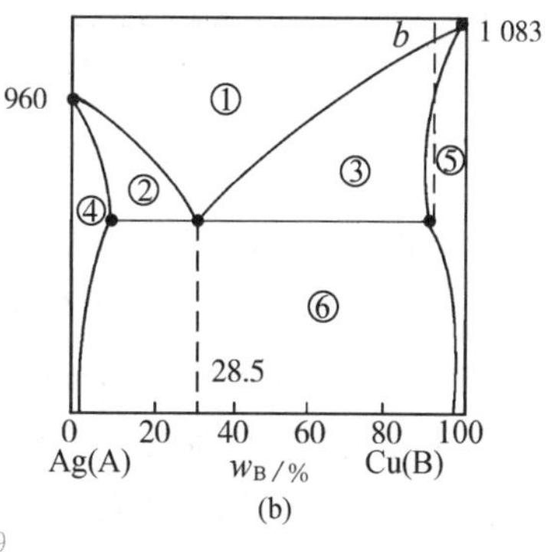

(b)

图 3-49

3-10 Au(A)-Pt(B)系统的熔点-组成图及溶解度图如图3-50所示。(1)标示图中各相区;(2)计算各相区的自由度数 f';(3)描绘系统点 a 的步冷曲线,并标示出该曲线转折点处的相态变化。

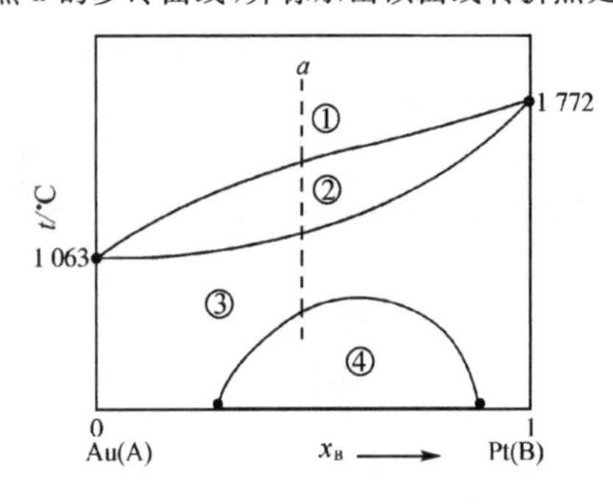

图 3-50

3-11 由热分析法得到的 Cu(A)-Ni(B)系统的数据如下:

w(Ni)/%	第一转折温度/℃	第二转折温度/℃
0	1 083	
10	1 140	1 100
40	1 270	1 185
70	1 375	1 310
100	1 452	

(1)根据表中数据描绘其步冷曲线,并由该组步冷曲线描绘 Cu(A)-Ni(B)系统的熔点-组成图,并标出各相区;(2)今有含 $w(\mathrm{Ni})=0.50$ 的合金,使其从1 400 ℃冷却到1 200 ℃,问在什么温度下有固体析出?最后一滴溶液凝结的温度为多少?在此状态下,溶液组成如何?

3-12 如图3-51(a)所示为 Mg(A)-Pb(B)系统的相图,如图3-51(b)所示为 Al(A)-Zn(B)系统的相图。(1)标示图中各相区;(2)指出图中各条水平线上的系统点是几相平衡?哪几个相?(3)描绘系统点 a、b、c、d 的步冷曲线,指出步冷曲线上转折点及停歇点处系统的相态变化。

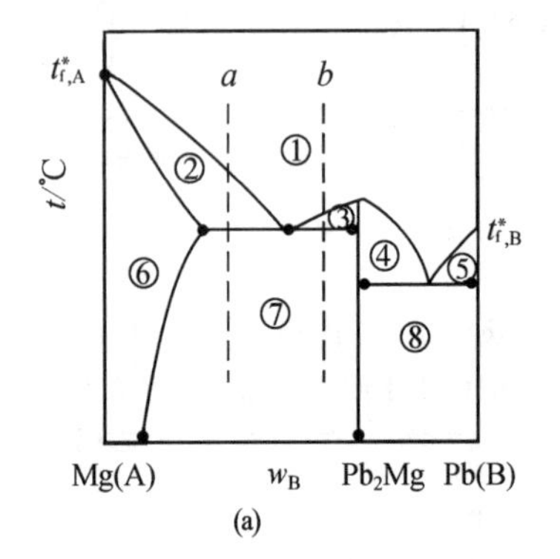

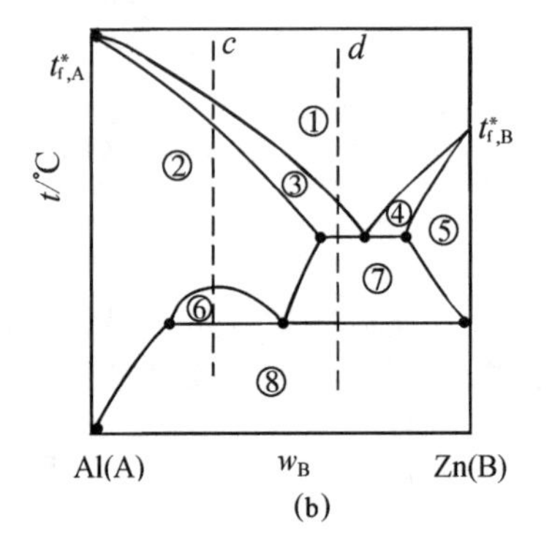

图 3-51

3-13 金属A、B形成化合物 AB_3、A_2B_3。固体A、B、AB_3、A_2B_3 彼此不互溶,但在液态下能完全互溶。A、B的正常熔点分别为600 ℃、1 100 ℃。化合物 A_2B_3 的熔点为900 ℃,与A形成的低共熔点为450 ℃。化合物 AB_3 在800 ℃下分解为 A_2B_3 和溶液,与B形成的低共熔点为650 ℃。根据上述数据:(1)画出A-B系统的熔点-组成图,并标示出图中各区的相态及成分;(2)画出 $x_A=0.90$,$x_A=0.30$ 熔化液的步冷曲线,注明步冷曲线转折点处系统相态及成分的变化和步冷曲线各段的相态及成分。

3-14 Bi和Te生成相合熔点化合物 Bi_2Te_3,它在600 ℃熔化。Bi、Te熔点分别为300 ℃和450 ℃。固

体 Bi_2Te_3 在全部温度范围内与固体 Bi、Te 不互溶，与 Bi 及 Te 的最低共熔点温度分别为 270 ℃和 415 ℃。试画出 Bi-Te 的熔点-组成图，并标示出各相区的相态及成分。

3-15 A-B 二组分凝聚系统的相图如图 3-52 所示。(1)列表示出图中各相区的相数、相态及成分和条件自由度数 f'=？(2)列表指出各水平线上的相数、相态及成分和条件自由度数 f'=？(3)画出 a、b 两点的步冷曲线，并在曲线上各转折点处表示出相态及成分的变化情况。

3-16 已知 A-B 二组分的熔点-组成图如图 3-53 所示。(1)列表示出图中各相区及各水平线上的相数、聚集态及成分和条件自由度数 f'=？(2)画出 a、b 两点的步冷曲线，标明步冷曲线转折点处相态及成分的变化情况。

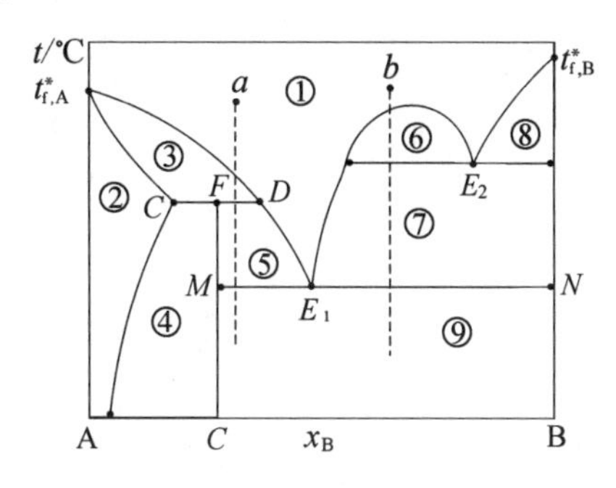

图 3-52

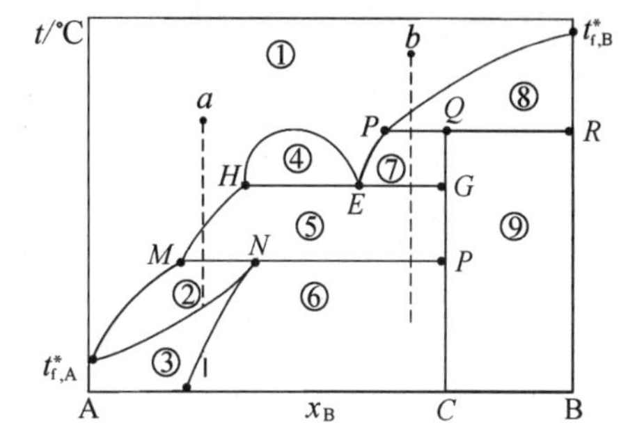

图 3-53

3-17 试用等边三角形表示出 A、B、C 三组分系统，在图中找出 $w_A=0.40$，$w_B=0.30$，其余为 C 的系统点 p。

三、是非题、选择题和填空题

(一)是非题(下述各题中的说法是否正确？正确的在题后括号内画"√"，错的画×)

3-1 依据相律，恒沸混合物的沸点不随外压的改变而改变。　　( )

3-2 相是指系统处于平衡时，系统中物理性质及化学性质都均匀的部分。　　( )

(二)选择题(选择正确答案的编号，填在各题题后的括号内)

3-1 若 A(l)与 B(l)可形成理想液态混合物，温度 T 时，纯 A 及纯 B 的饱和蒸气压 $p_B^* > p_A^*$，则当混合物的组成为 $0 < x_B < 1$ 时，则在其蒸气压-组成图上可看出蒸气总压 p 与 p_A^*、p_B^* 的相对大小为( )。

A. $p > p_B^*$　　B. $p < p_A^*$　　C. $p_A^* < p < p_B^*$

3-2 A(l)与 B(l)可形成理想液态混合物，若在一定温度下，纯 A、纯 B 的饱和蒸气压 $p_A^* > p_B^*$，则在该二组分的蒸气压-组成图上的气、液两相平衡区，呈平衡的气、液两相的组成必有( )。

A. $y_B > x_B$　　B. $y_B < x_B$　　C. $y_B = x_B$

(三)填空题(将正确的答案填在题中画有"____"处或表格中)

3-1 对三组分相图，最多相数为________，最大的自由度数为________，它们分别是________等强度变量。

3-2 请根据 Al-Zn 系统的熔点-组成图 3-54 填表。

相区	相数	相的聚集态及成分	条件自由度数 f'
①			
②			
③			
④			
⑤			
⑥			
⑦			
⑧			

注　聚集态气、液、固分别用 g、l、s 表示，成分分别用 A、B 或(A+B)表示，如 g(A+B)或 s(A+B)。

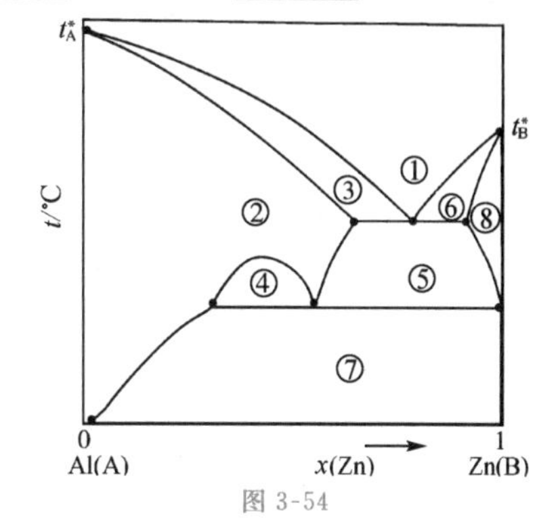

图 3-54

计算题答案

3-1 (1)5.13×10^5 Pa;(2)不能;(3)$\lg(p^*/\text{Pa})=-\frac{918.2}{T/\text{K}}+9.952$

3-2 (2)二相平衡,$x_B=0.40$,$y_B=0.76$;(3)$f_A=1.36$,$f_B=1.26$

3-3 (2)70 ℃,$y_B=0.95$,90 ℃,$x_B=0.27$,2 相,$x_B=0.40$,$y_B=0.84$,$f_A=0.61$

3-4(3)2 相,0.072,0.916;49.3 g,50.7 g,1,2

3-5(3)64.3 kg,0.919,0.16

3-6(2)$w_B=0.735$

3-7(2)Sb_2Cd_3

第4章

化学平衡热力学

4.0 化学平衡热力学研究的内容

4.0.1 化学反应的方向与限度

对于一个化学反应,在给定的条件(反应系统的温度、压力和组成)下,反应向什么方向进行?反应的最高限度是什么?如何控制反应条件,使反应向我们需要的方向进行,并预知给定条件下的最高反应限度?这些问题都是生产和科学实验中需要研究和解决的问题。例如,在 560 ℃、1×10^5 Pa 下,将乙苯蒸气与水蒸气以 1∶10(摩尔比)的比例混合,通入列管式反应装置进行乙苯脱氢生产苯乙烯的反应:

$$C_6H_5C_2H_5(g) \rightleftharpoons C_6H_5C_2H_3(g) + H_2(g)$$

实践证明,反应主要向生成苯乙烯方向进行,在给定条件下,乙苯的最高转化率(平衡转化率)为 62.4%。这就是该反应在给定条件下的方向和限度。不论反应多长时间都不可能超过这个限度;也不可能通过添加或改变催化剂来改变这个限度。只有通过改变反应的条件(温度、压力及乙苯与水蒸气的摩尔比),才能在新的条件下达到新的限度。

任何化学反应都可按照反应方程的正向及逆向进行。化学平衡热力学就是用热力学原理研究化学反应的方向和限度,也就是研究一个化学反应,在一定温度、压力等条件下,按化学反应方程能够正向(向右)进行,还是逆向(向左)进行,以及进行到什么程度为止(达到平衡时,系统的温度、压力、组成如何)。

4.0.2 化学反应的摩尔吉布斯函数[变]

对于反应

$$a\mathrm{A} + b\mathrm{B} = y\mathrm{Y} + z\mathrm{Z}$$

$$\left.\begin{array}{l}\boldsymbol{A} = -(-a\mu_\mathrm{A} - b\mu_\mathrm{B} + y\mu_\mathrm{Y} + z\mu_\mathrm{Z}) = 0,\text{则反应达平衡} \\ \boldsymbol{A} = -(-a\mu_\mathrm{A} - b\mu_\mathrm{B} + y\mu_\mathrm{Y} + z\mu_\mathrm{Z}) > 0,\text{则 } a\mathrm{A} + b\mathrm{B} \longrightarrow y\mathrm{Y} + z\mathrm{Z} \\ \boldsymbol{A} = -(-a\mu_\mathrm{A} - b\mu_\mathrm{B} + y\mu_\mathrm{Y} + z\mu_\mathrm{Z}) < 0,\text{则 } a\mathrm{A} + b\mathrm{B} \longleftarrow y\mathrm{Y} + z\mathrm{Z}\end{array}\right\} \tag{4-1}$$

式(4-1)是用化学反应亲和势 **A** 或化学势表示的化学反应平衡判据。

若定义

$$\Delta_\mathrm{r} G_\mathrm{m} \overset{\mathrm{def}}{=\!=} \sum_\mathrm{B} \nu_\mathrm{B} \mu_\mathrm{B} \tag{4-2}$$

由式(1-183)

$$\Delta_\mathrm{r} G_\mathrm{m} = -\boldsymbol{A} \tag{4-3}$$

即
$$\left.\begin{aligned}&\Delta_r G_m=(-a\mu_A-b\mu_B+y\mu_Y+z\mu_Z)=0,\text{则反应达平衡}\\&\Delta_r G_m=(-a\mu_A-b\mu_B+y\mu_Y+z\mu_Z)<0,\text{则 } aA+bB\longrightarrow yY+zZ\\&\Delta_r G_m=(-a\mu_A-b\mu_B+y\mu_Y+z\mu_Z)>0,\text{则 } aA+bB\longleftarrow yY+zZ\end{aligned}\right\}\tag{4-4}$$

式(4-2)～式(4-4)的 $\Delta_r G_m$ 叫**化学反应的摩尔吉布斯函数[变]**(molar Gibbs function [change] of chemical reaction),是系统在该状态(温度、压力及组成)下,$-a\mu_A$、$-b\mu_B$、$y\mu_Y$、$z\mu_Z$ 的代数和。

还可从另一角度来理解 $\Delta_r G_m$。由多组分组成可变的均相系统的热力学基本方程式(1-169),即

$$dG=-SdT+Vdp+\sum_B \mu_B dn_B$$

将反应进度的定义式(1-12) 代入上式,得

$$dG=-SdT+Vdp+\sum_B \nu_B\mu_B d\xi$$

在定温、定压下,则

$$dG_{T,p}=\sum_B \nu_B\mu_B d\xi \tag{4-5}$$

应用于化学反应
$$aA+bB\rightleftharpoons yY+zZ$$
有
$$dG_{T,p}=(y\mu_Y+z\mu_Z-a\mu_A-b\mu_B)d\xi \tag{4-6}$$

式(4-5) 中的化学势 $\mu_B(B=A,B,Y,Z)$ 除了与温度、压力有关外,还与系统的组成有关,即化学势 $\mu_B=f(T,p,\xi)$ 是温度、压力和反应进度的函数。因此,在反应过程中保持化学势 μ_B 不变的条件是:定温、定压下,在有限量的反应系统中,反应进度 ξ 的改变为无限小;或者设想在大量的反应系统中,发生了单位反应进度的化学反应。在这两种情况之一的条件下,系统的组成不会发生显著的变化,于是可以把化学势看作不变,式(4-5) 便可写成

$$\left(\frac{\partial G}{\partial \xi}\right)_{T,p,\mu}=\sum_B \nu_B\mu_B \xlongequal{\text{def}} \Delta_r G_m \tag{4-7}$$

1922 年德唐德首先引进偏微商 $\left(\frac{\partial G}{\partial \xi}\right)_{T,p,\mu}$(即 $\Delta_r G_m$)的概念,其物理意义是:在 T、p、μ 一定时(即在一定的温度、压力和组成条件下),系统的吉布斯函数随反应进度的变化率;或者在 T、p、μ 一定时,大量的反应系统中发生单位反应进度时反应的吉布斯函数[变]。

将式(4-7)代入式(4-5),有

$$dG_{T,p}=\Delta_r G_m d\xi \tag{4-8}$$

在 T、p、μ 不变的条件下,积分式(4-8),得

$$\Delta_r G=\Delta_r G_m \Delta\xi,\quad \text{即 } \Delta_r G_m=\Delta_r G/\Delta\xi \tag{4-9}$$

$\Delta_r G_m$ 与 $\Delta_r G$ 的单位不同。$\Delta_r G_m$ 的单位为 $J\cdot mol^{-1}$(mol^{-1} 为每单位反应进度),而 $\Delta_r G$ 的单位为 J。

如果以系统的吉布斯函数 G 为纵坐标,反应进度 ξ 为横坐标作图,如图 4-1 所示。$\left(\frac{\partial G}{\partial \xi}\right)_{T,p,\mu}$ 即是 G-ξ 曲线在某 ξ 处,曲线切线的斜率。由式(4-6)及式(4-3)可知,当 $\left(\frac{\partial G}{\partial \xi}\right)_{T,p,\mu}<0$,即 $\Delta_r G_m(T,p,\xi)<0$,$\boldsymbol{A}>0$ 时,反应向 ξ 增加的方向进行;当 $\left(\frac{\partial G}{\partial \xi}\right)_{T,p,\mu}>0$,即 $\Delta_r G_m(T,p,\xi)>0$,$\boldsymbol{A}<0$ 时,反应向 ξ 减小的方向进行;当 $\left(\frac{\partial G}{\partial \xi}\right)_{T,p,\mu}=0$ 时,$\boldsymbol{A}=0$,曲线为最低点,G 值最小,反应达到平衡,这就是反应进行的限度。

以上讨论表明，在 $W'=0$ 的情况下，对反应系统 $a\text{A}+b\text{B}\rightleftharpoons y\text{Y}+z\text{Z}$，若 $\left(\frac{\partial G}{\partial \xi}\right)_{T,p,\mu}<0$，即 $\boldsymbol{A}>0$，反应有可能自发地向 ξ 增加的方向进行，直到进行到 $\left(\frac{\partial G}{\partial \xi}\right)_{T,p,\mu}=0$，即 $\boldsymbol{A}=0$ 时为止，此时反应达到最高限度，反应进度为极限进度 ξ^{eq}（"eq"表示平衡）。若再使 ξ 增大，由于 $\left(\frac{\partial G}{\partial \xi}\right)_{T,p,\mu}>0$，$\boldsymbol{A}<0$，在无非体积功的条件下是不可能发生的，除非加入非体积功（如加入电功，如电解反应及放电的气相反应），且 $W'>\Delta_r G_m$ 时，反应才有可能使 ξ 继续增大。

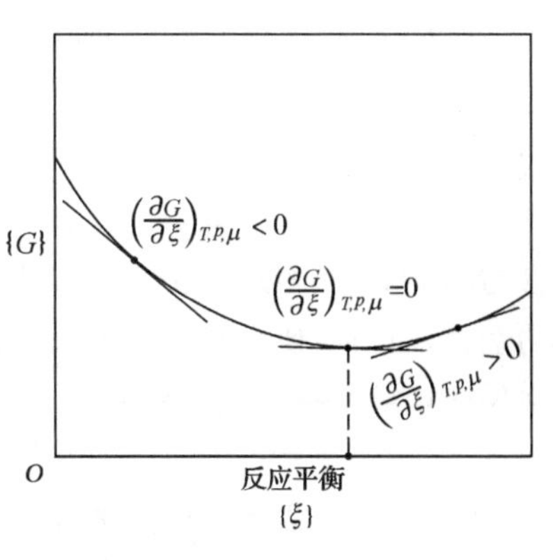

图 4-1 反应系统 G-ξ 关系示意图

应用热力学原理，由化学反应的平衡条件出发，结合各类反应系统中组分 B 的化学势表达式，定义一个标准平衡常数 $K^\ominus$，并且能由热力学公式及数据定量地计算出 $K^\ominus$，继而由 $K^\ominus$ 计算反应达到平衡时反应物的平衡转化率（在指定条件下的最高转化率）以及系统的平衡组成，这就是化学平衡热力学所要解决的问题之一。这个问题的解决对化工生产至关重要，它是化工工艺设计以及选择最佳操作条件的主要依据之一。

本章主要讨论理想系统（理想气体混合物、理想液态混合物和理想稀溶液系统）中的化学反应平衡。理想系统中化学反应平衡的热力学关系式形式简单，便于应用。有些实际系统可近似地当作理想系统来处理；当实际系统偏离理想系统较大或计算的准确度要求较高时，可引入校正因子（如逸度因子或渗透因子、活度因子），对理想系统公式中的组成项加以校正，便可得到适用于实际系统的公式。所以研究理想系统的化学反应平衡是有实际意义的。

Ⅰ 化学反应标准平衡常数

4.1 化学反应标准平衡常数的定义

4.1.1 化学反应的标准摩尔吉布斯函数[变]

对化学反应 $0=\sum_{\text{B}}\nu_{\text{B}}\text{B}$，若反应的参与物 B(B=A，B，Y，Z)均处于标准态，则由式(4-2)及式(4-3)，相应有

$$\Delta_r G_m^\ominus(T)=\sum_{\text{B}}\nu_{\text{B}}\mu_{\text{B}}^\ominus(T) \tag{4-10}$$

及

$$\Delta_r G_m^\ominus(T)=-\boldsymbol{A}^\ominus(T) \tag{4-11}$$

式中，$\Delta_r G_m^\ominus(T)$称为**化学反应的标准摩尔吉布斯函数[变]**(standard molar Gibbs function [change] of chemical reaction)，$\boldsymbol{A}^\ominus(T)$称为**化学反应的标准亲和势**(standard affinity of chemical reaction)。

因纯物质的化学势即是其摩尔吉布斯函数[$\mu(\text{B},\beta,T)=G_m^*(\text{B},\beta,T)$]，相应地有

$\mu^{\ominus}(\mathrm{B},\beta,T)=G_{\mathrm{m}}^{\ominus}(\mathrm{B},\beta,T)$，故(4-10)即为

$$\Delta_{\mathrm{r}}G_{\mathrm{m}}^{\ominus}(T)=\sum_{\mathrm{B}}\nu_{\mathrm{B}}G_{\mathrm{m}}^{\ominus}(\mathrm{B},\beta,T) \tag{4-12}$$

式(4-12)表明，$\Delta_{\mathrm{r}}G_{\mathrm{m}}^{\ominus}(T)$的物理意义即是反应参与物 B(B=A,B,Y,Z)在温度 T 各自单独处于标准状态下，发生单位反应进度时的摩尔吉布斯函数[变]，它是表征反应计量方程中各参与物质 B 在温度 T 下，标准态性质的量，所以 $\Delta_{\mathrm{r}}G_{\mathrm{m}}^{\ominus}(T)$取决于物质的本性、温度及标准态的选择，而与所研究状态下系统的组成无关。但必须注意，$\Delta_{\mathrm{r}}G_{\mathrm{m}}^{\ominus}(T)$与 $\Delta_{\mathrm{r}}H_{\mathrm{m}}^{\ominus}(T)$一样，与化学反应计量方程的写法有关。

4.1.2 化学反应标准平衡常数的定义式

对任意化学反应 $0=\sum_{\mathrm{B}}\nu_{\mathrm{B}}\mathrm{B}$，定义

$$K^{\ominus}(T)\xlongequal{\mathrm{def}}\exp\left[-\sum_{\mathrm{B}}\nu_{\mathrm{B}}\mu_{\mathrm{B}}^{\ominus}(T)/RT\right] \tag{4-13}$$

式中，$K^{\ominus}(T)$称为化学反应标准平衡常数[①](standard equilibrium constant of chemical reaction)。由于 $K^{\ominus}(T)$是按式(4-13)定义的，所以它与参与反应的各物质的本性、温度及标准态的选择有关。对指定的反应，它只是温度的函数，为量纲一的量，单位为 1。

结合式(4-10)及式(4-13)，则有

$$K^{\ominus}(T)=\exp\left[-\frac{\Delta_{\mathrm{r}}G_{\mathrm{m}}^{\ominus}(T)}{RT}\right] \tag{4-14a}$$

或

$$\Delta_{\mathrm{r}}G_{\mathrm{m}}^{\ominus}(T)=-RT\ln K^{\ominus}(T) \tag{4-14b}$$

式(4-13)、式(4-14)对任何化学反应都适用，即无论是理想气体反应或真实气体反应，理想液态混合物中的反应或真实液态混合物中的反应，理想稀溶液中的反应或真实溶液中的反应，理想气体与纯固体(或纯液体)的反应以及电化学系统中的反应都适用。

4.1.3 化学反应标准平衡常数与计量方程的关系

$\Delta_{\mathrm{r}}G_{\mathrm{m}}^{\ominus}(T)$与化学反应计量方程写法有关，故根据式(4-14)，$K^{\ominus}(T)$必与化学反应的计量方程写法有关，即 $K^{\ominus}(T)$必须对应指定的化学反应计量方程。如

$$\mathrm{SO_2}+\frac{1}{2}\mathrm{O_2}=\!=\!=\mathrm{SO_3},\quad \Delta_{\mathrm{r}}G_{\mathrm{m},1}^{\ominus}(T)=-RT\ln K_1^{\ominus}(T)$$

$$2\mathrm{SO_2}+\mathrm{O_2}=\!=\!=2\mathrm{SO_3},\quad \Delta_{\mathrm{r}}G_{\mathrm{m},2}^{\ominus}(T)=-RT\ln K_2^{\ominus}(T)$$

而 $\Delta_{\mathrm{r}}G_{\mathrm{m},1}^{\ominus}(T)=\frac{1}{2}\Delta_{\mathrm{r}}G_{\mathrm{m},2}^{\ominus}(T)$，故

---

① ISO 从 1980 年(第二版)起将此量称为标准平衡常数，并用符号 $K^{\ominus}$ 表示。GB 3102.8 从 1982 年(第一版)起按 ISO 定义了此量，也称为标准平衡常数，并以符号 $K^{\ominus}$ 表示。IUPAC 物理化学部热力学委员会以前称它为“热力学平衡常数”(thermodynamic equilibrium constant)，而以符号“K”表示，现在也按 ISO 将它称为标准平衡常数，也用 $K^{\ominus}$ 表示。现在 GB 3102.8—1993 中，定义

$$K^{\ominus}(T)\xlongequal{\mathrm{def}}\prod_{\mathrm{B}}\left[\lambda_{\mathrm{B}}^{\ominus}(T)\right]^{-\nu_{\mathrm{B}}}$$

本书中式(4-13)对 $K^{\ominus}(T)$的定义与此定义是等效的。

$$-RT\ln K_1^{\ominus}(T)=-\frac{1}{2}RT\ln K_2^{\ominus}(T)$$

即

$$[K_1^{\ominus}(T)]^2=K_2^{\ominus}(T)$$

4.2　化学反应标准平衡常数的热力学计算法

本节讨论如何利用热力学方法计算化学反应的标准平衡常数。

由式(4-14b)

$$\Delta_r G_m^{\ominus}(T)=-RT\ln K^{\ominus}(T)$$

只要算得 $\Delta_r G_m^{\ominus}(T)$就可算得 $K^{\ominus}(T)$，下面介绍计算 $\Delta_r G_m^{\ominus}(T)$的两种方法。

4.2.1　用 $\Delta_f H_m^{\ominus}(B,\beta,T)$或 $\Delta_c H_m^{\ominus}(B,\beta,T)$、$S_m^{\ominus}(B,\beta,T)$和 $C_{p,m}^{\ominus}(B)$计算

由式(1-115)，定温时

$$\Delta G=\Delta H-T\Delta S$$

相应地，在定温及反应物和产物均处于标准状态下的反应，有

$$\Delta_r G_m^{\ominus}(T)=\Delta_r H_m^{\ominus}(T)-T\Delta_r S_m^{\ominus}(T) \tag{4-15}$$

若 $T=298.15$ K，则由式(1-59)或式(1-61)计算 $\Delta_r H_m^{\ominus}(298.15\ \text{K})$，由式(1-103)计算 $\Delta_r S_m^{\ominus}(298.15\ \text{K})$，再由式(4-15)算得 $\Delta_r G_m^{\ominus}(298.15\ \text{K})$，最后由式(4-14b)算得 $K^{\ominus}(298.15\ \text{K})$。

若温度为 T，则可由式(1-63)算得 $\Delta_r H_m^{\ominus}(T)$，由式(1-104)算得 $\Delta_r S_m^{\ominus}(T)$，再由式(4-15)算得 $\Delta_r G_m^{\ominus}(T)$，最后由式(4-14b)算得 $K^{\ominus}(T)$。

4.2.2　用 $\Delta_f G_m^{\ominus}(B,\beta,T)$计算

1. 标准摩尔生成吉布斯函数[变]$\Delta_f G_m^{\ominus}(B,\beta,T)$的定义

与物质的标准摩尔生成焓[变]的定义相似，定义出物质的标准摩尔生成吉布斯函数[变]。即**B的标准摩尔生成吉布斯函数[变]**(standard molar Gibbs function [change] of formation)，以符号 $\Delta_f G_m^{\ominus}(B,\beta,T)$表示，定义为：在温度 T，由参考态的单质生成 B($\nu_B=+1$)时的标准摩尔吉布斯函数[变]。所谓参考态，一般是指每个单质在所讨论的温度 T 及标准压力 $p^{\ominus}$下最稳定状态[磷除外，是 P(s，白)而不是更稳定的 P(s，红)]。书写相应的生成反应化学方程式时，要使 B 的化学计量数 $\nu_B=+1$。例如，$\Delta_f G_m^{\ominus}(CH_3OH,l,298.15\ \text{K})$是下述反应的标准摩尔生成吉布斯函数[变]的简写：

$$\text{C}(\text{石墨},298.15\ \text{K},p^{\ominus})+2\text{H}_2(\text{g},298.15\ \text{K},p^{\ominus})+\frac{1}{2}\text{O}_2(\text{g},298.15\ \text{K},p^{\ominus})=\!=\!=\text{CH}_3\text{OH}(\text{l},298.15\ \text{K},p^{\ominus})$$

当然，H_2 和 O_2 应具有理想气体的特性。所说的“摩尔”与一般反应的摩尔吉布斯函数[变]一样，是指每摩尔反应进度。

按上述定义，显然参考状态相态的单质的 $\Delta_f G_m^{\ominus}(B,\beta,T)=0$。

物质的 $\Delta_f G_m^{\ominus}(B,\beta,298.15\ \text{K})$通常可由教材或手册中查得。

2. 由 $\Delta_f G_m^{\ominus}(B,\beta,T)$计算 $\Delta_r G_m^{\ominus}(T)$

与由 $\Delta_f H_m^{\ominus}(B,\beta,T)$计算 $\Delta_r H_m^{\ominus}(T)$的方法相似，利用 $\Delta_f G_m^{\ominus}(B,\beta,T)$计算 $\Delta_r G_m^{\ominus}(T)$的方法为

$$\Delta_r G_m^\ominus(T) = \sum_B \nu_B \Delta_f G_m^\ominus(B,\beta,T) \tag{4-16}$$

若 $T = 298.15$ K，则

$$\Delta_r G_m^\ominus(298.15\ \text{K}) = \sum_B \nu_B \Delta_f G_m^\ominus(B,\beta,298.15\ \text{K}) \tag{4-17}$$

如对反应 $a\text{A(g)} + b\text{B(g)} \longrightarrow y\text{Y(g)} + z\text{Z(g)}$，则 $T = 298.15$ K 时

$$\Delta_r G_m^\ominus(298.15\ \text{K}) = y\Delta_f G_m^\ominus(\text{Y,g},298.15\ \text{K}) + z\Delta_f G_m^\ominus(\text{Z,g},298.15\ \text{K}) - a\Delta_f G_m^\ominus(\text{A,g},298.15\ \text{K}) - b\Delta_f G_m^\ominus(\text{B,g},298.15\ \text{K})$$

【例 4-1】 已知如下数据：

气体	$\dfrac{\Delta_f H_m^\ominus(600\ \text{K})}{\text{kJ}\cdot\text{mol}^{-1}}$	$\dfrac{S_m^\ominus(600\ \text{K})}{\text{J}\cdot\text{K}^{-1}\cdot\text{mol}^{-1}}$	气体	$\dfrac{\Delta_f H_m^\ominus(600\ \text{K})}{\text{kJ}\cdot\text{mol}^{-1}}$	$\dfrac{S_m^\ominus(600\ \text{K})}{\text{J}\cdot\text{K}^{-1}\cdot\text{mol}^{-1}}$
CO	−110.2	218.68	CH_4	−83.26	216.2
H_2	0	151.09	$H_2O(g)$	−245.6	218.77

求 CO 甲烷化反应 $\text{CO(g)}+3\text{H}_2\text{(g)} \longrightarrow \text{CH}_4\text{(g)}+\text{H}_2\text{O(g)}$，600 K 的标准平衡常数。

解 $\Delta_r H_m^\ominus(600\ \text{K}) = \Delta_f H_m^\ominus(\text{H}_2\text{O,g},600\ \text{K}) + \Delta_f H_m^\ominus(\text{CH}_4\text{,g},600\ \text{K}) - \Delta_f H_m^\ominus(\text{CO,g},600\ \text{K}) = (-245.6 - 83.26 + 110.2)\text{kJ}\cdot\text{mol}^{-1} = -218.7\ \text{kJ}\cdot\text{mol}^{-1}$

$\Delta_r S_m^\ominus(600\ \text{K}) =$

$S_m^\ominus(\text{H}_2\text{O,g},600\ \text{K}) + S_m^\ominus(\text{CH}_4\text{,g},600\ \text{K}) - S_m^\ominus(\text{CO,g},600\ \text{K}) - 3S_m^\ominus(\text{H}_2\text{,g},600\ \text{K}) =$

$(218.77 + 216.2 - 218.68 - 3\times151.09)\ \text{J}\cdot\text{K}^{-1}\cdot\text{mol}^{-1} =$

$-237.0\ \text{J}\cdot\text{K}^{-1}\cdot\text{mol}^{-1}$

$\Delta_r G_m^\ominus(600\ \text{K}) = \Delta_r H_m^\ominus(600\ \text{K}) - 600\ \text{K}\times\Delta_r S_m^\ominus(600\ \text{K}) =$

$-218.7\times10^3\ \text{J}\cdot\text{mol}^{-1} - 600\ \text{K}\times(-237.0\ \text{J}\cdot\text{K}^{-1}\cdot\text{mol}^{-1}) =$

$-76.5\ \text{kJ}\cdot\text{mol}^{-1}$

$K^\ominus(600\ \text{K}) = \exp[-\Delta_r G_m^\ominus(600\ \text{K})/RT] =$

$\exp[-(-76.5\times10^3\ \text{J}\cdot\text{mol}^{-1})/(600\ \text{K}\times8.3145\ \text{J}\cdot\text{K}^{-1}\cdot\text{mol}^{-1})] =$

4.57×10^6

【例 4-2】 已知 $\Delta_f G_m^\ominus(\text{CH}_3\text{OH,l},298.15\ \text{K}) = -166.3\ \text{kJ}\cdot\text{mol}^{-1}$，$\Delta_f G_m^\ominus(\text{HCHO,g},298.15\ \text{K}) = -113.0\ \text{kJ}\cdot\text{mol}^{-1}$，且 $\text{CH}_3\text{OH(l)}$ 在 298.15 K 的饱和蒸气压为 16 586.9 Pa，求反应 $\text{CH}_3\text{OH(g)} \longrightarrow \text{HCHO(g)} + \text{H}_2\text{(g)}$ 在 298.15 K 时的 $K^\ominus$。

解 可设计如下计算途径：

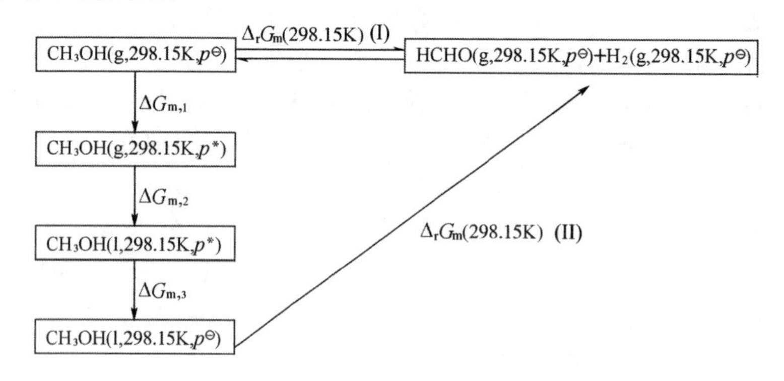

$$\Delta_r G_m^\ominus(298.15\ \text{K})(\text{I}) = -RT\ln K^\ominus(298.15\ \text{K})$$

又 $\Delta_r G_m^\ominus(298.15\ \text{K})(\text{I}) = \Delta G_{m,1} + \Delta G_{m,2} + \Delta G_{m,3} + \Delta_r G_m^\ominus(298.15\ \text{K})(\text{II})$

而 $\Delta G_{m,1} = \int_{p^\ominus}^{p^*} V_m^* \mathrm{d}p = RT\ln\dfrac{p^*}{p^\ominus}$，$\Delta G_{m,2} = 0$，$\Delta G_{m,3} \approx 0$，则

$$\Delta_r G_m^{\ominus}(298.15\ \mathrm{K})(\mathrm{I})=RT\ln\frac{p^*}{p^{\ominus}}+\Delta_r G_m^{\ominus}(298.15\ \mathrm{K})(\mathrm{II})$$

又

$$\begin{aligned}\Delta_r G_m^{\ominus}(298.15\ \mathrm{K})(\mathrm{II})&=\Delta_f G_m^{\ominus}(\mathrm{HCHO,g},298.15\ \mathrm{K})-\Delta_f G_m^{\ominus}(\mathrm{CH_3OH,l},298.15\ \mathrm{K})=\\&-113.0\ \mathrm{kJ\cdot mol^{-1}}-(-166.3\ \mathrm{kJ\cdot mol^{-1}})=\\&53.3\ \mathrm{kJ\cdot mol^{-1}}\end{aligned}$$

于是

$$\begin{aligned}\Delta_r G_m^{\ominus}(298.15\ \mathrm{K})(\mathrm{I})&=RT\ln\frac{p^*}{p^{\ominus}}+\Delta_r G_m^{\ominus}(298.15\ \mathrm{K})(\mathrm{II})=\\&8.3145\ \mathrm{J\cdot mol^{-1}\cdot K^{-1}}\times 298.15\ \mathrm{K}\times\ln\frac{16\,586.9\ \mathrm{Pa}}{10^5\ \mathrm{Pa}}+\\&53.3\times10^3\ \mathrm{J\cdot mol^{-1}}=48.9\times10^3\ \mathrm{J\cdot mol^{-1}}\end{aligned}$$

$$\ln K^{\ominus}=-\frac{\Delta_r G_m^{\ominus}(298.15\ \mathrm{K})(\mathrm{I})}{RT}=-\frac{48.9\times10^3\ \mathrm{J\cdot mol^{-1}}}{8.3145\ \mathrm{J\cdot mol^{-1}\cdot K^{-1}}\times298.15\ \mathrm{K}}=-19.8$$

解得

$$K^{\ominus}(298.15\ \mathrm{K})=2.68\times10^{-9}$$

4.3　化学反应标准平衡常数与温度的关系

4.3.1　化学反应标准平衡常数 $K^{\ominus}=f(T)$的推导

由式(4-14),有

$$\ln K^{\ominus}(T)=-\frac{\Delta_r G_m^{\ominus}(T)}{RT}$$

所以

$$\frac{\mathrm{d}\ln K^{\ominus}(T)}{\mathrm{d}T}=-\frac{1}{R}\frac{\mathrm{d}}{\mathrm{d}T}\left[\frac{\Delta_r G_m^{\ominus}(T)}{T}\right]$$

应用吉布斯-亥姆霍茨方程式

$$\left[\frac{\partial}{\partial T}\left(\frac{G}{T}\right)\right]_p=-\frac{H}{T^2}$$

于化学反应方程中的每种物质,得

$$\frac{\mathrm{d}}{\mathrm{d}T}\left[\frac{\Delta_r G_m^{\ominus}(T)}{T}\right]=-\frac{\Delta_r H_m^{\ominus}(T)}{T^2}$$

于是

$$\frac{\mathrm{d}\ln K^{\ominus}(T)}{\mathrm{d}T}=\frac{\Delta_r H_m^{\ominus}(T)}{RT^2}\text{①}\tag{4-18}$$

式(4-18)就是 $K^{\ominus}(T)=f(T)$的具体关系式,也叫**范特霍夫方程**(van't Hoff's equation)。

---

① 对理想气体混合物反应,其组成亦可用浓度 c_B 表示。如对理想气体反应 $a\mathrm{A}+b\mathrm{B}\rightleftharpoons y\mathrm{Y}+z\mathrm{Z}$,平衡时亦可有

$$K_c^{\ominus}(T)=\frac{(c_Y^{eq}/c^{\ominus})^y(c_Z^{eq}/c^{\ominus})^z}{(c_A^{eq}/c^{\ominus})^a(c_B^{eq}/c^{\ominus})^b}\tag{4-19}$$

式中,$c^{\ominus}=1\ \mathrm{mol\cdot dm^{-3}}$,叫**B 的标准量浓度**(standard concentration of B),$K_c^{\ominus}(T)$叫**平衡常数**(equilibrium constant)。

相应可有

$$\frac{\mathrm{d}\ln K_c^{\ominus}(T)}{\mathrm{d}T}=\frac{\Delta_r U_m^{\ominus}(T)}{RT^2}\tag{4-20}$$

与式(4-18)相似,式(4-20)也叫**范特霍夫**(van't Hoff)方程。不过由于浓度 c_B 随温度而变,因而在热力学研究中很少用到,由 c_B 表示的热力学公式由于缺少相关热力学数据,因此也就无计算意义。但在少数场合尚需用式(4-20)定性地分析一些问题。另外,在第 6 章化学动力学的讨论中也要用到式(4-19)及式(4-20)。所以这里以注解形式书写出来,供应用时参考。

4.3.2 范特霍夫方程式的积分式

1. 视 $\Delta_r H_m^\ominus$ 为与温度 T 无关的常数

若温度变化不大，则 $\Delta_r H_m^\ominus$ 可近似看作与温度 T 无关的常数。这样，对式(4-18)分离变量做不定积分，得

$$\ln K^\ominus(T) = -\frac{\Delta_r H_m^\ominus}{RT} + B \tag{4-21}$$

式中，B 为积分常数。

由式(4-21)，若以 $\ln K^\ominus(T)$ 对 $1/T$ 作图得一直线，直线斜率 $m = -\dfrac{\Delta_r H_m^\ominus}{R}$，如图 4-2 所示。由此可求得一定温度范围内反应的标准摩尔焓[变]的平均值 $\langle \Delta_r H_m^\ominus \rangle$。

由 $-\Delta_r G_m^\ominus(T) = RT\ln K^\ominus(T)$ 及 $\Delta_r G_m^\ominus(T) = \Delta_r H_m^\ominus(T) - T\Delta_r S_m^\ominus(T)$，得

$$\ln K^\ominus(T) = -\frac{\Delta_r H_m^\ominus}{RT} + \frac{\Delta_r S_m^\ominus}{R}$$

此式与式(4-21)比较，可见 $B = \dfrac{\Delta_r S_m^\ominus}{R}$。

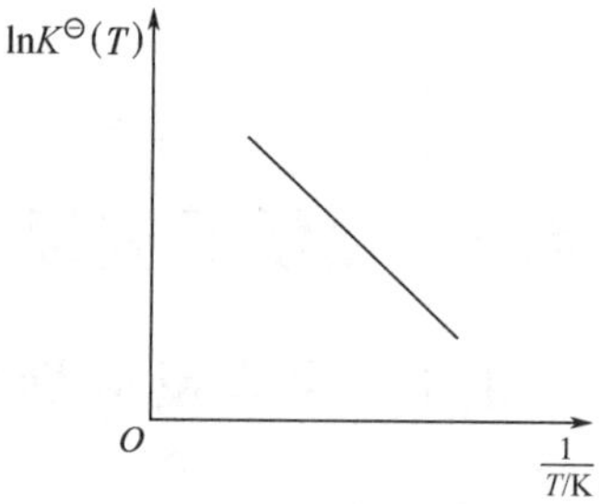

设 T_1 和 T_2 两个温度下的标准平衡常数为 $K^\ominus(T_1)$ 及 $K^\ominus(T_2)$，则将式(4-18)分离变量做定积分，得

$$\ln \frac{K^\ominus(T_2)}{K^\ominus(T_1)} = \frac{\Delta_r H_m^\ominus}{R}\left(\frac{1}{T_1} - \frac{1}{T_2}\right) \tag{4-22}$$

图 4-2　$\ln K^\ominus(T)$-$\frac{1}{T/\text{K}}$图

由式(4-22)，若已知 $\Delta_r H_m^\ominus$，当 $T_1 = 298.15$ K 的 $K^\ominus(298.15$ K)为已知时，可求任意温度 T 时的 $K^\ominus(T)$；或已知任意两个温度 T_1、T_2 下的 $K^\ominus(T_1)$、$K^\ominus(T_2)$，可计算该两温度附近范围反应的标准摩尔焓[变]的平均值 $\langle \Delta_r H_m^\ominus \rangle$。

2. 视 $\Delta_r H_m^\ominus(T)$ 为温度的函数

利用式(4-18)及式(1-63)，可求得 $\ln K^\ominus(T) = f(T)$ 的关系式。

【例 4-3】 实验测知异构化反应：

$$C_6H_{12}(g) \rightleftharpoons C_5H_9CH_3(g)$$

的 $K^\ominus$ 与 T 的关系式为

$$\ln K^\ominus(T) = 4.184 - \frac{2\,059\ \text{K}}{T}$$

计算此异构化反应的 $\Delta_r H_m^\ominus(298.15\ \text{K})$、$\Delta_r S_m^\ominus(298.15\ \text{K})$ 和 $\Delta_r G_m^\ominus(298.15\ \text{K})$。

解　关系式两边同乘以 $-RT$，得

$$-RT\ln K^\ominus(T) = -4.184 \times 8.314\,5 \times T\ \text{J}\cdot\text{mol}^{-1}\cdot\text{K}^{-1} + 2\,059 \times 8.314\,5\ \text{J}\cdot\text{mol}^{-1}$$

即

$$\Delta_r G_m^\ominus(T) = 17\,12\ \text{J}\cdot\text{mol}^{-1} - 37.79T\ \text{J}\cdot\text{mol}^{-1}\cdot\text{K}^{-1}$$

将该式与式(4-15)比较得

$$\Delta_r H_m^\ominus(298.15\ \text{K}) = 17.12\ \text{kJ}\cdot\text{mol}^{-1}$$

$$\Delta_r S_m^\ominus(298.15\ \text{K}) = 37.79\ \text{J}\cdot\text{K}^{-1}\cdot\text{mol}^{-1}$$

$$\Delta_r G_m^\ominus(298.15\ \text{K}) = (17\,120 - 298.15 \times 37.79)\ \text{J}\cdot\text{mol}^{-1} = 6.75\ \text{kJ}\cdot\text{mol}^{-1}$$

Ⅱ　化学反应标准平衡常数的应用

4.4　理想气体混合物反应的化学平衡

设有理想气体混合物反应

$$0=\sum_{\mathrm{B}}\nu_{\mathrm{B}}\mathrm{B(pgm)}$$

式中，“pgm”表示“理想(或完全)气体混合物”。由式(4-2)及式(4-3)，有

$$\boldsymbol{A}=-\sum_{\mathrm{B}}\nu_{\mathrm{B}}\mu_{\mathrm{B}}(\mathrm{pgm})$$

对理想气体混合物，其中任意组分 B 的化学势表达式，由式(1-188)，有

$$\mu_{\mathrm{B}}(\mathrm{g})=\mu_{\mathrm{B}}^{\ominus}(\mathrm{g},T)+RT\ln(p_{\mathrm{B}}/p^{\ominus})$$

代入上式，整理，有

$$\boldsymbol{A}(T)=-\sum_{\mathrm{B}}\nu_{\mathrm{B}}\mu_{\mathrm{B}}^{\ominus}(\mathrm{pgm},T)-RT\ln\prod_{\mathrm{B}}(p_{\mathrm{B}}/p^{\ominus})^{\nu_{\mathrm{B}}} \tag{4-23}$$

当反应平衡时，$\boldsymbol{A}(T)=0$，又由式(4-13)，对理想气体混合物的反应，有

$$K^{\ominus}(\mathrm{pgm},T)\overset{\mathrm{def}}{=\!=\!=}\exp\left[-\sum_{\mathrm{B}}\nu_{\mathrm{B}}\mu_{\mathrm{B}}^{\ominus}(\mathrm{pgm},T)/RT\right] \tag{4-24}$$

代入式(4-23)，得

$$K^{\ominus}(\mathrm{pgm},T)=\prod_{\mathrm{B}}(y_{\mathrm{B}}^{\mathrm{eq}}p^{\mathrm{eq}}/p^{\ominus})^{\nu_{\mathrm{B}}} \text{①} \tag{4-25a}$$

式(4-25a)是理想气体混合物反应的标准平衡常数与其平衡组成的关联式，或叫理想气体混合物化学反应的标准平衡常数的表示式。例如，对理想气体反应

$$a\mathrm{A(g)}+b\mathrm{B(g)}=\!=\!=y\mathrm{Y(g)}+z\mathrm{Z(g)}$$

$$K^{\ominus}(\mathrm{pgm},T)=\frac{(y_{\mathrm{Y}}^{\mathrm{eq}}p^{\mathrm{eq}}/p^{\ominus})^{y}(y_{\mathrm{Z}}^{\mathrm{eq}}p^{\mathrm{eq}}/p^{\ominus})^{z}}{(y_{\mathrm{A}}^{\mathrm{eq}}p^{\mathrm{eq}}/p^{\ominus})^{a}(y_{\mathrm{B}}^{\mathrm{eq}}p^{\mathrm{eq}}/p^{\ominus})^{b}} \tag{4-25b}$$

或

$$K^{\ominus}(\mathrm{pgm},T)=\frac{(p_{\mathrm{Y}}^{\mathrm{eq}}/p^{\ominus})^{y}(p_{\mathrm{Z}}^{\mathrm{eq}}/p^{\ominus})^{z}}{(p_{\mathrm{A}}^{\mathrm{eq}}/p^{\ominus})^{a}(p_{\mathrm{B}}^{\mathrm{eq}}/p^{\ominus})^{b}} \tag{4-25c}$$

注意　式(4-25)中的 $y_{\mathrm{B}}^{\mathrm{eq}}$、$p_{\mathrm{B}}^{\mathrm{eq}}$、$p^{\mathrm{eq}}$ 为系统达到反应平衡时组分 B(B=A,B,Y,Z)的摩尔分数、分压及系统的总压。式(4-25)不是 $K^{\ominus}(T)$ 的定义式。

由 $K^{\ominus}(\mathrm{pgm},T)=\exp\left[-\dfrac{\Delta_{\mathrm{r}}G_{\mathrm{m}}^{\ominus}(T)}{RT}\right]$ 求得 $K^{\ominus}(\mathrm{pgm},T)$ 后，则可由式(4-25)计算一定温度下反应物的平衡转化率及系统的平衡组成。

---

① 式(4-25)亦可表示成

$$K^{\ominus}(\mathrm{pgm},T)=K_{p}(\mathrm{pgm},T)(p^{\ominus})^{-\sum_{\mathrm{B}}\nu_{\mathrm{B}}},\quad \text{而 } K_{p}(\mathrm{pgm},T)\overset{\mathrm{def}}{=\!=\!=}\prod_{\mathrm{B}}(y_{\mathrm{B}}^{\mathrm{eq}}p^{\mathrm{eq}})^{\nu_{\mathrm{B}}}=\prod_{\mathrm{B}}(p_{\mathrm{B}}^{\mathrm{eq}})^{\nu_{\mathrm{B}}}$$

它称为理想气体混合物反应的平衡常数。对一定的理想气体反应，也只是温度的函数，但它的量纲则与具体的反应有关，单位为 $[p]^{\sum_{\mathrm{B}}\nu_{\mathrm{B}}}$，GB 3102.8—1993 已把它作为资料，故本书不在正文中详细讨论。

4.5 真实气体混合物反应的化学平衡

设有真实气体混合物的反应

$$0=\sum_{B}\nu_{B}B(gm)$$

式中,"gm"表示"气体混合物",由式(4-2)及式(4-3),有

$$\boldsymbol{A}=-\sum_{B}\nu_{B}\mu_{B}(gm)$$

对真实气体混合物,其中任意组分B的化学势表达式,由式(1-192),有

$$\mu_{B}(g)=\mu_{B}^{\ominus}(g,T)+RT\ln(\tilde{p}_{B}/p^{\ominus})$$

代入上式,整理有

$$\boldsymbol{A}(T)=-\sum_{B}\nu_{B}\mu^{\ominus}(gm,T)-RT\ln\prod_{B}(\tilde{p}_{B}/p^{\ominus})^{\nu_{B}} \tag{4-26}$$

当反应平衡时,$\boldsymbol{A}(T)=0$,又由式(4-13),对真实气体混合物的反应,有

$$K^{\ominus}(gm,T)\xlongequal{\text{def}}\exp\left[-\sum_{B}\nu_{B}\mu_{B}^{\ominus}(gm,T)/RT\right] \tag{4-27}$$

代入式(4-26),得

$$K^{\ominus}(gm,T)=\prod_{B}(\tilde{p}_{B}^{eq}/p^{\ominus})^{\nu_{B}}\ ① \tag{4-28}$$

由式(1-193)及式(1-191)

$$\tilde{p}_{B}^{eq}=y_{B}^{eq}\tilde{p}^{*,eq}=y_{B}^{eq}\varphi_{B}^{eq}p^{eq}=\varphi_{B}^{eq}p_{B}^{eq}$$

代入式(4-28),得

$$K^{\ominus}(gm,T)=\prod_{B}(\varphi_{B}^{eq}p_{B}^{eq}/p^{\ominus})^{\nu_{B}}=\prod_{B}(\varphi_{B}^{eq})^{\nu_{B}}\prod_{B}(p_{B}^{eq}/p^{\ominus})^{\nu_{B}} \tag{4-29}$$

式(4-28)及式(4-29)是真实气体混合物反应的标准平衡常数与其平衡组成的关联式,或叫真实气体混合物反应的标准平衡常数的表示式。

由式(4-29)可知,若 $\varphi_{B}^{eq}=1$,则 $K^{\ominus}(gm,T)=\prod_{B}(p_{B}^{eq}/p^{\ominus})^{\nu_{B}}$,此即理想气体反应的 $K^{\ominus}(pgm,T)$ 表示式(4-25)。而对真实气体反应,$K^{\ominus}(gm,T)\neq\prod_{B}(p_{B}^{eq}/p^{\ominus})^{\nu_{B}}$(因为 $\varphi_{B}^{eq}\neq1$)。

因为 φ_{B}^{eq} 是温度、压力、组成的函数,所以 $\prod_{B}(\varphi_{B}^{eq})^{\nu_{B}}$ 也是温度、压力、组成的函数。故对真实气体反应,$\prod_{B}(p_{B}^{eq}/p^{\ominus})^{\nu_{B}}$ 不仅是温度的函数,也是压力的函数。

对真实气体反应,由 $K^{\ominus}(gm,T)=\exp\left[-\dfrac{\Delta_{r}G_{m}^{\ominus}(T)}{RT}\right]$ 求得 $K^{\ominus}(gm,T)$ 后,再求得各组分的逸度因子 φ_{B}^{eq},进而可得到 $\prod_{B}(p_{B}^{eq}/p^{\ominus})^{\nu_{B}}$,于是最终求算反应物的平衡转化率或系统的

---

① 式(4-28)亦可表示成

$$K^{\ominus}(gm,T)=K_{\tilde{p}}(gm)(p^{\ominus})^{-\sum\nu_{B}},\quad K_{\tilde{p}}(gm,T)\xlongequal{\text{def}}\prod_{B}(\tilde{p}_{B}^{eq})^{\nu_{B}}$$

$K_{\tilde{p}}$ 叫以逸度表示的平衡常数(逸度用 f 表示时,即为 K_{f}),其量纲与具体反应有关,单位为 $[p]^{\sum_{B}\nu_{B}}$,对一定的反应,它也只是温度的函数。GB 3102.8—1993也已把它作为资料,故本书也不在正文中详细讨论。

平衡组成。

4.6 理想气体与纯固体(或纯液体)反应的化学平衡

4.6.1 化学反应标准平衡常数的表示式

以理想气体与纯固体反应为例

$$aA(g)+bB(s)═yY(g)+zZ(s)$$

各组分的化学势表达式,对理想气体组分为

$$\mu_A=\mu_A^{\ominus}(g,T)+RT\ln(p_A/p^{\ominus})$$
$$\mu_Y=\mu_Y^{\ominus}(g,T)+RT\ln(p_Y/p^{\ominus})$$

对纯固体组分为

$$\mu_B(s)=\mu_B^{\ominus}(s,T)+\int_{p^{\ominus}}^{p}V_{m,B}^{*}dp$$
$$\mu_Z(s)=\mu_Z^{\ominus}(s,T)+\int_{p^{\ominus}}^{p}V_{m,Z}^{*}dp$$

代入式(1-183),得

$$\boldsymbol{A}=-\left[(-a\mu_A^{\ominus}-b\mu_B^{\ominus}+y\mu_Y^{\ominus}+z\mu_Z^{\ominus})+RT\ln\frac{(p_Y/p^{\ominus})^y}{(p_A/p^{\ominus})^a}+\int_{p^{\ominus}}^{p}(-bV_{m,B}^{*}+zV_{m,Z}^{*})dp\right]$$

由化学反应平衡条件式(4-1),$\boldsymbol{A}=0$,并忽略压力对纯固体化学势的影响,得

$$K^{\ominus}(T)=\frac{(p_Y^{eq}/p^{\ominus})^y}{(p_A^{eq}/p^{\ominus})^a}\overset{\text{def}}{=\!=}\exp[-(-a\mu_A^{\ominus}-b\mu_B^{\ominus}+y\mu_Y^{\ominus}+z\mu_Z^{\ominus})/RT]\overset{\text{def}}{=\!=}\exp[-\Delta_r G_m^{\ominus}(T)/RT]$$

因为 $\mu_B^{\ominus}$(B=A,B,Y,Z)只是温度的函数,则 $\Delta_r G_m^{\ominus}(T)$也仅是温度的函数,所以$K^{\ominus}(T)$只是温度的函数。

注意 在 $K^{\ominus}(T)$的表示式中,只包含参与反应的理想气体的分压,即

$$K^{\ominus}(T)=\frac{(p_Y^{eq}/p^{\ominus})^y}{(p_A^{eq}/p^{\ominus})^a} \tag{4-30}$$

而在 $K^{\ominus}(T)$的定义式中,却包括了参与反应的所有物质(包括理想气体各组分及纯固体各组分)的标准化学势 $\mu_B^{\ominus}$(B=A,B,Y,Z),即

$$K^{\ominus}(T)\overset{\text{def}}{=\!=}\exp[-(-a\mu_A^{\ominus}-b\mu_B^{\ominus}+y\mu_Y^{\ominus}+z\mu_Z^{\ominus})/RT]$$

4.6.2 纯固体化合物的分解压

以 $CaCO_3$ 的分解反应为例

$$CaCO_3(s)═CaO(s)+CO_2(g)$$

此分解反应在一定温度下达到平衡时,此时气体的压力,称为该固体化合物在该温度下的**分解压**(decomposition pressure)。按式(4-30)应有

$$K^{\ominus}(T)=p^{eq}(CO_2)/p^{\ominus}$$

即在一定温度下,固体化合物的分解压为常数。

若分解气体产物有一种以上,则产物气体总压称为分解压。

注意 应用热力学方法求 $K^{\ominus}(T)$时应包括参与反应的所有组分的热力学数据。

当分解压力等于外压时(通常 $p=101.325$ kPa)所对应的温度,称为分解温度。

如同蒸汽压和蒸汽的压力是两个不同的概念一样,分解压和分解的压力,也是两个不同的概念。前者是平衡概念,后者是非平衡概念,二者不要混淆。与此类似,分解温度和开始分解温度也有区别。以 FeO 的分解反应为例,分解温度是 $2FeO(s) = 2Fe(s) + O_2(g)$ 系统分解压等于外压时的温度,而开始分解温度则定义为反应系统的分解压等于平衡气相中氧的分压时的温度。显然,若在纯氧中,开始分解温度等于分解温度;若不在纯氧中,开始分解温度则低于分解温度。

分解压是个重要的概念,广泛应用于化工、生化、冶金、金属材料热处理过程,常用来衡量某一物质的热稳定性。分解压愈小的化合物,其热稳定性愈好,即该化合物愈难分解。

例如,在 600 K 下,$CaCO_3(s)$的分解压是 45.3×10^{-6} kPa,$MgCO_3(s)$的分解压是 28.4×10^{-3} kPa,故 $CaCO_3$ 要比 $MgCO_3(s)$稳定,再如 1 000 K 时,CuO(s)的分解压是 2.0×10^{-8} kPa,而 FeO(s)的分解压是 3.3×10^{-18} kPa,故 FeO(s)要比 CuO(s)稳定。

4.7 范特霍夫定温方程、化学反应方向的判断

对理想气体混合物反应,由式(4-23)

$$\boldsymbol{A}(T) = -\sum_{\mathrm{B}}\nu_{\mathrm{B}}\mu_{\mathrm{B}}^{\ominus}(\mathrm{pgm},T) - RT\ln\prod_{\mathrm{B}}(p_{\mathrm{B}}/p^{\ominus})^{\nu_{\mathrm{B}}}$$

亦可表示成

$$\boldsymbol{A}(T) = \boldsymbol{A}^{\ominus}(T) - RT\ln\prod_{\mathrm{B}}(p_{\mathrm{B}}/p^{\ominus})^{\nu_{\mathrm{B}}} \tag{4-31}$$

或

$$\Delta_{\mathrm{r}}G_{\mathrm{m}}(T) = \Delta_{\mathrm{r}}G_{\mathrm{m}}^{\ominus}(T) + RT\ln\prod_{\mathrm{B}}(p_{\mathrm{B}}/p^{\ominus})^{\nu_{\mathrm{B}}} \tag{4-32}$$

式(4-31) 及式(4-32) 叫理想气体反应的范特霍夫定温方程(van't Hoff isothermal equation)。式中的 $\prod_{\mathrm{B}}(p_{\mathrm{B}}/p^{\ominus})^{\nu_{\mathrm{B}}}$ 项中的 p_{B} 是反应系统处于任意状态(包括平衡态)时,组分 B 的分压,并定义

$$J^{\ominus}(\mathrm{pgm},T) \xlongequal{\mathrm{def}} \prod_{\mathrm{B}}(p_{\mathrm{B}}/p^{\ominus})^{\nu_{\mathrm{B}}} \tag{4-33}$$

式中,$J^{\ominus}(\mathrm{pgm},T)$ 为理想气体混合物的分压比(ratio of partial pressure)。于是式(4-31) 及式(4-32) 即可写成

$$\boldsymbol{A}(T) = RT\ln K^{\ominus}(\mathrm{pgm},T) - RT\ln J^{\ominus}(\mathrm{pgm},T) \tag{4-34}$$

$$\Delta_{\mathrm{r}}G_{\mathrm{m}}(T) = -RT\ln K^{\ominus}(\mathrm{pgm},T) + RT\ln J^{\ominus}(\mathrm{pgm},T) \tag{4-35}$$

对真实气体混合物反应,由式(4-26)

$$\boldsymbol{A}(T) = -\sum_{\mathrm{B}}\nu_{\mathrm{B}}\mu_{\mathrm{B}}^{\ominus}(\mathrm{gm},T) - RT\ln\prod_{\mathrm{B}}(\tilde{p}_{\mathrm{B}}/p^{\ominus})^{\nu_{\mathrm{B}}}$$

亦可表示成

$$\boldsymbol{A}(T) = \boldsymbol{A}^{\ominus}(T) - RT\ln\prod_{\mathrm{B}}(\tilde{p}_{\mathrm{B}}/p^{\ominus})^{\nu_{\mathrm{B}}} \tag{4-36}$$

$$\Delta_{\mathrm{r}}G_{\mathrm{m}}(T) = \Delta_{\mathrm{r}}G_{\mathrm{m}}^{\ominus}(T) + RT\ln\prod_{\mathrm{B}}(\tilde{p}_{\mathrm{B}}/p^{\ominus})^{\nu_{\mathrm{B}}} \tag{4-37}$$

式(4-36) 及式(4-37) 叫真实气体反应的范特霍夫定温方程。式中的 $\prod_{\mathrm{B}}(\tilde{p}_{\mathrm{B}}/p^{\ominus})^{\nu_{\mathrm{B}}}$ 项中,$\tilde{p}_{\mathrm{B}}$ 是反应系统处于任意状态(包括平衡态)时组分 B 的逸度,并定义

$$J^{\ominus}(\text{gm},T) \xlongequal{\text{def}} \prod_{\text{B}} (\tilde{p}_{\text{B}}/p^{\ominus})^{\nu_{\text{B}}} \tag{4-38}$$

式中，$J^{\ominus}(\text{gm},T)$ 为真实气体混合物的分逸度比(ratio of partial fugacity)，于是式(4-36)及式(4-37)即可写成

$$\boldsymbol{A}(T) = RT\ln K^{\ominus}(\text{gm},T) - RT\ln J^{\ominus}(\text{gm},T) \tag{4-39}$$

$$\Delta_{\text{r}}G_{\text{m}}(T) = -RT\ln K^{\ominus}(\text{gm},T) + RT\ln J^{\ominus}(\text{gm},T) \tag{4-40}$$

式(4-35)及式(4-40)可统一写成

$$\Delta_{\text{r}}G_{\text{m}}(T) = -RT\ln K^{\ominus}(T) + RT\ln J^{\ominus}(T) \tag{4-41}$$

式(4-41)为气体混合物反应的范特霍夫定温方程。应用时，$K^{\ominus}(T)$ 的计算仅与气体本性有关，与压力无关，即与是理想气体或真实气体无关，但 $J^{\ominus}(T)$ 的计算与是理想气体或真实气体有关，即要注意 $J^{\ominus}(\text{pgm},T)$ 与 $J^{\ominus}(\text{gm},T)$ 的区别。

由式(4-41)，可判断

若 $K^{\ominus}(T)=J^{\ominus}(T)$，即 $\boldsymbol{A}(T)=0$ 或 $\Delta_{\text{r}}G_{\text{m}}(T)=0$，则反应达成平衡；

若 $K^{\ominus}(T)>J^{\ominus}(T)$，即 $\boldsymbol{A}(T)>0$ 或 $\Delta_{\text{r}}G_{\text{m}}(T)<0$，则反应方向向右；

若 $K^{\ominus}(T)<J^{\ominus}(T)$，即 $\boldsymbol{A}(T)<0$ 或 $\Delta_{\text{r}}G_{\text{m}}(T)>0$，则反应方向向左。

【例 4-4】 某理想气体反应 A(g)+2B(g)══Y(g)+4Z(g)有关数据：

物质	$\Delta_{\text{f}}H_{\text{m}}^{\ominus}(298.15\text{ K})$ / $\text{kJ}\cdot\text{mol}^{-1}$	$S_{\text{m}}^{\ominus}(298.15\text{ K})$ / $\text{J}\cdot\text{K}^{-1}\cdot\text{mol}^{-1}$	$C_{p,\text{m}}^{\ominus}(\text{B})$ / $\text{J}\cdot\text{K}^{-1}\cdot\text{mol}^{-1}$	物质	$\Delta_{\text{f}}H_{\text{m}}^{\ominus}(298.15\text{ K})$ / $\text{kJ}\cdot\text{mol}^{-1}$	$S_{\text{m}}^{\ominus}(298.15\text{ K})$ / $\text{J}\cdot\text{K}^{-1}\cdot\text{mol}^{-1}$	$C_{p,\text{m}}^{\ominus}(\text{B})$ / $\text{J}\cdot\text{K}^{-1}\cdot\text{mol}^{-1}$
A(g)	−74.84	186.0	3	Y(g)	−393.42	214.0	11
B(g)	−241.84	188.0	14	Z(g)	0	130.0	5

(1)经计算说明：当 A、B、Y 和 Z 的摩尔分数分别为 0.3、0.2、0.3 和 0.2，$T=800$ K、$p=0.1$ MPa 时反应进行的方向；(2)其他条件与(1)相同，如何改变温度使反应向与(1)相反的方向进行？

解 (1)

$$\begin{aligned}\Delta_{\text{r}}H_{\text{m}}^{\ominus}(298.15\text{ K}) &= \Delta_{\text{f}}H_{\text{m}}^{\ominus}(\text{Y},298.15\text{ K}) + 4\Delta_{\text{f}}H_{\text{m}}^{\ominus}(\text{Z},298.15\text{ K}) - \\ &\quad \Delta_{\text{f}}H_{\text{m}}^{\ominus}(\text{A},298.15\text{ K}) - 2\Delta_{\text{f}}H_{\text{m}}^{\ominus}(\text{B},298.15\text{ K}) = \\ &\quad [(-393.42)-(-241.84\times 2)-(-74.84)]\ \text{kJ}\cdot\text{mol}^{-1} = \\ &\quad 165.1\ \text{kJ}\cdot\text{mol}^{-1}\end{aligned}$$

$$\begin{aligned}\Delta_{\text{r}}S_{\text{m}}^{\ominus}(298.15\text{ K}) &= S_{\text{m}}^{\ominus}(\text{Y},298.15\text{ K}) + 4S_{\text{m}}^{\ominus}(\text{Z},298.15\text{ K}) - S_{\text{m}}^{\ominus}(\text{A},298.15\text{ K}) - \\ &\quad 2S_{\text{m}}^{\ominus}(\text{B},298.15\text{ K}) = \\ &\quad (214.0+4\times 130.0-186.0-2\times 188.0)\ \text{J}\cdot\text{mol}^{-1}\cdot\text{K}^{-1} = \\ &\quad 172\ \text{J}\cdot\text{mol}^{-1}\cdot\text{K}^{-1}\end{aligned}$$

因为 $\sum_{B}\nu_{\text{B}}C_{p,\text{m}}^{\ominus}(\text{B}) = (5\times 4+11-14\times 2-3)\ \text{J}\cdot\text{mol}^{-1}\cdot\text{K}^{-1} = 0$

所以 $\Delta_{\text{r}}G_{\text{m}}^{\ominus}(T) = \Delta_{\text{r}}H_{\text{m}}^{\ominus}(298.15\text{ K}) - T\Delta_{\text{r}}S_{\text{m}}^{\ominus}(298.15\text{ K}) =$
$165\,100\ \text{J}\cdot\text{mol}^{-1} - 800\ \text{K}\times 172\ \text{J}\cdot\text{mol}^{-1}\cdot\text{K}^{-1}$

$K^{\ominus}(800\text{ K}) = \exp[-(165\,100-172\times 800)/(8.314\,5\times 800)] = 0.016\,0 \approx 0.020\,0$

$$\begin{aligned}J^{\ominus} &= [p(\text{Z})/p^{\ominus}]^4[p(\text{Y})/p^{\ominus}]/\{[p(\text{A})/p^{\ominus}][p(\text{B})/p^{\ominus}]^2\} = \\ &\quad \frac{(0.2\times 10^5\ \text{Pa}/10^5\ \text{Pa})^4(0.3\times 10^5\ \text{Pa}/10^5\ \text{Pa})}{(0.3\times 10^5\ \text{Pa}/10^5\ \text{Pa})(0.2\times 10^5\ \text{Pa}/10^5\ \text{Pa})^2} = 0.0400\end{aligned}$$

$J^{\ominus}>K^{\ominus}$，$\boldsymbol{A}<0$，反应向反方向(左)进行。

(2)若使反应向正方向(右)进行，则必须

$$\Delta_{\text{r}}G_{\text{m}}(T) = \Delta_{\text{r}}G_{\text{m}}^{\ominus}(T) + RT\ln J^{\ominus} < 0$$

即
$$-RT\ln J^{\ominus} > \Delta_r G_m^{\ominus}(T)$$

所以 $(-8.3145\ \text{J}\cdot\text{mol}^{-1}\cdot\text{K}^{-1}\times\ln 0.04)T > [165\ 100 - 172(T/\text{K})]\ \text{J}\cdot\text{mol}^{-1}$

$$T > 830.6\ \text{K}$$

【例 4-5】 理想气体反应：A(g)+2B(g)══Y(g)有关数据如下：

物质	$\Delta_f H_m^{\ominus}(298.15\ \text{K})$ / $\text{kJ}\cdot\text{mol}^{-1}$	$S_m^{\ominus}(298.15\ \text{K})$ / $\text{J}\cdot\text{K}^{-1}\cdot\text{mol}^{-1}$	$C_{p,m}^{\ominus}=a+bT$ $a/(\text{J}\cdot\text{K}^{-1}\cdot\text{mol}^{-1})$	$b/(10^{-3}\text{J}\cdot\text{K}^{-2}\cdot\text{mol}^{-1})$
A(g)	−210.0	126.0	25.20	8.40
B(g)	0	120.0	10.50	12.50
Y(g)	−140.0	456.0	56.20	34.40

(1)计算 $K^{\ominus}(700\ \text{K})$；(2)700 K 时，将 2 mol A(g)，6 mol B(g)及 2 mol Y(g)混合成总压为 101 325 Pa 的理想混合气体，试判断反应方向。

解 (1)

$$\Delta_r H_m^{\ominus}(298.15\ \text{K}) = \sum_B \nu_B \Delta_f H_m^{\ominus}(\text{B},\beta,298.15\ \text{K}) =$$
$$\Delta_f H_m^{\ominus}(\text{Y},\text{g},298.15\ \text{K}) - \Delta_f H_m^{\ominus}(\text{A},\text{g},298.15\ \text{K}) =$$
$$[-140-(-210)]\ \text{kJ}\cdot\text{mol}^{-1} = 70.00\ \text{kJ}\cdot\text{mol}^{-1}$$

$$\Delta_r S_m^{\ominus}(298.15\ \text{K}) = \sum_B \nu_B S_B^{\ominus}(\text{B},\beta,298.15\text{K}) =$$
$$S_m^{\ominus}(\text{Y},\text{g},298.15\ \text{K}) - 2\times S_m^{\ominus}(\text{B},\text{g},298.15\ \text{K}) - S_m^{\ominus}(\text{A},\text{g},298.15\ \text{K}) =$$
$$(456.0 - 2\times 120.0 - 126.0)\ \text{J}\cdot\text{K}^{-1}\cdot\text{mol}^{-1} = 90.00\ \text{J}\cdot\text{K}^{-1}\cdot\text{mol}^{-1}$$

$$\sum_B \nu_B C_{p,m}^{\ominus}(\text{B}) = \sum \nu_B a + \sum \nu_B bT = (56.20 - 10.50\times 2 - 25.20)\ \text{J}\cdot\text{K}^{-1}\cdot\text{mol}^{-1} +$$
$$(34.40 - 12.50\times 2 - 8.400)\times 10^{-3}(T/\text{K})\ \text{J}\cdot\text{K}^{-1}\cdot\text{mol}^{-1} =$$
$$[10.00 + 1.000\times 10^{-3}(T/\text{K})]\ \text{J}\cdot\text{K}^{-1}\cdot\text{mol}^{-1}$$

$$\Delta_r H_m^{\ominus}(700\ \text{K}) = \Delta_r H_m^{\ominus}(298.15\ \text{K}) + \int_{298.15\ \text{K}}^{700\ \text{K}} \sum_B \nu_B C_{p,m}^{\ominus}(\text{B})\text{d}T =$$
$$70.00\ \text{kJ}\cdot\text{mol}^{-1} + [10.00\times(700-298.15) + \frac{1}{2}\times 10^{-3}\times$$
$$(700^2 - 298.15^2)]\times 10^{-3}\ \text{kJ}\cdot\text{mol}^{-1} = 74.22\ \text{kJ}\cdot\text{mol}^{-1}$$

$$\Delta_r S_m^{\ominus}(700\ \text{K}) = \Delta_r S_m^{\ominus}(298.15\ \text{K}) + \int_{298.15\ \text{K}}^{700\ \text{K}} \sum_B \nu_B C_{p,m}^{\ominus}\text{d}T/T =$$
$$90.00\ \text{J}\cdot\text{mol}^{-1}\cdot\text{K}^{-1} + [10.00\times\ln\frac{700}{298.15} +$$
$$1\times 10^{-3}\times(700-298.15)]\ \text{J}\cdot\text{K}^{-1}\cdot\text{mol}^{-1} = 98.94\ \text{J}\cdot\text{K}^{-1}\cdot\text{mol}^{-1}$$

$$\Delta_r G_m^{\ominus}(700\ \text{K}) = \Delta_r H_m^{\ominus}(700\ \text{K}) - 700\ \text{K}\ \Delta_r S_m^{\ominus}(700\ \text{K}) =$$
$$(74.22 - 700\times 98.94\times 10^{-3})\ \text{kJ}\cdot\text{mol}^{-1} = 4.920\ \text{kJ}\cdot\text{mol}^{-1}$$

$$K^{\ominus}(700\ \text{K}) = \exp\left[-\frac{\Delta_r G_m^{\ominus}(700\ \text{K})}{RT}\right] = \exp\left(-\frac{4\ 920}{8.3145\times 700}\right) = 0.430$$

(2) $n_{总} = 10\ \text{mol}$

$$y(\text{Y}) = 0.2,\quad y(\text{B}) = 0.6,\quad y(\text{A}) = 0.2$$

$$J^{\ominus} = [p(\text{Y})/p^{\ominus}]/\{[p(\text{B})/p^{\ominus}]^2[p(\text{A})/p^{\ominus}]\} = \frac{0.2}{0.6^2\times 0.2}\times\left(\frac{101\ 325}{100\ 000}\right)^{-2} = 2.74$$

$J^{\ominus} > K^{\ominus}$，$\Delta_r G_m(700\ \text{K}) > 0$，$\boldsymbol{A}(700\ \text{K}) < 0$，故反应不能向正方向进行。

4.8　反应物的平衡转化率及系统平衡组成的计算

所谓**平衡转化率**，是指在给定条件下反应达到平衡时，转化掉的某反应物的物质的量占其初始反应物的物质的量的百分率。通常选用反应物中组分之一作为**主反应物**(principal reactant)，若以组分 A 代表主反应物(通常是反应原料中比较贵重的组分作为主反应物)，设 $n_{A,0}$($\xi=0$ 时)及 n_A^{eq}($\xi=\xi^{eq}$时)分别代表反应初始时及反应达到平衡时组分 A 的物质的量，则定义

$$x_A^{eq} \xlongequal{\text{def}} \frac{n_{A,0}-n_A^{eq}}{n_{A,0}} \tag{4-42}$$

式中，x_A^{eq} 为反应达到平衡时 A 的转化率，它是给定条件下的最高转化率。在以后学习了化学动力学之后，我们会知道，无论采用什么样的催化剂，只能加快反应速率使反应尽快达到或接近给定条件下的平衡转化率，而不会超过它。

求得与给定反应的计量方程对应的标准平衡常数 $K^{\ominus}(T)$，并把它与反应物 A 的平衡转化率关联起来，即可由 $K^{\ominus}(T)$算出 x_A^{eq}，进而可计算系统的平衡组成，或产物的平衡产率。有关这方面的计算方法早在无机化学中已经学过，此处不再重复，物理化学课程的任务旨在 $K^{\ominus}(T)$的热力学计算。

【例 4-6】　反应 $MCO_3(s) \xlongequal{} MO(s)+CO_2(g)$(M 为某金属)的有关数据如下：

物质	$\frac{\Delta_f H_m^{\ominus}(B,298.15\ K)}{kJ\cdot mol^{-1}}$	$\frac{S_m^{\ominus}(B,298.15\ K)}{J\cdot K^{-1}\cdot mol^{-1}}$	$\frac{C_{p,m}^{\ominus}(B,298.15\ K)}{J\cdot K^{-1}\cdot mol^{-1}}$
$MCO_3(s)$	−500	167.4	108.6
$MO(s)$	−29.00	121.4	68.40
$CO_2(g)$	−393.5	213.0	40.20

注　$C_{p,m}^{\ominus}(B,T)$可近似取 $C_{p,m}^{\ominus}(B,298.15\ K)$的值。

求：(1)该反应 $\Delta_r G_m^{\ominus}(T)$与 T 的关系；(2)设系统温度为 127 ℃，总压为101 325 Pa，CO_2 的摩尔分数为 $y(CO_2)=0.01$，系统中 $MCO_3(s)$能否分解为 $MO(s)$和 $CO_2(g)$？(3)为防止 $MCO_3(s)$在上述系统中分解，则系统温度应低于多少？

解　(1)

$$\begin{aligned}\Delta_r H_m^{\ominus}(298.15\ K) &= \sum_B \nu_B \Delta_f H_m^{\ominus}(B,298.15\ K) = \\ &[-393.5-29.00-(-500)]\ kJ\cdot mol^{-1} = \\ &77\ 500\ J\cdot mol^{-1}\end{aligned}$$

$$\begin{aligned}\Delta_r S_m^{\ominus}(298.15\ K) &= \sum_B \nu_B S_m^{\ominus}(B,298.15\ K) = \\ &(213.0+121.4-167.4)\ J\cdot K^{-1}\cdot mol^{-1} = \\ &167.0\ J\cdot K^{-1}\cdot mol^{-1}\end{aligned}$$

$$\begin{aligned}\sum_B \nu_B C_{p,m}^{\ominus}(B,T) &\approx \sum_B \nu_B C_{p,m}^{\ominus}(B,298.15\ K) = \\ &(40.20+68.40-108.6)\ J\cdot K^{-1}\cdot mol^{-1} = 0\end{aligned}$$

所以

$$\Delta_r H_m^{\ominus}(T) = \Delta_r H_m^{\ominus}(298.15\ K)$$

$$\Delta_r S_m^{\ominus}(T) = \Delta_r S_m^{\ominus}(298.15\ K)$$

由式(4-15)，得

$$\Delta_r G_m^\ominus = [77\ 500 - 167.0(T/K)]\ J \cdot mol^{-1}$$

(2)$K^\ominus = \exp\left[-\dfrac{\Delta_r G_m^\ominus(T)}{RT}\right] =$

$\exp\{-[77\ 500 - 167.0 \times (127 + 273.15)]/[8.314\ 5 \times (127 + 273.15)]\} =$

0.040

$$J^\ominus = \left[\frac{p(CO_2)}{p^\ominus}\right]^{\sum \nu_B} = \left(\frac{101\ 325\ Pa \times 0.01}{10^5\ Pa}\right)^1 = 0.010$$

因 $J^\ominus < K^\ominus$，$\boldsymbol{A} > 0$，反应能自动向正方向进行，$MCO_3(s)$可以分解。

(3)若防止 $MCO_3(s)$分解，需 $J^\ominus > K^\ominus$，为此，需求 $K^\ominus < 0.010$时的温度($J^\ominus$不变)。即

$$\exp\{-[77\ 500 - 167.0(T/K)]\ J \cdot mol^{-1}/RT\} < 0.010$$

变为
$$-\frac{9\ 321.1}{(T/K)} + 20.07 < -4.605$$

解得
$$T < 377\ K$$

【例 4-7】 甲醇的合成反应 $CO(g) + 2H_2(g) \Longrightarrow CH_3OH(g)$，已知 $\Delta_r G_m^\ominus(T) = [-73\ 400 + 172(T/K)\lg(T/K) - 56.0 \times 10^{-3}(T/K)^2 - 247.62(T/K)]\ J \cdot mol^{-1}$。由组成为 $n(CO) : n(H_2) = 1 : 2$ 的混合气体在 250 ℃反应，计算：(1)压力为 10^5 Pa 时，CO 的平衡转化率 $x^{eq}(CO)$；(2)压力为 100×10^5 Pa，并已知在该温度、压力下，CO、H_2 及 CH_3OH 的逸度因子 φ 分别为 1.08、1.25、0.56 时的 $x^{eq}(CO)$及平衡组成；(3)压力为 100×10^5 Pa，但按理想气体混合物反应的 $x^{eq}(CO)$；(4)讨论以上计算结果。

解 (1) 先求 $K^\ominus(523.15\ K)$

由式(4-14b)

$\ln K^\ominus(523.15\ K) = \dfrac{-\Delta_r G_m^\ominus(523.15\ K)}{RT} =$

$[73\ 400 - 172 \times 523.15 \times \lg 523.15 + 56.0 \times 10^{-3} \times (523.15)^2 + 247.62 \times 523.15]/(8.314\ 5 \times 523.15) = -6.04$

则
$$K^\ominus(523.15\ K) = 2.38 \times 10^{-3}$$

由反应的计量方程

	$CO(g)$	+	$2H_2(g)$	$\rightleftharpoons$	$CH_3OH(g)$
开始： n_B/mol	1		2		0
平衡： n_B^{eq}/mol	$[1 - x^{eq}(CO)]$		$[2 - 2x^{eq}(CO)]$		$x^{eq}(CO)$

平衡： $\sum n_B^{eq} = [3 - 2x^{eq}(CO)]mol$

在低压下，按理想混合气体反应计算：

由式(4-25)

$K^\ominus(pgm, T) = [p^{eq}(CH_3OH)/p^\ominus]/\{[p^{eq}(CO)/p^\ominus][p^{eq}(H_2)/p^\ominus]^2\} =$

$$\frac{\dfrac{x^{eq}(CO)}{3 - 2x^{eq}(CO)} p^{eq}/p^\ominus}{\left[\dfrac{1 - x^{eq}(CO)}{3 - 2x^{eq}(CO)} p^{eq}/p^\ominus\right]\left[\dfrac{2 - 2x^{eq}(CO)}{3 - 2x^{eq}(CO)} p^{eq}/p^\ominus\right]^2}$$

$$K^\ominus = \frac{x^{eq}(CO)[3 - 2x^{eq}(CO)]^2}{4[1 - x^{eq}(CO)]^3}(p^{eq}/p^\ominus)^{-2} = 2.38 \times 10^{-3}$$

代入 $K^\ominus = 2.38 \times 10^{-3}$，$p^{eq} = p^\ominus = 10^5$ Pa，解得

$$x^{eq}(CO) = 1.04 \times 10^{-3}$$

(2)高压下，按真实气体混合物反应计算：

由式(4-29)

$$K^{\ominus}(\mathrm{gm},T)=\frac{x^{\mathrm{eq}}(\mathrm{CO})[3-2x^{\mathrm{eq}}(\mathrm{CO})]^2}{4[1-x^{\mathrm{eq}}(\mathrm{CO})]^3}(p^{\mathrm{eq}}/p^{\ominus})^{-2}\times\frac{\varphi(\mathrm{CH_3OH})}{\varphi(\mathrm{CO})\varphi^2(\mathrm{H_2})}$$

代入 $K^{\ominus}=2.38\times10^{-3}$，$\varphi(\mathrm{CH_3OH})=0.56$，$\varphi(\mathrm{CO})=1.08$，$\varphi(\mathrm{H_2})=1.25$，$p^{\mathrm{eq}}=100\times10^5$ Pa，$p^{\ominus}=100\times10^3$ Pa，解得

$$x^{\mathrm{eq}}(\mathrm{CO})=0.826$$

此时系统的平衡组成为(以摩尔分数 y_{B} 表示)：

$$y^{\mathrm{eq}}(\mathrm{CO})=\frac{1-x^{\mathrm{eq}}(\mathrm{CO})}{3-2x^{\mathrm{eq}}(\mathrm{CO})}=0.129,\quad y^{\mathrm{eq}}(\mathrm{H_2})=\frac{2-2x^{\mathrm{eq}}(\mathrm{CO})}{3-2x^{\mathrm{eq}}(\mathrm{CO})}=0.258$$

$$y^{\mathrm{eq}}(\mathrm{CH_3OH})=\frac{x^{\mathrm{eq}}(\mathrm{CO})}{3-2x^{\mathrm{eq}}(\mathrm{CO})}=0.613$$

(3)高压下，但按理想气体混合物反应做近似计算

由(1)得到

$$K^{\ominus}(\mathrm{pgm},T)=\frac{x^{\mathrm{eq}}(\mathrm{CO})[3-2x^{\mathrm{eq}}(\mathrm{CO})]^2}{4[1-x^{\mathrm{eq}}(\mathrm{CO})]^3}(p^{\mathrm{eq}}/p^{\ominus})^{-2}$$

代入 $K^{\ominus}=2.38\times10^{-3}$，$p^{\mathrm{eq}}=100\times10^5$ Pa，$p^{\ominus}=10^5$ Pa，解得

$$x^{\mathrm{eq}}(\mathrm{CO})=0.737$$

(4)(1)、(2)、(3)的计算结果表明，在同一温度下，该反应在低压下进行时，CO 的平衡转化率很低；在高压下进行时，已可达到较高的转化率。在高压下进行时，若按理想混合物计算，则误差较大。

4.9 各种因素对化学平衡移动的影响

化学平衡移动是指在一定条件下已处于平衡态的反应系统，在条件发生变化时(改变温度、压力、添加惰性气体等)，向新条件下的平衡移动(向左或向右)。

4.9.1 温度的影响

由式(4-18)可以看出，在定压下：

若 $\Delta_{\mathrm{r}}H_{\mathrm{m}}^{\ominus}(T)>0$(即吸热反应)，则 $T\uparrow$ 引起 $K^{\ominus}(T)\uparrow$，即反应平衡向右移动，对产物的生成有利；而 $T\downarrow$ 引起 $K^{\ominus}(T)\downarrow$，即反应平衡向左移动，对产物的生成不利。

若 $\Delta_{\mathrm{r}}H_{\mathrm{m}}^{\ominus}(T)<0$(即放热反应)，则 $T\downarrow$ 引起 $K^{\ominus}(T)\uparrow$，即反应平衡向右移动，对产物的生成有利；而 $T\uparrow$ 引起 $K^{\ominus}(T)\downarrow$，即反应平衡向左移动，对产物的生成不利。

4.9.2 压力的影响

因 $K^{\ominus}(T)$只是温度的函数，所以压力的改变对 $K^{\ominus}(T)$不产生影响，但系统总压的改变对反应的平衡却是有影响的。

由式(4-25a) 得

$$K^{\ominus}(\mathrm{pgm},T)=(p^{\mathrm{eq}}/p^{\ominus})^{\sum\nu_{\mathrm{B}}}\prod_{\mathrm{B}}y_{\mathrm{B}}^{\nu_{\mathrm{B}}}$$

式中，$\sum_{\mathrm{B}}\nu_{\mathrm{B}}=-a-b+y+z$。

对指定反应，T 一定时，则 $K^{\ominus}(T)$ 一定。

若 $\sum_{B}\nu_B > 0$，则 $p\uparrow$ 引起 $(p^{eq}/p^{\ominus})^{\sum\nu_B}\uparrow$，则 $\prod_{B} y_B^{\nu_B}\downarrow$，即平衡向左移动，对生成产物不利。

若 $\sum_{B}\nu_B < 0$，则 $p\uparrow$ 引起 $(p^{eq}/p^{\ominus})^{\sum\nu_B}\downarrow$，则 $\prod_{B} y_B^{\nu_B}\uparrow$，即平衡向右移动，对生成产物有利。可参见例 4-5 的计算结果。

若 $\sum_{B}\nu_B = 0$，则 p 的改变不引起 $(p^{eq}/p^{\ominus})^{\sum\nu_B}$ 的变化，故对 $\prod_{B} y_B^{\nu_B}$ 无影响，平衡不移动。

4.9.3 惰性气体存在的影响

在化学反应中，反应系统中存在的不参与反应的气体泛指惰性气体。设混合气体中组分 B 的摩尔分数为 y_B，则 $y_B = \dfrac{n_B}{\sum_{B} n_B}$，$\sum_{B} n_B$ 中即包含惰性气体组分。

由式(4-25)

$$K^{\ominus}(\text{pgm},T) = \prod_{B}(p_B^{eq}/p^{\ominus})^{\nu_B}$$

将 $y_B = \dfrac{n_B}{\sum_{B} n_B}$ 代入上式，得

$$K^{\ominus}(\text{pgm},T) = [p^{eq}/(p^{\ominus}\sum_{B} n_B)]^{\sum_{B}\nu_B}\prod_{B} n_B^{\nu_B}$$

T、p^{eq} 一定时，由上式可分析 $\sum_{B} n_B$ 对 $\prod_{B} n_B^{\nu_B}$ 的影响。

若 $\sum_{B}\nu_B > 0$，则 $\sum_{B} n_B\uparrow$（惰性组分增加）引起 $[p^{eq}/(p^{\ominus}\sum_{B} n_B)]^{\sum_{B}\nu_B}\downarrow$，则 $\prod_{B} n_B^{\nu_B}\uparrow$，即平衡向右移动，对生成产物有利。

如乙苯脱氢生产苯乙烯的反应

$$C_6H_5C_2H_5(g) \rightarrow C_6H_5C_2H_3(g) + H_2(g)$$

因为 $\sum_{B}\nu_B > 0$，则 $\sum_{B} n_B\uparrow$ 使反应向右移动，对生成苯乙烯有利。所以生产中采用加入 $H_2O(g)$ 的办法，而不采取负压办法（不安全）。

若 $\sum_{B}\nu_B < 0$，则 $\sum_{B} n_B\uparrow$ 引起 $[p^{eq}/(p^{\ominus}\sum_{B} n_B)]^{\sum_{B}\nu_B}\uparrow$，则 $\prod_{B} n_B^{\nu_B}\downarrow$，即平衡向左移动，不利于产物的生成。

如合成 NH_3 反应

$$N_2 + 3H_2 \longrightarrow 2NH_3$$

因为 $\sum_{B}\nu_B < 0$，则 $\sum_{B} n_B\uparrow$ 使反应向左移动，不利于 NH_3 的生成，所以生产中要不断去除反应系统中存在的不参加反应的气体 CH_4。

4.9.4 反应物的摩尔比的影响

对理想气体反应

$$aA(g)+bB(g)\longrightarrow yY(g)+zZ(g)$$

可以用数学上求极大值的方法证明，若反应开始时无产物存在，两反应物的初始摩尔比等于化学计量系数比，即 $n_B/n_A=b/a$，则平衡反应进度 ξ^{eq} 最大。

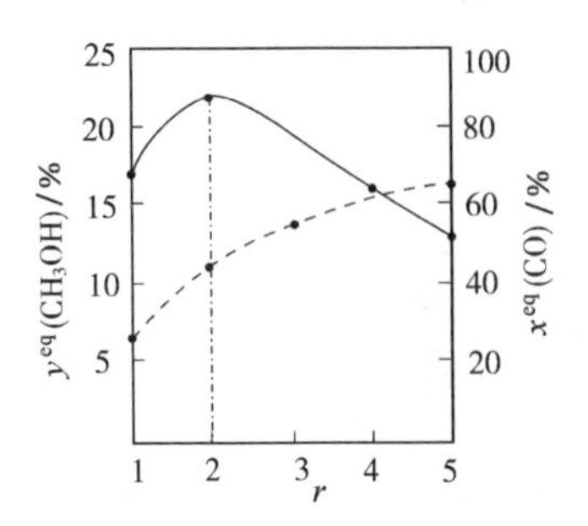

图 4-3　原料气配比对反应物平衡转化率及产物平衡组成的影响

在 ξ^{eq} 最大时，平衡混合物中产物 Y 或 Z 的摩尔分数也最高。例如，由 CO 与 H_2 合成甲醇的反应 $CO+2H_2 = CH_3OH$，设 $n(H_2)/n(CO)=r$，则在663.15 K，3.04×10^4 kPa 下进行时，反应物 CO 的平衡转化率 $x^{eq}(CO)$ 随 r 的增大而升高（图 4-3 中的虚线），而产物 CH_3OH 的平衡组成 $y^{eq}(CH_3OH)$（摩尔分数）则随 r 的改变经一极大值（图 4-3 中实曲线），极大值处恰是 $n(H_2)/n(CO)=r=b/a=2$。

因此在实际生产中，通常采取的比例是 $n_B/n_A=b/a$，如合成氨生产为 $n(N_2)/n(H_2)=1/3$。若 A 和 B 两种反应物中 A 比 B 贵，为了提高 A 的转化率，可提高原料气中 B 的比例，但亦不是 B 越多越好，因为 B 的含量太大将导致平衡组成中产物组成的降低，产物分离问题可转变成不经济的因素。

【例 4-8】 乙苯脱氢制苯乙烯

$$C_6H_5C_2H_5(g)\rightleftharpoons C_6H_5C_2H_3(g)+H_2(g)$$

反应在 560 ℃下进行，试分别计算下面几种不同情况下乙苯的平衡转化率：(1)以纯乙苯为原料气，压力为 1×10^5 Pa；(2)以纯乙苯为原料气，压力为 0.1×10^5 Pa；(3)以 $n(C_6H_5C_2H_5,g):n(H_2O,g)=1:10$ 的混合气为原料气，压力为 1×10^5 Pa；(4)讨论(1)、(2)、(3)的计算结果。已知 560 ℃时，$K^\ominus(833.15\text{ K})=9.018\times10^{-2}$。

解
$$K^\ominus(T)=\frac{[p(H_2)/p^\ominus][p(C_6H_5C_2H_3)/p^\ominus]}{p(C_6H_5C_2H_5)/p^\ominus}$$

(1)以纯乙苯为原料气(以 1 mol 乙苯为计算基准)：

$$C_6H_5C_2H_5(g) = C_6H_5C_2H_3(g)+H_2(g)$$

开始：n_B/mol	1	0	0
平衡：n_B^{eq}/mol	$1-x^{eq}(C_6H_5C_2H_5)$	$x^{eq}(C_6H_5C_2H_5)$	$x^{eq}(C_6H_5C_2H_5)$

平衡：$\sum_B n_B^{eq}=[1+x^{eq}(C_6H_5C_2H_5)]$mol，则

$$K^\ominus(\text{pgm},T)=\frac{[p^{eq}(C_6H_5C_2H_3)/p^\ominus][p^{eq}(H_2)/p^\ominus]}{[p^{eq}(C_6H_5C_2H_5)/p^\ominus]}=\frac{\left[\dfrac{x^{eq}(C_6H_5C_2H_5)}{1+x^{eq}(C_6H_5C_2H_5)}p^{eq}/p^\ominus\right]^2}{\dfrac{1-x^{eq}(C_6H_5C_2H_5)}{1+x^{eq}(C_6H_5C_2H_5)}p^{eq}/p^\ominus}$$

即
$$K^\ominus(\text{pgm},T)=\frac{[x^{eq}(C_6H_5C_2H_5)]^2}{1-[x^{eq}(C_6H_5C_2H_5)]^2}p^{eq}/p^\ominus$$

于是
$$x^{eq}(C_6H_5C_2H_5)=\sqrt{\frac{K^\ominus}{p^{eq}/p^\ominus+K^\ominus}}$$

代入 $K^\ominus(833.15\text{ K})=9.018\times10^{-2}$，$p^{eq}=10^5$ Pa，$p^\ominus=10^5$ Pa，解得

$$x^{eq}(C_6H_5C_2H_5)=0.286$$

(2)由(1)得到

$$x^{eq}(C_6H_5C_2H_5)=\sqrt{\frac{K^\ominus}{p^{eq}/p^\ominus+K^\ominus}}$$

代入 $K^{\ominus}(833.15\ \text{K})=9.018\times10^{-2}$，$p^{\text{eq}}=0.1\times10^{5}$，$p^{\ominus}=10^{5}\ \text{Pa}$，解得

$$x^{\text{eq}}(C_6H_5C_2H_5)=0.686$$

(3)加水蒸气(仍以 1 mol 乙苯为基准)：

	$C_6H_5C_2H_5(g) \rightleftharpoons$	$C_6H_5C_2H_3(g)$ +	$H_2(g)$ +	$H_2O(g)$
开始：n_B/mol	1	0	0	10
平衡：n_B^{eq}/mol	$1-x^{\text{eq}}(C_6H_5C_2H_5)$	$x^{\text{eq}}(C_6H_5C_2H_5)$	$x^{\text{eq}}(C_6H_5C_2H_5)$	10

平衡：$\sum_B n_B^{\text{eq}}=[11+x^{\text{eq}}(C_6H_5C_2H_5)]\text{mol}$

$$K^{\ominus}(\text{pgm},T)=\frac{[x^{\text{eq}}(C_6H_5C_2H_5)p^{\text{eq}}/p^{\ominus}]^2}{[11+x^{\text{eq}}(C_6H_5C_2H_5)][1-x^{\text{eq}}(C_6H_5C_2H_5)]}$$

代入 $K^{\ominus}(833.15\ \text{K})=9.018\times10^{-2}$，$p^{\text{eq}}=10^{5}\ \text{Pa}$，$p^{\ominus}=10^{5}\ \text{Pa}$，解得

$$x^{\text{eq}}(C_6H_5C_2H_5)=0.624$$

(4)该反应 $\sum_B \nu_B(g)>0$，由(1)、(2)、(3)计算结果表明，降压及加入惰性气体[$H_2O(g)$]都可使乙苯的平衡转化率增加。但由于降压时，会使系统成为负压，生产上不安全，故苯乙烯的实际生产中，是采取加入水蒸气的办法。

【例 4-9】 理想气体反应：

$$2A(g) = Y(g)$$

气体	$\dfrac{\Delta_f H_m^{\ominus}(298.15\ \text{K})}{\text{kJ}\cdot\text{mol}^{-1}}$	$\dfrac{S_m^{\ominus}(298.15\ \text{K})}{\text{J}\cdot\text{K}^{-1}\cdot\text{mol}^{-1}}$	$\dfrac{C_{p,m}^{\ominus}(\text{平均})}{\text{J}\cdot\text{K}^{-1}\cdot\text{mol}^{-1}}$
A(g)	35	250	38.0
Y(g)	10	300	76.0

求：(1)在 310.15 K、100 kPa 下，A、Y 各为 $y=0.5$ 的气体混合物反应向哪个方向进行？(2)欲使反应向与上述(1)相反的方向进行，在其他条件不变时：(a)改变压力，p 应控制在什么范围？(b)改变温度，T 应控制在什么范围？(c)改变组成，y_A 应控制在什么范围？

解 (1)$\Delta_r H_m^{\ominus}(298.15\ \text{K}) = (10-2\times35)\ \text{kJ}\cdot\text{mol}^{-1} = -60\ \text{kJ}\cdot\text{mol}^{-1}$

$$\Delta_r S_m^{\ominus}(298.15\ \text{K}) = S_m^{\ominus}(\text{Y},298.15\ \text{K}) - 2S_m^{\ominus}(\text{A},298.15\ \text{K}) = (300-2\times250)\ \text{J}\cdot\text{K}^{-1}\cdot\text{mol}^{-1} = -200\ \text{J}\cdot\text{K}^{-1}\cdot\text{mol}^{-1}$$

$$\sum_B \nu_B C_{p,m}^{\ominus}(B) = C_{p,m}^{\ominus}(Y) - 2C_{p,m}^{\ominus}(A) = (76.0-2\times38.0)\ \text{J}\cdot\text{K}^{-1}\cdot\text{mol}^{-1} = 0$$

因为 $\Delta_r G_m^{\ominus}(310.15\ \text{K}) = \Delta_r H_m^{\ominus}(298.15\ \text{K}) - 310.15\ \text{K}\times\Delta_r S_m^{\ominus}(298.15\ \text{K}) = -60\ 000\ \text{J}\cdot\text{mol}^{-1} + 310.15\ \text{K}\times200\ \text{J}\cdot\text{K}^{-1}\cdot\text{mol}^{-1} = 2\ 000\ \text{J}\cdot\text{mol}^{-1}$

$$K^{\ominus}(310.15\ \text{K}) = \exp\left[-\frac{\Delta_r G_m^{\ominus}(310.15\ \text{K})}{R\times310.15\ \text{K}}\right] = \exp[-2\ 000\ \text{J}\cdot\text{mol}^{-1}/(8.314\ 5\ \text{J}\cdot\text{K}^{-1}\cdot\text{mol}^{-1}\times310.15\ \text{K})] = 0.46$$

$$J^{\ominus}(310.15\ \text{K}) = \frac{p(Y)/p^{\ominus}}{[p(A)/p^{\ominus}]^2} = \frac{0.5p_{总}/p^{\ominus}}{(0.5p_{总}/p^{\ominus})^2}$$

因为 $p_{总}=p^{\ominus}$，所以 $J^{\ominus}=2.0>K^{\ominus}$，反应向左方进行。

(2)欲使反应向右进行，需 $J^{\ominus}<K^{\ominus}$

(a)$J^{\ominus}=\dfrac{p^{\ominus}}{0.5p_{总}}<0.46$，$p_{总}>434.8\ \text{kPa}$

(b)令 $\ln K^{\ominus}>\ln 2.0$，则

$$\ln K^{\ominus} = -\frac{\Delta_r G_m^{\ominus}}{RT} = -\frac{\Delta_r H_m^{\ominus}}{RT} + \frac{\Delta_r S_m^{\ominus}}{R} > \ln 2.0$$

将 $\Delta_r H_m^\ominus$ 及 $\Delta_r S_m^\ominus$ 代入上式得 $T<291.6$ K。

(c)因为
$$J^\ominus=\frac{1-y_A}{y_A^2}<0.46$$
所以
$$y_A>0.745$$

4.10　液态混合物中反应的化学平衡

设有液态混合物中的反应

$$aA+bB = yY+zZ$$
$$\boldsymbol{A}=-(-a\mu_A-b\mu_B+y\mu_Y+z\mu_Z)$$

对真实液态混合物，其中任意组分 B 的化学势

$$\mu_B(l)=\mu_B^\ominus(l,T)+RT\ln(f_Bx_B)$$

代入上式，得

$$\boldsymbol{A}=a\mu_A^\ominus(l,T)+b\mu_B^\ominus(l,T)-y\mu_Y^\ominus(l,T)-z\mu_Z^\ominus(l,T)-RT\ln\frac{(f_Yx_Y)^y(f_Zx_Z)^z}{(f_Ax_A)^a(f_Bx_B)^b}$$

或
$$\boldsymbol{A}=-\sum_B\nu_B\mu_B^\ominus(l,T)-RT\ln\prod_B(f_Bx_B)^{\nu_B}$$

由反应的平衡条件式(4-1)，当反应达平衡时，$\boldsymbol{A}=0$，得

$$K^\ominus(T)=\prod_B(f_B^{eq}x_B^{eq})^{\nu_B}\overset{\text{def}}{=\!=\!=}\exp[-\Delta_rG_m^\ominus(T)/RT]$$

因为 $\mu_B^\ominus(l,T)(B=A,B,Y,Z)$ 只是温度的函数，所以 $\Delta_rG_m^\ominus(T)=\sum_B\nu_B\mu_B^\ominus(l,T)$ 也只是温度的函数。故对真实液态混合物中的反应，$K^\ominus(T)$ 也只是温度的函数。

对理想液态混合物中的反应，平衡时 $f_B^{eq}=1$，于是

$$K^\ominus(T)=\prod_B(x_B^{eq})^{\nu_B} \tag{4-43}$$

当 $p^{eq}=p^\ominus$ 时，$\prod_B(x^{eq})^{\nu_B}$ 也只是温度的函数，否则它与压力和组成有关。

当 $p\to0$ 时，所有气体混合物都变为理想气体混合物，而液体混合物却没有像气体混合物这种极限规律。实际液体混合物没有理想的，甚至近似理想的也很少。因此，式(4-43)对一般液态混合物中的反应准确度很低，但乙酸乙酯水解反应是一个有名的例外，按式(4-43)求得的 $K^\ominus(T)$ 与由热力学方法求得的 $K^\ominus(T)$ 却相当吻合。

【例 4-10】　气态正戊烷 n-C_5H_{12}(g)和异戊烷 i-C_5H_{12}(g)在 25 ℃时的 $\Delta_fG_m^\ominus$(298.15 K)分别是 $-8.37\ \text{kJ}\cdot\text{mol}^{-1}$ 和 $-14.81\ \text{kJ}\cdot\text{mol}^{-1}$，液体蒸气压与温度的关系为

正戊烷：
$$\lg(p_n^*/\text{Pa})=\frac{-1\,346\ \text{K}}{T}+9.359 \tag{a}$$

异戊烷：
$$\lg(p_i^*/\text{Pa})=\frac{-1\,290\ \text{K}}{T}+9.288 \tag{b}$$

计算气相异构化反应 n-C_5H_{12} $\rightleftharpoons$ i-C_5H_{12} 在 25 ℃时的 $K^\ominus$(pgm)及液相异构化反应在 298.15 K 的 $K^\ominus$(plm)(plm 表示理想液态混合物)。

解　对于气相异构化反应：

$$\Delta_rG_m^\ominus=\Delta_fG_m^\ominus(\text{i-C}_5\text{H}_{12},\text{g},298.15\ \text{K})-\Delta_fG_m^\ominus(\text{n-C}_5\text{H}_{12},\text{g},298.15\ \text{K})=$$

$$[-14.81-(-8.37)]\text{kJ}\cdot\text{mol}^{-1}=-6.44\ \text{kJ}\cdot\text{mol}^{-1}$$

$$K^{\ominus}(\text{pgm})=\exp\left(-\frac{\Delta_r G_m^{\ominus}}{RT}\right)=\exp\left(\frac{6\ 440}{8.314\ 5\times298.15}\right)=13.45$$

对于液相异构化反应，因不知道 n-C_5H_{12} 和 i-C_5H_{12} 的 $\Delta_f G_m^{\ominus}$(B,l,298.15 K)，故不能直接计算，需找一个可逆途径，利用气相异构化反应的 $\Delta_r G_m^{\ominus}$ 及 n-C_5H_{12}、i-C_2H_{12} 在 25 ℃时的蒸气压，计算出液相异构化反应的 $\Delta_r G_m^{\ominus}$(l,298.15 K)，所考虑的可逆途径如下：

n-C_5H_{12}(l, $p^{\ominus}$, 298.15 K) $\xrightarrow{\Delta_r G_m^{\ominus}(\text{l},298.15\ \text{K})}$ i-C_5H_{12}(l, $p^{\ominus}$, 298.15 K)

n-C_5H_{12}(l, $p^{\ominus}$, 298.15 K) $\xrightarrow{\Delta G_1}$ n-C_5H_{12}(l, $p_{n,l}^{*}$, 298.15 K) $\xrightarrow{\Delta G_2}$ n-C_5H_{12}(g, $p_{n,l}^{*}$, 298.15 K) $\xrightarrow{\Delta G_3}$ n-C_5H_{12}(g, $p^{\ominus}$, 298.15 K)

n-C_5H_{12}(g, $p^{\ominus}$, 298.15 K) $\xrightarrow{\Delta_r G_m^{\ominus}(\text{g},298.15\ \text{K})}$ i-C_5H_{12}(g, $p^{\ominus}$, 298.15 K)

i-C_5H_{12}(g, $p^{\ominus}$, 298.15 K) $\xrightarrow{\Delta G_4}$ i-C_5H_{12}(g, $p_{i,l}^{*}$, 298.15 K) $\xrightarrow{\Delta G_5}$ i-C_5H_{12}(l, $p_{i,l}^{*}$, 298.15 K) $\xrightarrow{\Delta G_6}$ i-C_5H_{12}(l, $p^{\ominus}$, 298.15 K)

($\Delta G_1+\Delta G_6$)与 $\Delta_r G_m^{\ominus}$(g,298.15 K)相比，可以忽略。

$$\Delta G_2=\Delta G_5=0,\quad \Delta G_3=RT\ln\frac{p^{\ominus}}{p_{n,l}^{*}},\quad \Delta G_4=RT\ln\frac{p_{i,l}^{*}}{p^{\ominus}}$$

$$\Delta_r G_m^{\ominus}(\text{l},298.15\ \text{K})=\Delta G_3+\Delta_r G_m^{\ominus}(\text{g},298.15\ \text{K})+\Delta G_4$$

$$\Delta_r G_m^{\ominus}(\text{g},298.15\ \text{K})=-6.44\ \text{kJ}\cdot\text{mol}^{-1}$$

$$p_{n,l}^{*}=69\ 903\ \text{Pa}\qquad[\text{由式(a)求出}]$$

$$p_{i,l}^{*}=91\ 478\ \text{Pa}\qquad[\text{由式(b)求出}]$$

所以

$$\Delta_r G_m^{\ominus}(\text{l},298.15\ \text{K})/(\text{J}\cdot\text{mol}^{-1})=8.314\ 5\times298.15\times\ln\frac{91\ 478}{69\ 903}-6\ 440=-5\ 773$$

$$K^{\ominus}(\text{plm})=\exp\left(\frac{5\ 773}{8.314\ 5\times298.15}\right)=10.3$$

4.11 液态溶液中反应的化学平衡

对液态溶液中的化学反应，若溶剂 A 也参与反应，有

$$a\text{A}+b\text{B}+c\text{C}=\!=\!=y\text{Y}+z\text{Z}$$

上述溶液中的反应在定温、定压下进行时，

$$\Delta_r G_m=(-a\mu_A-b\mu_B-c\mu_C+y\mu_Y+z\mu_Z)$$

考虑到若压力不高，或 $p=p^{\ominus}$ 时溶剂 A 的化学势 $\mu_A(\text{l})=\mu_A^{\ominus}(\text{l},T)+RT\ln a_A$ 及溶质 B(B = B,C,Y,Z) 的化学势 $\mu_{b,B}=\mu_{b,B}^{\ominus}(\text{l},T)+RT\ln(\gamma_{b,B}b_B/b^{\ominus})$，代入上式，得

$$\Delta_r G_m=(-a\mu_A^{\ominus}-b\mu_B^{\ominus}-c\mu_C^{\ominus}+y\mu_Y^{\ominus}+z\mu_Z^{\ominus})+RT\ln\frac{(\gamma_Y b_Y/b^{\ominus})^y(\gamma_Z b_Z/b^{\ominus})^z}{a_A^a(\gamma_B b_B/b^{\ominus})^b(\gamma_C b_C/b^{\ominus})^c}$$

定温、常压下(压力对凝聚系统的影响忽略不计)，反应达平衡时，$\Delta_r G_m=0$，定义

$$K^{\ominus}(T)\xlongequal{\text{def}}\exp[(a\mu_A^{\ominus}+b\mu_B^{\ominus}+c\mu_C^{\ominus}-y\mu_Y^{\ominus}-z\mu_Z^{\ominus})/RT]=\exp[-\Delta_r G_m^{\ominus}(T)/RT]$$

注意　在用热力学方法计算 $\Delta_r G_m^{\ominus}(\text{B},T)$ 时，不要漏掉溶剂项。

将 $\varphi=-(M_A\sum_B b_B)^{-1}\ln a_A$ 代入，则

$$K^{\ominus}(T)=\left[\prod_{B}(\gamma_{B}^{eq}b_{B}^{eq}/b^{\ominus})^{\nu_B}\right]\exp(a\varphi^{eq}M_A\sum_{B}b_{B}^{eq}) \tag{4-44}$$

若溶液为理想稀溶液，则$\varphi^{eq}=1$，$\gamma_{B}^{eq}=1$，于是

$$K^{\ominus}(T)=\left[\prod_{B}(b_{B}^{eq}/b^{\ominus})^{\nu_B}\right]\exp(aM_A\sum_{B}b_{B}^{eq}) \tag{4-45}$$

式中，指数函数项 $\exp(\cdot)$ 常接近于 1。例如，以水为溶剂，$M_A=0.018\ \mathrm{kg\cdot mol^{-1}}$，当$\sum_{B}b_{B}^{eq}=0.5\ \mathrm{mol\cdot kg^{-1}}$ 时，若 $a=1$，$\exp(aM_A\sum_{B}b_{B}^{eq})\approx 1.02$。所以式(4-45) 可简化为

$$K^{\ominus}(T)\approx\prod_{B}(b_{B}^{eq}/b^{\ominus})^{\nu_B} \tag{4-46}$$

如果溶剂不参与反应，相当于 $a=0$，则式(4-45)自然成为式(4-46)。

4.12　同时反应的化学平衡

所谓同时反应的化学平衡(chemical equilibrium of simultaneous reaction)，是指在一个化学反应系统中，某些组分同时参加一个以上的独立反应(independent reaction)的平衡。这些同时存在的反应可能是平行反应，即一种或几种反应物参加的向不同方向进行而得到不同产物的反应；也可能是连串反应，即一个反应的产物又是另一个反应的反应物的反应；或由平行反应与连串反应组合而成的更为复杂的同时反应。例如，CH_4 和 $H_2O(g)$在催化剂存在下的甲烷转化反应，反应系统中同时存在以下反应：

$$CH_4+H_2O(g)\rightleftharpoons CO+3H_2,\quad K_{i}^{\ominus}(T) \tag{i}$$

$$CO+H_2O(g)\rightleftharpoons CO_2+H_2,\quad K_{ii}^{\ominus}(T) \tag{ii}$$

$$CH_4+2H_2O(g)\rightleftharpoons CO_2+4H_2,\quad K_{iii}^{\ominus}(T) \tag{iii}$$

$$CH_4+CO_2\rightleftharpoons 2CO+2H_2,\quad K_{iv}^{\ominus}(T) \tag{iv}$$

但这四个反应中只有两个反应是独立的，因为其余的两个反应均可由两个独立的反应通过线性组合而得，如反应(i)+反应(ii)=反应(iii)，而 $K_{iii}^{\ominus}(T)=K_{i}^{\ominus}(T)K_{ii}^{\ominus}(T)$。

处理同时反应平衡与处理单一反应平衡的热力学原理是一样的。但要注意以下几点：

(i)每一个独立反应都有其各自的反应进度；

(ii)反应系统中有几个独立反应，就有几个独立反应的标准平衡常数 $K^{\ominus}(T)$；

(iii)反应系统中任意一个组分(反应物或生成物)，不论同时参与几个反应，其组成都是同一量值，即各个组分在一定温度及压力下反应系统达到平衡时都有确定的组成，且满足每个独立的标准平衡常数表示式。

【例 4-11】 已知反应(i)$Fe_2O_3(s)+3CO(g)=2Fe(\alpha)+3CO_2(g)$在 1 393 K 时的 $K^{\ominus}$ 为 0.049 5；同样温度下反应(ii)$2CO_2(g)=2CO(g)+O_2(g)$的 $K^{\ominus}=1.40\times10^{-12}$。今将 $Fe_2O_3(s)$置于 1 393 K、开始只含有 CO(g)的容器内，使反应达平衡，试计算：(1)容器内氧的平衡分压为多少？(2)若想防止 $Fe_2O_3(s)$被 CO(g)还原为 α-Fe，氧的分压应为多少？

解　(1)由反应(i)：

$$K^{\ominus}=\left[\frac{p^{eq}(CO_2)/p^{\ominus}}{p^{eq}(CO)/p^{\ominus}}\right]^3=\left[\frac{p^{eq}(CO_2)}{p^{eq}(CO)}\right]^3=0.049\ 5$$

所以

$$\frac{p^{eq}(CO_2)}{p^{eq}(CO)}=(0.049\ 5)^{1/3}=0.367$$

由反应(ii)：

$$K^{\ominus}=\frac{p^{eq}(O_2)}{p^{\ominus}}\left[\frac{p^{eq}(CO)/p^{\ominus}}{p^{eq}(CO_2)/p^{\ominus}}\right]^2=1.40\times10^{-12}$$

所以 $$p^{eq}(O_2)=1.40\times10^{-12}\left[\frac{p^{eq}(CO)/p^{\ominus}}{p^{eq}(CO_2)/p^{\ominus}}\right]^{-2}p^{\ominus}=1.40\times10^{-12}\left[\frac{p^{eq}(CO_2)}{p^{eq}(CO)}\right]^2p^{\ominus}=$$

$$1.40\times10^{-12}\times0.367^2\times10^5\ \text{Pa}=1.89\times10^{-8}\ \text{Pa}$$

(2)反应(i)+反应(ii)=反应(iii)[1]，即

$$Fe_2O_3(s)+CO(g)=\!=\!=2\alpha\text{-}Fe(s)+CO_2(g)+O_2(g) \quad \text{(iii)}$$

$$K_{iii}^{\ominus}=K_i^{\ominus}K_{ii}^{\ominus}=0.049\ 5\times1.40\times10^{-12}=6.93\times10^{-14}$$

而 $$K_{iii}^{\ominus}=\frac{p^{eq}(O_2)}{p^{\ominus}}\frac{p^{eq}(CO_2)/p^{\ominus}}{p^{eq}(CO)/p^{\ominus}}=\frac{p^{eq}(O_2)}{p^{\ominus}}\frac{p^{eq}(CO_2)}{p^{eq}(CO)}$$

$$J_{iii}^{\ominus}=\left[\frac{p(O_2)}{p^{\ominus}}\frac{p(CO_2)}{p(CO)}\right]_{\text{非平衡}}$$

当 $J^{\ominus}>K^{\ominus}$ 时，$\boldsymbol{A}<0$，$Fe_2O_3(s)$不被还原，即

$$\left[\frac{p(O_2)}{p^{\ominus}}\frac{p(CO_2)}{p(CO)}\right]_{\text{非平衡}}>6.93\times10^{-14}$$

所以 $$p(O_2)>6.93\times10^{-14}\left[\frac{p(CO_2)}{p(CO)}\right]^{-1}p^{\ominus}$$

即 $$p(O_2)>6.93\times10^{-14}\times0.367^{-1}\times10^5\ \text{Pa}$$

$$p(O_2)>1.89\times10^{-8}\,\text{Pa}$$

【例 4-12】 已知反应

$$Fe(s)+H_2O(g)=\!=\!=FeO(s)+H_2(g) \quad \text{(i)}$$

$$FeO(s)=\!=\!=Fe(s)+\frac{1}{2}O_2(g) \quad \text{(ii)}$$

在 1 298 K 时 $K_i^{\ominus}(1\ 298\ \text{K})=1.282$，在 1 173 K 时，$K_i^{\ominus}(1\ 173\ \text{K})=1.452$；在1 000 K时，$K_{ii}^{\ominus}(1\ 000\ \text{K})=1.83\times10^{-10}$。试计算：(1)1 000 K时，FeO(s)的分解压；(2)1 000 K时，$H_2O(g)$的标准摩尔生成吉布斯函数。

解 (1)由反应(ii)， $K_{ii}^{\ominus}(1\ 000\ \text{K})=[p^{eq}(O_2)/p^{\ominus}]^{1/2}=1.83\times10^{-10}$

所以 $$p^{eq}(O_2)=(1.83\times10^{-10})^2\times10^5\ \text{Pa}=3.35\times10^{-15}\ \text{Pa}$$

(2)反应(i)+反应(ii)=反应(iii)，即

$$H_2O(g)=\!=\!=H_2(g)+\frac{1}{2}O_2(g) \quad \text{(iii)}$$

$$K_{iii}^{\ominus}(1\ 000\ \text{K})=K_i^{\ominus}(1\ 000\ \text{K})K_{ii}^{\ominus}(1\ 000\ \text{K})$$

对于反应(i)，假定 $\Delta_r H_m^{\ominus}$ 为 1 173 K 至 1 298 K 之间的平均反应的标准摩尔焓[变]，则

$$\Delta_r H_m^{\ominus}=-R\ln\frac{K_i^{\ominus}(1\ 298\ \text{K})}{K_i^{\ominus}(1\ 173\ \text{K})}\Big/\left(\frac{1}{1\ 298\ \text{K}}-\frac{1}{1\ 173\ \text{K}}\right)=$$

$$-8.314\ 5\ \text{J}\cdot\text{K}^{-1}\cdot\text{mol}^{-1}\times\ln\frac{1.282}{1.452}\Big/\left(\frac{1}{1\ 298\ \text{K}}-\frac{1}{1\ 173\ \text{K}}\right)=$$

$$-12\ 611\ \text{J}\cdot\text{mol}^{-1}$$

同样，利用范特霍夫方程，求出

$$K_i^{\ominus}(1\ 000\ \text{K})=1.816$$

---

① 反应(iii)是体积增大的反应，在 T 不变时，增大系统总压，平衡向左移动。现增加某一产物(O_2)的分压，在其他组分的分压不变时，则不论反应系统的体积增大与否，平衡均向左移动。

所以 $K_{iii}^{\ominus}(1\,000\ K)=1.816\times1.83\times10^{-10}=3.32\times10^{-10}$

$$\Delta_r G_{m,iii}^{\ominus}(1\,000\ K)=-RT\ln K_{iii}^{\ominus}(1\,000\ K)=$$

$$-8.314\,5\ J\cdot K^{-1}\cdot mol^{-1}\times1\,000\ K\times\ln(3.32\times10^{-10})=181.5\ kJ\cdot mol^{-1}$$

$$\Delta_f G_m^{\ominus}(H_2O,g,1\,000\ K)=-\Delta_r G_{m,iii}^{\ominus}(1\,000\ K)=-181.5\ kJ\cdot mol^{-1}$$

4.13 耦合反应的化学平衡

耦合反应(coupling reaction)的实质也是同时反应，不过它是为了达到某种目的，人为地在某一反应系统中加入另外组分而发生的同时反应，其结果可实现优势互补，相辅相成，使一个热力学上难以进行的反应，耦合成新的反应得以进行，从而获得所需产品。在耦合反应中，一个反应的产物通常是另一个反应的反应物。例如，热力学上难以进行的反应

$$CH_3OH(g)=\!=\!=HCHO(g)+H_2\quad K_i^{\ominus}(T)\tag{i}$$

若加入 O_2，则同时发生

$$H_2+\frac{1}{2}O_2=\!=\!=H_2O(g)\quad K_{ii}^{\ominus}(T)\tag{ii}$$

的反应。同时由反应(i)+反应(ii)耦合成反应

$$CH_3OH(g)+\frac{1}{2}O_2=\!=\!=HCHO(g)+H_2O(g)\quad K_{iii}^{\ominus}(T)\tag{iii}$$

以上三个反应中有两个是独立的。

通过热力学计算可得：$\Delta_r H_{m,i}^{\ominus}(298.15\ K)=122.67\ kJ\cdot mol^{-1}$，$\Delta_r G_{m,i}^{\ominus}(298.15\ K)=88.95\ kJ\cdot mol^{-1}$，$K_i^{\ominus}(298.15\ K)=2.60\times10^{-16}$；$\Delta_r H_{m,ii}^{\ominus}(298.15\ K)=-241.83\ kJ\cdot mol^{-1}$，$\Delta_r G_{m,ii}^{\ominus}(298.15\ K)=-228.58\ kJ\cdot mol^{-1}$，$K_{ii}^{\ominus}(298.15\ K)=1.12\times10^{40}$。

由以上数据可知，反应(i)为吸热反应，温度不高时，向右进行的趋势很小，而反应(ii)是强放热反应，温度愈低向右进行的趋势愈大。若两反应耦合在同一反应系统中进行，则构成反应(iii)与反应(i)、(ii)同时进行，$\Delta_r H_{m,iii}^{\ominus}(298.15\ K)=\Delta_r H_{m,i}^{\ominus}(298.15\ K)+\Delta_r H_{m,ii}^{\ominus}(298.15\ K)=-119.16\ kJ\cdot mol^{-1}$，$K_{iii}^{\ominus}(298.15\ K)=K_i^{\ominus}(298.15\ K)K_{ii}^{\ominus}(298.15\ K)=2.91\times10^{24}$，反应(iii)向右反应趋势很大。

这里，我们看到，反应(i)与(ii)在同一反应系统中进行时，达到优势互补，相辅相成的目的；即反应(ii)促使反应(i)向右进行，有利于甲醛的生成；而反应(i)的存在，因其是吸热反应，从而可抑制反应(ii)的强放热程度，缓和了反应系统的过热引起的银催化剂的烧结，取得双赢的效果。

工业上，正是采用这种反应的耦合来实现以甲醇为原料的甲醛的生产，而不单采用反应(i)的单一反应。

又如，丙烯腈是合成三大聚合材料的单体，是重要的化工原料。20 世纪 60 年代开发出用丙烯氨氧化法新工艺进行生产，即

$$C_3H_6(g)+NH_3(g)+\frac{3}{2}O_2(g)\xrightarrow[470\ ^\circ C]{Mo-Bi-P-O\ (\text{催化剂})}CH_2CHCN(g)+3H_2O(g)$$

实际上该反应即是如下两个反应耦合的结果：

$$C_3H_6(g)+NH_3(g)\longrightarrow CH_2CHCN(g)+3H_2(g) \qquad (i)$$

$$3H_2(g)+\frac{3}{2}O_2(g)\longrightarrow 3H_2O(g) \qquad (ii)$$

$$C_3H_6(g)+NH_3(g)+\frac{3}{2}O_2(g)\longrightarrow CH_2CHCN(g)+3H_2O(g) \qquad (iii)$$

反应(i)难以自发向右进行，而反应(ii)自发向右进行的趋势极大。将反应(ii)与反应(i)耦合，即是向反应(i)的系统中加入 $O_2(g)$，而使反应(i)与反应(ii)及反应(iii)同时进行(还有许多其他副反应)。反应(iii)即是丙烯氨氧化法生产丙烯腈的主反应。在所给定的条件下，反应(iii)中丙烯的转化率可达 90%以上，丙烯腈的选择性亦达 70%以上。

【例 4-13】 已知在 1 100 K 时，反应

$$2MgO(s)+2Cl_2(g)\longrightarrow 2MgCl_2(l)+O_2(g) \qquad (i)$$

$$K_i^{\ominus}(1\,100K)=1.10\times10^{-1}$$

$$2C(s)+O_2(g)\longrightarrow 2CO(g) \qquad (ii)$$

$$K_{ii}^{\ominus}(1\,100K)=5.74\times10^{19}$$

试问，在反应(i)的系统中加入固体碳，能否由 MgO(s)得到无水 $MgCl_2$？

解 在反应(i)中加入固体碳，相当于把反应(i)与(ii)耦合，即反应$\frac{1}{2}$(i)+反应$\frac{1}{2}$(ii)=反应(iii)

$$MgO(s)+Cl_2(g)+C(s)\longrightarrow MgCl_2(l)+CO(g) \qquad (iii)$$

耦合结果，向右进行趋势很大的[$K_{ii}^{\ominus}$(1 100K)数量级很大]反应(ii)带动了向右进行趋势很小的[$K_i^{\ominus}$(1 100K)数量级很小]反应(i)构成反应(iii)，以较大的趋势向右进行[$K_{iii}^{\ominus}(1\,100K)=\sqrt{K_i^{\ominus}K_{ii}^{\ominus}}(1\,100\,K)=2.513\times10^9$]。表明加固体碳后 MgO(s)的氯化反应是可行的。

在有色金属的冶金中，如 Al_2O_3、TiO_2 等的氯化反应都是在反应系统中加固体碳构成耦合反应而实现的。

习 题

一、思考题

4-1 在一定温度下，某气体混合物反应的标准平衡常数设为 $K^{\ominus}(T)$，当气体混合物开始组成不同时，$K^{\ominus}(T)$是否相同(对应同一计量方程)？平衡时其组成是否相同？

4-2 标准平衡常数改变时，平衡是否必定移动？平衡移动时，标准平衡常数是否一定改变？

4-3 是否所有单质的 $\Delta_f G_m^{\ominus}(T)$皆为零？为什么？试举例说明。

4-4 能否用 $\Delta_r G_m^{\ominus}>0$、<0、$=0$ 来判断反应的方向？为什么？

4-5 理想气体反应，真实气体反应，有纯液体或纯固体参加的理想气体反应，理想液态混合物或理想溶液中的反应，真实液态混合物或真实溶液中的反应，其 $K^{\ominus}$ 是否都只是温度的函数？

4-6 $\Delta_r G_m(T)$、$\Delta_r G_m^{\ominus}(T)$、$\Delta_f G_m^{\ominus}(B,\beta,T)$各自的含义是什么？

二、计算题及证明(或推导)题

4-1 查表计算下述反应 25 ℃的标准平衡常数：

(1)$H_2(g)+Cl_2(g)=\!=\!=2HCl(g)$；

(2)$NH_3(g)+\frac{5}{4}O_2(g)=\!=\!=NO(g)+\frac{3}{2}H_2O(g)$。

4-2 已知 O_3 在 25 ℃时的标准生成吉布斯函数 $\Delta_f G^{\ominus}=163.4\ kJ\cdot mol^{-1}$，计算空气中 O_3 的含量。(以摩尔分数表示)

4-3 已知 CO 和 $CH_3OH(g)$ 25 ℃的标准摩尔生成焓分别为 $-110.52\ kJ\cdot mol^{-1}$ 和 $-201.2\ kJ\cdot$

mol^{-1}；CO、H_2、$CH_3OH(l)$ 25 ℃的标准摩尔熵分别为 197.56 $J·K^{-1}·mol^{-1}$、130.57 $J·K^{-1}·mol^{-1}$、127.0 $J·K^{-1}·mol^{-1}$。又知 25 ℃甲醇的饱和蒸气压为 16 582 Pa，汽化焓为 38.0 $kJ·mol^{-1}$。蒸气可视为理想气体，求反应 $CO(g)+2H_2(g)=CH_3OH(g)$ 的 $\Delta_r G_m^\ominus(298.15\ K)$ 及 $K^\ominus(pgm,298.15\ K)$。

4-4 已知 25 ℃时，$CH_3OH(l)$，HCHO(g) 的 $\Delta_f G_m^\ominus$ 分别为 $-166.23\ kJ·mol^{-1}$、$-109.91\ kJ·mol^{-1}$，且 $CH_3OH(l)$ 的饱和蒸气压为16.59 kPa。设 $CH_3OH(g)$ 可视为理想气体，试求反应 $CH_3OH(g)=HCHO(g)+H_2(g)$ 在 25 ℃时的标准平衡常数 $K^\ominus(pgm,298.15\ K)$。

4-5 已知 25 ℃时，$H_2O(l)$ 的 $\Delta_f G_m^\ominus=-237.19\ kJ·mol^{-1}$，水的饱和蒸气压 $p^*(H_2O)=3.167\ kPa$，若 $H_2O(g)$ 可视为理想气体，求 $\Delta_f G_m^\ominus(H_2O,g,298.15\ K)$。

4-6 已知 25 ℃时，$\Delta_f G_m^\ominus(CH_3OH,g,298.15\ K)=-162.51\ kJ·mol^{-1}$，$p^*(CH_3OH,l)=16.27\ kPa$，若 $CH_3OH(g)$ 可视为理想气体，求 $\Delta_f G_m^\ominus(CH_3OH,l,298.15\ K)$。

4-7 已知 $Br_2(l)$ 的饱和蒸气压 $p^*(Br_2,l)=28\ 574\ Pa$，求反应 $Br_2(l)=Br_2(g)$ 的 $\Delta_r G_m^\ominus(298.15\ K)$。

4-8 已知 298.15 K 时反应 $CO(g)+H_2(g)=HCOH(l)$ 的 $\Delta_r G_m^\ominus(298.15\ K)=28.95\ kJ·mol^{-1}$，而 $p^*(HCOH,l,298.15\ K)=199.98\ kPa$，求 298.15 K 时，反应 $HCHO(g)=CO(g)+H_2(g)$ 的 $K^\ominus(pgm,298.15\ K)$。

4-9 通常钢瓶中装的氮气含有少量的氧气，在实验中为除去氧气，可将气体通过高温下的铜，发生下述反应

$$2Cu(s)+\frac{1}{2}O_2(g)=Cu_2O(s)$$

已知此反应的 $\Delta_r G_m^\ominus/(J·mol^{-1})=-166\ 732+63.01\ T/K$。今若在 600 ℃时反应达到平衡，问经此处理后，氮气中剩余氧气的浓度为多少？

4-10 Ni 和 CO 能生成羰基镍：$Ni(s)+4CO(g)=Ni(CO)_4(g)$，羰基镍对人体有危害。若 150 ℃及含有 $w(CO)=0.005$ 的混合气通过 Ni 表面，欲使 $w[Ni(CO)_4]<1\times10^{-9}$，问：气体压力不应超过多大？已知上述反应 150 ℃时，$K^\ominus=2.0\times10^{-6}$。

4-11 对反应 $H_2(g)+\frac{1}{2}S_2(g)=H_2S(g)$，实验测得下列数据

T/K	$\ln K^\ominus$	T/K	$\ln K^\ominus$
1 023	4.664	1 218	3.005
1 362	2.077	1 473	1.48

(1)求 1 000～1 700 K 反应的标准摩尔焓[变]；

(2)计算 1 500 K 时反应的 $K^\ominus$、$\Delta_r G_m^\ominus$、$\Delta_r S_m^\ominus$。

4-12 反应 $CuSO_4·3H_2O(s)=CuSO_4(s)+3H_2O(g)$，25 ℃和 50 ℃的 $K^\ominus$ 分别为 10^{-6} 和 10^{-4}。(1)计算此反应 50 ℃的 $\Delta_r G_m^\ominus$、$\Delta_r H_m^\ominus$ 和 $\Delta_r S_m^\ominus$[(设 $\sum_B \nu_B C_{p,m}^\ominus(g)=0$]。(2)为使 0.01 mol $CuSO_4$ 完全转化为其三水化合物，最少需向 25 ℃的体积为 2 dm^3 的烧瓶中通入多少水蒸气？

4-13 潮湿 Ag_2CO_3 在 110 ℃下用空气流进行干燥，试计算空气流中 CO_2 的分压最少应为多少方能避免 Ag_2CO_3 分解为 Ag_2O 和 CO_2。已知 $Ag_2CO_3(s)$、$Ag_2O(s)$、$CO_2(g)$ 在 25 ℃、100 kPa 下的标准摩尔熵分别为 167.36 $J·K^{-1}·mol^{-1}$、121.75 $J·K^{-1}·mol^{-1}$、213.80 $J·K^{-1}·mol^{-1}$，$\Delta_f H_m^\ominus(298.15\ K)$ 分别为 $-501.7kJ·mol^{-1}$、$-29.08\ kJ·mol^{-1}$、$-393.46\ kJ·mol^{-1}$；在此温度间隔内平均定压摩尔热容分别为 109.6 $J·K^{-1}·mol^{-1}$、68.6 $J·K^{-1}·mol^{-1}$、40.2 $J·K^{-1}·mol^{-1}$。

4-14 已知：

	$\Delta_f H_m^{\ominus}(298.15\ K)/(kJ \cdot mol^{-1})$	$S_m^{\ominus}(298.15\ K)/(J \cdot K^{-1} \cdot mol^{-1})$	$C_{p,m}/(J \cdot K^{-1} \cdot mol^{-1})$
$Ag_2O(s)$	−30.59	121.71	65.69
$Ag(s)$	0	42.69	26.78
$O_2(g)$	0	205.029	31.38

(1)求 25 ℃时 Ag_2O 的分解压力；(2)纯 Ag 在 25 ℃、100 kPa 的空气中能否被氧化？(3)一种制备甲醛的工业方法是使 CH_3OH 与空气混合，在 500 ℃、100 kPa(总压)下自一种银催化剂上通过，此银渐渐失去光泽，并有一部分成粉末状，判断此现象是否因有 Ag_2O 生成所致。

4-15 已知 $3CuCl(g) \xlongequal{} Cu_3Cl_3(g)$ 的

$$\Delta_r G_m^{\ominus}/(J \cdot mol^{-1}) = -528\ 858 - 22.73\ (T/K)\ \ln\ (T/K) + 438.1\ (T/K)$$

(1)计算 2 000 K 时的 $\Delta_r H_m^{\ominus}$，$\Delta_r S_m^{\ominus}$ 和 $K^{\ominus}$；(2)计算 2 000 K，平衡混合物中 Cu_3Cl_3 的摩尔分数等于 0.5时，系统的总压。

4-16 实验测出反应 I_2＋环戊烯══2HI＋环戊二烯，在 175～415 ℃气相反应的标准平衡常数与温度的关系式为

$$\ln K^{\ominus} = 17.39 - 11\ 156/(T/K)$$

(1)计算该反应 300 ℃的 $\Delta_r G_m^{\ominus}$、$\Delta_r H_m^{\ominus}$ 和 $\Delta_r S_m^{\ominus}$；(2)如果开始以等物质的量的 I_2 和环戊烯混合，在 300 K、总压是 100 kPa 下达到平衡，I_2 的分压是多少？若平衡时总压是 1.0 MPa，I_2 的分压是多少？

4-17 已知反应 $CH_4(g) + H_2O(g) \xlongequal{} CO(g) + 3H_2(g)$ 的 $\Delta_r G_m^{\ominus}/(J \cdot mol^{-1}) = 188.838 \times 10^3 - 69.385 (T/K)\ln(T/K) + 40.128 \times 10^{-3}(T/K)^2 - 3.623 \times 10^{-6}(T/K)^3 + 227.0(T/K)$。

试分别导出该反应的 $\ln K^{\ominus}$、$\Delta_r H_m^{\ominus}$、$\Delta_r S_m^{\ominus}$ 与 T 的关系式。

4-18 试推导反应 $2A(g) \xlongequal{} 2Y(g) + Z(g)$ 的 $K^{\ominus}$ 与 A 的平衡转化率 x_A^{eq} 及总压 $p_总$ 的关系；并证明，当 $(p_总/p^{\ominus}) \gg 1$ 时，x_A^{eq} 与 $p_总^{-1/3}$ 成正比。

4-19 A(g)与 Y(g)之间有如下反应

$$A(g) \xlongequal{} Y(g)$$

与温度 T 对应的 $\Delta_r H_m^{\ominus}(T)$ 及 $K^{\ominus}(pgm,T)$ 为已知，设此反应为一快速平衡，即 T 改变，系统始终保持平衡。若一容器中有此两种气体，而且其物质的总量为 n，求证 Y(g)物质的量 n_Y 随温度的变化率 dn_Y/dT 有如下关系

$$\frac{dn_Y}{dT} = \frac{nK^{\ominus}(pgm,T)\Delta_r H_m^{\ominus}(T)}{RT^2[K^{\ominus}(pgm,T)+1]^2}$$

4-20 纯 $B_2(l)$ 与纯 B(l)在温度 T 时的饱和蒸气压分别为 $p^*(B_2,l)$ 与 $p^*(B,l)$，试证在 T 时，平衡总压为 $p_总$，反应 $B_2(g) \xlongequal{} 2B(g)$ 的 $K^{\ominus}(pgm,T)$ 有如下关系

$$K^{\ominus} = \frac{p^{*2}(B,l)[p_总 - p^*(B_2,l)]^2}{p^*(B_2,l)[p^*(B,l) - p_总][p^*(B,l) - p^*(B_2,l)]p^{\ominus}}$$

设气相为理想气体混合物，液相为理想液态混合物。

三、是非题、选择题和填空题

(一)是非题(下述各题中的说法是否正确？正确的在题后括号内画“√”，错的画“×”)

4-1 定温定压且不涉及非体积功的条件下，一切放热且熵增大的反应均可自动发生。 (　)

4-2 标准平衡常数 $K^{\ominus}$ 只是温度的函数。 (　)

4-3 对反应 $0 = \sum_B \nu_B B(pgm,T)$，当 $K^{\ominus}(pgm,T) > J^{\ominus}(pgm,T)$ 时，反应向右进行。 (　)

4-4 对放热反应 $0 = \sum_B \nu_B B(g)$，温度升高时，x_B^{eq} 增大。 (　)

4-5 对于理想气体反应，定温定容下添加惰性组分时，平衡不移动。 (　)

（二）选择题（选择正确答案的编号填在各题题后的括号内）

4-1 反应 $SO_2+\frac{1}{2}O_2 = SO_3$，$K_i^{\ominus}(T)$

$2SO_2+O_2 = 2SO_3$，$K_{ii}^{\ominus}(T)$

则 $K_i^{\ominus}(T)$ 与 $K_{ii}^{\ominus}(T)$ 的关系是（　　）。

A. $K_i^{\ominus}=K_{ii}^{\ominus}$　　B. $(K_i^{\ominus})^2=K_{ii}^{\ominus}$　　C. $K_i^{\ominus}=(K_{ii}^{\ominus})^2$

4-2 温度 T、压力 p 时理想气体反应：

$2H_2O(g) = 2H_2(g)+O_2(g)$，$K_i^{\ominus}$

$CO_2(g) = CO(g)+\frac{1}{2}O_2(g)$，$K_{ii}^{\ominus}$

则反应 $CO(g)+H_2O(g) = CO_2(g)+H_2(g)$ 的 $K_{iii}^{\ominus}$ 应为（　　）。

A. $K_{iii}^{\ominus}=K_i^{\ominus}/K_{ii}^{\ominus}$　　B. $K_{iii}^{\ominus}=K_i^{\ominus}K_{ii}^{\ominus}$　　C. $K_{iii}^{\ominus}=\sqrt{K_i^{\ominus}}/K_{ii}^{\ominus}$

4-3 已知定温反应

(1) $CH_4(g) = C(s)+2H_2(g)$

(2) $CO(g)+2H_2(g) = CH_3OH(g)$

若提高系统总压，则平衡移动方向为（　　）。

A. (1)向左，(2)向右　B. (1)向右，(2)向左　　C. (1)和(2)都向右

4-4 已知反应 $CuO(s) = Cu(s)+\frac{1}{2}O_2(g)$ 的 $\Delta_r S_m^{\ominus}(T)>0$，则该反应的 $\Delta_r G_m^{\ominus}(T)$ 将随温度的升高而（　　）。

A. 增大　　B. 减小　　C. 不变

（三）填空题（在各小题中画有“________”处或表格中填上答案）

4-1 范特霍夫定温方程：$\Delta_r G_m(T)=\Delta_r G_m^{\ominus}(T)+RT\ln J^{\ominus}$ 中，表示系统标准状态下性质的是________，用来判断反应进行方向的是________，用来判断反应进行限度的是________。

4-2 根据理论分析填表（只填“向左”或“向右”）。

	升高温度（p 不变）	加入惰性气体（T,p 不变）	升高总压（T 不变）
放热，$\sum_B \nu_B(g)>0$			
吸热，$\sum_B \nu_B(g)<0$			
吸热，$\sum_B \nu_B(g)>0$			

4-3 反应 $C(s)+H_2O(g) = CO(g)+H_2(g)$ 在 400 ℃时达到平衡，$\Delta_r H_m^{\ominus}=133.5\ kJ\cdot mol^{-1}$，为使平衡向右移动，可采取的措施有________；________；________；________；________。

4-4 已知反应 $2NO(g)+O_2(g) = 2NO_2(g)$ 的 $\Delta_r H_m^{\ominus}(T)<0$，当上述反应达到平衡后，若要平衡向产物方向移动，可以采取________（升高、降低）温度或________（增大、减少）压力的措施。

4-5 A 是一种固体，在温度 T 时的饱和蒸气压为 p_A^*，在此温度下，A 的分解反应可表示为以下两种形式

$$A(g) = Y(g)+Z(g) \quad (i)$$

$$A(s) = Y(g)+Z(g) \quad (ii)$$

两反应的标准摩尔吉布斯函数[变]分别为 $\Delta_r G_{m,i}^{\ominus}(T)$ 及 $\Delta_r G_{m,ii}^{\ominus}(T)$，试写出 $\Delta_r G_{m,i}^{\ominus}(T)-\Delta_r G_{m,ii}^{\ominus}(T)=$ ________。

4-6 在一带活塞的气缸中，同时存在以下两反应

$$A(s) = Y(s)+Z(g),\quad \Delta_r H_m^{\ominus}(T)>0 \quad (i)$$

$$Z(g)+D(g) = E(g), \quad \Delta_r H_m^{\ominus}(T)=0 \qquad (ii)$$

两反应同时平衡时，容器中 A(s)及 Y(s)是大大过量存在的。

(1)在压力不变下，将系统升温，则反应(ii)的平衡将向________移动；

(2)保持 T、p 不变时，通入惰性气体又达平衡后，两反应如何移动？反应(i)________；反应(ii)________。

4-7 在一定 T、p 下，反应 A(g)══Y(g)+Z(g)达平衡时 A 的平衡转化率为 $x_{A,1}^{eq}$，当加入惰性气体而 T、p 保持不变时，A 的平衡转化率为 $x_{A,2}^{eq}$，则 $x_{A,2}^{eq}$____ $x_{A,1}^{eq}$(填>、=或<)

计算题答案

4-1 (1)2.41×10^{33}；(2)2.13×10^{41}；

4-2 2.30×10^{-30}

4-3 $-25.38\ kJ\cdot mol^{-1}$，2.64×10^{4}

4-4 8.2×10^{-10}

4-5 $-228.6\ kJ\cdot mol^{-1}$

4-6 $-167.0\ kJ\cdot mol^{-1}$

4-7 $3\,105\ J\cdot mol^{-1}$

4-8 5.93×10^{4}

4-9 $6.67\times10^{-13}\ mol\cdot m^{-3}$

4-10 $9.3\times10^{6}\ Pa$

4-11 (1)$-89\ kJ\cdot mol^{-1}$；(2)3.98，$-17.23\ kJ\cdot mol^{-1}$，$-47.9\ J\cdot K^{-1}\cdot mol^{-1}$

4-12 (1)$24.7\ kJ\cdot mol^{-1}$，$147.4\ kJ\cdot mol^{-1}$，$380\ J\cdot K^{-1}\cdot mol^{-1}$

4-13 $p(CO_2)>1\,233\ Pa$

4-14 (1)15.5 Pa；(2)可以被氧化；(3)不是

4-15 (1)$-483.4\ kJ\cdot mol^{-1}$，$-242.6\ J\cdot K^{-1}\cdot mol^{-1}$，0.897；(2)$p=211.2\ kPa$

4-16 (1)$9\,885\ J\cdot mol^{-1}$，$9\,275\,7\ J\cdot mol^{-1}$，$144.6\ J\cdot K^{-1}\cdot mol^{-1}$；(2)29 199 Pa，384.1 kPa

第5章

统计热力学初步

5.0 统计热力学研究的内容和方法

5.0.1 统计热力学研究的内容

1. 统计热力学研究的对象及目的

统计热力学(statistical thermodynamics)分为平衡态统计热力学和非平衡态统计热力学,本书只讨论平衡态统计热力学,简称统计热力学。与第1章已讨论过的经典热力学研究的对象一样,平衡态统计热力学也是研究由大量粒子(分子、原子或离子等)组成的宏观系统。统计热力学认为,宏观系统的性质必与组成该系统的所有粒子的微观结构及性质有关,因此统计热力学就从组成系统的所有粒子的微观结构及性质出发,采用统计平均的方法直接推求组成统计系统的大量粒子运动的平均结果,以得出平衡系统宏观性质的具体量值,这就是统计热力学研究的目的。例如,它可以由组成系统的粒子的微观性质,如质量、振动频率、转动惯量等数据,求算由大量粒子组成的平衡系统的熵值,其结果甚至比由热力学第三定律所求得的熵值更为准确。这与热力学不考虑平衡系统内部粒子的微观结构及性质,只考虑系统变化前后的始态和终态的处理问题的方法完全不同,但二者所得结果却完全相同,可谓"殊途同归",所以统计热力学是对热力学的一个重要补充,二者的研究对象一致、目的一致、结果一致,唯方法不同而已。

2. 统计系统的分类

统计热力学将组成系统的分子、原子及离子等统称为粒子(particle)或简称子。按照粒子间有无相互作用,把系统区分为独立子系统(system of independent particles)和相依子系统(system of interacting particles)。粒子间相互作用可以忽略的系统称为独立子系统,或确切地称为近独立子系统,如理想气体。粒子间相互作用不能忽略的系统称为相依子系统,如真实气体、液体等。

按照粒子的运动是否遍及系统的全体积,又可把系统区分为定域子系统(system of localised particles)和离域子系统(system of non-localised particles)。定域子系统的粒子有固定的平衡位置,运动是定域的,可以对处于不同位置上的粒子加以区别,所以定域子系统又称为可辨粒子系统。晶体可以看成定域子系统。离域子系统的粒子处于非定域的混乱的运动中,无法分别,粒子彼此都是等同的,所以离域子系统又称为全同粒子系统(system of identical particles)。气体、液体就是离域子系统。

5.0.2 统计热力学的研究方法

1. 统计热力学研究方法的量子力学基础

统计热力学认为所研究的平衡系统的宏观性质与组成它的所有粒子的微观结构与性质有关，也就是与所有粒子的微观运动状态有关，而研究微观粒子运动状态的科学则是量子力学，因此统计热力学的研究方法与结果是以量子力学为基础的。这种建立在量子力学基础上的统计方法称为量子统计。

按照量子力学原理，微观粒子的运动形式包括平动、转动、振动(对单原子分子只有转动)，相应运动形式的动能，分别为平动能、转动能和振动能；粒子间的相互作用能则为势能。对独立子系统，系统的总能量仅为所有动能的总和；对相依子系统，系统的总能量则为所有粒子的各种运动形式的动能和所有粒子间相互作用的势能的总和。依照量子力学的观点，不管是各个微观粒子的各种运动形式的能量 ε_i，还是由大量粒子组成的系统的总能量 E_j 都是量子化的(即其取值不是连续的)。下标"i""j" 为能级的代号。

量子力学针对粒子的不同运动形式，建立相应的 Schrödinger 方程，通过解该方程可得到描述该粒子运动状态的波函数 ψ_i(对定态波函数，它不含时间变量而只是粒子在空间坐标 x、y、z 的函数) 和能级能量 ε_i。计算能级能量 ε_i 的公式称为量子力学的能级公式。下面由量子力学直接引用这些公式，留待统计热力学的有关推导中应用(如在推导粒子的平动、转动、振动等相应的粒子配分函数时就要用到)。

应该明确，下面要引用的量子力学能级公式属于量子力学范畴，而不属于统计热力学范畴，但在统计热力学中要直接用到这一量子力学结果。

(1) 在势箱中粒子的平动能

一维势箱，粒子运动的能级公式为

$$\varepsilon_n = \frac{n^2 h^2}{8ma^2}$$

三维势箱，粒子运动的能级公式为

$$\varepsilon_{n_x,n_y,n_z} = \frac{h^2}{8m}\left(\frac{n_x^2}{a^2} + \frac{n_y^2}{b^2} + \frac{n_z^2}{c^2}\right)$$

当 $a = b = c$ 时，其能级公式为

$$\varepsilon_{n_x,n_y,n_z} = \frac{h^2}{8ma^2}(n_x^2 + n_y^2 + n_z^2) \tag{5-1}$$

式中，m 为粒子质量；a、b、c 分别为势箱的长、宽、高；n_x、n_y、n_z 分别为 x、y、z 轴的量子数；h 为普朗克常量。

(2) 双粒子刚性转子的转动能

双粒子刚性转子的转动的能级公式为

$$\varepsilon_r = J(J+1)B \quad (J = 0,1,2,3,\cdots) \tag{5-2}$$

$$B \xlongequal{\text{def}} \frac{h^2}{8\pi^2 I} = \frac{\hbar^2}{2I}$$

式中，I 为转动惯量；$\hbar = \dfrac{h}{2\pi}$；J 为转动量子数。

(3) 谐振子的振动能

一维谐振子的振动的能级公式为

$$\varepsilon_{v} = \left(v + \frac{1}{2}\right)h\nu \quad (v = 0,1,2,3,\cdots) \tag{5-3}$$

式中，ν 为振动频率；v 为振动量子数。

(4) 各种能级的能级简并度

同一个能级若与一个以上的微观状态(通常称为量子态或粒子态)相对应，则称为简并能级。属同一能级的不同量子态的数目，称为能级的简并度或统计权重，以符号 g 表示。

① 平动能级的简并度

表 5-1 列出了一些平动能级的简并度。

表 5-1　平动能级的简并度

量子数			n^2	能级	量子态	能级简并度	量子数			n^2	能级	量子态	能级简并度
n_x	n_y	n_z					n_x	n_y	n_z				
1	1	1	3	ε_0	ψ_1	$g_0 = 1$	2	2	2	12	ε_4	ψ_{11}	$g_4 = 1$
1	1	2			ψ_2		1	2	3			ψ_{12}	
1	2	1	6	ε_1	ψ_3	$g_1 = 3$	1	3	2			ψ_{13}	
2	1	1			ψ_4		2	1	3	14	ε_5	ψ_{14}	$g_5 = 6$
1	2	2			ψ_5		2	3	1			ψ_{15}	
2	1	2	9	ε_2	ψ_6	$g_2 = 3$	3	1	2			ψ_{16}	
2	2	1			ψ_7		3	2	1			ψ_{17}	
1	1	3			ψ_8		2	2	3			ψ_{18}	
1	3	1	11	ε_3	ψ_9	$g_3 = 3$	2	3	2	17	ε_6	ψ_{19}	$g_6 = 3$
3	1	1			ψ_{10}		3	2	2			ψ_{20}	

② 转动能级的简并度

对双粒子刚性转子的转动，相应于某一转动能级 ε_r，有 $(2J+1)$ 个状态，所以转动能级是简并的，其简并度为

$$g_r = 2J + 1$$

③ 振动能级的简并度

所有的振动能级都是非简并的。即

$$g_v = 1$$

2. 从微观到宏观的方法

统计热力学从组成平衡系统的大量粒子的微观结构与性质出发(注意，得到粒子微观结构与性质的方法是借助量子力学原理的量子力学方法，即微观方法)，采用统计学原理求大量粒子的微观结构与性质的统计平均值，最终得到由所有粒子组成的宏观系统的宏观性质(得到宏观的结果)。

以处理独立子系统为例，用系综方法得出系统的正则配分函数 Z(注意，系综原理对独立子系统及相依子系统均适用)，将其应用于独立子系统，得到玻尔兹曼分布律及适用于独立子系统的粒子配分函数 q，进而由粒子配分函数定义式代入量子力学能级公式，分别导出粒子平动、转动、振动的配分函数与粒子的微观结构与性质(如分子的质量 m、直径 d、振动频率 ν、转动惯量 I) 的关联式，同时应用分布的概率把粒子配分函数与系统的宏观性质(如热力学能 U、焓 H、熵 S、亥姆霍茨函数 A 与吉布斯函数 G 等) 关联起来，这样就可用组成系统

的所有粒子的微观性质求取系统的宏观性质。这一方法即是统计热力学的从微观到宏观的方法。可见，统计热力学把量子力学的微观方法与热力学的宏观方法联系到一起，其中起桥梁作用的是粒子配分函数 q，即

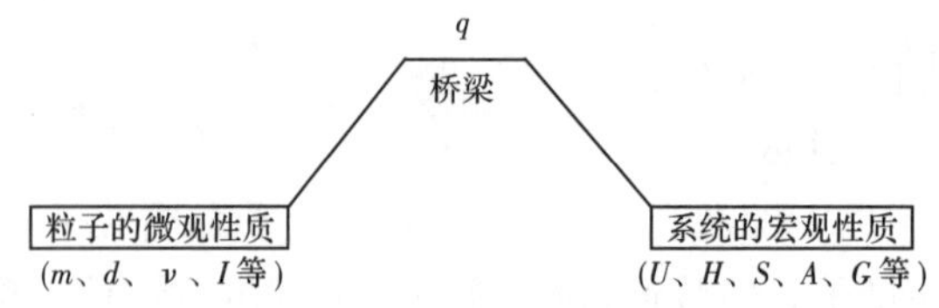

读者可通过对本章以下公式的学习，进一步体会粒子配分函数 q 是联系微观与宏观的桥梁：

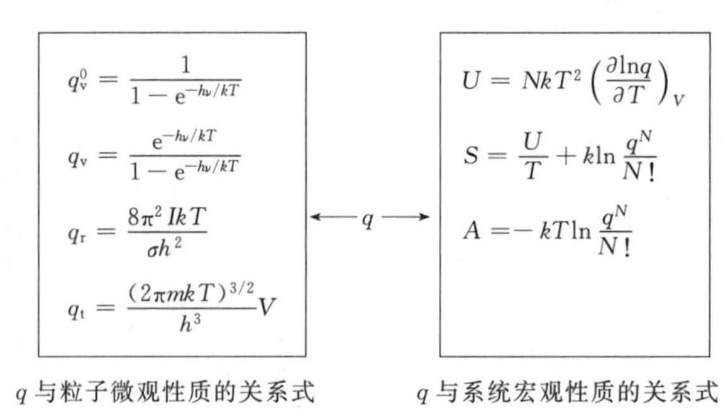

q 与粒子微观性质的关系式　　　　q 与系统宏观性质的关系式

I　分布、分布的概率

5.1　能级分布、状态分布

5.1.1　系统及粒子的微观状态

由量子力学可知，微观粒子的运动状态可用波函数来描述，其能量是量子化的。也就是说，若将粒子的各种微观运动状态（以 $\psi_1,\psi_2,\psi_3,\cdots$ 表示）的能量从低到高排成 $\epsilon_1,\epsilon_2,\epsilon_3,\cdots$（其中有些状态的能量可以相等，即能级是简并的），则这些能量值是不连续的。因此把分子的微观状态称为粒子（或分子）的量子态（quantum state），简称粒子态（particle state）。

系统的微观状态则用系统的波函数（系统中所有粒子的波函数的乘积）来描述，称为系统的量子态，简称系统态（system state）。系统中全部粒子的量子态确定后，系统态即已确定。量子态的任何改变，均将改变系统态。系统态的能量用 E 表示，它也是量子化的，也就是说，若将这些系统态的能量从低到高排成 $E_1,E_2,E_3,\cdots$（其中有些态的能量可以相等），这些能量值是不连续的。

系统的热力学态是指我们在化学热力学基础一章中所说的热力学平衡态，它可用指明其体积、能量及组成（或体积、温度及组成，或另外一组宏观性质）的方法来确定。由于系统中众多粒子可以处于各种可能的量子态，因此，同一热力学态可表现为各种各样的微观态（系统态）。

5.1.2　能级分布与状态分布的定义

通过量子力学对粒子的描述，我们得到了粒子的两个最基本的微观性质：能级 ε_i 与状态 ψ_i。对于宏观系统，若含有 N 个粒子，这 N 个粒子是如何分布在各个能级或状态上的呢？这就是分布问题。统计方法就是求各种分布概率的方法。

能级分布(distribution of energy levels) 指的是系统中 N 个粒子如何分布在各能级 ε_i 上。如在能级 $\varepsilon_0,\varepsilon_1,\varepsilon_2,\cdots,\varepsilon_i$ 上[①]，分布的粒子数相应为 $n_0,n_1,n_2,\cdots,n_i$。

状态分布(distribution of quantum states) 指的是系统中 N 个粒子如何分布在状态 ψ_i 上。如在状态 $\psi_0,\psi_1,\psi_2,\cdots,\psi_i$ 上，分布的粒子数相应为 $n_0,n_1,n_2,\cdots,n_i$。

若系统为独立子系统，则能级分布与状态分布都同时满足

$$\left.\begin{array}{ll}\text{粒子数守恒：} & N=\sum n_i \\ \text{能量守恒：} & U=N\sum P_{\varepsilon,i}\varepsilon_i\end{array}\right\} \tag{5-4}$$

$P_{\varepsilon,i}$ 是粒子分布在各能级 ε_i 上的概率(probability)。计算 $P_{\varepsilon,i}$ 是统计热力学的主要任务之一，而求 ε_i 是光谱学和量子力学的任务。

一种能级分布要用一定数目的几套状态分布来描述。显然，若某能级简并度为 1，该能级分布只对应于一种状态分布。

设有总能量一定的系统，若能级是简并的，其能量可能有多种分布方式。设有 3 个粒子 a、b、c，总能量为 $\frac{9}{2}h\nu$ 的独立子系统；设该种粒子允许具有的能级为 $\frac{1}{2}h\nu,\frac{3}{2}h\nu,\frac{5}{2}h\nu,\cdots$，则能级分布的方式可能有 3 种(表 5-2)。(表中 n_i 表示能级为 ε_i 的粒子数，$i=0,1,\cdots,4$)

表 5-2　能级分布

分布	$n_0\left(\varepsilon_0=\frac{1}{2}h\nu\right)$	$n_1\left(\varepsilon_1=\frac{3}{2}h\nu\right)$	$n_2\left(\varepsilon_2=\frac{5}{2}h\nu\right)$	$n_3\left(\varepsilon_3=\frac{7}{2}h\nu\right)$	$n_4\left(\varepsilon_4=\frac{9}{2}h\nu\right)$
Ⅰ	1	1	1	0	0
Ⅱ	0	3	0	0	0
Ⅲ	2	0	0	1	0

表 5-2 中，3 种分布都符合总粒子数为 3，总能量为 $\frac{9}{2}h\nu$ 这两个条件。

5.2　分布的概率

分布的概率可用数学概率 P_D 及热力学概率 W_D 描述。在 1.16 节中已给出它们的定义以及二者的区别。本节将介绍热力学概率 W_D 的计算。

对于 N 个粒子分布在 $\varepsilon_1,\varepsilon_2,\cdots,\varepsilon_M$ 共 M 个能级上，各能级上的简并度相应为 $g_1,g_2,\cdots,g_M$，各能级上分布的粒子数相应为 $n_1,n_2,\cdots,n_M$，则 W_D 可通过排列组合及乘法原理得出：

---

① 要区分能级的能量 ε_i 和量子态能量 ϵ_i。对于非简并能级，只有一种量子态，例如若 ε_2 能级是非简并的，则只有一种量子态，若其能量用 ϵ_3 表示，则 $\epsilon_3=\varepsilon_2$；对简并能级，则同一能级上可以有 2 个或 2 个以上的量子态，例如若 ε_3 能级上有 3 个量子态，量子态能量用 ϵ_4、ϵ_5、ϵ_6 表示，则 $\epsilon_4=\epsilon_5=\epsilon_6=\varepsilon_3$。

定域子系统 $$W_D = \frac{N!}{\prod_i n_i!} \times \prod_i g_i^{n_i} = N! \prod_i \frac{g_i^{n_i}}{n_i!} \tag{5-5}$$

离域子系统 $$W_D = \prod_i \frac{(n_i + g_i - 1)!}{n_i! \times (g_i - 1)!} \approx \prod_i \frac{g_i^{n_i}}{n_i!} \quad (g_i \gg n_i)^{①} \tag{5-6}$$

式中，g_i 为能级 ε_i 的简并度；n_i 为分布在能级 ε_i 上的粒子数。

【例 5-1】 设 $N = 6, n_1 = 3, n_2 = 2, n_3 = 1, g_1 = 1, g_2 = 2, g_3 = 3$，分别计算定域子系统及离域子系统的 W_D。

解 定域子系统 $$W_D = N! \prod_i \frac{g_i^{n_i}}{n_i!} = 6! \times \frac{1^3}{3!} \times \frac{2^2}{2!} \times \frac{3^1}{1!} = 720$$

离域子系统 $$W_D = \prod_i \frac{(n_i + g_i - 1)!}{n_i! \times (g_i - 1)!} =$$

$$\frac{(3+1-1)!}{3!(1-1)!} \times \frac{(2+2-1)!}{2!(2-1)!} \times \frac{(1+3-1)!}{1! \times (3-1)!} = 9$$

5.3 平衡分布、摘取最大项原理

5.3.1 最概然分布与平衡分布

N 个粒子分布在 $\varepsilon_1 \sim \varepsilon_M$ 共 M 个能级上会有多种分布，其中热力学概率最大的分布称为最概然分布(most probable distribution)。

对于热力学系统 $N \geqslant 10^{24}$，N、V、E 确定的系统达平衡时(即系统的热力学态)，粒子的分布方式几乎将不随时间而变化，这种分布称为平衡分布(equilibrium distribution)。可以证明，平衡分布即为最概然分布所能代表的那种分布。

5.3.2 摘取最大项原理

根据等概率定理，凡是满足 N、E 守恒条件的分布都应当是可以实现的，最概然分布只是其中出现概率最大的一种特殊分布。统计热力学研究系统的平衡性质，总是引用最概然分布的结果。那么，最概然分布能代表系统的平衡分布吗？由以下讨论可以得出结论。

设分布 D ：$n_1, n_2, \cdots, n_i$ 为最概然分布；

分布 D：$n_1, n_2, \cdots, n_i$ 为偏离最概然分布的另一些平衡分布。

$$W_{D^*} = N! \prod_i \frac{g_i^{n_i^*}}{n_i^*!} \left(或 \prod_i \frac{g_i^{n_i^*}}{n_i^*!}\right)$$

$$W_D = N! \prod_i \frac{g_i^{n_i}}{n_i!} \left(或 \prod_i \frac{g_i^{n_i}}{n_i!}\right)$$

两种分布的概率比为 W_D / W_{D^*}，且 $\ln \frac{W_D}{W_{D^*}} = \ln W_D - \ln W_{D^*}$，将 $\ln W_D$ 在 $\ln W_{D^*}$ 附近按 Taylor 级数展开：

$$\ln W_D = \ln W_{D^*} + \sum_i \left(\frac{\partial \ln W_D}{\partial n_i}\right)_{n_i^*} \Delta n_i + \frac{1}{2} \sum_i \left(\frac{\partial^2 \ln W_D}{\partial n_i^2}\right)_{n_i^*} (\Delta n_i)^2 + \cdots$$

---

① 涉及电子、质子、中子等粒子，必遵守保里(Pauli)不相容原理，每个量子态的粒子数是受限制的，这种粒子叫费米子(Fermi particles)，而对光子等粒子，每个量子态可容纳的粒子数则不受限制，这种粒子叫玻色子(Bose particles)。

Δn_i 是分布 W_D 与 W_{D^*} 的偏离，为有限的正或负数，略去二次以上高次项，由于 $\ln W_D$ 在 n_i^* 处极大，则

$$\left(\frac{\partial \ln W_D}{\partial n_i}\right)_{n_i^*} = 0, \quad \sum_i \left(\frac{\partial \ln W_D}{\partial n_i}\right)_{n_i^*} \Delta n_i = 0$$

又

$$\left(\frac{\partial^2 \ln W_D}{\partial n_i^2}\right)_{n_i^*} = -\frac{1}{n_i^*}$$

所以

$$\ln W_D = \ln W_D^* - \sum_i \frac{1}{2n_i^*}(\Delta n_i)^2$$

或

$$W_D = W_{D^*}\,e^{-\sum_i \frac{1}{2n_i^*}(\Delta n_i)^2}, \quad \ln\frac{W_D}{W_{D^*}} = -\frac{1}{2}\sum_i \frac{(\Delta n_i)^2}{n_i^*}$$

$$\frac{W_D}{W_{D^*}} = \exp\left[-\frac{1}{2}\sum_i \frac{(\Delta n_i)^2}{n_i^*}\right]$$

对于宏观系统，若 W_D 与 W_{D^*} 差别显著，这一比值就极其微小，设平衡分布 D 与最概然分布 D^* 的分布数偏离 0.1%，即 $\Delta n_i / n_i^* = 10^{-3}$，则

$$\frac{(\Delta n_i)^2}{n_i^*} = \frac{n_i^*}{10^6}, \quad -\frac{1}{2}\sum_i \frac{(\Delta n_i)^2}{n_i^*} = -\frac{1}{2\times 10^6}\sum_i n_i^* = -\frac{N}{2\times 10^6}$$

取

$$N = 6.022\times 10^{23}, \quad \frac{W_D}{W_{D^*}} = e^{-6.022\times 10^{23}/(2\times 10^6)} \approx e^{-3\times 10^{17}}$$

这是极其微小的值。如果 n_i 偏离 n_i^* 更大，W_D/W_{D^*} 就更小了。因此，当 $N\to\infty$ 时，最概然分布可以代表平衡分布，从而最概然分布的微观状态数可以代替系统的总微观状态数：

$$\ln \Omega(E,V,N) = \ln W_{D^*} = \ln W_B$$

(W_B 为玻耳兹曼分布的微观状态数)，这就是摘取最大项原理(the principle of maximum term)。

Ⅱ　系综方法

5.4　系综概念、统计热力学基本假设

5.4.1　统计系综的定义及分类

1. 系综的定义

系综(ensemble)是指构想的具有与所研究的具体系统同样条件的(如 N、V、E 一定等)大量($\boldsymbol{N}$ 个)系统的集合。

2. 系综的分类

统计热力学讨论三种系综：(i) $\boldsymbol{N}$ 个封闭的定温系统(V、T、N 一定)的集合——正则系综[①](canonical ensemble)；(ii)$\boldsymbol{N}$ 个隔离系统(V、E、N 一定)的集合——微正则系综(microcanonical ensemble)；(iii)$\boldsymbol{N}$ 个敞开的定温系统(T、V、μ 一定)的集合——巨正则系综(grand canonical ensemble)。各种系综如图 5-1 所示。

---

① 正则：意思是标准的、基本的和规范的。

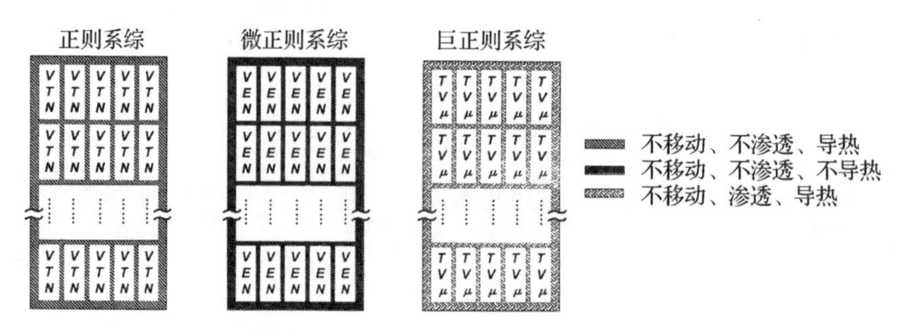

图 5-1 正则系综、微正则系综与巨正则系综

系综的概念是 20 世纪初由吉布斯(Gibbs J W)提出的。

5.4.2 力学量的长时间平均与系综平均

统计热力学研究的对象是一定宏观条件下含大量分子(例如含 N 个分子,在指定 T、V 或指定 E、V 的情况下)的系统。统计力学的任务是从宏观系统的微观状态出发,采用统计平均方法推算系统的宏观性质。系统中微观粒子的状态及相互作用不断变化,因而系统的微观状态亦不断变化。即使在较短的观测时间内,系统经历的微观状态亦是一个很大的数目。所以宏观物理量的观测值是在给定条件下和观测时间内系统经历的一切微观状态的性质的统计平均。

设有 N、V 一定的系统与温度为 T 的恒温热浴相接触并达到热平衡,因而系统温度是一定的,也就是说,所研究的系统是 N、V、T 一定的系统。从宏观上看系统的能量 E 是一定的,但从微观上看 E 是有波动的。可以认为平衡态的 E 是随时间变动的 E 的统计平均值。

设在很长的观测时间内,此系统经历了 $\boldsymbol{N}$ 个微观状态(显然 $\boldsymbol{N}$ 是很大的数,注意 $\boldsymbol{N}$ 与 N 的区别),其中出现在不同时间的微观状态(即系统态)1,2,3,… 的次数为 $\boldsymbol{N}_{t,1}$,$\boldsymbol{N}_{t,2}$,$\boldsymbol{N}_{t,3}$,…,则能量的时间平均值是

$$\langle E_t \rangle = \frac{\boldsymbol{N}_{t,1}E_1 + \boldsymbol{N}_{t,2}E_2 + \boldsymbol{N}_{t,3}E_3 + \cdots}{\boldsymbol{N}} = P_{E(t)_1}E_1 + P_{E(t)_2}E_2 + P_{E(t)_3}E_3 + \cdots$$

式中,$P_{E(t)_1}$[①]$= \dfrac{\boldsymbol{N}_{t,1}}{\boldsymbol{N}}$,$P_{E(t)_2} = \dfrac{\boldsymbol{N}_{t,2}}{\boldsymbol{N}}$,$P_{E(t)_3} = \dfrac{\boldsymbol{N}_{t,3}}{\boldsymbol{N}}$,… 分别为出现系统态 1,2,3,… 的概率;$E_1$,$E_2$,$E_3$,…为系统态 1,2,3,…的能量。当然,要用 $\boldsymbol{N}_{t,i}/\boldsymbol{N}$ 表示出 E_i 的概率,$\boldsymbol{N}$ 必须是很大的数。上面是求一物理量对时间的平均,这需要了解该物理量随时间变化的规律。解决大群分子包含时间的问题是很困难的,甚至是不可能的。

设有 N、V、T 与所研究的具体系统相同的 $\boldsymbol{N}$ 个系统。从微观状态看,设这 $\boldsymbol{N}$ 个系统中有 $\boldsymbol{N}_{\mathrm{S},1}$,$\boldsymbol{N}_{\mathrm{S},2}$,$\boldsymbol{N}_{\mathrm{S},3}$,… 个系统分别在系统态 1,2,3,…,能量分别为 E_1,E_2,E_3,…,则这 $\boldsymbol{N}$ 个系统能量的平均值

$$\langle E_{\mathrm{S}} \rangle = \frac{\boldsymbol{N}_{\mathrm{S},1}E_1 + \boldsymbol{N}_{\mathrm{S},2}E_2 + \boldsymbol{N}_{\mathrm{S},3}E_3 + \cdots}{\boldsymbol{N}} = P_{E(\mathrm{S})_1}E_1 + P_{E(\mathrm{S})_2}E_2 + P_{E(\mathrm{S})_3}E_3 + \cdots$$

称为 E 的**系综平均**。式中,$P_{E(\mathrm{S})_1} = \dfrac{\boldsymbol{N}_{\mathrm{S},1}}{\boldsymbol{N}}$,$P_{E(\mathrm{S})_2} = \dfrac{\boldsymbol{N}_{\mathrm{S},2}}{\boldsymbol{N}}$,$P_{E(\mathrm{S})_3} = \dfrac{\boldsymbol{N}_{\mathrm{S},3}}{\boldsymbol{N}}$,… 则为系统态 i 出现的

① 要注意 $P_{E,i}$ 与式(5-4)中 $P_{\varepsilon,i}$ 的差异。

概率。

5.4.3 统计热力学基本假设

(i) 当 $\boldsymbol{N}\to\infty$ 的极限情况下，在实际系统中任何力学量的长时间平均值 $\langle G_t \rangle$ 等于系综平均值 $\langle G_S \rangle$，例如 $\langle E_t \rangle = \langle E_S \rangle$，只要统计系综和实际系统的热力学状态及环境完全相同。

(ii) 隔离系统（即 N、V、E 一定）的全部可能达到的量子态是等概率的。用于 N、V、T 一定的封闭系统时可表述为：能量相同的各量子态有相同的概率。

根据统计热力学的基本假设(i)，我们可以用求系综平均代替求力学量的长时间平均，即把一个包含时间的问题改为一个与时间无关的问题。当然，为了 $\boldsymbol{N}_{S,i}/\boldsymbol{N}$ 能代表 E_i 的概率，$\boldsymbol{N}$ 必须是一个很大的数（根据需要 $\boldsymbol{N}$ 可取任意大的数，这和 N 不同，N 是一个有一定值的大数）。这就是系综方法(ensemble method)。

5.5 正则系综的系统态分布及概率

本书只讨论正则系综方法。

设 A 和 B 是各有一定体积和组成并在同一热浴中的两个系统。A 的系统态 j 的能量用 E_j 表示，B 的系统态 η 的能量用 E_η 表示。设在代表系统 A 的系综中出现系统态 j 的概率为 $P_{E(S)_j}$，在 B 的系综中出现系统态 η 的概率为 $P_{E(S)_\eta}$。现把 A 和 B 作为一个组合系统，设在此组合系统的系综中 A 出现态 j 同时 B 出现态 η 的概率为 $P_{E(S)_{j\eta}}$。

设热浴无限大，则 A 出现什么系统态与 B 出现什么系统态无关。根据概率论原理，两个独立事件同时出现的概率是两事件各自出现的概率的乘积。即

$$P_{E(S)_{j\eta}} = P_{E(S)_j} P_{E(S)_\eta}$$

根据基本假设，能量相同的系统态出现的概率相同，可知某系统态 j 出现的概率决定于该系统的量子态的能量 E_j，即

$$P_{E(S)_j} = f(E_j), \quad P_{E(S)_\eta} = f(E_\eta), \quad P_{E(S)_{j\eta}} = f(E_j + E_\eta)$$

得

$$f(E_j + E_\eta) = f(E_j) f(E_\eta)$$

符合这种关系的唯一可能的函数形式是

$$f(E) = \mathrm{e}^{\alpha+\beta E}$$

式中，α 和 β 是待定系数。

因此

$$P_{E(S)_j} = \mathrm{e}^{\alpha+\beta E_j}$$

即

$$P_{E(S)_j} = \mathrm{e}^{\alpha} \mathrm{e}^{\beta E_j}$$

（可以看出 $\beta < 0$，因若 $\beta > 0$，则 $E_j \to \infty$ 时 $P_j \to \infty$，而这是不合理的）

由 $\sum P_{E(S)_j} = 1$ 及 $\sum P_{E(S)_j} = \mathrm{e}^{\alpha} \sum \mathrm{e}^{\beta E_j}$，得 $\mathrm{e}^{\alpha} = 1\Big/\sum \mathrm{e}^{\beta E_j}$，所以

$$P_{E(S)_j} = \mathrm{e}^{\beta E_j}\Big/\sum \mathrm{e}^{\beta E_j}$$

可以证明

$$\beta = -1/kT$$

式中，k 为玻耳兹曼常量。

故 $$\sum e^{-E_j/kT} = e^{-E_1/kT} + e^{-E_2/kT} + e^{-E_3/kT} + \cdots$$

$\sum e^{-E_j/kT}$ 称为系统的正则配分函数(canonical partition function of system)，以 Z 表示，即

$$Z \overset{\text{def}}{=\!=} \sum e^{-E_j/kT} \tag{5-7}$$

于是 $$P_{E(S)_j} = e^{-E_j/kT}/Z \tag{5-8}$$

系统正则配分函数 Z 又称为系统的状态和，其中每一项 $e^{-E_j/kT}$ 与系统态 j 出现的概率成比例：Z 中各项的相对大小反映系综中系统在各态分布的比例。

Ⅲ 玻耳兹曼分布律、粒子配分函数

5.6 玻耳兹曼分布律

式(5-8) 可用于独立子系统和非独立子系统[①] $P_{E(S)_j} = \boldsymbol{N}_j/\boldsymbol{N}$，$\boldsymbol{N}$ 为代表这个系统的系综中系统的数目，$\boldsymbol{N}_j$ 为此系综中在系统态 j 的系统的数目。

对于独立子系统，由式(5-8)可推导出粒子分布在任一能级 j(能量为 ε_j，简并度为 g_j)上的概率 $P_{\varepsilon(S)_j}$ 为

$$P_{\varepsilon(S)_j} = \frac{n_j}{N} = \frac{g_j e^{-\varepsilon_j/kT}}{\sum_j g_j e^{-\varepsilon_j/kT}} = \frac{g_j e^{-\varepsilon_j/kT}}{q} \tag{5-9}$$

粒子分布在任一微观状态 i(即量子态，能量为 ϵ_i) 上的概率 $P_{\epsilon(S)_i}$ 为

$$P_{\epsilon(S)_i} = \frac{n_i}{N} = \frac{e^{-\epsilon_i/kT}}{\sum_i e^{-\epsilon_i/kT}} = \frac{e^{-\epsilon_i/kT}}{q} \tag{5-10}$$

式(5-9)、式(5-10)称为玻耳兹曼分布律(Boltzmann distribution law)。两式的分母定义为粒子(或分子) 配分函数(partition function of particles)，以 q 表示，即

$$q \overset{\text{def}}{=\!=} \sum_i g_i e^{-\varepsilon_i/kT} \quad (\text{按能级求和}) \tag{5-11}$$

或 $$q \overset{\text{def}}{=\!=} \sum_i e^{-\epsilon_i/kT} \quad (\text{按量子态求和}) \tag{5-12}$$

我们把符合玻耳兹曼分布律的分布叫玻耳兹曼分布(Boltzmann distribution)[②]，实质上它即是最概然分布，故玻耳兹曼分布可以代表平衡分布。

由式(5-9) 可以得出任何两个能级 i、k 上粒子分布数 n_i、n_k 之比为

$$\frac{n_i}{n_k} = \frac{g_i e^{-\varepsilon_i/kT}}{g_k e^{-\varepsilon_k/kT}} \tag{5-13}$$

---

① 式(5-8) 中，E 为系统的能量，对独立子系统，它是组成系统的粒子的量子态动能(粒子的平动能、转动能、振动能及电子和核的动能) 总和；而对非独立子系统，除动能外，还包括粒子间的势能。

② 由经典粒子所组成的独立子系统，遵从玻耳兹曼分布；由波函数对称的粒子，即玻色子所组成的独立子系统，遵从玻色－爱因斯坦分布；由波函数反对称的粒子，即费米子所组成的独立子系统遵从费米－狄拉克分布。当温度不太低，体积质量不太高，粒子质量不太小时，后两种分布都变为玻耳兹曼分布。

【例 5-2】 若将双原子分子看作一维谐振子，I_2 分子振动能级间隔为 0.426×10^{-20} J，在 25 ℃时，计算 I_2 分子在相邻两振动能级上分布数之比。

解 对于振动能级，简并度 $g_i = g_k = 1$，故

$$\frac{n_i}{n_k} = \frac{g_i e^{-\varepsilon_i/kT}}{g_k e^{-\varepsilon_k/kT}} = e^{-(\varepsilon_i-\varepsilon_k)/kT} = e^{-0.426\times10^{-20}/(1.381\times10^{-23}\times298.15)} = 0.355$$

5.7 粒子配分函数

通过概率的求算，我们得到了一个非常重要的统计热力学量——配分函数。粒子的微观性质如质量、振动频率、转动惯量与热力学系统的 U、H、S、A、G 等宏观性质将要通过配分函数联系起来。

5.7.1 系统的正则配分函数 Z 与粒子配分函数 q 的关系

系统的正则配分函数 $$Z \overset{\text{def}}{=\!=} \sum_j e^{-E_j/kT}$$

粒子配分函数 $$q \overset{\text{def}}{=\!=} \sum_i e^{-\epsilon_i/kT} \quad 或 \quad q \overset{\text{def}}{=\!=} \sum_i g_i e^{-\varepsilon_i/kT}$$

式中，E_j 是系统态 j 的能量；ϵ_i 是量子态 i 的能量；ε_i 是粒子能级的能量。

对独立子系统 $$\epsilon_i = \epsilon_{t,i} + \epsilon_{r,i} + \epsilon_{v,i} + \epsilon_{e,i} + \epsilon_{n,i}$$

式中，t、r、v、e、n 分别表示平动、转动、振动、电子运动、核运动。

而 $$E_j = \epsilon_f + \epsilon_g + \cdots + \epsilon_i$$

式中，f、g、…、i 表示系统态 j 中的各量子态。

可以证明：

对定域独立子系 $$Z = q^N \tag{5-14}$$

对非定域独立子系 $$Z = \frac{q^N}{N!} \tag{5-15}$$

5.7.2 配分函数的因子分解

独立子系统中粒子的任一能级 i 的能量值 ε_i 可表示成 5 种运动形式能级的代数和

$$\varepsilon_i = \varepsilon_{t,i} + \varepsilon_{r,i} + \varepsilon_{v,i} + \varepsilon_{e,i} + \varepsilon_{n,i} \tag{5-16}$$

而该能级的简并度 g_i 则为各种运动形式能级简并度的连乘积

$$g_i = g_{t,i} g_{r,i} g_{v,i} g_{e,i} g_{n,i}$$

将这两个关系式代入粒子配分函数 q 的表达式(5-11) 得

$$q = \sum_i g_i e^{-\varepsilon_i/kT} = \sum_i g_{t,i} g_{r,i} g_{v,i} g_{e,i} g_{n,i} e^{-(\varepsilon_{t,i}+\varepsilon_{r,i}+\varepsilon_{v,i}+\varepsilon_{e,i}+\varepsilon_{n,i})/kT} =$$
$$\sum_i g_{t,i} e^{-\varepsilon_{t,i}/kT} \sum_i g_{r,i} e^{-\varepsilon_{r,i}/kT} \sum_i g_{v,i} e^{-\varepsilon_{v,i}/kT} \sum_i g_{e,i} e^{-\varepsilon_{e,i}/kT} \sum_i g_{n,i} e^{-\varepsilon_{n,i}/kT}$$

式中的各个加和项分别只与粒子各独立运动形式有关，分别称为粒子各独立运动的配分函数，即

$$\left.\begin{aligned}
&\text{平动配分函数} \quad q_t = \sum_i g_{t,i}\,e^{-\varepsilon_{t,i}/kT}\\
&\text{转动配分函数} \quad q_r = \sum_i g_{r,i}\,e^{-\varepsilon_{r,i}/kT}\\
&\text{振动配分函数} \quad q_v = \sum_i g_{v,i}\,e^{-\varepsilon_{v,i}/kT}\\
&\text{电子配分函数} \quad q_e = \sum_i g_{e,i}\,e^{-\varepsilon_{e,i}/kT}\\
&\text{核运动配分函数} \quad q_n = \sum_i g_{n,i}\,e^{-\varepsilon_{n,i}/kT}
\end{aligned}\right\} \tag{5-17}$$

所以

$$q = q_t q_r q_v q_e q_n \tag{5-18}$$

式(5-18)表明,粒子的配分函数 q 可以用各独立运动的配分函数之积表示。这称为配分函数的因子分解性质(properties of factorization)。配分函数的析因子性质非常有用。式(5-18)通常可写成

$$\ln q = \ln q_t + \ln q_r + \ln q_v + \ln q_e + \ln q_n \tag{5-19}$$

一方面,系统的热力学性质都与 $\ln q$ 直接相联系而不是与 q 本身相联系;另一方面,可根据具体问题的需要,取其有关的若干项,舍去与问题无关的项。令 $q_I = q_r q_v q_e q_n$,q_I 叫粒子的内配分函数。

5.7.3 能量零点的选择对配分函数 q 值的影响

设粒子的能级为 $\varepsilon_0, \varepsilon_1, \varepsilon_2, \cdots$,则

$$q = \sum_i g_i e^{-\varepsilon_i/kT} = g_0 e^{-\varepsilon_0/kT} + g_1 e^{-\varepsilon_1/kT} + g_2 e^{-\varepsilon_2/kT} + \cdots$$

若选择粒子的基态能级作为能量的零点,则上述各能级的能量为 $\varepsilon_0^0, \varepsilon_1^0, \varepsilon_2^0, \cdots$ 分别等于$(\varepsilon_0 - \varepsilon_0), (\varepsilon_1 - \varepsilon_0), (\varepsilon_2 - \varepsilon_0), \cdots$。

令

$$q^0 = \sum_i g_i e^{-\varepsilon_i^0/kT}$$

因为

$$\varepsilon_i^0 = \varepsilon_i - \varepsilon_0$$

所以

$$q^0 = \sum_i g_i e^{-(\varepsilon_i - \varepsilon_0)/kT} = \left(\sum_i g_i e^{-\varepsilon_i/kT}\right) e^{\varepsilon_0/kT}$$

得

$$q^0 = q e^{\varepsilon_0/kT}$$

以上表明,选择不同的能量零点会影响配分函数的值,但对计算玻耳兹曼分布中任一能级上粒子的分布数 n_i 是没有影响的。因为

$$n_i = \frac{N}{q} g_i e^{-\varepsilon_i/kT} = \frac{N}{q^0 e^{-\varepsilon_0/kT}} g_i e^{-(\varepsilon_i^0 + \varepsilon_0)/kT}$$

5.7.4 粒子配分函数的计算

单原子分子 $\qquad q = q_t q_e$

双原子分子 $\qquad q = q_t q_r q_v q_e$

1. 电子配分函数

$$q_e = g_{e,0} e^{-\varepsilon_{e,0}/kT} + g_{e,1} e^{-\varepsilon_{e,1}/kT} + g_{e,2} e^{-\varepsilon_{e,2}/kT} + \cdots$$

$$q_e^0 = g_{e,0} + g_{e,1} e^{-(\varepsilon_{e,1} - \varepsilon_{e,0})/kT} + g_{e,2} e^{-(\varepsilon_{e,2} - \varepsilon_{e,0})/kT} + \cdots$$

利用由光谱得到的 $\varepsilon_{e,i} - \varepsilon_{e,0}$ 算出各项,相加后便得 q_e^0。

温度不太高时，对于绝大多数双原子分子，$(\varepsilon_{e,1}-\varepsilon_{e,0})\gg kT$，$(\varepsilon_{e,2}-\varepsilon_{e,0})$ 等更大，因此求 q_e^0（或 q_e）时可只取一项，即

$$q_e^0 = g_{e,0} \tag{5-20}$$

对于大多数双原子分子，$g_{e,0}=1$。

2. 振动配分函数

$$q_v = g_{v,0}\,e^{-\varepsilon_{v,0}/kT} + g_{v,1}\,e^{-\varepsilon_{v,1}/kT} + g_{v,2}\,e^{-\varepsilon_{v,2}/kT} + \cdots \tag{5-21}$$

$$q_v^0 = g_{v,0} + g_{v,1}\,e^{-(\varepsilon_{v,1}-\varepsilon_{v,0})/kT} + \cdots = e^{\varepsilon_{v,0}/kT} q_v \tag{5-22}$$

若双原子分子的振动可看作一维谐振动时，由

$$\varepsilon_v = \left(v+\frac{1}{2}\right)h\nu \quad (v=0,1,2,\cdots),\quad g_v = 1$$

则 $\varepsilon_{v,0}$[表示 $\varepsilon_v(v=0)$] $=\frac{1}{2}h\nu$，$\varepsilon_v-\varepsilon_{v,0}=vh\nu$。代入式(5-22)，得

$$q_v^0 = \sum_v e^{-vh\nu/kT} = 1+e^{-h\nu/kT}+e^{-2h\nu/kT}+\cdots = 1+e^{-h\nu/kT}+(e^{-h\nu/kT})^2+\cdots \tag{5-23}$$

即
$$q_v^0 = \frac{1}{1-e^{-h\nu/kT}} \tag{5-24}$$

当 $h\nu \ll kT$ 时
$$q_v^0 = \frac{kT}{h\nu} \quad \left(\text{提示：利用公式 } e^x = 1+x+\frac{x^2}{2!}+\cdots\right)$$

由式(5-22) 及式(5-24)
$$q_v = \frac{e^{-h\nu/2kT}}{1-e^{-h\nu/kT}} \tag{5-25}$$

定义
$$\Theta_v \xlongequal{\text{def}} h\nu/k \tag{5-26}$$

Θ_v 的单位为 K，由光谱得到的 ν 值算出，故称为**振动特征温度**(characteristic temperature of vibration)。

表 5-3 列出一些分子的 Θ_v。由表可见，一般情况下 $\Theta_v \gg T$（即 $h\nu/k \gg T$）。

表 5-3　一些分子的振动特征温度 Θ_v

物质	Θ_v/K	物质	Θ_v/K	物质	Θ_v/K	物质	Θ_v/K
H_2	2 140	CO	3 070	HBr	3 700	Br_2	470
N_2	3 340	NO	2 690	HI	3 200	I_2	310
O_2	2 230	HCl	4 140	Cl_2	810		

【例 5-3】 已知 O_2 的振动波数 $\sigma=1\,549.30\ \text{cm}^{-1}$，求 O_2 的振动特征温度及 3 000 K 时的振动配分函数 q_v 和 q_v^0。

解
$$\Theta_v = \frac{h\nu}{k} = \frac{hc\sigma}{k} = \frac{6.626\times10^{-34}\times2.998\times10^{8}\times154\,930}{1.381\times10^{-23}}\ \text{K} = 2\,230\ \text{K}$$

$$q_v = e^{-\Theta_v/2T}(1-e^{-\Theta_v/T})^{-1} = e^{-2\,230/(2\times3\,000)}(1-e^{-2\,230/3\,000})^{-1} = 1.315$$

$$q_v^0 = (1-e^{-2\,230/3\,000})^{-1} = 1.907$$

3. 转动配分函数

$$q_r = \sum g_r e^{-\varepsilon_r/kT}$$

对于双原子分子，由

$$\varepsilon_r = J(J+1)\frac{h^2}{8\pi^2 I},\quad g_r = 2J+1 \quad (J=0,1,2,\cdots)$$

所以

$$q_r = \sum_J (2J+1)\exp\left[-J(J+1)\frac{h^2}{8\pi^2 IkT}\right]$$

$h^2/8\pi^2 Ik$ 的单位为 K，由光谱得到的 I 值算出，称为转动特征温度(characteristic temperature of rotation)，以 Θ_r 表示。一些分子的转动特征温度见表 5-4。

表 5-4　一些分子的转动特征温度 Θ_r

物质	Θ_r/K	物质	Θ_r/K	物质	Θ_r/K	物质	Θ_r/K
H_2	85.4	CO	2.77	HBr	12.1	Br_2	0.116
N_2	2.86	NO	2.42	HI	9.0	I_2	0.054
O_2	2.027	HCl	15.2	Cl_2	0.346		

计算 q_r 时可按上式逐项加和。在 Θ_r/T 较小(例如小于$\frac{1}{5}$)时，可用积分代替加和，得近似公式

$$q_r = \frac{T}{\sigma\Theta_r}$$

即

$$q_r = \frac{8\pi^2 IkT}{\sigma h^2} \tag{5-27}$$

σ 称为对称数(symmetry number)。同核双原子分子，$\sigma=2$；异核双原子分子，$\sigma=1$。

【例 5-4】 已知 N_2 的转动惯量 $I=1.394\times10^{-46}$ kg·m²，试求 N_2 的转动特征温度 Θ_r 及 298.15 K 时的转动配分函数 q_r。

解

$$\Theta_r = \frac{h^2}{8\pi^2 Ik} = \frac{(6.626\times10^{-34})^2}{8\times\pi^2\times1.394\times10^{-46}\times1.381\times10^{-23}}\ \text{K} = 2.89\ \text{K}$$

$$q_r = \frac{T}{\Theta_r\sigma} = \frac{298.15}{2.89\times2} = 51.6$$

4. 平动配分函数

$$q_t = \sum g_t e^{-\varepsilon_t/kT}$$

对三维平动子，由

$$\varepsilon_t = \frac{h^2}{8m}(n_x^2/a^2 + n_y^2/b^2 + n_z^2/c^2)$$

所以

$$q_t = \sum_{n_x,n_y,n_z}\exp\left[-\frac{h^2}{8mkT}\left(\frac{n_x^2}{a^2}+\frac{n_y^2}{b^2}+\frac{n_z^2}{c^2}\right)\right]=$$

$$\left[\sum_{n_x}\exp\left(-\frac{h^2n_x^2}{8mkTa^2}\right)\right]\left[\sum_{n_y}\exp\left(-\frac{h^2n_y^2}{8mkTb^2}\right)\right]\left[\sum_{n_z}\exp\left(-\frac{h^2n_z^2}{8mkTc^2}\right)\right]$$

即

$$q_t = q_x q_y q_z$$

式中，q_x、q_y、q_z 是一维平动子的配分函数，

$$q_x = \frac{(2\pi mkT)^{1/2}}{h}a \tag{5-28}$$

同样可得 q_y 和 q_z 的表达式。于是

$$q_x q_y q_z = \frac{(2\pi mkT)^{3/2}}{h^3}abc \tag{5-29}$$

即

$$q_t = \frac{(2\pi mkT)^{3/2}}{h^3}V \tag{5-30}$$

【例 5-5】 求 $T=300$ K、在 $V=10^{-6}$ m³ 中氩分子的平动配分函数 q_t。

解　氩的摩尔质量为 39.948 g·mol⁻¹，故氩分子的质量为

$$m = \frac{M_B}{L} = \frac{39.948 \times 10^{-3}\ \mathrm{kg \cdot mol^{-1}}}{6.022 \times 10^{23}\ \mathrm{mol^{-1}}} = 6.634 \times 10^{-26}\ \mathrm{kg}$$

$$q_t = \frac{(2\pi mkT)^{3/2}}{h^3} V = (2\pi \times 6.634 \times 10^{-26}\ \mathrm{kg} \times 1.381 \times 10^{-23}\ \mathrm{J \cdot K^{-1}} \times 300\ \mathrm{K})^{3/2} /$$

$$(6.626 \times 10^{-34}\ \mathrm{J \cdot s})^3 \times 10^{-6}\ \mathrm{m^3} = 2.464 \times 10^{23}$$

5. q_t、q_r、q_v、q_e 的数量级与 T、V 的关系

q_e^0 取一项是常数，取两项以上是 T 的函数；q_v、q_r 都是 T 的函数；q_t 是 T 和 V 的函数，但 q_t/V 就只是 T 的函数。

$q_t \gg q_r$、q_v、q_e，数量级大致如下：

配分函数	数量级（$T \approx 300$ K）
$\frac{q_t}{V} = \frac{(2\pi mkT)^{3/2}}{h^3}$	$10^{30} \sim 10^{32}$
$q_r = \frac{8\pi^2 IkT}{\sigma h^2}$	$10 \sim 10^2$
$q_v = \frac{e^{-h\nu/2kT}}{1 - e^{-h\nu/kT}}$	$10^{-2} \sim 10$
$q_e^0 = g_{e,0}$	$1 \sim 10$

5.8　热力学量与配分函数的关系

5.8.1　热力学量与统计力学量的关系

设含 $\mathbf{N}$ 个系统（$\mathbf{N}$ 是很大的数）的系综处在系统态 1，2，… 的系统的数目各为 $\mathbf{N}_1$，$\mathbf{N}_2$，…，则 $P_{E,j} = \mathbf{N}_j/\mathbf{N}$，$j = 1,2,\cdots$，$E$ 的系综平均 $\langle E \rangle$ 为

$$\langle E \rangle = \sum P_{E(S)_j} E_j$$

$$U = \sum P_{E(S)_j} E_j \tag{5-31}$$

下面求 S 的表达式。对于从一平衡态向另一平衡态的微变，由上式得

$$\mathrm{d}U = \sum E_j \mathrm{d}P_{E(S)_j} + \sum P_{E(S)_j} \mathrm{d}E_j \tag{5-32}$$

而根据热力学，对于此可逆微变

$$\mathrm{d}U = \delta Q_r + \delta W_r \tag{5-33}$$

根据量子力学，只有做功才能使 E_j 改变，从平动能级公式中可见，各能级的能量在压缩或膨胀时发生改变，如图 5-2(a)所示，所以比较式(5-32)和式(5-33)后可以认为

$$\delta W_r = \sum P_{E(S)_j} \mathrm{d}E_j$$

$$\delta Q_r = \sum E_j \mathrm{d}P_{E(S)_j} \tag{5-34}$$

式(5-34)的意思是，吸热时各系统态的能量 E_j 不变，但系统出现在各系统态的概率 $P_{E(S)_j}$ 改变，如图 5-2(b) 所示。

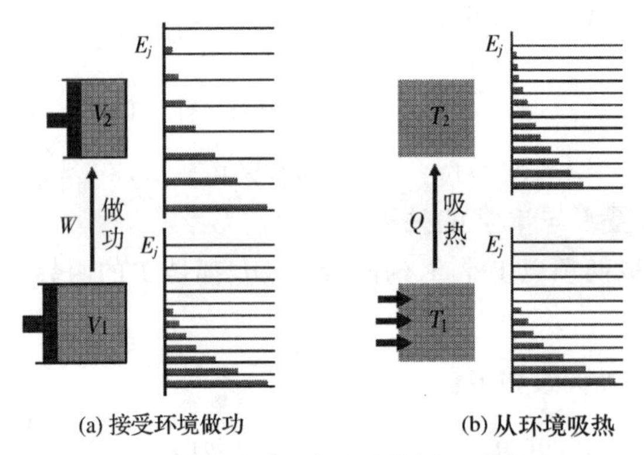

图 5-2 系统的能级与粒子分布概率的变化

由热力学第二定律 $dS = \dfrac{\delta Q_r}{T}$ 得

$$dS = \frac{\sum E_j dP_{E(S)_j}}{T} \tag{5-35}$$

由 $P_{E,j} = e^{\beta E_j}/Z$ 得

$$E_j = \frac{1}{\beta}[\ln Z + \ln P_{E(S)_j}] \tag{5-36}$$

将式(5-36)代入式(5-35),得

$$dS = \frac{1}{\beta T}\sum(\ln Z + \ln P_{E(S)_j})dP_{E(S)_j}$$

式中 $$\sum \ln Z dP_{E(S)_j} = \ln Z \sum dP_{E(S)_j} = 0 \quad (\sum P_{E(S)_j} = 1)$$

$$\sum \ln P_{E(S)_j} dP_{E(S)_j} = \sum \{d[P_{E(S)_j} \ln P_{E(S)_j}] - P_{E(S)_j} d\ln P_{E(S)_j}\} = d[\sum P_{E(S)_j} \ln P_{E(S)_j}]$$

所以 $$dS = \frac{1}{\beta T} d[\sum P_{E(S)_j} \ln P_{E(S)_j}]$$

上式左边为全微分,因此右边亦必为全微分。由此可推断出

$$\frac{1}{\beta T} = 常数$$

及 $$S = 常数 \sum P_{E(S)_j} \ln P_{E(S)_j}$$

因为 $\beta < 0$,所以可用 $-k$ 表示上述常数,于是得

$$\frac{1}{\beta T} = -k$$

即 $$\beta = -\frac{1}{kT}$$

及 $$S = -k \sum P_{E(S)_j} \ln P_{E(S)_j} \tag{5-37}$$

式中,k 为玻耳兹曼常量。

5.8.2 热力学量与正则配分函数的关系

1. 热力学能 U

$$U = \sum P_{E(S)_j} E_j = \frac{\sum E_j e^{-E_j/kT}}{\sum e^{-E_j/kT}}$$

由
$$\frac{\partial}{\partial T}(\mathrm{e}^{-E_j/kT})_{V,N} = \frac{E_j}{kT^2}\mathrm{e}^{-E_j/kT}$$

得
$$\sum E_j \mathrm{e}^{-E_j/kT} = kT^2 \frac{\partial}{\partial T}\left(\sum \mathrm{e}^{-E_j/kT}\right)_{V,N}$$

所以
$$U = \frac{kT^2(\partial Z/\partial T)_{V,N}}{Z}$$

即
$$U = kT^2\left(\frac{\partial \ln Z}{\partial T}\right)_{V,N} \tag{5-38}$$

2. 熵 S

对式(5-8) 取对数,代入式(5-37),得

$$S = k\left[\sum P_{E(S)_j} E_j/kT + \sum P_{E(S)_j} \ln Z\right]$$

所以
$$S = \frac{U}{T} + k\ln Z \tag{5-39}$$

再看
$$S = -k\sum P_{E(S)_j} \ln P_{E(S)_j}, \quad 0 \leqslant P_{E(S)_j} \leqslant 1$$

$P_{E(S)_j} = 0$ 或 $P_{E(S)_j} = 1$ 时　　$P_{E(S)_j} \ln P_{E(S)_j} = 0$

$0 < P_{E(S)_j} < 1$ 时　　$P_{E(S)_j} \ln P_{E(S)_j} < 0$

可见　　$S \geqslant 0$

若代表某热力学态的系综中只有一种量子态的概率为 1,而其他量子态的概率均为 0,可以说这种热力学态在微观上是最有序的,其 S 为零;若系综中系统可分布于许多量子态,即对这许多微观态(系统态)的概率为 $0 < P_{E(S)_j} < 1$,可说此热力学态在微观上是无序的,其 S 具有一很大的正值。

设系综中的系统以相等概率分布于所有的 Ω 个态,即每个态的概率

$$P_{E(S)_j} = \frac{1}{\Omega}$$

则
$$S = -k\Omega\left(\frac{1}{\Omega}\ln\frac{1}{\Omega}\right)$$

即
$$S = k\ln \Omega \tag{5-40}$$

式(5-40)称为玻耳兹曼关系式(Boltzmann relation),即式(1-107),它把系统的熵与系统的总微态数联系起来了。它表明,系统的总微态数愈大,亦即系统的混乱度愈大,则熵值愈大。这就是从统计热力学角度对熵的物理意义的认识,这与热力学对熵的物理意义的理解是一致的,可谓异曲同工。

3. 亥姆霍兹函数 A

由 $A = U - TS$ 及式(5-39) 得

$$A = -kT\ln Z$$

应用这个公式及 $S = -\left(\frac{\partial A}{\partial T}\right)_{V,N}$,$p = -\left(\frac{\partial A}{\partial V}\right)_{T,N}$,$U = A + TS$,$G = A + pV$ 等,容易导出其他热力学函数与配分函数的关系。

5.8.3　热力学函数与粒子配分函数的关系

这里只列出非定域独立子系统的公式。由热力学函数与系统配分函数 Z 的关系及

$Z = q^N/N!$可推得热力学函数与粒子配分函数 q 的关系。

$$U = kT^2\left(\frac{\partial \ln Z}{\partial T}\right)_{V,N} \Rightarrow U = NkT^2\left(\frac{\partial \ln q}{\partial T}\right)_V \tag{5-41}$$

$$S = \frac{U}{T} + k\ln Z \Rightarrow S = \frac{U}{T} + k\ln\frac{q^N}{N!} \tag{5-42}$$

$$A = -kT\ln Z \Rightarrow A = -kT\ln\frac{q^N}{N!} \tag{5-43}$$

$$p = kT\left(\frac{\partial \ln Z}{\partial V}\right)_{T,N} \Rightarrow p = NkT\left(\frac{\partial \ln q}{\partial V}\right)_T \tag{5-44}$$

若以能量最低的分子态作为分子能量标度的零点，则上列各式可改写成稍微不同的形式。

设以 ϵ_0 表示分子在能量最低态的能量，则 q 可写成

$$q = \sum e^{-\epsilon_i/kT} = \sum e^{-\frac{(\epsilon_i-\epsilon_0)+\epsilon_0}{kT}} = e^{-\epsilon_0/kT}\sum e^{-(\epsilon_i-\epsilon_0)/kT}$$

设
$$q^0 \overset{\text{def}}{=\!=} \sum e^{-(\epsilon_i-\epsilon_0)/kT} \tag{5-45}$$

则
$$q = q^0 e^{-\epsilon_0/kT} \tag{5-46}$$

$$U = NkT^2\left(\frac{\partial \ln q}{\partial T}\right)_V \Rightarrow U - U^0 = NkT^2\left(\frac{\partial \ln q^0}{\partial T}\right)_V \tag{5-47}$$

$$S = \frac{U}{T} + k\ln\frac{q^N}{N!} \Rightarrow S = \frac{U-U^0}{T} + k\ln\frac{(q^0)^N}{N!} \tag{5-48}$$

$$A = -kT\ln\frac{q^N}{N!} \Rightarrow A - U^0 = -kT\ln\frac{(q^0)^N}{N!} \tag{5-49}$$

式中，$U^0 = N\epsilon_0$。

Ⅳ 统计热力学对理想气体的应用

5.9 理想气体的统计热力学模型、热容

5.9.1 理想气体的统计热力学模型

理想气体的统计热力学模型为非定域的独立子系统。由此模型可导出理想气体的基本特征，即 pV 及热力学能 U 都只是温度 T 的函数。

对非定域独立子系，$Z = \frac{q^N}{N!}$

$$q = q_t q_1 = \frac{(2\pi mkT)^{3/2}}{h^3}Vq_1 = Vf(T)$$

(i) 应用 $U = kT^2\left(\frac{\partial \ln Z}{\partial T}\right)_{V,N}$，得

$$U = NkT^2\left(\frac{\partial \ln q}{\partial T}\right)_V = NkT^2\frac{\mathrm{d}\ln f(T)}{\mathrm{d}T}$$

这表明 U 只是 T 的函数(即与 p、V 无关)。

(ii) 应用 $p=-\left(\frac{\partial A}{\partial V}\right)_{T,N}$ 和 $A=-kT\ln Z$，得

$$p=kT\left(\frac{\partial \ln Z}{\partial V}\right)_{T,N}=NkT\left(\frac{\partial \ln q}{\partial V}\right)_T=NkT\frac{\mathrm{d}\ln V}{\mathrm{d}V}$$

即
$$p=\frac{NkT}{V} \quad 或 \quad pV=NkT$$

对于 1 mol 理想气体，$N=L$ mol，$k=R/L$，即 $pV_{\mathrm{m}}=RT$ 。

5.9.2　理想气体的热容

$$C_{V,\mathrm{m}}=\left(\frac{\partial U_{\mathrm{m}}}{\partial T}\right)_V, U_{\mathrm{m}}-U_{\mathrm{m}}^0=NkT^2\left(\frac{\partial \ln q^0}{\partial T}\right)_V \quad [见式(5\text{-}47)]$$

对单原子理想气体

$$q^0=q_{\mathrm{t}}q_{\mathrm{e}}^0=\frac{(2\pi mkT)^{3/2}V}{h^3}g_{\mathrm{e},0} \tag{5-50}$$

$$\ln q^0=\ln T^{3/2}+\ln\frac{(2\pi mk)^{3/2}V}{h^3}g_{\mathrm{e},0}$$

$$\left(\frac{\partial \ln q^0}{\partial T}\right)_V=\frac{3}{2T}$$

所以
$$U_{\mathrm{m}}=\frac{3}{2}RT+U_{\mathrm{m}}^0$$

则
$$C_{V,\mathrm{m}}=\left(\frac{\partial U_{\mathrm{m}}}{\partial T}\right)=\frac{3}{2}R \tag{5-51}$$

对双原子理想气体，同理可得

$$U_{\mathrm{m(t)}}=\frac{3}{2}RT,\quad C_{V,\mathrm{m(t)}}=\frac{3}{2}R \tag{5-52}$$

$$U_{\mathrm{m(r)}}=RT,\quad C_{V,\mathrm{m(r)}}=R \tag{5-53}$$

$$U_{\mathrm{m(v)}}=\frac{R\Theta_{\mathrm{v}}}{\mathrm{e}^{\Theta_{\mathrm{v}}/T}-1}+\frac{R\Theta_{\mathrm{v}}}{2},\quad C_{V,\mathrm{m(v)}}=R\left(\frac{\Theta_{\mathrm{v}}}{T}\right)^2\frac{\mathrm{e}^{\Theta_{\mathrm{v}}/T}}{(\mathrm{e}^{\Theta_{\mathrm{v}}/T}-1)^2} \tag{5-54}$$

$$U_{\mathrm{m(e)}}=L\varepsilon_{\mathrm{e},0}(\text{通常}),\quad C_{V,\mathrm{m(e)}}=0 \tag{5-55}$$

5.10　理想气体的熵

$$S=\frac{U}{T}+k\ln\frac{q^N}{N!}=\frac{U-U^0}{T}+k\ln\frac{(q^0)^N}{N!}$$

单原子气体
$$S=S_{\mathrm{t}}+S_{\mathrm{e}}$$

双原子气体
$$S=S_{\mathrm{t}}+S_{\mathrm{r}}+S_{\mathrm{v}}+S_{\mathrm{e}}$$

$$S_{\mathrm{t}}=\frac{U_{\mathrm{t}}}{T}+k\ln\frac{q_{\mathrm{t}}^N}{N!} \tag{5-56}$$

$$S_{\mathrm{r}}=\frac{U_{\mathrm{r}}}{T}+k\ln q_{\mathrm{r}}^N \tag{5-57}$$

$$S_{\mathrm{v}}=\frac{U_{\mathrm{v}}-U_{\mathrm{v}}^0}{T}+k\ln(q_{\mathrm{v}}^0)^N \tag{5-58}$$

$$S_{\mathrm{e}}=\frac{U_{\mathrm{e}}-U_{\mathrm{e}}^0}{T}+k\ln(q_{\mathrm{e}}^0)^N$$

5.10.1 电子熵

分子通常处于电子基态，即 $U_e = U_e^0$，$q_e = g_{e,0}$，因此

$$S_e = Nk\ln g_{e,0}$$

对于绝大多数双原子分子，$g_{e,0} = 1$，$S_e = 0$。

5.10.2 平动熵

$$S_t = \frac{U_t}{T} + k\ln\frac{q_t^N}{N!} = \frac{3}{2}Nk + k\ln\left[\frac{(2\pi mkT)^{3/2}}{h^3}V\right]^N - k\ln N! \tag{5-59}$$

得

$$S_t = Nk\left\{\frac{5}{2} + \ln\left[\frac{(2\pi mkT)^{3/2}}{h^3}\frac{V}{N}\right]\right\} \tag{5-60}$$

此式称萨古-泰特罗德(Sackur-Tetrode)方程。亦写成

$$S_t = Nk\ln\left[\frac{e^{5/2}(2\pi mkT)^{3/2}}{h^3}\frac{kT}{p}\right] \tag{5-61}$$

$$S_{t,m} = R\ln\left[\frac{e^{5/2}(2\pi mkT)^{3/2}}{h^3}\frac{kT}{p}\right] \tag{5-62}$$

$$S_{t,m}^{\ominus} = R\ln\left[\frac{e^{5/2}(2\pi mkT)^{3/2}}{h^3}\frac{kT}{p^{\ominus}}\right] \tag{5-63}$$

5.10.3 转动熵和振动熵

由式(5-57)及式(5-58)可导出

$$S_{r,m} = R\ln\left(\frac{eT}{\sigma\Theta_r}\right),\quad \Theta_r = \frac{h^2}{8\pi^2 Ik}$$

$$S_{v,m} = R\left[\frac{\Theta_v}{T}\left(\frac{1}{e^{\Theta_v/T}-1}\right) - \ln(1-e^{-\Theta_v/T})\right],\quad \Theta_v = \frac{h\nu}{k}$$

【例 5-6】 求 $T \gg \Theta_v$ 时，$S_{v,m}$ 的表达式。

解 $T \gg \Theta_v$，即$\frac{\Theta_v}{T} \ll 1$，应用 $|x| \ll 1$ 时 $e^x \approx 1+x$，得

$$e^{\Theta_v/T} - 1 \approx \frac{\Theta_v}{T},\ 1 - e^{-\Theta_v/T} \approx \frac{\Theta_v}{T}$$

所以

$$S_{v,m} = R\left(1 - \ln\frac{\Theta_v}{T}\right)$$

5.10.4 光谱熵与量热熵

量热熵(calorimetry entropy)(也叫第三定律熵)是根据热力学原理，应用热数据及热力学第三定律算出的熵；光谱熵(spectral entropy)(也叫统计熵)是应用统计力学及光谱数据算出的熵。对大多数物质两者量值相近，少数物质的量热熵的量值小于光谱熵的量值，二者的差称为残余熵(residual entropy)。

5.11　理想气体的化学势及其反应标准平衡常数

5.11.1　理想气体的化学势

含 A、B、Y、Z 的系统，若 $\mu_A \xlongequal{\text{def}} \left(\frac{\partial A}{\partial n_A}\right)_{T,V,n_B,n_Y,n_Z}$，则

$$\mu_A = -RT\left(\frac{\partial \ln Z}{\partial n_A}\right)_{T,V,n_B,n_Y,n_Z}$$

若 $\mu_A \xlongequal{\text{def}} \left(\frac{\partial A}{\partial N_A}\right)_{T,V,N_B,N_Y,N_Z}$，则

$$\mu_A = -kT\left(\frac{\partial \ln Z}{\partial N_A}\right)_{T,V,N_B,N_Y,N_Z}$$

对理想气体混合物

$$Z = Z_A Z_B Z_Y Z_Z = \frac{q_A^{N_A}}{N_A!}\frac{q_B^{N_B}}{N_B!}\frac{q_Y^{N_Y}}{N_Y!}\frac{q_Z^{N_Z}}{N_Z!}$$

$$\ln Z = \ln\frac{q_A^{N_A}}{N_A!} + \ln\frac{q_B^{N_B}q_Y^{N_Y}q_Z^{N_Z}}{N_B!N_Y!N_Z!}$$

$$\left(\frac{\partial \ln Z}{\partial N_A}\right)_{T,V,N_B,N_Y,N_Z} = \ln\frac{q_A}{N_A}$$

所以得

$$\mu_A = -kT\ln\frac{q_A}{N_A} \tag{5-64}$$

$q = q_t q_r q_v q_e$ 中含因子 V，上式可写成

$$\mu_A = -kT\ln\frac{q_A/V}{N_A/V} \tag{5-65}$$

q/V 只是 T 的函数，N/V 是分子浓度，所以式(5-65) 表示化学势是温度和分子浓度的函数 。

5.11.2　理想气体反应标准平衡常数

统计热力学的一个重要应用是计算理想气体反应的标准平衡常数。设反应方程为

$$aA + bB \xlongequal{\quad} yY + zZ$$

平衡条件

$$a\mu_A + b\mu_B = y\mu_Y + z\mu_Z$$

将式(5-65) 代入平衡条件，得

$$\left(\frac{N_Y^y N_Z^z}{N_A^a N_B^b}\right)_{eq} = \frac{q_Y^y q_Z^z}{q_A^a q_B^b}$$

这是以分子数 N 表示的平衡常数(eq 表示平衡)。

应用 $q = q^0 e^{-\varepsilon_0/kT}$，$p_B = \frac{N_B kT}{V}$，$C_B = \frac{N_B}{V}$，可得 $K^\ominus$ 的表达式。例如

$$K^\ominus = \left[\frac{(p_Y/p^\ominus)^y(p_Z/p^\ominus)^z}{(p_A/p^\ominus)^a(p_B/p^\ominus)^b}\right] = \left(\frac{kT}{p^\ominus}\right)^{\sum\nu_B}\frac{(q_Y/V)^y(q_Z/V)^z}{(q_A/V)^a(q_B/V)^b} =$$

$$\left(\frac{kT}{p^\ominus}\right)^{\sum\nu_B}\frac{(q_{Y_0})^y(q_{Z_0})^z}{(q_{A_0})^a(q_{B_0})^b}e^{-\Delta E_0/RT} \tag{5-66}$$

式中，$\sum \nu_B = -a-b+y+z$；$\Delta E_0 = L(-a\varepsilon_{A,0} - b\varepsilon_{B,0} + y\varepsilon_{Y,0} + z\varepsilon_{Z,0})$。

根据分子的性质，应用式(5-66)可计算标准平衡常数；需要的数据是分子的质量、转动惯量(或转动特征温度)、基本振动频率(或振动特征温度)、电子能级的能量和简并度、解离能等。

习 题

一、思考题

5-1 吸附在固体催化剂表面上的气体，假定该气体分子间作用力可忽略不计。试问该气体系统属于哪一类统计热力学系统？

5-2 数学概率和热力学概率是同一概念吗？其各自的量值范围如何？

5-3 如何区分"最概然分布""平衡分布"及"玻耳兹曼分布"这些概念？它们之间的关系如何？

5-4 玻耳兹曼分布律的应用条件是什么？

5-5 试比较系统的正则配分函数 Z 及粒子配分函数 q 的不同概念，明确对定域及离域的独立子系统 Z 与 q 的关系。

5-6 如何体会粒子配分函数 q 是联系系统微观性质与宏观性质的桥梁？

5-7 $q_r = \dfrac{8\pi^2 IkT}{\sigma h^2}$，$q_v = \dfrac{e^{-h\nu/2kT}}{1-e^{-h\nu/kT}}$，$q_t = \left(\dfrac{2\pi mkT}{h^2}\right)^{3/2} V$ 各自的应用条件是什么？

5-8 请明确式(5-24)及式(5-25)各自对应的能量零点是什么？

二、计算题及证明(或推导)题

5-1 设系统中含有 a、b 两个分子，每个分子可有 3 种量子态，量子态的能量是 $\epsilon_1 < \epsilon_2 < \epsilon_3$，问有多少种系统态？

5-2 设系统中有 3 个同种分子，每个分子有 2 种态，能量为 ϵ_1、ϵ_2，分子无相互作用。(1) 写出 q 的表示式；(2) 设为非定域子系，导出 Z 的表示式；(3) 设为定域子系，以 a、b、c 表示位置可辨的分子，写出 Z 的表示式。

5-3 设有一由 3 个定位的一维谐振子组成的系统，系统的总能量为 $\dfrac{11}{2}h\nu$，计算 W_D。

5-4 NO 的电子第一激发态能量 ϵ_1 为 1 489.5 J·mol^{-1}(以基态能量为 0)，基态及第一激发态的统计权重都是 2，求 300 K 时的电子配分函数。

5-5 计算系统：(1)在 300 K 时分子处于电子第一激发态时的分子数；(2)有 10% 的分子处于电子第一激发态时的温度。已知电子第一激发态的能量比基态高 400 kJ·mol^{-1}，二者的统计权重(简并度)均为 1。

5-6 能量大于 ε(ε 大于最概然能量) 的分子分数可近似表示为 $\exp\left(-\dfrac{\varepsilon}{kT}\right)$，计算 300 K 及 1 000 K 时能量超过 10^{-19} J 的分子分数。

5-7 计算 H_2 分子的平动配分函数 q_t。已知 $T = 100$ K，$V = 1\times10^{-4}$ m^3。

5-8 计算 1 mol 气体 O_2，在 25 ℃、100 kPa 下：(1)平动配分函数 q_t；(2) 转动配分函数 q_r，已知 O_2 的转动惯量 $I = 1.935\times10^{-46}$ kg·m^2；(3) 振动配分函数 q_v，已知 O_2 的振动频率 $\nu = 4.738\times10^{13}$ s^{-1}；(4) 电子配分函数 q_e；(5) 全配分函数 q。

5-9 已知 N_2(g) 基态的振动频率 $\nu = 7.705\times10^{13}$ s^{-1}，转动惯量 $I = 1.394\times10^{-46}$ kg·m^2。试计算：(1) N_2(g) 的振动特征温度 Θ_v；(2) N_2(g) 的转动特征温度 Θ_r。

5-10 试从 U 和 S 与 q 的关系推导出气体压力与 q 的关系，并证明理想气体有如下关系：

$$pV = NkT$$

5-11 根据 E 及 S 与 Z 的关系式，导出定域的独立子系的 U 及 S 与 q 的关系式。

5-12 由 $A=-kT\ln Z, S=-\left(\frac{\partial A}{\partial T}\right)_{V,N}, A=U-TS, G=A+pV$ 推导：(1) $S=kT\left(\frac{\partial \ln Z}{\partial T}\right)_{V,N}+k\ln Z$；(2) $U=kT^2\left(\frac{\partial \ln Z}{\partial T}\right)_{V,N}$；(3) $G=-kT\left[k\ln Z-\left(\frac{\partial \ln Z}{\partial T}\right)_{V,N}\right]$。

三、是非题、选择题和填空题

(一)是非题(下述各题中说法是否正确？正确的在题后括号内画"√"，错的画"×")

5-1 理想气体组成的系统属于离域的独立子系统。 (　)

5-2 若粒子 a、b、c 布居于系统中能级 ε_i 上，则其量子态的能量 ϵ_a、ϵ_b、ϵ_c 与能级能量的关系是 $\epsilon_a=\epsilon_b=\epsilon_c=\varepsilon_i$。 (　)

5-3 数学概率与热力学概率在量值上相等。 (　)

5-4 最概然分布就是平衡分布。 (　)

5-5 玻耳兹曼分布就是最概然分布。 (　)

5-6 玻耳兹曼分布可以代表平衡分布。 (　)

5-7 N、V、E 一定的许多系统构成的系综称为正则系综。 (　)

5-8 若分子的平动、转动、振动配分函数及电子配分函数和核运动配分函数分别以 q_t、q_r、q_v、q_e、q_n 表示，则分子配分函数 q 的因子分解性质可表示为 $q=q_t+q_r+q_v+q_e+q_n$。 (　)

5-9 玻耳兹曼分布律适用于总粒子数 N 很大的独立子系统在各分子态中的分布；由玻耳兹曼分布律可知，系统平衡时 n_i/N 的量值是一定的(n_i 是能量为 ϵ_i 的量子态中分布的子数)。 (　)

(二)选择题(选择正确答案的编号，填在各题题后的括号内)

5-1 按照统计热力学系统分类的原则，下述系统属于非定域独立子系统的是(　)。

A. 由压力趋于零的氧气组成的系统　　B. 由高压下的氧气组成的系统

C. 由 NaCl 晶体组成的系统

5-2 与分子运动空间有关的分子运动配分函数是(　)。

A. 振动配分函数 q_v　　B. 平动配分函数 q_t　　C. 转动配分函数 q_r

5-3 一定量纯理想气体，定温变压时(　)。

A. 转动配分函数 q_r 变化　　B. 振动配分函数 q_v 变化　　C. 平动配分函数 q_t 变化

5-4 对定域子系统，分布 D 所拥有的微观状态数 W_D 为(　　)。

A. $W_D=N!\prod\frac{n_i^{g_i}}{n_i!}$　　B. $W_D=N!\prod\frac{g_i^{n_i}}{n_i!}$　　C. $W_D=\prod\frac{n_i^{g_i}}{n_i!}$　　D. $W_D=\prod\frac{g_i^{n_i}}{n_i!}$

5-5 对单原子理想气体，在室温下的一般物理化学过程，若欲通过配分函数来求算过程中的热力学函数的变化，则(　)。

A. 必须同时获得 q_t、q_r、q_v、q_e、q_n 才行　　B. 只需获得 q_t 就行　　C. 只需获得 q_r、q_v 就行

(三)填空题(在以下各题中画有________处填上答案)

5-1 设系统由 2 个分子 a 与 b 组成，若每个分子有 2 种可能的分子态，以标号 1、2 表示，而系统态以(a_i，b_i)表示，即 $i=1,2$，则系统态有____种，它们分别是____。

5-2 统计热力学的两个基本假设是：

(1) ____；

(2) ____。

5-3 系统的正则配分函数定义为 $Z\overset{\text{def}}{=\!=}$ ______________；粒子配分函数定义为 $q\overset{\text{def}}{=\!=}$ ______________。对定域独立子系，Z 与 q 的关系是：________；对离域独立子系，Z 与 q 的关系是：________。

5-4 玻耳兹曼分布律的形式是：____________________。

计算题答案

5-1 9

5-4 3.101

5-5 (1) 0； (2) 2.190×10^{4} K

5-6 7.152×10^{-4}

5-7 5.369×10^{25}

5-8 (1) 3.74×10^{30}； (2) 71.62； (3) 0.022 09； (4) 1； (5) 5.92×10^{30}

5-9 (1) 3 395.4 K； (2) 2.889 K

第6章

化学动力学基础

6.0 化学动力学研究的内容和方法

6.0.1 化学动力学研究的内容

化学动力学(chemical kinetics) 研究的内容可概括为以下两个方面:

(i) 研究各种因素,包括浓度、温度、催化剂、溶剂、光照等对化学反应速率(chemical reaction rate) 影响的规律;

(ii) 研究一个化学反应过程经历哪些具体步骤,即所谓反应机理(mechanism of reaction)(或反应历程)。

6.0.2 化学动力学与化学热力学的关系

如前所述,化学热力学是研究物质变化过程的能量效应及过程的方向与限度,即有关平衡的规律;它不研究完成该过程所需要的时间以及实现这一过程的具体步骤,即不研究有关速率的规律;而解决后一问题的科学正是化学动力学。所以它们之间的关系可以概括为:前者是解决物质变化过程的可能性,而后者是解决如何把这种可能性变为现实性。这是实现化学制品生产相辅相成的两个方面。当人们想要以某些物质为原料合成新的化学制品时,首先要对该过程进行热力学分析,得到过程可能实现的肯定性结论后,再做动力学分析,得到各种因素对实现这一化学制品合成速率的影响规律。最后,从热力学和动力学两方面综合考虑,选择该反应的最佳工艺操作条件及进行反应器的选型与设计。

6.0.3 化学动力学研究的方法

我们学习物理化学到现在,已经掌握或了解了几种物理化学理论研究方法,即热力学方法、量子力学方法和统计热力学方法,并知道,热力学方法属于宏观方法,量子力学方法属于微观方法,而统计热力学是把二者联系在一起的从微观到宏观的方法。化学动力学方法则是宏观方法与微观方法并用。化学动力学应用宏观方法,例如,通过实验测定化学反应系统的浓度、温度、时间等宏观量间的关系,再把这些宏观量用经验公式关联起来,从而构成宏观反应动力学(macroscopic reaction kinetics);化学动力学也应用微观方法,例如,它利用激光、分子束等实验技术，考查由某特定能态下的反应物分子通过单次碰撞转变成另一特定能态下的生成物分子的速率，从而可得到微观反应速率系数，把反应动力学的研究推向了分子水平，从而构成了微观反应动力学(microscopic reaction kinetics)，也叫分子反应动态学(molecular reaction dynamics)。严格来说，化学动力学的研究方法不是一个独立的理论方法，它是热力学方法、量子力学方法及统计力学方法等理论方法以及实验方法的综合运用。

I 化学反应速率与浓度的关系

6.1 化学反应速率的定义

6.1.1 化学反应转化速率的定义

设有化学反应，其计量方程为

$$0=\sum_{\mathrm{B}}\nu_{\mathrm{B}}\mathrm{B}$$

按 IUPAC 的建议，该化学反应的转化速率(rate of conversion)定义为

$$\dot{\xi}\overset{\text{def}}{=\!=}\frac{\mathrm{d}\xi}{\mathrm{d}t} \tag{6-1}$$

式中，ξ 为化学反应进度；t 为化学反应时间；$\dot{\xi}$ 为化学反应转化速率，即单位时间内发生的反应进度。

设反应的参与物的物质的量为 n_{B}，因有 $\mathrm{d}\xi=\dfrac{\mathrm{d}n_{\mathrm{B}}}{\nu_{\mathrm{B}}}$，所以式(6-1)可改写成

$$\dot{\xi}\overset{\text{def}}{=\!=}\frac{\mathrm{d}\xi}{\mathrm{d}t}=\frac{1}{\nu_{\mathrm{B}}}\frac{\mathrm{d}n_{\mathrm{B}}}{\mathrm{d}t} \tag{6-2}$$

6.1.2 定容反应的反应速率

对于定容反应，反应系统的体积不随时间而变，则 B 的浓度 $c_{\mathrm{B}}=\dfrac{n_{\mathrm{B}}}{V}$，于是式(6-2)可写成

$$\dot{\xi}\overset{\text{def}}{=\!=}\frac{\mathrm{d}\xi}{\mathrm{d}t}=\frac{V}{\nu_{\mathrm{B}}}\frac{\mathrm{d}c_{\mathrm{B}}}{\mathrm{d}t} \tag{6-3}$$

定义

$$v\overset{\text{def}}{=\!=}\frac{\dot{\xi}}{V}=\frac{1}{\nu_{\mathrm{B}}}\frac{\mathrm{d}c_{\mathrm{B}}}{\mathrm{d}t} \tag{6-4}$$

式(6-4)作为定容反应速率(rate of reaction)的常用定义。

由式(6-4)，对反应

$$a\mathrm{A}+b\mathrm{B}\longrightarrow y\mathrm{Y}+z\mathrm{Z}$$

则有

$$v=-\frac{1}{a}\frac{\mathrm{d}c_{\mathrm{A}}}{\mathrm{d}t}=-\frac{1}{b}\frac{\mathrm{d}c_{\mathrm{B}}}{\mathrm{d}t}=\frac{1}{y}\frac{\mathrm{d}c_{\mathrm{Y}}}{\mathrm{d}t}=\frac{1}{z}\frac{\mathrm{d}c_{\mathrm{Z}}}{\mathrm{d}t} \tag{6-5}$$

式中，$-\frac{dc_A}{dt}$、$-\frac{dc_B}{dt}$ 分别为反应物 A、B 的消耗速率 (dissipate rate)，即单位时间、单位体积中反应物 A、B 消耗的物质的量。

$$v_A = -\frac{dc_A}{dt}, \quad v_B = -\frac{dc_B}{dt} \tag{6-6}$$

$\frac{dc_Y}{dt}$、$\frac{dc_Z}{dt}$ 分别为生成物 Y、Z 的增长速率 (increase rate)，即单位时间、单位体积中生成物 Y、Z 增长的物质的量。

$$v_Y = \frac{dc_Y}{dt}, \quad v_Z = \frac{dc_Z}{dt} \tag{6-7}$$

在气相反应中，常用混合气体组分的分压的消耗速率或增长速率来表示反应速率，若为理想混合气体，则有 $p_B = c_B RT$，代入式(6-6) 及式(6-7)，则定温下

$$v_{B,p} = \pm \frac{dp_B}{dt} = \pm RT \frac{dc_B}{dt} \tag{6-8}$$

通常选用反应物之一作为主反应物(principal reactant)，若以组分 A 代表主反应物，设 $n_{A,0}$ 及 n_A 分别为反应初始时及反应到时间 t 时 A 的物质的量，x_A 为时间 $t=0 \rightarrow t=t$ 时反应物 **A 的转化率**(degree of dissociation of A)，其定义为

$$x_A \stackrel{\text{def}}{=\!=} \frac{n_{A,0} - n_A}{n_{A,0}} \tag{6-9}$$

x_A 通常称为 A 的动力学转化率(degree of dissociation of kinetics)，$x_A \leqslant x_A^{eq}$，x_A^{eq} 为热力学平衡转化率 (degree of dissociation under equilibrium of thermodynamics)。由式(6-9)，有

$$n_A = n_{A,0}(1 - x_A) \tag{6-10}$$

当反应系统为定容时，则有

$$c_A = c_{A,0}(1 - x_A) \tag{6-11}$$

式中，$c_{A,0}$、c_A 分别为 $t=0$ 及 $t=t$ 时反应物 A 的浓度。将式(6-11) 代入式(6-6)，有

$$v_A = -\frac{dc_A}{dt} = c_{A,0} \frac{dx_A}{dt} \tag{6-12}$$

6.2　化学反应速率方程

6.2.1　反应速率与浓度关系的经验方程

对于反应

$$a\text{A} + b\text{B} \longrightarrow y\text{Y} + z\text{Z}$$

其反应速率与反应物浓度的关系可通过实验测定得到：

$$v_A = k_A c_A^{\alpha} c_B^{\beta} \tag{6-13}$$

式(6-13) 叫化学反应的速率方程(rate equation) 或化学反应的动力学方程，是一个经验方程。

1. 反应级数

式(6-13) 中 α，β 分别叫对反应物 A 及 B 的反应级数(order of reaction)，若令 $\alpha + \beta = n$，

则 n 叫反应的总级数(overall order of reaction)。反应级数是反应速率方程中反应物浓度的幂指数,它的大小表示反应物浓度对反应速率影响的程度,级数越高,表明浓度对反应速率影响越强烈。反应级数一般是通过动力学实验确定的,而不是根据反应的计量方程写出来的,即一般 $\alpha \neq a, \beta \neq b$。反应级数可以是正数或负数,可以是整数或分数,也可以是零。有时反应速率还与生成物的浓度有关。有的反应速率方程很复杂,或确定不出简单的级数关系。

2. 反应速率系数

式(6-13)中,k_{A} 叫对反应物 A 的宏观反应速率系数(macroscopic rate coefficients of reaction)。k_{A} 的物理意义是在一定温度下当反应物 A、B 的浓度 c_{A}、c_{B} 均为单位浓度时的反应速率,即 $k_{\mathrm{A}} = \frac{1}{c_{\mathrm{A}}^{\alpha} c_{\mathrm{B}}^{\beta}} v_{\mathrm{A}} = v_{\mathrm{A}}[c]^{-n}$,因此它与反应物的浓度无关,当催化剂等其他条件确定时,它只是温度的函数。显然 k_{A} 的单位与反应总级数有关,即$[k_{\mathrm{A}}] = [t]^{-1} \cdot [c]^{1-n}$。

注意　用反应物或生成物等不同组分表示反应速率时,其速率系数的量值一般是不一样的。

对反应 $a\mathrm{A} + b\mathrm{B} \longrightarrow y\mathrm{Y} + z\mathrm{Z}$,有

$$v_{\mathrm{A}} = k_{\mathrm{A}} c_{\mathrm{A}}^{\alpha} c_{\mathrm{B}}^{\beta}, \quad v_{\mathrm{B}} = k_{\mathrm{B}} c_{\mathrm{A}}^{\alpha} c_{\mathrm{B}}^{\beta}, \quad v_{\mathrm{Y}} = k_{\mathrm{Y}} c_{\mathrm{A}}^{\alpha} c_{\mathrm{B}}^{\beta}, \quad v_{\mathrm{Z}} = k_{\mathrm{Z}} c_{\mathrm{A}}^{\alpha} c_{\mathrm{B}}^{\beta}$$

由式(6-5)～式(6-7),则有

$$\frac{1}{a} k_{\mathrm{A}} = \frac{1}{b} k_{\mathrm{B}} = \frac{1}{y} k_{\mathrm{Y}} = \frac{1}{z} k_{\mathrm{Z}} \tag{6-14}$$

3. 以混合气体组分分压表示的气相反应的速率方程

如对反应

$$a\mathrm{A(g)} \longrightarrow y\mathrm{Y(g)}$$

其反应的速率方程可表示为

$$v_{\mathrm{A},p} = -\frac{\mathrm{d}p_{\mathrm{A}}}{\mathrm{d}t} = k_{\mathrm{A},p} p_{\mathrm{A}}^{n}$$

亦可表示成

$$v_{\mathrm{A},c} = -\frac{\mathrm{d}c_{\mathrm{A}}}{\mathrm{d}t} = k_{\mathrm{A},c} c_{\mathrm{A}}^{n}$$

式中,$k_{\mathrm{A},p}$、$k_{\mathrm{A},c}$ 分别为反应物 A 的组成分别用分压及浓度表示时的速率方程中的反应速率系数。若气相可视为理想混合气体,则 $p_{\mathrm{A}} = c_{\mathrm{A}}RT$,于是,定温下

$$v_{\mathrm{A},p} = -\frac{\mathrm{d}p_{\mathrm{A}}}{\mathrm{d}t} = -\frac{\mathrm{d}(c_{\mathrm{A}}RT)}{\mathrm{d}t} = -RT\frac{\mathrm{d}c_{\mathrm{A}}}{\mathrm{d}t} = RTk_{\mathrm{A},c} c_{\mathrm{A}}^{n}$$

所以 $k_{\mathrm{A},p} p_{\mathrm{A}}^{n} = RTk_{\mathrm{A},c} c_{\mathrm{A}}^{n}$,故得

$$k_{\mathrm{A},p} = k_{\mathrm{A},c} (RT)^{1-n} \tag{6-15}$$

6.2.2 反应速率方程的积分形式

对反应

$$0 = \sum_{\mathrm{B}} \nu_{\mathrm{B}} \mathrm{B}$$

若实验确定其反应速率方程为

$$-\frac{\mathrm{d}c_{\mathrm{A}}}{\mathrm{d}t} = k_{\mathrm{A}} c_{\mathrm{A}}^{\alpha} c_{\mathrm{B}}^{\beta}$$

则该式叫反应的微分速率方程(differential rate equation),在实际应用中通常需要积分形

式。

1. 一级反应

若实验确定某反应物 A 的消耗速率与反应物 A 的浓度一次方成正比，则该反应为一级反应 (first order reaction)，其微分速率方程可表述为

$$-\frac{\mathrm{d}c_A}{\mathrm{d}t}=k_A c_A \tag{6-16}$$

一些物质的分解反应、异构化反应及放射性元素的蜕变反应常为一级反应。

(1)一级反应的积分速率方程

将式(6-16)分离变量，得

$$-\frac{\mathrm{d}c_A}{c_A}=k_A\mathrm{d}t$$

等式两边，时间由 $t=0\rightarrow t=t$，相应时间组分 A 的浓度由 $c_A=c_{A,0}\rightarrow c_A=c_A$，积分，则有

$$\int_{c_{A,0}}^{c_A}-\frac{\mathrm{d}c_A}{c_A}=\int_0^t k_A\mathrm{d}t$$

因 k_A 为常数，积分后，得

$$t=\frac{1}{k_A}\ln\frac{c_{A,0}}{c_A} \tag{6-17}$$

或由式(6-12)结合式(6-16)，有

$$\frac{\mathrm{d}x_A}{\mathrm{d}t}=k_A(1-x_A)$$

分离变量，得

$$\frac{\mathrm{d}x_A}{1-x_A}=k_A\mathrm{d}t$$

等式两边，时间由 $t=0\rightarrow t=t$，相应时间反应物 A 的转化率由 $x_A=0\rightarrow x_A=x_A$ 积分，即

$$\int_0^{x_A}\frac{\mathrm{d}x_A}{1-x_A}=\int_0^t k_A\mathrm{d}t$$

积分后，得

$$t=\frac{1}{k_A}\ln\frac{1}{1-x_A} \tag{6-18}$$

式(6-17)及式(6-18)为一级反应的积分速率方程(integral rate equation of first order reaction)的两种常用形式。

(2)一级反应的特征

(i)由式(6-16)可知，一级反应的 k_A 的单位为$[t]^{-1}$，可以是 s^{-1}，min^{-1}，h^{-1} 等。

(ii)由式(6-17)或式(6-18)，当反应物 A 的浓度由 $c_{A,0}\rightarrow c_A=\frac{1}{2}c_{A,0}$ 或 $x_A=0.5$ 时，所需时间用 $t_{1/2}$ 表示，叫反应的半衰期(half-life of reaction)。由式(6-17)或式(6-18)可知，一级反应的 $t_{1/2}=\frac{0.693}{k_A}$，与反应物 A 的初始浓度 $c_{A,0}$ 无关。

(iii)由式(6-17)，移项可得

$$\ln\{c_A\}=-k_At+\ln\{c_{A,0}\} \tag{6-19}$$

式(6-19)为一直线方程，即 $\ln\{c_A\}$-$\{t\}$ 图为一直线，如图 6-1 所示，由直线的斜率可求 k_A。

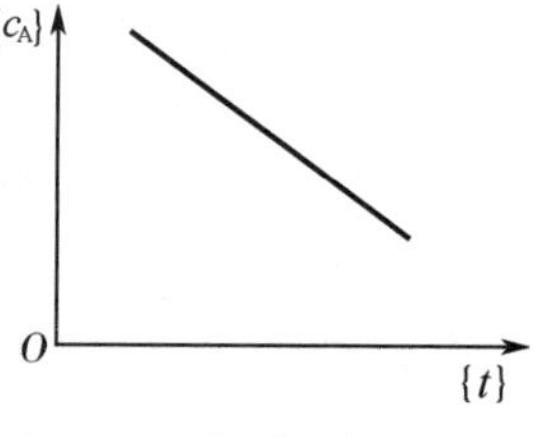

图 6-1 一级反应的 $\ln\{c_A\}$-$\{t\}$ 关系

2. 二级反应

(1)二级反应的微分和积分速率方程

①反应物只有一种的情况

若实验确定某反应物 A 的消耗速率与 A 的浓度的二次方成正比，则该反应为二级反应(second order reaction)，其微分速率方程可表述为

$$v_A = -\frac{dc_A}{dt} = k_A c_A^2 \tag{6-20}$$

将式(6-20)分离变量，得

$$-\frac{dc_A}{c_A^2} = k_A dt$$

等式两边，时间由 $t=0 \rightarrow t=t$，相应时间反应物 A 的浓度由 $c_A = c_{A,0} \rightarrow c_A = c_A$ 积分，即

$$\int_{c_{A,0}}^{c_A} -\frac{dc_A}{c_A^2} = \int_0^t k_A dt$$

积分后，得

$$t = \frac{1}{k_A}\left(\frac{1}{c_A} - \frac{1}{c_{A,0}}\right) \tag{6-21}$$

或由式(6-12)结合式(6-20)，得

$$c_{A,0}\frac{dx_A}{dt} = k_A[c_{A,0}(1-x_A)]^2$$

分离变量，有

$$\frac{dx_A}{c_{A,0}(1-x_A)^2} = k_A dt$$

等式两边，时间由 $t=0 \rightarrow t=t$，相应时间反应物 A 的转化率由 $x_A = 0 \rightarrow x_A = x_A$，积分，即

$$\int_0^{x_A} \frac{dx_A}{c_{A,0}(1-x_A)^2} = \int_0^t k_A dt$$

积分后，得

$$t = \frac{x_A}{k_A c_{A,0}(1-x_A)} \tag{6-22}$$

式(6-21)及式(6-22)为只有一种反应物时的二级反应的积分速率方程(integral rate equation of second order reaction)的两种常用形式。

②反应物有两种的情况

如反应

$$aA + bB \longrightarrow yY + zZ$$

若实验确定，反应物 A 的消耗速率与反应物 A 及 B 各自的浓度的一次方成正比，则总反应级数为二级，其微分速率方程可表述为

$$v_A = -\frac{dc_A}{dt} = k_A c_A c_B \tag{6-23}$$

为积分上式，需找出 c_A 与 c_B 的关系，这可通过反应的计量方程，由反应过程的物量衡算关系

得到

$$
\begin{array}{llll}
 & aA & + \quad bB & \longrightarrow \quad yY + zZ \\
t=0: & c_A = c_{A,0} & c_B = c_{B,0} & \\
t=t: & c_A = (c_{A,0} - c_{A,x}) & c_B = (c_{B,0} - \frac{b}{a}c_{A,x}) & \\
\end{array}
$$

或 $t=t$：$c_A = c_{A,0}(1-x_A)$　　$c_B = (c_{B,0} - \frac{b}{a}c_{A,0}x_A)$

式中，$c_{A,x}$ 为时间 t 时，反应物 A 反应掉的浓度。将以上关系分别代入式(6-23)，得

$$-\frac{dc_A}{dt} = k_A(c_{A,0} - c_{A,x})(c_{B,0} - \frac{b}{a}c_{A,x})$$

或

$$\frac{dx_A}{dt} = k_A(1-x_A)(c_{B,0} - \frac{b}{a}c_{A,0}x_A)$$

将以上二式分离变量，上式时间由 $t=0 \to t=t$，相应时间反应物 A 的浓度由 $c_A = c_{A,0} \to c_A = c_{A,0} - c_{A,x}$；下式时间由 $t=0 \to t=t$，相应时间反应物 A 的转化率由 $x_A = 0 \to x_A = x_A$ 分别积分，得[①]

$$t = \frac{1}{k_A\left(\frac{b}{a}c_{A,0} - c_{B,0}\right)} \ln \frac{(c_{A,0} - c_{A,x})c_{B,0}}{\left(c_{B,0} - \frac{b}{a}c_{A,x}\right)c_{A,0}} \tag{6-24}$$

或

$$t = \frac{1}{k_A\left(\frac{b}{a}c_{A,0} - c_{B,0}\right)} \ln \frac{c_{B,0}(1-x_A)}{c_{B,0} - \frac{b}{a}c_{A,0}x_A} \tag{6-25}$$

当 $a=1, b=1$，即反应的计量方程为

$$A + B \longrightarrow Y + Z$$

则式(6-24)及式(6-25)分别变为

$$t = \frac{1}{k_A(c_{A,0} - c_{B,0})} \ln \frac{(c_{A,0} - c_{A,x})c_{B,0}}{c_{A,0}(c_{B,0} - c_{A,x})} \quad (c_{A,0} \neq c_{B,0}) \tag{6-26}$$

或

$$t = \frac{1}{k_A(c_{A,0} - c_{B,0})} \ln \frac{c_{B,0}(1-x_A)}{c_{B,0} - c_{A,0}x_A} \quad (c_{A,0} \neq c_{B,0}) \tag{6-27}$$

而当 $c_{A,0} = c_{B,0}$ 时，式(6-26)及式(6-27)不适用，此时反应过程中必存在 $c_A = c_B$ 的关系，于是式(6-23)变为

$$-\frac{dc_A}{dt} = k_A c_A c_B = k_A c_A^2$$

其积分速率方程即为式(6-21)及式(6-22)。

(2)只有一种反应物的二级反应的特征

(i)由式(6-20)可知，二级反应的速率系数 k_A 的单位为$[t]^{-1} \cdot [c]^{-1}$。

(ii)由式(6-21)或式(6-22)，当 $c_A = \frac{1}{2}c_{A,0}$ 或 $x_A = 0.5$ 时，则 $t_{1/2} = \frac{1}{c_{A,0}k_A}$，即二级反应的半衰期与反应物 A 的初始浓度 $c_{A,0}$ 成反比。

(iii)由式(6-21)，移项可得

$$\frac{1}{c_A} = k_A t + \frac{1}{c_{A,0}} \tag{6-28}$$

---

① 由分部积分法得到的积分公式为

$$\int_0^x \frac{dx}{(a-bx)(a'-b'x)} = \frac{1}{(ab'-a'b)} \ln \frac{(a-bx)a'}{(a'-b'x)a}$$

式(6-28)为一直线方程，即 $\frac{1}{\{c_A\}}$-$\{t\}$ 图为一直线，如图 6-2 所示，直线的斜率为 k_A。

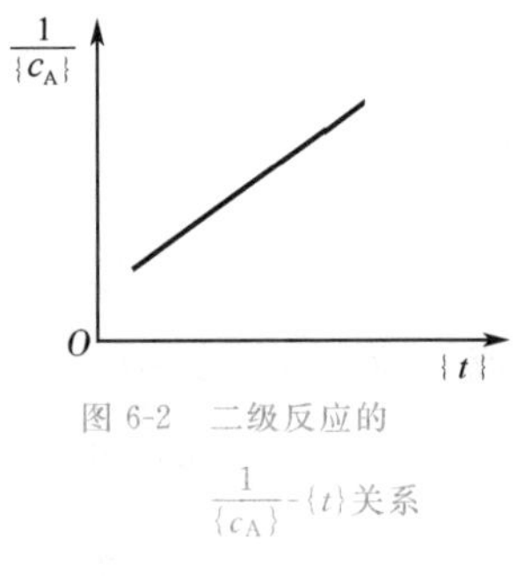

图 6-2 二级反应的 $\frac{1}{\{c_A\}}$-$\{t\}$ 关系

3. n 级反应

(1)n 级反应的微分和积分速率方程

若由实验确定某反应物 A(只有一种反应物）的消耗速率与 A 的浓度的 n 次方成正比，则该反应为 n 级反应，其微分速率方程可表述为

$$v_A = -\frac{dc_A}{dt} = k_A c_A^n \tag{6-29}$$

将式(6-29)分离变量积分，可得

$$\int_{c_{A,0}}^{c_A} -\frac{dc_A}{c_A^n} = k_A\int_0^t dt$$

积分后，得

$$t = \frac{1}{k_A(n-1)}\left(\frac{1}{c_A^{n-1}} - \frac{1}{c_{A,0}^{n-1}}\right) \quad (n \neq 1) \tag{6-30}$$

或将 $c_A = c_{A,0}(1-x_A)$ 代入式(6-29)，分离变量积分，得

$$t = \frac{1}{k_A(n-1)}\left[\frac{1-(1-x_A)^{n-1}}{c_{A,0}^{n-1}(1-x_A)^{n-1}}\right] \quad (n \neq 1) \tag{6-31}$$

式(6-30)及式(6-31)为 n 级反应($n \neq 1$) 的积分速率方程的两种常用形式。$n = 2$ 时，式(6-30) 或式(6-31) 即成为式(6-21) 或式(6-22)；$n = 0$ 时，即为零级反应(zero order reaction)，则式(6-30)、式(6-31) 分别变为

$$t = \frac{1}{k_A}(c_{A,0} - c_A) \tag{6-32}$$

$$t = \frac{1}{k_A}c_{A,0}x_A \tag{6-33}$$

式(6-32)及式(6-33)为零级反应的积分速率方程。

(2)只有一种反应物的 n 级反应的半衰期

将 $c_A = \frac{1}{2}c_{A,0}$ 或 $x_A = 0.5$ 代入式(6-30) 或式(6-31)，可得 n 级($n \neq 1$) 反应的半衰期为

$$t_{1/2} = \frac{2^{n-1}-1}{(n-1)k_A c_{A,0}^{n-1}} \tag{6-34}$$

【例 6-1】 钋的同位素进行 β 放射时，经 14 天后，此同位素的放射性降低 6.85%，求：(1) 此同位素的蜕变速率系数；(2) 100 天后，放射性降低了多少？(3) 钋的放射性蜕变掉 90% 需要多长时间？

解 放射性同位素的蜕变反应均属一级反应。

(1) 将已知数据代入式(6-18)，得

$$k_A = \frac{1}{t}\ln\frac{1}{1-x_A} = \frac{1}{14\ \mathrm{d}}\ln\frac{1}{1-0.0685} = 0.507\times10^{-2}\ \mathrm{d}^{-1}$$

(2) 设 100 天后，钋的放射性降低的分数为 x_A，则由式(6-18)，有

$$\ln\frac{1}{1-x_A} = k_A t$$

将由(1)求得的 $k_A = 0.507\times10^{-2}\ \mathrm{d}^{-1}$ 及 $t = 100$ d 代入，得

$$\ln \frac{1}{1-x_A} = 0.507 \times 10^{-2}\ \mathrm{d}^{-1} \times 100\ \mathrm{d}$$

解得

$$x_A = 39.8\%$$

(3)钋的放射性蜕变掉 90%，所需时间为

$$t = \frac{1}{k_A}\ln\frac{1}{1-x_A} = \frac{1}{0.507\times10^{-2}\ \mathrm{d}^{-1}}\ln\frac{1}{1-0.90} = 454\ \mathrm{d}$$

【例 6-2】 某反应 $A \longrightarrow Y + Z$，在一定温度下进行，当 $t=0$，$c_{A,0} = 1\ \mathrm{mol\cdot dm^{-3}}$ 时，测定反应的初始速率 $v_{A,0} = 0.01\ \mathrm{mol\cdot dm^{-3}\cdot s^{-1}}$。试计算反应物 A 的浓度为 $c_A = 0.5\ \mathrm{mol\cdot dm^{-3}}$ 及 $x_A = 0.75$ 时所需时间，若对反应物 A 分别为(1) 0 级；(2) 1 级；(3) 2 级；(4) 2.5 级；(5) 讨论以上结果。

解　(1) 0 级

$$v_A = k_A c_A^0 = k_A,\ v_{A,0} = k_A c_{A,0}^0 = k_A = 0.01\ \mathrm{mol\cdot dm^{-3}\cdot s^{-1}}$$

$x_A = 0.50$ 时，由式(6-33)，

$$t_{1/2} = \frac{1}{k_A}c_{A,0}x_A = \frac{1\ \mathrm{mol\cdot dm^{-3}}\times0.50}{0.01\ \mathrm{mol\cdot dm^{-3}\cdot s^{-1}}} = 50\ \mathrm{s}$$

$x_A = 0.75$ 时，由式(6-33)，

$$t = \frac{1}{k_A}c_{A,0}x_A = \frac{1\ \mathrm{mol\cdot dm^{-3}}\times0.75}{0.01\ \mathrm{mol\cdot dm^{-3}\cdot s^{-1}}} = 75\ \mathrm{s}$$

(2) 1 级

由式(6-16)，$v_A = k_A c_A$，$v_{A,0} = k_A c_{A,0}$，则

$$k_A = \frac{v_{A,0}}{c_{A,0}} = \frac{0.01\ \mathrm{mol\cdot dm^{-3}\cdot s^{-1}}}{1\ \mathrm{mol\cdot dm^{-3}}} = 0.01\ \mathrm{s^{-1}}$$

由式(6-18)，当 $x_A = 0.5$ 时，

$$t_{1/2} = \frac{0.693}{k_A} = \frac{0.693}{0.01\ \mathrm{s^{-1}}} = 69.3\ \mathrm{s}$$

$x_A = 0.75$ 时，

$$t = \frac{1}{k_A}\ln\frac{1}{1-x_A} = \frac{1}{0.01\ \mathrm{s^{-1}}}\ln\frac{1}{1-0.75} = 138.6\ \mathrm{s}$$

(3) 2 级

由式(6-20)，$v_A = k_A c_A^2$，$v_{A,0} = k_A c_{A,0}^2$，则

$$k_A = \frac{v_{A,0}}{c_{A,0}^2} = \frac{0.01\ \mathrm{mol\cdot dm^{-3}\cdot s^{-1}}}{(1\ \mathrm{mol\cdot dm^{-3}})^2} = 0.01\ \mathrm{mol^{-1}\cdot dm^3\cdot s^{-1}}$$

由式(6-22)，当 $x_A = 0.5$ 时，

$$t_{1/2} = \frac{1}{k_A c_{A,0}} = \frac{1}{0.01\ \mathrm{mol^{-1}\cdot dm^3\cdot s^{-1}}\times1\ \mathrm{mol\cdot dm^{-3}}} = 100\ \mathrm{s}$$

$x_A = 0.75$ 时，

$$t = \frac{x_A}{k_A c_{A,0}(1-x_A)} = \frac{0.75}{0.01\ \mathrm{mol^{-1}\cdot dm^3\cdot s^{-1}}\times1\ \mathrm{mol\cdot dm^{-3}}\times0.25} = 300\ \mathrm{s}$$

(4) 2.5 级

由式(6-29)，$v_A = k_A c_A^{2.5}$，$v_{A,0} = k_A c_{A,0}^{2.5}$，则

$$k_A = \frac{v_{A,0}}{c_{A,0}^{2.5}} = \frac{0.01\ \mathrm{mol\cdot dm^{-3}\cdot s^{-1}}}{(1\ \mathrm{mol\cdot dm^{-3}})^{2.5}} = 0.01\ \mathrm{mol^{-1.5}\cdot dm^{4.5}\cdot s^{-1}}$$

由式(6-34)，当 $x_A = 0.5$ 时，

$$t_{1/2} = \frac{2^{n-1}-1}{(n-1)k_A c_{A,0}^{n-1}} =$$

$$\frac{2^{2.5-1}-1}{(2.5-1)\times0.01\ \mathrm{mol^{-1.5}\cdot dm^{4.5}\cdot s^{-1}}\times(1\ \mathrm{mol\cdot dm^{-3}})^{2.5-1}} = 121.8\ \mathrm{s}$$

由式(6-31)，当 $x_A=0.75$ 时，

$$t=\frac{1}{(n-1)k_A}\left[\frac{1-(1-x_A)^{n-1}}{c_{A,0}^{n-1}(1-x_A)^{n-1}}\right]=$$

$$\frac{1}{(2.5-1)\times 0.01\ \mathrm{mol^{-1.5}\cdot dm^{4.5}\cdot s^{-1}}}\times\left[\frac{1-(1-0.75)^{1.5}}{(1\ \mathrm{mol\cdot dm^{-3}})^{1.5}(1-0.75)^{1.5}}\right]=$$

$$466.7\ \mathrm{s}$$

(5) 讨论：由以上计算结果知

①k_A 与反应物 A 的浓度无关，其单位与级数有关；

② 反应级数表明反应物浓度对反应速率影响的程度。反应级数越大，反应的速率随反应物浓度的下降而下降的趋势(或程度)越大，因而反应物由同一初始浓度达到同一转化率所需时间就越长，如，反应级数由 0→1→2→2.5，当 $c_{A,0}=1\ \mathrm{mol\cdot dm^{-3}}$，$x_A=0.75$ 时，相应的时间 $t=75\ \mathrm{s}\rightarrow 138.6\ \mathrm{s}\rightarrow 300\ \mathrm{s}\rightarrow 466.7\ \mathrm{s}$

③ 对 1 级反应，$t_{1/2}$ 与 $c_{A,0}$ 无关，如从(2)的计算结果知，由 $c_{A,0}=1\ \mathrm{mol\cdot dm^{-3}}$ 变到 $c_A=0.5\ \mathrm{mol\cdot dm^{-3}}$ 及由 $c_A=0.5\ \mathrm{mol\cdot dm^{-3}}$ 变到 $c_A=0.25\ \mathrm{mol\cdot dm^{-3}}$ 所需时间是相同的，即 $(t_{1/2})_2=(t_{1/2})_1$，或 $t_{3/4}=2t_{1/2}$。除 1 级反应外的其他级数反应的半衰期不存在上述关系。

【例 6-3】 在定温 300 K 的密闭容器中，发生如下气相反应：$A(g)+B(g)\longrightarrow Y(g)$，测知其速率方程为 $-\frac{dp_A}{dt}=k_{A,p}p_Ap_B$，假定反应开始只有 A(g) 和 B(g)(初始体积比为 1∶1)，初始总压力为 200 kPa，设反应进行到 10 min 时，测得总压力为 150 kPa，则该反应在 300 K 时的速率系数为多少？再过 10 min 时容器内总压力为多少？

解

	A(g)	+	B(g)	⟶	Y(g)
$t=0$	$p_{A,0}$		$p_{B,0}$		0
$t=t$	p_A		p_B		$p_{A,0}-p_A$

则经过时间 t 时的总压力为

$$p_t=p_A+p_B+p_{A,0}-p_A=p_B+p_{A,0}$$

因为 $p_{A,0}=p_{B,0}$ 符合计量系数比，所以

$$p_A=p_B$$

则
$$p_t=p_A+p_{A,0}$$

故
$$p_A=p_B=p_t-p_{A,0}$$

代入微分速率方程，得
$$-\frac{dp_A}{dt}=k_{A,p}(p_t-p_{A,0})^2$$

积分上式，得
$$\frac{1}{p_t-p_{A,0}}-\frac{1}{p_0-p_{A,0}}=k_{A,p}t$$

已知 $p_0=200\ \mathrm{kPa}$，$p_{A,0}=100\ \mathrm{kPa}$，即

$$\frac{1}{p_t-100\ \mathrm{kPa}}-\frac{1}{100\ \mathrm{kPa}}=k_{A,p}t$$

将 $t=10\ \mathrm{min}$ 时，$p_t=150\ \mathrm{kPa}$ 代入上式，得

$$k_{A,p}=0.001\ \mathrm{kPa^{-1}\cdot min^{-1}}$$

当 $t=20\ \mathrm{min}$ 时，可得 $p_t=133\ \mathrm{kPa}$。

【例 6-4】 在定温定压下，过氧化氢在催化剂的作用下分解为水和氧气，是一级反应。实验中，通过测量生成 O_2 的体积来研究其动力学。若 V_∞、V_t 分别表示 H_2O_2 完全分解以及 t 时刻时生成氧气的体积，试推证

$$\ln\frac{V_\infty-V_t}{V_\infty}=-k_At$$

证明　反应式为
$$H_2O_2(A)\longrightarrow H_2O+\frac{1}{2}O_2$$

设 $t=0$ 时，H_2O_2(A) 的浓度为 $c_{A,0}$；$t=t$ 时，H_2O_2(A) 的浓度为 $c_{A,t}$。

若 H_2O_2(A) 溶液体积为 V_{sln}，则完全分解时，生成 O_2 的物质的量为 $\frac{V_{sln}c_{A,0}}{2}$，由 $pV=nRT$，可得

$$V_\infty=\frac{V_{sln}c_{A,0}RT}{2p}$$

则
$$c_{A,0}=\frac{2pV_\infty}{V_{sln}RT} \tag{a}$$

同理可证
$$c_{A,t}=\frac{2p}{V_{sln}RT}(V_\infty-V_t) \tag{b}$$

由式(6-17)，得
$$\ln\frac{c_{A,t}}{c_{A,0}}=-k_At$$

把式(a)和式(b)代入上式，可得

$$\ln\frac{V_\infty-V_t}{V_\infty}=-k_At$$

6.3 化学反应速率方程的建立方法

6.3.1 浓度-时间曲线的实验测定

1. c_A-t 曲线或 x_A-t 曲线与反应速率

在一定温度下，随着化学反应的进行，反应物的浓度不断减少，生成物的浓度不断增加，或反应物的转化率不断增加(到平衡时为止)。通过实验可测得 c_A-t 数据或 x_A-t 数据(动力学实验数据)，作图可得如图6-3(a)、(b)所示的 c_A-t 曲线及 x_A-t 曲线，由曲线在某时刻切线的斜率，可确定该时刻的反应的瞬时速率 $v_A=-\frac{dc_A}{dt}$ 或 $v_A=c_{A,0}\frac{dx_A}{dt}$。

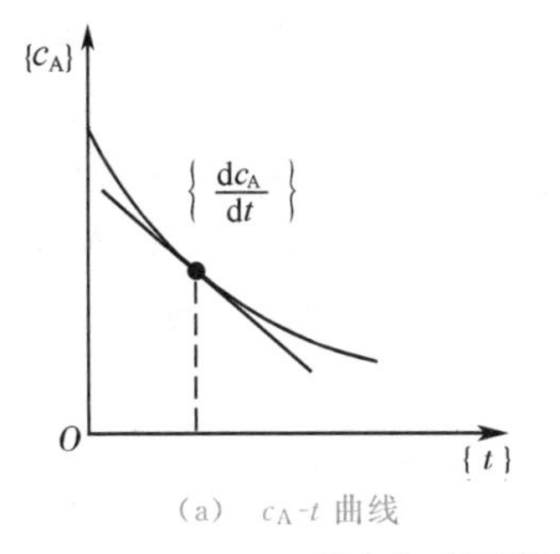

(a) c_A-t 曲线

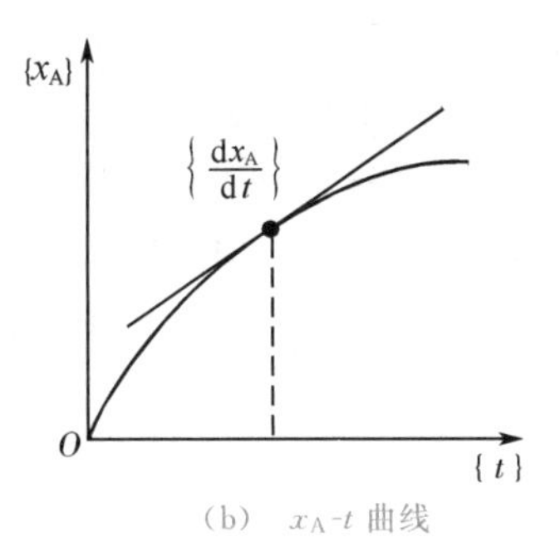

(b) x_A-t 曲线

图6-3 反应物的 c_A-t 曲线和 x_A-t 曲线

2. 测定反应速率的静态法和流动态法

实验室测定反应速率，视化学反应的具体情况，可以采用静态法(stop state methods)亦可采用流动态法(flow methods)。对同一反应不论采用何法，所得动力学结果是一致的(如反应级数及活化能等)，所谓静态法是指反应器装置采用间歇式反应器(batch reactor)(如用实验室中的反应烧瓶或小型高压反应釜)，反应物一次加入，生成物也一次取出。而流动态法是指反应器装置采用连续式反应器(continuous reactor)，反应物连续地由反应器入口引入，而生成物从出口不断流出。这种反应器又分为连续管式反应器(continuous plug flow reactor)和连续槽式反应器(continuous feed stirred tank reactor)。在多相催化反应的动力

学研究中，连续管式反应器的应用最为普遍，应用这样的反应器当控制反应物的转化率较小，一般在5%以下时称为微分反应器(differential reactor)；而控制反应物的转化率较大，一般超过5%时称为积分反应器(integral reactor)。有关连续管式反应器及连续槽式反应器不同的动力学特性，将在本章讨论流动系统的动力学特性时再做分析。

3. 温度的控制

反应速率与温度的关系将在下一节讨论。温度对反应速率的影响是强烈的，一般情况下温度每升高10℃，反应速率会增加到原来的2～4倍。据统计，温度带来±1%的误差，可给反应速率带来±10%的误差。所以在研究反应速率与浓度的关系时，必须将温度固定，并要求较高的温控精确度，如间歇式反应器放置在高精度恒温槽内，对连续式反应器采取有效的保温及定温措施等。

4. 反应物(或生成物)浓度的监测

反应过程中对反应物(或生成物)浓度的监测，通常采用化学法和物理法。化学法，通常是采用传统的定量分析法，取样分析时要终止样品中的反应。终止反应的方法有：降温冻结法、酸碱中和法、试剂稀释法、加入阻化剂法等，采用何种方法视反应系统的性质而定；物理法，通常是选定反应物(或生成物)的某种物理性质对其进行监测，所选定的物理性质一般与反应物(或生成物)浓度呈线性关系，如体积质量、气体的体积(或总压)、折射率、电导率、旋光度、吸光度等，通常采用较先进的仪器。物理法的优点是可在反应进行过程中连续监测，不必取样终止反应(如应用流动态法的连续管式反应器做动力学实验时可用气相色谱对反应转化率做连续的分析监测)。

6.3.2 反应级数的确定

实验测得了c_A-t或x_A-t动力学数据，则可按以下数据处理法确定所测定反应的级数：

1. 积分法(尝试法或作图法)

将所测得的c_A-t(或x_A-t)数据代入式(6-17)[或式(6-18)]及式(6-21)[或式(6-22)]等积分速率方程，计算反应速率系数k_A，若算得的k_A为常数，即为所代入方程的级数；或将c_A-t数据按式(6-19)或式(6-28)作图，若为直线，即为该式所表达的级数。

2. 微分法

将c_A-t数据作图，如图6-4所示，分别求得t_1、t_2时刻的瞬时速率$-\dfrac{dc_{A,1}}{dt}$、$-\dfrac{dc_{A,2}}{dt}$，设反应为n级，则

$$-\frac{dc_{A,1}}{dt}=k_A c_{A,1}^n$$

$$-\frac{dc_{A,2}}{dt}=k_A c_{A,2}^n$$

以上二式分别取对数，得

$$\ln\{-\frac{dc_{A,1}}{dt}\}=\ln\{k_A\}+n\ln\{c_{A,1}\}$$

$$\ln\{-\frac{dc_{A,2}}{dt}\}=\ln\{k_A\}+n\ln\{c_{A,2}\}$$

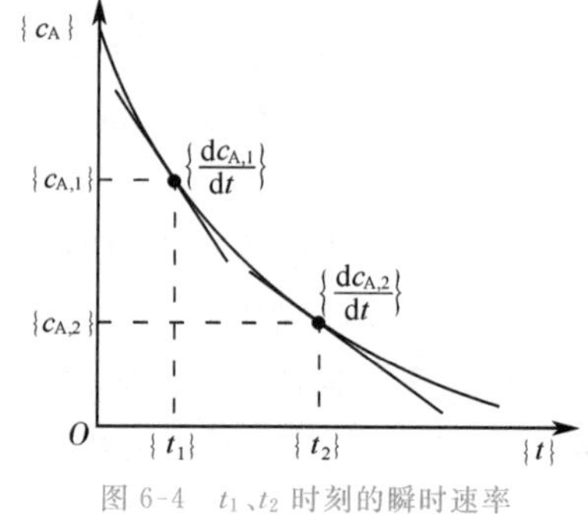

图6-4 t_1、t_2时刻的瞬时速率

以上二式相减、整理，得

$$n=\frac{\ln\{-\frac{\mathrm{d}c_{A,1}}{\mathrm{d}t}\}-\ln\{-\frac{\mathrm{d}c_{A,2}}{\mathrm{d}t}\}}{\ln\{c_{A,1}\}-\ln\{c_{A,2}\}} \tag{6-35}$$

3. 半衰期法

除一级反应外，对某反应，如以两个不同的开始浓度 $(c_{A,0})_1$、$(c_{A,0})_2$ 进行实验，分别测得半衰期为 $(t_{1/2})_1$ 及 $(t_{1/2})_2$，则由式 (6-34)，有

$$\frac{(t_{1/2})_2}{(t_{1/2})_1}=\frac{(c_{A,0})_1^{n-1}}{(c_{A,0})_2^{n-1}}$$

等式两边取对数，整理后，可确定反应的级数为

$$n=1+\frac{\ln\{t_{1/2}\}_1-\ln\{t_{1/2}\}_2}{\ln\{c_{A,0}\}_2-\ln\{c_{A,0}\}_1} \tag{6-36}$$

4. 隔离法

以上三种确定反应级数的方法，通常是直接应用于仅有一种反应物的简单情况。对有 2 种反应物，如

$$A+B \longrightarrow Y+Z$$

若其微分速率方程为

$$-\frac{\mathrm{d}c_A}{\mathrm{d}t}=k_A c_A^{\alpha} c_B^{\beta}$$

则可采用隔离措施，再应用上述三种方法之一分别确定 α 及 β。

隔离法的原理是：首先确定 α。采取的隔离措施是：实验时使 $c_{B,0}\gg c_{A,0}$，于是反应过程中 c_B 保持为常数，反应的微分速率方程变为

$$-\frac{\mathrm{d}c_A}{\mathrm{d}t}=k'_A c_A^{\alpha}$$

式中，$k'_A=k_A c_B^{\beta}$，于是采用前述三种方法之一确定级数 α。同理，实验时再使 $c_{A,0}\gg c_{B,0}$，则反应过程中 c_A 保持为常数，反应的微分速率方程变为

$$-\frac{\mathrm{d}c_B}{\mathrm{d}t}=k''_B c_B^{\beta}$$

式中

$$k''_B=k_B c_A^{\alpha}$$

于是采用前述三种方法之一确定级数 β。

【例 6-5】 已知反应 $2HI \longrightarrow I_2+H_2$，在 508 ℃下，HI 的初始压力为 10 132.5 Pa 时，半衰期为 135 min；而当 HI 的初始压力为 101 325 Pa 时，半衰期为 13.5 min。试证明该反应为二级反应，并求出反应速率系数（以 $dm^3\cdot mol^{-1}\cdot s^{-1}$ 及 $Pa^{-1}\cdot s^{-1}$ 表示）。

解 (1)由式(6-36)，有

$$n=1+\frac{\ln(t_{1/2})_1-\ln(t_{1/2})_2}{\ln\{c_{A,0}\}_2-\ln\{c_{A,0}\}_1}=1+\frac{\ln(135/13.5)}{\ln(101\ 325/10\ 132.5)}=2$$

(2)

$$k_{A,p}=\frac{1}{t_{1/2}\,p_{A,0}}=\frac{1}{135\ \mathrm{min}\times 60\ \mathrm{s}\cdot\mathrm{min}^{-1}\times 10\ 132.5\ \mathrm{Pa}}=$$

$$1.21\times10^{-8}\ \mathrm{Pa^{-1}\cdot s^{-1}}$$

$$k_{A,c}=k_{A,p}(RT)^{2-1}=$$

$$1.21\times10^{-8}\ \mathrm{Pa^{-1}\cdot s^{-1}}\times(8.314\ 5\ \mathrm{J\cdot mol^{-1}\cdot K^{-1}}\times 781.15\ \mathrm{K})=$$

$$7.92\times10^{-5}\ \mathrm{dm^3\cdot mol^{-1}\cdot s^{-1}}$$

【例 6-6】 反应 $2NO+2H_2 \longrightarrow N_2+2H_2O$ 在 700℃时测得如下动力学数据：

初始压力 p_0/kPa		初始速率 v_0/(kPa·min^{-1})
NO	H_2	
50	20	0.48
50	10	0.24
25	20	0.12

设反应速率方程为 $v = k_p p^{\alpha}(\text{NO})[p(\text{H}_2)]^{\beta}$，求 α、β 和 $n(=\alpha+\beta)$，并计算 k_p 和 k_c。

解　由动力学数据可看出：

当 $p(\text{NO})$ 不变时，

$$\beta = \frac{\ln(v_{0,1}/v_{0,2})}{\ln(p_{0,1}/p_{0,2})} = \frac{\ln(0.48/0.24)}{\ln(20/10)} = 1$$

即该反应对 H_2 为一级，$\beta = 1$；

当 $p(\text{H}_2)$ 不变时，

$$\alpha = \frac{\ln(v_{0,1}/v_{0,3})}{\ln(p_{0,1}/p_{0,3})} = \frac{\ln(0.48/0.12)}{\ln(50/25)} = 2$$

即该反应对 NO 为二级，$\alpha = 2$；

总反应级数　　$n = \alpha + \beta = 2 + 1 = 3$

$$k_p = \frac{-\mathrm{d}p/\mathrm{d}t}{[p(\text{NO})]^2 p(\text{H}_2)} = \frac{0.48\ \text{kPa}\cdot\text{min}^{-1}}{(50\ \text{kPa})^2 \times 20\ \text{kPa}} = 9.6\times 10^{-12}\ \text{Pa}^{-2}\cdot\text{min}^{-1}$$

$$k_c = k_p(RT)^{3-1} = 9.6\times 10^{-12}\ \text{Pa}^{-2}\cdot\text{min}^{-1} \times (8.3145\ \text{J}\cdot\text{mol}^{-1}\cdot\text{K}^{-1}\times 973.15\ \text{K})^2 = 628\ \text{dm}^6\cdot\text{mol}^{-2}\cdot\text{min}^{-1}$$

【例 6-7】 某有机化合物 A，在酸的催化下发生水解反应。在 50 ℃，pH = 5 和 pH = 4 的溶液中进行时，半衰期分别为 138.6 min 和 13.86 min，且均与 $c_{\text{A},0}$ 无关，设反应的速率方程为

$$-\frac{\mathrm{d}c_\text{A}}{\mathrm{d}t} = k_\text{A} c_\text{A}^{\alpha}[c(\text{H}^+)]^{\beta}$$

(1)试验证：$\alpha = 1$，$\beta = 1$；(2)求 50 ℃ 时的 k_A；(3)求在 50 ℃、pH=3 的溶液中，A 水解 75%需要多长时间？

解　(1)因为在所给定条件下，即 pH=5 或 pH=4 时，$c(\text{H}^+)$ 为常数，则

$$-\frac{\mathrm{d}c_\text{A}}{\mathrm{d}t} = k_\text{A} c_\text{A}^{\alpha}[c(\text{H}^+)]^{\beta} = k'_\text{A} c_\text{A}^{\alpha}$$

因 $t_{1/2}$ 与 $c_{\text{A},0}$ 无关，这是一级反应的特征，即 $\alpha = 1$，则 k'_A 为一级反应的速率系数。

$$t_{1/2} = \frac{0.693}{k'_\text{A}} = \frac{0.693}{k_\text{A}[c(\text{H}^+)]^{\beta}}$$

于是

$$\frac{(t_{1/2})_1}{(t_{1/2})_2} = \frac{(k'_\text{A})_2}{(k'_\text{A})_1} = \left[\frac{c(\text{H}^+)_2}{c(\text{H}^+)_1}\right]^{\beta}$$

$$\frac{138.6\ \text{min}}{13.86\ \text{min}} = \left(\frac{10^{-4}}{10^{-5}}\right)^{\beta}$$

即

$$\beta = 1$$

(2)因

$$k'_\text{A} = k_\text{A} c(\text{H}^+) = \frac{0.693}{t_{1/2}}$$

故得

$$k_\text{A} = \frac{0.693}{t_{1/2}c(\text{H}^+)} = \frac{0.693}{138.6\ \text{min}\times 10^{-5}\ \text{mol}\cdot\text{dm}^{-3}} = 5\times 10^2\ \text{mol}^{-1}\cdot\text{dm}^3\cdot\text{min}^{-1}$$

(3) $$t = \frac{1}{k'_\text{A}}\ln\frac{c_{\text{A},0}}{c_\text{A}} = \frac{1}{k_\text{A}c(\text{H}^+)}\ln\frac{1}{1-x_\text{A}} =$$

$$\frac{1}{5\times 10^2\ \text{mol}^{-1}\cdot\text{dm}^3\cdot\text{min}^{-1}\times 10^{-3}\ \text{mol}\cdot\text{dm}^{-3}}\ln\frac{1}{1-0.75} = 2.77\ \text{min}$$

6.4　化学反应机理、元反应

6.4.1　化学反应机理

化学反应机理研究的内容是揭示一个化学反应由反应物到生成物的反应过程中究竟经历了哪些真实的反应步骤，这些真实反应步骤的集合构成反应机理(mechanism of reaction)，而总的反应，则称为总包反应(overall reaction)。

确定一个总包反应的机理要进行大量的实验研究，是非常困难的工作。

例如，反应

$$H_2 + I_2 \longrightarrow 2HI$$

从计量方程上看，它是千千万万个化学反应中一个较为简单的反应。但对该反应机理的研究却经历了百余年的历史，然而目前仍无定论，研究仍在继续。下面简单介绍对该反应机理研究的历史过程。

1. 双分子反应机理

早在 1894 年博登斯坦(Bodenstein M)研究该反应，根据大量的实验数据，发现在 556～781 K 反应的速率方程为

$$v(H_2) = k(H_2)c(H_2)c(I_2)$$

即对 H_2 及 I_2 均为一级，总级数为二级。于是认为反应的真实过程是 H_2 与 I_2 两个分子直接碰撞生成 HI 分子，反应一步完成，即

$$H_2 + I_2 \longrightarrow 2HI \tag{i}$$

其逆反应

$$2HI \longrightarrow H_2 + I_2 \tag{ii}$$

2. 链反应机理

1955 年，Benson S W 和 Srinivasan R 在前人工作的基础上，进一步明确在反应系统中有 I 原子的存在，预示着可能存在着链反应机理，特别是在 800 K 以上的高温下，他们提出链反应机理如下：

$$I_2 + M \rightleftharpoons 2I + M \tag{iii}$$

$$I + H_2 \longrightarrow HI + H \tag{iv}$$

$$HI + H \longrightarrow I + H_2 \tag{v}$$

$$I_2 + H \longrightarrow HI + I \tag{vi}$$

$$HI + I \longrightarrow I_2 + H \tag{vii}$$

式中，M 代表能量的“授”“受”体。

3. 复合反应机理

1959 年沙利文(Sullivan J H)在总结前人工作的基础上，认为除反应(i)及其逆反应(ii)和 I_2 的解离反应(iii)外，链反应机理中的反应(iv)～(vii)对整个反应有显著贡献，于是提出更为完整的反应机理：

$$I_2 + M \rightleftharpoons 2I + M \tag{iii}$$

$$H_2 + I_2 \longrightarrow 2HI \tag{i}$$

$$2HI \longrightarrow H_2 + I_2 \tag{ii}$$

$$I + H_2 \longrightarrow HI + H \tag{iv}$$

$$HI + H \longrightarrow I + H_2 \tag{v}$$

$$I_2 + H \longrightarrow HI + I \tag{vi}$$

$$HI + I \longrightarrow I_2 + H \tag{vii}$$

亦即双分子反应机理(i)、(ii)及 I_2 的解离反应(iii)和链反应机理(iv)～(vii)复合共存。

4. 三分子反应机理

1959 年另一项很有意义的工作是谢苗诺夫(Semenov N N)完成的。他认为该反应中可能首先经历了 I_2 的分解，接着则是按三分子反应进行的，即

$$I_2 + M \rightleftharpoons 2I + M \tag{iii}$$

$$2I + H_2 \longrightarrow 2HI \tag{viii}$$

整个机理分三步完成。按该机理亦可得到二级反应的速率方程

$$v(H_2) = k(H_2)c(H_2)c(I_2)$$

到 1967 年为止，对上述几个反应机理的认同是：在高于约 800 K，以链反应机理为主，在 700K 以下，以双分子反应(i)及三分子反应(viii)为主[包括反应(iii)]。

1967 年之后，沙利文又通过低温光照验证了反应机理中有 I 原子的存在，通过计算认为三分子反应(viii)是可能的。而对双分子反应机理，学术界仍有较大争议，其焦点是根据近代分子轨道对称守恒原理，认为双分子反应机理受对称性禁阻，不可能直接反应。

但 1974 年哈麦斯(Hammes G G)等人从理论上进一步讨论沙利文的数据，认为在 H_2 与 I_2 生成 HI 的反应中，双分子反应(i)占比例虽少，但并不是不可能的。

总之，尽管一个反应从计量方程看似乎很简单，但要确定其机理却是十分复杂的事情。合理的假设只能指导进一步的实验，而不能代替更不能超越实验。在反应机理的研究中，有时假设一个反应机理解释了当时的各种实验事实，并认为是正确的，但是随着科学的发展，新的实验现象或理论的提出，代之以新的反应机理；有时一个反应的若干实验现象，同时被几个所假设的机理解释；也许同一反应在不同条件下进行时呈现出不同的机理。

6.4.2 元反应及反应分子数

通过对总包反应机理的研究，若证实了某总包反应是分若干真实步骤进行的，如总包反应 $H_2 + I_2 \longrightarrow 2HI$ 的每种反应机理中的每一步若都代表反应的真实步骤，则其中的每一个真实步骤均被称为元反应(elementary reaction)。元反应中实际参加反应的反应物的分子数目，称为反应分子数(molecularity of reaction)。根据反应分子数可把元反应区分为单分子反应(unimolecular reaction)、双分子反应(bimolecular reaction)、三分子反应(termolecular reaction)；四分子反应几乎不可能发生，因为四个分子同时在空间某处相碰撞的概率实在是太小了。

注意　不要把反应分子数与反应级数相混淆，它们是两个完全不同的物理概念，前者是元反应中实际参加的反应物分子数，只能是 1、2、3 正整数；而后者是反应速率方程中浓度项的幂指数。对于元反应，反应级数与反应分子数量值相等；而对于总包反应，反应级数可以为正数、负数，整数或分数。

6.4.3　元反应的质量作用定律

对总包反应，其反应的速率方程必须通过实验来建立，即通过实验来确定参与反应的各个反应物（有时涉及产物）的级数，而不能由反应的计量方程的化学计量数直接写出。

而对元反应，它的反应速率与元反应中各反应物浓度的幂乘积成正比，其中各反应物浓度的幂指数为元反应方程中各反应物的分子数。这一规律称为元反应的质量作用定律(mass action law)。

设一总包反应　　　　$A + B \longrightarrow Y$

若其机理为　　　　$A + B \underset{k_{-1}}{\overset{k_1}{\rightleftharpoons}} D$

$$D \xrightarrow{k_2} Y$$

式中，k_1、k_2、k_{-1} 为元反应的反应速率系数，叫微观反应速率系数(microscopic rate coefficient of reaction)。

根据质量作用定律，应有

$$-\frac{dc_A}{dt} = k_1 c_A c_B - k_{-1} c_D$$

$$-\frac{dc_D}{dt} = k_{-1} c_D - k_1 c_A c_B + k_2 c_D$$

$$\frac{dc_Y}{dt} = k_2 c_D$$

Ⅱ　化学反应速率与温度的关系

6.5　化学反应速率与温度关系的经验方程

在讨论反应速率与浓度关系时将温度恒定。现在讨论反应速率与温度的关系亦应将反应物浓度恒定，否则温度及浓度两个因素交织在一起会使问题十分复杂。将反应物的浓度恒定，对式(6-13)可令 $c_A = c_B$，并取其为单位浓度，此时反应速率与温度的关系，其实质是反应速率系数 k 与温度的关系。k 与温度的关系，其实验结果有如图 6-5 所示的 5 种情况：

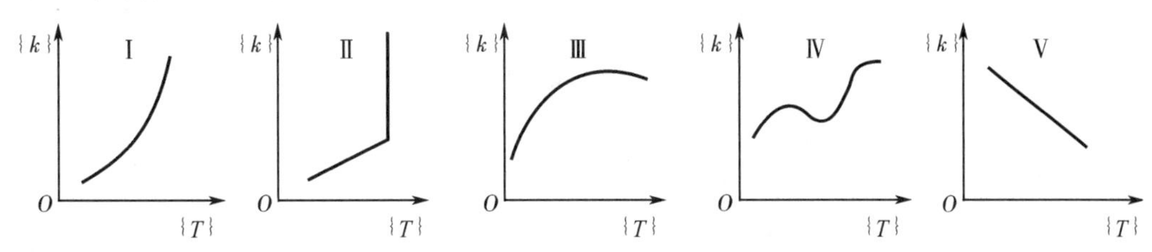

图 6-5　k-T 关系的 5 种情况

第Ⅰ种情况是大多数常见反应；第Ⅱ种情况为爆炸反应；第Ⅲ种情况为酶催化反应；第Ⅳ种情况为碳的氧化反应；第Ⅴ种情况为 $2NO + O_2 \longrightarrow 2NO_2$ 反应，k 随反应温度的升高而下降。

6.5.1 范特霍夫规则

范特霍夫(van't Hoff)通过对大多数常见反应的 k 与 T 的关系的实验结果，得出如下经验规律

$$\gamma = \frac{k(T+10\mathrm{K})}{k(T)} = 2 \sim 4$$

式中，γ 称为反应速率系数的温度系数(temperature coefficients of rate coefficients)，这是一个粗略的经验规则，却很有实际应用价值。

6.5.2 阿仑尼乌斯方程

温度对反应速率的影响较浓度对反应速率的影响更显著。关于温度对反应速率系数的影响规律，阿仑尼乌斯通过实验研究并在范特霍夫工作的启发下，提出如下一指数函数形式的经验方程

$$k = k_0 \exp\left(-\frac{E_a}{RT}\right) \tag{6-37}$$

式(6-37)叫阿仑尼乌斯方程(Arrhenius equation)。式中，R 为摩尔气体常量；k_0 及 E_a 为两个经验参量，分别叫指(数)前参量(pre-exponential parameter)[①]及活化能(activation energy)。k_0 与 k 有相同的量纲。

在温度范围不太宽时，阿仑尼乌斯方程适用于元反应和许多总包反应，也常应用于一些非均相反应。阿仑尼乌斯因这一贡献荣获 1903 年度诺贝尔化学奖。

在应用时，阿仑尼乌斯方程可变换成多种形式。把式(6-37)应用于主反应物 A，并取对数，对温度 T 微分，得

$$\frac{\mathrm{d}\ln\{k_A\}}{\mathrm{d}T} = \frac{E_a}{RT^2} \tag{6-38}$$

若视 E_a 与温度无关，把式(6-38)进行定积分和不定积分，分别有

$$\ln\frac{k_{A,2}}{k_{A,1}} = \frac{E_a}{R}\left(\frac{1}{T_1} - \frac{1}{T_2}\right) \tag{6-39}$$

$$\ln\{k_A\} = -\frac{E_a}{RT} + \ln\{k_0\} \tag{6-40}$$

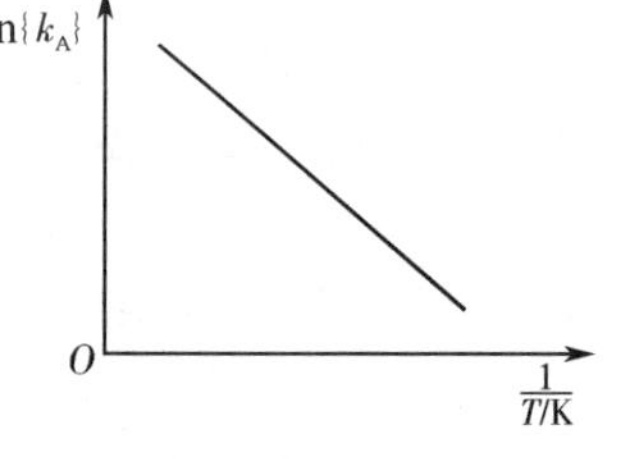

图 6-6 $\ln\{k_A\}$-$\frac{1}{T/\mathrm{K}}$关系

由式(6-40)，$\ln\{k_A\}$-$\frac{1}{T/\mathrm{K}}$ 图如图 6-6 所示，由图可知 $\ln\{k_A\}$-$\frac{1}{T/\mathrm{K}}$ 为一直线，通过直线的斜率可求 E_a，通过直线截距可求 k_0。

---

① 有的教材中称 k_0 为指(数)前因子，以符号 A 表示。但按 GB 3102—1993 中有关物理量的名称术语命名的有关规则，把 k_0 称为因子是不合适的，这由式(6-37)可以看出，k_0 与 k 有相同的量纲，而且不是量纲一的量，真正可以称为因子的是 $\exp(-E_a/RT)$ 这一项，即玻耳兹曼因子。而把 k_0 称为参量是妥当的。

6.6　活化能 E_a 及指前参量 k_0

6.6.1　活化能 E_a 及指前参量 k_0 的定义

按 IUPAC 的建议，采用阿仑尼乌斯方程作为 E_a 及 k_0 的定义式，即

$$E_a \stackrel{\text{def}}{=\!=\!=} RT^2 \frac{\mathrm{d}\ln\{k_A\}}{\mathrm{d}T} \tag{6-41}$$

$$k_0 \stackrel{\text{def}}{=\!=\!=} k_A \exp(E_a/RT) \tag{6-42}$$

这里，E_a 及 k_0 为两个经验参量，可由实验测得的 k_A-T 数据计算，而把 E_a 及 k_0 均视为与温度无关。但实质上在较宽的温度范围内，由阿仑尼乌斯方程计算的结果是有误差的。

严格来说，E_a 是与温度 T 有关的量。在较宽的温度范围内，当考虑 E_a 与温度的关系时，可采用如下的三参量方程：

$$k = k_0' T^m \exp\left(-\frac{E'}{RT}\right) \tag{6-43}$$

一般来说，$0<m<4$。溶液中离子反应的 m 较大，而气相反应的 m 较小。

将式(6-43)取对数，有

$$\ln\{k\} = \ln\{k_0'\} + m\ln\{T\} - \frac{E'}{RT} \tag{6-44}$$

将式(6-44)对 T 微分后代入式(6-41)，可得

$$E_a = E' + mRT \tag{6-45}$$

式(6-45)表明了 E_a 与温度 T 的关系。由于一般反应 m 较小，加之在温度不太高时 mRT 一项的数量级与 E' 相比可略而不计，此时即可看作 E_a 与温度无关。

6.6.2　托尔曼对元反应活化能的统计解释

阿仑尼乌斯设想，在一个反应系统中，反应物分子可区分为**活化分子**(activated molecular)和非活化分子，并认为只有活化分子的碰撞才能发生化学反应，而非活化分子的碰撞是不能发生化学反应的。当环境向系统供给能量时，非活化分子吸收能量可转化为活化分子。因此，阿仑尼乌斯认为由非活化分子转变为活化分子所需要的摩尔能量就是活化能 E_a。

随着科学技术的发展，特别是统计热力学的发展，在阿仑尼乌斯关于活化分子概念的基础上，**托尔曼**(Tolman)提出，元反应的活化能是一个统计量。通常研究的反应系统是由大量分子组成的，反应物分子处于不同的运动能级，其所具有的能量是参差不齐的，而不同能级的分子反应性能是不同的，若用 $k(E)$ 表示能量为 E 的分子的微观反应速率系数，则用宏观实验方法测得的宏观反应速率系数 $k(T)$，应是各种不同能量分子的 $k(E)$ 的统计平均值 $\langle k(E)\rangle$，于是托尔曼用统计热力学方法推出

$$E_a = \langle E^{\ddagger}\rangle - \langle E\rangle \tag{6-46}$$

式中，$\langle E\rangle$ 为反应物分子的平均摩尔能量，$\langle E^{\ddagger}\rangle$ 为活化分子（发生反应的分子）的平均摩尔能量。式(6-46) 就是托尔曼对活化能 E_a 的统计解释。由于 $\langle E\rangle$ 及 $\langle E^{\ddagger}\rangle$ 都与温度有关，显然 E_a 必然与温度有关，但由于 E_a 是 $\langle E\rangle$ 及 $\langle E^{\ddagger}\rangle$ 之差，则温度效应彼此抵消，因而 E_a 与温度关系不大，是可以理解的。

根据托尔曼对活化能的统计解释，若反应是可逆的 $A \underset{k_{-1}}{\overset{k_1}{\rightleftharpoons}} Y$，则正、逆元反应的活化能及其反应的热力学能[变]的关系，可表示为如图 6-7 所示。

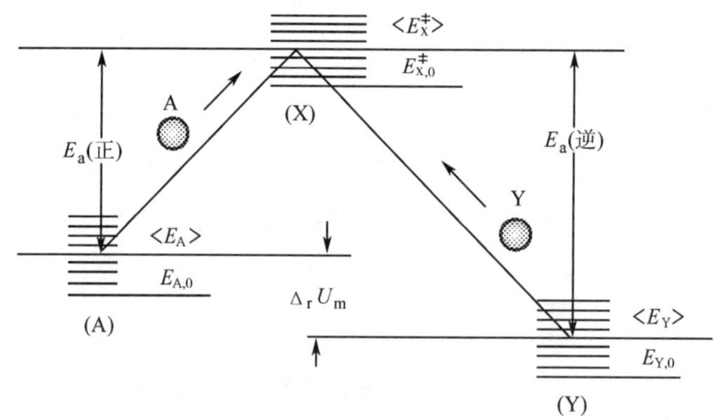

图 6-7 活化能的统计解释

图 6-7 中，$E_{A,0}$、$E_{Y,0}$ 为 A、Y 处于最低能级的摩尔能量，$\langle E_A\rangle$、$\langle E_Y\rangle$ 为温度 T 时，布居在各能级上反应物 A 及生成物 Y 的平均摩尔能量；$E_{X,0}^{\ddagger}$ 为活化分子处于最低能级的摩尔能量，$\langle E_X^{\ddagger}\rangle$ 为温度 T 时，布居在活化分子能级上的平均摩尔能量。则 $E_a(\text{正}) = \langle E_X^{\ddagger}\rangle - \langle E_A\rangle$，$E_a(\text{逆}) = \langle E_X^{\ddagger}\rangle - \langle E_Y\rangle$，$E_a$(正)、$E_a$(逆) 为正、逆反应的活化能。由图可知，$E_a(\text{正}) - E_a(\text{逆}) = \langle E_A\rangle - \langle E_Y\rangle = \Delta_r U_m(T)$，$\Delta_r U_m(T)$ 为反应的定容反应摩尔热力学能[变]。

关于指前参量 k_0 的物理意义，我们将在有关元反应的速率理论中予以解释。

【例 6-8】 设有 $E_{a,1} = 50.00\ \text{kJ}\cdot\text{mol}^{-1}$，$E_{a,2} = 150.00\ \text{kJ}\cdot\text{mol}^{-1}$，$E_{a,3} = 300.00\ \text{kJ}\cdot\text{mol}^{-1}$ 的 3 个反应。(1)计算它们在 0 ℃和 400 ℃两个起始温度下，为使速率系数加倍，所需要升高的温度是多少？(2)讨论上述三个反应速率系数对温度变化的敏感性。

解 (1)由式(6-39)，即

$$\ln\frac{k_2}{k_1} = \frac{E_a}{R}\left(\frac{1}{T_1} - \frac{1}{T_2}\right)$$

使速率系数加倍，亦即 $k_2/k_1 = 2$，代入上式整理后，得

$$T_2 = \frac{E_a}{(E_a/T_1) - R\ln 2}$$

T_2 即为使速率系数加倍所需由起始温度升高到的温度，进而可算得所需升高的温度 $\Delta T = T_2 - T_1$，计算结果列入下表：

起始温度 /K	ΔT/K		
	反应 1	反应 2	反应 3
273.15	8.87	2.89	1.00
673.15	56.61	17.86	8.82

(2) 由(1) 的计算结果可知，不管反应的起始温度高低如何，不同反应，活化能愈高，使速率系数加倍所需提高的温度愈小。表明活化能愈高，反应的速率系数对温度变化愈敏感。

对同一反应，反应的起始温度愈低，使速率系数加倍所需提高的温度愈小。这表明，对同一反应，活化能一定，反应的起始温度愈低，反应的速率系数对温度的变化愈敏感。

【例 6-9】 气相反应 A(g)+2B(g)⟶Y(g)，已知该反应的速 率方程为 $-\frac{dp_A}{dt}=k_{A,p}p_Ap_B$，在保持恒温、体积一定的真空容器内，注入反应物 A(g) 及 B(g)，当温度为 700 K，$p_{A,0}=1.33\ \text{kPa}$，$p_{B,0}=2.66\ \text{kPa}$ 时，实验测得，以总压 p_t 表示的初始速率：

$$-\left(\frac{dp_t}{dt}\right)_{t=0}=1.200\times10^4\ \text{Pa}\cdot\text{h}^{-1}$$

(1)推导出 $\left(-\frac{dp_A}{dt}\right)$ 与 $\left(-\frac{dp_t}{dt}\right)$ 的关系；(2)计算在上述条件下，以 B 的消耗速率表示的速率系数 $k_{B,p}(700\ \text{K})$；(3) 计算在上述条件下 A(g) 反应掉 80% 所需时间 t；(4)800 K 时，测得该反应速率系数 $k_{A,p}(800\ \text{K})=3.00\times10^{-3}\ \text{Pa}^{-1}\cdot\text{h}^{-1}$，计算上述反应的活化能。

解 (1)由计量方程 A(g) + 2B(g) ⟶ Y(g)

$$\begin{array}{llll} & A(g) & +\ 2B(g) & \longrightarrow\ Y(g) \\ t=0: & p_{A,0} & p_{B,0} & 0 \\ t=t: & p_A & 2p_A & p_{A,0}-p_A \end{array}$$

则时间 t 时的总压为

$$p_t=p_A+2p_A+(p_{A,0}-p_A)=p_{A,0}+2p_A$$

上式对 t 微分，得

$$\frac{dp_t}{dt}=2\frac{dp_A}{dt}$$

所以
$$\left(-\frac{dp_t}{dt}\right)_{t=0}=2\left(-\frac{dp_A}{dt}\right)_{t=0}$$

因为
$$\left(-\frac{dp_t}{dt}\right)_{t=0}=1.20\times10^4\ \text{Pa}\cdot\text{h}^{-1}$$

所以
$$\left(-\frac{dp_A}{dt}\right)_{t=0}=\frac{1}{2}\left(-\frac{dp_t}{dt}\right)_{t=0}=6.00\times10^3\ \text{Pa}\cdot\text{h}^{-1}$$

(2)由 $\left(-\frac{dp_A}{dt}\right)_{t=0}=k_{A,p}(700\ \text{K})p_{A,0}p_{B,0}$，将 $p_{A,0}=1.33\ \text{kPa}$，$p_{B,0}=2.66\ \text{kPa}$ 代入，得

$$k_{A,p}(700\ \text{K})=1.70\times10^{-3}\ \text{Pa}^{-1}\cdot\text{h}^{-1}$$

由计量方程知
$$k_{A,p}(700\ \text{K})=\frac{1}{2}k_{B,p}(700\ \text{K})$$

所以
$$k_{B,p}(700\ \text{K})=2\times1.70\times10^{-3}\ \text{Pa}^{-1}\cdot\text{h}^{-1}=3.40\times10^{-3}\ \text{Pa}^{-1}\cdot\text{h}^{-1}$$

(3) 因为 $p_{A,0}:p_{B,0}=1:2$，所以反应过程中始终保持 $p_A:p_B=1:2$，即 $p_B=2p_A$，于是

$$-\frac{dp_A}{dt}=k_{A,p}p_A\times2p_A=2k_{A,p}p_A^2$$

分离变量积分，得

$$t=\frac{1}{2k_{A,p}}\left(\frac{1}{p_A}-\frac{1}{p_{A,0}}\right)$$

以 $p_A=p_{A,0}(1-x_A)$ 代入，得

$$t=\frac{x_A}{2k_{A,p}p_{A,0}(1-x_A)}$$

将 $x_A = 0.8$ 代入,得

$$t = 0.885\ \mathrm{h}$$

(4)由式(6-39)及式(6-15)

$$\ln \frac{k_{A,p}(800\ \mathrm{K}) \times 800\ \mathrm{K}R}{k_{A,p}(700\ \mathrm{K}) \times 700\ \mathrm{K}R} = \frac{E_a}{R}\left(\frac{1}{700\ \mathrm{K}} - \frac{1}{800\ \mathrm{K}}\right)$$

于是

$$E_a = R\ln \frac{k_{A,p}(800\ \mathrm{K}) \times 800\ \mathrm{K}}{k_{A,p}(700\ \mathrm{K}) \times 700\ \mathrm{K}} \times \left(\frac{800\ \mathrm{K} \times 700\ \mathrm{K}}{800\ \mathrm{K} - 700\ \mathrm{K}}\right) =$$

$$8.314\ 5\ \mathrm{J \cdot mol^{-1} \cdot K^{-1}} \times \ln\left(\frac{800}{700} \times \frac{3.00 \times 10^{-3}}{1.70 \times 10^{-3}}\right) \times \left(\frac{700\ \mathrm{K} \times 800\ \mathrm{K}}{800\ \mathrm{K} - 700\ \mathrm{K}}\right) =$$

$$32.7\ \mathrm{kJ \cdot mol^{-1}}$$

【例 6-10】 反应 $\underset{(A)}{C_6H_5Cl} + \underset{(B)}{2NH_3} \xrightarrow{CuCl} C_6H_5NH_2 + NH_4Cl$ 动力学方程如下:

$$-\frac{\mathrm{d}c_A}{\mathrm{d}t} = k_A c_A c(\mathrm{CuCl})$$

式中,$c(\mathrm{CuCl})$ 是催化剂 CuCl 的浓度,在反应过程中保持不变。已知反应的速率系数与温度的关系为

$$\ln[k_A/(\mathrm{dm^3 \cdot mol^{-1} \cdot min^{-1}})] = -\frac{12\ 300}{T/\mathrm{K}} + 23.40$$

(1)计算反应的活化能 E_a;(2) 计算当催化剂浓度为 $c(\mathrm{CuCl}) = 2.82 \times 10^{-2}\ \mathrm{mol \cdot dm^{-3}}$ 时,反应温度为 200 ℃,经过 120 min 后,氯苯的转化率为多少?

解 (1) $E_a = 12\ 300\ \mathrm{K} \times 8.314\ 5\ \mathrm{J \cdot mol^{-1} \cdot K^{-1}} = 102.3\ \mathrm{kJ \cdot mol^{-1}}$

(2) 因 $c(\mathrm{CuCl})$ 为常数,所以 $-\frac{\mathrm{d}c_A}{\mathrm{d}t} = k_A c(\mathrm{CuCl}) c_A$,以 $c_A = c_{A,0}(1 - x_A)$ 代入,分离变量,积分,得

$$t = \frac{1}{k_A c(\mathrm{CuCl})} \ln \frac{1}{1 - x_A}$$

当 $T = 473$ K 时,代入 $k_A = f(T)$ 的关系式,得

$$k_A(473\ \mathrm{K}) = 7.40 \times 10^{-2}\ \mathrm{dm^3 \cdot mol^{-1} \cdot min^{-1}}$$

于是

$$120\ \mathrm{min} = [1/(7.40 \times 10^{-2}\ \mathrm{dm^3 \cdot mol^{-1} \cdot min^{-1}} \times 2.82 \times 10^{-2}\ \mathrm{mol \cdot dm^{-3}})] \ln \frac{1}{1 - x_A}$$

解得

$$x_A = 0.232$$

【例 6-11】 定容气相反应 $A + 2B \longrightarrow Y$,已知反应速度系数 k_B 与温度关系为

$$\ln[k_B/(\mathrm{dm^3 \cdot mol^{-1} \cdot s^{-1}})] = -\frac{9\ 622}{T/\mathrm{K}} + 24.00$$

(1)计算该反应的活化能 E_a;(2)若反应开始时,$c_{A,0} = 0.1\ \mathrm{mol \cdot dm^{-3}}$,$c_{B,0} = 0.2\ \mathrm{mol \cdot dm^{-3}}$,欲使 A 在 10 min 内转化率达 90%,则反应温度 T 应控制在多少(若对 A、B 均为 1 级)?

解 (1) 将本题所给定反应的 k_B 与 T 的关系式与阿仑尼乌斯方程式(6-40)

$$\ln(k/[k]) = -\frac{E_a}{RT} + \ln\{k_0\}$$

比较可知

$$-\frac{E_a}{R} = -9\ 622\ \mathrm{K}$$

$$E_a = 9\ 622\ \mathrm{K} \times 8.314\ 5\ \mathrm{J \cdot K^{-1} \cdot mol^{-1}} = 80.00\ \mathrm{kJ \cdot mol^{-1}}$$

(2)

$$-\frac{\mathrm{d}c_A}{\mathrm{d}t} = k_A c_A c_B, \quad -\frac{\mathrm{d}c_B}{\mathrm{d}t} = k_B c_A c_B$$

由计量关系式知
$$k_A = \frac{1}{2}k_B$$
$$-\frac{dc_A}{dt} = \frac{1}{2}k_B c_A c_B$$
又 $c_{A,0} : c_{B,0} = 1:2$，即 $c_B = 2c_A$，代入上式，分离变量，积分，得
$$\frac{1}{c_{A,t}} - \frac{1}{c_{A,0}} = k_B t$$
把 $t = 10\ \text{min}, c_{A,0} = 0.1\ \text{mol} \cdot \text{dm}^{-3}, c_{A,t} = c_{A,0}(1-0.9) = 0.01\ \text{mol} \cdot \text{dm}^{-3}$，代入上式，得
$$k_B = \frac{1}{t}\left(\frac{1}{c_{A,t}} - \frac{1}{c_{A,0}}\right) = \frac{1}{10\ \text{min}}\left(\frac{1}{0.01} - \frac{1}{0.1}\right)\ \text{mol}^{-1} \cdot \text{dm}^3 =$$
$$9\ \text{dm}^3 \cdot \text{mol}^{-1} \cdot \text{min}^{-1} = 1.500 \times 10^{-1}\ \text{dm}^3 \cdot \text{mol}^{-1} \cdot \text{s}^{-1}$$
所以
$$\ln \frac{1.500 \times 10^{-1}\ \text{dm}^3 \cdot \text{mol}^{-1} \cdot \text{s}^{-1}}{\text{dm}^3 \cdot \text{mol}^{-1} \cdot \text{s}^{-1}} = -\frac{9\ 622}{T/\text{K}} + 24.00$$
解得 $T = 371.5\ \text{K}$。

Ⅲ　复合反应动力学

6.7　基本型的复合反应

复合反应通常是指两个或两个以上元反应的组合。其中基本型的复合反应有 3 类：平行反应、对行反应和连串反应。对于由级数已知的总包反应组合而成的复合反应，其动力学处理方法与由元反应组合而成的复合反应动力学处理方法是一样的。本节以由元反应组合成的复合反应为例，讨论其动力学处理。

6.7.1　平行反应

有一种或几种相同反应物参加，同时存在的反应，称为平行反应(side reaction)。

1. 平行反应的微分和积分速率方程

以由两个单分子反应(或两个一级总包反应)组合成的平行反应为例，设有

$$A \begin{cases} \xrightarrow{k_1} Y(\text{主产物}) \\ \xrightarrow{k_2} Z(\text{副产物}) \end{cases}$$

式中，k_1、k_2 分别为主、副反应的微观速率系数(对元反应而言)，由质量作用定律，对两个元反应，有
$$\frac{dc_Y}{dt} = k_1 c_A, \quad \frac{dc_Z}{dt} = k_2 c_A \tag{6-47}$$
A 的消耗速率，必等于 Y 与 Z 的增长速率之和
$$-\frac{dc_A}{dt} = \frac{dc_Y}{dt} + \frac{dc_Z}{dt} = k_1 c_A + k_2 c_A = (k_1 + k_2)c_A \tag{6-48}$$

式(6-48)为两个单分子反应(或两个一级总包反应)组成的平行反应的微分速率方程。

将式(6-48)分离变量积分

$$\int_{c_{A,0}}^{c_A} -\frac{dc_A}{c_A} = (k_1+k_2)\int_0^t dt$$

得

$$t = \frac{1}{k_1+k_2}\ln\frac{c_{A,0}}{c_A} \tag{6-49a}$$

或由式(6-11)、式(6-12)及式(6-48),有

$$\frac{dx_A}{dt} = (k_1+k_2)(1-x_A) \tag{6-50}$$

将式(6-50)分离变量积分

$$\int_0^{x_A}\frac{dx_A}{1-x_A} = (k_1+k_2)\int_0^t dt$$

得

$$t = \frac{1}{k_1+k_2}\ln\frac{1}{1-x_A} \tag{6-49b}$$

式(6-49a)及式(6-49b)为两个单分子反应(或两个一级总包反应)组合成的平行反应的积分速率方程。

2. 平行反应的主、副反应的竞争

由式(6-47),两式相除,且当 $c_{Y,0}=0, c_{Z,0}=0$ 时,积分后,得

$$\frac{c_Y}{c_Z} = \frac{k_1}{k_2} \tag{6-51}$$

式(6-51)表明,由反应分子数相同的两个元反应(或级数已知并相同的总包反应)组合而成的平行反应,其主、副反应产物浓度之比等于其速率系数之比。只要两个元反应的分子数相同(或总包反应的级数相同),这个结论总是成立的。由此结论,我们可以通过改变温度或选用不同催化剂以改变速率系数 k_1、k_2,从而改变主、副产物浓度之比,提高原子经济性(atom economy,原料中的原子转化为目的产物的百分率),实现废物(无用的副产物)的零排放,达到绿色化学的要求,保护环境。

【例 6-12】 平行反应

$$A \xrightarrow{k_A} \begin{cases} \xrightarrow{k_1} Y \quad (\text{主反应}) \\ \xrightarrow{k_2} Z \quad (\text{副反应}) \end{cases}$$

k_A 为表观速率系数,其速率方程可用下式表示

$$v_A = -\frac{dc_A}{dt} = k_A c_A^n$$

在一定条件下,得到下列数据:

编号	$v_A/(mol\cdot dm^{-3}\cdot s^{-1})$	$c_A/(mol\cdot dm^{-3})$
1	3.85×10^{-3}	7.69×10^{-6}
2	1.67×10^{-2}	3.33×10^{-5}

(1)试确定反应级数 n;算出反应的半衰期,及在上述条件下,A 反应掉 80%所需时间;(2) k_1、k_2 和温度的关系式为

$$k_1 = 1.2\times10^3\ s^{-1}\exp\left(-\frac{90\ 000\ J\cdot mol^{-1}}{RT}\right)$$

$$k_2 = 8.9\ s^{-1}\exp\left(-\frac{80\ 000\ J\cdot mol^{-1}}{RT}\right)$$

若产物不含 A,试计算含 Y 的摩尔分数达到 0.95 时,反应温度为多少?并通过计算说明升高温度能否得到含 Y 的摩尔分数为 0.995 的产品?(3)对平行反应,若主、副反应均为一级,证明:表观活化能 $E_a = \dfrac{k_1E_1 + k_2E_2}{k_1 + k_2}$。

解 (1) 把所给数据代入 $v_A = k_A c_A^n$ 中,因 $v_{A,1}/v_{A,2} = \dfrac{c_{A,1}}{c_{A,2}}$,所以 $n = 1$,则

$$k_A = \frac{v_A}{c_A} = \frac{3.85 \times 10^{-3}\ \text{mol} \cdot \text{dm}^{-3} \cdot \text{s}^{-1}}{7.69 \times 10^{-6}\ \text{mol} \cdot \text{dm}^{-3}} = 500\ \text{s}^{-1}$$

对于一级反应,半衰期 $$t_{1/2} = \frac{0.693}{k_A} = 1.39 \times 10^{-3}\ \text{s}$$

又 $$k_A t = \ln \frac{1}{1 - x_A}$$

所以,当 $x_A = 80\%$ 时, $$t = 3.22 \times 10^{-3}\ \text{s}$$

(2) $$\frac{c_Y}{c_Z} = \frac{k_1}{k_2} = \frac{1.2 \times 10^3}{8.9} \times \exp\left(\frac{80\ 000\ \text{J} \cdot \text{mol}^{-1} - 90\ 000\ \text{J} \cdot \text{mol}^{-1}}{RT}\right) =$$

$$134.8\exp\left(\frac{-10\ 000\ \text{J} \cdot \text{mol}^{-1}}{RT}\right)$$

整理,得

$$T = \frac{1\ 202.8\ \text{K}}{4.904 - \ln(c_Y/c_Z)}$$

当 Y 的摩尔分数达到 0.95 时,$c_Y/c_Z = \dfrac{0.95}{0.05} = 19$,$\ln(c_Y/c_Z) = 2.944$,代入上式,得

$$T = \frac{1\ 202.8\ \text{K}}{4.904 - 2.944} = 613.7\ \text{K}$$

因为 $c_Y/c_Z = 134.8\exp\left(-\dfrac{10\ 000\ \text{J} \cdot \text{mol}^{-1}}{RT}\right)$,当 $T \to \infty$ 时,$c_Y/c_Z \to 134.8$,相应的 Y 的最大摩尔分数为 x_Y,则

$$\frac{x_Y}{1 - x_Y} = 134.8,\quad x_Y = 0.992\ 6 < 0.995$$

所以升高温度不可能得到含 Y 的摩尔分数为 0.995 的产品。

(3)对主反应 $$\frac{dc_Y}{dt} = k_1 c_A,\quad \frac{dk_1}{dT} = \frac{k_1 E_1}{RT^2}$$

对副反应 $$\frac{dc_Z}{dt} = k_2 c_A,\quad \frac{dk_2}{dT} = \frac{k_2 E_2}{RT^2}$$

对于总反应 $$-\frac{dc_A}{dt} = \frac{dc_Y}{dt} + \frac{dc_Z}{dt} = (k_1 + k_2)c_A,\quad \frac{d(k_1 + k_2)}{dT} = \frac{(k_1 + k_2)E_a}{RT^2}$$

而 $$\frac{d(k_1 + k_2)}{dT} = \frac{dk_1}{dT} + \frac{dk_2}{dT}$$

所以 $$\frac{(k_1 + k_2)E_a}{RT^2} = \frac{k_1 E_1}{RT^2} + \frac{k_2 E_2}{RT^2}$$

即 $$(k_1 + k_2)E_a = k_1 E_2 + k_2 E_2,\quad E_a = \frac{k_1 E_1 + k_2 E_2}{k_1 + k_2}$$

【例 6-13】 平行反应

$$A + B \begin{cases} \xrightarrow{k_1} Y \\ \xrightarrow{k_2} Z \end{cases}$$

两反应对 A 和 B 均为一级,若反应开始时 A 和 B 的浓度均为0.5 mol · dm^{-3},则 30 min 后有 15%的 A 转

化为 Y,25%的 A 转化为 Z,求 k_1 和 k_2 的值。

解
$$k_1/k_2=\frac{c_Y}{c_Z}=\frac{0.5\ \text{mol}\cdot\text{dm}^{-3}\times0.15}{0.5\ \text{mol}\cdot\text{dm}^{-3}\times0.25}=0.6 \tag{a}$$

$$k_1+k_2=\frac{1}{t}\times\frac{x_A}{c_{A,0}(1-x_A)}=$$
$$\frac{0.15+0.25}{30\ \text{min}^{-1}\times0.5\ \text{mol}\cdot\text{dm}^{-3}\times(1-0.15-0.25)}=$$
$$0.044\ 4\ \text{dm}^3\cdot\text{mol}^{-1}\cdot\text{min}^{-1} \tag{b}$$

把式(a)代入式(b),得
$$k_1=0.016\ 6\ \text{dm}^3\cdot\text{mol}^{-1}\cdot\text{min}^{-1}$$
$$k_2=0.027\ 8\ \text{dm}^3\cdot\text{mol}^{-1}\cdot\text{min}^{-1}$$

6.7.2 对行反应

正、逆方向同时进行的反应称为对行反应(opposing reaction),又称为可逆反应(reversible reaction)。

1. 对行反应的微分和积分速率方程

仍以由两个单分子反应(或两个一级总包反应)组合成的对行反应为例,设有

$$A\underset{k_{-1}}{\overset{k_1}{\rightleftharpoons}}Y$$

式中,k_1、k_{-1} 分别为正、逆反应的微观速率系数(对元反应而言),由质量作用定律,对两个元反应,有

正向反应,A 的消耗速率 $\quad -\dfrac{dc_A}{dt}=k_1c_A$

逆向反应,A 的增长速率 $\quad \dfrac{dc_A}{dt}=k_{-1}c_Y$

则 A 的净消耗速率为同时进行的正、逆反应中 A 的变化速率的代数和,即

$$-\frac{dc_A}{dt}=k_1c_A-k_{-1}c_Y \tag{6-52}$$

式(6-52)为两单分子反应(或两个一级总包反应)组合而成的对行反应的微分速率方程。若

$$\begin{array}{lccc} & A & \underset{k_{-1}}{\overset{k_1}{\rightleftharpoons}} & Y \\ t=0: & c_A=c_{A,0} & & 0 \\ t=t: & c_A=c_{A,0}(1-x_A) & & c_Y=c_{A,0}x_A \end{array}$$

将上述物量衡算关系代入式(6-52),分离变量积分可得

$$t=\frac{1}{k_1+k_{-1}}\ln\frac{k_1}{k_1-(k_1+k_{-1})x_A} \tag{6-53}$$ ①

---

① 式(6-53)的积分方法是

$$\frac{dx_A}{dt}=k_1(1-x_A)-k_{-1}x_A,\quad \int\frac{dx_A}{k_1(1-x_A)-k_{-1}x_A}=\int dt$$

$$\int_0^{x_A}-\left[\frac{1}{k_1+k_{-1}}\right]\frac{d[k_1-(k_1+k_{-1})x_A]}{k_1-(k_1+k_{-1})x_A}=\int_0^t dt,\quad -\ln[k_1-(k_1+k_{-1})x_A]_0^{x_A}=(k_1+k_{-1})t$$

代入上下限,即得式(6-53)。

式(6-53)为两个单分子反应(或两个一级总包反应)组合成的对行反应积分速率方程。

2. 对行反应正、逆反应活化能与反应的摩尔热力学能[变]的关系

由
$$\frac{k_1}{k_{-1}}=K_c \tag{6-54}$$

则
$$\ln\{k_1\}-\ln\{k_{-1}\}=\ln\{K_c\}$$
$$\frac{\mathrm{d}\ln\{k_1\}}{\mathrm{d}T}-\frac{\mathrm{d}\ln\{k_{-1}\}}{\mathrm{d}T}=\frac{\mathrm{d}\ln\{K_c\}}{\mathrm{d}T}$$

由式(6-38)及式(4-20),得
$$\frac{E_1}{RT^2}-\frac{E_{-1}}{RT^2}=\frac{\Delta_r U_m(T)}{RT^2}$$

于是
$$E_1-E_{-1}=\Delta_r U_m(T) \tag{6-55a}$$

式中,E_1、E_{-1} 分别为正、逆反应的活化能,$\Delta_r U_m(T)$ 为定容反应摩尔热力学能[变]。

若反应为定压反应,则有
$$E_1-E_{-1}=\Delta_r H_m^{\ominus}(T) \tag{6-55b}$$

3. 可逆反应按放热方向进行时的最佳反应温度

由式(6-52)
$$-\frac{\mathrm{d}c_A}{\mathrm{d}t}=k_1 c_A-k_{-1}c_Y$$

又
$$\frac{k_1}{k_{-1}}=K_c$$

则
$$-\frac{\mathrm{d}c_A}{\mathrm{d}t}=k_1\left(c_A-\frac{k_{-1}}{k_1}c_Y\right)$$

即
$$v_A=k_1\left(c_A-\frac{1}{K_c}c_Y\right) \tag{6-56}$$

下面分析温度 T 对 v_A 的影响:

(i)由阿仑尼乌斯方程
$$\mathrm{d}\ln\{k\}=\frac{E_a}{RT^2}\mathrm{d}T$$

显然,$T\uparrow\Rightarrow k\uparrow$,即 $k_1\uparrow\Rightarrow v_A\uparrow$。

(ii)由范特霍夫方程式(4-20)
$$\mathrm{d}\ln\{K_c\}=\frac{\Delta_r U_m}{RT^2}\mathrm{d}T,\quad \Delta_r U_m<0$$

显然,$T\uparrow\Rightarrow K_c\downarrow\Rightarrow\frac{c_Y}{K_c}\uparrow\Rightarrow v_A\downarrow$。

进一步分析可知:

在低温时,K_c 较大,则 v_A 受 $\frac{c_Y}{K_c}$ 影响小,此时,v_A 主要受 k_1 影响。即低温时,主要趋势是随着 $T\uparrow$,$v_A\uparrow$;

在高温时,K_c 较小,则 v_A 受 $\frac{c_Y}{K_c}$ 影响大,即高温时,主要趋势是随着 $T\uparrow$,$v_A\downarrow$。

总的结果是,随着 $T\uparrow$,v_A 开始升高,经一极大值后又下降,这一结果如图 6-8 所示。T_m 即为**最佳反应温度**。如合成氨反应是按放热方向进行的对行反应,实际生产时要考虑最佳反

应温度的选择问题。

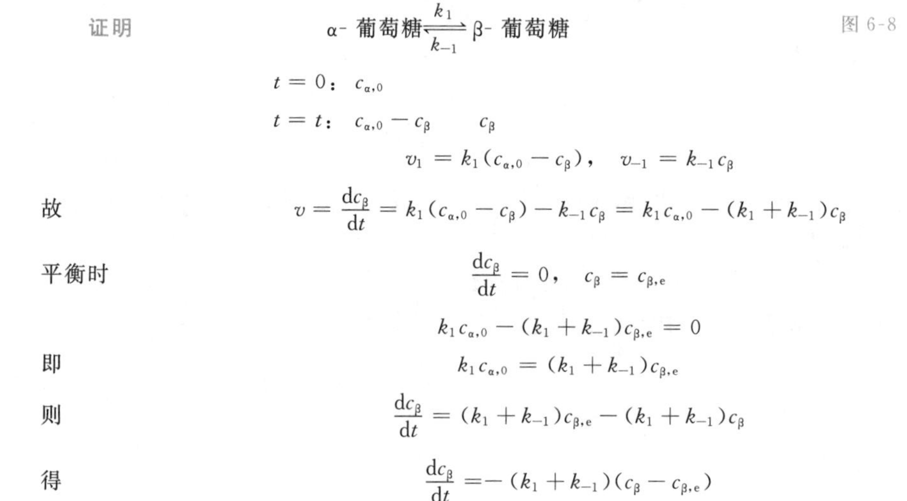

图 6-8 最佳反应温度

【例 6-14】 反应 α - 葡萄糖 $\underset{k_{-1}}{\overset{k_1}{\rightleftharpoons}}$ β - 葡萄糖是一对行反应，正、逆反应均为一级，试证明：

$$\frac{\mathrm{d}c_\beta}{\mathrm{d}t}=-(k_1+k_{-1})(c_\beta-c_{\beta,e})$$

式中，c_β、$c_{\beta,e}$ 分别代表时间 t 及反应达平衡时 β- 葡萄糖的浓度。

证明

$$\alpha\text{- 葡萄糖} \underset{k_{-1}}{\overset{k_1}{\rightleftharpoons}} \beta\text{- 葡萄糖}$$

$$t=0:\quad c_{\alpha,0}$$

$$t=t:\quad c_{\alpha,0}-c_\beta \qquad c_\beta$$

$$v_1=k_1(c_{\alpha,0}-c_\beta),\quad v_{-1}=k_{-1}c_\beta$$

故

$$v=\frac{\mathrm{d}c_\beta}{\mathrm{d}t}=k_1(c_{\alpha,0}-c_\beta)-k_{-1}c_\beta=k_1c_{\alpha,0}-(k_1+k_{-1})c_\beta$$

平衡时

$$\frac{\mathrm{d}c_\beta}{\mathrm{d}t}=0,\quad c_\beta=c_{\beta,e}$$

$$k_1c_{\alpha,0}-(k_1+k_{-1})c_{\beta,e}=0$$

即

$$k_1c_{\alpha,0}=(k_1+k_{-1})c_{\beta,e}$$

则

$$\frac{\mathrm{d}c_\beta}{\mathrm{d}t}=(k_1+k_{-1})c_{\beta,e}-(k_1+k_{-1})c_\beta$$

得

$$\frac{\mathrm{d}c_\beta}{\mathrm{d}t}=-(k_1+k_{-1})(c_\beta-c_{\beta,e})$$

6.7.3 连串反应

当一个反应的部分或全部生成物是下一个反应的部分或全部反应物时的反应称为连串反应(consecutive reaction)。

1. 连串反应的微分和积分速率方程

设有一由两个单分子反应(或两个一级总包反应)组合成的连串反应

$$\mathrm{A}\xrightarrow{k_1}\mathrm{B}\xrightarrow{k_2}\mathrm{Y}$$

式中，k_1、k_2 分别为两个单分子反应的速率系数。则由质量作用定律，对两个元反应，有

A 的消耗速率：
$$-\frac{\mathrm{d}c_A}{\mathrm{d}t}=k_1c_A \tag{6-57}$$

B 的增长速率：
$$\frac{\mathrm{d}c_B}{\mathrm{d}t}=k_1c_A-k_2c_B \tag{6-58}$$

Y 的增长速率：
$$\frac{\mathrm{d}c_Y}{\mathrm{d}t}=k_2c_B \tag{6-59}$$

式(6-57)～式(6-59)为由两个单分子反应(或两个一级总包反应)组合成的连串反应的微分速率方程。将式(6-57)分离变量积分，得

$$\ln\frac{c_{A,0}}{c_A}=k_1t \quad 或 \quad c_A=c_{A,0}\mathrm{e}^{-k_1t} \tag{6-60}$$

将式(6-58)分离变量，并将式(6-60)代入，得

$$\frac{\mathrm{d}c_B}{\mathrm{d}t}+k_2c_B=k_1c_{A,0}\mathrm{e}^{-k_1t} \tag{6-61}$$

式(6-61)是$\frac{dy}{dx}+py=Q$型的一阶线性微分方程，方程的解为

$$c_B=\frac{k_1c_{A,0}}{k_2-k_1}(e^{-k_1t}-e^{-k_2t}) \tag{6-62}$$

而

$$c_A+c_B+c_Y=c_{A,0}$$

于是

$$c_Y=c_{A,0}-c_A-c_B=c_{A,0}\left[1-\frac{1}{k_2-k_1}(k_2e^{-k_1t}-k_1e^{-k_2t})\right] \tag{6-63}$$

式(6-61)～式(6-63)为由两单分子反应(或两个一级总包反应)组合成的连串反应的积分速率方程。

根据式(6-61)～式(6-63)作 c-t 图，由于 k_1 和 k_2 的相对大小不同，可得如图 6-9 所示的图形。

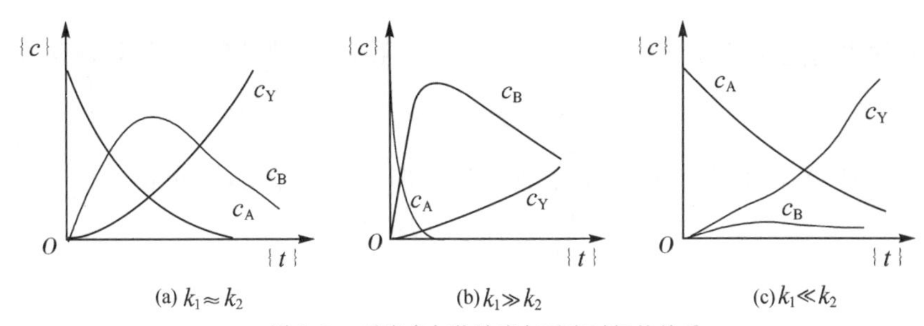

图 6-9　反应参与物浓度与反应时间的关系

2. 反应速率控制步骤

在连串反应中，若其中有一步骤的速率系数对总反应的速率起着决定性影响，该步骤即为速率控制步骤(rate determining step)。

视频

速率控制步骤的确定

如连串反应 $A\xrightarrow{k_1}B\xrightarrow{k_2}Y$，若 $k_1\gg k_2$，则反应总速率由第二步控制[图 6-9(b)]；若 $k_1\ll k_2$，则反应总速率由第一步控制[图 6-9(c)]。为加快总反应速率，关键在于加快控制步骤的速率。

3. 获取中间物 B 的最佳反应时间

若中间物 B 为目的产物，则 c_B 达到最大量值的时间称为获取中间物的最佳反应时间(optimum reaction time)。反应达到最佳反应时间就必须立即终止反应，否则目的产物的产率就会下降。将式(6-62)对时间 t 取导数，令其为 0，可得获取中间物 B 的最佳反应时间 t_{max} 和 B 的最大浓度 $c_{B,max}$ 分别为

$$t_{max}=\frac{\ln(k_1/k_2)}{k_1-k_2} \tag{6-64}$$

$$c_{B,max}=c_{A,0}\left(\frac{k_1}{k_2}\right)^{\frac{k_2}{k_2-k_1}} \tag{6-65}$$

生产中，控制好最佳反应时间，有利于提高原子经济性。

【例 6-15】　连串反应 $A\underset{(i)}{\xrightarrow{k_1}}B\underset{(ii)}{\xrightarrow{k_2}}Y$，若反应的指前参量 $k_{0,1}<k_{0,2}$，活化能 $E_1<E_2$；回答下列问题：(1) 在同一坐标图中绘制两个反应的 $\ln\{k\}$-$\{\frac{1}{T}\}$ 示意图；(2) 说明：在低温及高温时，总反应速率各由哪一步[指(i) 和(ii)] 控制？

解 (1) 由阿仑尼乌斯方程可知，对反应(i)及(ii)分别有

$$\ln\{k_1\}=-\frac{E_1}{RT}+\ln\{k_{0,1}\},\quad \ln\{k_2\}=-\frac{E_2}{RT}+\ln\{k_{0,2}\}$$

因为 $k_{0,1}<k_{0,2}$，$E_1<E_2$，则上述两直线在坐标图上相交，如图 6-10 所示，实线为 $\ln\{k_1\}$-$\{\frac{1}{T}\}$，虚线为 $\ln\{k_2\}$-$\{\frac{1}{T}\}$。

(2) 化学反应速率一般由慢步骤即 k 小的步骤控制。所以从图 6-10 可以看出：当 $T>T_0$ 时，即高温时，$k_2>k_1$，则总反应由(i) 控制；当 $T<T_0$ 时，即在低温时，$k_2<k_1$，总反应由(ii) 控制。

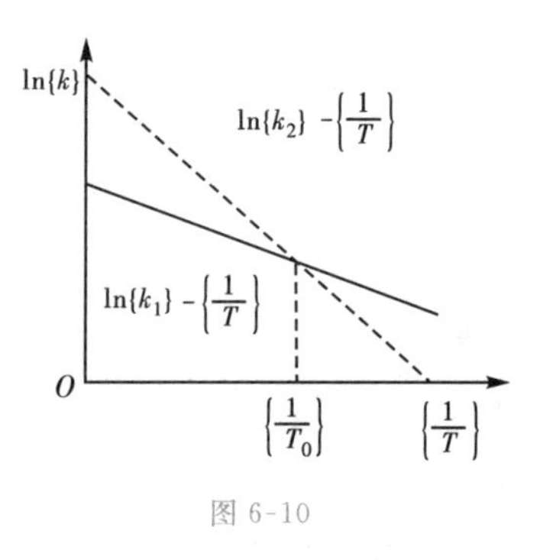

图 6-10

6.8 复合反应速率方程的近似处理法

考虑如下的更为复杂的复合反应(其中每步都是元反应)，其速率方程如何建立？

$$\mathrm{A}\underset{k_{-1}}{\overset{k_1}{\rightleftharpoons}}\mathrm{B}\xrightarrow{k_2}\mathrm{Y}$$

假设反应是在定温、定容条件下进行的。根据元反应的质量作用定律，可得

$$-\frac{\mathrm{d}c_\mathrm{A}}{\mathrm{d}t}=k_1c_\mathrm{A}-k_{-1}c_\mathrm{B} \tag{a}$$

$$\frac{\mathrm{d}c_\mathrm{B}}{\mathrm{d}t}=k_1c_\mathrm{A}-(k_{-1}+k_2)c_\mathrm{B} \tag{b}$$

$$\frac{\mathrm{d}c_\mathrm{Y}}{\mathrm{d}t}=k_2c_\mathrm{B} \tag{c}$$

要获得上述微分速率方程的积分形式，一方面要解微分方程，显然很麻烦；另一方面，上述各方程中都包含难于由实验测定的中间物浓度 c_B，它不应包含在最后的积分式中，以使获得的积分速率方程中的所有浓度变量都可由实验很方便地测定。为此，就必须找出 c_B 与能由实验很方便地测定的浓度变量(反应物或产物的浓度)间的关系，以代替 c_B。为解决上述问题，我们介绍两种近似处理法，即稳态近似法(steady-state approximation method) 和预平衡态近似法(pre-equilibrium state approximation method)。

6.8.1 稳态近似法

在前述复合反应中，若 $k_1\ll(k_{-1}+k_2)$，即在给定的复合反应中中间物是非常活泼的，所以反应系统中，中间物 B 一般不会积聚起来，与反应物或产物的浓度相比，中间物 B 的浓度 c_B 的变化是很小的，所以可近似地看作不随时间而变，用数学式表达就是

$$\frac{\mathrm{d}c_\mathrm{B}}{\mathrm{d}t}=0 \tag{6-66}$$

人们把中间物浓度不随时间而变的阶段称作稳态(steady state)。于是可以利用稳态近似法找出中间物浓度 c_B 与反应物或产物浓度的函数关系，代入含 c_B 的微分方程中，从而消掉 c_B，得到不含 c_B 的，且浓度变量都可很方便地由实验测定的微分或积分速率方程。

以前述复合反应为例，应用稳态近似法于中间物浓度 c_B，由微分方程(b)，得

$$\frac{\mathrm{d}c_\mathrm{B}}{\mathrm{d}t}=k_1c_\mathrm{A}-(k_{-1}+k_2)c_\mathrm{B}=0$$

则
$$c_B = \frac{k_1 c_A}{k_{-1} + k_2}$$

代入微分方程(a)或(c),得

$$-\frac{dc_A}{dt} = \left(k_1 - \frac{k_1 k_{-1}}{k_{-1} + k_2}\right) c_A$$

或
$$\frac{dc_Y}{dt} = \frac{k_1 k_2}{k_{-1} + k_2} c_A$$

可见,不但消掉了微分方程中的中间物浓度 c_B,而且也使得到的结果比解微分方程得到的结果大大简化。

6.8.2 预平衡态近似法

在前述复合反应中,假设 $k_1 \gg k_2$ 及 $k_{-1} \gg k_2$,即在给定的复合反应中假定 $B \xrightarrow{k_2} Y$ 为速率控制步骤,在此步骤之前的对行反应可预先较快地达成平衡,从而有

$$\frac{c_B}{c_A} = K_c$$

则
$$c_B = K_c c_A$$

又,$B \xrightarrow{k_2} Y$ 为速率控制步骤,所以代入微分方程(c)得

$$\frac{dc_Y}{dt} = k_2 K_c c_A$$

6.8.3 稳态近似法与预平衡态近似法的比较

就两种方法的应用条件来说,稳态近似法应用于 $k_1 \ll (k_{-1} + k_2)$ 的情况;而预平衡态近似法应用于 $k_1 \gg k_2$,$k_{-1} \gg k_2$ 的情况。

稳态近似法的主要优点是:所得最终动力学方程中包含了复合反应中的全部动力学参数(k_1,k_{-1},k_2);而预平衡态近似法所得最终动力学方程中只有一个动力学参数(k_2),而且包含在 $k_2 K_c$ 的乘积中。所以,实验进行动力学测定,应用稳态近似法较预平衡态近似法可以得到较多的动力学信息。

从两种方法所得动力学方程的最终形式来看,稳态近似法比预平衡态近似法要复杂一些,这是预平衡态近似法的优点。

综上所述,究竟用何种近似法处理更为合理?这要根据条件及目的而定。

6.8.4 复合反应的表观活化能

视频

复合反应的表观活化能

对前述复合反应,由预平衡态近似法得到的速率方程为

$$\frac{dc_Y}{dt} = k_2 K_c c_A$$

又
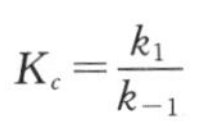
$$K_c = \frac{k_1}{k_{-1}}$$

令 $$k_A = k_2 K_c = \frac{k_1 k_2}{k_{-1}}$$

则 $$\frac{dc_Y}{dt} = k_A c_A$$

式中，k_A 为复合反应的表观速率系数(apparent rate coefficient)。

将表观速率系数取对数，得

$$\ln\{k_A\} = \ln\{k_1\} + \ln\{k_2\} - \ln\{k_{-1}\}$$

再对温度 T 微分，有

$$\frac{d\ln\{k_A\}}{dT} = \frac{d\ln\{k_1\}}{dT} + \frac{d\ln\{k_2\}}{dT} - \frac{d\ln\{k_{-1}\}}{dT}$$

由 $\frac{d\ln\{k_A\}}{dT} = \frac{E_a}{RT^2}$，则得

$$\frac{E_a}{RT^2} = \frac{E_1}{RT^2} + \frac{E_2}{RT^2} - \frac{E_{-1}}{RT^2}$$

即 $$E_a = E_1 + E_2 - E_{-1} \tag{6-67}$$

式中，E_1、E_2、E_{-1} 分别为前述复合反应中每个元反应的活化能，即

$$A \underset{E_{-1},k_{-1}}{\overset{E_1,k_1}{\rightleftharpoons}} B \xrightarrow{E_2,k_2} C$$

E_a 即为上述复合反应的表观活化能(apparent activation energy)。但式(6-67)并不是普遍适用的方程。表观活化能 E_a 与各元反应的活化能的关系视具体的复合反应而定。学习中，注意掌握导出复合反应的表观活化能与各元反应的活化能关系的方法。

【例 6-16】 对亚硝酸根和氧的反应，有人提出反应机理为

$$NO_2^- + O_2 \xrightarrow{k_1} NO_3^- + O$$

$$O + NO_2^- \xrightarrow{k_2} NO_3^-$$

$$O + O \xrightarrow{k_3} O_2$$

当 $k_2 \gg k_3$ 时，试证明由上述机理推导出的反应速率方程为

$$\frac{dc(NO_3^-)}{dt} = 2k_1 c(NO_2^-)c(O_2)$$

证明 $$\frac{dc(NO_3^-)}{dt} = k_1 c(NO_2^-)c(O_2) + k_2 c(O)c(NO_2^-)$$

设 $\frac{dc(O)}{dt} = 0$，即

$$\frac{dc(O)}{dt} = k_1 c(NO_2^-)c(O_2) - k_2 c(O)c(NO_2^-) - k_3[c(O)]^2 = 0$$

得 $$c(O) = \frac{k_1 c(NO_2^-)c(O_2)}{k_2 c(NO_2^-) + k_3 c(O)}$$

代入前式得

$$\frac{dc(NO_3^-)}{dt} = k_1 c(NO_2^-)c(O_2) + k_2 \frac{k_1 c(O_2)c(NO_2^-)}{k_2 c(NO_2^-) + k_3 c(O)} c(NO_2^-) =$$

$$k_1 c(NO_2^-)c(O_2)\left[1 + \frac{k_2 c(NO_2^-)}{k_2 c(NO_2^-) + k_3 c(O)}\right]$$

当 $k_2 \gg k_3$ 时 $$\frac{dc(NO_3^-)}{dt} = 2k_1 c(NO_2^-)c(O_2)$$

【例 6-17】 在水溶液中进行的下列反应：

$$H_3AsO_3 + I_3^- + H_2O \longrightarrow H_2AsO_4^- + 3I^- + 3H^+$$

由实验得到的动力学方程为 $v = k\dfrac{c(H_3AsO_3)c(I_3^-)}{c(H^+)[c(I^-)]^2}$，试推测一个反应机理，适合该动力学方程。

解　推测一个可能的反应机理如下：

$$H_3AsO_3 \overset{K_{c,1}}{\rightleftharpoons} H_2AsO_3^- + H^+\text{（快）} \tag{i}$$

$$H_2O + I_3^- \overset{K_{c,2}}{\rightleftharpoons} H_2OI^+ + 2I^-\text{（快）} \tag{ii}$$

$$H_2AsO_3^- + H_2OI^+ \overset{K_{c,3}}{\rightleftharpoons} H_2AsO_3I + H_2O\text{（快）} \tag{iii}$$

$$H_2AsO_3I + H_2O \xrightarrow{k_4} H_2AsO_4^- + I^- + 2H^+\text{（慢）} \tag{iv}$$

反应(i)、反应(ii)、反应(iii)中，$K_{c,1} = \dfrac{k_1}{k_{-1}}$，$K_{c,2} = \dfrac{k_2}{k_{-2}}$，$K_{c,3} = \dfrac{k_3}{k_{-3}}$ 为"平衡常数"，即假定反应(i)、(ii)、(iii)为快速平衡，(iv)为反应的控制步骤，k_4 为该步的反应速率系数，则由质量作用定律及预平衡态近似法，可有[①]

$$\begin{aligned} v &= k_4 c(H_2AsO_3I) = k_4 K_{c,3} c(H_2AsO_3^-) c(H_2OI^+) \\ &= k_4 K_{c,3} K_{c,2} K_{c,1} \frac{c(H_3AsO_3)c(I_3^-)}{c(H^+)[c(I^-)]^2} = k\frac{c(H_3AsO_3)c(I_3^-)}{c(H^+)[c(I^-)]^2} \end{aligned}$$

式中，$k = k_4 K_{c,3} K_{c,2} K_{c,1}$。

所得动力学方程与实验动力学方程一致，表明该机理可能正确[②]。

6.9　链反应

链反应(chain reaction)是由元反应组合而成的更为复杂的复合反应。氢的燃烧反应，一些碳氢化合物的燃烧反应，某些聚合反应等均属链反应。链反应中的中间物通常是一些自由原子(free atom)或自由基(free radical)，均含有未配对电子，如 H·，Cl·，HO·，CH_3·等，为方便起见，以后书写时把"·"省略。

6.9.1　链反应的共同步骤

以反应 $H_2 + Cl_2 \longrightarrow 2HCl$ 为例。实验证明，其机理如下：

链的引发：　$Cl_2 + M \xrightarrow{k_1} 2Cl + M$

链的传递：　$Cl + H_2 \xrightarrow{k_2} HCl + H$ ⎫ 一次循环 ⎫

　　　　　　$H + Cl_2 \xrightarrow{k_3} HCl + Cl$ ⎭　　　　　⎬ n 次循环

　　　　　　⋮　　　　　　　　　　　　　　　　⎭

链的终止：　$2Cl + M \xrightarrow{k_4} Cl_2 + M$

式中，M 为能量的授受体。引发剂、光子、高能量分子可以作为能量的授予体；稳定分子或容

---

① 因为反应在水溶液中进行，所以 $c(H_2O)$ 可视为常数。

② 所得动力学方程与实验动力学方程一致，仅是所推测机理正确的必要条件。

器壁可以作为能量的接受体。

各步骤的分析如下：

(i)链的引发(chain initiation)步骤是，反应物稳定态分子接受能量分解成活性传递物(自由原子或自由基)。链的引发方法有：热引发、光引发或用引发剂引发。

(ii)链的传递(chain transfer or chain propagation)步骤是，由引发的活性传递物再与稳定分子发生作用形成产物，同时又生成新的活性传递物，使反应如同链锁一样一环扣一环地发展下去。

(iii)链的终止(chain termination)步骤是，链的活性传递物在气相中相互碰撞发生重合(如 $Cl+Cl \longrightarrow Cl_2$)或歧化(如 $2C_2H_5 \longrightarrow C_2H_4+C_2H_6$)形成稳定分子放出能量；也可能在气相中或器壁上发生三体碰撞(如 $2Cl+M \longrightarrow Cl_2+M$ 或 $2H+$器壁$\longrightarrow H_2$)形成稳定分子，其放出的能量被 M 或器壁所吸收，最终使链的发展终止。

6.9.2 链反应的分类

按照链传递时的不同机理，可以把链反应分为直链反应(straight chain reaction)和支链反应(chain-branching reaction)。前者是消耗一个活性质点(自由基或自由原子)只产生一个新的活性质点；后者是每消耗一个活性质点同时可产生两个或两个以上的新的活性质点。如图 6-11 所示。

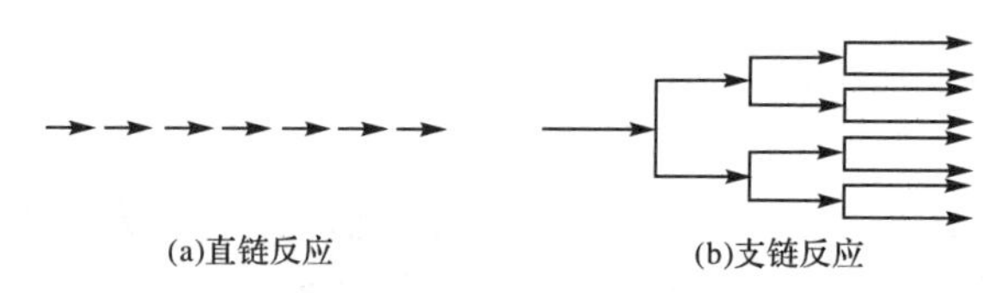

图 6-11 直链和支链反应

6.9.3 链反应的速率方程

1. 直链反应的速率方程

以 $H_2+Cl_2 \longrightarrow 2HCl$ 反应为例。

由前面给出的该反应的机理，根据质量作用定律，有

$$\frac{dc(HCl)}{dt} = k_2c(Cl)c(H_2) + k_3c(H)c(Cl_2)$$

因 Cl 与 H 为反应过程中生成的中间物，其浓度可应用稳态法求出。

由
$$\frac{dc(H)}{dt} = k_2c(Cl)c(H_2) - k_3c(H)c(Cl_2) = 0$$

得
$$k_2c(Cl)c(H_2) = k_3c(H)c(Cl_2)$$

则
$$\frac{dc(HCl)}{dt} = 2k_2c(H_2)c(Cl)$$

又
$$\frac{dc(Cl)}{dt} = k_1c(Cl_2)c(M) - k_2c(Cl)c(H_2) + k_3c(H)c(Cl_2) - k_4[c(Cl)]^2c(M) = 0$$

则
$$k_1 c(Cl_2) = k_4[c(Cl)]^2$$
故
$$c(Cl) = (k_1/k_4)^{1/2}[c(Cl_2)]^{1/2}$$
于是得
$$\frac{dc(HCl)}{dt} = 2k_2(k_1/k_4)^{1/2}c(H_2)[c(Cl_2)]^{1/2} = kc(H_2)[c(Cl_2)]^{1/2}$$
式中，$k = 2k_2(k_1/k_4)^{1/2}$。

2. 支链反应的速率方程

由于在支链反应中，链的活性传递物成倍增长，不可能建立稳态，故不能用稳态近似法建立其速率方程。支链反应中，活性传递物的浓度 $c_{x,t}$ 随时间的变化可近似由下式表示：

$$\frac{dc_{x,t}}{dt} = v_0 + k'c_{x,t} - k''c_{x,t} \tag{6-68}$$

式中，v_0 为链的引发速率，$k'c_{x,t}$、$k''c_{x,t}$ 分别为链的分支速率和终止速率。

式(6-68) 按一阶线性常微分方程积分求解，得

$$c_{x,t} = \frac{v_0(e^{\phi t} - 1)}{\phi} \tag{6-69}$$

式中，$\phi = k' - k''$，k'、k'' 分别为链反应分支速率系数和终止速率系数，若 $\phi > 0$，即 $k' > k''$。由式(6-69) 知 c_x 按指数函数规律升高，于是反应速率剧增，最终会导致爆炸；若 $\phi < 0$，即 $k' < k''$，反应可平稳进行。

6.9.4　链爆炸与链爆炸反应的界限

爆炸反应分为两种，一种为热爆炸(heat explosion)，一种为链爆炸(chain explosion)。

热爆炸是由于反应大量放热而引起的。因为反应速率系数与温度呈指数函数关系 $k_A = k_0 e^{-E_a/RT}$，如果反应释放出的热量不能及时传出，则造成系统温度急剧升高，进而反应速率变得更快，放热更多，如此发展下去，最后导致爆炸。

链爆炸是由支链反应引起的，随着支链的发展，链传递物(活性质点) 剧增，反应速率愈来愈大，最后导致爆炸。

链爆炸反应的温度、压力、组成通常都有一定的爆炸区间，称为爆炸界限(explosion limit)。

以 $H_2 + \frac{1}{2}O_2 \longrightarrow H_2O$ 反应为例，它是一个支链反应，机理如下：

(i)链的引发　$H_2 + O_2 + 器壁 \longrightarrow HO_2 + H$

(ii)链的传递　$H + O_2 \longrightarrow HO + O$

$O + H_2 \longrightarrow HO + H$

$H_2 + HO \longrightarrow H + H_2O$

(iii)链的终止

$$\left.\begin{array}{l} H + H + M \longrightarrow H_2 + M \\ H + O_2 + M \longrightarrow HO_2 + M \\ H + HO + M \longrightarrow H_2O + M \end{array}\right\}(气相中销毁)$$

$H + HO + 器壁 \longrightarrow 稳定分子$(器壁上销毁)

当该反应以 $n(H_2):n(O_2)=1:\frac{1}{2}$，在一个内径为 7.4 cm 内壁涂有 KCl 的玻璃反应管中进行时，实验结果得到如图 6-12 所示的爆炸反应的温度与压力界限。温度低于 673 K 时，系统在任何压力下都不爆炸，在有火花引发的情况下，H_2 和 O_2 将平稳地反应；温度高于 673 K 就有可能爆炸，这要看产生支链和断链作用的相对大小。下面以 800 K 时的反应情况来分析。实验中可观测到有三个爆炸界限，如图 6-12 所示。压力低于第一限时反应极慢；压力在第一限和第二限之间时，发生爆炸；压力高于第二限后反应又平稳进行，但速率随压力增高而增大；压力达到和超过第三限后则又发生爆炸。

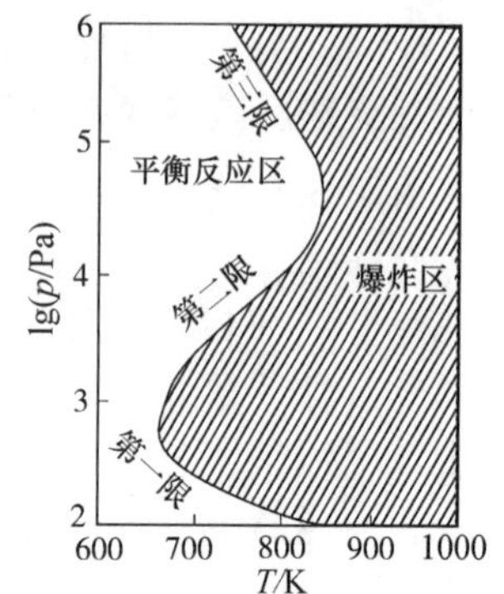

图 6-12 H_2 与 O_2 按 2∶1(物质的量)混合时的爆炸界限

从实验得知，爆炸第一限的压力量值与容器的性质及大小有关。第一限的存在，可解释为在低压下，链传递体很容易扩散至器壁而被销毁($\phi<0$)。当压力逐步增加时，链传递体向器壁扩散受到阻碍，而气相中，三体碰撞的机会增加，器壁断链作用很小，而气相断链作用又不够大，所以压力到达第一限(低限)以后，就进入了爆炸区($\phi>0$)。

第二限主要由压力来决定，可解释为随着压力的增加，分子相碰的机会增多，因而链传递体在气相中的销毁作用逐渐加强(使 $\phi<0$)，压力越过第二限(高限)后($\phi<0$)，即进入平稳反应区。但压力越过第三限后又出现爆炸。

第三限的出现一般认为是热爆炸，但很可能不是单纯的热爆炸，压力增大后发生 $HO_2+H_2 \longrightarrow HO+H_2O$ 也会引起爆炸。

除了受温度和压力影响外，爆炸还与气体的成分有关。

表 6-1 列出了一些可燃气体爆炸时的组成界限(用体积分数 φ_B 表示)。

表 6-1 一些可燃气体常温常压下在空气中的爆炸界限

可燃气体	爆炸界限 $\varphi_B/\%$	可燃气体	爆炸界限 $\varphi_B/\%$	可燃气体	爆炸界限 $\varphi_B/\%$
H_2	4～74	C_4H_{10}	1.9～8.4	CH_3OH	7.3～36
NH_3	16～27	C_5H_{12}	1.6～7.8	C_2H_5OH	4.3～19
CS_2	1.25～14	CO	12.5～74	$(C_2H_5)_2O$	1.9～48
C_2H_4	3.0～29	CH_4	5.3～14	$CH_3COOC_2H_5$	2.1～8.5
C_2H_2	2.5～80	C_2H_6	3.2～12.5		
C_3H_8	2.4～9.5	C_6H_6	1.4～6.7		

Ⅳ 催化剂对化学反应速率的影响

6.10 催化剂、催化作用

6.10.1 催化剂的定义

什么叫催化剂(catalyst)？按 IUPAC1982 年推荐的定义：存在少量就能显著加速反应

而不改变反应的总吉布斯函数[变]的物质称为该反应的催化剂。催化剂的这种作用称为催化作用(catalysis)。按上述定义,则减慢反应速率的物质称为阻化剂(inhibitors)(以前曾叫负催化剂)。有时,反应产物之一也对反应本身起催化作用,这叫自动催化作用(autocatalysis)。

现代的化工生产,如合成氨、石油裂解、合成燃料、油脂的加氢与脱氢、三大合成材料(合成塑料、合成橡胶、合成纤维)、基本有机合成(醇、醛、酮、酸、酐等的合成)、精细化工产品(药品、染料、助剂)、三酸(硫酸、硝酸、盐酸)两碱(氢氧化钠、碳酸钠)等的合成与生产很少不使用催化剂。据统计,在现代化工生产中80%～90%的反应过程都使用催化剂,催化剂已成为现代化学工业的基石。因而催化剂作用的研究已成为现代化学研究领域的一个重要分支。

6.10.2　催化作用的分类

按催化反应系统所处相态来分,可分为均相催化(homogeneous catalysis)和非均相催化(heterogeneous catalysis),后者也叫多相催化。

1. 均相催化

反应物、产物及催化剂都处于同一相内,即为均相催化。有气相均相催化,如

$$SO_2 + \frac{1}{2}O_2 \xrightarrow{NO} SO_3$$

机理为

$$NO + \frac{1}{2}O_2 \longrightarrow NO_2$$

$$SO_2 + NO_2 \longrightarrow SO_3 + NO$$

其中,NO 即为气体催化剂,它与反应物及产物处于同一相内。也有液相均相催化,如蔗糖水解反应

$$C_{12}H_{22}O_{11} + H_2O \xrightarrow{H^+} C_6H_{12}O_6 + C_6H_{12}O_6$$

是以 H_2SO_4 为催化剂,反应在水溶液中进行。

2. 多相催化

反应物、产物及催化剂可在不同的相内。有气-固相催化,如合成氨反应

$$N_2 + 3H_2 \xrightarrow[K_2O,Al_2O_3]{Fe_2O_3\text{-}K_2O} 2NH_3$$

催化剂为固相,反应物及产物均为气相,这种气-固相催化反应的应用最为普遍。此外还有气-液相、液-固相、液-液相、气-液-固三相的多相催化反应。

6.10.3　催化作用的共同特征

1. 催化剂不能改变反应的平衡规律(方向与限度)

(i) 对 $\Delta_r G_m(T,p) > 0$ 的反应,加入催化剂也不能促使其发生;

(ii) 由 $\Delta_r G_m^\ominus(T) = -RT\ln K^\ominus(T)$ 可知,由于催化剂不能改变 $\Delta_r G_m^\ominus(T)$,所以也就不能改变反应的标准平衡常数;

(iii) 由于催化剂不能改变反应的平衡,而 $K_c = k_1/k_{-1}$,所以催化剂加快正逆反应的速率系数 k_1 及 k_{-1} 的倍数必然相同。

2. 催化剂参与了化学反应,为反应开辟了一条新途径,与原途径同时进行

(i)催化剂参与了化学反应,如反应

$$A+B\xrightarrow{K}AB \quad (K\ 为催化剂)$$
$$A+K\longrightarrow AK$$
$$AK+B\longrightarrow AB+K$$

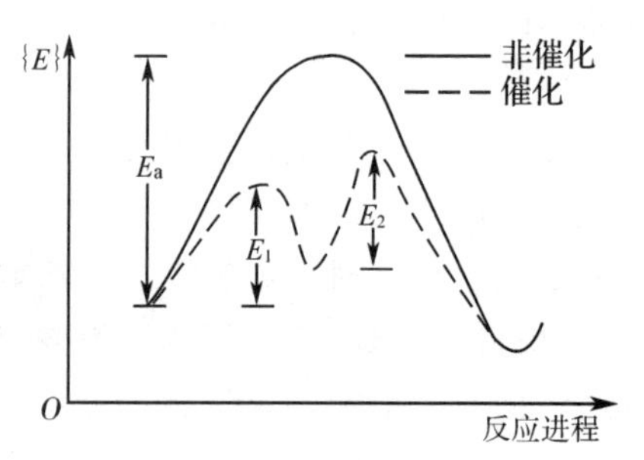

图 6-13 反应进程中能量的变化

(ii)开辟了新途径,与原途径同时进行

如图 6-13 所示,实线表示无催化剂参与反应的原途径;虚线表示加入催化剂后为反应开辟的新途径,与原途径同时发生。

(iii)新途径降低了活化能

如图 6-13 所示,新途径中两步反应的活化能 E_1、E_2 与无催化剂参与的原途径活化能 E_a 比,$E_1<E_a$,$E_2<E_a$。个别能量高的活化分子仍可按原途径进行反应。

3. 催化剂具有选择性

催化剂的选择性(selective)有两方面含义:其一,不同类型的反应需用不同的催化剂,例如氧化反应和脱氢反应的催化剂则是不同类型的催化剂,即使同一类型的反应,通常催化剂也不同,如 SO_2 的氧化用 V_2O_5 作催化剂,而乙烯氧化却用 Ag 作催化剂;其二,对同样的反应物选择不同的催化剂可得到不同的产物,例如乙醇转化,在不同催化剂作用下可制得 25 种产品:

$$C_2H_5OH\begin{cases}\xrightarrow[200\sim250\ ℃]{Cu} CH_3CHO+H_2\\ \xrightarrow[350\sim360\ ℃]{Al_2O_3\ 或\ ThO_2} C_2H_4+H_2O\\ \xrightarrow[250\ ℃]{Al_2O_3} (C_2H_5)_2O+H_2O\\ \xrightarrow[400\sim450\ ℃]{ZnO\cdot Cr_2O_3} CH_2{=}CH{-}CH{=}CH_2+2H_2O+H_2\\ \xrightarrow{Na} C_4H_9OH+H_2O\\ \vdots\end{cases}$$

改善催化剂的选择性是提高化学反应的原子经济性,不产生三废,达到废物零排放,实现绿色化学与化工的重要手段之一。

6.11 催化剂的基本知识及主要类型

6.11.1 催化剂的基本知识

对于多相催化应用较多的是固体催化剂,固体催化剂通常由以下部分组成:

主催化剂(principal catalysts)——具有催化活性的主体。

助催化剂(promoter)——本身无催化活性或活性很少,但加入之后可提高主催化剂的活性或延长主催化剂的寿命等。

载体(carrier)——对主催化剂及助催化剂起承载和分散作用。载体往往是一些天然的或人造的多孔性物质,如天然沸石、硅胶、人造分子筛等。

催化剂的**活性**(active)与**活性中心**(active centres)——催化剂的活性是指其加快反应

速率能力的大小，可以用不同的指标来表示。活性中心是固体催化剂表面具有催化能力的活性部位，它占整个催化剂固体表面的很少部分。活性中心往往是催化剂的晶体的棱、角、台阶、缺陷等部位，或晶体表面的游离原子等。

催化剂的寿命(life of catalysts)、中毒(poison)与再生(regeneration)——催化剂的使用具有一定时间，从诱导期→成熟期→衰减期即为催化剂的整个寿命。开发一个新催化剂常常要做寿命实验，以考查它的使用寿命。反应系统中某些杂质的存在往往会使催化剂中毒，中毒分为暂时中毒和永久中毒两类，暂时中毒可以通过一定的办法再生恢复其活性，而永久中毒则不能再生。

6.11.2 催化剂的主要类型

1. 酸碱催化剂

酸碱催化剂(acid-base catalysts)包括普通的酸 H^+、碱 OH^- 作为催化剂；还包括广义的酸碱(generalized acid-base)作为催化剂，即凡是能给出质子的物质叫 Brönsted 酸，凡是接受质子的物质叫 Brönsted 碱；凡是能给出电子对的物质叫 Lewis 碱，凡是接受电子对的物质叫 Lewis 酸。

2. 络合催化剂

络合催化(complex catalysis)是催化剂与反应物中发生反应的基团直接形成配价键，构成活性中间络合物，从而加速了反应。络合催化剂通常是过渡金属离子(具有 d 电子空轨道)，而反应物通常是烯烃或炔烃(具有孤对电子或 π 键) 二者形成配位络合物。

使乙烯直接氧化成乙醛的反应，是典型的络合催化反应。

$$C_2H_4 + PdCl_2 + H_2O \longrightarrow CH_3CHO + Pd + 2HCl$$

$$2CuCl_2 + Pd \longrightarrow 2CuCl + PdCl_2 (+) 2CuCl + 2HCl + \frac{1}{2}O_2 \longrightarrow 2CuCl_2 + H_2O$$

总包反应为 $C_2H_4 + \frac{1}{2}O_2 \longrightarrow CH_3CHO$

3. 酶催化剂

酶催化(enzyme catalysis)普遍存在于生物体内的生化反应中以及应用于抗生素生产、发酵工业及三废处理中。酶是大分子蛋白质，也有一些酶分子结构中含有蛋白质部分和非蛋白质部分。生物体中进行的水解、氧化、转移、加合、异构化等反应均是在各种酶的作用下进行的。酶催化的主要特点是反应条件温和(常温常压)、高效率(量很少)和专一性，多酶系统的协同作用好等。所以许多工业催化研究者都在进行酶的模拟催化研究，以达到改善工艺条件和设备条件、降低生产成本的目的，如固氮酶的模拟就特别有意义。

有关酶催化反应机理的研究，最著名的是 Michaelis-Menten 机理：

$$\text{E(酶)} + \text{S(底物)} \underset{k_{-1}}{\overset{k_1}{\rightleftharpoons}} \text{X(中间物)} \longrightarrow \text{E} + \text{P(产物)}$$

酶的化学性质和物理性质均不稳定，反应后的回收十分困难，同时酶的价格昂贵不允许废弃，这使它的实际应用遇到了波折。现在这一问题通过研究酶的固定方法而初步获得解决。目前酶的固定化有三种方法(图 6-14)：(i)担体结合法——令酶与水不溶性的担体相结合；(ii)架桥法——用含两个以上的官能团试剂架桥使酶分子连接起来；(iii)包裹法——将酶固定在高分子胶囊的细格或半渗透的高分子薄膜中。

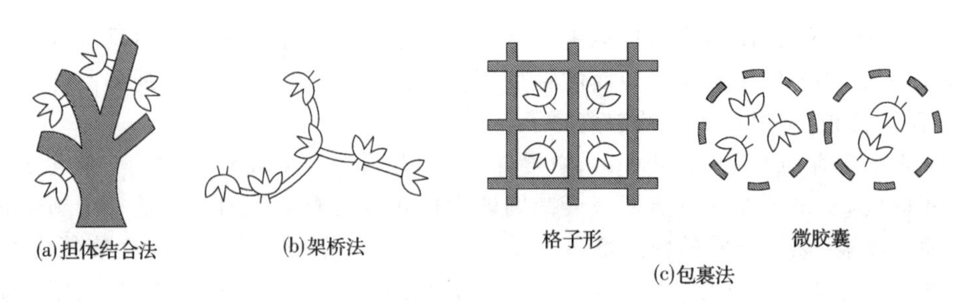

图 6-14 酶的固定方法

4. 金属及合金催化剂

各种金属(metal),如 Ag、Pd、Pt、Cu、Ni 等对一些氧化反应、加氢脱氢反应等有较好的催化活性。最著名的金属催化剂是骨架镍(skeleton Ni)催化剂,它是 1925 年首先由兰尼(Raney M)研制成的,所以又叫兰尼镍(RNi)。最初它是用碱处理成的 Ni-Si 合金,由于其硬度高、不易粉碎,后来被 Ni-Al 合金所代替,即把 Ni 与 Al 等金属熔融成合金,再用碱(NaOH)把 Al 溶解掉,从而制成多孔性的如同海绵状的骨架结构,孔内形成巨大的内表面,发挥催化活性作用。后来又发展扩大成骨架金属家族,如 RCo、RCu、RFe、RIr、RRu、RRh、RPt、RPd 等。目前又采取多种改性办法来提高 RNi 的催化活性和选择性,如加入钼(Mo)制成合金催化剂,显著提高了 RNi 的加氢活性;又如,用杂多酸盐(如磷钼酸盐)改性 RNi,则是一类优良的羰基选择加氢反应的催化剂。

把纳米技术应用于催化作用中,特别是金属催化剂上,其前途大有可为。金属纳米粒子作为催化剂,主要以贵金属为主,如 Pt、Rh、Ag、Pd 等,非贵金属则有 Ni、Fe、Co 等。例如,纳米粒子 Rh,在烃的氢化反应中显示了极高的活性和良好的选择性。已有人开发出负载型的金属纳米粒子催化剂,这种类型催化剂是以氧化物为载体,把粒径为1～10 nm的金属粒子分散到这种多孔的载体上(载体的种类很多,如 Al_2O_3、SiO_2、MgO、TiO_2 等),增大了反应物与金属催化剂的接触几率。实验结果表明,金属纳米粒子,特别是合金纳米粒子,其催化活性远远高于常规金属催化剂。例如,n-Co-Mn-SiO_2,对乙烯的加氢反应显示出高活性;n-Pt-Mo/沸石,在丁烷加氢分解反应中,其催化活性远远高于传统金属催化剂。

5. 其他类型催化剂

其他常见的催化剂有氧化物催化剂(oxide catalysts),如 V_2O_5、Ag_2O、MnO 等;有机金属化合物催化剂(organo-metallic complex catalysts),其中最著名的是齐格勒-纳塔催化剂(Ziegler-Natta catalysts),如用于乙烯聚合反应的 $Al(C_2H_5)_3 \cdot TiCl_4$,丙烯聚合反应的 $Al(C_2H_5)_3 \cdot TiCl_3$等还有茂金属催化剂(以环戊二烯或其衍生物为配体的金属络合物);以及高聚物催化剂(high polymer catalysts)等。

Ziegler K(德国化学家)、Natta G(意大利化学家)的研究工作,奠定了应用金属有机络合物催化剂实现配位聚合的理论基础,开拓了有规立构聚合的新时代,扩展了过渡金属有机络合物催化剂和催化作用的新领域,在理论研究和实际应用中都做出了重大贡献,从而共同荣获 1963 年诺贝尔化学奖。

6.11.3 不对称性(手性)催化

手性化合物是具有手性对映异构体的一大类有机化合物。目前手性化学被认为对未来的医药开发提供了一个高科技视角。现代分子药理学研究表明，许多药物的生理活性是通过体内大分子之间的严格手性匹配与分子识别而实现的。药物手性化合物异构体在生物活性、药效、毒性等方面存在明显差异或起截然相反的作用。因此，如何合成具有单一异构体的手性化合物是摆在化学家面前的重要课题。自 1966 年 Wilkinson 发现了三苯基膦氯化铑[$Rh(ph_3P)_3Cl$]对手性催化氢化有很高选择性以后，50 多年来，特别是 20 世纪 90 年代手性催化剂的研究取得了突破性进展。手性催化亦叫不对称性催化(non-symmetry catalysis)，手性催化剂主要由两部分组成，即手性膦配位体和中心过渡元素。例如 Rh 与许多膦配体形成的络合物可作为不对称性催化反应的催化剂，用于生产 L-多巴(L-二羟基苯丙氨酸)。多巴是治疗帕金森病的药物。

美国化学家巴里·沙普利斯、威廉·诺尔斯和日本化学家野依良治，开发出手性(钛与酒石酸的化合物)催化剂，实现了手性催化反应，从而可制得单一(右或左)的手性化合物，因而荣获 2001 年度诺贝尔化学奖。

6.11.4 相转移催化

相转移催化(phase transfer catalysis)是 20 世纪 60 年代末发展起来的催化合成方法。这种新的催化合成方法有许多优点。例如，可以缩短反应时间，提高产品收率与质量，以及使某些难以进行的反应能在较缓和的条件下顺利完成等。

设 K^+X^- 为催化剂，MY 为溶于水相的反应试剂，RX 为溶于有机相的反应物，RY 为在有机相中生成的目的产物，则相转移催化过程可通过如下步骤实现。

即水相中的催化剂 K^+X^- 首先与水相中的反应试剂 MY 形成在有机相中有一定溶解度的离子对 K^+Y^-(步骤①)，此离子对在强烈搅拌下被萃取转移到有机相中(步骤②)，它将与存在于有机相中的反应物 RX 快速反应，生成目的产物 RY(步骤③)，并释放出催化剂 K^+X^-，重新回到水相中(步骤④)。如此往复循环而使反应连续进行下去。

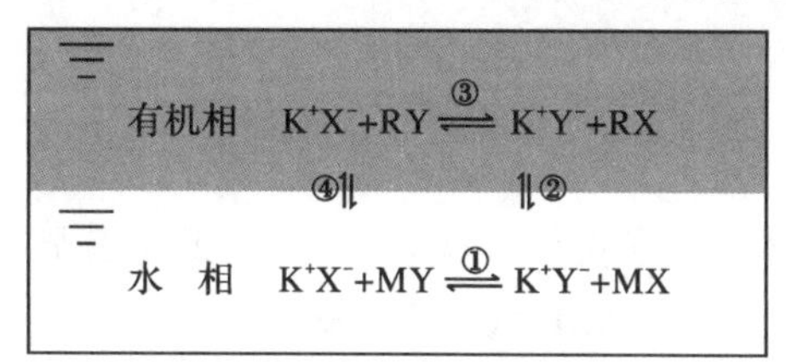

V 元反应的速率理论

6.12 简单碰撞理论

简单碰撞理论(simple collision theory，SCT)是计算双分子反应速率系数 k 最早的理论。该理论用分子碰撞频率的概念来解释并计算 k_0，但未能从理论上解决计算参量 E 的问题。

6.12.1 简单碰撞理论的基本假设

以双分子反应 A+B ⟶ Y(表示所有产物分子)为例。该理论提出如下的基本假设(即理论模型):(i)反应物分子可看作简单的硬球(hard ball),无内部结构和相互作用;(ii)反应分子必须通过碰撞(collision)才可能发生反应;(iii)并非所有碰撞都能发生反应,相互碰撞的两个分子——碰撞分子对(molecular pair of collision)的能量达到或超过某一定值 ε_0——称为阈能(threshold energy)时,反应才能发生,这样的碰撞叫活化碰撞(activated collision);(iv)在反应过程中,反应分子的速率分布始终遵守麦克斯韦-玻耳兹曼(Maxwell-Boltzmann)分布。

6.12.2 分子碰撞

1. 碰撞截面

如何判断两反应物分子相碰了?对真实分子的相碰看似简单,实际很复杂。按硬球模型,如图 6-15 所示,可以想象,B 分子与 A 分子相碰时,只要 B 分子的质心落在图中虚线圆的范围内,就算 B 与 A 相碰了。通常把该区域称为碰撞截面(collision cross section),以 σ_{AB} 表示,对硬球分子 $\sigma_{AB}=\pi r^2$,$r=\dfrac{d_A+d_B}{2}$,d_A、d_B 分别为分子 A 与 B 的直径。

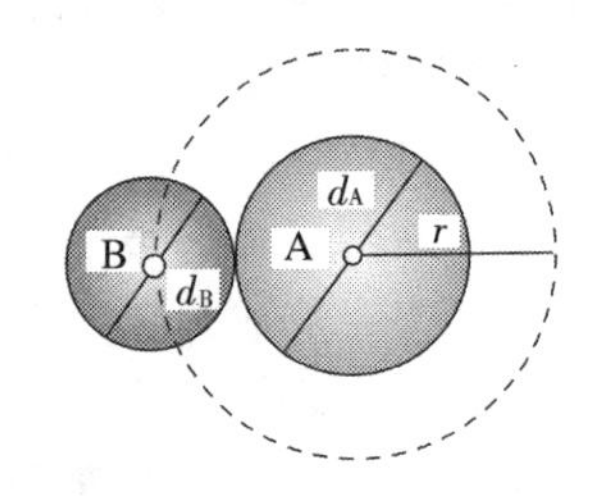

图 6-15 硬球分子的碰撞截面

2. 碰撞数

我们把单位时间单位体积内所有同种分子 A 与 A 或所有异种分子 A 与 B 总碰撞次数称为碰撞数(collision number)分别用 Z_{AA}、Z_{AB} 表示。

如图 6-16 所示,假定 A 分子静止,一个 B 分子以平均速度 $\langle u_B\rangle$(average speed)运动,在 dt 时间内扫过一个底面积为 σ_{AB},长度为 $\langle u_B\rangle$dt 的微圆柱体,那么凡质心落在此圆柱体内的 A 分子都有机会与 B 分子相碰,令 $C_A=\dfrac{N_A}{V}$,$C_B=\dfrac{N_B}{V}$ 分别表示单位体积中 A 和 B 的分子数,即分子浓度,于是应有

$$Z_{AB}=\pi r^2\langle u_B\rangle C_A C_B=\sigma_{AB}\langle u_B\rangle\frac{N_A}{V}\frac{N_B}{V} \tag{6-70}$$

实际情况是 A、B 分子都在运动,上式推导中曾假设 A 不动而 B 以平均运动速度 $\langle u_B\rangle$ 运动。若 A、B 分子都在运动,因此要用 A、B 分子的平均相对运动速度 $\langle u_r\rangle$(average relative speed)代替 B 分子的平均运动速度 $\langle u_B\rangle$。当 A 与 B 分子各自以平均运动速度 $\langle u_A\rangle$、$\langle u_B\rangle$ 做相对运动而发生碰撞时,可以从 0°~180° 的任何角度彼此趋近。如图 6-17 所示

列出 A、B 分子分别从 0°、180°、90°三种角度彼此趋近的情况。

对如图 6-17 所示的三种情况，A、B 两分子的平均相对运动速度分别为(a)：$u_r = u_B - u_A$，(b)：$u_r = u_B + u_A$，(c)：$u_r = \sqrt{u_B^2 + u_A^2}$。根据气体分子运动论，A、B 分子的平均相对运动速度

$$\langle u_r \rangle = \left(\frac{8kT}{\pi\mu}\right)^{1/2} \tag{6-71}$$

式中，k 为玻耳兹曼常量；μ 为 A、B 分子的折合质量。将式(6-71)代入式(6-70)中，得

$$Z_{AB} = \sigma_{AB}\left(\frac{8kT}{\pi\mu}\right)^{1/2} C_A C_B \tag{6-72}$$

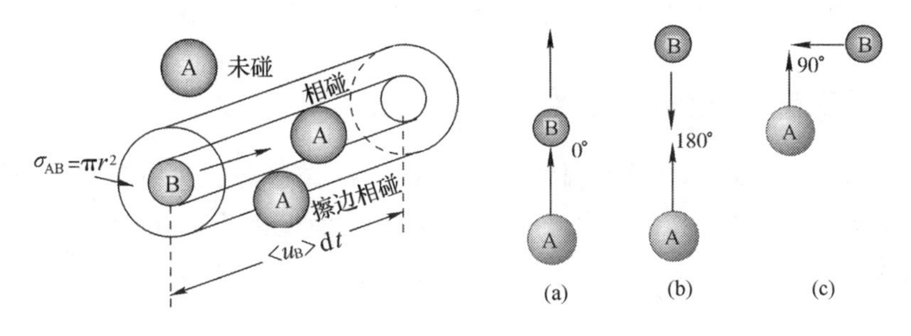

图 6-16　碰撞微圆柱体示意图　　图 6-17　分子碰撞的典型趋近角度

3. 活化碰撞分数

按简单碰撞理论的基本假设(iii)，只有活化碰撞才能发生反应。我们把活化碰撞数与总碰撞数的比值叫活化碰撞分数(activated collision fraction)，以 f 表示。由路易斯 1918 年提出该理论时的想法：

$$f = \frac{N^{\ddagger}}{N} = e^{-E_0/RT} \tag{6-73}$$

式中，$N^{\ddagger}$、N 分别代表活化分子数及总分子数；E_0 称为摩尔阈能(molar threshold energy)，$E_0 = L\varepsilon_0$；L 为阿伏加德罗常量。

6.12.3　简单碰撞理论的数学表达式

按照简单碰撞理论的基本假设，对前述给定的双分子反应，其反应速率应为

$$-\frac{dC_A}{dt} = Z_{AB} f = \sigma_{AB}\left(\frac{8kT}{\pi\mu}\right)^{1/2} C_A C_B e^{-E_0/RT}$$

因为 $C_A = Lc_A$，$C_B = Lc_B$，则

$$-\frac{dC_A}{dt} = -\frac{d(Lc_A)}{dt} = \sigma_{AB}\left(\frac{8kT}{\pi\mu}\right)^{1/2} L^2 c_A c_B e^{-E_0/RT}$$

即

$$-\frac{dc_A}{dt} = \sigma_{AB} L\left(\frac{8kT}{\pi\mu}\right)^{1/2} c_A c_B e^{-E_0/RT} \tag{6-74}$$

另一方面，对双分子反应，由质量作用定律 $-\frac{dc_A}{dt} = k_A c_A c_B$ 与式(6-74)对比，有

$$k_A = \sigma_{AB} L\left(\frac{8kT}{\pi\mu}\right)^{1/2} e^{-E_0/RT} \tag{6-75}$$

式(6-75)就是简单碰撞理论的数学表达式。

摩尔阈能 E_0 与活化能 E_a 有何关系？

由活化能的定义，$E_a \xlongequal{\text{def}} RT^2 \dfrac{\mathrm{d}\ln\{k_A\}}{\mathrm{d}T}$，将式(6-75)代入，得

$$E_a = RT^2\left(\frac{1}{2T}+\frac{E_0}{RT^2}\right)$$

故得

$$E_a = \frac{1}{2}RT + E_0 \tag{6-76}$$

E_a 的数量级约为 $10^2\ \mathrm{kJ\cdot mol^{-1}}$，温度不高时，$\frac{1}{2}RT \approx 2\ \mathrm{kJ\cdot mol^{-1}}$，所以 $E_0 \approx E_a$。因此可用 E_a 代替 E_0，但它们的来源和定义并不相同，要注意它们的不同含义。

6.12.4 简单碰撞理论的实践检验

对一些双分子气体反应，按简单碰撞理论计算的 k_0 结果与由实验测定的结果相比较，仅有个别反应两者吻合较好(表 6-2)。然而多数反应 k_0 的理论计算值比实验值偏高好几个数量级，甚而高到 10^8 倍。

表 6-2 碰撞理论计算值与实验值的比较

反应	T/K	$\dfrac{E}{\mathrm{kJ\cdot mol^{-1}}}$	$\dfrac{k_0}{10^{11}\ \mathrm{dm^3\cdot mol^{-1}\cdot s^{-1}}}$		$P=\dfrac{k_0(实验)}{k_0(理论)}$
			实验值	理论值	
(i) $K + Br_2 \longrightarrow KBr + Br$	600	0	10	2.1	4.8
(ii) $CH_3 + CH_3 \longrightarrow C_2H_6$	300	0	0.24	1.1	0.22
(iii) $2NOCl \longrightarrow 2NO + Cl_2$	470	102	0.094	0.59	0.16
(iv) 丁二烯 + $CH_2{=}CH{-}CHO$ ⟶ 环己烯甲醛(CHO)	500	83	1.5×10^{-5}	3.0	5×10^{-6}
(v) $H_2 + C_2H_4 \longrightarrow C_2H_6$	800	180	1.24×10^{-5}	7.3	1.7×10^{-6}

面对这种理论与实践的较大偏离，人们思考其原因。认为基本假设(i)反应物分子为简单硬球，这种处理方法过于粗糙。首先，按此硬球处理，反应物分子是各向同性的，这样在反应物分子间碰撞时只需在连线方向相对平动能达到一定量值就能进行反应。然而，真实分子一般会有复杂的内部结构，并不是在任何方位上的碰撞都会引起反应。例如反应

$$NO_2{-}C_6H_4{-}Br + OH^- \longrightarrow NO_2{-}C_6H_4{-}OH + Br^-$$

OH^- 离子必须碰撞到溴代硝基苯上的 Br 原子端才可能发生反应。这一情况通常称为方位因素(steric factor)。其次，硬球分子间发生碰撞时，能量可立即传递而不必考虑接触时间。而真实分子发生碰撞时传递能量需要一定时间，如果相对速度过大，碰撞时接触时间过短而来不及传递能量，即便分子对具有足够的碰撞动能也会造成无效碰撞。另外，具有较高能量的真实分子还需要把能量传到待断的键才起反应。如果能量未传到而又发生另一次碰撞，则能量可能又传走，从而也造成无效碰撞，以上两点归结为能量传递速率因素(rate factor of energy transmission)。还有复杂分子待断键附近存在的基团亦有可能起阻挡和排斥作用，这种屏蔽作用(shielding)也会降低反应的概率。因此，把方位因素、能量传递速率因素及屏蔽作用综合在一起，将式(6-75)乘上一个因子 P，称为概率因子(probability factor)，即

$$k_A = P\sigma_{AB}L\left(\frac{8kT}{\pi\mu}\right)^{1/2}e^{-E_0/RT} \tag{6-77}$$

但并未从理论上解决 P 的计算问题。当然该理论也未解决 E_0 的计算问题，仅对 k_0 的物理意义有了较为清晰的图像，即

$$k_0 = P\sigma_{AB}L\left(\frac{8kT}{\pi\mu}\right)^{1/2} \tag{6-78}$$

简单碰撞理论虽然较为粗糙，但它在反应速率理论发展中所起作用不能低估。该理论的基本思想和一些基本概念仍十分有用，为速率理论的进一步发展奠定了基础。

6.13 活化络合物理论

活化络合物理论(activated complex theory, ACT)，或称为过渡状态理论(transition state theory, TST)，也叫绝对反应速率理论(absolute reaction rate theory, ART)。该理论抓住了反应过程中分子系统的势能不断改变这一特点，借助于量子力学、统计热力学以及热力学方法，提供了从理论上计算指前参量 k_0 及 E 的可能性。

6.13.1 基本概念

以双分子反应为例

$$A + BC \longrightarrow AB + C$$

反应过程中，随着 A、B、C 三原子相对位置的改变，形成活化络合物$(A\cdots B\cdots C)^{\ddagger}$(过渡状态)：

$$A + BC \longrightarrow (A\cdots B\cdots C)^{\ddagger} \longrightarrow AB + C$$

把上述反应过程中的 A、B 和 C 中全部原子核及电子组成的系统看作一个量子力学实体，称之为超分子(excess molecular)。如图 6-18 所示的超分子构型。例如，当 $R_{AB} \to \infty, R_{BC} = (R_{BC})_{平衡}$ 时，相当于 A+BC 的状态；当 $R_{BC} \to \infty, R_{AB} = (R_{AB})_{平衡}$ 时，相当于 AB+C 的状态

超分子的势能 E 与其中各原子的相对位置有关，如图 6-18 所示，是 R_{AB}、R_{BC} 及 θ 的函数，即

$$E = E(R_{AB}, R_{BC}, \theta)$$

当 $\theta = 180°$ 时(即 A 分子与 BC 分子发生共线碰撞)，则

$$E = E(R_{AB}, R_{BC})$$

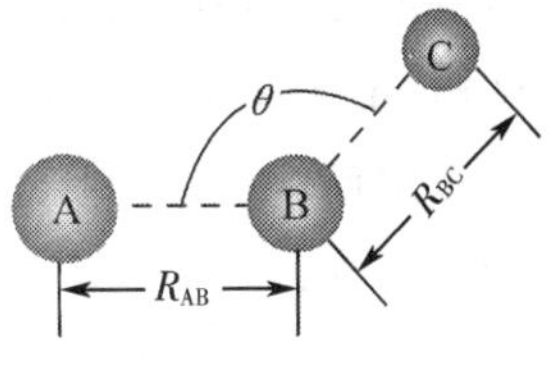

图 6-18 超分子构型($0 \leqslant \theta \leqslant \pi$)

据上述函数关系(具体关系，求解超分子的薛定谔方程而得)，以 E 为纵坐标，以 R_{AB}、R_{BC} 为横坐标作图可得势能面(potential energy surface)，如图 6-19 所示的曲面。若将势能面上的等势能线垂直投影到平面上，则得到势能等高线投影图，如图 6-20 所示。图 6-21 则为 RSP 线的侧视投影图。图中 R 点为反应前系统(反应物 A+BC)的势能高度，P 点为反应后系统(产物 AB+C)的势能高度。RSP 曲线(图 6-19 及图 6-20)则称为反应的最低能量途径(lowest energy path of reaction)，S 点则称为鞍点(saddle point)。显然，鞍点是反应的能量最低途径上的最高点，但它不是势能面上的最高

点。鞍点的势能 ε_S(即过渡状态的势能)与反应物分子势能最低点(即 R 点)的势能 ε_R 之差$\varepsilon_b = \varepsilon_S - \varepsilon_R$,$\varepsilon_b$ 称为能垒(energy barrier),能垒是衡量反应的难易程度的。

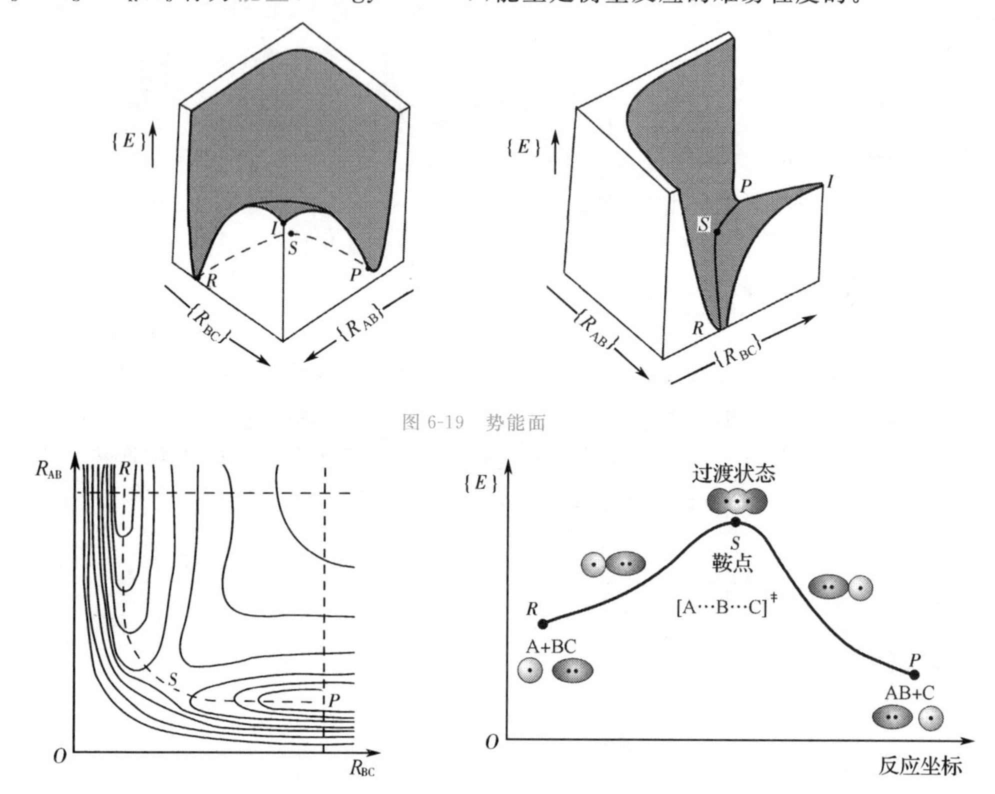

图 6-19 势能面

图 6-20 等势能线的上视投影图

图 6-21 反应的最低能量途径的侧视投影图

应进一步明确的是:(i)反应的最低能量途径并不是实现反应的唯一途径,而是实现反应概率较大的途径;(ii)设反应沿最低能量途径(或接近最低能量途径)进行,当碰撞分子对的能量足以克服能垒的障碍时,就能达到并通过过渡状态变为产物分子;当碰撞分子对的能量不足以越过能垒时,必将反弹回来,即回到反应物分子的初始构型;(iii)从上述途径的最高点到刚越过最高点之后很小一段区间内的超分子的各相近构型,统称为活化络合物(activated complex),活化络合物所处的状态即为过渡状态(transition state),目前用飞秒激光器已可测定反应的过渡状态;(iv)活化络合物沿反应坐标方向的每次振动均导致它的分解并转化为产物。

6.13.2 活化络合物理论的基本假设

该理论提出如下的基本假设(模型):(i)在制作势能面图时可采用玻恩-奥本海默近似,(ii)在势能面上,凡从反应物区出发越过能垒的超分子都可变为产物;(iii)反应物分子的能量服从麦克斯韦-玻耳兹曼分布,活化络合物的浓度可按平衡理论处理;(iv)超分子逾越能垒的规律服从经典力学,量子效应可以忽略不计。

6.13.3　活化络合物理论的数学表达式

按活化络合物理论的基本假设，设有理想气体双分子反应

$$\mathrm{A+B} \xrightleftharpoons{K_c^{\ddagger}} \mathrm{AB}^{\ddagger} \xrightarrow{k_{\mathrm{A}}} \mathrm{Y+Z}$$

式中，$K_c^{\ddagger}=\dfrac{c_{\mathrm{AB}}^{\ddagger}}{c_{\mathrm{A}}c_{\mathrm{B}}}$。活化络合物 $\mathrm{AB}^{\ddagger}$ 沿反应坐标方向的每次振动都导致活化络合物分解形成产物。k_{A} 为反应速率系数，应用统计热力学可以导出 k_{A} 与 $k_c^{\ddagger}$ 的关系为

$$k_{\mathrm{A}}=\frac{kT}{h}K_c^{\ddagger} \tag{6-79}$$

式(6-79)叫艾琳(Eyling)方程。式中，k 为玻耳兹曼常量；h 为普朗克常量。

对理想气体反应，由标准平衡常数的表示式，对反应 $\mathrm{A+B} \rightleftharpoons \mathrm{AB}^{\ddagger}$，平衡时，有

$$K^{\ominus}=\left(\frac{RT}{p^{\ominus}}\right)^{-1}K_c^{\ddagger} \tag{6-80}$$

要指出的是，$K_c^{\ddagger}$ 不同于 K_c，前者已分离出活化络合物分子沿反应途径方向的振动自由度。但由于它仍具有“平衡常数”的形式，故可仿照热力学形式来表示 ACT 的结果。而由标准平衡常数的定义，对给定反应有

$$K^{\ominus}=\exp\left(\frac{-\Delta_{\mathrm{r}}G_{\mathrm{m}}^{\ominus,\ddagger}}{RT}\right) \tag{6-81}$$

又

$$\Delta_{\mathrm{r}}G_{\mathrm{m}}^{\ominus,\ddagger}=\Delta_{\mathrm{r}}H_{\mathrm{m}}^{\ominus,\ddagger}-T\Delta_{\mathrm{r}}S_{\mathrm{m}}^{\ominus,\ddagger} \tag{6-82}$$

式中，$\Delta_{\mathrm{r}}H_{\mathrm{m}}^{\ominus,\ddagger}$、$\Delta_{\mathrm{r}}S_{\mathrm{m}}^{\ominus,\ddagger}$ 及 $\Delta_{\mathrm{r}}G_{\mathrm{m}}^{\ominus,\ddagger}$ 分别为由反应物 A、B 生成活化络合物分子 $\mathrm{AB}^{\ddagger}$ 反应的标准摩尔焓[变]、反应的标准摩尔熵[变]、反应的标准摩尔吉布斯函数[变]。

结合式(6-80) ~ 式(6-82)，得

$$k_{\mathrm{A}}=\frac{kT}{h}\left(\frac{RT}{p^{\ominus}}\right)\exp(\Delta_{\mathrm{r}}S_{\mathrm{m}}^{\ominus,\ddagger}/R)\exp(-\Delta_{\mathrm{r}}H_{\mathrm{m}}^{\ominus,\ddagger}/RT) \tag{6-83}$$

式(6-83)即为 ACT 的热力学表达式。

将式(6-83)取对数，对温度微分后，代入 E_{a} 的定义式($E_{\mathrm{a}} \xlongequal{\text{def}} RT^2\dfrac{\mathrm{d}\ln\{k_{\mathrm{A}}\}}{\mathrm{d}T}$)，得

$$E_{\mathrm{a}}=\Delta_{\mathrm{r}}H_{\mathrm{m}}^{\ominus,\ddagger}+2RT \tag{6-84}$$

在温度不高时，$E_{\mathrm{a}}\approx\Delta_{\mathrm{r}}H_{\mathrm{m}}^{\ominus,\ddagger}$。式(6-83) 与阿仑尼乌斯公式($k_{\mathrm{A}}=k_0\mathrm{e}^{-E_{\mathrm{a}}/RT}$) 对比，可有

$$k_0=\frac{kT}{h}\left(\frac{RT}{p^{\ominus}}\right)\exp(\Delta_{\mathrm{r}}S_{\mathrm{m}}^{\ominus,\ddagger}/R) \tag{6-85}$$

ACT 的处理结果给出了指前参量 k_0 较清楚的物理意义，并给出从理论上计算 k_0 及活化能 $E_{\mathrm{a}}\approx\Delta_{\mathrm{r}}H_{\mathrm{m}}^{\ominus,\ddagger}$(生成活化络合物反应的标准摩尔焓[变]) 的可能性，这比 SCT 前进了一步。但应该指出，除了一些简单的反应系统外，ACT 在实际应用中还遇到许多困难。

总的来说，在化学动力学领域中，理论仍远不成熟，有待进一步发展。

6.14 微观反应动力学

微观反应动力学(microscopic reaction kinetics)是从微观角度亦即从分子水平上来研究元反应过程,具体说就是研究单个分子发生反应碰撞前后反应物分子及产物分子的动态性质,所以也称为分子反应动态学(molecular reaction dynamics)。

微观反应动力学是 20 世纪 30 年代由艾琳(Eyling H)等首先从理论计算上开始的。到 60 年代随着计算机的发展以及交叉分子束(crossed molecular beam)、红外化学发光(infrared chemical luminescence)等实验新技术的开发,使得微观反应动力学在理论上和实验上都得到了迅速发展。

微观反应动力学的研究可以在微观层次上(分子水平上)为我们提供许多新的动力学信息。例如,相互碰撞的反应物分子在进攻方位上对反应的成功率影响如何?相互碰撞的反应物分子在能量形式上(平动能、转动能、振动能)何者对反应的成功最为有利?相互碰撞的反应物分子生成的中间络合物寿命如何?反应物分子相互碰撞后形成的产物分子在各散射方向上的角分布有何规律等。

6.14.1 态-态反应

元反应的速率理论(简单碰撞理论、活化络合物理论)对元反应的处理仍属于“宏观性”的,因为所研究的反应系统中包含的分子数仍是大量(10^{24} 个的数量级)的,无法辨认分子的单次碰撞,也无法区分不同能态的反应物分子的反应性能。

微观反应动力学借助交叉分子束的实验技术研究真正是分子水平上的单个分子的碰撞行为,即从具有指定能态的反应物分子出发,使其发生碰撞生成某一能态的产物分子。例如

$$K(n) + CH_3I(u,v) \longrightarrow KI(u',v') + CH_3(n') \tag{6-86}$$

式(6-86)叫分子的态-态反应(state-state reaction)。括号中的 n、n' 表示原子或自由基的能态,u、u' 为碰撞分子的相对运动速率(决定分子平动能的大小),v、v' 为振动量子数(决定分子的振动能级),$k(n,u,v)$ 为微观反应速率系数(microscopic rate coefficients of reaction)。而获取了各种可能的微观反应速率系数(也称为反应速率常数),便可运用统计方法求出宏观反应的速率系数。

6.14.2 单个反应物分子碰撞轨线的理论计算

两个碰撞的气体分子发生反应的概率与分子的初始能态(平动、转动、振动能态)有关。有人取一对反应物分子的初始状态,应用量子力学方法解含时薛定谔方程,来计算这一对初始状态分子发生反应的概率,这种早期的理论计算为数极少,因为计算起来极为复杂和困难。后来应用较简单和容易的近似方法,即应用经典力学代替量子力学处理碰撞过程,如图 6-22 所示带箭头的曲线即代表具有一定初始态能量分子的态-态反应的碰撞轨线。图 6-22 中,A、C 两条轨线代表反应成功的碰撞轨线;而 B、D 两条轨线代表反应失败的碰撞轨线。通

过这种碰撞轨线的大量的计算机模拟，可计算态 - 态反应的反应概率，进而可预测哪些是对反应有利的条件（如初始态分子的能量形式、碰撞的方位等），从而可用来指导如何进行微观反应动力学的实验研究。

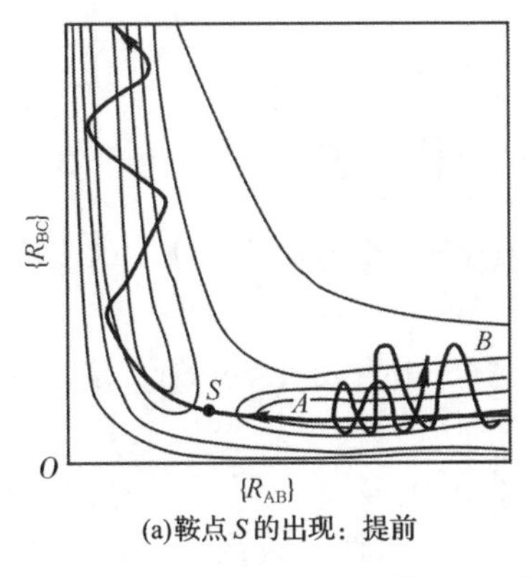

(a)鞍点 S 的出现：提前

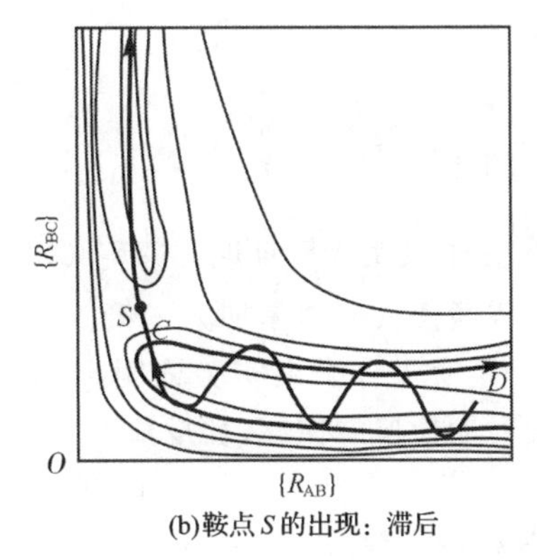

(b)鞍点 S 的出现：滞后

图 6-22　理论计算的碰撞轨线图

6.14.3　交叉分子束实验技术

微观反应动力学的研究，在实验上主要是借助交叉分子束（crossed molecular beam）实验技术的开发成功才取得进展的。

分子束是在抽成高真空的容器中飞行的十分稀薄的一束分子流（molecular flow）。早期实验用的束源（beam source）是小的加热炉，例如，金属 K 原子束是由加热炉把金属 K 汽化为蒸气，从束源的一小孔射出。目前多用超音速喷管束源（supersonic nozzle source of beams），它是高压气体通过喷嘴经过节流膨胀产生低温低压气流，可较加热炉获得具有更大的平动能、转动能和振动能的分子束。如图 6-23 所示是由 A、B 两分子束源发射的两束分子束，由束源射出来的一个个分子经过准直狭孔和速度选择器及激光的共振吸收和外加电磁场的作用下形成了定向的、在进行中无碰撞的、具有指定能态的分子束，在分子束作用区 τ 内发生交叉碰撞，反应碰撞生成的产物分子以及非反应碰撞未反应的分子以不同的角度散

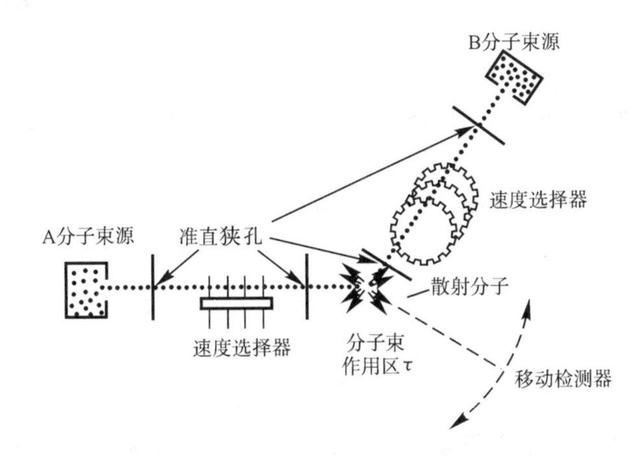

图 6-23　交叉分子束实验装置示意图（整个装置处于真空室内）

向各处。可用移动检测器(如质谱仪等)测定产物的角分布(distribution of angular)、速度分布(distribution of speed)和能量分布(distribution of energy)等。

赫希巴赫(Herschbach D R)和李远哲在交叉分子束的实验研究中曾做出杰出贡献,从而荣获 1986 年度诺贝尔化学奖。

6.14.4 由交叉分子束实验得到的动力学信息

(i)交叉分子束实验已证明,式(6-86)所示的反应若使 K 与 CH_3I 分子的 I 端相碰撞,可较其他方向碰撞使反应速率加大一倍。

(ii)曾经用交叉分子束实验证明,对于获能反应(endoergic reaction),反应物分子的振动能可以大大加快反应速率,如反应

$$HCl(v)+K \longrightarrow KCl+H$$

当 HCl 的振动量子数由 $v=0 \rightarrow v=1$,KCl 的产率约增大两个数量级;如果增加 HCl 及 K 碰撞时的相对平动能,对提高反应速率产生的效率远不如振动能高。又如,反应

$$Br+HCl(v) \xrightarrow{k_v} HBr+Cl$$

当 HCl 的振动量子数由 $v=0 \rightarrow v=4$ 时,反应速率系数 k_v 增加了约 10^{11} 倍。表明了元反应对反应能形式的选择性。

(iii)交叉分子束实验得到的有关态-态反应的最显著的动力学信息是产物的角分布(distribution of angular)。相对入射原子而言,产物分子的散射方向有向前、向后(这两种叫各向异性散射)和前后对称(各向同性散射)三种类型。图 6-24、图 6-25、图 6-26 分别为这三种类型的角分布示意图[用质心坐标(center of mass coordinates,CM)]。

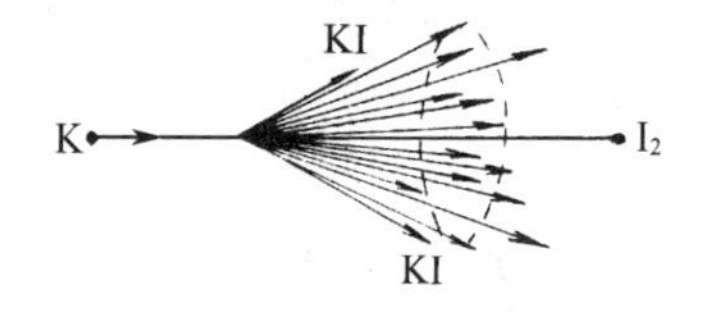

图 6-24 反应 $K+I_2 \longrightarrow KI+I$ 中,产物分子 KI 散射示意图(向前散射)

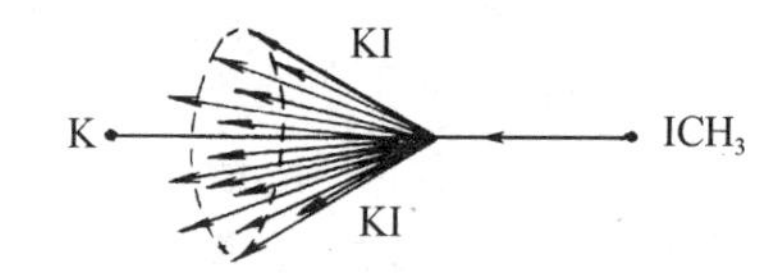

图 6-25 反应 $K+CH_3I \longrightarrow KI+CH_3$ 中,产物分子 KI 散射示意图(向后散射)

图 6-26 反应 $O+Br_2 \longrightarrow OBr+Br$ 中,产物分子散射示意图(前后对称散射)

(iv)曾经证明,对各向同性的散射,两分子碰撞延续的时间 τ_c 大于分子的转动周期(period of rotation)τ_{rot}(5×10^{-12} s),即 $\tau_c > \tau_{rot}$;而各向异性的散射,则 $\tau_c < \tau_{rot}$。这表明,各向同性的散射形成了长寿命络合物(long-life-complex);而各向异性的散射经历的是直接型反应(direct reaction)碰撞过程。

6.14.5 飞秒化学

活化络合物理论中关于"过渡状态"的概念,长时间来一直是个理论假设,反应物越过这个过渡状态就形成了产物。由于飞越过渡状态的时间是分子振动周期的数量级(5×10^{-12} s),被认为是不可能通过实验手段进行测定的,因此在化学反应的途径上所经历的这个假设的过渡状态,就成了一时间破译不了的"黑匣子",解不了的"谜"。20 世纪 60 年代后,随着分

子反应动力学的发展，特别是交叉分子束实验技术的开发成功，对过渡状态的研究工作有了一定的进展，通过分子束实验手段，人们试图从反应物和产物两头的单个分子的能量状态(即态-态反应)的研究来逐步逼近中间的过渡状态；同时也在寻求先进的技术和实验方法来破译过渡状态的“黑匣子”。可喜的是，这一研究工作，在 21 世纪之前已取得了重大的突破，20 世纪 80 年代**飞秒**(10^{-15} s)**激光器**研制成功，为过渡状态的研究带来希望。**泽维尔**(Zewial A H)率先把这一最新技术应用于化学反应过渡状态的探测。他用飞秒激光器研究了碘化钠分解反应、氢原子和 CO_2 反应、四氟二碘乙烷($C_2I_2F_4$)分解为四氟乙烯和两个碘原子的反应、环丁烷分解为乙烯的开环反应，用飞秒超快“摄像机”把反应的动态过程“拍摄”下来，从而揭开了过渡状态的奥秘。他由于对过渡态研究的杰出贡献，荣获 1999 年度诺贝尔化学奖。也由于飞秒激光器的应用，对化学反应过程时间的测定由皮秒级延伸到飞秒级(时间测定精度及年代：ms，10^{-3} s，1949 年；μs，10^{-6} s，1952 年；ns，10^{-9} s，1966 年；ps，10^{-12} s，1970 年；fs，10^{-15} s，1985 年)，从而诞生了物理化学的新领域——**飞秒化学**。

Ⅵ　应用化学动力学

6.15　溶液中反应动力学

均相反应包括**气相均相反应**(homogeneous reaction in gas phase)和**溶液中的均相反应**(homogeneous reaction in solution)。溶液中的反应动力学较气相均相反应动力学更为复杂，表现在：(i)反应物分子由于受溶剂分子的包围而不能像在气相中那样自由地运动和碰撞；(ii)溶剂分子以其自身的物理或化学性质对反应速率直接产生影响，给溶液中反应动力学的研究增加了困难。目前就液相中的简单的物理迁移过程尚不能做严格处理，因此建立起令人满意的溶液反应动力学理论就更为困难。

6.15.1　溶剂的笼效应和分子遭遇

溶液中的每个反应物分子，都处在溶剂分子的包围之中(图 6-27)，亦即溶液中的反应物分子大部分时间是在由溶剂分子构筑起的**笼**(cage)中与周围溶剂分子发生碰撞，如同在笼中振动，其振动频率约为 10^{13} s^{-1}，而在笼中的平均停留时间约为 10^{-11} s，即每个反应物分子与其周围溶剂分子要经历 $10^{13}\ s^{-1}\times10^{-11}\ s=100$ 次碰撞才能挤出旧笼，但立即又陷入一个相邻的新笼之中。故溶液中反应物分子的迁移不像气相中分子那样自由，而受到溶剂分子包围的影响，这称为**笼效应**(cage effect)。

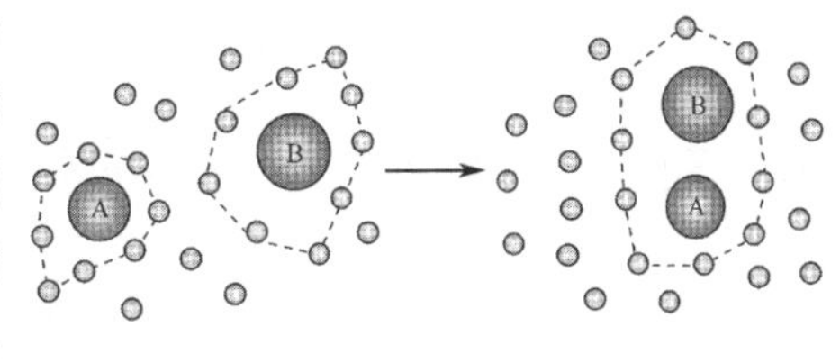

图 6-27　反应物 A 和 B 在溶液中扩散的示意图(虚线表示溶剂笼)

当处在两个不同的笼中的两个反应物分子 A 与 B 冲出旧笼而扩散至同一个新笼中时

称为遭遇(encounter)。因此,溶液中的反应也有其有利的一面,两反应物分子由于笼效应的影响不易遭遇,而一旦遭遇,就有充分的机会在笼中通过反复碰撞获得能量,又在适当方位碰撞而实现反应。

6.15.2 扩散控制的反应和活化控制的反应

溶液中的反应大体上可以看作由两个步骤组成。首先,反应物分子通过扩散在同一个笼中遭遇;第二步,遭遇分子对形成产物有两种极端情况:(i)对于活化能小的反应,如原子、自由基的重合等,反应物分子一旦遭遇就能反应,整个反应由扩散步骤控制;(ii)对于活化能相当大的反应,反应步骤的速率比扩散步骤慢得多,整个反应由反应步骤控制,叫活化控制。如反应

$$\mathrm{A}+\mathrm{B} \underset{k_{-\mathrm{D}}}{\overset{k_{\mathrm{D}}}{\rightleftharpoons}} (\mathrm{AB}) \xrightarrow{k_1} \mathrm{Z}$$

在笼中遭遇的分子对(AB)或者生成产物,或者重新分开。产物 Z 的生成速率为

$$\frac{\mathrm{d}c_{\mathrm{Z}}}{\mathrm{d}t}=k_1 c(\mathrm{AB})$$

而分子对(AB)的浓度变化为

$$\frac{\mathrm{d}c(\mathrm{AB})}{\mathrm{d}t}=k_{\mathrm{D}} c_{\mathrm{A}} c_{\mathrm{B}}-k_{-\mathrm{D}} c(\mathrm{AB})-k_1 c(\mathrm{AB})$$

按稳态法处理,即设 $\frac{\mathrm{d}c(\mathrm{AB})}{\mathrm{d}t}=0$,解得

$$c(\mathrm{AB})=\frac{k_{\mathrm{D}}}{k_{-\mathrm{D}}+k_1} c_{\mathrm{A}} c_{\mathrm{B}}$$

于是

$$v_{\mathrm{Z}}=\frac{\mathrm{d}c_{\mathrm{Z}}}{\mathrm{d}t}=\frac{k_1 k_{\mathrm{D}}}{k_{-\mathrm{D}}+k_1} c_{\mathrm{A}} c_{\mathrm{B}}$$

这是一个二级反应的速率方程,速率系数 k 为

$$k=\frac{k_1 k_{\mathrm{D}}}{k_{-\mathrm{D}}+k_1}$$

由上式,(i)若 $k_1 \gg k_{-\mathrm{D}}$,则 $k \approx k_{\mathrm{D}}$,即反应由**扩散步骤控制**;(ii) 若 $k_1 \ll k_{-\mathrm{D}}$,则 $k \approx k_1\left(\frac{k_{\mathrm{D}}}{k_{-\mathrm{D}}}\right)$,则总反应由**活化步骤(反应步骤)控制**。一般情况下 $k=\frac{k_1 k_{\mathrm{D}}}{k_{-\mathrm{D}}+k_1}$,不存在单独由哪一步控制的问题。

6.15.3 溶剂性质对反应速率的影响

溶剂对速率的影响是复杂和多方面的,除了笼效应以外,还有其自身的物理和化学性质起作用,有时效果十分显著,可使速率系数相差上万倍(表 6-3)。

下面由经验总结的规律,可供选择溶剂时参考。

(i)溶剂物理性质的影响:对于产物极性比反应物极性大的反应,在极性溶剂中进行有利。表 6-3 中的反应就是例子,产物$(C_2H_5)_4NI$ 属于盐类,它的极性远比反应物大,故随着溶剂极性的增加,速率系数增大。

(ii)溶剂化的影响:一般说,反应物、产物和活化络合物,在溶液中都能发生溶剂化作用,溶剂化过程因放热而使能量降低,溶剂化程度不同,使能量降低的幅度也不一样。若反应物

基本上不溶剂化，而活化络合物溶剂化强烈（与溶剂生成中间化合物），结果则减小了活化络合物与反应物的能量差距，使反应的活化能降低。

表 6-3　溶剂对反应 $(C_2H_5)_3N+C_2H_5I \longrightarrow (C_2H_5)_4NI$ 的 k 的影响

溶剂	$k(100\ ℃)/(dm^3 \cdot mol^{-1} \cdot s^{-1})$	溶剂	$k(100\ ℃)/(dm^3 \cdot mol^{-1} \cdot s^{-1})$
己烷　极增↓	0.000 18	氯苯　极增↓	0.023
苯　性强	0.005 8	硝基苯　性强	70.1

此外，某些具有特殊性能的溶剂，对溶液中的反应速率会产生较大的影响。例如，以超临界 CO_2 流体作溶剂的催化加氢反应、不饱和羰基类化合物的多相加氢反应等，已取得有意义的研究成果，受到国内外化学界的广泛关注。超临界流体由于其具有良好的溶解性能和传质性能以及能大幅度改善催化剂的活性、稳定性和选择性，从而可显著加快溶液中的反应速率；同时，反应后又无需分离过程，可直接得到产物，具有绿色化学特征。

超临界 CO_2 流体和离子液体均为绿色溶剂，但各有特点，二者结合使用不但可以发挥各自特点，而且具有二者单独使用都不具备的优点，这方面的研究正不断引起人们的重视。

6.16　酶催化反应动力学

6.16.1　单一底物的酶催化反应动力学

关于酶催化剂及其催化作用的一些基本概念，在 6.11.2 节中已做了初步介绍。本节将进一步讨论酶催化反应的动力学规律，主要讨论单一底物（只有一种底物）的酶催化反应动力学。

对单一底物的酶催化反应：$S \xrightarrow{E} P$，可表示为

$$\text{S(底物)} + \text{E(酶)} \underset{k_{-1}}{\overset{k_1}{\rightleftharpoons}} \text{X(中间物)} \xrightarrow{k_2} \text{E(酶)} + \text{P(产物)}$$

由上述机理，根据质量作用定律，产物 P 的增长速率可表示为

$$v_P = k_2 c_X$$

式中，c_X 为中间物 X(X = ES) 的浓度。

为推导出单一底物的酶催化反应的速率方程，可对上述机理做几点假设：

(i) 在反应过程中，酶的浓度恒定不变，即 $c_{E,0} = c_E + c_X$；

(ii) 与底物 S 的浓度相比，酶的浓度很小，即 $c_E \ll c_S$，故可忽略由于生成中间物 X 而消耗的底物；

(iii) 由于产物的浓度很低，因而产物的抑制作用可忽略，也不必考虑 $P + E \longrightarrow X$ 这一逆反应。

显然，根据上述假设所导出的速率方程仅适用于反应的初始状态。

根据上述机理和假设，Michaelis-Menten 和 Briggs-Haldane 分别用不同的方法导出了各自的速率方程。

1. Michaelis-Menten 方程

他们假定前述酶催化反应机理中，$k_1 \gg k_2$ 及 $k_{-1} \gg k_2$，即底物与酶快速生成中间物 X，而 X 又快速分解为底物 S 及酶 E 而建立快速平衡，即中间物 X 转化为产物 P 并放出酶为慢步

骤,该步骤为速率控制步骤。从而可利用预平衡态近似法推出反应的速率方程。

因为由中间物转化为产物的步骤为反应速率控制步骤,则

$$v_P = \frac{dc_P}{dt} = k_2 c_X \tag{6-87}$$

又,由快速平衡步骤有

$$v_1 = k_1 c_S c_E, \quad v_{-1} = k_{-1} c_X$$

平衡时,$v_1 = v_{-1}$,即 $k_1 c_S c_E = k_{-1} c_X$,所以

$$c_E = \frac{k_{-1} c_X}{k_1 c_S} = K_S \frac{c_X}{c_S} \tag{6-88}$$

式中,$K_S = \frac{k_{-1}}{k_1}$。反应系统中,酶的总浓度应为

$$c_{E,0} = c_E + c_X$$

所以

$$c_{E,0} = K_S \frac{c_X}{c_S} + c_X = c_X \left(1 + \frac{K_S}{c_S}\right)$$

即

$$c_X = \frac{c_{E,0} c_S}{c_S + K_S} \tag{6-89}$$

将式(6-89)代入式(6-87),得

$$v_P = \frac{k_2 c_{E,0} c_S}{K_S + c_S} \tag{6-90}$$

令 $k_2 c_{E,0} = v_{P,max}$,则

$$v_P = \frac{v_{P,max} c_S}{K_S + c_S} \tag{6-91}$$

式(6-91)即为 Michaelis-Menten 方程,简称M-M方程。

式(6-91)中,$v_{P,max}$ 为产物 P 的最大生成速率,当 $v_P = \frac{1}{2} v_{P,max}$ 时,由式(6-91),有 $K_S = c_S$,K_S 表示酶与底物相互作用的特性。

2. Briggs-Haldane 方程

他们假定,前述酶催化反应机理中,$k_{-1} \approx k_2$,且 $k_1 \ll (k_{-1} + k_2)$,即中间物 X 分解为底物 S 和酶 E 与中间物 X 转化为产物 P 又放出酶 E 的速率相差不大,且它们远大于中间物 X 的生成速率,于是中间物 X 的浓度不会积聚起来,与 c_S 和 c_P 相比,c_X 的浓度是很小的,可近似看作不随时间而变,从而可利用稳态法推出反应的速率方程。

根据上述机理及质量作用定律,有

$$-\frac{dc_S}{dt} = k_1 c_S c_E - k_{-1} c_X = \frac{dc_P}{dt} = k_2 c_X \tag{6-92}$$

对中间物 X 应用稳态近似法,有

$$\frac{dc_X}{dt} = k_1 c_S c_E - k_{-1} c_X - k_2 c_X = 0 \tag{6-93}$$

又

$$c_{E,0} = c_E + c_X \tag{6-94}$$

联合以上两式,得

$$c_X = \frac{c_{E,0} c_S}{\frac{k_{-1} + k_2}{k_1} + c_S} \tag{6-95}$$

将式(6-95)代入式(6-92),得

$$v_P=\frac{dc_P}{dt}=\frac{k_2c_{E,0}c_S}{\frac{k_{-1}+k_2}{k_1}+c_S}$$

令 $K_m=\frac{k_{-1}+k_2}{k_1}$ 叫米氏常量，$v_{P,max}=k_2c_{E,0}$，则

$$v_P=\frac{v_{P,max}c_S}{K_m+c_S} \tag{6-96}$$

$$K_m=\frac{k_{-1}+k_2}{k_1}=K_S+\frac{k_2}{k_1} \tag{6-97}$$

式(6-96)称为 Briggs-Haldane 方程，简称 B-H 方程。

由 B-H 方程知，当 $k_2\ll k_{-1}$ 时，$K_m=K_S$，即产物 P 的增长速率远小于中间物 X 的分解速率，这是由于中间物 X 中底物 S 与酶 E 的结合力很弱，因而分解速率快，而中间物 X 转化为产物 P 时，包含着旧键断裂、新键形成的过程，故中间物 X 转化为产物 P 的速率慢，这符合许多酶催化反应的实际情况。

由式(6-97)知，K_m 的大小是对中间物 X 是否易于分解或转化的量度，K_m 大，表示中间物 X 易分解或转化，K_m 小，表示中间物 X 不易分解或转化。因此，K_m 是表示某一种酶催化反应性质的一个参量。表 6-4 列出了一些酶催化反应的 K_m 值。

表 6-4　一些酶催化反应的 K_m 值

酶	底物	$\frac{K_m}{10^{-3}\ mol\cdot dm^{-3}}$	酶	底物	$\frac{K_m}{10^{-3}\ mol\cdot dm^{-3}}$
葡萄糖氧化酶	D-葡萄糖	7.7	L-氨基酸氧化酶	L-亮氨酸	1.0
乳糖酶	乳糖	7.5	尿素酶	尿素	4.0
蔗糖酶	蔗糖	5.0	醇脱氢酶	乙醇	13
葡萄糖淀粉酶	麦芽糖	1.2			

在具体应用时，人们通常把 B-H 方程与 M-M 方程合并在一起统称为 M-M 方程，而以式(6-96)作为通式。

3. M-M 方程的进一步讨论和应用

许多单一底物的酶催化反应，实验测出都有与图 6-28 相似的关系。

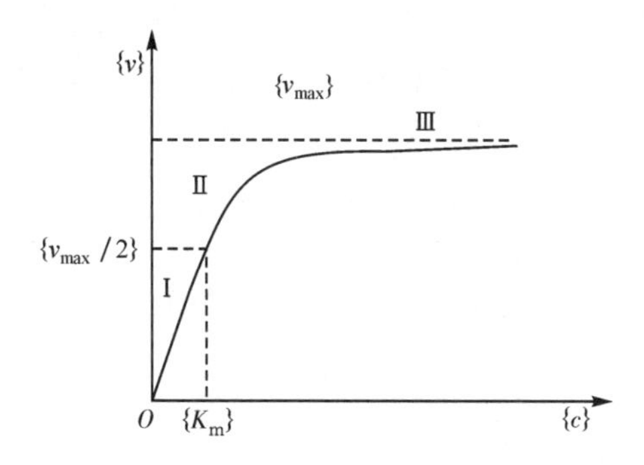

图 6-28　单一底物的酶催化反应的 v-c_S 曲线

图 6-28 为 v-c_S 曲线，大致分成Ⅰ、Ⅱ、Ⅲ三段，即表示出 3 个具有不同动力学特征的区域。下面将 M-M 方程应用于该曲线，分析得到 3 种结果。

(i)当 $c_S\ll K_m$ 时，即底物浓度比 K_m 值小很多时，则由式(6-96)有

$$v=\frac{v_{max}}{K_m}c_S=kc_S \tag{6-98}$$

即反应为一级，v 与 c_S 成正比，为图 6-28 中曲线的线段Ⅰ。这是因为 K_m 很大时，大部分酶为游离态，而 c_X 很小，要想提高反应速率，只有通过加大 c_S 值，进而提高 c_X，才能使反应速率加快。

式(6-98)积分，得其积分速率方程为

$$t=\frac{K_m}{v_{max}}\ln\frac{c_{S,0}}{c_S} \tag{6-99}$$

(ii)当 $c_S \gg K_m$ 时，由式(6-96)有

$$v=v_{max} \tag{6-100}$$

即反应为零级。反应速率达到最大为定值，即图6-28中曲线的线段Ⅲ为一水平线，表明当底物浓度继续增加时，反应速率变化不大。

积分式(6-100)，得其积分速率方程为

$$t=\frac{1}{v_{max}}(c_{S,0}-c_S) \tag{6-101}$$

(iii)当 $c_S \approx K_m$ 时，即为式(6-96)原式，即为图 6-28 中曲线的线段Ⅱ。当 $t=0$ 时，$c_S=c_{S,0}$，$t=t$ 时，设底物 S 的转化率为 x_S，于是积分式(6-96)，可得

$$t=\frac{1}{v_{max}}\left(c_{S,0}x_S+K_m\ln\frac{1}{1-x_S}\right) \tag{6-102}$$

绝大多数单一底物的酶催化反应，其反应速率与酶的浓度成正比，即呈现一级反应的特征。只有极少数的酶催化反应例外，如蛋白酶催化分解反应。

6.16.2 影响酶催化反应速率的因素

影响酶催化反应速率的因素很多，首先是酶的结构特性和底物结构特性等内部因素的影响；其次是浓度(酶的浓度，底物的浓度，产物的浓度和抑制剂的浓度)、温度、pH、离子强度等外部因素的影响。限于课程内容的限制，我们只讨论外部因素的影响，其中浓度的影响已讨论过，就不再赘述。

1. pH 的影响

酶分子上有许多酸性和碱性的氨基酸侧链基团，如果酶要表现其活性，则这些基团必须有一定的解离形式，随着 pH 的变化，这些基团可处在不同的解离状态，而具有催化活性的离子基团仅是其中一种特定的解离形式，因而随着 pH 的变化，具有催化活性的特殊离子基团在总酶量中所占比例就会不同，因而使酶所具有的催化能力也不同。

根据上述分析，Michaelis 对 pH 与酶活力的关系提出三状态模型假设：

$$EH_2 \underset{+H^+}{\overset{-H^+}{\rightleftharpoons}} EH^- \underset{+H^+}{\overset{-H^+}{\rightleftharpoons}} E^{2-}$$

假定酶分子有两个可解离的基团，随着 pH 的变化，分别呈现为 EH_2、EH^- 及 E^{2-} 三种状态，即酸性条件下，酶呈 EH_2 状态，当 pH 增加，酶以 EH^- 状态存在，当 pH 继续增加，即在碱性条件下，酶以 E^{2-} 状态存在。三种状态中，只有 EH^- 型具有催化活性。对酶催化反应来说，适宜的 pH 为 6～9。图6-29为猪胰脏 α-淀粉酶的催化活性与 pH 关系曲线。

2. 温度的影响

对酶催化反应，只有在较低的温度范围内，其反应速率才会随温度的升高而加快，超过某一温度，即酶被加热到生理允许温度以上，酶的反应速率反而随着反应温度的升高而下

降。这是因为温度升高，虽然也加快酶的催化反应速率，但同时也加快了酶的热失活速率。只有在较低的温度范围内，酶催化反应速率系数中的 k_2 遵从 Arrhenius 方程，即

$$k_2 = k_0 \exp(-E_a/RT)$$

即以 $\ln\{k_2\}$ 对 $1/T$ 作图为一直线。但当温度超过生理允许温度时，酶受热失活，具有活性的酶量减少，因而使反应速率下降。图 6-30 是肌球蛋白酶为催化剂的 ATP 水解反应氧的生成速率与 $1/T$ 的关系，出现一个最佳的温度范围。

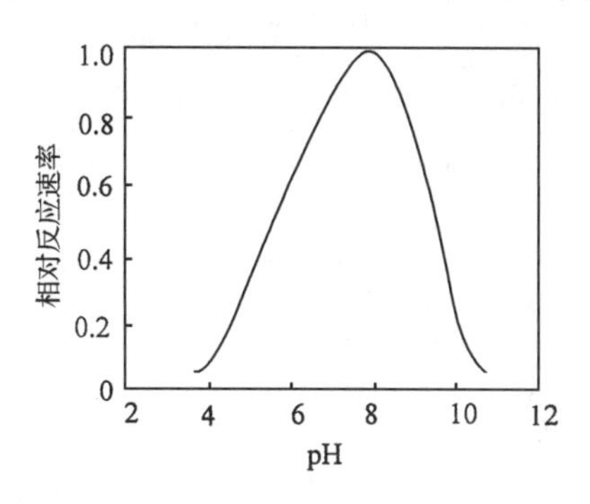

图 6-29 猪胰脏 α-淀粉酶的催化活性与 pH 的关系

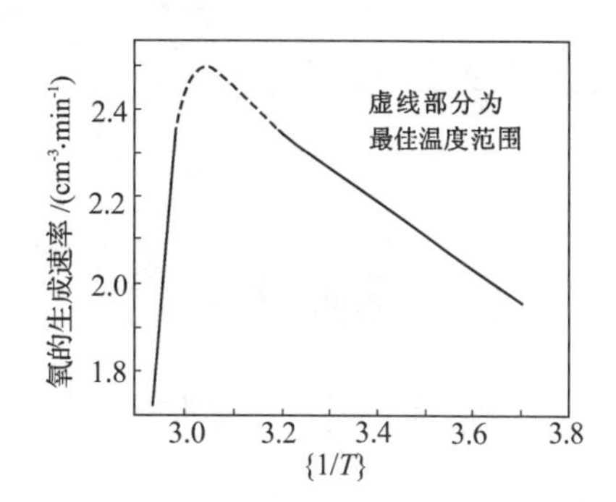

图 6-30 肌球蛋白酶为催化剂的 ATP 水解反应氧的生成速率与 $1/T$ 的关系

3. 抑制剂的影响

前一节中讨论的单一底物的酶催化反应动力学有一个显著特点，即反应速率与底物浓度的关系是一种单调增加的函数关系。而实际上有些酶的催化反应，由于底物浓度过高，其反应速率反而下降，此种效应称为底物的抑制作用；还有的酶可与产物形成中间物，使反应停止下来，这称为产物的抑制作用；更为重要的是，在酶催化反应中，由于某些外源化合物的存在而使反应速率下降，这种物质称为抑制剂。

抑制作用分为可逆抑制与不可逆抑制两大类。若某种抑制可用诸如透析等物理方法把抑制剂去除而恢复酶的活性，则称为可逆抑制，此时酶与抑制剂的结合存在着解离平衡关系。若抑制剂与酶的基团成共价键结合，则不能用物理方法去除抑制剂，此类抑制可使酶永久失活，例如重金属离子 Hg^{2+}、Pb^{2+} 等对木瓜蛋白酶、菠萝蛋白酶的抑制和混合型抑制。若在反应系统中存在有与底物结构相类似的物质，该物质也能在酶的活性部位上结合，从而阻碍了酶与底物的结合，使酶催化底物的反应速率下降，称为竞争性抑制；若抑制剂可以在酶的活性部位以外与酶相结合，而这种结合对底物与酶的结合无影响，称为非竞争性抑制；反竞争性抑制是指抑制剂不能直接与游离酶相结合，只能与底物与酶形成的中间物相结合生成复合物，而影响了酶的催化反应速率，如肼对芳香基硫酸酯酶的抑制作用，则属此类。

有关各类抑制作用的机理及其动力学则涉及专业内容，不再讨论。

【例 6-18】 有一均相酶催化反应，K_m 值为 2×10^{-3} mol·dm^{-3}，当底物的初始浓度 $c_{S,0}$ 为 1×10^{-5} mol·dm^{-3}时，若反应进行 1 min，则底物的转化率 x_S 为 2%。试计算：(1) 当反应进行 3 min 时，底物转化率为多少？此时，底物和产物的浓度如何？(2) 当 $c_{S,0}$ 为 1×10^{-6} mol·dm^{-3}时，也反应 3 min，底物和产物的浓度又是多少？(3) 最大反应速率 $v_{P,\max}$ 为多少？

解 (1) 因为 $c_{S,0} \ll K_m$，所以可按一级反应计算：

$$t = \frac{K_m}{v_{S,\max}} \ln \frac{c_{S,0}}{c_S} = k' \ln \frac{1}{1-x_S}$$

代入 $t=1$ min，$x_S=0.02$，得 $k'=49.5$ min。于是可求得，当 $t=3$ min 时

$$x_S=0.06$$

$$c_P=c_{S,0}x_S=1\times10^{-5}\ \mathrm{mol\cdot dm^{-3}}\times0.06=6\times10^{-7}\ \mathrm{mol\cdot dm^{-3}}$$

$$c_S=c_{S,0}-c_P=1\times10^{-5}\ \mathrm{mol\cdot dm^{-3}}-6\times10^{-7}\ \mathrm{mol\cdot dm^{-3}}=0.94\times10^{-5}\ \mathrm{mol\cdot dm^{-3}}$$

(2)当 $c_{S,0}=1\times10^{-6}$ 时，$c_{S,0}\ll K_m$，仍视为一级，同理，可得

$$x_S=0.06,\quad c_S=0.94\times10^{-6}\ \mathrm{mol\cdot dm^{-3}},\quad c_P=6\times10^{-8}\ \mathrm{mol\cdot dm^{-3}}$$

(3)由 $k'=\dfrac{K_m}{v_{S,\max}}=49.5$ min，$K_m=2\times10^{-3}\ \mathrm{mol\cdot dm^{-3}}$，得

$$v_{P,\max}=4.04\times10^{-5}\ \mathrm{mol\cdot dm^{-3}\cdot min^{-1}}$$

6.17 生化反应动力学

6.17.1 微生物、细胞生长及代谢过程

生化反应动力学(biochemical reaction kinetics)包括酶反应动力学，微生物、细胞生长和代谢过程动力学以及灭菌过程动力学。有关酶反应动力学已在前节中讨论。

微生物、细胞生长动力学和代谢动力学与酶反应动力学的主要不同点在于：细胞在反应过程中是可以增殖的，而酶在反应中并不增殖；其次的差别还在于酶催化反应与化学催化反应本质上是相同的，而微生物、细胞的生长及代谢过程则不同，它们是固体，在繁殖及代谢过程中往往需要消耗大量氧气和底物，绝大部分是液-固或气-液-固的多相反应。

微生物、细胞生长的动力学过程示意图如图6-31所示。

图 6-31 表明，微生物、细胞的生长包括下列 5 个阶段：诱导期、指数增殖期、减速期、稳定期、衰亡期。把微生物、细胞放入反应器中，需要经历一段时间细胞才能增长，这段时间即为诱导期，这是因为改换一个新的环境需要一个适应过程。然后，细胞便按指数关系迅速增殖，若细胞增殖一倍称为一代，所需时间为 t_D，称为倍数时间。若在时间 t 内细胞增殖为 n 代，则在时间 t 内细胞的增值数为 2^n 或 $2^{t/t_D}$。愈是低等的生物，t_D 愈小。例如细菌的 t_D 数量级约为数分钟。这段时间即为指数增殖期。此后，代谢物(如发酵过程的产物)不断增加，且营养源的浓度不断减少，细胞浓度 c_C 便不再增加，转入稳定期。以后进入细胞死亡期，c_C 不断下降。若产物是细胞本身(如生产酵母或单细胞蛋白)，要设法延长指数增殖期，当增殖停止，反应也应结束。而要获得代谢产物则主要应在稳定期内运行。可见，在上述的非均相反应过程中，总的表观反应速率由上述各个阶段的速率共同决定，关键是要弄清其中的速率控制步骤。

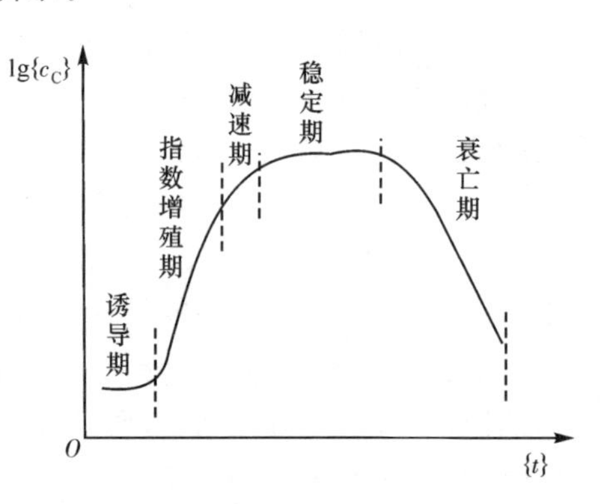

图 6-31 微生物、细胞生长的动力学过程示意图

6.17.2 生化反应动力学模型及方程表达式

1. 生化反应动力学模型

细胞反应过程，包括细胞的生长、基质的消耗和代谢产物的生长是很复杂的生物化学过程。该过程既包括细胞内的生化反应，也包括细胞外物质的扩散及反应，整个反应系统具有多相、多组分、非线性等特点。多相是指反应系统中通常包括气、液、固等相态；多组分是指在培养液中有多种营养成分、有多种代谢产物生成，在细胞内也具有不同生理功能的大、中、小分子化合物；非线性指的是细胞代谢过程通常不能用线性方程来描述。同时，细胞的培养和代谢还是一个群体的生命活动，每个细胞都经历着生长、成熟直至衰老、死亡的过程。要对这样一个复杂的系统进行动力学描述是非常困难的。为此，必须建立简化的动力学模型才行。

(1)确定论模型和概率论模型

细胞反应动力学是研究细胞群体的集体行为，而不可能研究单一细胞的行为。因此针对这个细胞群体的构成提出两种模型。一种是把群体中的每个细胞都看成是等同的，不存在差别，取其性质的代数平均值，在此基础上建立的模型称为确定论模型。另一种是考虑细胞群体中每个细胞间的差别，采取概率分布的方法，取其性质的统计平均值，则称为概率论模型。目前，前者应用广泛。

(2)结构模型和非结构模型

细胞的组成也是很复杂的，它含有蛋白质、脂肪、碳水化合物、核酸、维生素等，而且成分的含量也随着条件的变化而变化。考虑到上述有关细胞组成的变化而建立的模型称为结构模型；不考虑上述细胞组成的变化而建立的模型称为非结构模型。

(3)均衡生长模型和非均衡生长模型

在细胞的生长过程中，如果细胞内各种成分均以相同的比例增加，则称为均衡增长，由此建立的模型称为均衡生长模型；如果由于各组分的合成速率不同而使各组分增长的比例也不同，由此建立的模型称为非均衡增长模型。

从以上各种模型建立的基础可以看出，最简化的模型组合是确定论式的非结构的均衡生长模型。它既不考虑细胞群体中细胞间的差别，也不考虑细胞组成的不同，而且把生长速率也视为均衡，可把细胞仅仅作为一种“溶质”加以处理，使对其动力学处理大大简化。

2. 生化反应动力学方程

在采用确定论式的非结构均衡生长模型基础上，讨论生化反应动力学方程。

(1)细胞生长动力学方程

可以把细胞的增殖过程用化学方程式表示如下：

$$\mathrm{A+CL \rightleftharpoons CG \longrightarrow 2CL+P}$$

式中，A为底物(营养物)；CL代表有生物活性但不分裂的静止细胞；CG代表可分裂为两个新的静止细胞的孕细胞；P为代谢产物。而 c_{A}、c_{CL}、c_{CG}、c_{P} 分别代表它们的浓度。

对底物及产物无抑制作用的细胞生长动力学，Monod提出如下动力学方程：

$$v=\frac{1}{c_{\mathrm{C}}}\frac{\mathrm{d}c_{\mathrm{C}}}{\mathrm{d}t}=\frac{v_{\max}c_{\mathrm{A}}}{K_{\mathrm{s}}+c_{\mathrm{A}}} \tag{6-103}$$

式中，v 为细胞比增长速率；v_{max} 为营养物达到饱和时细胞的最大比增长速率；K_s 称为 Monod 常数。该方程类似于酶催化反应的米氏方程。它仅适用于细胞生长较慢和细胞密度较低的环境下。

(2)底物消耗动力学方程

底物的消耗主要有三方面：一是供细胞生长，消耗速率可表示为$-\frac{1}{Y_{C/A}}\frac{dc_C}{dt}$；二是用以维持细胞生命所消耗的能耗物质，消耗速率可表示为$-m_C c_C$；三是用以合成次级产物 P，消耗速率可表示为$-\frac{1}{Y_{P/A}}$，$Y_{C/A}$、$Y_{P/A}$分别为细胞 C 对底物 A，产物 P 对底物 A 的速率系数，m_C 为菌体维持系数，其单位为 g·(g·s)$^{-1}$ 或 s^{-1}，与反应级数有关。故底物的消耗速率方程可表示为

$$-\frac{dc_A}{dt}=-\frac{1}{Y_{C/A}}\frac{dc_C}{dt}-m_C c_C-\frac{1}{Y_{P/A}}\frac{dc_P}{dt}$$

(3)产物生成的动力学方程

产物指在细胞生长过程中除细胞外所有代谢生成的产物。主要分二类，一类是随细胞的生长而产生，表示为$\alpha\frac{dc_C}{dt}$；另一类则只有细胞存在才会产生，可表示为 βc_C。α、β 为比例系数。故生成产物的通用动力学方程为

$$\frac{dc_P}{dt}=\alpha\frac{dc_C}{dt}+\beta c_C \tag{6-104}$$

以上各方程的动力学常数 v_{max} 以及 $1/K_s$ 与温度的关系可以用类似于 Arrhenius 方程的形式表示，如

$$\frac{1}{K_s}=k_{0,1}e^{-E_1/RT}$$

式中，R 为普适气体常量；$k_{0,1}$、E_1 为常数。但由于温度升高，开始时 v 会增加，但要温度继续上升，细胞的生物活性会下降甚至死亡，故 v 在某一温度下有一最大值 v_{max}，它与温度的关系为

$$v_{max}=k_{0,2}e^{-E_2/RT}-k_{0,3}e^{-E_3/RT}$$

式中，$k_{0,2}$、$k_{0,3}$ 及 E_2、E_3 均为待定常数。

习 题

一、思考题

6-1 已知氧存在时，臭氧的分解反应：$2O_3 \rightarrow 3O_2$，其反应速率方程为

$$-\frac{dc(O_3)}{dt}=k(O_3)[c(O_3)]^2[c(O_2)]^{-1}$$

(1) 指出该反应的总级数 n =?并解释臭氧的分解速率与氧浓度的关系；(2) 若以 $dc(O_2)/dt$ 表示其反应速率，$k(O_2)$ 表示相应的反应速率系数，写出该反应的速率方程；(3) 指出 $-dc(O_3)/dt$ 与 $dc(O_2)/dt$ 之间的关系及 $k(O_3)$ 与 $k(O_2)$ 之间的关系；(4) 该反应是否为元反应?为什么?

6-2 如何区分反应级数和反应分子数两个不同概念? 二级反应一定是双分子反应吗? 双分子反应一定是二级反应吗? 你如何正确理顺二者的关系?

6-3 质量作用定律适用于非元反应吗?

6-4 反应 A→Y，当 A 反应掉 3/4 所需时间恰是它反应掉 1/2 所需时间的 3 倍，该反应为几级？

6-5 反应 B→Z，当 B 反应掉 3/4 所需时间恰是它反应掉 1/2 所需时间的 2 倍，该反应为几级？

6-6 反应 C→P，当 C 反应掉 3/4 所需时间恰是它反应掉 1/2 所需时间的 1.5 倍，该反应为几级？

6-7 反应 A(g)→Y(g)，其速率方程为 $-\frac{dp_A}{dt}=k_{A,p}p_A^2$，实验测得在温度 T_1 及 T_2 时的速率系数分别为 $k_{A,p,1}$ 及 $k_{A,p,2}$，则该反应的活化能 $E_a=R\frac{T_1T_2}{T_2-T_1}\ln\frac{k_{A,p,2}}{k_{A,p,1}}$，对吗？

6-8 阿仑尼乌斯方程 $k=k_0e^{-E_a/RT}$ 中的 $e^{-E_a/RT}$ 一项的含义是什么？$e^{-E_a/RT}>1$，$e^{-E_a/RT}<1$，$e^{-E_a/RT}=1$，哪种情况是不可能的？哪种情况为大多数？

6-9 对下述反应：

(1) $A\xrightarrow{E_1}B\xrightarrow{E_2}Y$，$A\xrightarrow{E_3}Z$，(a) 若 $E_1>E_3$；(b) 若 $E_1<E_3$；

(2) $A\xrightarrow{E_1}B\xrightarrow{E_2}Y$，$B\xrightarrow{E_3}Z$，(a) 若 $E_2>E_3$；(b) 若 $E_2<E_3$，

为得到主产物 Y，是在高温下反应还是在低温下反应有利？

6-10 反应 $A\xrightarrow{E_1}Y$，$A\xrightarrow{E_2}Z$，$E_1>E_2$，为获取更多的主产物 Y，可采取哪些措施？

6-11 对行反应 $A\underset{k_{-1}}{\overset{k_1}{\rightleftharpoons}}Y$，平衡时 $k_1=k_{-1}$，对吗？

6-12 反应 A→Y 的机理如下

$$A\xrightarrow{k_1}B\underset{k_{-2}}{\overset{k_2}{\rightleftharpoons}}Y$$

试写出 $-dc_A/dt$、dc_B/dt 及 dc_Y/dt。

6-13 连串反应 $A\longrightarrow B\longrightarrow C$ 的速率由其中最慢的一步决定，因此速率决定步骤的级数就是总反应的级数，对吗？

6-14 为什么说总级数为零的反应一定不是元反应？

6-15 简单碰撞理论中，引入了概率因子 P，它包含哪些因素？

6-16 发生反应的所有分子，一定都是沿反应最低能量途径进行的吗？

6-17 已知某溶液中进行的反应为扩散步骤控制，可采取什么措施加快其反应速率？

6-18 直链反应不会发生爆炸，对吗？

二、计算题及证明（或推导）题

6-1 蔗糖在稀水溶液中，按下式水解：

$$C_{12}H_{22}O_{11}+H_2O\xrightarrow{H^+}C_6H_{12}O_6(\text{葡萄糖})+C_6H_{12}O_6(\text{果糖})$$

其速率方程为 $-\frac{dc_A}{dt}=k_Ac_A$，已知，当盐酸的浓度为 0.1 mol·dm^{-3}（催化剂），温度为 48 ℃ 时，$k_A=0.0193\ \text{min}^{-1}$，将蔗糖浓度为 0.02 mol·dm^{-3} 的溶液 2.0 dm^3 置于反应器中，在上述催化剂和温度条件下反应。计算：(1) 反应的初始速率 $v_{A,0}$；(2) 反应到 10.0 min 时，蔗糖的转化率为多少？(3) 得到 0.0128 mol 果糖需多少时间？(4) 反应到 20.0 min 时的瞬时速率如何？

6-2 40 ℃，N_2O_5 在 CCl_4 溶液中进行分解反应，反应为一级，测得初速率 $v_{A,0}=1.00\times10^{-5}$ mol·dm^{-3}·s^{-1}，1 h 时的瞬时反应速率 $v_A=3.26\times10^{-6}$ mol·dm^{-3}·s^{-1}，试求：(1) 反应速率系数 k_A；(2) 半衰期 $t_{1/2}$；(3) 初始浓度 $c_{A,0}$。

6-3 二甲醚的气相分解反应是一级反应：

$$CH_3OCH_3(g) \longrightarrow CH_4(g) + H_2(g) + CO(g)$$

504 ℃时，把二甲醚充入真空反应器内，测得反应到 777 s 时，容器内压力为 65.1 kPa；反应无限长时间，容器内压力为 124.1 kPa，计算 504 ℃时该反应的速率系数。

6-4 反应 $A+2B \longrightarrow Y+Z$ 的速率方程为 $-\frac{dc_A}{dt} = k_A c_A c_B$。已知：175 ℃时，$k_A = 1.58\times10^{-3}\ dm^3\cdot mol^{-1}\cdot min^{-1}$，$c_{A,0}=0.157\ mol\cdot dm^{-3}$，$c_{B,0}=12.1\ mol\cdot dm^{-3}$。计算 175 ℃下 A 的转化率达 98%所需时间。

6-5 反应 $2A+B \longrightarrow Y$，由实验测得为二级反应，其反应速率方程为 $-\frac{dc_A}{dt} = k_A c_A c_B$。70 ℃时，已知反应速率系数 $k_B = 0.400\ dm^3\cdot mol^{-1}\cdot s^{-1}$，若 $c_{A,0}=0.200\ mol\cdot dm^{-3}$，$c_{B,0}=0.100\ mol\cdot dm^{-3}$，试求反应物 A 转化 90%时所需时间 t。

6-6 1,3-二氯丙醇(A)，在 NaOH(B)存在条件下，发生环化作用生成环氧氯丙烷的反应为二级反应(对 A 和 B 均为一级)。已知 8.8 ℃时，$k_A = 3.29\ dm^3\cdot mol^{-1}\cdot min^{-1}$，若反应在 8.8 ℃进行，计算：(1)当 A 和 B 的初始浓度均为 $0.282\ mol\cdot dm^{-3}$，A 转化 95%所需的时间；(2)当 A 和 B 的初始浓度分别为 $0.282\ mol\cdot dm^{-3}$ 和 $0.365\ mol\cdot dm^{-3}$，反应经 9.95 min 时，A 的转化率可达多少？

6-7 反应 $A+2B \longrightarrow Z$ 的速率方程为 $-\frac{dc_A}{dt} = k_A c_A c_B$，在 25 ℃时，$k_A = 1\times10^{-2}\ dm^3\cdot mol^{-1}\cdot s^{-1}$，(1)若 $c_A,0 = 0.01\ mol\cdot dm^{-3}$，$c_{B,0}=1.00\ mol\cdot dm^{-3}$；(2)若 $c_{A,0}=0.01\ mol\cdot dm^{-3}$，$c_{B,0}=0.02\ mol\cdot dm^{-3}$。求 25 ℃时，A 反应掉 20% 所需时间。

6-8 A 溶液与含有相同物质的量且等体积的 B 溶液相混合，发生 $A+B \longrightarrow Z$ 的反应，1 h 时 A 反应掉 75%。求经 3 h 时 A 反应掉的百分率。若：(1)对 A 是一级，对 B 是零级；(2)对 A 和 B 都是一级；(3)对 A 和 B 都是零级。

6-9 氰酸铵在水溶液中转化为尿素的反应为 $NH_4OCN(A) \longrightarrow CO(NH_2)_2$，测得动力学数据如下，试确定反应级数。

$c_{A,0}/(mol\cdot dm^{-3})$	$t_{1/2}/h$
0.05	37.03
0.10	19.15
0.20	9.45

6-10 反应 $2NO_2 \rightarrow N_2 + 2O_2$，测得如下动力学数据，试确定该反应的级数。

$c(NO_2)/(mol\cdot dm^{-3})$	$-\frac{dc(NO_2)}{dt}\Big/(mol\cdot dm^{-3}\cdot s^{-1})$
0.022 5	0.003 3
0.016 2	0.001 6

6-11 丙酮的热分解反应：

$$CH_3COCH_3(g) \longrightarrow C_2H_4(g) + H_2(g) + CO(g)$$

试建立反应的速率方程，计算反应速率系数。反应过程中，测得系统(定容)的总压随时间的变化如下：

t/min	p/kPa	t/min	p/kPa
0	41.60	13.0	65.06
6.5	54.40	19.9	74.93

6-12 450 ℃时，实验测得气相反应 $3A+B \longrightarrow Z$ 的动力学数据如下：

实验	$p_{A,0}/kPa$	$p_{B,0}/kPa$	$v_0/(Pa\cdot h^{-1})$
(a)	13 330	133.3	1.333
(b)	26 660	133.3	5.332
(c)	53 320	66.65	10.664

(1)设反应的速率方程为 $v' = k_{A,p}p_A^{\alpha}p_B^{\beta}$，求 α,β；(2)计算实验(c)条件下，B 反应掉一半所需时间；(3)若反应在 500 ℃条件下进行，计算实验(c)条件下的初始速率(已知反应的活化能为 $188\ kJ\cdot mol^{-1}$)。

6-13 $N_2O(g)$ 的热分解反应 $2N_2O(g) \longrightarrow 2N_2(g) + O_2(g)$，在一定温度下，反应的半衰期与初始压力成

反比。在 694 ℃，$N_2O(g)$的初始压力为 3.92×10^4 Pa 时，半衰期为 1 520 s；在 757 ℃，初始压力为 4.8×10^4 Pa 时，半衰期为 212 s。(1)求 694 ℃和 757 ℃时反应的速率系数；(2)求反应的活化能和指前参量；(3)在 757 ℃，初始压力为 5.33×10^4 Pa(假定开始只有 N_2O 存在)。求总压达 6.4×10^4 Pa 所需的时间。

6-14 已知某反应的活化能为 80 $kJ\cdot mol^{-1}$，试计算反应温度从 T_1 到 T_2 时，反应速率系数增大的倍数。(1) $T_1=293.0$ K，$T_2=303.0$ K；(2) $T_1=373.0$ K，$T_2=383.0$ K；(3) 计算结果说明什么？

6-15 有两反应，其活化能相差 4.184 $kJ\cdot mol^{-1}$，若忽略此两反应指前参量的差异，试计算此两反应速率系数之比值。(1) $T=300$ K；(2) $T=600$ K。

6-16 已知某反应 $B\longrightarrow Y+Z$ 在一定温度范围内，其速率系数与温度的关系为

$$\lg(k_B/\text{min}^{-1})=\frac{-4\ 000}{T/\text{K}}+7.000$$

(1)求该反应的活化能 E_a 及指前参量 k_0；(2) 若需在 30 s 时 B 反应掉 50%，问反应温度应控制在多少度？

6-17 在 $T=300$ K 的恒温槽中测定反应的速率系数 k，设 $E_a=84\ kJ\cdot mol^{-1}$。如果温度的波动范围为 ±1 K，求温度及速率系数的相对误差。

6-18 某反应 $B\longrightarrow Y$，在 40 ℃时，完成 20%所需时间为 15 min，60 ℃时完成 20%所需时间为 3 min，求反应的活化能。(设初始浓度相同)

6-19 某药物在一定温度下每小时分解率与浓度无关，速率系数与温度关系为

$$\ln(k/\text{h}^{-1})=-\frac{8\ 938}{T/\text{K}}+20.40$$

(1)在 30 ℃时每小时分解率是多少？(2)若此药物分解 30%即无效，问在 30 ℃保存，有效期为多少个月？(3)欲使有效期延长到 2 年以上，保存温度不能超过多少度？

6-20 气相反应 $A_2+B_2\longrightarrow 2AB$ 的反应速率方程为 $\frac{dc_{AB}}{dt}=k_{AB}c(A_2)c(B_2)$。已知

$$\lg[k_{AB}/(\text{dm}^3\cdot\text{mol}^{-1}\cdot\text{s}^{-1})]=-\frac{9\ 510}{T/\text{K}}+12.30$$

(1)求反应的活化能 E_a；(2) 在 700 K，A_2 和 B_2 的初始分压分别为 60.8 kPa 和 40.5 kPa，反应开始时没有 AB，计算反应 5 min 时，dc_{AB}/dt 和$-dc(A_2)/dt$。

6-21 定容气相反应：

$$2NO(g)+H_2(g)\longrightarrow N_2O(g)+H_2O(g)$$

其反应速率方程为 $\frac{dp(N_2O)}{dt}=kp^2(NO)p(H_2)$，试提出一个只涉及双分子步骤的机理，并由机理导出该反应的速率方程，求出元反应活化能和表观活化能的关系。

6-22 平行反应

$$A+2B\begin{cases}\xrightarrow{k_{A,1},E_1}Y\quad(\text{主反应})\\ \xrightarrow[k_{A,2},E_2]{}Z\quad(\text{副反应})\end{cases}$$

总反应对 A 和 B 均为一级，对 Y 和 Z 均为零级，已知：

$$\lg[k_{A,1}/(\text{dm}^3\cdot\text{mol}^{-1}\cdot\text{min}^{-1})]=-\frac{8\ 000}{T/\text{K}}+15.700$$

$$\lg[k_{A,2}/(\text{dm}^3\cdot\text{mol}^{-1}\cdot\text{min}^{-1})]=-\frac{8\ 500}{T/\text{K}}+15.700$$

(1)若 A 和 B 的初始浓度分别为 $c_{A,0}=0.100\ mol\cdot dm^{-3}$，$c_{B,0}=0.200\ mol\cdot dm^{-3}$，计算 500 K 时经过 30 min，A 的转化率为多少？此时 Y 和 Z 的浓度各为多少？(2)分别计算活化能 E_1 和 E_2；(3) 试用有关公式计算分析，改变温度时，能否改变 c_Y/c_Z？要提高主产物的收率应采用降温措施，还是升温措施？并用 500 K 和 400 K 的计算结果验证；(4)若不改变温度，能否有其他办法改变 c_Y/c_Z？

6-23 正逆反应都是一级的可逆反应 $A\underset{k_{-1}}{\overset{k_1}{\rightleftharpoons}}B$，$k_1=10^{-2}\ s^{-1}$，平衡常数 $K_c=4$，如果 $c_{A,0}=0.01\ mol\cdot$

dm^{-3}，$c_{B,0}=0$，计算 30 s 后 B 的浓度。

6-24 反应 $A(g)\underset{k_{-1}}{\overset{k_1}{\rightleftharpoons}}B(g)+Y(g)$ 25 ℃时 k_1 和 k_{-1} 分别是 $0.20\ s^{-1}$ 和 $4.94\times10^{-9}\ Pa^{-1}\cdot s^{-1}$，且温度升高 10 ℃ 时 k_1 和 k_{-1} 都加倍。试计算：(1) 25 ℃时反应的平衡常数 K_p；(2)正反应和逆反应的活化能；(3)反应热力学能[变]；(4)如果开始时只有 A，且开始压力为 10^5 Pa，求总压达到 1.5×10^5 Pa 时所需的时间(可忽略逆反应)。

6-25 某反应 $A\underset{(i)}{\xrightarrow{k_1}}B\underset{(ii)}{\xrightarrow{k_2}}Y$，若指前参量 $k_{0,1}>k_{0,2}$，活化能 $E_{a,1}>E_{a,2}$，试在同一坐标图上作两反应的 $\ln\{k\}$-$\{1/T\}$ 示意图。说明在低温及高温时，总反应速率各由哪一步控制？[指(i) 或(ii)]

6-26 反应 $H_2+I_2 \longrightarrow 2HI$ 的机理为

$$I_2+M\xrightarrow{k_1}2I+M \qquad (E_1=150.6\ kJ\cdot mol^{-1})$$

$$H_2+2I\xrightarrow{k_2}2HI \qquad (E_2=20.9\ kJ\cdot mol^{-1})$$

$$2I+M\xrightarrow{k_3}I_2+M \qquad (E_3=0)$$

(1)推导该反应的速率方程式；(2)计算反应的表观活化能 E_a 。

6-27 有氧存在时，臭氧的分解机理为

$$O_3\underset{k_{-1}}{\overset{k_1}{\rightleftharpoons}}O_2+O \quad (快速平衡)$$

$$O+O_3\underset{E_2}{\xrightarrow{k_2}}2O_2 \quad (慢)$$

(1)分别导出用 O_3 分解速率和 O_2 生成速率所表示的速率方程，并指出二者的关系；(2)已知臭氧分解反应的表观活化能为 $119.2\ kJ\cdot mol^{-1}$，O_3 和 O 的标准摩尔生成焓分别为 $142.3\ kJ\cdot mol^{-1}$ 和 $247.4\ kJ\cdot mol^{-1}$，求上述第二步反应的活化能 E_2 。

6-28 过氧化氢溶液不含杂质时分解速率很慢，但在含有碘离子的中性溶液中，分解速率大大增加，反应式为

$$2H_2O_2\xrightarrow{I^-}2H_2O+O_2$$

而反应机理为

$$H_2O_2+I^-\xrightarrow{k_1}H_2O+IO^-$$

$$IO^-+H_2O_2\xrightarrow{k_2}H_2O+O_2+I^-$$

设达稳态时，$\dfrac{dc(IO^-)}{dt}=0$，试推出反应速率方程为$\dfrac{dc(O_2)}{dt}=k_1c(I^-)c(H_2O_2)$。

6-29 NO_2 分解为二级反应，其在不同温度下的速率系数为

T/K	$k/(cm^3\cdot mol^{-1}\cdot s^{-1})$	T/K	$k/(cm^3\cdot mol^{-1}\cdot s^{-1})$
603	755	627	1 700

(1)求活化能 E_a；(2) 根据简单碰撞理论的数学公式，推出 E_a 与阈能 E_0 的关系式；(3) 求 610 K 时，上述反应的 E_0 。

6-30 反应 $RCl+OH^- \longrightarrow ROH+Cl^-$ 的可能机理为

$$RCl\underset{k_{-1}}{\overset{k_1}{\rightleftharpoons}}R^++Cl^-,\quad R^++OH^-\xrightarrow{k_2}ROH$$

试分别用如下方法推导反应速率方程：(1)预平衡态近似法；(2)稳态近似法。

6-31 A 和 B 按下式反应：

$$2A\xrightarrow{k_1}Y \quad (v_Y=k_{0,1}e^{-E_1/RT}c_A^2)$$

$$A+B\xrightarrow{k_2}Z(目的产物) \quad (v_Z=k_{0,2}e^{-E_2/RT}c_Ac_B)$$

$$2B \xrightarrow{k_3} G \quad (v_G = k_{0,3}e^{-E_3/RT}c_B^2)$$

分别指出下列情况下反应的适宜温度范围(高、中、低):(1) $E_1 \geqslant E_2, E_3$;(2)$E_2 \leqslant E_1, E_3$;(3)$E_1 > E_2 > E_3$ 。

6-32 已知某双分子反应在 400～600 K:

$$\lg[k/(\mathrm{cm^3 \cdot mol^{-1} \cdot s^{-1}})] = 9.96 - \frac{43.04\ \mathrm{kJ \cdot mol^{-1}}}{RT}$$

设 $E_a \approx \Delta_r H_m^{\ominus,\ddagger}$,估算 600 K 时活化熵 $\Delta_r S_m^{\ominus,\ddagger}$ 。

6-33 丁二烯气相二聚反应的速率系数 $k_A(T)$ 与温度的关系为

$$k_A(T) = 9.2\times10^9\ \mathrm{cm^3 \cdot mol^{-1} \cdot s^{-1}} \exp\left(-\frac{100\ 249\ \mathrm{J \cdot mol^{-1}}}{RT}\right)$$

(1)用活化络合物理论计算 600 K 时的指前参量 k_0,已知 $\Delta_r S_m^{\ominus,\ddagger} = 60.79\ \mathrm{J \cdot K^{-1} \cdot mol^{-1}}$;

(2) 用碰撞理论计算 600 K 时的指前参量 k_0,假定有效碰撞直径 $d = 5\times10^{-8}$ cm。

6-34 葡萄糖在葡萄糖异构酶存在时转化为果糖的反应机理为

$$\mathrm{S}(\text{葡萄糖}) + \mathrm{E}(\text{酶}) \underset{k_{-1}}{\overset{k_1}{\rightleftharpoons}} \mathrm{X}(\text{中间物}) \underset{k_{-2}}{\overset{k_2}{\rightleftharpoons}} \mathrm{E}(\text{酶}) + \mathrm{P}(\text{果糖})$$

试分别用如下方法推导反应速率方程:(1)预平衡态近似法;(2)稳态近似法。

三、是非题、选择题和填空题

(一)是非题(下述各题中的说法是否正确?正确的在题后括号内画"√",错误的画"×")

6-1 反应速率系数 k_A 与反应物 A 的浓度有关。 ( )

6-2 反应级数不可能为负值。 ( )

6-3 一级反应肯定是单分子反应。 ( )

6-4 质量作用定律仅适用于元反应。 ( )

6-5 对二级反应来说,反应物转化同一百分数时,反应物的初始浓度愈低,则所需时间愈短。 ( )

6-6 催化剂只能加快反应速率,而不能改变化学反应的标准平衡常数 $K^{\ominus}$。 ( )

6-7 对同一反应,活化能一定,则反应的起始温度愈低,反应的速率系数对温度的变化愈敏感。 ( )

6-8 阿仑尼乌斯方程对活化能的定义是 $E_a \overset{\text{def}}{=\!=} RT^2 \dfrac{\mathrm{d}\ln\{k\}}{\mathrm{d}T}$。 ( )

6-9 对于除活化能 $E=0$ 而外的元反应,反应速率系数总随着温度的升高而增大。 ( )

6-10 若反应 A ⟶ Y 对 A 为零级,则 A 的半衰期 $t_{1/2} = \dfrac{c_{A,0}}{2k_A}$。 ( )

6-11 设对行反应正方向是放热的,并假定正、逆都是元反应,则升高温度更有利于增大正反应的速率系数。 ( )

6-12 鞍点是反应的最低能量途径上的最高点,但它不是势能面上的最高点,也不是势能面上的最低点。 ( )

6-13 阿仑尼乌斯方程适用于一切化学反应。 ( )

(二)选择题(选择正确答案的编号,填在各题题后的括号内)

6-1 反应 A+2B ⟶ Y,若其速率方程为 $-\dfrac{\mathrm{d}c_A}{\mathrm{d}t} = k_A c_A c_B$ 或 $-\dfrac{\mathrm{d}c_B}{\mathrm{d}t} = k_B c_A c_B$,则 k_A、k_B 的关系是( )。

A. $k_A = k_B$　　B. $k_A = 2k_B$　　C. $2k_A = k_B$

6-2 某反应,反应物反应掉 $\frac{7}{8}$ 所需时间恰是它反应掉 $\frac{3}{4}$ 所需时间的 1.5 倍,则该反应的级数是( )。

A. 零级反应　　B. 一级反应　　C. 二级反应

6-3 反应 A ⟶ Y,若其反应速率系数 $k_A = 6.93\ \mathrm{min^{-1}}$,则该反应物 A 的浓度从 $0.1\ \mathrm{mol \cdot dm^{-3}}$ 变到 $0.05\ \mathrm{mol \cdot dm^{-3}}$ 所需时间是( )。

A. 0.2 min　　B. 0.1 min　　C. 1 min

6-4 托尔曼对活化能的统计解释是( )。

A. $E_a = RT^2 \frac{d\ln\{k\}}{dT}$　　B. $E_a = \langle E^{\ddagger} \rangle - \langle E \rangle$　　C. $E_a = E^{\ddagger} + \frac{1}{2}RT$

6-5 对于反应 $A \longrightarrow Y$，如果反应物 A 的浓度减少一半，A 的半衰期也缩短一半，则该反应的级数为(　)。

A. 零级　　B. 一级　　C. 二级

6-6 元反应 $H + Cl_2 \longrightarrow HCl + Cl$ 是(　)。

A. 单分子反应　　B. 双分子反应　　C. 四分子反应

6-7 双分子反应：(i) $Br + Br \longrightarrow Br_2$；(ii) $CH_3CH_2OH + CH_3\overset{\overset{\large O}{\|}}{C}OH \longrightarrow CH_3CH_2O\overset{\overset{\large O}{\|}}{C}CH_3$；(iii) $CH_4 + Br_2 \longrightarrow CH_3Br + HBr$，碰撞理论中的概率因子 P 的大小是(　)。

A. $P_i > P_{iii} > P_{ii}$　　B. $P_i < P_{iii} < P_{ii}$　　C. $P_i > P_{iii}, P_{iii} < P_{ii}$

6-8 物质 A 发生两个平行的一级反应，若 $k_i > k_{ii}$，两反应的指前参量相近且与温度无关，则升温时，下列叙述中正确的是(　)。

A. 对反应(i)有利　　B. 对反应(ii)有利　　C. 对反应(i)和(ii)影响程度等同

6-9 某反应速率系数与各元反应速率系数的关系为 $k = k_2(k_1/2k_4)^{1/2}$，则该反应的表观活化能 E_a 与各元反应活化能的关系是(　)。

A. $E_a = E_2 + \frac{1}{2}E_1 - E_4$　　B. $E_a = E_2 + \frac{1}{2}(E_1 - E_4)$

C. $E_a = E_2 + (E_1 - 2E_4)^{1/2}$

(三)填空题(在以下各题中画有______处填上答案)

6-1 一级反应的特征是(1)______；(2)______；(3)______。

6-2 二级反应的半衰期与反应物的初始浓度的关系为______。

6-3 若反应 $A + 2B \longrightarrow Y$ 是元反应，则其反应的速率方程可以写成 $-\frac{dc_A}{dt} =$ ______。

6-4 催化剂的定义是______。

6-5 催化剂的共同特征是：(1)______；(2)______；(3)______。

6-6 催化剂的中毒分为______和______；通过某种办法把______中毒的催化剂恢复活性的措施叫催化剂的______。

6-7 固体催化剂一般由(1)______；(2)______；(3)______等部分组成。

6-8 链反应的一般步骤是：(1)______；(2)______；(3)______。

6-9 某反应 $A + B \rightleftharpoons C + D$，加催化剂后正反应速率系数 k_1' 与不加催化剂时正反应速率系数 k_1 的比值 $\frac{k_1'}{k_1} = 10^4$，则逆反应速率系数比值 $\frac{k_{-1}'}{k_{-1}} =$ ______。

6-10 链反应可分为______反应和______反应。

6-11 爆炸反应有______和______爆炸反应。

计算题答案

6-1 (1) $3.86 \times 10^{-4}\ mol \cdot dm^{-3} \cdot min^{-1}$；(2) 17.6%；(3) 20 min；(4) $2.63 \times 10^{-4}\ mol \cdot dm^{-3} \cdot min^{-1}$

6-2 (1) $3.11 \times 10^{-4}\ s^{-1}$；(2) $2.23 \times 10^3\ s$；(3) $0.032\ 2\ mol \cdot dm^{-3}$

6-3 $4.35 \times 10^{-4}\ s^{-1}$

6-4 204.6 min

6-5 113 s

6-6 (1) 20.5 min；(2) 98.6%

6-7 (1) 22 s;(2) 1.25×10^{3} s

6-8 (1) 98.4%;(2) 90%;(3)反应物在 1.33 h 前已全部都反应完

6-9 2 级

6-10 2 级

6-11 $k_{A}=2.56\times10^{-2}\ \mathrm{min^{-1}}$

6-12 (1)$\alpha=2,\beta=1$;(2) 4.33×10^{3} h;(3) 71.5 $\mathrm{Pa\cdot h^{-1}}$

6-13 (1) $1.678\times10^{-8}\ \mathrm{Pa^{-1}\cdot s^{-1}}$, $9.83\times10^{-8}\ \mathrm{Pa^{-1}\cdot s^{-1}}$;(2) 240.7 $\mathrm{kJ\cdot mol^{-1}}$, $1.687\times10^{5}\ \mathrm{Pa^{-1}\cdot s^{-1}}$;(3) 128 s

6-14 (1) 2;(2) 1

6-15 (1) 5.35;(2) 2.31

6-16 (1) 76.5 $\mathrm{kJ\cdot mol^{-1}}$, $10^{7}\ \mathrm{min^{-1}}$;(2) 583.3 K

6-17 ±0.33%,±11%

6-18 69.73 $\mathrm{kJ\cdot mol^{-1}}$

6-19 (1) 1.12×10^{-4};(2) 3.2×10^{3} h,为 4.43 月;(3) 13.5 ℃

6-20 (1) 182.1 $\mathrm{kJ\cdot mol^{-1}}$;

(2) $3.303\times10^{-6}\ \mathrm{mol\cdot dm^{-3}\cdot s^{-1}}$, $1.65\times10^{-6}\ \mathrm{mol\cdot dm^{-3}\cdot s^{-1}}$

6-22 (1) 0.768, $6.98\times10^{-2}\ \mathrm{mol\cdot dm^{-3}}$, $6.98\times10^{-3}\ \mathrm{mol\cdot dm^{-3}}$;

(2) 153.2 $\mathrm{kJ\cdot mol^{-1}}$, 162.8 $\mathrm{kJ\cdot mol^{-1}}$;(3) 降温;(4) 可用催化剂

6-23 $2.50\times10^{-3}\ \mathrm{mol\cdot dm^{-3}}$

6-24 (1) 4.05×10^{7} Pa;(2) $E_{1}=E_{-1}=52.88\ \mathrm{kJ\cdot mol^{-1}}$;(3) 0;(4) 3.466 s

6-26 (2) 171.5 $\mathrm{kJ\cdot mol^{-1}}$

6-27 (2) 14.1 $\mathrm{kJ\cdot mol^{-1}}$

6-29 (1) $1.063\times10^{5}\ \mathrm{J\cdot mol^{-1}}$;(3) $1.038\times10^{5}\ \mathrm{J\cdot mol^{-1}}$

6-32 −60.05 $\mathrm{J\cdot K^{-1}\cdot mol^{-1}}$

6-33 (1) $6.9\times10^{15}\ \mathrm{m^{3}\cdot mol^{-1}\cdot s^{-1}}$;(2) $5.992\times10^{11}\ \mathrm{dm^{3}\cdot mol^{-1}\cdot s^{-1}}$

第7章

界面层的平衡与速率

7.0 界面层的定义及研究内容

7.0.1 界面层及分散度

1. 界面层

存在于两相之间的厚度约为几个分子大小(纳米级)的一薄层,称为界面层(interface layer),简称界面(interface)。通常有液-气、固-气、固-液、液-液、固-固等界面。固-气界面及液-气界面亦称为表面(surface)。本章以表面性质为代表,广泛地讨论界面性质。

在界面层内有与相邻的两个体相不同的热力学及动力学性质。其强度性质沿着界面层的厚度连续地递变。

由于界面层两侧不同相中分子间作用力不同,因此界面层中的分子处于一种不对称的力场之中,受力不均匀,如图7-1所示。液体内部的分子受周围分子的吸引力是对称的,各个方向的引力彼此抵消,总的受力效果是合力为零。但处于表面层的分子受周围分子的引力是不均匀、不对称的,可以看出,气相分子由于分子稀薄则对液体表面层分子的引力小于液体表面层分子受本体相分子的引力,故液体表面层分子所受合力不为零,而是受到一个指向液体内部的拉力 F 的作用。该合力 F 力图把表面分子拉入液体内部,因而表现出液体表面有自动收缩的趋势;另一方面,由于界面上不对称力场的存在,使得界面层分子有自发与外来分子发生化学或物理结合的趋势,借以补偿力场的不对称性。许多重要的现象,如毛细管现象、润湿作用、液体过热、蒸气过饱和、吸附作用等均与上述两种趋势相关。

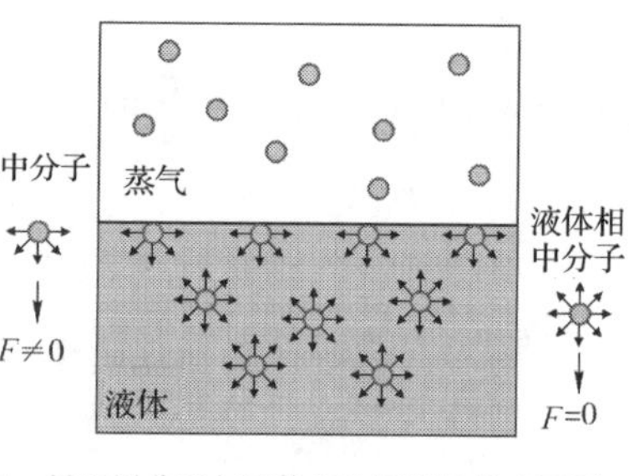

图7-1　界面层分子与液体相分子所处状态不同

2. 分散度

把物质分散成细小微粒的程度,称为分散度(dispersity)。通常采用体积表面(volume surface)或质量表面(massic surface)来表示分散度的大小,其定义为:单位体积或单位质量的物质所具有的表面积,分别用符号 a_V 及 a_m 表示,即

$$a_V \overset{\text{def}}{=\!=} \frac{A_s}{V} \tag{7-1}$$

$$a_{\mathrm{m}} \overset{\mathrm{def}}{=\!=\!=} \frac{A_{\mathrm{s}}}{m} \tag{7-2}$$

式中，A_{s}、V、m 分别为物质的总表面积、体积和质量。

高度分散的物质系统具有巨大的表面积。例如，将边长为 10^{-2} m(1 cm)的立方体物质颗粒，分割成边长为 10^{-9} m(1 nm)的小立方体微粒时，其总表面积和体积表面将增加一千万倍(表 7-1)。高度分散、具有巨大表面积的物质系统，往往产生明显的界面效应，因此必须充分考虑界面效应对系统性质的影响。

表 7-1　1 cm^3 立方体分散为小立方体时系统的总表面积及体积表面的变化

立方体边长 l/ m	粒子数	总表面积 A_{s} /m^2	体积表面 a_V /m^{-1}	立方体边长 l/ m	粒子数	总表面积 A_{s} /m^2	体积表面 a_V /m^{-1}
10^{-2}	1	6×10^{-4}	6×10^{2}	10^{-6}	10^{12}	6×10^{0}	6×10^{6}
10^{-3}	10^{3}	6×10^{-3}	6×10^{3}	10^{-7}	10^{15}	6×10^{1}	6×10^{7}
10^{-4}	10^{6}	6×10^{-2}	6×10^{4}	10^{-8}	10^{18}	6×10^{2}	6×10^{8}
10^{-5}	10^{9}	6×10^{-1}	6×10^{5}	10^{-9}	10^{21}	6×10^{3}	6×10^{9}

在生化制药过程中，常把一些贵重药物(如冬虫夏草)以及一些高级营养保健食品(如海参)等，通过干燥、粉化等工序提高分散度，以利于提高药效和人体对药物中活性组分的吸收。

许多表面性质同表面活性质点的数量直接关联，而活性质点多，是因为材料表面有大的表面积，即具有大的体积表面或质量表面。例如，人的大脑(图 7-2)，其总表面积比猿脑的总表面积大 10 倍。据研究资料显示，解剖结果已证明千年伟人、大科学家爱因斯坦的大脑顶叶比常人的大 15%。再如，植物的叶绿素被分布在较大面积的叶片上(图 7-3)，从而可提供较多的活性点，提高光合作用的量子效率；衡量固体催化剂的催化活性，其质量(或体积)表面的大小是重要指标之一，如活性炭的质量表面可高于 10^6 $\mathrm{m}^2\cdot\mathrm{kg}^{-1}$，硅胶和活性氧化铝的质量表面也可达 5×10^5 $\mathrm{m}^2\cdot\mathrm{kg}^{-1}$；由于纳米级超细颗粒的活性氧化锌具有巨大的质量表面，因此可作为隐形飞机的表面涂层，又如粉尘爆炸就是高度分散的粉尘系统中的大量微粒在一定条件下通过相互碰撞，聚结后而瞬间释放的巨大的表面能。

视频

莲花效应及应用

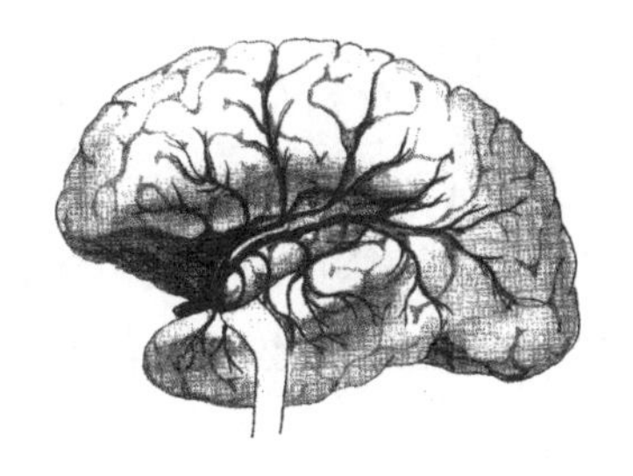

图 7-2　人脑的皱纹结构

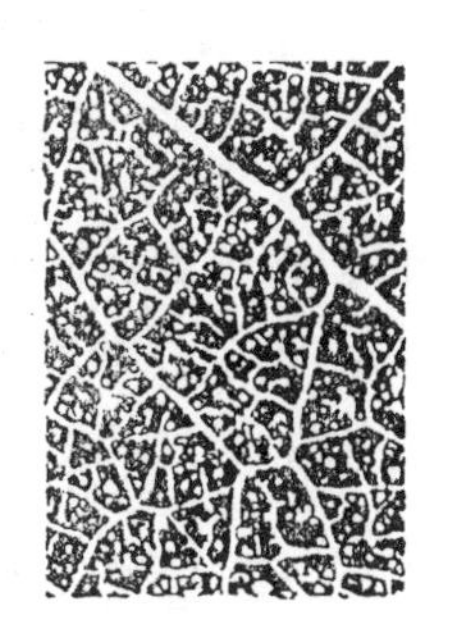

图 7-3　植物叶片上叶绿素的分布

7.0.2　界面层研究的内容与方法

界面层的研究始于化学领域，但又涉及许多物理现象。它研究的内容就是由于界面层分子受力不均而导致的界面现象，这些现象所遵循的规律有的属于热力学范畴的平衡规律，有的属于动力学范畴的速率规律，有的与物质的结构及性质有关。对它的研究既用到宏观的方法也用到微观的方法。

20 世纪 80 年代以来，应用界面层技术已开发出许多新的科学技术领域，如纳米级超细颗粒材料的应用，膜技术的应用。这些实际应用也促进了新理论或新观点的研究与发展，如材料科学中微观界面层结构理论以及与生命科学密切相关的有序分子组合体的研究。这些都充分反映了物理化学的发展趋势之一是从体相向表面相发展的生动事实。

I　表面张力、表面能

7.1　表面张力

7.1.1　表面功及表面张力

以液-气组成的系统为例。由于液体表面层中的分子受到一个指向体相的拉力，若将体相中的分子移到液体表面以扩大液体的表面积，则必须由环境对系统做功，这种为扩大液体表面所做的功称为**表面功**(surface work)，它是一种非体积功(W')。在可逆条件下，环境对系统做的表面功($\delta W'_r$)与使系统增加的表面积 dA_s 成正比，即

$$\delta W'_r = \sigma dA_s \tag{7-3}$$

式中，比例系数 σ 为增加液体单位表面积时，环境对系统所做的功。

因 σ 的单位是 $J \cdot m^{-2} = N \cdot m \cdot m^{-2} = N \cdot m^{-1}$，即作用在表面上单位长度上的力，故称 σ 为**表面张力**(surface tension)。

7.1.2　表面张力的作用方向与效果

如图 7-4 所示，在一金属框上有可以滑动的金属丝，将此丝固定后沾上一层肥皂膜，这时若放松金属丝，该丝就会在液膜表面张力的作用下自动右移，即导致液膜面积缩小。若施加作用力 F 对抗表面张力 σ 使金属丝左移 dl，则液面增加 $dA_s = 2Ldl$(注意有正、反两个表面)，对系统做功 $\delta W'_r = Fdl = \sigma dA_s = \sigma 2Ldl$。所以有

$$\sigma = \frac{F}{2L} \tag{7-4}$$

由此可见，表面张力是垂直作用于表面上单位长度的收缩力，其作用的结果是使液体表面积缩小，其方向对于平液面是沿着液面并与液面平行(图 7-4)，对于弯曲液面则与液面相切(图 7-5)。

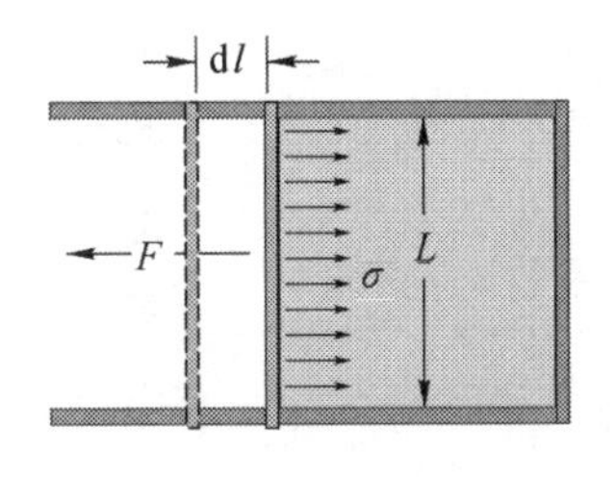

图 7-4　平液面的表面张力实验示意图

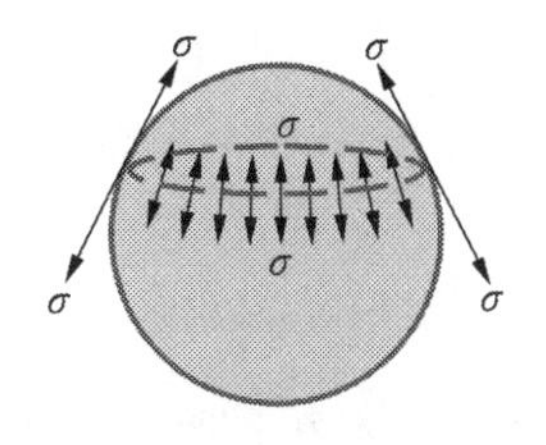

图 7-5　弯曲液面的表面张力示意图

7.2　高度分散系统的表面能

7.2.1　高度分散系统的热力学基本方程

对于高度分散系统(high dispersed system),其具有巨大的表面积并存在着除压力外的其他广义力即表面张力,会产生明显的表面效应,因此必须考虑系统表面积对系统状态函数的贡献。于是,对组成可变的高度分散的多组分敞开系统,若系统中只有 α、β 两相及一种界面相,且各相 T 相同,p 亦相同,当考虑表面效应时,则其热力学基本方程式(1-179)变为

视频

面粉爆炸与表面能

$$\mathrm{d}U = T\mathrm{d}S - p\mathrm{d}V + \sigma\mathrm{d}A_s + \sum_\alpha \sum_B \mu_B^\alpha \mathrm{d}n_B^\alpha \tag{7-5}$$

相应还有

$$\mathrm{d}H = T\mathrm{d}S + V\mathrm{d}p + \sigma\mathrm{d}A_s + \sum_\alpha \sum_B \mu_B^\alpha \mathrm{d}n_B^\alpha \tag{7-6}$$

$$\mathrm{d}A = - S\mathrm{d}T - p\mathrm{d}V + \sigma\mathrm{d}A_s + \sum_\alpha \sum_B \mu_B^\alpha \mathrm{d}n_B^\alpha \tag{7-7}$$

$$\mathrm{d}G = - S\mathrm{d}T + V\mathrm{d}p + \sigma\mathrm{d}A_s + \sum_\alpha \sum_B \mu_B^\alpha \mathrm{d}n_B^\alpha \tag{7-8}$$

式中,“$\mathrm{d}A_s$”表示表面积的微变。

7.2.2　高度分散系统的表面能

由式(7-7)及式(7-8)有

$$\sigma = \left(\frac{\partial A}{\partial A_s}\right)_{T,V,n_B^\alpha} = \left(\frac{\partial G}{\partial A_s}\right)_{T,p,n_B^\alpha} \tag{7-9}$$

式(7-9)表明,σ 等于在定温、定容、定组成(或定温、定压、定组成)下,增加单位表面面积时系统亥姆霍茨自由能(或吉布斯自由能)的增加,因此 σ 又称为单位表面亥姆霍茨自由能或单位表面吉布斯自由能,简称单位表面自由能(unit surface free energy)。

在定温、定压、定组成下,由式(7-8),有

$$\mathrm{d}G_{T,p,n_B} = \sigma\mathrm{d}A_s \tag{7-10}$$

$\mathrm{d}G_{T,p}<0$ 的过程是自发过程,所以定温、定压下凡是使 A_s 变小(表面收缩)或使 σ 下降(吸附外来分子)的过程都会自发进行。这是产生表面现象的热力学原因。

7.3 影响表面张力的因素

7.3.1 分子间力的影响

表面张力与物质的本性和所接触相的性质有关(表 7-2)。液体或固体中的分子间的相互作用力或化学键力越大,表面张力越大。一般符合以下规律:

$$\sigma(\text{金属键}) > \sigma(\text{离子键}) > \sigma(\text{极性共价键}) > \sigma(\text{非极性共价键})$$

表 7-2 某些液体、固体的表面张力和液-液界面张力

物质	$\sigma/(10^{-3}\ N\cdot m^{-1})$	T/K	物质	$\sigma/(10^{-3}\ N\cdot m^{-1})$	T/K
水(液)	72.75	293	W(固)	2 900	2 000
乙醇(液)	22.75	293	Fe(固)	2 150	1 673
苯(液)	28.88	293	Fe(液)	1 880	1 808
丙酮(液)	23.7	293	Hg(液)	485	293
正辛醇(液/水)	8.5	293	Hg(液/水)	415	293
正辛醇(液)	27.5	293	KCl(固)	110	298
正己烷(液/水)	51.1	293	MgO(固)	1 200	298
正己烷(液)	18.4	293	CaF_2(固)	450	78
正辛烷(液/水)	50.8	293	He(液)	0.308	2.5
正辛烷(液)	21.8	293	Xe(液)	18.6	163

同一种物质与不同性质的其他物质接触时,表面层中分子所处力场不同,导致表面(界面)张力出现明显差异。一般液-液界面张力介于该两种纯液体表面张力之间。

7.3.2 温度的影响

表面张力一般随温度升高而降低。这是由于随温度升高,液体与气体的体积质量差减小,使表面层分子受指向液体内部的拉力减小。对于非极性非缔合的有机液体,其 σ 与 T 有如下线性经验关系式:

$$\sigma\left(\frac{M_B}{\rho_B}\right)^{2/3} = k'(T_c - T - 6\ K) \tag{7-11}$$

式中,M_B、ρ_B 为液体 B 的摩尔质量及体积质量;T_c 为临界温度;k' 为经验常数。

7.3.3 压力的影响

表面张力一般随压力增加而下降。这是由于随压力增加,气相体积质量增大,同时气体分子更多地被液面吸附,并且气体在液体中溶解度也增大,以上三种效果均使 σ 下降。

Ⅱ 液体表面的热力学性质

7.4 弯曲液面的附加压力

弯曲液面可分为两种:凸液面(如气相中的液滴)和凹液面(如液体中的气泡),如图 7-6

所示为球形弯曲液面。由于弯曲液面及表面张力的作用，弯曲液面的两侧存在一压力差 Δp，称为弯曲液面的附加压力（excess pressure），如图 7-7 所示，定义为

$$\Delta p \stackrel{\text{def}}{=\!=} p_\alpha - p_\beta \tag{7-12}$$

式中，p_α 和 p_β 分别代表弯曲液面两侧 α 相和 β 相的压力。

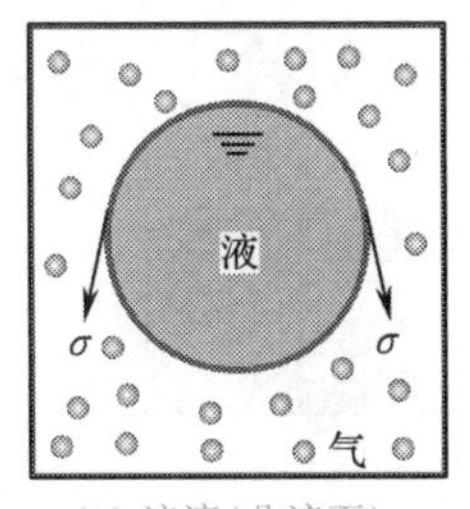

（a）液滴（凸液面）

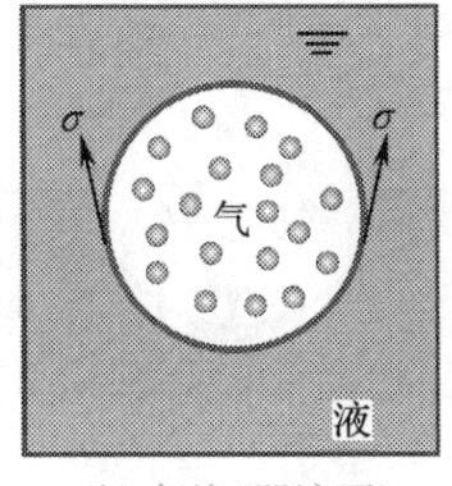

（b）气泡（凹液面）

图 7-6　球形弯曲液面

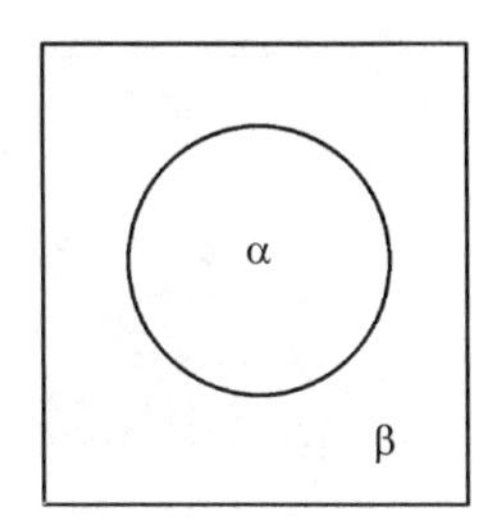

图 7-7　α、β 两相平衡（球形弯曲液面）

由高度分散系统的热力学基本方程式（7-7），对纯物质，有

$$\mathrm{d}A = -S\mathrm{d}T - p\mathrm{d}V + \sigma\mathrm{d}A_s$$

应用于如图 7-7 所示的 α、β 两相平衡系统，则有

$$\mathrm{d}A = \mathrm{d}A_\alpha + \mathrm{d}A_\beta + \sigma\mathrm{d}A_s = -S_\alpha\mathrm{d}T_\alpha - p_\alpha\mathrm{d}V_\alpha - S_\beta\mathrm{d}T_\beta - p_\beta\mathrm{d}V_\beta + \sigma\mathrm{d}A_s$$

定温时

$$\mathrm{d}A = -p_\alpha\mathrm{d}V_\alpha - p_\beta\mathrm{d}V_\beta + \sigma\mathrm{d}A_s$$

当系统的总体积不变（定容）时

$$\mathrm{d}V = \mathrm{d}V_\alpha + \mathrm{d}V_\beta = 0$$

则

$$\mathrm{d}V_\alpha = -\mathrm{d}V_\beta$$

由平衡条件，$\mathrm{d}A_{T,V} = 0$，即

$$-p_\alpha\mathrm{d}V_\alpha + p_\beta\mathrm{d}V_\alpha + \sigma\mathrm{d}A_s = 0$$

当 α 相为球状（液滴或气泡），半径为 r_α 时，有

$$V_\alpha = \frac{4}{3}\pi r_\alpha^3, A_s = 4\pi r_\alpha^2$$

则

$$\mathrm{d}V_\alpha = 4\pi r_\alpha^2\mathrm{d}r_\alpha$$

$$\mathrm{d}A_s = 8\pi r_\alpha\mathrm{d}r_\alpha$$

代入上式，整理得

$$\Delta p = p_\alpha - p_\beta = \frac{2\sigma}{r_\alpha} \tag{7-13}$$

式（7-13）称为杨 - 拉普拉斯方程（Young-Laplace equation）。

式（7-13）表明，σ 越大，液滴或气泡越小，Δp 越大。

数学上定义曲率半径 r 为正值[①]。于是由杨 - 拉普拉斯方程可得：

若 α 为液相，β 为气相，即液面为凸面：因为 $\Delta p > 0$，所以 $p_l > p_g$，附加压力指向液体

---

① 按数学上有关曲率半径的定义

$$r = \frac{1}{K}, K \text{为曲率}, K \stackrel{\text{def}}{=\!=} \frac{|f''(x)|}{[1+f'^2(x)]^{3/2}}$$

当 $f'(x) \ll 1$ 时，$K \approx |f''(x)|$，故 r 永为正值。

[图 7-8(a)]；

若 α 为气相，β 为液相，即液面为凹面：因为 $\Delta p>0$，所以 $p_l<p_g$，附加压力指向气体[图 7-8(b)]；

液面为平面：$r\to\infty$，$\Delta p=0$，$p_l=p_g$[图 7-8(c)]。

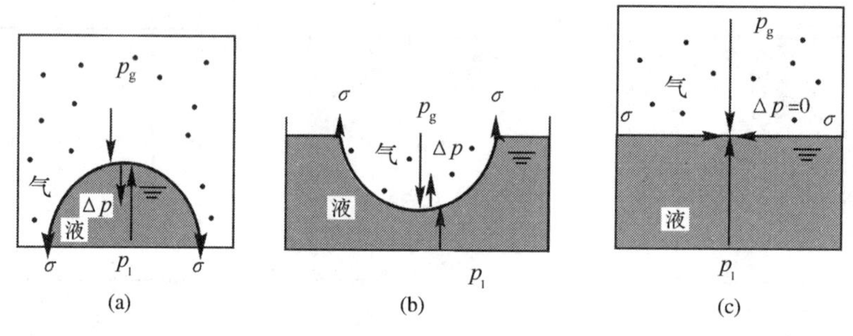

图 7-8　附加压力方向示意图

可见，附加压力 Δp 的作用方向总是指向球面的球心(或曲面的曲心)。

对任意弯曲液面，若其形状由两个曲率半径 r_1 和 r_2 决定，则式(7-13)变为

$$\Delta p=\sigma\left(\frac{1}{r_1}+\frac{1}{r_2}\right) \tag{7-14}$$

在某些场合中，附加压力的存在会导致一些危害，例如“气蚀”及“气塞”现象。

(i)气蚀现象。船只的螺旋桨在水中高速运转时，水在巨大压力的冲击下会生成大量的曲率半径极小的小气泡，形成大片的气泡群。在极大的附加压力作用下，气泡的液膜因发生收缩而破裂，当液膜破裂时，产生的压力可达到 10^8 MPa 数量级，如此大的压力连续而密集地冲击到螺旋桨的金属翼片上，将使螺旋桨受损，这就是“气蚀”现象。为防止螺旋桨的气蚀，通常可在其翼片上涂上二硫代碳酸二乙酯钠涂料。

(ii)气塞现象。病人进行注射或输液前，护士一定要注意把输液管或针头内孔中的小气泡排出，否则小气泡一旦进入患者血管内，则会产生“气塞”现象。即由于血管中小气泡两端附加压力不相等，会产生阻止血液流动的力，只有当外加压力大到一定程度时，血液才会继续流动。

【例 7-1】　试解释为什么自由液滴或气泡(即不受外加力场影响时)通常都呈球形。

解　若自由液滴或气泡呈现不规则形状，如图 7-9所示，则在曲面上的不同部位，曲面的弯曲方向及曲率各不相同，产生的附加压力的方向和大小也不同。在凸面处附加压力指向液滴内部，而凹面处附加压力的指向则相反，这种不平衡力必迫使液滴自动调整形状，最终呈现球形。因为只有呈现球形，球面的各点曲率才相同，各处的附加压力也相同，相互抵消，合力为零，处于平衡，液滴或气泡才会稳定存在。

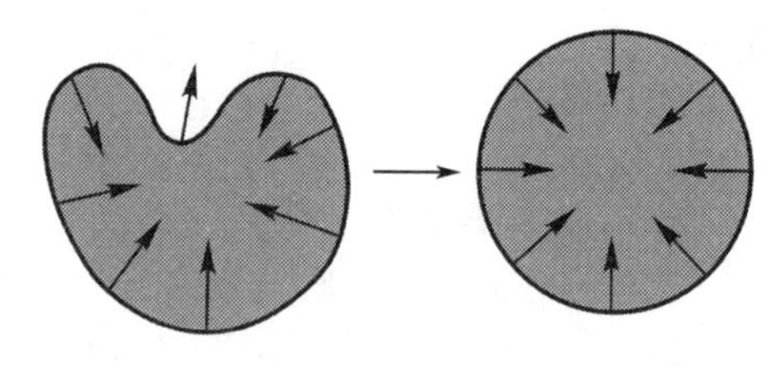

图 7-9　不规则自由液滴或气泡自发呈球形

7.5　弯曲液面的饱和蒸气压

平液面的饱和蒸气压只与物质的本性、温度及压力有关，而弯曲液面的饱和蒸气压不仅

与物质的本性、温度及压力有关，而且还与液面弯曲程度（曲率半径 r 的大小）有关。由热力学推导，可以得出液面的曲率半径 r 对蒸气压影响的关系式如下：

$$\ln\frac{p_r^*}{p^*}=\frac{2\sigma}{r}\frac{M_B}{\rho_B RT}\quad（凸液面）\tag{7-15}$$

及

$$\ln\frac{p_r^*}{p^*}=-\frac{2\sigma}{r}\frac{M_B}{\rho_B RT}\quad（毛细管中凹液面）\tag{7-16}$$

式中，p^*、p_r^* 为纯物质平液面及弯曲液面的饱和蒸气压；M_B、ρ_B 为液体的摩尔质量及体积质量；σ 为液体的表面张力；r 为弯曲液面的曲率半径。式(7-15)及式(7-16)称为**开尔文方程**（Kelvin equation）。显然

对小液滴，由式(7-15)，

$$r>0, \ln(p_r^*/p^*)>0,\ p_r^*>p^*$$

对毛细管中凹液面，由式(7-16)，

$$r>0,\ \ln(p_r^*/p^*)<0,\ p_r^*<p^*$$

因此，由开尔文方程可知，p_r^*（液滴）$>p^*$（平液面）$>p_r^*$（毛细管中凹液面），且曲率半径 r 越小，偏离程度越大。如图 7-10 所示，对液体内部由气泡形成的凹液面，其饱和蒸气压情况复杂，本书不多加讨论。

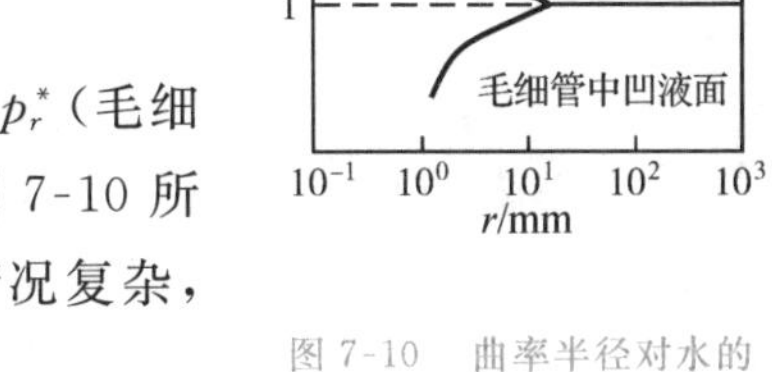

图 7-10　曲率半径对水的蒸气压的影响

【例 7-2】　水的表面张力与温度的关系为

$$\sigma/(10^{-3}\ \text{N}\cdot\text{m}^{-1})=75.64-0.14\ (t/℃)$$

今将 10 kg 纯水在 303 K 及 101 325 Pa 条件下定温定压可逆分散成半径为 $r=10^{-8}$ m 的球形雾滴，计算：(1)环境所消耗的非体积功；(2)小雾滴的饱和蒸气压；(3)该雾滴所受的附加压力。（已知 303 K、101 325 Pa 时，水的体积质量为 995 kg·m^{-3}，不考虑分散度对水的表面张力的影响，303 K 时水的 $p^*=4\ 242.9$ Pa）。

视频

过饱和溶液

视频

加湿器与饱和蒸气压

解　(1) 本题非体积功即表面功 $W_r'=\sigma\Delta A_s$

$$\sigma/(10^{-3}\ \text{N}\cdot\text{m}^{-1})=75.64-0.14\times(303-273)=71.44$$

设雾滴半径为 r，个数为 N，则

$$\Delta A_s\approx N\times 4\pi r^2=\frac{10\ \text{kg}\times 4\pi r^2}{\frac{4}{3}\pi r^3\rho_B}=3\times 10\ \text{kg}/r\rho_B$$

所以

$$W_r'=\frac{3\times 10\ \text{kg}\times 71.44\times 10^{-3}\ \text{N}\cdot\text{m}^{-1}}{1\times 10^{-8}\ \text{m}\times 995\ \text{kg}\cdot\text{m}^{-3}}=215\ \text{kJ}$$

(2)依据开尔文方程式(7-15)

$$\ln\frac{p_r^*}{p^*}=\frac{2\sigma M_B}{r\rho_B RT}=\frac{2\times 71.44\times 10^{-3}\ \text{N}\cdot\text{m}^{-1}\times 18\times 10^{-3}\ \text{kg}\cdot\text{mol}^{-1}}{1\times 10^{-8}\ \text{m}\times 995\ \text{kg}\cdot\text{m}^{-3}\times 8.314\ 5\ \text{J}\cdot\text{mol}^{-1}\cdot\text{K}^{-1}\times 303\ \text{K}}=0.102\ 6$$

所以

$$\frac{p_r^*}{p^*}=1.108\ 1$$

$$p_r^*=1.108\ 1\times 4\ 242.9\ \text{Pa}=4\ 701.6\ \text{Pa}$$

(3)

$$\Delta p=\frac{2\sigma}{r}=\frac{2\times 71.44\times 10^{-3}\ \text{N}\cdot\text{m}^{-1}}{1\times 10^{-8}\ \text{m}}=1.43\times 10^{7}\ \text{Pa}$$

【例 7-3】　20 ℃时，苯的蒸气结成雾，雾滴（为球形）半径 $r=10^{-6}$ m，20 ℃ 时苯的表面张力 $\sigma=28.9\times 10^{-3}$ N·m^{-1}，体积质量 $\rho_B=879$ kg·m^{-3}，苯的正常沸点为 80.1 ℃，摩尔汽化焓 $\Delta_{vap}H_m^*=33.9$ kJ·mol^{-1}，

且可视为常数。计算 20 ℃ 时苯雾滴的饱和蒸气压。

解　设 20 ℃ 时，苯为平液面时的蒸气压为 p_B^*，正常沸点时的大气压力为 101 325 Pa，则由克－克方程式(2-10)：

$$\ln\frac{p_B^*}{101\ 325\ \text{Pa}} = -\frac{\Delta_{vap}H_m^*}{R}\left(\frac{1}{293.15\ \text{K}} - \frac{1}{353.25\ \text{K}}\right)$$

将 $\Delta_{vap}H_m^*$ 和 R 值代入上式，求出

$$p_B^* = 9\ 151\ \text{Pa}$$

设 20 ℃时，半径 $r=10^{-6}$ m 的雾滴表面的蒸气压为 $p_{B,r}^*$，依据开尔文方程得

$$\ln\frac{p_{B,r}^*}{p_B^*} = \frac{2\sigma M_B}{rRT\rho_{B,r}}$$

所以

$$\ln\frac{p_{B,r}^*}{9\ 151\ \text{Pa}} = \frac{2\times 28.9\times 10^{-3}\ \text{N}\cdot\text{m}^{-1}\times 78.0\times 10^{-3}\ \text{kg}\cdot\text{mol}^{-1}}{10^{-6}\ \text{m}\times 8.314\ 5\ \text{J}\cdot\text{mol}^{-1}\cdot\text{K}^{-1}\times 293.15\ \text{K}\times 879\ \text{kg}\cdot\text{m}^{-3}} = 2.10\times 10^{-3}$$

解得

$$p_{B,r}^* = 9\ 170\ \text{Pa}$$

7.6　润湿及其类型

7.6.1　润　湿

润湿(wetting)是指固体表面的气体(或液体)被液体(或另一种液体)取代的现象。其热力学定义是：固体与液体接触后，系统的吉布斯自由能降低($\Delta G<0$)的现象。润湿类型有三种：黏附润湿(adhesion wetting)、浸渍润湿(dipping wetting)、铺展润湿(spreading wetting)，如图 7-11 所示，其区别在于被取代的界面不同，因而单位界面自由能 σ 的变化亦不同。

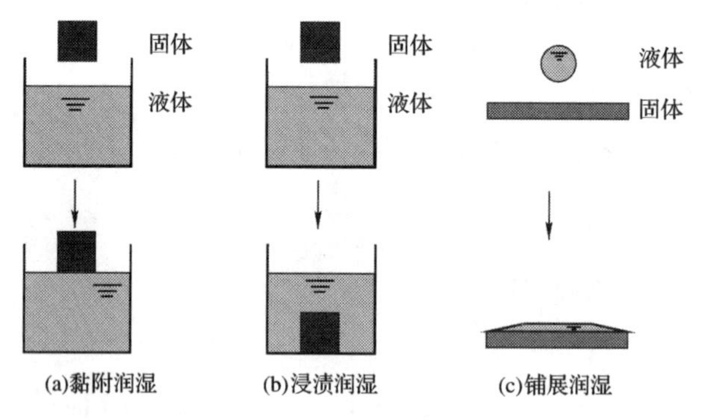

图 7-11　润湿的三种形式

设被取代的界面为单位面积，单位界面自由能分别为 $\sigma(\text{s/g})$、$\sigma(\text{l/g})$ 及 $\sigma(\text{s/l})$，则三种润湿过程，系统在定温、定压下吉布斯自由能的变化分别为

$$\Delta G_{a,w} = \sigma(\text{s/l}) - [\sigma(\text{s/g}) + \sigma(\text{l/g})] \tag{7-17}$$

$$\Delta G_{d,w} = \sigma(\text{s/l}) - \sigma(\text{s/g}) \tag{7-18}$$

$$\Delta G_{s,w} = [\sigma(s/l) + \sigma(l/g)] - \sigma(s/g)^{①} \tag{7-19}$$

下标"a,w""d,w""s,w"分别表示黏附润湿、浸渍润湿和铺展润湿。利用式(7-17)～式(7-19)可以判断定温、定压下三种润湿能否自发进行。例如,若 $\sigma(s/g) > [\sigma(s/l) + \sigma(l/g)]$,则 $\Delta G_{s,w} < 0$,液体可自行铺展于固体表面上。由式(7-17)～(7-19)还可以看出,对于指定系统,有

$$-\Delta G_{s,w} < -\Delta G_{d,w} < -\Delta G_{a,w}$$

因此对于指定系统,在定 T、p 下,若能发生铺展润湿,必能进行浸渍润湿,更易进行黏附润湿。定义

$$s \stackrel{\text{def}}{=\!=} \sigma(s/g) - [\sigma(s/l) + \sigma(l/g)] \tag{7-20}$$

s 称为铺展系数(spreading coefficients)。显然,若 $s > 0$,则液体可自行铺展于固体表面。两种液体接触后能否铺展,同样可用 s 来判断。

7.6.2　接触角(润湿角)

液体在固体表面上的润湿现象还可用接触角来描述,如图 7-12 所示。

由接触点 O 沿液-气界面作的切线 OP 与固-液界面 ON 间的夹角 θ 称为接触角(contact angle),或叫润湿角。当液体对固体润湿达平衡时,则在 O 点处必有

$$\sigma(s/g) = \sigma(s/l) + \sigma(l/g)\cos\theta \tag{7-21}$$

此式称为杨(Young)方程。

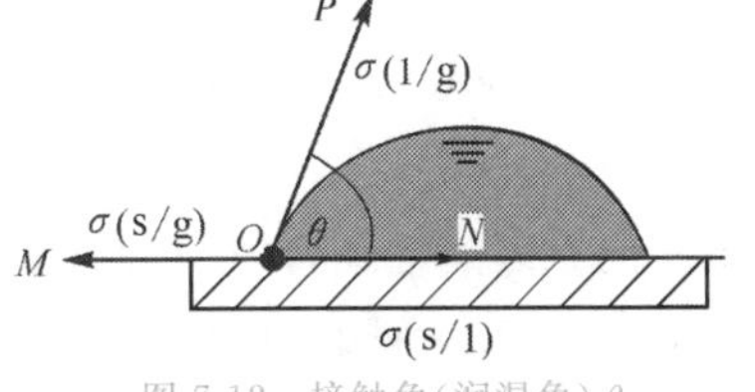

图 7-12　接触角(润湿角)θ

视频

防水透湿与润湿

习惯上,$\theta < 90°$ 为润湿,$\theta > 90°$ 为不润湿。气体对固体"润湿"可用 θ 的补角 $\theta'(=180° - \theta)$ 来衡量。$\theta' < 90°(\theta > 90°)$ 固体为气体所"润湿",不为液体润湿;$\theta' > 90°(\theta < 90°)$,固体不为气体所润湿,而为液体润湿。如图 7-13 所示。

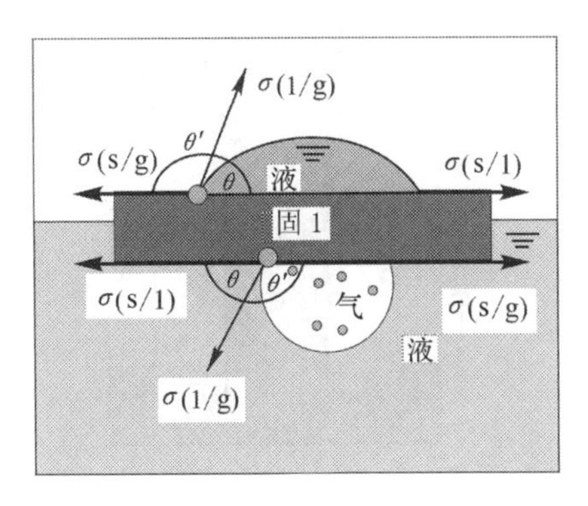

(a) $\theta < 90°$, $\theta' > 90°$

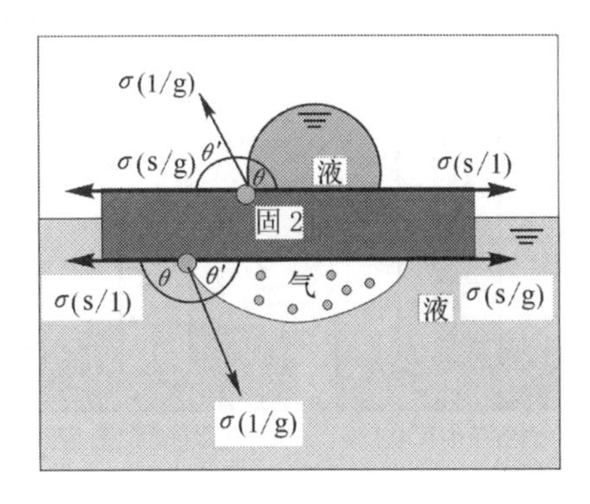

(b) $\theta > 90°$, $\theta' < 90°$

图 7-13　θ 与 θ' 的相互关系

润湿作用有广泛的实际应用。如在喷洒农药、机械润滑、矿物浮选、注水采油、金属焊接、印染及洗涤等方面皆涉及与润湿理论有密切关系的技术。

---

① 由于液滴很小,其 $\sigma(l/g)$ 被忽略。

【例 7-4】 氧化铝瓷件上需要披银，当烧到 1 000 ℃时，液态银能否铺展于氧化铝瓷件表面？已知 1 000 ℃时 $\sigma[Al_2O_3(s)/g]=1\times10^{-3}\ N\cdot m^{-1}$，$\sigma[Ag(l)/g]=0.92\times10^{-3}\ N\cdot m^{-1}$，$\sigma[Ag(l)/Al_2O_3(s)]=1.77\times10^{-3}\ N\cdot m^{-1}$。

解 方法(1) 根据式(7-21)，得

$$\cos\theta=\frac{\sigma(s/g)-\sigma(s/l)}{\sigma(l/g)}=\frac{(1\times10^{-3}-1.77\times10^{-3})N\cdot m^{-1}}{0.92\times10^{-3}N\cdot m^{-1}}=-0.837$$

$$\theta=147^\circ>90^\circ$$

所以不润湿，就更不能铺展。

方法(2) 根据式(7-20)，得

$$s=\sigma(s/g)-\sigma(s/l)-\sigma(l/g)=(1-1.77-0.92)\times10^{-3}\ N\cdot m^{-1}=-1.69\times10^{-3}\ N\cdot m^{-1}<0$$

所以不铺展。

7.7 毛细管现象

将毛细管插入液面后，会发生液面沿毛细管上升(或下降)的现象，称为毛细管现象。若液体能润湿管壁，即 $\theta<90^\circ$，管内液面将呈凹形，此时液体在毛细管中上升，如图 7-14(a) 所示；反之，若液体不能润湿管壁，即 $\theta>90^\circ$，管内液面将呈凸形，此时液体在毛细管中下降，如图 7-14(b) 所示。

产生毛细管现象的原因是毛细管内的弯曲液面存在附加压力 Δp。以毛细管上升为例，由于 Δp 指向大气，使得管内凹液面下的液体承受的压力小于管外水平液面下液体所承受的压力，故液体被压入管内，直到上升的液柱产生的静压力 $\rho_B gh$ 等于 Δp 时，达到力的平衡，即

$$\rho_B gh=\Delta p=\frac{2\sigma}{r} \tag{7-22}$$

由图 7-15 可以看出，润湿角 θ 与毛细管半径 R 及弯曲液面的曲率半径 r 间的关系为

$$\cos\theta=\frac{R}{r}$$

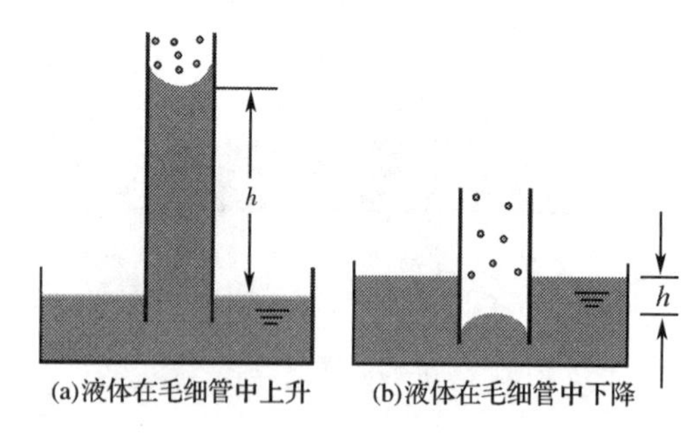

图 7-14 毛细管现象

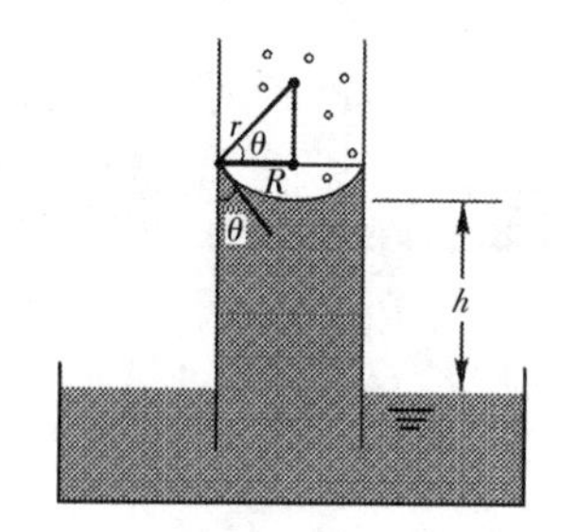

图 7-15 润湿角 θ 与毛细管半径 R 及弯曲液面曲率半径 r 的关系

将此式代入式(7-22)，可得到液体在毛细管内上升(或下降)的高度

$$h=\frac{2\sigma\cos\theta}{\rho_B gR} \tag{7-23}$$

式中，σ 为液体表面张力；ρ_B 为液体体积质量；g 为重力加速度。

Ⅲ　新相生成的热力学及动力学

7.8　新相生成与亚稳状态

7.8.1　新相生成

新相生成是指在系统中原有的旧相内生成新的相态。例如，从蒸气中凝结出小液滴，从液体中形成小气泡，从溶液中结晶出小晶体等都是新相生成过程。这些新相生成过程，在没有其他杂质存在下，通常分为两步：首先要形成新相种子核心，即由若干数目的旧相中的分子集合成分子集团——核的形成过程；然后分子集团进一步长大成为小气泡、小液滴、小晶体——核的成长过程。由于在旧相中形成新相，产生相界面，且为高度分散系统，因此有巨大的界面能，产生新相的过程中系统的能量明显提高。从热力学上看，这一过程是不可能自发进行的，故新相生成是十分困难的，从而常出现过饱和、过热、过冷等界面现象。

7.8.2　亚稳状态

一定温度下，当蒸气分压超过该温度下的饱和蒸气压，而蒸气仍不凝结的现象，叫蒸气的过饱和现象(supersaturated phenomena of vapor)，此时的蒸气称为过饱和蒸气(supersaturated vapor)。

视频

人工降雨

在一定温度、压力下，当溶液中溶质的浓度已超过该温度、压力下的溶质的溶解度，而溶质仍不析出的现象，叫溶液的过饱和现象(supersaturated phenomena of solution)，此时的溶液称为过饱和溶液(supersaturated solution)。

在一定的压力下，当液体的温度高于该压力下液体的沸点，而液体仍不沸腾的现象，叫液体的过热现象(superheated phenomena of liquid)，此时的液体称为过热液体(superheated liquid)。

在一定压力下，当液体的温度已低于该压力下液体的凝固点，而液体仍不凝固的现象，叫液体的过冷现象(supercooled phenomena of liquid)，此时的液体称为过冷液体(supercooled liquid)。

上述过饱和蒸气、过饱和溶液、过热液体、过冷液体所处的状态均属亚稳状态(metastable state)，它们不是热力学平衡态，不能长期稳定存在，但在适当条件下能稳定存在一段时间，故称为亚稳状态。

7.9　新相生成的热力学及动力学模型

7.9.1　新相生成的热力学

现以从过饱和蒸气中生成小液滴的过程为例来讨论新相生成的热力学。

设有 N 个压力为 p 的过饱和蒸气中的分子 B,凝结为半径为 r 的小液滴 B_N,过程可表示为

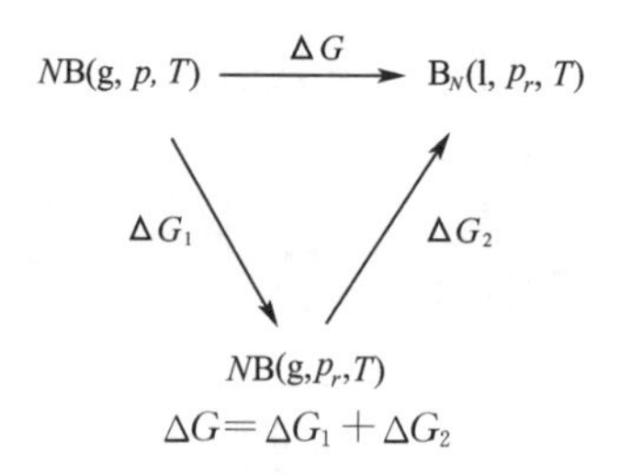

$$\Delta G=\Delta G_1+\Delta G_2$$

若蒸气可视为理想气体,则过程 1 为理想气体定温变压过程,由式(1-123),$\Delta G_1=\dfrac{N}{L}RT\ln\dfrac{p_r}{p}$ (L 为阿伏加德罗常量),若温度 T 下液体 B 的体积质量为 ρ_B,则 $N=\dfrac{4\pi r^3\rho_B L}{3M_B}$,于是

$$\Delta G_1=\frac{4}{3}\frac{\pi r^3\rho_B}{M_B}RT\ln\frac{p_r}{p}$$

过程 2 为定温、定压下的可逆相变,若不考虑界面效应,则 $\Delta G_2=0$;若考虑界面效应,则在定温、定压下,由高度分散系统的热力学基本方程 $dG=-SdT+Vdp+\sigma dA_s=\sigma dA_s$,于是 $\Delta G_2=\sigma\Delta A_s=4\pi r^2\sigma$,得

$$\Delta G=\Delta G_1+\Delta G_2=\frac{4}{3}\frac{\pi r^3\rho_B}{M_B}RT\ln\frac{p_r}{p}+4\pi r^2\sigma$$

可以看出,在定温下,过程的 ΔG 除与小液滴的饱和蒸气压 p_r 及界面张力 σ 有关外,主要与液滴半径有关。

若以 ΔG 为纵坐标,半径 r 为横坐标作 ΔG-r 图,当 $p_r<p$ 时,则如图 7-16 所示。

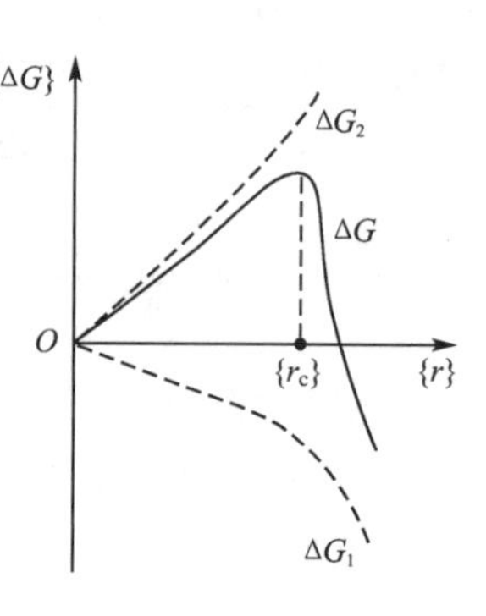

图 7-16 新相核心形成过程的 ΔG-r 关系

图 7-16 表明,ΔG-r 的关系经一极大值,极大值时的 r 以 r_c 表示,称为临界半径(critical radius)。当 $r<r_c$ 时,$\dfrac{d(\Delta G)}{dr}>0$,即核增大,系统的吉布斯函数增大,过程不能自发进行;当 $r>r_c$ 时,$\dfrac{d(\Delta G)}{dr}<0$,即核增大时系统的吉布斯函数减小,过程可自发进行。所以,只有生成的新相核心的半径 r 大于 r_c 时,核心才能稳定存在并继续成长增大。

还可看出,蒸气的过饱和程度越大,即 p 比 p_r 超过越多,ΔG_1 越负,r_c 则越小,新相的核心越易形成。

7.9.2 新相生成的动力学

从动力学上看,上述过程新相核心的形成速率与新相核心的半径 r 有如下关系:

$$\text{新相生成速率}\propto r^2\exp(-Br^2) \tag{7-24}$$

式中,B 为经验常数。式(7-24)表明,新相形成速率会随 r 的增加而经过一个极大值,最大速率对应的 r 为临界半径,只有能克服由临界半径所决定的能垒的那些分子才能聚到核上,而

长大成新相。

在日常生活、生产和科学实验中常遇到过饱和、过热、过冷等现象，并需要根据有关原理去解决一些问题。例如，人工降雨原理，是当云层中的水蒸气达到饱和或过饱和状态时用飞机（或放炮）向云层喷撒 AgI 固体颗粒作为新相（雨滴）生成的种子（核心），从而达到降雨的目的。例如，在一些科学实验中，在加热某种液体时，为了防止液体过热现象，常在液体中投入一些素烧瓷管或毛细管，因为这些多孔性物质的孔中储有气体，可作为新相生成（形成气泡）的种子，从而降低过热程度，防止暴沸现象的产生。再如，在盐类结晶操作时，为防止由于过饱和程度太大，而形成微细晶粒，造成过滤或洗涤的困难，影响产品质量，则采取事先向结晶器中投入晶种的方法，获得大颗粒的盐的晶体。还有，为了改善金属的晶体结构性能，常采取淬火（quenching）、退火（annealing）等称之为热处理（heat treatment）的措施。

Ⅳ　吸附作用

7.10　溶液界面上的吸附

7.10.1　溶液的表面张力

当溶剂中加入溶质成为溶液后，比之纯溶剂，溶液的表面张力会发生改变，或者升高或者降低。如图7-17所示，在水中加入无机酸、碱、盐及蔗糖和甘油等，使水的 σ 略为升高（曲线Ⅰ）；加入有机酸、醇、醛、醚、酮等使水的 σ 有所降低（曲线Ⅱ）；加入肥皂、合成洗涤剂等使水的 σ 大大下降（曲线Ⅲ）。

视频

表面活性剂驱油

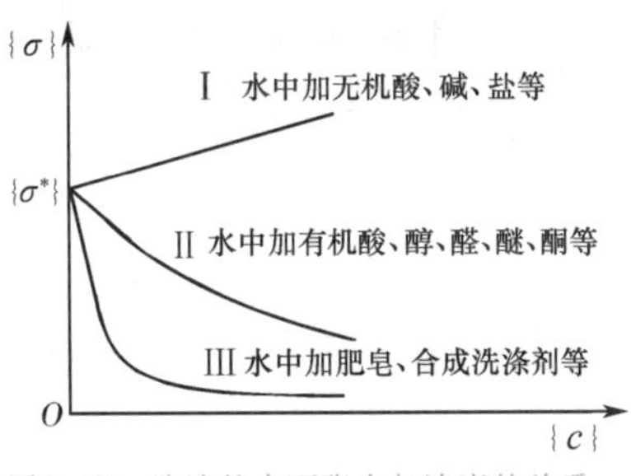

图7-17　溶液的表面张力与浓度的关系

通常，把能显著降低液体表面张力的物质称为该液体的表面活性剂（surface active agent）。

7.10.2　溶液界面上的吸附与吉布斯模型

溶质在界面层中比体相中相对浓集或贫乏的现象称为溶液界面上的吸附，前者叫正吸附（positive adsorption），后者叫负吸附（negative adsorption）。

吉布斯设想一个模型来说明界面层中的吸附现象。

考虑一个多组分的两相吸附平衡系统[图 7-18(a)]。α 与 β 或同为液相，或其中之一为气相。在两相之间为界面层 S。设任一组分 B 在两体相中的浓度是均匀的，分别以 c_B^α 和 c_B^β 表示。然而在界面层中，组分 B 的浓度由 c_B^α 沿着垂直界面层的高度 h 连续变化到 c_B^β[图 7-18(b)]。为定量考查界面层与体相浓度的差别，吉布斯提出了一个模型[图 7-18(c)]：在界面层中高度为 h_0 处画一无厚度、无体积但有面积的假想的二维几何平面 σ，称为表面相(surface phase)，将系统的体积 V 分为 V^α 和 V^β 两部分($V=V^\alpha+V^\beta$)。根据此模型，可获得系统中组分 B 的物质的量的计算值为($c_B^\alpha V^\alpha+c_B^\beta V^\beta$)。由于界面层中物质浓度的变化，它与实际系统中组分 B 的物质的量 n_B 不相等。若实际的物质的量与按假设分界面计算的物质的量之差以 n_B^σ 表示[①]，即

$$n_B^\sigma \overset{\text{def}}{=\!=} n_B-(c_B^\alpha V^\alpha+c_B^\beta V^\beta) \tag{7-25}$$

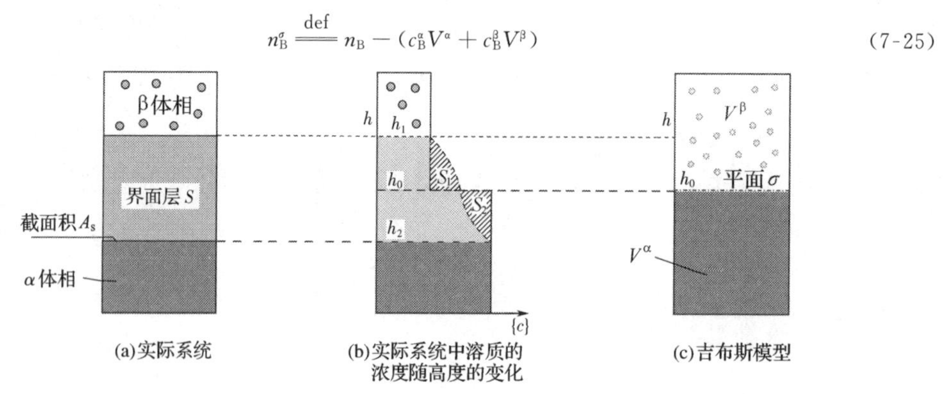

图 7-18 两相吸附平衡系统与吉布斯模型

定义

$$\Gamma_B \overset{\text{def}}{=\!=} \frac{n_B^\sigma}{A_s} \tag{7-26}$$

式中，Γ_B 称为表面过剩物质的量(surface excess amount of substance)，mol · m^{-2}。

注意 表面过剩物质的量中的“过剩”可正可负，因为 n_B^σ 可为正值即正吸附，亦可为负值即负吸附。

7.10.3 吉布斯方程

吉布斯用热力学方法导出 Γ_B 与表面张力 σ 及溶质活度 a_B 的关系为

$$\Gamma_B=-\frac{a_B}{RT}\left(\frac{\partial\sigma}{\partial a_B}\right)_T \tag{7-27a}$$

溶液很稀时，可用浓度 c_B 代替活度 a_B，上式变为

$$\Gamma_B=-\frac{c_B}{RT}\left(\frac{\partial\sigma}{\partial c_B}\right)_T \tag{7-27b}$$

式(7-27)称为吉布斯方程(Gibbs equation)。

---

① 由式(7-25)看出，n_B^σ 的数值与 V^α 及 V^β 的大小有关，即与划分 V^α 及 V^β 的几何平面 σ 的位置 h_0 有关。因此若不规定 σ 的位置，n_B^σ 及 Γ_B 都是不确定的。吉布斯是这样选择 h_0 的：使某一组分(例如溶剂)的 n_B^σ(和 Γ_B)为零。这相当于让图 7-18(b)中被 h_0 分割的两块阴影面积 $S_1=S_2$，即恰好使 n_1 的多估部分(S_2)与少估部分(S_1)相互抵消，则 $n_1=0$，$\Gamma_1=0$。以此为参考，其他组分的表面过剩的物质的量也就确定了。

由吉布斯方程可知，若 $\left(\frac{\partial \sigma}{\partial c_B}\right)_T > 0$(图 7-17 中曲线 Ⅰ 的情况)，则 $\Gamma_B < 0$，即发生负吸附；若 $\left(\frac{\partial \sigma}{\partial c_B}\right)_T < 0$(图 7-17 中曲线 Ⅱ、Ⅲ 的情况)，则 $\Gamma_B > 0$，即发生正吸附。

【例 7-5】 某表面活性剂的稀溶液，表面张力随表面活性剂浓度的增加而线性下降，当表面活性剂的浓度为 $10^{-1}\ \mathrm{mol \cdot m^{-3}}$ 时，表面张力下降了 $3\times10^{-3}\ \mathrm{N \cdot m^{-1}}$，计算表面过剩物质的量 Γ_B(设温度为25 ℃)。

解　因为是稀溶液，则

$$\Gamma_B = -\frac{c_B}{RT}\left(\frac{\partial \sigma}{\partial c_B}\right)_T = -\frac{10^{-1}\ \mathrm{mol \cdot m^{-3}} \times (-3\times10^{-3}\ \mathrm{N \cdot m^{-1}})}{8.314\ 5\ \mathrm{J \cdot mol^{-1} \cdot K^{-1}} \times 298.15\ \mathrm{K} \times 10^{-1}\ \mathrm{mol \cdot m^{-3}}} = 1.21\times10^{-6}\ \mathrm{mol \cdot m^{-2}}$$

7.11　表面活性剂

7.11.1　表面活性剂的结构特征

图 7-17 中曲线Ⅲ表明，表面活性剂加入到水中，少量时能使水的表面张力急剧下降，当其浓度超过某一量值之后，表面张力又几乎不随浓度的增加而变化。表面活性剂的这一作用特性与其分子的结构特征有关。一般水的表面活性剂分子都是由亲水性的极性基团(亲水基)和憎水性的非极性基团(亲油基)两部分所构成，如图 7-19 所示。因此表面活性剂分子加入到水中时，憎水基为了逃逸水的包围，使得表面活性剂分子形成如下两种排布方式，如图 7-20 所示。其一，憎水基被推出水面，伸向空气，亲水基留在水中，结果表面活性剂分子在界面上定向排列，形成单分子表面膜(surface film of unimolecular layer)；其二，分散在水中的表面活性剂分子以其非极性部位自相结合，形成憎水基向里、亲水基朝外的多分子聚集体，称为缔合胶体(associated colloid)或胶束(micelle)，呈近似球状、层状或棒状等有序分子组合体，如图 7-21 所示。当表面活性剂的量少时，其大部分以单分子表面膜的形式排列于界面层上，膜中分子在二维平面上做热运动，对四周边缘产生压力，称为表面压力(surface pressure)，用符号 Π 表示，其方向刚好与促使表面向里收缩的表面张力 σ 相反，因而使

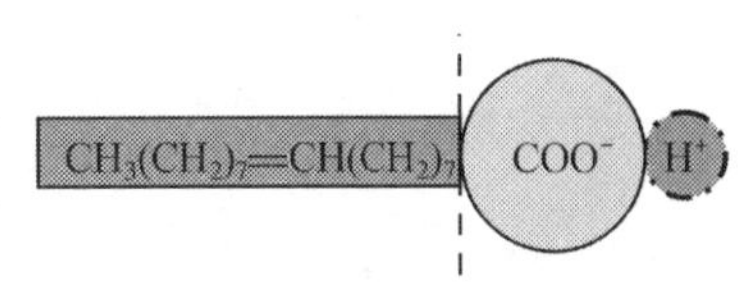

图 7-19　油酸表面活性剂的结构特征

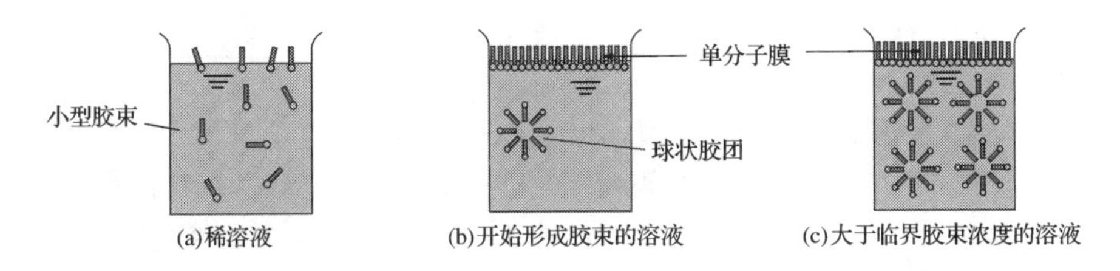

图 7-20　表面活性物质的分子在溶液本体及表面层中的分布

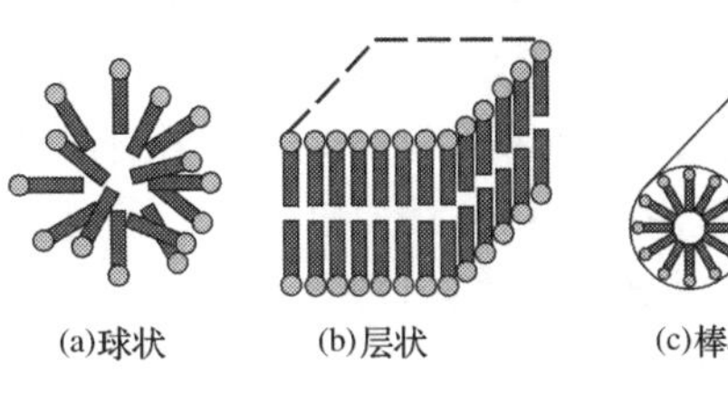

图 7-21　各种缔合胶束的构型

溶液的表面张力显著下降。当表面活性剂的浓度超过某一量值后，表面已排满，如再提高浓度，多余的表面活性剂分子只能在体相中形成胶束，不具有降低水的表面张力的作用，因而表现为水的表面张力不再随表面活性剂浓度增大而降低。表面活性剂分子开始形成缔合胶束的最低浓度称作临界胶束浓度（critical micelle concentration），用符号 CMC 表示。当表面活性剂浓度超过 CMC 后，溶液中存在很多胶束（micelle），可使某些难溶于水的有机物进入胶束而增加其溶解度，这种现象称为加溶（或增溶）作用（increase dissolution）。

概括地说，表面活性剂分子的憎水基和亲水基是构成分子定向排列和形成胶束的根本原因。有关胶束溶液的性质和应用将在第 9 章中进一步展开讨论。

7.11.2 表面活性剂的分类

表面活性剂的分类见表 7-3。

表 7-3 表面活性剂的分类

类型	举例			
阴离子型表面活性剂	RCOONa （羧酸盐）	$ROSO_3Na$ （硫酸酯盐）	RSO_3Na （磺酸盐）	$ROPO_3Na_2$ （磷酸酯盐）
阳离子型表面活性剂	$RNH_2 \cdot HCl$ （伯铵盐）	$RNH_2(CH_3)Cl$ （仲铵盐）	$RNH(CH_3)_2Cl$ （叔铵盐）	$RN(CH_3)_3Cl$ （季铵盐）
两性型表面活性剂	$RNHCH_2CH_2COOH$ （氨基酸型）	$RN(CH_3)_2CH_2COO^-$ （甜菜碱型）		
非离子型表面活性剂	$RO(CH_2CH_2O)_nH$ （聚氧乙烯型）	$RCOOCH_2C(CH_2OH)_3$ （多元醇型）		
生物表面活性剂	糖脂 （鼠李糖脂、海藻糖脂等）	含氨基酸类脂 （鸟氨酸酯、脂肽等）		

表 7-3 中的前 4 种表面活性剂都是通过化学方法合成的，而第 5 种即生物表面活性剂是用生物方法合成的。微生物（如酵母菌、霉菌等）在一定条件下培养时，在其代谢过程中会分泌出具有两亲性质（亲水基和亲油基集于一身）的表面活性代谢物，如糖脂、脂肽等。生物表面活性剂是 20 世纪 70 年代分子生物学取得突破性进展后开发出的新型表面活性剂。

7.11.3 表面活性剂应用举例

表面活性剂有广泛的应用，可以用做洗涤剂、浮选剂、润湿剂、渗透剂、增溶剂、乳化剂、起泡剂、消泡剂以及制备 L-B 膜、液晶、囊泡等有序分子组合体。在本节中只选择一些主要的、最常用的应用过程加以讨论。

1. 洗涤

洗涤功能是表面活性剂最主要的功能。工业上生产的各种表面活性剂最大的消耗部门是家用洗衣粉、液状洗涤剂和工业清洗剂。在应用过程中，洗涤功能具体体现在从各种不同的固体表面上洗去污垢。按近代表面活性化学观点，污垢的定义应该是处于错误位置的物质。去掉污垢就意味着要做功。尽管几千年来人类在日常生活中总是要与洗衣服打交道，但过去主要是靠体力劳动。现代化的洗衣机和节能的要求主要依靠各种由高效表面活性剂加上其他化学品复配起来的合成洗涤剂。

如图 7-22 所示描述了一个由织物表面洗去油垢的洗涤过程。如图 7-22(a)所示，溶液中的表面活性剂开始与织物上的油垢接近；如图 7-22(b)所示，表面活性剂的憎水端溶入油垢中，开始包围和分割油垢；如图 7-22(c)所示，表面活性剂已把整块油垢分割成若干油垢珠滴并将其包围起来，但由于油垢珠滴仍与织物有较大面积接触且 $\theta<90°$，油垢与织物之间的高黏合能，难以使油垢珠滴完全脱离织物表面；如图 7-22(d)所示，在表面活性剂的不断作用下，克服了油垢珠滴与织物间的高黏合能，使 θ 角由 $\theta<90°$ 转化为 $\theta>90°$，缩小了油垢珠滴与织物间的黏合力，开始离开织物表面；如图 7-22(e)及(f)所示，在洗衣机强烈搅动所形成的水涡作用下，被表面活性剂包围分割了的 $\theta>90°$ 的油垢珠滴脱离织物表面溶入溶液中而被洗去。

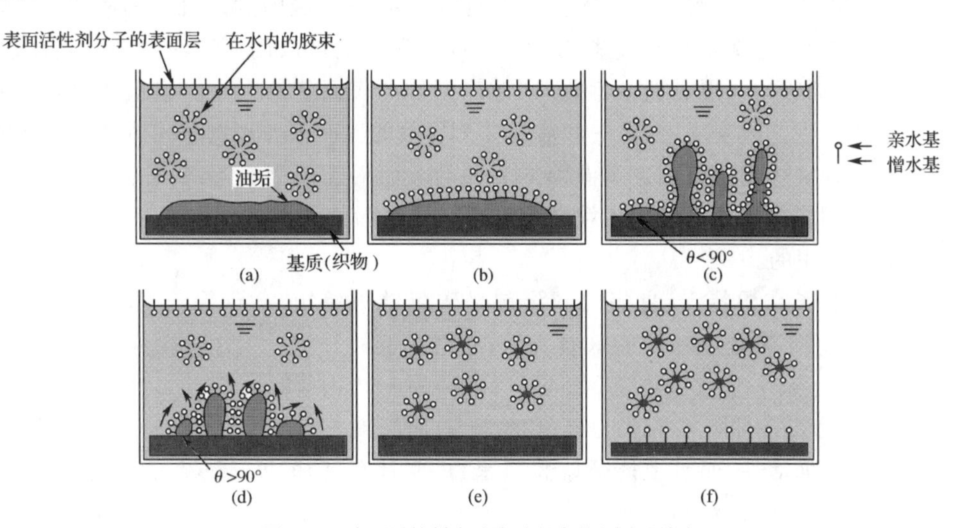

图 7-22　表面活性剂在洗涤过程中的“溶解”效应

2. 浮选

浮选的情况比较复杂。它至少要涉及气、液、固三相。首先是采用能大量起泡的表面活性剂——起泡剂，当在水中通入空气或由于水的搅动引起空气进入水中时，表面活性剂的憎水端在气液界面向气泡的空气一方定向，亲水端仍在悬浮液内，形成了气泡。另一种起捕集作用的表面活性剂(一般都是阳离子表面活性剂，也包括脂肪胺)吸附在固体矿粉的表面。这种吸附随矿物性质的不同而有一定的选择性，其基本原理是利用晶体表面的晶格缺陷，而向外的憎水端部分地插入气泡内，这样在浮选过程中气泡就可把指定的矿粉带走，达到选矿的目的(图 7-23)。

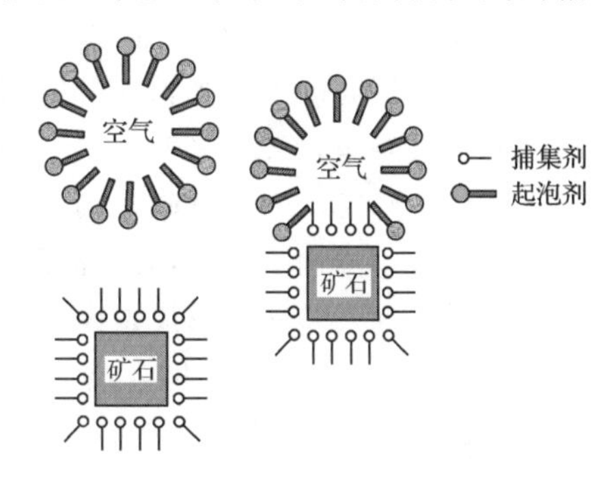

图 7-23　浮选过程示意图

采矿工业中的浮选工艺有十分重要的现实意义。

这是因为开采的矿愈多，发现富矿的可能性就愈小，含各种复杂成分的贫矿也必须设法利用。选矿及所需某种矿粉的富集就显得格外突出。在实际应用过程中表面活性剂的用量极少，一般用 100 g 的捕集剂就足以处理 3 吨水和 1 吨矿粉的浆料。尽管上述有关选矿的基本原理看来并不复杂，但将从实验室得到的结果放大到工业规模的规律性却十分难以掌握。另一方面，由于各种矿物的成分及结构都不相同，对各种选矿过程中多相系统的界面现象也很难从理论上来进行阐明。因此，对每一种具体矿的操作工艺必须进行精密的实验室及现场试验。

3. 润湿

在实际应用中，有时我们希望液体对固体的润湿性好些，有时却要求液体对固体的润湿性差些。当固体和液体确定后，我们可以设法改变固气、固液和液气三者界面性质来达到我们所希望的润湿程度。在液体中加入少量表面活性剂，它会吸附到液气和固液界面上，改变 $\sigma(\mathrm{l/g})$ 和 $\sigma(\mathrm{s/l})$ 从而达到我们所要求的润湿程度。我们也可以用表面活性剂对固体表面进行处理，使其表面吸附一层表面活性剂，来改变固体的表面能的大小。这意味着，我们可以采用添加表面活性剂改变固液、固气和液气 3 个界面的界面张力来调整固体的润湿性能。

我们称能使液体润湿或加速润湿固体表面的表面活性剂为润湿剂，称能使液体渗透或加速渗入孔性固体内表面的表面活性剂为渗透剂。润湿剂和渗透剂主要是通过降低 $\sigma(\mathrm{l/g})$ 和 $\sigma(\mathrm{s/l})$ 而起作用的。

润湿剂的分子结构特点：良好的润湿剂是碳氢链为较短的直链，亲水基位于末端，如图 7-24(a) 所示；或憎水链具有侧链的分子结构，且亲水基位于中部，如图 7-24(b) 所示。由于润湿取决于在动态条件下表面张力降低的能力，润湿剂不仅应具有良好的表面活性，而且要能降低表面张力，要具有良好的扩散性，能很快吸附在新的表面上。

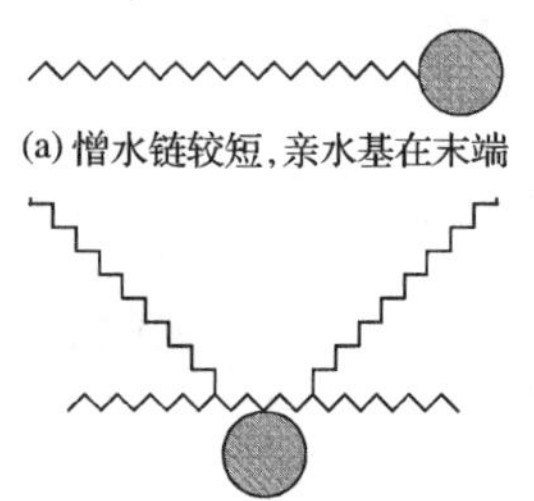

图 7-24　润湿剂的分子结构

例如，许多植物和害虫、杂草不易被水和药液润湿，药液不易黏附、持留，这是因为这些植物和害虫表面常覆盖着一层憎水蜡质层，这一层憎水蜡质层属低能表面，水和药液在上面会形成接触角 $\theta>90°$ 的液滴。加之蜡质层表面粗糙会使 θ 更进一步增大，造成药液对蜡质层的润湿性不好。根据杨方程式(7-21)：$\sigma(\mathrm{s/g})-\sigma(\mathrm{s/l})=\sigma(\mathrm{l/g})\cos\theta$，其中 $\sigma(\mathrm{s/g})$ 表示憎水蜡质层的表面张力，$\sigma(\mathrm{s/l})$ 为药液与蜡质层间的界面张力，$\sigma(\mathrm{l/g})$ 为药液的表面张力，θ 为药液在蜡质层形成的液滴与蜡质层间的接触角，如图 7-25所示。说明加入润湿剂后，药液在蜡质层上的润湿状况得到改善，甚至药液可以在其上铺展。其作用机理如图 7-26 所示。

当药液中添加了润湿剂后，润湿剂会以憎水的碳氢链通过色散力吸附在蜡质层的表面，而亲水基则伸入药液中形成定向吸附膜取代憎水的蜡质层。由于亲水基与药液间有很好的相容性，$\sigma(\mathrm{s/l})$ 下降。润湿剂在药液表面的定向吸附也使得 $\sigma(\mathrm{l/g})$ 下降。为了保持杨方程两边相等，$\cos\theta$ 必须增大，接触角减小，这样药液润湿性会得到改善，如图7-26所示。随表面活性剂在固液和气液界面吸附量的增加 $\sigma(\mathrm{s/l})$ 和 $\sigma(\mathrm{l/g})$ 会进一步下降，接触角会由 $\theta>90°$ 变到 $\theta<90°$，甚至 $\theta=0°$，使药液完全在其上铺展。

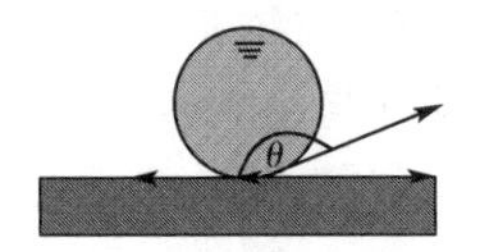

(a) 药液中未加润湿剂时，药液在蜡质层上形成的接触角 $\theta>90°$

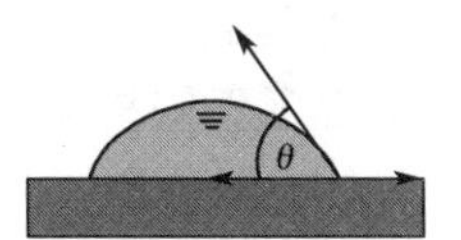

(b) 药液中加入润湿剂后，药液在蜡质层上形成的接触角 $\theta<90°$

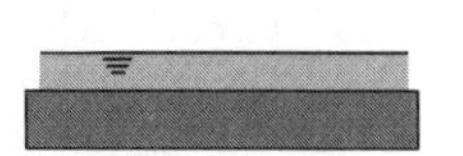

(c) 药液中加入润湿剂后，药液在蜡质层上形成的接触角 $\theta=0°$

图 7-25　药液在蜡质层上的接触角 θ 的变化

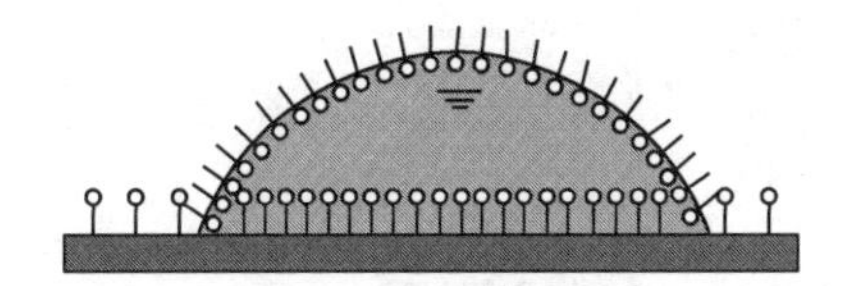

(a)药液在润湿剂形成的定向吸附膜上的液滴，$\theta<90°$

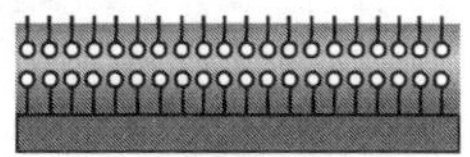

(b)药液在润湿剂形成的定向吸附膜上铺展，$\theta=0°$

图 7-26　表面活性剂在蜡质层和药液表面的吸附对接触角的影响

4. 渗透

渗透问题实际上是一种毛细现象。例如植物、害虫和杂草的表面有很多的气孔，我们可以把药液在植物、害虫和杂草表面的润湿问题看成是多孔型固体的渗透问题。

附加压力 Δp(毛管力)是渗透过程发生的驱动力。当药液中未加入渗透剂时，药液在蜡质的孔壁上形成的接触角$\theta>90°$。药液在孔中形成的液面为凸液面，Δp 方向指向药液内部起到阻止药液渗入孔里的作用，如图 7-27(a)所示。孔径越小，这种阻力越大，从而使药液难以渗入孔中。在药液中加入渗透剂(表面活性剂)后，渗透剂会在孔壁上形成定向排列的吸附膜以憎水基吸附在蜡质层孔壁上，亲水基伸向药液内，提高了孔壁的亲水性，使药液在孔壁上的接触角 θ 减小，同时渗透剂在药液表面的吸附使 σ(s/l)也降低了，更促使药液的接触角 θ 进一步减小。随着渗透剂在孔壁和药液表面上吸附量的增加，接触角会由 $\theta>90°$变至$\theta<90°$，药液表面由凸液面变为凹液面(图 7-27)。毛管力方向由 Δp 指向药液变为 Δp 指向气孔，药液的 Δp 与药液扩展方向一致，起到促进药液渗透的作用，如图 7-27(b)所示。若$\theta=0°$，则药液可在孔壁中完全铺展。

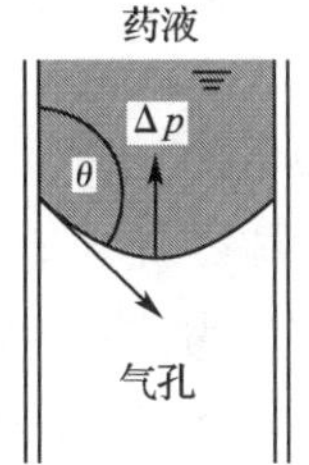

(a)未加入渗透剂药液在孔中形成凸液面

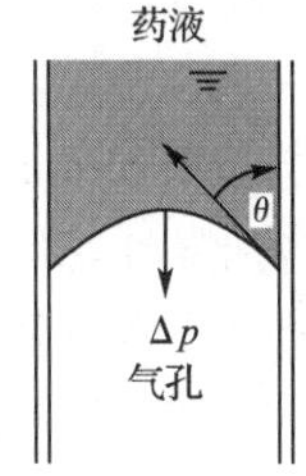

(b)加入渗透剂后药液在孔中形成凹液面

图 7-27　药液在气孔中的流动状态

5. L-B 膜、分子设计与组装

L-B 膜是由 Langmuir-Blodgett 最初研制的一种有机分子层薄膜。这种薄膜是具有特殊性能的绝缘膜。

L-B 膜的合成原理，是将固体基底材料，如光洁玻璃、单晶体、半导体或金属，从溶液中将某些有机分子沉积其上并形成单层或多层分子薄膜。这些有机分子通常是脂肪酸及相应的盐类、芳香族化合物、稠环有机物及染料等。其共同特征是具有表面活性剂的结构特征，即同时具有憎水(亲油)基团和亲水基团。其形成和结构如图 7-28 所示。若先将表面活性剂在水面铺成单分子膜，然后把基底材料徐徐插入水中，抽出，重复铺膜、插入、抽出动作，可形成 X 构型 L-B 膜；若先铺膜，然后将基底材料插入，再铺膜，抽出，重复此铺膜、插入、铺膜、抽出动作，可形成 Y 构型 L-B 膜；若先将基底材料插入，再铺膜，然后抽出，重复此插入、铺膜、抽出动作，可形成 Z 构型L-B 膜。实现了不同构型的分子设计与组装。

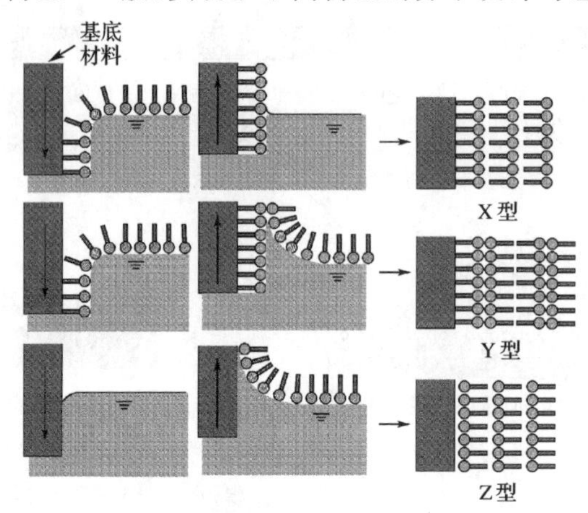

图 7-28　L-B 膜形成过程和结构

L-B 膜有较好的介电性能、隧道穿越导电性能以及跳跃导电性能、发光性能等。L-B 膜的这些独特性能用在电子元件、集成电路、LED 照明等领域。

6. 溶致液晶

液晶(liquid crystal)是介于固态晶体和液体的一种中间态的物质聚集态，它既有固态晶体的各向异性，又有液体的流动性和连续性。它是长程有序，短程无序的物质聚集态。

液晶通常有两类，一类称为热致液晶，它是把固态晶体加热到一定温度范围内而呈现液体状态，一般是单组分系统；另一类称为溶致液晶，它通常是表面活性剂固态晶体，加入一定种类的溶剂而形成，或者是表面活性剂溶液，当其浓度超过 CMC 时，继续加浓，则会形成液晶，显然它是多组分系统。

随着表面活性剂的结构、浓度及溶剂性质或温度的变化等因素的不同，溶致液晶的结构在理论上至少有 18 种，但由简单结构的表面活性剂与水形成的二组分溶致液晶通常有六方相、立方相和层状相三种(图 7-29)。

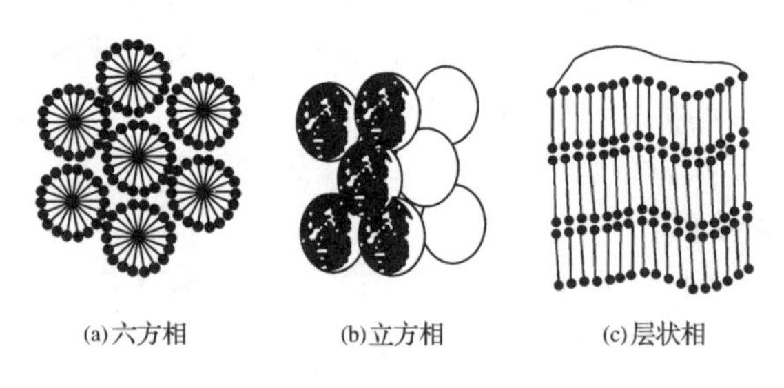

图 7-29　表面活性剂-水二组分系统形成的溶致液晶

人们对溶致液晶的结构及制备方法的研究产生了高度的兴趣，液晶的应用不断扩展，例如，它可用做工业润滑剂，电脑、电视机的显示屏以及白内障手术用的人工液晶等。

7. 囊泡

由具有双尾结构或中间具有特殊结构的人工合成的表面活性剂可以形成一种封闭的有序分子组合体——囊泡，其内部包藏着水或水溶液。如图 7-30 所示。

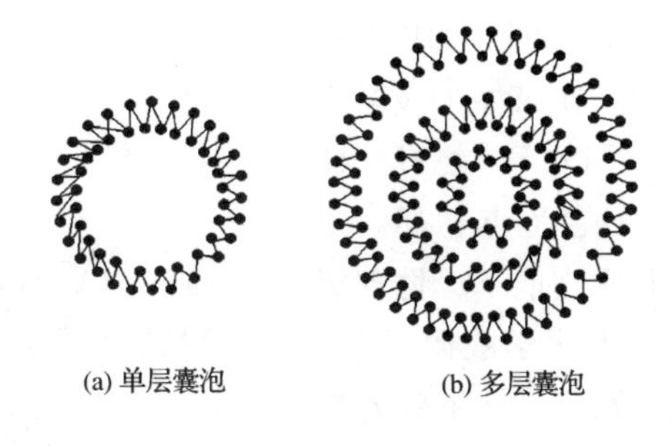

图 7-30　囊泡示意图

囊泡可用做药物的载体，将药物包容其中，使药物能在人体内缓慢释放或靶向释放，以达到节省药量提高药效的目的；也用于化妆品研制和转基因工程中。

7.12　固体表面对气体的吸附

7.12.1　固体表面的不均匀性

一块表面上磨得平滑如镜的金属表面，从原子尺度看却十分粗糙。它不是理想的晶面，而是存在着各种缺陷，如图 7-31 所示，存在着平台(terrace)、台阶(step)、台阶拐弯处的扭折(kink)、位错(dislocation)、多层原子形成的“峰与谷”以及表面杂质和吸附原子等。固体表面的这种不均匀性，导致固体表面处于不平衡环境之中，表面层具有过剩自由能。为使表面能降低，固体表面会自发地利用其未饱和的自由价来捕获气相或液相中的分子，使之在固体表面上浓集，这一现象称为固体对气体或液体的吸附(adsorption)。被吸附的物质称为吸附质(adsorbate)，起吸附作用的固体称为吸附剂(adsorbent) 。

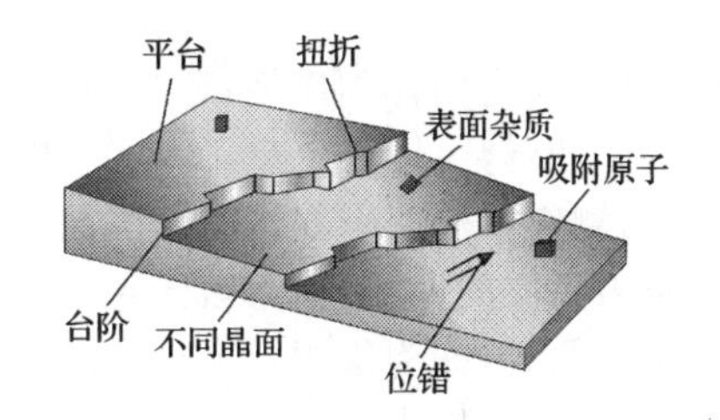

图 7-31　表面缺陷示意图

7.12.2　物理吸附与化学吸附

按吸附作用力性质的不同，可将吸附分为物理吸附 (physisorption) 和化学吸附(chemisorption)，它们的主要区别见表 7-4 。

表 7-4　物理吸附与化学吸附的区别

性质	物理吸附	化学吸附	性质	物理吸附	化学吸附
吸附力	分子间力	化学键力	吸附热	小	大
吸附分子层	多分子层或单分子层	单分子层	吸附速率	快	慢
吸附温度	低	高	吸附选择性	无	有

物理吸附在一定条件下可转变为化学吸附。以氢在 Cu 上的吸附势能曲线来说明。如图7-32所示，图中曲线 aa 为物理吸附，在第一个浅阱中形成物理吸附态，吸附热（放热）$Q_{ad}=-\Delta H_p$。曲线 bb 代表化学吸附，两条曲线在 X 点相遇。显然，只要提供约 22 kJ 的吸附活化能 E_a，物理吸附就可穿越过渡态 X 而转变为化学吸附（图中 C 点）。从能量上看，先发生物理吸附而后转变为化学吸附的途径（需能量 E_a）要比氢分子先解离成原子再化学吸附的途径（需能量 E_D）容易得多。

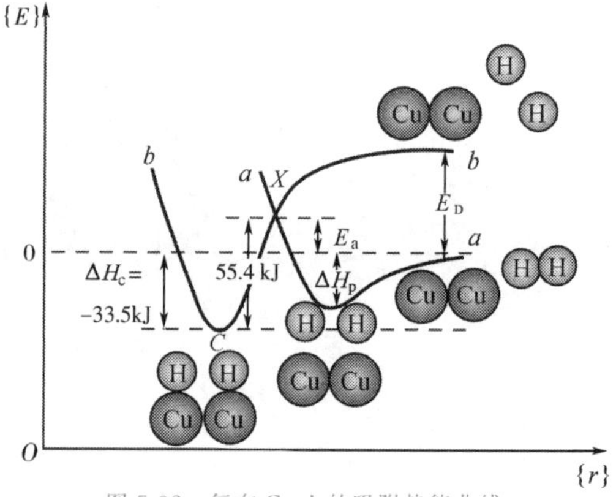

图 7-32　氢在 Cu 上的吸附势能曲线

7.12.3　吸附曲线

在一定 T、p 下，气体在固体表面达到吸附平衡（吸附速率等于脱附速率）时，单位质量的固体所吸附的气体体积，称为该气体在该固体表面上的吸附量（adsorption quantity），用符号 Γ 表示，即

$$\Gamma \xlongequal{\text{def}} \frac{V}{m} \tag{7-28}$$

式中，m 为固体的质量；V 为被吸附的气体在吸附温度、压力下的体积。吸附量 Γ 是温度和压力的函数，即 $\Gamma=f(T,p)$。式中有三个变量，为了便于研究其间关系，通常固定其中之一，测定其他两个变量间的关系，结果用吸附曲线来表示。定温下，描述吸附量与吸附平衡压力关系的曲线，称为吸附定温线（adsorption isotherm）；定压下，描述吸附量与吸附温度关系的曲线，称为吸附定压线（adsorption isobar）；吸附量恒定时，描述吸附平衡压力与温度关系的曲线，称为吸附定量线（adsorption isostere）。上述三种吸附曲线是互相联系的，从一组某一类型的吸附曲线可作出其他两种吸附曲线。常用的是吸附定温线，从实验中可归纳出大致有 5 种类型，如图 7-33 所示。

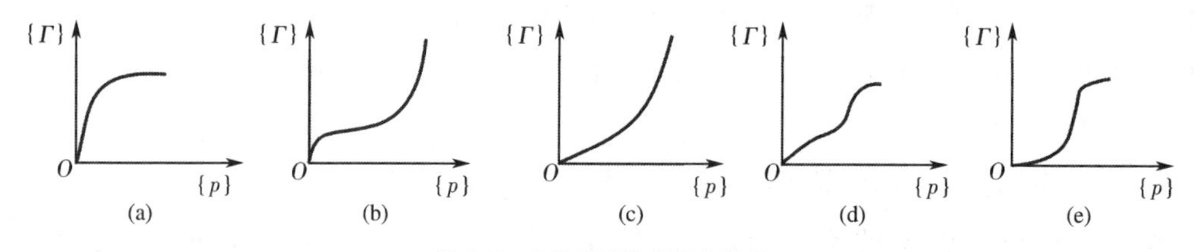

图 7-33　5 种类型的吸附定温线

7.12.4　兰缪尔单分子层吸附定温式

1916 年兰缪尔（Langmuir）从动力学观点出发，提出了固体对气体的吸附理论，称为单分子层吸附理论（theory of adsorption of unimolecular layer），其基本假设如下：

视频

兰缪尔定温方程

（i）固体表面对气体的吸附是单分子层的（即固体表面上每个吸附位只能

吸附一个分子，气体分子只有碰撞到固体的空白表面上才能被吸附）。

(ii) 固体表面是均匀的（即表面上所有部位的吸附能力相同）。

(iii) 被吸附的气体分子间无相互作用力（即吸附或脱附的难易与邻近有无吸附态分子无关）。

(iv) 吸附平衡是动态平衡（即达吸附平衡时，吸附和脱附过程同时进行，且速率相同）。

以上假设即作为理论模型，它把复杂的实际问题做了简化处理，便于进一步定量地进行理论推导。

以 k_a 和 k_d 分别代表吸附与脱附速率系数，A 代表气体分子，M 代表固体表面，则吸附过程可表示为

$$A + M \underset{k_d}{\overset{k_a}{\rightleftharpoons}} \begin{matrix} A \\ | \\ M \end{matrix}$$

设 θ 为固体表面被覆盖的分数，称为表面覆盖度（coverage of surface），即

$$\theta = \frac{\text{被吸附质覆盖的固体表面积}}{\text{固体总的表面积}}$$

则 $(1-\theta)$ 代表固体空白表面积的分数。

依据吸附模型，吸附速率 v_a 应正比于气体的压力 p 及空白表面分数 $(1-\theta)$，脱附速率 v_d 应正比于表面覆盖度 θ，即

$$v_a = k_a(1-\theta)p$$

$$v_d = k_d\theta$$

当吸附达平衡时，$v_a = v_d$，所以

$$k_a(1-\theta)p = k_d\theta$$

解得

$$\theta = \frac{k_a p}{k_d + k_a p} \tag{7-29}$$

令 $b = \dfrac{k_a}{k_d}$，称为吸附平衡常数（equilibrium constant of adsorption），其值与吸附剂、吸附质的本性及温度有关，它的大小反映吸附的强弱。将其代入式(7-29)，得

$$\theta = \frac{bp}{1+bp} \tag{7-30}$$

此式称为兰缪尔吸附定温式（Langmuir adsorption isotherm）。

下面讨论公式的两种极限情况：

(i)当压力很低或吸附较弱时，$bp \ll 1$，得

$$\theta = bp$$

即覆盖度与压力成正比，它说明了图 7-33(a)中的开始直线段。

(ii)当压力很高或吸附较强时，$bp \gg 1$，得

$$\theta = 1$$

说明表面已全部被覆盖，吸附达到饱和状态，吸附量达最大值，图 7-33(a)中水平线段就反映了这种情况。

若以 $\theta = \dfrac{\Gamma}{\Gamma_\infty}$ 表示，则式(7-30)可改写为

$$\frac{p}{\Gamma}=\frac{1}{b\Gamma_{\infty}}+\frac{p}{\Gamma_{\infty}} \tag{7-31}$$

式中，Γ 为在吸附平衡温度 T 及压力 p 下的吸附量；Γ_{∞} 是在吸附平衡温度 T 及压力 p 下，吸附剂被盖满一层时的吸附量。式(7-31) 是兰缪尔吸附定温式的另一种表达形式。

由式(7-31)可见，若以 p/Γ 对 p 作图，可得一直线，由直线的斜率 $1/\Gamma_{\infty}$ 及截距 $1/b\Gamma_{\infty}$ 可求得 b 与 Γ_{∞}。

【例 7-6】 用活性炭吸附 $CHCl_3$ 时，0 ℃时最大吸附量(盖满一层)为 93.8 $dm^3\cdot kg^{-1}$。已知该温度下 $CHCl_3$ 的分压力为 1.34×10^4 Pa 时的平衡吸附量为 82.5 $dm^3\cdot kg^{-1}$，试计算：(1) 兰缪尔吸附定温式中的常数 b；(2) 0 ℃、$CHCl_3$ 的分压力为 6.67×10^3 Pa 下，吸附平衡时的吸附量。

解 (1) 由 $\theta=\frac{\Gamma}{\Gamma_{\infty}}$，$\Gamma=\frac{\Gamma_{\infty}bp}{1+bp}$

即

$$b=\frac{\Gamma}{(\Gamma_{\infty}-\Gamma)p}=\frac{82.5\ dm^3\cdot kg^{-1}}{(93.8\ dm^3\cdot kg^{-1}-82.5\ dm^3\cdot kg^{-1})\times1.34\times10^4\ Pa}=5.45\times10^{-4}\ Pa^{-1}$$

(2) $$\Gamma=\frac{93.8\ dm^3\cdot kg^{-1}\times5.45\times10^{-4}\ Pa^{-1}\times6.67\times10^3\ Pa}{1+5.45\times10^{-4}\ Pa^{-1}\times6.67\times10^3\ Pa}=73.6\ dm^3\cdot kg^{-1}$$

用与式(7-30)同样的推导方法，可得出符合兰缪尔单分子层吸附理论的如下几种不同情况下的吸附定温式：

对 A、B 两种气体在同一固体表面上的混合吸附 (mixed adsorption)，有

$$\theta_A=\frac{b_Ap_A}{1+b_Ap_A+b_Bp_B} \tag{7-32}$$

$$\theta_B=\frac{b_Bp_B}{1+b_Ap_A+b_Bp_B} \tag{7-33}$$

对 $A_2+2*\rightleftharpoons2(A-*)$ 的解离吸附(dissociation adsorption)(* 表示固体表面吸附位)，有

$$\theta=\frac{\sqrt{bp}}{1+\sqrt{bp}} \tag{7-34}$$

【例 7-7】 请导出 A、B 两种吸附质在同一表面上混合吸附时的吸附定温式(设都符合兰缪尔吸附)。

解 因 A、B 两种粒子在同一表面上吸附，而且各占一个吸附中心，所以 A 的吸附速率

$$v_a=k_ap_A(1-\theta_A-\theta_B)$$

式中，k_a 为吸附质 A 的吸附速率系数；p_A 为吸附质 A 在气相中的分压；θ_A 为吸附质 A 的表面覆盖度；θ_B 为吸附质 B 的表面覆盖度。

令 k_d 为吸附质 A 的解吸速率系数，则 A 的解吸速率为

$$v_d=k_d\theta_A$$

当吸附达平衡时

$$v_a=v_d$$

则

$$k_d\theta_A=k_ap_A(1-\theta_A-\theta_B)$$

两边同除以 k_d，且令 $b_A=k_a/k_d$，则

$$\frac{\theta_A}{1-\theta_A-\theta_B}=b_Ap_A \tag{a}$$

同理得到

$$\frac{\theta_B}{1-\theta_A-\theta_B}=b_Bp_B \tag{b}$$

将式(a)与式(b)联立，得

$$\theta_A=\frac{b_Ap_A}{1+b_Ap_A+b_Bp_B} \tag{c}$$

$$\theta_B = \frac{b_B p_B}{1 + b_A p_A + b_B p_B} \tag{d}$$

式(c)、式(d)即为所求。即式(7-32)、式(7-33)。

7.12.5 BET 多分子层吸附定温式

1938 年布龙瑙尔(Brunauer)、爱梅特(Emmett)和特勒尔(Teller)三人在兰缪尔单分子层吸附理论的基础上提出了多分子层吸附理论(theory of adsorption of polymolecular layer),简称 BET 理论。该理论采纳了兰缪尔的下列假设:固体表面是均匀的,被吸附的气体分子间无相互作用力,吸附与脱附建立起动态平衡。所不同的是 BET 理论假设吸附靠分子间力,表面与第一层吸附是靠该种分子同固体的分子间力,第二层吸附、第三层吸附…之间是靠该种分子本身的分子间力,由此形成多层吸附。并且还认为,第一层吸附未满前其他层的吸附就可开始,如图 7-34 所示。由 BET 理论导出的结果为

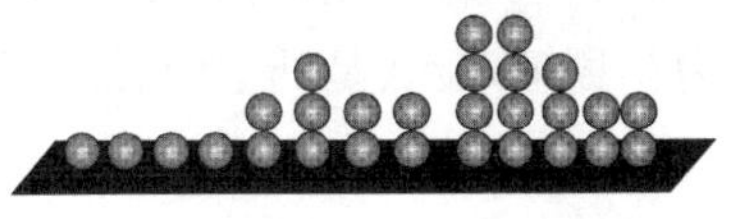

图 7-34　多分子层吸附示意图

$$\frac{p}{V(p^* - p)} = \frac{1}{V_\infty C} + \frac{C-1}{V_\infty C}\frac{p}{p^*} \tag{7-35}$$

式(7-35)称为 BET 多分子层吸附定温式。式中,V 为 T、p 下质量为 m 的吸附剂吸附达平衡时,吸附气体的体积;V_∞ 为 T、p 下质量为 m 的吸附剂盖满一层时,吸附气体的体积;p^* 为被吸附气体在温度 T 时呈液体时的饱和蒸气压;C 为与吸附第一层气体的吸附热及该气体的液化热有关的常数。

对于在一定温度 T 下指定的吸附系统,C 和 V_∞ 皆为常数。由式(7-35)可知,若以 $\frac{p}{V(p^* - p)}$ 对 $\frac{p}{p^*}$ 作图应得一直线,其

$$\begin{cases} 斜率 = \frac{C-1}{V_\infty C} \\ 截距 = \frac{1}{V_\infty C} \end{cases}$$

解得

$$V_\infty = \frac{1}{截距 + 斜率} \tag{7-36}$$

由所得的 V_∞ 可算出单位质量的固体表面铺满单分子层时所需的分子个数。若已知每个分子所占的面积,则可算出固体的质量表面。公式如下 :

$$a_m = \frac{V_\infty(\mathrm{STP})}{V_\mathrm{m}(\mathrm{STP})m} \times L \times \sigma \tag{7-37}$$

式中,L 为阿伏加德罗常量;m 为吸附剂的质量;$V_\mathrm{m}(\mathrm{STP})$ 为在 STP 下气体的摩尔体积 $(22.414 \times 10^{-3}\ \mathrm{m^3 \cdot mol^{-1}})$;$V_\infty(\mathrm{STP})$ 为 T、p 下质量为 m 的吸附剂盖满一层时,吸附气体的体积,再换算成 STP 下的体积;σ 为每个吸附分子所占的面积。

测定时,常用的吸附质是 N_2,其截面积 $\sigma = 16.2 \times 10^{-20}\ \mathrm{m^2}$。

V　界面层的反应动力学

7.13　气-固相催化反应的机理

在第 6 章我们曾讨论了催化剂对化学反应速率的影响。在催化反应中，气-固相催化占有重要地位，已形成一门新的学科领域，其特征集中地表现为反应是在固体催化剂活性表面上发生的。在讨论了界面层的热力学之后，现在结合气-固相催化的问题来讨论界面层的反应动力学，即多相催化反应动力学。它既涉及界面现象(如固体表面的吸附作用)，又涉及动力学原理，显然是处于两者之间的边缘交叉学科。

7.13.1　气-固相催化反应的基本步骤

气-固相催化反应包括以下 5 个基本步骤：

(i)反应物由体相扩散到固体催化剂表面；

(ii)反应物在固体催化剂表面上被吸附；

(iii)反应物进行表面化学反应；

(iv)产物从催化剂表面脱附；

(v)产物扩散离开催化剂表面。

这五步组成了气-固相催化反应的基本步骤。若五步的速率系数差别不大，则称为无控制步骤的反应。若其中某一步的速率系数与其他步骤有数量级上的差别，出现在总速率方程中且对总速率产生显著影响，则该步骤可成为速率控制步骤。因此可能有扩散为速率控制步骤、反应物的吸附或产物的脱附为速率控制步骤、表面反应为速率控制步骤等。

扩散作用的影响往往能通过加大气体流速(消除外扩散)和采用较小的催化剂粒度，即增大催化剂的分散度(消除内扩散)来消除。吸附或脱附控制的例子是有的：如工业上用 Fe 催化剂合成氨，其中 N_2 的吸附($N_2 + 2* \longrightarrow 2N—*$)决定着总速率；而 NH_3 的分解反应在较低温度和较高压力下似由产物 N_2 的脱附速率来控制。然而，一般情况下，吸附能快速达到动态平衡，总速率常常由表面反应步骤控制。下面的讨论都是基于这一前提。

7.13.2　两种典型气－固相催化反应机理

在由表面反应为控制步骤的机理中，常见的有两种模型：

兰缪尔-欣谢尔伍德(Langmuir-Hinshelwood)机理，简称 L-H 机理。

该机理假设表面反应是吸附在表面上的分子或原子之间进行的反应。例如，对表面双分子反应，机理如下：

$$A+B+2* \underset{k_{-1}}{\overset{k_1}{\rightleftharpoons}} \begin{matrix}A\\|\\*\end{matrix} + \begin{matrix}B\\|\\*\end{matrix} \quad \text{(吸附平衡)}$$

（* 催化剂表面活性中心）

$$\begin{matrix}A\\|\\*\end{matrix} + \begin{matrix}B\\|\\*\end{matrix} \xrightarrow{k_2} \text{产物}+2* \quad \text{(表面反应控制)}$$

里迪尔-艾里(Rideal-Elsy)机理，简称 R-E 机理。

该机理假设表面反应在化学吸附的原子或分子与气相(或物理吸附)的分子间进行，对双分子反应，机理为

$$A+* \underset{k_{-1}}{\overset{k_1}{\rightleftharpoons}} \begin{matrix}A\\|\\*\end{matrix} \quad \text{(吸附平衡)}$$

$$\begin{matrix}A\\|\\*\end{matrix} +B \xrightarrow{k_2} \text{产物}+* \quad \text{(表面反应控制)}$$

对表面单分子反应，机理为

$$A+* \underset{k_{-1}}{\overset{k_1}{\rightleftharpoons}} \begin{matrix}A\\|\\*\end{matrix} \quad \text{(吸附平衡)}$$

$$\begin{matrix}A\\|\\*\end{matrix} \xrightarrow{k_2} \begin{matrix}B\\|\\*\end{matrix} \quad \text{(表面反应控制)}$$

7.14　气-固相表面催化反应动力学、表观活化能

7.14.1　气-固相表面催化反应动力学

按 L-H 机理，对表面双分子反应，

$$v_A = k_2\theta_A\theta_B$$

当吸附达平衡时，由式(7-32)及式(7-33)，有

$$\theta_A = \frac{b_A p_A}{1+b_A p_A+b_B p_B}, \qquad \theta_B = \frac{b_B p_B}{1+b_A p_A+b_B p_B}$$

则
$$v_A = \frac{k_2 b_A p_A b_B p_B}{(1+b_A p_A+b_B p_B)^2}$$

对表面单分子反应，

$$v_A = k_2\theta_A$$

当吸附达平衡时，由式(7-30)，有　$\theta_A = \dfrac{b_A p_A}{1+b_A p_A}$

则
$$v_A = \frac{k_2 b_A p_A}{1+b_A p_A}$$

当 p_A 很小、b_A 很小(即弱吸附)时，则 $b_A p_A \ll 1$，得

$$v_A = k_2 b_A p_A = k_A p_A$$

则为一级反应。

当 p_A 很大、b_A 很大(即强吸附)时，则 $b_A p_A \gg 1$，得

$$v_A = k_2$$

即为零级反应。

当 p_A、b_A 大小适中时，则

$$v_A = \frac{k_2 b_A p_A}{1 + b_A p_A}$$

即反应级数为 0 ～ 1 的分数。

7.14.2 气-固相表面催化反应的表观活化能

以表面单分子反应的一级反应为例

$$v_A = k_A p_A, \quad k_A = k_2 b_A$$

由阿仑尼乌斯方程及范特霍夫方程，有

$$\ln\{k_A\} = \ln\{k_2\} + \ln b_A$$

$$\frac{\mathrm{d}\ln\{k_A\}}{\mathrm{d}T} = \frac{\mathrm{d}\ln\{k_2\}}{\mathrm{d}T} + \frac{\mathrm{d}\ln b_A}{\mathrm{d}T}$$

$$\frac{E_a}{RT^2} = \frac{E_2}{RT^2} - \frac{Q_{ad}}{RT^2}$$

则

$$E_a = E_2 - Q_{ad}$$

即表面表观反应的活化能等于表面反应的活化能 E_2 与吸附热 Q_{ad} 之差（吸附热规定放热为正）。

【例 7-8】 反应物 A 在催化剂 K 上进行单分子分解反应，试讨论在下述情况下，反应为几级？

(1)若压力很低或者反应物 A 在催化剂 K 上是弱吸附（b_A 很小时）；(2)若压力很大或者反应物 A 在催化剂 K 上是强吸附（b_A 很大时）；(3)若压力和吸附的强弱都适中。

解 由表面单分子反应机理，有

$$v_A = k_2 \theta_A \tag{a}$$

而

$$\theta_A = \frac{b_A p_A}{1 + b_A p_A}$$

于是

$$v_A = \frac{k_2 b_A p_A}{1 + b_A p_A} \tag{b}$$

(1)由式(b)，因为 $b_A p_A \ll 1$，则得 $v_{A,p} = -\frac{\mathrm{d}p_A}{\mathrm{d}t} = k_2 b_A p_A = k p_A$

即为一级反应。

(2)由式(b)，因为 $b_A p_A \gg 1$，则得 $v_{A,p} = -\frac{\mathrm{d}p_A}{\mathrm{d}t} = k_2$

即为零级反应。

(3)即为式(b)原式，反应级数为介于 0～1 的分数。

【例 7-9】 1 173 K 时，N_2O(A)在 Au 上的吸附（符合兰缪尔吸附）分解，得到下列实验数据：

t/s	$p_A/10^4$ Pa	t/s	$p_A/10^4$ Pa
0	2.667	3 900	1.140
1 800	1.801	6 000	0.721

讨论 N_2O(A)在 Au 上吸附的强弱。

解　兰缪尔吸附定温式为

$$\theta = \frac{bp_A}{1+bp_A} \tag{a}$$

$N_2O(A)$在 Au 上吸附解离的机理可假设为

$$A + * \underset{k_{-1}}{\overset{k_1}{\rightleftharpoons}} \underset{*}{\overset{A}{|}} \quad \text{（反应物吸附平衡）}$$

$$\underset{*}{\overset{A}{|}} \xrightarrow{k_2} \underset{*}{\overset{B}{|}} \quad \text{（反应物进行表面化学反应）}$$

$$\underset{*}{\overset{B}{|}} \underset{k_{-3}}{\overset{k_3}{\rightleftharpoons}} * + B \quad \text{（产物脱附平衡）}$$

若表面化学反应为速率控制步骤，则

$$-\frac{dp_A}{dt} = k_2\theta \tag{b}$$

把式(a)代入式(b)，有
$$-\frac{dp_A}{dt} = \frac{k_2bp_A}{1+bp_A}$$

讨论：若吸附为弱吸附，则 $bp_A \ll 1$，$-\dfrac{dp_A}{dt} = k_Ap_A$，即为一级反应。

若吸附为强吸附，则 $bp_A \gg 1$，$-\dfrac{dp_A}{dt} = k_2$，即为零级反应。

将实验数据代入一级反应的积分式

$$k_A = \frac{1}{t}\ln\frac{p_{A,0}}{p_A}$$

得　$k_{A,1} = 2.16\times10^{-4}\ \text{s}^{-1}$，　$k_{A,2} = 2.18\times10^{-4}\ \text{s}^{-1}$，　$k_{A,3} = 2.18\times10^{-4}\ \text{s}^{-1}$

将实验数据代入零级反应的积分式

$$k_A = \frac{p_{A,0}-p_A}{t}$$

得　$k_{A,1} = 4.81\times10^{-4}\ \text{Pa}\cdot\text{s}^{-1}$，　$k_{A,2} = 3.92\times10^{-4}\ \text{Pa}\cdot\text{s}^{-1}$，　$k_{A,3} = 3.24\times10^{-4}\ \text{Pa}\cdot\text{s}^{-1}$

显然，实验结果符合一级反应规律。故可确定 N_2O 在 Au 中属于弱吸附。

7.15　液-固相反应动力学

液-固相反应大多数在相的界面进行，所以反应物向界面扩散是必须经过的步骤，通常扩散步骤又成为反应的速率控制步骤，此时反应速率方程为

$$v = v_D$$

式中，v_D 表示扩散速率；"D"表示"扩散"。

7.15.1　费克(第一)扩散定律

如图 7-35 所示，在液-固界面处，固体反应物不断地被溶解，液相中作为溶质的反应物 B 不断被消耗，若在界面上进行的反应速率很快，则 $c_{B,s}$（固体界面处反应物 B 的浓度）$\ll c_{B,aq}$（水溶液体相中 B 的浓度），于是在扩散层 δ（液膜厚度）内形成反应物 B 的浓度梯度。B 必须依靠扩散达到固体表面才能继续与固体反应。

扩散速率遵守费克(第一)扩散定律(Fick's first diffusion law)

$$\frac{dn_B}{dt}=-DA_s\left(\frac{\partial c_B}{\partial x}\right)_T \tag{7-38}$$

式中，$\frac{dn_B}{dt}$为单位时间内B扩散时通过截面积A_s(两相接触面积)时物质的量，$mol \cdot s^{-1}$；$\left(\frac{\partial c_B}{\partial x}\right)_T$为定温下B沿扩散方向的距离$x$的浓度梯度，$mol \cdot m^{-4}$；$D$则为扩散系数，$m^2 \cdot s^{-1}$。

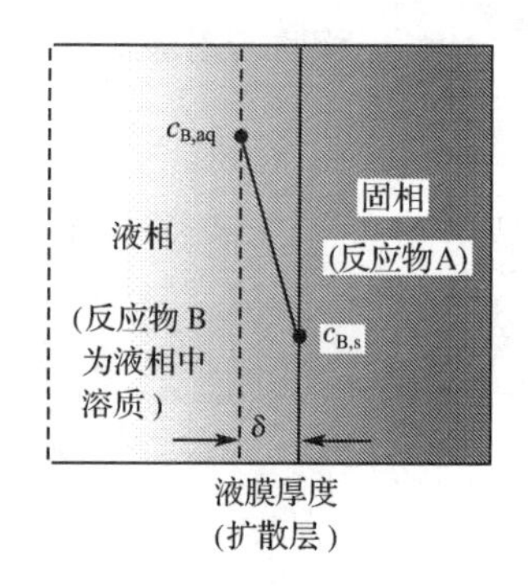

图 7-35 液-固相反应

7.15.2 由扩散控制的液-固相反应的速率方程

以$ZnO(s)$溶解在H_2SO_4水溶液中的反应为例：

$$ZnO(s)+H_2SO_4(aq) \longrightarrow ZnSO_4(aq)+H_2O(l)$$

反应主要在固体$ZnO(s)$与H_2SO_4水溶液的界面上进行，反应速率由扩散步骤控制，按费克(第一)扩散定律：

$$\frac{dn(H_2SO_4)}{dt}=-DA_s\frac{[c(H_2SO_4)_s-c(H_2SO_4)_{aq}]}{\delta}$$

因为反应很快，即$c(H_2SO_4)_s \approx 0$，则

$$v=v_D=\frac{DA_s}{\delta V}c(H_2SO_4)_{aq}$$

式中，V为反应系统的体积，定容时，有

$$\frac{dc(H_2SO_4)}{dt}=\frac{1}{V}\frac{dn(H_2SO_4)}{dt}$$

设$k=\frac{DA_s}{\delta V}$，若未搅拌，A_s、δ为常数，k亦为常数，则

$$v=kc(H_2SO_4)_{aq}$$

符合一级反应动力学规律；若有搅拌，δ会变薄，则会加快反应速率。

7.16 液-液相反应动力学

液-液相反应要比均相反应复杂得多。它既包含着在两个互不相溶的液相中进行的反应过程，也包含着在两相界面进行的反应过程，又包含着相间的传质过程。反应速率将受到上述多种过程的影响。

现用混酸(硝酸与硫酸的混合物)对苯或甲苯的硝化反应为例来讨论液-液相反应的动力学。其中一相为酸相(混酸)，另一相为有机相(苯或甲苯)。事实证明，硝化反应主要在酸相和两相的界面间进行，而在有机相中进行的比例很小($<0.001\%$)。其中硫酸起催化作用，硝化反应的速率与酸相中硫酸的浓度有关。对甲苯硝化的研究结果发现，其动力学规律有3种模型。

7.16.1 动力学控制型

特点是芳烃在两相界面处发生反应的程度远远小于芳烃扩散到酸相中发生反应的程

度。其反应的速率方程为

$$v=kc(HNO_3)c(C_6H_5CH_3)$$

式中，k 为反应速率系数，和酸相中硫酸浓度有关；$c(HNO_3)$ 及 $c(C_6H_5CH_3)$ 分别为酸相中硝酸及甲苯的浓度，总反应表现为二级。

7.16.2　慢速扩散控制型

随着硝化反应的不断进行，酸相中硝酸浓度降低，硫酸浓度必增加。反应速率系数随硫酸浓度增加而增大，则酸相中硝化速率加快。当芳香烃从有机相中扩散到酸相中的速率与它在酸相中参与硝化反应的速率快速达到稳态时，反应从动力学控制过渡到扩散控制。此时其反应速率方程为

$$v=A_sDc(C_6H_5CH_3)$$

式中，A_s 为单位酸相体积与有机相的接触面积；D 为甲苯在酸相中的扩散系数。显然，通过搅拌可增大两相接触面积 A_s，可加快反应速率。

7.16.3　快速扩散控制型

随着硫酸浓度的继续增高，硝化反应速率愈来愈快，当达到某一浓度后，反应速率快到在两相界面上发生，它的反应速率表现为受动力学控制与扩散控制共同制约。此时，其反应速率方程为

$$v=A_s[Dkc(HNO_3)]^{1/2}c(C_6H_5CH_3)$$

习　题

一、思考题

7-1 存在于两相之间的界面（对实际系统）可以看成一个没有厚度的几何平面，对吗？

7-2 表面张力的作用方向与表面垂直，对吗？

7-3 温度、压力对表面张力的影响如何？

7-4 吹起的肥皂泡产生的附加压力 $\Delta p=$？

7-5 如何用开尔文方程解释喷雾干燥的原理？

7-6 试作图表示下列 4 种情况曲面附加压力的方向：(1)液体中的气泡；(2)蒸气中的液滴；(3)毛细管中的凹液面；(4)毛细管中的凸液面。

7-7 如图 7-36 所示，在一玻璃管的两端连有一大一小两个肥皂泡，现打开活塞两气泡便相通，试问两者的体积将如何变化？为什么？

7-8 在一个底部为光滑平面的抽成真空的玻璃容器中，放有半径大小不等的圆球形汞滴，如图 7-37 所示，请问：

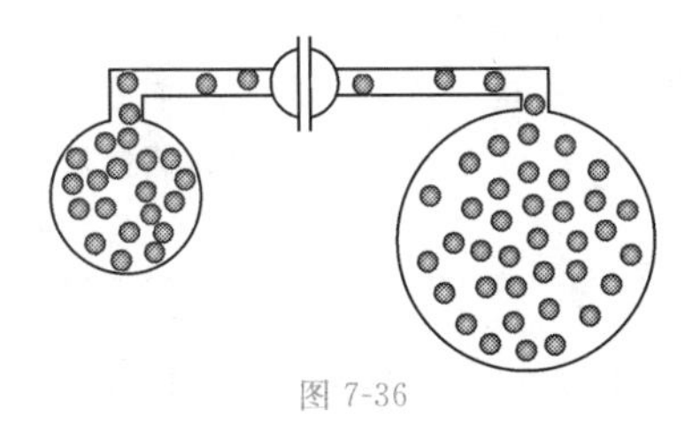
图 7-36

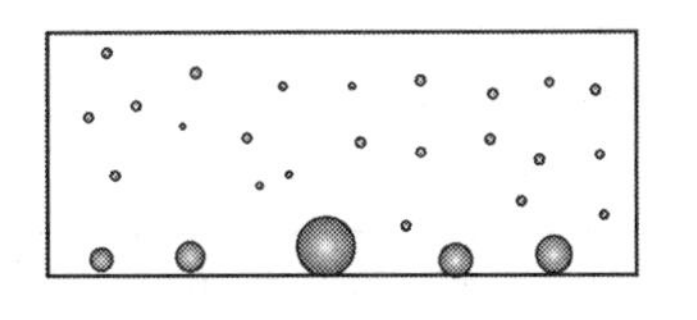
图 7-37

(1)经恒温放置一段时间后，系统内仍有大小不等的汞滴与汞蒸气共存，此时汞蒸气的压力 p^* 与大汞滴的饱和蒸气压 $p^*_{(大)}$、小汞滴的饱和蒸气压 $p^*_{(小)}$ 存在什么关系？(2) 经过长时间恒温放置，会出现什么现象？

7-9 毛细管插入液体中，液体一定沿毛细管上升吗？

7-10 表面过剩物质的量 Γ_B 一定大于零吗？

7-11 兰缪尔吸附定温式适用的对象如何？

7-12 BET 吸附定温式适用的对象如何？

二、计算题及证明(或推导)题

7-1 试求 25 ℃时，1 g 水成一个球形水滴时的表面积和表面吉布斯自由能；若把它分散成直径为 2 nm 的微小水滴，总表面积和表面吉布斯自由能又为多少？(已知 25 ℃时，水的表面张力为 72×10^{-3} J・m^{-2})

7-2 已知在 20 ℃时，水的饱和蒸气压为 2.338 kPa，体积质量为 0.998 2×10^3 kg・m^{-3}，表面张力为 72.75×10^{-3} N・m^{-1}。试计算将水分散成半径分别为 10^{-5} m、10^{-6} m、10^{-7} m、10^{-8} m、10^{-9} m 的小滴时的饱和蒸气压各为多少？

7-3 用拉普拉斯方程和开尔文方程解释液体的过热现象，并估算在 101 325 Pa 下，水中产生半径为 5×10^{-7} m 的水蒸气泡时所需的温度。(100 ℃时，水的表面张力 $\sigma=58.9\times10^{-3}$ N・m^{-1}，$\Delta_{vap}H^*_m=40\ 658$ J・mol^{-1})

7-4 在 20 ℃时，将半径 $r=1.20\times10^{-4}$ m 完全被水润湿($\cos\theta=1$)的毛细管插入水中，试求管内水面上升的高度。

7-5 在正常沸点时，水中含有直径为 0.01 mm 的空气泡，问需过热多少度才能使这样的水开始沸腾？已知水在 100 ℃时的表面张力为 0.058 9 N・m^{-1}，摩尔汽化焓 $\Delta_{vap}H^*_m=40.67$ kJ・mol^{-1}。

7-6 20 ℃时，水的表面张力为 0.072 7 N・m^{-1}，水银的表面张力为 0.483 N・m^{-1}，水银和水的界面张力为 0.415 N・m^{-1}。请分别用 θ 角及铺展系数 s 的计算结果判断：(1)水能否在水银表面上铺展？(2)水银能否在水面上铺展？

7-7 25 ℃时乙醇水溶液的表面张力 σ 随乙醇浓度 c 的变化关系为

$$\sigma/(10^{-3}\ \mathrm{N\cdot m^{-1}}) = 72 - 0.5(c/c^{\ominus}) + 0.2(c/c^{\ominus})^2$$

试分别计算温度为 25 ℃、乙醇的浓度为 0.1 mol・dm^{-3} 和 0.5 mol・dm^{-3} 时，乙醇的表面过剩物质的量($c^{\ominus}=1.0$ mol・dm^{-3})。

7-8 D_2 在 Fe(s)催化剂表面上发生解离吸附，试通过推导指出，吸附达平衡时，下列各式中哪个正确？

(1)$\theta=\dfrac{bp}{1+\sqrt{bp}}$　(2)$\theta=\dfrac{\sqrt{bp}}{1+\sqrt{bp}}$　(3)$\theta=\dfrac{\sqrt{bp}}{\sqrt{1+bp}}$　(4)$\theta=\dfrac{bp}{(1+\sqrt{bp})^2}$

7-9 −33.6 ℃时，每克活性炭上吸附 CO 的体积数据如下：

p/kPa	V(STP)/cm^3	p/kPa	V(STP)/cm^3	p/kPa	V(STP)/cm^3
1.35	8.54	4.27	18.2	7.20	23.8
2.53	13.1	5.73	21.0	8.93	26.3

检验兰缪尔公式是否适用于该吸附系统，并计算公式中常数的量值。

7-10 对微球硅酸铝催化剂，77.2 K 时用 N_2 吸附测其质量表面，得如下数据(每克催化剂上)，试用 BET 公式处理上述数据，计算该催化剂的质量表面。已知 77.2 K 时，N_2 的饱和蒸气压 $p^*=99.11$ kPa，N_2 的截面积为 16.2×10^{-20} m^2。

p/kPa	V(STP)/m^3	p/kPa	V(STP)/cm^3	p/kPa	V(STP)/cm^3
8.698	111.58	22.108	150.69	38.984	184.42
13.637	126.3	29.919	166.38		

7-11 在 Pt 上进行的反应 $A+B \longrightarrow Y$，若 A 和 B 吸附都很弱，或 p_A、p_B 都很小，则按 L-H 机理，该反应为几级？

7-12 900 ℃ 时，N_2O 在 Au 上的分解，得到下列数据，试估计 N_2O 在 Au 上吸附的强弱。

t/s	$p_A/(10^3\ Pa)$	t/s	$p_A/(10^3\ Pa)$
0	26.32	3 900	11.47
1 800	18.14	6 000	7.21

7-13 在 570 ～ 645 ℃，PH_3 在 Mo 上的分解反应，由实验分别得到：(1)$v' = kp(PH_3)$；(2)$v' = kp[(PH_3)]^0$；(3)$v' = \dfrac{kp(PH_3)}{1+bp(PH_3)}$。试分析，$PH_3$ 的压力的大小及在 Mo 上的吸附强弱属于何种情况时才能得到上述结果。

三、是非题、选择题和填空题

（一）是非题（下述各题中的说法是否正确？正确的在题后括号内画"√"，错误的画"×"）

7-1 由两种不互溶的液体 A 和液体 B 构成的双液系统的界面层中，A 和 B 的浓度在垂直于界面方向上是连续递变的。（　）

7-2 液体表面张力的方向总是与液面垂直。（　）

7-3 液体表面张力的存在力图扩大液体的表面积。（　）

7-4 表面张力在量值上等于定温定压条件下系统增加单位表面积时环境对系统所做的非体积功。（　）

7-5 弯曲液面产生的附加压力与表面张力成反比。（　）

7-6 弯曲液面产生的附加压力的方向总是指向曲面的曲心。（　）

7-7 弯曲液面的饱和蒸气压总大于同温下平液面的蒸气压。（　）

7-8 同温度下，小液滴的饱和蒸气压恒大于平液面的蒸气压。（　）

7-9 吉布斯所定义的"表面过剩物质的量"Γ_B 只能是正值，不能是负值。（　）

7-10 吉布斯关于溶液表面吸附模型理论认为，两不互溶的液体之间的界面是无厚度、无体积但有面积的几何平面。（　）

7-11 表面活性物质在界面层的浓度大于它在溶液本体的浓度。（　）

7-12 兰缪尔定温吸附理论只适于单分子层吸附。（　）

7-13 化学吸附无选择性。（　）

7-14 兰缪尔定温吸附理论也适用于固体自溶液中的吸附。（　）

（二）选择题（选择正确答案的编号，填在各题题后的括号内）

7-1 下列各式中，不属于纯液体表面张力的定义式是（　）。

A. $\left(\dfrac{\partial G}{\partial A_s}\right)_{T,p}$　　B. $\left(\dfrac{\partial H}{\partial A_s}\right)_{T,p}$　　C. $\left(\dfrac{\partial A}{\partial A_s}\right)_{T,V}$

7-2 今有 4 种物质：①金属铜，② NaCl(s)，③ $H_2O(s)$，④ $C_6H_6(l)$，则这 4 种物质的表面张力由小到大的排列顺序是（　）。

A. ④＜③＜②＜①　　B. ①＜②＜③＜④　　C. ③＜④＜①＜②

7-3 由两种不互溶的纯液体 A 和 B 相互接触形成两液相时，下面说法中最符合实际情况的是（　）。

A. 界面是一个界限分明的几何平面

B. 界面层有几个分子层的厚度，在界面层内，A 和 B 两种物质的浓度沿垂直于界面方向连续递变

C. 界面层厚度可达几个分子层，在界面层中，A 和 B 两种物质的浓度处处都是均匀的

7-4 今有反应 $CaCO_3(s) = CaO(s) + CO_2(g)$ 在一定温度下达到平衡，现在不改变温度和 CO_2 的分压力，也不改变 CaO(s) 的颗粒大小，只降低 $CaCO_3(s)$ 的颗粒直径，增加分散度，则平衡将（　）。

A. 向左移动　　B. 向右移动　　C. 不发生移动

7-5 高分散度固体表面吸附气体后，可使固体表面的吉布斯函数（　）。

A. 降低　　B. 增加　　C. 不改变

7-6 在一支干净的、水平放置的、内径均匀的玻璃毛细管中部注入一滴纯水，形成一自由移动的液柱。然后用微量注射器向液柱右侧注入少量 NaCl 水溶液，假若接触角 θ 不变，则液柱将(　)。

A. 不移动　　B. 向右移动　　C. 向左移动

7-7 今有一球形肥皂泡，半径为 r，肥皂水溶液的表面张力为 σ，则肥皂泡内附加压力是(　)。

A. $\Delta p=\frac{2\sigma}{r}$　　B. $\Delta p=\frac{\sigma}{r}$　　C. $\Delta p=\frac{4\sigma}{r}$

7-8 人工降雨是将 AgI 微细晶粒喷洒在积雨云层中，目的是为降雨提供(　)。

A. 冷量　　B. 湿度　　C. 晶核

7-9 溶液界面定温吸附的结果，是溶质在界面层的组成标度(　)它在体相的组成标度。

A. 一定大于　　B. 一定小于　　C. 可能大于也可能小于

7-10 若某液体在毛细管内呈凹液面，则该液体在该毛细管中将(　)。

A. 沿毛细管上升　　B. 沿毛细管下降　　C. 不上升也不下降

7-11 若一种液体在一固体表面能铺展，则下列几种描述中正确的是(　)。

A. $s<0,\theta>90°$　　B. $s>0,\theta>90°$　　C. $s>0,\theta<90°$

7-12 同种液体相同温度下，弯曲液面的蒸气压与平液面的蒸气压的关系是(　)。

A. p(平)$>p$(毛细管中，凹)$>p$(凸)　　B. p(凸)$>p$(毛细管中，凹)$>p$(平)

C. p(凸)$>p$(平)$>p$(毛细管中，凹)

7-13 在潮湿的空气中，放有 3 只粗细不等的毛细管，其半径大小顺序为 $r_1>r_2>r_3$，则毛细管内水蒸气易于凝结的顺序是(　　)。

A. 1,2,3　　B. 2,3,1　　C. 3,2,1

7-14 如图 7-38 所示，在一支水平放置的、洁净的、内径均匀的玻璃毛细管中有一可自由移动的水柱，今在水柱右端轻轻加热，则毛细管内的水柱将(　)。

A. 向右移动　　B. 向左移动　　C. 不移动

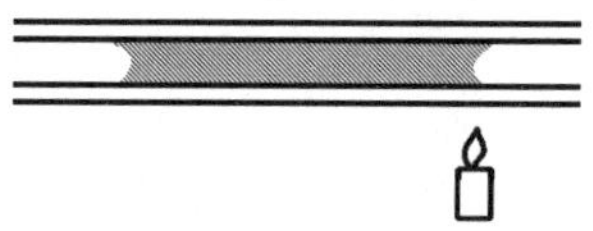

图 7-38

7-15 化学吸附的吸附力是(　)。

A. 化学键力　　B. 范德华力　　C. 库仑力

(三)填空题(在以下各题中画有________处填上答案)

7-1 有 3 种液体 A(l)、B(l)和 C(l)，表面张力的关系为 $\sigma_A=2\sigma_B=3\sigma_C$，体积质量可取为相等。今从直径相同的滴定管中分别滴出 A、B、C 的平衡液滴各 1 个，设其体积分别为 V_A、V_B 和 V_C，则依照 V 从大到小的顺序应该是______。

7-2 请列举出表面活性剂的三种基本作用，即______。

7-3 表面活性剂溶液的浓度超过临界胶束浓度时，表面活性剂分子会在体相中形成胶束，试举出 3 种类型的胶束。它们是______。

7-4 在下表中填上物理吸附与化学吸附的有关区别：

区别项目	物理吸附	化学吸附
吸附作用力		
吸附分子层		
吸附选择性		
吸附热		

7-5 兰缪尔等温吸附理论的基本假设为(1)______；(2)______；(3)______；(4)______。

7-6 请列举出4种亚稳状态:(1)______;(2)______;(3)______;(4)______。

7-7 多相催化的基本步骤有:(1)______;(2)______;(3)______;(4)______;(5)______。

7-8 多相催化反应的控制步骤可能有:(1)______;(2)______;(3)______。

7-9 若多相催化反应中,扩散成为控制步骤,则可采取______的方法来消除外扩散,采取______的办法来消除内扩散。

7-10 由表面反应成为控制步骤的机理,常见的有两种模型,分别是:(1)______机理;(2)______机理。

计算题答案

7-1 4.83×10^{-4} m^2, 3.5×10^{-5} J; 3×10^3 m^2, 215.9 J

7-2 2.338 kPa,2.340 kPa,2.364 kPa,2.605 kPa,6.867 kPa

7-3 411 K

7-4 0.124 m

7-5 6 ℃

7-6 (1)水可以润湿水银,但不能在水银上铺展;(2)水银不能在水上铺展,水银不能润湿水。

7-7 18.6×10^{-9} $mol\cdot m^{-2}$, 60.5×10^{-9} $mol\cdot m^{-2}$

7-10 510 $m^2\cdot g^{-1}$

7-11 2级

7-12 反应为1级,弱吸附

第8章

电化学及光化学反应的平衡与速率

8.0 电化学及光化学反应的平衡与速率研究的内容和方法

8.0.1 电化学反应的平衡与速率研究的内容及方法

电化学反应及光化学反应与第1章讨论的热化学反应有所不同。如前所述，热化学反应通常是以热能(有时伴有体积功)的形式进行化学能的转换，其反应的活化能靠分子的热运动来积累。而本章研究的电化学反应，除有热能形式参与外，主要是以电能的形式参与化学能的转换，其反应的活化能有一部分靠电能供给。

电化学反应可分为两大类：一类是利用定温、定压下 $\Delta_r G < 0$ 的反应自发地把化学能转换为电能；另一类是利用电能促使定温、定压下 $\Delta_r G > 0$ 的化学反应发生，从而制得新的化学产品或进行其他电化学工艺过程。

研究电化学及光化学反应主要从两方面入手，一是研究电化学及光化学反应热力学，二是研究电化学及光化学反应动力学。

电化学反应热力学研究有关电化学反应的平衡规律，表征电化学反应平衡规律的方程是能斯特(Nernst W)方程，它是电化学中极为重要的方程，在电化学发展史中较长时间内占据统治地位，为电化学的发展做出了积极贡献，然而它却对1910年之后的电化学发展产生了负面作用，致使电化学发展停滞长达50年。当然这不是能斯特方程本身的问题，而是人们认识上的惯性所致，人们总是单方面从平衡角度去观察、处理电化学反应，而较少从速率角度去观察处理。

近代电化学反应的研究突破了电化学反应热力学的束缚，较多地研究了电化学反应动力学，亦即有关电化学反应的速率规律。从而使电化学自1950年之后得到了突飞猛进的发展。表征电化学反应速率规律的重要概念是超电势，用超电势的大小来衡量电化学反应偏离平衡的程度(不可逆程度)，电化学反应的速率则受控于超电势。

本书把电化学及光化学一章放在化学动力学之后加以讨论，目的是从热力学与动力学两方面入手来讨论电化学及光化学反应的平衡规律与速率规律。

电化学反应通常在电化学系统中进行，所谓电化学系统(electrochemical system)是在两相或数相间存在电势差的系统。电化学反应的平衡与速率不仅由温度、压力、组成所决定，而且与各相的带电状态有关。

在电化学反应系统中，至少有一个电子不能透过的相，这一相由电解质水溶液或熔融的电解质(离子液体)充当。所以本章在讨论电化学反应的热力学与动力学之前,首先讨论电解质溶液的导电性质(离子导电)。

已如前述,在电化学系统中研究电化学系统的热力学与动力学,因此它们的研究方法离不开热力学方法与动力学方法。特别是在 20 世纪 50 年代后,由于开始重视用动力学方法来研究电化学,促进了电化学的快速发展。此外,从微观角度看,电极反应中的最核心步骤——电荷在电极 - 溶液界面的转移,作为一种微观粒子的运动,必然还遵循量子力学描述的规律,这就涉及量子力学方法的应用,因此一个新的电化学领域——量子电化学(quantum electrochemistry)正在悄然崛起,它从电子在反应前后的状态、轨道、能级、分布概率、跃迁等方面来探讨电极过程的规律。

8.0.2　光化学反应的平衡与速率研究的内容及方法

光化学反应与热化学反应及本章即将讨论的电化学反应均有不同。光化学反应以吸收或放出光能的形式实现化学能、热能、光能间的转换。

光化学反应也可分为两类,一类是 $\Delta_r G_{m,T,p} < 0$ 的反应,自发地将化学能转化为光能及热能。例如,我们燃放的鞭炮及五颜六色的礼花等;另一类则是利用光能促使 $\Delta_r G_{m,T,p} > 0$ 的化学反应发生,例如,植物的光合作用、胶片感光成像等。

光化学反应研究的内容包括三个方面:首先研究光化学反应的基本规律、光化学反应的量子效率;其次研究光化学反应的平衡;再次研究光化学反应的速率。因此我们把它放在热力学和动力学之后,放在电化学及光化学反应的平衡与速率一章中,同样从平衡与速率两方面来研究讨论光化学反应。

研究光化学反应的平衡与速率也离不开热力学和动力学方法,如反应的能量平衡、反应的物质平衡、反应的机理等;另外,光量子属于微观粒子,其运动规律也与量子力学规律有关,因此其研究方法必然涉及微观的量子力学方法,如光量子、量子效率、能级辐射、跃迁等概念。

Ⅰ　电解质溶液的电荷传导性质

8.1　电解质溶液

电解质溶液(electrolyte solution)是指溶质溶于溶剂中后,溶质能完全解离或部分解离成离子所形成的溶液。电解质溶液普遍存在于自然界及生物体中。例如海洋、咸水湖、矿泉水中、生物体中的脏器内及细胞液中。在化学实验及化工生产中更经常涉及电解质溶液,特别是有关原电池、化学电源和电解过程中更离不开电解质溶液的参与。

电解质溶液的导电机理和电子导体(electronic conductor)导电机理不同,它不是靠电子导电,而是靠离子导电,故称为离子导体(ionic conductor)。在外加电场的作用下,电解质溶液中的正离子向负极运动,负离子向正极运动,实现电流的输送。在化学能和电能相互转化的装置(原电池、电解池)中,亦即在电化学系统这样的多相系统中,至少必须具有一个电子不能透过的相，而这个电子不能透过的相的电荷必须由离子携带，这样的离子导体由电解质溶液或熔融盐来充当。所以电解质溶液电荷传导性质的研究，对正确理解电化学系统中化学能与电能相互转化的机理是有重要意义的。

为表征电解质溶液的导电能力，则引入了电导(conductance)、电导率(electrolytic conductivity)、摩尔电导率(molar conductivity)、电迁移率(electric mobility)、离子迁移数(transference number of ion)等概念，用以讨论电解质溶液的电荷传导性质。

8.1.1 电解质的分类

电解质(electrolyte)是指溶于溶剂或熔化时能形成带相反电荷的离子，从而具有导电能力的物质。电解质在溶剂(如 H_2O)中解离成正、负离子的现象叫电离(ionization)。根据电解质电离度(degree of ionization)的大小，电解质分为强电解质(strong electrolytes)和弱电解质(weak electrolytes)，强电解质的分子在溶液中几乎全部解离成正、负离子。如 NaCl、HCl、$ZnSO_4$ 等在水中是强电解质。弱电解质的分子在溶液中部分地解离为正、负离子，在一定条件下，正、负离子与未解离的电解质分子间存在电离平衡(electrolytic equilibrium)。如 NH_3、CO_2、CH_3COOH 等在水中为弱电解质。

强弱电解质的划分除与电解质本身性质有关外，还取决于溶剂性质。例如，CH_3COOH 在水中属弱电解质，而在液 NH_3 中则全部电离，属强电解质。KI 在水中为强电解质，而在丙酮中则为弱电解质。

从另一角度，电解质又分为真正电解质(real electrolytes)和潜在电解质(potential electrolytes)。以离子键结合的电解质属真正电解质，如 NaCl、$CuSO_4$ 等。以共价键结合的电解质属潜在电解质，如 HCl、CH_3COOH 等。此种分类法不涉及溶剂性质。

本章仅限于讨论电解质的水溶液，故采用强弱电解质的分类法。

8.1.2 电解质的价型

设电解质 B 在溶液中电离成 X^{z+} 和 Y^{z-} 离子

$$B \longrightarrow \nu_+ X^{z+} + \nu_- Y^{z-}$$

式中，z_+、z_- 表示离子电荷数(z_- 为负数)，由电中性条件，$\nu_+ z_+ = |\nu_- z_-|$。强电解质可分为不同价型。例如：

$NaNO_3$	$z_+=1$	$\lvert z_-\rvert=1$	称为 1-1 型电解质
$BaSO_4$	$z_+=2$	$\lvert z_-\rvert=2$	称为 2-2 型电解质
Na_2SO_4	$z_+=1$	$\lvert z_-\rvert=2$	称为 1-2 型电解质
$Ba(NO_3)_2$	$z_+=2$	$\lvert z_-\rvert=1$	称为 2-1 型电解质

8.2 电导、电导率及摩尔电导率

8.2.1 电导及电导率

衡量电解质溶液导电能力的物理量称为电导(conductance)，用符号 G 表示，电导是电

阻 R 的倒数，即

$$G=\frac{1}{R} \tag{8-1}$$

电导的单位是西门子(Siemens)，符号为 S，1 S=1 Ω^{-1}。

均匀导体在均匀电场中的电导 G 与导体截面积 A_s 成正比，与导体长度 l 成反比，即

$$G=\kappa\frac{A_s}{l} \tag{8-2}$$

式中，κ 称为电导率(conductivity)，单位为 $S\cdot m^{-1}$。κ 是电阻率 ρ 的倒数。

式(8-2)表明，电解质溶液的电导率是两极板为单位面积、两极板间距离为单位长度时溶液的电导。

由式(8-2)，有

$$\kappa=K_{(l/A_s)}G \tag{8-3}$$

式中，$K_{(l/A_s)}=\dfrac{l}{A_s}$，称为电导池常数(cell constant of a conductance cell)，与电导池几何特征有关。

电解质溶液的 κ 可由实验测定，测定时先用已知电导率的标准 KCl 溶液(表 8-1) 注入电导池中，利用电导仪测其电导，代入式(8-3) 中，确定出电导池常数 $K_{(l/A_s)}$，再将待测溶液置于同一电导池中，利用式(8-3) 测定其电导率 κ。

表 8-1　标准 KCl 溶液的电导率 κ

$c/(mol\cdot dm^{-3})$	$\kappa/(S\cdot m^{-1})$		
	273.15 K	291.15 K	298.15 K
1	6.643	9.820	11.173
0.1	0.715 4	1.119 2	1.288 6
0.01	0.077 51	0.122 7	0.141 14

8.2.2 摩尔电导率

电解质溶液的电导率随其浓度而改变，为了对不同浓度或不同类型的电解质的导电能力进行比较，定义了摩尔电导率(molar conductivity)，用 Λ_m 表示，

$$\Lambda_m \overset{\text{def}}{=\!=} \frac{\kappa}{c} \tag{8-4}$$

式中，c 为电解质溶液的浓度，单位为 $mol\cdot m^{-3}$；κ 为电导率，单位为 $S\cdot m^{-1}$，所以 Λ_m 的单位为 $S\cdot m^2\cdot mol^{-1}$。

在表示电解质的摩尔电导率时，应标明物质的基本单元。通常用元素符号和化学式指明基本单元。例如，在某一定条件下

$$\Lambda_m(K_2SO_4)=0.024\ 85\ S\cdot m^2\cdot mol^{-1}$$

$$\Lambda_m(\tfrac{1}{2}K_2SO_4)=0.012\ 425\ S\cdot m^2\cdot mol^{-1}$$

显然有

$$\Lambda_m(K_2SO_4)=2\Lambda_m(\tfrac{1}{2}K_2SO_4)$$

【例 8-1】　在 298.15 K 时，将0.02 $mol\cdot dm^{-3}$的 KCl 溶液注入电导池中，测得其电阻为 82.4 Ω。若用同一电导池注入 0.05 $mol\cdot dm^{-3}$ 的 $\frac{1}{2}K_2SO_4$ 溶液，测得其电阻为 326 Ω。已知该温度时，0.02 mol·

dm^{-3}的KCl溶液的电导率为0.276 8 $S\cdot m^{-1}$。试求:(1)电导池常数$K_{(l/A_s)}$;(2)0.05 $mol\cdot dm^{-3}$的$\frac{1}{2}K_2SO_4$溶液的电导率κ;(3)0.05 $mol\cdot dm^{-3}$的$\frac{1}{2}K_2SO_4$溶液的摩尔电导率Λ_m。

解 (1)$K_{(l/A_s)}=\kappa_{KCl}\cdot R_{KCl}=0.276\ 8\ \Omega^{-1}\cdot m^{-1}\times 82.4\ \Omega=22.81\ m^{-1}$

$$(2)\kappa\left(\frac{1}{2}K_2SO_4\right)=K_{(l/A_s)}\cdot G=K_{(l/A_s)}\cdot\frac{1}{R}=22.81\ m^{-1}\times\frac{1}{326\ \Omega}=$$

$$6.997\times10^{-2}\ \Omega^{-1}\cdot m^{-1}=6.997\times10^{-2}\ S\cdot m^{-1}$$

$$(3)\Lambda_m\left(\frac{1}{2}K_2SO_4\right)=\frac{\kappa\left(\frac{1}{2}K_2SO_4\right)}{c}=\frac{6.997\times10^{-2}\ S\cdot m^{-1}}{0.05\times10^3\ mol\cdot m^{-3}}=$$

$$1.399\times10^{-3}\ S\cdot m^2\cdot mol^{-1}$$

8.2.3 电导率及摩尔电导率与电解质浓度的关系

1. 电导率与电解质浓度的关系

如图8-1所示是一些电解质水溶液的电导率(291.15 K时)与电解质浓度的关系曲线。由图可见,强酸、强碱的电导率较大,其次是盐类,它们是强电解质;而弱电解质CH_3COOH等的电导率最低。它们的共同点是:电导率先随电解质浓度的增大而增大,经过极大值后则随浓度的增大而减小。

电导率与电解质浓度的关系出现极大值的原因是:电导率的大小与溶液中离子数目和离子自由运动能力有关,而这两个因素又是互相制约的。电解质浓度越大,体积离子数越多,电导率也就越大,然而,随着体积离子数增多,其静电相互作用也就越强,因而离子自由运动能力越差,电导率下降。溶液较稀时,第一个因素起主导作用,达到某一浓度后,转变为第二个因素起主导作用。结果导致电解质溶液的电导率随电解质浓度的变化经历一个极大值。

2. 摩尔电导率与电解质浓度的关系

如图8-2所示是一些电解质水溶液的摩尔电导率(Λ_m)与电解质浓度的平方根($\sqrt{c}$)的关系曲线。强电解质(如HCl、NaOH、$AgNO_3$等)和弱电解质(如CH_3COOH)的Λ_m都随电解质浓度减小而增大,但增大情况不同。强电解质的Λ_m随电解质浓度减小而增大的幅度不

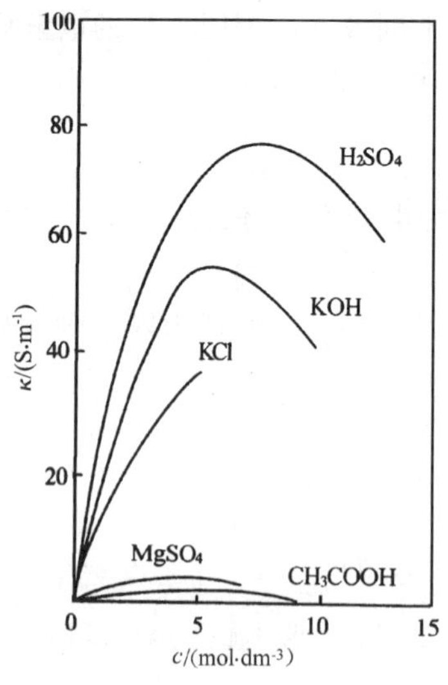

图8-1 一些电解质水溶液的电导率与电解质浓度的关系(291.15 K)

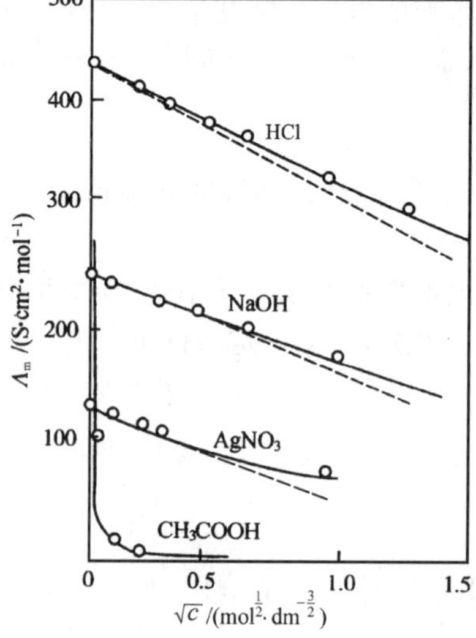

图8-2 一些电解质水溶液的摩尔电导率与电解质浓度的平方根的关系(298.15 K)

大，在溶液很稀时，强电解质的 Λ_m 与$\sqrt{c}$ 成直线关系，将直线外推至 $c=0$ 时所得截距为无限稀薄摩尔电导率(limiting molar conductivity)，用 Λ_m^∞ 表示。弱电解质的 Λ_m 在溶液较浓时随电解质浓度减小而增大的幅度很小，而在溶液很稀时，Λ_m 随电解质浓度减小急剧增加，因此对于弱电解质不能用外推法求 Λ_m^∞。但可由强电解质的 Λ_m^∞ 来计算[用离子独立运动定律，见式(8-6)]。

8.3　离子电迁移率、离子独立运动定律

8.3.1　离子电迁移率

离子在电场方向上的运动速率与外加电场强度及周围的介质黏度有关。溶液中的离子一方面受到电场力的作用，获得加速度，同时离子在溶剂分子间挤过时，受到阻止它前进的黏性摩擦力的作用，两力均衡时，离子便以恒定的速率运动。此时的速率称为离子的漂移速率(drift rate)，用 v_B 表示。在一定的温度和浓度下，离子在电场方向上的漂移速率 v_B 与电场强度成正比。单位电场强度下离子的漂移速率叫离子的电迁移率(electric mobility)，用符号 u_B 表示，即

$$u_B \stackrel{\text{def}}{=\!=} \frac{v_B}{E} \tag{8-5}$$

式中，v_B 和 E 的单位分别为 $m \cdot s^{-1}$ 和 $V \cdot m^{-1}$，u_B 的单位为 $m^2 \cdot V^{-1} \cdot s^{-1}$。

离子的漂移速率 v_B 与外加电场有关，而电迁移率 u_B 则排除了外电场的影响，因而更能反映离子运动的本性。

8.3.2　离子独立运动定律

科尔劳施(Kohlrausch)比较一系列电解质的无限稀薄摩尔电导率 Λ_m^∞ 时发现，具有同一阴离子(或阳离子)的盐类，它们的摩尔电导率之差值在同一温度下为一定值，而与另一阳离子(或阴离子)的存在无关。一些具有相同离子的电解质的 Λ_m^∞ 值见表 8-2。

表 8-2　298.15 K 时，一些强电解质的无限稀薄摩尔电导率 Λ_m^∞

电解质	$\frac{\Lambda_m^\infty}{S \cdot m^2 \cdot mol^{-1}}$	$\frac{\Delta\Lambda_m^\infty}{10^{-4} S \cdot m^2 \cdot mol^{-1}}$	电解质	$\frac{\Lambda_m^\infty}{S \cdot m^2 \cdot mol^{-1}}$	$\frac{\Delta\Lambda_m^\infty}{10^{-4} S \cdot m^2 \cdot mol^{-1}}$
KCl	0.014 986	34.8	HCl	0.042 616	4.90
LiCl	0.011 503		HNO_3	0.042 13	
$KClO_4$	0.014 004	34.1	KCl	0.014 986	4.90
$LiClO_4$	0.010 598		KNO_3	0.014 496	
KNO_3	0.014 496	34.9	LiCl	0.011 503	4.90
$LiNO_3$	0.011 01		$LiNO_3$	0.011 01	

从表列数据可以看出，KCl 及 LiCl 的无限稀薄摩尔电导率的差值 $\Delta\Lambda_m^\infty$ 与 KNO_3 及 $LiNO_3$ 的 $\Delta\Lambda_m^\infty$ 相同。这表明，在一定的温度下，正离子在无限稀薄溶液中的导电能力与负离子的存在无关。同样 KCl 及 KNO_3 的 $\Delta\Lambda_m^\infty$ 与 LiCl 及 $LiNO_3$ 的 $\Delta\Lambda_m^\infty$ 也相同。这亦表明

在一定的温度下，负离子在无限稀薄溶液中的导电能力与正离子的存在无关。

科尔劳施根据大量实验事实提出了离子独立运动定律：

$$\Lambda_m^\infty = \nu_+ \Lambda_{m,+}^\infty + \nu_- \Lambda_{m,-}^\infty \tag{8-6}$$

式(8-6)叫**离子独立运动定律**(law of the independent migration of ion)。它表明，无论是强电解质还是弱电解质，在无限稀薄时，离子彼此独立运动，互不影响。每种离子的摩尔电导率不受其他离子的影响，它们对电解质的摩尔电导率都有独立的贡献。因而电解质摩尔电导率为正、负离子摩尔电导率之和。

根据离子独立运动定律，可以应用强电解质无限稀薄摩尔电导率计算弱电解质无限稀薄摩尔电导率。

由图 8-2 可知，利用外推法可以求出强电解质溶液的无限稀薄摩尔电导率 Λ_m^∞，但对弱电解质则不能用该法。而根据离子独立运动定律，可以应用强电解质无限稀薄摩尔电导率计算弱电解质无限稀薄摩尔电导率。

【例 8-2】 已知 25 ℃时，$\Lambda_m^\infty(\mathrm{NaOAc}) = 91.0\times10^{-4}\ \mathrm{S\cdot m^2\cdot mol^{-1}}$，$\Lambda_m^\infty(\mathrm{HCl}) = 426.2\times10^{-4}\ \mathrm{S\cdot m^2\cdot mol^{-1}}$，$\Lambda_m^\infty(\mathrm{NaCl}) = 126.5\times10^{-4}\ \mathrm{S\cdot m^2\cdot mol^{-1}}$，求 25 ℃时 $\Lambda_m^\infty(\mathrm{HOAc})$。

解 根据离子独立运动定律：

$$\Lambda_m^\infty(\mathrm{NaOAc}) = \Lambda_m^\infty(\mathrm{Na^+}) + \Lambda_m^\infty(\mathrm{OAc^-})$$

$$\Lambda_m^\infty(\mathrm{HCl}) = \Lambda_m^\infty(\mathrm{H^+}) + \Lambda_m^\infty(\mathrm{Cl^-})$$

$$\Lambda_m^\infty(\mathrm{NaCl}) = \Lambda_m^\infty(\mathrm{Na^+}) + \Lambda_m^\infty(\mathrm{Cl^-})$$

$$\begin{aligned}\Lambda_m^\infty(\mathrm{HOAc}) = \Lambda_m^\infty(\mathrm{H^+}) + \Lambda_m^\infty(\mathrm{OAc^-}) &= \\ \Lambda_m^\infty(\mathrm{NaOAc}) + \Lambda_m^\infty(\mathrm{HCl}) - \Lambda_m^\infty(\mathrm{NaCl}) &= \\ (91.0+426.2-126.5)\times10^{-4}\ \mathrm{S\cdot m^2\cdot mol^{-1}} &= \\ 390.7\times10^{-4}\ \mathrm{S\cdot m^2\cdot mol^{-1}}\end{aligned}$$

8.4 离子迁移数

在电解质溶液中插入两个惰性电极(本身不起化学变化)，通电之后，溶液中担负导电任务的正、负离子将分别向阴、阳两极移动，在相应的两极界面上发生还原或氧化作用，同时两极附近溶液的浓度也将发生变化。这个过程的示意图如图 8-3 所示。

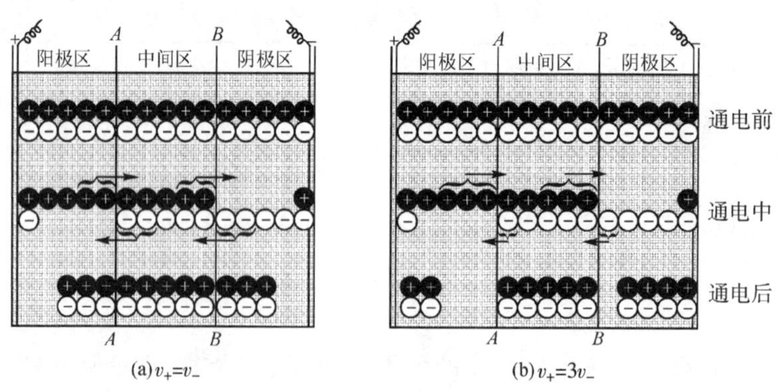

图 8-3 离子的电迁移现象示意图

设在两个惰性电极之间有假想的两个截面 AA 和 BB，将电解质溶液分成三个区域，即阳极区、中间区及阴极区。若通入电流前，各区有 5 mol各为一价的正离子及负离子（分别用"＋""－"表示正、负离子的物质的量，图 8-3 上部）。当有 4 mol×F（F 为法拉第常量）电量通入电解池后，则有4 mol的正离子移向阴极，并在其上获得电子还原而沉积下来。同样有 4 mol 的负离子移向阳极，并在其上丢掉电子氧化而析出。如果正、负离子迁移速率相等，同时在电解质溶液中与电流方向垂直的任一截面上通过的电量必然相等。所以 AA（或 BB）面所通过的电量也应是 4 mol×F，即有 2 mol 的正离子和 2 mol 的负离子通过 AA（或 BB）截面，就是说在正、负离子迁移速率相等的情况下，电解质溶液中的导电任务由正、负离子均匀分担[图 8-3(a)中部]。离子迁移的结果，使得阴极区和阳极区的溶液中各含 3 mol 的电解质（即正、负离子各为 3 mol），只是中间区所含电解质的物质的量仍然不变[图 8-3(a)下部]。

如果正离子的迁移速率为负离子的三倍，则 AA 面（或 BB 面）上分别有 3 mol 的正离子和 1 mol 的负离子通过[图 8-3(b)中部]。通电后离子迁移的总结果是，中间区所含的电解质的物质的量仍然不变，而阳极区减少了 3 mol 的电解质，阴极区减少了 1 mol 的电解质[图 8-3(b)下部]。

由上述两种假设可得如下结论：

(i)向阴、阳两极方向迁移的正、负离子的物质的量的总和正比于通入溶液的总电量；

(ii) $\dfrac{\text{正离子迁出阳极区的物质的量}}{\text{负离子迁出阴极区的物质的量}}=\dfrac{\text{正离子传递电量}(Q_+)}{\text{负离子传递电量}(Q_-)}=\dfrac{\text{正离子电迁移率}(u_+)}{\text{负离子电迁移率}(u_-)}$

若电极本身也参加反应，则阴、阳两极电解质溶液浓度变化情况要复杂一些，但仍可得出上述结论。

前已述及，由于正、负离子的电迁移率不同，所以它们所传递的电量也不相同。为了表示各种离子传递电量的比例关系，提出了离子迁移数的概念。所谓**离子迁移数**（transference number of ion）是指每种离子所运载的电流的分数，离子迁移数常用符号 t 表示。对于只含正、负离子各为一种的电解质溶液而言，正、负离子的迁移数分别为 t_+、t_-，是量纲一的量，单位为 1，表示为

$$t_+=\frac{I_+}{I},\quad t_-=\frac{I_-}{I} \tag{8-7}$$

式中，I_+、I_- 及 I 分别为正、负离子运载的电流及总电流。显然 $t_++t_-=1$ 。

Ⅱ 电解质溶液的热力学性质

8.5 离子的平均活度、平均活度因子

电解质溶液与分子溶液不同，其中正、负离子间的静电作用力属于长程力，因此即使很稀的电解质溶液仍偏离理想稀溶液所遵从的热力学规律，所以讨论电解质溶液的平衡问题时必须引入**离子平均活度**（ionic mean activity）和**离子平均活度因子**（ionic mean activity factor）等概念。

8.5.1 电解质和离子的化学势

同非电解质溶液一样，电解质溶液中溶质(即电解质)和溶剂的化学势 μ_B 及 μ_A 的定义为

$$\mu_B \xlongequal{\text{def}} \left(\frac{\partial G}{\partial n_B}\right)_{T,p,n_A}, \quad \mu_A \xlongequal{\text{def}} \left(\frac{\partial G}{\partial n_A}\right)_{T,p,n_B} \tag{8-8}$$

仿照 μ_B 的定义式，电解质溶液中正、负离子的化学势 μ_+ 及 μ_- 定义为

$$\mu_+ \xlongequal{\text{def}} \left(\frac{\partial G}{\partial n_+}\right)_{T,p,n_-}, \quad \mu_- \xlongequal{\text{def}} \left(\frac{\partial G}{\partial n_-}\right)_{T,p,n_+} \tag{8-9}$$

式(8-9)表明，离子化学势是指在 T、p 不变，只改变某种离子的物质的量，而相反电荷离子和其他物质的物质的量都不变时，溶液吉布斯函数 G 对此种离子的物质的量的变化率。实际上，向电解质溶液中单独添加正离子或负离子都是做不到的，因而式(8-9)只是离子化学势形式上的定义，而无实验意义。与实验量相联系的是 μ_B，它与 μ_+ 和 μ_- 的关系为

$$\mu_B = \nu_+\mu_+ + \nu_-\mu_- \tag{8-10}$$

式(8-10)的推导如下：

设电解质 B 在溶液中完全电离

$$B \longrightarrow \nu_+ X^{z_+} + \nu_- Y^{z_-}$$

$$dG = -SdT + Vdp + \mu_A dn_A + \mu_+ dn_+ + \mu_- dn_- = -SdT + Vdp + \mu_A dn_A + (\nu_+\mu_+ + \nu_-\mu_-)dn_B$$

当 T、p 及 n_A 不变时，有

$$dG = (\nu_+\mu_+ + \nu_-\mu_-)dn_B$$

即

$$\left(\frac{\partial G}{\partial n_B}\right)_{T,p,n_A} = \nu_+\mu_+ + \nu_-\mu_-$$

结合式(8-8)可得式(8-10)。

8.5.2 电解质和离子的活度及活度因子

在电解质溶液中，质点间有强烈的相互作用，特别是离子间的静电力是长程力，即使溶液很稀，也偏离理想稀溶液的热力学规律。所以研究电解质溶液的热力学性质时，必须引入电解质及离子的活度和活度因子的概念。

仿照非电解质溶液中活度的定义式，电解质及其解离的正、负离子的活度定义为

$$\left.\begin{aligned} \mu_B &= \mu_B^\ominus + RT\ln a_B \\ \mu_+ &= \mu_+^\ominus + RT\ln a_+ \\ \mu_- &= \mu_-^\ominus + RT\ln a_- \end{aligned}\right\} \tag{8-11}$$

式中，a_B、a_+、a_- 分别为电解质、正、负离子的活度(activity of electrolytes and positive, negative ions of electrolytes)，$\mu_B^\ominus$、$\mu_+^\ominus$、$\mu_-^\ominus$ 分别为三者的标准态化学势。

将式(8-11)代入式(8-10)得

$$\mu_B^\ominus + RT\ln a_B = \nu_+\mu_+^\ominus + \nu_-\mu_-^\ominus + RT\ln(a_+^{\nu_+} a_-^{\nu_-})$$

定义

$$\mu_B^\ominus \xlongequal{\text{def}} \nu_+\mu_+^\ominus + \nu_-\mu_-^\ominus$$

则

$$a_B = a_+^{\nu_+} a_-^{\nu_-} \tag{8-12}$$

式(8-12)即为电解质活度与正、负离子活度的关系式。

正、负离子的活度因子(activity factor of positive and negative ion)定义为

$$\gamma_+ \xlongequal{\text{def}} \frac{a_+}{b_+/b^\ominus}, \quad \gamma_- \xlongequal{\text{def}} \frac{a_-}{b_-/b^\ominus} \tag{8-13}$$

式中，b_+、b_- 为正、负离子的质量摩尔浓度(molality of positive and negative ions)，$b^\ominus = 1\ \text{mol}\cdot\text{kg}^{-1}$，若电解质完全解离，则

$$b_+ = \nu_+ b, \quad b_- = \nu_- b \tag{8-14}$$

b 为电解质的质量摩尔浓度(molality of electrolytes)。

8.5.3 离子的平均活度和平均活度因子

a_+、a_- 和 γ_+、γ_- 无法由实验单独测出，而只能测出它们的平均值，因此引入离子平均活度和平均活度因子的概念。

$$\left.\begin{aligned} a_\pm &\xlongequal{\text{def}} (a_+^{\nu_+} a_-^{\nu_-})^{1/\nu} \\ \gamma_\pm &\xlongequal{\text{def}} (\gamma_+^{\nu_+} \gamma_-^{\nu_-})^{1/\nu} \end{aligned}\right\} \tag{8-15}$$

式中，$\nu = \nu_+ + \nu_-$；$a_\pm$、$\gamma_\pm$ 分别叫作离子平均活度(ionic mean activity)和离子平均活度因子(ionic mean activity factor)。

将式(8-15)代入式(8-12)、式(8-13)、式(8-14)，可得

$$a_\pm = a_B^{1/\nu} = \gamma_\pm (\nu_+^{\nu_+} \nu_-^{\nu_-})^{1/\nu} b/b^\ominus \tag{8-16}$$

式(8-16)即为电解质离子平均活度与离子平均活度因子及质量摩尔浓度的关系式。由式(8-16)，则有

1-1 型和 2-2 型电解质　$a_\pm = a_B^{1/2} = \gamma_\pm b/b^\ominus$

1-2 型和 2-1 型电解质　$a_\pm = a_B^{1/3} = 4^{1/3}\gamma_\pm b/b^\ominus$

1-3 型和 3-1 型电解质　$a_\pm = a_B^{1/4} = 27^{1/4}\gamma_\pm b/b^\ominus$

【例 8-3】 电解质 $NaCl$、K_2SO_4、$K_3Fe(CN)_6$ 水溶液的质量摩尔浓度均为 b，正、负离子的活度因子分别为 γ_+ 和 γ_-。(1) 写出各电解质离子平均活度因子 $\gamma_\pm$ 与 γ_+ 及 γ_- 的关系；(2) 用 b 及 $\gamma_\pm$ 表示各电解质的离子平均活度 $a_\pm$ 及电解质活度 a_B。

解　(1) 由式(8-15)，有

$$NaCl \longrightarrow Na^+ + Cl^-, \quad 即\ \nu_+ = 1, \nu_- = 1$$

$$\gamma_\pm = (\gamma_+^{\nu_+} \gamma_-^{\nu_-})^{1/\nu} = (\gamma_+ \gamma_-)^{1/2}$$

$$K_2SO_4 \longrightarrow 2K^+ + SO_4^{2-}, \quad 即\ \nu_+ = 2, \nu_- = 1$$

$$\gamma_\pm = (\gamma_+^{\nu_+} \gamma_-^{\nu_-})^{1/\nu} = (\gamma_+^2 \gamma_-)^{1/3}$$

$$K_3Fe(CN)_6 \longrightarrow 3K^+ + Fe(CN)_6^{3-}, \quad 即\ \nu_+ = 3, \nu_- = 1$$

$$\gamma_\pm = (\gamma_+^{\nu_+} \gamma_-^{\nu_-})^{1/\nu} = (\gamma_+^3 \gamma_-)^{1/4}$$

(2) 由式(8-16)，有

$$NaCl:\ a_\pm = \gamma_\pm [(\nu_+ b)^{\nu_+} (\nu_- b)^{\nu_-}]^{1/\nu}/b^\ominus = \gamma_\pm b/b^\ominus$$

$$a_B = a_\pm^\nu = (\gamma_\pm b/b^\ominus)^2 = \gamma_\pm^2 (b/b^\ominus)^2$$

$$K_2SO_4:\ a_\pm = \gamma_\pm [(\nu_+ b)^{\nu_+} (\nu_- b)^{\nu_-}]^{1/\nu}/b^\ominus = \gamma_\pm [b(2b)^2]^{1/3}/b^\ominus = 4^{1/3}\gamma_\pm b/b^\ominus$$

$$a_B = a_\pm^\nu = (4^{1/3}\gamma_\pm b/b^\ominus)^3 = 4\gamma_\pm^3 (b/b^\ominus)^3$$

$$K_3Fe(CN)_6:\ a_\pm = \gamma_\pm [(\nu_+ b)^{\nu_+} (\nu_- b)^{\nu_-}]^{1/\nu}/b^\ominus = \gamma_\pm [(3b)^3 (b)]^{1/4}/b^\ominus = 27^{1/4}\gamma_\pm b/b^\ominus$$

$$a_B = a_\pm^\nu = [27^{1/4}(\gamma_\pm b/b^\ominus)]^4 = 27\gamma_\pm^4 (b/b^\ominus)^4$$

离子平均活度因子 $\gamma_\pm$ 的大小，反映了由于离子间相互作用所导致的电解质溶液的性质偏离理想稀溶液热力学性质的程度。$\gamma_\pm$ 可由实验来测定(通过测定依数性或原电池电动势来计算)。表 8-3 列出了 25 ℃时某些电解质水溶液 $\gamma_\pm$ 的实验测定值。

表 8-3　25 ℃时某些电解质水溶液中的离子平均活度因子

$b/(\mathrm{mol\cdot kg^{-1}})$	$\gamma_\pm$					
	HCl	KCl	$CaCl_2$	H_2SO_4	$LaCl_3$	$In_2(SO_4)_3$
0.001	0.966	0.966	0.888	—	0.853	—
0.005	0.930	0.927	0.798	0.643	0.715	0.16
0.01	0.906	0.902	0.732	0.545	0.637	0.11
0.05	0.833	0.816	0.584	0.341	0.417	0.035
0.10	0.798	0.770	0.524	0.266	0.356	0.025
0.50	0.769	0.652	0.510	0.155	0.303	0.014
1.00	0.811	0.607	0.725	0.131	0.583	—
2.00	1.011	0.577	—	0.125	0.954	—

表 8-3 的数据表明：

(1)离子平均活度因子随浓度的增加而降低；一般情况下 $\gamma_\pm<1$，但浓度增加到一定程度时，甚至 $\gamma_\pm>1$。这是由于离子强烈水化，使水分子降低自由运动能力，相当于增加了溶液的浓度而出现偏差。

(2)对同价型的电解质，浓度相同时，$\gamma_\pm$ 的量值较接近。

(3)对不同价型的电解质，在同浓度时，正、负离子价数乘积愈大，$\gamma_\pm$ 愈偏离 1。

8.6　电解质溶液的离子强度

8.6.1　离子强度的定义

由表 8-3 的数据可以发现，一定温度下，在稀溶液范围内，影响离子平均活度因子 $\gamma_\pm$ 的因素是离子的质量摩尔浓度和离子价数，为了能体现这两个因素对 $\gamma_\pm$ 的综合影响，路易斯(Lewis G N)根据上述实验事实，提出了离子强度 (ionic strength) 这一物理量，用符号 I 表示，定义为

$$I \overset{\text{def}}{=\!=} \frac{1}{2}\sum b_B z_B^2 \tag{8-17}$$

式中，b_B 和 z_B 分别为离子 B 的质量摩尔浓度和电价。I 的单位为 $\mathrm{mol\cdot kg^{-1}}$。

设电解质溶液中只有一种电解质 B 完全解离，质量摩尔浓度为 b。

$$B \longrightarrow \nu_+ X^{z_+} + \nu_- Y^{z_-}$$

则

$$I=\frac{1}{2}(b_+ z_+^2+b_- z_-^2)=\frac{1}{2}(\nu_+ z_+^2+\nu_- z_-^2)b$$

【例 8-4】 分别计算 $b=0.5\ \mathrm{mol\cdot kg^{-1}}$ 的 KNO_3、K_2SO_4 和 $K_4Fe(CN)_6$ 溶液的离子强度。

解　由式(8-17)，有

$$KNO_3 \longrightarrow K^+ + NO_3^-$$

则

$$I=\frac{1}{2}[0.5\times1^2+0.5\times(-1)^2]\ \mathrm{mol\cdot kg^{-1}}=0.5\ \mathrm{mol\cdot kg^{-1}}$$

$$K_2SO_4 \longrightarrow 2K^+ + SO_4^{2-}$$

$$I=\frac{1}{2}[(2\times0.5)\times1^2+0.5\times(-2)^2]\text{mol}\cdot\text{kg}^{-1}=1.5\ \text{mol}\cdot\text{kg}^{-1}$$

$$K_4Fe(CN)_6 \longrightarrow 4K^+ + Fe(CN)_6^{4-}$$

$$I=\frac{1}{2}[(4\times0.5)\times1^2+0.5\times(-4)^2]\ \text{mol}\cdot\text{kg}^{-1}=5\ \text{mol}\cdot\text{kg}^{-1}$$

8.6.2　计算离子平均活度因子的经验公式

路易斯根据实验结果总结出电解质离子平均活度因子 $\gamma_\pm$ 与离子强度 I 间的经验关系式

$$\ln\gamma_\pm=-常数\sqrt{I/b^\ominus} \tag{8-18}$$

利用式(8-18)计算 $\gamma_\pm$ 的条件是 $I<0.01\ \text{mol}\cdot\text{kg}^{-1}$。

8.7　电解质溶液的离子互吸理论

8.7.1　离子氛模型

电解质溶液中众多正、负离子的集体的相互作用是十分复杂的。既存在着离子与溶剂分子间的作用(溶剂化作用)以及溶剂分子本身间的相互作用，也存在着离子间的静电作用。德拜-许克尔(Debye P-Hückel E)假定：电解质溶液对理想稀溶液规律的偏离主要来源于离子间的相互作用，而离子间的相互作用又以库仑力为主。进而将十分复杂的离子间静电作用简化成离子氛 (ionic atmosphere) 模型，提出了解释电解质稀溶液性质的离子互吸理论。设溶液中有 ν_+ 个正离子 X^{z+} 和 ν_- 个负离子 Y^{z-}，因溶液是电中性的，所以 $\nu_+z_+=\nu_-|z_-|$。用库仑定律来计算如此众多的同性及异性离子之间的静电作用是十分困难的。德拜-许克尔设想一个简单模型来解决这个问题。他们考虑，在众多的正负离子中，可以任意指定一个离子，此指定的离子称为中心离子(central ion)，若选定一个正离子作为中心离子则在它的周围统计分布着其他的正、负离子，其中负离子应比正离子多，这是因为溶液总体是电中性的，所以电荷为 z_+e(e 为质子电荷)的中心离子周围的溶液的净电荷应为 $-z_+e$；反之，若选定一个负离子作为中心离子，它的周围统计分布着其他正、负离子，其中正离子应比负离子多。即一个中心离子总是被周围按照统计规律分布的一个叫离子氛的其他正、负离子群包围着。如图 8-4 所示即是任意选定的溶液中某个正离子作为中心离子，与按统计规律分布在此正离子周围的其他正、负离子群(其中负离子比正离子多)—— 离子氛的示意图。而整个溶液可看成是由处在溶剂中的许许多多中心离子及其离子氛所组成的系统。

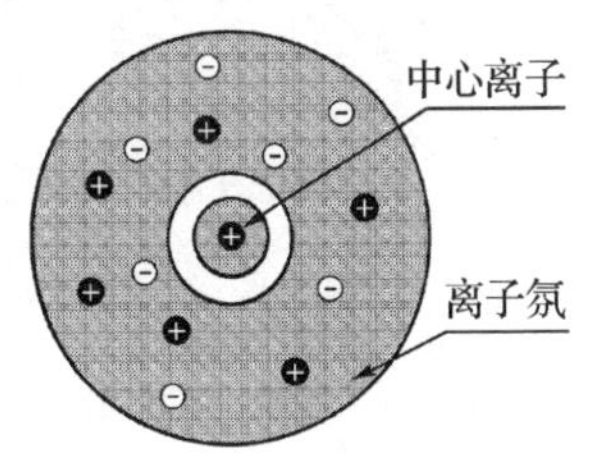

图 8-4　离子氛示意图
(中心离子为正离子)

要进一步说明的是，离子氛可看成是球形对称的，是按照统计规律分布在中心离子周围的其他正、负离子群，形成离子氛的离子并不是静止不变的，而是不断地运动和变换的，并且每一个中心离子同时又是另外的中心离子的离子氛中的一员。此外，离子氛的电性与中心离子的电性相反而电量相等。又因为同性离子相斥，异性离子相吸,所以离子氛中电荷密度随距离而变化的规律是:离开中心离子越远,异性电荷密度越小,因为中心离子产生的电场是球形对称的。

按照离子氛模型,溶液中众多正、负离子间的静电相互作用,可以归结为每个中心离子所带的电荷与包围它的离子氛的净电荷之间的静电作用,这样就使所研究的问题大大简化。

8.7.2 德拜-许克尔极限定律

由离子氛模型出发,加上一些近似处理,推导出一个适用于计算电解质稀溶液正、负离子活度因子的理论公式,再转化为计算离子平均活度因子的公式:

$$-\ln\gamma_{\pm}=C\mid z_{+}z_{-}\mid I^{1/2} \tag{8-19}$$

式中,I 为离子强度,单位为 $\mathrm{mol\cdot kg^{-1}}$;

$$C=(2\pi L\rho_{\mathrm{A}}^{*})(e^{2}/4\pi\varepsilon_{0}\varepsilon_{\mathrm{r}}^{*}kT)^{3/2}$$

其中,ρ_{A}^{*} 为溶剂A的体积质量,单位 $\mathrm{kg\cdot m^{-3}}$;L 为阿伏加德罗常量,单位 $\mathrm{mol^{-1}}$;e 为质子电荷,单位C;ε_0 为真空介电常数,单位 $\mathrm{C\cdot V^{-1}\cdot m^{-1}}$;$\varepsilon_{\mathrm{r}}^{*}$ 为溶剂A的相对介电常数,为量纲一的量;k 为玻耳兹曼常量,单位 $\mathrm{J\cdot K^{-1}}$;T 为热力学温度,单位K。

若以 H_2O 为溶剂,25 ℃时,$C=1.171(\mathrm{mol\cdot kg^{-1}})^{-\frac{1}{2}}$,式(8-19)只适用于很稀(一般 $b\approx0.01\sim0.001\ \mathrm{mol\cdot kg^{-1}}$)的电解质溶液。所以式(8-19)称为**德拜-许克尔极限定律**(Debye-Hückel limiting law),用于从理论上计算稀电解质溶液离子平均活度因子 $\gamma_{\pm}$。

【例 8-5】 根据德拜-许克尔极限定律,计算在25 ℃时,$0.0050\ \mathrm{mol\cdot kg^{-1}}$ 的 $BaCl_2$ 水溶液中,$BaCl_2$ 的离子平均活度因子。

解 先算出溶液的离子强度。由式(8-17),

$$I=\frac{1}{2}\sum b_{\mathrm{B}}z_{\mathrm{B}}^{2}=\frac{1}{2}(0.005\,0\times2^{2}+2\times0.005\,0\times1^{2})\ \mathrm{mol\cdot kg^{-1}}=0.015\,0\ \mathrm{mol\cdot kg^{-1}}$$

代入式(8-19),计算 $BaCl_2$ 的离子平均活度因子:

$$-\ln\gamma_{\pm}(\mathrm{BaCl_2})=1.171\ \mathrm{mol^{-1/2}\cdot kg^{1/2}}\,|z_{+}z_{-}|\sqrt{I}=$$

$$1.171\ \mathrm{mol^{-1/2}\cdot kg^{1/2}}\,|2\times(-1)|\times\sqrt{0.015\,0\ \mathrm{mol\cdot kg^{-1}}}=0.286\,8$$

所以

$$\gamma_{\pm}(\mathrm{BaCl_2})=0.750\,7$$

8.7.3 推导极限定律的基本思路

假定将极稀的电解质溶液中的正、负离子视为不带电的质点,则该溶液必遵守理想稀溶液的热力学规律,它的化学势应有

$$\mu_{\mathrm{B}}'(\mathrm{l})=\mu_{\mathrm{B}}^{\ominus}(\mathrm{l},T)+RT\ln(b_{\mathrm{B}}/b^{\ominus})$$

而对真实的电解质溶液来说,正、负离子是带电的,它与理想稀溶液热力学规律发生偏离,引入离子活度因子来校正这种偏离,则离子的化学势为

$$\mu_{\mathrm{B}}(\mathrm{l})=\mu_{\mathrm{B}}^{\ominus}(\mathrm{l},T)+RT\ln(b_{\mathrm{B}}/b^{\ominus})+RT\ln(\gamma_{b,\mathrm{B}})$$

由以上二式得

$$RT\ln(\gamma_{b,\mathrm{B}})=\mu_{\mathrm{B}}-\mu_{\mathrm{B}}'=\Delta\mu$$

因此 $\Delta\mu$(静电作用能)即是由于离子间的静电作用引起的摩尔吉布斯函数的变化,它也相当于离子由不带电变成带电,环境所做的功。求得这个功,就可算出 $\gamma_{b,\mathrm{B}}$,德拜-许克尔巧妙地根据简化的离子氛模型求出了这个电功。

为求这一电功,首先需求出在距离中心离子 r 处,由中心离子及离子氛的电荷所产生的电势 $\phi(r)$。假设由电荷分布产生的电势 $\phi(r)$与电荷分布密度的关系,可以应用电学中的泊松 (Poisson) 方程,从而导出

$$\phi(r)=\frac{z_{\mathrm{B}}e}{\varepsilon_{\mathrm{r}}^{*}}\frac{\mathrm{e}^{-\kappa r}}{r} \tag{8-20}$$

式中,z_{B} 为中心离子的电荷数;e 为质子电荷;$\varepsilon_{\mathrm{r}}^{*}$ 为溶剂的相对介电常数;κ 是德拜-许克尔理论中的一个重要参量,称为德拜参量(Debye parameter),它的物理意义下面讨论。

式(8-20)就是没有外力作用下,距电荷数为 z_{B} 的中心离子 r 处一点上电势的时间平均值,它是中心离子同它周围的离子氛同时作用在该处而产生的电势。显然,可以设想,溶液中离子由不带电而转为带电这一荷电过程需对抗上述电势而做功,由这个功的大小可以导出德拜-许克尔极限定律。

8.7.4　离子氛半径(德拜长度)

式(8-20) 中

$$\kappa=\left(\frac{\rho_{\mathrm{A}}^{*}L^{2}e^{2}\sum b_{\mathrm{B}}z_{\mathrm{B}}^{2}}{\varepsilon_{0}\varepsilon_{\mathrm{r}}^{*}RT}\right)^{1/2} \tag{8-21}$$

式中,e 为质子电荷;z_{B} 和 b_{B} 分别为各种离子的电荷数和质量摩尔浓度;$\varepsilon_{\mathrm{r}}^{*}$、$\rho_{\mathrm{A}}^{*}$ 分别为溶剂的相对介电常数和 A 的体积质量;$\varepsilon_{0}=8.85\times10^{-12}\ \mathrm{C^{2}\cdot N^{-1}\cdot m^{-2}}$,为真空中介电常数。

现在我们来讨论 κ 的物理意义。设离子氛中与中心离子的距离为 r,厚度为 $\mathrm{d}r$ 的球壳中的电荷为 $\mathrm{d}q$,则有

$$\mathrm{d}q=\rho(r)4\pi r^{2}\mathrm{d}r$$

式中,$\rho(r)$为距离中心离子为 r 处的离子氛的电荷密度。前已说明 $\rho(r)$随 r 的增大而减小,而 r^{2} 则随 r 增大而增大,所以在某 r 值时$|\mathrm{d}q/\mathrm{d}r|$可出现极大值,此 r 值以 r_{D} 表示,并可求得 $r_{\mathrm{D}}=1/\kappa$。德拜-许克尔称r_{D} 或 $1/\kappa$ 为离子氛半径(radius of ionic atmosphere),后人称为德拜长度 (Debye length)。r_{D} 的单位是长度单位,这可从上式算出。

$\varepsilon_{0}RT$ 的单位是 $\mathrm{C^{2}\cdot N^{-1}\cdot m^{-2}\cdot J\cdot K^{-1}\cdot mol^{-1}\cdot K}$,$\rho_{\mathrm{A}}^{*}L^{2}e^{2}\sum b_{\mathrm{B}}z_{\mathrm{B}}^{2}$ 的单位是 $\mathrm{kg\cdot m^{-3}\cdot mol^{-2}\cdot C^{2}\cdot mol\cdot kg^{-1}}$,再由 $\mathrm{N\cdot m=J}$,可得κ的单位为 $\mathrm{m^{-1}}$,所以 r_{D} 的单位是 m。

德拜-许克尔还指出,离子氛在中心离子处产生的电势,相当于将离子氛中的全部电荷(与中心离子电量相等而电性相反)分布在以 r_{D} 为半径的球面上时在中心离子处产生的电势。

由上式可见,介电常数 $\varepsilon_{\mathrm{r}}^{*}$ 大的溶剂中离子间静电力削弱,离子氛比较松散;同样,温度高时由于热运动加强使离子氛半径变大;而离子的质量摩尔浓度变大时,离子氛缩小。由 r_{D} 表示式可算出 r_{D}(水溶液,298.15 K)如下:

$b/(\mathrm{mol\cdot kg^{-1}})$	r_D/nm	$b/(\mathrm{mol\cdot kg^{-1}})$	r_D/nm
0.001	9.6	0.1	0.96
0.01	3.0	1.0	0.30

8.8 弱电解质的电离平衡

弱电解质在溶液中仅部分电离，溶液中还有未电离的分子，它的化学势 μ_u 的定义是

$$\mu_u \overset{\text{def}}{=\!=\!=} \left(\frac{\partial G}{\partial n_u}\right)_{T,p,n_A,n_B} \tag{8-22}$$

若
$$B \rightleftharpoons \nu_+ X^{z_+} + \nu_- Y^{z_-}$$

达平衡时，由平衡条件 $\mu_u = \nu_+ \mu_+ + \nu_- \mu_-$，再由

$$\mu_u = \mu_u^\ominus + RT\ln a_u$$

$$\mu_+ = \mu_+^\ominus + RT\ln a_+,\ \mu_- = \mu_-^\ominus + RT\ln a_-$$

得
$$\frac{a_+^{\nu_+} a_-^{\nu_-}}{a_u} = K^\ominus$$

$$K^\ominus \overset{\text{def}}{=\!=\!=} \exp\frac{\mu_u^\ominus - (\nu_+ \mu_+^\ominus + \nu_- \mu_-^\ominus)}{RT}$$

以 $HOAc \rightleftharpoons H^+ + OAc^-$ 为例，设**电离度**（degree of ionization）为 α，因

$$a_u = \gamma_u b_u / b^\ominus = (1-\alpha)\gamma_u b/b^\ominus$$

$$a_+ a_- = (b_+ \gamma_+)(b_- \gamma_-) = (\alpha b)^2 \gamma_\pm^2$$

所以

$$K^\ominus = \frac{\alpha^2 b \gamma_\pm^2}{(1-\alpha)\gamma_u/b^\ominus}$$

而对弱电解质其电离度可由下式计算

$$\alpha = \frac{\Lambda_m}{\Lambda_m^\infty} \tag{8-23}$$

Λ_m 由实验测定，Λ_m^∞ 可由式(8-6)计算。

Ⅲ 电化学系统

8.9 电化学系统及其相间电势差

8.9.1 电化学反应与电化学系统

一般的化学反应通常是以热能(有时还有体积功)的形式进行化学能的转换，称为热化学反应，而电化学反应除了热能形式外，还有电能形式参与化学能的转换；热化学反应的活化能只靠分子的热运动来积累，而电化学反应活化能的供给还依赖于电极的电势差。电化学反应通常在电化学系统中进行，所谓**电化学系统**(electrochemical system)是指在两相或数相间存在电势差的系统 。电化学系统的性质不仅为温度、压力、组成所决定，还与各相的带电状态有关。

若 α、β 两相相接触，ϕ^{α} 和 ϕ^{β} 分别代表两相的内电势，则两相间的电势差 $\Delta\phi = \phi^{\beta} - \phi^{\alpha}$。电化学系统中，常见的相间电势差有金属 - 溶液、金属 - 金属以及两种电解质溶液间的电势差。

8.9.2　电化学系统中的相间电势差

1. 金属与溶液的相间电势差

当将金属（M）插入到含有该金属的离子（M^{z+}）的电解质溶液后，(i)若金属离子的水化能较大而金属晶格能较小，则离子将脱离金属进入溶液（溶解），而将电子留在金属上，使金属带负电。随着金属上负电荷的增加，其对正离子的吸引作用增强，金属离子的溶解速率减慢，当溶解速率等于离子从溶液沉积到金属上的速率时，建立起动态平衡：

$$M \rightleftharpoons M^{z+} + ze^-$$

此时，金属上带过剩负电荷，溶液中有过剩正离子，金属与溶液间形成了双电层；(ii)若金属离子的水化能较小而金属晶格能较大，则平衡时，过剩的正离子沉积在金属上，使金属带正电，溶液带负电，金属与溶液间形成双电层。双电层的存在导致金属与溶液间产生电势差，如图 8-5 所示，平衡时的电势差称为热力学电势。有关双电层的结构将在第 9 章阐述。

2. 金属与金属的相间接触电势

接触电势发生在两种不同金属接界处。由于两种不同金属中的电子在接界处互相穿越的能力有差别，造成电子在界面两边的分布不均，缺少电子的一面带正电，电子过剩的一面带负电。当达到动态平衡后，建立在金属接界上的电势差叫接触电势（contact potential），如图 8-6 所示。

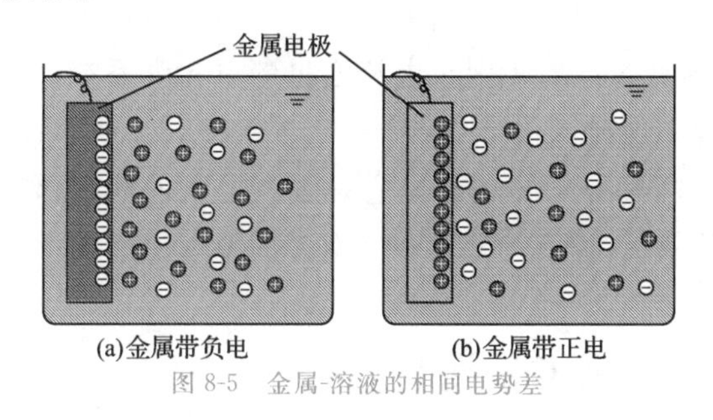

图 8-5　金属-溶液的相间电势差

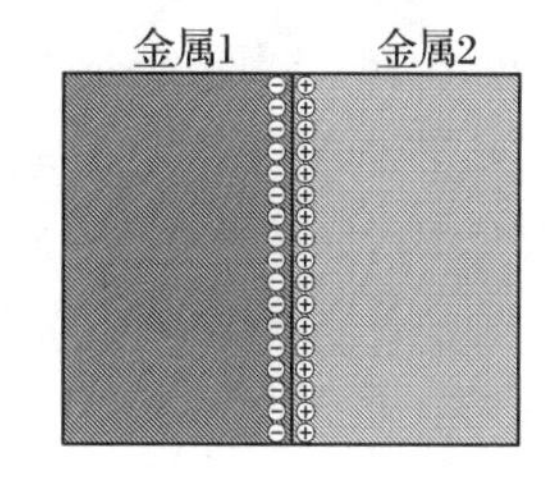

图 8-6　金属-金属的相间接触电势

3. 液体接界电势（扩散电势）

液体接界电势发生在两种电解质溶液的接界处（多孔隔膜）。当两种不同电解质的溶液或电解质相同而浓度不同的溶液相接界时，由于电解质离子相互扩散时迁移速率不同，引起正、负离子在相界面两侧分布不均，导致在两种电解质溶液的接界处产生一较小电势差，当扩散达平衡时，接界处的电势差称为液体接界电势（liquid-junction potential），也叫扩散电势（diffusion potential）。

图 8-7 以两种不同浓度的 HCl 为例示出了液体接界电势的产生。液体接界电势较小，一般不超过 0.03 V，但由于扩散是不可逆过程，因而难以由实验测得稳定的量值，所以常用盐桥消除液体接界电势。盐桥（salt bridge）一般是用饱和 KCl 或 NH_4NO_3 溶液装在倒置的 U 形管中构成，为避免流出，常冻结在琼脂中（充当盐桥的电解质，其正、负离子的电迁移率

很接近)。由于盐桥中电解质浓度很高(如饱和 KCl 溶液),因此盐桥两端与电极溶液相接触的界面上,扩散主要来自于盐桥,又因盐桥中正、负离子电迁移率接近相等,从而产生的扩散电势很小,且盐桥两端产生的电势差方向相反,相互抵消,从而可把液体接界电势降低到几毫伏以下。

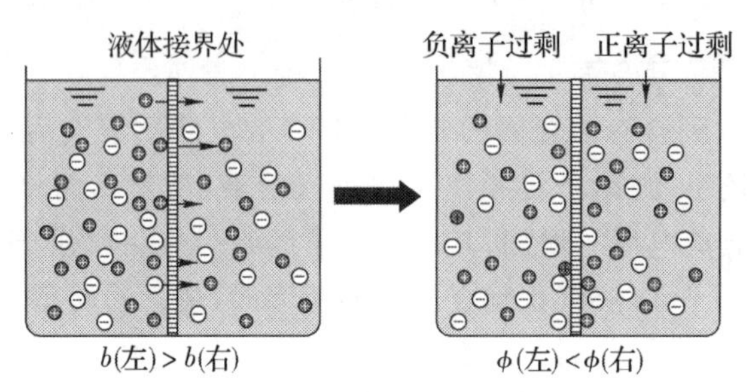

图 8-7 液体接界电势的产生

注意 化学组成不同的两个相间电势差 $\Delta\phi$ 无法由实验直接测量。

8.10 电 池

电池(cell)是原电池及电解池等的通称,它们都属于电化学系统。原电池(primitive cell)是把化学能转变为电能的装置(利用 $\Delta_r G < 0$ 的化学反应自发地产生电能);而电解池(electrolytic cell) 是把电能转化为化学能的装置(利用电能促使 $\Delta_r G > 0$ 的化学反应发生而制得化学产品或进行其他电化学工艺过程,如电镀等)。若原电池工作时符合可逆条件,称为可逆电池(reversible cell),它是没有电流通过或有无限小电流通过的电化学系统(即处于或接近平衡态下工作的电化学系统);若原电池工作时不符合可逆条件,即为不可逆电池(irreversible cell),如化学电源(chemical electric source) ,它是生产电能的装置。化学电源及电解池都是有大量电流通过的电化学系统,进行的是远离平衡态的不可逆过程。

8.10.1 电池的阴、阳极及正、负极的规定

电池是由两个电极(electrode)组成的,在两个电极上分别进行氧化(oxidation)、还原(reduction)反应,称为电极反应(electrode reaction),两个电极反应的总结果为电池反应(cell reaction)。电化学中规定:发生氧化反应的电极称为阳极(anode);发生还原反应的电极称为阴极(cathode)。因为氧化反应是失电子反应,还原反应是得电子反应,所以在电池外的两极连接的导线中,电子流总是由氧化极流向还原极,而电流的流向恰相反;根据电源电极电势的高低,电势高的电极称为正极(positive electrode),电势低的电极称为负极(negative electrode),电流总是从电势高的电极流向电势低的电极,而电子流的方向恰恰相反。以上规定对原电池、化学电源、电解池都是适用的。显然,按上述规定,原电池、化学电源的阳极亦是负极,而阴极则是正极(原电池中,$I \to 0$,可视为有无限小电流通过),而电解池的阳极为正极,阴极则为负极。

8.10.2 原电池中的电极反应与电池反应及电池图式

如图 8-8 所示为 Cu-Zn 原电池，也叫丹尼尔电池(Daniell cell)。其电极反应及电池反应为

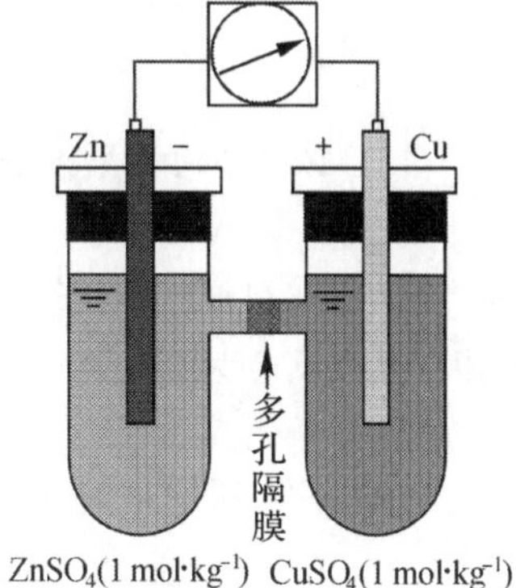

图 8-8 铜锌电池

阳极(负极)：$Zn(s) \longrightarrow Zn^{2+}(a) + 2e^-$（氧化，失电子）

阴极(正极)：$Cu^{2+}(a) + 2e^- \longrightarrow Cu(s)$（还原，得电子）

电池反应：$Zn(s) + Cu^{2+}(a) \longrightarrow Zn^{2+}(a) + Cu(s)$

书写电极反应和电池反应时，必须满足物质的量平衡及电量平衡，同时，离子或电解质溶液应标明活度，气体应标明压力，纯液体或纯固体应标明相态。

一个实际的电池装置按 IUPAC 规定可用一简单的符号来表示，称为电池图式(cell diagram)。如 Cu-Zn 电池可用电池图式表示为

$$Zn(s) \mid ZnSO_4(1\ mol \cdot kg^{-1}) \;\vdots\; CuSO_4(1\ mol \cdot kg^{-1}) \mid Cu(s)$$

在电池图式中规定：阳极写在左边，阴极写在右边，并按顺序应用化学式从左到右依次排列各个相的物质、组成(a 或 p)及相态(g、l、s)；用单垂线"|"表示相与相间的界面，对以多孔隔膜接界的两个液相界面，则用单垂虚线"⋮"表示；用双垂虚线"⋮⋮"表示已用盐桥消除了液体接界电势的两液体间的接界面；当同一液相中有一种以上不同物质存在时，其间用逗号","隔开。

【例 8-6】 写出下列原电池的电极反应和电池反应：

(1) $Pt \mid H_2(p^\ominus) \mid HCl(a) \mid AgCl(s) \mid Ag(s)$

(2) $Pt \mid H_2(p^\ominus) \mid NaOH(a) \mid O_2(p^\ominus) \mid Pt$

解

(1) 阳极(负极)：$\frac{1}{2}H_2(p^\ominus) \longrightarrow H^+[a(H^+)] + e^-$（氧化，失电子）

阴极(正极)：$AgCl(s) + e^- \longrightarrow Ag(s) + Cl^-[a(Cl^-)]$（还原，得电子）

电池反应：$\frac{1}{2}H_2(p^\ominus) + AgCl(s) \longrightarrow Ag(s) + H^+[a(H^+)] + Cl^-[a(Cl^-)]$

(2) 阳极(负极)：$H_2(p^\ominus) + 2OH^-[a(OH^-)] \longrightarrow 2H_2O(l) + 2e^-$（氧化，失电子）

阴极(正极)：$\frac{1}{2}O_2(p^\ominus) + H_2O(l) + 2e^- \longrightarrow 2OH^-[a(OH^-)]$（还原，得电子）

电池反应：$H_2(p^\ominus) + \frac{1}{2}O_2(p^\ominus) \longrightarrow H_2O(l)$

8.10.3 电极的类型

构成电池的电极，可分为如下几种类型。

(i) $M^{z+}(a) \mid M(s)$ 电极（金属离子与其金属成平衡）

如 $Zn^{2+}(a) \mid Zn(s)$，$Ag^+(a) \mid Ag(s)$，$Cu^{2+}(a) \mid Cu(s)$ 等，电极反应为

$$M^{z+}(a) + ze^- \longrightarrow M(s)$$

(ii)$Pt|X_2(p)|X^{z-}(a)$电极(非金属单质与其离子成平衡)

如 $H^+(a)|H_2(p)|Pt$(氢电极);$Pt|Cl_2(p)|Cl^-(a)$(氯电极);$Pt|O_2(p)|OH^-(a)$(氧电极);$Pt|Br_2(l)$ ⋮ $Br^-(a)$;$Pt|I_2(s)|I^-(a)$等。其中最重要的是氢电极,其构造示意图如图8-9所示,电极反应为

$$H^+(a)+e^- \longrightarrow \frac{1}{2}H_2(p)$$

(iii)M(s)|M 的微溶盐(s)|微溶盐负离子电极

如 $Ag(s)|AgCl(s)|Cl^-(a)$;$Hg(l)|Hg_2Cl_2(s)|Cl^-(a)$;$Hg(l)|Hg_2SO_4(s)|SO_4^{2-}(a)$等。其中 $Hg(l)|Hg_2Cl_2(s)|Cl^-(a)$称为甘汞电极(calomel electrode),是一种常用的参比电极,电极反应为

$$Hg_2Cl_2(s)+2e^- \longrightarrow 2Hg(l)+2Cl^-(a)$$

如图 8-10 所示是饱和甘汞电极构造示意图。

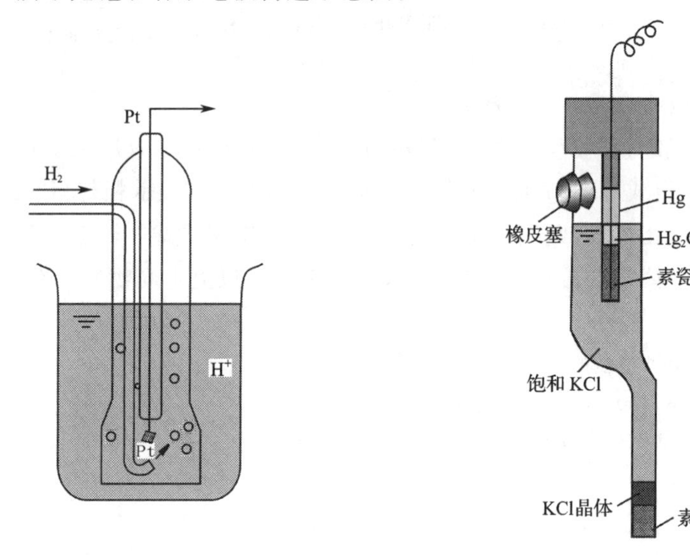

图 8-9　氢电极构造示意图　　图 8-10　饱和甘汞电极构造示意图

(iv)$M^{z+}(a),M^{z+'}(a)|Pt$ 或 $X^{z-}(a),X^{z-'}(a)|Pt$(价数不同的同种离子)电极[氧化还原电极(redox electrode)]

如 $Fe^{3+}(a)$,$Fe^{2+}(a)$ | Pt; $Tl^{3+}(a)$, $Tl^+(a)$ | Pt; $MnO_4^-(a)$, $MnO_4^{2-}(a)$ | Pt; $Fe(CN)_6^{3-}(a)$,$Fe(CN)_6^{4-}(a)|Pt$ 等。电极反应为

$$Fe^{3+}(a)+e^- \longrightarrow Fe^{2+}(a)$$

$$Tl^{3+}(a)+2e^- \longrightarrow Tl^+(a)$$

$$MnO_4^-(a)+e^- \longrightarrow MnO_4^{2-}(a)$$

$$Fe(CN)_6^{3-}(a)+e^- \longrightarrow Fe(CN)_6^{4-}(a)$$

(v)$M(s)|M_xO_y(s)$(金属氧化物)$|OH^-(a)$电极

如 $Hg(l)|HgO(s)|OH^-(a)$;$Sb(s)|Sb_2O_3(s)|OH^-(a)$等,电极反应为

$$HgO(s)+H_2O(l)+2e^- \longrightarrow Hg(l)+2OH^-(a)$$

$$Sb_2O_3(s)+3H_2O(l)+6e^- \longrightarrow 2Sb(s)+6OH^-(a)$$

【例 8-7】 将下列化学反应设计成原电池,并以电池图式表示:

(1) $Zn(s)+H_2SO_4(aq)=\!=\!=H_2(p)+ZnSO_4(aq)$

(2) $Pb(s)+HgO(s)=\!=\!=Hg(l)+PbO(s)$

(3) $Ag^+(a)+I^-(a)=\!=\!=AgI(s)$

解　设计方法是将发生氧化反应的物质作为负极，放在原电池图式的左边；发生还原反应的物质作为正极，放在原电池图式的右边。

(1)在该化学反应中发生氧化反应的是 Zn(s)，即　$Zn(s)\longrightarrow Zn^{2+}(a)+2e^-$

而发生还原反应的是 H^+，即　$2H^+(a)+2e^-\longrightarrow H_2(p)$

根据上述规定，此原电池图式为

$$Zn(s)|ZnSO_4(aq)\,\vdots\vdots\,H_2SO_4(aq)|H_2(p)|Pt$$

(2)该反应中有关元素之价态有变化。HgO 和 Hg，PbO 和 Pb 构成的电极均为难溶氧化物电极，且均对 OH^- 离子可逆，可共用一个溶液。

发生氧化反应的是 Pb，即　$Pb(s)+2OH^-(a)\longrightarrow PbO(s)+H_2O(l)+2e^-$

发生还原反应的是 HgO，即　$HgO(s)+H_2O(l)+2e^-\longrightarrow Hg(l)+2OH^-(a)$

根据上述规定，此原电池图式为

$$Pb(s)|PbO(s)|OH^-(aq)|HgO(s)|Hg(l)$$

(3)该反应中有关元素的价态无变化。由产物中有 AgI 和反应物中有 I^- 来看，对应的电极为 $Ag(s)|AgI(s)|I^-(a)$，电极反应为 $Ag(s)+I^-(a)=\!=\!=AgI(s)+e^-$。此电极反应与所给电池反应之差为

$$Ag^+(a)+I^-(a)\longrightarrow AgI(s)$$

$$(-)\ Ag(s)+I^-(a)\longrightarrow AgI(s)+e^-$$

$$Ag^+(a)\longrightarrow Ag(s)-e^-$$

即所对应的电极为 $Ag(s)|Ag^+(a)$。此原电池图式为

$$Ag(s)|AgI(s)|I^-(a)\,\vdots\vdots\,Ag^+(a)|Ag(s)$$

8.10.4　原电池的分类

原电池可做如下分类：

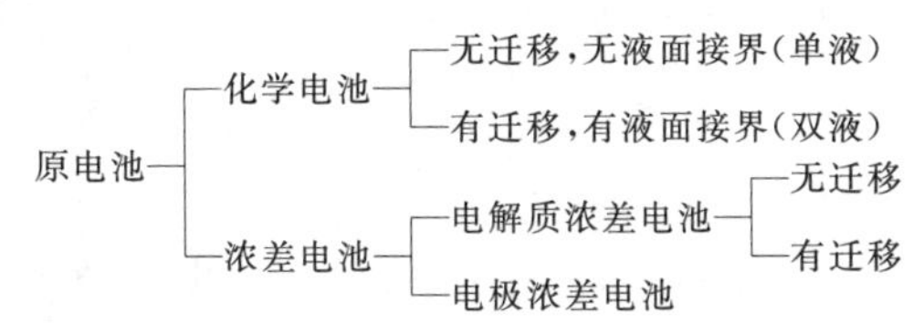

举例说明如下：

(1)化学电池(chemical cell)

$$Pt|H_2(p)|HCl(a)|AgCl(s)|Ag(s)\text{(无迁移)}$$

$$\frac{1}{2}H_2(p)+AgCl(s)\longrightarrow Ag(s)+HCl(l)$$

$$Zn(s)|Zn^{2+}(a)\,\vdots\,Cu^{2+}(a')|Cu(s)\text{(有迁移)}$$

$$Zn(s)+Cu^{2+}(a')\longrightarrow Cu(s)+Zn^{2+}(a)$$

(2)浓差电池(concentration cell)

①电解质浓差电池(electrolyte concentration cell)

$$Pt|H_2(p)|HCl(a)\,\vdots\,HCl(a')|H_2(p)|Pt\text{(有迁移)}$$

$$H^+(a') \longrightarrow H^+(a)$$

$$Ag(s)|AgCl(s)|KCl(a)|K(Hg)|KCl(a')|AgCl(s)|Ag(s)\text{（无迁移）}$$

$$Cl^-(a) \longrightarrow Cl^-(a')$$

②电极浓差电池(electrode concentration cell)

$$Pt|H_2(p)|HCl(a)|H_2(p')|Pt\text{（无迁移）}$$

$$H_2(p) \longrightarrow H_2(p')$$

Ⅳ　电化学反应的平衡

8.11　原电池电动势及可逆电池

8.11.1　原电池电动势的定义

测量原电池两端的电势差时，要用两根同种金属 M(如 Cu 或 Pt)的导线将原电池两个金属电极与电位差计相连。例如，测量原电池

$$Zn(s)|Zn^{2+}(a) \vdots Ag^+(a)|Ag(s)$$

的两端电势差时，实际测量的是

$$M_{左}(s)|Zn(s)|Zn^{2+}(a) \vdots Ag^+(a)|Ag(s)|M_{右}(s)$$

的两端电势差，即

$$\begin{aligned}
\Delta\phi = &\phi(M_{右}) - \phi(M_{左}) = \\
&[\phi(M_{右}) - \phi(Ag)] + [\phi(Ag) - \phi(Ag^+, sln)] + [\phi(Ag^+, sln) - \phi(Zn^{2+}, sln)] + \\
&[\phi(Zn^{2+}, sln) - \phi(Zn)] + [\phi(Zn) - \phi(M_{左})] = \\
&\underbrace{\{[\phi(M_{右}) - \phi(Ag)] + [\phi(Ag) - \phi(Ag^+, sln)]\}}_{正极电势差} - \underbrace{\{[\phi(M_{左}) - \phi(Zn)] + [\phi(Zn) - \phi(Zn^{2+}, sln)]\}}_{负极电势差} + \\
&\underbrace{[\phi(Ag^+, sln) - \phi(Zn^{2+}, sln)]}_{液体接界电势}
\end{aligned}$$

式中，“sln”表示“溶液”。

原电池的电动势(electromotive force of reversible cell)定义为在没有电流通过的条件下，原电池两极的金属引线为同种金属时电池两端的电势差。原电池电动势用符号 E_{MF} 表示，即

$$E_{MF} \xlongequal{\text{def}} [\phi(M_{右}) - \phi(M_{左})]_{I\to 0} \tag{8-24}$$

原电池电动势可用输入电阻足够高的电子伏特计(数字电压表)或用电位差计应用对峙法测定(对峙法的原理在实验中学习)。

8.11.2　可逆电池

满足以下两个条件的原电池叫可逆电池(reversible cell)：

(i)从化学反应看，电极及电池的化学反应本身必须是可逆的。即在外加电势 E_{ex} 与原电池电动势 E_{MF} 方向相反的情况下，$E_{MF} > E_{ex}$ 时的化学反应(包括电极反应及电池反应)应是 $E_{MF} < E_{ex}$ 时的化学反应的逆反应。举例说明如下：

电池　　$Zn(s)|ZnSO_4(aq)\vdots CuSO_4(aq)|Cu(s)$　　(i)

当 $E_{MF} > E_{ex}$ 时，实际发生的电极及电池反应：

左(放出电子)：$Zn(s) \longrightarrow Zn^{2+}(a) + 2e^-$

右(接受电子)：$Cu^{2+}(a) + 2e^- \longrightarrow Cu(s)$

电池反应：　$Zn(s) + Cu^{2+}(a) \longrightarrow Zn^{2+}(a) + Cu(s)$

当 $E_{MF} < E_{ex}$ 时，实际发生的电极及电池反应：

左(接受电子)：$Zn^{2+}(a) + 2e^- \longrightarrow Zn(s)$

右(放出电子)：$Cu(s) \longrightarrow Cu^{2+}(a) + 2e^-$

电池反应：　$Zn^{2+}(a) + Cu(s) \longrightarrow Zn(s) + Cu^{2+}(a)$

上述电池反应表明，电池(i)在 $E_{MF} > E_{ex}$ 及 $E_{MF} < E_{ex}$ 条件下发生的化学反应，无论是电极反应还是电池反应都是互为可逆的。

电池　　$Zn(s)|HCl(aq)|AgCl(s)|Ag(s)$　　(ii)

当 $E_{MF} > E_{ex}$ 时，发生的电极及电池反应：

左(放出电子)：$Zn(s) \longrightarrow Zn^{2+}(a) + 2e^-$

右(接受电子)：$2AgCl(s) + 2e^- \longrightarrow 2Ag(s) + 2Cl^-(a)$

电池反应：　$Zn(s) + 2AgCl(s) \longrightarrow Zn^{2+}(a) + 2Ag(s) + 2Cl^-(a)$

当 $E_{MF} < E_{ex}$ 时，发生的电极及电池反应：

左(接受电子)：$2H^+(a) + 2e^- \longrightarrow H_2(p)$

右(放出电子)：$2Ag(s) + 2Cl^-(a) \longrightarrow 2AgCl(s) + 2e^-$

电池反应：　$2H^+(a) + 2Cl^-(a) + 2Ag(s) \longrightarrow H_2(p) + 2AgCl(s)$

显然，电池(ii)在 $E_{MF} > E_{ex}$ 及 $E_{MF} < E_{ex}$ 条件下发生的化学反应，左电极的反应不是可逆的，右电极的反应是可逆反应，则总的电池反应必是不可逆的。因此，电池(ii) 是不符合电极及电池反应本身必须可逆这一条件的。

严格来说，有液体接界的电池是不可逆的，因为离子扩散过程是不可逆的，但用盐桥消除液界电势后，则可近似作为可逆电池。

(ii) 从热力学上看，除要求 $E_{MF} < E_{ex}$ 的化学反应与 $E_{MF} > E_{ex}$ 的化学反应互为可逆外，还要求变化的推动力(指 E_{MF} 与 E_{ex} 之差) 只需发生微小的改变便可使变化的方向倒转过来。亦即电池的工作条件是可逆的(处于或接近平衡态，即没有电流通过或通过的电流为无限小)。

研究可逆电池是有重要意义的：一方面，它能揭示一个化学电源把化学能转变为电能的最高限度，另一方面，可利用可逆电池来研究电化学系统的热力学，即电化学反应的平衡规律。

8.12 能斯特方程

8.12.1 能斯特方程推导

根据热力学，系统在定温、定压、可逆过程中所做的非体积功在量值上等于吉布斯函数的减少，即

$$\Delta G_{T,p} = W'_{\mathrm{r}}$$

对于一个自发进行的化学反应

$$a\mathrm{A}(a_{\mathrm{A}}) + b\mathrm{B}(a_{\mathrm{B}}) \longrightarrow y\mathrm{Y}(a_{\mathrm{Y}}) + z\mathrm{Z}(a_{\mathrm{Z}})$$

若在电池中定温、定压下可逆地按化学计量式发生单位反应进度通过的电量为 zF，其中 z 为反应的电荷数，为量纲一的量，其单位为 1，F 为法拉第常量。

$$F \xlongequal{\mathrm{def}} Le$$

L 为阿伏加德罗常量，e 为元电荷，即

$$F = 6.022\ 045 \times 10^{23}\ \mathrm{mol^{-1}} \times 1.602\ 177 \times 10^{-19}\ \mathrm{C} = 9.648\ 382 \times 10^{4}\ \mathrm{C \cdot mol^{-1}}$$

通常近似取作 $F = 96\ 500\ \mathrm{C \cdot mol^{-1}}$。

由

$$\Delta_{\mathrm{r}} G_{\mathrm{m}} = W'_{\mathrm{r}} / \Delta\xi$$

此处可逆非体积功 W'_{r}（负值）为可逆电功，等于电量与电动势的乘积，即

$$W'_{\mathrm{r}} = -zFE_{\mathrm{MF}}\Delta\xi \tag{8-25}$$

由式(8-25)，有

$$\Delta_{\mathrm{r}} G_{\mathrm{m}} = -zFE_{\mathrm{MF}} \tag{8-26}$$

利用式(8-26)，通过测定电池电动势，可求得化学反应的摩尔吉布斯函数[变]。

若电池反应中各物质均处于标准状态($a_{\mathrm{B}}=1$)，则由式(8-26)，有

$$\Delta_{\mathrm{r}} G_{\mathrm{m}}^{\ominus} = -zFE_{\mathrm{MF}}^{\ominus} \tag{8-27}$$

式中，$E_{\mathrm{MF}}^{\ominus}$ 为电池的**标准电动势**(standard electromotive force)，它等于电池反应中各物质均处于标准状态($a_{\mathrm{B}} = 1$)且无液体接界电势时电池的电动势。

根据范特霍夫定温方程式

$$\Delta_{\mathrm{r}} G_{\mathrm{m}} = \Delta_{\mathrm{r}} G_{\mathrm{m}}^{\ominus} + RT\ln\prod_{\mathrm{B}}(a_{\mathrm{B}})^{\nu_{\mathrm{B}}}$$

及式(8-26)和式(8-27)，得

$$E_{\mathrm{MF}} = E_{\mathrm{MF}}^{\ominus} - \frac{RT}{zF}\ln\prod_{\mathrm{B}}(a_{\mathrm{B}})^{\nu_{\mathrm{B}}} \tag{8-28}$$

式(8-28)称为电池反应的**能斯特方程**(Nernst equation)。它表示一定温度下原电池的电动势与参与电池反应的各物质的活度间关系，定义 $J_a \xlongequal{\mathrm{def}} \prod_{\mathrm{B}}(a_{\mathrm{B}})^{\nu_{\mathrm{B}}}$，则

$$E_{\mathrm{MF}} = E_{\mathrm{MF}}^{\ominus} - \frac{RT}{zF}\ln J_a \tag{8-29}$$

注意 气体组分的活度应改为逸度，纯液体或纯固体的活度为 1。

由化学反应标准平衡常数的定义式

$$K^{\ominus}(T) = \exp[-\Delta_r G_m^{\ominus}(T)/RT]$$

及式(8-28)，得

$$\ln K^{\ominus} = \frac{zFE_{MF}^{\ominus}}{RT} \tag{8-30}$$

$E_{MF}^{\ominus}$ 叫电池的标准电动势。可由实验测定的溶液中电解质的不同质量摩尔浓度下的 E_{MF} 应用能斯特方程式及求活度因子的德拜 - 许克尔极限定律[式(8-19)]，用作图法外推求出。因此，利用式(8-30) 可计算电池反应的标准平衡常数。

8.12.2　标准电极电势

1. 确定电极电势的惯例

由实验可测出原电池的电动势，而无法单独测量组成该电池的两个电极各自的电极电势。但可选定一个电极作为统一的比较标准，以该电极作为负极与待测电极组成电池，测得此电池的电动势作为组成电池的待测电极的电极电势 (electrode potential)。

按照国际上规定的惯例，在原电池的电池图式中以氢电极为左极(假定起氧化反应)，以待测的电极为右极(假定起还原反应)，将这样组合成的电池的标准电动势定义为待测电极在该温度下的标准电极电势(standard electrode potential) 用符号 $E^{\ominus}$ 表示。显然，按照此惯例，标准氢电极(standard hydrogen electrode，SHE)：

$$H^+[a(H^+)=1] | H_2(p^{\ominus}=100\ \text{kPa}) | Pt$$

的标准电极电势 $E^{\ominus}=0$。

根据标准电极电势的定义，$Cl^-(a=1) | AgCl(s) | Ag(s)$ 电极的标准电极电势 $E^{\ominus}$ 就是指电池 $Pt | H_2(p^{\ominus}) | HCl(a) | AgCl(s) | Ag(s)$ 的标准电动势 $E_{MF}^{\ominus}$。实验测得 25 ℃时，$E_{MF}^{\ominus}=0.222\,5$ V，因此 25 ℃ 时，$Cl^-(a=1) | AgCl(s) | Ag(s)$ 的标准电极电势 $E^{\ominus}=0.222\,5$ V。

表 8-4 列出了一些电极，25℃，$p^{\ominus}=100$ kPa 时的标准电极电势 $E^{\ominus}$。则由式(8-24)，任意两个电极组成电池时，有

$$E_{MF}^{\ominus} = E^{\ominus}(\text{右极，还原}) - E^{\ominus}(\text{左极，还原}) \tag{8-31}$$

表 8-4　某些电极的标准电极电势 ($t=25$ ℃，$p^{\ominus}=100$ kPa)

电极	电极反应(还原)	$E^{\ominus}$/V
$K^+ \mid K$	$K^+ + e^- \rightleftharpoons K$	−2.924
$Na^+ \mid Na$	$Na^+ + e^- \rightleftharpoons Na$	−2.711 1
$Zn^{2+} \mid Zn$	$Zn^{2+} + 2e^- \rightleftharpoons Zn$	−0.763 0
$Fe^{2+} \mid Fe$	$Fe^{2+} + 2e^- \rightleftharpoons Fe$	−0.447
$Cd^{2+} \mid Cd$	$Cd^{2+} + 2e^- \rightleftharpoons Cd$	−0.402 8
$Co^{2+} \mid Co$	$Co^{2+} + 2e^- \rightleftharpoons Co$	−0.28
$Ni^{2+} \mid Ni$	$Ni^{2+} + 2e^- \rightleftharpoons Ni$	−0.23
$Sn^{2+} \mid Sn$	$Sn^{2+} + 2e^- \rightleftharpoons Sn$	−0.136 6
$Pb^{2+} \mid Pb$	$Pb^{2+} + 2e^- \rightleftharpoons Pb$	−0.126 5
$Fe^{3+} \mid Fe$	$Fe^{3+} + 3e \rightleftharpoons Fe$	−0.036
$H^+ \mid H_2 \mid Pt$	$H^+ + e^- \rightleftharpoons \frac{1}{2}H_2$	0.000 0(定义量)

（续表）

电极	电极反应（还原）	$E^{\ominus}$/V
Cu^{2+} | Cu	$Cu^{2+}+2e^- \rightleftharpoons Cu$	+0.340 2
Cu^+ | Cu	$Cu^+ + e^- \rightleftharpoons Cu$	+0.522
Hg_2^{2+} | Hg	$Hg_2^{2+}+2e^- \rightleftharpoons 2Hg$	+0.795 9
Ag^+ | Ag	$Ag^+ + e^- \longrightarrow Ag$	+0.799 4
OH^- | O_2 | Pt	$\frac{1}{2}O_2+H_2O+2e^- \rightleftharpoons 2OH^-$	+0.401
H^+ | O_2 | Pt	$O_2+4H^++4e^- \rightleftharpoons 2H_2O$	+1.229
I^- | I_2 | Pt	$\frac{1}{2}I_2+e^- \rightleftharpoons I^-$	+0.535
Br^- | Br_2 | Pt	$\frac{1}{2}Br_2+e^- \rightleftharpoons Br^-$	+1.065
Cl^- | Cl_2 | Pt	$\frac{1}{2}Cl_2+e^- \rightleftharpoons Cl^-$	+1.358 0
I^- | AgI | Ag	$AgI+e^- \rightleftharpoons Ag+I^-$	−0.152 1
Br^- | AgBr | Ag	$AgBr+e^- \rightleftharpoons Ag+Br^-$	+0.071 1
Cl^- | AgCl | Ag	$AgCl+e^- \rightleftharpoons Ag+Cl^-$	+0.222 1
Cl^- | Hg_2Cl_2 | Hg	$Hg_2Cl_2+2e^- \rightleftharpoons 2Hg+2Cl^-$	+0.267 9
OH^- | Ag_2O | Ag	$Ag_2O+H_2O+2e^- \rightleftharpoons 2Ag+2OH^-$	+0.342
SO_4^{2-} | Hg_2SO_4 | Hg	$Hg_2SO_4+2e^- \rightleftharpoons 2Hg+SO_4^{2-}$	+0.612 3
SO_4^{2-} | $PbSO_4$ | Pb	$PbSO_4+2e^- \rightleftharpoons Pb+SO_4^{2-}$	−0.356
H^+ | 醌氢醌 | Pt	$C_6H_4O_2+2H^++2e^- \rightleftharpoons C_6H_6O_2$	+0.699 3
Fe^{3+}, Fe^{2+} | Pt	$Fe^{3+}+e^- \rightleftharpoons Fe^{2+}$	+0.770
H^+, MnO_4^-, Mn^{2+} | Pt	$MnO_4^-+8H^++5e^- \rightleftharpoons Mn^{2+}+4H_2O$	+1.491
MnO_4^-, MnO_4^{2-} | Pt	$MnO_4^-+e^- \rightleftharpoons MnO_4^{2-}$	+0.564
Cu^{2+}, Cu^+ | Pt	$Cu^{2+}+e^- \rightleftharpoons Cu^+$	+0.158
Co^{3+}, Co^{2+} | Pt	$Co^{3+}+e^- \rightleftharpoons Co^{2+}$	+1.808
Sn^{4+}, Sn^{2+} | Pt	$Sn^{4+}+2e^- \rightleftharpoons Sn^{2+}$	+0.15

根据式(8-31)，查得电池两极的 $E^{\ominus}$ 便可算出电池的 $E_{MF}^{\ominus}$。

要说明的是，标准电动势 $E_{MF}^{\ominus}$ 并不是让电池中各物质的活度均为1(实验上是做不到的)而测得的。它是用一系列浓度的被测电极与标准氢电极组成电池，再测这一系列电池的电动势并结合德拜-许克尔极限定律[式(8-19)]，用外推法求得的。下面举例说明。

【例 8-8】 298.15 K时，实验测得，电池 Pt | H_2($p^{\ominus}$=100 kPa) | HCl(b) | Hg_2Cl_2(s) | Hg(l)的电池电动势与HCl溶液的质量摩尔浓度之间的关系如下：

$b/(10^{-3}\,mol\cdot kg^{-1})$	E_{MF}/V	$b/(10^{-3}\,mol\cdot kg^{-1})$	E_{MF}/V
75.08	0.411 9	18.87	0.478 7
37.69	0.445 2	5.04	0.543 7

(1)写出电极反应和电池反应；

(2)用外推法求甘汞电极的标准电极电势。

解 (1)左极(氧化)：$H_2(p^{\ominus}) \longrightarrow 2H^+(a)+2e^-$

右极(还原)：$Hg_2Cl_2(s) \longrightarrow 2Hg(l)+2Cl^-(a)-2e^-$

电池反应：$Hg_2Cl_2(s)+H_2(p^{\ominus}) \longrightarrow 2Hg(l)+2Cl^-(a)+2H^+(a)$

(2)由能斯特方程

$$E_{MF}=E_{MF}^{\ominus}-\frac{RT}{zF}\ln[a(HCl)]^2=E_{MF}^{\ominus}-\frac{RT}{2F}\ln\left(\frac{b}{b^{\ominus}}\gamma_{\pm}\right)^4=$$

$$E_{MF}^{\ominus}-0.059\,2\text{ V}\lg\left(\frac{b}{b^{\ominus}}\gamma_{\pm}\right)^2=E_{MF}^{\ominus}-0.118\,4\text{ V}\lg\frac{b}{b^{\ominus}}-0.118\,4\lg\gamma_{\pm}$$

$$E_{MF}^{\ominus}=E_{MF}+0.1184\ \text{V}\lg\frac{b}{b^{\ominus}}+0.1184\lg\gamma_{\pm}=$$

$$E_{MF}+0.1184\ \text{V}\lg\frac{b}{b^{\ominus}}+B\sqrt{b/b^{\ominus}}$$

（结合德拜-许克尔极限定律，对 1-1 型电解质）

当 $\lim\limits_{b\to0}\gamma_{\pm}=1$ 时，　$E_{MF}^{\ominus}=\left(E_{MF}+0.1184\ \text{V}\lg\dfrac{b}{b^{\ominus}}\right)_{b\to0}$

用 $\left(E_{MF}+0.1184\ \text{V}\lg\dfrac{b}{b^{\ominus}}\right)$-$\sqrt{b/b^{\ominus}}$ 作图，当 $b\to0$，截距为 $E_{MF}^{\ominus}$，即为 $E^{\ominus}$（甘汞）。

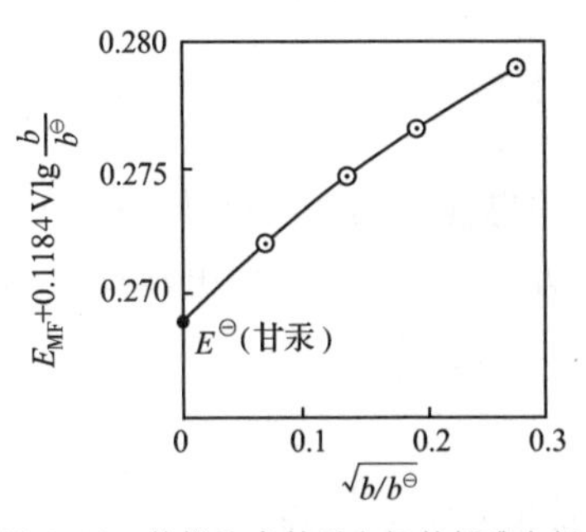

图 8-11　外推法求甘汞电极的标准电极电势

由图 8-11 得，$E^{\ominus}$（甘汞）=0.268 6 V。

$E_{MF}+0.1184\ \text{V}\lg(b/b^{\ominus})$	$\sqrt{b/b^{\ominus}}$	$E_{MF}+0.1184\ \text{V}\lg(b/b^{\ominus})$	$\sqrt{b/b^{\ominus}}$
0.278 8	0.274 0	0.274 6	0.137 4
0.276 6	0.194 1	0.271 7	0.071 0

2. 电极反应的能斯特方程

由式(8-29)及式(8-31)，有

$$E_{MF}=E^{\ominus}(\text{右极,还原})-E^{\ominus}(\text{左极,还原})-\frac{RT}{zF}\ln J_a$$

$$J_a(\text{电池反应})=J_a(\text{右极还原反应})\times J_a(\text{左极氧化反应})=\frac{J_a(\text{右极还原反应})}{J_a(\text{左极还原反应})}$$

所以
$$\ln J_a(\text{电池反应})=\ln J_a(\text{右极还原反应})-\ln J_a(\text{左极还原反应})$$

因此
$$E_{MF}=\left[E^{\ominus}(\text{右极,还原})-\frac{RT}{zF}\ln J_a(\text{右极还原反应})\right]-\left[E^{\ominus}(\text{左极,还原})-\frac{RT}{zF}\ln J_a(\text{左极还原反应})\right]$$

定义

$$E(\text{还原})\xlongequal{\text{def}}E^{\ominus}(\text{还原})-\frac{RT}{zF}\ln J_a(\text{电极还原反应})\tag{8-32}$$

式(8-32)称为**电极反应的能斯特方程式**(Nernst equation of electrode reaction)。它表示电极电势 E 与参与电极反应的各物质活度间的关系。

例如，$Cl^-(a)|AgCl(s)|Ag(s)$ 电极：

还原反应　$AgCl(s)+e^-\longrightarrow Ag(s)+Cl^-(a)$

能斯特方程　$E(\text{还原})=E^{\ominus}(\text{还原})-\dfrac{RT}{F}\ln a(Cl^-)$

$Cl^-(a)|Cl_2(p)|Pt$ 电极：

还原反应　$\frac{1}{2}Cl_2(p)+e^-\longrightarrow Cl^-(a)$

能斯特方程　$E(\text{还原})=E^{\ominus}(\text{还原})-\dfrac{RT}{F}\ln\dfrac{a(Cl^-)}{[p(Cl_2)/p^{\ominus}]^{\frac{1}{2}}}$

由式(8-24)，得

$$E_{MF}=E(\text{右极,还原})-E(\text{左极,还原})\tag{8-33}$$

利用式(8-33)，可由组成原电池的两个电极的电极电势 E(还原) 计算出原电池的电动势 E_{MF}。

8.12.3 原电池电动势的计算

原电池电动势的计算方法有两种：

方法(i)：直接应用电池反应的能斯特方程计算，即

$$E_{MF}=E_{MF}^{\ominus}-\frac{RT}{zF}\ln\prod_{B}(a_B)^{\nu_B}$$

其中 $$E_{MF}^{\ominus}=E^{\ominus}(\text{右极,还原})-E^{\ominus}(\text{左极,还原})$$

$E^{\ominus}$ 可由数据表查到。

方法(ii)：应用电极反应的能斯特方程计算，即

$$E_{MF}=E(\text{右极,还原})-E(\text{左极,还原})$$

$$E(\text{还原})=E^{\ominus}(\text{还原})-\frac{RT}{zF}\ln J_a(\text{电极还原反应})$$

举例说明如下：

【例 8-9】 计算化学电池：$Zn(s)|Zn^{2+}(a=0.1)\,\vdots\vdots\,Cu^{2+}(a=0.01)|Cu(s)$在 25 ℃时的电动势。

解 采用方法(ii)来计算，首先写出左、右两电极的还原反应：

左(还原)： $Zn^{2+}(a=0.1)+2e^{-}\longrightarrow Zn(s)$

右(还原)： $Cu^{2+}(a=0.01)+2e^{-}\longrightarrow Cu(s)$

由电极反应的能斯特方程，有

$$E(\text{左极,还原})=E^{\ominus}(Zn^{2+}\mid Zn)-\frac{RT}{2F}\ln\frac{1}{a(Zn^{2+})}$$

$$E(\text{右极,还原})=E^{\ominus}(Cu^{2+}\mid Cu)-\frac{RT}{2F}\ln\frac{1}{a(Cu^{2+})}$$

由表 8-4 查得 $E^{\ominus}(Zn^{2+}\mid Zn)=-0.763\ 0\ V$，$E^{\ominus}(Cu^{2+}\mid Cu)=0.340\ 2\ V$，代入已知数据，可算得

$$E(\text{左极,还原})=-0.793\ V$$

$$E(\text{右极,还原})=0.281\ V$$

因此 $$E_{MF}=E(\text{右极,还原})-E(\text{左极,还原})=0.281\ V-(-0.793\ V)=1.07\ V$$

采用方法(i)可算得同样的结果。

【例 8-10】 计算浓差电池：$Pt|Cl_2(p^{\ominus})|Cl^{-}(a=0.1)\,\vdots\vdots\,Cl^{-}(a'=0.001)|Cl_2(p^{\ominus})|Pt$，25 ℃时电动势。

解 采用方法(i)计算。首先写出电极反应及电池反应：

左极(氧化)：$Cl^{-}(a=0.1)\longrightarrow\frac{1}{2}Cl_2(p^{\ominus})+e^{-}$

右极(还原)：$\frac{1}{2}Cl_2(p^{\ominus})+e^{-}\longrightarrow Cl^{-}(a'=0.001)$

电池反应：$Cl^{-}(a=0.1)\longrightarrow Cl^{-}(a'=0.001)$

由电池反应的能斯特方程，有

$$E_{MF}=E_{MF}^{\ominus}-\frac{RT}{F}\ln\frac{a'}{a}$$

$$E_{MF}^{\ominus}=E^{\ominus}(\text{右极,还原})-E^{\ominus}(\text{左极,还原})=0$$

$$E_{MF}=-\frac{RT}{F}\ln\frac{a'}{a}=-\frac{8.314\ 5\ J\cdot K^{-1}\cdot mol^{-1}\times 298.15\ K}{96\ 485\ C\cdot mol^{-1}}\times\ln\frac{0.001}{0.1}=0.118\ 3\ V$$

采用方法(ii)可得到同样的结果。

8.12.4 原电池电动势测定应用举例

1. 测定电池反应的 $\Delta_r G_m$、$\Delta_r S_m$、$\Delta_r H_m$

$$\Delta_r G_m = -zFE_{MF}$$

将式(1-131)应用于化学反应，有 $\left(\frac{\partial \Delta_r G_m}{\partial T}\right)_p = -\Delta_r S_m$，则

$$\Delta_r S_m = -\left(\frac{\partial \Delta_r G_m}{\partial T}\right)_p = -\left[\frac{\partial(-zFE_{MF})}{\partial T}\right]_p = zF\left(\frac{\partial E_{MF}}{\partial T}\right)_p \tag{8-34}$$

式中，$\left(\frac{\partial E_{MF}}{\partial T}\right)_p$ 称为原电池电动势的温度系数(temperature coefficients of electromotive force of primitive cell)。它表示定压下电动势随温度的变化率，可通过实验测定一系列不同温度下的电动势求得。

【例 8-11】 25 ℃时，电池 Cd(s) | $CdCl_2 \cdot \frac{5}{2}H_2O$(aq) | AgCl(s) | Ag(s)的 $E_{MF} = 0.675\,33$ V，$\left(\frac{\partial E_{MF}}{\partial T}\right)_p = -6.5 \times 10^{-4}\ V \cdot K^{-1}$。求该温度下反应的 $\Delta_r G_m$、$\Delta_r S_m$ 和 $\Delta_r H_m$ 及 Q_r。

解

左极(氧化)：$Cd(s) + \frac{5}{2}H_2O(l) + 2Cl^-(a) \longrightarrow CdCl_2 \cdot \frac{5}{2}H_2O(s) + 2e^-$

右极(还原)：$2AgCl(s) + 2e^- \longrightarrow 2Ag(s) + 2Cl^-(a)$

电池反应：$Cd(s) + \frac{5}{2}H_2O(l) + 2AgCl(s) \longrightarrow CdCl_2 \cdot \frac{5}{2}H_2O(s) + 2Ag(s)$

由电极反应知，$z = 2$。

$$\Delta_r G_m = -zFE_{MF} = -2 \times 964\,85\ C \cdot mol^{-1} \times 0.675\,33\ V = -130.32\ kJ \cdot mol^{-1}$$

$$\Delta_r S_m = zF\left(\frac{\partial E_{MF}}{\partial T}\right)_p = 2 \times 964\,85\ C \cdot mol^{-1} \times (-6.5 \times 10^{-4}\ V \cdot K^{-1}) = -125.4 J \cdot K^{-1} \cdot mol^{-1}$$

$$\Delta_r H_m = zF\left[T\left(\frac{\partial E_{MF}}{\partial T}\right)_p - E_{MF}\right] = 2 \times 96\,485\ C \cdot mol^{-1} \times [298.15\ K \times (-6.5 \times 10^{-4} V \cdot K^{-1}) - 0.675\,33\ V] = -167.7\ kJ \cdot mol^{-1}$$

$$Q_r = T\Delta_r S_m = 298.15\ K \times (-125.4\ J \cdot K^{-1} \cdot mol^{-1}) = -37.39\ kJ \cdot mol^{-1}$$

讨论：$Q_r \neq \Delta_r H_m$，$Q_p = \Delta_r H_m$，Q_p 是指反应在一般容器中进行时($W'_r = 0$)的反应放出的热量，若反应在电池中可逆进行，则

$$Q_r = T\Delta_r S_m = zFT\left(\frac{\partial E_{MF}}{\partial T}\right)_p = -37.39\ kJ \cdot mol^{-1}$$

Q_p 与 Q_r 之差为电功：

$$W'_r = -167.7\ kJ \cdot mol^{-1} - (-37.39\ kJ \cdot mol^{-1}) = -130.31\ kJ \cdot mol^{-1}$$

若 $\left(\frac{\partial E_{MF}}{\partial T}\right)_p = 0$，则反应可逆进行时化学能($\Delta_r H_m$)将全部转化为电功。

注意 $\Delta_r G_m$、$\Delta_r S_m$、$\Delta_r H_m$ 和 Q_r 均与电池反应的化学计量方程写法有关，若上述电池反应写为

$$\frac{1}{2}Cd(s) + \frac{1}{2} \times \frac{5}{2}H_2O(l) + AgCl(s) \longrightarrow \frac{1}{2}CdCl_2 \cdot \frac{5}{2}H_2O(s) + Ag(s)$$

则 $z = 1$，于是 $\Delta_r G_m$、$\Delta_r S_m$、$\Delta_r H_m$ 和 Q_r 的量值都要减半。

2. 测定电池反应的标准平衡常数 $K^{\ominus}$

【例 8-12】 试用 $E^{\ominus}$ 数据计算下列反应在 25 ℃时的标准平衡常数 $K^{\ominus}$ (298.15 K)。

$$\mathrm{Zn(s)} + \mathrm{Cu^{2+}}(a) \rightleftharpoons \mathrm{Zn^{2+}}(a) + \mathrm{Cu(s)}$$

解 将反应组成电池为

$$\mathrm{Zn(s)} \mid \mathrm{Zn^{2+}}(a) \,\vdots\vdots\, \mathrm{Cu^{2+}}(a) \mid \mathrm{Cu(s)}$$

由表 8-4 查得 $E^{\ominus}[\mathrm{Cu^{2+}}(a) \mid \mathrm{Cu(s)}] = 0.340\ 2\ \mathrm{V}$，$E^{\ominus}[\mathrm{Zn^{2+}}(a) \mid \mathrm{Zn(s)}] = -0.763\ 0\ \mathrm{V}$

所以 $E^{\ominus}_{\mathrm{MF}} = E^{\ominus}[\mathrm{Cu^{2+}}(a) \mid \mathrm{Cu(s)}] - E^{\ominus}[\mathrm{Zn^{2+}}(a) \mid \mathrm{Zn(s)}] = 1.103\ \mathrm{V}$

$$\ln K^{\ominus}(298.15\ \mathrm{K}) = \frac{zFE^{\ominus}_{\mathrm{MF}}}{RT} = \frac{2 \times 964\ 85\ \mathrm{C \cdot mol^{-1}} \times 1.103\ \mathrm{V}}{8.314\ \mathrm{J \cdot K^{-1} \cdot mol^{-1}} \times 298.15\ \mathrm{K}} = 85.87$$

$$K^{\ominus}(298.15\ \mathrm{K}) = 2 \times 10^{37}$$

3. 测定离子平均活度因子 $\gamma_{\pm}$

【例 8-13】 25 ℃下，测得电池

$$\mathrm{Pt} \mid \mathrm{H_2}(p^{\ominus}) \mid \mathrm{HCl}(b = 0.075\ 03\ \mathrm{mol \cdot kg^{-1}}) \mid \mathrm{Hg_2Cl_2(s)} \mid \mathrm{Hg(l)}$$

的电动势 $E_{\mathrm{MF}} = 0.411\ 9\ \mathrm{V}$，求 $0.075\ 03\ \mathrm{mol \cdot kg^{-1}}$ HCl 水溶液的 $\gamma_{\pm}$。

解

$$\text{左极(氧化)}: \frac{1}{2}\mathrm{H_2}(p^{\ominus}) \longrightarrow \mathrm{H^+}(b) + \mathrm{e^-}$$

$$\text{右极(还原)}: \frac{1}{2}\mathrm{Hg_2Cl_2(s)} + \mathrm{e^-} \longrightarrow \mathrm{Hg(l)} + \mathrm{Cl^-}(b)$$

$$\text{电池反应}: \frac{1}{2}\mathrm{H_2}(p^{\ominus}) + \frac{1}{2}\mathrm{Hg_2Cl_2(s)} \longrightarrow \mathrm{Hg(l)} + \mathrm{H^+}(b) + \mathrm{Cl^-}(b)$$

$$E_{\mathrm{MF}} = E^{\ominus}_{\mathrm{MF}} - \frac{RT}{F}\ln[a(\mathrm{H^+})a(\mathrm{Cl^-})]$$

由表 8-4 查得 $E^{\ominus}[\mathrm{Cl^-}(a) \mid \mathrm{Hg_2Cl_2(s)} \mid \mathrm{Hg(l)}] = 0.267\ 9\ \mathrm{V}$，则

$$E^{\ominus}_{\mathrm{MF}} = E^{\ominus}[\mathrm{Cl^-}(a) \mid \mathrm{Hg_2Cl_2(s)} \mid \mathrm{Hg(l)}] - E^{\ominus}[\mathrm{H^+}(a) \mid \mathrm{H_2}(p^{\ominus}) \mid \mathrm{Pt}] =$$
$$0.267\ 9\ \mathrm{V} - 0\ \mathrm{V} = 0.267\ 9\ \mathrm{V}$$

将 $E_{\mathrm{MF}} = 0.411\ 9\ \mathrm{V}$，$T = 298.15\ \mathrm{K}$ 代入能斯特方程，得

$$a(\mathrm{H^+})a(\mathrm{Cl^-}) = 3.64 \times 10^{-3}$$

$$a(\mathrm{H^+})a(\mathrm{Cl^-}) = a_{\mathrm{B}} = a_{\pm}^2 = \gamma_{\pm}^2 (b/b^{\ominus})^2$$

$$\gamma_{\pm} = \frac{[a(\mathrm{H^+})a(\mathrm{Cl^-})]^{1/2}}{b/b^{\ominus}} = \frac{(3.64 \times 10^{-3})^{\frac{1}{2}}}{0.075\ 03} = 0.804$$

4. 测定溶液的 pH

将少量醌氢醌晶体加到待测 pH 的酸性溶液中，达到溶解平衡后，插入 Pt 丝极，则构成**醌氢醌电极** $\mathrm{H^+}(a) \mid \mathrm{Q \cdot QH_2(s)} \mid \mathrm{Pt}$ [Q 和 $\mathrm{QH_2}$ 分别代表 O=⟨⟩=O 和 HO—⟨⟩—OH，而 $\mathrm{Q \cdot QH_2}$ 代表二者形成的复合物]，这是一种常用的氢离子指示电极。其电极反应为

$$\mathrm{Q}[a(\mathrm{Q})] + 2\mathrm{H^+}[a(\mathrm{H^+})] + 2\mathrm{e^-} \longrightarrow \mathrm{QH_2}[a(\mathrm{QH_2})]$$

微溶的醌氢醌($\mathrm{Q \cdot QH_2}$)在水溶液中完全解离成醌和氢醌，由于二者浓度相等而且很低，所以 $a(\mathrm{Q}) \approx a(\mathrm{QH_2})$，得

$$E = E^{\ominus}[\mathrm{H^+}(a) \mid \mathrm{Q \cdot QH_2(s)} \mid \mathrm{Pt}] - \frac{RT}{F}\ln\frac{1}{a(\mathrm{H^+})}$$

$\mathrm{pH} \xlongequal{\mathrm{def}} -\lg a(\mathrm{H^+})$，故

$$E = E^{\ominus}[H^{+}(a) \mid Q \cdot QH_2(s) \mid Pt] - \frac{RT\ln 10}{F}pH$$

由表 8-4 查得 25 ℃ 时，$E^{\ominus}[H^{+}(a) \mid Q \cdot QH_2(s) \mid Pt] = 0.6993$ V，所以，25 ℃时，$E = (0.6993 - 0.0592\ pH)$V 。

将醌氢醌电极和一电极电势已知的电极（参比电极）组成电池，测定电池电动势后，可算出溶液 pH（pH>8 的碱性溶液中不能用）。日常实验中，常用的参比电极是甘汞电极，其构造如图 8-10 所示，表 8-5 列出了三种 KCl 浓度的甘汞电极在 25 ℃时的电极电势。

表 8-5　三种 KCl 浓度的甘汞电极在 25 ℃时的电极电势

电极符号	E/V
KCl(饱和)$\mid Hg_2Cl_2(s) \mid Hg(l)$	0.241 5
KCl($1\ mol \cdot dm^{-3}$)$\mid Hg_2Cl_2(s) \mid Hg(l)$	0.279 9
KCl($0.1\ mol \cdot dm^{-3}$)$\mid Hg_2Cl_2(s) \mid Hg(l)$	0.333 5

【例 8-14】　将醌氢醌电极与饱和甘汞电极组成电池

$$Hg(l) \mid Hg_2Cl_2(s) \mid KCl(饱和) \ \vdots\vdots\ Q \cdot QH_2(s) \mid H^{+}(pH=?) \mid Pt$$

25 ℃时，测得 $E_{MF} = 0.025$ V。求溶液的 pH 。

解

$$E(左极,还原) = 0.2415\ V(表\ 8\text{-}5)$$

$$E(右极,还原) = (0.6997 - 0.0592\ pH)V$$

$$E_{MF} = E(右极,还原) - E(左极,还原)$$

即

$$0.025\ V = (0.6997 - 0.0592\ pH - 0.2415)\ V$$

解得

$$pH = 7.3$$

5. 测定难溶盐的活度积

【例 8-15】　利用 $E^{\ominus}$ 数据，求 25 ℃时 AgI 的活度积。

解　将溶解反应设计成电池，查出 $E^{\ominus}$，算得 $E^{\ominus}_{MF}$，利用 $\ln K^{\ominus}(T) = \dfrac{zFE^{\ominus}_{MF}}{RT}$ 可求得活度积 $K^{\ominus}_{sp}$ 。

AgI 的溶解反应为 $AgI(s) \longrightarrow Ag^{+}(a) + I^{-}(a)$，设计如下电池：

$$Ag(s) \mid Ag^{+}(a) \ \vdots\vdots\ I^{-}(a) \mid AgI(s) \mid Ag(s)$$

左极（氧化）：$Ag(s) \longrightarrow Ag^{+}(a) + e^{-}$

右极（还原）：$AgI(s) + e^{-} \longrightarrow Ag(s) + I^{-}(a)$

电池反应：$AgI(s) \longrightarrow Ag^{+}(a) + I^{-}(a)$　（与溶解反应同）

由表 8-4 查得 $E^{\ominus}(I^{-} \mid AgI \mid Ag) = -0.1521$ V，$E^{\ominus}(Ag^{+} \mid Ag) = 0.7994$ V，则

$$E^{\ominus}_{MF} = E^{\ominus}[I^{-} \mid AgI \mid Ag] - E^{\ominus}[Ag^{+} \mid Ag] = (-0.1521 - 0.7994)V = -0.9515\ V$$

$$\ln K^{\ominus}_{sp} = \frac{zFE^{\ominus}_{MF}}{RT} = \frac{1 \times 96\,500\ C \cdot mol^{-1} \times (-0.9515\ V)}{8.3145\ J \cdot K^{-1} \cdot mol^{-1} \times 298.15\ K} = -37.04$$

$$K^{\ominus}_{sp} = 8.232 \times 10^{-17}$$

6. 判断反应方向

【例 8-16】　铁在酸性介质中被腐蚀的反应为

$$Fe(s) + 2H^{+}(a) + \frac{1}{2}O_2(p) \longrightarrow Fe^{2+}(a) + H_2O(l)$$

问当 $a(H^{+}) = 1, a(Fe^{2+}) = 1, p(O_2) = p^{\ominus}$，25 ℃时，反应向哪个方向进行？

解　设计如下电池：

$$Fe(s) \mid Fe^{2+}(a) \ \vdots\vdots\ H^{+}(a) \mid O_2(p^{\ominus}) \mid Pt$$

左极(氧化):$Fe(s) \longrightarrow Fe^{2+}(a)+2e^-$

右极(还原):$2H^+(a)+\frac{1}{2}O_2(p^\ominus)+2e^- \longrightarrow H_2O(l)$

电池反应:$Fe(s)+2H^+(a)+\frac{1}{2}O_2(g) \longrightarrow Fe^{2+}(a)+H_2O(l)$(即为 Fe 腐蚀反应)

因为 $a(H^+)=1, a(Fe^{2+})=1, p(O_2)/p^\ominus=p^\ominus/p^\ominus=1, a(Fe)=1, a(H_2O)\approx 1$(水大量)

所以
$$E_{MF}=E_{MF}^\ominus=E^\ominus[H^+|O_2(p)|Pt]-E^\ominus(Fe^{2+}|Fe)$$

由表 8-4 查得 $E^\ominus[H^+|O_2(p)|Pt]=1.229\ V, E^\ominus(Fe^{2+}|Fe)=-0.447\ V$,则

$$E_{MF}=1.229\ V-(-0.447\ V)=1.676\ V>0$$

$$\Delta_r G_m=-zFE_{MF}=-323.4\ kJ\cdot mol^{-1}<0$$

故从热力学上看,Fe 在 25 ℃下的腐蚀能自发进行。

V 电化学反应的速率

8.13 电化学反应速率、交换电流密度

8.13.1 阴极过程与阳极过程

电化学系统中有电流通过时(电化学电源或电解池),在两个电极的金属和溶液界面间以一定速率进行着电荷传递过程,即电极反应过程。设在图 8-12 所示的电极上进行如下电极反应:

$$M^+ + e^- \underset{v_a}{\overset{v_c}{\rightleftharpoons}} M$$

正反应叫阴极过程(cathode process)或阴极反应(cathode reaction),设其反应速率为 v_c;逆反应叫阳极过程(anode process)或阳极反应(anode reaction),设其反应速率为 v_a。在一个电极上阴极过程和阳极过程并存,净反应速率为两过程速率之差。

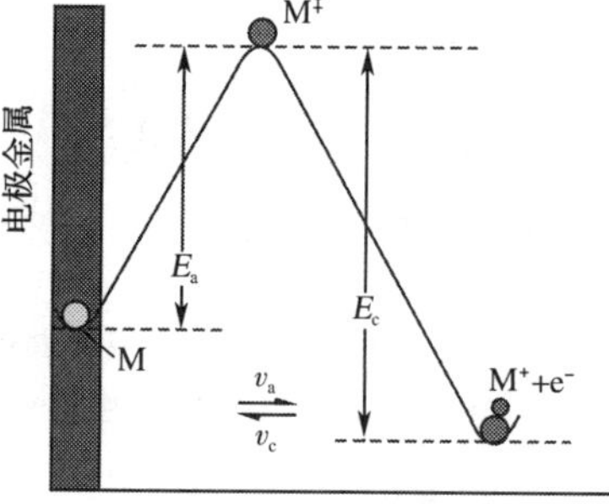

图 8-12 电极上进行的阴极与阳极过程

$$\begin{cases} v_c > v_a & \text{电极作为阴极} \\ v_a > v_c & \text{电极作为阳极} \\ v_c = v_a & \text{电极反应处于平衡} \end{cases}$$

8.13.2 电化学反应速率与电流密度

电极反应的反应速率定义为

$$v \xlongequal{\text{def}} \frac{1}{A_s}\frac{d\xi}{dt} \tag{8-35}$$

式中,A_s 为电极的截面积,单位为 m^2;ξ 为反应进度,单位为 mol。即电化学反应速率(rate of electrochemical reaction)定义为单位时间内、单位面积的电极上反应进度的改变量。若时间以 s 为单位,则 v 的单位为 $mol\cdot m^{-2}\cdot s^{-1}$。

在电化学中，易于由实验测定的量是电流，所以常用电流密度 j(current density)(单位电极截面上通过的电流，单位为 $\mathrm{A \cdot m^{-2}}$) 来间接表示电化学反应速率 v 的大小，j 与 v 的关系为

$$j = zFv \tag{8-36}$$

$$\left.\begin{aligned} &\text{阴极过程：} j_c = zFv_c \\ &\text{阳极过程：} j_a = zFv_a \end{aligned}\right\} \tag{8-37}$$

$$\begin{cases} \text{阴极上} & j_c > j_a, \quad j = j_c - j_a \\ \text{阳极上} & j_c < j_a, \quad j = j_a - j_c \\ \text{平衡电极上} & j_c = j_a = j_0 \end{cases}$$

j_0 叫交换电流密度(exchange current density)。

8.14 极化、超电势

8.14.1 极化与极化曲线

当电极上无电流通过时，电极过程是可逆的($j_a = j_c$)，电极处于平衡态，此时的电极电势为平衡电极电势 $\Delta\phi_e$。当使用化学电源或进行电解操作时，都有一定量的电流通过电极，电极上进行着净反应速率不为零($v_a \neq v_c$) 的电化学反应，电极过程为不可逆，此时的实际电极电势 $\Delta\phi$ 偏离平衡电极电势 $\Delta\phi_e$。当电化学系统中有电流通过时，两个电极上的实际电极电势 $\Delta\phi$ 偏离其平衡电极电势 $\Delta\phi_e$ 的现象叫作电极的极化。

实际电极电势 $\Delta\phi$ 偏离平衡电极电势 $\Delta\phi_e$ 的趋势可由实验测定的极化曲线来显示，如图 8-13 所示。

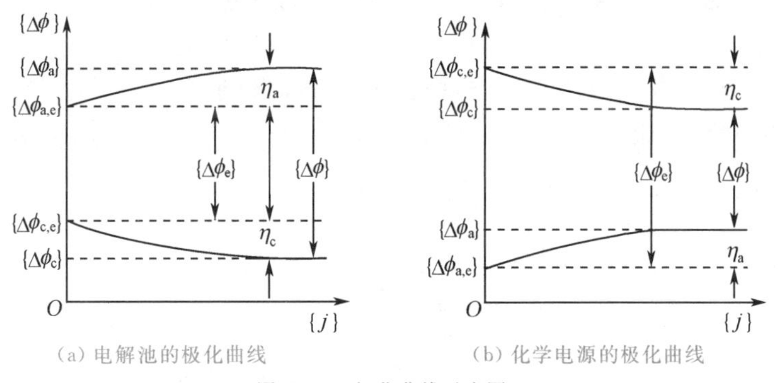

(a) 电解池的极化曲线　　(b) 化学电源的极化曲线

图 8-13　极化曲线示意图

从图中可见，极化使得阳极电势升高($\Delta\phi_a > \Delta\phi_{a,e}$)，阴极电势降低($\Delta\phi_c < \Delta\phi_{c,e}$)，实际电极电势偏离平衡电极电势的程度随电流密度的增大而增大。

8.14.2 超电势

电池中有电流通过时实际电极电势偏离平衡电极电势的程度用超电势(overpotential)表示。本书将超电势定义为

$$\left.\begin{aligned}\eta_a &\xlongequal{\text{def}} \Delta\phi_a - \Delta\phi_{a,e}\\ \eta_c &\xlongequal{\text{def}} \Delta\phi_c - \Delta\phi_{c,e}\end{aligned}\right\} \tag{8-38}$$

式中，η_a、η_c 分别为阳极超电势和阴极超电势。因为 $\Delta\phi_a > \Delta\phi_{a,e}$，$\Delta\phi_c < \Delta\phi_{c,e}$，所以 $\eta_a > 0$，$\eta_c < 0$。(注意，有的教材 $\eta_c \xlongequal{\text{def}} \Delta\phi_{c,e} - \Delta\phi_c$，按此定义则 $\eta_c > 0$)

电解池 $\Delta\phi_a > \Delta\phi_c$

$$\Delta\phi = \Delta\phi_a - \Delta\phi_c = (\Delta\phi_{a,e} - \Delta\phi_{c,e}) + (\eta_a + |\eta_c|) \tag{8-39}$$

化学电源 $\Delta\phi_c > \Delta\phi_a$

$$\Delta\phi = \Delta\phi_c - \Delta\phi_a = (\Delta\phi_{c,e} - \Delta\phi_{a,e}) - (|\eta_c| + \eta_a) \tag{8-40}$$

8.14.3 扩散超电势与电化学超电势

电极过程是极其复杂的过程，它包含物质的迁移和电化学反应(电荷越过电极-溶液界面)，还可能有电化学反应前或后的化学反应(如 $H^+ + e^- \longrightarrow H$ 之后的 $H + H \longrightarrow H_2$)以及新相的生成和相间迁移等多种步骤。电极的极化作用，是诸多步骤引起的极化作用的叠加结果。扩散超电势是由物质的迁移步骤引起的电极的极化；化学超电势是由化学反应步骤引起的电极极化；相超电势是由化学反应中新相形成及相间迁移(如金属离子进入晶格或相反的过程)引起的极化。若其中某一步骤成为速率控制步骤，则相应产生的超电势占优势。

1. 扩散超电势

扩散超电势 η_d 是在电流通过时，由于电极反应的反应物或生成物迁向或迁离电极表面的缓慢运动而引起的电极电势对其平衡值的偏离。

例如，把两个银电极插到浓度为 c^0 的 $AgNO_3$ 溶液中进行电解时，阴极发生还原反应 $Ag^+ + e^- \longrightarrow Ag$，由于 Ag^+ 从溶液向电极迁移速率小于在电极表面上 Ag^+ 的还原速率，使得电极表面附近 Ag^+ 的浓度 c' 低于本体溶液中 Ag^+ 的浓度 c^0，如图 8-14 所示。

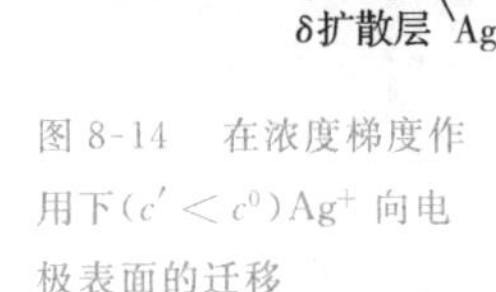

图 8-14 在浓度梯度作用下($c' < c^0$)Ag^+ 向电极表面的迁移

电极平衡时 $\Delta\phi_e = \Delta\phi^\ominus + \dfrac{RT}{F}\ln\{c^0\}$

有电流通过时 $\Delta\phi = \Delta\phi^\ominus + \dfrac{RT}{F}\ln\{c'\}$

$$\eta = \Delta\phi - \Delta\phi_e = \frac{RT}{F}\ln\frac{c'}{c^0}$$

可见，由于 $c' \neq c^0$ 引起了超电势，c' 愈小于 c^0，$|\eta|$ 愈大。

阴极的扩散超电势可由下式计算

$$\eta_c = \frac{RT}{zF}\ln\left(1 - \frac{j}{j_{max}}\right) \tag{8-41}$$

式中，j_{max} 为极限电流密度。

2. 电化学超电势

任何电极反应都必包含反应物得到或失去电子的过程。由于电荷越过电极-溶液界面的步骤而引起的对电极的平衡电极电势的偏离叫电化学超电势。电化学超电势的大小与电极通过的电流密度的大小有关。

现考虑电极上进行的电化学反应为

$$M^+ + e^- \rightleftharpoons M \tag{8-42}$$

例如
$$Ag^+ + e^- \rightleftharpoons Ag$$

上述电化学反应的总反应速率是正反应(还原作用)和逆反应(氧化作用)的反应速率的差值,而正向或逆向反应速度均可表示为

$$v = k_0 e^{-E/RT} c \tag{8-43}$$

式中,E 为电化学反应的摩尔活化能;k_0 为指前参量;c 为反应物的浓度。因此电极反应的总包速率为

$$v = v_c - v_a = k_{0,c} e^{-E_c/RT} c_{M^+} - k_{0,a} e^{-E_a/RT} c_M$$

式中,下标"c""a"分别代表"阴极过程"和"阳极过程"。

由式(8-36)及式(8-37),有

$$j = j_c - j_a = Fk_{0,c} e^{-E_c/RT} c_{M^+} - Fk_{0,a} e^{-E_a/RT} c_M \tag{8-44}$$

式(8-44)中的电化学反应的摩尔活化能均可分为化学的和电的两部分,其中化学部分用 E' 表示,它相当于电极-溶液界面间的电势差 $\Delta\phi \overset{\text{def}}{=\!=} \phi(\text{金属 M}) - \phi(\text{M}^+ \text{ 溶液 S})$ 为零的摩尔活化能值,而电的部分是当电势差为 $\Delta\phi$ 时,由双电层电场引起的摩尔活化能变化。电流通过电极时,阴极与电源负极相连,$\phi(\text{M})$ 比 $\phi(\text{S})$ 更负,即 $\Delta\phi < 0$,其作用是加速阴极过程而减慢阳极过程,即与 $\Delta\phi = 0$ 时相比,$\Delta\phi < 0$ 时,反应式(8-42)中正反应(阴极过程)的摩尔活化能 E_c 减少,逆反应(阳极过程)的摩尔活化能 E_a 增加。

注意　电子转移发生在双电层中某处(即活化络合物处,如图8-12所示),可见,加快正反应是双电层电势差 $\Delta\phi$ 的一部分,即 $\alpha\Delta\phi$(能量为 $\alpha F\Delta\phi$),而减慢逆反应是 $\Delta\phi$ 的其余部分,即 $(1-\alpha)\Delta\phi$,α 是一分数,称为分配系数。

$$E_c = E'_c + \alpha F\Delta\phi,\ E_a = E'_a - (1-\alpha)F\Delta\phi \tag{8-45}$$

$\Delta\phi < 0$ 时,$E_c < E'_c$,$E_a > E'_a$;$\Delta\phi > 0$ 时,情况相反。将式(8-45)代入式(8-44),得

$$j = j_c - j_a = Fk_{0,c} e^{-E'_c/RT} e^{-\alpha F\Delta\phi/RT} c_{M^+} - Fk_{0,a} e^{-E'_a/RT} e^{(1-\alpha)F\Delta\phi/RT} c_M \tag{8-46}$$

令
$$k_0 e^{-E'/RT} = k \tag{8-47}$$

得
$$j = j_c - j_a = Fk_c e^{-\alpha F\Delta\phi/RT} c_{M^+} - Fk_a e^{(1-\alpha)F\Delta\phi/RT} c_M \tag{8-48}$$

即
$$\left.\begin{aligned} j_c &= Fk_c e^{-\alpha F\Delta\phi/RT} c_{M^+} \\ j_a &= Fk_a e^{(1-\alpha)F\Delta\phi/RT} c_M \end{aligned}\right\} \tag{8-49}$$

当 $\Delta\phi$ 等于其平衡值 $\Delta\phi_e$ 时,正逆反应速率相等,则有

$$j_c = j_a = j_0 \tag{8-50}$$

于是,由式(8-48),得

$$j_0 = Fk_c e^{-\alpha F\Delta\phi/RT} c_{M^+} = Fk_a e^{(1-\alpha)F\Delta\phi/RT} c_M \tag{8-51}$$

按式(8-38),即 η 的定义式,代入式(8-50),得

$$j_c = Fk_c e^{-\alpha F\Delta\phi_e/RT} e^{-\alpha F\eta/RT} c_{M^+}$$

即
$$j_c = j_0 e^{-\alpha F\eta/RT} \tag{8-52}$$

对逆反应
$$j_a = j_0 e^{(1-\alpha)F\eta/RT} \tag{8-53}$$

于是
$$j = j_c - j_a = j_0 \left[e^{-\alpha F\eta/RT} - e^{(1-\alpha)F\eta/RT}\right] \tag{8-54}$$

则
$$\begin{cases} \text{阴极上}, j > 0(\text{即 } j_c > j_a, \eta < 0) \\ \text{阳极上}, j < 0(\text{即 } j_c < j_a, \eta > 0) \end{cases}$$

式(8-54)称为巴特勒-伏尔末(Butler J A V-Volmer M)方程。不同电极的 α 相近($\approx \frac{1}{2}$),但 j_0 可能大不相同。由式可见,在 η 相同的条件下,$j \propto j_0$,也就是说,在同样的超电势下,电极材料的性质及表面状态对电极反应速率有很大影响。

下面将式(8-54)应用于两种情况:

(i)若电化学系统稍微偏离平衡状态,即在比较小的超电势范围内($|\eta| \ll RT/F$,例如 $|\eta| < 0.01\ \mathrm{V}$),那么应用 $\mathrm{e}^x \approx 1 + x(|x| \ll 1)$,可将式(8-54)简化为

$$j = \frac{-\eta F}{RT} j_0 \tag{8-55}$$

$$-\eta = \frac{RT}{F} \frac{j}{j_0} \tag{8-56}$$

式(8-56)表明,在较小的超电势范围内,η 与 j 成直线关系。若只考虑 η 与 j 的大小而不考虑其正负时,

$$\eta = \frac{RT}{F} \frac{j}{j_0}$$

(ii)若电化学系统明显地偏离平衡态,有一大电流密度 j 通过($|\eta| \gg RT/F$,例如 $|\eta| > 0.1\ \mathrm{V}$),则 $\eta < 0$ 时,式(8-54)中的第二项可忽略,于是

$$j = j_0 \mathrm{e}^{-\alpha F \eta / RT}$$

可见,η 对 j 有很大的影响,上式可改写为

$$-\eta = \frac{-RT}{\alpha F} \ln(j_0/[j]) + \frac{RT}{\alpha F} \ln(j/[j]) \tag{8-57}$$

当 $\eta > 0$ 时,式(8-54)中第一项可忽略,于是

$$-j = j_0 \mathrm{e}^{(1-\alpha) F \eta / RT}$$

即

$$\eta = -\frac{RT}{(1-\alpha)F} \ln(j_0/[j]) + \frac{RT}{(1-\alpha)F} \ln(-j/[j]) \tag{8-58}$$

我们关心的是 η 及 j 的大小,不考虑其正负时,上二式都可写成

$$\eta = a + b\lg(j/[j]) \tag{8-59}$$

即 η 与 $\lg(j/[j])$ 成直线关系。

式(8-59)称为塔菲尔(Tafel J)方程,a 和 b 称为塔菲尔常数。

8.15 电催化反应动力学

8.15.1 电催化作用

电催化(electrocatalysis)作用可定义为:在电场作用下,由于存在于电极表面或溶液中的少量物质(可以是电活性或非电活性的),以及电极材料本身性质或表面状态特性,能够显著加速在电极上发生的电子转移反应,而“少量物质”或电极本身并不发生变化的一类化学作用。要特别注意的是,电催化作用不是指“电”的催化作用,而是上述所指的“少量物质”或电极材料本身的性能的催化作用。因此,电催化作用仍是不能改变反应的方向和平衡以及具有选择性等特征。当电极材料本身或表面状态特性起催化作用时,则该电极既是电子导体又是催化剂。所以,如何选择电极材料和改善电极材料(如纳米表面状态)的表面性能,使

它除做电子导体外，还具有一定的电催化性能，则是电化学工作者研究的一个永恒课题。

8.15.2 电催化作用的分类及其机理

电极反应的催化作用根据电催化的性质可以分为氧化-还原电催化和非氧化-还原电催化两大类。

氧化-还原电催化是指固定在电极表面或存在于溶液相中的催化剂本身发生了氧化-还原反应，或为反应底物的电荷传递的媒介体，加速了反应底物的电子传递，因此也称为媒介体电催化。其反应机理为

$$\mathrm{OK} + ne^- \rightleftharpoons \mathrm{K}$$

$$\mathrm{K} + \mathrm{A} \longrightarrow \mathrm{OK} + \mathrm{Y}$$

式中，OK 及 K 分别为催化剂的氧化态和还原态，第一步为在电场作用下，催化剂的氧化态从电极上获得电子生成催化剂的还原态 K，而催化剂的还原态 K 与溶液相中的反应底物 A 发生反应，形成产物 Y，同时催化剂又氧化成氧化态，进一步参与循环而完成电催化过程，如图 8-15(a)所示。氧化-还原电催化反应的催化剂既可以固定在电极上(可以是电极材料本身也可以是固定在电极材料上的表面修饰物)，也可以溶解在液相中。例如，吸附 N-甲基吩嗪的石墨电极对葡萄糖氧化的电催化反应，即是固定(吸附)在电极(石墨)表面上的修饰物(N-甲基吩嗪)起催化作用。而甲苯氧化成苯甲醛、丙烯氧化成环氧丙烷则是在溶液中加入金属离子(如 Ag^+、Mn^{2+}、Co^{2+} 等)、Br^- 而完成电催化过程。

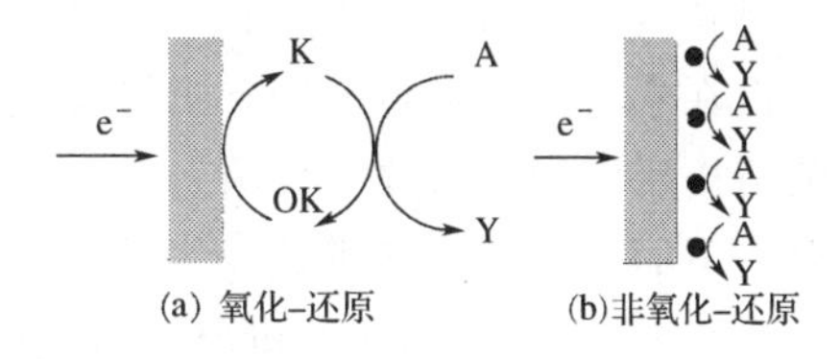

图 8-15　电催化过程示意图

非氧化-还原催化是指起催化作用的电极材料本身或固定在电极表面上的修饰物并不发生氧化还原反应，而仅仅是在电化学反应的前、后或其中所产生的纯化学作用，例如 H^+ 还原后的 H 原子复合成 H_2 的反应过程中的一些贵金属、金属氧化物的催化作用，其电催化过程如图 8-15(b)所示。这种催化作用又称外壳层催化。

8.15.3 氢、氧析出的电催化动力学

1. 氢析出反应的电催化机理

目前电化学生产主要在水溶液中进行，因此水的电解过程，亦即氢的析出过程可能叠加在任何阴极反应上，所以讨论氢析出的超电势的规律有着重要的理论意义和实际应用价值。而超电势的大小本质上反映了电极催化活性的高低，因此研究氢析出反应的电催化动力学机理，是电化学工作者的重要关注点之一。

氢析出反应的总包反应(阴极反应)为

在酸性溶液中：　$2H_3O^+ + 2e^- \longrightarrow H_2 + 2H_2O$

在碱性溶液中：　$2H_2O + 2e^- \longrightarrow H_2 + 2OH^-$

不管是酸性溶液中还是碱性溶液中，其反应并不是一步完成的，而是分成几步。

(i)电化学反应步骤

$$H_3O^+ + e^- + M = MH + H_2O \text{(酸性溶液中)}$$

或 $H_2O + e^- + M = MH + OH^-$(中性或碱性溶液中)

(ii)复合脱附步骤

$$MH + MH \longrightarrow 2M + H_2$$

(iii)电化学脱附步骤

$$MH + H_3O^+ + e^- \longrightarrow H_2 + M + H_2O \text{(酸性溶液中)}$$

$$MH + H_2O + e^- \longrightarrow H_2 + M + OH^- \text{(中性或碱性溶液中)}$$

理论上的争论焦点是究竟哪一步成为速率控制步骤,从而成为产生超电势的主要根源。缓慢放电理论假设 H_3O^+ 或 H_2O 在电极金属表面上缓慢放电[第(i)步]为控制步骤;复合理论假设在电极表面吸附 H 原子复合成 H_2 分子而解吸为控制步骤[第(ii)步]。这两种理论都涉及电催化过程,即与电极材料的表面性能有关,例如,当电极材料分别为 Pt(铂黑)、Pt(光滑)、Fe、C(石)、Pb、Pb(电沉积)、Hg 等时,在一定电流密度下,所产生的超电势显著不同。

2. 氧析出反应的电催化机理

氧析出超电势的研究,亦即电极材料催化活性对氧超电势的影响几乎和氢析出的动力学研究同样重要。

氢的阴极析出和氧的阳极析出这两个反应构成了水的电解过程:

$$2H_2O = 2H_2 + O_2$$

在水溶液里进行的所有阳极过程,主要是无机化合物及有机化合物的电解氧化反应,氧的析出反应起着重要的作用。

下面讨论氧析出机理。

在碱性溶液中,氧的析出总包反应(阳极反应)为

$$4OH^- = O_2 + 2H_2O + 4e^-$$

在酸性溶液中,氧的析出总包反应(阳极反应)为

$$2H_2O = O_2 + 4H^+ + 4e^-$$

有关氧析出反应的机理目前尚无一致看法。通常认为:

在酸性溶液中,氧析出的机理为

$$M + H_2O \longrightarrow M\text{—}OH + H^+ + e^- \quad \text{(i)}$$

$$M\text{—}OH \longrightarrow M\text{—}O + H^+ + e^- \quad \text{(ii)}$$

$$2M\text{—}O \longrightarrow O_2 + 2M \quad \text{(iii)}$$

在碱性溶液中,氧析出的机理为

$$M + OH^- \longrightarrow M\text{—}OH^- \quad \text{(i)}$$

$$M\text{—}OH^- \longrightarrow M\text{—}OH + e^- \quad \text{(ii)}$$

$$OH^- + M\text{—}OH \longrightarrow M\text{—}O + H_2O + e^- \quad \text{(iii)}$$

$$2M\text{—}O \longrightarrow O_2 + 2M \quad \text{(iv)}$$

在低电流密度下,第(iii)步为速率控制步骤,而在高电流密度下,第(ii)步为速率控制步骤。

在碱性介质中最好的电极材料为覆盖了钙钛矿型和尖晶石型氧化物的镍电极和Ni-Fe合金。大量的实验数据指出,在中等电流密度范围内(约10^{-3} A·m^{-2}),氧从碱性溶液中析出的超电势与金属材料性质的关系,依下列次序增大:Co,Fe,Ni,Cd,Pb,Pd,Au,Pt。

Ⅵ　应用电化学

8.16　电解池、电极反应的竞争

8.16.1　电解池

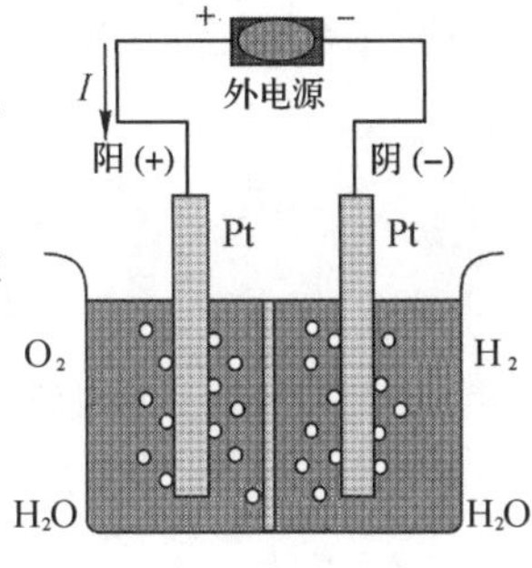

图 8-16　水的电解池示意图

电解池(electrolytic cell)是利用电能促使化学反应进行，生产化学产品的反应器装置。

如图 8-16 所示的是一个电解水产生 H_2 和 O_2 的电解池，其正、负极或阴、阳极如图所示。

在碱性溶液中

阴极(负极)：$2H_2O+2e^- \longrightarrow H_2+2OH^-$

阳极(正极)：$2OH^- \longrightarrow \frac{1}{2}O_2+H_2O+2e^-$

电解池反应：$H_2O \longrightarrow H_2+\frac{1}{2}O_2$

显然，电解的结果是阴极产生 H_2、阳极产生 O_2。电解产物 H_2 和 O_2 又构成原电池，电池图式为

$$(-)Pt \mid H_2(p) \mid OH^-(H_2O) \mid O_2(p) \mid Pt(+)$$

此电池的电动势与外电源的方向相反，叫反电动势。

8.16.2　分解电压

在 KOH 溶液中插入两个铂电极，组成如图8-17所示的电解水的电解池。当逐渐增大外加电压时，测得如图8-18所示的电流-电压曲线。当外加电压很小时，只有极微弱的电流通过，此时观测不到电解反应发生。逐渐增加电压，电流逐渐增大，当外加电压增加到某一量值后，电流随电压直线上升，同时可观测到两极上有 H_2 和 O_2 的气泡连续析出。电解时在两电极上显著析出电解产物所需的最低外加电压称为分解电压(decomposition voltage)。分解电压可用 I-V 曲线求得，如图 8-18 所示。

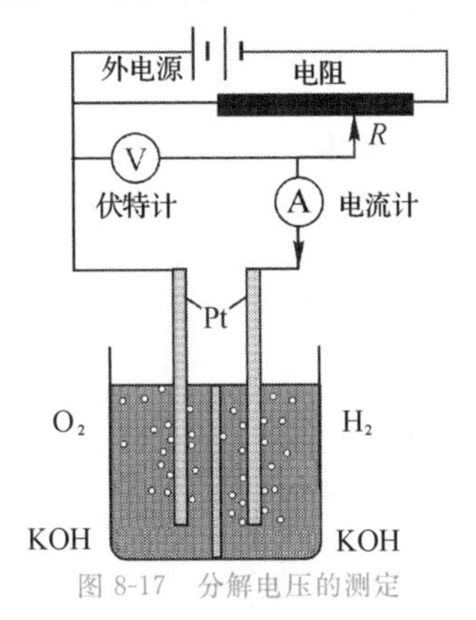

图 8-17　分解电压的测定

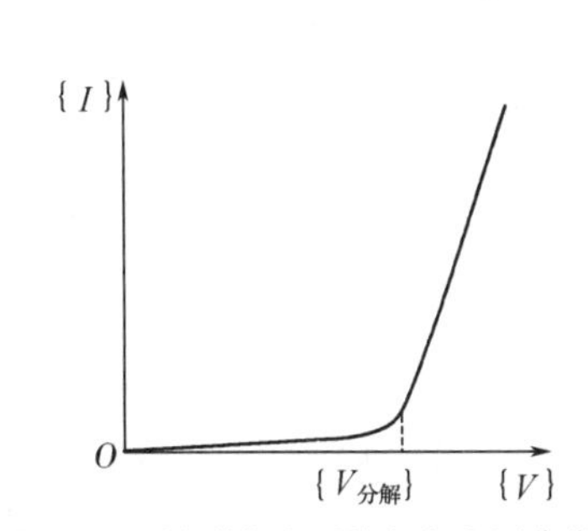

图 8-18　测定分解电压的电流-电压曲线

产生上述现象的原因是由于电极上析出的 H_2 和 O_2 构成的原电池的反电动势的存在，此反电动势也称为理论分解电压 。电解时的实际分解电压均大于理论分解电压。原因有二，其一是由于电极的极化产生了超电势，其二是由于电解池内溶液、导线等的电阻 R 引起电势降 IR。即

$$\Delta\phi(\text{实际}) = \Delta\phi(\text{理论}) + (\eta_a + |\eta_c|) + IR \tag{8-60}$$

【例 8-17】 试计算 25℃时，101 325 Pa 下电解 H_2SO_4 水溶液的理论分解电压。已知 $E^{\ominus}(H^+/O_2) = 1.229$ V。

解 计算 H_2SO_4 溶液的理论分解电压，即计算由电解产物 H_2 及 O_2 所构成的原电池的电动势。

在电解池的阴极上 $2H^+(a) + 2e^- \longrightarrow H_2(p)$

在电解池的阳极上 $H_2O(l) \longrightarrow \frac{1}{2}O_2(p) + 2H^+(a) + 2e$

电解池反应 $H_2O(l) \longrightarrow H_2(p) + \frac{1}{2}O_2(p)$

由产物 O_2 及 H_2 构成的原电池为

$$H_2(p)\,|\,H^+(a)\,|\,O_2(p)$$

电池反应为 $$H_2(p) + \frac{1}{2}O_2(p) \longrightarrow H_2O(l)$$

产生的电动势(称为反电动势)为

$$E_{MF} = E_{MF}^{\ominus} - \frac{0.025\ 69}{2}\ \text{V}\ \ln\frac{1}{[p(H_2)/p^{\ominus}][p(O_2)/p^{\ominus}]^{\frac{1}{2}}} \approx E_{MF}^{\ominus} = (1.229-0)\ \text{V} = 1.229\ \text{V}$$

8.16.3 法拉第定律

法拉第(Faraday M)归纳了多次电解实验的结果，于 1833 年总结出一条基本规律：通电于电解质溶液，电极反应的反应进度的改变量 $\Delta\xi$ 与通过的电量 Q 成正比，与反应电荷数 z 成反比，其数学表达式为

$$\Delta\xi = \frac{Q}{zF} \tag{8-61}$$

式中，F 为法拉第常量。

法拉第定律既适用于电解池中的反应，也适用于化学电源中的反应。

【例 8-18】 25 ℃及 100 kPa 下电解 $CuSO_4$ 溶液，当通入电量为 965 C 时，在阴极沉积出 0.285 9 g Cu，问同时在阴极上有多少体积的 H_2 气放出？

解 在阴极上发生的反应： $Cu^{2+} + 2e^- = Cu$

$2H^+ + 2e^- = H_2$

据法拉第定律，阴极的反应进度为

$$\Delta\xi = \frac{Q}{zF} = \frac{965\ \text{C}}{2\times 96\ 500\ \text{C}\cdot\text{mol}^{-1}} = 0.005\ \text{mol}$$

又 $\Delta\xi = \frac{\Delta n_B}{\nu_B}$，故阴极上析出的物质的量

$$\Delta n_B = \nu_B\Delta\xi = 1\times 0.005\ \text{mol} = 0.005\ \text{mol}$$

析出的 Cu 的物质的量为 $n(Cu) = \frac{0.285\ 9\ \text{g}}{63.55\ \text{g}\cdot\text{mol}^{-1}} = 0.004\ 5\ \text{mol}$

析出的 H_2 的物质的量为

$$n(H_2)=(0.005-0.0045)\ \text{mol}=0.0005\ \text{mol}$$

$$V(H_2)=\frac{n(H_2)RT}{p}=\frac{0.000\ 5\ \text{mol}\times 8.314\ 5\ \text{J}\cdot\text{K}^{-1}\ \text{mol}^{-1}\times 298.15\ \text{K}}{100\times 10^3\ \text{Pa}}=$$
$$12.4\times 10^{-6}\ \text{m}^3$$

8.16.4 电极反应的竞争

电解时，若在一电极上有几种反应都可能发生，那么实际上进行的是哪个反应呢？一要看反应的热力学趋势，二要看反应的速率。即既要看电极电势 E，又要看超电势 η 的大小。

以电解分离为例。如果电解液中含有多种金属离子，则可通过电解的方法把各种离子分开。金属离子在电解池阴极上获得电子被还原为金属而析出在电极上，若 E 越大，则金属析出的趋势越大，即越易析出。

例如，25 ℃时，电解含有 Ag^+、Cu^{2+}、Zn^{2+} 离子的溶液，假定溶液中各离子的活度均为1，则

$$Ag^+\ (a=1)+e^- \longrightarrow Ag(s)$$
$$E(Ag^+|Ag)=E^{\ominus}(Ag^+|Ag)=0.799\ 8\ \text{V}$$
$$Cu^{2+}(a=1)+2e^- \longrightarrow Cu(s)$$
$$E(Cu^{2+}|Cu)=E^{\ominus}(Cu^{2+}|Cu)=0.340\ 2\ \text{V}$$
$$Zn^{2+}(a=1)+2e^- \longrightarrow Zn(s)$$
$$E(Zn^{2+}|Zn)=E^{\ominus}(Zn^{2+}|Zn)=-0.763\ 0\ \text{V}$$

显然，从热力学趋势上看，析出的顺序应是 Ag→Cu→Zn。但是溶液中的 H^+ 也会在阴极上获得电子析出 H_2。假定溶液为中性，则

$$H^+\ (a=10^{-7})+e^- \longrightarrow \frac{1}{2}H_2(p^{\ominus})$$

$$E(H^+|H_2)=-0.025\ 69\ \text{V}\ln\frac{1}{10^{-7}}=-0.414\ \text{V}$$

似乎 H_2 应先于 Zn 在阴极上析出，但由于 H_2 在 Zn 电极上析出时有较大超电势，即使在低电流密度下也有−1 V 以上的超电势，所以实际上 H_2 后于 Zn 析出(一般金属超电势很小，可以忽略不计)。

【例 8-19】 设有某电解质溶液，其中含 0.01 $\text{mol}\cdot\text{kg}^{-1}$ $CuSO_4$ 及 0.1 $\text{mol}\cdot\text{kg}^{-1}$ $ZnSO_4$，在 298.15 K 下进行电解。如果 Cu 及 Zn 的析出超电势可以忽略不计，试确定在阴极上优先析出的是哪种金属(设活度因子均等于 1)？

解　锌的平衡电极电势

由
$$Zn^{2+}(a)+2e^- \longrightarrow Zn(s)$$

$$E[Zn^{2+}(a)|Zn(s)]=E^{\ominus}(Zn^{2+}|Zn)-\frac{RT}{zF}\ln\frac{1}{a(Zn^{2+})}=$$
$$\left(-0.763\ 0+\frac{0.059\ 2}{2}\lg 0.1\right)\text{V}=-0.792\ 6\ \text{V}$$

铜的平衡电极电势

由
$$Cu^{2+}(a)+2e^- \longrightarrow Cu(s)$$

$$E[Cu^{2+}(a)|Cu(s)]=E^{\ominus}(Cu^{2+}|Cu)-\frac{RT}{zF}\ln\frac{1}{a(Cu^{2+})}=$$

$$\left(0.3402+\frac{0.0592}{2}\lg 0.01\right)\text{V}=0.2810\ \text{V}$$

$E(Cu^{2+}|Cu)>E(Zn^{2+}|Zn)$，即表示 Cu^{2+} 先于 Zn^{2+} 在阴极上还原。

【例 8-20】 298.15 K 时溶液中含有质量摩尔浓度均为 1 $mol\cdot kg^{-1}$ 的 Ag^+，Cu^{2+} 和 Cd^{2+}，能否用电解方法将它们分离完全？

解 设可近似地把活度因子看作等于 1，查表可知：

$E^{\ominus}(Ag^+|Ag)(=0.7994\ V)>E^{\ominus}(Cu^{2+}|Cu)(=0.3402\ V)>E^{\ominus}(Cd^{2+}|Cd)(=-0.4028\ V)$

则电解时析出的顺序为 Ag、Cu、Cd。

当阴极电势由高变低的过程中达到 0.799 4 V 时，Ag 首先开始析出，当阴极电势降至 0.340 2 V 时，Cu 开始析出，此时溶液中 Ag^+ 的质量摩尔浓度计算如下：

$$E[Cu^{2+}(a)\mid Cu(s)]=E^{\ominus}(Ag^+\mid Ag)+\frac{RT}{F}\ln[b(Ag^+)/b^{\ominus}]$$

$$0.3402\ V=0.7994\ V+0.02569\ V\ln[b(Ag^+)/b^{\ominus}]$$

$$\ln[b(Ag^+)/b^{\ominus}]=-\left(\frac{0.7994-0.3402}{0.02569}\right)$$

则
$$b(Ag^+)/b^{\ominus}=1.7\times10^{-8}$$

当阴极电势降至—0.402 8 V 时，Cd 开始析出，此时溶液中 Cu^{2+} 的质量摩尔浓度计算如下：

$$E[Cd^{2+}(a)\mid Cd(s)]=E^{\ominus}(Cu^{2+}\mid Cu)+\frac{RT}{zF}\ln[b(Cu^{2+})/b^{\ominus}]$$

$$-0.4028\ V=0.3402\ V+0.01285\ V\ln[b(Cu^{2+})/b^{\ominus}]$$

$$\ln[b(Cu^{2+})/b^{\ominus}]=-\left(\frac{0.3402+0.4028}{0.01285}\right)$$

则
$$b(Cu^{2+})/b^{\ominus}=1.457\times10^{-58}$$

由上述计算结果可以看出，用电解方法可以把析出电势相差较大的离子从溶液中分离得非常完全。

【例 8-21】 有一含有 KCl、KBr、KI 的质量摩尔浓度均为 0.100 0 $mol\cdot kg^{-1}$ 的溶液，放入插有 Pt 电极的多孔杯中，将此杯放入一盛有大量0.100 0 $mol\cdot kg^{-1}$ 的 $ZnCl_2$ 溶液及一 Zn 电极的大器皿中。若液体接界电势可忽略不计。求 298.15 K 时下列情况所需施加的电解电压：(1)析出 99%的 I_2；(2)使 Br^- 的质量摩尔浓度降至 0.000 1 $mol\cdot kg^{-1}$；(3)使 Cl^- 的质量摩尔浓度降到 0.000 1 $mol\cdot kg^{-1}$。

解 阴极反应 $Zn^{2+}(a)+2e^-\longrightarrow Zn(s)$

阳极反应 $2X^-(a)\longrightarrow X_2(s、l、g,p^{\ominus})+2e^-$

电解过程中因 $a(Zn^{2+})$ 基本不变，故阴极电极势恒为

$$E[Zn^{2+}(a)|Zn(s)]=E^{\ominus}(Zn^{2+}|Zn)+\frac{RT}{zF}\ln a(Zn^{2+})=$$

$$\left(-0.763+\frac{1}{2}\times0.0592\lg 0.1000\right)\text{V}=-0.793\ \text{V}$$

(1)析出 99%的 I_2 时，I^- 的质量摩尔浓度降为 $0.1000\times0.01=0.0010\ mol\cdot kg^{-1}$，阳极电势为

$$E[I^-(a)|I_2(s)]=E^{\ominus}(I^-|I_2)-\frac{RT}{F}\ln a(I^-)=$$

$$(0.535-0.0592\lg 0.0010)\text{V}=0.712\ \text{V}$$

外加电压 $\Delta\phi=E(阳)-E(阴)=[0.712-(-0.793)]V=1.51\ V$

(2)使 Br^- 的质量摩尔浓度降为 0.000 1 $mol\cdot kg^{-1}$时的阳极电势为

$$E[Br^-(a)|Br_2(l)]=E^{\ominus}(Br^-|Br_2)-\frac{RT}{F}\ln a(Br^-)=$$

$$(1.065-0.0592\lg 0.0001)\text{V}=1.302\ \text{V}$$

外加电压 $\Delta\phi=E(阳)-E(阴)=[1.302-(-0.793)]V=2.09\ V$

(3)使 Cl^- 的质量摩尔浓度降为 0.000 1 $mol \cdot kg^{-1}$ 时的阳极电势为

$$E[Cl^-(a)|Cl_2(p)]=E^{\ominus}(Cl^-|Cl_2)-\frac{RT}{F}\ln a(Cl^-)=$$

$$(1.358-0.059\ 2\lg 0.000\ 1)V=1.595\ V$$

外加电压 $$\Delta\phi=E(阳)-E(阴)=[1.595-(-0.793)]=2.388\ V$$

8.17 化学电源

8.17.1 常用的化学电源

视频

燃料电池

化学电源是把化学能转化为电能的装置（$\Delta G<0$）。电池内参加电极反应的反应物叫活性物质。化学电源按其工作方式可分为一次电池和二次电池。一次电池是放电到活性物质耗尽时只能废弃而不能再生的电池；而二次电池是指活性物质耗尽后，可以用其他外来直流电源进行充电而使活性物质再生的电池。二次电池又叫蓄电池，可以放电、充电，可反复使用多次。

1. 锌锰干电池

锌锰干电池是一次电池，通称干电池。其结构如图 8-19 所示。

干电池的负极是锌，正极是石墨。石墨周围是 MnO_2，电解质是 NH_4Cl、$ZnCl_2$ 溶液。其中加入淀粉糊使之不易流动，故称“干电池”。这种电池图式为

$$Zn|NH_4Cl|MnO_2|C$$

关于干电池的电极反应机理及反应的最终产物的组成至今仍然不太清楚。一般认为它的电极反应及电池反应为

负极：$Zn+2NH_4Cl \longrightarrow Zn(NH_3)_2Cl_2+2H^++2e^-$

正极：$2MnO_2+2H^++2e^- \longrightarrow 2MnOOH$

电池反应：$Zn+2MnO_2+2NH_4Cl \longrightarrow Zn(NH_3)_2Cl_2+2MnOOH$

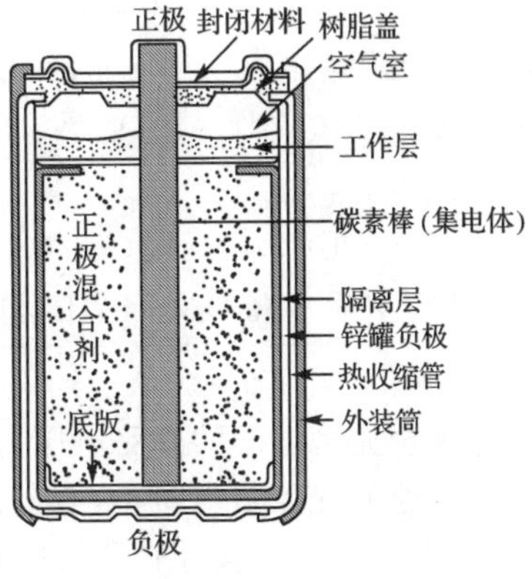

图 8-19　锌锰干电池的结构

干电池的开路电压是 1.5 V。这种电池的优点是制作容易，成本低，工作温度范围宽；其缺点是实际能量密度低[①]（20～80 $W \cdot h \cdot kg^{-1}$），在电池储存不用时，电容量[②]自动下降的现象较严重。使用一定时间后，Zn 筒发生烂穿或正极活性降低，使电池报废。

2. 铅蓄电池

PbO_2 为正极，海绵状 Pb 为负极，H_2SO_4 为电解液。电池表示如下：

$$Pb(s)|H_2SO_4(\rho=1.28\ g \cdot cm^{-3})|PbO_2(s)$$

放电时：

负极：$Pb(s)+H_2SO_4(l) \longrightarrow PbSO_4(s)+2H^+(a)+2e^-$

正极：$PbO_2(s)+H_2SO_4(l)+2H^+(a)+2e^- \longrightarrow PbSO_4(s)+2H_2O(l)$

电池反应：$PbO_2(s)+Pb(s)+2H_2SO_4(l) \underset{充电}{\overset{放电}{\rightleftharpoons}} 2PbSO_4(s)+2H_2O(l)$

---

① 每千克电池所能提供的电能量称为电池的实际能量密度。

② 电池从放电开始到规定的终止电压为止所输出的电量称为电池的电容量。

电池电动势为 2 V。电池内 H_2SO_4 的体积质量随着放电的进行而降低，当电池内 H_2SO_4 的体积质量降至约 $1.05\ g\cdot cm^{-3}$ 时，电池电动势下降到约 1.9 V，应暂停使用。以外来直流电源充电直至 H_2SO_4 的体积质量恢复到约 $1.28\ g\cdot cm^{-3}$ 时为止。铅蓄电池可反复循环使用，所以称二次电池或蓄电池。

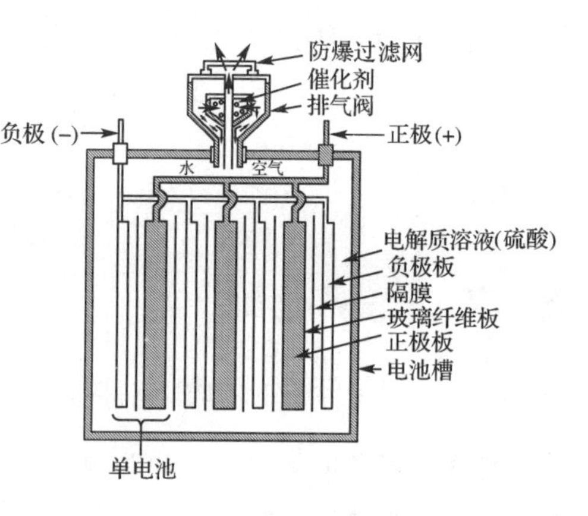

图 8-20 铅蓄电池的结构

铅蓄电池的优点是它的充放电可逆性好，电压平稳，能适用较大的电流密度，使用温度范围宽、价格低，因而是常用的蓄电池。其缺点是较笨重，实际能量密度低（15～40 $W\cdot h\cdot kg^{-1}$）以及对环境的污染与腐蚀。铅蓄电池的结构如图 8-20 所示。

3. 银锌电池

银锌电池属于碱性蓄电池，其实际能量密度可达 90～150 $W\cdot h\cdot kg^{-1}$，约为铅蓄电池的 4 倍，是一种高能电池。这种电池图式为

$$Zn(s)\,|\,KOH(w_B=0.40)\,|\,Ag_2O(s)\,|\,Ag(s)$$

电池的电极反应不是单一的，而是较复杂的。每一种化合物都不止一种形态，如 Ag 有高价的和低价的氧化物 Ag_2O_2，Ag_2O。

放电时：

负极（氧化）：$2Zn(s)+4OH^-(a)\longrightarrow 2Zn(OH)_2(s)+4e^-$

正极（还原）：$Ag_2O_2(s)+2H_2O(l)+4e^-\longrightarrow 2Ag(s)+4OH^-(a)$

电池反应： $2Zn(s)+Ag_2O_2(s)+2H_2O(l)\rightleftharpoons 2Ag(s)+2Zn(OH)_2(s)$

此电池全充满电时的开路电压为 1.86 V。可做成蓄电池（二次电池），也可做成一次电池。这种电池的优点是内阻小，能量密度高，工作电压平稳，特别适合高速率放电使用，如宇宙航行、人造卫星、火箭、导弹和航空等应用，是目前使用的蓄电池中比功率最高的电池。其缺点是价格昂贵，循环寿命短，低温性能较差。目前除了做成蓄电池外，还做成“扣式”原电池，供小型电子仪器和手表使用，使用寿命为 1～2.5 年。

我国是化学电池生产量最大的国家，占世界总产量的三分之一，其中三分之二出口，三分之一内销。化学电池的废弃物对环境会造成严重污染，因此废弃电池如何回收、管理和再利用是解决环境污染的重要课题。

4. 燃料电池

燃料在电池中直接氧化而发电的装置叫燃料电池（fuel cell）。这种化学电源与一般的电池不同。一般的电池是把“发电”的活性物质全部储存在电池内，而燃料电池是把燃料不断输入负极作活性物质，把氧或空气输送到正极作氧化剂，产物不断排出。正、负极不包含活性物质，只是个催化转换元件。因此燃料电池是名副其实的把化学能转化为电能的“能量转换机器”。一般燃料的利用需先经燃烧把化学能转换为热能，然后再经热机把热能转化为机械能，因此受到“热机效率”的限制。经热机转换最高的能量利用率（柴油机）不超过 40%，蒸汽机火车头的能量利用率不到 10%，大部分能量都以热的形式散发到环境中去了。燃料电池由于是恒温的能量转化装置，不受热机效率的限制，能量利用率可以高达 80%以上。除

此之外，直接燃烧燃料还会污染空气，使大气中 CO_2 的含量大大增加，超过了植物光合作用移去 CO_2 的量，最终结果是大气中 CO_2 量逐渐增多。CO_2 具有与温室玻璃相似的性质，将发生所谓的“温室效应”。即 CO_2 分子收集的能量有助于温度的升高，地球将不断热起来，会使极冰融化而使海平面升高，造成灾难性的海水上涨。燃料电池将燃料直接氧化变为电能，既避免了温室效应又充分利用能量。另外，在开辟新的能源方面，燃料电池也具有重要意义。未来的能源将主要是原子能和太阳能。利用原子能发电，电解水产生大量的 H_2，用管道将 H_2 送到用户(工厂和家庭)，或将 H_2 液化运往边远地区，通过氢-氧燃料电池产生电能供人们使用。也可利用太阳能电池电解水生产 H_2 储存起来，在没有太阳能时可将 H_2 通过氢-氧燃料电池产生电能，克服了利用太阳能时受时间和气候变化影响的缺点。

燃料电池是一种以电化学、化学动力学、材料科学、物理学、催化、电力电子工程等学科为基础的高新技术。自 1839 年威利姆(William)从原理上讲解燃料电池的实验到现在，已有 180 多年的发展历史，但真正使燃料电池得到飞速发展并使之接近实用阶段是最近的几十年。

磷酸型燃料电池是现今最为成熟的一项技术，已进入商业化阶段。氢氧碱型燃料电池在航空航天应用上取得了很大的成功。聚合物电解质燃料电池作为电动车辆的动力源，可望在不久的将来实现实用化。熔融碳酸盐燃料电池可用于大中型分布电站。而高温固态氧化物燃料电池也许会成为未来最有前途的燃料电池技术。质子交换膜(采用石墨烯膜)燃料电池的核心技术已经开发成功。

现以碱性氢-氧燃料电池为例来说明燃料电池的原理。如图 8-21 所示，该电池图式为

$$M|H_2(p)|KOH|O_2(p)|M$$

电极反应及电池反应为

负极(氧化)：$H_2(p)+2OH^-(a) \longrightarrow 2H_2O(l)+2e^-$

正极(还原)：$\frac{1}{2}O_2(p)+H_2O(l)+2e^- \longrightarrow 2OH^-(a)$

电池反应：　$H_2+\frac{1}{2}O_2 \longrightarrow H_2O$

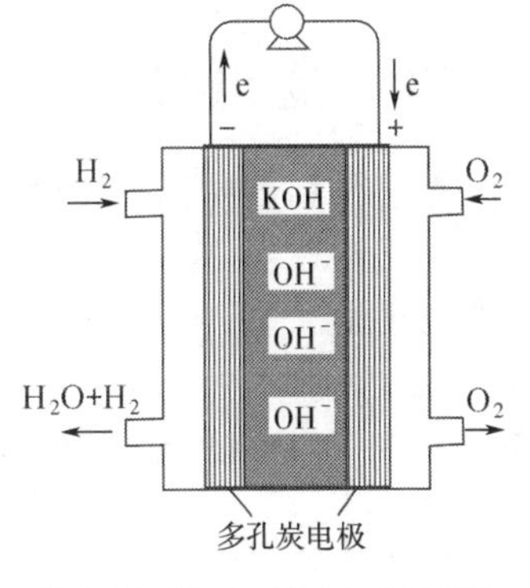

图 8-21　H_2-O_2 燃料电池示意图

目前在燃料电池的研究中，以氢-氧燃料电池发展最为迅速，现在已实际用于宇宙航行和潜艇中。因为它不仅能大功率供电(可达几十千瓦)，而且还具有可靠性高、无噪声，反应产物 H_2O 又能作为宇航员的饮水等优点。

现今机动车辆排出的废气所造成的环境污染已成为一个日益严重的问题，而比较彻底的解决办法是使用化学电源作动力。总之，从长远来看，要比较彻底地解决使用能源所带来的环境污染问题，必须高度重视化学电源的研究。

8.17.2　化学电源的效率

化学电源将化学能转换为电能的(理想的)最大效率 ε(最大) 定义为

$$\varepsilon(\text{最大}) \xlongequal{\text{def}} \frac{-\Delta_r G_m}{-\Delta_r H_m} \tag{8-62}$$

式中，$-\Delta_r G_m$ 等于电池可做的最大电功，$-\Delta_r H_m$ 等于电池反应不在电池中进行时的放热量。

室温下，$|T\Delta_r S_m| \ll |\Delta_r H_m|$，故 $\Delta_r G_m$ 的值通常接近于 $\Delta_r H_m$，所以 ε(最大) 通常接近

于 1。例如，氢 - 氧燃料电池的反应为

$$H_2 + \frac{1}{2}O_2 \longrightarrow H_2O$$

$$\Delta_r H_m(298.15\ K) = -285.84\ kJ \cdot mol^{-1}, \Delta_r G_m(298.15\ K) = -237.14\ kJ \cdot mol^{-1}$$

所以
$$\varepsilon(最大) = \frac{237.14\ kJ \cdot mol}{285.84\ kJ \cdot mol} = 0.83$$

因为，最大电功

$$-W'(最大) = -\Delta_r G_m = zFE_{MF}$$

实际电功
$$-W'(实际) = zF\Delta\phi$$

所以
$$\varepsilon(实际) = \frac{zF\Delta\phi}{-\Delta_r H_m}$$

因为 $\Delta\phi < E_{MF}$，故 ε(实际) < ε(最大)。

评价化学电源的重要指标之一是功率(单位电极表面的功率、电池单位体积或单位质量的功率)。

$$功率(P) = 电流(I) \times 电压(\Delta\phi)$$

而
$$\Delta\phi = E_{MF} - (\eta_a + |\eta_c|) - IR(溶液)$$

可见，为了提高 ε(实际) 或 P，需要使 $\Delta\phi$ 增大，这就要尽可能减小超电势及溶液电阻。由

$$\eta(电化学) \propto \ln\frac{j}{j_0} \quad 及 \quad \eta(扩散) \propto \ln\left(1 - \frac{j}{j_{max}}\right)$$

可知，增大 ε(实际) 或 P 的方法是提高交换电流密度 j_0(选择有较强的电催化作用的电极)，加大 j_{max}(改善扩散条件) 及减少溶液电阻。

8.18 金属的电化学腐蚀与防腐

金属在高温气氛中或与非导电的有机介质接触时，发生纯化学作用，或在潮湿的环境中发生电化学作用，变为金属化合物而遭到破坏的现象叫作金属的腐蚀。前者叫化学腐蚀，后者叫电化学腐蚀。

8.18.1 电化学腐蚀的机理

电化学腐蚀，实际上是由大量的微小电池构成的微电池群自发放电的结果。如图 8-22(a)所示是由不同金属(如 Fe 与 Cu)接触时构成的微电池，如图 8-22(b)所示是金属与其中的杂质(如 Zn 中含杂质 Fe)构成的微电池。当它们的表面与溶液接触时，就会发生原电池反应，导致金属被氧化而腐蚀。产生电化学腐蚀的微电池称为腐蚀电池。

微电池[图 8-22(a)]反应为

阳极过程：$Fe(s) \longrightarrow Fe^{2+}(a) + 2e^-$

阴极过程：在阴极 Cu(s)上可能有下列两种反应：

$$2H^+(a) + 2e^- \longrightarrow H_2(p) \quad \text{(i)}$$

$$O_2(p) + 4H^+(a) + 4e^- \longrightarrow 2H_2O(l) \quad \text{(ii)}$$

若阴极反应为(i)，则电池反应为

$$Fe(s) + 2H^+(a) \longrightarrow Fe^{2+}(a) + H_2(p)$$

若阴极反应为(ii)，则电池反应为

$$Fe(s) + \frac{1}{2}O_2(p) + 2H^+(a) \longrightarrow Fe^{2+}(a) + H_2O(l)$$

利用能斯特方程，可算得 25 ℃时酸性溶液中上述两电池反应的 $E_{MF,1}$、$E_{MF,2}$ 均为正值，表明电池反应是自发的，且 $E_{MF,1} < E_{MF,2}$，说明有氧存在时，腐蚀更为严重。通常把电池反应(i)叫**析 H_2 腐蚀**，电池反应(ii)叫**吸 O_2 腐蚀**。

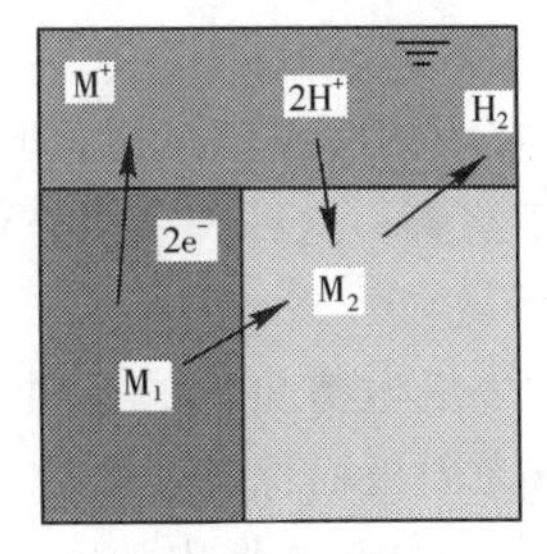

(a)不同金属接触时构成的微电池

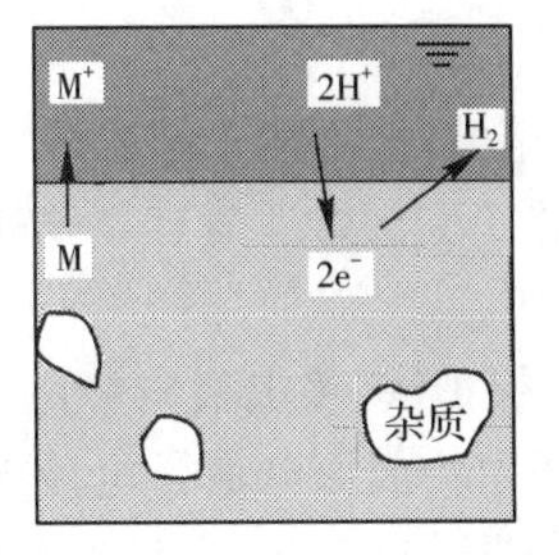

(b)金属与其中的杂质构成的微电池

图 8-22　电化学腐蚀

8.18.2　腐蚀电流与腐蚀速率

金属的电化学腐蚀是自发的不可逆过程，过程进行的主要规律受电化学反应动力学支配。当微电池中有电流通过时，阴极和阳极分别发生极化作用，如图 8-23(Evans 图)所示。由于腐蚀电池的外电阻为零(两电极金属直接接触)，溶液内阻很小，因而腐蚀金属的表面是等电势的，流经电池的电流等于 S 点处的电流 I(腐蚀)，称为**腐蚀电流**，相应的电极电势 $zF\Delta\phi$(腐蚀) 叫作**腐蚀电势**。腐蚀电流反映腐蚀速率大小，增加极化程度可减小 I(腐蚀)，从而降低腐蚀速率，减少金属腐蚀。

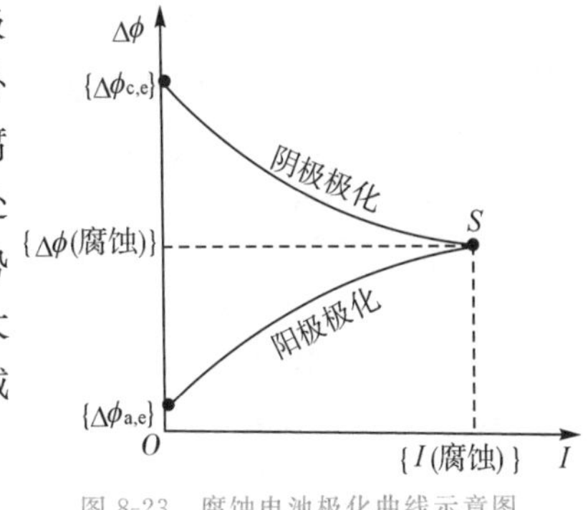

图 8-23　腐蚀电池极化曲线示意图

8.18.3　金属的防腐

金属的腐蚀是一个严重的问题，每年都有大量的金属遭到不同程度的腐蚀，使得机器、设备、轮船、车辆等金属制品的使用寿命大大缩短。常用的金属防腐方法有：

1. 非金属保护层

使用某些非金属材料，如油漆、搪瓷、陶瓷、玻璃、沥青以及高分子材料涂在被保护的金属表面上构成一个保护层，使金属与腐蚀介质隔开，起保护作用。

2. 金属保护层

在被保护的金属上镀另一种金属或合金。例如在黑色金属上可镀锌、锡、铜、铬、镍等，在铜制品上可镀镍、银、金等。

金属的保护层分为两种，即阳极保护层和阴极保护层。前者是镀上去的金属比被保护的金属具有较负的电极电势。例如将锌镀于铁上(锌为阳极，铁为阴极)，后者是镀上去的金属有较正的电极电势，如把锡镀在铁上(此时锡为阴极，铁为阳极)。当保护层完整时，上述两类保护层没有原则性区别。但当保护层受到损坏而变得不完整时，情况就不同了。阴极保护层失去了保护作用，它和被保护的金属形成了原电池，由于被保护的金属是阳极，阳极要氧化，所以保护层的存在反而加速了腐蚀。但阳极保护层则不然，即使保护层被破坏，由于被保护的金属是阴极，所以受腐蚀的是保护层本身，而被保护的金属则不受腐蚀。

3. 金属的钝化

铁易溶于稀硝酸，但不溶于浓硝酸。把铁预先放在浓硝酸中浸过后，即使再把它放在稀硝酸中，其溶解速率也比处理前有显著的下降，甚至不溶解。这种现象叫作**化学钝化**。

4. 电化学保护

(i)牺牲阳极保护法：将电极电势比被保护金属的电极电势更低的金属或合金进行电化学连接，在电解质中构成原电池。电极电势低的金属为阳极而保护了被保护金属。例如在海上航行的轮船船体可以安装上牺牲阳极，在海水中与船体形成原电池，以保护船体。

(ii)阴极电保护法：利用外加直流电，负极接在被保护金属上成为阴极，正极接废钢。例如一些装酸性溶液的管道常用这种方法。

(iii)阳极电保护法：把直流电的电源正极连接在被保护的金属上，使被保护金属进行阳极极化，电极电势向正方向移动，使金属“钝化”而得保护。

(iv)缓蚀剂的防腐作用

许多有机化合物，如胺类、吡啶、喹啉、硫脲等能被金属表面所吸附，可以使阳极或阴极更加极化，大大降低阳极或阴极的反应速率，缓解金属的腐蚀，这些物质叫作**缓蚀剂**。如图8-24(a)及图8-24(b)所示分别为加入阴极和阳极缓蚀剂时，降低腐蚀速率的示意图。

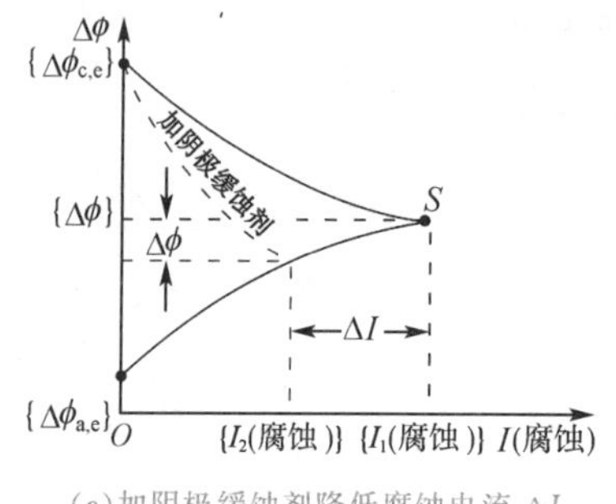

(a)加阴极缓蚀剂降低腐蚀电流 ΔI

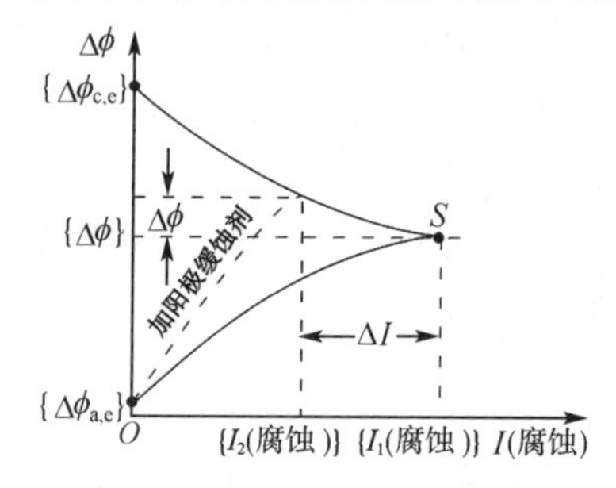

(b)加阳极缓蚀剂降低腐蚀电流 ΔI

图 8-24 缓蚀剂的防腐作用

8.19 金属表面精饰及其动力学

金属表面精饰是指通过电化学方法把简单金属离子或络离子在被精饰的金属表面上放电，还原为金属原子附着于金属(电极)表面，从而获得一金属层，以达到改变金属表面特性——改善外观，提高耐磨性、抗蚀性，增强硬度、光洁度等的过程，通常称为金属的电沉积。

8.19.1 简单金属离子还原的动力学

溶液中的任何金属离子，原则上都可能在阴极上获得电子而还原，最终在金属表面形成一薄层，使金属(电极)表面得到精饰。一般认为简单电荷金属离子的还原过程包括以下步骤：

(i)水化金属离子自溶液本体向溶液表面电迁移；

(ii)电极表面溶液层中金属离子水化数降低，水化层发生重排，使离子进一步靠近电极表面，该过程可表示为

$$M^{2+}\cdot mH_2O - nH_2O \longrightarrow M^{2+}\cdot(m-n)H_2O$$

(iii)部分失水的离子直接被电极表面的活化部位所吸附，并借助于电极实现电荷转移，形成吸附于电极表面的水化原子，该过程表示为

$$M^{2+}\cdot(m-n)H_2O + e^- \longrightarrow M^{+}\cdot(m-n)H_2O(\text{吸附离子})$$

$$M^{+}\cdot(m-n)H_2O + e^- \longrightarrow M\cdot(m-n)H_2O(\text{吸附原子})$$

(iv)吸附于电极表面的水化原子失去剩余水化层，成为金属原子进入晶格，该过程表示为

$$M\cdot(m-n)H_2O(ad)-(m-n)H_2O \longrightarrow M(\text{晶格})$$

在金属电沉积过程中，为获得均匀、致密的镀层，常要求电沉积过程在较大的电化学极化条件下进行，而当向简单金属离子的溶液中加入络离子时，即可满足金属电沉积在较大的超电势下进行。

此外，生产上为了获得具有特殊性能的金属镀层，常采用两种以上金属离子进行阴极还原共沉积，形成合金镀层。要使两种金属实现在阴极板上共沉积，就必须使它们有相近的析出电势。

8.19.2 金属电结晶过程的动力学

金属离子在电极上放电还原为吸附原子后，需经历由单吸附原子结合为晶体的另一过程方可形成金属电沉积层，这种在电场作用下进行的过程称为电结晶。

金属离子还原继而形成结晶层的电结晶过程一般包括以下步骤：

(i) 进入晶格的金属吸附原子经表面扩散，达到金属表面(电极)的缺陷、扭折、位错的有利部位；

(ii) 电还原得到的其他原子在这些部位聚集，形成新相的核，此步骤称为核化过程；

(iii) 还原的金属离子结合到晶格中生长，此过程称为核的生长过程；

(iv) 结晶形态特征的形成和进一步发展，即相转移过程。

电结晶层的结构很大程度上受超电势影响。当施加电势(负值)较小时，电流密度低，晶面上有很少生长点，吸附原子表面扩散路程长，沉积过程的速度控制步骤是表面扩散。当施加电势高(较大的负值)时，电流密度也大，晶面上生长点多，表面扩散容易进行，电子传递成为速率控制步骤。研究结果表明：增加阴极极化可以得到数目众多的小晶体组成的晶格层，即超电势是影响金属电结晶的主要动力学因素。

8.20 电化学合成

电化学合成是指用电化学方法合成化学产品，特别是一些有机化合物的合成广泛应用电化学合成法。电化学合成的优点有：(i)电化学合成通常是在常温、常压下完成，反应条件温和；(ii)电化学合成的产品通常具有单一性，产物纯度高，很少有副产物生成，排放三废少，

对环境友好。

8.20.1 间接电合成法

某些有机化合物直接进行电合成难以获得满意的效果，其原因主要在于：(i)反应速率太慢；(ii)有机反应物在电解液中的溶解度太低；(iii)反应物或产物易吸附在电极上，产生焦油状或树脂状物质污染电极，使电合成的产率和电流效率太低，或随电解进行，产率或电流效率迅速降低，因此不适于进行直接电合成。在这些情况下，可借助于媒质进行有机化合物的间接电合成。

间接电合成是通过一种传递电子的媒质与有机化合物反应生成目的产物。与此同时，媒质发生了价态的变化；变化的媒质进行电解得以再生，再生后的媒质又可重新与反应物反应，生成目的产物；如此反复。可见有机反应物并不直接电解，而是通过与媒质的化学反应不断地转变成产物。进行电解的媒质，通过在电极上的反应，不断地得或失电子而再生，它可以反复使用而不消耗。

例如，对硝基苯甲酸的电合成(对硝基苯甲酸用于医药、染料等的合成)，化学方法用氧化剂铬酸氧化对硝基甲苯制取对硝基苯甲酸，有大量含铬废水排放，对环境造成严重污染。利用铬盐为媒质，间接电氧化对硝基甲苯可得到对硝基苯甲酸。由于媒质电氧化再生后可循环使用，因而不但节省氧化剂，且能明显减少对环境的污染。

90 ℃下，对硝基甲苯可被重铬酸氧化成对硝基苯甲酸：

$$CH_3C_6H_4NO_2 + H_2Cr_2O_7 + 3H_2SO_4 = HOOCC_6H_4NO_2 + Cr_2(SO_4)_3 + 5H_2O$$

反应后，被还原成 Cr^{3+} 的媒质可送入电解槽中进行阳极电氧化，再生后循环使用。电解时发生的反应如下：

阳极：$2Cr^{3+} + 3SO_4^{2-} + 7H_2O \longrightarrow Cr_2O_7^{2-} + 3SO_4^{2-} + 14H^+ + 6e^-$

阴极：$6H^+ + 6e^- \longrightarrow 3H_2$(还原)

电池反应：$Cr_2(SO_4)_3 + 7H_2O = H_2Cr_2O_7 + 3H_2SO_4 + 3H_2$

8.20.2 配对电合成法

在通常的有机电合成过程中，生成产物的电极反应只发生在某一方电极(阳极或阴极)上，而另一方电极(阴极或阳极)上发生的电极反应并未被利用。例如，在水溶液中利用发生在阳极上的电氧化反应将醇氧化成酸，通常在阴极进行的是未被利用的析氢反应。显然通过阴极的电流并未被利用，这是很不经济的。如果在阴、阳两极同时安排可以生成目的产物的电极反应，从原理上讲，电能的效率可以提高一倍。同时利用阴、阳两极电极反应的电合成方法称为配对电合成法。但并非任何两个阴、阳极的电合成反应均可配对进行，这里有一个匹配问题。要求同时进行的一对反应有大致相同的电解条件，如槽电压、电解温度及电解时间等。不过配对进行的阴、阳极反应既可以是有机电合成反应，也可以是无机物的电极反应。

例如，山梨醇和葡萄糖酸的电合成，山梨醇主要用于合成维生素 C、表面活性剂，也用于制胶黏剂、增塑剂及胶化剂等。葡萄糖酸广泛用于食品、医药、水处理、电镀及表面清洗等领域。山梨醇和葡萄糖酸都是用途广泛的化工产品。

化学方法生产山梨醇是在 10～13 MPa 压力下，催化加氢葡萄糖而制得。该法需使用耐高温、高压设备，技术要求高。在常温、常压下电解葡萄糖，在阴极上可生成山梨醇。在阳极上可以利用媒质（例如 Br^+/Br^-）将葡萄糖间接电氧化成葡萄糖酸。

将阴、阳两极的反应匹配来进行葡萄糖的配对电解可以同时生成山梨醇和葡萄糖酸两种产物，电能利用率高，是一种前景良好的电化学合成技术。

8.20.3　自发电合成法

如果在一定的温度和压力下，生成某种有机化合物的化学反应 $\Delta_r G<0$，那么，此反应就可以自发进行。将自发进行的化学反应安排在电化学反应器中进行，不仅合成了所需的产物，而且可以提供电能，这种电合成方法称为自发电合成法。

常温、常压下乙烯的氯化反应就是一个可自发进行的反应。可以将此反应安排成如下的电池：

$$Pt|Cl_2|Cl^-|C_2H_4|Pt$$

该电池会发生以下反应：

阴极：$Cl_2+2e^- \longrightarrow 2Cl^-$

阳极：$CH_2=CH_2+2Cl^- \longrightarrow CH_2ClCH_2Cl+2e^-$

电池反应：$Cl_2+CH_2=CH_2 = CH_2ClCH_2Cl$

因此这种电池不仅能释放电能，而且能自发生成有机产品二氯乙烷。与通常的乙烯氯化反应相比，自发电合成得到的二氯乙烷纯度很高，基本上无乙二醇副产品生成。

8.21　生物电化学

生物电化学（bioelectrochemistry）是在电化学、生物化学、生物物理和生理学等学科基础上迅速发展起来的一门新兴交叉学科，是利用电化学的基本原理和实验方法从分子和细胞水平上认识生命过程的科学。生物电化学现象在生命过程中普遍存在，无论是光合作用、呼吸过程、神经传导，还是大脑思维、基因遗传、癌症防治，都与它有关，所以生物电化学在医学和药学中的实际应用的意义不言而喻。

8.21.1　生物氧化还原反应

生物氧化还原反应（biological redox reactions）是指物质在生物体中的细胞内的氧化还原作用，其特点是在体温条件与酶的催化作用下，经过一系列连续的氧化还原反应逐步分次地释放能量。这方面的研究主要有呼吸链中的氧化还原电势与吉布斯函数变化；生命过程所需的能量和信息传递，包括光合作用、磷酸化作用、重要的生化代谢过程中酶活性中心的氧化还原电势以及电子、质子传输所伴随的化学反应等。例如，哺乳动物体中的葡萄糖衍生物被血红蛋白携带的氧所氧化生成二氧化碳和水的反应，提供了维持生命所必需的能量。但这类氧化还原反应非常复杂，是由许多酶组成的传递链进行电荷和能量的交换而形成产物，从整体上研究相当困难。然而这类反应与电化学电极过程相似，我们可以借助化学热力学和化学动力学的原理，将其分为一系列简单反应，再用电化学方法一一研究，最后根据实验所得到的数据，推测在生物系统内反应发生的机理。目前，对血红蛋白载氧功能和细胞色素作用的研究已经取得较大的进展。

8.21.2 生物膜、膜电势

生物膜(biomembrane)是指构成生物细胞的膜。细胞膜厚度为 $60\times10^{-10}\sim100\times10^{-10}$ m。细胞膜内、外都充满液体，在液体中都溶有一定量的电解质。哺乳动物体液的电解质总浓度约为 0.3 $mol\cdot kg^{-1}$。细胞膜的作用如同分隔膜内、外两区域具有多种通道的栅栏，对生物体内物质的转运起开关作用，有的通道只允许水分子通过，有的通道只允许某种离子通过，如果转运的物质带有电荷，则有生物电流产生。美国化学家阿格雷·彼德和麦金农·罗德里克，分别发现细胞膜的水通道及其表征和细胞膜的离子(如钾离子)通道及转运机理而荣获 2003 年度诺贝尔化学奖。细胞膜的水通道及离子通道的发现，即知道水及某种离子是如何进出细胞膜的，对生命过程至关重要。

生物电流现象产生的原因是由膜电势(membrane potential)引起的，生物膜电势的构成主要包括膜的唐南效应(见 9.6.3 节)产生的电势差、细胞内外离子浓度不同产生的电势差和细胞内外进行的氧化还原反应构成原电池所产生的电势差等。例如，生物体内细胞膜两侧存在的膜电势就是由于膜两边钾或钠离子的浓度不等而引起的。特别是 K^+ 比 Na^+ 和 Cl^- 更易于透过细胞膜，因此细胞膜两侧 K^+ 的浓度差最大。其所产生的膜电势可表示为

$$E_{膜}=\frac{RT}{F}\ln\frac{a(K^+,膜外)}{a(K^+,膜内)}$$

实验测出神经细胞的膜电势约为 −70 mV，静止肌肉细胞的膜电势约为 −90 mV，肝细胞的膜电势约为 −40 mV。

8.21.3 生物电流图

生物电流在人体中普遍存在，对医学而言，伴随神经、肌肉和感觉器官的电现象最重要。心动电流图(electrocardiogram)，简称心电图，是临床上诊断心脏病的主要手段。当心脏收缩和松弛时，心肌细胞的膜电势发生相应的变化，心脏总的偶极矩和其所产生的电场也随之改变。临床常规心电图就是通过 12 个体表导联记录人体表面几组对称点之间由于心脏偶极矩的变化所引起的电势差随时间的变化情况，来判断心脏功能是否正常。脑电图(electroencephalogram)是通过监测头皮上两点之间的电势差随时间的变化情况来了解神经细胞的电活性。值得一提的是，定量药物脑电图在脑电图学中迅速兴起，其主要用于研究药物对脑功能、中枢神经系统的影响以及预测病人对药物治疗的反应。此外，临床上使用的还有肌电图(electromyogram)、胃电图(electrogastrogram)、脊髓电图(electrospinogram)和视网膜

电图(electroretinogram)等,都是通过测定其生物电流图了解器官的功能状态和对疾病的诊断。

8.22　电化学传感器

8.22.1　物理传感器与化学传感器

人们通过五官感觉,即视觉、味觉、触觉、嗅觉、听觉去感知周围环境发生的现象及其变化,从而不断地认识自然,了解世界,进而去发展科学,开发资源,改造世界,为人类造福。传感器技术就是实现五官感觉的人工化,依据仿生学技术,实现人造的五种感官,例如机器人、智能手机、磁悬浮列车、物联网等的研究与开发是离不开传感器功能的应用的。

人们早已知道的电磁效应、光电效应、压电效应、热电效应等物理现象就是制造物理传感器的一些实验基础,例如走廊里的感应灯,宾馆、商店的自动门等,就是依据以上有关物理效应制作的。

与物理传感器不同,化学传感器检测的对象是化学物质,在大多数情况下是测定物质的分子变化,尤其是要求对特定分子有选择性地响应,并转换成各种信息表达出来。这就要求传感器的材料必须具有识别分子的功能。

化学实验室中常用的玻璃膜电极 pH 传感器、CO_2 气敏电极传感器,我们并不陌生。化学传感器技术的发展,极大地丰富了分析化学,仪器分析已形成了独立的学科领域。化学传感器依据其原理有:(i)电化学式,(ii)光化学式,(iii)热化学式。

8.22.2　电化学传感器类型

电化学传感器可分为电位型传感器、电流型传感器和电导型传感器。

电位型传感器是将溶解于电解质溶液中的离子作用于离子电极而产生的电动势作为传感器的输出,从而实现对离子的检测;电流型传感器是在保持电极和电解质溶液的界面为一恒定的电位时,将被测物直接氧化或还原,并将流过外电路的电流作为传感器的输出,从而实现对离子的检测;电导型传感器是将被测物氧化或还原后,电解质溶液电导的变化作为传感器的输出,从而实现离子的检测。

电位型传感器中,研究最多的是离子型传感器,而离子型传感器研究最早和最多的是 pH 传感器。离子传感器也叫离子选择性电极,它响应于特定离子,其构造的主要部分是离子选择性膜(如石墨烯膜)。因为膜电势随着被测定离子的浓度而变化,所以可以通过离子选择性膜的膜电势测定出离子的浓度。

由于近代电子技术和生物工程的快速发展,生物电化学传感器应运而生。利用生物体可以对特定物质进行选择性识别的化学传感器即为生物传感器。生物传感器一般由两部分组成:其一是分子识别元件或称感受器,由具有分子识别能力的生物活性物质(如酶、微生物、抗原或抗体)构成;其二是信号转换器或内敏感器(如电流或电位测量电极、热敏电阻、压电晶体等),是一个电化学检测元件。当分子识别元件与待测物特异结合后,所产生的复合物通过信号转换器转变为可以输出的电信号或光信号,达到检测目的。目前,生物电化学传感器在生物学、医学、环境监测、食品工业中广泛应用。特别是将酶固定在电极上而制作的酶电化学传感器，是在医学上有巨大应用价值的高新技术。例如，在临床检验中普遍使用的血液分析仪和电解质分析仪，主要是利用电化学生物传感器检测血液中 H^+、CO_2、O_2 和 Na^+、K^+、醇等已进入了实用阶段。目前，临床检验由实验室直接移向病人进行在体快速测量的工作正在开展，例如，将微型电极植入体内直接测定血浆、脑脊液及细胞间体液中的 H^+、Na^+、K^+、Ca^{2+} 等的含量；用体内微量渗析取样生物传感器抽取细胞间液，连续测定神经传递质、代谢产物、嘌呤和肽等。最近又出现一种对身体不造成任何损伤、放在皮肤上即可直接进行测定的电化学生物传感器，用于监测临床危重病人。另外，电化学生物遥测传感器也已经获得成功的应用，它是由传感器、发射器和远距离接收器组成，能在对病人造成最少干扰的条件下，进行生理信息的监测，如测量体温、血压以及体内的氧和葡萄糖水平等。

电化学生物传感器具有很强的选择性、极高的灵敏度，响应直观，能连续监测和同时分析多种物质，若将微电极技术与计算机联用，更适合自动化监测和在体分析。今后，由于电化学生物传感器的微型化、多功能化及与其他高新技术的配合应用，在临床检验中将大显身手，成为最有生命力的一个新分支。

Ⅶ 光化学反应的热力学和动力学

8.23 光化学反应的基本概念

8.23.1 光与光化学反应

光是一种电磁辐射(electro-magnetic radiation)。图 8-25 给出了电磁辐射的波长 λ、波数 $\sigma=1/\lambda$，其频率 $\nu=c/\lambda$ [$c=(2.997\ 924\ 58\pm0.000\ 000\ 012)\times10^8\ m\cdot s^{-1}$，为在真空中的光速]。

光化学反应与热化学反应的区别

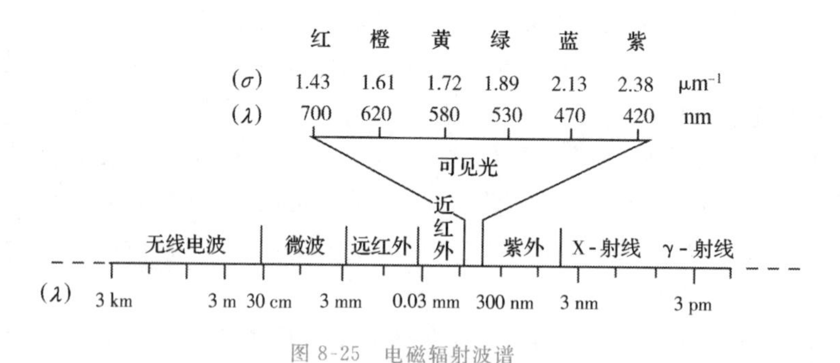

图 8-25 电磁辐射波谱

光具有波粒二象性，光束可视为光量子流。光量子，简称光子(photon)，是辐射能量的最小单位，稳定，不带电，静止质量等于零。一个光子的能量 ε 是

$$\varepsilon=h\nu \tag{8-63}$$

式中，h 为普朗克常量；ν 为频率。摩尔光量子的能量为

$$E_m=Lh\nu \tag{8-64}$$

式中，L 为阿伏伽德罗常量。令

$$I_a = NLh\nu \tag{8-65}$$

式中，I_a 为光强度，N 为摩尔光量子数。

在光束的照射下，可以发生各种化学变化（如染料褪色、胶片感光、光合作用等），这种由于吸收光量子而引起的化学反应称为**光化学反应**(photochemical reaction)。例如

$$NO_2 \xrightarrow{h\nu} NO_2^{\ddagger} \longrightarrow NO + \frac{1}{2}O_2$$

反应物吸收光量子后从基态跃迁到激发态（电子激发态用“‡”表示，如 $NO_2^{\ddagger}$）然后再导致各种化学和物理过程的发生。通常我们把第一步吸收光量子的过程称为**初级过程**(primary process)，相继发生的其他过程称为**次级过程**(secondary process)。

对光化学反应有效的是**可见光**(visible light)及**紫外光**(ultraviolet light)；**红外辐射**(infraredradiation)能激发分子的转动和振动，不能产生电子的激发态；X 射线则可产生核或分子内层深部电子的跃迁，这不属于光化学的范畴，而属于辐射化学。

以前我们讨论的化学反应中，活化能靠分子热运动的相互碰撞来积聚，故称为**热反应**(thermochemical reaction)，或称为**暗反应**(dark reaction)。从本章开始又研究了**电化学反应**(electrochemical reaction)，其反应的活化能靠电能来供给。热化学及电化学反应中分子的能量服从玻尔兹曼分布规律，其反应速率对温度十分敏感，遵从阿仑尼乌斯方程；而光化学反应的速率与光的强度有关，可用一定波长的单色光来控制其反应速率，对温度变化不敏感，不遵从阿仑尼乌斯方程。

8.23.2　光化学基本定律、量子效率

1. 光化学基本定律

光化学有两条基本定律，**光化学第一定律**(the first law of photochemistry)是在 1818 年由 Grotthuss 和 Draper 提出的：只有被系统吸收的光才可能产生光化学反应；不被吸收的光（透过的光和反射的光）则不能引起光化学反应。**光化学第二定律**(the second law of photochemistry)是在 1908—1912 年由 Einstein 和 Stark 提出的：在初级过程中，一个光量子活化一个分子。

2. 光化学的量子效率

为了衡量一个光量子引发的指定物理或化学过程的效率，在光化学中定义了**量子效率**(quantum yield)ϕ

$$\phi \stackrel{\text{def}}{=\!=} \frac{\text{发生反应的分子数}}{\text{吸收的光子数}} \tag{8-66}$$

多数光化学反应的量子效率不等于 1。$\phi > 1$ 是由于在初级过程中虽然吸收一个光量子只活化了一个反应物分子，但活化后的分子还可以进行次级过程。如反应 $2HI \longrightarrow H_2 + I_2$：

初级过程为
$$HI + h\nu \longrightarrow H + I$$

次级过程则为

$$H + HI \longrightarrow H_2 + I$$

$$I + I \longrightarrow I_2$$

总的效果是每个光量子分解了两个 HI 分子，故 $\phi=2$。又如，$H_2+Cl_2 = 2HCl$，初级过程是

$$Cl_2 + h\nu \longrightarrow Cl_2^{\ddagger}$$

$Cl_2^{\ddagger}$ 表示激发态分子。而次级过程则是链反应

$$Cl_2^{\ddagger} + H_2 \longrightarrow HCl + HCl^{\ddagger}$$

链的传递：

$$HCl^{\ddagger} + Cl_2 \longrightarrow HCl + Cl_2^{\ddagger}$$

$$Cl_2^{\ddagger} \longrightarrow Cl_2 + h\nu$$

链的终止：

$$Cl_2^{\ddagger} + M \longrightarrow Cl_2 + M$$

因此 ϕ 可以大到 10^6。

$\phi<1$ 的光化学反应是，当分子在初级过程吸收光量子之后，处于激发态的高能分子有一部分还未来得及反应便发生分子内的物理过程或分子间的传能过程而失去活性。

量子效率 ϕ 是光化学反应中一个很重要的物理量，可以说它是研究光化学反应机理的敲门砖，可为光化学反应动力学提供许多信息。

【例 8-22】 用波长 253.7 nm 的紫外光照射 HI 气体时，因吸收 307 J 的光能，HI 分解 1.300×10^{-3} mol。分解反应式 $2HI = H_2+I_2$，(1)求此光化学反应的量子效率；(2)从量子效率推断可能的机理。

解 (1)一个光量子的能量为 $\varepsilon=h\nu$，而 $\nu=\frac{c}{\lambda}$，所以 $\varepsilon=h\frac{c}{\lambda}$。

用波长 253.7 nm 的光照射 HI 气体时，气体系统所吸收的光能为 307 J，则吸收的光量子数为 $307\ \text{J}/(\frac{hc}{\lambda})$，而引发反应的分子数为 $1.300\times10^{-3}\ \text{mol}\times6.022\times10^{23}\ \text{mol}^{-1}$。

该过程的量子效率为

$$\phi=\frac{1.300\times10^{-3}\ \text{mol}\times6.022\times10^{23}\ \text{mol}^{-1}}{307\ \text{J}\Big/\left(6.626\times10^{-34}\ \text{J}\cdot\text{s}\times\dfrac{2.988\times10^{8}\ \text{m}\cdot\text{s}^{-1}}{253.7\times10^{-9}\ \text{m}}\right)}=2$$

(2)从 $\phi=2$ 知，一个光子可使两个 HI 分子分解，可能的机理为

$$HI + h\nu \longrightarrow H + I$$

$$H + HI \longrightarrow H_2 + I$$

$$I + I \longrightarrow I_2$$

8.23.3 分子的光物理过程与光化学过程

1. 分子的光物理过程

在光化学反应的初级过程中，反应物分子吸收光量子后，由基态(ground state)被激发至激发态(excited state)，在接着发生的次级过程中，可能有一部分激发态分子来不及发生化学反应便失活而回到了基态，分子的失活可能又将能量以光的形式放出，或与周围分子碰撞而释放能量，这即是分子的光物理过程(photophysical process of molecules)。

在初级过程中，反应物分子 AB 吸收紫外光后，如图 8-26 所示，分子中的电子由振动能级 $v=0$ 的基态被激发，跃迁到 $v=1$ 的激发态。电子在能级跃迁的过程中，分子中原子的核间距不变。

电子跃迁时分子的电子自旋多重度(multiplicity of electronspin)M 定义为

$$M \stackrel{\text{def}}{=\!=} 2s+1 \tag{8-67}$$

式中,s 为分子中电子的总自旋量子数;M 为分子中电子的总自旋角动量在 Z 方向的分量的可能值。如果分子中的电子自旋都已配对(↑↓称为自旋相反),即 $s=0$,则 $M=1$,这种态称为单重态(singlet state),以符号 S 表示,也叫 S 态。对大多数分子(O_2 及 S_2 除外),特别是有机化合物,基态分子中电子自旋总是配对的,因此分子的基态大都是单重态或 S 态(以 S_0 表示)。当基态分子吸收光量子激发后,将出现两种可能情况,如图 8-27 所示,如果受激电子被激发至空轨道的自旋与原来在基态轨道的自旋方向相同,则激发态的 $s=0$,$M=1$,此种电子激发态仍属 S 态,按其能量高低可用 S_1,S_2,…表示。如果受激电子被激发至空轨道,且自旋方向与原来在基态轨道的自旋方向相反,产生在两个轨道中自旋方向平行的两个电子,则 $s=1$,$M=3$,这种态称为三重态(triplet state),以符号 T 表示,也叫 T 态。按其能量高低可用 T_1,T_2,…表示。由于在三重态中,两个处于不同轨道的电子的自旋平行,两个电子轨道在空间的交盖较少,所以 T 态的能量总比相应的 S 态为低(图 8-28)。

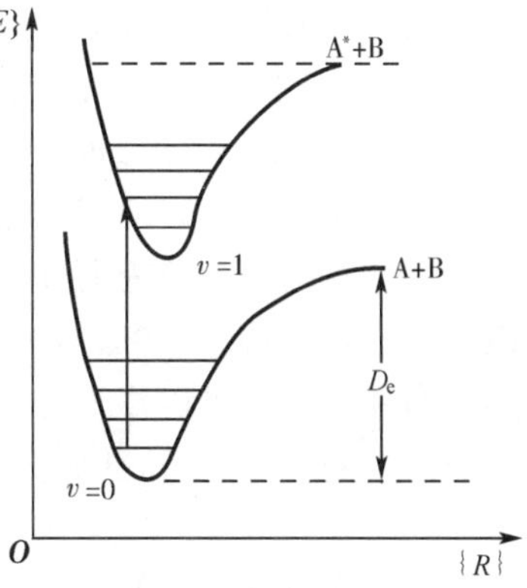

图 8-26　双原子分子 AB 的基态和激发态与电子能级间的辐射跃迁

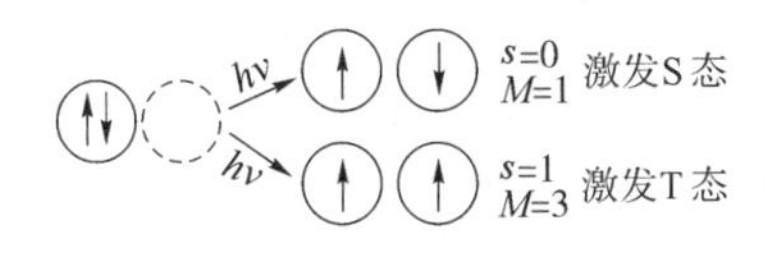

图 8-27　单重态与三重态

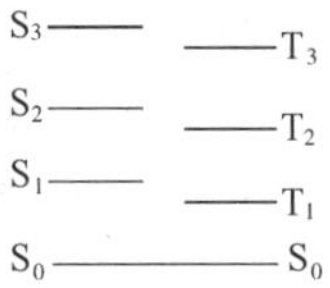

图 8-28　电子跃迁能级

处于电子激发态的分子具有很大的分子过剩能量,这有利于化学反应的发生;但这些高能分子的寿命很短,经常在化学反应发生之前就失去激发能而回到基态。因此光化学反应能否发生取决于分子的物理过程与化学过程的相对速率的大小,即二者存在竞争。

分子失活可有三种方式:

(i)辐射跃迁(radiative transitions)

$$S_1 \longrightarrow S_0 + h\nu\text{(荧光)}$$

$$T_1 \longrightarrow S_0 + h\nu\text{(磷光)}$$

在多重度相同的态之间的辐射跃迁叫荧光(fluorescence),在自旋多重度不同态之间的辐射跃迁叫磷光(phosphorescence)。辐射跃迁一般服从一级动力学规律。

(ii)无辐射跃迁(nonradiative transitions)

在自旋多重度相同的态之间的无辐射跃迁叫内转换(internal conversion);

$$S_m \longrightarrow S_n,\ T_m \longrightarrow T_n\text{(内转换)}$$

在自旋多重度不同的态之间的无辐射跃迁叫系间跨越(intersystem crossing)。如

$$S_1 \longrightarrow T_1 \text{ 或 } T_1 \longrightarrow S_0\text{(系间跨越)}$$

(iii)分子间能量传递(energy transfer)与电子转移(electron transfer)

一个激发态分子(授体 $D^{\ddagger}$)和一个基态分子(受体 A)相互作用,结果授体回到基态,而

受体变成激发态的过程，$D^{\ddagger}+A \longrightarrow D+A^{\ddagger}$，叫**分子间能量传递**。该过程要求电子自旋守恒，因此只有下述两种能量传递具有普遍性：

单重态—单重态能量传递：$D^{\ddagger}(S_1)+A(S_0) \longrightarrow D(S_0)+A^{\ddagger}(S_1)$

三重态—三重态能量传递：$D^{\ddagger}(T_1)+A(S_0) \longrightarrow D(S_0)+A^{\ddagger}(T_1)$

能量传递机制分为两种机制，共振机制和电子交换机制。前者适用于单重态—单重态能量传递，后者两种传递都适用。

激发态分子可以作为电子授体，将一个电子授予一个基态分子，或者作为受体从一个基态分子得到一个电子，从而生成离子或自由基对，该过程叫**分子间电子转移**，如

$$D^{\ddagger}+A \longrightarrow D^{+}+A^{-}, \quad A^{\ddagger}+D \longrightarrow A^{+}+D^{-}$$

激发态分子是很好的电子授体和受体。

以上三种分子的光物理过程如图 8-29 所示。

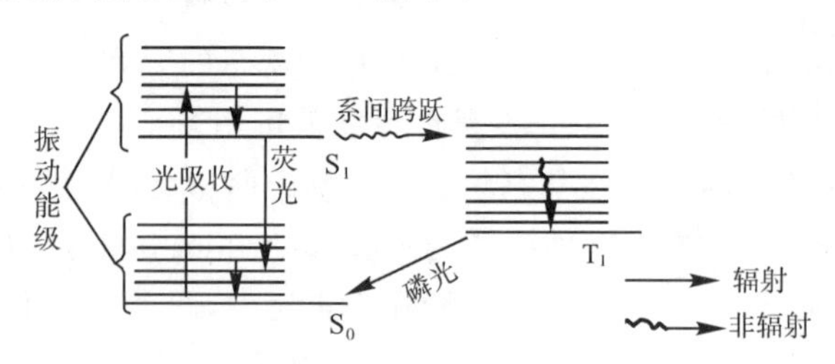

图 8-29 受激分子的光物理过程

2. 分子的光化学过程

处于电子激发态的分子的能量很高，在发生分子光物理过程的同时，亦可发生**分子的光化学过程**(photochemical process of molecules)。光化学过程包括光解离和电离、光重排、光异构化、光聚合或加成及光酶反应等。以下举例说明。

如在光作用下，蒽的二聚反应，其正反应是光化学反应，而逆反应是热化学反应。

$$2C_{14}H_{10} \underset{q}{\overset{h\nu}{\rightleftharpoons}} C_{28}H_{20}$$

又如光敏反应，有一些化学反应，它的反应物不能吸收某波长范围的光，所以不发生反应。但如果加入另外的分子，这种分子能吸收这种波长的光，受激后再通过碰撞把能量传给反应物分子，反应就能进行，这即为**光敏反应**(photosensitized reaction)或**感光反应**。能起这种传递光能作用的物质叫**光敏剂**(photosensitizer)。如由 CO 与 H_2 合成 HCHO，所用光敏剂为汞原子，当它吸收波长为 254 nm 的辐射光后，把能量传给氢分子，使之活化并解离，反应以链反应机理进行：

初级过程 $Hg^{\ddagger}(S_0) \longrightarrow Hg^{\ddagger}(T)$

能量转移 $Hg^{\ddagger}(T)+H_2(S_0) \longrightarrow Hg(S_0)+H_2$

进行反应 $H+CO \longrightarrow HCO$

$$HCO+H_2 \longrightarrow HCHO+H$$

$$2HCO \longrightarrow HCHO+CO$$

H_2 的键能为 431 kJ·mol^{-1}，波长为 254 nm 的光量子的能量为 460 kJ·mol^{-1}。从能量看，这种光量子可能使 H_2 解离，但 H_2 分子没有与这种光量子相匹配的能级可跃迁光量

子。所以 H_2 分子不能直接吸收这种波长的光量子。然而借助于高能量的 $Hg^{\ddagger}(T)$ 与 $H_2(S_0)$ 碰撞，即可将能量传递而引起 H_2 解离，使反应实现。

8.23.4　激光简介

如果一个物质系统中有不同数量的粒子（分子、原子、自由基、电子等），分布于不同能级，且高能态的粒子数高于低能态的粒子数（即粒子能级分布与 Boltzmann 分布成反转状态，如图 8-30 所示，这要通过泵浦来实现），当该系统受到激励光源（光能）激发后，可迫使一些处于高能态的粒子受激，而辐射出一些与所用激励光源同频率、同相位、同方向、同偏振的辐射光子，这些光子又会引发其他高能粒子受激，再辐射，从而实现了光的放大（倍增效应），就产生了**激光**（laser）。图 8-31 为高能量粒子受激辐射和光的放大（倍增效应）示意图。

E1
E0
泵浦
E1
E0
玻尔兹曼分布
粒子反转分布

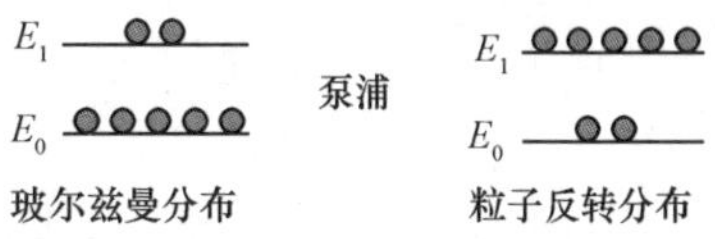

图 8-30　粒子数反转示意图

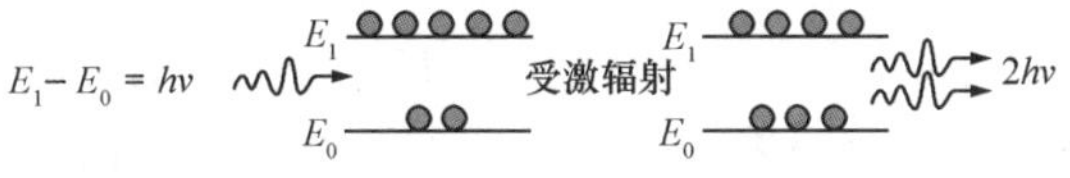

E1 − E0 = hν
E1
E0
受激辐射
E1
E0
2hν

图 8-31　高能粒子受激辐射和光的放大（倍增效应）示意图

激光是一种单色性好，亮度高，波长宽度窄，能量集中，相干性强、方向性好的特殊光束。目前常用的激光器按工作介质分类，有化学激光器，半导体激光器，CO_2 激光器等。图 8-32 为激光器结构示意图。

泵浦源
激光工作物质
激光
全反射镜
半反光镜
谐振腔

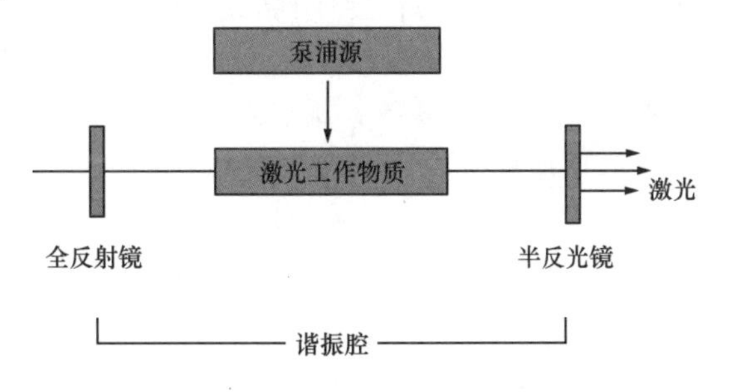

图 8-32　激光器结构示意图

以 HF/DF 化学激光器为例，是把注入的燃料及氧化剂通过超音速喷管混合绝热膨胀而注入谐振腔（即泵浦过程），继而产生处于振动激发态的 HF(v)，当粒子能级分布达到反转状态后，以激励光源照射，高能量粒子发生辐射光就会产生光的放大（倍增效应）即激光。

激光有极为广泛的应用，医疗上有激光手术刀、针灸，激光治疗近视眼、眼底出血等；日常生活或工作中有激光笔、唱片、打印机；工程上有激光裁剪、切割、焊接、淬灭；军事上有激光炸弹、雷达、枪、炮，激光通讯、导航、制导等；在化学方面，激光主要应用于选择性化学反应及同位素分离等，如天然氢气中同位素 H、D 的分离。

8.24 光化学反应的平衡与速率

8.24.1 光化学反应的平衡

一些光化学反应，若存在逆反应，从而可建立光化学反应的平衡，如乙烯型双键分子的顺-反异构化作用：

$$\begin{matrix} R & & R \\ & C=C & \\ H & & H \end{matrix} \underset{h\nu}{\overset{h\nu}{\rightleftharpoons}} \begin{matrix} R & & H \\ & C=C & \\ H & & R \end{matrix}$$

再如 $SO_3(g)$的分解反应，既能在热能作用下进行热分解反应，建立热化学反应平衡，又能在光能作用下，进行光分解反应，建立光化学反应平衡：

$$2SO_3(g) \underset{q}{\overset{q}{\rightleftharpoons}} 2SO_2(g) + O_2(g) \quad \text{（热化学反应平衡）}$$

$$2SO_3(g) \underset{h\nu}{\overset{h\nu}{\rightleftharpoons}} 2SO_2(g) + O_2(g) \quad \text{（光化学反应平衡）}$$

$SO_3(g)$分解反应的热平衡，可由式(4-14)计算不同温度下的 $K^\ominus(T)$，进而可算不同条件下 $SO_3(g)$分解的平衡分解率。而 $SO_3(g)$分解的光化学反应的平衡，则式(4-14)不可用，需要推导出在光能作用下计算其平衡常数的公式：

由式(1-117)：

$$\Delta_r G_{T,p} \leqslant W' \quad \begin{matrix} \text{不可逆} \\ \text{可逆} \end{matrix}$$

对光化学反应，W'即为输入的光能，对 $\Delta\xi = 1$ mol 的理想气体反应，设输入的光能为 $Lh\nu$(即 1 mol 光子的能量)，达到光化学反应平衡时，结合式(1-117)及式(4-41)，可得

$$W' = Lh\nu = \Delta_r G_m(T) = \Delta_r G_m^\ominus(T) + RT\ln J^\ominus(h)$$

平衡时：$J^\ominus(h) = K^\ominus(h)$，于是有

$$Lh\nu - \Delta_r G_m^\ominus(T) = RT\ln K^\ominus(h) \tag{8-68}$$

式中，$K^\ominus(h)$为光化学反应的平衡常数，显然与输入的光强度有关，若用 N 表示输入的摩尔光量子数，则式(8-68)可改为

$$NLh\nu - \Delta_r G_m^\ominus(T) = RT\ln K^\ominus(T,h) \tag{8-69}$$

下面分别按照热化学反应平衡及光化学反应平衡计算 $SO_3(g)$的分解平衡，比较温度及光强度对平衡的影响。

表 8-6 是 $SO_3(g)$热分解反应，在不同温度下的标准平衡常数 $K^\ominus(T)$及平衡分解率 $x^{eq}(SO_3)$：

表 8-6　不同温度下 $SO_3(g)$ 热分解反应的 $K^\ominus(T)$ 及 $x^{eq}(SO_3)$

温度 T/K	$K^\ominus(T)$	$x^{eq}(SO_3)$
298	2.81×10^{-25}	8.25×10^{-9}
600	7.45×10^{-19}	1.14×10^{-6}
900	2.0×10^{-13}	7.36×10^{-5}

由表 8-6 中数据可见(i)$SO_3(g)$ 热分解反应是吸热反应，故随温度升高$K^\ominus(T)$ 增大；

(ii) 即使在较高温度，例如 900 K，标准平衡常数的数量级也很小(2.0×10^{-13})，故其 $x^{eq}(SO_3)$ 也极低(7.36×10^{-5})，可近似看为不反应。

表 8-7 是当摩尔光量子数 $N = 1$ 时不同温度下 $SO_3(g)$ 的光分解反应的标准平衡常数 $K^{\ominus}(T,h)$ 及平衡分解率 $x^{eq}(SO_3)$：

表 8-7　$N = 1$ 时不同温度下 $SO_3(g)$ 的光分解反应的 $K^{\ominus}(T,h)$ 及 $x^{eq}(SO_3)$

温度 T/K	$K^{\ominus}(T,h)$	$x^{eq}(SO_3)$
298	2.2×10^{17}	无限接近 1
600	472.48	0.969
900	15.18	0.856

由表 8-7 中的数据可见，(i) 当 $N = 1$ 时，即使在温度很低时(298 K)其平衡常数 $K^{\ominus}(T,h)$ 也很大，其平衡分解率 $x^{eq}(SO_3)$ 也很大，接近 1，即全部分解；(ii) 随温度升高，$K^{\ominus}(T,h)$ 下降，$x^{eq}(SO_3)$ 也下降，即使在 900 K，$SO_3(g)$ 的光解率仍较大，$x^{eq}(SO_3) = 0.856$。另外在 298 K 下，当 $N = 1,2,3$ 时，$SO_3(g)$ 光分解反应的 $K^{\ominus}(T,h)$ 及 $x^{eq}(SO_3)$ 见表 8-8。

表 8-8　在 298 K 下，当 $N = 1,2,3$ 时，$SO_3(g)$ 光分解反应的 $K^{\ominus}(T,h)$ 及 $x^{eq}(SO_3)$

N	$K^{\ominus}(T,h)$	$x^{eq}(SO_3)$
1	2.2×10^{17}	无限接近 1
2	1.7×10^{59}	无限接近 1
3	1.3×10^{101}	无限接近 1

由表 8-8 的数据可知，在 298 K，$N = 1$ 时，$K^{\ominus}(298\ K,h)$ 的数量级已很大，$x^{eq}(SO_3)$ 已接近 1，再增加光强度，也只能提升 $K^{\ominus}(T,h)$ 的数量级，所以 N 增大已无实际意义。

通过以上比较可知，光能比热能对于光化学反应平衡的影响要大几个数量级，可极大提高平衡分解率。

8.24.2　光化学反应的速率

光化学反应的机理较为复杂，其初级过程与入射光的强度有关，而与反应物浓度无关，通常为零级。而次级过程多半会引发为链反应，所以其次级过程的动力学方程的处理与链反应动力学方程的处理相同。

【例 8-23】　有人曾研究测定氯仿在光照下的氯化反应

$$CHCl_3 + Cl_2 \xrightarrow{h\nu} CCl_4 + HCl$$

实验所得动力学方程为

$$\frac{dc(CCl_4)}{dt} = kc(Cl_2) \cdot I_0^{\frac{1}{2}}$$

式中，$I_0 = NLh\nu$ 为初始光强度。

研究者为解释该动力学方程，提出了如下的反应机理：

$$Cl_2 + h\nu \xrightarrow{k_1} 2Cl \tag{i}$$

$$Cl + CHCl_3 \xrightarrow{k_2} CCl_3 + HCl \tag{ii}$$

$$CCl_3 + Cl_2 \xrightarrow{k_3} CCl_4 + Cl \tag{iii}$$

$$2CCl_3 + Cl_2 \xrightarrow{k_4} 2CCl_4 \tag{iv}$$

按此机理，推导了其机理速率方程，验证如下：

在机理步骤(i)、(ii)、(iii) 中均有 Cl 参与反应，它是反应过程中产生的自由原子，为中间物，对其应用稳态法有

$$\frac{\mathrm{d}c(\mathrm{Cl})}{\mathrm{d}t}=2k_1c(\mathrm{Cl_2})I_0-k_2c(\mathrm{Cl})c(\mathrm{CHCl_3})+k_3c(\mathrm{CCl_3})c(\mathrm{Cl_2})=0 \tag{a}$$

在机理步骤(ii)、(iii)、(iv) 中都有中间物 CCl_3 参与，对其应用稳态法，有

$$\frac{\mathrm{d}c(\mathrm{CCl_3})}{\mathrm{d}t}=k_2c(\mathrm{Cl})c(\mathrm{CHCl_3})-k_3c(\mathrm{CCl_3})c(\mathrm{Cl_2})-2k_4[c(\mathrm{CCl_3})]^2c(\mathrm{Cl_2})=0 \tag{b}$$

将式(a)＋式(b)，得

$$k_1I_0-k_4[c(\mathrm{CCl_3})]^2=0$$

于是，有

$$c(\mathrm{CCl_3})=\left(\frac{k_1I_0}{k_4}\right)^{\frac{1}{2}} \tag{c}$$

将式(c) 代入产物 CCl_4 生成反应的速率方程

$$\frac{\mathrm{d}c(\mathrm{CCl_4})}{\mathrm{d}t}=k_3c(\mathrm{CCl_3})c(\mathrm{Cl_2})+2k_4[c(\mathrm{CCl_3})]^2c(\mathrm{Cl_2})$$

得

$$\frac{\mathrm{d}c(\mathrm{CCl_4})}{\mathrm{d}t}=k_3\left(\frac{k_1}{k_4}\right)^{\frac{1}{2}}I_0^{\frac{1}{2}}c(\mathrm{Cl_2})+2k_1I_0c(\mathrm{Cl_2})=kI_0^{\frac{1}{2}}c(\mathrm{Cl_2})+2k_1I_0c(\mathrm{Cl_2})$$

式中，$k=k_3\left(\frac{k_1}{k_4}\right)^{\frac{1}{2}}$，若 k_1 很小，式中 $2k_1I_0$ 可以忽略，则简化为

$$\frac{\mathrm{d}c(\mathrm{CCl_4})}{\mathrm{d}t}=kc(\mathrm{Cl_2})\cdot I_0^{\frac{1}{2}}$$

与实验测定的速率方程一致。

温度对光化学反应速率的影响与对热化学反应速率的影响差别较大。

本书 6.5.1 节介绍的范特霍夫规则表明，对热化学反应，温度每升高10 ℃，反应速率约增加 2 ～ 4 倍。而温度对光化学反应速率的影响却很小，大多数光化学反应，其温度系数都接近于 1。

热化学反应，其活化能靠热能来供给(即由反应物分子热碰撞来积累)，而光化学反应其活化能由光照，即反应物分子通过吸收光能来积累。所以，光化学反应的速率不遵守阿仑尼乌斯方程式(6-37) ～ 式(6-42)。

习　题

一、思考题

8-1 电解质溶液的浓度越大时，离子数应该越多，而导电率应该增大，为什么在浓度增大到一定量值后，电导率反而减小，应该怎样解释？

8-2 怎样用外推法来求 $\Lambda_\mathrm{m}^\infty$？这种方法只适用于哪一种电解质？

8-3 离子独立运动定律只适用于弱电解质溶液，而不适用于强电解质溶液，对吗？

8-4 在一定的温度和浓度时，在所有钠盐的溶液中，Na^+ 离子的迁移数是相同的，对吗？

8-5 为什么很稀的电解质溶液还会对理想稀溶液的热力学规律发生偏离？

8-6 有了离子的活度和活度因子的定义，为什么还要定义离子的平均活度和平均活度因子？

8-7 在 298.15 K 时，0.002 mol · kg^{-1} $CaCl_2$ 溶液的离子平均活度因子 $(\gamma_\pm)_1$，与 0.02 mol · kg^{-1} $CaCl_2$ 溶

液的离子平均活度因子$(\gamma_{\pm})_2$比较，是$(\gamma_{\pm})_1 > (\gamma_{\pm})_2$还是$(\gamma_{\pm})_1 < (\gamma_{\pm})_2$？

8-8 原电池和电解池有什么不同？

8-9 测定一个电池的电动势时，为什么要在通过的电流趋于零的情况下进行？否则会产生什么问题？

8-10 电化学装置中为什么常用 KCl 饱和溶液作盐桥？

8-11 下列反应的计量方程写法不同时其E_{MF}及$\Delta_r G_m$值是否相同？为什么？

$$Zn(s) + Cu^{2+}(a=1) = Zn^{2+}(a=1) + Cu(s)$$

$$\frac{1}{2}Zn(s) + \frac{1}{2}Cu^{2+}(a=1) = \frac{1}{2}Zn^{2+}(a=1) + \frac{1}{2}Cu(s)$$

8-12 试说明 *Zn*、*Ag* 两电极插入 *HCl* 溶液中所构成的原电池是不是可逆电池？

8-13 凡$E^{\ominus}$为正数的电极必为原电池的正极，$E^{\ominus}$为负数的电极必为原电池的负极，这种说法对不对？为什么？

8-14 如果按某化学反应设计的原电池所算出的电动势为负值时，说明什么问题？

8-15 超电势的存在是否都有害？为什么？

8-16 HNO_3、H_2SO_4、NaOH 及 KOH 溶液的实际分解电压数据为何很接近？

8-17 试比较和说明化学腐蚀与电化学腐蚀的不同特征。

8-18 某$\Delta G > 0$的反应，采用催化剂能否使它进行？采用光照是否有可能使它进行？采用加入电能的方法是否有可能使它进行？

8-19 如何解释光量子效率$\phi > 1$的情况？

二、计算题及证明（或推导）题

8-1 25 ℃ 时，在一电导池中盛有 0.01 $mol \cdot dm^{-3}$ 的 KCl 水溶液，测得电阻为 150.00 Ω，而盛有 0.01 $mol \cdot dm^{-3}$ 的 HCl 水溶液，测得电阻为 51.40 Ω，试求该电导池常数$K_{(l/A)}$及电导率κ。

8-2 把 0.1 $mol \cdot dm^{-3}$ KCl 水溶液置于电导池中，在 25 ℃ 测得其电阻为 24.36 Ω。已知该水溶液的电导率为 1.164 $S \cdot m^{-1}$，而纯水的电导率为7.5×10^{-6} $S \cdot m^{-1}$，若在上述电导池中改装入 0.01 $mol \cdot dm^{-3}$ 的 HOAc，在 25 ℃ 时测得电阻为 1 982 Ω，试计算 0.01 $mol \cdot dm^{-3}$ HOAc 的水溶液在 25 ℃ 时的摩尔电导率Λ_m。

8-3 25 ℃ 时，在某电导池中充以 0.01 $mol \cdot dm^{-3}$ 的 KCl 水溶液，测得其电阻为 112.3 Ω，若改充以同样浓度的溶液 X，测得其电阻为 2 184 Ω，计算：(1) 电导池常数$K_{(l/A)}$；(2) 溶液 *X* 的电导率；(3) 溶液 *X* 的摩尔电导率（水的电导率可以忽略不计）。

8-4 25 ℃ 时，KCl、KNO_3 和 $AgNO_3$ 的无限稀薄摩尔电导率分别为149.9×10^{-4} $S \cdot m^2 \cdot mol^{-1}$、$145.0 \times 10^{-4}$ $S \cdot m^2 \cdot mol^{-1}$、$133.4 \times 10^{-4}$ $S \cdot m^2 \cdot mol^{-1}$。求 AgCl 的无限稀薄摩尔电导率。

8-5 25 ℃ 时，NH_4Cl、NaOH、NaCl 的无限稀薄摩尔电导率分别为149.9×10^{-4} $S \cdot m^2 \cdot mol^{-1}$、$248.7 \times 10^{-4}$ $S \cdot m^2 \cdot mol^{-1}$、$126.5 \times 10^{-4}$ $S \cdot m^2 \cdot mol^{-1}$，试计算 NH_4OH 水溶液的无限稀薄摩尔电导率。

8-6 电解质：KCl、$ZnCl_2$、Na_2SO_4、Na_3PO_4、$K_4Fe(CN)_6$ 的水溶液，质量摩尔浓度为 *b*。试分别写出各电解质的$a_{\pm}$与 *b* 的关系（已知各电解质水溶液的离子平均活度因子为$\gamma_{\pm}$）。

8-7 $CdCl_2$ 水溶液，$b = 0.100$ $mol \cdot kg^{-1}$ 时，$\gamma_{\pm} = 0.219$，$K_3Fe(CN)_6$ 水溶液，$b = 0.010$ $mol \cdot kg^{-1}$，$\gamma_{\pm} = 0.571$，试计算两种水溶液的$a_{\pm}$。

8-8 已知在 0.01 $mol \cdot kg^{-1}$ 的 KNO_3 水溶液(i)中，离子的平均活度因子$\gamma_{\pm(i)} = 0.916$，在 0.01 $mol \cdot kg^{-1}$ KCl 水溶液(ii)中，离子的平均活度因子$\gamma_{\pm(ii)} = 0.902$。假设$\gamma_{K^+} = \gamma_{Cl^-}$，求在 0.01 $mol \cdot kg^{-1}$ 的 KNO_3 水溶液中的$\gamma(NO_3^-)$。

8-9 计算下列电解质水溶液的离子强度 *I*：

(1) 0.1 $mol \cdot kg^{-1}$ 的 NaCl；(2) 0.3 $mol \cdot kg^{-1}$ 的 $CuCl_2$；(3) 0.3 $mol \cdot kg^{-1}$ 的 Na_3PO_4。

8-10 计算由 0.05 $mol \cdot kg^{-1}$ 的 $LaCl_3$ 水溶液与等体积的 0.050 $mol \cdot kg^{-1}$ 的 NaCl 水溶液混合后，溶液的离子强度 *I*。

8-11 应用德拜－许克尔极限定律，计算 25 ℃ 时，0.001 $mol \cdot kg^{-1}$ 的 $K_3Fe(CN)_6$ 的水溶液的离子平均

活度因子。

8-12 计算 25 ℃ 时，0.1 $mol \cdot kg^{-1}$ 的 $ZnSO_4$ 水溶液中，离子的平均活度及 $ZnSO_4$ 的活度。已知 25 ℃ 时，$\gamma_{\pm}=0.148$。

8-13 计算混合电解质溶液（0.1 $mol \cdot kg^{-1}$ Na_2HPO_4 + 0.1 $mol \cdot kg^{-1}$ NaH_2PO_4）的离子强度。

8-14 应用德拜-许克尔极限定律，计算 25℃ 时，AgCl 在 0.01 $mol \cdot kg^{-1}$ 的 KNO_3 水溶液中的离子平均活度因子及溶解度（已知 25℃ 时 AgCl 的活度积 $K_{sp}^{\ominus}=1.786\times10^{-10}$）。

8-15 写出下列电极的电极反应（还原）：

(1) $Pb^{2+}(a) \mid Pb(s)$
(2) $Ag^{+}(a) \mid Ag(s)$
(3) $H^{+}(a) \mid H_2(p) \mid Pt(s)$
(4) $OH^{-}(a) \mid H_2(p) \mid Pt(s)$
(5) $OH^{-}(a) \mid O_2(p) \mid Pt(s)$
(6) $H^{+}(a) \mid O_2(p) \mid Pt(s)$
(7) $Cl^{-}(a) \mid Cl_2(p) \mid Pt(s)$
(8) $Cl^{-}(a) \mid AgCl(s) \mid Ag(s)$
(9) $Sn^{4+}(a), Sn^{2+}(a) \mid Pt(s)$

8-16 把下列化学反应设计成电池：

(1) $Zn(s) + Cu^{2+}(a) \longrightarrow Zn^{2+}(a) + Cu(s)$

(2) $Pb(s) + HgO(s) \longrightarrow Hg(l) + PbO(s)$

(3) $Ag^{+}(a) + Cl^{-}(a) \longrightarrow AgCl(s)$

(4) $Ag_2O(s) \longrightarrow 2Ag(s) + \frac{1}{2}O_2(g)$

8-17 写出下列电池的电池反应：

(1) $Pt(s) \mid H_2(g) \mid HCl(b) \mid Hg_2Cl_2(s) \mid Hg(l)$

(2) $Pt(s) \mid Cu^{2+}(a), Cu^{+}(a) \,\vdots\vdots\, Fe^{3+}(a), Fe^{2+}(a) \mid Pt(s)$

(3) $Pt(s) \mid H_2(g) \mid NaOH(b) \mid O_2(g) \mid Pt(s)$

8-18 写出下列电极的电极反应及电极电势 E 与各参与物活度的关系：

(1) $Pt(s) \mid O_2(p) \mid H_2O(l), H^{+}(a)$

(2) $Pt(s) \mid O_2(p) \mid H_2O(l), OH^{-}(a)$

(3) $Pt(s) \mid Mn^{2+}(a), H_2O(l), MnO_4^{-}(a), H^{+}(a)$

(4) $Zn(s) \mid ZnO_2^{2-}(a), H_2O(l), OH^{-}(a)$

(5) $Pb(s) \mid PbO(s) \mid H_2O(l), H^{+}(a)$

(6) $Ag(s) \mid Ag_2O(s) \mid H_2O(l), OH^{-}(a)$

8-19 计算下列电池在 25 ℃ 时的电动势：

(1) $Pt(s) \mid H_2(p=101\ 325\ Pa) \mid HBr(0.5\ mol \cdot kg^{-1}, \gamma_{\pm}=0.790) \mid AgBr(s) \mid Ag(s)$

(2) $Zn(s) \mid ZnCl_2(0.02\ mol \cdot kg^{-1}, \gamma_{\pm}=0.642) \mid Cl_2(p=50\ 663\ Pa) \mid Pt(s)$

(3) $Pt(s) \mid H_2(p=50\ 663\ Pa) \mid NaOH(0.1\ mol \cdot kg^{-1}, \gamma_{\pm}=0.759) \mid O_2(p=101\ 325\ Pa) \mid Pt(s)$

(4) $Ag(s) \mid AgI(s) \mid CdI_2(a=0.58) \mid Cd(s)$

(5) $Pt(s) \mid H_2(p=101\ 325\ Pa) \mid HCl(b=10^{-4}\ mol \cdot kg^{-1}) \mid Hg_2Cl_2(s) \mid Hg(l)$

(6) $Pt(s) \mid H_2\left(\frac{p}{p^{\ominus}}=1\right) \mid HCl(b) \mid H_2\left(\frac{p}{p^{\ominus}}=386.6, \phi=1.27\right) \mid Pt(s)$

8-20 电池 $Pt(s) \mid H_2\left(\frac{p}{p^{\ominus}}=1\right) \mid H_2SO_4(b=0.5\ mol \cdot kg^{-1}) \mid Hg_2SO_4(s) \mid Hg(l)$ 在25 ℃ 时，电动势为0.696 0 V，求该 H_2SO_4 溶液的 $\gamma_{\pm}$。

8-21 设计一可逆电池，求 25 ℃ 时 AgCl(s) 在纯水中的活度积和溶解度。

8-22 已知电极：$Hg_2^{2+}(a) \mid Hg(l)$ 和 $Hg^{2+}(a) \mid Hg(l)$ 在 25 ℃ 时，标准电极电势分别为0.796 V和0.851

V，计算：(1) 电极反应为 $Hg^{2+}(a)+e^- \rightleftharpoons \frac{1}{2}Hg_2^{2+}(a)$ 的标准电极电势 $E^\ominus$；(2) 反应：$Hg(l)+Hg^{2+}(a) \rightleftharpoons Hg_2^{2+}(a)$ 的标准平衡常数 $K^\ominus$。

8-23 在 25 ℃ 时，将 0.1 $mol\cdot dm^{-3}$ 甘汞电极与醌氢醌电极组成电池：(1) 若测得电池电动势为零，则被测溶液的 pH 为多少？(2) 当被测溶液的 pH 大于何值时，醌氢醌电极为负极？(3) 当被测溶液的 pH 小于何值时，醌氢醌电极为正极？

8-24 铅酸蓄电池：$Pb(s)\mid PbSO_4(s)\mid H_2SO_4(aq)\mid PbSO_4(s)\mid PbO_2(s)$

(1) 写出电池反应；(2) H_2SO_4 质量摩尔浓度为 1 $mol\cdot kg^{-1}$ 时，0 ～ 60 ℃ 时，E_{MF} 与温度的关系如下：

$$E_{MF}/V = 1.917\,4 + 56.2\times10^{-6}(t/℃) + 1.08\times10^{-6}(t/℃)^2$$

计算 25 ℃ 时，电池反应的 $\Delta_r G_m$、$\Delta_r H_m$、$\Delta_r S_m$ 和 Q_r。

8-25 在 25 ℃ 时，用 Pt 电极电解 0.5 $mol\cdot dm^{-3}$ 的 H_2SO_4。

(1) 计算理论上所需外加电压；(2) 若两极的面积为 1 cm^2，电解质溶液电阻为 100 Ω，H_2 和 O_2 的超电势与电流密度 j 的关系分别表示为 $\eta(H_2)=-[0.472\ V+0.118\ V\lg(j/(A\cdot cm^{-2}))]$
$\eta(O_2)=1.062\ V+0.118\ V\lg[j/(A\cdot cm^{-2})]$ 当通过 1 mA 电流时，外加电压应为多少？

8-26 用醌氢醌电极与摩尔甘汞电极构成电池以测定一未知溶液的 pH，在 25 ℃ 时测得电池的电动势为 0.224 3 V，求此溶液的 pH。

8-27 25 ℃，测得下列电池电动势为 0.736 8 V：$Pt(s)\mid H_2(g,100\ kPa)\mid H_2SO_4(b=0.1\ mol\cdot kg^{-1})\mid Hg_2SO_4(s)\mid Hg(l)$ 求 H_2SO_4 在此溶液中的离子平均活度因子。

8-28 试用标准电极电势表 8-4 中的数据计算下列反应的标准平衡常数 $K^\ominus$。$Zn(s)+Cu^{2+}(a)\longrightarrow Zn^{2+}(a)+Cu(s)$

8-29 25 ℃ 时有溶液(1)$a(Sn^{2+})=1.0$，$a(Pb^{2+})=1.0$；(2)$a(Sn^{2+})=1.0$，$a(Pb^{2+})=0.1$，当把金属 Pb 放入溶液中时，能否从溶液中置换出金属 Sn？

8-30 要自某溶液中析出 Zn，直至溶液中 Zn^{2+} 的质量摩尔浓度不超过 $1\times10^{-4}\ mol\cdot kg^{-1}$，同时在析出的过程中不会有 $H_2(g)$ 逸出，问溶液的 pH 至少为多少？已知 $\eta(H_2)=0.72$ V，并认为 $\eta(H_2)$ 与溶液中电解质的质量摩尔浓度无关。

8-31 大部分化学反应活化能在 $4\times10^4 \sim 4\times10^5\ J\cdot mol^{-1}$。若反应 $H_2(g)+Cl_2(g)\longrightarrow 2HCl(g)$ 中的 $\varepsilon_{Cl-Cl}=242.67\ kJ\cdot mol^{-1}$，今用光引发：$Cl_2+h\nu\longrightarrow 2Cl$ 使之发生链反应。求所需光的波长。

三、是非题、选择题和填空题

（一）是非题（下述各题中的说法是否正确？正确的在题后括号内画"√"，错误的画"×"）

8-1 在一定的温度和较小的浓度情况下，增大弱电解质溶液的浓度，则该弱电解质的电导率增加，摩尔电导率减小。（ ）

8-2 定温下，电解质溶液浓度增大时，其摩尔电导率总是减小的。（ ）

8-3 用 Λ_m 对$\sqrt{c}$ 作图外推的方法，可以求得 HAc 的无限稀薄摩尔电导率。（ ）

8-4 离子独立运动定律，既可应用于无限稀薄的强电解质溶液，又可应用于无限稀薄的弱电解质溶液。（ ）

8-5 已知 25 ℃ 时，0.2 $mol\cdot kg^{-1}$ 的 HCl 水溶液的离子平均活度因子 $\gamma_\pm=0.768$，则 $a_\pm=0.154$。（ ）

8-6 298.15K 时，相同质量摩尔浓度（均为 0.01 $mol\cdot kg^{-1}$）的 KCl、$CaCl_2$ 和 $LaCl_3$ 3 种电解质水溶液，离子平均活度因子最大的是 $LaCl_3$。（ ）

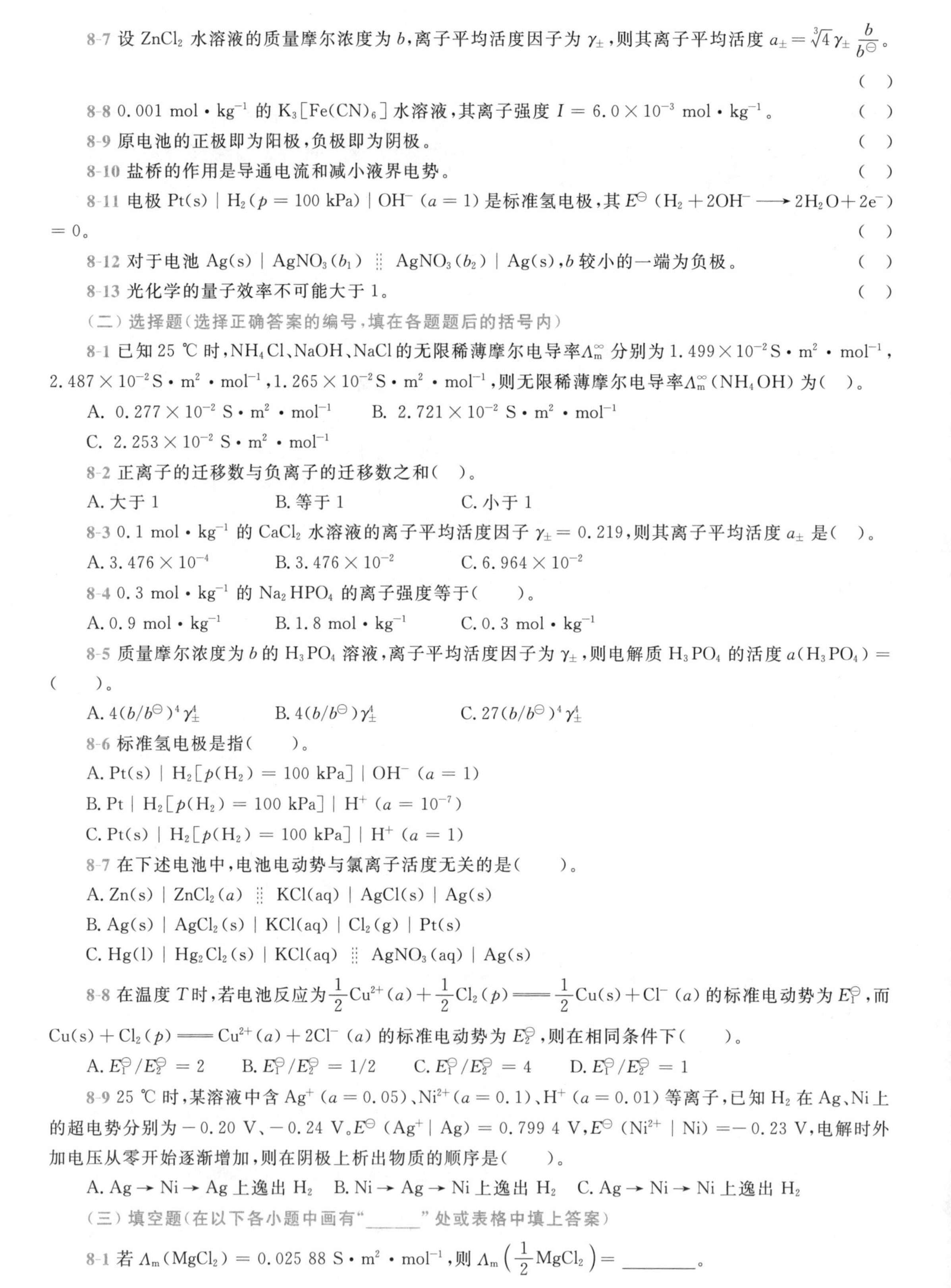

8-7 设 $ZnCl_2$ 水溶液的质量摩尔浓度为 b，离子平均活度因子为 $\gamma_{\pm}$，则其离子平均活度 $a_{\pm}=\sqrt[3]{4}\gamma_{\pm}\dfrac{b}{b^{\ominus}}$。 ( )

8-8 0.001 $mol\cdot kg^{-1}$ 的 $K_3[Fe(CN)_6]$ 水溶液，其离子强度 $I=6.0\times10^{-3}\ mol\cdot kg^{-1}$。 ( )

8-9 原电池的正极即为阳极，负极即为阴极。 ( )

8-10 盐桥的作用是导通电流和减小液界电势。 ( )

8-11 电极 $Pt(s)\mid H_2(p=100\ kPa)\mid OH^-(a=1)$ 是标准氢电极，其 $E^{\ominus}(H_2+2OH^-\longrightarrow 2H_2O+2e^-)=0$。 ( )

8-12 对于电池 $Ag(s)\mid AgNO_3(b_1)$ ⋮⋮ $AgNO_3(b_2)\mid Ag(s)$，b 较小的一端为负极。 ( )

8-13 光化学的量子效率不可能大于 1。 ( )

（二）选择题（选择正确答案的编号，填在各题题后的括号内）

8-1 已知 25 ℃ 时，NH_4Cl、$NaOH$、$NaCl$ 的无限稀薄摩尔电导率 Λ_m^{∞} 分别为 $1.499\times10^{-2}\ S\cdot m^2\cdot mol^{-1}$，$2.487\times10^{-2}\ S\cdot m^2\cdot mol^{-1}$，$1.265\times10^{-2}\ S\cdot m^2\cdot mol^{-1}$，则无限稀薄摩尔电导率 $\Lambda_m^{\infty}(NH_4OH)$ 为( )。

A. $0.277\times10^{-2}\ S\cdot m^2\cdot mol^{-1}$　　B. $2.721\times10^{-2}\ S\cdot m^2\cdot mol^{-1}$

C. $2.253\times10^{-2}\ S\cdot m^2\cdot mol^{-1}$

8-2 正离子的迁移数与负离子的迁移数之和( )。

A. 大于 1　　B. 等于 1　　C. 小于 1

8-3 0.1 $mol\cdot kg^{-1}$ 的 $CaCl_2$ 水溶液的离子平均活度因子 $\gamma_{\pm}=0.219$，则其离子平均活度 $a_{\pm}$ 是( )。

A. 3.476×10^{-4}　　B. 3.476×10^{-2}　　C. 6.964×10^{-2}

8-4 0.3 $mol\cdot kg^{-1}$ 的 Na_2HPO_4 的离子强度等于( )。

A. 0.9 $mol\cdot kg^{-1}$　　B. 1.8 $mol\cdot kg^{-1}$　　C. 0.3 $mol\cdot kg^{-1}$

8-5 质量摩尔浓度为 b 的 H_3PO_4 溶液，离子平均活度因子为 $\gamma_{\pm}$，则电解质 H_3PO_4 的活度 $a(H_3PO_4)=$( )。

A. $4(b/b^{\ominus})^4\gamma_{\pm}^4$　　B. $4(b/b^{\ominus})\gamma_{\pm}^4$　　C. $27(b/b^{\ominus})^4\gamma_{\pm}^4$

8-6 标准氢电极是指( )。

A. $Pt(s)\mid H_2[p(H_2)=100\ kPa]\mid OH^-(a=1)$

B. $Pt\mid H_2[p(H_2)=100\ kPa]\mid H^+(a=10^{-7})$

C. $Pt(s)\mid H_2[p(H_2)=100\ kPa]\mid H^+(a=1)$

8-7 在下述电池中，电池电动势与氯离子活度无关的是( )。

A. $Zn(s)\mid ZnCl_2(a)$ ⋮⋮ $KCl(aq)\mid AgCl(s)\mid Ag(s)$

B. $Ag(s)\mid AgCl_2(s)\mid KCl(aq)\mid Cl_2(g)\mid Pt(s)$

C. $Hg(l)\mid Hg_2Cl_2(s)\mid KCl(aq)$ ⋮⋮ $AgNO_3(aq)\mid Ag(s)$

8-8 在温度 T 时，若电池反应为 $\frac{1}{2}Cu^{2+}(a)+\frac{1}{2}Cl_2(p)\!=\!=\!=\!\frac{1}{2}Cu(s)+Cl^-(a)$ 的标准电动势为 $E_1^{\ominus}$，而 $Cu(s)+Cl_2(p)\!=\!=\!=\!Cu^{2+}(a)+2Cl^-(a)$ 的标准电动势为 $E_2^{\ominus}$，则在相同条件下( )。

A. $E_1^{\ominus}/E_2^{\ominus}=2$　　B. $E_1^{\ominus}/E_2^{\ominus}=1/2$　　C. $E_1^{\ominus}/E_2^{\ominus}=4$　　D. $E_1^{\ominus}/E_2^{\ominus}=1$

8-9 25 ℃ 时，某溶液中含 $Ag^+(a=0.05)$、$Ni^{2+}(a=0.1)$、$H^+(a=0.01)$ 等离子，已知 H_2 在 Ag、Ni 上的超电势分别为 −0.20 V、−0.24 V。$E^{\ominus}(Ag^+\mid Ag)=0.799\ 4\ V$，$E^{\ominus}(Ni^{2+}\mid Ni)=-0.23\ V$，电解时外加电压从零开始逐渐增加，则在阴极上析出物质的顺序是( )。

A. Ag → Ni → Ag 上逸出 H_2　B. Ni → Ag → Ni 上逸出 H_2　C. Ag → Ni → Ni 上逸出 H_2

（三）填空题（在以下各小题中画有"______"处或表格中填上答案）

8-1 若 $\Lambda_m(MgCl_2)=0.025\ 88\ S\cdot m^2\cdot mol^{-1}$，则 $\Lambda_m\left(\frac{1}{2}MgCl_2\right)=$ ________。

8-2 已知25 ℃时，H^+ 和 OAc^- 无限稀薄摩尔电导率分别是350 S·cm^2·mol^{-1} 和40 S·cm^2·mol^{-1}，实验测得25 ℃，浓度为0.031 2 mol·dm^{-3} 的醋酸溶液的电导率 $\kappa = 2.871\times10^{-4}$ S·cm^{-1}，此溶液中醋酸的电离度 α=________，电离常数 $K^{\ominus}$=________。

8-3 $CuSO_4$ 水溶液其离子平均活度 $a_{\pm}$ 与离子平均活度因子及电解质的质量摩尔浓度 b 的关系为 $a_{\pm}$=________，若 b=0.01 mol·kg^{-1}，$\gamma_{\pm}$=0.41，则 $a_{\pm}$=________。

8-4 离子平均活度 $a_{\pm}$ 与正、负离子的活度 a_+、a_- 的关系 $a_{\pm}$=________；电解质B的活度 a_B 与 $a_{\pm}$ 的关系是 a_B=________。

8-5 0.1 mol·kg^{-1} $LaCl_3$ 电解质溶液的离子强度 $I/b^{\ominus}$ 等于________。

8-6 电解质溶液的离子互吸理论认为，电解质溶液与理想稀溶液热力学规律的偏差完全归因于________。

8-7 离子氛的电性与中心离子的电性______，离子氛的电量与中心离子的电量________。

8-8 双液电池中不同电解质溶液间或不同浓度的同种电解质溶液的接界处存在______电势，通常采用加______的方法来减少或消除。

8-9 电池 Zn(s)|$Zn^{2+}(a_1)$ ⋮⋮ $Zn^{2+}(a_2)$|Zn(s)，若 $a_1>a_2$，则电池电动势 E______，如果 $a_1=a_2$，则电池电动势 E______。(选填>0、=0或<0)

8-10 在电池 Pt(s)|$H_2(p)$|HCl(a_1) ⋮⋮ NaOH(a_2)|$H_2(p)$|Pt(s)中

(1)阳极反应是________________________________。

(2)阴极反应是________________________________。

(3)电池反应是________________________________。

8-11 在298.15 K时，已知：

$$Cu^{2+}(a)+2e^- \longrightarrow Cu(s) \quad E_1^{\ominus}=0.340\ 2\ \text{V}$$

$$Cu^+(a)+e^- \longrightarrow Cu(s) \quad E_2^{\ominus}=0.522\ \text{V}$$

则 $$Cu^{2+}(a)+e^- \longrightarrow Cu^+(a) \quad E_3^{\ominus}=\_\_\_\_\_\_\_\_\ \text{V}$$

8-12 在化学电源中，阳极也叫______极，发生______反应；阴极也叫______极，发生________反应；在电解池中，阳极也叫______极，发生______反应；阴极也叫______极，发生______反应。

8-13 电池 Cu(s)|$Cu^+(a)$ ⋮⋮ $Cu^+(a)$，$Cu^{2+}(a)$|Pt(s)与电池 Cu(s)|$Cu^{2+}(a)$ ⋮⋮ $Cu^+(a)$，$Cu^{2+}(a)$|Pt(s)的电池反应相同，即为 $Cu(s)+Cu^{2+}(a) = 2Cu^+(a)$，则相同温度下，这两个电池的 $\Delta_r G_m^{\ominus}$______，$E_{MF}^{\ominus}$______(选填相同或不同)。已知 $E^{\ominus}(Cu^{2+}|Cu)=0.340\ 2$ V；$E^{\ominus}(Cu^+|Cu)=0.522$ V；$E^{\ominus}(Cu^{2+},Cu^+)=0.158$ V。

8-14 电极的极化主要有两种，即______极化与______极化。

8-15 随着电流密度的增加，化学电源的端电压______，电解池的槽电压______。(选填减小或增大)

8-16 在一块铜板上，有一个锌制铆钉，在潮湿空气中放置后，则______被腐蚀，而______则不腐蚀。

8-17 光化学反应通常可分为两个过程：____________的过程叫初级过程；______的过程叫次级过程。

计算题答案

8-1 21.17 m^{-1}，0.412 S·m^{-1}

8-2 1.43×10^{-3} S·m^2·mol^{-1}

8-3 (1) 15.85 m^{-1}；(2) 7.257×10^{-3} S·m^{-1}；(3) 7.257×10^{-4} S·m^2·mol^{-1}

8-4 138.3×10^{-4} S·m^2·mol^{-1}

8-5 272.1×10^{-4} S·m^2·mol^{-1}

8-7 3.48×10^{-2}，1.30×10^{-2}

8-8 0.930

8-9 (1) $0.1\ mol \cdot kg^{-1}$;(2) $0.9\ mol \cdot kg^{-1}$;(3) $1.8\ mol \cdot kg^{-1}$

8-10 $0.175\ mol \cdot kg^{-1}$

8-11 0.762

8-12 0.0148, 2.19×10^{-4}

8-13 $0.4\ mol \cdot kg^{-1}$

8-14 0.889, $1.503 \times 10^{-5}\ mol \cdot kg^{-1}$

8-19 (1) 0.1190 V;(2) 2.26 V;(3) 1.220 V;(4) −0.257 7 V;(5) 0.504 V;(6) −0.079 6 V

8-20 0.204

8-21 1.743×10^{-10}, $1.32 \times 10^{-5}\ mol \cdot kg^{-1}$

8-22 (1) 0.905 9 V;(2) $K^{\ominus} = 72.24$

8-23 (1) 6.2;(2) > 6.2;(3) < 6.2

8-24 $-370.3\ kJ \cdot mol^{-1}$, $21.3\ J \cdot K^{-1}\ mol^{-1}$, $-367\ kJ \cdot mol^{-1}$, $3.257\ kJ \cdot mol^{-1}$

8-25 (1) 1.229 V;(2) 2.155 V

8-26 3.298

8-27 0.249

8-28 1.95×10^{37}

8-29 (1) 能;(2) 不能

8-30 2.73

8-31 492.67 nm

第9章

胶体分散系统及粗分散系统

9.0 胶体分散系统及粗分散系统研究的内容和方法

9.0.1 胶体分散系统及粗分散系统研究的内容

1. 分散系统的定义

一种或几种物质分散在另一种物质中所构成的系统叫分散系统(dispersed system)。

被分散的物质叫分散质(dispersed matter),对非均相分散系统,分散质又称为分散相(dispersed phase),起分散作用的物质叫分散介质(dispersed medium)。

2. 分散系统的分类

分散系统的分类是错综复杂的。

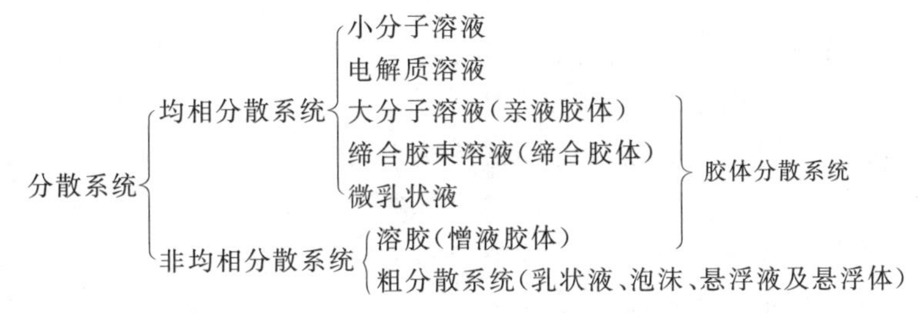

均相分散系统的分散质通常叫溶质(solute),分散介质通常叫溶剂(solvent),这样的分散系统也叫溶液(solution)。例如小分子溶液、大分子溶液、电解质溶液等。对溶质、溶剂不加区分的均相分散系统称之为混合物(mixture)。小分子溶液、电解质溶液的分散质质点大小为 1 nm 以下,且透明,不发生散射现象,溶质扩散速度快,是热力学稳定系统;但大分子溶液的分散质质点的线尺寸在 1 nm ~ 1 000 nm,扩散慢,也是均相的热力学稳定系统。此外,微乳状液的分散质粒子大小在 10 ~ 100 nm,也是均相的热力学稳定系统。

3. 胶体分散系统及粗分散系统的分类

(1) 按分散质的质点大小分类

分散质的质点大小在 1 ~ 1 000 nm(10^{-9} ~ 10^{-6} m)[①] 的分散系统称之为胶体分散系统(colloid dispersed system),即介观系统;分散相的质点大小超过 1 μm(10^{-6} m) 的分散系统则称为粗分散系统 (coarse dispersed system)。

① 以往的教材把胶体分散系统颗粒大小定义为 1 ~ 100 nm(10^{-9} ~ 10^{-7} m)

(2) 按分散相及分散介质的聚集态分类

分类见表 9-1。

表 9-1 非均相分散系统的分类(按分散相及分散介质的聚集态分类)

分散相	分散介质	通称	举例
气	液	泡沫	肥皂及灭火泡沫
液	液	乳状液	牛奶及含水原油
固	液	溶胶或悬浮液	银溶胶、油墨、泥浆、钻井液
气	固	固体泡沫	沸石、泡沫玻璃、泡沫金属、泡沫石墨烯
液	固		珍珠
固	固		加颜料的塑料
液	气	气溶胶	雾
固	气	悬浮体	烟、尘、沙尘暴

4. 胶体分散系统及粗分散系统研究的对象

按 IUPAC 关于胶体分散系统的定义,认为分散质可以是一种物质也可以是多种物质,可以是由许许多多的原子或分子(通常是 $10^3 \sim 10^9$ 个)组成的粒子,也可以是一个大分子,只要它们至少有一维空间的尺寸(即线尺寸)在 1～1 000 nm(即 $10^{-9} \sim 10^{-6}$ m)并分散于分散介质之中,即构成胶体分散系统。按此定义,胶体分散系统应包括:溶胶(colloid or sol)、缔合胶束溶液(associated micelle solution),也叫胶体电解质溶液(colloidal electrolyte)、大分子溶液(macromolecular solution) 及微乳状液(microemulsion)。

溶胶,一般是许许多多原子或分子聚集成的粒子大小的三维空间尺寸均在 1～1 000 nm,分散于另一相分散介质之中,且粒子(分散相)与分散介质间存在相的界面的分散系统,其主要特征是高度分散的、多相的、热力学不稳定系统,也叫憎液胶体 (lyophobic colloid)。

缔合胶束溶液,通常是由结构中含有非极性的碳氢化合物部分和较小的极性基团(通常能电离) 的电解质分子(如离子型表面活性剂分子) 缔合而成,通常称为胶束(micelle)。胶束可以是球状、层状及棒状(分散质) 等(图 7-21),其三维空间尺寸也在 1～1 000 nm,而溶于分散介质之中,形成高度分散的、均相的、热力学稳定系统,也叫缔合胶体(associated colloid)。

大分子溶液是一维空间尺寸(线尺寸)在 1～1 000 nm 的大分子(蛋白质分子、高聚物分子等分散质) 溶于分散介质之中,成为高度分散的、均相的、热力学稳定系统。在性质上它与溶胶又有某些相似之处(如扩散慢、大分子不通过半透膜),所以把它称为亲液胶体(lyophilic colloid),也作为胶体分散系统研究的对象。

显然,把胶体分散系统称为胶体溶液是不正确的,因为胶体分散系统中包括溶胶,而溶胶不是均相的,不能称为溶液。

粗分散系统包括乳状液(emulsion)、泡沫(foam)、悬浮液(suspension) 及悬浮体(suspended matter) 等,它们都是非均相分散系统,在性质上及研究方法上与胶体分散系统有许多相似之处,故列入同一章予以讨论。

按分散质粒子大小,微乳状液属胶体分散系统,为与属粗分散系统的普通乳状液加以比较,本书将在粗分散系统之后,单独加以讨论。

胶体分散系统和粗分散系统在生物界和非生物界都普遍存在;在实际生活和生产中均有重要应用,如在化工、石油、冶金、印染、涂料、塑料、纤维、橡胶、洗涤剂、化妆品、牙膏等生产部门,以及在医学、生物学、土壤学、气象学、地质学、水文学、环境科学等领域都涉及它的原理。

本章主要研究胶体分散系统及粗分散系统的制备、性质和应用。

9.0.2　胶体分散系统及粗分散系统研究的方法

胶体分散系统及粗分散系统是一门综合性很强的学科领域，它的研究方法涉及热力学、量子力学、统计热力学以及动力学等许多学科，甚至与数学、生物学、材料科学等所用的研究方法交叉重叠。20世纪40年代以前，胶体理论只能对一些现象和性质做粗略的、定性的解释；但借助量子力学的发展，应用其方法建立了胶体间相互作用的理论（为DLVO理论的基础）；同样，应用统计热力学研究大分子溶液中大分子在固体表面上的吸附过程也取得新的进展；而应用热力学方法及动力学方法研究溶胶的稳定性（如空间稳定理论及溶胶的聚沉速率与机理等）也是不可缺少的方法。然而，胶体分散系统及粗分散系统这一学科领域与化学动力学相似，仍是理论发展尚不很成熟，许多结论都是依靠实验来得到的正在发展的学科领域，如现代的光散射技术、能谱技术、超显微技术、高速离心技术及电泳散射技术等应用于胶体分散系统的实验研究，极大地推动了该学科领域的发展。

Ⅰ　胶体分散系统(1)
憎液胶体——溶胶

9.1　溶　胶

9.1.1　溶胶的制备方法

溶胶的制备方法有：由小分子溶液用**凝聚法**（小变大）(coagulatory method)——包括物理凝聚法、化学反应法及更换溶剂法制备成溶胶。例如，将松香的乙醇溶液加入到水中，由于松香在水中的溶解度低，松香以溶胶颗粒大小析出，形成松香的水溶胶（更换溶剂法）。再如

$$FeCl_3(\text{稀水溶液}) + 3H_2O \xrightarrow{\text{煮沸}} Fe(OH)_3(\text{溶胶}) + 3HCl \quad (\text{化学反应法})$$

由粗分散系统用**分散法**（大变小）(dispersed method)——包括研磨法、电弧法及超声分散法制备成溶胶。

上述两种方法可图示如下：

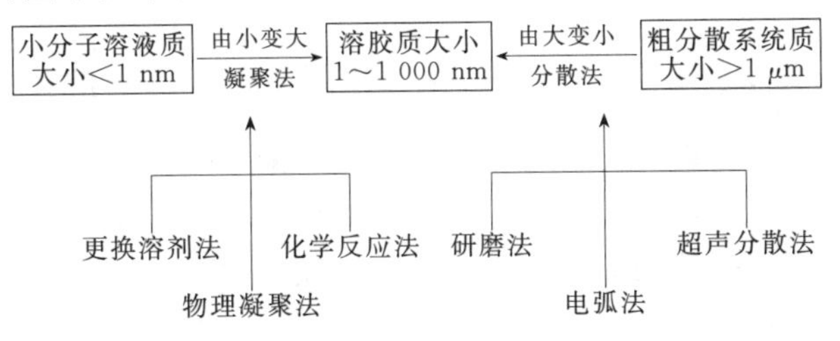

9.1.2 溶胶的纯化

未经纯化的溶胶往往含有很多电解质或其他杂质。少量的电解质可以使溶胶质点因吸附离子而带电，因而对于稳定溶胶是必要的；过量的电解质对溶胶的稳定反而有害。因此，溶胶制得后需经纯化处理。

最常用的纯化方法是渗析，它利用溶胶质点不能透过半透膜，而离子或小分子能透过膜的性质，将多余的电解质或低分子化合物等杂质从溶胶中除去。常用的半透膜有火棉胶膜、醋酸纤维膜等。

纯化溶胶的另一种方法是超过滤法。超过滤是用孔径极小而孔数极多的膜片作为滤膜，利用压差使溶胶流经超过滤器。这时，溶胶质点与介质分开，杂质透过滤膜而被除掉。

9.2 溶胶的性质

9.2.1 溶胶的光学性质

视频

丁达尔效应与应用

由于溶胶的光学不均匀性，当一束波长大于溶胶分散相粒子尺寸的入射光照射到溶胶系统时，可发生散射现象(scattering phenomenon)——丁达尔(Tyndall J) 现象(图 9-1)。

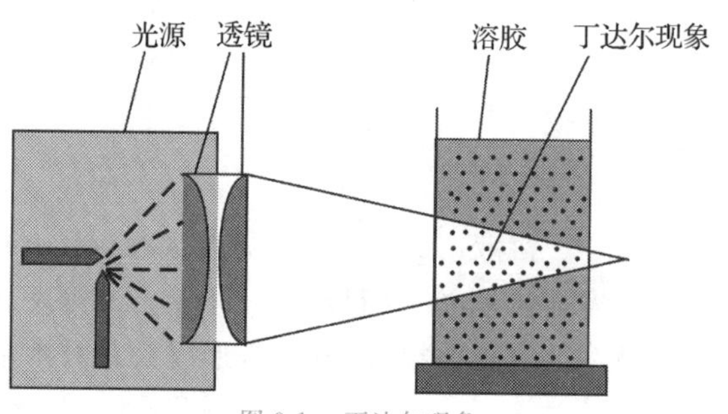

图 9-1 丁达尔现象

丁达尔现象的实质是溶胶对光的散射作用(散射是指除入射光方向外，四面八方都能看到发光的现象)，它是溶胶的重要性质之一。

散射光的强度可用瑞利(Rayleigh L W) 公式表示：

$$I=\frac{9\pi v^2 n}{2\lambda_0^4 l^2}\left(\frac{n_2^2-n_0^2}{n_2^2+2n_0^2}\right)^2(1+\cos^2\theta)I_0 \qquad (9\text{-}1)$$

式中，I 为散射光强度；λ_0 为入射光波长；v 为分散相单个粒子的体积；n 为体积粒子数($n \xlongequal{\text{def}} N/V$，$N$ 为体积 V 中的粒子数)；l 为观察者与散射中心的距离；n_2、n_0 分别为分散相及分散介质的折射率；θ 为散射角；I_0 为入射光的强度。

式(9-1)表明，散射光强度与 λ_0^4 成反比，且($n_2^2-n_0^2$)值愈大，则 I 愈强，此外，与粒子的体积平方 v^2 及体积粒子数均成正比。

用丁达尔现象可鉴别小分子溶液、大分子溶液和溶胶。小分子溶液无丁达尔现象，大分子溶液丁达尔现象微弱，而溶胶丁达尔现象强烈。

【例 9-1】 为什么明朗的天空呈现蓝色？试从溶胶的光学性质及瑞利公式结合图 8-25 的电磁辐射波谱图加以论证。

解　分散在大气层中的烟、雾、粉尘等其粒子半径在 10～1 000 nm，构成胶体分散系统，即气溶胶。当可见光照射到大气层时，由于可见光中的蓝色光的波长（$\lambda \approx 470$ nm）相对于红、橙、黄、绿各单色光的波长较短，按瑞利公式，散射光的强度与入射光的波长的四次方成反比，即 $I \propto \frac{1}{\lambda_0^4}$，故由于大气层这个气溶胶系统对蓝色光的强烈的散射作用，使我们观测到晴朗的天空是蓝色的。

9.2.2　溶胶的流变性质

1. 牛顿黏度的定义

流变性质（fluid properties）是指物质（液体或固体）在外力作用下流动与变形的性质。液体流动时表现出黏性（viscosity），固体变形时显示弹性（elastic）。

以液体在管道中进行层流（laminar flow）时的情况为例，如图 9-2 所示。管中液体在流动时，由于摩擦阻力的存在，沿 x 方向流动的液体的不同流层，其流速 v_x 的大小沿 y 方向存在梯度分布 $\frac{dv_x}{dy}$，叫层速梯度（laminar speed gradient）或切变梯度，以 D 表示，则两液层间产生的摩擦阻力 F 为

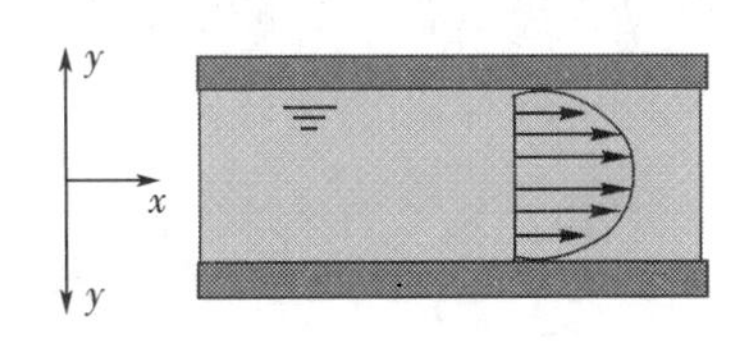

图 9-2　液体在管道中呈层流流动时速度的径向分布

$$F = \eta A_s D \tag{9-2}$$

式中，A_s 为两液层的接触面积；η 为比例系数，称为牛顿黏度（Newtonian viscosity），单位为 $N \cdot s \cdot m^{-2}$ 或 $Pa \cdot s$ 或 $kg \cdot m^{-1} \cdot s^{-1}$。

式(9-2) 只适用于层流，符合该式的流体叫牛顿流体（Newtonian fluid）。

黏度是血液学中的一项重要指标，如脑血管病、心血管病、糖尿病都和血液黏度有重要关系。

2. 溶胶的黏度

对刚性的球形质点构成的稀溶胶，其黏度可由下式计算

$$\eta = \eta_0(1 + 2.5\phi) \tag{9-3}$$

式中，η_0 为分散介质的黏度；ϕ 为粒子的体积总和与溶胶系统总体积之比值。式(9-3)称为爱因斯坦（Einstein）公式，此式也只适用于层流。许多大分子溶液、溶胶都是非牛顿流体。

9.2.3　溶胶的运动性质

1. 扩散与布朗运动

由于溶胶中体积粒子数梯度的存在引起的粒子从体积粒子数高区域向低区域的定向迁移现象叫扩散（diffusion）。

扩散遵从费克（第一）扩散定律：

$$\frac{\mathrm{d}N}{\mathrm{d}t}=-DA_s\left(\frac{\partial n}{\partial x}\right)_T \text{[①]} \tag{9-4}$$

式中，$\frac{\mathrm{d}N}{\mathrm{d}t}$ 为单位时间内通过截面积 A_s 扩散的粒子数；$\left(\frac{\partial n}{\partial x}\right)_T$ 为定温下体积粒子数梯度；D 为扩散系数(diffusion coefficient)，单位为 $m^2 \cdot s^{-1}$。

溶胶中的分散相粒子的扩散遵守费克(第一)扩散定律。

溶胶中分散相粒子的扩散作用是由布朗运动(Brownian movement)引起的。溶胶中的分散相粒子由于受到来自四面八方的做热运动的分散介质的撞击[图 9-3(a)]而引起的无规则的运动[图 9-3(b)]叫布朗运动，这是由布朗首先发现花粉在液面上做无规则运动而得名。布朗运动及其引起的扩散作用是溶胶的重要运动性质(movement properties)之一。

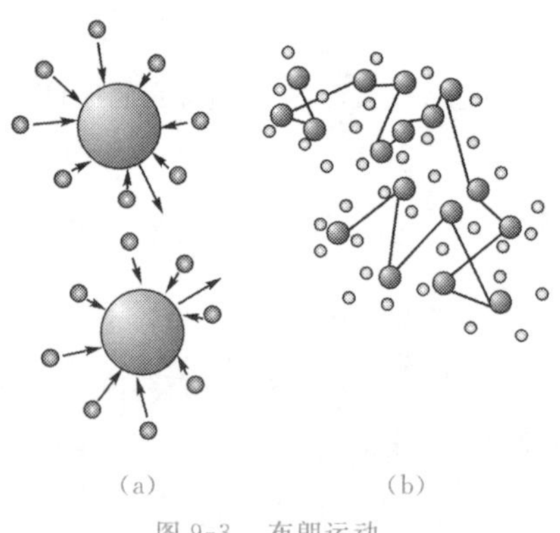

图 9-3　布朗运动

超显微镜(ultramicroscope)的发明为研究布朗运动提供了强有力的实验工具。用超显微镜可以观察到溶胶粒子在分散介质中不断地做不规则的"之"字形的连续运动。后来的研究者发现，粒子愈小，布朗运动愈激烈，且运动的激烈程度不随时间而变，但随温度的升高而增加。

1905 年爱因斯坦(Einstein)提出了有关布朗运动的理论。他假定，布朗运动和分子热运动完全类似，其运动的平均动能亦等于 $\frac{3}{2}kT$。爱因斯坦还进一步利用概率论和分子运动论的有关概念，假定粒子为球形的，得到布朗运动的公式：

$$\langle x\rangle=\left(\frac{RT\,t}{L\,3\pi\eta r}\right)^{1/2} \tag{9-5}$$

式中，$\langle x\rangle$ 为在观察时间 t 内粒子沿 x 轴方向的平均位移；r 为粒子半径；η 为介质黏度；L 为阿伏加德罗常量。

爱因斯坦关于布朗运动的理论说明了布朗运动的实质就是质点的热运动。反过来，布朗运动也成为分子热运动的强有力的实验证明。

用超显微镜还可观察到溶胶粒子的涨落现象(fluctuation phenomenon)，即在较大的体积范围内观察溶胶的粒子分布是均匀的，而在有限的小体积元中观察发现，溶胶粒子的数目时而多，时而少。这种现象是布朗运动的结果。

2. 沉降与沉降平衡

溶胶中的分散相粒子由于受自身的重力作用而下沉的过程称为沉降(sedimentation)。

分散相在分散介质中的沉降速度由下式表示：

---

① 对液固两相反应系统，费克(第一)扩散定律表示为

$$\frac{\mathrm{d}n_B}{\mathrm{d}t}=-DA_s\left(\frac{\partial c_B}{\partial x}\right)_T$$

式中，n 为物质的量；c 为浓度，见 7.15 节。对溶胶则不能用 c 作为组成标度，因为溶胶不是均相系统，只能用体积粒子数表示其组成标度。

$$\frac{dx}{dt}=\frac{2r^2(\rho_B-\rho_0)g}{9\eta} \tag{9-6}$$

式中，$\frac{dx}{dt}$为沉降速度；r 为分散相粒子半径；ρ_B、ρ_0 分别为分散相及分散介质的体积质量；g 为重力加速度；η 为分散介质的黏度。

分散相粒子本身的重力使粒子沉降，而介质的黏度及布朗运动引起的扩散作用阻止粒子下沉，两种作用相当时达到平衡，称之为**沉降平衡**(sedimental equilibrium)。

可应用沉降平衡原理，计算系统中体积粒子数的高度分布：

$$\ln\frac{n_2}{n_1}=\frac{M_B g}{RT}\left(1-\frac{\rho_B}{\rho_0}\right)(h_2-h_1) \tag{9-7}$$

式中，n_1、n_2 分别为高度 h_1、h_2 处的体积粒子数；ρ_B、ρ_0 分别为分散相(粒子)及分散介质的体积质量；M_B 为粒子的摩尔质量；g 为重力加速度。

由式(9-7)可知，粒子的摩尔质量愈大，其平衡体积粒子数随高度的降低愈大。还应该指出，式(9-7)所表示的是沉降已达平衡后的情况，对于粒子不太小的分散系统，通常沉降较快，可以较快地达到平衡。而高度分散的系统中，粒子则沉降缓慢，往往需较长时间才能达成平衡。

有关分散系统中粒子沉降速度的测定以及沉降平衡原理，在生产及科学研究中均有重要应用，如化工过程中的过滤操作，河水泥沙的沉降分析等。

对于胶体分散系统，由于分散相的粒子很小，在重力场中的沉降速度极为缓慢，有时无法测定其沉降速度。但利用超离心机(其离心力可达地心引力的 10^6 倍以上)加快沉降速度，则大大扩大了测定沉降速度的范围。可把它应用于胶团的摩尔质量或高聚物的摩尔质量的测定上。即

$$M_B=\frac{2RT\ln(n_2/n_1)}{(1-\rho_B/\rho_0)\omega^2(x_2^2-x_1^2)} \tag{9-8}$$

式中，ω 为超离心机的角速度；x 为从旋转轴到溶胶中某一平面的距离；其他各项同式(9-7)。

9.2.4 溶胶的电学性质

1. 带电界面的双电层结构

大多数固体物质与极性介质接触后，在界面上会带电(电荷可能来源于离子吸附、固体物质的电离、离子溶解)，从而形成**双电层**(double electric layer)。

关于双电层结构，按照**斯特恩(Stern)模型**，表示为图 9-4(a)。

若固体表面带正电荷，则双电层的溶液一侧由两层组成，第一层为吸附在固体表面的水化反离子层(与固体表面所带电荷相反)，称为**斯特恩层**(Stern layer)，因水化反离子与固体表面紧密靠近，又称为**紧密层**(closed layer)，其厚度近似于水化反离子的直径，用 δ 表示；第二层为**扩散层**(diffuse layer)，它是自第一层(紧密层)边界开始至溶胶本体由多渐少扩散分布的过剩水化反离子层。由斯特恩层中水化反离子中心线所形成的假想面称为**斯特恩面**(Stern section)。在外加电场作用下，它带着紧密层的固体颗粒与扩散层间做相对移动，其间的界面称为**滑动面**(movable section)。

由固体表面至溶胶本体间的电势差 ϕ_e 叫**热力学电势**(thermodynamic potential)，它的

产生已在 8.9 节中讨论过；由斯特恩面至溶胶本体间的电势差 ϕ_δ 叫斯特恩电势（Stern potential）；而由滑动面至溶胶本体间的电势差叫 ζ 电势，亦叫动电电势（moving potential）。

按照现代理论，1963 年博克里斯（Bockris）、德瓦纳塞恩（Devanathan）和缪勒（Müller）在斯特恩模型的基础上做了更细致的改进。他们提出在紧密层中还需要考虑特性吸附及对水分子的吸附[图 9-4(b)]。图中⊖代表被固体表面吸附的水偶极子。如果固体表面带负电，可能特性吸附阴离子。被强烈化学吸附的阴离子，脱去水化膜而进入水分子层，图 9-4(b) 中 ⊖ 代表被特性吸附的阴离子，与固体表面直接发生接触。因此由特性吸附离子构成的内紧密层称为内亥姆霍茨层（IHP）；而阳离子的水化能力强，一般不易脱去水化外壳进入表面水分子层，则通过电性及物理吸附与固体形成的外紧密层称为外亥姆霍茨层（OHP）。

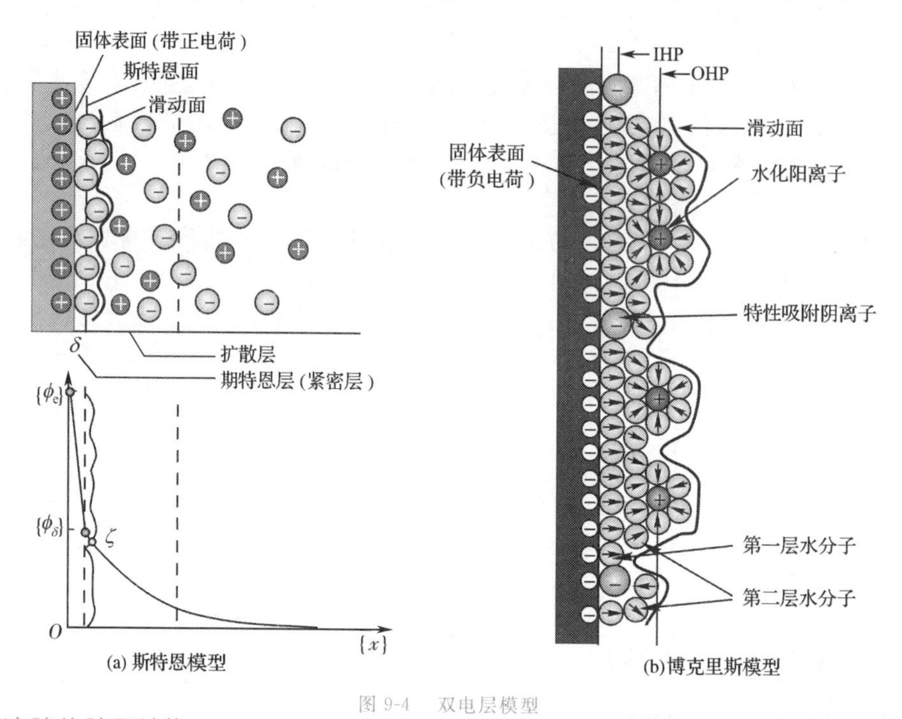

图 9-4　双电层模型

2. 溶胶的胶团结构

溶胶中的分散相与分散介质之间存在着界面。因此，按扩散双电层理论，可以设想出溶胶的胶团结构。

以 KI 溶液滴加至 $AgNO_3$ 溶液中形成的 AgI 溶胶为例，其胶团结构可用图 9-5 表示。

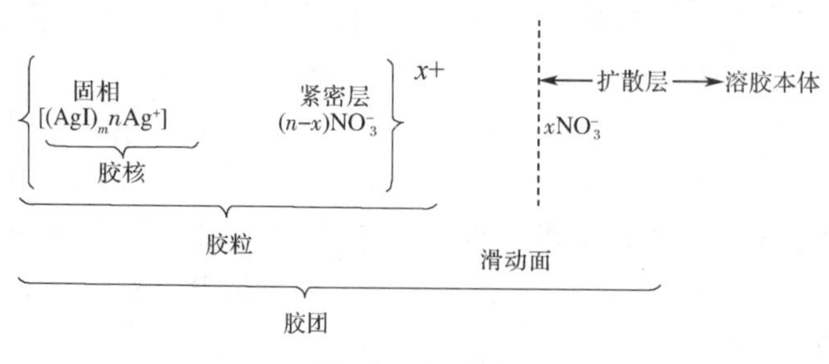

图 9-5　胶团结构

如图 9-5 所示，包括胶核与紧密层在内的胶粒是带电的，胶粒与分散介质（包括扩散层和溶胶本体）间存在着滑动面（moving area），滑动面两侧的胶粒与介质之间做相对运动。扩散层带的电荷与胶粒带的电荷符号相反，整个溶胶为电中性。

如图 9-5 所示的胶团结构也可表示成图 9-6。

3. 电动现象

由于胶粒是带电的，因此在电场作用下，或在外加压力、自身重力下流动、沉降时产生电动现象（electrokinetic phenomenon），表现出溶胶的电学性质。

(i) 电泳（electrophoresis）——在外加电场作用下，带电的分散相粒子在分散介质中向相反符号电极移动的现象，如图 9-7 所示。外加电势梯度愈大，胶粒带电愈多，胶粒愈小，介质的黏度愈小，则电泳速度愈大。

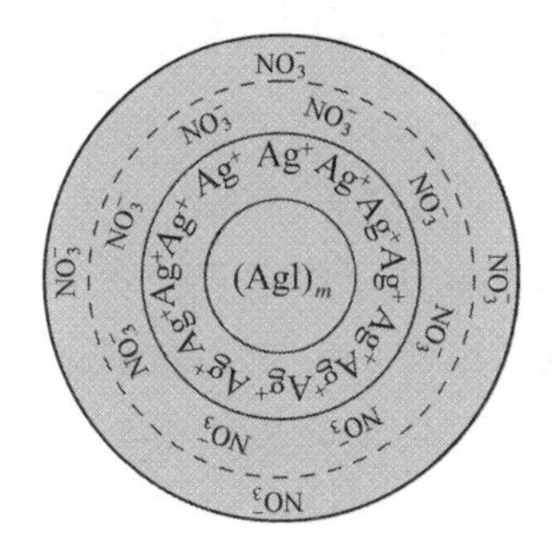

图 9-6　AgI 胶团结构示意图（$AgNO_3$ 为稳定剂）

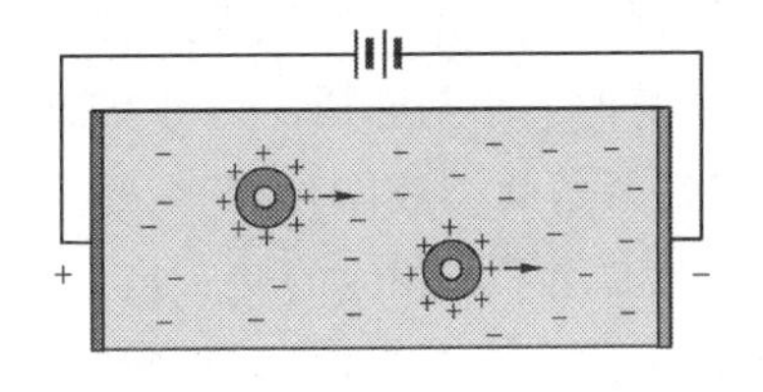

图 9-7　电泳

溶胶的电泳现象证明了胶粒是带电的，实验还证明，若在溶胶中加入电解质，则对电泳会有显著影响。随着溶胶中外加电解质的增加，电泳速度常会降低以致变为零（等电点），甚至还可以改变胶粒带电的符号，从而改变胶粒的电泳方向。

利用电泳现象可以进行分析鉴定或分离操作。例如，对于生物胶体，常用纸上电泳方法对其成分加以鉴定；再如，利用电泳分离人体血液中的血蛋白、球蛋白和纤维蛋白原等。

此外，通过胶粒电泳速度的实验测定可求算溶胶的 ζ 电势。设胶粒的半径为 r，由胶粒形成的离子氛的半径为 κ^{-1}，当 $r/\kappa^{-1} \ll 1$ 时，可得到球形胶粒的电泳速度 v 与两极外加电势的电场强度 E，介质黏度 η，介质介电常数 ε 以及胶粒的 ζ 电势的关系为

$$v=\frac{\zeta\varepsilon E}{6\pi\eta} \tag{9-9}$$

而当 $r/\kappa^{-1} \gg 1(>100)$ 时，对棒形胶粒，则有

$$v=\frac{\zeta\varepsilon E}{4\pi\eta} \tag{9-10}$$

式(9-9)及式(9-10)分别称为休克尔（Hückel）公式和亥姆霍茨（Helmholtz）-斯莫鲁科夫斯基（Smoluchowski）公式。

由式(9-9)或式(9-10)，通过胶粒电泳速度的测定，可进一步求算溶胶的 ζ 电势。

【例 9-2】　由电泳实验测定 SbO_3 溶胶的电泳速度，当两电极间的距离为 0.385 m，外加电势为 182 V 时，通电 40 min 后，溶胶界面向正极运动 0.032 m。已知该溶胶的黏度为 1.03×10^{-3} Pa·s，介质的介电常数 $\varepsilon=9.02\times10^{-9}\ \mathrm{F\cdot m^{-1}}$（$1\ \mathrm{F}=1\ \mathrm{C\cdot V^{-1}}$），试计算该溶胶的 ζ 电势。

解　若该溶胶胶粒为球形，由式(9-9)，有

$$\zeta=\frac{6\pi\eta v}{\varepsilon E}=\frac{6\times3.14\times1.03\times10^{-3}\ \text{Pa}\cdot\text{s}\times0.032\ \text{m}/(40\times60\ \text{s})}{9.02\times10^{-9}\ \text{C}\cdot\text{V}^{-1}\cdot\text{m}^{-1}\times(182\ \text{V}/0.385\ \text{m})}=0.0607\ \text{V}=60.7\ \text{m V}$$

若该溶胶胶粒为棒形,由式(9-10),有

$$\zeta=\frac{4\pi\eta v}{\varepsilon E}=\frac{4\times3.14\times1.03\times10^{-3}\ \text{Pa}\cdot\text{s}\times0.032\ \text{m}/(40\times60\ \text{s})}{9.02\times10^{-9}\ \text{C}\cdot\text{V}^{-1}\cdot\text{m}^{-1}\times(182\ \text{V}/0.385\ \text{m})}=0.0405\ \text{V}=40.5\ \text{mV}$$

(ii)电渗(electroosmosis)——在外加电场作用下,分散介质(由过剩反离子所携带)通过多孔膜或极细的毛细管移动的现象(此时带电的固相不动),如图 9-8 所示。

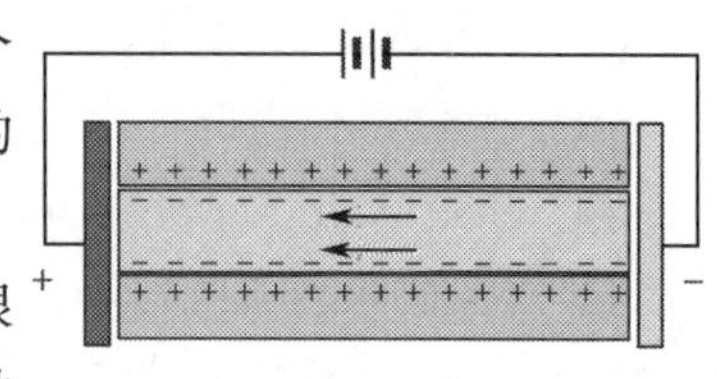
图 9-8 电渗

和电泳一样,溶胶中外加电解质对电渗速度的影响也很显著,随电解质的增加,电渗速度降低,甚而会改变液体流动的方向。通过测定液体的电渗速度可求算溶胶胶粒与介质之间的总电势。

(iii)流动电势(flow potential)——在外加压力下,迫使液体流经相对静止的固体表面(如多孔膜)而产生的电势叫流动电势(它是电渗的逆现象),如图 9-9 所示。

流动电势的大小与介质的电导率成反比。碳氢化合物的电导通常比水溶液要小几个数量级,这样在泵送此类液体时,产生的流动电势相当可观,高压下极易产生火花,加上这类液体易燃,因此必须采取相应的防护措施,以消除由于流动电势的存在而造成的危险。例如,在泵送汽油时规定必须接地,而且常加入油溶性电解质,以增加介质的电导,降低或消除流动电势。

(iv)沉降电势(sedimental potential)——由于固体粒子或液滴在分散介质中沉降使流体的表面层与底层之间产生的电势差叫沉降电势(它是电泳的逆现象),如图 9-10 所示。

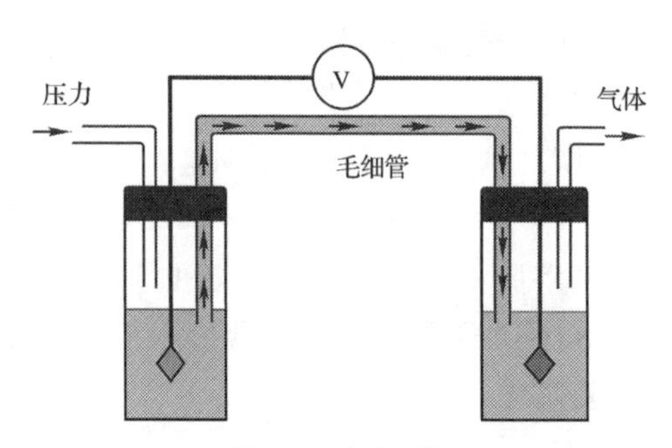

图 9-9 流动电势

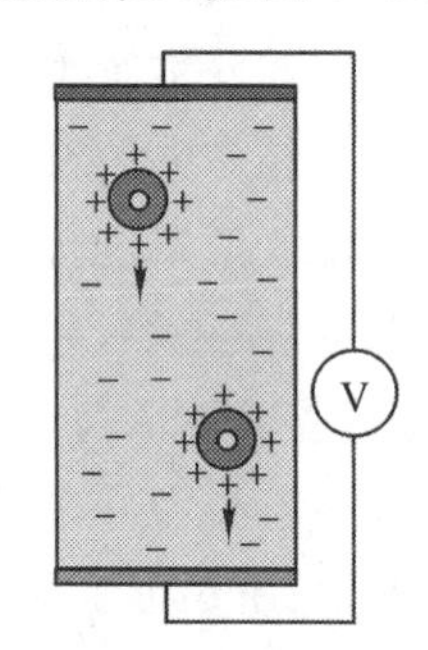

图 9-10 沉降电势

与流动电势的存在一样,对沉降电势的存在也需引起充分的重视。例如,贮油罐中的油中常含有水滴,由于油的电导率很小,水滴的沉降常形成很高的沉降电势,甚至达到危险的程度。常采用加入有机电解质的办法增加介质的电导,从而降低或消除沉降电势。

以上讨论了溶胶的 4 种电动现象及其应用,它们相互关系的比较见表 9-2。

表 9-2 4 种电动现象的比较

电动现象	因果关系	相对静止的相	相对运动的相	相互关系
电泳	电引发动	带电介质	带电固体	沉降电势的逆现象
电渗	电引发动	带电固体	带电介质	流动电势的逆现象
流动电势	动引发电	带电固体	带电介质	电渗的逆现象
沉降电势	动引发电	带电介质	带电固体	电泳的逆现象

9.3　溶胶的稳定

9.3.1　溶胶的动力稳定性

溶胶是高度分散的、多相的、热力学不稳定系统。这表明，溶胶中的分散相粒子——胶粒不能长时间稳定地分布在分散介质之中，胶粒迟早要发生**聚沉**(coagulation)。这叫溶胶的聚结不稳定性。但由于溶胶中分散相粒子的布朗运动在分散介质中不停地做无序迁移，而能在一段时间内保持溶胶稳定存在，称为溶胶的**动力稳定性**(kinetic stabilization)。

9.3.2　溶胶稳定理论

人们对溶胶的聚结不稳定性和动力稳定性的本质原因做了长期的实验研究，目前发展起三个理论，下面做简要介绍。

1. DLVO 理论

由德查金(Darjaguin)、朗道(Landau) 和维韦(Verwey)、奥弗比可(Overbeek) 提出的理论，要点如下：

在胶粒之间，存在着两种相反作用力所产生的势能。一是由扩散双电层相互重叠时而产生的**斥力势能** U_R (exclusion potential energy)，$U_R \propto \exp(-\kappa x)$，$\kappa$ 为德拜参量(见 8.7 节)，κ^{-1} 为胶粒双电层厚度，x 为两胶粒间的距离。另一是由胶粒间存在的远程范德华力而产生的**吸力势能** U_A (attraction potential energy)，$U_A \propto \frac{1}{x^2}$ 或 $U_A \propto \frac{1}{x}$(一般分子或原子间存在的范德华力为近程力，$U_A \propto \frac{1}{x^n}$)。此两种势能之和 $U=U_R+U_A$ 即系统的总势能，U 的变化决定着系统的稳定性。U_R、U_A 均是胶粒之间的距离 x 的函数，其随距离 x 的变化关系如图 9-11 所示。

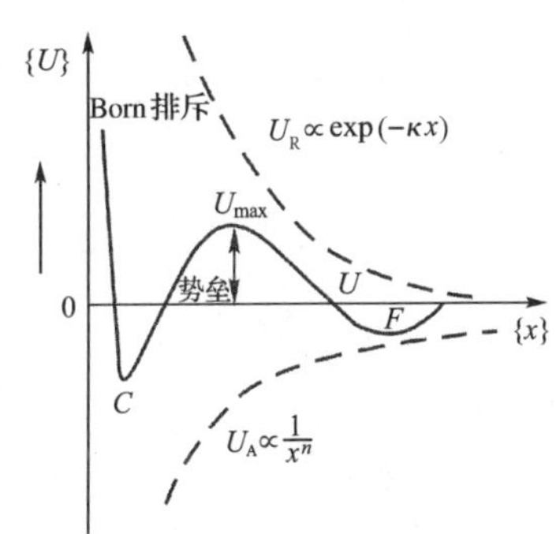

图 9-11　胶粒间斥力势能、吸力势能及总势能曲线图

由图 9-11 可知，U_R-x 曲线的特点是：(i) 曲线比较平缓；(ii) $x \to \infty$时，$U_R \to 0$；(iii) $x \to 0$ 时，$U_R \to$定值。U_A-x 曲线的特点是：(i) x 小时曲线陡峭，x 大时曲线平缓；(ii) $x \to 0$ 时，$U_A \to -\infty$；(iii) $x \to \infty$时，$U_A \to 0$。而 U-x 曲线，随两胶粒间的距离 x 缩小，先出现一极小值(有的溶胶由于胶粒很小不出现此极小值)F，在此处发生粒子的聚集称为**聚凝** (flocculation)(可逆的)，此后再靠近时 U 值变大，直至产生极大值 U_{max}，x 进一步缩小进而出现极小值 C，在此处发生粒子间的**聚沉**(coagulation)(不可逆)。当 $U_{max} > 15\ kT$ 时，一般胶粒的热运动的动能很难达到，则溶胶处于稳定状态。若 $U_{max} \ll 15\ kT$，则溶胶很容易聚沉。

2. 空间稳定理论

向溶胶中加入高聚物或非离子表面活性剂，虽降低了 ζ 电势，但却显著地提高了溶胶系统的稳定性，这是用 *DLVO* 理论所解释不了的。这种结果可用空间稳定理论（steric stabilization theory）加以解释。空间稳定理论认为这是由于溶胶胶粒表面吸附了高聚物，吸附的高聚物层引起系统的 $\Delta G>0$。

由 $\Delta G=\Delta H-T\Delta S$ 可知，定温、定压且无非体积功时，凡是促使 $\Delta G>0$ 的变化均可使系统稳定：

(i)若 ΔH、ΔS 皆为正，当 $\Delta H>T\Delta S$ 时，可使 $\Delta G>0$，此时，焓变起主要的稳定作用；

(ii)若 ΔH、ΔS 皆为负，当 $|\Delta H|<T|\Delta S|$ 时，可使 $\Delta G>0$，此时，熵变起主要的稳定作用；

(iii)若 $\Delta H>0$，$\Delta S<0$，均可使 $\Delta G>0$，此时焓变及熵变均使系统稳定。

此外，该理论认为吸附高聚物层所产生的弹性力亦对溶胶起稳定作用。

3. 空缺稳定理论

向溶胶中加入高聚物，胶粒对聚合物分子可能产生负吸附，即胶粒表面层聚合物浓度低于介质本体中的高聚物浓度，导致胶粒表面形成“空缺层”（depletion layer）。

在空缺层重叠时会发生排斥作用，使溶胶稳定，这是空缺稳定理论（depletion stabilization theory）的基本思想。若溶剂有好的对高聚物的溶解性能，则胶粒表面易形成空缺层。

9.4 溶胶的聚沉

9.4.1 电解质对聚沉的影响

少量电解质的存在对溶胶起稳定作用，过量电解质的存在对溶胶起破坏作用（聚沉）。

视频

豆腐与胶体化学

使一定量溶胶在一定时间内完全聚沉所需最小电解质的浓度，称为电解质对溶胶的聚沉值（coagulation value）。

反离子（contra-ion）对溶胶的聚沉起主要作用，聚沉值与反离子价数有关：聚沉值比例 $100:1.6:0.14=\frac{1}{1^6}:\frac{1}{2^6}:\frac{1}{3^6}$，即聚沉值与反离子价数的 6 次方成反比，这叫舒尔采（Schulze）- 哈迪（Hardy）规则。反离子起聚沉作用的机理是：

(i) 反离子浓度愈高，则进入斯特恩层的反离子愈多，从而降低了 ϕ_δ，而 $\phi_\delta\approx\zeta$ 电势，即降低扩散层重叠时的斥力；

(ii)反离子价数愈高，则扩散层的厚度愈薄，降低扩散层重叠时产生的斥力越显著。

同号离子对聚沉亦有影响，这是由于同号离子与胶粒的强烈范德华力而产生吸附，从而改变了胶粒的表面性能，降低了反离子的聚沉能力。

【例 9-3】 将浓度为 $0.04\ mol\cdot dm^{-3}$ 的 KI(aq) 与 $0.10\ mol\cdot dm^{-3}$ 的 $AgNO_3$(aq) 等体积混合后得到 AgI 水溶胶，试分析下述电解质对所得 AgI 溶胶聚沉能力的强弱顺序如何？为什么？(1)$Ca(NO_3)_2$；(2) K_2SO_4；(3) $Al_2(SO_4)_3$。

解　由于 $AgNO_3$ 过量，因此形成的 AgI 胶粒带正电荷为正溶胶，能引起它聚沉的反离子为负离子。所

以 K_2SO_4 和 $Al_2(SO_4)_3$ 的聚沉能力均大于 $Ca(NO_3)_2$。由于和溶胶具有同样电荷的离子能削弱反离子的聚沉能力，且价态高的比价态低的削弱作用更强，因此 K_2SO_4 的聚沉能力大于 $Al_2(SO_4)_3$。综上所述，聚沉能力顺序为 $K_2SO_4 > Al_2(SO_4)_3 > Ca(NO_3)_2$。

【例 9-4】　下列电解质对由等体积的 0.080 mol·dm^{-3} 的 KI(aq) 和 0.10 mol·dm^{-3} 的 $AgNO_3$(aq) 混合所得溶胶的聚沉能力的强弱顺序如何？为什么？(1) $CaCl_2$；(2) Na_2SO_4；(3) $MgSO_4$。

解　由等体积的 0.080 mol·dm^{-3} 的 KI(aq) 和 0.10 mol·dm^{-3} 的 $AgNO_3$(aq) 混合所得溶胶由于 $AgNO_3$ 过量，其胶团结构如图 9-5 所示。

该胶粒表面带正电，故能引起聚沉的反离子应为负离子，即为 Cl^-、SO_4^{2-}，依据舒尔采 - 哈迪规则，SO_4^{2-} 的聚沉能力大于 Cl^- (SO_4^{2-} 的聚沉值小于 Cl^-)；又由于和胶粒具有同样符号电荷的离子(此即为正离子) 会减弱反离子的聚沉能力，一般高价的比低价的减弱得更厉害，故聚沉能力为 $Na_2SO_4 > MgSO_4 > CaCl_2$。

9.4.2　高聚物分子对聚沉的影响

在溶胶中加入适量高聚物分子可使溶胶稳定(见空间稳定理论及空缺稳定理论)，但也可使溶胶聚沉。其聚沉作用如下：

(i) 搭桥效应(bridging effect)—— 高聚物分子通过“搭桥”把胶粒拉扯在一起，引起聚沉。

(ii) 脱水效应(dehydration effect)—— 高聚物分子由于亲水，其水化作用较胶粒水化作用强(胶粒憎水)，从而加入高聚物会夺去胶粒的水化外壳而使胶粒失去水化外壳的保护作用。

(iii) 电中和效应(electric neutralization effect)—— 离子型高聚物的加入吸附在带电的胶粒上而中和了胶粒的表面电荷。

Ⅱ　胶体分散系统(2)
缔合胶体 —— 缔合胶束溶液

9.5　缔合胶束溶液的性质和应用

9.5.1　缔合胶束溶液

第 7 章已介绍了表面活性剂的结构特征及其分类。水的表面活性剂通常是由亲水性的极性基团(亲水基) 和憎水性的非极性基团(亲油基) 两部分所构成。将其溶解于水中，浓度不大时可在水的表面层迅速形成单分子表面膜，使水的表面张力显著降低。水中表面活性剂浓度再增加时，由于表面活性剂的结构特性，它开始溶于体相形成胶束溶液，已如第 7 章所述，胶束的形状可呈球状、层状、棒状(图 7-21)，其尺寸大小为 1 ～ 1 000 nm，这样的系统是均相的、热力学稳定系统，把它称为缔合胶束溶液或称为胶体电解质溶液，是胶体分散系统(缔合胶体) 的重要组成部分。

9.5.2　胶束的增溶作用

表面活性剂在水中形成胶束后，能使不溶或微溶于水的有机物的溶解度显著增大，这种作用称为胶束的增溶作用。

增溶作用是由胶束引起的，被增溶物在胶束中的位置、存在的状态等与被增溶物的性质以及形成胶束的表面活性剂的性质有关。自20世纪50年代起，利用X射线、紫外光谱以及核磁共振谱等对增溶方式的研究结果，目前公认的有4种：(i) 非极性有机物增溶在胶束内部[图9-12(a)]；(ii) 极性长碳链有机物（如醇类、胺类等）增溶在表面活性剂分子之间[图9-12(b)]；(iii) 既不溶于水也不溶于油的有机物（如某些染料、苯二甲酸二甲酯等）增溶在胶束表面[图9-12(c)]；(iv) 极性有机物（如苯甲酚等）增溶在非离子型表面活性剂聚氧乙烯链“外壳”中[图9-12(d)]。

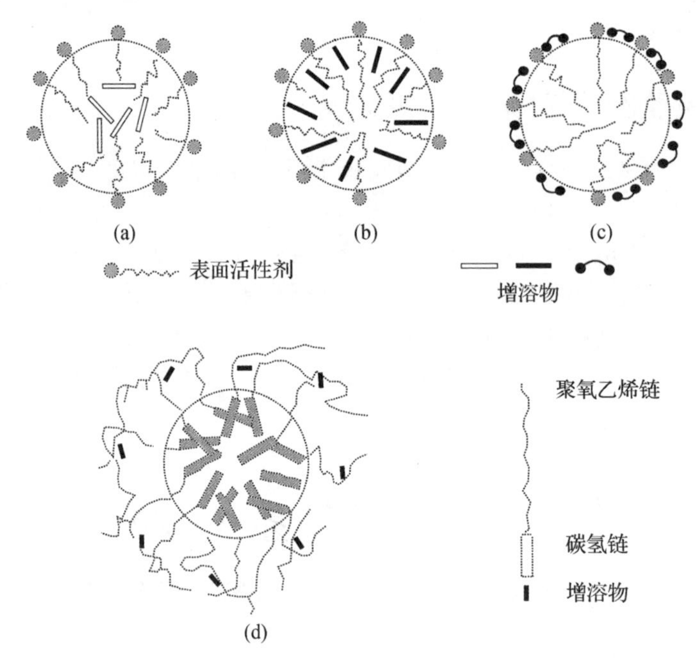

图9-12　4种可能的增溶方式

9.5.3　影响增溶作用的因素

影响增溶作用的因素很多，也很复杂，通常有：

(i) 表面活性剂的结构 —— 同系的表面活性剂中，碳氢链越长，增溶能力越大。直链的表面活性剂比同碳数的支链的表面活性剂增溶能力大。亲油链相同时，不同类型表面活性剂增溶能力的大小顺序为：非离子型 ＞ 阳离子型 ＞ 阴离子型。

(ii) 被增溶物的结构 —— 对于被增溶物，一般极性化合物比非极性化合物易于增溶；芳香族化合物比脂肪族化合物易于增溶；有支链化合物比直链化合物易于增溶。

(iii) 电解质 —— 在离子型表面活性剂溶液中加入无机盐，可提高烃类的增溶量，减少极性有机物的增溶量。在非离子型表面活性剂中加无机盐，胶束的聚集数增大，增溶量增加，且随盐浓度的增加而增加。

(iv) 温度 —— 温度升高，可提高极性和非极性物质在离子型表面活性剂溶液中的增溶量。对于非离子型表面活性剂溶液，升温可提高非极性物质的增溶量。对于极性物质，在某一温度时增溶量可达最大值。

(v) 有机添加物 —— 在表面活性剂溶液中加入非极性有机化合物(烃类)时,可提高极性被增溶物的增溶量;反之,加入极性有机化合物时,则能使烃类物质的增溶量增大。

9.5.4　增溶作用的应用

增溶作用在日常生活和工业生产中都有广泛的和重要的应用。

例如,合成橡胶的乳液聚合就是增溶作用原理的典型应用。乳液聚合是将单体分散在水中形成水包油型乳状液(关于乳状液见 9.7 节),在催化剂作用下进行的聚合反应。若单体直接聚合,因聚合过程放热和系统黏度的大大提高而使操作温度不易控制,易于产生副产品,若采用乳液聚合将使单体大部分形成分散液滴,一部分增溶于表面活性剂形成的胶束中,极少部分溶于水中。溶于水中的催化剂在水相中引发反应,引发产生的单体自由基主要进入胶束,聚合反应即在胶束中进行,而分散的单体液滴则成为提供原料单体的仓库。当聚合反应逐渐完成时,分散的液滴逐渐消耗掉,胶束中的单体因逐渐聚合成所需要的高聚物而使胶束逐渐长大,形成所谓的“高聚物胶束”,此反应系统经酸或盐处理,可分离出高聚物产品。如图 9-13 所示为乳液聚合示意图。

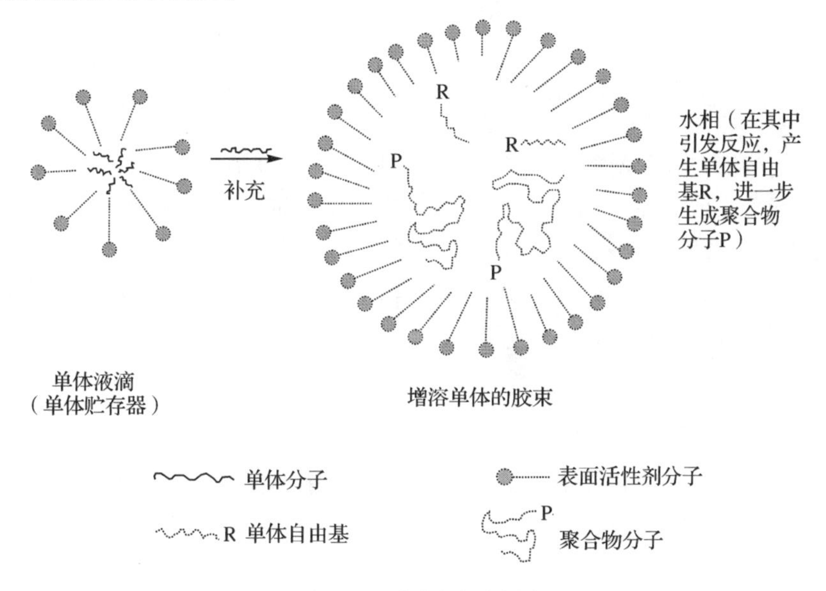

图 9-13　乳液聚合示意图

在采油工业中,利用增溶作用可提高采油率,即所谓“胶束驱油”工艺。首先配制由水、表面活性剂和油组成的“胶束溶液”,它能润湿岩层,溶解大量原油,故在岩层间推进时能有效地洗下附于岩层上的原油,从而大大提高原油采收率。

使用洗涤剂的洗涤过程也应用了增溶作用的原理。被洗下的污垢增溶于胶束内,便可以防止污垢重新附着于织物上。

在生理过程中,增溶作用亦有重要意义。例如,小肠不能直接吸收脂肪,但却能通过胆汁中的卵磷脂的增溶作用而将其吸收。

利用胶束溶液加速化学反应,即所谓“胶束催化”的研究正在迅速发展,这可能是一个很有潜力的领域。

Ⅲ 胶体分散系统(3)

亲液胶体 —— 大分子溶液

9.6 大分子溶液的性质和应用

9.6.1 大分子溶液的主要特征

大分子化合物，一般是指其摩尔质量 M_B 大于 $1\sim10^4\ \mathrm{kg\cdot mol^{-1}}$ 的分子，有天然的（如蛋白质、淀粉、核酸、纤维素等）和合成的（如高聚物分子）。一种特定的蛋白质有一定的摩尔质量，但合成的高聚物分子具有摩尔质量的分布。通常使用数均摩尔质量 $\langle M_N\rangle$ 和质均摩尔质量 $\langle M_m\rangle$，它们的定义为

$$\langle M_N\rangle \overset{\text{def}}{=\!=} \frac{\sum N_B M_B}{\sum N_B} \quad (N_B\ 为分子数) \tag{9-11}$$

$$\langle M_m\rangle \overset{\text{def}}{=\!=} \frac{\sum m_B M_B}{\sum m_B} \quad (m_B\ 为分子质量) \tag{9-12}$$

由于大分子溶液中分散质的线尺寸在溶胶的胶粒尺寸范围内，因此它有扩散慢，不能透过半透膜等与溶胶相似的性质，但它又是均相的热力学稳定的系统，属于以单个分子分散的真溶液，又有小分子溶液的一些性质，如产生渗透压、丁达尔现象微弱等。所以大分子溶液的主要特征可归纳为：高度分散的（分散质即大分子的线尺寸为 1 ～ 1 000 nm）、均相的、热力学稳定系统，又叫亲液胶体。

9.6.2 大分子溶液的渗透压及应用

小分子稀溶液产生的渗透压 $\Pi=c_BRT$。由于大分子溶液的非理想性，它所产生的渗透压（osmotic pressure）可表示为

$$\Pi = \rho_B RT\left(\frac{1}{\langle M_B\rangle} + B_2\rho_B + B_3\rho_B^2 + \cdots\right) \tag{9-13}$$

式中，ρ_B 为体积质量，单位为 $\mathrm{kg\cdot m^{-3}}$；B_2、B_3 分别为第二、第三维里系数。

通常利用渗透压来测定大分子（高聚物）的平均摩尔质量。若由实验测出一系列浓度下的 Π 值，则利用式(9-13)，均可按外推法求高聚物的摩尔质量

$$\langle M_B\rangle = RT/\lim_{\rho_B\to0}\frac{\Pi}{\rho_B} \tag{9-14}$$

【例 9-5】 异丁烯聚合物溶于苯中，在 25 ℃ 时测得不同体积质量下的渗透压数据如下，求此聚合物的摩尔质量和相对分子质量。

$\rho_B/(\mathrm{kg\cdot m^{-3}})$	Π/Pa	$\rho_B/(\mathrm{kg\cdot m^{-3}})$	Π/Pa
5.0	49.54	15.0	155.0
10.0	101.4	20.0	210.9

解　由式(9-13)，有

$$\Pi = \rho_B RT\left(\frac{1}{\langle M_B\rangle} + B_2\rho_B + B_3\rho_B^2 + \cdots\right)$$

对稀溶液可简化为

$$\Pi = \rho_B RT\left(\frac{1}{\langle M_B\rangle} + B_2\rho_B\right)$$

对于理想稀溶液，$B_2=0$，于是

$$\Pi = \rho_B RT\frac{1}{\langle M_B\rangle}\quad(\rho_B\to 0)$$

所以

$$\langle M_B\rangle = RT/\lim_{\rho_B\to 0}(\Pi/\rho_B)$$

可作(Π/ρ_B)-ρ_B曲线并将曲线外推至$\rho_B=0$，即可求得M_B。为此，将已知数据表示为

$\rho_B/(\mathrm{kg\cdot m^{-3}})$	$\frac{\Pi/\rho_B}{\mathrm{Pa\cdot m^3\cdot kg^{-1}}}$	$\rho_B/(\mathrm{kg\cdot m^{-3}})$	$\frac{\Pi/\rho_B}{\mathrm{Pa\cdot m^3\cdot kg^{-1}}}$
5.0	9.91	15.0	10.33
10.0	10.10	20.0	10.55

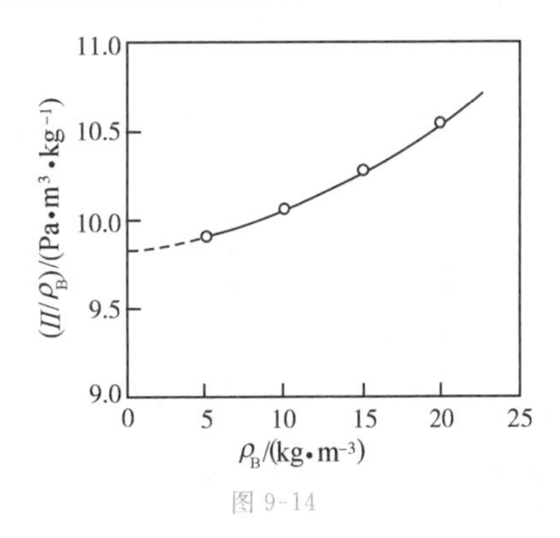

图 9-14

作(Π/ρ_B)-ρ_B图，如图9-14所示。

由图中求得当$\rho_B=0$，$\Pi/\rho_B=9.83\ \mathrm{Pa\cdot m^3\cdot kg^{-1}}$，故

$$\langle M_B\rangle = \frac{8.3145\ \mathrm{J\cdot K^{-1}\cdot mol^{-1}}\times 298.15\ \mathrm{K}}{9.83\ \mathrm{Pa\cdot m^3\cdot kg^{-1}}} = 252\ \mathrm{kg\cdot mol^{-1}}$$

相对分子质量

$$\langle M_r\rangle = 252\ \mathrm{kg\cdot mol^{-1}}/(\mathrm{g\cdot mol^{-1}}) = 252\ 000$$

9.6.3　膜平衡与唐南效应

以大分子电解质Na_2P(蛋白质钠盐)为例，说明膜平衡(membrance equilibrium)与唐南效应(Donnan effect)。

如图9-15所示，设一半透膜只允许溶剂分子及Na^+、Cl^-透过，而P^{2-}不能透过。今将Na_2P的水溶液及NaCl的水溶液分别置于膜的左右两侧。图中的b'及b分别为开始时，左侧Na^+及右侧Na^+(或Cl^-)的质量摩尔浓度。

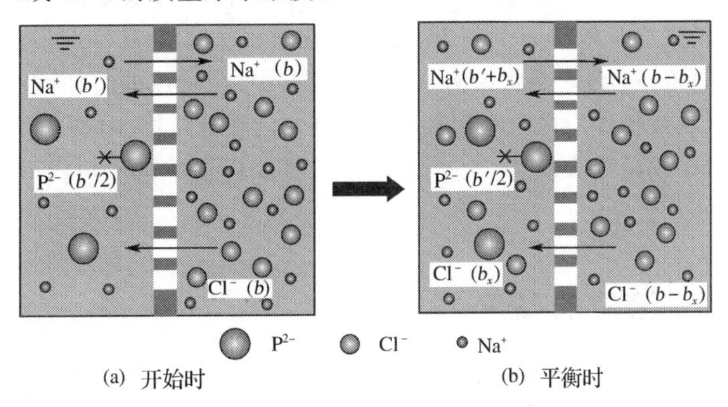

图 9-15　膜平衡示意图

设 b_x 为 Na^+ 或 Cl^- 从半透膜右侧渗透到左侧的质量摩尔浓度。当渗透达到平衡时称为膜平衡。平衡时 NaCl 在左、右两侧的化学势应相等，即

$$\mu_L(\text{NaCl})=\mu_R(\text{NaCl})$$

所以

$$RT\ln a_L(\text{NaCl})=RT\ln a_R(\text{NaCl})$$

或

$$[a(\text{Na}^+)a(\text{Cl}^-)]_L=[a(\text{Na}^+)a(\text{Cl}^-)]_R$$

对稀溶液，可用质量摩尔浓度代替活度，于是有

$$(b'+b_x)b_x=(b-b_x)^2$$

解得

$$b_x=\frac{b^2}{b'+2b}$$

于是，平衡时，左右两侧 NaCl 质量摩尔浓度之比为

$$\frac{b(\text{NaCl})_L}{b(\text{NaCl})_R}=\frac{b_x}{b-b_x}=\frac{b}{b'+b} \tag{9-15}$$

由于大分子不能透过膜，平衡时影响到小离子在两侧分布不均匀，就会产生额外的渗透压，这叫唐南效应。

唐南效应影响利用渗透压法测定大分子的摩尔质量的准确性，必须设法消除。消除的办法是：(i) 测定开始时使 $b \gg b'$，则式(9-15) 中 $\frac{b}{b'+b} \approx 1$；(ii) 测定过程中将使大分子溶液稀释，则 $b' \ll b$，使 $\frac{b}{b'+b} \approx 1$；(iii) 调节溶液 pH，使蛋白质分子接近等电点，降低电荷效应。

9.6.4 盐析作用和胶凝作用

溶胶（憎液胶体）对电解质的存在是十分敏感的，而大分子溶液（亲液胶体）对电解质却不敏感，直到加入大量的电解质，才能使大分子溶液发生聚沉现象，我们称之为盐析作用 (salting out)。这是由于所加大量电解质对大分子的去水化作用而引起的。

大分子溶液在一定的外界条件下可以转变为凝胶，称之为胶凝作用(gelation)。这是由于大分子溶液中的大分子依靠分子间力、氢键或化学键力发生自身连接，搭起空间网状结构，而将分散介质(液体)包进网状结构中，失去了流动性所造成的。众所周知的半透膜，大多是凝胶或干凝胶，其渗析作用就是利用凝胶孔状结构的筛分作用，可使小于某一尺寸的分子自由透过，而大分子则阻留在膜内。有人设计出胶凝反应器实现了对 Turing 结构[①]的实验研究。

9.6.5 大分子溶液的黏度

大分子溶液的黏度与大分子在溶液中的大小和形状有关。高聚物的摩尔质量可通过测

---

① Turing 结构是化学反应系统中组分浓度不随时间而变化，但在空间分布上周期变化的现象，即空间有序现象。

定其溶液的黏度而得到。例如，聚乙烯$(CH_2CH_2)_n$在某一溶剂中的溶液，随着其聚合度n的不同而呈现不同的黏性。高分子溶液多属于非牛顿型流体。通常采用**相对黏度**(relative viscosity)或**特性黏度**(intrinsic viscosity)，分别定义为

$$\eta_r \overset{\text{def}}{=\!=\!=} \frac{\eta}{\eta_A} \tag{9-16}$$

式中，η、η_A分别为高聚物溶液及纯溶剂A的黏度；η_r为相对黏度，它是量纲一的量。

$$[\eta] \overset{\text{def}}{=\!=\!=} \lim_{\rho_B \to 0} \frac{\eta_r - 1}{\rho_B} \tag{9-17}$$

式中，$[\eta]$为特性黏度；ρ_B为体积质量。有实验证明，在稀溶液中$(\eta_r-1)/\rho_B$是ρ_B的线性函数，所以以$(\eta_r-1)/\rho_B$对ρ_B作图，并外推至$\rho_B=0$，可得到$[\eta]$。

以上我们较系统地讨论了溶胶(憎液胶体)、大分子溶液(亲液胶体)以及缔合胶束溶液(缔合胶体)的性质及有关概念(注意，“憎液溶胶”“亲液溶胶”的叫法是不正确的)。它们都属于胶体分散系统的研究范畴，既有不同性质又有相似之处。下面以表 9-3 的形式把三者做一简明的对比，权作胶体分散系统的小结。

表 9-3　胶体分散系统小结

性质	胶体分散系统		
	溶胶	缔合胶束溶液	大分子溶液
粒子大小	1 ～ 1 000 nm	1 ～ 1 000 nm	1 ～ 1 000 nm
分散质存在的形式	若干分子形成的胶粒	缔合胶束	单个分子
能否透过半透膜	不能	不能	不能
扩散快慢	慢	慢	慢
热力学稳定性	不稳定	稳定	稳定
是均相系统还是多相系统	多相	均相	均相
丁达尔现象	强	微弱	微弱
黏度大小	小(与介质黏度相似)	小	大
对电解质的敏感性	敏感(少量电解质稳定，大量电解质聚沉)	不敏感	不敏感(加入大量电解质才产生盐析现象)

提醒初学者，一定要不要把“溶胶”“胶体”的概念混同起来，要注意二者的区分，否则就会出现“胶体溶液”“憎液溶胶”这些错误的概念。

Ⅳ　粗分散系统

9.7　乳状液

9.7.1　乳状液的定义

一种或几种液体以液珠形式分散在另一种与其不互溶(或部分互溶)液体中所形成的分散系统称为**乳状液**(emulsion)。

乳状液中的分散相粒子大小一般在 1 000 nm 以上，用普通显微镜可以观察到，因此它不属于胶体分散系统而属于粗分散系统。在自然界、生产以及日常生活中都经常接触到乳状

液，例如开采石油时从油井中喷出的含水原油、橡胶树割淌出的乳胶、合成洗发精、洗面奶、配制成的农药乳剂以及牛奶或人的乳汁等都是乳状液。

9.7.2 乳状液的类型

乳状液分为油包水型乳状液(water in oil emulsion)，以符号 W/O 表示；水包油型乳状液(oil in water emulsion)，以符号 O/W 表示。如图 9-16 所示。

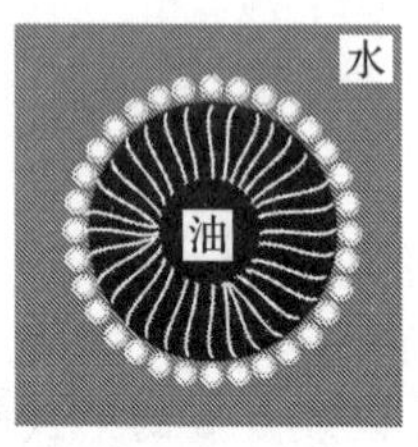

(a) 水包油型(O/W)

(b) 油包水型(W/O)

图 9-16 乳状液类型示意图

通常把形成的乳状液中不互溶的两个液相分成内相与外相。如水分散在油中形成的油包水型乳状液，水是内相为不连续相，油为外相是连续相；而油分散在水中形成的水包油型乳状液，油是内相为不连续相，而水是外相为连续相。确定一乳状液属于何种类型可用稀释、染色、电导测定等方法。乳状液可被与其外相相同的液体所稀释。例如，牛奶可被水所稀释，所以其外相为水，故牛奶为水包油型。又如，水包油型的乳状液较之油包水型的乳状液的电导高，因此测定其电导可鉴别其类型。

9.7.3 乳状液的稳定、应用与破坏

乳状液必须有乳化剂(emulsifying agent)存在才能稳定。常作乳化剂的是：(i) 表面活性剂；(ii) 一些天然物质；(iii) 粉末状固体。乳化剂之所以能使乳状液稳定，主要是由于：(i) 在分散相(内相)周围形成坚固的保护膜；(ii) 降低界面张力；(iii) 形成双电层。例如在一容器中，密度小的油为上层，密度大的水为下层，若加入合适的表面活性剂，在强烈搅拌下油层被分散，表面活性剂的憎水端吸附到油水的界面层，若油量大于水量，则经强烈搅拌主要形成 W/O 型乳状液；若水量大于油量，则经强烈搅拌主要形成 O/W 型乳状液。这一过程称为乳化。如图 9-17 所示就是乳化过程的具体描述。

人体胆囊分泌的胆汁，其中含有卵磷脂，它实质上充当乳化剂的作用，可降低胆固醇和脂肪的表面张力，使胆固醇和脂肪乳化成极小微粒，利于肠胃对胆固醇和脂肪的吸收、消化、代谢，防止在血管壁上堆积，造成血管粥样硬化，甚至形成斑块，进而由于斑块破裂，导致脑梗或心梗。蛋黄中也含有丰富的卵磷脂，但其中胆固醇含量也较高。

乳状液在工农业生产和日常生活中有广泛的应用。例如，在农药工业的生产中，为了节省药量，提高药效，常将农药配成乳状液使用；又如，一种液体肥料的使用，也是先配成乳状液后再喷洒在农作物的叶子上，这样做大大节省了肥料，提高了肥效；再如，可在柴油中加入 7% ～ 15% 的水，在乳化剂存在下用超声波使其形成乳状液，作为车用柴油可提高燃烧值

10%，且减少大气污染；此外，用乳化聚合法制备高分子化合物，油脂在人体内的输送和消化与乳状液的形成有关，许多食品、饮料和化妆品也都制成乳状液的形式。

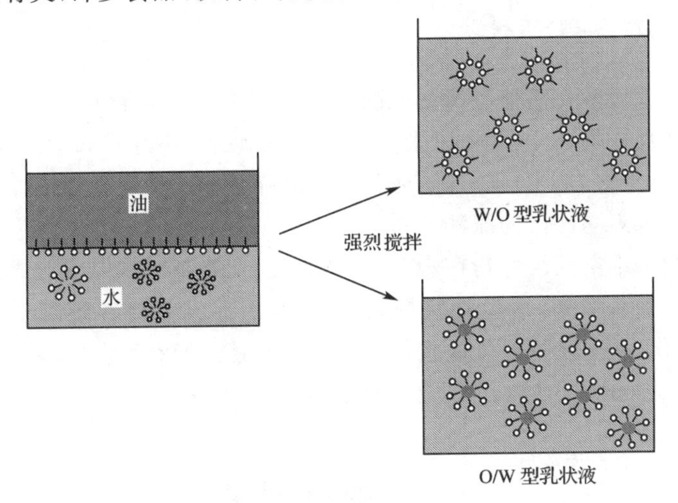

图 9-17　乳化过程示意图

在生产中有时需把形成的乳状液破坏，即使其内外相分离（分层），这叫破乳（demulsification）。例如，由牛奶提取油脂制成奶油、原油脱水等就是破乳过程。此外，乳状液的絮凝作用、聚结作用都可使乳状液破坏。破乳的方法有两种，一为物理法，如离心分离；二为物理化学法，即加入另外的化学物质破坏或去除起稳定作用的乳化剂。

9.8　泡沫、悬浮液及悬浮体

9.8.1　泡　沫

气体分散在液体或固体中所形成的分散系统称之为泡沫（foam），前者为液体泡沫，后者为固体泡沫。气泡的大小一般在 1 000 nm 以上，肉眼可见，故泡沫属粗分散系统。

视频

雾霾

在生产中有时需要利用泡沫，如灭火剂、饮料、啤酒、泡沫冶金、泡沫浮选、泡沫玻璃、泡沫塑料、泡沫金属（航天材料）、泡沫石墨烯（催化剂）等。有时需要消除泡沫，如化工生产、造纸及印染等生产过程中泡沫的存在影响操作，如溢锅、气塔及油漆涂层中起泡等则需利用消泡剂加以消除。

1. 泡沫的生成

泡沫的生成分为物理法、化学法和加入起泡剂（表面活性剂）法。物理法有送气法（鼓泡）、溶解度降低法、加热沸腾法等；化学法通常利用加热分解产生气体的反应起泡，如小苏打（$NaHCO_3$）的加热分解。

2. 泡沫的稳定与破坏

泡沫稳定存在的时间称为泡沫的寿命。泡沫的寿命长短与所加入的稳定剂的性质、温度、压力、介质的黏度等有关。

泡沫的破坏即为消泡，消泡方法的原则是消除泡沫的稳定因素。例如，把构成液膜的液体提纯、减小形成泡沫的液体的黏度、用适当办法消除起泡剂及加入消泡剂等。

9.8.2 悬浮液及悬浮体

不溶性固体粒子分散在液体中所形成的分散系统称为悬浮液(suspension)。悬浮液中分散相的三维空间尺寸均在 10^{-6} m 以上。由于其颗粒较大,不存在布朗运动,不可能产生扩散和渗透现象,在自身重力下易于沉降。通常利用沉降分析法测定悬浮液体中分散相的高度分布例如测定黄河水不同区段的泥沙分布。

当固体粒子的三维空间尺寸均在 10^{-6} m 以上时,分散在气体中所形成的系统称为悬浮体(suspended matter)。例如,沙尘暴就是悬浮体。我国北方某些省区由于天然植被遭到破坏,致使土地沙漠化,从而在特定气候条件下形成沙尘暴。PM2.5 是指直径为 2.5 μm 的微细颗粒物(particulate matter,PM),也属悬浮体范畴。

V 微乳状液

微乳状液是一类性质特殊的分散系统,从分散质粒子大小(10 ～ 100 nm) 来说,它不属于粗分散系统,而是属于胶体分散系统。但它与溶胶不同,溶胶是多相的、热力学不稳定的分散系统,而微乳状液是均相的、热力学稳定的分散系统;它和缔合胶束溶液也有差别,它的增溶作用远大于缔合胶束溶液;它与前述的普通乳状液(有的教材称为宏观乳状液) 也不同,普通乳状液是多相的、热力学不稳定的粗分散系统。

由于微乳状液的日益重要的实际应价值以及有关微乳状液理论的巨大进展,它在物理化学课程中的地位已不容忽视。考虑到它性质上的特殊性,本书把它放在本章胶体分散系统及粗分散系统之后单独加以讨论,这样做也便于与胶体分散系统及普通乳状液加以比较,有利于对它特殊性的理解。

9.9 微乳状液的定义、类型及结构

9.9.1 微乳状液的定义

微乳状液(microemulsion) 是 1943 年由 Schulman 首先发现的,1958 年 Shah 又进一步完善了微乳状液的有关概念,把它定义为:两种互不相溶的液体(通常其中一种液体指的是水,而另一种液体泛指为"油" 的非极性或极性很小的有机化合物) 在表面活性剂界膜的作用下(有时还需助表面活性剂) 形成热力学稳定的、各向同性的、低黏度的、透明的均相分散系统。

9.9.2 微乳状液的类型及微观结构

微乳状液一般分为三种类型:一为水包油型,符号用 O/W 表示;二为油包水型,符号用 W/O 表示;三为双连续相微乳状液。三种类型的微观结构如图 9-18 所示。如图 9-18(a) 所示

为水包油型结构,如图 9-18(b) 所示为油包水型结构,如图 9-18(c) 及(d) 所示分别为双连续相无序结构和有序立方体结构。但随着理论与实验技术的发展,有关对微乳状液结构的认识仍在不断深化。

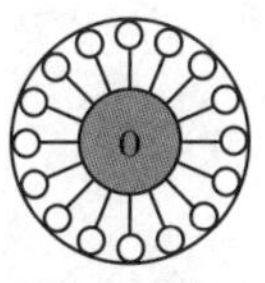

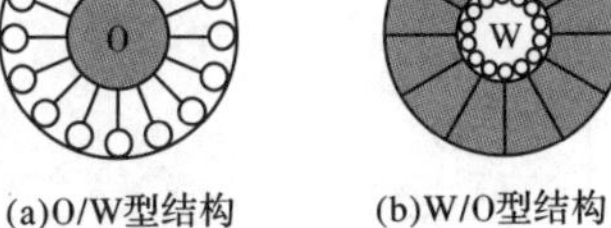

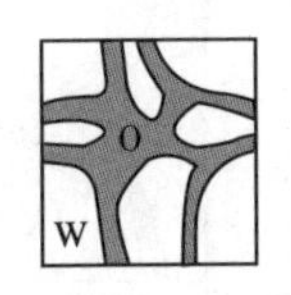

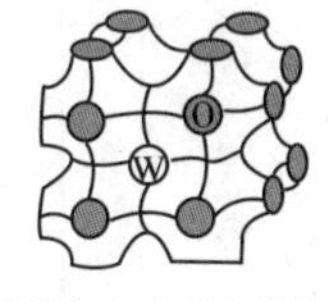

(a)O/W型结构　(b)W/O型结构　(c)双连续相无序结构　(d)双连续相有序立方体结构

图 9-18　微乳液的类型及微观结构示意图

表 9-4 列出了微乳状液、缔合胶束溶液、普通乳状液性质的比较。

表 9-4　微乳状液、缔合胶束溶液、普通乳状液性质的比较

性质	微乳状液	缔合胶束溶液	普通乳状液
外观	透明或稍带乳光	透明	不透明,乳白色
分散性	粒子大小,几 nm 到 100 nm;分布均匀,显微镜下不可见	粒子大小,1 nm到几nm;分布较均匀,显微镜下不可见	粒子大小,大于 1 000 nm;分布不均匀 ,显微镜下可见,甚至肉眼可见
分散相形状	球状或双连续状	球状、棒状、层状	球状
类型	O/W,W/O,双连续型		O/W,W/O 或多重型
表面活性剂用量	大,有的需加助表面活性剂	少,超过 CMC 即可	少,不加助表面活性剂
与油水的混溶性	与油、水在一定范围均可混溶	正常胶束(O/W) 加溶一定量的油,反胶束(W/O) 可加溶一定量的水或水溶液	O/W 型与油不混溶,W/O 型与水不混溶
热力学上的稳定性	自发形成的稳定系统,超离心亦不分层	自发形成的稳定体系,超离心亦不分层	强力搅拌才可形成,不稳定,易分层

9.9.3　微乳状液与过剩分散质形成的相平衡系统的类型

微乳状液本身是热力学稳定的均相系统。但 Winsor 发现,微乳状液可与其过剩的分散质形成不同类型的相平衡系统。有如下 4 种类型:

(i) Winsor Ⅰ 型。它是水包油型(O/W) 微乳状液与过剩的分散质“油”形成的两相平衡系统,如图9-19(a) 所示,由于“油”的体积质量小于水的体积质量,因此此类相平衡系统,“油”为上相(上层),微乳状液(O/W 型) 为下相(下层),此时微乳状液称下相微乳状液。

(ii) Winsor Ⅱ 型。它是“油”包水型(W/O) 微乳状液与过剩的分散质“水”形成的两相平衡系统,此类相平衡系统,微乳状液为上相,水为下相,如图9-19(b) 所示,此时微乳状液称为上相微乳状液。

(iii) Winsor Ⅲ 型。双连续相微乳状液可与过剩的“油”及过剩的“水”同时形成三相平衡系统,上相为油,下相为水,中间相为微乳状液,称为中相微乳状液,如图 9-19(c) 所示。

(iv) Winsor Ⅳ 型。为O/W型或W/O型,各自均为单相平衡系统,如图 9-19(d) 所示的 A 或 B。

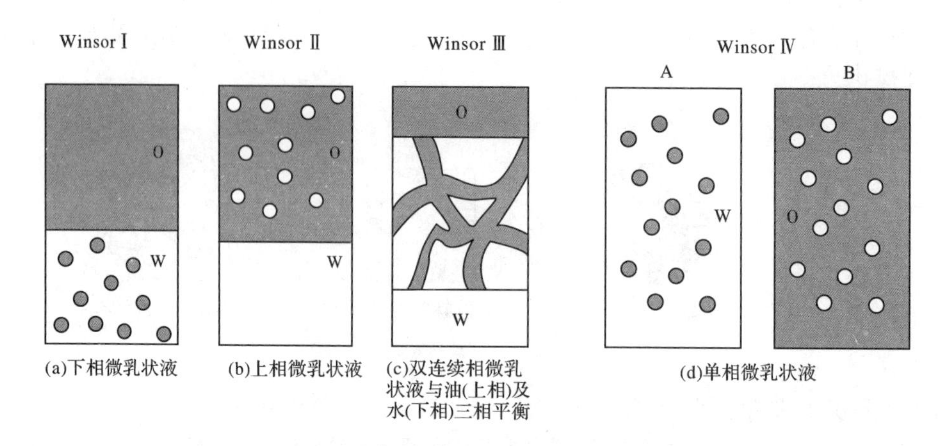

图 9-19　微乳状液与其过剩分散质形成的 4 种相平衡系统

上述 4 种相平衡系统，在一定条件下(如表面活性剂结构、表面活性种类、盐浓度及温度等)可以相互转化。

对微乳状液与其过剩分散质形成的相平衡系统，也常常借用相平衡强度状态图的方法加以研究。如图 9-20 所示就是由水(W)、油(O)、表面活性剂(S)组成的三组分微乳状液相图。图中相区 Ⅲ 为三相平衡，这三相分别是油(O)、水(W)及中相微乳状液(Winsor Ⅲ)；相区 Ⅰ 及相区 Ⅱ 为两相平衡系统，分别为水与上相微乳状液(Winsor Ⅰ)，及油与下相微乳状液(Winsor Ⅱ)；相区 Ⅳ 为单相微乳状液(Winsor ⅣA 或 B)；相区 ϕ_2 为微乳状液 A 或 B(Winsor Ⅳ)与层状液晶两相平衡，相区 l_C 为层状液晶相；O_m 为表面活性剂反胶束溶液(以油为分散介质的表面活性剂胶束溶液)相。

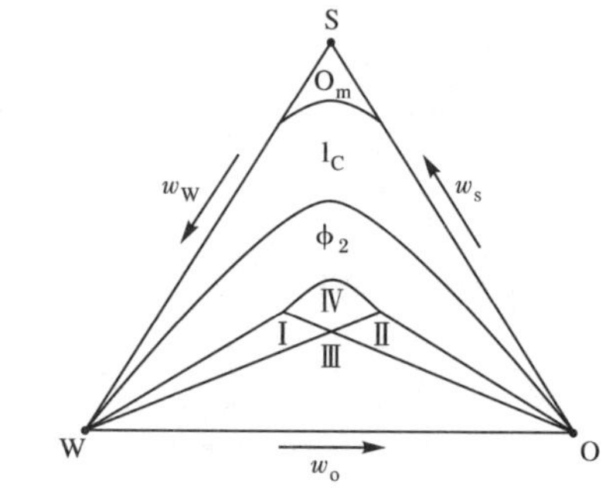

图 9-20　三组分微乳状液相平衡强度状态图

9.10　微乳状液的性质和应用

9.10.1　微乳状液的性质

微乳状液有如下几个重要性质，这些性质决定了它的实用价值，引起研究者的特别关注：

(i) 微乳状液为澄清、透明的均相分散系统，但多数有乳光现象。

(ii) 颗粒大小均匀。微乳状液分散质颗粒大小比较均匀，一般在 10 ～ 100 nm，通常为圆球状。

(iii) 微乳状液是热力学稳定的均相系统，在超离心力场下也不分层。

(iv) 微乳状液的增溶量远大于胶束溶液，特别是中相微乳状液可同时增溶油和水。

(v) 微乳状液具有超低界面张力，其数量级可低到 10^{-6} ～ 10^{-2} mN・m^{-1}。

(vi) 微乳状液黏度小，流动性大。

9.10.2 微乳状液的应用

由于微乳状液的一些特殊性质，它在生产和日常生活中有广泛应用，主要的应用举例如下：

(i) 微乳化妆品。微乳状液的稳定性、两亲性、透明性、低黏性都适合于对化妆品性能的要求。

(ii) 微乳清洁剂。它既可清洗油性污垢，又可清洁水性污垢，可誉为全能清洁剂。

(iii) 微乳助燃剂。在柴油或汽油中掺入一定比例的微乳状液，可提高燃料的燃烧值，且排气温度下降、烟度下降。它是节油、环保的助燃剂。

(iv) 微乳切削油。由于它的球状、层状、液晶结构，用其做润滑剂或金属加工的切削剂十分有效。

(v) 微乳型药物。它既能增溶水，又能增溶油，因此用做药物的乳化剂十分有利。

(vi) 微乳型农药。由于它具有超低界面张力，制成微乳农药，增加了农药对作物的润湿性和渗透性，可提高药效，节省药量。

(vii) 微乳状液做化学反应的介质。如微乳聚合反应以及一些有机反应、微乳酶催化反应等都可以用微乳状液作反应的介质。

(viii) 微乳法制作纳米金属材料、纳米催化剂等，此时，微乳状液可充当“微型反应器”。

(ix) 微乳驱油剂。三次采油时，以微乳状液作为驱油剂(从岩缝中驱赶原油)，可提高采油率。

总之，当前微乳状液应用前景十分广泛，是一个新兴的高新技术领域。

习　题

一、思考题

9-1 将“溶胶”称为“胶体溶液”合适吗?为什么?

9-2 为什么把溶胶称为憎液胶体，把大分子溶液称为亲液胶体?

9-3 有的教材中，把溶胶称为“憎液溶胶”;把高(大)分子溶液称为“亲液溶胶 ”，这种说法合适吗?为什么?

9-4 为什么溶胶有较强的丁达尔现象，而大分子溶液的丁达尔现象微弱?

9-5 丁达尔现象的实质是什么?

9-6 溶胶中胶粒的布朗运动的实质是什么?

9-7 喷气式飞机燃料管中产生的流动电势相当可观，它会产生什么危害?

9-8 ζ 电势的含义是什么?它对溶胶的稳定性有何影响?

9-9 电解质对溶胶及大分子溶液的稳定性的影响如何?

9-10 $AgNO_3$ 溶液滴加到 KI 溶液中及 KI 溶液滴加到 $AgNO_3$ 溶液中均形成 AgI 溶胶，试问二者形成的胶粒所带电荷的正、负号一样吗?何者为正溶胶?何者为负溶胶?

9-11 电解质对溶胶的“聚沉值” 和“聚沉能力” 是等价的吗?“聚沉值大，则聚沉能力就大”，这种说法对吗?

9-12 溶胶存在动力稳定性，原因何在?

9-13 对溶胶起聚沉作用的电解质离子是与胶粒所带电荷同号的离子还是异号离子?它们各起什么作

用？

9-14 DLVO 理论的基本思想是什么？

9-15 大分子溶液的主要特征是什么？

9-16 缔合胶束溶液的主要特征是什么？

9-17 乳状液、泡沫及悬浮液为什么归结为粗分散系统？

9-18 两种能够互溶的液体可能形成乳状液吗？

9-19 没有乳化剂的存在，乳状液能否稳定？为什么？

9-20 微乳状液属于胶体分散系统，不是粗分散系统，对吗？它与溶胶有什么区别？

二、计算题及证明(或推导)题

9-1 某溶胶中粒子的平均直径为 42×10^{-8} m，假设此溶胶的黏度和纯水相同，25 ℃ 时，$\eta=0.001$ Pa·s，试计算 25 ℃ 时在 1 s 内由于布朗运动，粒子沿 x 轴方向的平均位移。

9-2 有一金溶胶，胶粒半径为 3×10^{-8} m，25 ℃ 时，在重力场中达沉降平衡后，在某一高度处单位体积中有 166 个粒子，试计算比该高度低 10^{-4} m 处的体积粒子数为多少？(已知金的体积质量 $\rho_B=$ 19 300 kg·m^{-3}，介质的体积质量为 1 000 kg·m^{-3}。)

9-3 $NaNO_3$、$Mg(NO_3)_2$、$Al(NO_3)_3$ 对 AgI 水溶胶的聚沉值分别为 140 mol·dm^{-3}、2.60 mol·dm^{-3}、0.167 mol·dm^{-3}，试判断该溶胶是正溶胶还是负溶胶。

9-4 在三支各盛有 20×10^{-3} dm^3 $Fe(OH)_3$ 溶胶的试管中，分别加入 4.2×10^{-3} dm^3 的 0.50 mol·dm^{-3} NaCl 溶液，12.5×10^{-3} dm^3 的 0.005 mol·dm^{-3} Na_2SO_4 溶液，7.5×10^{-3} dm^3 的 0.000 3 mol·dm^{-3} Na_3PO_4 溶液。溶胶开始发生聚结，试计算各电解质的聚沉值，比较它们的聚沉能力。制备上述 $Fe(OH)_3$ 溶胶时，是用稍过量的 $FeCl_3$ 与 H_2O 作用制成的，写出其胶团的结构式。

9-5 有一大分子电解质 Na_xP(蛋白质钠盐) 水溶液及 NaCl 水溶液分别置于一张半透膜两侧。该半透膜允许溶剂分子和 Na^+ 及 Cl^- 透过，P^{x-} 不能透过。当达到 Donnan 平衡时，试用热力学证明，在膜的两侧

$$[b(Na^+)b(Cl^-)]_{左}=[b(Na^+)b(Cl^-)]_{右}$$

三、是非题、选择题和填空题

(一) 是非题(以下各题中的说法是否正确？正确的在题后括号内画"√"，错误的画"×")

9-1 溶胶是均相系统，在热力学上是稳定的。 (　)

9-2 溶胶粒子因带有相同符号的电荷而相互排斥，因而在一定时间内能稳定存在。 (　)

9-3 过量电解质的存在对溶胶起稳定作用，少量电解质的存在对溶胶起破坏作用。 (　)

9-4 同号离子对溶胶的聚沉起主要作用。 (　)

9-5 有无丁达尔现象是溶胶和小分子分散系统的主要区别之一。 (　)

9-6 溶胶是亲液胶体，而大分子溶液是憎液胶体。 (　)

9-7 电解质对溶胶的聚沉值与反离子价数的六次方成反比。 (　)

9-8 在外加直流电场中，AgI 正溶胶的胶粒向负电极移动，而其扩散层向正电极移动。 (　)

9-9 缔合胶束溶液是高度分散的均相的热力学稳定系统。 (　)

9-10 乳状液必须有乳化剂存在才能稳定。 (　)

(二) 选择题(请选择正确答案的编号填在题后的括号内)

9-1 大分子溶液分散质的粒子尺寸为(　)。

A. $>1\ \mu m$　　B. <1 nm　　C. 1 nm ～ 1 μm

9-2 将 2 滴 $K_4[Fe(CN)_6]$ 水溶液滴入过量的 $CuCl_2$ 水溶液中形成亚铁氰化铜正溶胶，下列三种电解质聚沉值最大的是(　)。

A. KBr　　B. K_2SO_4　　C. $K_4[Fe(CN)_6]$

9-3 下面属于水包油型乳状液(O/W 型) 基本性质之一是(　)。

A. 易于分散在油中　B. 有导电性　　　　C. 无导电性

9-4 在相同温度及浓度下，同一高聚物在良性溶剂中与在不良性溶剂中其散射光强度是(　)。

A. 在良性溶剂中的散射光强度大于在不良性溶剂中的散射光强度

B. 在良性溶剂中的散射光强度小于在不良性溶剂中的散射光强度

C. 二者散射光强度相等

9-5 下面属于溶胶光学性质的是(　)。

A. 唐南效应　　　　B. 丁达尔现象　　　　C. 电泳

9-6 向 AgI 正溶胶中滴加过量的 KI 溶液，则所生成的新溶胶在外加直流电场中的移动方向为(　)。

A. 向正电极移动　　B. 向负电极移动　　C. 不移动

9-7 将某一血浆蛋白置于直流电场中，调整 pH 观测其移动方向。发现当 $pH \geqslant 4.72$ 时移向正极，而在 $pH \leqslant 4.68$ 时移向负极。则血浆蛋白的等电点附近的 pH 范围应该是(　)。

A. $pH > 4.72$　　　B. $pH < 4.68$　　　C. $4.68 < pH < 4.72$

9-8 在等电点上，两性电解质(如蛋白质、血浆、血清等)和溶胶在电场中(　)。

A. 不移动　　B. 移向正极　　C. 移向负极

(三) 填空题(在以下各题中画______处填上正确答案)

9-1 胶体分散系统的粒子尺寸为______，属于胶体分散系统的有：(1) ______；(2) ______；(3) ______。

9-2 溶胶(憎液胶体)的主要特征是：______，______；大分子溶液(亲液胶体)的主要特征是______。

9-3 溶胶的动力性质包括：______，______，______。

9-4 溶胶的电学性质有：由于外加电场作用而产生的______及______，由于在外加压力或自身重力作用下流动或沉降而产生的______和______。

9-5 一定量的高聚物加入溶胶中可使溶胶聚沉，其聚沉作用主要是：(1) ______；(2) ______；(3) ______。

9-6 大多数固体物质与极性介质接触后，在界面上会形成双电层。在双电层结构中，热力学电势 ϕ_e 是指______，斯特恩电势 ϕ_δ 是指______，动电电势 ζ 是指______。

9-7 溶胶的稳定理论有______，______，______。

9-8 使溶胶完全聚沉所需______电解质的浓度，称为电解质对溶胶的______。

9-9 乳状液的类型可分为______，其符号为______；和______，其符号为______。

9-10 可作为乳状液的稳定剂的物质有______，______和______。

计算题答案

9-1 1.44×10^{-6} m

9-2 $n_2 = 272\ m^{-3}$

9-3 负溶胶

9-4 NaCl：0.088 mol·dm^{-3}；Na_2SO_4：0.001 9 mol·dm^{-3}；Na_3PO_4：0.000 08 mol·dm^{-3}。

聚沉能力的顺序为 $Na_3PO_4 > Na_2SO_4 > NaCl$

当 $FeCl_3$ 稍过量时，其胶团结构式为 $[Fe(OH)_3]_m \cdot nFe^{3+} \cdot 3(n-x)Cl^- \cdots 3xCl^-$

附 录

附录Ⅰ 基本物理常量

真空中的光速	c	$(2.997\ 924\ 58 \pm 0.000\ 000\ 012) \times 10^{8}$ m・s^{-1}
元电荷(一个质子的电荷)	e	$(1.602\ 177\ 33 \pm 0.000\ 000\ 49) \times 10^{-19}$ C
Planck 常量	h	$(6.626\ 075\ 5 \pm 0.000\ 004\ 0) \times 10^{-34}$ J・s
Boltzmann 常量	k	$(1.380\ 658 \pm 0.000\ 012) \times 10^{-23}$ J・K^{-1}
Avogadro 常量	L	$(6.022\ 045 \pm 0.000\ 031) \times 10^{23}$ mol^{-1}
原子质量单位	$1\mathrm{u} = m(^{12}\mathrm{C})/12$	$(1.660\ 540\ 2 \pm 0.000\ 100\ 10) \times 10^{-27}$ kg
电子的静止质量	m_e	$9.109\ 38 \times 10^{-31}$ kg
质子的静止质量	m_p	$1.672\ 62 \times 10^{-27}$ kg
真空介电常量	ε_0	$8.854\ 188 \times 10^{-12}$ J^{-1}・C^{2}・m^{-1}
	$4\pi\varepsilon_0$	$1.112\ 650 \times 10^{-12}$ J^{-1}・C^{2}・m^{-1}
Faraday 常量	F	$(9.648\ 530\ 9 \pm 0.000\ 002\ 9) \times 10^{4}$ C・mol^{-1}
摩尔气体常量	R	$8.314\ 510 \pm 0.000\ 070$ J・K^{-1}・mol^{-1}

附录Ⅱ 中华人民共和国法定计量单位

表 1 SI 基本单位

量的名称	单位名称	单位符号
长度	米	m
质量	千克(公斤)	kg
时间	秒	s
电流	安[培]	A
热力学温度	开[尔文]	K
物质的量	摩[尔]	mol
发光强度	坎[德拉]	cd

表 2　包括 SI 辅助单位在内的具有专门名称的 SI 导出单位

量的名称	SI 导出单位		
	名称	符号	用 SI 基本单位和 SI 导出单位表示
[平面]角	弧度	rad	1 rad = 1 m/m = 1
立体角	球面度	sr	$1\ \mathrm{sr} = 1\ \mathrm{m^2/m^2} = 1$
频率	赫[兹]	Hz	$1\ \mathrm{Hz} = 1\ \mathrm{s^{-1}}$
力	牛[顿]	N	$1\ \mathrm{N} = 1\ \mathrm{kg \cdot m/s^2}$
压力,压强,应力	帕[斯卡]	Pa	$1\ \mathrm{Pa} = 1\ \mathrm{N/m^2}$
能[量],功,热量	焦[耳]	J	1 J = 1 N • m
功率,辐[射能]通量	瓦[特]	W	1 W = 1 J/s
电荷[量]	库[仑]	C	1 C = 1 A • s
电压,电动势,电位(电势)	伏[特]	V	1 V = 1 W/A
电容	法[拉]	F	1 F = 1 C/V
电阻	欧[姆]	Ω	1 Ω = 1 V/A
电导	西[门子]	S	$1\ \mathrm{S} = 1\ \Omega^{-1}$
磁通[量]	韦[伯]	Wb	1 Wb = 1 V • s
磁通[量]密度,磁感应强度	特[斯拉]	T	$1\ \mathrm{T} = 1\ \mathrm{Wb/m^2}$
电感	亨[利]	H	1 H = 1 Wb/A
摄氏温度	摄氏度[1)]	℃	1 ℃ = 1 K
光通量	流[明]	lm	1 ml = 1 cd • sr
[光]照度	勒[克斯]	lx	$1\ \mathrm{lx} = 1\ \mathrm{lm/m^2}$

注　摄氏度是开尔文用于表示摄氏温度的一个专门名称(参阅 GB 3102.4 中 4-1.a 和 4-2.a)

表 3　由于人类健康安全防护上的需要而确定的具有专门名称的 SI 导出单位　(略)

表 4　SI 词头　(略)

表 5　可与国际单位制单位并用的我国法定计量单位

量的名称	单位名称	单位符号	与 SI 单位的关系
时间	分	min	1 min = 60 s
	[小]时	h	1 h = 60 min = 3 600 s
	日(天)	d	1 d = 24 h = 86 400 s
[平面]角	度	°	$1° = (\pi/180)$ rad
	[角]分	′	$1' = (1/60)° = (\pi/10\ 800)$ rad
	[角]秒	″	$1'' = (1/60)' = (\pi/648\ 000)$ rad
体积	升	L,(l)	$1\ \mathrm{L} = 1\ \mathrm{dm^3} = 10^{-3}\ \mathrm{m^3}$
质量	吨	t	$1\ \mathrm{t} = 10^3\ \mathrm{kg}$
	原子质量单位	u	$1\ \mathrm{u} \approx 1.660\ 540 \times 10^{-27}\ \mathrm{kg}$
旋转速度	转每分	r/min	$1\ \mathrm{r/min} = (1/60)\mathrm{s^{-1}}$
长度	海里	n mile	1 n mile = 1 852 m (只用于航行)
速度	节	kn	1 kn = 1 n mile/h = (1 852/3 600) m/s (只用于航行)
能	电子伏	eV	$1\ \mathrm{eV} \approx 1.602\ 177 \times 10^{-19}\ \mathrm{J}$
级差	分贝	dB	
线密度	特[克斯]	tex	$1\ \mathrm{tex} = 10^{-6}\ \mathrm{kg/m}$
面积	公顷	$\mathrm{hm^2}$	$1\ \mathrm{hm^2} = 10^4\ \mathrm{m^2}$

注　① 平面角单位度、分、秒的符号,在组合单位中应采用(°)、(′)、(″)的形式。例如,不用 °/s 而用(°)/s。

② 升的符号中,小写字母 l 为备用符号。

③ 公顷的国际通用符为 ha。

附录 Ⅲ　物质的标准摩尔生成焓[变]、标准摩尔生成吉布斯函数[变]、标准摩尔熵和摩尔热容

1. 单质和无机物

(100 kPa)

物质	$\Delta_f H_m^\ominus$ (298.15K) / $kJ \cdot mol^{-1}$	$\Delta_f G_m^\ominus$ (298.15K) / $kJ \cdot mol^{-1}$	$S_m^\ominus$ (298.15K) / $J \cdot K^{-1} \cdot mol^{-1}$	$C_{p,m}^\ominus$ (298.15K) / $J \cdot K^{-1} \cdot mol^{-1}$	$C_{p,m}^\ominus = a + bT + cT^2$ 或 $C_{p,m}^\ominus = a + bT + c'T^{-2}$				适用温度 / K
					a / $J \cdot K^{-1} \cdot mol^{-1}$	b / $10^{-3} J \cdot mol^{-1} \cdot K^{-2}$	c / $10^{-6} J \cdot mol^{-1} \cdot K^{-3}$	c' / $10^5 J \cdot K \cdot mol^{-1}$	
Ag(s)	0	0	42.712	25.48	23.97	5.284		−0.25	293 ~ 1234
Ag_2CO_3(s)	−506.14	−437.09	167.36						
Ag_2O(s)	−30.56	−10.82	121.71	65.57					
Al(s)	0	0	28.315	24.35	20.67	12.38			273 ~ 932
Al(g)	313.80	273.2	164.553						
Al_2O_3-α	−1 669.8	−2 213.16	0.986	79.0	92.38	37.535		−26.861	27 ~ 1 937
$Al_2(SO_4)_3$(s)	−3 434.98	−3 728.53	239.3	259.4	368.57	61.92		−113.47	298 ~ 1 100
Br(g)	111.884	82.396	175.021						
Br_2(g)	30.71	3.109	245.455	35.99	37.20	0.690		−1.188	300 ~ 1 500
Br_2(l)	0	0	152.3	35.6					
C(金刚石)	1.896	2.866	2.439	6.07	9.12	13.22		−6.19	298 ~ 1 200
C(石墨)	0	0	5.694	8.66	17.15	4.27		−8.79	298 ~ 2 300
CO(g)	−110.525	−137.285	198.016	29.142	27.6	5.0			290 ~ 2 500
CO_2(g)	−393.511	−394.38	213.76	37.120	44.14	9.04		−8.54	298 ~ 2 500
Ca(s)	0	0	41.63	26.27	21.92	14.64			273 ~ 673
CaC_2(s)	−62.8	−67.8	70.2	62.34	68.6	11.88		−8.66	298 ~ 720
$CaCO_3$(方解石)	−1 206.87	−1 128.70	92.8	81.83	104.52	21.92		−25.94	298 ~ 1 200
$CaCl_2$(s)	−795.0	−750.2	113.8	72.63	71.88	12.72		−2.51	298 ~ 1 055
CaO(s)	−635.6	−604.2	39.7	48.53	43.83	4.52		−6.52	298 ~ 1 800
$Ca(OH)_2$(s)	−986.5	−896.89	76.1	84.5					
$CaSO_4$(硬石膏)	−1 432.68	−1 320.24	106.7	97.65	77.49	91.92		−6.561	273 ~ 1 373
Cl_2(g)	0	0	222.948	33.9	36.69	1.05		−2.523	273 ~ 1 500
Cu(s)	0	0	33.32	24.47	24.56	4.18		−1.201	273 ~ 1 357
CuO(s)	−155.2	−127.1	43.51	44.4	38.79	20.08			298 ~ 1 250
Cu_2O-α	−166.69	−146.33	100.8	69.8	62.34	23.85			298 ~ 1 200
F_2(g)	0	0	203.5	31.46	34.69	1.84		−3.35	273 ~ 2 000
Fe-α	0	0	27.15	25.23	17.28	26.69			273 ~ 1 041
$FeCO_3$(s)	−747.68	−673.84	92.8	82.13	48.66	112.1			298 ~ 885
FeO(s)	−266.52	−244.3	54.0	51.1	52.80	6.242		−3.188	273 ~ 1 173
Fe_2O_3(s)	−822.1	−741.0	90.0	104.6	97.74	17.13		−12.887	298 ~ 1 100
Fe_3O_4(s)	−117.1	−1 014.1	146.4	143.42	167.03	78.91		−41.88	298 ~ 1 100
H_2(g)	0	0	130.695	28.83	29.08	−0.84	2.00		300 ~ 1 500
HBr(g)	−36.24	−53.22	198.60	29.12	26.15	5.86		1.09	298 ~ 1 600
HCl(g)	−92.311	−95.265	186.786	29.12	26.53	4.60		1.90	298 ~ 2 000
HI(g)	−25.94	−1.32	206.42	29.12	26.32	5.94		0.92	298 ~ 1 000
H_2O(g)	−241.825	−228.577	188.823	33.571	30.12	11.30			273 ~ 2 000
H_2O(l)	−285.838	−237.142	69.940	75.296					
H_2O(s)	−291.850	(−234.03)	(39.4)						
H_2O_2(l)	−187.61	−118.04	102.26	82.29					
H_2S(g)	−20.146	−33.040	205.75	33.97	29.29	15.69			273 ~ 1300
H_2SO_4(l)	−811.35	(−866.4)	156.85	137.57					
H_2SO_4(aq)	−811.32								
HSO_4^-(aq)	−885.75	−752.99	126.86						
I_2(s)	0	0	116.7	55.97	40.12	49.79			298 ~ 386.8
I_2(g)	62.242	19.34	260.60	36.87					
N_2(g)	0	0	191.598	29.12	26.87	4.27			273 ~ 2 500
NH_3(g)	−46.19	−16.603	192.61	35.65	29.79	25.48		−1.665	273 ~ 1 400
NO(g)	89.860	90.37	210.309	29.861	29.58	3.85		−0.59	273 ~ 1 500
NO_2(g)	33.85	51.86	240.57	37.90	42.93	8.54		−6.74	

（续表）

物质	$\Delta_f H_m^\ominus$ (298.15K) kJ·mol^{-1}	$\Delta_f G_m^\ominus$ (298.15K) kJ·mol^{-1}	$S_m^\ominus$ (298.15K) J·K^{-1}·mol^{-1}	$C_{p,m}^\ominus$ (298.15K) J·K^{-1}·mol^{-1}	$C_{p,m}^\ominus = a + bT + cT^2$ 或 $C_{p,m}^\ominus = a + bT + c'T^{-2}$				适用温度 K
					$\frac{a}{\text{J·K}^{-1}\text{·mol}^{-1}}$	$\frac{b}{10^{-3}\text{ J·mol}^{-1}\text{·K}^{-2}}$	$\frac{c}{10^{-6}\text{ J·mol}^{-1}\text{·K}^{-3}}$	$\frac{c'}{10^{5}\text{ J·K·mol}^{-1}}$	
$N_2O(g)$	81.55	103.62	220.10	38.70	45.69	8.62		−8.54	273～500
$N_2O_4(g)$	9.660	98.39	304.42	79.0	83.89	30.75		14.90	
$N_2O_5(g)$	2.51	110.5	342.4	108.0					
O(g)	247.521	230.095	161.063	21.93					
$O_2(g)$	0	0	205.138	29.37	31.46	3.39		−3.77	273～2 000
$O_3(g)$	142.3	163.45	237.7	38.15					
S(单斜)	0.29	0.096	32.55	23.64	14.90	29.08			368.6～392
S(斜方)	0	0	31.9	22.60	14.98	26.11			273～368.6
S(g)	222.80	182.27	167.825					−3.51	
$SO_2(g)$	−296.90	−300.37	248.64	39.79	47.70	7.171		−8.54	298～1 800
$SO_3(g)$	−395.18	−370.40	256.34	50.70	57.32	26.86		−13.05	273～900

2. 有机化合物

在指定温度范围内定压热容可用下式计算：$C_{p,m}^\ominus = a + bT + cT^2 + dT^3$

物质	$\Delta_f H_m^\ominus$ (298.15K) kJ·mol^{-1}	$\Delta_f G_m^\ominus$ (298.15K) kJ·mol^{-1}	$S_m^\ominus$ (298.15K) J·K^{-1}·mol^{-1}	$C_{p,m}^\ominus$ (298.15K) J·K^{-1}·mol^{-1}	$C_{p,m}^\ominus = a + bT + cT^2$ 或 $C_{p,m}^\ominus = a + bT + c'T^{-2}$				适用温度 K
					$\frac{a}{\text{J·K}^{-1}\text{·mol}^{-1}}$	$\frac{b}{10^{-3}\text{ J·mol}^{-1}\text{·K}^{-2}}$	$\frac{c}{10^{-6}\text{ J·mol}^{-1}\text{·K}^{-3}}$	$\frac{c'}{10^{5}\text{ J·K·mol}^{-1}}$	
烃类									
甲烷 $CH_4(g)$	−74.847	50.827	186.30	35.715	17.451	60.46	1.117	−7.205	298～1 500
乙炔 $C_2H_2(g)$	226.748	209.200	200.928	43.928	23.460	85.768	−58.342	15.870	298～1 500
乙烯 $C_2H_4(g)$	52.283	68.157	219.56	43.56	4.197	154.590	−81.090	16.815	298～1 500
乙烷 $C_2H_6(g)$	−84.667	−32.821	229.60	52.650	4.936	182.259	−74.856	10.799	298～1 500
丙烯 $C_3H_6(g)$	20.414	62.783	267.05	63.89	3.305	235.860	−117.600	22.677	298～1 500
丙烷 $C_3H_8(g)$	−103.847	−23.391	270.02	73.51	−4.799	307.311	−160.159	32.748	298～1 500
1,3-丁二烯 $C_4H_6(g)$	110.16	150.74	278.85	79.54	−2.958	340.084	−223.689	56.530	298～1 500
1-丁烯 $C_4H_8(g)$	−0.13	71.60	305.71	85.65	2.540	344.929	−191.284	41.664	298～1 500
顺-2-丁烯 $C_4H_8(g)$	−6.99	65.96	300.94	78.91	8.774	342.448	−197.322	34.271	298～1 500
反-2-丁烯 $C_4H_8(g)$	−11.17	63.07	296.59	87.82	8.381	307.541	−148.256	27.284	298～1 500
正丁烷 $C_4H_{10}(g)$	−126.15	−17.02	310.23	97.45	0.469	385.376	−198.882	39.996	298～1 500
异丁烷 $C_4H_{10}(g)$	−134.52	−20.79	294.75	96.82	−6.841	409.643	−220.547	45.739	298～1 500
苯 $C_6H_6(g)$	82.927	129.723	269.31	81.67	−33.899	471.872	−298.344	70.835	298～1 500
苯 $C_6H_6(l)$	49.028	124.597	172.35	135.77	59.50	255.01			281～353
环己烷 $C_6H_{12}(g)$	−123.14	31.92	298.51	106.27	−67.664	679.452	−380.761	78.006	298～1 500
正己烷 $C_6H_{14}(g)$	−167.19	−0.09	388.85	143.09	3.084	565.786	−300.369	62.061	298～1 500
正己烷 $C_6H_{14}(l)$	−198.82	−4.08	295.89	194.93					
甲苯 $C_6H_5CH_3(g)$	49.999	122.388	319.86	103.76	−33.882	557.045	−342.373	79.873	298～1 500
甲苯 $C_6H_5CH_3(l)$	11.995	114.299	219.58	157.11	59.62	326.98			281～382
邻二甲苯 $C_6H_4(CH_3)_2(g)$	18.995	122.207	352.86	133.26	−14.811	591.136	−339.590	74.697	298～1 500

（续表）

物质	$\Delta_f H_m^\ominus$ (298.15K) / kJ · mol^{-1}	$\Delta_f G_m^\ominus$ (298.15K) / kJ · mol^{-1}	$S_m^\ominus$ (298.15K) / J · K^{-1} · mol^{-1}	$C_{p,m}^\ominus$ (298.15K) / J · K^{-1} · mol^{-1}	$C_{p,m}^\ominus = a + bT + cT^2$ 或 $C_{p,m}^\ominus = a + bT + c'T^{-2}$ a / J · K^{-1} · mol^{-1}	b / 10^{-3} J · mol^{-1} · K^{-2}	c / 10^{-6} J · mol^{-1} · K^{-3}	c' / 10^5 J · K · mol^{-1}	适用温度 / K
邻二甲苯 $C_6H_4(CH_3)_2(l)$	−24.439	110.495	246.48	187.9					
间二甲苯 $C_6H_4(CH_3)_2(g)$	17.238	118.977	357.80	127.57	−27.384	620.870	−363.895	81.379	298 ~ 1 500
间二甲苯 $C_6H_4(CH_3)_2(l)$	−25.418	107.817	252.17	183.3					
对二甲苯 $C_6H_4(CH_3)_2(g)$	17.949	121.266	352.53	126.86	−25.924	60.670	−350.561	76.877	298 ~ 1 500
对二甲苯 $C_6H_4(CH_3)_2(l)$	−24.426	110.244	247.36	183.7					
含氧化合物									
甲醛 $HCOH(g)$	−115.90	−110.0	220.2	35.36	18.820	58.379	−15.606		291 ~ 1 500
甲酸 $HCOOH(g)$	−362.63	−335.69	251.1	54.4	30.67	89.20	−34.539		300 ~ 700
甲酸 $HCOOH(l)$	−409.20	−345.9	128.95	99.04					
甲醇 $CH_3OH(g)$	−201.17	−161.83	237.8	49.4	20.42	103.68	−24.640		300 ~ 700
甲醇 $CH_3OH(l)$	−238.57	−166.15	126.8	81.6					
乙醛 $CH_2CHO(g)$	−166.36	−133.67	265.8	62.8	31.054	121.457	−36.577		298 ~ 1 500
乙酸 $CH_3COOH(l)$	−487.0	−392.4	159.8	123.4	54.81	230			
乙酸 $CH_3COOH(g)$	−436.4	−381.5	293.4	72.4	21.76	193.09	−76.78		300 ~ 700
乙醇 $C_2H_5OH(l)$	−277.63	−174.36	160.7	111.46	106.52	165.7	575.3		283 ~ 348
乙醇 $C_2H_5OH(g)$	−235.31	−168.54	282.1	71.1	20.694	+205.38	−99.809		300 ~ 1 500
丙酮 $CH_3COCH_3(l)$	−248.283	−155.33	200.0	124.73	55.61	232.2			298 ~ 320
丙酮 $CH_3COCH_3(g)$	−216.69	−152.2	296.00	75.3	22.472	201.78	−63.521		298 ~ 1 500
乙醚 $C_2H_5OC_2H_5(l)$	−273.2	−116.47	253.1		170.7				290
乙酸乙酯 $CH_3COOC_2H_5(l)$	−463.2	−315.3	259		169.0				293
苯甲酸 $C_6H_5COOH(s)$	−384.55	−245.5	170.7	155.2					
卤代烃									
氯甲烷 $CH_3Cl(g)$	−82.0	−58.6	234.29	40.79	14.903	96.2	−31.552		273 ~ 800
二氯甲烷 $CH_2Cl_2(g)$	−88	−59	270.62	51.38	33.47	65.3			273 ~ 800
氯仿 $CHCl_3(l)$	−131.8	−71.4	202.9	116.3					
氯仿 $CHCl_3(g)$	−100	−67	296.48	65.81	29.506	148.942	−90.713		273 ~ 800
四氯化碳 $CCl_4(l)$	−139.3	−68.5	214.43	131.75	97.99	111.71			273 ~ 330

（续表）

物质	$\Delta_f H_m^\ominus$ (298.15K) $kJ \cdot mol^{-1}$	$\Delta_f G_m^\ominus$ (298.15K) $kJ \cdot mol^{-1}$	$S_m^\ominus$ (298.15K) $J \cdot K^{-1} \cdot mol^{-1}$	$C_{p,m}^\ominus$ (298.15K) $J \cdot K^{-1} \cdot mol^{-1}$	$C_{p,m}^\ominus = a + bT + cT^2$ 或 $C_{p,m}^\ominus = a + bT + c'T^{-2}$				适用温度/K
					$a / J \cdot K^{-1} \cdot mol^{-1}$	$b / 10^{-3} J \cdot mol^{-1} \cdot K^{-2}$	$c / 10^{-6} J \cdot mol^{-1} \cdot K^{-3}$	$c' / 10^5 J \cdot K \cdot mol^{-1}$	
四氯化碳 $CCl_4(g)$	−106.7	−64.0	309.41	85.51					
氯苯 $C_6H_5Cl(l)$	116.3	−198.2	197.5	145.6					
含氮化合物									
苯胺 $C_6H_5NH_2(l)$	35.31	153.35	191.6	199.6	338.28	−1068.6	2022.1		278～348
硝基苯 $C_6H_5NO_2(l)$	15.90	146.36	244.3		185.4				293

本附录数据主要取自 Handbook of Chemistry and Physics，70 th Ed.，1990；Editor John A. Dean，Lange's Handbook of Chemistry，1967。

原书标准压力 $p^\ominus = 101.325$ kPa，本附录已换算成标准压力为 100 kPa 下的数据。两种不同标准压力下的 $\Delta_f G_m^\ominus$(298.15K)及气态 $S_m^\ominus$(298.15K)的差别按下式计算

$$S_m^\ominus,(298.15K)(p^\ominus=100kPa) = S_m^\ominus,(298.15K)(p^\ominus=101.325kPa) + R\ln\frac{101.325\times10^3}{100\times10^3} =$$

$$S_m^\ominus,(298.15K)(p^\ominus=101.325kPa) + 0.1094 J\cdot K^{-1}\cdot mol^{-1}$$

$$\Delta_f G_m^\ominus(298.15K)(p^\ominus=100kPa) = \Delta_f G_m^\ominus,(298.15K)(p^\ominus=101.325kPa) - 0.0326 kJ\cdot mol^{-1}\sum \nu_B(g)$$

式中，$\nu_B(g)$为生成反应式中气态组分的化学计量数。

读者需要时，可查阅·NBS 化学热力学性质表·SI 单位表示的无机和 C_1 与 C_2 有机物质的选择值。刘天和，赵梦月译，北京：中国标准出版社，1998

附录 Ⅳ 某些有机化合物的标准摩尔燃烧焓[①]（25 ℃）

化合物	$\Delta_c H_m^\ominus/(kJ\cdot mol^{-1})$	化合物	$\Delta_c H_m^\ominus/(kJ\cdot mol^{-1})$
$CH_4(g)$ 甲烷	−890.31	$HCHO(g)$ 甲醛	−570.78
$C_2H_2(g)$ 乙炔	−129 9.59	$CH_3COCH_3(l)$ 丙酮	−179 0.42
$C_2H_4(g)$ 乙烯	−141 0.97	$C_2H_5COC_2H_5(l)$ 乙醚	−273 0.9
$C_2H_6(g)$ 乙烷	−155 9.84	$HCOOH(l)$ 甲酸	−254.64
$C_3H_8(g)$ 丙烷	−221 9.07	$CH_3COOH(l)$ 乙酸	−874.54
$C_4H_{10}(g)$ 正丁烷	−287 8.34	C_6H_5COOH(晶) 苯甲酸	−322 6.7
$C_6H_6(l)$ 苯	−326 7.54	$C_7H_6O_3(s)$ 水杨酸	−302 2.5
$C_6H_{12}(l)$ 环己烷	−391 9.86	$CHCl_3(l)$ 氯仿	−373.2
$C_7H_8(l)$ 甲苯	−392 5.4	$CH_3Cl(g)$ 氯甲烷	−689.1
$C_{10}H_8(s)$ 萘	−515 3.9	$CS_2(l)$ 二硫化碳	−107 6
$CH_3OH(l)$ 甲醇	−726.64	$CO(NH_2)_2(s)$ 尿素	−634.3
$C_2H_5OH(l)$ 乙醇	−136 6.91	$C_6H_5NO_2(l)$ 硝基苯	−309 1.2
$C_6H_5OH(s)$ 苯酚	−305 3.48	$C_6H_5NH_2(l)$ 苯胺	−339 6.2

① 化合物中各元素氧化的产物为 C → $CO_2(g)$，H → $H_2O(l)$，N → $N_2(g)$，S → SO_2(稀的水溶液)。

参考文献

1 Atkins P W. Physical Chemistry. 11th ed. London: Oxford University Press, 2018

2 Atkins P W. Solutions Manual for Physical Chemistry. 9th ed. London: Oxford University Press, 2009

3 Laidler K J. Chemical Kinetics. 3rd ed. New York: Harper & Row Publishers. 1987

4 纪敏,郝策.多媒体 CAI 物理化学:上册.6 版.大连:大连理工大学出版社,2013

5 郝策,纪敏.多媒体 CAI 物理化学:下册.6 版.大连:大连理工大学出版社,2014

6 博克里斯 J O M,德拉齐克 D M.电化学科学.夏熙,译.北京:人民教育出版社,1980

7 傅玉普,纪敏.物理化学考研重点热点导引及综合能力训练.5 版.大连:大连理工大学出版社,2012

8 国家技术监督局 计量司 标准化司.量和单位国家标准实施指南.北京:中国标准出版社,1996

9 高执棣.化学热力学.北京:北京大学出版社,2006

10 胡英.物理化学参考.北京:高等教育出版社,2003

11 宋世谟,香雅正.化学反应速率理论.北京:高等教育出版社,1990

12 吴越.催化化学.北京:科学出版社,2000

13 杨辉,卢文庆.应用电化学.北京:科学出版社,2007

14 张翊风.统计热力学概要·例题·习题.北京:高等教育出版社,1993

15 郑忠,李宁.分子力与胶体的稳定和聚沉.北京:高等教育出版社,1995

16 郑忠.胶体科学导论.北京:高等教育出版社,1989

17 朱玚瑶,赵振国.界面化学基础.北京:化学工业出版社,1999

18 梁文平,杨俊林,陈拥军,等.新世纪的物理化学——学科前沿与展望.北京:科学出版社,2004

19 冯绪胜,刘洪国,郝京诚,等.胶体化学.北京:化学工业出版社,2005

20 颜肖慈,罗明道.界面化学.北京:化学工业出版社,2005

21 吴辉煌.电化学.北京:化学工业出版社,2004

22 [日]小久见善八.电化学.郭成言,译.北京:科学出版社,2002

23 陈宗淇,王光信,徐桂英.胶体与界面化学.北京:高等教育出版社,2001

24 王尚弟,孙俊全.催化剂工程导论.3 版.北京:化学工业出版社,2015

25 徐燕莉.表面活性剂的功能.北京:化学工业出版社,2000

编后说明

作为一门基础课，本书在教学内容的筛选和表述以及教学手段上，力争做到与时俱进，除旧创新；在章节安排上，力争做到和谐顺畅，这在本书的前言中已经做了初步介绍。为了与广大同仁和读者进行交流与沟通，这里再进一步地就书中涉及的有关问题展开说明，以便取得共识，继续以创新推动物理化学教材建设。

1. 名词、术语的定义积极采纳 IUPAC 的推荐，并严格执行 ISO 和 GB 的规定

IUPAC 是国际化学界权威性的学术组织，由它推荐的名词、术语的定义是在世界范围内经过有关权威专家的反复研究与实践，达成共识后才出台的。因此，由 IUPAC 推荐的定义都是十分科学和严谨的，在基础课教材中应该积极地予以采纳。而对于 ISO 中的规定应尽快与之接轨，GB 中的规定更应提高到作为法律条文的高度加以贯彻执行。

(1) 混合气体分压的定义

本书采用了 IUPAC 推荐的关于分压的定义[见式(1-4)]。该定义既适用于理想混合气体，亦适用于真实混合气体。对理想混合气体则有 $p_{\mathrm{B}}=\dfrac{n_{\mathrm{B}}RT}{V}$，但该式已不再作为混合气体组分 B 分压的定义。

(2) 功的定义及其正、负号的规定

本书采用了 IUPAC 及 GB 中关于功的定义(见 1.2.2 节)，不再使用以往教材中“功是除热量以外的系统与环境之间交换的能量形式”这一旧定义，因为从这个旧定义中无法理解和认识功的物理意义。其次还把功的正、负号的规定与热量的正、负号的规定一致起来，为处理热力学问题带来了方便。

(3) 热力学能的定义

书中按 GB 3102.8—93 规定，把内能改称为热力学能，并采用了 IUPAC 推荐的热力学能的定义(见式(1-17) 或式(1-19)]。这样定义，明确了热力学能具有状态函数的特性，它是一个热力学量，是宏观量，同时也把它与力学、电学、磁学中所定义的能量加以区别。此外，本书也给出了对热力学能的微观解释(见1.4.2 节)，但强调不能把对热力学能的微观解释作为热力学能的定义。

(4) 混合物及溶液的区分

本书把多组分均相系统区分为混合物和溶液(见 1.22.1 节)，并按 GB 规定把混合物和溶液的组成标度也加以区分(见 1.22.2 节)。区分的目的是对混合物的所有组分都采用相同的热力学标准态加以研究，而对溶液则分为溶剂及溶质，采用不同的标准态加以研究。

同时指出，ISO 及 GB 均只选定溶质 B 的质量摩尔浓度 b_{B} 作为溶液中溶质B的组成标度，而不选用B的物质的量浓度 c_{B}。因为 c_{B} 同时受温度和压力的影响，所以在热力学研究中使用它不太方便，一些著名的热力学数据表、数据手册、热力学杂志及专著都不再使用 c_{B}，而是以 b_{B} 为基础报告标准热力学数据。因此本书也不再讨论以 c_{B} 为组成标度的亨利定律，溶液中溶质 B 的化学势表达式(包括理想稀溶液和真实溶液) 以及活度 $a_{\mathrm{B},c}$、活度因子 $\gamma_{\mathrm{B},c}$(GB 中均把它们作为资料)。这样处理，一方面由于以 c_{B} 为基础的热力学公式没有热力学数据的支持，也就失去了实际应用价值；另一方面也有利于减轻学生的学习负担，故精简这部分教学内容非常必要。

(5)B 的标准态及标准压力的规定

本书采用 GB 中关于 B 的标准态的规定[见 1.6.3 节中 2 及 2.5.2,2.6.2 节] 和标准压力 $p^{\ominus}=100\ \mathrm{kPa}$ 的规定。按这些规定，各类(包括理想的及真实的) 系统中 B 的化学势表达式中的标准态的化学势都只是温度的函数，为各类系统的热力学处理带来了极大的方便。而且各类系统中 B 的化学势表达式的形式也比较规范，容易区分、辨认和记忆。

(6) 化学反应标准平衡常数的定义

ISO从1982年起定义了化学反应标准平衡常数，以 $K^{\ominus}$ 表示[见式(4-13)]，GB 3102.8—93 也做了等效的定义。因为定义式中的 $\mu_B^{\ominus}(T)$ 项，对各类反应系统中的B都只是温度的函数，所以对各类反应系统(包括电化学反应系统) $K^{\ominus}$ 都只是温度的函数。因此，本书用 $K^{\ominus}$ "一统天下"来处理各类反应系统的化学平衡问题，不再用 K_c，K_p，K_x，K_y，K_f，K_a(GB中已作为资料)等平衡常数，省却了对 $K^{\ominus}$ 与它们之间关系的记忆与换算，简化了化学平衡一章的内容而不影响其应用(判断反应方向及计算平衡转化率和平衡组成、分解压力、分解温度)。至于化学动力学中所需要的平衡常数 K_c，在先修课无机化学中提供的有关 K_c 的概念已足够用。

(7) 活化能的定义

本书采用了IUPAC关于阿仑尼乌斯活化能 E_a 的定义[见式(6-41)]，同时也给出了托尔曼 对阿仑尼乌斯活化能的统计解释[见式(6-46)]，并强调不要把托尔曼的统计解释作为活化能 E_a 的定义式。

(8) 催化剂的定义

本书采用了IUPAC关于催化剂的定义(见6.10.1节)，与旧定义相比，新定义把旧定义中"改变反应速率"改为"显著加快反应速率"，相应地把与旧定义相对应的"负催化剂"改为阻化剂，而阻化剂已不属于催化剂范畴。显然，新定义比旧定义更为准确、合理、严谨和科学。

(9) 弯曲液面的曲率半径 r 永为正值

本书抛弃了以往物理化学教材中"弯曲液面为凸面时曲率半径 r 为正值，弯曲液面为凹面时曲率半径 r 为负值"的规定。因为这种规定与数学上的规定不符。本书采用数学上关于曲率半径的定义，即 $r=\dfrac{1}{K}$，K 为曲率 $K \stackrel{\text{def}}{=\!=} \left|\dfrac{f''(x)}{[1+f'^2(x)]^{3/2}}\right|$，当 $f'(x) \ll 1$ 时，则 $K \approx |f''(x)|$，按此规定，r 永为正值。

(10) 关于原电池电动势的定义

本书采用了IUPAC关于原电池电动势的定义(见8.11.1节)，其中"原电池两极的金属引线为同种金属"的规定常被一些教材在关于原电池电动势定义的表述中忽视。

(11) 胶体分散系统的定义

本书采用了IUPAC关于胶体分散系统的定义(见9.0.1节)。新定义把旧定义中的粒子范围由"1 ～ 100 nm"扩大为"1 ～ 1 000 nm"，同时明确了胶体分散系统包括溶胶(憎液胶体)、缔合胶束溶液(缔合胶体)和大分子溶液(亲液胶体)以及微乳状液等4部分。前者是多相热力学不稳定的系统，后三者是均相热力学稳定的系统。

一些教材把大分子溶液从胶体分散系统中割裂开来讨论是不符合上述定义的；同时一些教材中出现的"胶体溶液"的表述也是不恰当的，因为胶体分散系统不都是均相系统，其中溶胶是多相系统。

2. 全面、准确地贯彻执行 GB 3100 ～ 3102—93

(1) 不要把物理量的量纲和单位相混淆

本书采用了GB 3101—93规定的物理量量纲的定义(见0.3.2节)和物理量单位的定义(见0.3.3节)。前者定性地描述物理量的属性，而后者定量地描述物理量的大小，不要把二者混淆了。有的教材把 $R=8.314\ 5\ \text{J}\cdot\text{mol}^{-1}\cdot\text{K}^{-1}$ 中的单位 $\text{J}\cdot\text{mol}^{-1}\cdot\text{K}^{-1}$ 误称为量纲，甚至有的教材把 $[\text{L}\cdot\text{s}^{-1}]$ 称为速度的量纲式，把 $[\text{m}\cdot\text{L}^{-3}]$ 称为密度的量纲式，这种表示不但概念上是错误的，符号也是混乱的。根据GB规定，L是长度的量纲符号，s是时间单位(秒)的符号，m是长度单位(米)的符号。那么，将量纲符号与单位符号组合成 $[\text{L}\cdot\text{s}^{-1}]$、$[\text{m}\cdot\text{L}^{-3}]$ 显然不伦不类，是完全错误的。正确的应该是速度的量纲表示成 $\dim v=\text{L}\cdot\text{T}^{-1}$，密度的量纲表示成 $\dim \rho=\text{M}\cdot\text{L}^{-3}$，式中T及M分别是时间和质量的量纲符号。

其次，GB 3101—93已把GB 3101—86中的"无量纲的量"改为"量纲一的量"，且任何量纲一的量的单位名称都是汉字数字"一"，单位符号为"1"，通常省略不写。因此，说"某量是有量纲的量""某量是无量纲的量""某量是有单位的量""某量是无单位的量"都是不妥的。

另外，要把SI单位同中华人民共和国法定计量单位相区别。前者是后者的组成部分而不是全部，SI单位不能代表国家法定计量单位。本书采用国家法定计量单位，并简称为单位。

(2) 按GB要求在定义物理量时不能指定或暗含单位

本书在定义物理量时全面遵循这个原则。例如，摩尔热力学量的定义(见1.23节)，热容及摩尔热容的定义(见 1.6.1 节),化学反应的摩尔热力学量的定义(见 1.6.3 节中的 1),标准摩尔生成焓的定义,标准摩尔燃烧焓的定义(见 1.6.3 节中的 6),偏摩尔量的定义(见 1.23.1 节),电导率的定义(见8.2.1 节)等,涉及单位时都是以单位物质的量,单位反应进度,$\nu_B = 1$,$\nu_B = -1$,单位热力学温度,单位长度,单位面积等来表述而不指定单位(1 mol, 1 K, 1 m, 1 m^2 等)。

(3) 图、表、公式及运算过程标准化及规范化

全书的图、表和公式以及例题中的运算过程全部遵照物理量 = 数值 × 单位进行标准化、规范化的表述。

(4) 物理量的名称标准化、规范化

(i) 把在任何情况下均有同一量值的物理量统一称为常量,如阿伏加德罗常量等。

(ii) 统一把量纲一的比例系数称为因子,如活度因子、渗透因子等;而把非量纲一的比例系数统一称为系数,如亨利系数、反应速率系数等。

(5) 不再用 GB 中已废弃的名称术语及单位

(i) 已改变名称的术语

离子淌度改为电迁移率,几率改为概率,范特霍夫定压方程改为范特霍夫方程,分(原)子量改为相对分(原)子质量,摩尔数改为物质的量。

(ii) 已废止的术语

GB 中已废止的术语:潜热、显热、反应热效应、定容热效应、定压热效应等,本书都不再采用。另外,如质量百分数、摩尔百分数、体积百分数都不应采用,因为 GB 3102.8—93 中对混合物的组成标度定义的是:质量分数 w_B、摩尔分数 x_B、体积分数 φ_B。

(iii) 已废止的单位及数学符号

已废除的单位有:Å, dyn, atm, cal, erg, ppm, 爱因斯坦等;已废止的数学符号有 ∵, ∴,本书都不再采用。

3. 在加强三基本的同时,适度反映学科领域中的一些新发展和新应用

现代物理化学发展的许多成果,在高新技术中都得到重要应用。本书在加强三基本的同时,以较少的笔墨来适度反映学科领域的新发展和新应用。如,把超临界萃取、超临界溶剂、超临界清洗、超临界印染、绿色化学、原子经济性、熵流、熵产生、熵与生命、耗散结构、分子设计与组装、手性催化、胶束催化、相转移催化、飞秒化学、交叉分子束、纳米材料、质子交换膜燃料电池、膜技术、细胞膜的水通道、电化学传感器、DNA、基因工程、PM2.5 等最新概念和最新技术渗透在章节之中。其目的是使学生在学习物理化学基本原理的同时,能尽快、尽早接触到学科发展前沿,用以引发学习兴趣,启迪超前思维,激励创新欲望,培养创新能力。

4. 本书编写时,章、节内容安排及处理上的一些创新与实践

(1) 把热力学几个定律、亥姆霍茨函数与吉布斯函数、多组分系统热力学等内容整合为一章 —— 化学热力学基础,这有利于加强化学热力学内容的整体性、系统性,避免分章叙述给初学者带来支离破碎的弊端;这样做也有利于大幅度精简热力学内容,给教材中不断补充物理化学的新发展、新应用留下空间。

(2) 总体来说,热力学是阐述物质变化的平衡规律的,因此,在化学热力学基础一章之后,紧接着安排了相平衡热力学、相平衡强度状态图、化学平衡热力学,这三章是化学热力学最直接、最重要的具体应用;此后,又强化了热力学在统计热力学初步、界面层的平衡与速率、电化学反应的平衡与速率等章中的应用。

(3) 把克拉珀龙方程作为单组分系统相平衡与混合物、溶液等多组分系统相平衡整合为一章,从内容和体系上都是顺理成章的,充分体现了化学热力学在处理相平衡中的具体应用。

(4) 把相律放在相平衡热力学一章的开头,而没有放在相平衡强度状态图一章中。这是为了突显相律的重要性,因为它是指导相平衡的普遍规律,不只是在相图中应用。例如,对单组分系统的两相平衡,依照相律 $f = 1 - 2 + 2 = 1$,这意味着单组分系统两相平衡时,只有一个独立的强度变量,温度、压力二者之间一定存在着相互依赖关系,这就是克拉珀龙方程。

(5) 在多组分系统相平衡热力学部分,按国标规定把多组分系统区分为溶液和混合物,并对其中各组分的化学势表达式,用统一、理性、直观的符号做了标准化、规范化的处理。

(6) 关于相图一章,其内容是用大量图形来表述相平衡原理,而学生在学完化学热力学基础一章后,通常习惯了数学解析(数理方程的建立和应用)及逻辑推理的方法,往往不适应用图形,即用几何语言来学习课程内容,给学习相图带来困难,常有不少学生学完相图后,仍是一头雾水,看不懂相图。为解决这个问题,本书采取如下举措:

(i) 区分"状态"和"强度状态",指明一切相图都

是相平衡的强度状态图，图中的任何一个系统点都是系统的强度状态点，这起着画龙点睛的作用。

(ii) 本书创建一整套标准、规范、理性、直观、一目了然的符号来标示相图，给学生读图带来方便。

(iii) 引导学生从相图的分类入手读懂各类相图，例如，相图按组分数分为单(或一)、双(或二)、三组分相图；按性质分可分为蒸气压-组成图、沸点-组成图、熔点-组成图、温度-溶解度图等；对二组分相图还可进一步分为两个组分完全互溶、部分互溶和完全不互溶的相图。明确相图分类则会很容易读懂相图。

(iv) 提出学会相图的三点要求：a. 会画图；b. 会读图；c. 会用图。指明，能够利用相平衡实验数据画出图来，就知道相图的来源，就为会读图打下了基础。

(v) 指出“会读图”是学好相图的关键，达到“会读图”的具体标志：a. 会读图中点、线、区的含义；b. 能区分系统点和相点；c. 会读出系统的总组成和相组成；d. 会用相律计算图中各点、线、区的自由度数；e. 会用杠杆规则做相应的计算；f. 会描述系统强度状态发生变化时系统的相态、相数、自由度数发生的变化(例如会画步冷曲线)。并明确，达到这几点要求，就表明已经会读图了。

(vi) 为达到“会用图”的教学目的，在讲完不同类型相图后，都安排了相应类型相图的应用举例，如精馏、水蒸气蒸馏、盐类精制、结晶分离、区域熔炼等实际应用。

(7) 化学平衡热力学一章，用化学反应标准平衡常数 $K^{\ominus}$ 一统天下(包括在电化学中)，摒弃了 K_p、K_c 等平衡常数，省却了几个平衡常数间的换算，简化了教学内容，而不影响实际应用。

(8) 在统计热力学初步一章中较早地引用了系综方法。众所周知，系综概念、系综方法的奥妙是统计热力学的精华，如果在讲完独立子系统之后再引入系综概念，由于学时数所限，可能就不讲了，这就造成了统计热力学基本假设的巨大缺失，破坏了统计热力学的完整性。

(9) 化学动力学基础一章中，把“指前因子 A”改称“指前参量 k_0”，因为 k_0 有与反应速率系数相同的单位，其单位不是 1，不能称为因子，而 $\exp(-E_a/RT)$ 这一项，才是单位为 1 的因子(即玻耳兹曼因子)。该章还摒弃了“简单反应”“复杂反应”这种概念含混、物理意义不明确的名词术语，代之以概念明确、物理意义清晰的术语“元反应”“复合反应”。

(10) 把电化学和光化学整合为一章并放在化学动力学之后，这有利于既从平衡角度，又从速率角度来研讨。总结出电化学、光化学反应的平衡规律与速率规律是十分必要的。特别是1950年之后，电化学脱离了热力学的桎梏，得到了突飞猛进的发展，实际应用中的电化学问题多半受到动力学制约。因此在物理化学课程教学中，忽视电化学动力学教学，将会给学生的知识结构造成不可估量的损失。

(11) 关于胶体分散系统及粗分散系统这一章，摒弃了“胶体化学”旧章名，因为其内容不完全属于化学范畴，另外在内容选择和体系安排上都有创新，胶体分散系统的分类，分为溶胶、缔合胶束溶液、大分子溶液等。在粗分散系统之后，增加了“微乳状液”新内容。在有关胶体系统的一些概念上，大力除旧创新，如胶体粒子大小的新界定，“憎液溶胶”“亲液溶胶”的错误概念都加以引入或更正。

5. 本书配有教师授课课件，实现了教学手段现代化

(1) 课件内容

① 与本教材文字版相对应的简明文本。对界面做了精心设计 —— 内容扼要，文字简明，布局合理，叙述规范，字迹清晰，层次分明，按序呈现，节奏可调，时间任意，节省学时。

② 近 200 幅插图。对每幅插图都进行了精心设计与绘制 —— 色彩鲜明，示意准确，表达规范，配合讲课效果逼真(插图与文本内容对应)。

③ 动画库。包括 50 余幅二维或三维动画 —— 动作形象，生动活泼，引人入胜，可供讲课时任意调用。

④ 例题库。近 260 道例题(计算题及证明或推导题)，可供讲课或习题课时调用。

⑤ 考试重点及热点 —— 各章考试要求。

⑥ 复习题 —— 是非题、选择题、填空题近 500 题。

⑦ 各章内容要点。

⑧ 核心·思路·框架 —— 独具特色的专题小结。

(2) 课件功能

该课件具有安装简单，操作方便的特点。它把多媒体技术应用于物理化学课堂教学的全过程，不但能加大教学信息量，节省学时，提高教学效率，而且可使抽象概念形象化，微观图像宏观化，增强教学效果。

本课件另行出版，需要者可直接与大连理工大学出版社联系。

名词索引

（按汉语拼音顺序）

E

F

G

H

J

Z